新 生 物 学 丛 书

细胞的物理生物学

Physical Biology of the Cell

〔美〕R. 菲利普斯　J. 康德夫　J. 塞里奥特　著
涂展春　王伯林 等　译
舒咬根　校

科 学 出 版 社
北 京

图字：01-2010-1295 号

内 容 简 介

本书从物理生物学的角度将物理原理相似的生物学问题放在一起统一处理，探讨如何将物理和数学的工具和观念应用于分子和细胞生物学的研究，讲述如何针对细胞生物学中典型的实例和实验建立简单而实用的物理模型，从而表明由基本物理原理导出的定量模型可以深刻而直观地理解细胞生物学和生命现象的深层规律。

本书可作为物理系和生物系高年级本科生和研究生使用的现代定量生物物理学或物理生物学的教科书，也可作为相关领域研究人员的参考书。

图书在版编目(CIP)数据

细胞的物理生物学/(美)菲利普斯(Philips, R.)等著；涂展春等译；舒咬根校.
—北京：科学出版社，2012
(新生物学丛书)
书名原文：Physical Biology of the Cell
ISBN 978-7-03-033516-6

I. ①细… II. ①菲… ②涂… ③舒… III. ①细胞生物学：生物物理学
IV. ①Q27

中国版本图书馆 CIP 数据核字(2012)第 027600 号

责任编辑：夏 梁 孙 青/责任校对：宋玲玲
责任印制：吴兆东 /封面设计：美光制版

科学出版社 出版
北京东黄城根北街 16 号
邮政编码：100717
http://www.sciencep.com
北京中石油彩色印刷有限责任公司印刷
科学出版社发行 各地新华书店经销
*
2012 年 3 月第 一 版 开本：787 × 1092 1/16
2025 年 6 月第九次印刷 印张：50 1/4
字数：1192 000

定价：158.00 元

(如有印装质量问题，我社负责调换)

《新生物学丛书》丛书序

当前，一场新的生物学革命正在展开。为此，美国国家科学院研究理事会于 2009 年发布了一份战略研究报告，提出一个“新生物学”（New Biology）时代即将来临。这个“新生物学”，一方面是生物学内部各种分支学科的重组与融合，另一方面是化学、物理、信息科学、材料科学等众多非生命学科与生物学的紧密交叉与整合。

在这样一个全球生命科学发展变革的时代，我国的生命科学研究也正在高速发展，并进入了一个充满机遇和挑战的黄金期。在这个时期，将会产生许多具有影响力、推动力的科研成果。因此，有必要通过系统性集成和出版相关主题的国内外优秀图书，为后人留下一笔宝贵的“新生物学”时代精神财富。

科学出版社联合国内一批有志于推进生命科学发展的专家与学者，联合打造了一个 21 世纪中国生命科学的传播平台——《新生物学丛书》。希望通过这套丛书的出版，记录生命科学的进步，传递对生物技术发展的梦想。

《新生物学丛书》下设三个子系列：科学风向标，着重收集科学发展战略和态势分析报告，为科学管理者和科研人员展示科学的最新动向；科学百家园，重点收录国内外专家与学者的科研专著，为专业工作者提供新思想和新方法；科学新视窗，主要发表高级科普著作，为不同领域的研究人员和科学爱好者普及生命科学的前沿知识。

如果说科学出版社是一个“支点”，这套丛书就像一根“杠杆”，那么读者就能够借助这根“杠杆”成为撬动“地球”的人。编委会相信，不同类型的读者都能够从这套丛书中得到新的知识信息，获得思考与启迪。

《新生物学丛书》专家委员会
主　任：蒲慕明
副主任：吴家睿
2012 年 3 月

《新生物学丛书》专家委员会成员名单

中译本序

这是一个研究生命世界的激动人心的时代。自从发现双螺旋结构的 DNA 是遗传物质以来的短短 60 年间, 人类已经能够以前所未有的方式操纵生物体。这些伟大进展的成就之一是我们能系统地操控生物并对其进行定量分析, 从而激发了我们对生物学和定量科学 (包括物理学) 交叉领域的广泛兴趣。在本书英文版长达 8 年的写作期间, 涌现了大量的技术进展, 包括单分子荧光显微技术、单分子马达运动轨迹探测技术以及测量生物体全基因表达水平的高通量方法, 这些技术持续地推动了相关领域的发展。生物系统中采集到的高质量的定量数据要求发展定量理论模型, 我们正是受到这一原则的启迪。这一浩大工程的目的是希望激发所有领域有才华的科学家迎接这一挑战。因此, 我们特别高兴本书的首个非英语译本在中国发行。

从根本上说, 本书介绍的是一个持续变化的领域而不是一个成熟的学科。因此, 如果中文版能够激发富有创造精神而又胸怀大志的学生质疑我们给出的研究案例和模型, 并开拓物理生物学方法新的应用, 无疑是本书最大的成功。重要的是学生要认识到这个研究领域是不断变化的。希望中国学生在理解和质疑我们对这个领域的表述时, 也能够启迪我们改写本书的下一个版本。

最近我们访问了中国, 遇到了生物和物理研究领域的高级学者以及渴望探索物理和生物交叉学科的极有天分的研究生。我们也渴望看到物理生物学将在富饶而充满生气的中国科学界生根发芽。最后, 非常感谢欧阳钟灿教授及其同事对翻译工作倾注的大量心血。

R. 菲利普斯　J. 康德夫　J. 塞里奥特

2010 年 10 月

谨以此书献给我的父母 Bob 和 Lee，以及亲爱的 Amy、Casey 和 Molly。

——R. 菲利普斯

谨以此书献给 Ethan、Vera 和 Thio。

——J. 康德夫

谨以此书献给我的父母 Lee 和 Dennis，以及亲爱的 Randy。

——J. 塞里奥特

前　　言

关于科学的精确性

……帝国的制图术已臻完美，一个省的地图便抵得上一个城市的面积，而整个帝国地图的面积已近于一个省。随着时间的推移，人们不再满足于那些不够精确的地图，于是制图师协会着手制作与帝国面积同样大的地图，使得地图和帝国上的每一点都吻合。然而后代不再像他们的祖辈那样喜欢研究制图，认为如此巨幅的地图是无用的，于是他们无情地将其弃于荒野。直到今天，在西部沙漠地区仍旧有那些栖居着动物和乞丐的地图残片；在所有土地上再没有其他地理学意义上的遗迹。

——豪尔赫·路易斯·博尔赫斯和阿道夫·比奥伊·卡萨雷斯

科学知识加速增长的同时也给我们带来了某种潜在的风险。今天，我们对于生命的理解正逐渐变成博尔赫斯所说的那种详尽但无用的地图。教科书的核心作用就是要引导人们突破这种困境，通过建立系统的概念框架，精炼特定领域现有的大量相关信息并构成知识体系。为此，很多教科书都对细胞和分子生物学进行了全面而卓越的概述。本书也会涵盖部分内容，但目的却与这些教科书有本质区别。对于细胞和分子生物学这样复杂而庞大的领域，并不存在一种可行的方法来构建一幅概念上简化的地图。许多现代生物学的教科书都以生物功能上的相关程度作为组织概念、事实和实验数据的原则。而在本书中，我们从物理生物学这一不同角度出发来审视同一套数据，从物理生物学 (而不是细胞生物学) 的角度将最相关的主题组织在一起。

本书不要求读者具备广博的预备知识，但可用作本科生或研究生的物理生物学或生物物理学的入门教材，也可作为对基本物理原理和模型在生物学研究中的应用感兴趣的科学家的参考书，甚至还可为已熟悉本书部分知识的科学家提供全新的视角。我们将物理生物学中相关的主题并置在一起来组织各种观点和数据，而不考虑它们在细胞生物学上的接近度。例如，真核细胞的 DNA 缠绕成核小体、细菌基因调控中 DNA 由于转录阻遏蛋白结合导致成环、DNA 包装进狭小的噬菌体衣壳均与 DNA 弯曲的力学规律相关，故放在同一章中。而我们对 DNA 弯曲的数学和物理处理可直接用于其他类型的细长形生物结构，如细胞骨架中的细丝。这一组织原则充分体现了本书的中心主题，即少数几个恰当的基本物理模型便可作为全部定量生物学知识的基础，从而有效地将表面上无关的各种生物问题统摄在一起。

从表面上看，上述观点似乎是很幼稚的，但是生物学研究文献却充斥着这样的例子，只需应用一些简单模型即可获得有趣的定量知识。我们从当前经典的研究论文中选取一些具体的例子来充实每章的内容，其中对生物体系定量测量的结果大多可用简单的物理思想来解释。当简单物理模型拟合数据失效时，两者之间的定量差别通常会导致可检验的新的生物学假说的产生。例如，在脊髓运动神经元中新合成的蛋白质会抵达同一神经元在足部的突触，若假设该过程通过扩散来完成，则经由简单的估算即可证明扩散过程太慢以至于无法完成上述功能, 因此该过程必须通过主动运输来实现。不论是猜测特定基因转录起始速率的改变是如何导致整个细胞水平的基因产物改变的, 还是描绘信号分子如何在细胞内运动达到其靶物路径的, 抑或是构想胚胎形成过程中细胞运动是怎样发育成器官和四肢的三维结构的, 研究者在进行生物体系实验时脑海中必然会有一个清晰或模糊的物理模型。我们在本书中试图提供一些数学和物理的工具使得以往深入思考的生物学问题变得量化直观; 我们也希望通过这样一个研究生物学的视角使得具有数学和物理背景的人发现适用于定量分析的生物学问题。

为此, 我们分四步走。第一步, 引入生物现象; 第二步, 进行简单的量级估算, 培养对生物过程中定量数字的感觉 (简称"数觉"); 第三步, 展示非常简单的初级模型的应用; 第四步, 在可能的情况下, 将过分简化的模型进行细化以便更好地描述实际的生物过程。我们试图同大家分享应用简单模型来揭示现象复杂性时的喜悦。对我们所选定的生物实例, 人们已经通过优雅或绝妙的实验方案测得了有趣的定量数据, 我们认为其中的概念值得阐释并且还激发了我们的想象力。同时, 我们已意识到在探讨这些实例和构造简单模型时, 由于水平所限或者是新的发现改变了某些个例研究的细节, 我们将不可避免地会犯错误 (勘误表将张贴在本书的网站上)。然而, 我们的目标是展示简单模型描述复杂系统的威力, 即使某些细节是错误的或片面的, 我们仍希望个别的失误不会影响全书的整体精神。此外, 我们描述的很多现象仍然还有待满意的物理模型的解释, 希望读者能够发现我们探讨物理生物学过程中的漏洞和错误, 以此为契机和挑战, 开始激动人心的创新工作。

在 8 年的写作征途中, 我们得到了数百位科学同行慷慨和热情的帮助, 他们大方地与我们分享了自己的数据、思想和观点。因此从很多方面看来, 本书都可视为在采访众多学科的科学家后形成的定量新闻作品。我们将本书作为来自前沿的报道, 向任何希望深入而广泛地思考生物学和物理学之间联系的读者分享我们从同行那里了解到的最有趣的事情。我们设想读者群体涵盖从 18 岁机械工程系的本科生 (他们好奇怎样将自己的学科应用于医学) 到 40 岁的弦理论学家 (他们希望应用自己的数理天分研究生命物质) 甚至是 70 岁的著名生物学家 (他们琢磨自己研究的系统是否可通过数学处理而改进)。

本书主要分为四篇。第一篇, 生物系统的基础知识, 主要介绍生物现象。生物学背景的读者已经很熟悉这部分材料, 我们希望定量的叙述仍具有启发性; 物理学背景的读者也将对生物系统获得切身感受。第二篇, 从平衡态角度理解生命, 探讨可由不显含时间的定量模型解决的生物学问题。第三篇, 从动力学角度理解生命, 着手解决含时的动态系统的复杂问题。第四篇, 从信息的角度理解生命, 探讨生物体系中各种类型的信息处理过程。

我们预期读者是由不同背景和兴趣的群体构成的, 因此在全书中我们尽可能介绍所用到的事实和原理的来龙去脉。我们不会简单地断言生物的"事实"或是物理的"结果", 也不期望读者盲目接受我们的主张。因而我们会经常提及过去几个世纪中生物学家的经典观察结果以及最新的激动人心的成果, 力图展现这一系列的观察和观点如何导致当前对于复杂生物学问题的认识。对问题的进一步讨论将单独放在正文标记为**相关实验**的小节中。相应地, 当必须进行数学推导时, 我们逐步处理推导过程并解释怎么从一行导出下一行, 使得数学水平有限的读者可以理解每一步而不是被迫接受最终结果。标记为**模型的数学**和**数学技巧**的小节总结了本书反复使用的数学方法; 许多受过物理学训练的读者已经非常熟悉这些内容, 但生物学家会从中受益。此外, 标记为**估算**的小节有助于培养读者对于特别有趣的问题的“数觉”。

尽管我们回顾了探讨每一个话题所需的基本知识, 读者仍会发现不熟悉的内容, 这时, 不妨查阅一下生物、物理、化学和数学学科中涉及相关细节的参考书。每章后面列出了这些研究领域中我们精选的一些文献。文献一般分为两类。在“延伸阅读”中建议的文献反映了我们自己的品味, 它们因其观点或陈述的独特性而入选, 我们并不试图提供一份完整的文献记录。第二类“参考文献”反映每章内容中明显涉及的工作, 它们或者引入了模型, 或者提供了图片, 或者提供了论据。

每章末尾我们都提供了一系列习题, 它们要么拓展了该章的内容, 要么为读者提供了一次尝试建模的机会。这些习题可以用于正式课程或者个别读者。本书的完整解题手册可供教师使用。习题涵盖了不同的类型。其中一类是为了发展“数觉”, 计算较为简单, 主要用于培养读者对量级生物学的感觉。另外一类要求补充未包含在正文中的复杂数学推导。剩下的一类是我们精选的问题, 希望读者能应用定量的建模解释来自原始研究文献的实验数据。对于较难的习题, 本书的网站上也给出了“读者提示”。

书中图片以及课后习题都非常依赖于原始数据。为方便感兴趣的读者获得这些数据, 本书的网站上给出了所有作图需要用到的已发表的原始数据。同样, 网站上也提供了每章习题的相关数据。希望读者用这些数据完成计算, 利用本书引入的模型去拟合相关的原始数据。或许你在自己的原创性工作中就能将这些模型细化。

学生和教师资源

以下是适用于学生和教师的补充材料:

(1) 图片的幻灯片;

(2) 对于较难问题的“读者提示”;

(3) 补充数据集;

(4) 补充视频;

(5) 完整解题手册。

除了解题手册外, 其他材料可从 http://www.garlandscience.com/textbooks/0815341636/resources/下载。解题手册仅适用于通过 Email (science@garland.com) 获得许可的教师。

致　谢

如果没有相关机构和人员的通力合作和大力支持, 本书将无法顺利完成。我们非常感谢加州大学圣芭芭拉分校阿斯本物理研究中心和卡弗里理论物理研究所的支持, 在那里我们完成了本书部分的写作。本书得到了国家自然科学基金委、国家卫生部、科学研究公司以及麦克阿瑟基金会的资助, 我们尤其要对卫生部授予罗伯・菲利普斯卫生部长先锋奖表示感谢。

本书的插图如果缺少了出色的插图画家——奈杰尔・奥姆专业而又密切的合作, 将不会达到现在栩栩如生的效果, 奈杰尔・奥姆负责绘制了本书超过 550 幅的插图以及全书的整体设计。我们同样有幸能和戴维・古德塞尔合作, 他为整本书绘制了大约 20 张精细分子结构的插图。埃尔南・加西亚为绘制所有图表整理所需数据, 起草图表布局, 演算和复核运算过程, 还为提供每章末尾的习题参考答案做出大量的工作。金雅・弗伦克尔每章末的问题以及解答提供了帮助。艾米・菲利普斯也为编辑、回复读者的评论以及获得已经出版的图像数据使用授权方面提供了帮助。莫琳・斯托里用她专业的审校改进了本书的清晰性和可靠性, 我们的编辑迈克尔・莫拉莱斯从本书草创到完成阶段以极大的耐心和热情, 持久不懈的提供帮助。在本书创作过程中, 西蒙・希尔的专业援助也带给我们一段令人难忘的愉快经历。

在本书的创作过程中, 最愉快的经历之一莫过于同我们来自不同知识背景的同事和朋友进行交流了, 我们真诚地就生物, 物理, 化学, 以及其交叉学科部分的问题分享见解, 经历, 分歧, 好恶。我们深深感激在过去的八年中通过我们愉悦的谈话中直接或间接的为本书提供宝贵意见的同事们的支持与帮助。埃利奥・沙赫特告诉我们了保持愉快合作的秘诀。卢伯特・斯瑞尔激发了我们确立了本书的整体章节划分结构以及每个章节的标题的灵感, 而且还对我们急需的如何完成这本书, 提供了实用的意见。许多其他的同事及朋友通过鼓励, 长期访问实验室, 为我们讲解整个研究领域, 或者仅仅是在彼此前进的道路上相互影响, 都直接或间接地帮助了我们。尤其要指出：有时候这些同事和朋友曾经明确反对过本书中的一些个别的结论, 因此如果本书出现错误的判断和误解与他们无关。我们特别希望感谢以下的同事和朋友：Gary Ackers, Bruce Alberts, Olaf Andersen, David Baltimore, Robert Bao, David Bensimon, Howard Berg, Paul Berg, Seymour Benzer, Bill Bialek, Lacra Bintu, Pamela Bjorkman, Steve Block, Seth Blumberg, David Boal, Robijn Bruinsma, Zev Bryant, Steve Burden, Carlos Bustamante, Anders Carlsson, Sherwood Casjens, Kristina Dakos, Eric Davidson, Scott DelP, Micah Dembo. Michael Dickinson, Ken Dill, Marileen Dogterom, David Dunlap, Michael Elowitz, Evan Evans, Stan Falkow. Julio Fernandez, Jim Ferrell, Laura Finzi, Daniel Fisher, Dan Fletcher, Henrik Flyvbjerg, Seth Fraden, Scott Fraser, Ben Freund, Andrew J. Galambos, Ethan Garner, Bill Gelbart, Jeff Gelles, Kings Ghosh, Dan Gillespie, Yale Goldman, Paul Grayson, Thomas Gregor, Jim Haber, Mike Hagan, Randy Hampton, Lin Han, Pehr Harbury, Dan Herschlag, John Heuser, Joe Howard, Terry Hwai, Grant Jensen, Jack Johnson, Jason Kahn, Dale Kaiser,

Suzanne Amador Kane, Sarah Keller, Doro Kern, Karla Kirkegaard, Marc Kirschner, Bill Klug, Tolya Kolomeisky. Chuck Knobler, Corinne Ladous, Jared Leadbetter, Heun Jin Lee, Henry Lester, Julian Lewis, Jennifer Lippincott-Schwartz, Jim Maher, Carmen Mannella, William Martin, Bob Meyer, Chris Miller, Ken Miller, Tim Mitchison, Alex Mogilner, Cathy Morris, Dyche Mullins, Richard Murray, Kees Murre, David Nelson ,Phil Nelson, Keir Neuman, Dianne Newman, Lene Oddershede, Garry Odell. George Oster, Adrian Parsegian, Iva Peroyic, Eduardo Perozo, Eric Peterson, Suzanne Pfeffer, Tom Pollard, Dan Portnoy, Tom Powers, Ashok Prasad, Mark Ptashne, Prashant Purohit, Steve Quake, Samuel Rauhala, MiChael Reddy, Dong Rees, Dan Reeves, Joy Rimchala, Michael Roukes, Dave Rutledge, Peter Sarnow, Klaus Schulten, Bob Schleif, Darren Segall, Udo Seifert, Paul Selvin, Lucy Shapiro, Steve Small, Doug Smith, Steve Smith, Andy Spakowitz, Jim Spudich, Alasdair Steven, Sergei Sukharev, Christian Sulloway, Joel Swanson, Boo Shan Tseng, Tristan Ursell, Ron Vale, David Van Valen, Elizabeth Villa, Zhen-Gang Wang, Annemarie Weber, Ion Widom, Eric Wieschaus, Paul Wiggins, Ned Wingreen, Zeba Wunderlich, Ahmed Zewail和Kai Zinn.

最后我们深深地感激在过去的八年里, 对于本书不同阶段的草稿提出批评反馈意见的友人, 包括许多布兰迪斯大学, 加州理工学院和斯坦福大学选修我们课程的学生们。他们尽己所能帮助我们改正了许多错误, 本书如果还有错误的地方则完全是我们的责任。我们感激他们慷慨的用他们宝贵的时间和专业知识来帮助我们。一些勤奋的朋友甚至坚持读完了整本书: Laila Ashegian, Andre Brown, Genya Frenkel, Hernan Garcia, Steve Privitera, Alvaro Sanchez以及Sylvain Zorman。我们感谢他们为本书带来了独到的见解和非凡的活力。

更多的人则对于特殊的章节给与专业的评论, 提供详细的数据, 为章末的习题提供建议, 或者提供独特的见解:

第一章

Bill Gelbart (加州大学洛杉矶分校), Shura Grosberg (明尼苏达大学), Michael Rubinstein (北卡罗莱那大学教堂山分校), Randy Hampton(加州大学圣地亚哥分校).

第二章

Jon Widom (西北大学). Michael Rubinstein (北卡罗莱那大学教堂山分校), Yitzhak Rabin (以色列巴兰大学), C. T. Lim (新加坡国立大学). Manfred Radmacher (不来梅大学), James Brody (加州大学尔湾分校), John A. G. Briggs (维康基金会人类遗传学中心). lan Chin-Sang (加拿大女王大学). Dave Tirrell (加州理工学院). Steve Small (纽约大学), Avigdor Eldar (加州理工学院), Scott Fraser (加州理工学院), Titus Brown(密歇根州立大学).

第三章

Jon Widom (西北大学), Michael Rubinstein (北卡罗莱那大学教堂山分校), Nitzan Rosenfeld (罗塞塔基因组), Michael Reddy (威斯康星大学米尔沃基分校), Yitzhak Rabin (以色

列巴兰大学), Antoine van Oijen (哈佛大学医学院).

第四章

Michael Rubinstein (北卡罗莱那大学教堂山分校), Paul Jardine (明尼苏达大学双城分校), Michael Reddy (威斯康星大学米尔沃基分校)。Elaine Bearer (布朗大学).

第五章

Bill Klug (加州大学洛杉矶分校), Elio Schaechter (圣地亚戈州立大学), Steve Quake (斯坦福大学), Randy Hampton (加州大学圣地亚哥分校), Rick James (明尼苏达大学), Ken Dill (加州大学旧金山分校).

第六章

Dan Herschlag (斯坦福大学), Ken Dill (加州大学旧金山分校), Arbel Tadmor (加州理工学院), Terry Hwa (加州大学圣地亚哥分校).

第七章

Ken Dill (加州大学旧金山分校) Gary Ackers (华盛顿大学圣路易斯分校) Olaf Andersen (康奈尔大学).

第八章

Shura Grosberg (明尼苏达大学双城分校), Michael Rubinstein (北卡罗莱那大学教堂山分校)。Andy Spakowitz (斯坦福大学), Ken Dill (加州大学旧金山分校). Jeremy Schmit (加州大学旧金山分校). Paul Wiggins (怀特海德生物医药研究所).

第九章

Pete yon Hippel (俄勒冈大学), Thomas Record (威斯康星大学麦迪逊分校), Bob Schleif (约翰霍普金斯大学), Mike Hagan (布兰迪斯大学).

第十章

Hans-Gunther Dobereiner (不莱梅大学), Megan Valentine (加州大学圣芭芭拉分校), Bill Klug (加州大学洛杉矶分校), Jon Widom (西北大学), Carlos Bustamante (加州大学伯克利分校), Doug Smith (加州大学圣地亚哥分校). Paul Grayson (加州理工学院). Mandar Inamdar (孟买印度理工学院), Bill Gelbart (加州大学洛杉矶分校), Joy Rimchala (麻省理工学院), Paul Forscher (耶鲁大学), Zev Bryant (斯坦福大学), Paul Wiggins (怀特海德生物医药研究所), Ben Freund (布朗大学).

第十一章

Hans-Gunther Dubereiner (不莱梅大学). Bill Klug (加州大学洛杉矶分校), Tristan Ursell (加州理工学院). K. C. Huang (普林斯顿大学), Pierre Sens (居里研究所). Evan Evans(加

拿大英属哥伦比亚大学), Carmen Mannella (纽约州立大学奥尔巴尼本部), Terry Frey(圣地亚哥州立大学), Paul Wiggins (哥伦比亚大学), Sergei Sukharev (马里兰大学帕克分校), Sarah Keller (华盛顿大学西雅图校区).

第十二章

Todd Squires (加州大学圣芭芭拉分校), Howard Stone (哈佛大学), Howard Berg (哈佛大学), Jean-Francois Joanny (居里研究所)。Tom Powers (布朗大学), Zev Bryant (斯坦福大学).

第十三章

Jennifer Lippincott-Schwartz (国际卫生部), Howard Berg (哈佛大学), Jean-Frangois Joanny (居里研究所), Ralf Metzler (慕尼黑工业大学), Dave Wu (加州理工学院), Frosso Seitaridou (加州理工学院), Dan Gillespie.

第十四章

Arbel Tadmor (加州理工学院), Ralf Metzler (慕尼黑工业大学), Jean- Francois Joanny (居里研究所).

第十五章

Dan Fletcher (加州大学伯克利分校), Marileen Dogterom (原子与分子物理研究所), Dan Herschlag (斯坦福大学), Dimitrios Vavylonis (利哈伊大学), Jean-Frangois Joanny (居里研究所), Anders Carlsson (华盛顿大学圣路易斯分校).

第十六章

Megan Valentine (加州大学圣芭芭拉分校), Jean-Frangois Joanny (居里研究所), Jens Michaelis (路德维格马克西米利安大学), Tolya Kolomeisky (莱斯大学). Bill Gelbart (加州大学洛杉矶分校), George Oster (加州大学伯克利分校), Jianhua Xing (弗吉尼亚理工大学).

第十七章

Olaf Andersen (康乃尔大学). Paul Miller (布兰迪斯大学), Jean-Frangois Joanny (居里研究所), Stephanie Johnson (加州理工学院), Chris Miller (布兰迪斯大学). Chris Gandhi (加州理工学院). Rod MacKinnon (洛克菲勒大学). Phil Nelson (宾夕法尼亚大学).

第十八章

Chris Myers (康乃尔大学), Chris Wiggins (哥伦比亚大学), Ralf Bundschuh (俄亥俄州立大学), Peter Swain (麦吉尔大学), Eric Peterson (加州理工学院). Tony Redondo (洛斯阿拉莫斯国家实验室). Jody Puglisi (斯坦福大学).

第十九章

ChriS Myers (康乃尔大学). Terry Hwa (加州大学圣地亚哥分校), Nick Buchler (洛克菲勒大学)。Uli Gerland (路德维格马克西米利安大学), Tom Kuhlman (加州大学圣地亚哥分校). Bob Schleif (约翰霍普金斯大学), Vivek Shenoy (布朗大学), Robert Endres (伦敦帝国理工学院), Ned Wingreen (普林斯顿大学), Wendell Lim (加州大学旧金山分校), Peter Swain (麦吉尔大学). Michael Elowitz (加州理工学院). Eric Davidson (加州理工学院), David Van Valen (加州理工学院), Mikko Haataja (普林斯顿大学), Avigdor Eldar (加州理工学院). Scott Fraser (加州理工学院). Titus Brown (密歇根州立大学). Steve Small(纽约大学).

目　录

第二篇　从平衡态角度理解生命

第三篇 从动力学角度理解生命

第一篇

生物系统的基础知识

1 生物学定量模型

尽量简化问题，但过犹不及。
——阿尔伯特·爱因斯坦

本章概览：介绍生物学定量模型的概念

查尔斯·达尔文认为“所有的观测必须支持或反对某种观点，否则毫无意义”（《达尔文》，1903），意思是说只有基于某种概念或理论框架的观测数据才有意义。本章的目的在于了解各种“模型”，因为只有模型才能解释现代生物学中的定量数据。我们的观点是，好的模型必须忽略相关生物学问题中的一些复杂因素和细节，以便形成一个足够简单而易于掌握的抽象概念，它有助于培养人们的直觉和洞察力。同时，至关重要的是，模型必须能做出合理的精确预测，所以它们必须包含生物系统中的一些真实细节。构造模型的艺术就是在细节的取舍之间找到恰当的平衡。本章的另一条主线是让读者直观体验一系列数字，它们包括生物学过程中的尺寸、形状、时间和能量。本章引入的数值估算的风格将贯穿全书。

1.1 细胞的物理生物学

随着规律性数据的积累，用于研究生物系统的实验方法及其产生的数据越来越定量化。例如，活体细胞中的基因表达实验可以告诉我们在给定的时间和地点一个特定基因的产物是多少；对信号转导途径的测量可以考察细胞响应（如生长、DNA 复制或肌动蛋白的聚合）的程度与上游信号分子浓度的函数关系；还有一些实验则告诉我们 DNA 包装成核小体这一紧致结构与 DNA 序列之间的关系。类似的例子有很多，足够列一份长长的清单，它们都可以用描述生物学问题的定量观测来图解，这些成果已成为当今研究的重要文献。

细胞的物理生物学是一个发展中领域，它的最重要主题是定量数据需要定量模型，反过来，定量模型需要提出关于生物现象中可被实验检验的预测。更确切地说，生物学问题是定量观测特定的生物学输出参数怎样随某些输入参数（它们可由实验者操控，也可以是部分自然生物过程中导致的）而改变，对这些观测数据的解释也应当是定量的。在后面的各章中，我们将提供一系列研究实例（包括分子和细胞生物学中的一些关键角色和过程）来证明物理建模可以应对定量数据并加深理论与实验之间的相互影响。

建模基础：生物学事实和物理学（或化学）原理

定量实验建模最重要的步骤之一是判断哪些因素是问题的关键，哪些不是。然而，我们首先需要了解一些关于研究对象的事实。本书所谓的“事实”会依照其可靠性被划分为不同级别。我们最感欣慰的是那些可以通过个别观测就能够轻易确认的事实, 如细胞含有蛋白质分子。其次是那些在过去数十年中被相互独立的实验手段反复确认过的事实, 如细胞中的蛋白质分子在被称为核糖体的机器中合成。我们小心地把第三类“事实”标记为“推测性的”, 这些知识虽然为生物学观测提供了令人信服的解释, 但它们是基于一些未被证明的或有争议的假设。这类事实中包含如下已经被普遍接受的主张：现代线粒体是某些细菌的后代, 这些细菌曾经独立存活, 但后来与祖真核细胞形成了共生关系。鉴于此, 我们会对建模所基于的实验观测和理论解释做一个概述。本书所必需的最基本的一类事实与组成细胞和生物体的分子性质相关, 它们构成了我们后面讨论的共同的分子语言, 在下一节中, 我们会用一定的篇幅来介绍这些分子。

作为对生物学观测实验的补充, 我们信奉生物实体不能违背物理和化学定律的观点。许多基本的物理学和化学原理可以直接用来理解生物系统的行为。例如, 物理学原理——分子的平均能量随环境温度的增加而增加, 化学原理——油和水不能相溶。这些原理与上述生物学事实一起, 构成本书所描述的各种模型的基础。

1.2 生命的要素

科学家和其他充满好奇心的人时刻都在观察他们周围的自然界, 并尽力了解它的各个组成部分及其相互作用方式。而生命作为自然界的一个组成部分总是格外令人着迷。三岁的孩子都知道石头是没有生命的, 而小狗、树以及他自己都是有生命的, 但是三岁的孩子却很难给生命下一个严格的定义。几个世纪以来, 科学家们经过不断的思考, 仅仅能够近似描述生命的神奇属性。没有一个单独的性质能可靠地区分生命与非生命, 但是所有生命体系又的确具有某些共同的重要属性。生命体系能生长、消耗来自外界环境的能量, 繁衍出与自己相似的后代, 最终死亡。

为探讨生命的本质, 几百年来, 科学家们研究了生物体及其成分的各种属性, 根本的目的就是希望能够理解为什么小狗与石头不同, 尽管它们都由服从相同物理定律的原子组成。这种探索一直持续至今, 所归纳出的关于生命的物质属性已被广泛接受。例如, 人们观察到很多构成生物体的分子都倾向于有大而复杂的结构, 因此被称作高分子。同时生物体也包含许多对它们的功能至关重要的简单小分子, 包括水和金属离子以及糖类 (如葡萄糖)。虽然这些小分子对生命过程很重要并且在细胞中被用作构造高分子的原料, 但是区别在于小分子可以在没有生命参与的化学过程中产生, 而典型的生物高分子则只能在生物体中找到。尽管生物体中的高分子多种多样, 但组成它们的原子种类却十分有限, 主要包括碳原子 (C)、氧原子 (O)、氮原子 (N)、氢原子 (H) 以及少量的硫原子 (S) 和磷原子 (P)。生物高分子的特殊性质主要是由这组小原子以互相连接的方式产生的。当然, 还有很多其他的原子和离子也在生命的生化过程中起重要作用, 但是它们一般不参与高分子的共价结构。

生物体由四大类高分子构成

对于任何生物体, 小到土壤中的细菌, 大到红杉或巨型鲸鱼, 如果我们把组成它们的高分子进行分类, 会发现这些高分子的种类很少。最重要的几种是蛋白质、碳水化合物、脂质和核酸。图 1.1 展示了每一类中具有代表性的实例。大体来讲, 生物体中不同种类的高分子行使不同的功能。例如, 蛋白质形成细胞中的结构单元并负责催化生命所必需的特定化学反应。脂质形成膜界面, 把细胞和外界环境隔离开, 并把细胞内部分割成不同的隔室, 这些隔室被称作细胞器。碳水化合物用来储存能量, 使细胞膜外表面产生某些特殊性质, 有时还形成刚性结构单元 (如细胞壁)。核酸则行使存储器和操作指令的功能, 它能够进行自我复制, 并且能够使细胞生成所有其他类型的高分子。每一类型的高分子又显示出巨大的多样性, 一个生物体就可能包含数以万计的不同结构的蛋白质。同样, 细胞膜中也包含几百种不同类型的脂质分子。

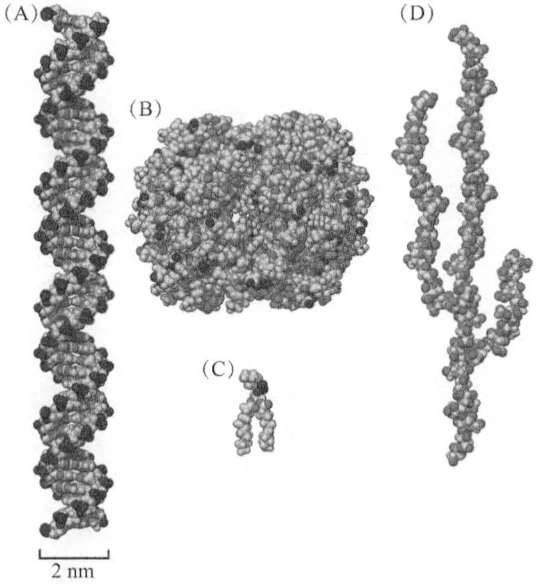

图 1.1 主要几类生物高分子的原子结构示意图, 它们都按同一比例绘制。带电的氮原子、氧原子和磷原子以及直接与它们成键的氢原子用黑色标记。极性的氮原子、氧原子和硫原子以及直接与它们成键的氢原子则用灰色标记。碳原子和直接与其成键的氢原子用浅灰色标记。(A) B 型 DNA 的一个小片段的原子结构; (B) 携氧血红蛋白的原子结构; (C) 细胞膜上的卵磷脂分子; (D) 大肠杆菌表面复杂的枝状碳水化合物——M41 荚膜多糖。(D. Goodsell 惠赠)

为什么生命是由这些特定种类的高分子构成? 完整回答这一问题需要了解地球早期某些特定的化学和物理条件, 它们产生了第一批有生命的细胞。然而, 通过研究今天地球上的生物体, 人们发现有若干原因使这些分子非常适合生命的延续。最重要的是细胞可用少量结构简单的亚基和前体分子组装这些分子, 这些简单亚基在装配中的不同组合形成了上述千差万别的结构。这意味着细胞只需相对有限的化学反应就能够从来自外界环境的食物中合成一系列所需的亚基。地球上的大部分细胞通过捕食其他生物体而生存, 而生物体都由一套类似的基本物质构成, 这两个事实很可能互为因果。

核酸和蛋白质是细胞的两种具有不同字母表的文本

本书后面的主要内容致力于探索生物高分子的特殊性质以及细胞使用它们的方法, 宏观目标在于理解基本的物理化学反应如何呈现生命的特殊性质。现在讨论生命中必不可少的高分子行为的重要侧面。20 世纪中叶分子生物学研究的一项伟大成果是认识到细胞 DNA 中某些核酸片段序列直接决定了同一细胞中蛋白质的氨基酸序列 (即遗传密码的发现) 存在相互关系的 DNA 序列和蛋白质序列被弗朗西斯 · 克里克 (Francis Crick) 称为细胞的"两种重要的聚合物文本"。

如图 1.2 所示, 核酸和蛋白质都由有限的字母单元构成。构成核酸的字母表由 4 个字母组成, 每一个字母代表一个从化学式上可区分的"核苷酸" (对于 DNA: A 为腺嘌呤,

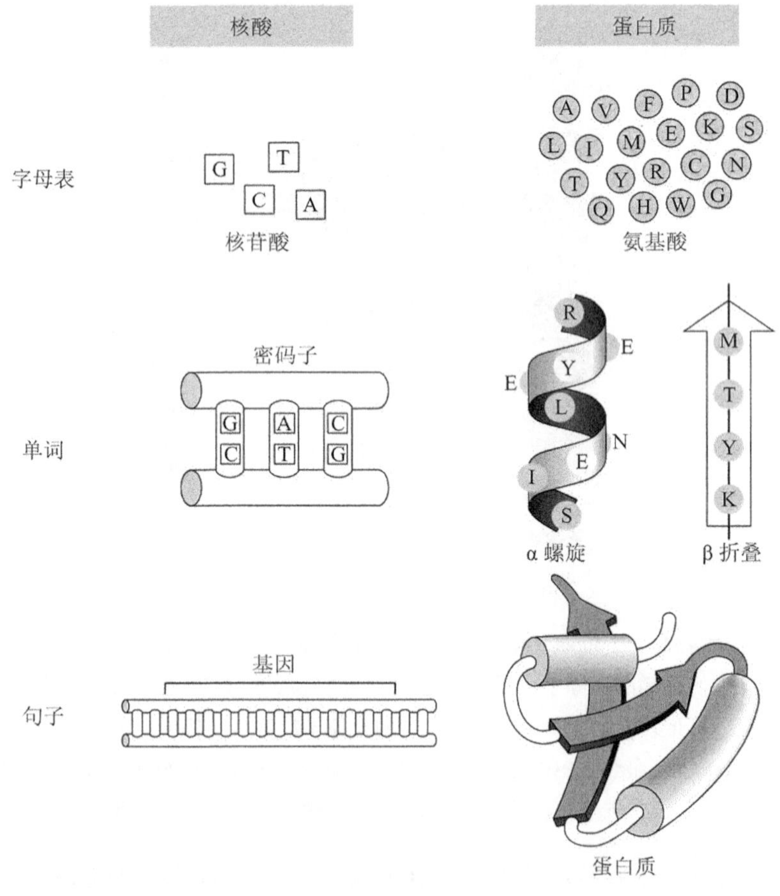

图 1.2　克里克所称的"两种重要的聚合物文本"的示意图。左列说明核酸以怎样的方式被看成字母 (核苷酸)、单词 (密码子) 和句子 (基因); 右列展示将同样的观点用于蛋白质, 其中的字母对应氨基酸, 单词对应二级结构单元 (如 α 螺旋和 β 折叠), 而句子对应完全折叠的、具有功能的蛋白质

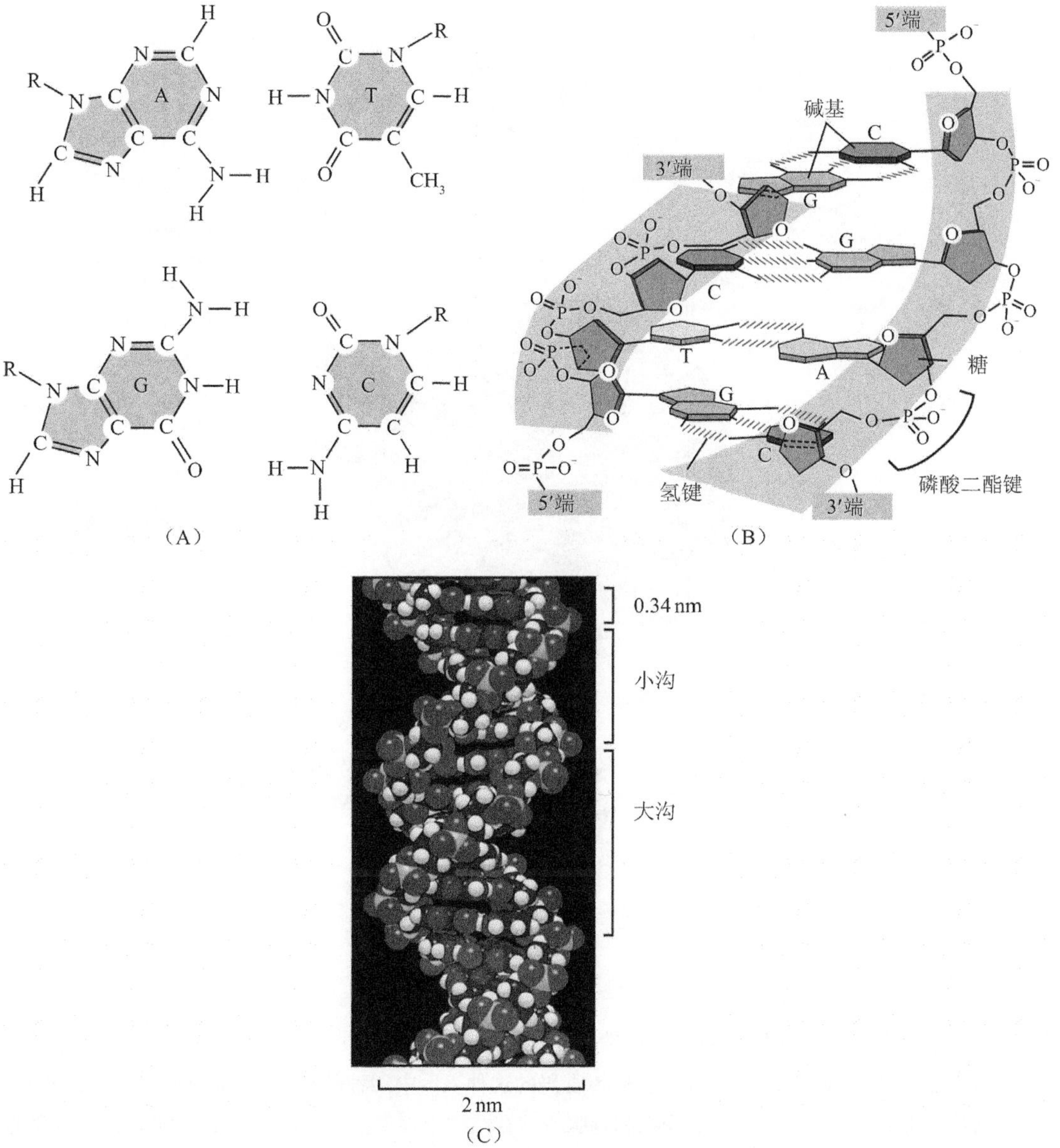

图 1.3 核苷酸和 DNA 的化学结构。(A) DNA 中 4 种不同的碱基, 简记为 A(腺嘌呤)、T(胸腺嘧啶)、G(鸟嘌呤) 和 C(胞嘧啶)。在这些图中, 碳原子用 C 表示, 氧原子用 O 表示, 氮原子用 N 表示, 氢原子用 H 表示。字母 R 表示附加的一个较大的化学基团; 对于核苷酸来讲, R 基团由连接到磷酸盐上的戊糖脱氧核糖组成。连接两个原子的单线表示共价单键, 双线表示共价双键。两个大的碱基 A 和 G 被称作嘌呤, 小的碱基 C 和 T 被称作嘧啶。(B) 表示碱基以怎样的方式组装成 DNA, 一个双螺旋有两个骨架, 由脱氧核糖和磷酸基团组成。4 种碱基可以形成稳定的氢键, 而每种碱基都只有一种配对方式, 如 A 只能与 T 配对, G 只能与 C 配对。当 DNA 被复制或者 RNA 被转录的时候, 这种碱基结构上的互补性可以保证核苷酸序列被忠实地拷贝。(C) 原子空间填充模型近似表示 DNA 的结构。碱基对之间的距离大约 0.34 nm。(取自 B. Alberts et al., Molecular Biology of the Cell, 5th ed., New York, Garland Science, 2008.)

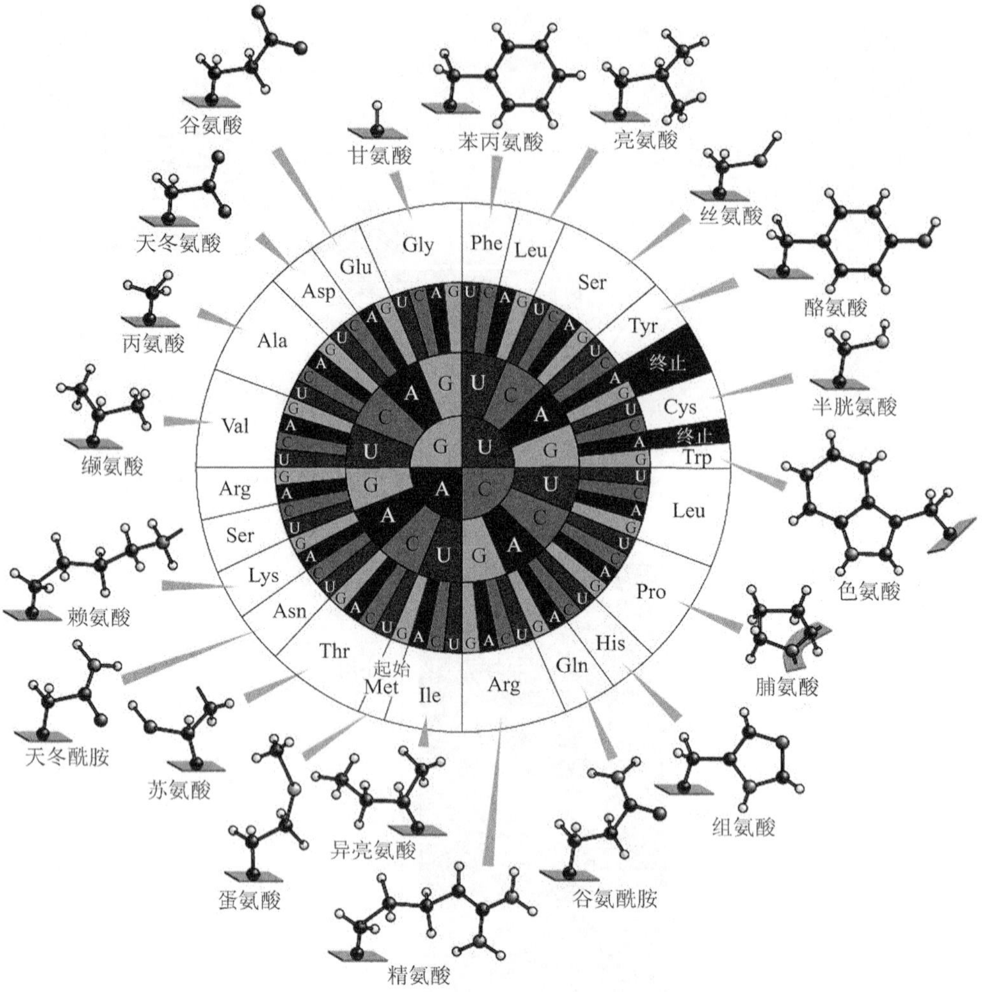

图 1.4　遗传密码。在此图中，三联码中的第一个核苷酸处于圆盘的中央，第二个核苷酸处于中间环上，第三个核苷酸处于最外层的圆环上。在遗传密码的这种表示中，4种碱基分别是腺嘌呤 (A)、胞嘧啶 (C)、鸟嘌呤 (G) 和尿嘧啶 (U)。尿嘧啶和胸腺嘧啶在结构上很相似，在信使 RNA 中被用来替代胸腺嘧啶。每一种三联码相应的氨基酸的名字和原子结构展示在最外环上。其中色氨酸和蛋氨酸都仅以一种三联码编码；而其他氨基酸，包括丝氨酸、亮氨酸和精氨酸都以多达 6 种三联码进行编码。有三种密码子不编码任何氨基酸，被认为是表示“终止”的信号，而编码蛋氨酸的密码子 AUG，通常也用来启动蛋白质的合成

G 为鸟嘌呤，T 为胸腺嘧啶，C 为胞嘧啶)。图 1.3 展示了这 4 种核苷酸的化学结构。蛋白质文本的字母表由 20 种不同的氨基酸构成。但是仅仅 4 种核苷酸怎么能被翻译成包含 20 种不同氨基酸的蛋白质序列呢？使这种功能得以实现的关键在于 DNA 中的字母以“单词”的形式被有效地阅读，“单词”在这里被称作密码子，每个密码子由三个按顺序排列的核苷酸组成，这三个核苷酸的每一种组合编码是一种氨基酸 (密码子中也会存在固有的冗余信息和一些例外，如表示“终止”的密码子)。在蛋白质文本中，一组氨基酸字母

也以“单词”形式被阅读，这些单词形成了蛋白质二级结构的基本单元，被称为 α 螺旋和 β 折叠，这些内容在下文中会再次讨论。最后，在 DNA 文本中，单词组成了句子 (即密码子的集合)，这些句子对应着基因，在这里一个给定的基因编码与之相对应的蛋白质。例如在蛋白质文本中，一个完整的句子代表一个完全折叠的、致密的、有生物活性的酶，它可以在活细胞中催化特定的生化反应。本书大部分内容将围绕着细胞中大量以这里介绍的高分子参与的生物学过程建模来讲述。

从机械论的角度看，核酸序列和蛋白质序列是通过核糖体这一机械装置联系起来的，核糖体将信使 RNA (mRNA) 形式的核酸序列转化为蛋白质形式的氨基酸序列。从信息角度看，这两种聚合物文本以遗传编码的形式联系起来。具体地，核酸文本中每三个字母的组合对应蛋白质文本中的一个字母。遗传编码的测定是分子生物学历史上的伟大篇章之一，图 1.4 展示了这项探索的成果，它给出了通用翻译机器 (核糖体) 将 mRNA 包含的信息转变为蛋白质时所识别出的信息内涵。

1.3 生物学建模

1.3.1 理 想 模 型

为了理解生命的本质，本书采用了与历代科学家相同的方法。我们希望通过抽象和简化生物体中高度复杂的组成物质来认识生物体的行为，以便能够应用具有预测价值的简单解析模型。根据定义，我们不可能对高分子中所有的原子给出完整的描述，相反，在高分子的众多性质中我们只选取几种来研究，而选中的性质只与我们要讨论的分子行为的某些特定方面有关。因此，说我们的脑海里有“一个”关于复杂高分子 (如 DNA) 的简单模型是不确切的。我们是用一系列简单的模型作为一个复杂的、多层面的 DNA 分子实体在简化的概念空间中的投影。本节将概述我们希望孤立研究的生物材料的若干物理性质。1.4 节将列举本书用到的几种基本物理模型。

生物材料可以用几个不同的理想物理模型描述

建立实用而有启发性的模型的关键通常在于指出被研究问题的众多要素中哪些是可以被忽略的。我们将从不同的角度来审视分子和细胞，图 1.5 列举了多种视角的例子。简化的概念空间以及 DNA 在其中的投影模型的性质取决于我们研究的具体问题。图 1.5 给出了本书将反复用到的 5 种 DNA 投影方式。

DNA 作为遗传信息的携带者以及它在分子生物学历史上扮演的标志性角色，成为我们研究的最重要的分子之一。这种螺旋聚合物分子的每一条链都是有极性的，即链的两端在结构上和化学上是可区分的，它们分别被称作 $5'$ 端和 $3'$ 端。此外，由于核酸的碱基之间的化学差异，沿着链长方向 DNA 也是不均匀的。人们通常只关注 DNA 分子携带的信息内涵。的确，现在从细菌到人类等各种生物的全基因组测序允许我们忽略 DNA 的分子细节，而把焦点放在由 A、T、G 和 C 组成的携带信息的序列上。在某些情况下，如我们想了解引起物种多样化的突变事件的历史，或者要计算基因组的信息内涵的时候，这种表示方法是最有效的。图 1.5 所示的第二种表示方式概括了成段 DNA 序列的变化，其中深灰色的区段代表序列中对蛋白质结合伙伴 (如 RNA 聚合酶，它把由 DNA 编码的序列复制到 mRNA 分子) 有超强亲和力的片段。上述两种表示方法侧重于 DNA 分子内部化学结构细节的不同之处，然而，我们有时仅仅把 DNA 看作细胞内的一个物理实体，这时序列的具体性质就变得不再重要，相反需要强调分子的其他性质，如净电荷的分布、弯曲弹性或作为长链聚合物对热涨落的响应行为。强调这些物理性质的 DNA 模型也展示在图 1.5 中。

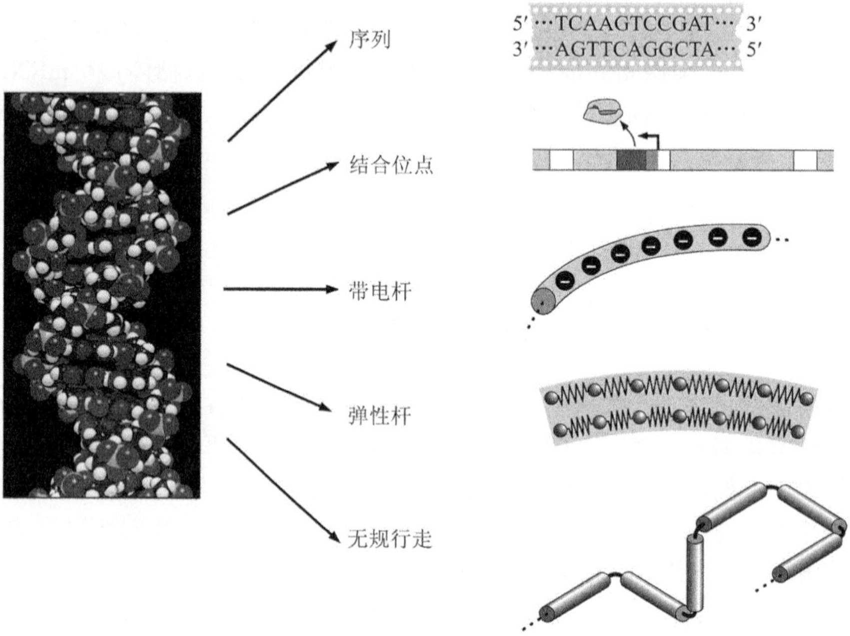

图 1.5 DNA 的理想化模型。可以用很多种方式来看待 DNA，如可以把 DNA 看作碱基对序列、一系列的结合位点、带电杆、弹性杆或以无规行走方式自由连接的聚合物，这取决于我们所研究的问题

蛋白质也可以用不同的理想化模型来描述。就像核酸可以被看作核苷酸序列一样，我们也可以把蛋白质看作由氨基酸组成的线性序列。第二类重要的聚合物文本使蛋白质得以产生，蛋白质行使细胞中大部分重要的生物功能，包括催化特定的化学反应。蛋白质的原子结构比 DNA 要复杂得多，因为组成蛋白质的基本单元有 20 种之多，而构成 DNA 的基本单元只有 4 种。另外，氨基酸链可以形成紧致的三维空间结构而 DNA 只能形成双螺旋。即便如此，我们也能像 DNA 一样抽象地表示蛋白质，来强调它的这种或那种性质，如图 1.6 所示。蛋白质可以表示成氨基酸的线性序列。这种表示法包含过多的细节，可以进一步简化，我们把所有疏水的氨基酸归为一类，统一标记为 H，所有亲水的氨基酸统一标记为 P。在这种简单模型中，疏水氨基酸和亲水氨基酸物理上的差异 (如同油和水的差异) 影响它们彼此之间或与水分子之间的相互作用，从而决定了氨基酸链以何种方式折叠成具有特定功能的蛋白质。类似地，我们可以根据所考察的问题对三维空间的蛋白质折叠结构在不同层面进行抽象化。通用的简化方法是把蛋白质想象成由一系列圆柱 (α 螺旋) 和

带状物 (β 折叠) 以确定的方式互相连接而成。虽然这种表示方式忽略了蛋白质的很多化学复杂性和原子层面的结构, 但是它很适用于考虑基本结构单元。考虑蛋白质折叠的时候, 我们会发现一个更极端但有用的表示方式, 即密排的聚合物格点模型, 在这个模型中氨基酸只允许占据空间中规则阵列里的格点。从根本上说, 蛋白质的氨基酸序列和折叠结构服务于其生物学目的 (即具有功能和活性), 我们也可以建立只涉及分子活性的各种模型。例如, 细胞中的大部分蛋白质可以彼此之间或与其他生物分子之间形成特定的结合作用, 这种结合作用通常对蛋白质的生物功能十分重要。当为这种相互作用建立模型的时候, 我们可以把蛋白质想象成带有结合位点的"受体", 这些位点可被称作"配体"的结合伙伴占据, 这种描述没有涉及蛋白质的复杂内部结构。在某些模型中, 我们主要关心蛋白质的活性变化, 这时我们把蛋白质看作可以在两种不同的功能型之间转换的二态系统。例如, 催化特定生化反应的酶可以处于"激活"态或"失活"态, 这取决于其结构中是否有配体或其他修饰物结合。

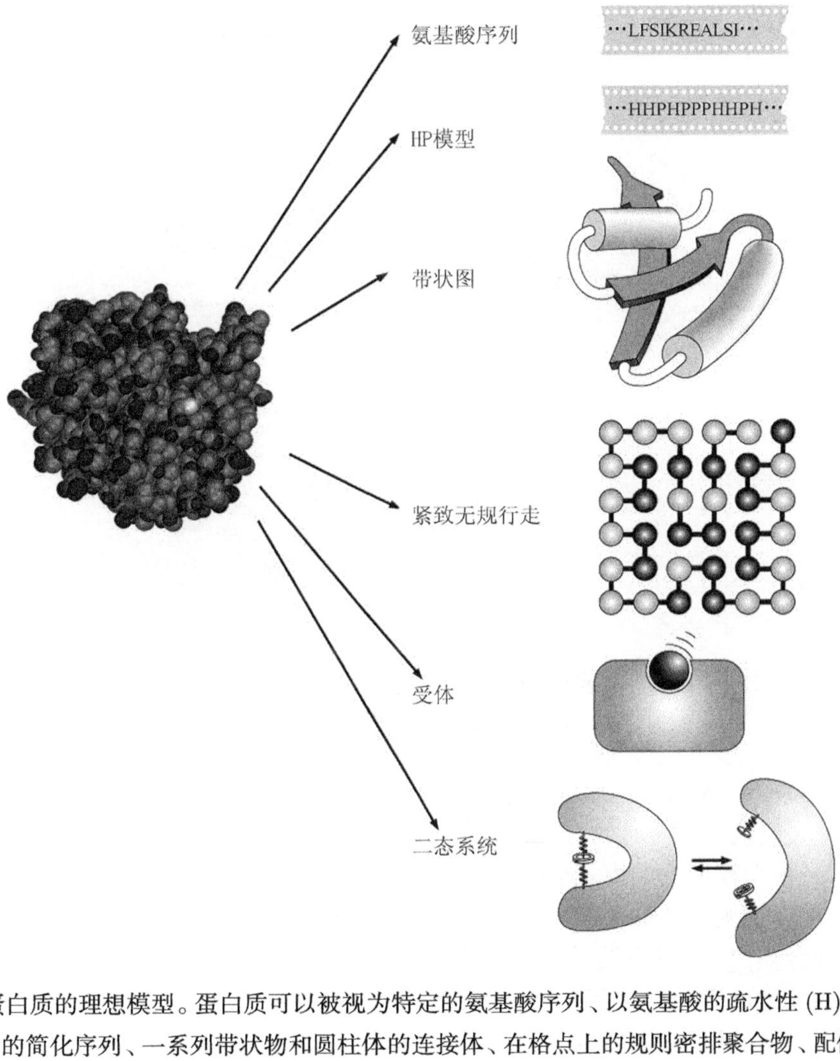

图 1.6 蛋白质的理想模型。蛋白质可以被视为特定的氨基酸序列、以氨基酸的疏水性 (H) 和亲水性 (P) 来表示的简化序列、一系列带状物和圆柱体的连接体、在格点上的规则密排聚合物、配体的结合平台或是在不同功能型之间转换的二态系统

进行这些简化和抽象，并不意味着我们否认这些分子异乎寻常的复杂性，而是完全认识到氨基酸序列、折叠 和密排性质、不同状态之间的构象转换等决定其亲和力，以相互独立的形式考虑这些性质只是一种人为的简化。尽管如此，我们要着重强调的是当试图从简单的估算和模型获得一些直观认识的时候，每次单独考虑一个层面的描述通常是有益的。

接下来我们将要把这种方法从单个高分子推广到更大尺度的高分子组装体，如由数百万脂质和蛋白质分子组成的细胞膜。图 1.7 展示了认识生物膜的几种不同的方式。如同单个高分子一样，刻画这些大尺度的组装体时，每次只考虑其物理行为的某一方面也是行之有效的。例如，生物膜可视为弯曲的弹性薄板、无规表面或由电阻和电容等电学元件组成的阵列。当生物膜与其他分子相互作用时，通常可看作选择性屏障，它允许一些类型的分子通过而阻止其他类型的分子。根据所讨论的具体问题，我们还将采用生物膜的不同理想化模型。

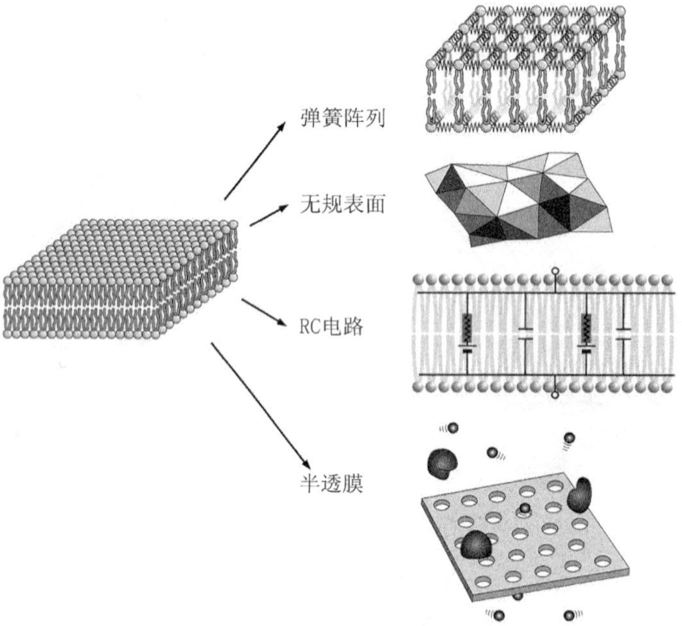

图 1.7　生物膜的理想化模型。生物膜可视为力致变形的弹性体、受周围媒质分子碰撞而涨落的无规表面、电路元件或是有选择渗透性的屏障

如图 1.8 所示，我们大胆地把同样的理想化技巧应用于活细胞。虽然活细胞极其复杂，还是能够每次只选取其一种物理性质以便通过简单的方法来获得一些深刻的认识。例如，大肠杆菌，一种大家钟爱的模式生物，就可以根据某些研究目的视其为表面携带若干蛋白质受体的载体，而为其他研究目的所用，如考虑细菌怎样在水中游泳的时候，我们视其为流体弹性耦合体，即可以弯曲并与水流相互作用的力学对象。通过考虑有偏无规行走框架下细胞的大尺度运动行为而忽略导致其运动的具体流体动力学细节，我们可以抽取细菌随水流而运动的轨迹的物理特性。最后，由于生物学的大部分研究集中于细胞如何响应环境而改变其聚合物文本的表达，我们会发现，很多时候把细胞当作信息处理装置会非

常有帮助, 如把它看作一个控制基因表达的信息流网络。上述各种表述并不互相排斥, 也没有一种是全面的。它们同样是为了实用目的而慎重建立的抽象概念。

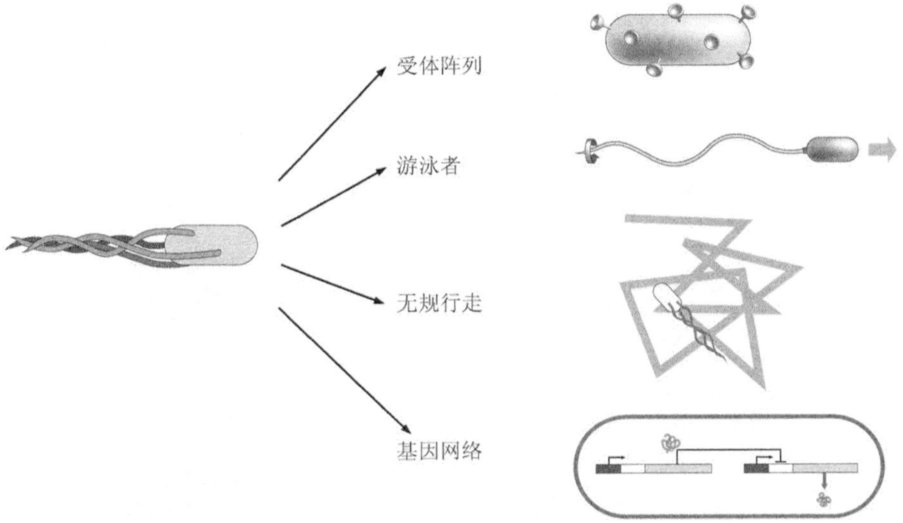

图 1.8 大肠杆菌的理想化模型。大肠杆菌可视为我们关注的配体的受体阵列、流体弹性耦合体、水中有偏无规行走者或是由一系列基因网络刻画的信息处理装置

到目前为止, 我们已经强调了描述生物体单一物理性质时抽象方法的作用, 相同的方法在考虑其他系统 (如带电离子的水溶液) 时也非常有效。图 1.9 展示了生命的媒质——水的各种抽象形式。有时候我们会假设溶液是规则的格子, 如当我们对溶液中的配体感兴趣并想知道它们与受体结合的倾向时, 我们会采用此种溶液图像, 其中配体只允许占据某些特定的离散格点。虽然这是一种极端的近似, 但是在涉及化学平衡的计算中, 这种近似非常有价值并且能给出精确的定量预言。由于水媒质与生存在其中的生物相互作用, 有时人们对水的流动特性 (或黏性) 非常感兴趣。当考虑水中发生的化学反应的速率时, 我们发现把水视为发生扩散涨落的场所是非常有益的。细胞内水媒质中的高分子也会与水的特定性质相互影响。例如, 蛋白质中的某些化学基团是有极性的, 或者说是"亲水的"(喜欢水的), 它们能够与水形成氢键; 而另一些基团则是亲油的, 即疏水的。在折叠好的蛋白质中, 那些亲油的部分倾向于形成内部集团。水分子虽然整体是中性的但有轻微的电荷分离, 带电的分子会因水的介电性而与之发生相互作用。

上述种种表示在讨论不同的生物学问题时会多次出现。虽然它们中的任何一种都不能用来完整地理解活细胞的行为, 但是每一种描述方法都对生命的某些侧面提供定量的观点, 把它们作为一个整体比由其中任何单独的抽象模型更能得到逼真的细胞图像。

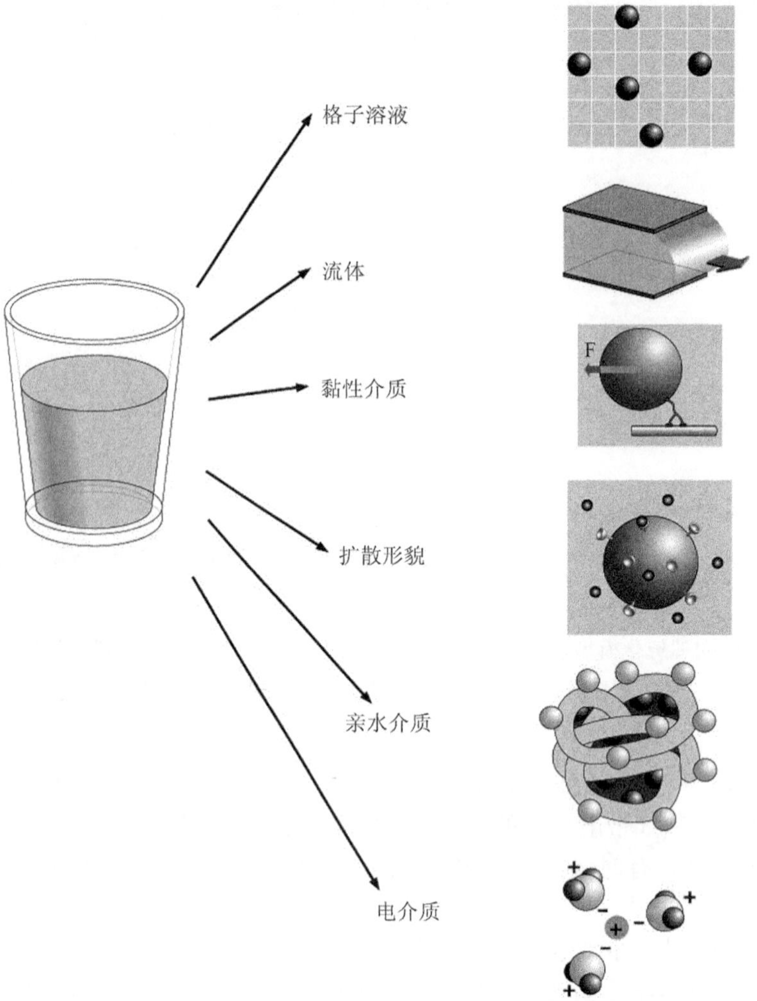

图 1.9 溶液的理想化模型。溶液可视为离散的格子, 其中的某些格子可能被溶质占据; 也可视为有平均流量的液体; 也可视为黏性介质, 它对在其中运动的物体施加阻力; 或者视为导致高分子和配体发生随机运动的涨落环境; 也可以看作一种溶解极性分子而排斥亲油分子的亲水介质; 或者视为电介质, 即可以维持静电场的不良导体

1.3.2 卡通图和模型

生物学卡通图展现问题的本质特征

我们已经论述过, 建模的艺术最终体现了鉴别对理解给定现象本质和非本质因素的品位。纵观生物学实验的发展史, 像任何一门科学一样, 研究者总是构造明确的概念模型来帮助他们理解实验数据。在某些情况下, 为研究生物系统而发展出的理论框架都具有明确的数学特征, 这些特征自始至终贯穿于本书, 具体体现在用热力学和统计力学来理解

生化反应或发展动作电位的理论中。更普遍的情况是很多生物系统的重要建模都能用卡通图来描述, 它们阐述了特定生物过程中的关键要素以及它们之间是如何发生相互作用的。事实上, 在分子生物学教科书和研究文献中经常会有卡通图出现, 这反映了建立概念化模型的一种重要方式, 也直接或间接地反映了选择问题中哪些因素是真正重要的, 而哪些则是可以忽略的。

作为构造生物学卡通图过程中的建模例子, 我们考虑最优美而极具吸引力的真核细胞器之一——线粒体。图 1.10(A) 是线粒体在电子显微镜下的截面图。旁边的两张图是描绘这一重要细胞器的卡通图。这两张卡通图强调了生物膜最重要的作用, 即包裹细胞器以及把细胞器内部分成相对独立的隔室。虽然三维模型提供了生物膜几何形态的更多细节, 但是它们基本的概念要素却是相同的: ①线粒体是封闭的膜被细胞器; ②内膜上的一系列突起把线粒体分隔成不同的区域, 这些突起极大地增加了线粒体内膜的面积, 从而扩大了 ATP 合成装置的有效面积。

图 1.10 中的其他卡通图也以不同的方式描绘了线粒体的形态, 着重强调线粒体功能和行为的不同方面的特定概念要素。中间图片展示了一段被高度放大的线粒体内膜, 其中跨膜蛋白参与 ATP 的合成过程。线粒体在真核细胞中的核心功能在于把一种形式的化学能, 即化合物 NADH 中的高能电子, 转化为另一种形式的化学能, 即 ATP 中的磷酸二酯键 (这两种形式的化学能及其重要性将在第 5 章中详细讨论)。跨越线粒体内膜的若干蛋白质复合物共同协作实现这一转换功能。电子在蛋白质复合物之间相继转移导致氢离子从线粒体基质穿过内膜到达膜间隙, 使得外侧氢离子较多, 形成浓度梯度。最后, 氢离子沿着浓度梯度下降的方向通过一种被称作 ATP 合酶的蛋白质机器返回线粒体基质, 这种机器十分重要, 会被反复提及。顾名思义, ATP 合酶通过把 ADP 分子和一个无机的磷酸离子组合起来催化 ATP 分子的合成。这一过程分子层面的细节既神奇又复杂; 在这里, 我们仅仅想指出, 这种卡通图代表对线粒体的一种抽象化, 与上述侧重质膜的卡通图相比, 这里强调完全不同的成分和概念。最后一张卡通图描绘了线粒体生命的另一侧面, 即这种细胞器拥有自己的 DNA 基因组, 与细胞核中的基因完全不同。在图中我们可以看到环状的 DNA (与细菌中的 DNA 类似, 但与真核细胞中的线状 DNA 截然不同)。每个线粒体都有若干基因组的拷贝, 当线粒体分裂的时候, 这些基因组散布到它的两个子代之中。

这里每一种卡通图都是描述线粒体某一方面的性质的模型, 它们也只在这种意义下是正确的并能提供可靠信息, 但它们服务于本质上互不重叠的概念。此外, 每一卡通图都代表了成百上千个独立实验所达到的顶级成就, 涵盖了几个世纪以来人类获取的来之不易的知识。专家们精心地筛选原始数据, 艰难地决断哪些细节对于描述真实线粒体的某些性质是重要的, 哪些是可有可无的。在本书余下内容中, 我们将直接利用通过辛勤工作得到的构造这类图形的概念化成果, 进一步发展已有的生物学模型, 将它们翻译成数学形式。

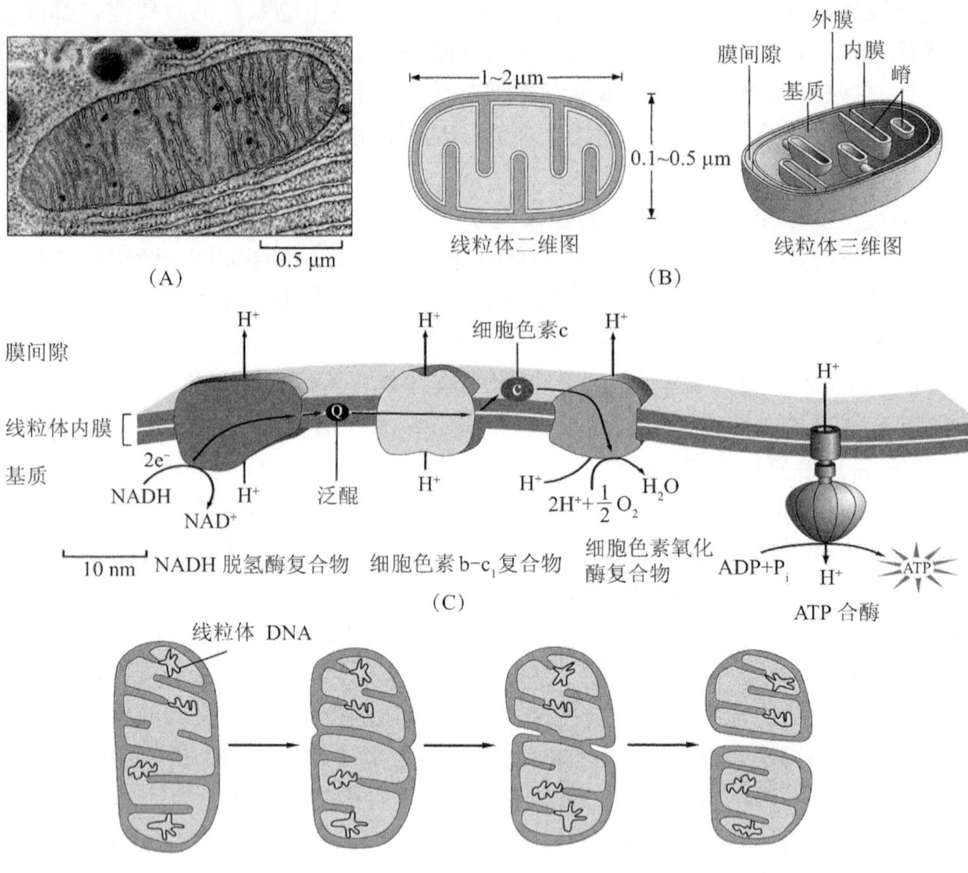

(D)

图 1.10　线粒体的几种图解方式。(A) 电子显微镜下的薄层剖面, 展示了在蝙蝠的胰腺细胞中发现的线粒体。(B) 膜将线粒体分成不同的隔室。外膜形成光滑的囊泡, 而内膜不断包卷形成连绵的嵴。在基质 (内膜之内) 和膜间隙 (内膜与外膜之间) 中有多种蛋白质。(C) 线粒体内膜中参与电子传输链和 ATP 合成的主要蛋白质。这些蛋白质之间一系列复杂化学反应的最终目标是催化生成一种重要的携能分子——ATP。(D) 线粒体 DNA 在线粒体分裂过程中的分配。(A 图取自 D. W. Fawcett, The Cell, Its Organelles and Inclusions: An Atlas of Fine Structure, Philadelphia, W. B. Saunders & Co., 1966; C 图取自 B. Alberts et al., Molecular Biology of the Cell, 5th ed., New York, Garland Science, 2008.)

将卡通图数学化建立定量模型

本书的核心理念之一是生物学的定量数据要求将分子生物学的卡通图数学化。特别是在某些情况下, 只有通过对给定生物学问题建立数学模型, 理论描述与实验数据本身才定量地处于同等地位。在第 19 章中, 我们会给出具体的例子, 即测量基因表达水平与 DNA 上两个结合位点之间距离的函数关系, 如图 1.11 所示。这些数据的力学基础在于特定蛋白质 (乳糖阻遏蛋白) 同时结合在 DNA 的两个位点上, 使 DNA 两个位点之间的片段形成环。结合在 DNA 上的乳糖阻遏蛋白阻止了负责把 DNA 转录为 RNA 的蛋白质机器的结合。这种 (阻遏) 效应的强度可以被定量测量, 实验数据显示阻遏强度以复杂的方式依赖于两个结合位点之间的精确距离。

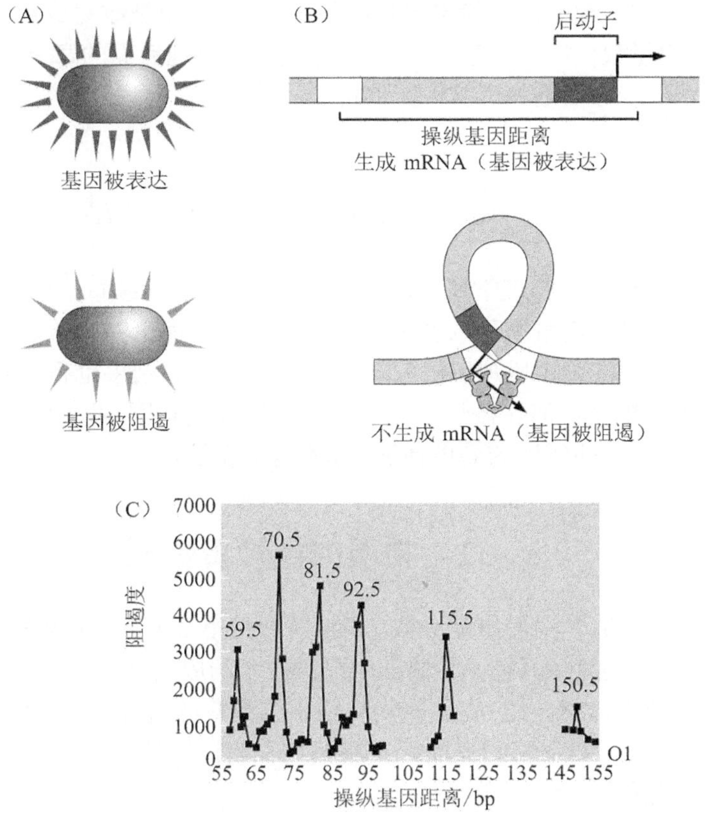

图 1.11 基因阻遏表达的定性和定量说明。(A) 细菌体内有一种基因, 它的表达水平由乳糖阻遏蛋白调控, 这种细菌会以不同的状态存活。当阻遏比较弱时, 该基因被表达, 于是出现大量基因产物。如果这种被调控的基因编码一种荧光蛋白, 在这种基因被表达的时候细菌就会闪闪发光。相反, 当基因被抑制时, 会产生比较少的荧光蛋白, 细菌看上去比较灰暗。(B) 基因被表达或阻遏时 DNA 层面上的事件。在阻遏过程中, 乳糖阻遏蛋白结合到 DNA 上两个不同的操作位点 (白色条带所示) 迫使 DNA 形成环状, 这就阻止了把 DNA 信息复制到 mRNA 的蛋白质机器的结合。(C) 基因阻遏强度的定量测量, 它是两个操作位点之间以碱基对表示的精确距离的函数。(C 数据取自 J. Müller et al., J. Mol. Biol. 257: 21, 1996.)

我们认为描述这一过程的卡通图模型固然可以增进对问题的了解, 却不能为实验数据提供定量依据。例如, 为什么数据中有清晰的周期性尖峰? 为什么峰的高度一开始增加然后减小? 在第 19 章中, 我们将基于统计力学框架得到描述这一过程的数学模型, 该模型能够精确预言数据的形态, 同时也突出显示了尚待探讨的 DNA 力学的某些特征。另外, 通过数学形式的物理建模可以进一步启发新的实验, 从而使我们更好地理解转录调控。几乎在每一章中我们都会重复这一基本理念：对生物系统有趣的定量观测首先被描述为卡通图形式, 然后被改写成数学形式。一旦得到这一模型的数学版本, 我们就用它来检验以前的数据并提出新的实验。

作为上述例子 (后文中将出现更多实例) 的总结, 本章的核心观点是很多分子生物学和生物化学中的卡通图为多种多样的生物现象提供了概念化模型并体现了对这些系统的详细理解, 为了使这些模型能够给出定量的预言, 它们需要被改写成数学形式; 这符合我们的追求目标: 定量数据需要定量模型。于是, 我们可以把后面的章节看作描述分子生物学和生物化学中的卡通图是如何被“翻译成数学形式”的。

1.4 定量模型及理想化方法

自然界的定量模型是物理学研究的核心内容, 本书的后续章节将阐述这一理念是如何延伸到生物学中的。定量模型的特征在于它能够带来理论与实验之间丰富的交叉, 定量模型的结果可以用实验手段加以研究, 同时, 新奇的实验结果也召唤新理论的产生。为了阐述特定的关键模型如何在截然不同的情况中被反复利用, 我们将考虑自然科学中最基本的物理模型之一, 即所谓的简单弹簧 (亦称为谐振子)。

1.4.1 物质的类弹簧性质

弹簧的概念来自数学中的泰勒级数 (详细解释见第 5.4 节“模型的数学”) 和物理学中胡克定律的融合 (胡克还开创了生物学中显微技术的应用并创造了“细胞”这个词)。这些内容将在第 5 章中详细介绍, 在此我们只限于解释它的概念框架。所有“弹簧”蕴含着共同的基本数学观念, 即系统的势能可以用偏离平衡位置的微小位移的二次函数很好地近似。数学表达式为

$$\text{势能} = \frac{1}{2}kx^2 \tag{1.1}$$

式 (1.1) 说明势能随着偏离平衡位置的位移 x 以平方的形式增加, “刚度” k 是系统偏离平衡位置的难度的度量, 并反映了弹簧自身的材料性质。

另一种理解弹簧的方法是认为弹簧的回复力正比于相对于平衡位置的位移。这种观点可以写成数学表达式

$$F = -kx \tag{1.2}$$

式中, F 是回复力; x 是相对平衡位置的位移; k 就是所谓的劲度系数 (刚度); 负号表示作用力是指向平衡位置 ($x = 0$) 的回复力。此即众所周知的胡克定律。按这种方式陈述, 给人们留下这样的印象, 这类物理模型是对光滑桌面上由弹簧连接的物块的抽象。但是科学家根据经验发现这一数学模型自然而然地产生于很多种不同的实际情况中, 如图 1.12 所示。

通读本书会发现, 生物学中的弹簧常常以不同的面貌出现。从技术角度来看, 很多用于研究高分子及其组装体的重要单分子实验都援引这种描述。光镊和原子力显微镜都可以精确无疑地映射为弹簧问题。然而, 图 1.12 所示的很多意想不到的实例都可以被转化成在数学上与上述简单弹簧等价的问题。例如, DNA 的弯曲、游动精子鞭毛的拍打甚至

细胞膜的涨落都可援引简单弹簧模型。对于这些力学过程，我们可以很直接地看到弹簧的观念是如何被应用的，而简单弹簧模型的威力在研究非力学问题的时候才能被真正地揭示出来。例如，当讨论细胞中的生化反应时，我们想象分子沿着"能量曲面"运动，并在势阱中累积，有关简单弹簧的数学知识可以帮助我们理解控制这些生化反应的速率。谐振子和势阱的观念也能够帮助我们探索蛋白质构象的变化。更抽象地是，在某些有趣的基因网络中，我们惊异地看到随时间变化的基因表达也可以用简谐振子的数学来描述。

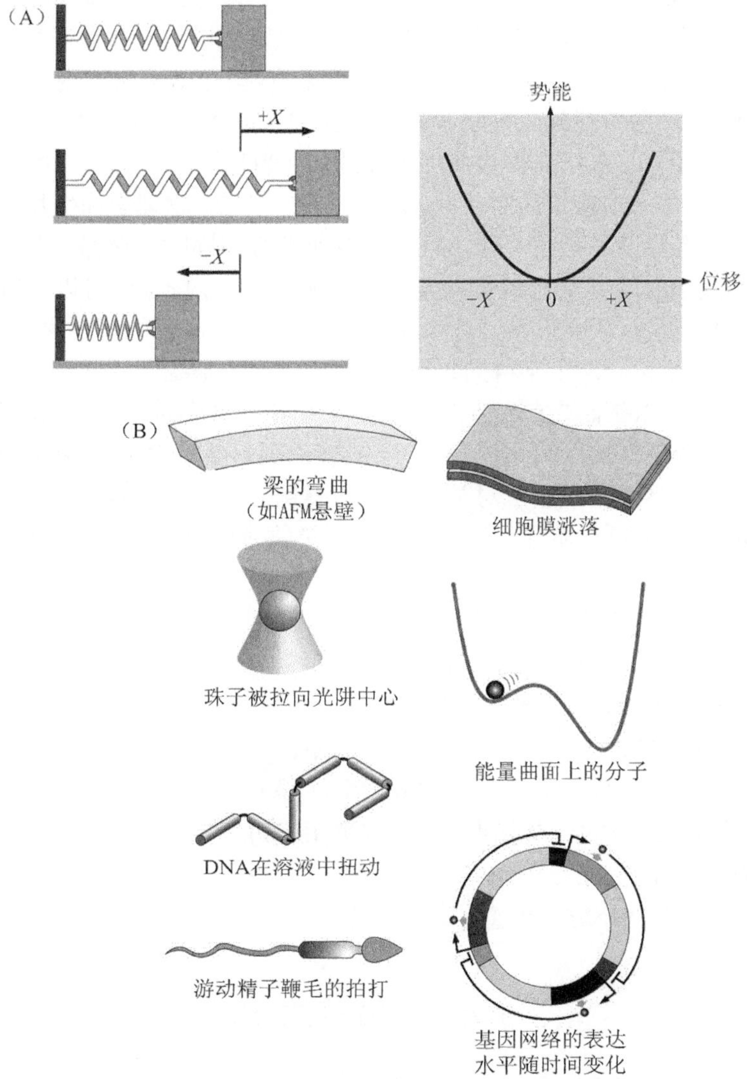

图 1.12 弹簧的概念用于生物学建模的几种不同方式。(A) 谐振子的经典物理表示。简单弹簧的一端连接到固定墙壁上，另一端连接一个物块，物块可以在无摩擦的桌面上滑动，物体的位置随弹簧的伸长和压缩 而改变。最下面的图表明弹簧的势能是物体位置的函数。当弹簧处于松弛的自然状态时，势能达到最小值。(B) 简谐振子在生物系统中的多种呈现形式

1.4.2 基本物理模型

本书的整体战略是把基本的物理思想应用于尽量广泛的生物学问题中。通过仔细研究分析生物学数据包含的定量假设, 我们已经清楚地知道, 少数几种基本的物理模型通常足够用来为多种定量生物学数据提供严格的解释框架。

我们确信除谐振子之外, 只有不到 10 种关键的物理概念需要掌握。那些理解这些概念并喜欢把它们应用于生物学的科学家获得了有力的理论框架解决一些重要的、尚待解释的问题。我们并不认为这一组广泛深刻的物理模型足够解释生物学中的所有现象, 而是认为对那些完全能够被某种物理模型定量解释的观测, 就不再需要进一步推测某些无法识别的机制, 而那些不能被当前物理框架接受的数据才迫切需要我们去研究和探索。

我们对这些概念的选择纯粹是实用主义的。因为我们既不想写一本探索所有物理学内容的书, 也不想写一本探索所有生物学内容的书。当今, 物理学和生物学交叉领域中最前沿的研究工作需要科学家在一门学科受过专业训练的同时掌握另一门学科的知识。目前在这两个领域学习的学生有机会探索两个领域的细节内容, 也可以了解它们之间的互补性及相互联系。本书写给如下三类读者: 对生物学感兴趣的物理学家, 对物理学感兴趣的生物学家, 致力于钻研两个学科的兴趣广泛的学者。希望我们的这些观念能够为那些与生物学需求直接相关的某些关键性物理概念提供实用的基础。同时, 我们也希望提供足够多的生物现象的具体实例, 以便物理学家能够识别出生物学中尚待解决的重要问题。

本书的主体包括细节剖析、对基本概念的案例分析、并以展示这些概念的应用作为结束。如上所述, 本书每个单独的章节关注某一类物理模型。其中关键的物理基础如下:

- 简谐振子 (第 5 章)
- 理想气体和理想溶液模型 (第 6 章)
- 二态系统和伊辛模型 (第 7 章)
- 无规行走、熵和高分子结构 (第 8 章)
- 溶液中电荷的泊松–玻尔兹曼模型 (第 9 章)
- 一维梁和二维膜的弹性理论 (第 10、第 11 章)
- 牛顿流体模型和纳维–斯托克斯方程 (第 12 章)
- 扩散和无规行走 (第 13 章)
- 化学动力学的速率方程模型 (第 15 章)

1.4.3 估算的作用

在这个计算技术高速发展的时代, 当我们处理一个全新的问题时, 总是倾向于包含完备的数学复杂性。然而本书所倡导的精神体现在阿基米德之死的这个故事中, 尽管这个故事可能是杜撰的。普鲁塔克 (Plutarch) 给我们讲述了这个故事：当罗马军队入侵锡拉丘兹 (Syracuse) 的时候, 阿基米德正用一根小树枝在沙地上演算, 他深深地沉浸在其中。一个罗马士兵看到他并要他说明自己的身份, 阿基米德告诉这个士兵要先等他完成演算, 于是这个士兵刺死了阿基米德, 导致有史以来一个最伟大的科学家过早的非正常死亡。我们重述这个故事的目的是为了向大家提示本书将要叙述的许多模型和估算中的数学特征(但希望少出现如此悲惨的个人结局)。特别是, 如果一个模型的结果可以用小树枝在沙地上完成的计算来获得, 而不需要复杂的计算和详细的参考资料, 那么我们就认为这个模型有适度的复杂性, 可以帮助我们建立直观图像和深刻见解。

本书从头到尾将反复利用估算方法培养对生物结构和生物过程有关数字的感觉 (以下简称为“数觉”)。这种哲学直接来自于生物学传统, 由遗传学先驱芭芭拉 · 麦克林托克阐述, 她强调培养“对生物的感觉”非常必要, 对她本人来讲, 这个生物是指玉米作物。我们相信定量的直观印象是对生物建立感觉的一个关键要素。事实上, 我们认为模型的建立是一系列难度逐渐增加的过程, 开始是对相关数值做一个简单的估算从而建立感觉, 然后构造通常可以解析求解的玩具模型, 接下来就要建立真实度更高的模型, 这些模型通常需要数值求解。估算应该足够简单, 简单到写在一个信封的背面或者用小树枝写在沙地上就足以完成。本着这一目的, 在估算中我们很少用到一位以上的有效数字。简单明晰的估算自然会损失精度, 如估算得出一个系统中有 100 个分子而精确测量得到的数目是 42。总的来说, 如果估算值和测量值在同一数量级, 我们就认为这种估算是成功的。如果估算值偏离太多, 就很清楚地表明我们用了不正确的假设, 同时这使我们有机会学到所关注的问题以外的知识。

我们本着这样的准则撰写书中的大部分内容: 最接近对某一现象的完全理解, 并不意味着对这一问题能够进行充分的数值模拟, 而是能够对我们感兴趣的量及其相关数值产生感觉。

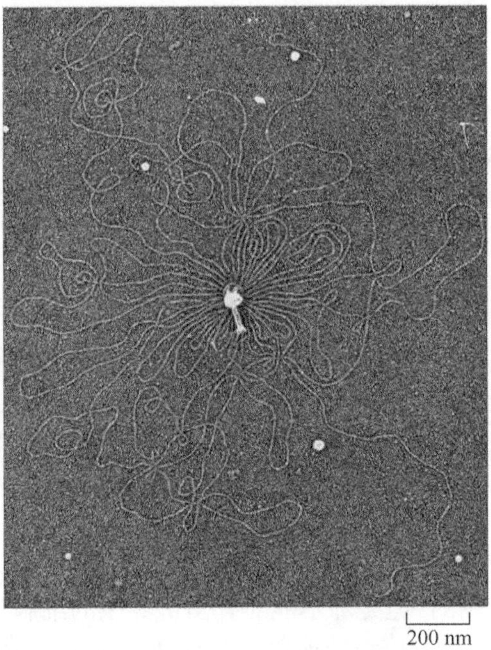

图 1.13 一个摆脱了衣壳束缚的噬菌体基因组的电子显微镜图片。通过观察随机扩展的 DNA 尺寸并利用高分子物理学的简单结论可以估算 DNA 基因组的尺寸。在第 8 章中我们将给出这类计算。(取自 G. Stent, Molecular Biology of Bacterial Viruses, San Francisco, W. H. Freeman, 1963.)

《生命》杂志封面有关估算的威力和巧妙性的重要故事之一与泰勒有关。在发明原子弹技术的早期, 第一次爆炸产生的能量被视为军事机密。但作出这些决定的人又透露出一些关于爆炸的照片, 这些照片显示了火球的半径随时间的变化。基于登载在《生命》杂志封面上的如此贫乏的信息, 泰勒利用流体力学原理估算出了爆炸产生的能量, 这一估算与当时还是机密的实际能量数值非常接近。

有趣的是, 这种物理科学文化史中的逸事在生物科学中也曾发生过。图 1.13 是电子显微镜用于生物学早期研究得到的令人振奋的结果。通过观测破裂的细菌病毒 (噬菌体) 中 DNA 占据的物理区域, 同样可以对噬菌体 DNA 基因组的尺寸进行简单的估算。

为什么数字如此重要? 为什么知道大肠杆菌细胞中控制某种基因表达的特定分子的拷贝数是有益的? 估算游动细胞前缘肌动蛋白的聚合速率有什么用? 知道给定蛋白质扩散 1 mm 所用的时间有什么价值? 首先, 简单估算作为一种检验真实性的方法, 可以让我们知道对一个系统工作方式的印象是否合理。其次, 数觉告诉我们哪些物理约束起作用。例如, 知道了细菌的大小和它们的游动速度, 我们可以构造一个特征数 (雷诺数) 来表明加速度在游泳动力学问题中的重要程度。类似地, 知道特定的 DNA -结合蛋白 (控制某种基因表达的转录因子) 的数量, 可以告诉我们涨落在基因表达过程中的重要性。

1.4.4 关 于 出 错

当我们进行简单的定量估算, 或是试图为一个生物学过程中的某种特性建立简单的数学模型时, 经常会担心我们的估算和模型是“正确的”还是“错误的”。至少有 4 种不同的方式可以判定一个模型是“错误的”, 但是我们相信犯每种类型的错误都是有价值的经历。

第一类错误模型失败的原因是使用了不恰当的基本物理模型来抽象描述特定生物问题的某一侧面。这种错误类似提出这样的问题: 敞篷小货车里能装下多少时间? 研究者很快会了解到这种模型给出的预言和真实实验或他所关注的生物学现象没有任何关系。任何人在开始学习把生物学中复杂的事物进行抽象的过程中, 都会不可避免地犯这种错误。而随着时间的推移和经验的积累, 这种错误也会逐渐地减少。

第二类错误模型失败的原因是它没能包含系统中足够多的细节。例如, 当试图预测大肠杆菌在水中能游多快时, 我们可以写出一个方程正确地预测其平均速度的数量级, 却不能提供任何要素来预测速度怎样随时间变化。这种错误, 与其说是错误, 不如说是不完整。正如我们讨论过的, 为了足够简单而有助于建立直观图像, 物理模型的不完整性实际上是非常重要的。一个与系统本身的复杂程度相似的模型也许能够给出非常精确的预言, 但对促进理解并没有帮助。

第三类错误模型对不同的物理要素之间的相对重要性做了不恰当的假设。虽然这种模型在数学上可以是正确的, 但是却不能对真实世界中的细胞行为作出正确预测。例如, 如果一个游动的大肠杆菌细胞停止转动它的鞭毛, 那么它接下来的运动轨迹将由惯性、黏性阻力和布朗运动联合控制。如果建模者的主要经验来自大型物体 (如潜艇或鱼类) 的流体动力学, 就会倾向于忽视布朗运动的贡献, 而后者恰恰是这种情形下细菌行为的决定因素。通过对生物系统的逐渐熟悉, 直接比较模型预测的数据和真实实验数据来不断完善模型, 通常可以克服这种困难。

第四类错误模型是我们最喜欢的。它们可以促进突破性实验的产生。当对某生物系统非常熟悉的人结合正确的基本物理模型为这个系统建立了一个定量模型, 并使用了相关参数正确的数量级, 但由此却作出明显错误的预测, 通常来讲, 这是学习有关这一系统新知识的绝好机会。当人们发现有些东西没道理, 有些东西使人困惑, 或者缺失了某些东西的时候, 科学才有进展。我们希望本书的读者对建立正确模型有足够的信心, 以便于当发现所建立的恰恰是这类错误模型时, 能够抓住机会, 作出新的科学发现。

1.4.5 生物学中的经验数据

精通任一领域都需要了解该领域的若干关键事实。对应用量子力学的物理学家来讲, 这意味着要知道氢原子的基态能量、电子电量、普朗克常数和其他一些关键物理参数。在物理生物学中, 同样要知道一组数字作为诸如用小树枝在沙地上做简单估算的基础。本着这种精神, 我们在表 1.1 中列出了对思考细胞的物理生物学问题有帮助的一些数字。在接下来的各章中, 当我们面临新问题时, 这些关键数字可以帮助我们养成首先进行定量估算的习惯。

在后面各章中, 我们将反复参考某些经验数据, 诸如大肠杆菌细胞的体积是 1 μm^3, 物理生物学中自然的能量尺度是 k_BT (玻尔兹曼常数乘以开尔文为单位的室温, 约为 4 pN·nm)。把自然的能量尺度以皮牛和纳米的形式来表示是非常方便的, 如考虑沿 DNA 运动的蛋白质分子马达产生的力。这种自然的能量尺度也可以表示成其他单位, 这依赖于我们所做计算的类型。当考虑与电荷和电有关的过程时, 记住 k_BT 约等于 25 meV (毫电子伏) 会更方便。当考虑生化反应的时候, 更多的是把 k_BT 表达成生化单位, 像 0.6 kcal/mol (千卡每摩尔) 或 2.5 kJ/mol (千焦每摩尔)。

表格 1.1 中给出的经验数据将作为粗略估算的基础, 这种估算可以用小树枝在沙地上实现, 而不需要参考书籍、论文或数据表格。这些数字是从哪里来的呢? 它们当中的每一个都来自于一系列不同实验的观测结果。现在, 我们先简单地承认它们的值, 本书后面将给出大量实验来说明这些测量是如何进行的。我们要了解这些数字精确到何种程度? 在上文中提到过, 只要数值估算的数量级正确, 我们就会满意。本着这个目的, 我们做了一些粗略的简化。例如, 考虑蛋白质和组成它们的氨基酸, 我们经常采用简约原则, 把氨基酸的质量都近似地看作 100 Da (道尔顿或克每摩尔)。事实上, 真实的氨基酸的质量有一个很宽的范围, 为 75~204 Da 不等。同样, 表 1.1 中的其他数字仅仅表示粗略的平均值, 它们可以作为定量估算的出发点。通过接下来各章中不断给出的实例, 我们会越来越熟悉这些数值。

表 1.1　用于生物学估算的经验数据

	感兴趣的量	符号	经验数据
大肠杆菌	细胞体积	$V_{E.coli}$	$\approx 1\mu m^3$
	细胞质量	$m_{E.coli}$	$\approx 1pg$
	细胞周期时间	$t_{E.coli}$	$\approx 3000s$
	细胞表面积	$A_{E.coli}$	$\approx 6\mu m^2$
	基因组长度	$N_{bp}^{E.coli}$	$\approx 5\times 10^6 bp$
	游泳速度	$v_{E.coli}$	$\approx 20\mu m/s$
酵母	细胞体积	V_{yeast}	$\approx 60\mu m^3$
	细胞质量	m_{yeast}	$\approx 60pg$
	细胞直径	d_{yeast}	$\approx 5\mu m$
	细胞周期时间	t_{yeast}	$\approx 200min$
	基因组长度	N_{bp}^{yeast}	$\approx 10^7 bp$
细胞器	细胞核直径	$d_{nucleus}$	$\approx 5\mu m$
	线粒体长度	l_{mito}	$\approx 2\mu m$
	运输小泡的直径	$d_{vesicle}$	$\approx 50nm$
水	分子体积	V_{H_2O}	$\approx 10^{-2}nm^3$
	密度	ρ	$1g/cm^3$
	黏度	η	$\approx$ 1centipoise$[10^{-2}g/(cm\ s)]$
	疏水嵌入能	E_{hydr}	$\approx 25cal/(mol\ Å^2)$
DNA	每个碱基对的长度	l_{bp}	$\approx 1/3nm$
	每个碱基对的体积	V_{bp}	$\approx 1nm^3$
	电荷密度	λ_{DNA}	$\approx 2e/0.34nm$
	驻留长度	ξ_P	$\approx 50nm$
氨基酸和蛋白质	“平均”蛋白质的半径	$r_{protein}$	$\approx 2nm$
	“平均”蛋白质的体积	$V_{protein}$	$\approx 25nm^3$
	“平均”氨基酸的质量	M_{aa}	$\approx 100Da$
	“平均”蛋白质的质量	$M_{protein}$	$\approx 30\,000Da$
	细胞质中的蛋白质浓度	$c_{protein}$	$\approx 300mg/mL$
	蛋白质马达的特征力	F_{motor}	$\approx 5pN$
	蛋白质马达的特征速度	v_{motor}	$\approx 200nm/s$
	“平均”蛋白质的扩散常数	$D_{protein}$	$\approx 100\mu m^2/s$
双层脂质膜	脂质双层膜的厚度	d	$\approx 5nm$
	每个分子的面积	A_{lipid}	$\approx \frac{1}{2}nm^2$
	脂质分子的质量	m_{lipid}	$\approx 800Da$

1.5　总　　结

当我们用物理思想定量思考生物学问题时, 有两个至关重要的技巧。第一, 生物系统必须用基本的物理模型来描述, 这样有助于清楚地阐述生物系统的行为。不到 10 种基本物理模型就可以为很多我们关注的生物学问题提供宽广的解释框架。第二, 恰当的定量估算能够给出关于生物过程中尺寸、数量、时间尺度和能量的预测, 可以作为判断我们对系统的抽象认识是否合理的检验标准, 并且可以预测哪种实验能给出有用的信息。掌握了这两种技巧, 研究者就可以把来自生物学实验的大量详细定量数据系统化并决定到何处去寻找科学上的突破。

1.6 延伸阅读

Alberts, B, Johnson, A, Lewis, J, et al. (2008) Molecular Biology of the Cell, 5th ed., Garland Science. 为本书提供了大部分生物学背景知识。

Schaechter, M, Ingraham, JL, & Neidhardt, FC. (2006) Microbe, ASM Press. 加深了对微生物领域的认识。

Stryer, L (1995) Biochemistry, 5th ed., W. H. Freeman and Company. 充满了有趣的真知灼见, 而且表达方式十分清晰。

Schleif, R (1993) Genetics and Molecular Biology, The Johns Hopkins University Press. 以一种实用而有趣的定量化方式从生物学角度更深刻地讨论了本书的部分主题。

Vogel, S (2003) Comparative Biomechanics–Life's Physical World, Princeton University Press. 展现了生物学和物理推理的精彩结合。

本书发展的物理生物学精神在其他书中也有描述, 其中我们最欣赏的是:

Dill, K, & Bromberg, S (2003) Molecular Driving Forces, Garland Science. 充满了深刻的见解及精妙而又耐人寻味的建模思想。

Boal, D (2002) Mechanics of the Cell, Cambridge University Press. 阐明了用物理推理解决生物学问题的方法。各章的习题很多都是分析有趣的生物学问题的起点。

Howard, J (2001) Mechanics of Motor Proteins and the Cytoskeleton, Sinauer Associates, Inc. 信息和概念的宝库。

Nelson, P (2004) Biological Physics: Energy, Information, Life, W. H. Freeman and Company. 讨论了生物学和物理学交叉领域中十分丰富的主题。

Benedek, GB, & Villars, FMH (2000) Physics with Illustrative Examples from Medicine and Biology, 2nd ed., Springer-Verlag, Inc. 包含了从 Luria-Delbruk 实验到动作电位等知识的真知灼见。

Sneppen, K, & Zocchi, G (2005) Physics in Molecular Biology, Cambridge University Press. 用一系列插图来描述物理和数学推理如何为生物学问题提供深刻见解。

Jackson, MB (2006) Molecular and Cellular Biophysics, Cambridge University Press. 涵盖了很多主题, 尤其强调离子通道和细胞的电性质。

Waigh, TA (2007) Applied Biophysics, John Wiley and Sons. 题材广泛, 某些主题与本书重叠。

Harte, J (1988) Consider a Spherical Cow, University Science Books. 展示数量级估算是如何用来分析复杂问题。感兴趣的读者可以阅读 Consider a Cylindrical Cow (University Science Book, Sausalito, California, 2001)。

Goldreich, P, Mahajan, S, & Phinney, S, Order-of-Magnitude Physics: Understanding the World with Dimensional Analysis, Educated Guesswork, and White Lies, online book. 表明估算无论对生物学还是物理学都非常有用。

Cohen, J (2004) Mathematics is biology's next microscope, only better; Biology is Mathematic's next physics, only better.

PLoS Biology **2**, e439. 讨论了定量推理如何丰富生物学, 而生物学又如何充实数学。

1.7 参考文献

Bray, D (2001) Reasoning for results, *Nature* **412**, 863. Source of Darwin quote at the beginning of the chapter.

Darwin, F (ed.) (1903) More Letters of Charles Darwin: A Record of His Work in a Series of Hitherto Unpublished Letters, Volume I, John Murray.

Fawcett, DW (1996) The Cell, Its Organelles and Inclusions: An Atlas of Fine Structure, W. B. Saunders and Company. Fawcett's atlas is full of wonderful electron microscopy images of cells.

Müller, J, Oehler, S, & Müller-Hill, B (1996) Repression of *lac* promoter as a function of distance, phase and quality of an auxiliary *lac* operator, *J. Mol. Biol.* **257**, 21.

Stent, G (1963) Molecular Biology of Bacterial Viruses, W. H. Freeman and Company, San Francisco.

2 细胞和生物体的空间尺度和构造方案

尽管不是每个人都意识到了这一点,
所有的细胞生物学家都对两种细胞感兴趣:
一种是他们正在研究的细胞, 一种是大肠杆菌。
——奈德哈特

本章概览: 研究细胞尺寸以及细胞内容物的性质

细胞的形状和尺寸千差万别。然而, 细胞的分子组分却有许多共同特征, 这反映出生命背后的生化统一性。本章将引入大肠杆菌来作为生物学标尺。它们将成为我们初步考察各种细胞的基准, 并让我们对细胞尺寸及其内容物的性质有感性认识。通过简单的估算, 我们将粗略获得细菌基因组的尺寸、脂质和蛋白质的数目以及核糖体的含量。有了由大肠杆菌揭示出来的知识, 我们将以单个细胞的尺度为起点, 向下和向上考察不同数量级的尺度范围: 向下考察细胞内的细胞器、高分子的组装体 (包括核糖体和病毒等) 以及主导细胞生命活动的分子机器; 向上考察多细胞形成的生物结构, 我们将强调细胞 (包括细菌生物薄膜和大脑中的神经网络) 是如何相互作用的。

2.1 剖析大肠杆菌

早期诸如亚里士多德书写的文字记录表明自然科学观察者几千年来一直对生命过程感兴趣。早期的思想家对生命的本质和生命的“最小”单元感到好奇, 对于后者, 他们采用类似理解物质的基本单元的思考方式。正如物理学家们普遍认同物质的基本单元是原子 (至少对化学反应是如此), 生物观察者认同生命的最小单元是细胞。小于细胞的有机体不可能有普遍共识意义上的生命, 也没有理由将生命的形式定义为多细胞生物, 而排斥单细胞生物。

细胞能够消耗其周围环境中的能量, 并利用这些能量产生有序的结构。它们还能利用其周围环境中的能量和材料来产生新的细胞。生命的标准定义包含新陈代谢 (即从周围环境中消耗和利用能量) 和自我复制 (即产生像生命体自身的后代) 的特征。简言之, 细胞就是能够自我复制的最小单元 (病毒虽然也能够复制, 但却依赖其感染的宿主细胞为其提供一套复制机器)。

17 世纪胡克 (Hooke) 和范・列文胡克 (van Leeuwenhoek) 通过显微镜观察认识到细胞是生物组织的基本单元。这个理念在 19 世纪中叶被施旺 (Schwann)、施莱登 (Schleiden) 和威尔丘 (Virchow) 作为现代细胞学说提出, 稍后巴斯德 (Pasteur) 以及后来的研究者不断确认该理论。现代生物学家认为一切生命均以细胞作为它们的组织基础; 也一致认可地球上的所有生物在几十亿年前拥有共同祖先 (或者准确地说, 是一些共同祖先组成的群体), 它们也是由细胞构成的。

为了理解支配新陈代谢、复制甚至更为普遍的生命现象的基本规律, 使用不同类型的细胞做实验来探索这些机制所得到的结论应该是一样的。然而, 出于实用的原因, 生物学家将目光集中在一些特定类型的细胞上, 用它们来阐明一般规律。在这些细胞中, 寄生于人类消化道中的大肠杆菌在生物学家的实验室中无疑是最有用、最重要的典型生物。

大肠杆菌的一些特点正是它们具有巨大用途的原因, 也使它们反复成为新发现的源泉。首先, 大肠杆菌容易分离, 因为它们在人类的排泄物中大量存在。不像寄居于人类结肠中的大多数其他细菌, 大肠杆菌在有氧气存在的情况下仍然能够很好地生长。在实验室, 大肠杆菌复制迅速, 并且很容易通过改变其周围环境 (包括改变营养物) 进行调节。其次, 人们可以根据近乎标准的程序操控这些细胞从而产生突变体 (如通过使用放射线和化学物质来刺激)。突变体是指那些与自己的亲代或该物种的野生个体不同的生物体, 这是因为其 DNA 序列的特定改变导致了具有生物学意义的差别。例如, 大肠杆菌通常能够合成嘌呤, 以便能够以糖为原料来生产 DNA 和 RNA。但是大肠杆菌的某些突变体因缺乏这些合成途径上的酶而失去了自身制造嘌呤的能力, 故它们依赖于喂食嘌呤分子的前体物质。人们更熟悉也更恐惧的突变后果是细菌获得了抵抗抗生素的能力。本书通篇我们将不断使用一些生物学现象作为例子来说明与生命有关的普遍物理原理。我们将经常求助于大肠杆菌, 因为某些实验正是在这种生物上进行的。甚至, 当我们在其他细胞或生物体上做实验时, 大肠杆菌也经常能为我们提供丰富的思想。

2.1.1　细菌标尺

选择大肠杆菌作为标尺

我们将讨论许多不同种类的细胞, 它们像大肠杆菌一样具备一些生物学基本特点: 把从环境中获得的能量转化为自身结构的有序性, 并使自己的物种得以延续。在地球上, 人们观察到, 细胞得以生存需要一些最起码的条件, 这些条件在物理上并不是绝对必需的, 然而在我们这个星球上的竞争性环境中, 所有幸存的细胞都具有这些共同特征。这些特征包括基于 DNA 的基因组、将 DNA 转录成 RNA 的机制以及随后利用核糖体将 RNA 序列中的信息转化成蛋白质序列和蛋白质结构的翻译机制。细胞内部存在许多具有有趣功能的亚结构。在比细胞更大的尺度上也存在具有生物学意义的结构, 它们源自多细胞之间甚至不同种群之间的协同作用。本章将从作为生物组织基本单元的细胞开始, 使用大肠杆菌作为参照标准和标尺, 以此为起点进行放大和缩小, 从而审视细胞内部较小的结构以及较大的多细胞结构。

图 2.1 展示了大肠杆菌细胞的两个实验图片以及标尺的示意图。图 2.1(B) 表示大肠杆菌具有杆状的形态, 其典型长度为 1~2 μm, 直径为 0.5 ~ 1 μm。我们注意到, 按照其特征长度为 1 μm 来计算, 50 个这样的细胞头尾相接排列起来大致相当于人类头发丝的直径。另外, 如果把这样一个细胞平均切成 500 个相等的小片, 则每个小片的厚度大致相当于 DNA 分子的半径。

注意, 这些细胞的平均尺寸依赖于给它们提供的营养, 在营养丰富的基质中生长的细胞具有较大的尺寸。本书中采用的标准生长条件是一种用化学方法定义的溶液, 生物学家称之为“基本培养基”, 它是多种盐和葡萄糖的混合物, 葡萄糖是其唯一的碳源。在实验室中, 也经常在 “富养基” 中培养细菌, “富养基” 没有严格定义, 它是指从酵母培养物或牛脑一类有机材料中提取的富有营养的混合物。虽然微生物在“富养基”中生长迅速, 但这种培养基很少用于生化研究, 因为它们的具体成分不明确。因此为了一致, 我们主要讨论在基本培养基中的细菌生长实验的结果。

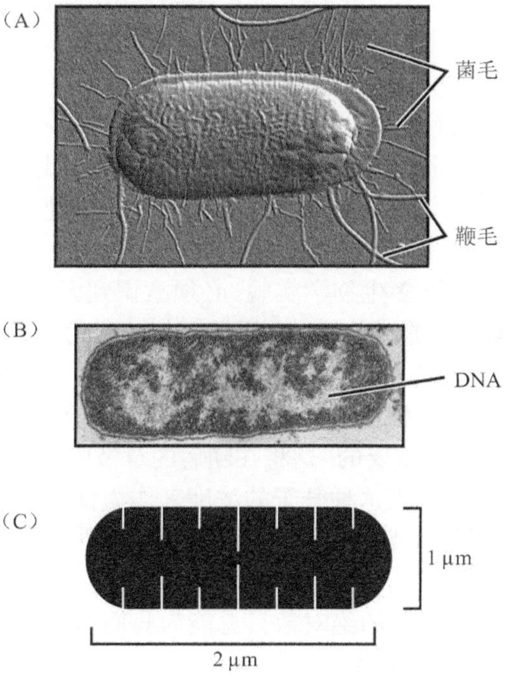

图 2.1 大肠杆菌作为刻画空间尺度的标尺。(A) 大肠杆菌细胞的原子力显微图, (B) 大肠杆菌的电子显微图, (C) 大肠杆菌标尺。(A 蒙 C. T. Lim 惠赠)

因为大肠杆菌在本书的后面章节中充当定量标准的中心角色, 我们进一步说明大肠杆菌的几何形状是有意义的。在某些情形下, 如对比体外实验 (在试管内做的实验) 和体内实验 (在活细胞内做的实验) 时, 需要较好地了解细胞及其内部隔室的几何形状。体外实验结果依赖于各种分子的单体浓度, 而对于体内情况, 我们可能知道细胞中所含的某种分子的数目, 如转录因子的数目 (转录因子是通过与 DNA 结合而调控基因表达的蛋白质)。为了比较这两种图像, 我们需要知道细胞的体积以便在分子数目和浓度之间换算。类似地, 当我们考察膜蛋白在细胞表面的分布时, 我们需要知道细胞的表面积, 以便估算这些蛋白质之间的间隔, 进而了解这些蛋白质之间相互作用的强度。在本书关注的多数情形中, 取大肠杆菌的体积 $V_{E.coli} \approx 1\ \mu m^3 = 1$ fL, 表面积 $A_{E.coli} \approx 6\ \mu m^2$ (参考利用已知的细胞尺寸计算这些结果的例题)。

2.1.2 胞内分子普查

在本节的剩余部分,我们将进行一系列估算,以便掌握大肠杆菌中不同类型分子的数目。我们为什么要关注这些数字?建立任意一个生物学现象的实际物理图像首先需要定量理解相关的单个粒子 (对于生物学现象, 这里指的是分子) 以及这些粒子起作用的空间维度。对细胞内相关的普查最直接的一个结果是让我们认识到细胞内的拥挤程度, 这是第 14 章详细讨论的课题。分子普查将绘制出一幅作为生化反应场所的细胞内部的图像,它与试管内均匀的稀溶液 (体外生化反应的环境) 完全不同。的确, 我们将看到, 典型细胞内的蛋白质分子之间的平均间隔小于 10 nm。

对细胞内的分子进行普查的重要性还在于第 3 章中将使用分子数目来估算细胞周期内高分子的合成速率。基因组的复制有多快? 在细胞周期内蛋白质的平均合成速率有多大? 根据我们对核糖体的了解, 它们是如何保持这一合成速率的? 要着手回答这些问题,一个先决条件是对高分子进行普查。

从根本上说, 为了理解许多生物学实验, 必须意识到大多数实验方法都是对比性的。也就是说, 我们通过比较 “正常的” 行为和受到干扰的行为, 以了解一些可测量的性质是增强了还是减弱了。为了使这些表述有意义, 我们需要知道这些增强或减弱是相对于什么定量基准而言的。在另外一种情形下, 如在谈论细胞包含 “很多” 或 “很少” 的某种分子拷贝时, 分子数目也是特别重要的, 这将在随后的章节中详细讨论。如果细胞含有很多个某种特定分子, 那么适合于用这种分子的浓度来作为预测其细胞功能的基础。但是当细胞只含某种分子较少的拷贝数时, 我们需要考虑随机性对其功能的影响。在许多情况下, 细胞含有某些分子的数目处于有趣的中间状态, 不能立即确定适用于上述哪种情形。无论如何, 知道细胞内所含分子的绝对数目总能为我们提供实际的手段来检查为生物过程建模而做的假设和近似是否合理。

出于这些考虑, 生物学家将许多精力集中在开发对活细胞 (包括细菌和真核细胞) 中的分子进行普查的定量技术方面。本章主要依靠基于简单假设的数量级估算。这些估算通过与实际测量相比较而得到验证。在后面的章节中, 将通过清晰的建模和直接与定量实验相比较而使这些估算得到完善。

估算: 大肠杆菌的分子计数　正如在前一章中所述, 细胞是由一系列高分子、小分子和离子所构成的。为了估算大肠杆菌中的蛋白质分子数目, 我们首先注意到体积为 1 fL 的大肠杆菌细胞的质量大约为 1 pg, 这里我们假定细胞的密度等于水的密度, 即 1 g/mL。实际测量表明细胞的干重大约是其总质量的 30%, 而干重的一半为蛋白质。所以, 细胞中的总蛋白质含量为 0.15 pg。细胞的干重大约有一半是由这些细胞的碳含量贡献的, 基于此, 我们也可以估算出细菌中的碳原子数目, 这一数字的数量级是每个细胞含 10^{10} 个碳原子。对这些估算起关键性突破作用的是佩德森等 (Pedersen et al., 1978) 以及齐默曼和特雷赫 (Zimmerman & Trach, 1991), 他们给出了对细菌进行分子普查的结果。

作为试图揭示细菌内部拥挤程度的第一步, 我们可以估算细菌中的蛋白质分子的数目, 假定每个蛋白质分子平均包含 300 个氨基酸, 每个氨基酸的典型质量是 100 Da。

这些假定将在本章课后习题中得到进一步的研究。利用这些经验数据，我们得到蛋白质分子的平均质量是 30 000 Da。按照换算因子 1 Da≈ 1.6×10^{-24} g, 我们得到典型的蛋白质分子的质量是 5×10^{-20} g。于是每个大肠杆菌细胞所包含的蛋白质分子数目为

$$N_{\text{protein}}=\frac{\text{总的蛋白质质量}}{\text{每个蛋白质分子的质量}}\approx\frac{15\times10^{-14}\,\text{g}}{5\times10^{-20}\,\text{g}}\approx3\times10^{6}\tag{2.1}$$

如果我们粗略地假定一个典型的基因组所编码的蛋白质中有 1/3 为膜蛋白, 则意味着细胞之中的蛋白质分子数量级是 2×10^{6}, 而膜蛋白的数量级为 10^{6}, 注意并不是所有这些与膜有关的蛋白质都是严格意义的跨膜蛋白。

这样估算的另一个有趣的应用是获得核糖体 (合成蛋白质的细胞机器) 的数目的粗略印象。我们可以首先估算核糖体的总质量, 然后除以每个核糖体分子的质量, 从而粗略地估算出核糖体分子的数目。为此, 我们需要知道另一个事实：细胞中 20%的蛋白质是核糖蛋白。如果我们假定这些蛋白质都固定在组装好的核糖体内, 则我们可以估算出核糖体的数目, 需要注意: ①单个核糖体的质量大约是 2.5 MDa; ②核糖体质量 1/3 来自蛋白质, 2/3 来自 RNA, 这些结果读者可以根据核糖体的结构生物学知识直接验证。于是我们可以得到

$$N_{\text{ribosome}}=\frac{0.2\times0.15\times10^{-12}\,\text{g}}{830\,000\,\text{Da}}\times\frac{1\,\text{Da}}{1.6\times10^{-24}\,\text{g}}\approx20\,000\tag{2.2}$$

在第一个分式的分子中, 0.2 是核糖蛋白所占的比例, 0.15 是细胞总质量中所含的蛋白质的比例, 细胞质量为 1 pg。核糖蛋白分子质量约为 830 000 Da, 核糖体的尺寸是 20 nm (“直径”), 因此, 20 000 个核糖体占据的体积约为 10^{8} nm^3, 这是细胞总体积的 10%。

将大肠杆菌细胞理想化成立方体、球或者球柱 (即两端都是半球体中间是圆柱体的形状), 都可以得到细胞的表面积为 $A_{E.coli}\approx6\ \mu\text{m}^2$ (见本章课后习题)。这个结果可以用来估算覆盖在细胞内外膜上的磷脂分子的数目, 即

$$N_{\text{lipid}}\approx\frac{4\times0.5\times A_{E.coli}}{A_{\text{lipid}}}\approx\frac{4\times0.5\times(6\times10^{6}\,\text{nm}^2)}{0.5\,\text{nm}^2}\approx2\times10^{7}\tag{2.3}$$

式 (2.3) 中因子 4 是因为细菌的内外膜都是双分子层, 意味着脂质有效覆盖细胞表面 4 次。脂质双分子层由两层脂质分子组成, 两层脂质分子的尾部相对排列。因子 0.5 是基于我们粗略地估计表面积的一半是由膜蛋白而不是脂质覆盖着的, 我们同样粗略地估计每个脂质分子的面积是 0.5 nm^2。测量出来的每个细胞包含的脂质分子数目的量级也是 2×10^{7}。

单以分子数目而言, 水分子是细胞内的主要物质成分。这个事实受关注的原因之一是, 在细胞分裂过程中, 像大肠杆菌那样的细菌, 每分钟需要吸收巨大数量的水分子。我们这里作出的估算在下一章中将用来研究水的输运问题。为了估算水分子的数目, 我们需要用到以下事实: 水占大约 70%的细胞质量。于是, 水的总质量是 0.7 pg。我们可以求出水分子的近似数目:

$$N_{\mathrm{H_2O}} \approx \frac{0.7 \times 10^{-12}\,\mathrm{g}}{18\ \mathrm{g/mol}} \times 6 \times 10^{23}\text{个}/\mathrm{mol} \approx 2 \times 10^{10} \tag{2.4}$$

了解典型的细菌细胞的无机离子的含量也是有意义的。为此我们假定带正电荷的离子(如K^+) 的典型浓度是 100 mmol/L, 于是可以估算出

$$N_{\mathrm{ions}} \approx \frac{(100\times10^{-3}\ \mathrm{mol}) \times (6 \times 10^{23}\ \text{个}/\mathrm{mol})}{10^{15}\ \mathrm{\mu m^3}} \times 1\ \mathrm{\mu m^3} = 6 \times 10^7 \tag{2.5}$$

这里已经用到了 $1\,\mathrm{L} = 10^{15}\,\mathrm{\mu m^3}$。如果注意到另外一个经验事实, 我们还可以更简单地获得上面的结果, 这个经验事实是, 每个大肠杆菌中 1 个分子对应于大约 2 nmol/L 的浓度。

对大肠杆菌估算的结果总结在示意图 2.2 中。对大肠杆菌的更全面的分子普查可以参考奈德哈特等 (Neidhardt et al., 1990) 的工作。其实验研究结果展示在表 2.1 中, 以便与我们的估算结果作比较。

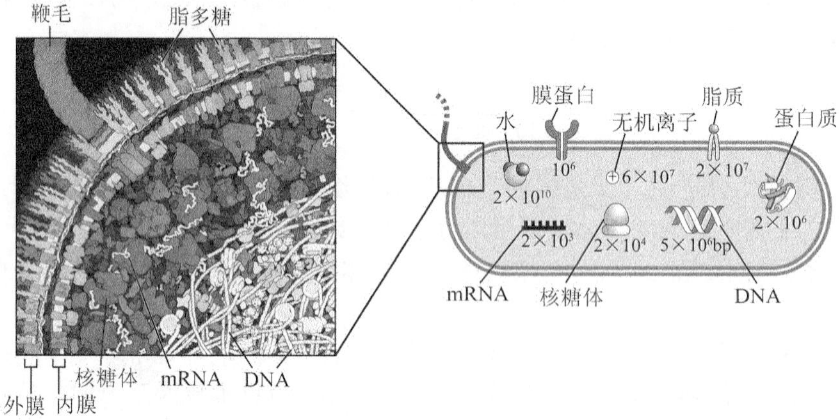

图 2.2 大肠杆菌的分子种类。左图显示细菌细胞拥挤的细胞质。右边的卡通图显示对大肠杆菌中的分子进行数量级估算的结果, 标出了各种分子的大体数目 (细胞内部说明图蒙 D. Goodsell 惠赠)

实验上如何对细胞内进行普查呢? 这个问题我们在以后会多次涉及, 这里先给出一个初步答案。对于大肠杆菌, 图 2.3 所示的凝胶是一个重要方法。在这类实验中, 细胞被打开, 只保留其中的蛋白质成分。使用聚丙烯酰胺基质凝胶将复杂的蛋白质混合物中的各种成分分开。首先, 将蛋白质混合物加到凝胶的一端, 并在凝胶中施加电场, 使得不同的蛋白质在凝胶中迁移, 迁移的速度正比于各种蛋白质所带的净电荷。然后加入一种带电的洗涤剂, 它们结合在这些蛋白质上, 与某种蛋白质结合的洗涤剂的分子数大致正比于这种蛋白质的尺寸, 然后在垂直于第一个电场的方向上施加另一个电场。因为洗涤剂上的净电荷远大于蛋白质上原来的净电荷, 所以在第二个电场方向上的迁移速度正比于蛋白质的尺寸。该程序结束后, 原来混合物中的各种蛋白质就被分解成凝胶中的一系列斑块, 如图 2.3 所示, 带负电荷的大蛋白质位于凝胶的左上角, 而带正电荷的小蛋白质位于右下角。这些蛋白质可以用非特定的染料染色, 这样就可以直接观察到它们在凝胶中的位置

了。凝胶中斑块的强度可以作为确定每种蛋白质数量的基础。将每个斑块从凝胶上切割下来，清洗蛋白质，然后用质谱仪确定蛋白质的尺寸及其氨基酸的含量，就可以确定每个斑块内聚集的是何种蛋白质。类似的技巧可以用来研究 RNA 和脂质的数量，于是可以得到表 2.1 所示的总的普查结果。

表 2.1 大肠杆菌细胞中的分子普查数据 (取自 F. C. Neidhardt et al., Physiology of the Bacterial Cell, Sunderland, Sinauer Associates Inc., 1990以及M. Schaechter et al., Microbe, Washington DC, ASM Press, 2006.)

物质	干重/%	分子数目
高分子		
蛋白质	55.0	2.4×10^6
RNA	20.4	
23S RNA	10.6	19 000
16S RNA	5.5	19 000
5S RNA	0.4	19 000
tRNA (4S)	2.9	200 000
mRNA	0.8	1 400
磷脂	9.1	22×10^6
脂多糖	3.4	1.2×10^6
DNA	3.1	2
胞壁质	2.5	1
糖原	2.5	4 360
高分子总量	**96.1**	
小分子		
代谢物、构造模块等	2.9	
无机离子	1.0	
小分子总量	**3.9**	

细胞内部高度拥挤

我们对细菌的分子进行普查，最重要的意义在于揭示细胞内部的拥挤程度。得益于对大肠杆菌的成分进行的实验研究和估算结果，现在有可能根据分子普查构造出描述细胞内部的示意图。细胞内部的拥挤环境如图 2.2 所示。图 2.2 从不同的侧面给出与任何体内过程有关的拥挤现象。在第 14 章我们将看到这种拥挤效应迫使我们重新思考与化学势、水的性质和扩散性质有关的最简单模型。我们得到的普遍结论是细胞内蛋白质之间以及其组装体之间的间距与这些高分子本身的尺度相当。细胞内部是非常拥挤的。

图 2.2 的定量意义可以通过将这些分子数目转化成浓度来进一步说明。为此，我们回顾大肠杆菌细胞的体积是 1 fL。由此分析得到的经验规律是 2 nmol/L 的浓度大体相当于细菌的体积内包含一个分子。于是，浓度为 2 μmol/L 意味着细胞内有 1000 份拷贝。一个大肠杆菌细胞中某类分子的数目与浓度的函数关系展示在图 2.4 中。

我们可以直接利用这些浓度来计算分子之间的平均间距。也就是说，对于给定的浓度值，就有对应的分子间平均距离。了解这个距离，可以帮助我们考虑不同的分子组分之间由于扩散相遇而发生反应的概率。如果设想对应于给定浓度值的那些分子分布在立方

格点上, 那么这些点之间的平均距离为

$$d = c^{-1/3} \tag{2.6}$$

式中, c 是所涉及的浓度, 以单位体积内的分子数目来表示。浓度越大意味着分子间距越小。这个关系表示在图 2.4(B) 中, 它是以纳米为单位的平均间距和以纳摩为单位的浓度之间的关系。

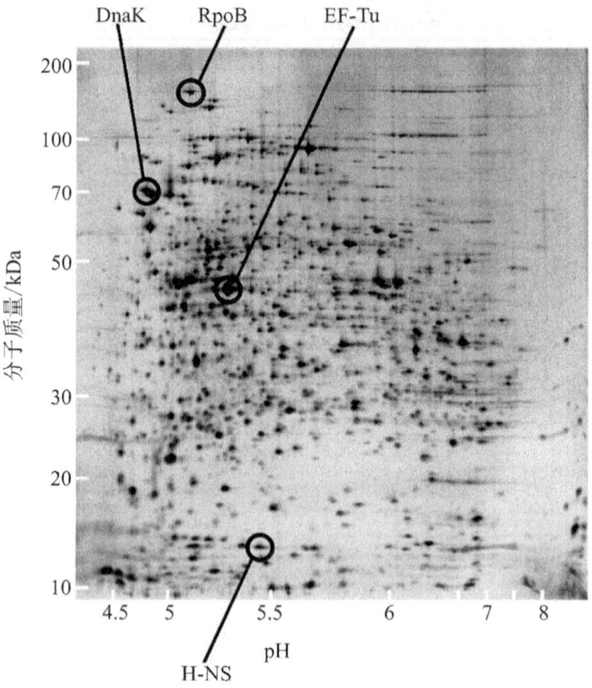

图 2.3 细胞的蛋白质普查。使用二维聚丙烯酰胺凝胶电泳法对大肠杆菌进行蛋白质普查。每个斑块代表一种具有特定尺寸和电荷分布的蛋白质。图上标出了几种著名的细菌蛋白质所形成的斑块 (版权属于瑞士生物信息研究所)

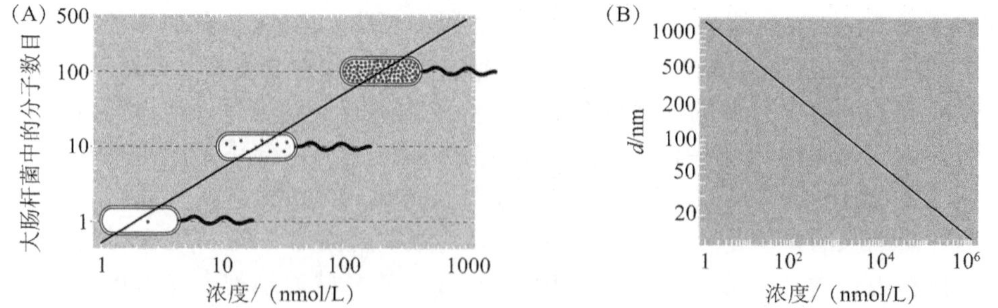

图 2.4 浓度的物理意义。(A) 以大肠杆菌的体积作为标准计算浓度, 即大肠杆菌包含的某种分子的数目与浓度的函数关系。(B) 相邻分子的间距 d 与浓度的关系

2.1.3 考察细胞内部

本章剩余部分将以大肠杆菌作为参考, 集中讨论构成细胞和有机体的各种结构。首先我们了解获取这些结构知识的实验技术。其次, 建立模型也需要事实。为此, 我们常常以实验为建立模型的基础。“相关实验”将集中讨论如何研究和测量生物结构。

相关实验: 探测生物结构 为了估算细胞和细胞器, 我们需要从一系列实验研究中抽取“典型的”结构参数。虽然对这种实验的设计和装置的描述要使用更为专业的语言, 我们的目的是提供足够的细节, 至少可以令读者看到本书中用到的一部分生物结构方面的事实是怎么得到的。主要强调两大类实验: ①将某种形式的辐射作用于所要研究的结构; ②将外力施加在所要研究的结构上。

图 2.5 给出了三种不同的实验方法, 每种方法都揭示了生物结构的不同侧面。结构分析的一个主要工具是光学显微镜。图 2.5(A) 展示光如何在内部分布有荧光分子的样品内激发出荧光。该例子给出的是沿长度方向分布了荧光团的微管。具有特定波长的入射光子被荧光团吸收, 荧光团受激发而发射出另一个波长的光, 后者被探测出来。因为只对微管使用荧光团进行选择性标记, 所以在显微镜下查看细胞时只有微管被观察到。这些实验可以用来确定所要研究的结构的尺寸、数量和位置。通过对单个荧光团的发光强度进行标定, 就可以对细胞中的许多重要蛋白质进行单分子普查。这项实验技术的例子可以参见 Wu 和 Pollard (2005)。

原子力显微镜则从完全不同的侧面揭示细胞及其组成部分的结构。在第 10 章将要介绍, 原子力显微镜的主要部件是一个悬梁, 末端带有一个尖锐的探针。工作时, 探针非常接近所要研究的结构的表面, 并在表面进行扫描。操作原子力显微镜的一种方式是将探针上下移动, 使作用于探针上的力保持恒定。这等同于需要根据探针在 x-y 平面上的位置来连续地调整其高度, 高度作为探针在 x-y 平面上的位置的函数。悬臂位移的非均匀斑图可以用来刻画所研究的结构的形貌。图 2.5(B) 展示了原子力显微镜扫描一个典型的成纤维细胞的原理, 以及该细胞的相应图像。

图 2.5(C) 示意性地给出了 X 射线或电子束被生物结构散射的方式。该图展示入射的平面波与生物样品作用, 然后产生出与入射波波长相同但传播方向不同的辐射。样品上的每个点可以看成一个辐射源, 而探测器观测到的强度反映了所有这些辐射源发出的辐射相互干涉的结果。通过观察干涉的斑图可以推断产生这些散射的结构信息。这一基本思想适用于多种辐射源, 包括 X 射线、中子束和电子束。

对受辐射的样品的散射强度的另一个重要的测量方式是冷冻电子断层成像技术。它是结构生物学的关键技术之一, 是基于电子显微镜与样品制备的快速冷冻技术相结合而建立起来的。断层成像方法的使用使我们有可能超越传统电子显微镜只能看到平切面的局限。这项技术的基本原理如图 2.6 所示, 它依赖于将样品在很宽的方向范围内转动, 然后将得到的所有图像进行三维整合。这项技术已经彻底革新了我们对特定细胞器的理解, 现在正用于对整个细胞进行成像。

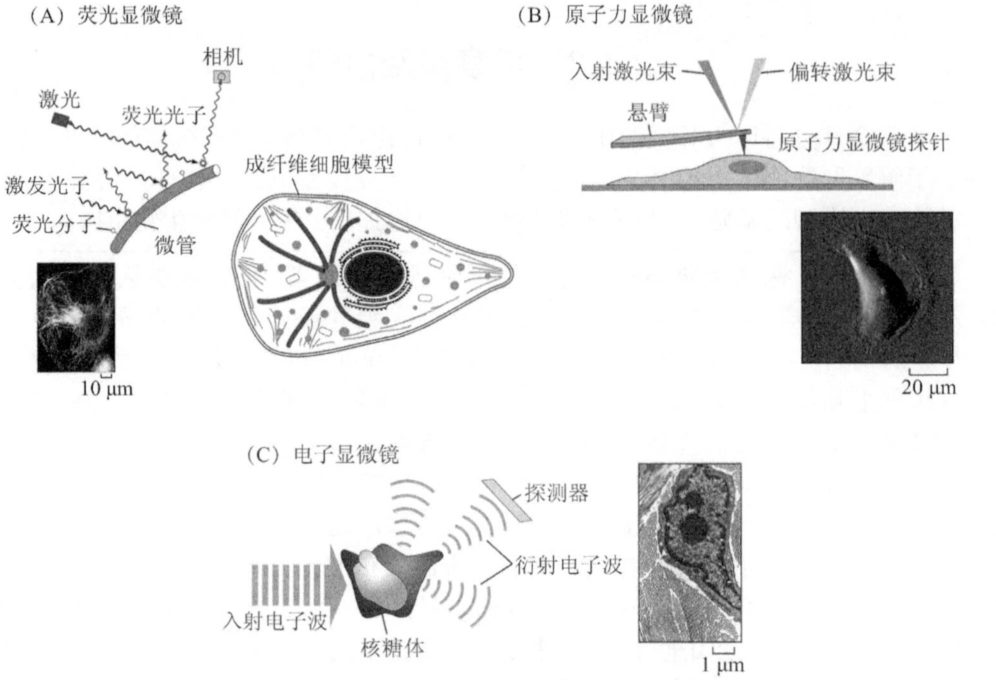

图 2.5　揭示细胞和细胞器结构的实验技术。(A) 荧光显微镜及其观察到的成纤维细胞的图像, 其中微管被标记。(B) 原子力显微镜及其观察到的成纤维细胞的表面形貌。(C) 电子显微镜及其观察到的动物组织中的成纤维细胞的切面图像。(A 取自 E. Schulze and M. Kirschner, *J. Cell Biol.* *104*, 277, 1987; B 蒙 M. Radmacher 惠赠; C 取自 P. C. Cross and K. L. Mercer, Cell and Tissue Ultrastructure, New York, W. H. Freeman and Company, 1993.)

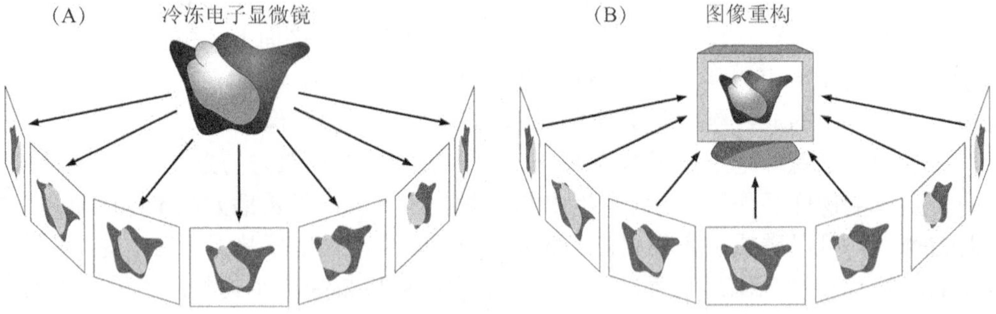

图 2.6　断层重构示意图。(A) 转动样品以便使辐射从一系列不同的方向上散射。(B) 通过散射图样对结构进行三维重构

2.1.4　大肠杆菌的尺度

生物结构的尺度范围非常大

与生物结构相关的尺度是从单个分子的纳米尺度一直到整个地球本身。大肠杆菌在

这个结构层级中处于什么位置呢? 图 2.7 给出了当我们从大肠杆菌的尺度开始放大和缩小比例尺时观察到的几种结构。将细菌的尺度放大约 10 倍, 则可以看到攻击细菌的病毒。这些被称为噬菌体的病毒具有大约 100 nm 的特征尺度。它们由蛋白质外壳 (衣壳) 以及其内填充的病毒基因组构成。继续提高放大倍数, 可以看到病毒基因组在衣壳内整齐地排列。这些结构非常有趣, 因为它们涉及将长达 10 μm 以上的 DNA 分子整齐地排列在大小不到 100 nm 的衣壳内。将分辨率再提高大约 10 倍, 将显示出 DNA 分子本身的结构, 其特征横截面半径约为 1 nm, 每个螺旋周期的长度为 3.4 nm。

类似地, 缩小比例则可以显示出新级别的结构。如图 2.7 所示, 比大肠杆菌大 10 倍的空间尺度是真核细胞的尺度范围, 具体地, 到达覆盖在人类肠道表面的上皮细胞的尺度。我们使用这个例子是因为像大肠杆菌那样的细菌在我们的肠道生态环境中扮演着重要的角色。将空间尺度再扩大 10 倍, 则显示出进化的最重要的创举之一——多细胞结构。在这个层次上, 卡通图描绘了由上皮细胞形成的一层表皮。这些表皮本身又是更高级别的结构 (如组织和器官) 的构造模块。继续缩小比例, 达到更大的空间尺度, 我们看到的是多细胞生物及其构成的结构。

本章剩余部分将考虑上述每个尺度对应的结构, 并且对组成这些结构的分子构造模块提供一个初步的认识。我们的叙述以细胞为中心, 首先从细胞的尺度向下叙述到构成细胞的分子尺度。在叙述这些结构之后, 我们将按照从单细胞到多细胞的顺序解析生物结构。

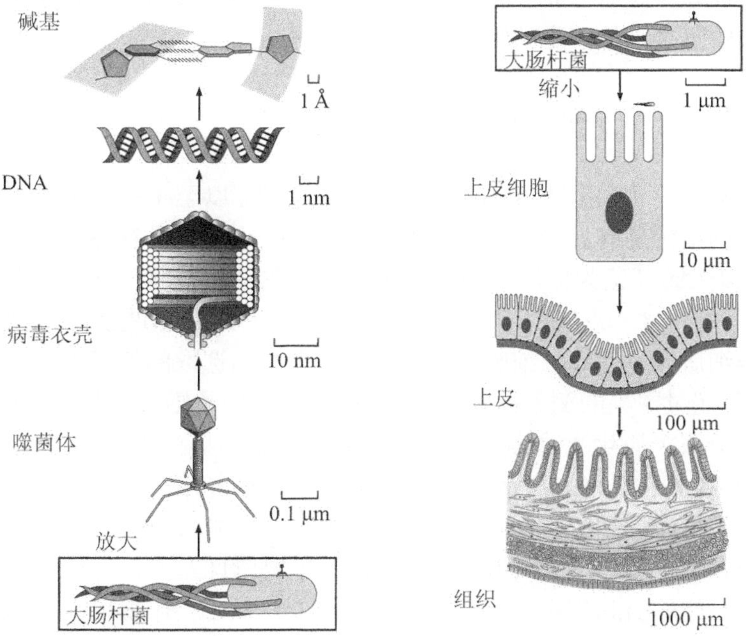

图 2.7 尺度每改变 10 倍的代表性结构, 以大肠杆菌标尺为基准。从大肠杆菌开始, 第 2.2 节将依次把分辨率扩大 10 倍来逐个考虑各个层次的生物结构, 像图中所示的那样。而 2.3 节将从大肠杆菌开始, 缩小比例, 考虑更大的尺度

2.2　细胞及其内部结构

2.2.1　细胞形态和功能的多样性

所有活的生物都以细胞作为生物组织不可再分的单元。但是在这个一般原则之下，细胞呈现出巨大的多样性。几十亿年之前，生物最后的共同祖先进化出了三类细胞，现在称为细菌、古核生物和真核生物，这种分类是根据核糖体 RNA 序列的相似性和差异性来进行的。地球上的生物都属于这三类中的一类。大多数细菌和古核生物都很小 (3 μm 或更小)，其生活习性千差万别，生活环境从大洋底部的地热孔到南极的永久冻土层。细菌和古核生物看起来很相似，只是在最近几十年的分子分析才揭示出它们属于完全不同的类型，它们之间的接近程度并不比它们与真核界之间的接近程度更高。

我们日常生活中最常碰到并且用肉眼就能够看见的生物是真核界的成员 (个体称为真核生物)。这些生物包括所有的动物、植物 (从树到苔藓) 以及真菌 (如蘑菇和霉菌)。至此，我们一直在集中讨论大肠杆菌，并以其作为细胞的典型例子，但是我们必须承认大肠杆菌作为细菌类的成员在某些方面非常不同于真核细胞和古核生物细胞。真核细胞的传统定义是细胞的 DNA 基因组包含在细胞核之内，而细胞核 是由核膜包裹着的。大多数细菌和古核生物缺少这种特征，也缺少其他复杂的胞内膜被结构，如内质网和高尔基体，而这些是更大的复杂真核细胞的特征。

细胞的形态、尺寸和功能千差万别

细胞在形态、尺寸和生存方式上是如此千差万别，以至于试图选择一个代表类型来说明所有细胞的结构是有误导性的。图 2.8 展示了一小部分具有各种尺寸和形态的真核细胞，它们是以大肠杆菌为标尺绘制的。这些细胞在尺寸和形态方面远没有涵盖所有的范围，实际上不同尺寸和形态的细胞多得不可能都绘制出来，但是这些合理地代表了生物学家们已经详细研究过的真核细胞型。在这幅图中我们选取的例子也代表了生物学家在实验上的偏好：超过一半的例子是人类细胞，而剩下的例子则代表其他真核细胞。真核生物中的绝大部分属于原生生物类，这个不严格的定义包括除植物、动物和真菌外的所有真核生物。原生生物在外形和生活方式上千差万别，但是它们都很小，为 0.002～2 mm。原生生物的例子包括海洋浮游生物 (如海洋圆石藻)、土壤阿米巴虫 (如盘基网柄菌) 以及草履虫 (一种可爱的生物，在池塘中随处可见，高中生物学课堂上常常讲到)。另一种值得注意的原生生物是能够引起疟疾的病原体，称为恶性疟原虫。图 2.8(A) 显示的是一种有趣的原生生物，叫贾第虫，这是徒步旅行者所熟知的一种寄生虫，它们污染的水可以引起腹泻。更多的原生生物的例子展示在图 20.3 中。

虽然地球上绝大多数的真核生物是原生生物，生物学家通常倾向于研究与人类更相关或直接对人类有用的细胞，包括植物。作为食物和鲜花的来源，植物的重要性是显而易见的。如图 2.8(B) 所示，植物细胞的特点是有坚硬的细胞壁，使得它们像图中显示的那样棱角分明。与这些细胞相关的尺度通常是几十微米。植物细胞的一个显著特点是其细胞内有巨大的液泡, 用以储藏水分, 对植物茎的力学性质起着重要作用。巨大的液泡使植物细胞非常不同于动物细胞, 后者内部充满细胞质。因此, 具有相似尺寸的植物细胞和动物细胞相比, 植物细胞的细胞质只相当于动物细胞的 1/10, 因为植物细胞内的大部分空间被液泡占据着。静水压力对植物细胞的影响远大于动物细胞。例如, 正在枯萎的鲜花仅仅浇一下水就能再现生机, 因为水能够填满液泡而使植物的茎挺起来。

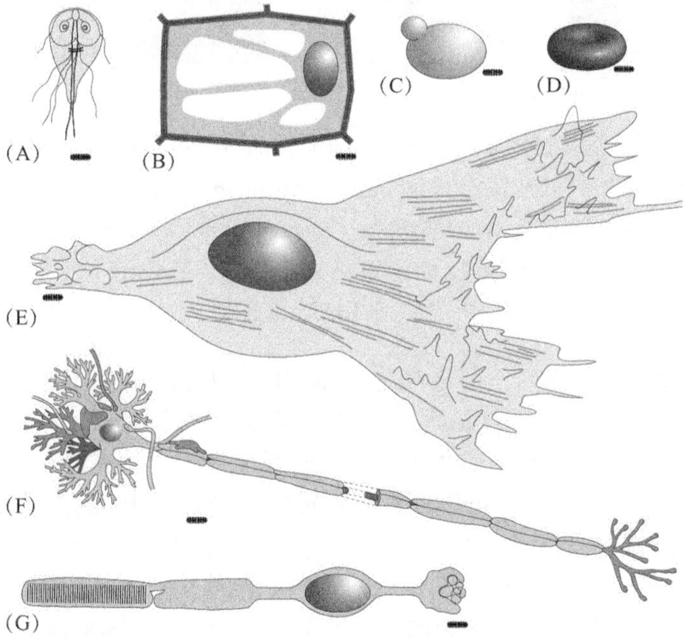

图 2.8 几种不同类型的细胞的卡通图, 都是以大肠杆菌为标尺绘制而成。(A) 原生生物贾第虫; (B) 植物细胞; (C) 正在出芽的酵母细胞; (D) 红细胞; (E) 成纤维细胞; (F) 真核生物的神经细胞; (G) 视杆细胞

令人惊讶的是在真核生物中, 与动物最接近的是真菌, 这一点可以由核糖体 RNA 的相似性和其他许多种类的证据所证明。图 2.8 展示的真菌代表是正在出芽的酿酒酵母。酵母在几千年前被人类驯化, 现在仍然是我们宝贵的微生物朋友, 使我们的面包蓬松, 并为发酵的饮料 (如葡萄酒) 提供乙醇。正如大肠杆菌经常作为关键的原核模式生物一样, 酵母细胞经常被用作单细胞真核模式生物。酵母除因其本身的特点而为人类所钟爱之外, 还是对生物学家十分有用的真菌代表。从进化系和蛋白质功能的相似性上看, 在地球上动物之外的所有生物中, 真菌与动物是最相近的。虽然不存在单细胞动物, 但却存在一些单细胞真菌, 包括酿酒酵母。因此许多依赖于单细胞的快速复制的生物实验都很容易在这种生物及其两个近亲——白念珠菌和粟酒裂殖酵母上进行, 后者在裂体生殖时从中间分开。图 2.9 是一幅正在出芽的酵母细胞的电子显微镜图像。图 2.9 显示, 酵母的形状与其他许多真核细胞相比相对简单, 它也是真核细胞中较小的成员, 其特征直径约为 5 μm。但是它具有真核细胞所有的重要结构特征, 尤其是它有一个膜被细胞核, 将 DNA 基因组与负责主要新陈代谢功能的细胞质体系分开。

我们已经对大肠杆菌所包含的各种分子的数量进行了估算。现在将估算结果与相应的真核细胞模型相比较是有意义的, 以后在对所有真核细胞进行估算时我们将把酵母细胞继续用作对比基准。

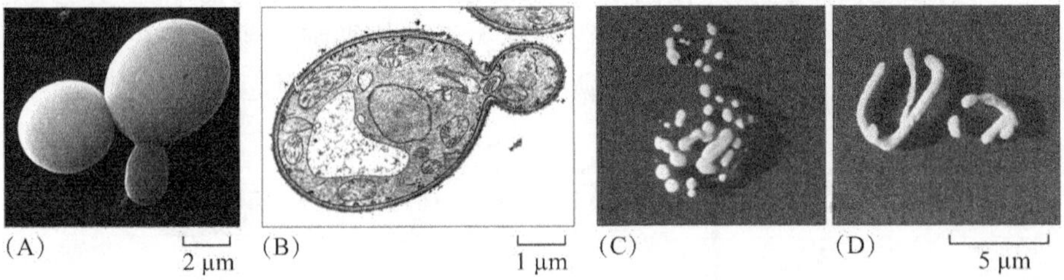

图 2.9　酵母及其细胞器的显微图像。(A) 酵母白念珠菌的扫描电子显微图像, 反映了正在出芽的酵母的总体尺寸。(B) 正在出芽的酵母白念珠菌细胞一个截面的电子显微图像。(C) 和 (D) 酿酒酵母的线粒体的共聚焦显微图像。(B 取自 G. M. Walker, Yeast, Physiology and Biotechnology. Chichester, John Wiley and Sons, 1998; C 和 D 取自 W. Visser et al., *Antonie van Leeuwenhoek* 67: 243, 1995.)

估算: 酵母的相关数字　酵母细胞的体积可以大肠杆菌的体积 $V_{E.coli}$ 为单位来表示。我们知道 $V_{E.coli} \approx 1.0\ \mu m^3$, 而酵母可以视为直径为 5 μm 的球, 则其体积为 $V_{\rm yeast} \approx 60\, V_{E.coli}$, 也就是说, 大约 60 个大肠杆菌细胞可以填充满一个酵母细胞。利用酵母的半径 $r_{\rm yeast} \approx 2.5\ \mu m$, 可以估算出酵母细胞的表面积 $A_{\rm yeast} \approx 80\,\mu m^2$。如果我们把酵母的细胞核看作是直径约为 2.0 μm 的球, 其体积约为 4 μm^3。在酵母细胞核中容纳着 1.2×10^7 bp 的酵母基因组, 分布在 16 条染色体上。DNA 在酵母内被包装成高度有序的结构, 它受到蛋白质组装体——组蛋白的调节。具体来说, DNA 缠绕在一系列的圆柱形核心周围, 每个这样的核心由 8 个上述组蛋白构成, 大约 150 bp 的 DNA 缠绕在一个组蛋白八聚体上, 相邻的组蛋白八聚体之间有约 50 bp 的间隔。于是, 我们可以估算核小体 (即组蛋白-DNA 复合体) 的数目为

$$N_{\rm nucleosome} \approx \frac{12 \times 10^6\ {\rm bp}}{200\ {\rm bp}/核小体} \approx 60\,000 \tag{2.7}$$

实验上测得核小体的数目接近 80 000, 核小体之间的间距为 170 bp。每个组蛋白占据的体积是 230 nm^3(将每个组蛋白八聚体看作是一个半径为 3.5 nm, 高度为 6 nm 的圆柱体), 所以所有的组蛋白占据的体积一共是 $14 \times 10^6\ nm^3$。基因组本身占据的体积大约是 $1.2 \times 10^7\,nm^3$, 这里我们利用了一个经验数据: 每个碱基对的体积是 $1\,nm^3$。与酵母的基因组 DNA 相关的包装率 (定义为基因组占据的体积与细胞核的总体积之间的比率) 可以估算为

$$\rho_{\rm pack} \approx \frac{(1.2 \times 10^7\,{\rm bp}) \times (1\,{\rm nm}^3/{\rm bp})}{4 \times 10^9\,{\rm nm}^3} \approx 3 \times 10^{-3} \tag{2.8}$$

注意我们已经利用了这样一个事实, 即酵母基因组的长度为 1.2×10^7 bp, 细胞核体积约为 $4\,\mu m^3$。

这种几何学上的估算可以用来进行相应的分子估算，如估算一个典型的酵母细胞中脂质和蛋白质的分子数目。蛋白质的分子数目有多种估算方法，也许最简单的方法就是假定酵母的细胞质中各种成分所占的比例与大肠杆菌的完全一样，也就是说，酵母中蛋白质的分子数目是大肠杆菌中的 60 倍，严格地与这两种细胞的体积成正比。这种简单的估算基于如下假设：酵母细胞的内部各组分或多或少与大肠杆菌相同。结果是

$$N_{\text{protein}}^{\text{yeast}} \approx 60 \times N_{\text{protein}}^{E.coli} \approx 2 \times 10^8 \tag{2.9}$$

与酵母细胞质膜相关的脂质分子的数目可以这样计算：

$$N_{\text{lipid}} \approx \frac{2 \times 0.5 \times A_{\text{yeast}}}{A_{\text{lipid}}} \approx \frac{2 \times 0.5 \times (80 \times 10^6\,\text{nm}^2)}{0.5\,\text{nm}^2} \approx 2 \times 10^8 \tag{2.10}$$

式中，因子 0.5 是因为细胞膜的表面积大约一半是由膜蛋白覆盖着；而因子 2 是由于细胞膜是一个双层膜。这一点与大肠杆菌不相同，大肠杆菌的细胞质外包裹着两层双层膜。

图 2.9(C) 暗示了另一个有趣的估算结果，它与细胞的各种细胞器有关。具体地，图 2.9 中展示的是在两种不同的介质中生长的酵母的线粒体。这些图像提出了一些有趣的问题：线粒体占据细胞体积的多大比例，线粒体的外层膜的面积有多大？这幅图中的线粒体的数目可以由几种方法来估算，其中之一是尝试直接计数，另一种方法是估算它们之间的平均间距，然后计算相应的密度和数目。使用后一种方法，估算出图 2.9(C) 中共有约 40 个线粒体。进一步，我们还估算出一个典型的线粒体的尺寸约为 3/4 μm，于是线粒体的总体积为

$$V_{\text{mit}} \approx 40 \times \frac{4\pi}{3}\left(\frac{3}{8}\right)^3 \mu\text{m}^3 \approx 9\,\mu\text{m}^3 \tag{2.11}$$

考虑到细胞的总体积是 $60\,\mu\text{m}^3$，则式 (2.11) 表明线粒体的体积占细胞总体积的 15%。这些线粒体的外层膜的总面积约为 $70\,\mu\text{m}^2$，可以与质膜本身的总面积相比拟。对图 2.9(D) 的分析留在本章课后习题中作为读者练习之用。

把估算结果与实际测量结果相比较，可以更清楚地理解我们的估算。我们已经按照几种出色的方法对酵母细胞进行了分子普查。对于最近一系列研究来说，关键的思想是产生出几千个不同的酵母菌株，每个菌株在基因产物上有一个独特的标签。例如，在细胞的每一个蛋白质上附加一个可以被抗体识别的氨基酸片段，就可能产生一个菌株。另一个方法是构造蛋白质融合体，即在要研究的蛋白质上附加一个荧光蛋白，如绿色荧光蛋白 (GFP)。通过检查抗体结合强度或者荧光强度探测每一个细胞，就可以得出每种蛋白质的分子数目。图 2.10(B) 是一个直方图，展示了给定蛋白质拷贝数对应的蛋白质种类数目。虽然平均起来细胞中每种蛋白质具有几千个拷贝，但是这个直方图显示一些蛋白质的拷贝数小于 50，而一些蛋白质的拷贝数达几百万。此外，如图 2.10(C) 所示，对 mRNA 进行类似的定量分析揭示出，包括必需基因在内的许多基因的表达量平均为每个细胞少于 1 个 RNA。以这个普查结果为基础，将蛋白质的数目加起来，我们估计酵母细胞中有 50×10^6 个蛋白质，要略少于我们上面的粗略估算。我们已经完成了对真核生物的重要代

表——酵母的介绍, 现在我们继续介绍图 2.8 中的其他细胞型。

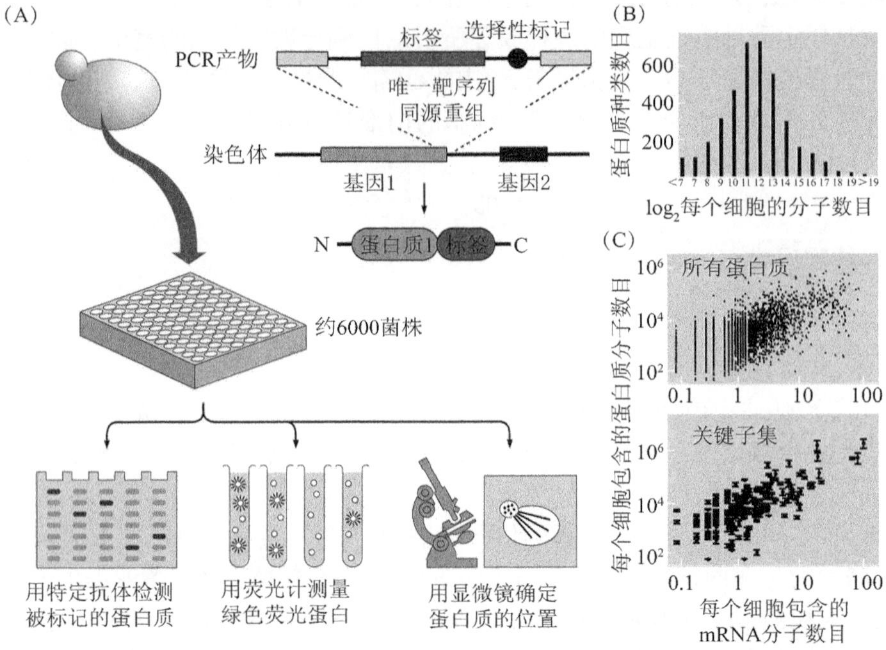

图 2.10　酵母中蛋白质分子的拷贝数。(A) 用来对酵母中的蛋白质进行普查的实验构造示意图以及确定被标记的细胞中蛋白质数量的几种不同方法。贴在每个基因上的“标签”可能编码一个荧光蛋白或者一个可以被抗体识别的位点。(B) 使用抗体探测酵母中各种蛋白质的结果, 展示了具有给定的分子拷贝数的蛋白质种类数目。蛋白质的拷贝数以 2 的幂次 2^N 来表示。(C) 各种蛋白质的丰度作为与其对应的 mRNA 分子拷贝数的函数。下方的图给出了对于可溶的关键蛋白的结果。(A~C 取自 S. Ghaemmaghami et al. *Nature* 425: 737, 2003.)

人类细胞在结构和功能上的多样性

图 2.8 中的人类细胞展示出细胞多样性的有趣侧面。在最粗略的近似下, 人体的每个细胞都包含相同的 DNA 基因组, 但是它们在尺寸、形态和功能方面存在巨大差异。就尺寸而言, 包括了从大约 5 μm 的红细胞到长达 1 m 的神经细胞。例如, 视网膜上的视杆细胞专门用来探测入射光线并将这种信息传输到神经细胞以便我们能看见物体。红细胞主要用来输送氧气, 而且, 它们与其他细胞显著不同, 在发育过程中它们的细胞核消失了。在本书的讨论中, 读者将看到其他细胞也各有其特异性。

图 2.8(D) 是红细胞的结构示意图。注意这些细胞显然不是球形的, 这引出了一个有趣的问题: 红细胞维持这种形状的机制是什么? 尽管红细胞的特征半径是 5 μm 的量级, 这些细胞却很容易通过直径小于其一半的毛细管, 如图 2.11 所示, 这说明红细胞在其生命周期中形状的改变是显著的。无论是在人造的毛细管还是体内的毛细血管中, 红细胞发生巨大的变形以便通过狭窄的通道。它充当富氧血红蛋白的运输工具的角色, 激励我们讨论协同结合的统计力学问题。红细胞是人类遭受的最常见的一种传染病——疟疾的

攻击目标。疟疾是由一种原生动物入侵人体引起的, 感染了疟疾的红细胞要比正常的细胞僵硬得多, 不能够通过变形而进入小的毛细血管。结果, 得了疟疾的人出现严重的疼痛和组织损伤, 因为红细胞不能进入这些组织并输送氧气。

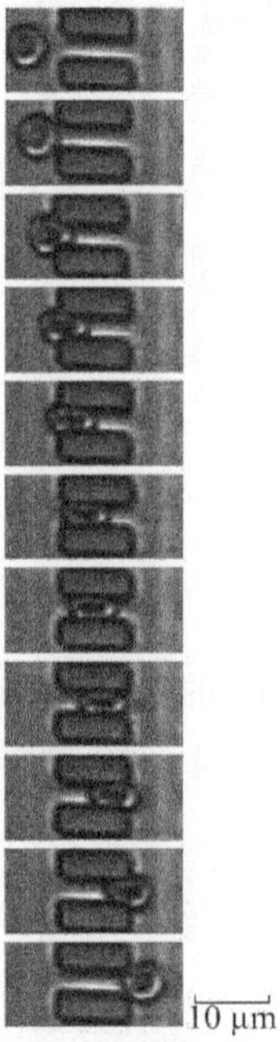

图 2.11 红细胞的变形能力。为了测量人类红细胞的变形能力, 制作了一组硅单元的阵列, 单元的尺寸为 4 μm × 4 μm × 12 μm。单元之间的间隔在一个方向上是 4 μm, 而在其他方向上是 13 μm。阵列的上面覆盖一块玻璃片。在其中注入红细胞与盐缓冲液组成的稀悬浮液。在阵列的一端施加小的压力使液体流动, 在图中是从左向右流动。液体带动红细胞穿过狭窄的通道。使用视频显微镜记录结果。图中按顺序显示的截图所经过的总时间为 1/3 s。(蒙 J. Brody 惠赠)

多细胞生物体内研究得最普遍的一种真核细胞是图 2.8(E) 所示的成纤维细胞, 其原子力显微图像见图 2.12。在本书剩余部分中, 当我们必须谈论"典型的"真核细胞时, 这种细胞将作为主要对象。成纤维细胞与动物的结缔组织有关, 并且负责分泌细胞外基质的高分子。

多细胞生物体内还有更加奇特的细胞, 如图 2.8(F) 所示的神经细胞和图 2.8(G) 所示的视杆细胞, 它们远超出前面强调过的细胞的复杂程度。在这些情形下, 细胞的形态与其功能紧密相关。对于神经细胞来说, 其树状的外形与如下事实密不可分, 即那些各种各样的分支 (也称为"突起") 是树突和轴突, 负责传送电信号, 从而使动物的神经系统可以在不同的部位之间通信。尽管神经细胞与典型的真核细胞具有相似大小的细胞核, 但它们可以将分支的典型长度延伸达数十厘米。视杆细胞的结构复杂性与其在视网膜上的光探测功能紧密相关。这种细胞专门负责将光能转化为化学能, 这种化学能可以用来与身体的其他细胞进行通信, 特别是与脑细胞进行通信, 以使我们产生影像的认知。视杆细胞完成这个任务的方式是使用一大叠生物膜来作为探测光线的天线。图 2.8 虽然只是大体勾勒出细胞的尺寸和形态, 但至少表达了细胞与标尺的相对大小。

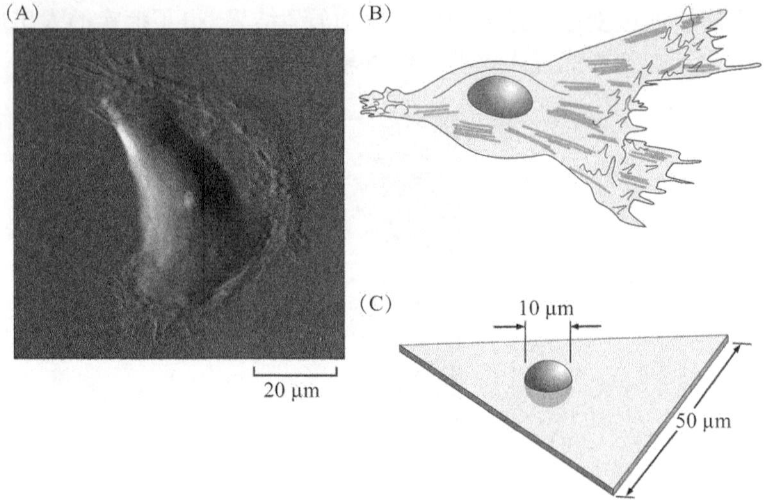

图 2.12　成纤维细胞的结构。(A) 成纤维细胞的原子力显微图像; (B) 成纤维细胞外部形态的卡通图; (C) 典型的成纤维细胞的特征尺度。(A 蒙 M. Radmacher 惠赠)

2.2.2　细　胞　器

当我们从细胞本身的尺度开始向下看时, 许许多多被称为细胞器的新结构就进入了我们的视线。膜被细胞器的出现正是将真核生物与细菌和古核生物区别开来的决定性特征之一。图 2.13 是一个真核细胞的示意图以及与其对应的电子显微图像, 反映出了一部分重要的细胞器。这些细胞器作为专门化的机构执行细胞的功能, 包括基因组的管理 (细胞核)、能量的产生 (线粒体和叶绿体)、蛋白质的合成与修饰 (内质网与高尔基体) 等。由细胞器膜包裹的空间可以有完全不同的蛋白质和离子成分。另外, 这些不同的膜系统各自有不同的脂质和蛋白质成分。

许多细胞器都具有由膜将它们与细胞的其他成分分隔开的隔室结构。细胞核是最为熟悉的例子之一, 因为它在标准光学显微镜下就可以观察到。如果以成纤维细胞为例, 这种细胞本身的尺度大约是 50 μm, 而其细胞核的特征长度大约为 10 μm, 如图 2.12 所示。从功能角度来看, 细胞核要比仅仅作为基因物质的仓库复杂得多。染色体在细胞核中有组织地形成特定域, 这一点将在第 8 章详细讨论。转录以及几种 RNA 处理过程是在细胞核中进行的。转录因子的流入和 RNA 分子的流出都经过细胞核膜上复杂的门控通道——核孔。基因组中与核糖体 RNA 合成有关的部分聚集在一起, 形成了可以在光学显微镜下观察到的明显的斑点, 称为核仁。

由细胞核向外, 我们观察到的下一个膜被细胞器是内质网。的确, 内质网的膜距离细胞核的外表面非常近, 甚至是接触的。在一些细胞中, 如在图 2.14 所示的胰腺细胞中, 内质网占据了绝大部分胞内空间。这种复杂的细胞器是脂质合成的场所, 也是合成分泌蛋白或膜结合蛋白的场所。从图 2.14 和图 2.15 可以清楚地看到, 内质网 在不同的细胞型中或在不同的条件下, 可以呈现出不同的几何形状。内质网膜占所有膜的总面积的比例是多少? 膜的特定的形态在多大程度上影响细胞器的尺寸?

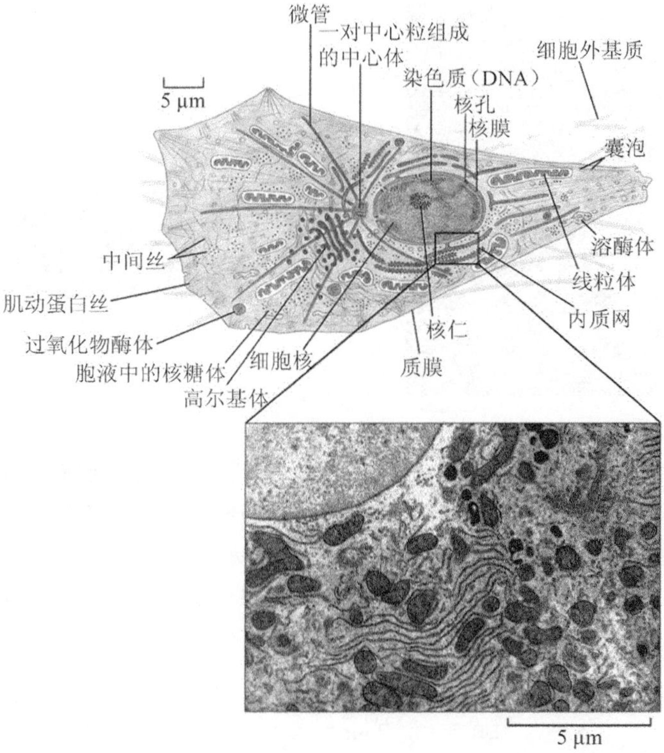

图 2.13 真核细胞及其细胞器。这个示意图给出了一个真核细胞及其内部的一系列的膜被细胞器。薄切片电子显微图像展示了大鼠肝脏细胞的一部分, 大约等同于示意图中方框中的部分。在电子显微图像的左上部可以看到细胞核的一部分。明显可以观察到的主要细胞器是线粒体、溶酶体、粗面内质网和高尔基体。(电子显微图像取自 D. W. Fawcett, The Cell, Its Organelles and lnclusions: An Atlas of Fine Structure. Philadelphia, W. B. Saunders & Co., 1966.)

估算: 内质网膜的面积 内质网的最令人惊奇的结构特点之一是它巨大的表面积。为了估算内质网的面积, 我们从图 2.14 得到启发, 将内质网看成是一系列的同心球面, 球心就是细胞核的中心。我们采用 Fawcett (1966) 的做法, 将内质网看作"由薄饼状空腔组成的层状系统, 相当均匀地在空间分布并且相互平行"。

将组成内质网模型同心球面的面积加起来, 就可以得到我们对内质网 面积的估算。为此我们只要注意到内质网所包含的体积可以表示成

$$V_{\mathrm{ER}} = \sum_i A_i d \tag{2.12}$$

式中, A_i 是第 i 个同心球面的面积; d 是两个相邻的潴泡之间的距离。因为每个潴泡是由两层膜夹着的, 所以内质网膜的总面积是 $A_{\mathrm{ER}} = 2 \times \sum_i A_i$。在我们的模型中, 内质网的总体积可以写成最外层的球面所包裹的体积与最内层的球面包裹的体积 (与细胞核的体积相同) 之差。于是

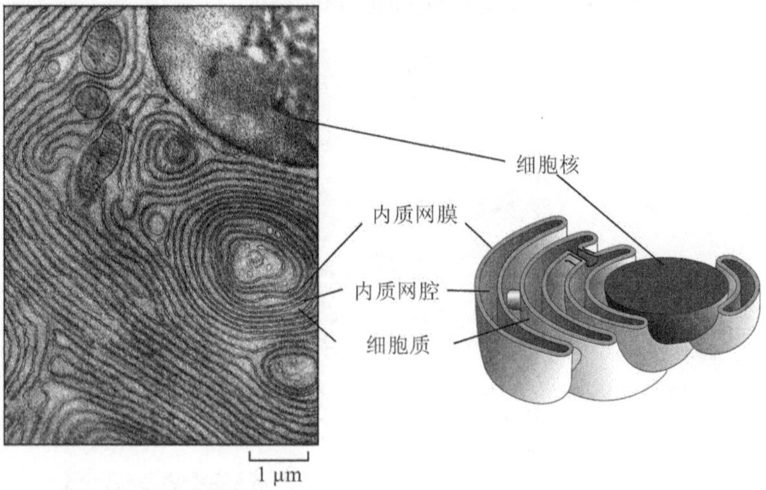

图 2.14　内质网的电子显微图像及其对应的示意图。左图是蝙蝠胰腺的腺泡细胞的薄切片电子显微图像。在其右上部可以观察到细胞核，稠密而复杂的内质网结构异常清晰。右图是这个细胞内的内质网的三维结构的模型示意图。注意为了便于说明问题，示意图中内质网腔的尺度被夸大了。(电子显微图像取自 D. W. Fawcett, The Cell, Its Organelles and Inclusions: An Atlas of Fine Structure. Philadelphia, W. B. Saunders & Co., 1966.)

$$V_{\mathrm{ER}}=\frac{4\pi}{3}R_{\mathrm{out}}^3-\frac{4\pi}{3}R_{\mathrm{nucleus}}^3, \tag{2.13}$$

将计算内质网体积的两种方法结合起来，联立式 (2.12) 和式 (2.13)，可得到内质网面积的表达式:

$$A_{\mathrm{ER}}=\frac{8\pi}{3d}\left(R_{\mathrm{out}}^3-R_{\mathrm{nucleus}}^3\right) \tag{2.14}$$

利用 $R_{\mathrm{nucleus}}=5\,\mu\mathrm{m}$、$R_{\mathrm{out}}=10\,\mu\mathrm{m}$ 以及 $d=0.05\,\mu\mathrm{m}$，可以得到 $A_{\mathrm{ER}}=15\times10^4\,\mu\mathrm{m}^2$。将这个结果与成纤维细胞的表面积的粗略估算值进行比较。利用图 2.12(C) 上的尺寸，可以得到成纤维细胞的表面积近似为 $10^3\,\mu\mathrm{m}^2$。为了估算内质网处于网状形式时的面积，我们将其结构描述成由直径为 $d\approx 10$ nm 的许多圆柱体相互交叉形成的网络，圆柱体之间的距离为 $a\approx 60$ nm，如图 2.15 所示。完成这项估算的任务留作本章课后习题，但结果与我们这里按照同心球面的假设计算的结果相当。

在图 2.13 中可见的存在于在大多数细胞中的主要细胞器包括高尔基体、线粒体和溶酶体。类似于内质网，高尔基体主要参与处理和运输膜结合蛋白和分泌蛋白 (另外可参见图 11.34)。高尔基体可以视为由一系列扁平的薄饼状子室堆放在一起，每个子室中包含一套独特的酶。当蛋白质被处理以便分泌时，如附加上糖分子并重构时，它们以有序的方式通过高尔基堆的每个单元。线粒体是特别引人注目的细胞器，光滑的外表面包裹着由内膜结构形成的复杂的褶皱系统 (详情参考图 11.35)。线粒体是在有氧环境中生长的细胞合成 ATP 的主要场所，它们有趣的生理功能和结构已经受到充分的研究。在第 11 章中我们将讨论线粒体的结构，而在第 16 章将讨论这种负责 ATP 合成的微型机器的工作方式。溶酶体在细胞成分的降解中扮演重要角色，在一些特型细胞 (如巨噬细胞) 中，它也是降解入侵细菌的场所。这种膜被细胞器中充满了酸、蛋白酶和其他降解酶。它们的形状多种多样: 静息态的溶酶体形状简单, 接近于球形; 而参与降解细胞成分或从细胞外吸收的物质的溶酶体的体积要大得多, 形状也更复杂。

这些共有的细胞器只是真核生物细胞器的一小部分。一些特型细胞具有不同寻常的高度特异性的细胞器, 这些细胞器在别的细胞中是不存在的, 如视觉系统的视杆细胞中具有如图 2.8 所示的大量的感光膜。总之, 我们要说明的问题是, 所有的细胞器都是细胞中专门化的子室, 用以完成细胞的一部分特定功能, 代表了比细胞小一个层次的结构。

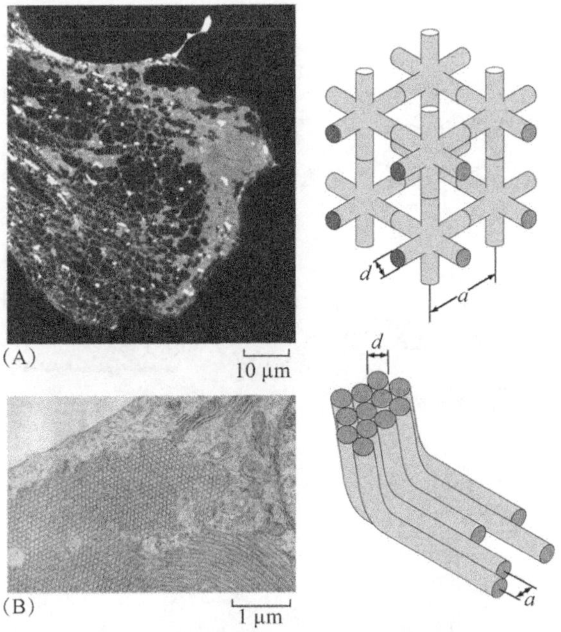

图 2.15 内质网的多种形态。(A) 在大多数培养的细胞中, 内质网是由小管形成的网与大而扁平的潴泡组合而成。在该图中, 培养的成纤维细胞被专门为标记内质网膜的荧光染料 DiOC6 染色。右侧是理想化的内质网的三维网络示意图。(B) 某些特型细胞和经过调节脂质合成的药物处理过的细胞, 它们的内质网形成密排的近晶相阵列, 像是堆在一起的管子。(A 取自 M. Terasaki et al., *J. Cell. Biol.* 103: 1557, 1986; B 取自 D. J. Chin et al., *Proc. Nat. Acad. Sci.* 79: 1185, 1982.)

2.2.3 高分子组装体

高分子聚集形成组装体

蛋白质、核酸、糖和脂质经常作为一个团队来工作。实际上, 本书的剩余部分将要阐明这些高分子经常聚集在一起形成组装体。在上一小节的基础上考虑再放大 10 倍对应的层次, 在这个层次上我们看到如卡通图 2.16 所描绘的组装体。真核生物的细胞核内的遗传物质组织成染色质纤维, 它们由图 2.16(A) 所示的核小体 (蛋白质-DNA 组装体) 构成。分子的输运, 如将 RNA 分子输送出细胞核是受图 2.16(B) 所示的精巧的核孔复合体调节的。类似地, 如图 2.16(C) 所示, 负责在细胞分裂前进行 DNA 复制的复合体也是许多分子的聚集体, 称为复制体。当遗传信息从细胞核输出到细胞质中供翻译成蛋白质, 核糖体 (蛋白质和核酸的组装体) 便充当通用的翻译机器, 负责将 RNA 上的核酸信息转换成氨基酸“字母”表示的蛋白质产物, 如同 2.16(D) 所示。当蛋白质被指定为降解对象时, 它们就会被运送到图 2.16(E) 所示的高分子组装体——蛋白酶体内。在线粒体内生产 ATP 的过程类似地也受到图 2.16(F) 所示的高分子复合体——ATP 合酶的调节。本小节的基本思想是要说明细胞中有一个很重要的结构层次, 它是由高分子复合体构成的, 其特征长度是 10 nm。

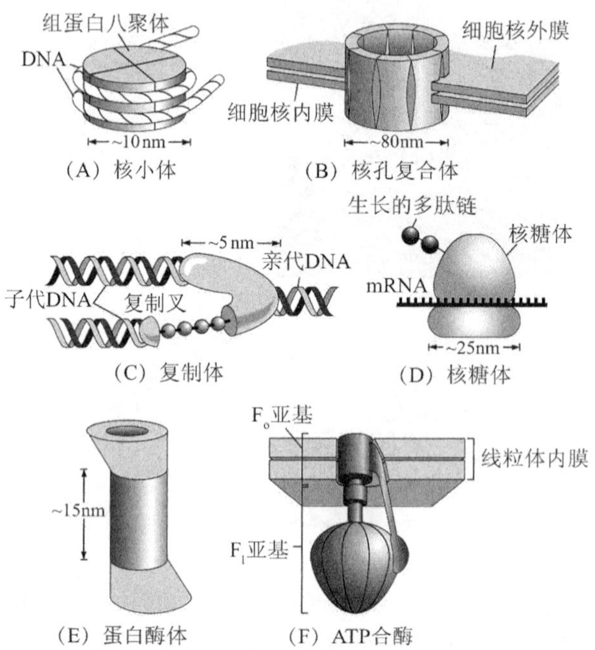

图 2.16 细胞中的高分子组装体。(A) 核小体是由 8 个蛋白亚基和 DNA 组成的复合体。(B) 核孔复合体负责调控进出细胞核的物质输运。(C) 复制体是调控遗传物质复制的蛋白质复合体。(D) 核糖体负责阅读 mRNA 上的信息并合成相应的多肽链。(E) 蛋白酶体负责降解蛋白质。(F) ATP 合酶是一个大型复合体, 负责合成新的 ATP 分子

螺旋结构经常出现在分子组装体中

第二类高分子组装体的特点主要不在其功能上, 而是在其结构上, 包括许多螺旋形的高分子复合体。图 2.17 描绘了一些有代表性的例子。图 2.17(A) 展示了微管的几何结构。我们将在后面详细描述, 这种结构是由许多被称为微管蛋白的蛋白质单元构成的。图 2.17(B) 展示的第二个例子是大肠杆菌的鞭毛。这里, 我们关于基本结构的思想和前面是相同的, 螺旋形的几何形状是由许多蛋白质单元构成的, 在这个例子中蛋白质单元是鞭毛蛋白。这个图给出的第三个例子是一种纤丝状病毒, 烟草花叶病毒 (TMV) 是其中研究

得最充分的一个。

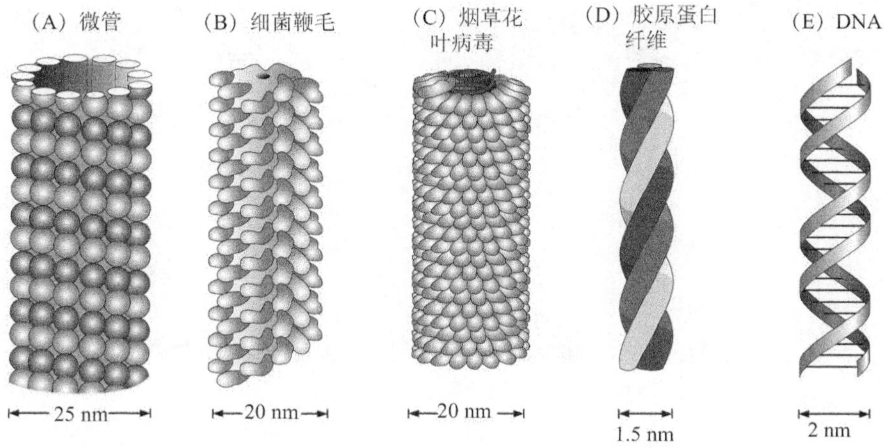

图 2.17 分子组装体的螺旋结构。高分子组装体有许多种不同的螺旋结构: 其中一些是由许多单体形成的, 如 (A)~(C); 一些是由线形蛋白质缠绕而形成的, 如 (D); 还有一些是由成对的核苷酸构成的, 如 (E)

以上描述的螺旋组装体是由许多蛋白质单元结合在一起而形成的螺旋形纤丝。另外一种同样重要的纤丝状复合体是由 α 螺旋 (氨基酸链形成的蛋白质亚基, 具有精确的螺旋形状) 相互缠绕而形成的超螺旋。后面的讨论中最关心的研究特例是胶原蛋白, 它是结缔组织细胞外基质中的一种重要成分, 是本章中前面介绍过的成纤维细胞 (图2.8) 中的主要蛋白质产物之一。最后一个例子是 DNA 分子, 它本身就是双螺旋。

高分子组装体组合成超结构

高分子的复合体可以相互作用从而在细胞内形成超结构, 其尺寸可以同细胞器本身相比拟。图 2.18 描绘出几个例子。图 2.18(A) 展示了核糖体在内质网上相互组合在一起的方式, 核糖体之间的间隔与核糖体本身的尺寸相当 ($\approx$20 nm)。第二个令人惊讶的例子是肌肉中肌原纤维的组合, 如图 2.18(B) 所示, 该图显示了毗邻的肌原纤维和线粒体。肌原纤维本身是肌动蛋白丝和肌球蛋白马达的有序排列, 肌球蛋白将在第 16 章中详细讨论。最后一个例子, 如图 2.18(C) 所示, 是上皮细胞表面上伸出的微绒毛, 这些微绒毛是由相互平行的肌动蛋白丝聚集在一起形成的。高分子聚集在一起形成高级结构的例子可以继续往下罗列, 这些例子表明细胞中有许多不同层次的结构组织。

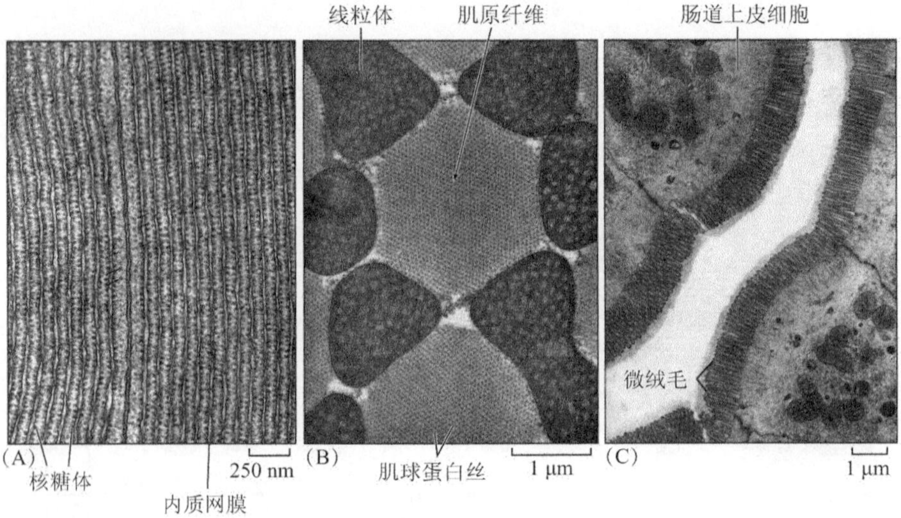

图 2.18　有序的高分子组装体。高分子组装成超结构的例子。(A) 核糖体位于粗面内质网上; (B) 飞行肌的肌原纤维; (C) 上皮细胞表面上的微绒毛。(取自 D. W. Fawcett, The Cell, Its Organelles and inclusions: An Atlas of Fine Structure, Philadelphia, W. B. Saunders & Co., 1966.)

2.2.4　病毒组装体

病毒是高分子组装体中给人印象最深也最漂亮的例子之一。它们是蛋白质和核酸的聚集体 (虽然许多病毒也有由脂质构成的外壳), 形成了高度有序且对称的实体, 其特征尺度从几十到几百纳米。病毒的外表通常是一个蛋白质壳 (称为衣壳), 由许多相同的蛋白质亚基反复包装而形成正二十面体结构。病毒将其遗传物质包装在衣壳内, 遗传物质可以是单股或双股 DNA 或 RNA, 取决于病毒的类型。图 2.19 收集了多种不同病毒的衣壳。不同的病毒在这个基本结构的基础之上可以有不同的细节, 可以有脂质外衣、表面受体以及内部的分子机器, 如聚合酶和蛋白酶。病毒最令人惊叹的特征之一是通过绑架宿主细胞的机器, 命令其在宿主细胞内构建病毒自己的各种部件, 并且在宿主细胞内的拥挤环境中将这些部件组装成具有感染能力的病毒体, 以便在其他地方重复其生命周期。

人类免疫缺陷病毒 (HIV) 是近年来最受关注的病毒之一。图 2.20 是成熟的 HIV 病毒体的冷冻电子显微图像, 它可以使我们对这种病毒的总体尺寸 (约 130 nm) 和内部结构有一个粗略认识。具体地, 注意在这种病毒体的内部有一个冰激凌锥筒状的衣壳。它包裹着大约 10 kb 的RNA病毒基因组。正如本章早先对细胞内分子清单所作的分析, 欲对一个有机体获得感性认识, 我们要做的一部分事情就是认识构成该有机体的各种分子的类型和数目。对于 HIV 来说, 这些数目很重要, 原因是多方面的, 其中包括这些数目在一定程度上反映了被感染的细胞为构造新的病毒体所必须付出的代价。

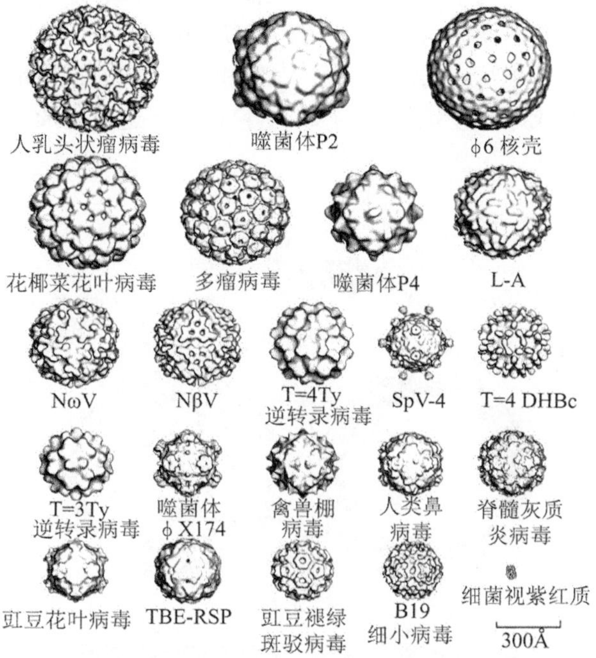

图 2.19 病毒衣壳的结构。病毒结构的规则性已经使人们能够在原子水平上对它们的构造方式进行详细的分析。该图展示的是接近球形的一类病毒的各种几何形状。为了比较它们的尺寸，在图的右下角画出了一个大型的蛋白质分子——细菌视紫红质。(取自 T. S. Baker et al., *Microbiol. Mol. Biol. Rev.* 63: 862, 1999.)

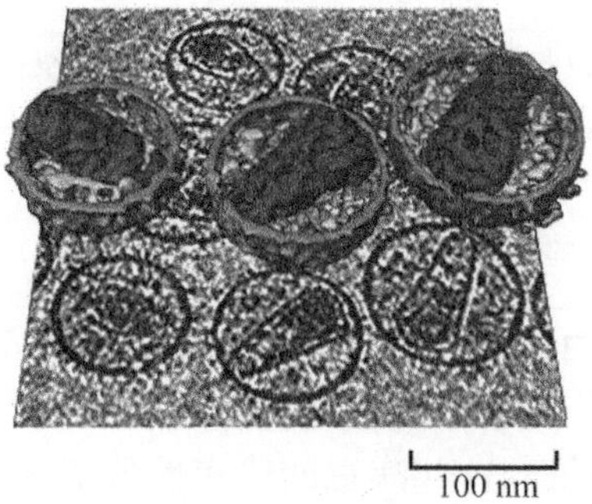

图 2.20 HIV 病毒的结构。平面图来自于电子显微镜断层成像中的一帧。三维图像是成熟的 HIV 病毒的结构重构图，刻画出了内部的锥筒状衣壳。(取自 J. A. G. Briggs et al., *Structure* 14: 15, 2006.)

为了对 HIV 病毒体进行分子普查，我们需要考察病毒的组装。特别地，HIV 病毒大约 10 kb 的基因组编码的一个重要产物是多聚蛋白，它是一条多肽链，最终被分解为构成衣壳、基质以及核壳的多种蛋白质，这种多聚蛋白也称为 Gag 蛋白，如图 2.21 所示。在未成熟病毒的形成过程中，这些 Gag 蛋白的 N 端同宿主细胞的脂质双层膜结合在一起，其 C 端沿径向指向病毒内侧，就像车轮上的辐条那样。N 端和 C 端是指多肽链上结构不同的两个末端。在蛋白质合成过程中，翻译是从 N 端开始而在 C 端结束的。当有较多的

Gag 蛋白结合在细胞表面时, 初生的病毒开始在细胞表面形成芽孢, 最终形成图 2.21 所示的球状结构。在病毒的成熟期中, 病毒蛋白酶 (负责切割蛋白质) 将 Gag 蛋白切割成各种片段, 分别为基质 (MA)、衣壳 (CA)、核壳 (NC) 和 p6。基质在脂质双层外衣内形成一个蛋白质壳。衣壳蛋白形成冰激凌锥筒状的实体, 它包裹着遗传物质, 核壳蛋白与病毒的 RNA 形成复合体。

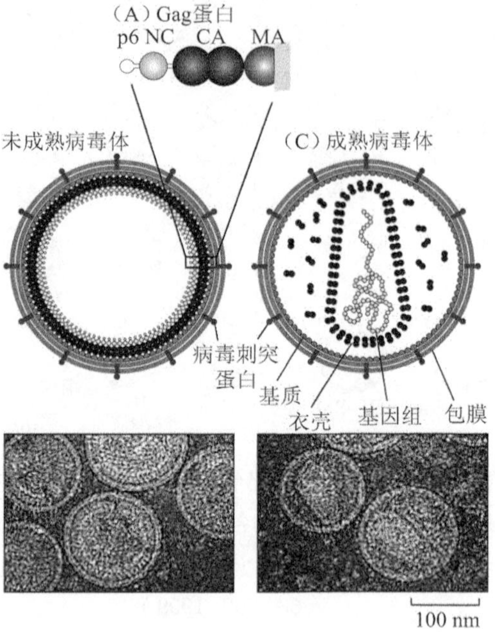

图 2.21　HIV 的架构　(A) Gag 蛋白的示意图。这种蛋白质是一种分子质量为 40 000 Da 的构造模块; (B) 未成熟的病毒体, 有一个脂质双层外衣以及附着在其内表面上的尚未切割的 Gag 蛋白; (C) 成熟的病毒体, Gag 蛋白已经被蛋白酶切割开, 切成的部件在病毒中充当结构单元的角色。相关的电子显微图像展示了构造每个图的实际数据。(取自 J. A. G. Briggs et al., *Nat. Struc. Mol. Biol.* 11: 672, 2004.)

估算: HIV 病毒的蛋白质和脂质　许多病毒的副本都一样, 但 HIV 病毒体的一个显著特点是不同病毒体并不完全一样。的确, 它们在形状和尺寸上各不相同。结果, 我们对 HIV 的"估算"只能得到这些病毒的代表性数字, 但读者应该注意到 HIV 病毒的尺寸和形状是具有统计分布的。图 2.20 所示的冷冻电子显微图像显示病毒体的直径为 120~150 nm, 我们取"典型"直径为 130 nm。

我们从未成熟的病毒体开始。为了估算一个病毒体内的 Gag 蛋白的数目, 采用简单的几何推理。因为整个病毒体的半径约为 65 nm, 而这个半径最外层是 5 nm 厚的脂质双层膜, 设想一个半径为 60 nm 的球, 其内部沿径向分布着像车轮辐条那样的 Gag 蛋白。如果将每个 Gag 蛋白想象成一个半径为 2 nm 的圆柱体, 这意味着它占据的面积为 $A_{\mathrm{Gag}} \approx 4\pi\,\mathrm{nm}^2$。利用这个结果, 可以计算 Gag 蛋白的数目为

$$N_{\text{Gag}} = \frac{\text{病毒体的表面积}}{\text{每个 Gag 蛋白占据的面积}} \approx \frac{4\pi \times (60\,\text{nm})^2}{4\pi\ \text{nm}^2} \approx 3500 \qquad (2.15)$$

这些 Gag 蛋白的总质量为

$$M_{\text{Gag}} \approx 3500 \times 40\ 000\ \text{Da} \approx 150\ \text{MDa} \qquad (2.16)$$

计算中我们已经利用了每个 Gag 蛋白分子质量约为 40 kDa 这一事实。对 Gag 蛋白数目的估算结果与冷冻电子显微镜的观测结果在数量级上吻合得很好 (见 Briggs et al., 2004)。

HIV 包膜上脂质分子的数目可以用类似的方法估算:

$$N_{\text{lipid}} \approx \frac{2 \times 4\pi(65\,\text{nm})^2}{(1/2)\,\text{nm}^2} \approx 200\ 000 \qquad (2.17)$$

式中, 因子 2 对应于脂质形成了双层膜这个事实, 我们还利用了每个脂质分子的典型面积为 $(1/2)\ \text{nm}^2$ 这样一个事实。用质谱仪对 HIV 的脂质分子进行普查, 可以测量病毒包膜上的各种脂质 (Brügger et al., 2006)。有趣的是, HIV 包膜中脂质的多样性是巨大的, 其脂质成分也完全不同于其宿主细胞膜的成分。测量到的不同脂质分子的总数目大约是 300 000。对 HIV 的各个部件的进一步分析留在本章课后习题中进行。

总之, 病毒是说明高分子组装威力的最有趣的实例之一。这些有趣的结构处于生命与非生命之间的模糊区。

2.2.5 细胞的分子构造

将放大倍数再扩大 10 倍, 就达到了细胞的单个高分子的层次。具体来说, 增加空间分辨率可以揭示出四大类高分子: 脂质、糖类、核酸和蛋白质。正如第 1 章中介绍的那样, 这 4 类分子是构成生命的材料, 在构造细胞方面, 无论是在结构上还是在功能上, 都处于核心地位。虽然这些分子通常是高度各向异性的 (如 DNA 分子的长度通常比其直径大许多个数量级), 但它们的特征尺寸为 1~10 nm。例如, 在这一章前面介绍的"典型"蛋白质分子的尺寸是几个纳米。脂质分子呈现较大的各向异性, 其长度为 2~3 nm, 而横截面积为 $(1/2)\ \text{nm}^2$。

本节的目的是从不同的侧面介绍构成生命的分子, 以及它们如何构成本章中描述的各种结构层次。

高分子的结构由其原子坐标来刻画

X 射线晶体学、磁共振和冷冻电子显微镜的结合在原子层次上揭示了对细胞的功能至关重要的一系列高分子的结构。这些结构包括分子马达、离子通道、DNA 结合蛋白、病毒衣壳蛋白以及各种核酸的结构。对新结构的确定真正成了常规工作。事实上, 在本章课后习题中我们建议读者访问一下蛋白质数据库或 VIPER 网站, 就可以知道现在已经探明的多种分子或高分子的结构。

虽然对“结构”一词的理解见仁见智 (这也的确是本章和第 8 章的主旨之一), 但大多数自认为是结构生物学家的人都认可, 对一个结构的最终确定意味着把组成该结构的各个原子的坐标确定下来。作为一个例子, 图 1.1 介绍了核酸、蛋白质、脂质和糖等分子在原子层次上的细节。在这种描述下, 体系的结构表达为一套坐标:

$$\mathbf{r}_i = x_i\mathbf{i} + y_i\mathbf{j} + z_i\mathbf{k} \tag{2.18}$$

当选定坐标原点后, 结构中的第 i 个原子的坐标由 (x_i, y_i, z_i) 给出。也就是说, 一旦有了笛卡儿坐标的原点, 每个原子的位置就可以用这个三维网格中的坐标决定。

细胞中的高分子因彼此间的碰撞以及与其周围水分子的碰撞而不断地颤动着, 所以结构的静态图像是不完整的。对于一个给定的结构, 其原子坐标所描述的结构快照没能考虑到每一个原子都在不停地做着热运动这样一个事实。因此式 (2.18) 实际上应该表示为如下形式:

$$\mathbf{r}_i(t) = x_i(t)\mathbf{i} + y_i(t)\mathbf{j} + z_i(t)\mathbf{k} \tag{2.19}$$

式中的 t 提醒我们坐标是依赖于时间的, 而实验中测量到的结果最好表示成 $\langle\mathbf{r}_i(t)\rangle_{\text{time}}$, 这里的 $\langle\rangle_{\text{time}}$ 表示对时间求平均。

作为例子, 图 2.22 给出了糖酵解途径上的一个关键蛋白原子水平上的表示。我们选择这个例子是因为糖酵解作为标准的新陈代谢途径将在本书中反复出现。这幅图也给出了描述结构的其他几种方法, 如使用条带图, 这种方法有利于突出显示各种氨基酸如何聚集在一起从而形成二级结构单元, 如 α 螺旋和 β 折叠。

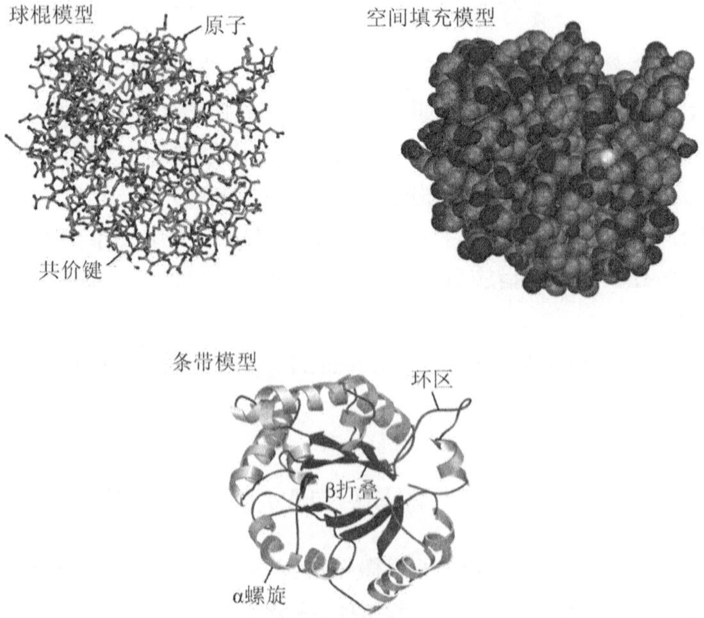

图 2.22　磷酸丙糖异构酶的三种表示。它参与糖酵解途径。(蒙 D. Goodsell 惠赠)

根据化学基团对高分子的结构部件进行分类

当考虑细胞中的高分子结构时, 赋予结构以功能意义 (而不是给出一大堆原子坐标) 主要是依据组成结构的化学基团进行的。例如, 图 1.1 和图 2.22 所示的蛋白质的结构并不是一些碳、氮、氧和氢等原子的随意排列, 相反, 这个结构反映了蛋白质是由氨基酸的一个线性序列构成的, 每个氨基酸都各有其特征, 如图 2.23 所示。这些氨基酸的物理和化学特征决定了蛋白质折叠的形状及其功能。

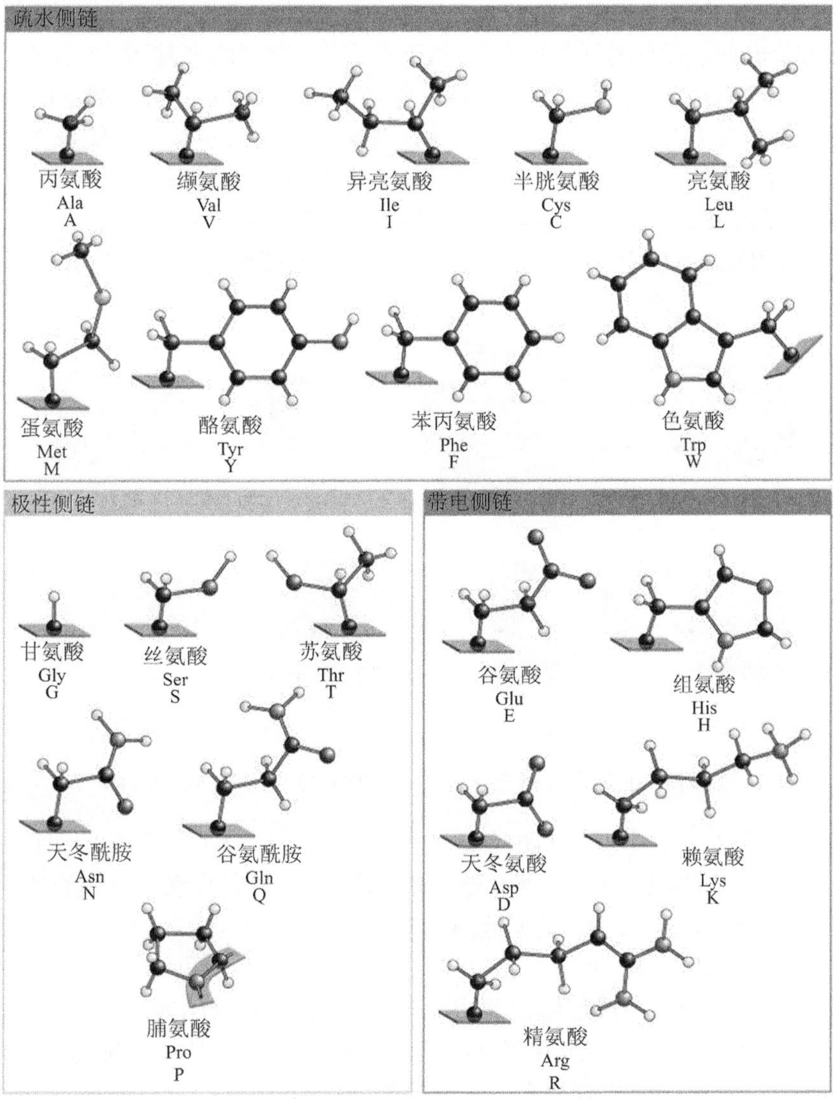

图 2.23 氨基酸的侧链。用球棍模型表示的氨基酸结构, 黑球代表碳原子, 小的白球代表氢原子, 而灰色的球代表氧、氮或硫原子。这里只显示了侧链。这些侧链连接在蛋白质的肽主链上, 肽主链用一块灰色平板表示。氨基酸可按其物理性质分类。图的上部展示的是疏水基团, 倾向于在蛋白质的内部。图下方的氨基酸能够与水分子形成氢键而常常位于蛋白质的表面

氨基酸只是一大类亚纳米尺度结构的构造模块的其中一个例子, 这种模块称为“化学基团”。它们频繁出现在不同的高分子中, 像氨基酸一样, 每种基团都有其独特的化学性质。图 2.24 展示了在生物化学和分子生物学中都很重要的各种化学基团。它们都是具有生物学意义的主要化学官能团, 可以与碳原子相连, 并且都出现在蛋白质结构中。甲基和苯基只含有碳和氢, 因而是疏水的 (不能与水分子形成氢键)。它们右侧是两种在化学上相似的基团——羟基和巯基, 包含有氧或硫原子加上一个氢原子。这两种基团的关键特征是它们的化学活性强, 可以参与化学反应而形成新的共价键。包含有这些官能团的氨基酸 (丝氨酸、苏氨酸、酪氨酸和半胱氨酸) 通常是在催化反应中起重要作用的酶的残基。第 2 行的第 1 个是含氮的氨基, 它在中性 pH 溶液中常常带正电荷; 第 2 个基团是羧基, 通常带负电荷。所有的氨基酸在单体形式下都含有这两个基团。在聚合物中, 蛋白质的N端都有一个自由的氨基, 而C端都有一个自由的羧基。有几种氨基酸的侧链上也含有这些基团, 静电相互作用通常决定了这些氨基酸在分子识别和某些催化作用中的化学专一性。第 3 个基团是酰胺。这个基团通常是不带电荷的, 但却能参与多种氢键的形成。最后一个基团是磷酰基, 它并不是核糖体在翻译过程中插入氨基酸中的。相反, 磷酰基通常是在翻译后的修饰过程中被加进氨基酸的, 并且实现极其重要的调节功能。

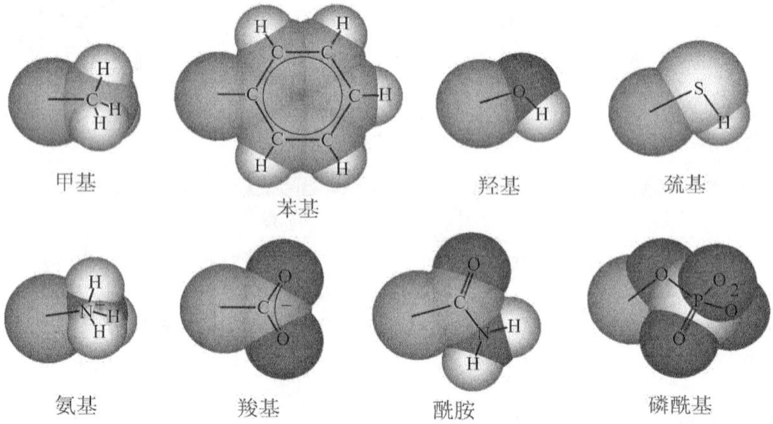

图 2.24　化学基团。这里展示的是有机分子 (如蛋白质) 中最常见的一些基团。(蒙 D. Goodsell. 惠赠)

类似地, 核酸也可以用化学基团的观点来考虑。在图 1.3 中, 我们展示了如何将如图 1.1(A) 所示的那些基团视为 DNA 的构造模块。特别地, 我们注意到双螺旋的主链是由糖 (用五边形表示) 和磷酸构成的。类似地, 碱基 (用五边形和六边形表示) 决定着主链的两股互补单链之间通过氢键配对。

上面我们简单介绍了组成细胞机器的分子单元。自细胞开始向下, 逐次将放大倍数提高 10 倍, 至此完成了对细胞结构的考察。现在我们的计划是从单个细胞的尺度开始, 逐渐缩小放大倍数, 来检查细胞聚集在一起形成的结构。

2.3 多细胞层次的结构和功能

我们逐次将放大倍数提高 10 倍, 依次观察到细胞器、高分子组装体、单个高分子、化学基团乃至原子和离子, 这些观察已经向我们展示了细胞及其结构单元的构造方式。当我们减小假想的照相机的分辨率并从单个细胞的尺度开始逐步缩小放大倍数时, 也将展示出同样有趣的结构层次。一旦从单个细胞的尺度开始缩小放大倍数, 我们看到的将是细胞群体的出现, 在群体中细胞并不是单独行动的。

2.3.1 多细胞群体

在生物进化过程中有几个标志性事件, 这些事件每次都给细胞的生活方式带来巨大的变化。其中一类重要的事件是细胞获得了相互之间进行通信与合作的能力, 从而形成了具有共同目标的多细胞群体。这样的事件在生物的所有分支中发生过许多次, 在一些大型的生物体 (如红杉和长颈鹿) 上达到了顶峰。在本节中我们将探究细胞之间的通信和合作如何产生新类型的生物结构。图 2.25 给出了几类细胞群体的例子, 其中一些例子构成本章剩余部分的素材。

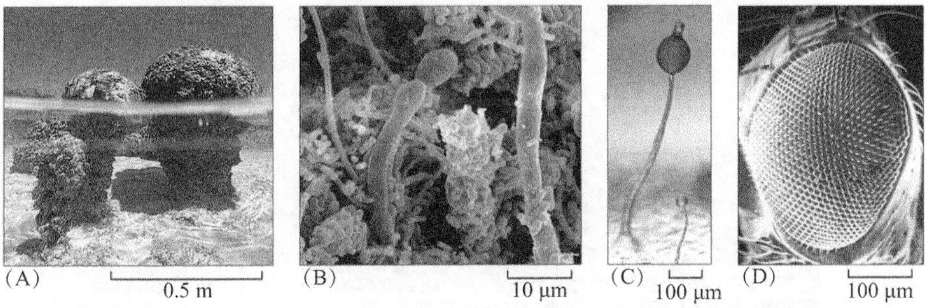

图 2.25 各种细胞群体的代表性例子。(A) 澳大利亚叠层石。(B) 细菌生物薄膜。(C) 阿米巴虫 (盘基网柄菌) 形成子实体。该图展示的是一个具有孢子的子实体——长茎顶端有一个球体, 由许多阿米巴虫组成。(D) 果蝇的眼睛。(A 蒙贝拉明大学生物系惠赠; B 由美国微生物学会图书馆许可复制; C 蒙 Pauline Schaap 惠赠; D 蒙 Tadmiri Venkatesh 惠赠)

细菌相互作用形成诸如生物薄膜那样的菌落

化石记录的已知最古老的细胞群体是巨大的细菌群落, 称为叠层石。虽然大多数叠层石在生态龛位上被后来更加高级的多细胞生命形式所取代, 但有一些至今仍然存在, 保持着与它们 20 亿年前的化石同胞一样的形式。这种类型的细菌群落在澳大利亚仍能找到, 如图 2.25(A) 所示。这些群体的特征尺度是 1 m, 这表明细菌是靠它们分泌的细胞外基质聚集在一起的。

许多种有趣的细菌群体包含一种以上的细菌。的确, 通过一个复杂的信号发射、探测以及组织系统, 细菌形成了各种群落, 包含从生物薄膜到动物肠道内的生态系统。我们很熟悉的细菌生物薄膜正是牙医警告我们每晚刷牙的依据所在。这些群体中的细菌在功能和结构上都是相互依赖的。其他生物薄膜因它们对所附着的材料表面的破坏力而闻名。图 2.25(B) 展示了生长于植入患者体内约 3 个月之久的硅橡胶人造发声装置上的生物薄膜。

图 2.26 是生物薄膜形成过程的结构示意图。形成这种结构的关键因素包含一群细菌、可供这些细胞附着的表面以及湿润的环境。生物薄膜的形成导致一群细菌附着在物体表面上, 包裹在一种聚合物基质里面, 这种基质正是由这些细菌制造的分子构成的。在生物薄膜形成的早期, 细菌黏附在物体的表面上, 然后它们的特性会发生一些变化, 包括失去鞭毛和长出菌毛。在较大的尺度上, 这些细胞层次上发生的变化还伴随着细胞群落的形成及其分化出不同的结构, 它们包裹在细胞外多聚糖之内。虽然这样的生物薄膜可以有各种不同的形态, 粗略地说, 这些生物薄膜相对来说是多孔结构 (大概是为了留下通道供营养物质的输入和代谢废物的排泄), 一般来说具有如图 2.26 所示的蘑菇状外形。这些薄膜有大约 85% 的质量来自细胞外基质, 余下的 15% 为细胞本身的质量。薄膜的典型厚度为 10~50 μm。

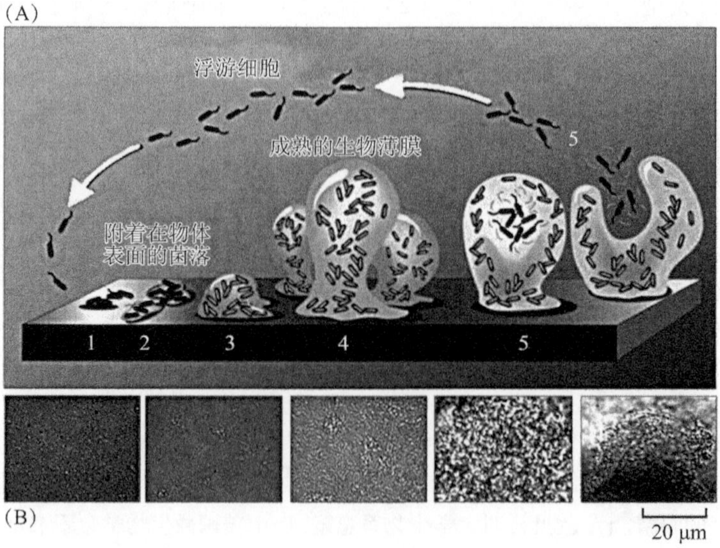

图 2.26　细菌形成生物薄膜的示意图。(A) 生物薄膜的形成阶段: 1. 附着在表面上; 2. 分泌细胞外聚合物 (EPS); 3. 早期生长; 4. 成熟; 5. 从生物薄膜中释放出细胞。(B) 下面的显微图像显示出处于膜形成的各个阶段的生物薄膜。(取自 P. Stoodley et al., *Ann. Rev. Microbiol.* 56: 187, 2002.)

危机中的合作: 盘基网柄菌的生活方式

虽然说细菌可以形成群体, 但真核生物显然是把这种功能提升到了较高的水平。一个有趣的例子为真核多细胞体的起源提供了线索, 它是如图 2.25(C) 所示的一种细胞黏液菌—— 盘基网柄菌。这种生活在土壤中的小阿米巴虫, 在条件适宜的时候单独生活, 而在营养匮乏的时候寻求同伴的帮助。盘基网柄菌通常单独行动, 其典型尺寸是 5~10 μm。但当它们缺乏赖以生存的细菌食物时, 这些细胞在生活方式上就会经历根本性的变化, 包括经过一系列有趣的中间步骤而发生的相互作用和分化, 如图 2.27 所示。土壤样品中的一群阿米巴虫发现它们面临营养匮乏时, 相互之间就发出化学信号, 从而使许多单独的阿米巴虫聚集起来形成蛞蝓, 看起来就像小线虫。这些细胞就像处于单细胞和多细胞生活方式的中间状态, 随时可以在两者之间转化。最终, 像图 2.25 中所示的那样, 所形成的蛞蝓停止移动并开始形成一根茎。在茎 的顶端是一个接近球形的泡, 内含几千个孢子, 它们本质上是处于假死状态的细胞。当环境条件适宜单个阿米巴虫生活时, 这些孢子就会发芽, 其中每个孢子变成一条单独生活的阿米巴虫。

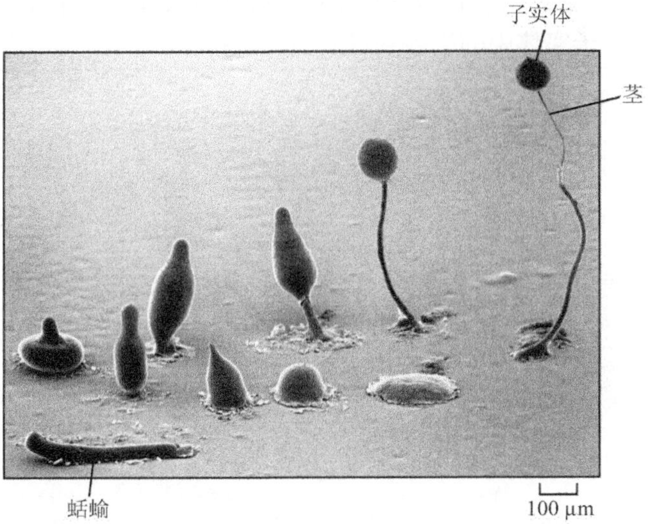

图 2.27 阿米巴虫在营养匮乏时形成一种多细胞结构。阿米巴虫在营养匮乏时形成一种由几万个细胞组成的结构, 其中每个细胞的命运各不相同。位于这个结构顶部的细胞形成孢子, 它们在条件有利时将复活。该图显示了形成子实体的各个发育阶段, 从图的右下部分开始, 按顺时针方向进行。(版权属于 M. J. Grimson and R. L. Blanton, Biological Sciences Electron Microscopy Laboratory, Texas Tech University.)

估算: 蛞蝓和子实体中的细胞数目 蛞蝓中的细胞数目与其尺寸之间的关系如图 2.28 所示。由此可见, 蛞蝓的长度可以从几百到几千微米, 而组成蛞蝓的细胞的数量可以从几万到几百万。下一个可见的发育阶段是长出一根茎, 茎的顶端是子实体。茎的长度为 1 mm 量级, 而子实体的直径为几百微米。子实体包含几千个孢子, 它们实际上是处于假死状态的细胞。图 2.29 展示了一个被压扁在显微镜载玻片上的子实体。这种结构是具有功能意义的。具体地, 变成孢子的细胞保持着在较好条件下复活的能力, 而那些变成茎的细胞实际上已经为其他细胞的利益贡献出了自己的生命。

图 2.27 所示的多细胞子实体引出的有趣问题是: 多少个细胞组成这样的结构? 可以通过考察图 2.29 所示的由细胞组成的半球来估算子实体中的细胞数目。注意我们将子实体当成半球形来处理, 因为一旦它被压扁在显微镜的载玻片上, 其形状就会变

扁, 更像半球而不是球形。半球的直径大约是 200 μm。可以通过计算如下比值来粗略地估算子实体中的孢子数目:

$$细胞的数目 = \frac{V_{\text{body}}}{V_{\text{cell}}} \tag{2.20}$$

我们已经假定整个子实体都是由细胞组成的。如果我们假定细胞的直径为 4 μm, 则可得

$$细胞的数目 = \frac{\frac{2}{3}\pi(100\ \mu\text{m})^3}{\frac{4}{3}\pi(2\ \mu\text{m})^3} \approx 6 \times 10^4 \tag{2.21}$$

注意细胞组成的子实体的尺寸范围很宽, 从这里的 200 μm 到几倍于这么大, 所以, 子实体中的细胞数目的估算值变化范围也很广。另外也要注意, 对细胞尺寸的估值相差 2 倍, 就会使蛞蝓或子实体中的细胞数目的估算值相差 8 倍。

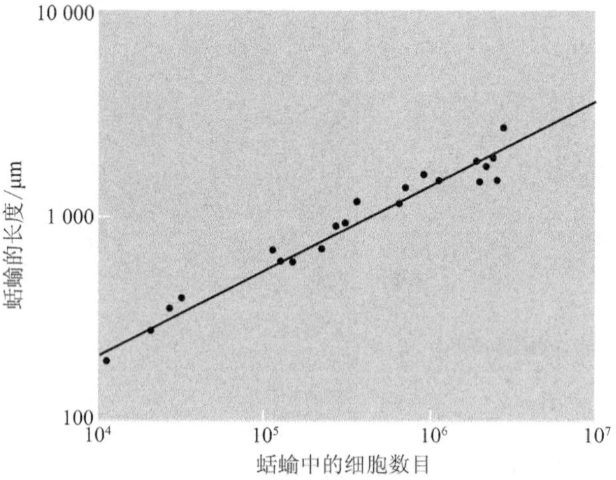

图 2.28　盘基网柄菌蛞蝓的尺寸。该图显示了盘基网柄菌蛞蝓的尺寸与相应的细胞数目之间的关系。点代表各个不同的个体, 而直线表示总体趋势。(取自 Bonner, www.dictybase.org.)

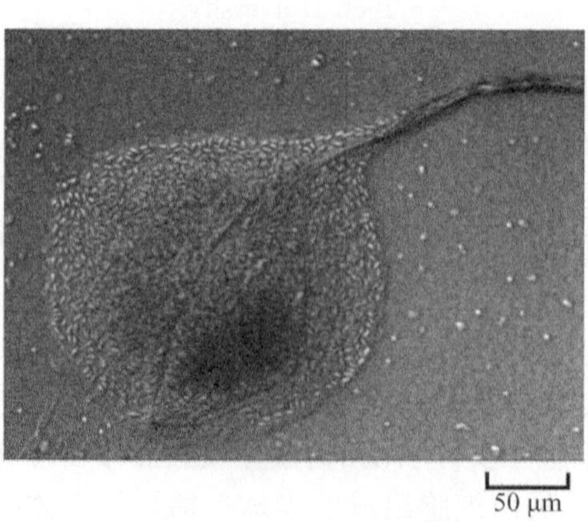

图 2.29　子实体的显微图像。子实体被压扁在显微镜的载玻片上, 显示出孢子的尺寸和数目

多细胞生物拥有许多不同的细胞群体

利用多细胞优势的三个生物分支是动物、植物和真菌。细菌群落和原生生物群落的特征尺度很少超过几毫米 (叠层石是例外), 但上述三个分支中的个体尺寸常常超过 1 m。它们巨大的尺寸和相应的复杂性至少可以归于三个因素: ①能够为巨大的细胞群体提供结构支持的细胞外基质材料的制造; ②细胞特异化, 具有同样的基因组的许多细胞发育成履行不同功能的细胞; ③高度精密的通信机制使得生物体内的细胞之间能够相互通信。我们强调, 这些特征并不是动物、植物和真菌所特有的, 但是这些特征在这三类生物身上体现得比别的生物更充分。图 2.25(D) 所示的果蝇的眼睛是这些原则的优美例证。果蝇的眼睛由几百个小单元 (称为单眼) 构成。每个单眼由 8 个感光细胞、一些支持细胞和角膜组成。在眼睛的发育过程中, 这些细胞相互之间发送信号以便确定它们的身份和相对位置, 从而形成一个定型结构, 这个结构重复多次。本章剩余部分的主题是考察细胞如何聚集在一起形成高级结构, 以及这些结构如何融合在生物体形成的总体结构层次中。

2.3.2 组织和神经网络的细胞结构

多细胞结构就像细胞本身一样是多种多样的。通常, 这些结构的性质正是其基本功能的体现。例如, 上皮细胞充当屏障的角色, 因而它们在几何上呈现致密的平面形状。相反, 神经元的网络充当传递信息的角色, 因而它们呈现完全不同类型的多细胞结构。

上皮细胞层

上皮细胞层是从皮肤到膀胱这样的器官的构造模块之一。在功能上, 这些结构中的细胞起着多种作用, 如作为分子输送的屏障、提供细胞吸收分子的界面以及作为特定分泌的场所。图 2.30 展示了从不同角度对这些结构观察的结果。

上皮细胞层形态的多样性在于以下几个方面。首先, 单个细胞的形态可以各不相同 (各向同性或各向异性)。其次, 细胞的聚集体本身有不同的形状。例如, 不同的结构可以粗略地分为单层的 (单层上皮) 和多层的 (复层上皮)。在这两大类结构中, 细胞本身具有不同的形态。组成上皮细胞层的细胞可以是扁平的薄饼状的细胞, 称为鳞状上皮。如果组成上皮细胞层的细胞没有特别的方向性, 则称为立方上皮, 而那些在细胞外支持基质的垂直方向上较长的细胞组成的上皮细胞层称为柱状上皮。上皮细胞层的功能之一是将不同的介质分开 (类似于脂质双分子层), 这些介质可以有非常不同的离子浓度、pH、高分子浓度等。

组织是细胞同胞外基质的联合体

我们已经看到细胞可以相互作用形成联合体。图 2.31 所示的组织提供了一个更有趣的多细胞结构的例子。这些结缔组织由各种不同的细胞和它们分泌的物质构成。在上皮层下面, 成纤维细胞组成细胞外基质。这些结缔组织由三种主要成分构成, 如成纤维细胞

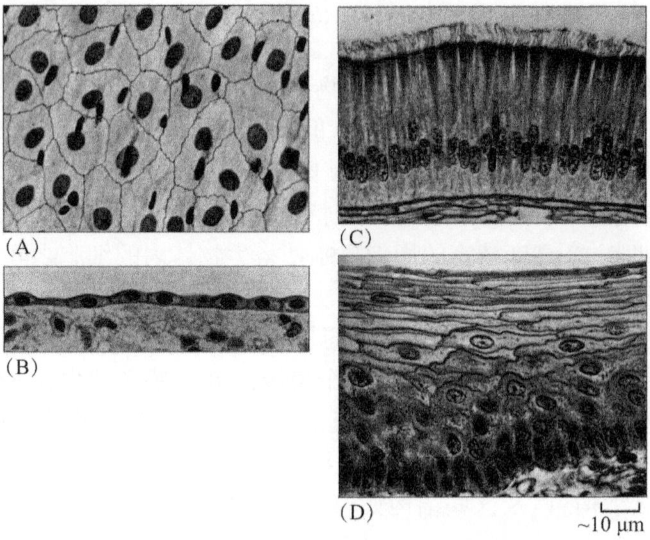

图 2.30　上皮细胞层的形状和构造。上皮是由连续的多层细胞形成的组织，这些细胞相互之间紧密地接触。(A) 从上方观察，一个简单的上皮细胞层看起来像一个由瓷砖铺就的拼接图案。深色的椭圆形是用银染色的细胞核。(B) 从侧面观察，简单的上皮，如来自狗肾脏的上皮，可以形成由扁平细胞组成的单层，位于一个松散的纤维状结缔组织之上。(C) 在一些特异性的上皮组织中，细胞可以向上延伸，形成长的圆柱形，在上表层发育出特定的功能，如这里显示的纤毛。这种纤毛化的柱状上皮组织来自于一种淡水蚌类的消化道。(D) 在其他上皮组织中，如在皮肤或者这里所示的小猫的牙龈中，上皮细胞可以形成多层结构。(A-D 取自 D. W. Fawcett, The Cell, Its Organelles and Inclusions: An Atlas of Fine Structure, Philadelphia, W. B. Saunders & Co., 1966.)

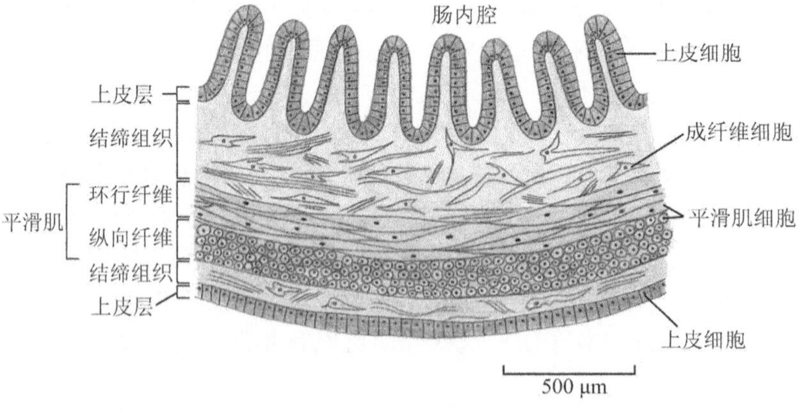

图 2.31　组织的构成。形成人类肠道组织的细胞和细胞外基质的结构示意图。上表层是由上皮细胞组成的平面阵列。这层细胞的下面是由成纤维细胞和细胞外基质分泌物组成的。(取自 B. Alberts et al., Molecular Biology of the Cell, 5th ed. New York, Garland Science, 2008.)

和巨噬细胞那样的细胞、结缔组织纤维以及由氨基葡聚糖 (GAG) 组成的支撑物。这些组织特别有趣之处是在时空上对细胞进行和谐配置。本章早先描述过的成纤维细胞是生产那些用来构成细胞外基质的蛋白质的工厂。具体地, 它们合成诸如胶原蛋白和弹性蛋白等蛋白质, 这些蛋白质一旦分泌出来, 就组装成能承载外力的纤维状结构。这些纤维和细胞嵌入细胞外基质的第三种重要成分——氨基葡聚糖形成的水合凝胶中。

神经细胞形成复杂的多细胞联合体

多细胞结构的一个完全不同的例子是神经元的集合。神经元是动物体内的特异性细胞, 与思考和感知紧密相关。这些细胞将信息以电信号的形式在体内长距离传送。神经元由许多输入端和一个输出端构成, 输入端称为树突, 输出端称为轴突。这些细胞有趣的结构特征是它们组成紧密连接的复杂网络, 每个细胞的树突都向外伸展到其他许多细胞那里, 以便接收各种输入信号。图 2.32 给出一个由荧光标记的神经细胞组成的聚合体的例子。注意, 从这些细胞伸展出来的分支 (树突和轴突) 的长度远远超过典型的真核细胞的特征尺度 (10 μm)。实际上, 有的神经元的长度可以达到几厘米或更长。

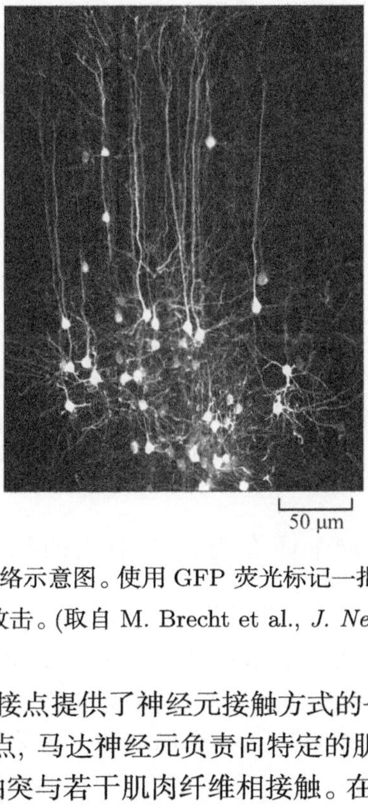

图 2.32 神经细胞形成的复杂网络示意图。使用 GFP 荧光标记一批大鼠的脑神经细胞。使用慢病毒对特定的神经细胞进行攻击。(取自 M. Brecht et al., *J. Neurosci.* 24: 9223, 2004.)

图 2.33 所示的肌肉神经接点提供了神经元接触方式的一个有趣例子。它们是马达神经元和肌肉纤维之间的接触点, 马达神经元负责向特定的肌肉传送行进命令。如图 2.33 所示, 一个马达神经元上的轴突与若干肌肉纤维相接触。在第 17 章中将要详细描述, 当一个电信号 (动作电位) 到达突触的接触点时, 就会在神经和肌肉之间的间隙释放出神经递质。这些神经递质将导致肌肉上的配体门控离子通道开启, 改变肌肉的电位状态, 使肌肉收缩。这些对照性实例使我们可以管窥细胞之间接触方式的多样性。

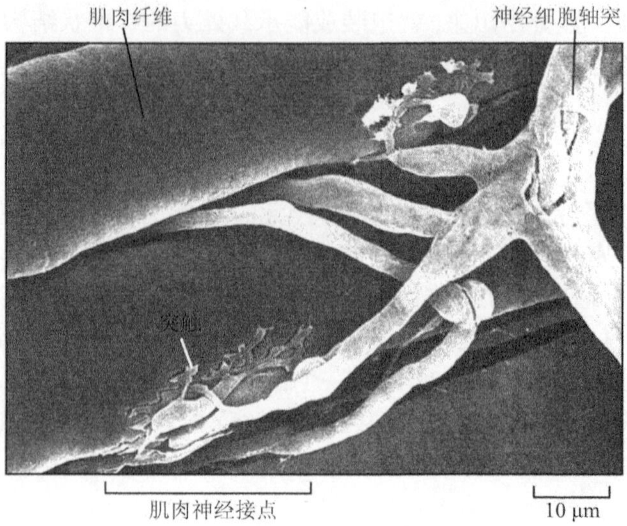

图 2.33　肌肉神经接点。神经细胞上的轴突与若干骨骼肌纤维相接触。每个肌肉纤维是一个巨大的多核细胞，由几百或几千个前体细胞融合而成。突触处的神经细胞分泌的神经递质启动肌肉纤维的收缩。(取自 D. W. Fawcett and R. P. Jensh, Bloom and Fawcett's Concise Histology. London, Arnold Publishers, 1997.)

2.3.3　多细胞生物

这里我们考虑的结构层次的最高级别是多细胞生物个体。多细胞生物具有明显的多样性，从玫瑰花到知更鸟，从捕蝇草到巨型乌贼。多样性特别引人关注之处包含在细胞学说的简单表述之中：生物的每个个体都是细胞及其产物的集合体；每个个体都是长期进化的结果，长期进化导致了组成这些生物个体的各种细胞的特异性和多样化。

生物个体发育过程中的细胞分化

果蝇作为生物学的一个重要的“模式”生物，具有悠久的历史，对于考虑生物的尺寸来说是一个有用的起点。如图 2.34 所示，成熟的果蝇长约 3 mm，在形态学上可认为是由 14 个体节构成的：3 个体节组成头部，3 个体节组成胸部，8 个体节组成腹部。我们将分别在第 3 章和第 4 章中进一步探究果蝇的生命周期和生物学重要性，目前我们仅考察与成熟的果蝇及其胚胎有关的空间尺度。

果蝇之所以能够取得重要地位，部分是因为它以独特的方式帮助我们揭示了有关遗传和胚胎发育方面的许多知识。在果蝇的发育方面，研究得最彻底的特征之一是它在发育早期构建身体的前后部结构的方式。这种身体生长的最显著特点是：不同细胞采取不同的基因表达模式由这些细胞在胚胎中所处的位置决定。偶数跳读基因 (*eve*) 的表达模式如图 2.35 所示。该基因在 7 个条带上被表达，对应于果蝇的 14 个体节中的 7 个。图中所示的基因表达模式最引人注目的特征之一是相关基因的“开”和“关”之间的区别在空间上界限分明，基因的“开”和“关”交替发生在细胞的尺度上。在胚胎发育的研究上面临的挑战一直以来是试图理解胚胎中的基因表达模式与产生宏观结构之间的关系。

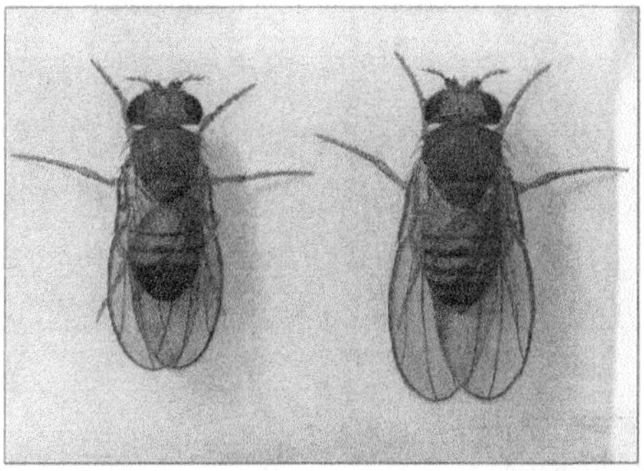

图 2.34 雄性和雌性的成年野生型果蝇。仿照 E. M. Wallace 于 1934 年绘制的图样。(蒙加州理工大学档案馆惠赠)

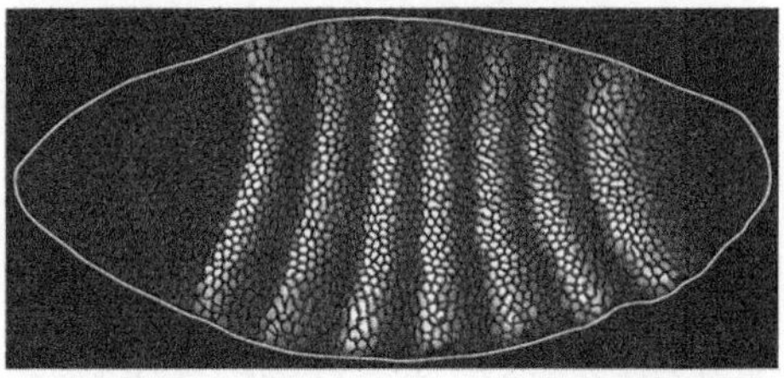

图 2.35 果蝇胚胎中的基因表达模式。使用抗 eve 抗体进行免疫荧光染色的果蝇胚胎的图像。每个斑点代表组成卵形胚胎的一个细胞的细胞核。这个胚胎已经经历了 13 个细胞分裂周期。(取自 E. Poustelnikova et al., *Bioinformatics* 20: 2212, 2004.)

估算：果蝇胚胎的带条上的细胞数目 对控基因 (如图 2.35 所示的偶数跳读基因) 界限分明的基因表达模式是由转录因子 (一种 DNA 结合蛋白) 的空间梯度引起的，转录因子能够增加 (激活) 或降低 (阻遏) 基因表达水平。为了认识与决定发育决策的转录因子的梯度相关的尺度及其造成的特征，将果蝇的胚胎理想化成一个球柱体 (即两端由半球体组成圆柱体)，它由圆柱部分的长度 L 和半径 R 这两个参数来刻画。取 L 的近似值为 $300\,\mu\text{m}$，R 的近似值为 $100\,\mu\text{m}$。在胚胎中，大部分细胞核位于表面上，于是，需要知道细胞核的面密度。在这个简单的几何模型下，胚胎的表面积为

$$A = 4\pi R^2 + 2\pi RL \tag{2.22}$$

考虑处于 13 次分裂之后而原肠胚形成 (在胚胎中产生肌肉和内部器官的前体) 之前的胚胎。注意并不是有 2^{13} 个细胞核，因为在先前的分裂中，并不是所有的细胞核都到了胚胎的表面，而那些留在胚胎内部的细胞核在随后的分裂中并不能与表面上的细胞核

保持同样的步调。对胚胎发育中细胞核的详细普查请参考文献 [Zalokar 和 Erk (1976)]。细胞核的面密度, 即单位面积上细胞核的数目为

$$\sigma = \frac{N}{4\pi R^2 + 2\pi RL} \tag{2.23}$$

利用上面的数据可以计算出面密度为 0.02 个细胞/μm^2。在图 2.35 中可以看到, 果蝇胚胎上的条带斑图的界限是非常分明的, 反映出细胞是在非常局域化的水平上进行决策的。

仔细察看图 2.35, 可以知道条带宽度约为 20 μm。于是, 可以估算每个条带包含的细胞总数为

$$n = \sigma 2\pi R l_{stripe} \approx 0.02\ 细胞/\mu m^2 \times 2 \times 3.14 \times 100\ \mu m \times 20\ \mu m \approx 250 \tag{2.24}$$

注意每个细胞占据的平均面积为 $1/\sigma \approx 50\,\mu m^2$, 意味着这些细胞的半径约为 4 μm。我们做这些练习的主要目的是为了说明在胚胎发育中产生的结构的空间尺度。我们看到在原肠胚形成时, 果蝇胚胎约 6000 个细胞中, 大约每 250 个细胞组成一簇, 这些簇受各自不同的基因表达模式的控制, 开始经历不同的发育途径, 从而孕育了成熟果蝇的异质性的结构特征。

线虫的完整细胞图

最近常常用于研究多细胞动物的遗传和发育的模式生物是如图 2.36 所示的秀丽隐杆线虫。它作为多细胞真核模式生物是颇具吸引力的, 其原因是: ①它的完整基因组已被确定; ②它具有 959 个细胞, 其中每个细胞的身份已被确定 (图 2.37); ③它是透明的, 方便对其结构做各种研究。令人惊叹的是, 这种生物的所有细胞都有谱系渊源, 可以追溯到受精时刻出现的单个细胞。准确地说, 组成这种生物的大约 1000 个细胞都能认定其在谱系中的位置, 即已经清楚地知道细胞 A 产生了细胞 B, 细胞 B 产生了细胞 C 等。

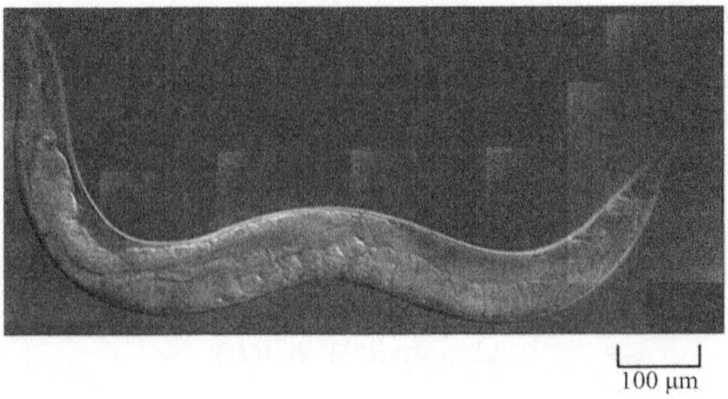

图 2.36　秀丽隐杆线虫。成虫的微分干涉相差显微图像, 由一系列高分辨率的显微图像组合而成。线虫头部位于图的左上角, 尾部位于右边。消化道可见, 是一条沿其身体中轴线的长管子。卵细胞也可见, 是一些大型椭圆体, 位于身体的下部。(蒙 I. D. Chin-Sang 惠赠)

如图 2.36 所示, 线虫的长度约为 1 mm, 直径约为 0.05 mm。就像果蝇一样, 人们对它们也进行了大量的分析, 包括其行为是如何受触觉驱动的。人们做了一系列实验, 得到了秀丽隐杆线虫的谱系树。这些实验最引人注目的结果之一是确定了线虫的 302 个神经元的连接情况。通过使用电子显微镜观察一系列连续的薄切面, 人们可以弄清楚这种微小生物的神经系统中的大约 7000 个神经连接。不同神经细胞的直径一般小于 5 μm。

估算: 秀丽隐杆线虫的细胞尺寸 作为对"简单"动物的细胞内容物的估算, 秀丽隐杆线虫提供了估算真核细胞的特征尺寸的方法。如图 2.36 所示, 它可视为长度为 1 mm 直径为 0.1 mm 的圆柱体, 其体积可以简单地计算出来, 约为 $7\times10^6\ \mu m^3$。如果利用该生物体大约含有 1000 个细胞这样一个事实, 则可以得到它们的细胞的特征体积为 $7000\ \mu m^3$, 意味着细胞的典型半径约为 10 μm。对真核细胞体积的合理估算值为 $2000\sim10\ 000\ \mu m^3$。

不同类型的线虫具有相同的身体构造, 包含有较少的细胞数目, 每个细胞的身份都已确定, 但是它们在尺寸方面可以相差很大。最大的一种线虫是蛔虫, 它是猪和人共患的寄生虫。据估计全球共计 10 亿人的肠道里有蛔虫。它们很像秀丽隐杆线虫, 但长度可以达到 15 cm 并且细胞也相应大得多。这种现象在动物王国并不罕见。决定多细胞生物的身体尺寸的原因和机制目前人们还知之甚少。

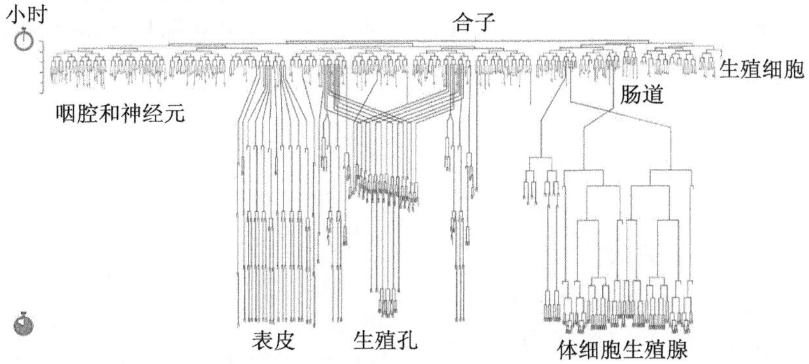

图 2.37 秀丽隐杆线虫的细胞谱系图。线虫的每个细胞的发育方式, 在所有的个体之间是完全相同的。因此, 发育生物学家们就可以通过耐心的直接观察来确定线虫细胞的谱系图。在这个图上, 胚胎形成阶段发生的细胞分裂由最上面的那条横线表示。后来发生的表皮、生殖孔和生殖腺的细胞分裂都是在这种动物孵化之后发生的

生物群落: 更高层次的结构

生物并不是相互孤立地生存着。地球上的每个生物都是一个较大的生态网络的一部分, 每个生物都与其他个体和物种进行合作和竞争, 并最终形成了整个地球上相互联系的生态系统。珊瑚礁就是一个生动的例子, 显示出居住在一起的巨大数量的物种之间的相互依存关系。另外一个同样生动和多样化的群体 (通常其内在美不被人们所欣赏) 是居住在我们自身肠道内的巨大数目的各种细菌。据估计, 人体内包含的微生物细胞比人类细胞几乎多 10 倍, 而包含的细菌基因比人类基因至少多 100 倍。所以我们应该把我们自己

看成并不是真正的个体, 而是复杂的生态系统, 人类细胞只是其中的一小部分。于是, 关于组成生命世界的层级式结构的故事, 以大肠杆菌这种细菌开头, 而现在也要以其结束。具有讽刺意味的是, 人类已经被我们的标尺——大肠杆菌殖民化了。

虽然我们已经在很大的空间尺度范围内考察了生物结构, 但我们这个按照每次改变 10 倍放大倍数的探索仍然是非常不全面的。我们最终从这里学到的知识是进化导致了生物结构的出现, 从纳米尺度的分子机器一直到相当于地球本身尺度的生态系统。试图理解是何种物理和生物因素驱动了这些结构的形成, 将是本书后面大部分内容追求的目标。

2.4 总 结

生物结构的尺度范围很广, 从几纳米 (单个的蛋白质分子) 一直到几百米 (红杉) 以及更大的生态系统。在本章中, 我们从生命的基本单元——细胞开始, 向上和向下考察了各种生物实体的尺寸和数目。我们发现, 有时候所涉及的生物学对象以大量完全相同的拷贝出现, 这时使用平均数就是合理的近似方法, 如大肠杆菌细胞质中的核糖体的浓度就是这样的平均数。有时候生物学对象却是以很少的拷贝出现的, 在这种情况下拷贝的数目改变可能对系统的行为产生很大的影响。我们发现细胞内是拥挤的, 一粒"沙子"内 (或一个生物细胞内) 的确有一个"世界"。我们也考察了诸如蛋白质或细胞这样的生物学单元相互作用而形成更大更复杂的生物学实体的一些方式。对尺寸和尺度的直观认识可以使我们更逼真地设想本书余下部分描述的过程和问题。

2.5 课后习题

1. 看不见的微生物的相关数值

(1) 利用图 2.1 证明如下假设: 一个典型的细菌细胞 (如大肠杆菌) 的表面积为 $6\,\mu m^2$, 体积为 $1\,\mu m^3$。将这个体积用飞升 (fL) 表示。对这样一个细菌的质量作出相应的估算。

(2) 在你的大肠中居住着 2~3 kg 的细菌。对大肠中居住的细菌的总数作出估算。估算你的身体中的人类细胞总数, 并比较这两个数字。

(3) 据推断 (Whitman et al., 1998) 在海平面下 200 m 的范围内, 大约有 10^{28} 个原核生物。计算出这些细胞占据的总体积, 以立方米和立方千米来表示。计算这些细胞之间的平均间隔。每毫升海水中有多少个这样的细胞。

2. 分子的体积和质量的相关数值

(1) 估算各种氨基酸的体积, 以立方纳米为单位。

(2) 估算一个典型的氨基酸的质量, 以道尔顿为单位。解释每种原子你各选取多少个, 从而验证你的估算结果。将你的估算结果与几种主要氨基酸的真实质量做比较, 如甘氨酸、脯氨酸、精氨酸和色氨酸。

(3) 在你对 (2) 给出的答案的基础上, 推导残基数目与蛋白质的质量 (以千道尔顿为单位) 之间的关系式。将这个公式应用于肌球蛋白、球状肌动蛋白、血红素和己糖激酶, 将计算结果与这些蛋白质的实际残基数目做比较。这个问题的相关数据在本书的网页上。

3. 基本培养基和大肠杆菌

为诸如大肠杆菌这样的细菌准备的基本培养基含有各种盐, 其特征浓度为毫摩尔/升的量级，还含有碳源。碳源一般为葡萄糖，通常使用的浓度为 0.2% (相当于 0.2 g/100 mL)。

(1) 对构成诸如大肠杆菌那样的细菌的高分子成分的碳原子数目进行估算。

(2) 使用基本培养基时，5 mL 的培养液中的碳原子可供生长出多少细胞？注意这个估算有瑕疵，它忽略了合成细胞高分子的过程中所花费的能量。这些缺点将在第 5 章中讨论。

4. 生物分子的原子坐标表示

(1) 找出下述几种分子的原子坐标：ATP、卵磷脂、B-DNA、球形肌动蛋白、λ 阻遏蛋白/DNA 复合体或者乳糖阻遏蛋白/DNA 复合体、血红素、肌红蛋白、HIV gp120、绿色荧光蛋白和 RNA 聚合酶。你可以在本书的网页上找到它们的原子坐标，也可以在蛋白质数据库 (PDB) 或其他互联网资源中搜索到。

(2) 下载一个用来观察分子结构的软件，如 VMD (伊利诺伊大学)、Rasmol (马萨诸塞州大学) 或者 DeepView (瑞士生物信息研究所)，然后为上面下载的每个分子绘制出结构图。试验改变分子的方位。

(3) 审视卵磷脂的结构图，验证 (改进) 本章使用的每个脂质分子的面积值 ($0.5\,\text{nm}^2$)。

(4) 磷酸甘油酸酯激酶是糖酵解途径中的关键酶。这种酶的一个有趣特点是它们比其作用的底物大很多。这一论断在图 5.5 中可以清楚地看到。找到磷酸甘油酸酯激酶和葡萄糖的原子坐标，比较两种分子的大小。本书的网页上提供了这两种分子的原子坐标。

5. 对 HIV 的估算

(1) 通过比较 HIV 病毒体与大肠杆菌细胞的体积来估算 HIV 病毒体的质量，假设它们的密度相同。

(2) HIV 的成熟过程包含了 Gag 多聚蛋白的蛋白酶切，以便病毒衣壳蛋白 CA 可以形成外壳包裹着 RNA 基因组，而核壳体 NC 则可以与 RNA 本身复合在一起。利用图 2.20 和图 2.21 得到病毒衣壳的尺寸，估算形成病毒衣壳所需的 CA 蛋白的数目，并将结果与 Gag 蛋白的总数目作比较。

6. 细胞器的面积和体积

(1) 基于图 2.9(D) 的共聚焦显微图像计算酵母的线粒体的体积和表面积。

(2) 使用如图 2.15 所示的结构模型：直径为 $d \approx 10\,\text{nm}$ 的圆柱体之间间隔为 $a \approx 60\,\text{nm}$，估算内质网的面积。

7. 与细胞相关的数值

利用本书网页上提供的细胞和细胞器的图，进行以下估算：

(1) 胰腺腺泡细胞的细胞核上的核孔数目。

(2) 线粒体的膜间隔以及线粒体内外膜的相关面积。

(3) 胰腺腺泡细胞的糙面内质网中的核糖体的间隔和面密度。

(4) 精子头部中的 DNA 密度。

(5) 白细胞的细胞质中的容许体积。

2.6 延伸阅读

Goodsell, D (1998) The Machinery of Life. Springer-Verlag. 阐明了细胞内部拥挤的环境以及构成生命体的各种高分子。

Fawcett, DW (1966) The Cell, Its Organelles and Inclusions: An Atlas of Fine Structure, W. B. Saunders and Company. Fawcett的电子显微镜照片令人称奇。

Fawcett, DW, & Jensh, RP (1997) Bloom and Fawcett's Concise Histology, Arnold Publishers. 展示了细胞和细胞器优美的多样性。

Gilbert, SF (2003) Developmental Biology, 8th ed., Sinauer Associates. 可供读者了解许多生物发育早期的结构。其中第 9 章与本章的讨论尤其相关。

Wolpert, L, Beddington, R, Jessell, T, et al. (2002) Principles of Development, 3rd ed., Oxford University Press. 使用许多卡通图和表阐明了发育生物学的许多关键思想。

2.7 参考文献

Alberts, B, Johnson, A, Lewis, J, et al. (2008) Molecular Biology of the Cell, 5th ed. Garland Science.

Baker, TS, Olson, NH, & Fuller, SD (1999) Adding the third dimension to virus life cycles: three-dimensional reconstruction of icosahedral viruses from cryo-electron micrographs, *Microbiol. Mol. Biol. Rev.* **63**, 862.

Brecht, M, Fee, MS, Garaschuk, O, et al. (2004) Novel approaches to monitor and manipulate single neurons *in vivo*, *J. Neurosci.*, **24**(2), 9223.

Briggs, JAG, Simon, MN, Gross, I, et al. (2004) The stoichiometry of Gag protein in HIV-1, *Nat. Struc. Mol. Biol.*, **11**, 672.

Briggs, JAG, Grünewald, K, Glass, B, et al. (2006) The mechanism of HIV-1 core assembly: Insights from three-dimensional reconstruction of authentic virions, *Structure*, **14**, 15.

Brügger, B, Glass, B, Haberkant, P, et al. (2006) The HIV lipidome: a raft with an unusual composition, *Proc. Nat. Acad. Sci.* **103**, 2641.

Chin, DJ, Luskey, KL, Anderson, RGW, et al. (1982) Appearance of crystalloid endoplasmic reticulum in compactin-resistant Chinese hamster cells with a 500-fold increase in 3-hydroxy-3-methylglutaryl-coenzyme A reductase, *Proc. Nat. Acad. Sci.*, **79**, 1185.

Cross, PC, & Mercer, KL (1993) Cell and Tissue Ultrastructure, W. H. Freeman and Company. A great pictorial source for anyone interested in the beauty of cells and their organelles.

Fawcett, DW (1986) Bloom and Fawcett – A Textbook of Histology, W. B. Saunders Company.

Ghaemmaghami, S, Huh, W-K, Bower, K, et al. (2003) Global analysis of protein expression in yeast, *Nature* **425**, 737.

Neidhardt, FC, Ingraham, JL, & Schaechter, M (1990) Physiology of the Bacterial Cell, Sinauer Associates, Inc. This outstanding book is full of interesting facts and insights concerning bacteria.

Pedersen, S, Bloch, PL, Reeh, S, & Neidhardt, FC (1978) Patterns of protein synthesis in *E. coli*: A catalog of the amount of 140 individual proteins at different growth rates, *Cell* **14**, 179.

Poustelnikova, E, Pisarev, A, Blagov, M, et al. (2004) A database for management of gene expression data in situ, *Bioinformatics*, **20**, 2212–2221.

Schaechter, M, Ingraham, JL, & Neidhardt, FC (2006) Microbe, ASM Press.

Schulze, E, & Kirschner, M (1987) Dynamic and stable populations of microtubules in cells, *J. Cell Biol.* **104**, 277.

Stoodley, P, Sauer, K, Davies, DG, & Costerton, JW (2002) Biofilms as complex differentiated communities, *Ann. Rev. Microbiol.* **56**, 187.

Terasaki, M, Chen, LB, & Fujiwara, K (1986) Microtubules and the endoplasmic reticulum are highly interdependent structures, *J. Cell. Biol.* **103**, 1557.

Visser, W, Van Sponsen, EA, Nanninga, N, et al. (1995) Effects of growth conditions on mitochondrial morphology in *Saccharomyces cerevisiae*, *Antonie van Leeuwenhoek* **67**, 243.

Walker, GM (1998) Yeast, Physiology and Biotechnology, John Wiley and Sons.

Whitman, WB, Coleman, DC, & Wiebe, WJ (1998) Prokaryotes: the unseen majority, *Proc. Natl. Acad. Sci.* **95**, 12, 6578.

Wu, J-Q, & Pollard, TD (2005) Counting cytokinesis proteins globally and locally in fission yeast, *Science* **310**, 310. This paper illustrates the strategy of using fluorescence microscopy for taking the census of a cell.

Zalokar, M, & Erk, I (1976) Division and migration of nuclei during early embryogenesis of *Droso- phila melanogaster*, *J. Microscopie Biol. Cell.* **25**, 97. This paper makes a census of the number of cells in the *Drosophila* embryo at various stages in development.

Zimmerman, SB, & Trach, SO (1991) Estimation of macromolecule concentrations and excluded volume effects for the cytoplasm of *Escherichia coli*, *J. Mol. Biol.* **222**, 599. Discussion of crowding in the bacterial cell.

3 生命系统的时间尺度

你热爱生命吗? 那么别浪费时间, 因为时间是构成生命的要素。
——本杰明 · 富兰克林

本章概览: 介绍生物学过程的各种时间尺度与时间进程

正如生物结构是在很宽的空间尺度范围内存在的那样, 生物过程也是在很广的时间尺度内发生的, 从短于 1 μs 直到地球本身的年龄。通过使用大肠杆菌的细胞周期作为标准秒表, 本章将就各种生物过程发生的速率给出一个直观的认识, 并且阐明这些过程巨大的多样性, 与第 2 章的结构多样性对应。有了这种“数觉”, 我们将从不同角度探究生物时间的流逝。具体地, 我们将展示, 细胞有时是如何通过将各种过程连续串联在一起从而实现对时间的管理的, 有时又是如何操控时间 (如使用酶来加速反应) 从而改变各种过程的固有速率的。

3.1 时间尺度的层级性

动态特征是生命系统的标志之一。与生物过程相关的时间尺度范围宽广, 从酶作用的纳秒量级 (甚至更快) 一直到生命超过 10^9 年的整个进化历史。生物时间以不可阻挡的步调向前迈进, 如图 3.1 所示, 在时间尺度上横跨许多个数量级。如果我们观察生物系统在各种不同时间尺度下呈现的现象, 结果将是大不相同的: 在很短的时间尺度下我们将看到各种参与生化反应的分子在相互作用下改变身份时的分子舞蹈, 在比这慢得多的时间尺度下我们将看到单个细胞的生命过程。如果再放慢时间尺度, 我们将看到整个物种的进化轨迹。某种程度上, 在本章描述的时间尺度与第2章描述的空间尺度之间存在着关联。小的实体, 如单个分子, 以快的速率运转, 而大的物体, 如大象, 倾向于以慢的速率移动。

本章从各种不同的角度来描述生物现象的时间尺度。在本节, 我们将考察在分子生物学、细胞生物学、发育生物学和进化生物学中看到的各种时间尺度的范围, 从而给出关于生物时间的一个直观的认识。作为对这一讨论的扩展, 我们还将描述生物时间尺度的实验基础。像在第 2 章中那样, 我们将再次使用大肠杆菌作为参照系统, 这一次是使用“参考细胞”的细胞周期作为标准秒表。在本章的剩余部分我们将从三个不同的角度来看待生物学中的时间。在第 3.2 节中, 我们将展示某种生物过程的时间尺度如何由执行某个特定的步骤 (如复制) 所需要的时间来决定。我们将其称为程序时间。第 3.3 节将从另一个角度来探究时间。我们将考虑很广泛的一类生物过程, 这些过程在时间上属于“先穿袜子后穿鞋”的类型。也就是说, 这些过程相互之间是级联的, 一个过程开始时另一个过程必须已经结束。我们将这种时间称为相对时间。最后, 第 3.4 节将展示考察生物过程时间的第三种方式, 即把时间看作是可以操控的物品, 称为操控时间。在此, 我们将展示细胞和生物是如何使得诸如复制和新陈代谢这样的关键过程得到加速或减速的。

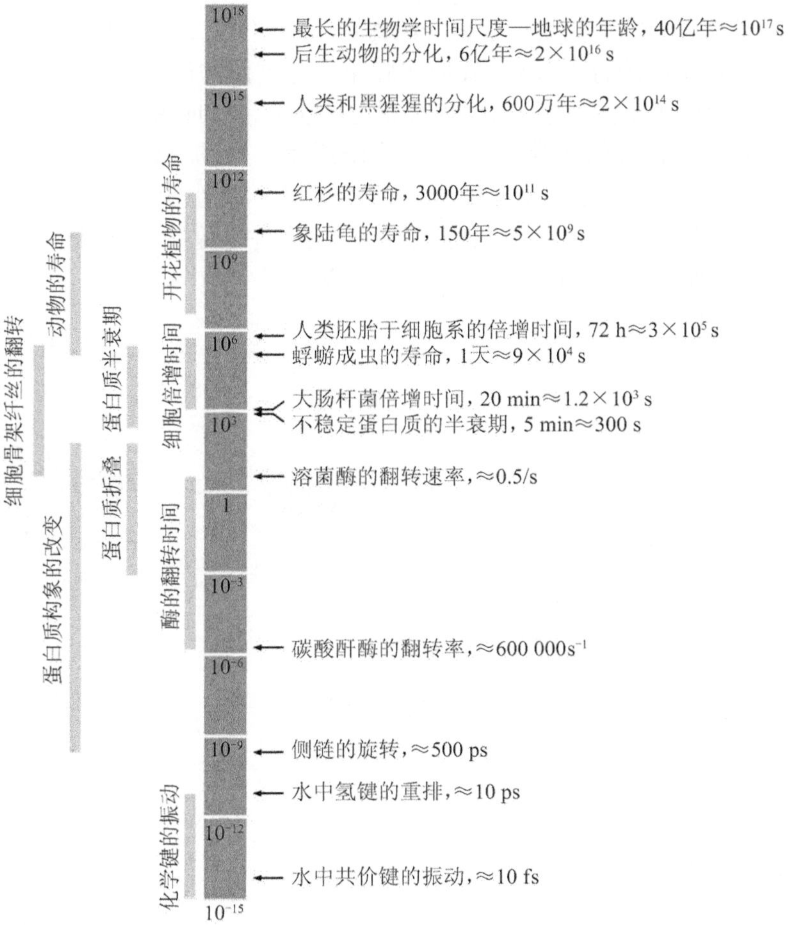

图 3.1　各种生物时间尺度。使用对数标度展示了与各种生物过程相关的时间尺度的范围，时间的单位是秒

3.1.1　生物过程概述

生物过程时间尺度的多样性

图 3.2 展示了一系列与生物个体相关的各种不同的过程以及相关的时间尺度 (我们把对于进化过程的讨论留在下一节中)。概括地说，图 3.2 展示的是在时间尺度上大致分别相差 1 个数量级的一系列生物过程，类似于图 2.7 的精神，图 2.7 展示的是在空间尺度上分别相差 1 个数量级的各种生物实体。虽然这可以作为一个有用的起点，但我们即将要看到，用秒或分钟作为时间单位有时候并不是考虑细胞内的时间过程的最为有用的方式。例如，人类胚胎的发育要显著地长于鸡胚胎的发育，但是两者在发育过程中出现的共同事件之间的相对时长却是大体相当的。目前，我们对图 3.2 进行讨论的目的在于对

一些数值给出直观的认识: 各种关键性的生物过程实际上花费的绝对时间到底是多少秒、分钟或小时?

我们从果蝇发育中的一些相关过程开始讨论, 参考图 3.2(A) 和图 3.2(B)。果蝇一直以来就是发育生物学中的骨干成员, 我们在胚胎发育方面的许多知识都来自于对果蝇发育中的一系列过程的观察, 从受精卵到具有完全功能的果蝇成虫出现需要 10 天时间。将时间分辨率放大 10 倍, 我们就看到了果蝇胚胎的发育。如图 3.2(B) 所示, 在受精后大约 10 h 内, 一个单细胞就变成了几千个细胞, 这些细胞有机地组织在一起, 每个细胞都有其特定的空间位置和功能。胚胎发育中最引人注目的事件是原肠胚形成的过程, 在该过程中, 胚胎内的一系列折叠过程形成了后来的消化道。

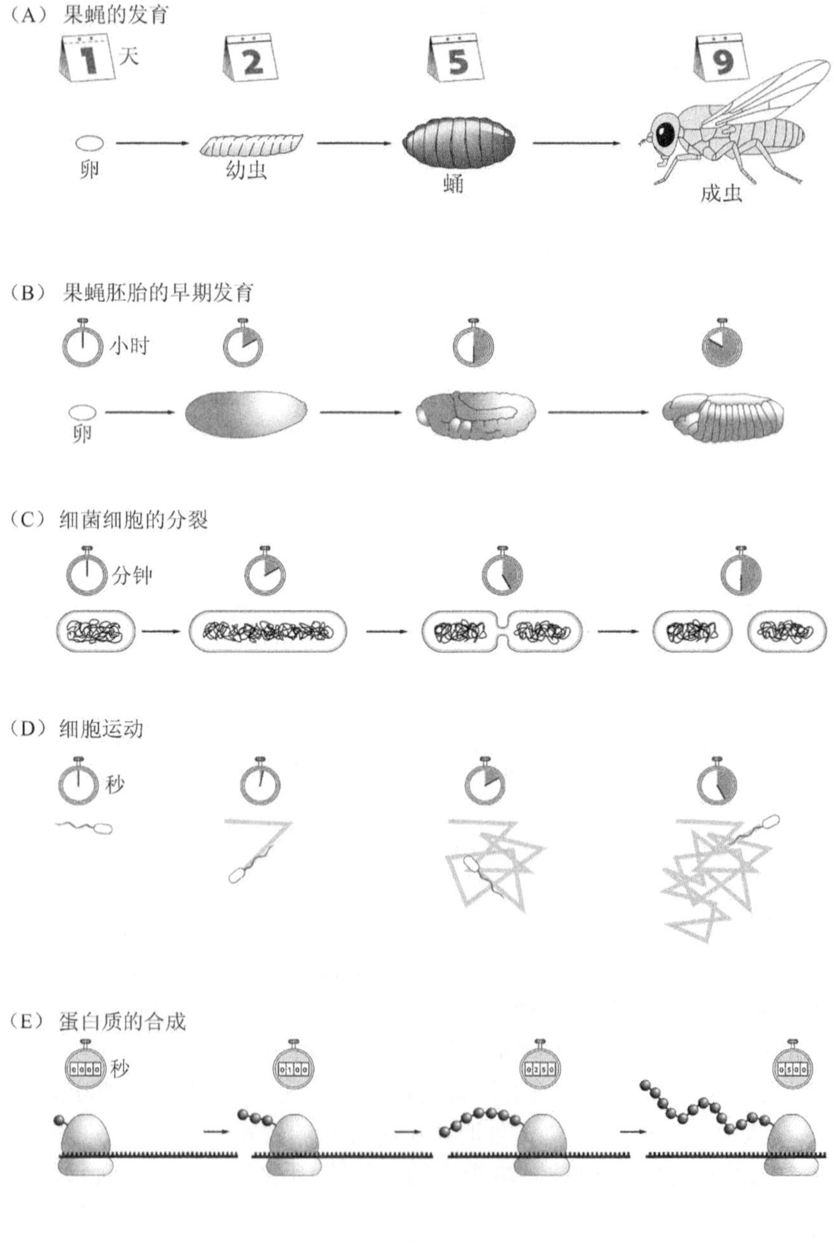

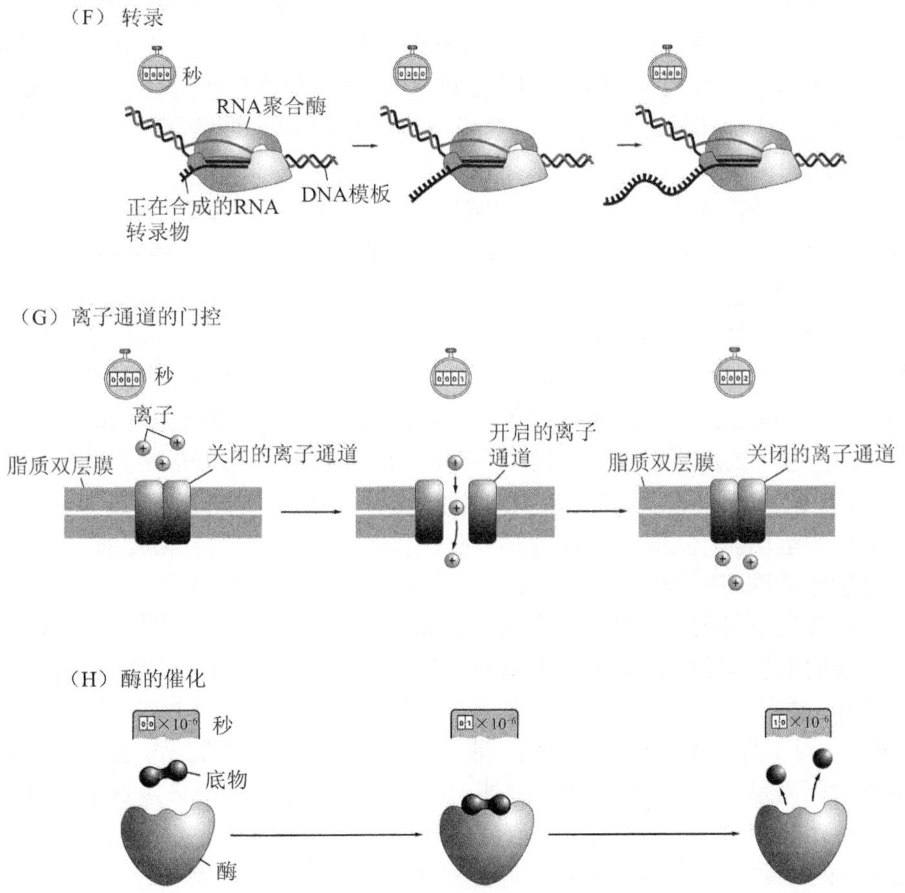

图 3.2 生物时间尺度的层次。该卡通图展示了与不同的生物过程相关的时间尺度的范围。(A) 果蝇的发育。(B) 果蝇胚胎的早期发育。(C) 细菌细胞的分裂。(D) 细胞运动。(E) 蛋白质的合成。(F) DNA 的转录。(G) 离子通道的门控。(H) 酶的催化

单个细胞也有自然的发育周期。细胞周期是指一个细胞通过细胞分裂变成两个子细胞的一系列过程。图 3.2(C) 展示了细菌 (如大肠杆菌) 的细胞周期所对应的时间尺度, 其特征尺度为几千秒。单个细胞的生命是有趣而复杂的。如果仔细分析单个细胞在两次分裂之间的行为, 我们将发现许多具有不同时间尺度的过程。如果通过显微镜盯着游动的细菌看几秒钟, 我们将注意到一段段的直线运动, 中间夹杂着快速的方向改变。图 3.2(D) 展示了细菌 (如大肠杆菌) 进行无规游走的时间尺度。如果我们的计时器再快 10 倍, 达到分秒的时间尺度, 此时可刻画如图 3.2(E) 所示的蛋白质合成过程中氨基酸的合并速率。高分子合成是细胞繁殖时必需的重要过程。在细胞分裂中一个重要的高分子合成过程是转录, 它是将 DNA 的遗传信息转化成蛋白质信息的中间步骤。转录是指在 RNA 聚合酶催化作用下忠实地按照 DNA 中的核苷酸序列合成 mRNA 分子的聚合过程。如图 3.2(F) 所示, 在这个过程中, RNA 聚合酶将核苷酸接并到 mRNA 上, 其速度比在蛋白质合成中核糖体将氨基酸接并在一起的速度快若干倍。

在细胞生命中, 蛋白质承担着大部分功能。许多蛋白质工作的时间尺度要比执行中心法则的那套相对庞大的机器快很多。例如, 许多生物过程是由离子通过离子通道来控制的, 如图 3.2(G) 所示, 特征时间尺度为毫秒量级。再将计时器加快 1000 倍, 就会将我们带进 [图 3.2(H)] 酶动力学的世界里, 这里的时间尺度为微秒量级, 甚至更快。重要的是, 应该注意到上述时间尺度仅仅代表了一般的经验数据。例如, 酶的翻转速率范围很广, 可以为 0.5~600 000 s^{-1}。

在继续叙述之前, 我们希望考虑的问题是图 3.2 中的时间尺度实际上是如何得到的。与本书其他地方类似, 每幅卡通图所表示的生物过程相关计时器, 是由许多类型的当代生物学实验的结果来确定的。

相关实验: 测量生物过程的时间　概括地说, 揭示细胞及其内部分子的动力学的实验根本上是以追踪转化过程为基础的。我们可以将这些实验分为四大类, 它们可以用在所有层次 (从分子到生态系统) 的空间尺度上, 这些方法总结在图 3.3 中。

直接观察法　揭示生物过程中的特征时间的最显而易见的方法是直接观察生物过程的进行, 并记录各种变化发生的绝对时间。这种方法的一个例子是图 3.3 所示的嗜中性粒细胞的运动。类似地, 在显微镜下观察组织培养液中的哺乳动物细胞, 将会观察到细胞周期中的许多阶段 (图3.15) 的实时呈现, 包括染色体的凝聚、染色体在有丝分裂纺锤体的作用下排列、它们分裂到两个子细胞核中以及最终当细胞被掐断成两个完全的子细胞时的胞质分裂。如果生物过程持续时间为几分钟到几小时, 而且发生的空间尺度适中, 适合于在光学显微镜下观察或用肉眼观察, 那么用上述直接观察法就很容易。但是, 对于那些非常快、非常慢、非常小或非常大的生物过程, 使用直接观察法来测量其时间则是异常困难的。在过去几十年中, 在直接或近乎直接观察单分子的实验上有了巨大的进展, 这种“只要去看就能观察到很多东西”的自然主义的方法一直可以应用到分子尺度。在本书中我们将看到这种方法的许多例子。

固定时间点观测法　当人们感兴趣的生物过程不能直接观察时, 还有其他方法来测量它们所持续的时间。与其连续地观察单个个体的整个过程, 不如在给定的时间间隔内从群体中抽取一些个体, 并检查在一系列的固定时间点这些个体的性质。例如, 在液体培养基中从单个细胞生长出来的菌群, 首先按指数增长, 然后进入平台区, 最终在几天的时间逐渐凋亡。测量这一过程的基本动力学时, 人们不是在几天的时间内持续地盯着试管, 而是以固定的时间间隔 (如每小时) 来检查细胞密度, 如图 3.3 所示。类似地, 对于一些有用的模式生物, 如果蝇和青蛙, 其胚胎发育的过程持续时间为几天到几星期。但是, 在一定的环境条件下, 该过程中的事件序列和发生时间对于不同的个体是固定不变的。因此, 研究者在实际研究青蛙发育过程的事件序列时, 可以在受精 1 h 后检查培养皿中的胚胎, 而在受精 2 h 后检查第 2 个培养皿中的胚胎等。当用以检查胚胎的手段会导致胚胎死亡时, 这种方法是有用的。例如, 固定胚胎并将某种感兴趣的特定蛋白质染色, 或将胚胎加工以便于用电子显微镜观察。在更小的空间尺度与更快的时间尺度上, 这种停流动力学的方法可以使研究者跟踪研究酶事件, 具体地, 将酶与其底物混合, 并以一定的时间间隔将这种混合物注入变性酸浴中。这种方法相对直接观察法来说更间接一些, 但在许多情况下技术上容易实现, 而且对于同一种生物过程,

方法	直接观察法	固定时间点观测法	脉冲追踪法	产物累积法
典型时间尺度	几毫秒到几小时	几微秒到几年	几分钟到几天	几分钟到几天
过程的类型	个体的转变	群体的变化	连续过程（如新陈代谢、物质输运）	生物合成过程或者酶过程
例子	细胞蠕行	细菌生长曲线	轴突输运	GFP的表达

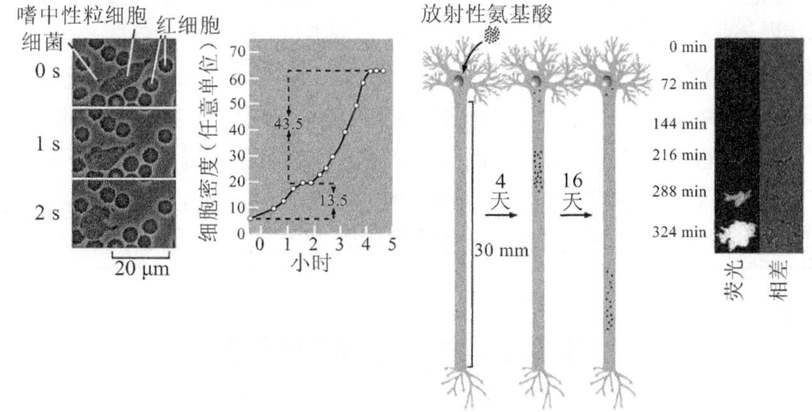

图 3.3 用来测量生物过程对应的时间的实验。该图总结了 4 种测量生物过程速率的方法。直接观察法的例子是大卫 · 罗杰斯 (David Rogers) 于 20 世纪 50 年代拍摄的三张照片, 展示的是一个嗜中性粒细胞在红细胞环境中追捕细菌的情形。细胞运动得足够快, 以致人眼可直接观察。对于固定时间点观测法, 这里展示的是莫诺 (Monod) 的经典实验, 莫诺在实验中追踪了大肠杆菌在一种培养基中的生长情况, 这种培养基包含混合在一起的两种糖类营养成分。细菌消耗掉所有的葡萄糖后, 转向另一种新陈代谢方式, 以便能够利用乳糖, 这时它们的生长速率减慢。脉冲追踪法是在神经细胞体内蛋白质的合成点使用放射性氨基酸的脉冲对蛋白质进行标记, 然后再对没有标记的氨基酸进行追踪, 从而测量连续的轴突运输速率。产物累积法用细菌细胞中 GFP 在被调控的启动子的作用下的表达来说明。基因转录速率可以通过测量产物 GFP 的数量与时间的函数关系来推算。(生长曲线取自B. Müller-Hill, The *lac* Operon: A Short History of a Genetic Paradigm, New York, Walter de Gruyter, New York, 1996; 荧光图像系列取自 N. Rosenfeld et al., *Science* 307:1962, 2005.)

可以通过比较这两种方法获得各种互补的信息。

脉冲追踪法 许多生物过程都是以连续的方式进行的。例如, 细菌不断从其周围的介质中吸收糖分以产生能量, 为合成新组分制造分子构造模块。糖酵解过程将一个葡萄糖分子转化成两个丙酮酸分子。因为不断地吸收葡萄糖并产生丙酮酸, 所以很难测量这个转化过程需要多长时间。解决这类困难的一整套方法一般称为脉冲–追踪实验。对于这个例子, 在很短的时间内, 如在 1 min 内, 对细菌细胞喂食用放射性碳原子标记的葡萄糖。接着喂食没有放射性的葡萄糖。然后在不同的时间间隔里将细胞从细菌培养基中取出, 并检测它们的代谢物, 看哪种代谢物中含有放射性碳原子。带有标记的葡萄糖的数量随时间减少, 它们中的大部分经过一系列中间产物, 最终转化为含放射性碳原子的丙酮酸。这样, 脉冲追踪实验可以用来确定代谢途径中各种中间产物的产生顺序, 以及细胞完成每个转化过程所需要的时间。图 3.3 给出了用这种方法来检测神经细胞中的运送过程的经典例子。动物学家们用本质上相同的方法考察鸟类和其他动物的迁徙时间。他们使用带箍或无线电发射装置对动物的一些个体进行标记，然后将这些个体放回到其自然种群中，观察它们何时止于何地。

产物累积法 最后一类用来确定生物过程速率的实验可以用对纯化的酶进行化学分析这样一个例子来说明。在这种酶的作用下，一种无色底物随时间转化成有色产物。通过测量有色产物的浓度对时间的函数关系，研究者就能根据试管中酶的浓度推算出酶的平均翻转速率。类似的实验也可以用在活细胞上，即通过测量一种产物的累积量来代替对速率的测量。一个特别有用的例子是在启动子下游表达 GFP。如图 3.3 所示，当启动子被诱导时 (就是说，将细胞暴露在某种分子中，这种分子能够将人们感兴趣的基因打开)，GFP 就开始累积，而荧光的强度可以直接测量出来并换算成 GFP 分子的数目。因为 GFP 非常稳定，其累积量比启动子的自然产物更能精确地反映出启动子的活性，因为自然产物可能经历包括迅速降解在内的其他层次的调控。

3.1.2 进化的时间尺度

所有生物过程都是动态的，并且随时间经历着变化，这个普遍规律适用于分子、细胞、生物体以及物种。进化的时钟在 30 亿年前随着第一个细胞生命形式在地球上出现而开始运转。人们普遍认可，早在第一个可识别的细胞出现之前就出现了复杂的类生命过程，但是，无论是从化石记录还是对现今的生物进行比较研究，我们都对这些过程知之甚少。

现在生活在地球上的种类繁多的细胞生命，从生活在海底地热孔中的古核生物到巨型乌贼、红杉乃至酿造啤酒的酵母，都来自于共同的祖先 (可能是一个细胞群体而不是单个细胞)。最近的共同祖先 (LUCA) 应该是由细胞组成：它包含 DNA 作为遗传物质，能够将 DNA 转录为 mRNA，并且使用核糖体将 mRNA 翻译成蛋白质。它也通过糖酵解过程来处理糖以产生能量，它还包含由类似于肌动蛋白和微管蛋白的分子组成的基本细胞骨架。我们之所以认为 LUCA 具有这些特征，是因为现在生存着的所有分支的细胞生命都具备以上这些特征。然而，随着各个细胞种群在遗传上相互分离并各自经历改变和异化而适应各自的生态环境，红杉和巨型乌贼之间明显的差别就在进化过程中缓慢地积累起来。因为地球这颗行星不断地改变着自身的形状，也不断地被其居民重新塑造，所以生态环境总是不稳定的，能够因地质过程、全球和地域的气候变化或生物竞争的影响而改变。

我们完全可以将进化看作一群有关系的生物携带的遗传信息的变化过程。有时候，一个谱系可以视为一个种群随环境变化而改变。更加普遍的情况是，一个种群被分成几个相互孤立的种群，它们各自经历不同的命运。有些种群将灭绝；有些种群将与其祖先相类似；而有些种群将经历重大的生化、形态或行为上的改变，最终成为新的物种。达尔文优美而清晰地将这些基本思想表达在《物种起源》中，并用该书的一幅图 (复制品如图 3.4 所示) 加以阐明。

这个进化过程花费了多长时间，我们如何能够测量进化的时间？如果把在实验室中人为条件下测量到的突变率外推到在现实世界物种长时间的进化情况，那是不可靠的。真实世界中的条件远不如实验室中的条件稳定和可控，而且，在研究物种进化时人们最感兴趣的时间尺度太长, 即使是最有耐心的实验工作者也无法在实验室中做到。传统上, 我们对进化中的改变的理解依赖于两类证据: 比较现存物种以及观察化石记录。化石的年龄信息可以通过发现它们的地层来推断, 也可以通过检测它们所含的各种放射性核素之间的比例来推断, 因为放射性核素是以固定的速率衰变的, 所以可以提供化石形成的年代信息。

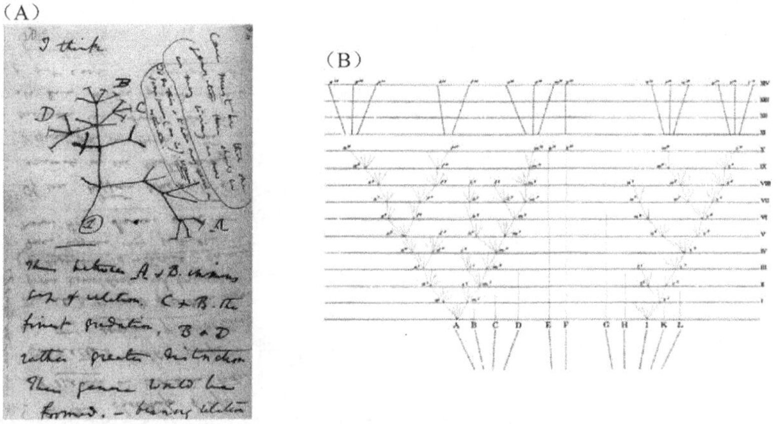

图 3.4 达尔文的进化树的两个版本。(A) 第一个版本是达尔文画在他的笔记本中的, 我们现在知道这幅示意图表示生物之间的相互关系。在其理论初具雏形时, 达尔文用“我认为”这样的字眼引入了这幅推测出来的草图。(B) 在最终出版的《物种起源》里, 这个进化树给出了更多的细节, 标明了进化经历的时间, 并且明确地指出大部分物种已经灭绝了。(取自 C. Darwin, *On the Origin of Species*, London, John Murray, 1859. 蒙美国自然历史博物馆惠赠)

比较现存物种以确定它们之间的亲疏关系, 早在现代进化论被提出来以前就已经进行了好几百年。显而易见, 一些生物之间的关系要比它们与其他生物之间的关系亲近。例如, 马和驴之间的相似性要大于它们与狗之间的相似性, 而马和狗之间要比它们与乌贼之间更为相似。这些形态上的明显差别一直是系统分类学的基础, 可以上溯到 18 世纪的林奈 (Linnaeus)。在现代分子遗传学中, 我们能够以 DNA 序列的相似性和差异性为基础, 更为容易地度量生物之间的遗传相似性。在种群随时间进化的过程中, 其 DNA 互补性可以因几种机制而发生变化。首先, 其基因组可以发生小尺度的突变和大尺度的重组 (重组的后果如图 3.5 所示)。其次, 种群可能通过水平转移而从其他生物获得新的基因甚至整套的基因组 (水平转移是指细胞将其遗传物质传给其后代之外的细胞)。最后, 种群可以失去大量的 DNA。于是, 不同的生物体具有不同的互补基因, 以及同一基因的同源拷贝之间的序列差别。“同源”这个词语是指来源于同一个祖先。例如, 核糖体 RNA 在所有细胞中都是同源的。在第 18 章中, 我们将给出核糖体 RNA 序列的一些例子, 并将展示如何利用它们来建立进化树 (图 18.15)。图 3.6 给出了基于核糖体 RNA 序列的进化树, 展示了现存的所有分支的生物之间的亲疏关系。

用分子方法建立起来的进化树与基于植物学家、动物学家和微生物学家在过去几百年间建立起来的形态和生化标准判断相似性得到的发育树非常吻合。我们将在第 18 章中考查用来构造发育树的统计方法。

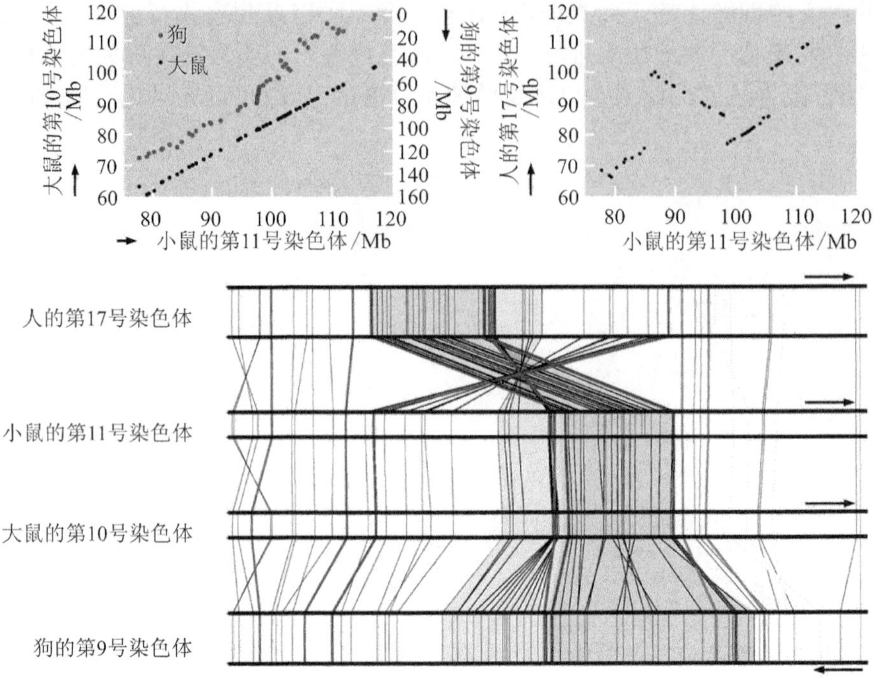

图 3.5　通过染色体联配推断进化关系。比较来自于人、小鼠、大鼠和狗的 4 种染色体的等价区域, 找到同源基因的位置。上方的曲线图显示大鼠、狗和人的基因序列中的每个基因的位置与小鼠的基因序列 中的对应基因位置的函数关系。因为在小鼠和大鼠之间, 染色体的结构没有什么变化, 因此代表其同源基因的位置的点形成了一条近乎完美的直线。在来自于狗的等价染色体片段上, 那些基因大部分也具有相同的顺序, 但它们之间的距离已经有了显著的改变。狗的染色体上的基因位置的编号惯例与小鼠和大鼠方向相反, 参考图中黑色箭头标记。比较人和小鼠的染色体, 可以发现基因位置的顺序有很多被倒置了。相同的数据在下方的图中以另一种形式显示。在染色体中每一条垂直的线代表一个特定的基因, 而染色体之间的斜线则连接着人和小鼠、小鼠和大鼠以及大鼠和狗之间的同源基因。(取自 G. Andelfinger et al., *Genomics* 83: 1053, 2004.)

以上这些与确定进化时间之间有什么关系呢? 在实验室中我们可以看到种群中的 DNA 序列频繁发生某种类型的变化 (如碱基 C 变为 T 的单点突变), 而其他类型的变化 (将染色体片段内的所有基因的顺序倒置的交换事件) 则较少发生。我们甚至可以测量刻画这类事件的时间常数。如果假定这些种类的突变事件在野生种群中发生的频率与其在实验室中发生的频率一样, 我们就可以由已知的序列改变事件的速率来计算平均需要多长时间来实现观察到的序列改变的次数, 从而估算出生物种群的分化时间。在一些情形下, 这些估算出来的时间可以通过与化石记录对比而校准。在现实中, 由序列的相似性来推断进化时间是充满风险的, 因为并不是所有的序列改变都以相同的可能性随机地嵌入到生物种群的基因库中。一些突变被证实在某种生物的生活方式下是不利的, 因而携带着那些突变的个体会被自然选择从种群中淘汰掉。另一些突变则被证实为有利的, 因而携带那些突变的生物个体会迅速地胜过它们所属物种的其他成员。这些选择效应会使由序列确定的进化时钟看起来显得走得太慢或太快。生物学家处理他们面对的挑战的方式与天文学家类似。在天文学中, 天文学家利用各种类型的“标准烛光”(已知绝对发光强度的光源) 对宇宙学距离作出日益精确的测量。类似地, 生物学家有许多种不同的标准计时器可以用来校准进化时间。

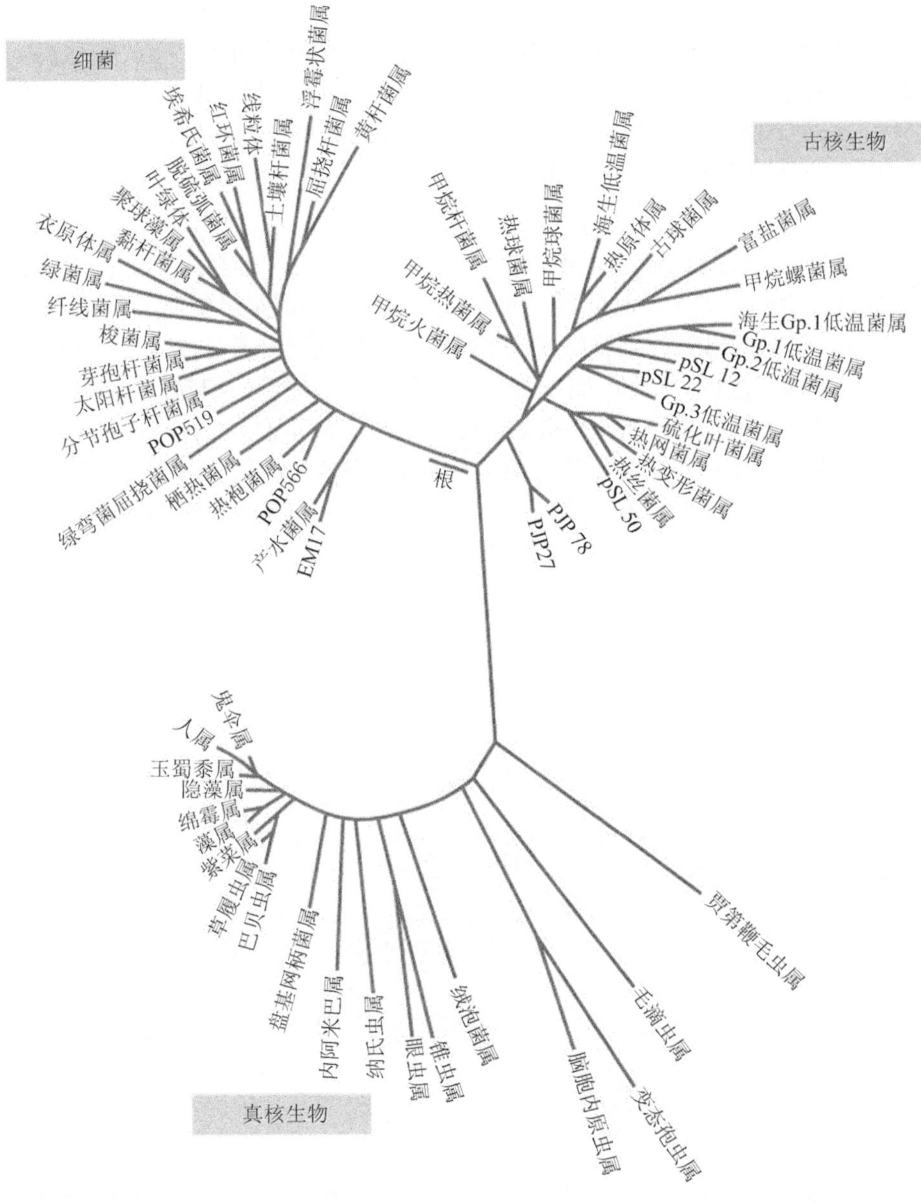

图 3.6 进化树。这幅图展示了地球生命的所有主要分支的代表性生物的 16S 核糖体 RNA 序列之间的相似性。组成核糖体的各个亚基在离心过程中会以不同的速率迁移

3.1.3　细胞周期与标准时钟

大肠杆菌的细胞周期作为标准计时单位

在图 2.1 中, 我们使用大肠杆菌细胞的尺寸作为我们的标准量尺。与此类似, 我们现在使用大肠杆菌的细胞周期的时间尺度来作为标准计时单位。图 3.2 说明细胞生物学中发生的各种过程以及这些过程进行的时间尺度。正如我们对于结构层次的讨论那样, 本章将再次使用大肠杆菌作为参照, 这一次使用其长达数千秒的细胞周期来作为我们的标准时间尺度。

如图 3.2(C) 所示, 细菌的细胞周期被定义为从细胞"出生"(即从母细胞分裂出来) 到这个新细胞自身发生分裂为止的时间段。细胞周期的结构特征是已复制的细菌染色体分离成两组, 并且细菌构造出新的细胞壁或隔膜, 将原来的细胞分开成两个子细胞。图 3.7 更为详细地说明了这些过程。因为大肠杆菌大致上是一个圆柱形的细胞, 在其长度生长的时候, 其横截面积几乎保持不变, 通过测量长度, 其细胞体积可以很容易地估算出来, 这也为确定细胞周期提供了依据。在大肠杆菌进行细胞分裂的过程中, 其长度加倍, 因而其体积也加倍。虽然在优化的生长条件下分裂可以在 20 min 内完成, 但与有趣的二分裂过程相关的时间尺度通常是 1 h 的量级 (相差不超过 2 倍)。

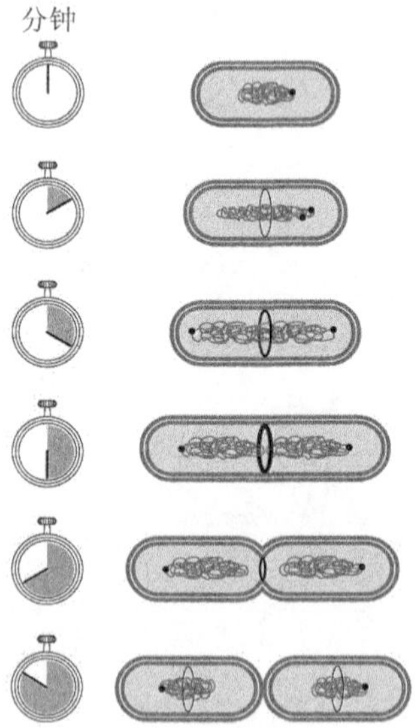

图 3.7　理想化的细菌细胞周期的示意图。最上方显示的新生的细胞有一条染色体, 这条染色体上的复制起点用黑点来标识。细胞周期开始于上述起点的复制和 DNA 的复制, 然后沿着环形染色体按顺序进行下去。与此同时, 一组类似于微管蛋白的细胞分裂蛋白 FtsZ 在细胞中间形成一个环, 环的位置将形成隔膜。随着 DNA 的复制和细胞的加长, 两个复制起点就相互分离, 其中一个复制起点经过整个细胞长度, 到达细胞的另一端。随着隔膜逐渐闭合起来, 两组染色体将分离到两个子细胞中, 它们又开始新的细胞周期

在第 2 章中, 我们主张, 适当的分子清单是对许多具有生物学意义的问题建模的先决条件。这里我们认为类似的"数觉"对于生物学的时间尺度来说也是必要的。大肠杆菌细胞需要多长时间来复制其基因组? 这个速度与执行复制的分子机器 (DNA 聚合酶) 的速度一致吗? 神经细胞中新合成的蛋白质到达轴突末梢需要的时间尺度是多长? 这个过程可以用扩散来解释吗? 通常, 与某个过程相关的时间尺度能够为何种物理机制在起作用这个问题提供线索。另外, 在随后的几章中我们最为关心的问题之一是弄清楚在什么条件下我们使用平衡态物理 (相对于非平衡态物理) 的思想是合理的。对这个问题的回答取决于时间尺度是否可分离, 而要知道这一点, 唯一的办法就是了解在给定问题中什么样的时间尺度在起作用。为此, 我们先盘点一下大肠杆菌的复制所必须经历的过程。

为了进行估算, 我们将为细菌在基本培养基 (葡萄糖是唯一的碳源) 中生长选取一个标准。如上所述, 细胞分裂的速度依营养情况和温度的不同可以相差 10 倍, 所以我们必须确定将在什么条件下进行估算。选取 37℃下的含葡萄糖的基本培养基是现实的, 因为许多定量实验都是在这种条件下进行的。在通风良好的情况下, 大肠杆菌在这种媒质中 $40 \sim 50$ min 内增殖一倍, 我们将使用 3000 s 来作为细胞周期的标准时长。尽管迅速生长的大肠杆菌要略大于缓慢生长的大肠杆菌, 一般来说, 生物过程的时间尺度要远比其空间尺度变化大。在不同条件下生长的细胞, 其尺寸方面的差别要比其细胞周期上的差别小一个数量级。

估算: 大肠杆菌内的时间过程 在第 2.1.2 节中, 我们对大肠杆菌各个部件的尺寸给出了粗略的估算。现在借助这些估算值, 初步认识大肠杆菌的细胞周期中的各个过程的速率。估算值背后的简单想法是: 计算出产生一个新细胞所必需的物质总量, 然后除以细胞周期 ($\approx$3000 s)。生长在以葡萄糖为唯一碳源的基本培养基中的大肠杆菌, 每吸收一个葡萄糖分子, 就有 6 个碳原子被添加进细胞的分子清单中。在第 2 章中, 我们估算出要将细胞中的物质倍增从而使细胞分裂成两个所需要的碳原子的数目是 10^{10} 的数量级 (仅就构造材料而言)。在这个估算中我们忽略了作为废物释放的物质, 而在本章课后习题中读者将有机会对这一部分的贡献作出估算。我们也故意忽略了为产生合成反应中所需要的能量而必须消耗的葡萄糖分子, 这个问题将在第 5 章中讨论。至此, 我们可以估算出仅仅为了获得构造新细胞的材料所需要的 10^{10} 个碳原子所必需的糖摄取速率: 必须在 3000 s 内捕获 10^{10} 个碳原子, 每个葡萄糖分子提供 6 个碳原子, 于是可以得到葡萄糖的摄取速率大约为每秒 5×10^5 个葡萄糖分子。

当然, 碳原子仅仅是为制造一个新细胞所进行的高分子合成的先决条件。细胞周期中的最重要过程之一是复制。假定大肠杆菌的完整基因组的长度约为 5×10^6 bp, 其复制所需的速率估算为

$$\frac{\mathrm{d}N_{\mathrm{bp}}}{\mathrm{d}t} \approx \frac{N_{\mathrm{bp}}}{\tau_{\mathrm{cell}}} \approx \frac{5 \times 10^6\,\mathrm{bp}}{3000\,\mathrm{s}} \approx 2000\,\mathrm{bp/s} \tag{3.1}$$

注意我们只保留到 1000 的精确度。

类似地, 蛋白质合成的速率也可以估算出来。回顾第 2 章, 大肠杆菌中蛋白质的总数目大约为 3×10^6, 意味着蛋白质的合成速率为

$$\frac{\mathrm{d}N_{\text{protein}}}{\mathrm{d}t} \approx \frac{N_{\text{protein}}}{\tau_{\text{cell}}} \approx \frac{3 \times 10^6 \text{ protein}}{3000\,\text{s}} \approx 1000\,\text{蛋白质/s} \tag{3.2}$$

脂质合成的速率可以类似地估算,

$$\frac{\mathrm{d}N_{\text{lipid}}}{\mathrm{d}t} \approx \frac{N_{\text{lipid}}}{\tau_{\text{cell}}} \approx \frac{2 \times 10^7 \text{ lipid}}{3000\,\text{s}} \approx 7000\,\text{脂质分子/s} \tag{3.3}$$

与细胞周期相关的物质预算另一个有趣的方面是细胞中水含量的控制。回顾第 2 章中我们估算出大肠杆菌细胞大约含有 2×10^{10} 个水分子, 于是可以估算出在细胞周期中水的吸收速率为

$$\frac{\mathrm{d}N_{\text{H}_2\text{O}}}{\mathrm{d}t} \approx \frac{N_{\text{H}_2\text{O}}}{\tau_{cell}} \approx \frac{2 \times 10^{10}\ \text{个水分子}}{3000\,\text{s}} \approx 7 \times 10^6\ \text{个水分子/s} \tag{3.4}$$

可以用不同的方式考虑水的吸收速度, 即计算通过细胞膜的平均物质流。物质流被定义为在单位时间内通过单位面积的物质的数量, 在此例中

$$j_{\text{H}_2\text{O}} \approx \frac{\mathrm{d}N_{\text{H}_2\text{O}}/\mathrm{d}t}{A_{E.coli}} \approx \frac{7 \times 10^6\ \text{个水分子/s}}{6 \times 10^6\,\text{nm}^2} \approx 1\ \text{个水分子/(nm}^2 \cdot \text{s)} \tag{3.5}$$

我们也注意到这种物质输运主要是由遍布在细胞膜上的蛋白质调节的。

以上每项估算都提供了用来调节细胞内过程的机器系统的一些本质信息。在本章剩余部分, 我们将使用这些估算值作为起点, 估算各个细胞机器执行新陈代谢和细胞周期所必需的合成和运输过程的速度。

3.1.4 从三个角度看生物学时间

现代人类总是用绝对时间来安排大部分社会活动。人们总是规定各种事情在某天某个时刻发生, 如在上午 9 点上课; 或者安排各种活动时总是使用一个确定的时间段, 如你必须练半小时钢琴。但是, 尚不清楚其他生物是否以同样的方式与时间发生关系。在本章剩余部分, 我们将讨论看待时间的三种角度, 这三种角度对生命是重要的, 我们将它们称为程序时间、相对时间和操控时间。

第 2 章研究了为什么生物体都具有一定的尺寸, 其根本原因是组成生物分子的原子数都具有确定的范围。这里我们试图理解为什么生物过程都持续确定的时间, 这是一个艰巨的任务。在大多数情况下, 生物体的尺寸并不会强烈地依赖于环境和外部条件, 但是生物过程的时间尺度却常常强烈依赖于所处的环境和外部条件。例如, 在吃剩的土豆沙拉里生长的细菌, 当沙拉放在阳光下野炊的桌上时, 它们会迅速复制, 而在冰箱里却要慢得多。复制速度会因温度不同而不同, 其根本原因归结为许多致使细胞尺寸倍增而分裂的酶步骤会因为温度不同而变慢或变快。在这类情况下, 生物似乎更注重程序时间 (在 3.2 节中将对此思想展开讨论), 而不是绝对时间: 它们完成某过程花费特定的时间, 是因为该过程中包含有诸如 DNA 复制那样由酶速率决定的程序。程序时间的一类特别有趣的机制是生物用来构造时钟的机制, 这种时钟在记录绝对时间方面极其准确, 不受外界条件

的干扰。稍后将较为详细地研究一个有趣的例子——作息时钟，它使得生物能够在一天的不同时刻进行不同的活动，甚至在没有日出、日落等外界信号时依然如此。为了使这类时钟正常运行，生物必须有办法将程序时间转化为绝对时间，以便不受外界条件 (包括温度) 的干扰。

虽然计算有关过程的程序时间经常给出该过程发生快慢的下限，但是，在确保各种过程以正确的顺序发生和确保这些过程快速进行这两个方面，看起来细胞似乎是同样尽力的。例如，就细胞分裂来说，如果在 DNA 的复制过程完成之前细胞就试图将其染色体分离到两个子细胞中将会造成麻烦。其结果将是其中至少一个子细胞将缺少母细胞的完整遗传基因。如果多个过程中的一个过程必须在另一个过程完成之后才能开始，则我们把与此相关的时间归为相对时间 (也就是说，强调发生的先后次序，而不是持续多久)。这一论题将在第 3.3 节中探究。

第三点，也许是最有趣的一点，生物体似乎很少愿意按照时间的本来面目来接受时间的概念。在某些情况下，它们似乎是急切的，会要求其生命过程进行的速率比其中基本的化学和物理机制所允许的还要快。使用酶的催化作用增加反应速率就是最好的例证。在另一些情况下，它们似乎又减缓生命过程中事件的固有进程，在"假死"中将时间冻结，如细菌形成孢子能存活几百到几千年，只为等到条件有利时复活。在 3.4 节中，我们认为这些过程正是与操控时间相关的例子。

3.2 程序时间

测量程序时间的出发点是为了体现生命特征的化学和物理变化并不是同时发生的。复杂的生物过程可视为由许多小步骤构成的，每个步骤持续的时间是固定的。对于许多在本质上是重复性的生物学过程，如 DNA 的复制和蛋白质的合成，总是将同一个步骤重复多次：往正在延伸的子代单股 DNA 链上依次加进单个核苷酸，或者往正在生成的多肽链上依次加进单个氨基酸。本节讨论程序时间，我们首先将这些中心法则的过程作为多步骤的生物过程的程序时间中的普遍性问题的例子进行一些估算。然后我们转而讨论时钟和振荡器的有趣特例，即程序时间以一定的方式得到校准，从而使细胞周期和生物作息周期能够同可靠的时钟一致。

3.2.1 执行中心法则的机器和时间过程

中心法则描述遗传信息在化学上的表达过程

在不同种类的细胞生命过程中，最重要的一类与分子生物学的中心法则密切相关。这是一整套与聚合物的聚合相关的过程，正是这些聚合物构成了细胞生命的核心物质——核酸和蛋白质。复制、转录和翻译的基本过程以及它们之间的联系见图 3.8。这一"法则"的基本内容，简单地说，就是按照 DNA 合成 RNA，再按照 RNA 合成蛋白质。从细胞的时间过程的观点来说，中心法则的过程可以作为程序时间的最好例子。例如，一个典型的环状细菌基因组被两个 DNA 聚合酶复合体复制, 从复制的起点开始, 以相反的方向分别进行, 每个 DNA 聚合酶复合体行走完细菌基因组的一半长度, 在起点的对面相遇。复制一套细菌基因组所需要的时间是由这些聚合酶马达行走并复制大约 5×10^6 bp 的细菌基因组的速率决定的。类似地, 合成一个新蛋白质分子所需要的时间取决于核糖体将氨基酸接并到多肽链上的速率。

中心法则的过程是由精巧的分子机器执行的

图 3.8 所示的最重要的过程之一是基因组的复制。细胞分裂之前必须复制 DNA。如图 3.8 所示, DNA 的复制过程受高分子复合体 (复制体) 的调控, 这个复合体具有许多复杂的部件, 如 DNA 聚合酶, 负责将新的核苷酸接并到形成中的 DNA 分子上, 再如解旋酶和引发酶, 分别负责在复制叉处撬开 DNA 和引发聚合反应。

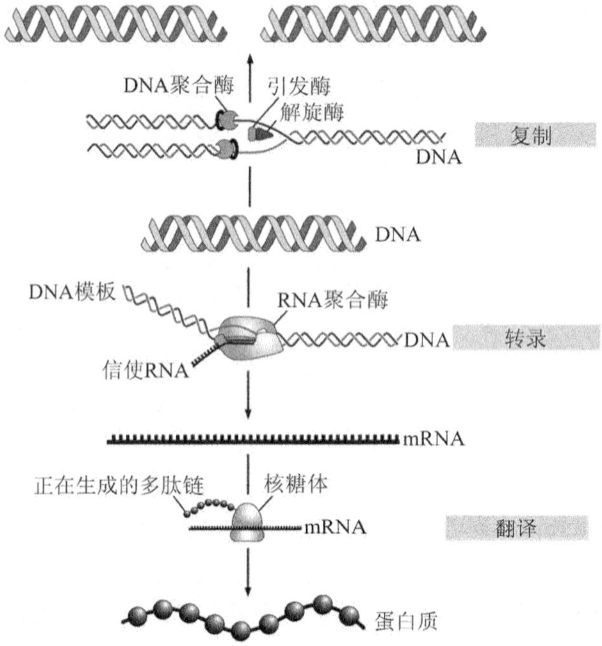

图 3.8　中心法则的过程。DNA 被复制, 产生了基因组的另一个拷贝。转录是指 RNA 聚合酶制造 mRNA 分子的过程。翻译是指合成多肽链的过程, 多肽链上的序列是由 mRNA 上的核苷酸的排列顺序决定的

DNA 作为复制模板有两个不同的作用。如上所述, DNA 分子是其自身复制时的模板 (DNA → DNA)。另外, DNA 也作为遗传信息的载体, 它必须决定蛋白质的合成 (基因的表达)。基因表达的第一个阶段是按照与 DNA 单链互补的核苷酸序列合成 mRNA 分子 (DNA → RNA), mRNA 分子将作为蛋白质合成的模板。这个转录过程是如图 3.8 所示由一个被称为 RNA 聚合酶的分子机器来完成的。对于真核生物, 转录发生在细胞核内, 而随后的蛋白质合成则发生在细胞质中, 因此必定有一个中间步骤, 即 mRNA 的输出。

一旦信使分子 (mRNA) 合成结束, 翻译过程就可以立即开始 (RNA → 蛋白质)。正如

第 2.2.3 节描述的那样, 翻译受到核糖体 (一个有趣的高分子组装体) 的调控。核糖体这个分子机器同时精通两种聚合物的语言, 具体来说, 就是按照 mRNA 分子上的密码子 (由三个字母表示) 合成一串氨基酸 (即一条多肽链)。核糖体的结构在图 3.8 中以卡通图的形式予以说明。这台双语机器正如人们所期待的那样, 包含有 RNA 和蛋白质两种结构部件。核糖体的两个亚基夹住一条 mRNA 分子, 然后沿着 mRNA 分子向前移动。随着核糖体的移动, mRNA 分子上的核苷酸三联体相继被核糖体机器上的活性位点识别, 这些位点与运载着各种氨基酸的特定 RNA 分子 (即 tRNA) 进行比对, 识别出互补的三联码。接下来, 在核糖体的催化作用下, tRNA 运载的正确的氨基酸被转移到正在延伸的多肽链上, 然后核糖体释放空载 tRNA。图 3.2(E) 阐明了这一系列过程。如图 3.9 所示, 正在细菌中形成的 mRNA 分子及时地被结合在核糖体上, 以便在转录过程结束之前就开始蛋白质的翻译过程。

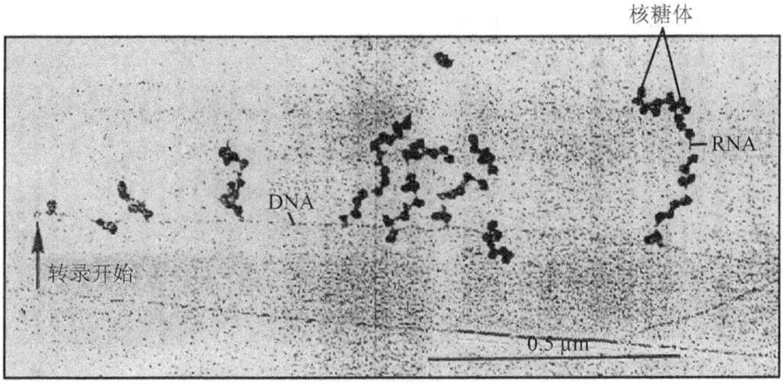

图 3.9 同时进行转录和翻译的电子显微图像。该图像展示了细菌 DNA 以及与其相关的 RNA 的转录, 每条 RNA 都与核糖体结合在一起。(取自 O. L. Miller et al., *Science* 169: 392, 1970.)

以上三种过程的时间进程取决于这些分子机器执行其相应的聚合反应的固有速率。这些过程都可视为 N 个本质上完全相同的反应的重复, 每个反应平均花费的时间为 Δt (显然较大的涨落是存在的)。现在我们来估算中心法则的三个核心过程各自需要的总时间。

估算: 执行中心法则的机器的时间进程 第 2 章对细胞中各种成分的数量的估算结果可以帮助我们估算调控中心法则的各种过程的机器的运行速率。第一个估算将拓展本章对大肠杆菌基因组复制速率的估算, 以便进一步了解 DNA 复制复合体的运行速度。在诸如大肠杆菌那样的细菌里, DNA 的复制是由两个复制复合体承担的, 这两个复合体从环形的染色体上的复制起点开始分别向相反的方向行走。

完整的大肠杆菌基因组的长度约为 5×10^6 bp, 而且其复制是在 3000 s 的细胞周期内完成的, 由此我们已经得到 DNA 合成的速率大约为 2000 bp/s, 对于每个 DNA 复制复合体 (复制体) 来说是 1000 bp/s, 因为一共有两个复制体同时沿着 DNA 分子行走。生化研究发现, DNA 聚合酶复合体的速率在 250~1000 bp/s 的范围内。我们已经谈到, 大肠杆菌实际上可以在远小于 3000 s 的时间内完成分裂, 事实上, 分裂时间可以短至 1000 s, 虽然它们的 DNA 复制机制无法超越这个绝对的速度极限。它们是如何达到这样的分裂速度的? 在此我们将其视为暂未解决的问题, 本章最后一节讨论操控时间时将重新回到此问题。

细菌的转录涉及典型长度约为 1000 个碱基的 mRNA 分子的合成。因为典型蛋白质的长度是 300 个氨基酸, 每个氨基酸需要 3 个碱基来确定。系综研究和单分子研究都揭示出转录的特征速度为每秒几十个核苷酸。按照每秒 40 个核苷酸计, 我们估算出典型的转录时间约为 25 s。

在中心法则中另一个重要的过程是核糖体合成蛋白质。回顾第 2 章中的估算, 在像大肠杆菌那样的"典型"细菌细胞中, 蛋白质分子的数目是 3×10^6。这意味着每个大肠杆菌细胞内含有约 9×10^8 个氨基酸 (已经假定每个蛋白质有 300 个氨基酸), 它们是在大肠杆菌的细胞周期 (约 3000 s) 内产生的。这就意味着氨基酸的平均接并速率为

$$\frac{\mathrm{d}N_{\mathrm{aa}}}{\mathrm{d}t} \approx \frac{9 \times 10^8\ \text{个氨基酸}}{3000\,\mathrm{s}} \approx 3 \times 10^5\ \text{个氨基酸/s} \tag{3.6}$$

参与合成这些新蛋白质的核糖体大约有 20 000 个, 也就是说每个核糖体的速率是每秒 15 个氨基酸, 而实际测量到的数值是每秒接并 25 个氨基酸。这些数据也意味着合成典型的蛋白质所需要的平均时间约为 20 s。

我们得到的一个结论是核糖体合成蛋白质的速率小于 RNA 聚合酶合成 mRNA 的速率。然而, 正如图 3.9 所示, 多个核糖体可以同时有序地翻译一个 mRNA, 也的确有多个 RNA 同时从相同基因座转录, 在同一时刻, 这些转录处于不同的完成阶段。所以在考虑细胞过程的净速率时, 执行这些过程的分子机器的数目与固有速率同样重要。

3.2.2　生物钟和振荡器

在中心法则的框架下, 我们描述了一些过程的程序时间的度量, 这些过程一旦发生就运行到结束, 如合成蛋白质分子的过程。但是, 许多细胞过程是以固定的周期重复进行的。这些周期的或振荡的过程经常代表一种控制系统, 它们的某些子过程的程序时间能够设定系统的振荡周期。有两个被广泛研究的例子: 一个是用来驱动细胞分裂周期的振荡器, 另一个是控制白天和黑夜之间的行为切换的机制, 下面将详细探讨后者。这些作息时钟称为昼夜节律振荡器。还有其他日常的振荡器, 控制着我们的心跳和呼吸的节奏。

发育中的胚胎受内部时钟的控制以固定的时间表进行分裂

对于细胞利用的振荡时钟, 人们最为了解的例子之一见于诸多动物的早期胚胎的细胞周期中。研究得最为充分的例子是南非爪蟾 (*Xenopus laevis*)。当巨大的卵 (1 mm) 受精后, 大约每 20 min 就完成一次细胞分裂, 直到受精卵分裂成 4000 个大小相似的细胞为止。这些细胞分裂的规则性和同步性反映出有一个操控程序时间的潜在振荡时钟在起作用。这个时钟通过合成细胞周期蛋白来启动细胞分裂。细胞周期蛋白是由一种相对稀有的 mRNA 编码的, 因此, 这种蛋白质累积缓慢。细胞周期蛋白的生物学功能是激活蛋白

质激酶, 这种激酶的磷酸基与其他蛋白质的氨基酸侧链形成共价链。这个过程称为磷酸化, 是控制翻译出来的蛋白质活性的重要方式之一。本质上, 蛋白质在没有磷酸基的情况下是失活的。只有在细胞周期蛋白累积到一定的阈值水平时激酶才能被激活。当激酶被激活后, 它的靶分子之一是催化细胞周期蛋白降解的酶。细胞中所有的周期蛋白被快速降解, 半衰期为 90 s, 这使得时钟归零。

这一振荡时钟的规则性依赖于程序时间的几个度量。首先, 细胞周期蛋白累积到其阈值水平取决于核糖体合成这种蛋白质的速率。其次, 依赖于细胞周期蛋白的蛋白质激酶的活化启动了第二个程序时间的度量, 它反映的是激酶碰到底物并发生磷酸化所需要的时间。最后, 细胞周期蛋白的降解也需要一段确定但较短的时间。这三项程序时间的总和给出了这只时钟的总周期。如图 3.10 所示, 这些分子事件的结果可以从分子浓度方面加以说明。同前面描述程序时间的所有例子一样, 以秒、分钟和小时为单位的绝对时间可能因诸如温度那样的外界条件而改变。

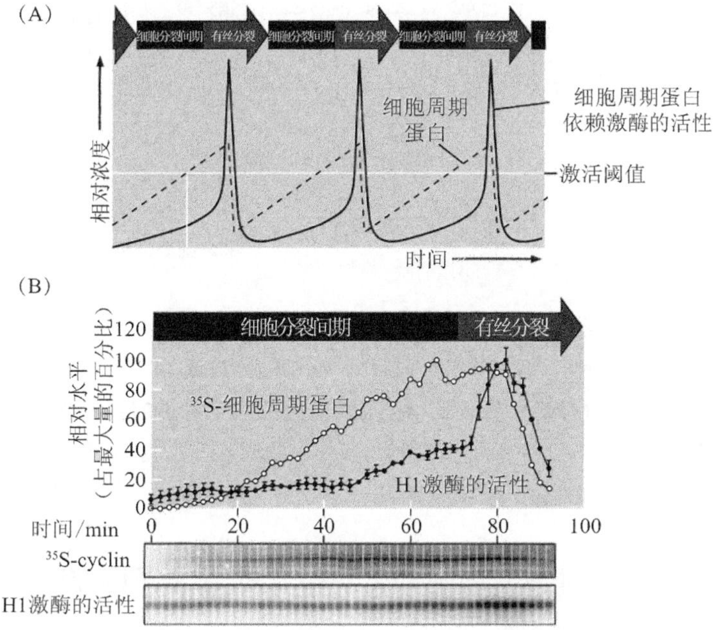

图 3.10 振荡的细胞周期时钟。此图展示了支配着南非爪蟾胚胎内细胞周期时钟振荡的程序事件。(A) 细胞周期蛋白的浓度随时间缓慢升高, 直到可以激活依赖于这种蛋白的激酶的阈值。细胞周期蛋白依赖的激酶的活性在此阈值处急剧上升, 并激活降解细胞周期蛋白的酶。一旦降解机制被开启, 细胞周期蛋白的浓度迅速回落到零。细胞周期蛋白依赖的激酶的活性也随之下降, 降解机制关闭。这个振荡周期被重复许多遍。(B) 一个振荡周期中的实际数据。(取自 J. R. Pomerening et al., *Cell* 122: 565, 2005.)

由细胞周期蛋白驱动的细胞周期振荡器是生物学中非常普遍的一类双组分振荡系统的例子。这个振荡器的简化表示如图 3.11 (A) 所示, 而对酿酒酵母的真实细胞周期控制系统更加精确的表示参见图 3.11 (B)。

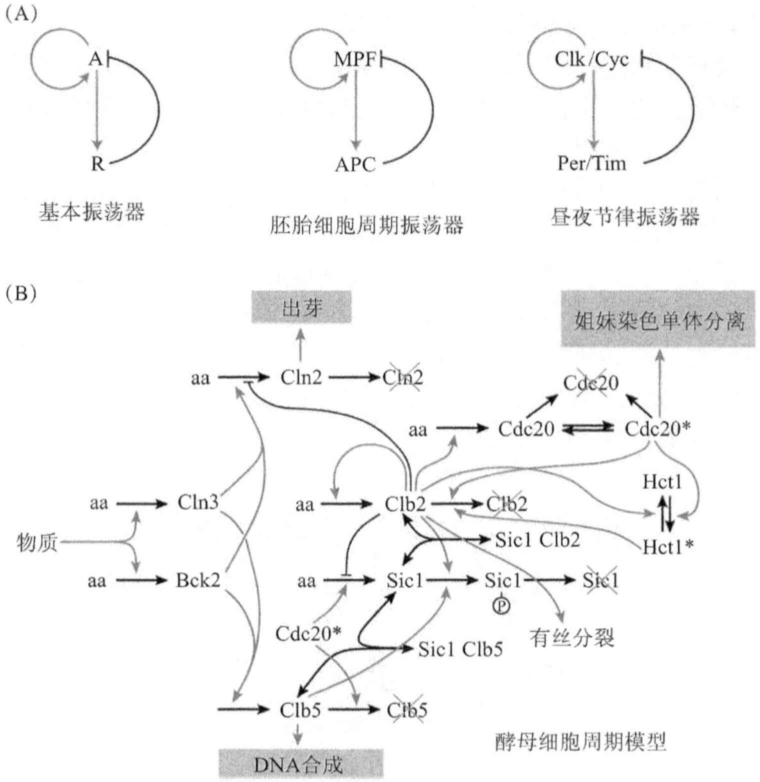

图 3.11 构造细胞周期振荡器的逻辑图。(A) 基本振荡器只需要两个组分。第一个组分激活第二个组分, 如通过催化合成反应而激活。第二个组分抑制第一个组分, 如通过催化降解反应而抑制。(B) 酵母中的细胞振荡器的真实生化过程要复杂很多, 因为真实的振荡器必须能够在大范围的条件下工作, 对其组分的浓度或活性的涨落不敏感, 而且受多种输入信号的调节。(取自 N. W. Ingolia and A. W. Murray, *Curr. Biol.* 14: R771, 2004.)

作息时钟使细胞和生物每日的行为保持准时

利用程序时间构造时钟的第二个例子是细胞通过组织其一系列的分子过程而使它们能够度量绝对时间。不同于细胞周期时钟, 当温度改变 (如当季节改变导致的温度变化) 时作息时钟的周期不能改变。许多生物会在每天的固定时刻执行一些特定的任务。一个精彩的例子如图 3.12 所示, 动物根据日落改变其眼睛的感光度。尽管我们可能设想这类日常改变是由诸如阳光强度等信号触发的, 但是对于许多生物来说, 人们已经证明, 即使它们被置于黑暗环境中, 这些生物仍然保持其作息周期。对蓝藻作息周期的长时间直接观察表明它们在不从外界获得关于绝对时间的任何信息的情况下仍然可以在数周内十分精确地保持自身的周期。

不同的生物利用一天中的具体时间的信息来达到各种各样的不同目的。不过, 如图 3.13 所示, 控制其昼夜节律的分子水平上的原理图却保持了某些共同特征。一般来说, 这些系统都包含正反馈单元激活所谓的生物钟基因的转录, 生物钟基因驱动生物节律的输出信号, 同时又促进负反馈单元的表达, 从而抑制正反馈单元的活性。负反馈单元的磷酸化导致它们被降解, 使得周期被再次启动。虽然昼夜节律振荡器在持续明亮或者在持续黑暗的情况下都能够持续度量时间, 但是, 它们却能够接受像日出那样的环境信号, 重新设定其相位。人类经常因低效的相位重设机制导致时差反应。

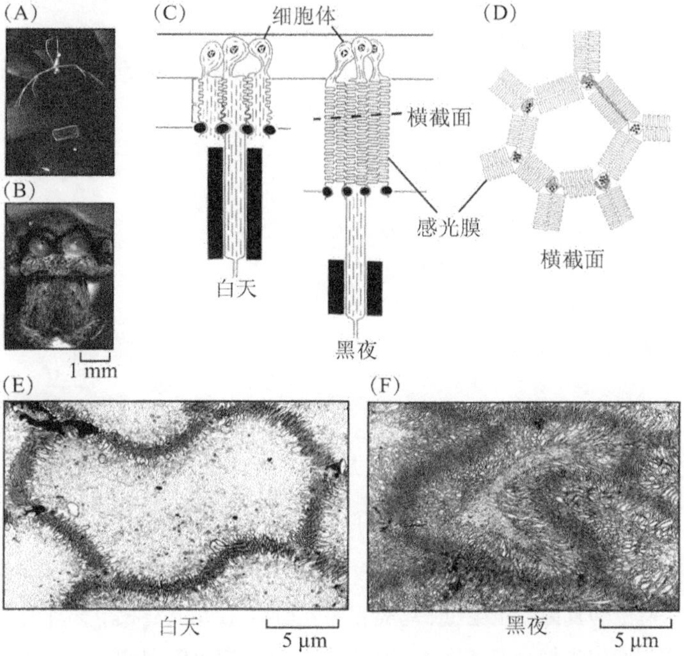

图 3.12 由作息时钟驱动结构改变的一个极端例子。(A) 掷网蛛是一种夜行捕食性动物, 其捕食策略非同寻常。它转动其腿部携带的一个小网, 投掷出去并网住经过其附近的粗心猎物。(B) 为了看见猎物并判断何时掷网, 这种蜘蛛必须具有极好的夜视能力。它的 8 只眼睛中有两只很大, 并对光极其敏感。(C) 蜘蛛眼睛的感光度在白天和黑夜之间会有约 1000 倍改变。在白天, 感光细胞的突起较短, 而且相当紊乱。在夜间, 通过拉长细胞和形成细胞膜包装感光分子的皱褶增加包含感光器的细胞膜的总量。(D) 在横截面上, 相邻细胞的光敏细胞膜相互接触, 形成类似于瓷砖铺排的规则图样。(E) 一只在白天杀死的蜘蛛的感光细胞的横切面, 显示出相对适中的细胞膜的厚度。(F) 一只在夜间杀死的蜘蛛的等位切面, 显示出其细胞膜上的皱褶在数量和大小上都有显著增加。在黎明, 这些细胞膜都将被降解, 而在黄昏重新合成 [(C)~(F) 取自 A. D. Blest, *Proc. Roy. Soc. London* B200: 463, 1978.]

使用最少元件进行工作的昼夜节律振荡器来自于具有光合作用功能的细长聚球藻 (*Synechococcus elongatus*)。这种生物的时钟只需要三种蛋白质: KaiA、KaiB 和 KaiC。而且有趣的是, 这只时钟看起来既不需要基因转录也不需要蛋白质降解就能工作。经过纯化的这三种蛋白质的混合物同 ATP 一道, 就能够使 KaiC 蛋白磷酸化的振荡周期维持长达至少数天之久。KaiC 能够催化自身的磷酸化以及去磷酸化 。KaiA 增加 KaiC 的自身磷酸化, 而 KaiB 抑制 KaiA 的作用。图 3.14 展示了支持这一重大发现的数据。

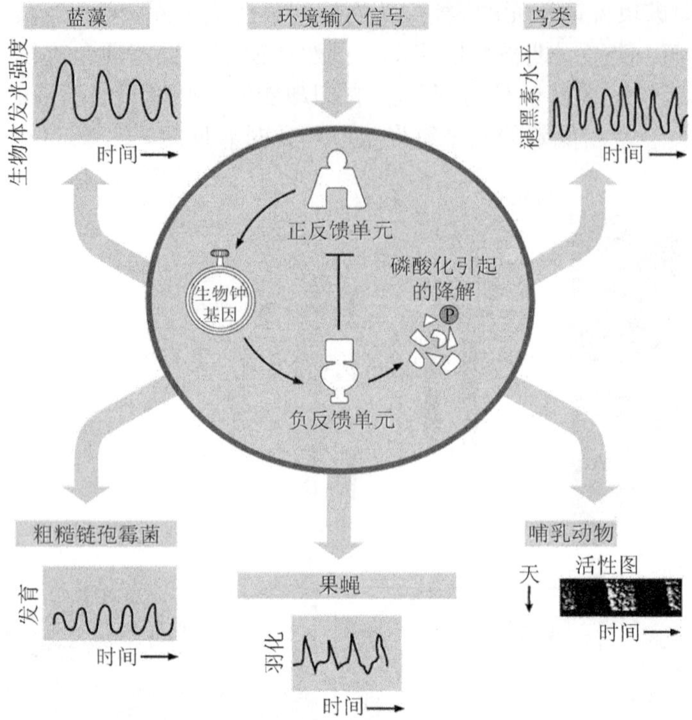

图 3.13 昼夜节律时钟一般特征的原理图。昼夜节律时钟的机制是受外界信号调节的自驱动振荡器。各种不同的生物, 从蓝藻到真菌乃至昆虫、鸟类和哺乳动物, 使用其昼夜节律计时器调节各种不同的生物学输出, 在内部回路中也使用非常不同的蛋白质组分。(取自D. Bell-Pedersen et al., *Nat. Rev. Genetics* 6:544, 2005.)

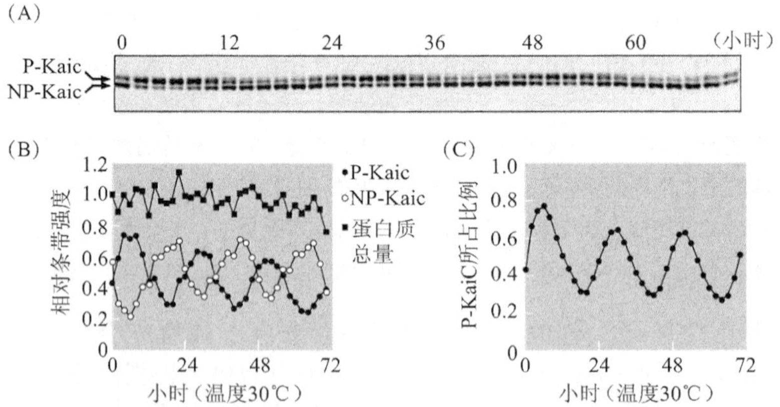

图 3.14 昼夜节律振荡器的重建。(A) 在纯化的 KaiC 蛋白质同 KaiA、KaiB 和 ATP 的混合物中, 可以观察到 KaiC 的分子质量以 24 h 为周期略有上升和下降。凝胶中的上方条带显示的是磷酸化的 KaiC 蛋白 (P-KaiC), 而下方条带显示的是未被磷酸化的 KaiC 蛋白 (NP-KaiC)。(B) 对这两个条带的强度随时间的变化进行定量分析, 揭示出这两种形式的 KaiC 蛋白的浓度以互补的方式振荡, 而 KaiC 蛋白的总量大体维持恒定。(C) 磷酸化的 KaiC 蛋白占总量的比例以略小于 24 h 的恒定周期振荡。(取自 M. Nakajima et al., *Science* 308: 414, 2005.)

3.3 相对时间

上一节关于程序时间的例子都强调细胞如何设定和度量完成特定任务所需的时间。有些过程迅速而有些过程缓慢，这归因于其固有特征或环境情况。在井然有序的细胞生命里，通常重要的是确保这些快的和慢的过程不是独立运行，而是由细胞需求决定的逻辑顺序联系在一起。基于此，现在转而讨论相对时间，它包括这样一些控制机制，即确保相互之间有关联的多个过程以"先穿袜子后穿鞋"的方式级联在一起，也就是说必须等事件 A 完成之后事件 B 才能开始，事件 C 必须忠实地等待事件 B 完成后才能开始，依此类推。

3.3.1 检查点与细胞周期

在以时钟和振荡器为背景对真核细胞的分裂周期进行的初步讨论中，我们使用了南非爪蟾早期胚胎的分裂作为例子，并断言支配这种胚胎分裂的机制是一种简单的双组分振荡器。一旦过了胚胎发育的最早期阶段，细胞周期就变得复杂很多，尤其是，对来自细胞所处环境的反馈控制变得敏感。在细胞周期中，那些可能因外界信号而使周期中断的点，称为检查点。例如，检查点确保在 DNA 复制过程完成之前染色体不会分离。

真核细胞周期包含 4 个阶段

图 3.15 展示的是真核细胞周期的重要特征，强调了确保所有的过程都按照正确顺序进行的调控检查点。并不存在一个对所有真核细胞周期普遍适用的时间尺度，不同细胞型的细胞周期的时间尺度可以相差很大。在人体内，肠道内壁上的一些细胞可以在短至 10~12 h 内完成分裂，而有些细胞，如某些组织干细胞，其细胞周期可达数天或数周。真核细胞周期通常按照 4 个阶段来描述，记为 G_1 期、S 期、G_2 期和 M 期，其中 M 期包含了最为显著的特征，即细胞核的分裂 (有丝分裂) 和细胞的分裂 (胞质分裂)，两个 G 期是细胞生长的阶段，而 S 期是细胞核内的 DNA 被复制的阶段。M 期之外的 3 个阶段合起来组成细胞分裂间期。在分裂间期，细胞的物质含量随着细胞尺寸的增加而增加。

如果使用培养的动物细胞 (如成纤维细胞) 来作为我们的标准细胞，那么，G_1 期大约持续 10 h，其特征是细胞质量显著增加，并最终到达一个检查点，确保细胞有足够的尺寸和恰当的环境条件以便进入下一阶段。此时，细胞检查其 DNA 是否有损伤。一旦有损伤的迹象，如双链断裂，就会触发检查点控制机制，阻止细胞启动 DNA 的复制，直到损伤被完全修复为止。这个检查点也为调控细胞复制的相对时间确立了一个临界标准，具体来说，细胞必须生长到原来尺寸的两倍左右才能开始分裂。如果成功通过了这个检查点，DNA 复制就可以开始。在 S 期，真核细胞的 DNA 在大约 6 h 内复制完毕。

在 S 期以及一个较短的 G_2 期之后，另一个检查点核实每条染色体是否已被完全复制，然后才启动有丝分裂纺锤体的组装。有丝分裂纺锤体是一种基于微管的细胞器，负责将染色体分离到两个子细胞中。相对时间的强制性特别重要，因为如果细胞试图在复制完成之前就将染色体分开的话，那么至少有一个子细胞将继承基因组的一份不完整拷贝。

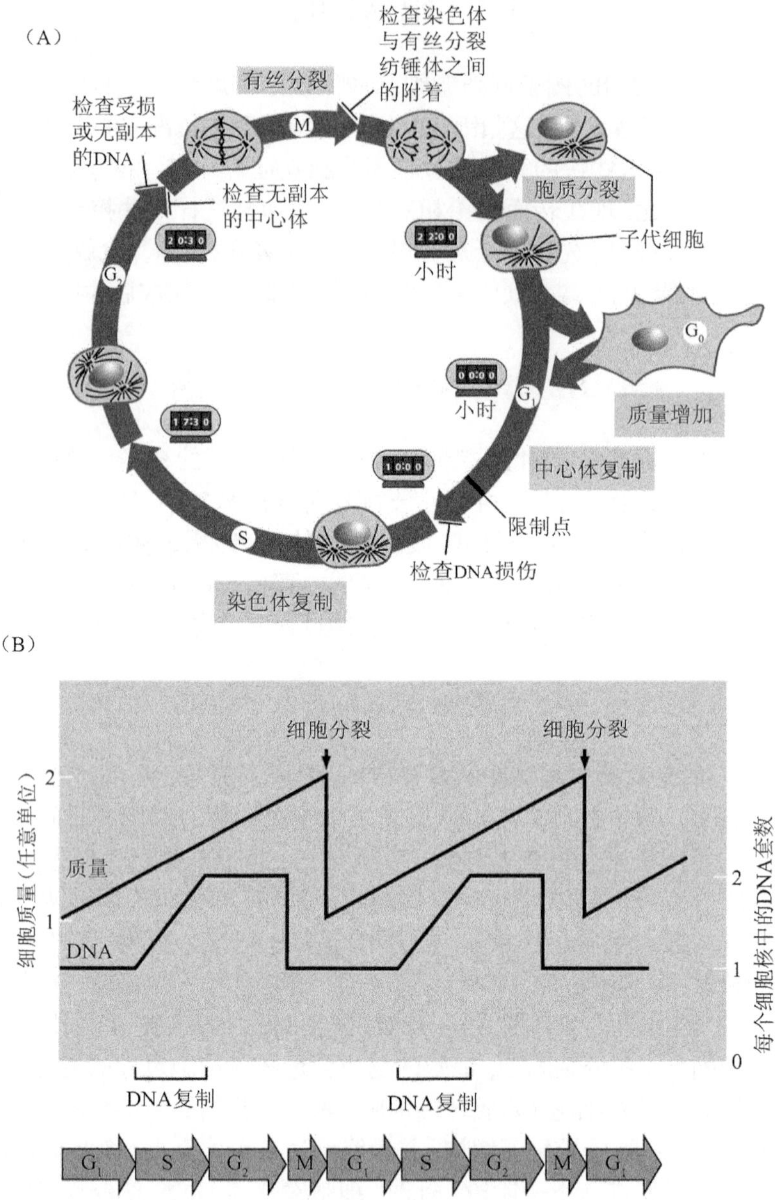

图 3.15　真核细胞周期。(A) 卡通图展示细胞分裂过程的一些关键阶段。(B) 细胞周期中细胞的物质成分和 DNA 成分的变化过程。(A 取自 T. D. Pollard and W. C. Earnshaw, Cell Biology, Philadelphia, Saunders, 2002; B 取自 A. Murray and T. Hunt, The Cell Cycle, New York, Oxford University Press, 1993.)

通过这个检查点后, M 期就开始了。细胞周期中这个相对来说较快的阶段 (时间长度在 1 h 的量级) 包含可以直接用光学显微镜观察的细胞分裂中的大多数引人入胜的事件。在 M 期, 各种事件以正确的顺序发生也是至关重要的。由微管构成的双极纺锤体对称地附着在复制出来的每对子代染色体上。当这些染色体都附着到纺锤体上后, 它们就会突然间同时放开其同伴，并且被拉到细胞的两极。纺锤体组装检查点确保在染色体开始分离之前每条染色体都恰当地附着在纺锤体上。支配细胞周期中相对时间的强制性的分子机制涉及蛋白质的磷酸化和降解事件，以及基因的转录。为了更深入地研究支配相对时间的度量和强制性的原理，我们将讨论一个例子，在这个例子中，基因转录是调控的主要对象。

3.3.2 度量相对时间

细胞周期的精心安排和组织涉及高度复杂的调控机制。也就是说，各种基因表达的时间顺序遵从一个复杂的程序，在这个程序某些部分的进程中，一些过程必须等待其他过程结束才能开始。通过测定基因表达谱，有可能探究细胞周期中的事件的相对时间顺序。为了更好地理解细胞是如何确保这种时间顺序的，我们需要考查基因网络是如何连接在一起的。

基因网络是关联表达的基因的集合

示意图 3.16 给出了一组相互耦合的基因。为简单起见，该图只说明一个基因的产物如何改变其他基因的表达。或许最简单的调控模式是直接负调控：特定的蛋白质结合在 DNA 上某个基因的启动子区域，因而从物理上阻止了 RNA 聚合酶的结合以及相应的转录。该蛋白质本身是某个其他基因的产物，该基因又可能受到别的蛋白质的调控 (或许这些蛋白质就是该基因所调控的基因的产物)。第二大类调控模式被称为激活作用，是调控蛋白 (称为激活蛋白的转录因子) 结合在启动子附近并为启动子“招募”RNA 聚合酶结合到启动子区。

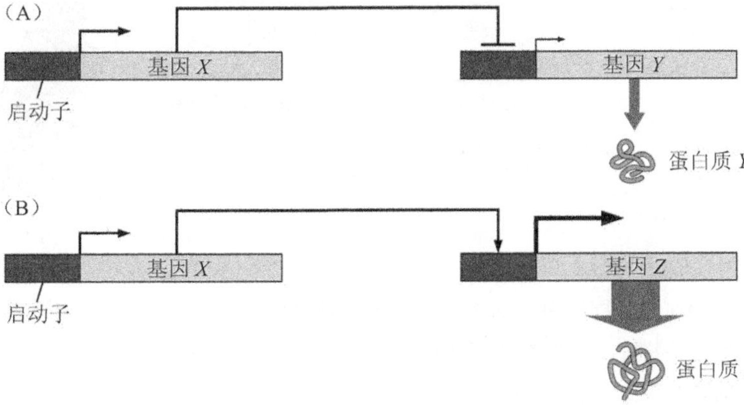

图 3.16 存在相互作用的基因形成的网络。假想的基因网络表示其中第一个基因的产物阻遏或激活第二个基因的表达。(A) 阻遏过程，其中基因 X 的产物阻遏基因 Y 的表达。(B) 激活过程，其中基因 X 的产物激活基因 Y 的表达

测量基因表达程度的一种方法是使用 DNA 芯片。这项技术的基本思想是在一个表面上布置由 DNA 片段组成的 x–y 阵列，阵列的每个点上的 DNA 序列各不相同。为了查明细胞当前包含的各种 mRNA 的数量 (这相当于对所有基因的当前表达水平给出一张快

照), 将细胞裂解后, 使其中的 mRNA 与微阵列上的 DNA 杂交 (即这些 mRNA 通过碱基配对而结合到与其互补的 DNA 链上)。芯片表面的 DNA 分子与细胞裂解液中互补的 RNA 片段杂交, 而结合的分子都有荧光标记, 以便可以从用荧光强度读出结合的分子的数目。实际操作程序比以上描述稍复杂些, 因为实际上 mRNA 要先转化为 DNA, 但我们主要关心的是测量的概念而不是实际操作。微阵列点的荧光强度反映了每个感兴趣的基因的表达程度。通过在不同的时间点一遍一遍地重复测量, 我们就可以勾画出许多我们感兴趣的基因在细胞周期的不同时间点的表达状态。这些测量可以让我们绘制出一幅表示各种不同基因表达的相对顺序的图。

新月柄杆菌是用来研究细菌细胞周期的一个重要模型系统。对于这个系统, 已经用 DNA 芯片分析研究了细胞周期中的各种过程的时间顺序。在一系列优美的实验中, 根据 mRNA 的浓度在细胞周期中随时间的变化, 发现大约 20%的柄杆菌基因组参与细胞周期的调控。这个实验的思想是每隔 15 min 裂解一批已经同步的细胞, 提取其 mRNA, 然后利用 DNA 芯片找出某时刻是哪些基因在表达, 便可以综合得到哪些时刻是哪些基因在表达的总体概况。这个实验的结果如图 3.17 所示。这些实验显示在柄杆菌大约 150 min 的细胞周期中各个事件发生的相对时间顺序。

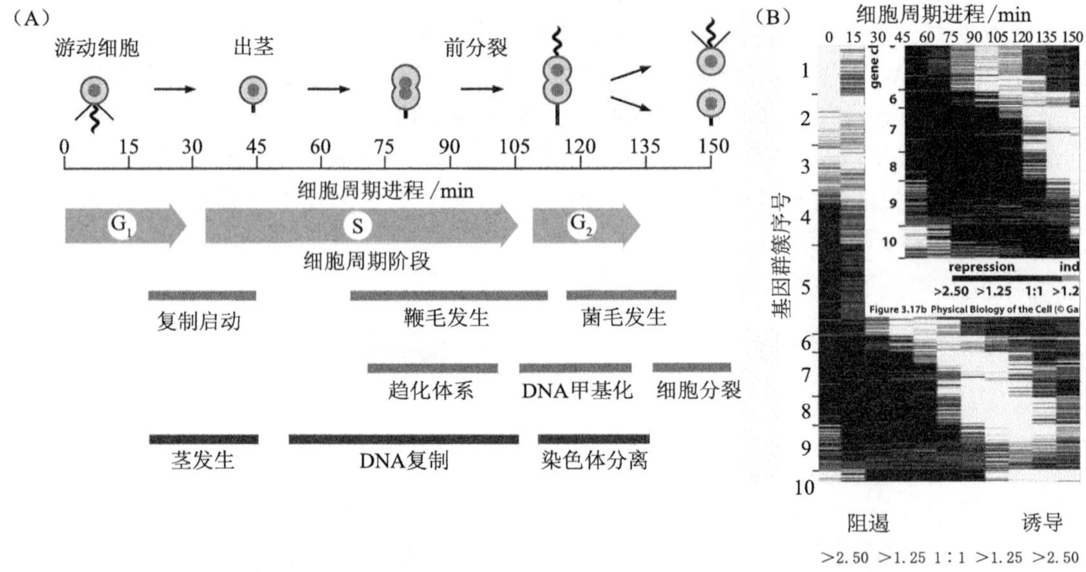

图 3.17　新月柄杆菌在细胞周期中的基因表达。(A) 柄杆菌长达 150 min 的细胞周期, 图中强调在细胞分裂过程中发生的一些重要的形态学事件和代谢事件。(B) 基因芯片数据显示各个不同系列的相关基因如何以精确的顺序表达。基因按照它们表达峰值出现的时间来排序。每一行对应于给定基因的表达随时间的进程, 从左到右时间被标定为 0 ~150 min。对于每个基因, 白色表示基因表达达到最高水平的时间, 黑色表示基因表达达到最低水平的时间。从上到下基因被分成与不同过程 (如 DNA 复制和染色体分离等) 相关联的群簇。(取自 M. T. Laub et al., *Science* 290: 2144, 2000.)

细菌鞭毛形成过程的时空复杂性

细菌鞭毛是推动细胞运动的重要细胞器之一, 观察细菌鞭毛的高分子合成要求在更高的分辨率下观察细胞事件的相对时间顺序。图 3.18 展示了参与细菌鞭毛形成的各种基因产物 (FlgK 和 MotB 等)。在本质上, 每一种产物都对应于一个与鞭毛的构造有关的蛋白质构造模块。一旦鞭毛组装完成, 细胞就可以通过旋转鞭毛来推进自身运动。这个实验提出的动力学问题是: 与这些构造模块相关的基因的表达在多大程度上是按时间精心安排的?

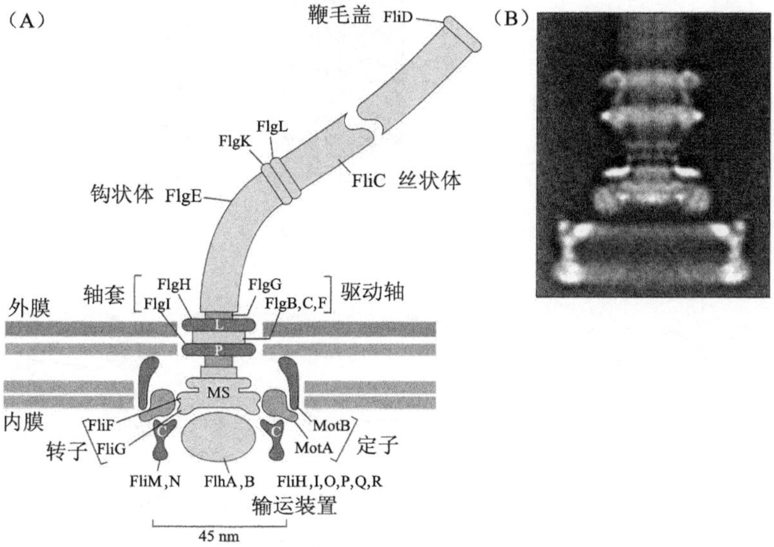

图3.18 细菌鞭毛的分子构造。(A) 鞭毛的膜结合部件以及鞭毛本身的示意图。标记符号是指参与鞭毛组装的各种基因产物。(B) 鞭毛基体的结构图, 由冷冻电子显微镜获得的多幅图像平均而成。位于底部的大圆环是跨越内膜的部件, 而上部的较小圆环是跨越外膜的部件。(取自 H. C. Berg, *Phys. Today* 53: 24, 2000.)

实验的思想是诱导饥饿的大肠杆菌 (无鞭毛) 生长鞭毛, 然后使用产生 GFP 的报告基因来报告与生成鞭毛途径相关的各个基因分别在什么时候表达。通过这个实验能够直接观察细菌鞭毛组装的动力学过程, 从而揭示了锁定在连续过程 (用相对时间表征) 中的一系列事件。图 3.19 展示了这个实验的结果。为了从图 3.19 中推断出时间尺度, 我们考虑这个基因的表达谱, 注意到在实验开始 5 h 后大约 15 个基因在约 180 min 内相继开始表达。这意味着每个基因的产物之间的间隔大约是 12 min。注意虽然新鞭毛的诱导 (我们实验关心的主体部分) 是在 3~4 次细胞分裂之后开始的, 但整个实验持续约 10 h。

3.3.3 病毒的生命周期

细胞并不是关心相对时间顺序的唯一生物实体。一旦病毒感染了宿主细胞, 它们就像定时炸弹, 不断地缩短其早期、中期和晚期的基因引信。一旦这些基因得到表达而其产物组装完毕, 成百上千的新病毒就从受感染的 (已经死亡的) 细胞中释放出来, 到其他地方重复这个过程。

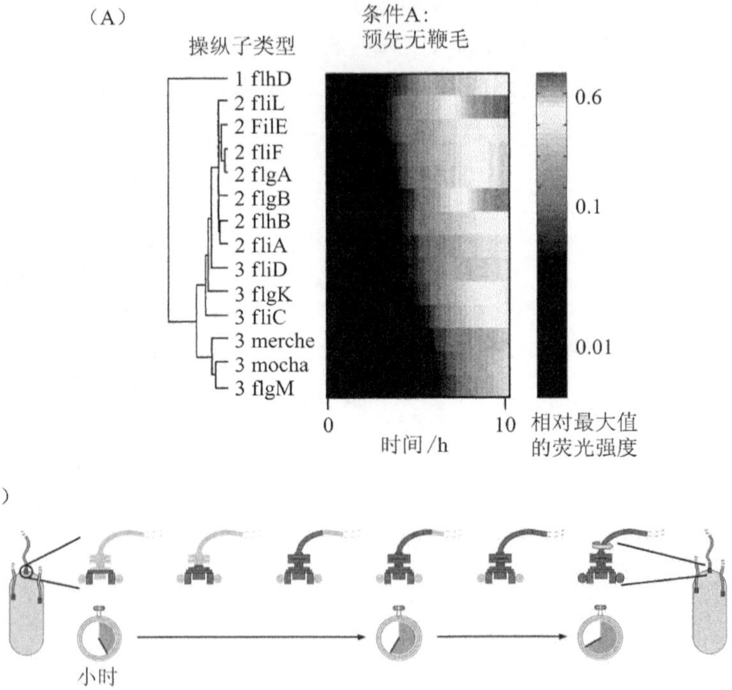

图 3.19 在细菌鞭毛形成过程中基因表达的时间顺序。(A) 基因表达的程度 (以荧光强度来度量) 与时间的函数关系。(B) 鞭毛的各个部件的合成时间顺序的示意图。在标记计时器的读数时, 我们假定鞭毛在实验开始 5 h 后启动合成, 而整个合成过程共持续 3 h。(取自 S. Kalir et al., *Science* 292: 2080, 2001.)

病毒的生命周期包含一系列自组装过程

我们已经将细胞周期作为主要的生物过程来描述, 它包含了数目巨大的子过程。一个更容易处理的完整 "生命周期" 的例子是病毒的生命周期, 它可以阐明生物过程的复杂的相对时序。图 3.20 展示的是一个噬菌体病毒生命周期的例子 (第 2 章中曾经介绍过噬菌体是一类攻击细菌的病毒), 该图刻画了病毒生命历程中的关键要素。这个生命周期中的关键阶段要用诸如感染、转录、翻译、组装、包装和裂解等动词来描述。感染是病毒 DNA 侵入宿主细胞的过程。转录和翻译是指病毒劫持细胞机器从而制造病毒的构造模块 (包括核酸和蛋白质)。组装是蛋白质构造模块装配在一起而形成病毒衣壳。至于包装, 则是病毒生命周期的一部分, 是指病毒的基因组被封装进病毒衣壳中。最后, 裂解是指宿主细胞解体, 释放出新一代的噬菌体, 这些噬菌体又在其他地方重复其生命周期。

具体来说, 如卡通图 3.20 所示, 按照我们前述的计时系统, 从病毒到达细菌表面直到溶菌阶段细菌的细胞膜被破坏从而释放出新的病毒, 这段时间看起来很短, 为 30 min。在后面的章节中我们的一个目标是讨论这个 30 min 的病毒生命周期的特征时间尺度以及组成这个周期的各种过程。另外, 虽然绝对时间 (30 min) 是有意义的, 但更重要的是我们强调这一套过程被依次序锁定成相对时序的事件 (如同细菌鞭毛装置的合成)。

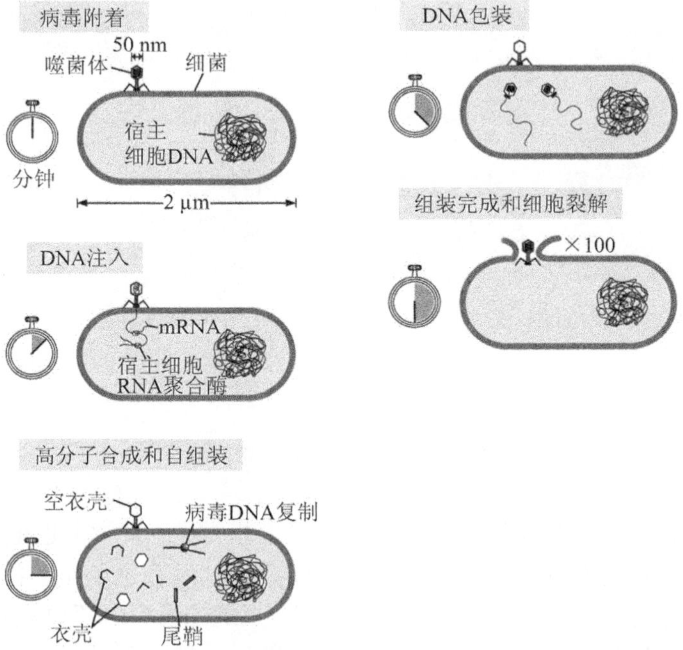

图 3.20 噬菌体生命周期中的时间过程。卡通图显示噬菌体生命周期中的各个阶段, 以及在感染后多长时间发生这些过程。注意噬菌体的头部和尾部遵从完全不同的组装途径, 只是在它们各自完成组装后才连接在一起

我们现在考查第二类病毒, 即 RNA 动物病毒, 如在 2.2.4 节从结构方面介绍的 HIV, 这类病毒具有令人惊奇的结构和丰富的生活方式。如图 3.21 所示, 这些病毒的感染过程完全不同于细菌病毒。具体地, 我们注意到病毒表面有一层膜衣, 这使得整个病毒可以附着到受攻击细胞的膜受体上。病毒在膜融合过程中被受到攻击的细胞吞下。一旦病毒进入受攻击的细胞, 就会释放出其遗传物质 (RNA), 逆转录酶就制造编码病毒基因组的 DNA 分子, 随后这个 DNA 分子被运载至宿主的细胞核内, 并嵌入宿主的基因组中。病毒的遗传物质进入宿主的细胞核后, 就会发生多种合成过程, 合成病毒 RNA 的多份拷贝以及有趣的多聚蛋白 (即第 2 章描述过的 Gag 蛋白), 这些物质输出到细胞质膜上, 在被感染的细胞的细胞膜上经历复杂的自组装过程。一旦新形成的病毒被输出后, 将经历一个成熟过程, 最终形成一个新的、具有感染能力的病毒颗粒。这些过程中的每一步被锁定在一系列具有固定的相对时序的连续事件中。

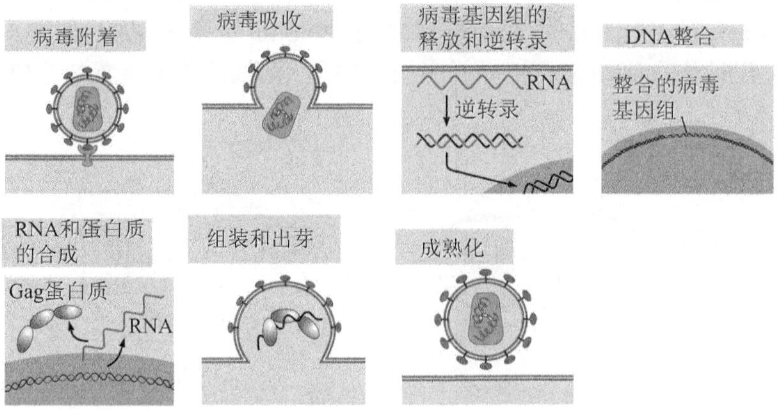

图 3.21 HIV生命周期中的各个阶段。生命周期中的各个事件的时间顺序参考文献Reddy & Yin (1999)

3.3.4 发 育 过 程

正如在 2.3.3 节说明的那样, 生物学上最迷人、最神秘、视觉上也最令人愉快的过程之一就是多细胞生物的发育。如同单个细胞的细胞周期, 发育也依赖于各种事件的固定的相对顺序。从发育角度研究得最多的生物是果蝇。果蝇的发育过程已经在图 3.2(A) 和图 3.2(B) 中展示过。胚胎发育代表了当卵子与精子结合后有条不紊的结果。对于果蝇来说, 在这种结合之后的几小时内, 形成的幼虫经历了一系列的细胞核分裂和迁移, 如图 3.22 所示。具体来说, 当细胞核分裂到第 10 代时 (512 个细胞核), 这些细胞核也开始移动到正在发育的幼虫的表面, 形成合胞体胚盘, 这是一个卵形体, 几乎所有的细胞都位于表面。到第 13 代时, 每个细胞核都被封装在它们自己的细胞膜内了, 从而形成了细胞胚盘。到这个过程结束时所形成的结构是一个由大约 5000 个细胞组成的长 500 μm, 截面直径大约为 200 μm 的卵形物体, 细胞都位于这个卵形体的表面。

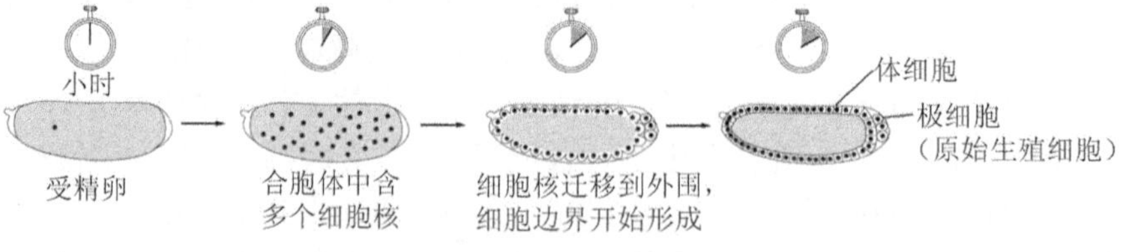

图 3.22 果蝇胚胎的早期发育。受精后, 单个细胞核经历了一系列共 8 次快速的分裂, 共产生 256 个细胞核, 这些细胞核全部位于同一细胞质中。此时, 细胞核开始一边分裂一边向胚胎表面迁移。当细胞核到达表面之后, 通过质膜内陷形成了细胞边界。在发育早期, 那些注定用来生成精子或卵子的细胞将自己隔离开来, 聚集到胚胎的末端。这些事件大约在 2 h 内完成

在发育途径后面的阶段, 细胞开始了活动, 精心协调的细胞运动形成了原肠胚, 导致初期胚胎中宏观结构的出现。图 3.23 展示了这个过程中的几幅快照, 与原肠胚形成过程相关的时间尺度为几个小时。我们已经展示了与细胞周期相关的基因表达在时间结构上

的重要性和优美特征。现在将增加新的内容,我们注意到在果蝇的身体形成的发育程序中,基因的表达有一个有序的空间模式,这些基因具有生动的名字,如驼背基因和巨型基因,它们决定不同细胞的空间排列。

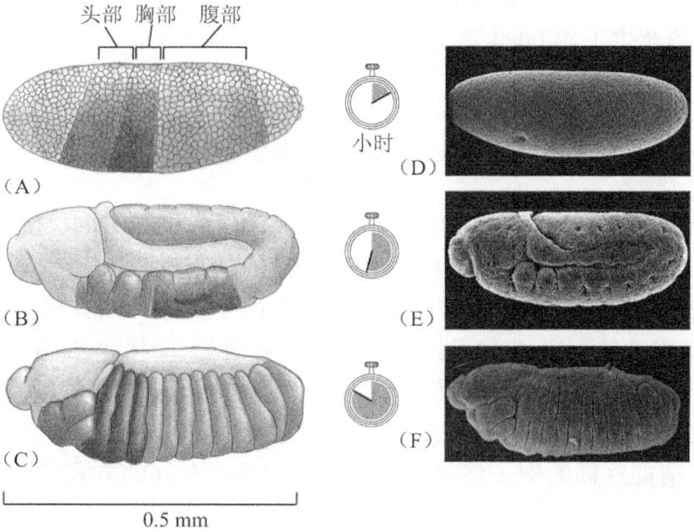

图 3.23 果蝇胚胎的早期图样形成。(A)~(C) 分别是果蝇胚胎在受精后 2 h、6 h 和 10 h 的形状的示意图。在 2 h 的时候,还没有形成明显的结构,但是已经确定了哪些细胞最终形成身体的什么部位。到 6 h 的时候,胚胎已经形成了原肠胚,胚胎的身体轴线延长并向后弯曲,以便适合卵的外壳。到 10 h 的时候,身体轴线收缩,正在形成的动物身体的体节已经清晰可见。右侧是胚胎在以上各阶段的扫描电子显微图片。有趣的是,在斑图模式形成的过程中,胚胎没有任何生长。(取自 B. Alberts et al., Molecular Biology of the Cell, 5th ed. New York, Garland Science, 2008. D 和 E 取自 F. R. Turner and A. P. Mahowald, *Dev. Biol.* 50: 95–108, 1976; F 取自 J. P. Petschek, N. Perrimon and A. P. Mahowald, *Dev. Biol.* 119: 175–189, 1987.)

这里叙述的发育过程,也是相对时间的例子。特别地,一个具有时间顺序的例子是 2.3.3 节中介绍的与果蝇身体在形成过程中区分前后部有关基因的级联表达。级联表达分节基因导致果蝇胚胎的长轴在结构上不断分化。“级联”这个术语确切地表示一系列具有先后次序的连续过程,这正是本节介绍的相对时间的具体表现。级联表达的第一套基因称为裂隙基因。它们将胚胎分为三个区域:前部、中部和后部。裂隙基因的蛋白质产物中作为转录因子调控级联表达的下一套成对规则基因。成对规则基因启动控制形成可分辨的 7 个细胞条纹。最后,体节极性基因在 14 个条纹中被表达。

估算: 发育的时序 假定细胞分裂在代与代之间是完全同步的,可以就正在发育着的生物体的细胞数目作出简单的估算

$$\text{细胞数目} \approx 2^N \tag{3.7}$$

式中,N 是传代的数目。进一步,假定细胞周期具有特征时间尺度τ_{cc},则细胞数目作为时间的函数可以简单写成

$$\text{细胞数目} \approx 2^{t/\tau_{cc}} \tag{3.8}$$

有趣的是, 在果蝇发育的早期, 因为发生的只是细胞核分裂 (因此主要是 DNA 的复制), 细胞核数目增加一倍所需要的时间平均为 8 min, 因此, 100 min 后, 大约发生了 10 代核分裂, 约产生了 1000 个细胞, 它们形成合胞体胚盘。

3.4 操控时间

有时候, 细胞不满足于生物过程内在的物理速率所提供的时间尺度, 需要找到办法克服这些速度限制。例如, 在某些情形下, 相对于典型的细胞时间尺度, 无催化的生化反应的速率慢得就像停止了一样, 于是细胞通过酶操控来改变反应的固有速率。类似地, 扩散作为多细胞生物体内的输运手段对于长距离来说是低效的。因此, 细胞利用分子马达和细胞骨架纤丝进行主动运输, 从而克服扩散的速度限制, 或者说, 细胞可能采用减少维度的扩散来突破扩散的速度限制。细胞还有更加巧妙的手段来操控时间, 如细胞克服细菌复制极限的情形。诸如这样的例子将是我们讨论细胞操控时间的方式的基础。

3.4.1 化学动力学和酶翻转速率

某些化学反应进行的速率远慢于它们用于生物学所必需的速率。例如, 没有蛋白酶 (负责切断肽链的酶) 的情况下蛋白质肽键的水解需要花费数年时间。磷酸丙糖异构酶是糖酵解途径中的一种酶, 结构如图 2.22 所示, 它的催化作用使得糖酵解反应加快 10^9 倍。这些数字说明, 即使某个给定的反应就自由能而言是有利的, 这个反应的势垒也可能使其速率慢得几乎不能发生。于是, 细胞就用酶作催化剂来操控反应的时间进程。的确, 在某种意义上, 整个生物化学就是一部关于催化反应的“长篇故事”, 许多催化反应是在远短于毫秒量级的时间尺度上进行的, 而当没有这些酶时, 这些反应可能在一年后也不会发生。在糖酵解这部“戏”中的各个“演员”, 如己糖激酶、磷酸果糖激酶、磷酸丙糖异构酶和丙酮酸激酶, 其名字中的后缀“ase”揭示出了它们作为酶的身份, 并且是根据其催化的反应来分类的。

酶作用的基本原理可以由图 3.24 说明。具体地, 我们考虑一个异构化反应, 一个分子从某个高能态 A 出发向低能态 B 转变。对于图示的分子, 与构象相关的能量由含静电能和“内能”两部分贡献。如图 3.24(A) 所示, 内能有两个极小值, 而静电能对自由能的贡献则是单调减函数。当酶出现时, 势垒的高度受到压制, 因为我们关心的分子所带的电荷与酶之间, 尤其在转变态时, 有一个有利的相互作用。

关于反应速率, 如图中所示, 关键点是它依赖于分隔两个态的势垒

$$\Gamma_{A\to B} \propto \mathrm{e}^{-G_{\text{barrier}}/k_BT} \tag{3.9}$$

式中, $\Gamma_{A\to B}$ 是跃迁速率, 单位为 s^{-1}; 而 G_{barrier} 是势垒的高度。即使状态 B 的能量显著低于状态 A 的能量, 转变也可以因为巨大的势垒 (即 $G_{\text{barrier}} \gg k_BT$) 而非常慢。酶的出

现并不改变初末态或它们的相对能量, 但是压制了介于两态之间的势垒。

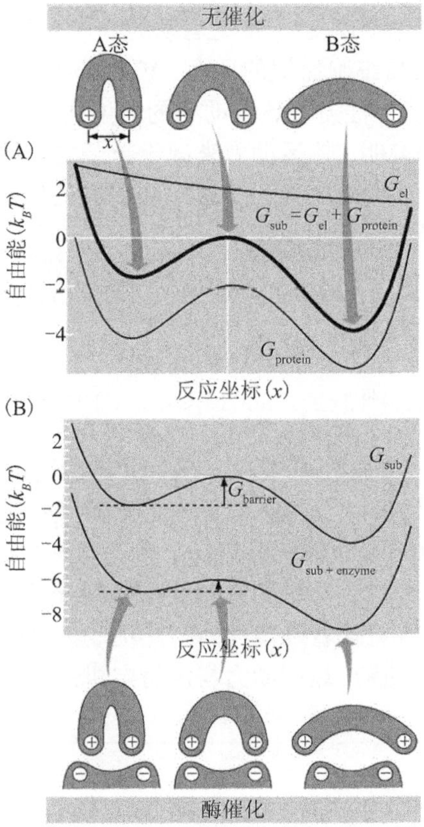

图 3.24 酶和生化反应速率。(A) 总自由能中静电能贡献的部分 (G_{el}) 和内能贡献的部分 ($G_{protein}$)。在没有酶的情况下这两部分之和构成总的构象自由能 (G_{sub})。(B) 在没有酶催化和有酶催化这两种情况下, 生化反应的能量面的简单一维表示。酶的出现通过有利的静电相互作用降低了转变态附近的势垒, 从而提高了反应速率

3.4.2 突破扩散速度限制

细胞操控时间的第二个例子是细胞执行输运的方式。细胞器、蛋白质、核酸等, 通常都是在细胞的一个区域产生, 而要运输到另一个需要它们的区域。例如, 细胞核中产生的 mRNA 分子需要运送到核糖体中, 而核糖体位于细胞质中的内质网上, 移动物质的一种物理方法是被动扩散。

扩散是微观颗粒在溶液中的随机运动

离子、分子、高分子组装体甚至细胞器, 都因扩散而无目的地徘徊。扩散是指溶液中微观颗粒的随机运动, 有时称为布朗运动, 这是为了纪念罗伯特 · 布朗 (Robert Brown) 于 19 世纪 20 年代对此现象的系统化研究。布朗注意到悬浮于溶液中的花粉颗粒的随机颤

动, 即使在明显地处于平衡状态并且没有能量来源的系统中也一样。他决定研究这是否是生物体所固有的效应, 他甚至研究了各种奇异的悬浮液, 如使用斯芬克斯雕像身上的灰尘配制的悬浮液, 也发现了颗粒的颤动。布朗运动的效应对于溶液中微米量级或更小的颗粒来说是明显的, 这正是可与细胞比拟的尺度。扩散来源于以下事实, 即在细胞中 (以及对于溶液中的微观颗粒), 确定性力与热运动力的地位几乎相当, 这一思想将在第 5.1.1 节中加以充实, 并在图 5.1 中说明。热运动力来源于粒子之间的随机碰撞, 而这最终归因于原子和分子的运动。在第 13 章将主要讨论这个吸引人的话题。

估算: 热运动能量 为了定量地判断一个给定过程的能量尺度与热运动能量之间的相对重要性, 一个办法是以 k_BT 为单位度量所关注的能量。在室温下, 典型的热运动能量具有 k_BT 的数量级, 其值是

$$k_BT = 1.38 \times 10^{-23}\,\mathrm{J/K} \times 300\,\mathrm{K} \approx 4.1 \times 10^{-21}\,\mathrm{J} = 4.1\,\mathrm{pN\,nm} \tag{3.10}$$

这个能量标尺的重要性的一个体现可由式 (3.9) 说明 (也将在第 6 章由玻尔兹曼分布说明, 系统处于能量为 E_i 的状态的概率正比于 e^{-E_i/k_BT})。这些表达式说明, 当能量与 k_BT 可比拟时, 势垒就小 (而势垒上的各个微观状态的概率就高)。数值 ($k_BT \approx 4\,\mathrm{pN\,nm}$) 非常说明问题, 因为许多与生物有关的重要的分子马达都是在纳米量级的距离上施加皮牛顿大小的力, 这意味着确定性力与热运动力之间的竞争。这个讨论表明, 对于许多具有生物学意义的问题, 热运动力与由特定机制产生的确定性力的地位几乎相当。

扩散时间依赖于距离

生物学中关于扩散的一个简单而重要的例子是蛋白质结合到 DNA 上的运动, 这个运动可以描述为沿 DNA 分子的一维扩散。例如, 人们认为, 控制基因表达的调控蛋白 (转录因子) 就是部分地通过这种一维扩散运动而找到它们在 DNA 上特定的结合位点。另一个例子是配体到达它们的特定受体的方式。扩散的基本图像是分子不停地受到碰撞而到处移动, 在偶然的情况下它们会在某些时刻停在同一位置。为了获得“数觉”, 考虑支配扩散的一个关键方程

$$t_{\mathrm{diff}} \approx x^2/D \tag{3.11}$$

式中, D 是扩散系数。这个方程表明, 扩散粒子运动一段距离 x 所需要的时间尺度与距离的平方成正比。

估算: 细胞内蛋白质移动所需的时间 对于在细胞内被动移动的分子和组装体, 移动所需要的时间尺度可以用式 (3.11) 来估算。对于一个直径为 5 nm 的蛋白质分子, 在水中的扩散系数大约为 $100\,\mu\mathrm{m}^2/\mathrm{s}$; 这个值可以从斯托克斯-爱因斯坦 (Stokes-Einstein) 方程 (详细的讨论见第 12 章) 得到: 一个半径为 R 的球体在黏度为 η、温度为 T 的液体中的扩散系数为 $D = k_BT/6\pi\eta R$。这样典型的蛋白质分子扩散一段长度等于我们的标尺的距离 (即跨越一段等于大肠杆菌直径的距离) 所需要的时间尺度为

$$t_{E.coli} \approx \frac{L_{E.coli}^2}{D} \approx \frac{1\,\mu\text{m}^2}{100\,\mu\text{m}^2/\text{s}} \approx 0.01\,\text{s} \tag{3.12}$$

把这个结果同如图 3.3 所示的神经细胞利用扩散的手段将分子从一端运送到另一端所需的时间进行对比。特别是, 对于乌贼的长达 10 cm 量级的神经元巨型轴突, 扩散时间达 $t_{\text{diff}} \approx 10^8$ s! 从这项估算中可以得到的重要结论是, 长距离扩散需要太长的时间, 不可能是生物体长距离物质输送的手段。大自然对这个难题给出的答案是使用*主动运输*机制, 由马达分子消耗 ATP 来完成定向运动。

另一个理解扩散的方法是考虑浓度。在图 2.4 中, 我们从每个大肠杆菌细胞包含的某种分子的数目以及分子的平均间距这两个方面描述了浓度的物理意义。我们也可以用式 (3.11) 从扩散时间的角度来考虑浓度。具体来说, 这个方程可以用来估算反应物相互找到对方所需要的特征时间尺度与浓度的函数关系, 如图 3.25 所示。

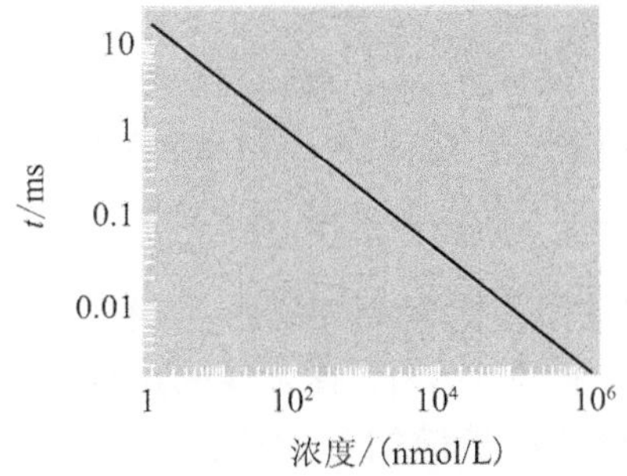

图 3.25 以扩散时间度量浓度。靠扩散实现分子相遇所需要的特征时间尺度依赖于扩散物的浓度

分子马达长距离定向搬运货物

在许多情况下, 尤其对于长距离移动, 扩散的速度太慢, 对于细胞内的输运毫无用处。为了突破扩散速度的限制, 细胞使用一系列复杂的分子机器 (通常是蛋白质) 来操控时间, 这些分子机器能够实现定向运输。这些过程都靠消耗某种能源 (通常是 ATP) 来驱动。概括地说, 主动运输这个课题让我们能够把一大类分子归为*分子马达*, 这是第 16 章的主题。我们已经在许多不同场合看到了分子马达的存在, 包括在本章前面部分介绍过的 DNA 聚合酶和 RNA 聚合酶, 它们都满足主动运输的定义, 因为它们都是使用化学能导致其沿着 DNA 底物定向运动。

具体地, 这里关注的分子马达是将分子从细胞内的一个位置运输到另一个位置的马达。这种运输经常以囊泡包裹的形式进行, 货物包裹在囊泡 (一种由脂质双层膜构成的柔软球壳) 中, 而囊泡则附着在某种分子马达上。这些分子马达在横贯于细胞内的细胞骨架网络上定向行走。例如, 微管上的运输是在两个方向上进行的, 由两个线动蛋白 (驱动蛋白和动力蛋白) 承担。在肌动蛋白丝上分子马达介导的运输以卡通图的形式展示于图 3.26 中。注意, 该图粗略地描述了马达和肌动蛋白丝之间的相对比例, 并表示了马达的整体结构特征, 如马达有两个头。另外, 图 3.26(B) 显示一个荧光标记的肌球蛋白马达的位置随时间变化的轨迹, 说明了马达离散的步态, 从中也可以测量其平均速度。

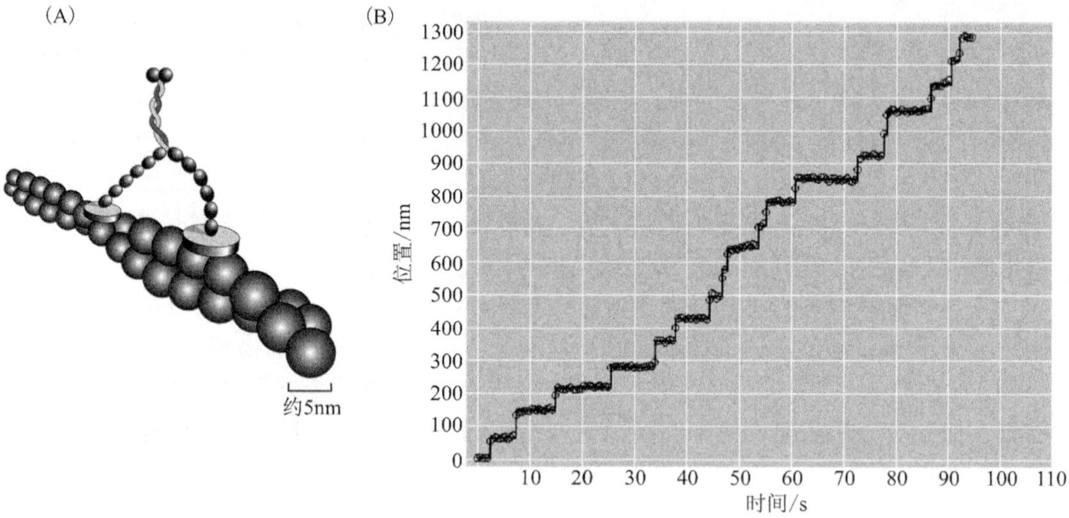

图 3.26　肌球蛋白在肌动蛋白丝上的运动。(A) 在肌动蛋白丝上的马达的示意图。注意步长是由纤丝的周期决定的。(B) 使用单分子技术对肌球蛋白 V 马达测量得到的位置与时间的函数关系。(取自 A. Yildiz et al., *Science* 300: 2061, 2003.)

估算: 细胞内蛋白质移动所需的时间 (第 2 部分)　我们已经注意到生物学上的运动在很大程度上是基于扩散的。另外, 有大量的过程不能等待长时间的扩散。我们曾经估算出典型的蛋白质分子以扩散的方式从神经元轴突的一端运动到另一端需要的时间是 10^8 s, 约等于 3 年。作为对比我们可以估算驱动蛋白在微管上移动同样的距离所需要的时间。因为驱动蛋白在活细胞中的典型速度是 1 μm/s, 所以驱动蛋白将一个蛋白质分子运送长达 10 cm 的距离所需要的时间为 10^5 s, 这仅为超过 1 天的时间。

为了更加具体地展示这些思想, 我们重新回到图 3.3。那里着重介绍的著名实验绘制出了放射性标记的蛋白质在神经细胞中的运动轨迹。那幅图显示放射性标记的蛋白质在 12 天的时间里运动了大约 18 mm, 平均速度为 20 nm/s。观察到的单分子马达在轴突中的运输速度比这个数值大 10 倍或更多, 但我们仍然能够从这个数值中获得一些信息。具体来说, 分子马达并不是完美地“持续运行”的, 也就是说, 它们偶尔会从细胞骨架构成的轨道上滑落, 这一点会降低其平均速度。但是, 文献中报告的分子马达速度的观测值是基于对单个分子马达在某条轨道上持续行为的追踪。

膜结合蛋白跨膜输运分子

细胞操控运输速率的另一个方法是通过蛋白质通道和离子泵有选择地临时改变细胞膜的通透性。许多种类的离子实际上是不能透过生物膜的 (至少在短的时间尺度上如此)。这意味着, 在这些蛋白质通道打开之前, 膜的两侧是可以维持浓度梯度的, 只有当蛋白质通道打开的情况下, 离子才可以沿着浓度梯度的方向流动。更漂亮的例子如图 3.27 所示, 伴随着 ATP 水解的发生, 离子以逆浓度梯度的方向从膜的一侧被泵送至另一侧。在图 3.2(G) 中, 我们展示了离子跨膜输运的过程, 其特征时间为微秒量级。

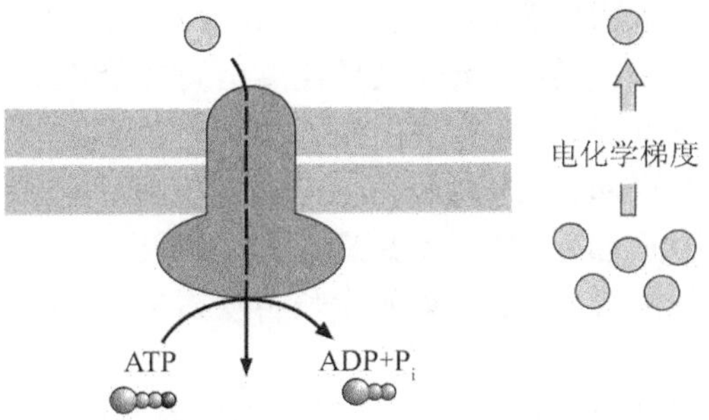

图 3.27 跨膜主动运输。离子泵消耗 ATP 水解的能量, 逆离子浓度梯度泵送离子

估算: 离子通道中离子输运的速率 一个镶嵌在细胞膜中的离子通道可以视为一根直径约为 $d = 0.5\,\text{nm}$ (相当于水合离子的大小)、长度约为 $l = 5\,\text{nm}$ (相当于脂质双分子层的厚度) 的管子。利用这些数据和小离子 (如钠离子) 的扩散系数的典型数值 $D \approx 2000\,\mu\text{m}^2/\text{s}$, 我们可以估算经过通道的离子流, 假定它们的运动是纯扩散导致的。

为了估算, 利用将在第 8 章详细描述菲克 (Fick) 定律的近似形式: 扩散导致的流 (单位时间内透过单位面积的分子数) 正比于两个分子"库"之间的浓度差, 而反比于两个分子库之间的距离。在数学上可以写为

$$J_{\text{ion}} \approx D\frac{\Delta c}{l} \tag{3.13}$$

式中, Δc 是膜两侧的浓度差。对于典型的哺乳动物细胞来说, 钠离子或钾离子的浓度差为 $\Delta c \approx 100\,\text{mmol/L}$ (或者 $\approx 6 \times 10^{-2}$ 个离子/nm^3), 而跨膜距离为 $l \approx 5\,\text{nm}$, 于是得到

$$J_{\text{ion}} \approx 2 \times 10^9 \frac{\text{nm}^2}{\text{s}} \times \frac{6 \times 10^{-2}/\text{nm}^3}{5\,\text{nm}} \approx 2 \times 10^7\,\text{nm}^{-2}\,\text{s}^{-1}, \tag{3.14}$$

在上面的计算中我们利用了离子的扩散系数 $D = 2 \times 10^9\,\text{nm}^2/\text{s}$。考虑到典型的离子通道的横截面积为 $A_{\text{channel}} = d^2\pi/4 \approx 0.2\,\text{nm}^2$, 每秒穿过膜的离子数可以估算为

$$\frac{\text{d}N_{\text{ion}}}{\text{d}t} = J_{\text{ion}}A_{\text{channel}} \approx 2 \times 10^7\,\text{nm}^{-2}\,\text{s}^{-1} \times 0.2\,\text{nm}^2 = 4 \times 10^6\,\text{s}^{-1} \tag{3.15}$$

这个估算让我们对于通过离子通道运输离子的时间尺度有一个很好的认识。

酶、分子马达和离子通道 (以及离子泵) 都是细胞利用蛋白质克服各种物理或化学过程的固有速率的机器。

3.4.3 突破复制极限

细胞生命的最基本过程是形成两个新细胞。为使此过程发生, 最低要求是单个细胞必须复制其遗传信息。遗传物质的复制是通过 DNA 聚合酶进行的, DNA 聚合酶是一种将 DNA 的序列信息从一条 DNA 链复制到另一条互补链的酶。像所有其他的生化反应

一样, 这个过程需要一定的时间, 我们在本章前面部分已经对此进行了估算。为什么任何细胞都必须接受这一速度极限作为其复制的基本指令? 在计算大肠杆菌的基因组的复制时间时, 我们曾得出结论, 两个复制叉以最高速度运行才能在大约 3000 s 的时间内复制完基因组, 也曾指出, 生长在基本培养基中的细菌, 以葡萄糖为唯一碳源, 并且能够连续不断地获得氧气, 它们的分裂时间约为 3000 s。虽然这套条件在许多情况下对于人类做实验来说是方便的, 但对于细菌来说却远不是理想的。如果不是仅仅提供葡萄糖, 而是往培养基中加入富含氨基酸的溶液, 大肠杆菌的生长将快得多, 其数量增加一倍所需要的时间为 20 min, 即 1200 s 的量级。

细菌怎么才能做到其数量倍增的速度比其基因组复制的速度快? 对于大肠杆菌和其他快速生长的细菌来说, 答案是对 DNA 的复制体强加的程序时间极限进行简单而优美的操控。细菌在其完成基因组的第一次复制之前就开始了第二次的复制。在一个快速生长的大肠杆菌内, 可以有 4~8 条染色体 DNA 拷贝位于复制起点的附近, 虽然可能只有一条染色体拷贝接近于复制终点。换句话说, 细菌在其自身的复制完成之前就已经开始复制其子代、孙代甚至曾孙代的染色体了。因此新生的大肠杆菌细胞实际上已经孕育着为其下一代或下两代准备的部分复制的染色体了。

我们已经注意到, 细菌基因组的尺寸常常远小于真核细胞的基因组。但是, 真核细胞依然能够以非常高的速率复制。例如, 南非爪蟾的早期胚胎细胞每 30 min 就可以分裂一次。尽管其 3100 Mb 的基因组比大肠杆菌的基因组大 600 多倍, 两个机制上的改变使得爪蟾的基因组 (以及其他真核生物的基因组) 可以得到迅速复制。首先, 基因组被分成多条线形染色体, 而不是一条环形染色体。其次, 也是更重要的, 复制是同时从染色体上的许多复制起点开始的, 而不是像细菌的染色体那样只有一个复制起点。复制基因组信息的并行处理方式使得复制任务的完成速率要快于单分子的 DNA 聚合酶强加的程序时间限制决定的速率。

3.4.4 假 死

以上我们考虑细胞生长和分裂的过程似乎表明这两个过程是紧密联系在一起的。但是在某些情形下, 生物可以将生长和分裂这两个过程分开, 使得这两个过程在不同的时间段里进行。在这方面最激动人心的例子是巨大的卵细胞的生长以及在受精后早期胚胎的异常迅速的分裂。例如, 南非爪蟾的每个卵细胞都很大, 直径达到 1 mm——是在母体内生长 3 个月的时间而逐渐形成的。受精后, 细胞开始分裂但不生长, 这样在 36 h 之后孵化出来的蝌蚪与作为其前身的卵细胞具有相同的质量。

即使对于那些在正常情况下细胞生长同分裂是结合在一起的生物, 也有几种机制使得细胞能够在条件不利时选择推迟生长或是推迟分裂。例如, 许多细胞, 从细菌、真菌到诸如盘基网柄菌那样的原生动物, 都能够产生孢子。孢子几乎没有新陈代谢方面的活动, 而是作为物种的基因组信息的存储形式, 度过干旱或者营养匮乏的时期。这种机制使生物能够在很长的时间内一直处于假死状态, 直到条件重新变得有利。当条件最终有利于孢子时, 它能够发芽, 释放出迅速生长的细胞。目前还不知道孢子能够存活的最长时间是多长。不过, 在 19 世纪后期由路易斯・巴斯德储存的杆菌孢子至今看起来仍然具有完全复活的能力。人们普遍认为，有些孢子可以存活几千年。一些有争议的报告甚至暗示，从几百万年前陷入琥珀的昆虫身体上可以找到能够复活的细菌孢子。开花植物的种子承担着类似的角色，虽然一般来说它们不如孢子那么顽强。

虽然动物不能形成真正的孢子，有些动物确实具有某种形态能够使它们在营养匮乏的条件下长期生存。人们最熟悉的例子是诸如熊一类的大型动物的冬眠，这使它们能够在不进食的情况下活过整个冬季。较小的动物也有类似的技巧，包括一些蠕虫的持久形态的幼虫。动物假死方面令人印象最深的例子是缓步动物，亦称为水熊，它们是一种特别讨人喜爱的节肢后生动物，很少长到超过 1 mm。正常情况下这种缓步动物生活在水里，一旦缺水，它就会放缓新陈代谢速率并改变自身形状，排出几乎全部的水分，从而形成一种干燥的形态，称为蜳。它可以随风四处飘散，并能够在极端的温度和压强条件下生存。当蜳遇到有利的环境，如落入池塘中，这种动物就会复活。以上每个例子都说明生物如何进化出使它们完全漠视时间的绝对流逝的机制。

3.5 总　结

因为生命过程总是不断变化的，所以理解这些过程持续的时间显得尤为重要。生物能够利用作息时钟高度规则性地度量时间的流逝，从而决定其日常行为。对于大多数其他类型的生物过程，时间不再是绝对的。在本章中，从程序时间 (度量一些生物过程进行所需的时间) 出发，我们从几种角度研究了生物系统中的时间。在复杂的生物系统中，以不同的固有速率进行的过程可以以一定的方式联系在一起，从而一个过程必须首先完成，另一个过程才能开始。这种度量相对时间的例子见于细胞周期的调控中以及诸如细菌鞭毛等复杂结构的组装中等。最后，我们简要地研究了生物操控生物过程从而使之比正常的固有速率进行得快或慢的一些方式。有了对时间的这些方面的认识后，我们在本书其余部分估算和建模时将使用时间作为一个维度。在本书第三篇“从动力学角度理解生命”中，时间将尤其占据中心地位，那里将揭示生命中壮丽的动态过程。

3.6 课后习题

1. 大肠杆菌细胞周期中的蛋白质合成和降解

将 3.1.3 节和 3.2.1 节中对大肠杆菌在细胞周期中的蛋白质合成速率的估算进行改进，考虑蛋白质降解的效应。为简单起见，假设所有的蛋白质都以相同的速率降解，半衰期为 60 min，求出合成一个新细菌的蛋白质所需要的核糖体的数目，要考虑合成的一部分蛋白质要用来代替被降解的蛋白质。与第 2.1.2 节中的估算结果作比较。

2. DNA复制速率

假设图 3.28 是复制过程的一个代表性例子:

(1) 估算显微照片显示的部分占总的果蝇 DNA 的比例。注意果蝇 DNA 大约有 1.8×10^8 bp。

(2) 以果蝇的细胞为例估算真核细胞中的 DNA 聚合酶的分子数目。

(3) 显微照片中有 8 个复制叉。估算第 4 和第 5 个复制叉之间的 DNA 链的长度，复制叉的序数是从图的底部向上数。如果每个复制叉以大约 40 bp/s 的速度移动，第 4 和第 5 个复制叉需要多长时间能够相遇?

(4) 给出复制泡之间的间隔, 估算需要多长时间能够复制完整个果蝇基因组。

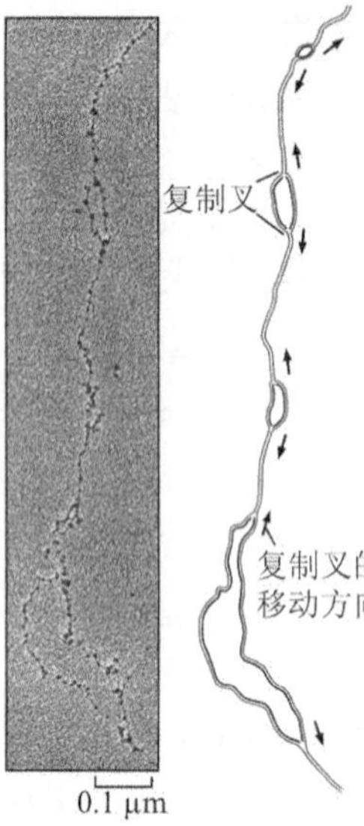

图 3.28　果蝇的复制叉。复制叉从复制起点开始向两个方向移动, 相互远离。电子显微照片蒙 Victoria Foe 惠赠。(取自 B. Alberts et al., Molecular Biology of the Cell, 5th ed. New York, Garland Science, 2008.)

3. RNA 聚合酶和核糖体

(1) 如果 RNA 聚合酶的 β 和 β′ 亚基共同占据了大肠杆菌细胞中蛋白质总质量的 0.5%, 那么每个细胞中含有多少个 RNA 聚合酶分子? 假设每个完整的 RNA 聚合酶分子各含有一个 β 和 β′ 亚基。这两种亚基的分子质量均为 150 kDa (取自 Schleif, 1993 的问题 4)。

(2) 利福平是一种用来抗分枝杆菌感染 (如肺结核) 的药物。这种抗生素阻止转录的启动, 但并不阻止正在转录中的 RNA 链的继续生长。添加了利福平的大肠杆菌核糖体 RNA(rRNA) 操纵子随时间变化的情况展示于图 3.29 中。操纵子是作为一个整体被转录的一组基因。利用该图估算正在转录中的 RNA 的延伸速率。转录起点是图 3.29(A) 左侧的“圣诞树”。

(3) 利用上面计算得到的 RNA 转录延伸速率估算 rRNA 操纵子的启动频率。这些基因属于大肠杆菌中转录最为频繁的一些基因。

(4) 正如我们在本章中看到的那样, 典型的大肠杆菌分裂时间为 3000 s, 包含约 20 000 个核糖体。假设核糖体不降解, 随时合成 rRNA 需要多少 RNA 聚合酶分子? 大肠杆菌中有多少比例的 RNA 聚合酶 分子参与 RNA 基因的转录?

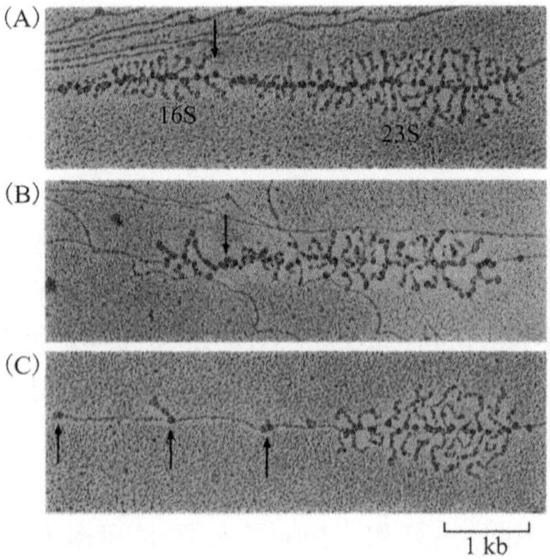

图 3.29　利福平对转录启动的影响。大肠杆菌 rRNA 操纵子的电子显微照片: (A) 施加利福平之前; (B) 施加利福平 40 s 后, (C) 暴露 70 s 后。施加后不再有新的转录启动, 但是那些已经开始转录的 RNA 则继续生长。(A) 和 (B) 中的箭头表示 RNaseIII 剪开正在生长的 RNA 分子从而生成 16S 和 23S 核糖体亚基的位点。(C) 中的箭头标记没有受到抗生素影响的 RNA 聚合酶分子。(取自 L. S. Gotta et al., *J. Bacteriol.* 20: 6647, 1991.)

4. 基本培养基中的糖预算

在快速分裂的细菌中, 细胞可以在短至 1200 s 的时间内完成分裂。仔细估算在细菌的一个细胞周期中为了提供构造细胞的高分子所需要的碳而必需的葡萄糖分子的数目。利用这个结果计算要维持这样的生长速率细胞每秒钟需要吸收的碳原子的数目。

5. 代谢速率

假设 1 kg 的细菌以 0.006 mol/s 的速率消耗氧分子, 这些氧分子以扩散的方式穿过细菌表面而进入细菌, 速率为 $\Phi = 4\pi DRc_0$, 其中 $D = 2\,\mu\text{m}^2/\text{ms}$ 是氧分子在水中的扩散系数, $c_0 = 0.2\ \text{mol/m}^3$ 是氧气的浓度, 而 R 是典型细菌的半径, 假定细菌是球形的。
(1) 证明扩散进细菌的氧分子的数量大于细菌的新陈代谢所需要的氧分子的数量。
(2) 问题(1) 给出结果对细菌细胞的半径 R 提出了什么条件? 将这个半径条件与大肠杆菌的尺寸作比较。

3.7 延伸阅读

Murray, A, & Hunt, T (1993) The Cell Cycle, Oxford University Press. 对细胞周期进行了有益的讨论。

Morgan, DO (2007) The Cell Cycle, New Science Press Ltd. 在细胞周期方面有许多有趣的见解。

Bier, E (2000) The Coiled Spring: How Life Begins, Cold Spring Harbor Laboratory Press. 这是我们所知的对发育生物学的最好的介绍, 精彩地描述了生物发育的魅力。

Carroll, SB (2005) Endless Forms Most Beautiful, W. W. Norton and Company. 以本章的视角来看, 本书阐明了发育的时间尺度与进化的时间尺度之间的联系。

Neidhardt, F (1999) Bacterial Growth: Constant Obsession with dN/dt, *J. Bacteriol.* **181**, 7405. 细菌生长曲线是研究细胞内部运转方式的最简单和最具启发性的手段之一。Neidhardt勾画的生长曲线既有娱乐性又有教育性。

Dressler, D, & Potter, H (1991) Discovering Enzymes, W. H. Freeman and Company. 充满了关于酶的许多吸引人的见解。

3.8 参考文献

Alberts, B, Johnson, A, Lewis, J, et al. (2008) Molecular Biology of the Cell, 5th ed., Garland Science.

Andelfinger, G, Hitte, C, Etter, L, et al. (2004) Detailed four-way comparative mapping and gene order analysis of the canine *ctvm* locus reveals evolutionary chromosome rearrangements, *Genomics* **83**, 1053.

Bell-Pedersen, D, Cassone, VM, Earnest, DJ, et al. (2005) Circadian rhythms from multiple oscillators: lessons from diverse organisms, *Nat. Rev. Genetics* **6**, 544.

Berg, HC (2000) Motile behavior of bacteria, *Phys. Today* **53**(1), 24.

Blest, AD (1978) The rapid synthesis and destruction of photoreceptor membrane by a dinopid spider: a daily cycle, *Proc. Roy. Soc. Lond.* **B200**, 463.

Darwin, C (1859) On the Origin of Species, John Murray.

Gotta, LS, Miller, OL, Jr, & French, SL (1991) rRNA transcription rate in *Escherichia coli*, *J. Bacteriol.* **20**, 6647.

Ingolia, NW, & Murray, AW (2004) The ups and downs of modeling the cell cycle, *Curr.*

Biol. **14**, R771.

Kalir, S, McClure, J, Pabbaraju, K, et al. (2001) Ordering genes in a flagella pathway by analysis of expression kinetics from living bacteria, *Science* **292**, 2080.

Laub, MT, McAdams, HH, Feldblyum, T, et al. (2000) Global analysis of the genetic network controlling a bacterial cell cycle, *Science* **290**, 2144.

Miller, OL, Jr, Hamkalo, BA, & Thomas, CA, Jr (1970) Visualization of bacterial genes in action, *Science* **169**, 392.

Müller-Hill, B (1996) The *lac* Operon: A Short History of a Genetic Paradigm, Walter de Gruyter. A very stimulating and interesting book to read.

Nakajima, M, Imai, K, Ito, H, et al. (2005) Reconstitution of circadian oscillation of cyanobacterial KaiC phosphorylation in vitro, *Science* **308**, 414.

Pollard, TD, & Earnshaw, WC (2002) Cell Biology, 2nd ed., Saunders.

Pomerening, JR, Kim, SY, & Ferrell, JE (2005) Systems-level dissection of the cell-cycle oscillator: bypassing positive feedback produces damped oscillations, *Cell* **122**, 565.

Reddy, B, & Yin, J (1999) Quantitative intracellular kinetics of HIV Type 1, *AIDS Res. and Human Retroviruses* **15**, 273.

Rosenfeld, N, Young, JW, Alon, U, et al. (2005) Gene regulation at the single-cell level, *Science* **307**, 1962.

Schleif, R (1993) Genetics and Molecular Biology, The Johns Hopkins University Press.

Yildiz, A, Forkey, JN, McKinney, SA, et al. (2003) Myosin V walks hand-over-hand: single fluorophore imaging with 1.5-nm localization, *Science* **300**, 2061.

4 模式系统

一沙见世界，一花识天堂，君掌攥无限，须臾纳永恒。

——威廉·布莱克《天真的预言》

本章概览：介绍关键的模式系统

地球上大多数生物具有基本的相似性，它们的遗传密码普遍接近。对于探索一些过程，当你选择任意细胞作为研究对象与选择其他细胞没有太大的区别。然而由于各种原因，有些特定的生物成为受欢迎的模式系统，它们推动生物学的研究进展。同时，许多生物表现出极大的特异性以至于它们被看成是实现特殊生物学过程的行家。对于研究这些特殊的生物学过程，如乌贼巨型轴突的快速电导，模式系统几乎总是最好的选择。许多类型的生物实验对研究对象有其他要求。这些研究对象必须适宜于在实验室条件下生长，它们必须易于进行遗传和生化分析，并且决不能对研究者的健康造成太大的危害。这些相互制约的要求导致研究者只能选择生物的特定子集作为广泛应用的模式系统。本章我们探讨几个最著名的模式生物的主要历史贡献，这些模式生物会反复出现在本书后面的章节中。

4.1 模式系统的选择

前面两章已经展现了地球生物非凡的多样性。我们强调了隐藏在非凡多样性后面的一个迷人且有用的事实，即今天所有活着的生物都有部分共同的血统和许多共同的特征。从这个层面来讲，原则上可以选任意生物作为"模式系统"进行生命科学的研究。然而在实践中，只有少数几种生物被广泛选用并且能给出翔实的信息。在第 2 章中，我们将大肠杆菌作为基本的实验对象加以介绍，对于许多细菌的生命过程，它毫无疑问提供了最多的知识。但是有些现象是大肠杆菌没有的，如多细胞真核生物的有性生殖特征以及分化成多种类型的细胞形成多细胞生物。对于生命树的每一个分支，通常会有一种或几种生物被选为模式生物，这些生物在实验上容易处理，为好奇的生物学家了解该分支中不易接触的生物提供了手段。本章讨论的例子在今后会反复出现。然而浏览一下生物学文献，你会发现许多其他的模式生物通常被用来与本章讨论的模式生物作对照，本章并非对所有内容作全面介绍。

应用豌豆作为模式系统开启了现代遗传学

在 19 世纪后期，当达尔文和华莱士首次阐明生物体之间的相互联系，路易斯·巴斯德阐明生命统一的生化基础之时，一个谦逊的奥地利修道士，格雷戈尔·孟德尔正在建立新的遗传学。他没有像那个时代的大人物广泛地涉猎生物学, 而是关心豌豆这种单一生物。孟德尔注意到生物形态和功能的变异不仅发生在不同的物种之间, 也发生在同一物种 (如豌豆) 的不同个体间。此外, 具有某一性状的植物 (如皱皮豌豆) 似乎有更大的可能性产生有相同性状的后代。经过一系列仔细而可控的豌豆育种试验, 孟德尔建立了支配遗传的统计规则, 并提供了重要而具体的证据表明生物的大型性状以一种遗传上“不可约单元”的形式从亲代传给子代。

孟德尔选择豌豆作为模式生物, 不仅仅因为它们对于寺院的菜园很重要, 而且也因为它们具有短的生命周期, 并且适宜于大规模地稳定种植。随后的几代生物学家也分别选用其他的模式系统探索这些相同的性状, 这些系统包括噬菌体、细菌、酵母和果蝇等。选择一个模式系统当然只是探索复杂生物现象机制的第一步, 这些生物必须适宜于做如下特定类型的实验。

生物化学和遗传学

什么样的生物可以成为有用的模式生物呢? 整个 20 世纪生物学研究的焦点是理解复杂生命过程的分子基础。这要求有用的模式生物必须能够以这种或那种方式方便地进行操作以连接分子层次和整个生物体层次的事件。两种非常普遍的互补处理方法是遗传学和生物化学。遗传学是研究遗传变异的学科, 它得益于生物体能够产生后代, 并且后代与亲代具有相似但不完全相同的特征。生物化学要求将生物体的某一部分独立出来并且仍旧保留我们感兴趣的功能。这得益于生物体的结构是可分割的。

生物化学和遗传学的目的是识别在重要的生物过程中起关键作用的分子。但是这两个学科的分子识别方法相反。遗传学是在复杂的生命体中识别重要的分子。我们每次移除一种成分, 然后看生命体是否仍然能够实现我们关心的过程, 通过这一程序确定特定的基因产物对该过程是否是必需的。在生物化学中, 我们将复杂的生命体分解成越来越简单的子单元, 然后检验每个单元是否能够实现我们关心的过程。在许多经典案例中, 通过实验手段从生命体中提纯的单个肽链在试管中自身就能够实现重要的生物过程。这类分析可用于确定一个或一组特殊分子是否足以实现我们关心的过程。在近代的分子分析中, 我们是通过识别一个过程中所有的必备分子来理解该过程。

相关实验: 遗传学　遗传学的实践包含识别和分离物种遗传变异的基因。实际上, 这是应用达尔文主义的行为, 因为它利用了进化论的两大支柱: 遗传变异和选择。我们最熟悉的一个人类进行的长期遗传工程是从共同的类狼祖先培育出上百个不同的犬种。在实验室中, 遗传学实验的第一步通常是分离具有或缺失实验者感兴趣的某种特征的突变体。例如, 分离具有白眼而不是正常红眼的果蝇突变体是刻画产生红眼途径的第一步。

早期的遗传学家 (如孟德尔) 利用自然发生的突变体并且选择那些具有感兴趣特征的个体进行杂交。急切的现代生物学家通常先故意产生大量随机突变体的集合, 然后挑选出具有他们感兴趣特征的突变体。

诱变的类型　产生突变意味着故意破坏 DNA。在 20 世纪中叶, 通常是用非特异性化学试剂或放射性损伤产生突变。X 射线或紫外线辐射或与 DNA 碱基反应的非特异性化学试剂 (如亚硝基) 导致 DNA 的随机损伤, 细胞通常不能精确修复这些损伤。这些试剂能够导致单个碱基对的改变或者通过插入和删除小片段改变基因的可读框。另外一种处理方法是通过引入转座子 (一个小的能自我复制的 DNA 片段, 它插入到生物的基因组中打断基因在插入位点的表达) 诱导变异使得确定突变位点的后续步骤更容易。在有些情形, 生物学家可能希望将突变位点确定在更窄范围内或探索特定基因的序列变异。为了这些特殊的目的, 利用重组 DNA 和聚合酶链反应 (PCR) 技术, 许多定点突变技巧被发展出来, 它们以一种设计好的非随机的方式特异性地改变 DNA。

选择和筛选　当收集到突变体后, 下一步是确定具有某种表型的个体。生物体的表型是指其可观察的性状; 而基因型是编码这些可观察性状的可遗传信息。确定具有所需表型的突变体的最简单方法是设计一个实验杀死不具有该种表型的生物体。例如, 要分离对特定抗生素不敏感的细菌突变体是容易的, 只要将抗生素倒入细菌培养液中分离出存活体即可。这种猎取突变体的方法称为选择。

但是由于很少能建立如此方便的生死条件, 遗传学家更普遍的做法是设计筛选法挑选感兴趣的突变体。对于果蝇, 可以通过视觉检测来筛选突变体。这种方法足以处理白眼果蝇和皱皮豌豆。更典型的情况是, 生物体需要以某种方式接受检验。例如, 识别不能生长在乳糖上的大肠杆菌突变体需要进行如图 4.1 所示的平皿复制培养。聪明的生化学家对平皿复制法持保留态度, 他们设计化学试剂报道有用的生物途径, 从而创造出一种互补方法。例如, 当且仅当正常的大肠杆菌的乳糖利用途径完好时, 它们能够将无色的化学试剂琼脂 (X-gal, 实名 5-溴-4-氯-3-吲哚-β-D-半乳糖苷) 培养基转变成蓝色产物。当在含 X-gal 的平皿中生长时, 纯白色部分代表突变菌落。

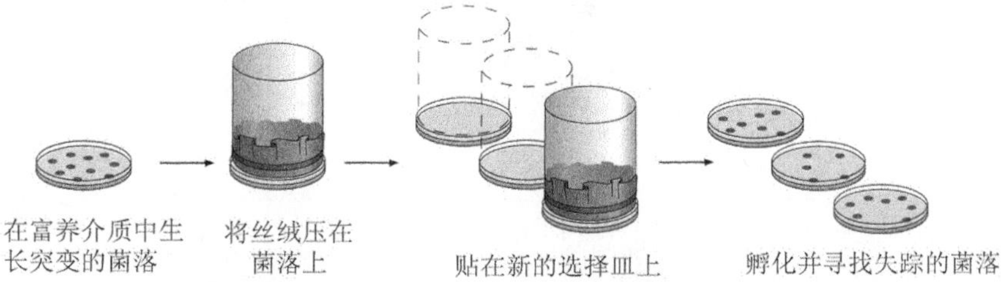

图 4.1　分离细菌突变体的平皿复制法。在这些实验中, 完整分布的菌落从一个培养皿中剥离并放入有其他营养液的培养皿中。通过比较原培养皿和第二个培养皿, 有可能发现不能在第二个培养皿中生长的菌落, 我们将这些菌落确定为具有某些特征的突变体

条件突变体　在研究生命的关键过程 (如 DNA 复制能力、产生 ATP 的能力等) 中, 显然有个困难, 遗传学仅可以研究能够生存和繁衍的个体可遗传的变异。然而这些关键的生命过程无疑是生物学家所关心的。允许遗传学家研究这些关键过程不可缺少的技巧是产生“条件突变体”, 即基因的突变表型只在一些特定的条件下表达。一个经典的例子是分离微生物中的热敏突变体。正常的大肠杆菌可以在 10~45℃这样一个宽的温度范围内复制。细菌 DNA 聚合酶上的突变将会改变蛋白质的稳定性使聚合酶在低温

(30℃) 下能实现功能而在高温 (40℃) 时不稳定, 这样的细菌在低温下能够繁衍, 尽管它们的关键产物上携带了致命的突变。这一处理的现代实施方法是构造变异基因使得它们的产物仅仅在生物体接受到人工的化学信号时才表达。

相关实验: 生物化学 生物化学的实践与遗传学互补, 实际上应用的是还原论, 其科学哲学是复杂过程可以分解为更简单的要素。其中最早的一个生物化学应用基于如下一个聪明的想法: 并不一定需要活的酵母菌才拥有将糖转化为乙醇的能力, 只要酵母菌的少数几个催化这种化学反应的关键蛋白质存在就可以。生物化学的核心宗旨可概括为"研磨和寻找", 典型做法是将一个生物放入搅拌器, 整理有机碎片中的分子, 找到我们关心的过程中起关键作用的分子。

检测研发　生物化学工程的最重要特征是发展合适的检测方法来确定一个试管中是否包含对我们感兴趣的过程起关键作用的分子。如上所述, 当大肠杆菌乳糖利用途径中的酶作用于显色底物 (X-gal) 时, X-gal 变成蓝色。除了用于平皿上分析完整细胞的表型, X-gal 也可以加入含纯蛋白质的试管中, 蓝色的显现可以定量测量。这是一个简单的例子。多数生物化学的检测研发需要相当多的努力和才智。

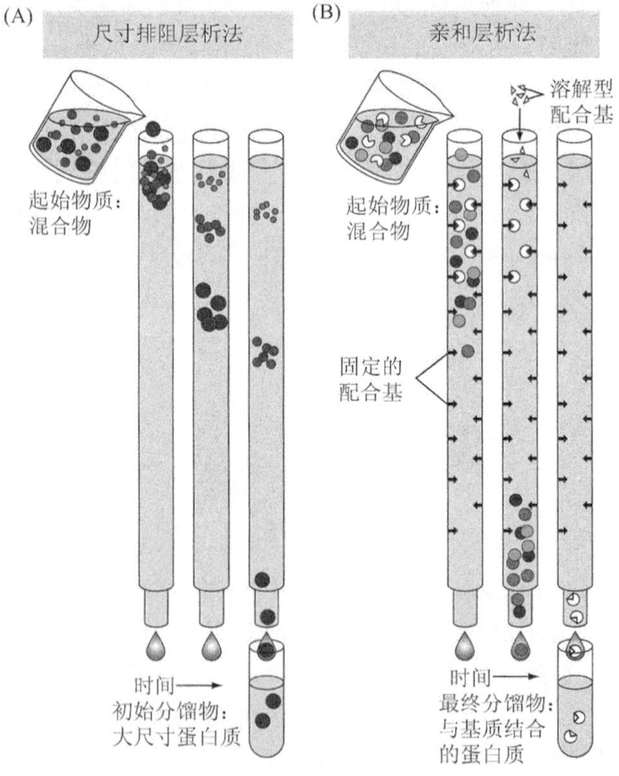

图 4.2　生化柱。不同分子以不同速度穿过生化柱。(A) 在尺寸排阻层析法中, 生化柱填满带有不同小孔的小珠子。当不同大小的分子混合物注入柱的顶部, 最大的分子因不能进入小珠子的孔隙中而很快流过。最小的分子运动最慢。(B) 在亲和层析法中, 基质与感兴趣的蛋白质是化学缀合的。当混合物注入这种生化柱时, 大多数蛋白质迅速流过, 只有能与柱中的配合基结合的蛋白质会停留。为洗脱柱中的蛋白质, 加入溶解型配合基。这样可以从基质中转移蛋白质, 并从生化柱的底部收集分馏物

分馏法 有了检测数据, 下一个必需的步骤是将生物体的组分分离开。人们根据分子的化学和物理性质发展了大量的技巧分离分子组分。这些非常有效的方法大多是层析法的变种。基本想法是将各种分子组分的混合物通过基质材料, 有些组分比另外一些更容易通过基质。生化柱的几何如图 4.2 所示, 一小部分物质加入到顶部, 从底部收集分馏物。与生化柱作用弱的物质较快地穿过生化柱, 最早被分馏出来。穿透时间延迟的分子稍后出现在底部。不同的生化柱根据其物理尺寸、溶液电荷、与特定靶分子的结合能力等, 能够分离不同种类的分子。利用不同的原则, 经过一系列的分馏步骤, 常常可以将实现某一功能的单个分子组分或复合体分离出来。

有了对生物学的两个实验台柱的了解, 我们现在探讨一些有名的模式系统, 这些系统导致了现代生物学的兴起, 并且也可视为物理生物学的试验台。

4.2 血红蛋白

本节探讨对血红蛋白分子结构和功能的研究怎样成为一个世纪生物化学的主题。在上一节我们注意到, 遗传学和生物化学成为现代生物学兴起背后的两股驱动力量。生物化学的其中一个最重要目标是解析所有生命分子的结构和功能。血红蛋白的研究表明这一追求已取得非凡的成功, 我们将反复利用这个分子阐述物理生物学中的各种思想。

4.2.1 受体-配体结合

氧气和血红蛋白的结合可视为受体-配体相互作用的模式系统

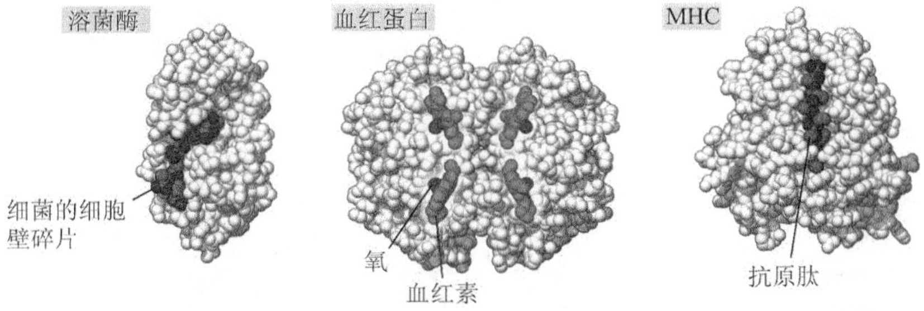

图 4.3 配体-受体相互作用的例子。蛋白质显示为浅灰色, 它们的配体用深色显示。从左至右的蛋白质依次是溶菌酶、血红蛋白和主要组织相容性复合体 (MHC)。溶菌酶与制造细菌细胞壁的分子结合; 血红蛋白与氧结合; MHC 在免疫系统中起作用, 出现在细胞表面抗原上。(D. Goodsell 惠赠)

在生命世界中, 高分子的功能来源于其相互作用。正是在它们 (如乳糖阻遏蛋白和 DNA, 血红蛋白和氧气, 脂质和水等) 之间的相互关系中, 生命分子获得活性。图 4.3 展示了这种连锁关系的例子, 这些例子在后面还会经常用到。克洛茨 (Klotz) 于 1997 年亲自向保罗・埃里希 (Paul Ehrlich) 指出 "物质只有彼此连锁才能发挥作用。" 对这种连锁效应研究得最多的例子可能是血红蛋白 (Hb) 分子与氧分子的伙伴关系。血红蛋白在红细胞中, 负责细胞间氧气的主动运输。像肌肉这样的靶组织也含有氧结合蛋白。丰度最大的是肌红蛋白。不同之处是血红蛋白有 4 个氧结合位点, 而肌红蛋白只有一个。我们将看到, 两种蛋白质这一结构的不同点导致功能差异很大。配体 (O_2) 和受体 (Hb) 之间的协同关系只是生物化学里无数种协同关系的一个例子。从物理建模的角度看, 我们关注的中心问题是受体与配体结合的百分比同配体浓度以及外界条件 (如 pH 和温度) 的函数关系。

估算: 血红蛋白的数目 我们体内的每个红细胞内有上亿个血红蛋白分子。为了对这个数字有一定的认识, 我们考察医生化验的全血细胞计数 (CBC) 的结果显示人血液的有趣特征。作为例子, 化验结果可参看表4.1, 其中一项指标是每微升血液含有 5×10^6 个红细胞以及每分升含 15 g 血红蛋白 [亦称为红细胞平均血红蛋白量 (MCH)]。如果我们估计成人身体含 5 L 左右的血液, 那么总计含 25×10^{12} 个红细胞及 750 g 血红蛋白。每个血红蛋白分子质量约为 64 000 Da, 由此可得到成人体内含有 7×10^{21} 个血红蛋白。这些日常血液化验结果给出每个红细胞含 3×10^8 个血红蛋白。这么大量的分子包裹在细胞膜内会导致渗透压, 我们将在第 14 章进行计算。在本章课后习题中我们将基于血液化验结果进行更深入的估算。

表 4.1 全血细胞计数的典型值 (取自 R. W. Maxwell, Maxwell Quick Medical Reference, Tulsa, Maxwell Publishing Company, 2002.)

化验项目	典型值
红细胞计数 (RBC)	男性: $(4.3\sim 5.7)\times 10^6$ 个/μL
	女性: $(3.8\sim 5.1)\times 10^6$ 个/μL
红细胞比积(HCT)	男性: 39% ~ 49%
	女性: 35% ~ 45%
血红蛋白 (HGB)	男性: 13.5 ~ 17.5 g/dL
	女性: 12.0 ~ 16.0 g/dL
红细胞平均血红蛋白量(MCH)	26 ~ 34 pg/细胞
MCH 浓度 (MCHC)	31% ~ 37%
红细胞平均体积 (MCV)	80 ~ 100 fL
白细胞计数 (WBC)	$4.5\sim 11\times 10^3$ 个/μL
各种白细胞的百分数:	
中性粒细胞	57 ~ 67
淋巴细胞	23 ~ 33
单核白细胞	3 ~ 7
嗜酸性白细胞	1 ~ 3
嗜碱性白细胞	0 ~ 1
血小板	$(150\sim 450)\times 10^3$ 个/μL

通过测量氧结合位点的占据比例与氧分压的函数关系定量分析血红蛋白

关于配体和受体结合关系的一个关键问题是受体的结合位点被占据的比例与配体分子浓度之间的关系。这个问题具有生理学意义, 因为它告诉我们吸收和释放的氧气与周围血红蛋白的关系。如果血红蛋白分子处于缺氧环境, 它有较高的倾向将结合的氧分子释放出来。这些观点定量地展现在图 4.4 的结合曲线中, 这些曲线给出了血红蛋白和肌红蛋白的结合位点占据率与氧分压的函数关系。我们看到当氧气浓度很高时, 血红蛋白和肌红蛋白上的位点全部被氧分子占据。在相反的环境中, 如活跃的肌肉中氧浓度低, 血红蛋白将其携带的氧分子释放出来。

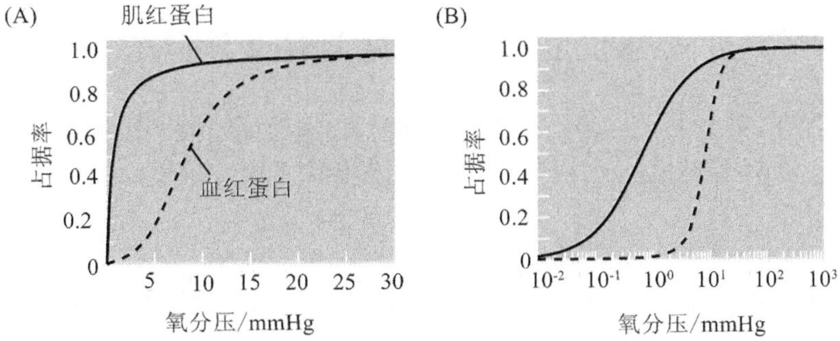

图 4.4 肌红蛋白和血红蛋白摄取氧气的结合曲线。占据率是指平衡态下氧结合位点被占据的比例与由氧分压表征的氧浓度之间的函数关系。(A) 线性标度的结合曲线。(B) 对数线性标度的结合曲线。曲线基于实验数据产生。(血红蛋白的数据取自 K. Imai, *Biophys. Chem.* 37:197, 1990; 肌红蛋白的数据取自 A. Rossi-Fanelli and E. Antonini, *Arch. Biochem. Biophys.* 77: 478, 1958.)

有趣的是, 引领肌红蛋白结构和功能的定量研究工作是蛋白质生理学家克里斯琴 · 玻尔 (Christian Bohr) 做出的, 或许大家熟悉他是因为他是尼尔斯 · 玻尔的父亲。确实, 有一个血红蛋白相关的效应以玻尔命名。这个效应指的是图 4.5 中所示的数据, 体现了氧结合曲线随 pH 的转变关系。玻尔效应对运动员有重要意义, 因为它显示在较酸性的环境 (如缺氧的肌肉) 中, H^+ 结合到血红蛋白上使得 O_2 比正常 pH 下更容易被释放出来。从

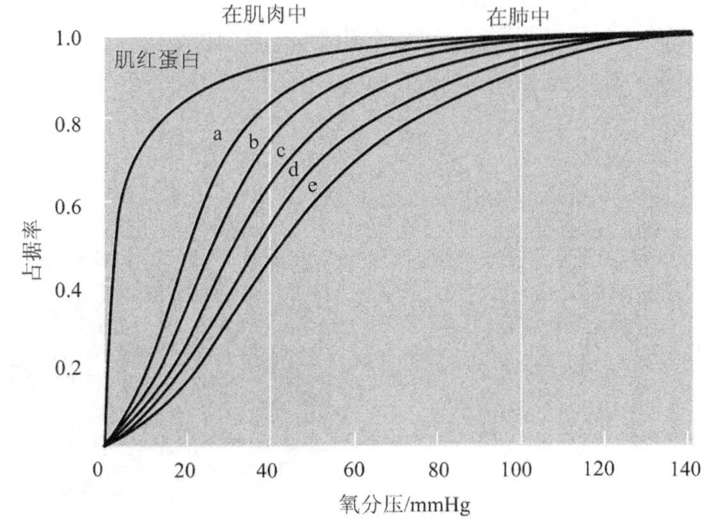

图 4.5 玻尔效应: 血红蛋白吸收氧的结合曲线与 pH 的依赖关系。5 种 pH 对应的血红蛋白的结合曲线: a. 7.5; b. 7.4; c. 7.2; d. 7.0 和 e. 6.8。竖线表示肌肉和肺部的氧分压。(取自 R. E. Dickerson and I. Geis, Hemoglobin: Structure, Function, Evolution and Pathology, Menlo Park, The Benjamin Cummings Publishing Company, 1983.)

本书的观点来看，图示的这些测量的漂亮之处在于它们有助于推动蛋白质结构和功能的定量模型研究，可视为实践我们的追求目标 (定量数据要求定量模型) 的重要例子。

4.2.2　结构生物学的起源

努力剖析血红蛋白的功能特征极大地推动了对这种重要分子结构的理解。结构和功能相关是当代思考问题的信条，以至于难以认识到需要知道多少知识才可以进行尝试将两者联系起来。

研究血红蛋白的质量是离心机的发展过程中的核心问题

早期处理的一个极其困难的结构问题是血红蛋白分子质量有多大。这是个理所当然要问的问题。历史上对这个问题的回答与生化学家和生物学家使用的最重要工具之一——离心机的发展紧密相连。斯韦德贝格 (Svedberg) 对离心法的发展代表了其中的关键技术突破，这推动了生物科学的进展，对于澄清关于蛋白质属性和血红蛋白构成的争论有特殊意义 (参考延伸阅读中的 Tanford and Reynolds, 2001)。离心机的研究结果表明，血红蛋白是四聚体，由 4 个 16 000 Da 的基本单元构成。

结构生物学始于解析血红蛋白的结构

蛋白质库掩盖了确定蛋白质结构的巨大困难。用鼠标简单地点一下，上千种不同的蛋白质结构就展现在眼前。我们是结构生物学的缔造者 30 年顽强努力的受益者。谈到血红蛋白的结构，马克斯 · 佩鲁兹 (Max Perutz) 是首要的英雄。佩鲁兹解析血红蛋白结构的过程最引人注目的一个特征是其持续的时间之长。从 1937 年开始他将任务设置为确定血红蛋白的结构到第一篇关于结构的报道发表经历了 25 年时间，其间他克服了许多技术障碍。

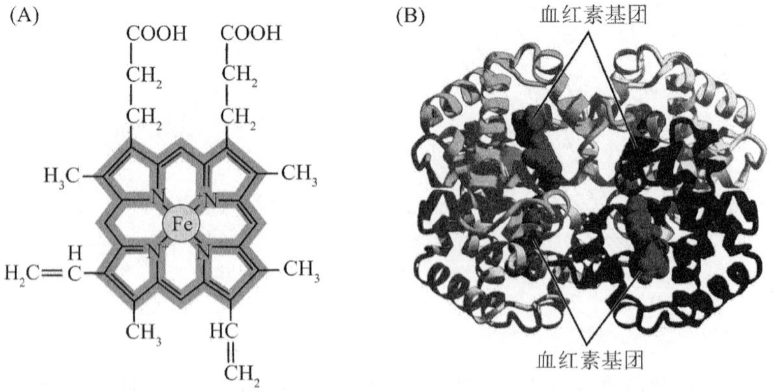

图 4.6　血红蛋白的结构。(A) 血红素基团包含一个卟啉环 (灰线) 结合一个铁离子。铁离子可结合氧气和一氧化碳分子，血液的红色来自于它。(B) 血红蛋白由 4 个多肽链 (以不同深度的灰色显示在图中) 组成，包含两个 α 链和两个 β 链。每一个亚基携带一个血红素基团，因此整个蛋白可结合 4 个氧分子

佩鲁兹等的结构研究表明血红蛋白是一个四聚体, 由 4 个亚基, 两个 α 链和两个 β 链组成。每个亚基的黏着点是一个血红素基团, 它由铁原子附在卟啉环中心构成。如上所述, 每个亚基分子质量是 16 000 Da, 氨基酸序列大约包含 145 个氨基酸 (序列如图 18.10 所示)。血红素基团是关于血红蛋白功能的论述焦点, 它们是 O_2 结合位点。一个有用的结构描述是每个亚基包含 8 个 α 螺旋域, 如图 4.6 所示, 它们围成一个盒子包围着血红素基团。

佩鲁兹等解析蛋白质得到的重要结论如下。①携氧血红蛋白和脱氧血红蛋白的结构是不同的, 这为探讨蛋白质结构和功能的联系铺平了道路。②人类和马的血红蛋白相似性植根于生物信息学 (关注序列和结构的同源性, 参考第 18 章) 的基本问题, 也恰好是在这一点上结构生物学家对我们理解进化作出了重要贡献。

4.2.3 疾病的分子模型

血红蛋白历史上另外一个引人注目的篇章是作为一种模式系统理解镰状细胞性贫血症。这种疾病的特征是当大多数血红蛋白处于脱氧态时红细胞的结构形态发生严重的改变, 其生理结果是红细胞陷在毛细血管中减少了输往组织的氧气从而导致严重的痛苦。图 2.11 展示了正常红细胞穿过狭小的人造毛细管的过程。鲍林提出镰状细胞性贫血症是血红蛋白缺陷导致的“分子疾病”。这种缺陷的组织学表现为镰状细胞性贫血症的红细胞呈镰刀状而不是图 5.10 所示正常的双凹碟状。

镰状细胞性贫血症的血红蛋白分子特定的缺陷是四聚体的 β 链特定位点上的带电谷氨酸残基被疏水的缬氨酸替代。红细胞形成这种特定的形状是因为这种疾病中的血红蛋白分子聚集形成纤维。这些纤维挤压细胞膜使其变形。在本节开头我们估算出每个红细胞包含 3×10^8 个血红蛋白。利用公式 $d=(V/N)^{1/3}$ [参见式 (2.6)], 以及红细胞体积 $30\,\mu m^3$ 可得到血红蛋白分子中心间距小于 5 nm, 这与典型的蛋白质半径 2~3 nm 吻合。这些数据显示细胞内是很拥挤的 (第 14 章专门讨论这一效应)。对于在红细胞中的血红蛋白, 其拥挤程度如此之高以至于仅仅将一个带电残基置换为疏水残基就足以使得血红蛋白分子结晶。

4.2.4 协同性和别构效应

血红蛋白作为一个极端重要的模式系统, 它是解释图 4.4 所示曲线的物理起源的相关角色之一。具体地, 在第 7 章中我们尝试给出一个最简单的模型解释氧与蛋白质的结合问题, 这个模型能够产生肌红蛋白结合曲线所显示的特征。然而 S 形的血红蛋白结合曲线则是完全不同的问题, 它帮助提出了两个关键概念: 协同性和别构效应。正如布鲁诺利 (Brunori)1999 年所指出: “我猜测没有其他的蛋白质像血红蛋白那样被研究得如此透彻, 血红蛋白的生物学、化学和物理学的各个侧面均被研究过。” 在第 7 章中我们将指出, 协同性表示同一分子的配体在不同位点的结合不是独立的。对于完全脱氧的血红蛋白来说, 在血红素基团提供的 4 个结合位点之一结合一个氧分子会增大第二个氧分子在另一个位点上的结合概率。当血红蛋白有两个氧结合位点被占据时, 更有利于第三个氧分子结合;

而有三个结合位点被占据时，第四个结合位点更易结合氧分子。因此，当有限氧气溶于血红蛋白溶液时，有些血红蛋白分子完全不与氧结合，而有些血红蛋白分子则与 4 个氧分子结合。配体结合在蛋白质的一个位点上能够引起蛋白质上另外一处位点的结合性质改变的效应通常称为别构效应。对于血红蛋白来说，一个位点结合氧分子增强了其他三个位点对氧分子的亲和力。对于许多酶，在一个位点上结合一个别构激活物或抑制物将影响酶在另一处位点的活性。血红蛋白研究提供的这种观点被证明是关于结合的生物学应用的核心思想之一。

除了协同性观念外，血红蛋白的研究也为发展蛋白质存在多个构象状态的观念提供了基础。这是我们第 7 章详细论述的主题，它也解释了一些额外的复杂性，如蛋白质作为翻译后修饰 (如磷酸化) 的产物。对于酶来说，假定蛋白质存在几个不同的结构状态通常是有益的。其中的一个结构状态可视为活性态或功能态，环境的改变 (如调节 pH 或在别构位点结合配体) 能够改变分子在每个态上所处的时间比例。配体结合改变蛋白质构象的观念可在血红蛋白的实验中具体看到，这个观念启发了经典的莫诺-怀曼-昌吉克斯模型，一个关于别构效应的二态模型，该模型 (参见第 7 章) 被用来作为分析血红蛋白结合曲线的基础。

4.3 噬 菌 体

在模式系统中处于旗舰地位的最迷人的一类生物是细菌病毒——噬菌体。本节着重叙述噬菌体的一些代表性例子，这些例子已经并继续在解释一些生物现象中占主导地位。

4.3.1 分子生物学的兴起

噬菌体有时被称为“生物学的氢原子”

选择模式生物通常出于实验的方便。噬菌体及其细菌宿主在实验上研究起来非常方便，以至于它们共同开启了现代分子生物学的新纪元。利用细菌病毒作为模式生物出于以下一系列方便性：约 20 min 的生命周期，以及大量的病毒 (超过 10^{10} 个) 可同时被检测。此外，噬菌体有紧凑的基因组 (通常小于 1 Mb)，并且由有限的部件组成。由于其简单性，马克斯 · 德尔布吕克 (Max Delbruck) 将噬菌体称为“生物学的氢原子”，氢原子是物理学中最简单的原子，由它得到的知识对于建立复杂原子的直观图像有指导意义。噬菌体的简单建构单元是蛋白质壳 (衣壳) 包裹一团遗传物质。图 4.7 展示了噬菌体的几个例子，可称为噬菌体全家福，尽管不同类的细菌病毒远远超出此处显示的两个例子。这种特殊的电子显微照片显示了 T2 和 $\phi 29$ 的形态和相对大小。

在噬菌体及其细菌宿主上的实验证明了自然选择在微生物中起作用

我们现在认为生命具有统一性的观念是显然的。然而 150 年以前，并不清楚微生物 (细菌) 到底是不是“细胞”。在第 18 章我们将更仔细讨论，直到 20 世纪下半叶古核生物才被发现。试图弄清微生物界和日常所见的宏观生物界 (包含长颈鹿、红杉等) 之间的关系一直是一个挑战性的问题。

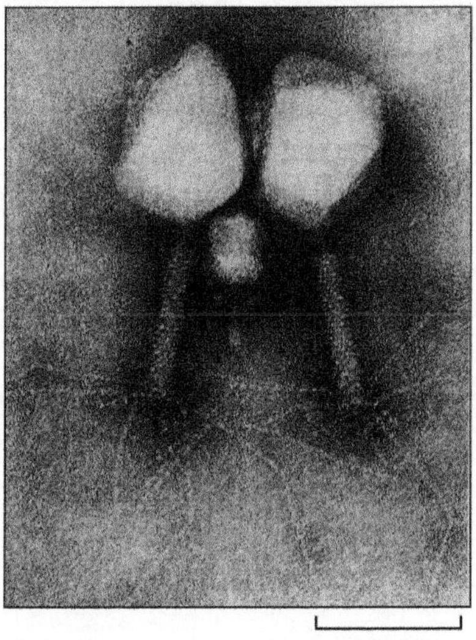

图 4.7 T2 (大) 和 ϕ29 (小) 噬菌体的电子显微照片。(取自 S. Grimes et al., *Adv. Virus Res.* 58: 255, 2002.)

对理解微生物和感染它们的病毒来说, 其中一个来之不易的见解是进化的观念是否适用于微生物。问题为: 微生物是否像更大的生物体 (如豌豆和果蝇) 一样服从突变和选择规律? 这个问题来自于德尔布吕克和卢里亚 (Luria) 基于噬菌体的著名"波动试验"。

他们的推理基于观察被噬菌体感染的培养细菌中有部分能出现抵抗力, 其目标是确定这种抵抗力是自发突变引起的还是噬菌体自身导致的。如果抵抗力是由噬菌体本身导致的, 他们推断将原始的培养细菌稀释成几份不同的细菌培养, 然后使它们感染噬菌体, 那么每份培养中具有抵抗力的菌落数目应该大致相同。另一方面, 如果抵抗力来自于自发突变, 那么在不同的细菌培养中具有抵抗力的菌落数目应该有很大差异。观察到的是后一种情况证明自发突变作为进化的原动力即使在微观生物体中也起重要作用。

赫希-蔡斯实验确认了遗传物质的本质, 阐明了病毒 DNA 进入细胞的机制

分子生物学历史上探索噬菌体的经典实验之一是图 4.8 所示的赫希-蔡斯实验。实验的基本思想是构造 DNA 和蛋白质组装的噬菌体颗粒, 其中 DNA 用含放射性磷的同位素^{32}P 标记, 衣壳蛋白含硫的同位素^{35}S。用这些标记过的噬菌体感染细菌, 然后通过搅动混合物分离细菌和噬菌体。通过搜索细菌找出它们含放射性的种类, 就可以确定病毒的"遗传物质"是蛋白质还是 DNA。

赫希-蔡斯实验直接而令人信服地证实了是 DNA 而非蛋白质携带遗传物质。除了这一对所有生物有意义的深刻观念外, 这个实验还给出了几个特定的见解。首先, 这个实验对病毒感染的特性提供了认识, 可以看出噬菌体是将病毒 DNA 注入细菌内部而蛋白质壳

留在外部。在第 10 章和第 16 章中, 我们将探讨怎样利用物理的推理分别理解病毒的组装和注入。其次, 这个实验提供了关于病毒自组装 (更广义的说是生物自组装) 的特性。具体地, 这一实验表明宿主细胞的合成系统 (包括 DNA 和蛋白质) 已被劫持听令于病毒: 它必须复制病毒 DNA 并且表达病毒合成新的噬菌体颗粒所需的蛋白质。

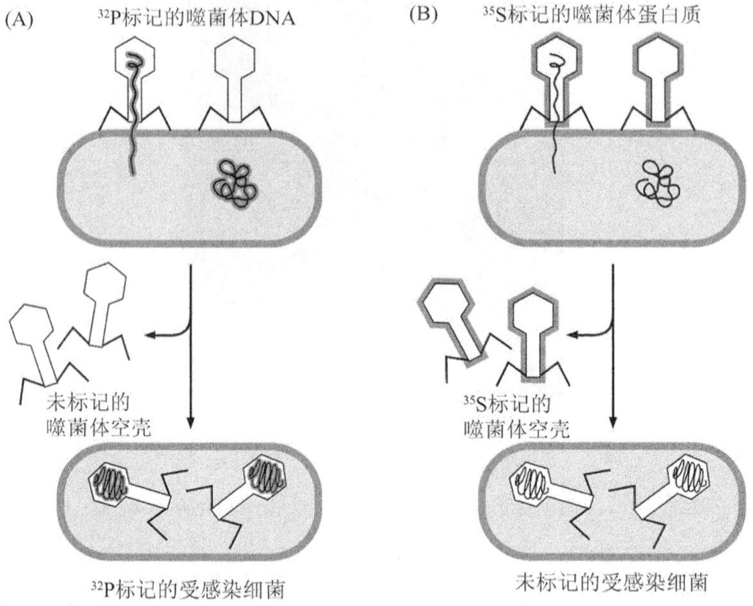

图 4.8　赫希-蔡斯实验。(A) 对于噬菌体核酸被标记的情形, 在感染的细菌中发现放射性磷原子。(B) 对于噬菌体蛋白质被标记的情形, 感染细菌中没有放射性

T4 噬菌体的实验证明 DNA 序列和蛋白质序列的共线性假说

我们现在所知的并认为显然的东西在认识过程中多数都是来之不易的。每个高中理科生很容易记住两种聚合物之间的联系, DNA 和蛋白质的共线性这一中心法则中的条款起初只是一个假说, 是西莫尔・本泽尔 (Seymour Benzer) 关于 T4 噬菌体的研究工作提供了这个假说向理论迈进的第一步。

本泽尔的噬菌体实验在许多方面对应于托马斯・摩尔根等在果蝇上完成的同类实验。摩尔根的实验将在本章后面讨论。本泽尔利用了 T4 噬菌体上的特殊基因 rII 的突变。此时, 基因是物理实体沿着染色体 DNA 线性分布的概念已经由摩尔根建立, 但多数人倾向于认为单独的基因是点状物体, 它可能是正常的或突变了的。在本泽尔的实验中, 他考察当一个基因的两个不同突变复本互相重组时会发生什么。他发现重组事件能够黏合成序列的正常部分反过来导致野生型噬菌体。从突变体复原为野生型噬菌体表明在某些情况下突变可以发生在一个基因的不同位置。本泽尔通过测量野生型 T4 噬菌体从多对组合的不同突变复原的频次能够描述出 rⅡ基因图谱。复原的可能性越大, 表明 rⅡ基因突变的距离越远。

更基本地, 本泽尔从实验上证明单个基因具有物理扩展 (即沿着 DNA 双螺旋一定区域的碱基对), 这正是沃森和克里克提出的 DNA 结构模型所要求的。本泽尔的基因定位

实验和噬菌体 (ϕX174) 的 DNA 直接测序之间相隔约 20 年时间。

遗传密码的三联体特性以及噬菌体 DNA 完整测序

受本泽尔基因定位实验的启发, 布伦纳 (Brenner) 和克里克认识到这些相同的方法可以回答基本的密码问题: 遗传密码是由三联体密码子构成吗? 三联体密码子假说是: 给定基因的阅读总是从某特定点开始以三个字母组合进行的。尽管看似神秘, 也有人猜测化学吖啶黄通过加减一个碱基导致 DNA 突变。布伦纳和克里克认识到如果三联体假说正确, 那么插入或删除三个碱基组 (或同时插入和删除一个碱基) 能够使失去功能的基因复原到功能态, 因为它们将基因的阅读复原到正确的相位 (图4.9)。结果, 通过混合和匹配碱基的插入和删除突变可以证明遗传密码是以三联体为组合实现功能的。

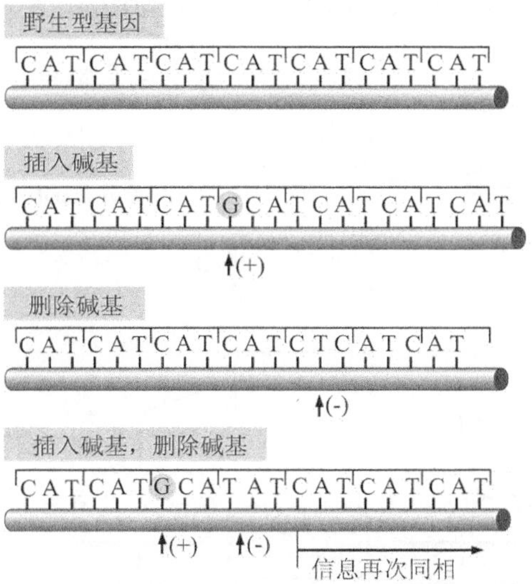

图 4.9 卡通图展示了通过插入或删除碱基使得 DNA 序列的相位复原。(取自 H. F. Judson, The Eighth Day of Creation, Cold Spring Harbor, Cold Spring Harbor Laboratory Press, 1996.)

噬菌体有助于阐明 mRNA 的存在

尽管正确地复述 RNA 的各种生物功能对本书的每个读者是容易的, 但实验首次证明这些结论则是非比寻常的事情。关于 mRNA 的功能作用的另一个经典实验引领了分子生物学中噬菌体的后续研究, 并且有助于加强中心法则的实验背景。

支持 mRNA 作为蛋白质合成的媒介物这一想法的早期证据之一来自于对被噬菌体感染的细胞的观察, 与构成核糖体的稳定 RNA 不同, 细胞中存在不稳定的 RNA 片段, 这些片段与噬菌体 DNA 的碱基组成相似。在布伦纳、雅各布 (Jacob) 和梅塞尔森 (Meselson) 等所做的实验中, T4 噬菌体的感染被用来确定第二类 RNA 是否与核糖体的结构有关。如果病毒感染后合成的 RNA 与核糖体结构完全相关, 那么这种 RNA 只出现在感染后合成的核糖体中。相反, 如果 RNA 是信使, 那么它应该与新老核糖体都有结合。利用含有氮和碳的不同同位素的生长基质, 重的和轻的核糖体将会被合成并且能够用密度梯度离心法分离。实验观察到了源于病毒的 RNA 与重的 (老) 核糖体有结合, 这表明这种 RNA 承担信息角色, 而不是结构角色。关于这一吸引人的篇章的细节, 请参考延伸阅读中的 Echols (2001)。

对病毒这一模式系统的研究得到了基因调控的概念

我们根据图 3.20 粗略地描绘了噬菌体的生命周期。然而, 也漏掉了一些细微之处, 其中之一是在特定的观察实例中, 感染后病毒的基因组能够和平地纳入宿主细胞的基因组, 并且能够以溶原状态潜伏好几代。这两种后感染途径展示在图 4.10 中。作为对噬菌体开关的观察结果, 我们要问的是病毒基因怎样“决定”按照溶菌途径最终破坏宿主细胞还是按照溶原途径继续潜伏。对这个问题和乳糖操纵子 (在 4.4.2 节中讨论) 的研究使我们深刻地认识生物反馈和控制的起源以及现代基因调控图像的产生。

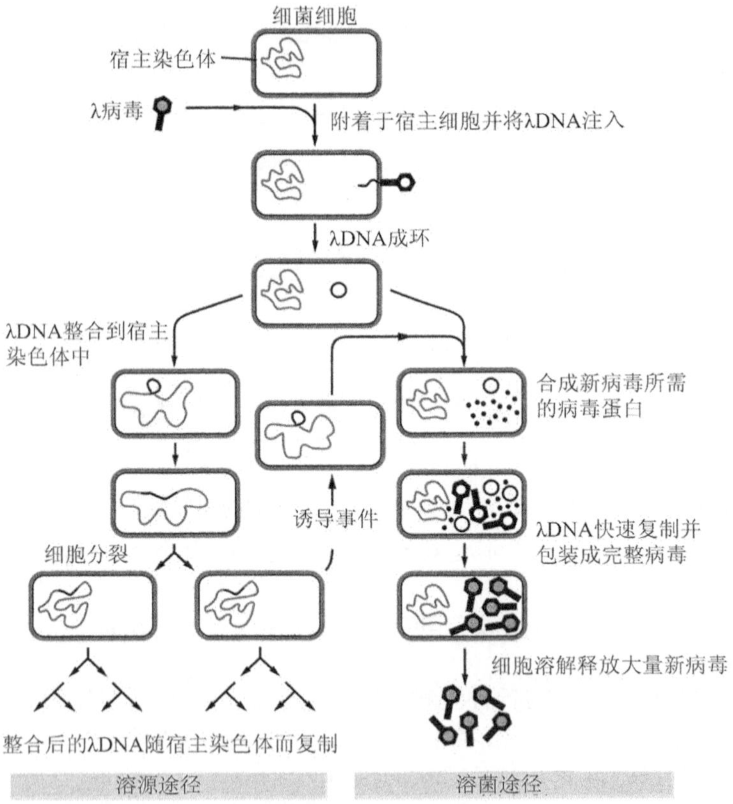

图 4.10 细菌病毒的生活方式。λ 噬菌体的溶源和溶菌途径。在溶源途径中, 病毒基因组整合到细菌基因组中形成“前噬菌体”。在溶菌途径中, 新病毒组装完成并从溶解细胞中释放, 然后能够到其他地方重演它们的事迹。(取自 B. Alberts et al., Molecular Biology of the Cell, 5th ed. New York, Garland Science, 2008.)

关于噬菌体选择生活方式 (以及它们的宿主选择代谢方式) 的实验产生了如下观念: 有些基因的首要目的是控制其他基因。利用物理生物学剖析这些过程是贯穿本书的主线之一, 我们将在第 19 章详细剖析这些过程。在噬菌体中, 对决定溶菌还是溶源性的讨论导致基因开关的概念。基因开关在分子层次上受转录因子控制, 转录因子打开或关闭基因, 前者称为激活蛋白, 后者称为阻遏蛋白。调控决策无疑是现代生物学的重要主题之一, 这个领域的出现归功于在噬菌体及其细菌宿主上的工作。

4.3.2 现代生物物理学的兴起

正如本章所描述的许多系统, 当一个模式系统的用处似乎被挖掘完时, 它却像凤凰一样浴火重生, 再度出现一些新的内容, 提供解释某些新现象的模型基础。细菌病毒的使用已经在两个不同方面的进展中获得新生: ①结构生物学家成功地结晶并测定病毒的某一独立部分或整个病毒的结构 (图 2.19); ②单分子生物物理学的兴起使得对病毒生命周期的研究成为可能。

关于分子马达的许多单分子研究是在噬菌体的马达上进行的

在最近几十年里最激动人心的实验进展之一是大量的单分子技术被用来探索细胞中的单分子的性质。这些思想已经成功地应用于单个噬菌体以及它们特定的基因产物。一类单分子实验围绕这样的观点进行, 抓住在某些过程 (如病毒 DNA 包装到衣壳内) 中特定的分子 (或一组分子) 并且测量外力怎样改变相应的动力学。

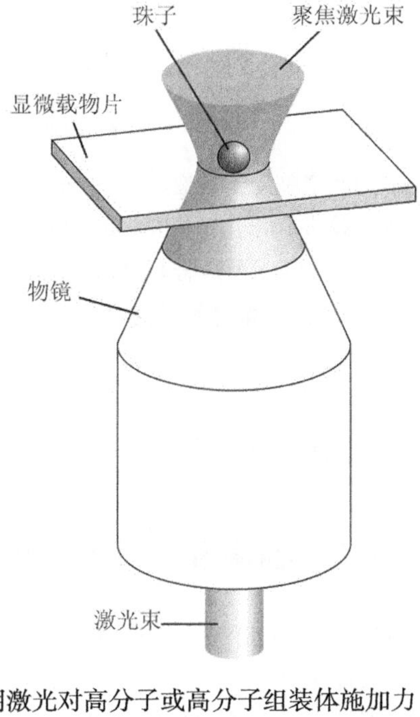

图 4.11 光镊示意图。光镊利用激光对高分子或高分子组装体施加力。激光将珠子限制在焦点上。珠子与聚焦的激光束没有按比例画出

利用图 4.11 所示的光镊可以在纳米尺度范围内施加几个皮牛的力到各种不同的分子

机器上。尽管已经有许多不同的单分子技术，这里我们只讨论利用光来施加力。光镊方法的基本思想很简单：激光的辐射压可在微米尺度的玻璃珠上施加力。将这个珠子黏在感兴趣的分子上，珠子的运动代表了所关心的分子的动力学。分子和珠子的连接由类似于尼龙搭扣的分子对应物实现。一种常用的强尼龙搭扣连接利用了链霉亲和素与生物素的特异结合能力。这种相互作用广泛用于实验室中，因为生物素容易与接近它的任何高分子发生化学耦合。在珠子上施加已知的力，黏着的高分子的力学化学行为表现为外力的函数。

研究者利用光镊进行了大量杰出的体外实验来探索与噬菌体生命周期相关的生物过程。其中的一个实验是测量病毒 DNA 包装过程中门马达产生的力。实验装置示意图如图 4.12(A) 所示。这类实验表明包装到衣壳中的 DNA 越多，抵抗力就越大。在第 10 章中我们将考虑静电作用和弹性来计算这个力。第二类单分子实验的装置类似，如图 4.12(B) 所示，用的也是噬菌体测量 T7 RNA 聚合酶的转录速率。在本书后续部分 (特别是第 16 章)，这些实验为直接观察细胞工作过程中分子的动力学提供了一个窗口。

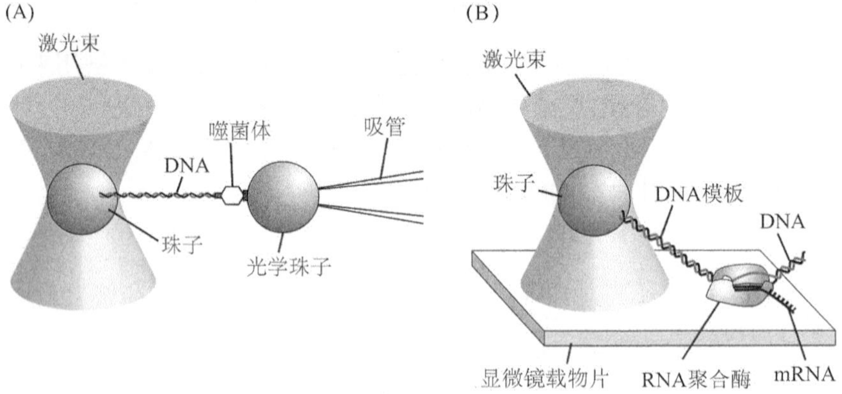

图 4.12 示意图展示了基于噬菌体的两个单分子实验。(A) 单分子分析 $\phi29$ 噬菌体 DNA 的包装。噬菌体分子马达抵抗外力将病毒基因组拉进衣壳。(B) 利用 T7 噬菌体的 RNA 聚合酶对转录过程进行单分子研究。在体外的转录过程中，固定的 RNA 聚合酶拉动 DNA 分子。利用光阱控制珠子可以测量 RNA 聚合酶产生的力

4.4 大肠杆菌

4.4.1 细菌和分子生物学

我们已经看到噬菌体作为模式系统在建立分子生物学中所起的重要作用。噬菌体和被其感染的细菌之间有紧密的伙伴关系，其中最著名的细菌要数大肠杆菌了。保罗·伯格 (Paul Berg) 在 1980 年的诺贝尔演讲中宣称“直到最近一些年，我们所知的基因结构、组织和功能的分子细节多数是在对原核生物及其寄生病毒，特别是对大肠杆菌和 T 或 λ 噬菌体的研究中得到的”。本节的目的是探索大肠杆菌通过什么样的方式获得此种地位，以

及展示如今这些发现中有多少提供了通向物理生物学的动力。

第 2 章描述了大肠杆菌的结构, 第 3 章描述了一些参与生命周期的关键过程。图 4.13 所示的 4.6 Mb 基因组规定了这些丰富的结构和过程。根据我们的经验, 每个基因编码蛋白质的长度是 300 个氨基酸, 那么可得到每个基因对应 1000 bp。利用这一经验数据, 我们估算大肠杆菌基因组编码约 4600 个蛋白质。基因组测序表明实际上基因数目为 4435 个, 其中 4131 个编码蛋白质, 168 个编码结构 RNA, 其他的似乎没有功能。尽管大肠杆菌的“部件列表”较长, 但是比起大型喷气式客机的部件列表简单很多, 这给我们一些希望: 根据其部件的功能或许可以理解大肠杆菌的功能。

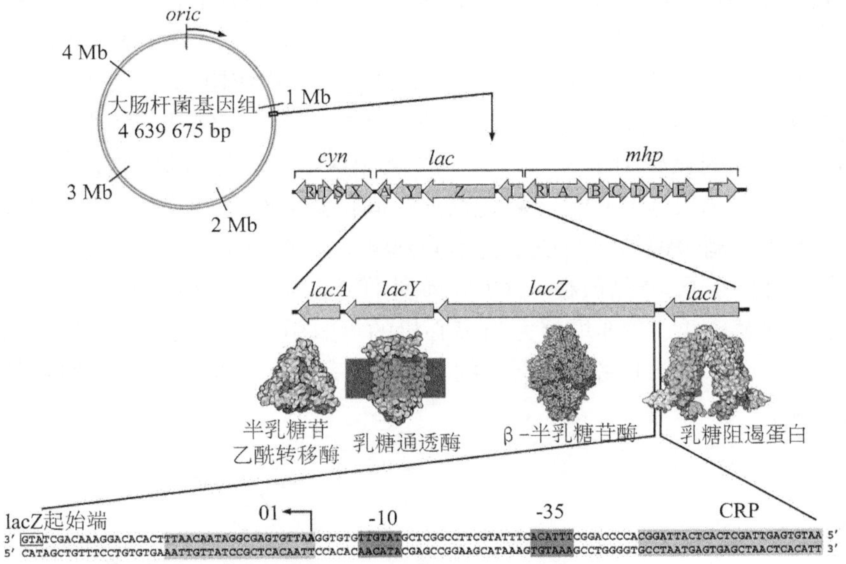

Figure4.13 Physical Biology of the Cell (© Garland Science 2009)

图 4.13 大肠杆菌的环形基因组图, 乳糖操纵子的区域以较高的分辨率显示。在上方, 整个基因组由圆圈表示。复制的起点由 *oriC* 表示, 碱基对数目从起点沿箭头方向增大。乳糖操纵子位于 1/4 圈的位置, 紧靠在 *cyn* 和 *mhp* 操纵子之间, 后两者分别实现氰酸盐的利用和 3-(3-羟苯基) 丙酸的降解。乳糖操纵子中的蛋白编码基因都朝向起点方向转录。*lacI* (pdb 1LBH)、*lacZ* (pdb 1BGL)、*lacY* (pdb 1PV7) 和*lacA* (pdb 1KRV) 这 4 个基因每一个编码一种蛋白质参与乳糖的利用。*lacZ* 基因起始端的基因序列被高倍放大显示。转录起始于箭头所示位置。在序列中, 第一个氨基酸 (蛋氨酸) 的密码子用框标记。RNA 聚合酶的两个结合位点用深色阴影盒标记, 它们分别位于 -10 和 -35 位置 (从转录起始点算起)。两个重要的调控位点用浅色阴影盒标记: O1 是 *lacI* 基因编码的乳糖阻遏蛋白结合位点, 而 CRP 是另外一个调控蛋白的结合位点。(结构示意图取自 D. Goodsell)

4.4.2 大肠杆菌和中心法则

第 3 章介绍了分子生物学的中心法则 (图3.8), 它给出了基因组的信息转化为实现细胞功能的蛋白质的机制。当初中心法则的许多观念是推测性的, 需要第一代分子生物学家设计和实施一系列巧妙的实验去弄懂将 DNA 的信息和结构与其下游结果联系起来的过程。多数工作是在大肠杆菌和其相应的病毒上进行的。

保留复制假说是可证伪的

起初, 关于 DNA 结构的思考与遗传物质怎样精确地从一代传给下一代的观念紧密联系。伴随着中心法则的发展提出了半保留复制假说, 即当特定的 DNA 被复制, 两个子代 DNA 分子中每个有一条链来自于亲代分子。这一模型无疑从实验上是可证明或可证伪的, 它导致了分子生物学历史上最著名的实验之一——梅塞尔森-斯塔尔 (Meselson-Stahl) 实验。像赫希-蔡斯实验一样, 这个实验的设计再次使用了不同的同位素跟踪亲代分子和子代分子的演化。从质量变化的角度来看, 关键点是复制将核苷酸的总数目翻倍。一种方案是亲代分子被拷贝而子代分子完全由新的核苷酸构成。另一种方案是半保留复制假说, 每个子代分子有一条链来自于亲代, 而另一条由新的核苷酸构成。

梅塞尔森-斯塔尔实验的思想是利用氮的同位素 ^{15}N 替代核苷酸中的 ^{14}N。大肠杆菌细胞在重氮元素的媒质中生长, 培养出 DNA 中只含有 ^{15}N 的细胞。然后将细胞放入 ^{14}N 的媒质中生长一代, 子代的链上将记住这一同位素的改变, 表现出不同的质量。半保留复制假说和保留复制假说给出对质量的不同预测。子代不同于亲代的例子显示在图 4.14 中。为分离不同的分子, 样品放在 CsCl 的梯度中离心分离, 分离原理如下: 每个 DNA 分子找到合适的平衡深度, 在那里浮力与离心机的等效引力匹配。梅塞尔森和斯塔尔发现新合成的 DNA 的质量介于完全含 ^{15}N 的 DNA 和完全含 ^{14}N 的 DNA 之间, 因此支持半保留复制假说。

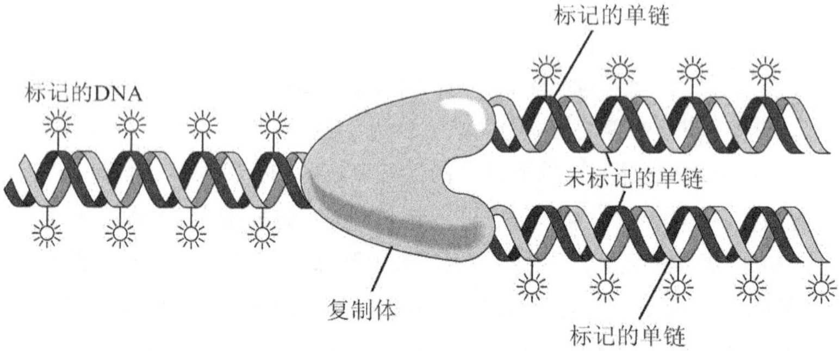

图 4.14　梅塞尔森-斯塔尔实验和半保留复制假说。当复制体拷贝两条链均被氮的重同位素标记的 DNA 时, 两个子代分子每一个都含一条重链和一条轻链。注意示意图故意忽略了复制过程中前导链和后随链的细微区别

梅塞尔森-斯塔尔实验得到的一个关键概念是: DNA 的复制是按模板进行的聚合过程, 即亲代链作为子代链的模板, 并且亲代分子有一半捐赠给了每一个子代细胞。实际上, 从聚合的物理和化学观点来看, 这是生物聚合物和普通聚合物 (如聚乙烯) 的巨大差别之一——生物聚合物按模板生成, 只要不出错, 原则上每个拷贝应该与亲代分子精确相同。

大肠杆菌提取物被用于体外合成 DNA、mRNA 和蛋白质

梅塞尔森和斯塔尔并没有停止于通过大肠杆菌的实验来理解 DNA 的复制。研究的

一个重要方向是利用大肠杆菌的提取物实现体外合成新的 DNA 分子。分子生物学历史上另一主要利用大肠杆菌的插曲是分离负责合成 mRNA 的酶。孟德尔开创的遗传学传统在现代生物学的一项伟大发现 (破解遗传密码) 中发挥到极点, 实验中也用到了大肠杆菌的提取物, 得到的破解结果收录于图 1.4。

4.4.3 乳糖操纵子和基因调控

大肠杆菌的基因调控

我们已经描述了对噬菌体进行的溶菌控制研究, 它是发展基因调控现代观念的两个关键事件之一。另外一个事件同时发生在巴黎的雅各布和莫诺 (Jacob & Monod) 的实验室, 它关注的是大肠杆菌乳糖代谢的基因决策过程。这些研究得到的重要观念是有一些特定的基因专门控制其他基因。在产生操纵子的概念之前, 基因主要是指"结构基因", 它们负责分子 (如血红蛋白、DNA 聚合酶等) 的构造。然而, 操纵子的概念给出了一种新的基因类型, 它控制其他一些基因的表达。

调控的方式具有广泛性和多样性。一种重要的基因控制类型是转录调控, 指的是通过分子干预控制一个感兴趣的基因的 mRNA 分子合成。负调控 (或阻遏) 是由阻遏蛋白分子介导的, 它们能结合在 DNA 上抑制 RNA 聚合酶的结合而产生 mRNA 的能力。正调控 (或激活) 指的是下述情形: 基因通常处于休眠状态, 除非某些分子通过"募集"RNA 聚合酶到相关的启动子区诱导转录。激活是由激活蛋白分子介导的, 它们能增加 RNA 聚合酶的结合概率。需要注意的是, 尽管本书关注的是这里描述的募集机制, 然而当聚合酶结合后, 还有多种其他调节基因表达的机制。

乳糖操纵子的基因网络调控乳糖消化酶的合成

乳糖操纵子提供了负调控的典型例子, 如图 4.15 所示, 这是研究细菌特别是大肠杆菌得到的深刻而持久的见解之一。关于这个操纵子的工作是如此令人信服以至于第一个正基因调控的例子花了十多年的时间才被广泛接受。在仅含乳糖的培养基中生长的大肠杆菌的乳糖消化过程包含该基因调控回路的有关化学反应。图 3.3 给出了细胞生长曲线的例子, 其中细胞决定开启负责非葡萄糖的其他糖原料代谢的基因, 我们从中看出一旦细胞耗尽了葡萄糖就会出现一个等待期, 在此期间利用乳糖所必需的基因就被打开了。负责消化乳糖的酶称为 β-半乳糖苷酶 (图 4.13), 它仅当乳糖是唯一的糖原料时才会大量出现。

乳糖操纵子指的是图 4.13 所示大肠杆菌基因组中的一个区域, 包含启动子位点 (在乳糖操纵子结构基因的上游与 RNA 聚合酶结合的位点)、操纵基因位点 (乳糖阻遏蛋白在该位点结合并抑制 RNA 聚合酶的转录以及 β-半乳糖苷酶基因 *lacZ* 的编码)、乳糖通透酶 (由 *lacY* 编码, 构建可通透乳糖的细胞膜膜孔)、转乙酰酶 (由 *lacA* 编码, 是一种将乙酰 CoA 的乙酰基转移到糖上的酶; CoA 即辅酶 A, 是一种可粘连乙酰基或酰基的小分子载体, 常常作为代谢反应的媒介物)。乳糖操纵子展示在图 4.13 和图 4.15 中, 图中给出了碱基对的数目、基因产物的外观以及操纵子的不同区域的相对位置。调控区与启动子

(以箭头表示 RNA 合成的起始位置) 和操纵基因 (阻遏蛋白结合位点) 有关。启动子是转录前RNA聚合酶的结合区域。这个区域与操纵基因区部分重叠, 后者是乳糖阻遏蛋白抑制转录的结合位点。*lacI* 基因的产物是乳糖阻遏蛋白分子。此外, 有一种分解代谢物激活蛋白 (CAP) 结合在启动子附近实现正调控。对于目前的讨论, 将它们放在一起的理由是, 对大肠杆菌看似模糊的特征的研究为构建现代基因调控理论提供了一个模式系统, 这对从分子层次理解发育以及动物形体的发育这样看似遥远的主题有启发意义。

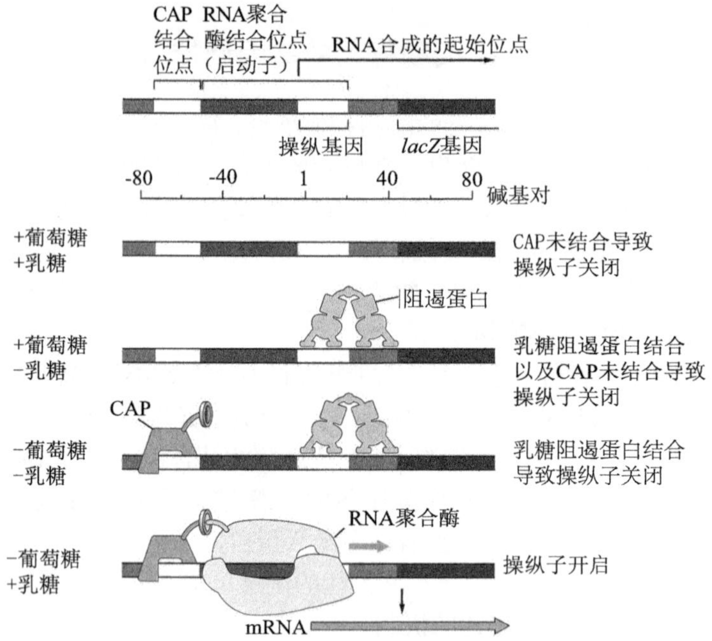

图 4.15 乳糖操纵子的调控区示意图。该图以不同部分的功能和产物的形式展示了乳糖操纵子的基因组图。CAP 是分解代谢物激活蛋白, 它在缺乏葡萄糖的情况下激活乳糖操纵子。CAP 和乳糖阻遏蛋白的联合控制保证该操纵子的基因仅在葡萄糖缺失而乳糖存在时表达

4.4.4 细菌的趋化性

大肠杆菌作为分析细胞运动的模式系统

典型的细菌, 如大肠杆菌具有活动能力。不仅如此, 就像这些细胞表达对代谢方式的偏好一样, 它们的活动性还显示了它们能表现出对环境的喜好。特别是, 如果某种有利的化学物质 (如糖类、二肽和其他的“引诱剂”) 被滴入溶液的局部区域, 细菌将采取有偏向的运动向引诱剂游动。类似地, 如果拒斥剂被滴入溶液, 细菌将向远离它的位置游动。趋化过程是生物学的伟大篇章之一, 它并不仅仅是细菌特有的。实际上, 趋化性是盘基网柄菌属的社会决策的一部分, 也是当中性粒细胞感受到外来入侵者时我们的免疫系统工作的核心要素。

研究大肠杆菌的趋化性导致了图 4.16 所示的与分子信号转导和细胞运动相关的优

美情节的出现。利用遗传学和生物化学手段以及在其他生物体的相关研究中得到的经验已经可以确定负责化学趋化决策的分子机制。对趋化性及其导致的病毒运动的研究体现了如下几个分支的深度融合: 小雷诺数流体力学、细胞信号转导以及蛋白质复合体 (如细菌鞭毛) 的多态现象的研究。

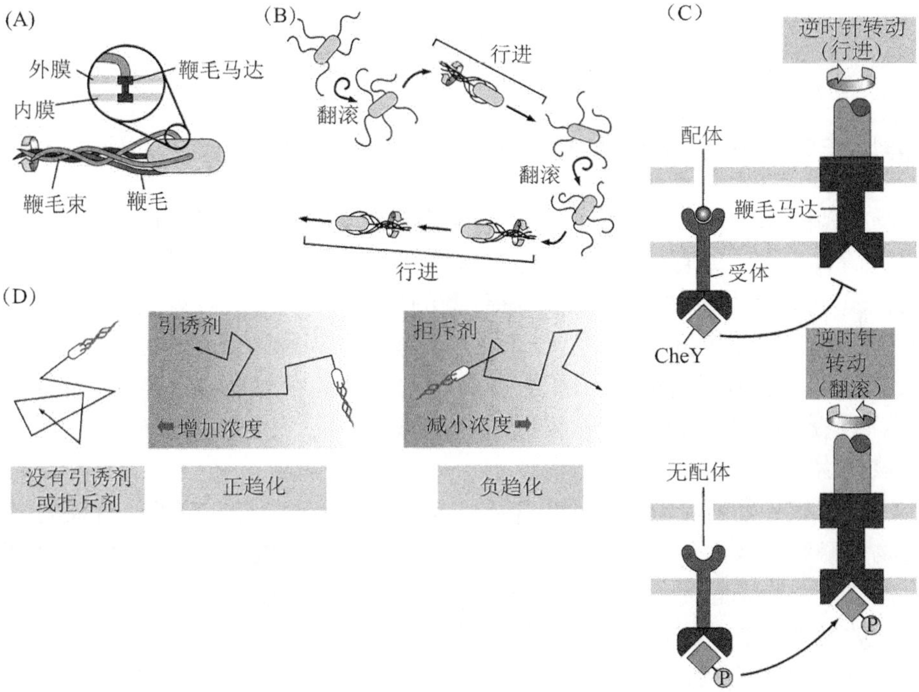

图 4.16 细菌趋化性的机制。(A) 许多细菌包括大肠杆菌都有鞭毛。嵌在细胞壁和细胞膜中的马达转动螺旋形的鞭毛纤维。(B) 当细菌所有的鞭毛马达逆时针转动鞭毛纤维束时, 细菌沿直线高效移动, 称为行进。当马达反向, 顺时针转动时, 鞭毛束散开, 细菌以明显的随机方式打转, 称为翻滚。细菌的一个长长的轨迹上会出现以任意角度行进的片段, 相邻行进片段之间会出现翻滚。(C) 马达从逆时针向顺时针切换、细菌相应的运动行为从行进变为翻滚可由环境中的小分子来控制。这些小分子与受体结合诱导信号蛋白的磷酸化, 信号蛋白结合到马达上影响马达的力学行为。(D) 小分子调节游动行为可使得细菌向着食物源 (如糖和氨基酸) 游动, 或者远离毒素游动

在光学显微镜下可以看到运动的细菌以很快的速度穿越视场。这一运动的力学基础与鞭毛转动紧密相关。典型的大肠杆菌大致有5条特征长度为 10 μm 的鞭毛。分子马达的最重要的类型之一是产生旋转运动的马达。第一个被刻画的这种马达是图 3.18 所示的大肠杆菌鞭毛转动马达, 它能够利用储存在细菌的跨膜离子梯度中的能量使得鞭毛以约 6000 r/min 的速度旋转。这种马达的显著机械特征是转动方向可逆, 顺时针和逆时针转动的速度差不多。正是顺时针和逆时针转动的切换调节细菌的趋化运动轨迹。当某个细菌的所有马达逆时针方向转动时, 5 条螺旋鞭毛排列成有序的束状, 它们的旋转共同推动细胞沿直线快速 (10~30 μm/s) 运动。当马达反向转动, 鞭毛束瓦解并分散开, 细菌直线游动被中断, 这种现象被称为翻滚。当马达又切换到逆时针转动时, 细菌又开始沿直线游

动, 细菌在空间中指向一个新的方向。在趋化过程中, 细菌仅仅简单地改变翻滚频率朝向引诱剂分子而远离拒斥剂分子游动。在第 19 章中, 我们将描述这种行为的分子基础以及讨论解释这一现象的物理模型。

总之, 大肠杆菌已经作为非同寻常的模式生物导致了一系列生物学发现。

4.5 酵　母

酵母作为模式系统推动从活力论到酶的功能乃至真核基因调控的进展

大肠杆菌的如下几个特征使得它成为早期遗传学家和生化学家的理想研究对象。第一, 它生长很快。第二, 它可以成群地生长在平皿上, 一个细胞的所有后代容易被收集到一起。第三, 它表现出多种不寻常的新陈代谢的生活方式: 它能在有氧和无氧下条件下生存, 能在不同的碳源上生长, 能自己合成氨基酸或者在周围条件允许的情况下从环境媒质中吸收氨基酸。这些灵活性使得我们能够方便地分离能在某种特定条件下生长的细菌突变体, 从而识别大多数主要代谢途径所涉及的酶。然而, 大肠杆菌毕竟是细菌, 在很多方面与真核生物非常不同。

为澄清真核生物所特有的过程, 必须采用另一个具有大肠杆菌类似特征的模式系统。这种生物是酿酒商或面包师经常用的酵母。人类几千年前就驯化了这种长在水果皮上的野生真菌。因为酵母是做面包和各种美酒 (包括啤酒和葡萄酒) 的必备品, 所以它一直对人类社会的经济起重要作用。由于酝酿和烘培过程具有可靠性和可重复性在经济上有重要意义, 酵母的秘密受到早期微生物学家的大力关注 (参考延伸阅读 Barnett, 2003)。

尽管野生酵母不受约束、乱麻般地生长, 微生物学家选择驯化的酵母菌株在琼脂板上能长成整齐的圆形菌落, 看起来就像大肠杆菌的菌落, 不过气味好得多。酵母生长速度在真核细胞中算很快的, 在合适的条件下不到 90 min 就能倍增。像大肠杆菌一样, 酵母可选择多种代谢生活方式并且容易分离出营养缺陷型突变体 (即不能合成必需氨基酸或其他代谢物的突变体)。然而, 酵母是货真价实的真核生物。它有膜被细胞核以及完整的膜被细胞器, 包括内质网、高尔基体、线粒体, 这些都是大肠杆菌所没有的。特别是, 酵母像其他真核生物一样具有性, 父母双方的基因组混合在一起, 然后在后代中重组。有趣的是, 酵母既可生长为单倍体, 也可生长为双倍体, 即每组染色体是单份或双份的, 其中双份中的每条分别来自于父母中的一方。因此对真核细胞特定行为的遗传学和分子层次的大量研究是用酵母完成的。此外, 酵母是真菌, 比任何细菌或其他多数真核微生物更接近动物。因此它与我们有许多相同的特异性途径, 包括在大肠杆菌中没有发现的某些种类的信号转导途径。下面我们总结一些特殊的个案研究来表明酵母为早期理解许多乃至所有真核细胞的重要过程提供了初步的关键知识。

4.5.1 生物化学的崛起

在活力论的争论以及生物化学的开创中, 酵母是一个核心参与者。18 世纪许多伟大的化学家都参与过有关发酵本质的激烈辩论。发酵对于当时世界首屈一指的葡萄酒制造国法国来说特别重要。法国伟大的化学家安东尼 · 拉瓦锡在法国大革命中被送上断头台之前第一个准确地测量了糖转化为乙醇和二氧化碳的过程。随后几十年光学显微镜分辨率的提高使得看到负责发酵的酵母以及它们的生长和分裂成为可能, 从而认识到发酵不仅仅是一种纯粹的化学过程, 而是像植物一样的生命体的一种功能。尽管最终活酵母负责发酵的观念被接受, 许多化学家仍然持有互补的观点: 生命本身对于发酵的进行不是本质的。

历史具有讽刺意味, 争论的双方都正确: 在酵母细胞的正常生命周期中, 它们将糖转化为乙醇。同时, 酵母执行这个过程的蛋白酶可以被提取和提纯出来实现完全相同的生化反应。爱德华 · 毕希纳 (Eduard Buchner) 等通过仔细的实验证明不含细胞的酵母提取物能够催化糖的发酵, 从而认识到有特定的化学物质催化生物世界中的关键化学反应。对酵母生物化学的了解对发掘图 5.2 所示糖酵解途径的特征非常重要。

4.5.2 细胞周期

酵母经历的细胞分裂周期如图 4.17 所示, 在显微镜下可观察到它的一系列形态改变。相对于其他细胞来说, 观察酵母细胞周期比较容易, 因为它通过出芽而不是二分裂生殖。酵母细胞周期起始于卵形亲代细胞, 然后从细胞表面某一点长出一个小芽。随着细胞周期的进行, 芽长大而亲代细胞尺寸几乎保持不变。当染色体复制后, 有丝分裂纺锤体将一套染色体送到芽内, 最终芽被切断而形成子代细胞。亲代细胞可以继续产生更多的子代细胞, 而子代细胞也可以继续产生自己的后代。

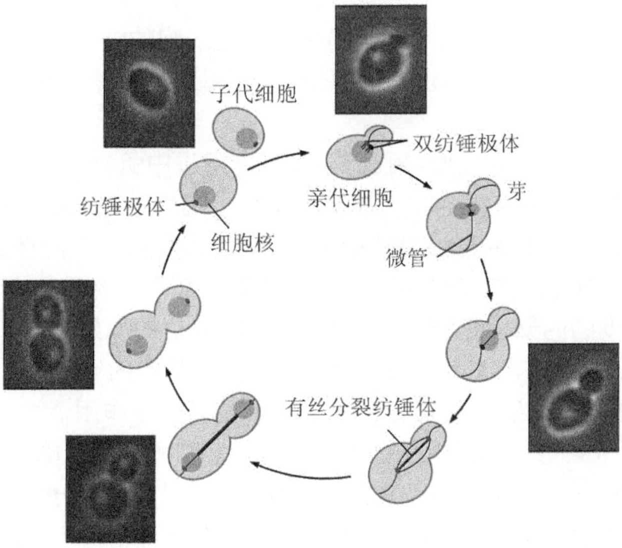

图 4.17 酵母的细胞周期。酵母出芽和分裂过程示意图。酵母细胞经历细胞周期, 未来的子代细胞或芽增大尺寸, 直到足够容纳复制的基因组的一份拷贝为止。然后亲代细胞和子代细胞之间的连接被切断, 以至于它们均可继续出芽。显微图片展示了酵母细胞周期的不同阶段。(图片取自 R. Menssen et al., *Curr. Biol.* 11: 345, 2001.)

细胞形态和其处于细胞周期的位置使得研究者可以直接分离细胞周期进程中的一系列突变体。由于细胞分裂是生命的关键过程，因此有必要分离条件突变体 (条件突变体的定义参见本章开头"相关实验"小节)。首先是确认大量突变的酵母菌株，它们能够在 30℃的常温下生长而不能在 37℃的高温下生长，野生酵母在后一温度下仍旧能繁荣昌盛。其次，观察这些对温度敏感的突变体，确定是否高温时处在死亡状态的所有细胞都停留在细胞周期中的相同点。这些突变菌株被称为细胞分裂周期 (Cdc) 突变体，它们当中的每一个均缺少细胞周期进程中的一种关键蛋白质，以至于将处于分裂周期任何阶段的细胞移到高温环境，它的细胞周期继续进行，直到某一点缺失的蛋白质起关键作用为止。

许多通过这种方式识别的对酵母细胞周期进程起关键作用的基因对其他大多数真核细胞 (包括人类和蛙类) 的周期进程也是至关重要的。如第 3 章所述，聚焦于理解蛙类胚胎的细胞周期振荡的生化实验也被用来识别细胞周期进程中的关键蛋白质。这令人满意地证明了生物化学和遗传学的互补性以及生命的统一性，两种方法指向许多相同的候选分子。

4.5.3 酵母和极性

酵母作为实验生物的主要好处是它快速地定型生长以及容易分离条件突变体，这些优点多次被用于不同类型的研究以阐明真核细胞生物学中类似于上述细胞周期的基本过程。从酵母实验得知的另外一种有趣而普遍的生物过程是细胞极性的建立。极性指的是细胞以非均匀的方式分配其亚细胞成分来响应内部和外部的空间信号。极性的建立是所有真核细胞和多数细菌细胞的关键特征。它在不同细胞型中特别明显，细胞一端与另一端的空间分化对生物功能至关重要。例如，活动细胞必须区分前后，形成动物组织界面的表皮细胞必须区分内外，神经元通常从一端接受邻近细胞的电信号并且将其传到另一端。出芽酵母经历图 4.17 所示的细胞周期清楚地表明酵母细胞以极化的方式生长使得芽长大而亲代细胞尺寸不变。

一系列聪明的基因筛选方法使得我们能够识别酵母中负责建立大范围极性和定向生长的蛋白质机器。决定细胞极性的主调控基因实际上是用上述 Cdc 筛选方法首先识别出来的。Cdc42 蛋白发生条件突变的细胞在细胞周期的特定点上不能像其他细胞那样停住，而是继续均匀各向同性地生长，越长越大，没法选择出芽点。接下来的研究证明 Cdc42 蛋白是指导构建大尺度的内部极化结构 (如肌动蛋白纤维) 的原始信号，内部极化结构从细胞一端伸到另一端，为各种导致出芽的定向运输提供了基本的"脚手架"。在许多动物细胞中，Cdc42 的同源体对建立细胞骨架的极性也起重要的指导作用。

当酵母渴望互相交配时，相同的极化方式也用于别的目的。单倍体酵母有两种交配型 (a 和 α 型)，它们分泌的化学引诱素能吸引附近的异性。因为酵母细胞不能爬到一起结合，它们靠简单的沿引诱素定向生长而互相接触。在这种情况下，酵母膜上的引诱素受体信号指引 Cdc42 定位在酵母表面的一小块膜上。这是来自于邻近配偶分泌的引诱素设定的外部空间信息与细胞内部的极化机构之间耦合的例子。在外部信号指引下，利用许多相同蛋白进行类似的级联信号转导事件也已被证明参与动物的运动细胞的极化过程 (如中性粒细胞的趋化过程) 以及神经细胞延伸的极化生长过程。

当没有外部信号时, 酵母怎样选择将 Cdc42 放在什么地方以及在哪个点出芽呢? 很久以来就观察到酵母细胞因其是单倍体还是双倍体而长出如图 4.18 所示的规则出芽图样。单倍体细胞通常在上一出芽点附近长出新芽, 以至于微小菌落中的细胞倾向于堆积成一小簇。相反, 双倍体细胞的出芽点交替选择在它们的两个极点上以至于微小菌落以分散的方式生长。用视觉筛选寻找表面出芽图样明显随机的酵母突变体, 这些突变体在实验室中完全能够自行发育, 并且不会出现重大的生长缺陷。它们唯一的缺陷是没有极性, 不能区分哪端是哪端。

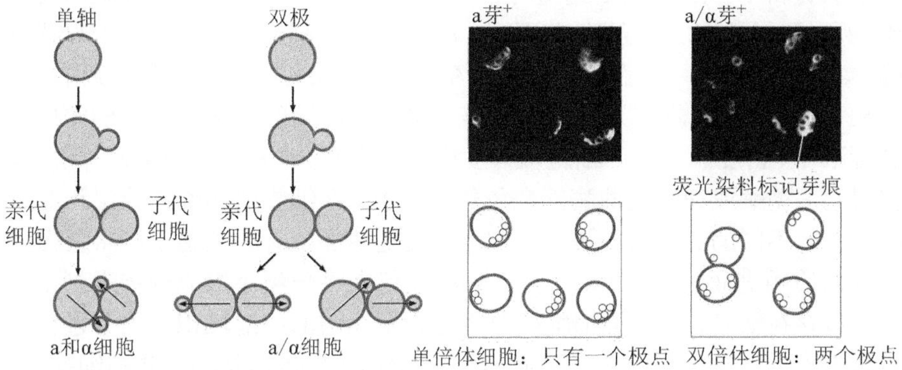

图 4.18　酵母生长过程出芽位置的选择。单倍体细胞 (a 和 α) 在它们新近的细胞分裂点附近形成新芽。可以用两种方式来看。第一, 对处于第四细胞期的微小菌落的图案观察表明细胞互相靠得很近。第二, 检查芽痕 (细胞先前的分裂点的细胞壁留下的不可逆变形) 在细胞表面的位置发现所有的芽痕都簇拥在细胞的一端。相反, 双倍体细胞以双极图样生长, 出芽点轮流选择在细胞的两端。这导致小菌落朝着细胞尽可能少接触的地方延伸。不同的芽痕簇出现在细胞相对着的两端。(取自 J. Chant and I. Herskowitz, *Cell* 65: 1203, 1991.)

在上述所有情形中, 酵母细胞只沿一个方向生长, 尽管双倍体细胞以双极形式生长因而具备两端生长的能力。细胞怎么知道在一个确切的点形成一个局部的 Cdc42 蛋白小块呢? 为什么酵母几乎不犯同时出两个芽的错误, 甚至在不能区分此处和彼处的出芽点的选择突变体中也是如此? 这是细胞所面临的一个普遍问题 (即需要频繁地作出唯一的选择) 的特定实例。在 Cdc42 聚集过程, 大量的实验表明位点选择的唯一性依赖于正负反馈回路。由于激活的 Cdc42 倾向于自聚集, Cdc42 初始在某个位置稍有聚集诱导极化的肌动蛋白结构, 这一结构进一步指引更多的 Cdc42 聚集在同一位点。但是, 负反馈回路并没有被很好地理解, 它们似乎能有效地抑制 Cdc42 在细胞的其他地方聚集。此外, 尽管分子细节因物种而不同, 似乎局域的正反馈与长程的负反馈的组合被用在许多生物系统中强制选择极化的唯一位置。

4.5.4　膜被结构的穿梭

所有的真核生物与细菌和古核生物不同, 有精细的内部膜被细胞器, 它们实现细胞代谢和行为的各种不同功能。这些膜被细胞器 (如内质网和高尔基体) 精心定位在细胞内部,它们内部所含的特有物质能够在不同细胞器之间或者在细胞器与细胞膜之间穿梭。在酵母中, 定向膜被结构穿梭负责将新合成的细胞壁材料传送到上述极化生长的位置。酶必须通过膜被结构穿梭才能正确传输到合适的亚细胞隔室, 如降解蛋白酶被传送到酵母的液泡以及营养物质消化酶被传送到细胞表面。

为展现所有这些类型的膜被结构穿梭, 酵母这一最简单而易处理的真核细胞被用作突变损伤的对象来揭示与膜被结构穿梭的力学和信号转导相关的关键基因。这种损伤的细胞如图 4.19 所示。如果酵母不能正确地将促分泌细胞器传送到细胞表面, 那么负责扩大细胞壁的材料不再运送到细胞壁的合成点导致细胞尺寸不变, 而细胞内还在继续合成蛋白质, 所以酵母的密度将会随时间而增大。此外, 这种突变体在表达酵母代谢过程中的分泌酶 (如在发酵过程中将蔗糖剪切为葡萄糖和果糖的蔗糖酶) 时存在缺陷。为分离与这一过程相关的突变体, 研究人员先利用离心机旋转商用的地板蜡产生的密度梯度对酵母细胞进行浓缩。密度非常大的细胞从梯度中分离出来, 将其上的地板蜡冲洗干净, 然后将其种在遇到蔗糖酶或细胞表面酶能变色的媒质上。在细胞壁和酶的分泌相关过程中存在缺陷的几十个不同的突变菌株被分离出来。突变菌株中有些细胞不能将蛋白质从细胞质中转移到内质网进而到高尔基体, 另外一些仅仅在将分泌小泡成分传送到细胞表面的最后融合阶段存在缺陷。后一类细胞倾向于将大量无用的小泡堆积在出芽过程中的细胞应有的生长点附近。与之并行的对负责分泌的动物细胞 (包括胰细胞和脑细胞) 进行的生物化学实验辨识出膜融合和小泡芽生过程的各个力学步骤中必备的蛋白质。几乎所有这些通过生物化学方法在动物细胞中发现的蛋白质都被证明和酵母筛选辨识出的基因是同源的。

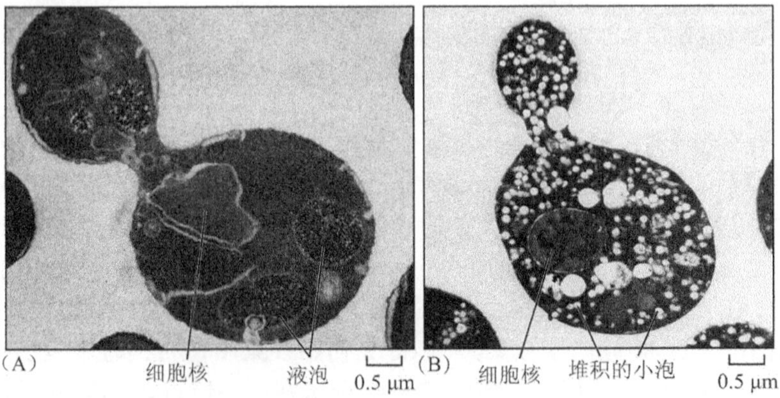

图 4.19　存在分泌缺陷的酵母细胞中的膜运输小泡的堆积现象。(A) 分泌途径基因的条件突变体在允许温度下生长, 内膜形态正常。(B) 突变体在限定温度下生长, 有大量的内部运输小泡堆积。(取自 P. Novick and R. Schekman, *Proc. Nat. Acad. Sci.* 76: 1858, 1979.)

4.5.5　基因组学和蛋白质组学

上述特定的细胞生物学层面的研究表明酵母作为生物化学和遗传学实验中非常优秀的生物体导致了对所有真核细胞有重要价值的深刻理解。在 20 世纪 70 年代发明重组

DNA 技术之后, 经典的遗传学受到反向遗传学的补充。经典遗传学基于表型来分离突变体, 然后辨识相关的分子损伤; 而反向遗传学则是从特定分子出发, 讨论当这种分子被破坏时会导致何种表型。例如, 对于通过某种生化手段分离的特定蛋白质, 编码该蛋白质的基因的特异性位点被破坏将产生被设计的突变体, 这些突变体具有特定的缺陷而没有其他缺陷, 可以通过表型变化来检测。这一过程从已知分子出发观察相应的表型, 与经典遗传学通过表型寻找分子恰好相反, 故称为反向遗传学。毫无意外, 酵母也是第一个被广泛用于反向遗传学研究的真核生物。被设计的酵母质粒的复制第一次报道于 1978 年, 通过同源重组的基因置换也在随后的 1983 年首次报道。因此在大肠杆菌中发展出来的 DNA 特异位点操纵技术的完整工具集也在酵母中实现。沿着相同的路线, 1996 年, 酵母作为第一个真核细胞, 它的基因组被完整测序和组装。

酵母基因组的测序打开了新的全基因组研究的大门, 揭示了酵母遗传物质的有限尺寸。有了这些知识, 可以讨论一些十分深刻的问题。不再是每次检测一个基因在转录水平上的改变, 而是可以测量基因组中每一个基因的转录水平。类似地, 不再是每次对一个突变体进行逐步的经典遗传学或反向遗传学的分析, 而是可以讨论酵母基因中的任何一个被破坏会怎样影响一个特定的过程。酵母基因组相对适中的尺寸 (仅有约 6000 个基因) 以及相当简单的基因结构 (非常少的内含子中断基因序列) 使得这种大尺度的宏伟计划得以变为现实。

自酵母基因组测序完成以来的一些年里, 酵母研究群体开发了一套惊人的实验资源。一个早期的例子是互补 DNA(cDNA) 芯片的生产, 它使得在不同的实验条件下同时测量细胞内每个 mRNA 的水平成为可能。cDNA 是利用逆转录酶从 RNA 模板合成的 DNA。大量数据库整理和关联了通过这种方式在成千上万个不同的实验中测量的实验信息。一个更雄心勃勃的资源是建立全面的酵母靶向基因破坏的突变体库, 其中基因组的每个基因被删除和替换为一个分子条形码 (标记突变菌株的一个特殊的 DNA 序列)。这些被标记的缺失突变菌株既可以排序进行标准的反向遗传学分析, 也可以集中起来按条形码同时检测以便找到所有影响特定过程的靶向破坏。这类技术统称为基因组学, 代表了孟德尔遗传学的现代进展, 完整基因组序列信息使得我们能够进行以前无法想象的深入而完整的研究。酵母的这些大型计划为其他许多模式系统 (包括人类) 雄心勃勃的基因组计划铺平了道路。酵母研究群体为许多这样的计划中涉及的技术进展指引了道路。

正如本章开头所述, 从分子层次理解生物过程需要从遗传学和生物化学实验得到的互补信息。生物化学中等价于基因组尺度的实验是一个正在成长的领域, 称为蛋白质组学。同样, 因为酵母基因组编码的蛋白质有相对小的数目和有限的复杂度, 对蛋白质的行为、定位和功能性相互作用进行几种不同的综合分析是可能的。例如, 在一个类似于上述产生基因缺失的技术的计划中, 每次将一个识别的酵母基因替换为一个能与编码 GFP 的基因融合的基因 (图 2.10)。以这一方式构造的约 6000 个菌株中, 大约有 4000 个在标准的实验室条件下表达了绿色荧光蛋白。这使得我们可以对活细胞中成千上万蛋白质中的每一个在亚细胞中的定位进行系统地分类。除了蛋白质的亚细胞定位以外, 可以通过检测蛋白质的结合伙伴收集关于蛋白质的生物功能和作用的重要信息。

在类似的蛋白质组尺度的处理中, 酵母基因组中每个基因编码的蛋白质被替代为一个精心设计的变体, 这个变体融合在亲和纯化的标签上, 该标签是一个很容易利用生化技术从混合物中挑选出来的特定蛋白质序列。每个带标签的蛋白质以这种方式分离出来，然后检测随它一起被纯化的结合伙伴。研究生物中的结合问题是贯穿本书的线索之一，我们将在第 6 章开始认真处理这一问题。这是用来建立酵母的蛋白质相互作用网络的完整图像的几类大的数据集之一。这一网络中的一小部分画在图 4.20 中。亲和纯化处理得到的是具有相关相互作用的子集，它们足够稳定以至于能从酵母细胞碎片中幸存下来并且通过纯化柱。

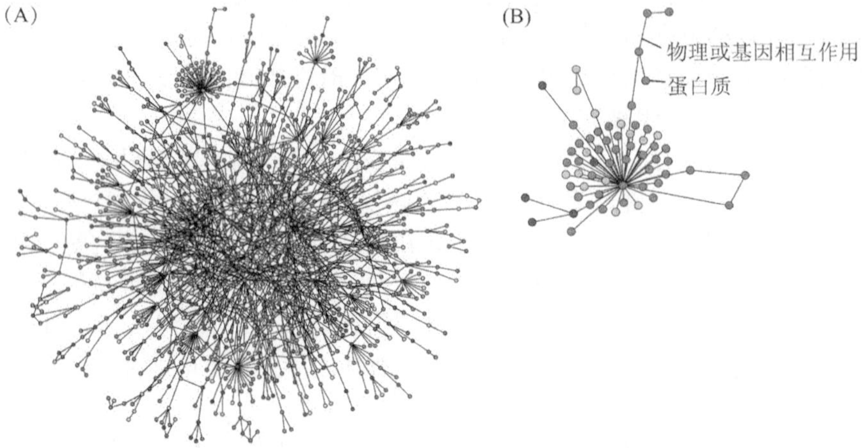

图 4.20　酵母蛋白质相互作用网络。(A) 这个图中每个节点代表一个蛋白质。连接节点的线代表两个蛋白质之间有相互作用，包括生化或基因的相互作用。这种分析表明酵母的所有蛋白质产物都参与到相互作用网络中来，没有谁是孤岛。(B) 网络中的一部分的放大图。(取自 H. Jeong et al., *Nature* 411: 41, 2001.)

另外一些类型的基因组或蛋白质组尺度的实验可以显示即时相互作用或功能相互作用，它们在简单搜索稳定复合物时可能被漏掉。一种普遍用于寻找相互作用的蛋白质的方法被称为双杂交筛选法。在这一新颖的处理中，选择一个蛋白质作为“诱饵”融合到一个有特定功能的蛋白质片段上，当且仅当诱饵蛋白与携带另外一半功能标签的靶蛋白结合时，该片段能够调节报告基因的表达。选择一个诱饵蛋白探测带标签的可能伙伴蛋白库可以不借助任何生化提纯的手段迅速辨识活细胞中与诱饵结合的蛋白质。这种生化信息与通过另外一些体现基因或功能相互作用的大范围筛选方法得出的信息相结合形成快速增长的数据库，它们及时地为研究者理解任何感兴趣的基因突变的可能后果提供了分子层次的知识。

为何这些新的基因组和蛋白质组技术的迅猛发展发生在酵母而不是其他模式生物上？正如我们所描述的，部分答案与酵母本身的性质有关。然而，同等重要的另一部分答案来自于酵母研究群体的特征。上千个独立的实验组利用酵母作为首要或次要的模式生物，这些研究群体认识到创建和共享大规模资源的强大威力。目前，无论有形资源 (包括酵母菌株和质粒) 还是无形资源 (即由这些技术产生的大规模定量数据集) 均在研究群体所有成员间自由和高效地共享。这放大了任何一个独立研究组的力量，使得酵母研究群体成为我们已经描述的基因组和蛋白质组网络的大尺度类似物。

4.6 果　蝇

4.6.1 现代遗传学的兴起

果蝇作为模式系统用于研究遗传学、发育乃至脑功能和动物行为

分子生物学的历史上反复出现的主题之一是努力探索对已知抽象概念的具体认识。其中一个例子是发现抽象的基因 (遗传的基本单位) 的物理承载实体是染色体, 这一发现得益于托马斯·摩尔根和他的研究组在果蝇上的工作。摩尔根和他的学生的实验旨在研究变异的相关性。他们像孟德尔一样关心遗传和变异的性状。实验的重要出发点是白眼果蝇的个体而不是红眼野生型果蝇。

将摩尔根、斯特蒂文特及其合作者的不同实验联系到一起得到一个美妙而坚实的观念: 遗传的相关性给出了基因在染色体上的物理距离的度量, 如图 4.21 所示。他们利用一个简单想法找到基因在果蝇染色体上的位置, 这个想法是在交换过程中染色体上靠近的基因有更大的机会一起遗传到后代。交换是指在果蝇产卵时通过基因组 DNA 的剪接而扰乱基因的过程。例如, 携带白眼和微型翼的双变异母体的后代携带这两种变异 (或一种, 或没有变异)。摩尔根及合作者观察到携带白眼和微型翼的变异母体的后代同时包含两种变异的可能性要比携带白眼和黄色躯体的变异母体的后代中同时包含两种变异可能性小。他们将其解释为表达黄色躯体的基因与表达白眼的基因在染色体上的物理距离要比表达微型翼的基因到白眼基因近, 因而在基因重组过程中被分开的概率更小。

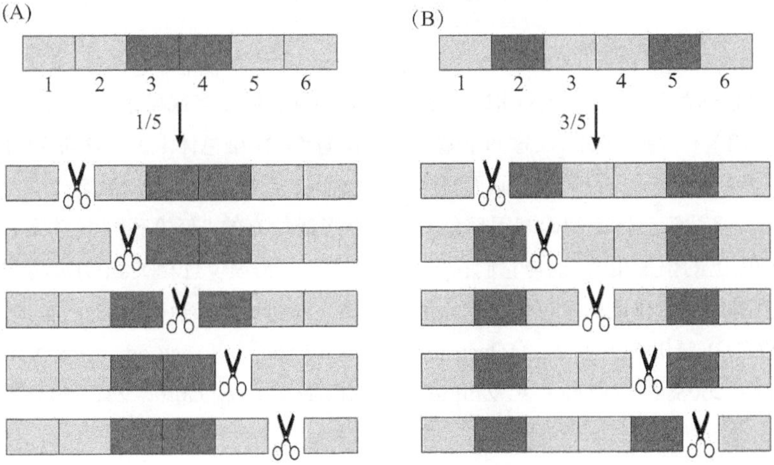

图 4.21　通过标记两个不同点之间的字符串然后进行随机剪切来阐明变异的相关性以及基因的物理距离。剪切后两个标号仍然处在字符串的同一部分上的概率依赖于剪切前它们之间的物理距离。(A) 紧靠在一起的两个变异 (用深色框表示) 在剪切后仍有很大的可能性 (5 次中有 4 次) 靠在一起。(B) 离得较远的变异有很大的可能性被分开 (5 次中仅有 2 次处在字符串的同一部分上)

另外一个关键的观察结果使得基因从遗传的基本单位这样一个抽象概念演化为染色体上 DNA 的物理片段, 这得益于果蝇唾液腺细胞的特别性状。这些巨大的细胞将染色体复制很多份而不将染色体分开。复制的多份 DNA 拷贝排列成巨大的多线染色体, 如图 4.22 所示, 它们在光学显微镜下清晰可见。多线染色体上的特征深浅条带图样代表了标识一段特定染色体的条形码。有趣的是, 显微镜中观察到的不同类染色体的数量与通过遗传分析确定的连锁群 (即一起传到下一代的基因的集合) 的数量是相同的, 这表明可见的染色体与遗传的连锁单元直接对应。研究发现, 明显地改变多线染色体条带图样的大型物理重组 (如倒位和缺失) 与基因的倒位和缺失 (表示一组基因的连锁发生改变) 相关联。这强有力地证明了基因是按顺序排列在染色体 DNA 上的物理实体。毫不夸张地说, 摩尔根等通过研究染色体上的基因图谱启动了通向以全基因组测序和生物学绘图法为标志的现代遗传学顶点的科学程序。

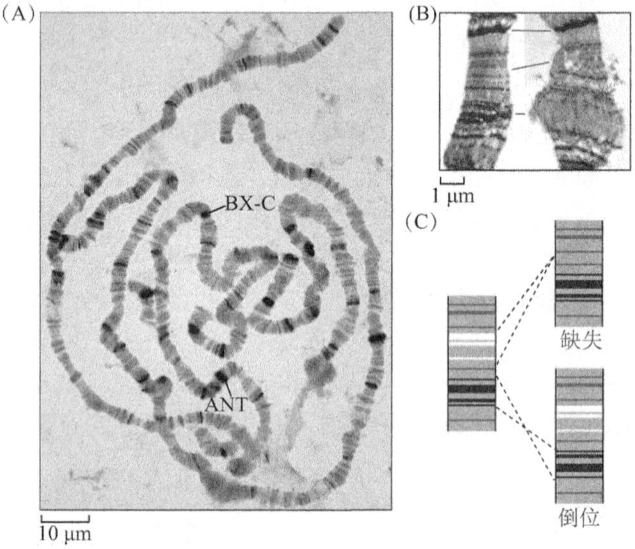

图 4.22 多线染色体和基因绘图。(A) 取自果蝇唾液腺细胞的巨型多线染色体的光学显微图片。图中标出触角足 (ANT) 和双胸 (BX-C) 这两个基因座的位置。(B) 染色体上的一小部分的放大图显示多线染色体结构的转录效应。左右两边的画面显示了染色体的相同区域在蜕皮激素启动发育转录的特定阶段前后的样子。多线染色体束编码基因部分的解浓缩形成特有的"疏松区"。这些发育调控基因的特性与它们在基因图上的位置相关, 也与它们在多线染色体上的物理位置相关。(C) 示意图表示多线染色体的外观以及基因图所决定的染色体上的基因表观顺序如何反映染色体上的一部分物理缺失或倒位。(A 图取自 B. Alberts et al., Molecular Biology of the Cell, 5th ed., New York, Garland Science, 2008; B 图取自 I. F. Zhimulev et al., *Int. Rev. Cytol.* 241: 203, 2004.)

4.6.2 果蝇与发育

果蝇的第二个关键作用是作为模式系统研究发育。与噬菌体、大肠杆菌以及酵母不同, 果蝇是多细胞动物, 更像我们有头、眼和腿。几个显著的果蝇变异表明单基因的改变会导致由上千个细胞构成的复杂身体部件的重构。例如, 无眼和无翼变异会导致果蝇的发育过程中不形成眼和翼这两个关键部件。更神奇的是触角足和双胸变异, 如图 4.23 所示, 它们导致身体的一部分转移到另外一部分。携带触角足突变基因的果蝇的头上本应长的触角却变成了腿。而携带双胸突变基因的果蝇则在正常翼后面长出完整的第二套翼。这些观察事实表明大尺度的发育模式受控于主要调控基因。这些单基因启动级联的事件设定许多不同的细胞型按精心调控的空间顺序产生身体的各部件, 如眼、腿和翼。我们将在第 18 章进一步讨论这些基因。

更一般地, 对具有身体缺陷的果蝇突变体的遗传学分析为我们理解发育过程中细胞彼此通信形成大尺寸的复杂斑图提供了大量的见识。一个最常见的重要实例是果蝇胚胎沿着从头到尾的轴上的一系列体节 (它们最终发育成成年果蝇的不同体节) 的形成过程。这些斑图展示在图 2.35 中并在第 2.3.3 节加以讨论。体节的形成需要几种不同类细胞之间利用物理过程 (如扩散) 建立信号分子的稳定分布进行通信, 还要利用有趣的正负反馈过程提炼位置信息。在第 19 章, 我们将回到这个例子并且探索涉及这类斑图形成的优雅的分子和细胞相互作用。

另一种在果蝇中已被很好地研究过并对其他种类的动物发育同等重要的发育事例是由一组完全相同的细胞怎样分化成不同类的细胞。一个被充分研究的生动实例是图 2.25(D) 所示果蝇眼睛的发育过程中光感细胞的异化。像我们一样, 果蝇眼睛包含一系列光感细胞, 它们能够响应不同频段的可见光谱使动物能看见颜色。在发育的早期阶段, 每个果蝇光感细胞前体有变成各种光感细胞型的潜力。随着发育的进行, 细胞与它们的邻居以某种方式通信迫使最终结局是每个群组仅包含一种细胞型。这种局部的细胞间通信是受细胞表面表达的蛋白质介导的, 它允许每个细胞了解其邻居正在做什么并且指挥邻居不要采用自己正在进行的发育程序。

图 4.23　将身体的一部分转移到另一部分的果蝇变异。(A) 扫描电子显微镜显示的果蝇头部, 左边是有触角的正常头部, 而右边是触角足突变体。(B) 正常果蝇和携带双胸突变基因的果蝇。[(A) 图由 F.R. Turner 惠赠; B 图由 E. B. Lewis 惠赠]

由于果蝇是方便地用于遗传分析的对象，它作为模式系统已经为理解发育过程提供了一些重要的分子线索。从果蝇实验中收集的信息，包括特定关键分子的标识以及斑图形成的模式，已经在理解动物 (包括小鼠和人，它们不太容易进行遗传学处理) 的发育过程中起关键作用。

4.7 小 鼠 和 人

我们已经证明，酵母比大肠杆菌对真核生物学的研究更有用，而果蝇比酵母对多细胞和动物发育的相关问题的研究更有用。同样，一些人类最感兴趣的生物问题，如癌症的发展和哺乳动物特有的精细的中枢神经系统 (如高度灵敏的嗅觉)，只能在哺乳动物模式系统中研究。许多不同类哺乳动物被用作实验的研究对象，如马、狗和啮齿动物。通常，啮齿动物由于有较小的尺寸和相当短的繁殖周期而被广泛应用。大鼠被广泛用于心理学和生理学实验，因而产生了专门术语“实验室大鼠”。豚鼠也作为实验对象用于危险的研究工作，因而产生专门术语“被作为豚鼠对待”。但是目前在所有被用于生物医学研究的啮齿动物和哺乳动物中，小鼠是最重要的。

自从人类开始储存谷物，可能就把小鼠养作宠物。很早人类就注意到偶然的突变体具有与正常小鼠不同的颜色和行为。到 18 世纪，日本的小鼠爱好者刻意繁殖奇异的彩色小鼠，在 19 世纪，养小鼠开始在欧洲流行。小鼠寿命短 (大约 2 年)，6~8 周进入性成熟期，这有利于遗传育种实验。尽管分离小鼠的突变株相对容易，但在很长时间里识别负责颜色或行为异常的分子损害是非常困难的。过去 50 年中克隆和基因分型技术的进展使得识别特定变异的基因位置变成现今的常规操作。更重要的是，现在实际上可以按我们对大肠杆菌、酵母或果蝇进行基因工程设计的相同方法对小鼠进行蓄意的基因工程设计。我们可以通过特异性位点重组删除特定的基因，也可以引入和表达修改过的基因。例如，GFP 可以在小鼠的特定组织中由已知的启动子控制基因表达，或者在所有细胞中表达。这样的小鼠如图 4.24 所示。

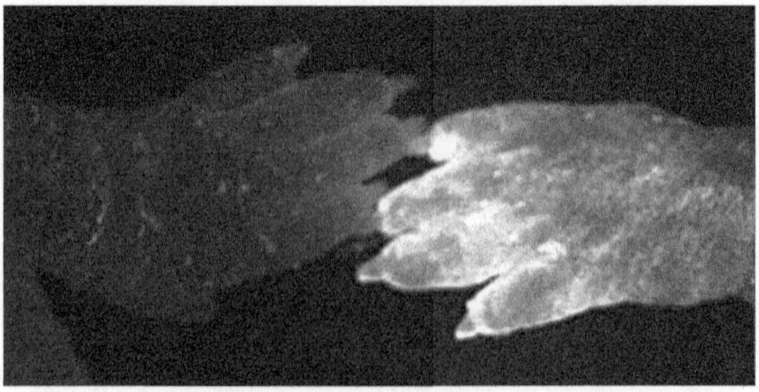

图 4.24　小鼠的基因操控。小鼠胚胎干细胞被设计使得它们在发育的所有阶段都能表达绿色荧光蛋白。然后将这些被设计的细胞引入正常的小鼠胚胎，由此产生的嵌合小鼠繁殖产生的动物身体每一个细胞都表达绿色荧光蛋白。表达绿色荧光蛋白的小鼠的爪子通过荧光照明成像显示在正常小鼠爪子图像的右边。(由 John M. Greally 惠赠)

哺乳动物发育的一个非常有趣的性质是每个细胞在特定的早期阶段是全能的, 也就是它可以变成成年动物的任意一种细胞型, 这是果蝇所不具备的性质。全能性的一个常见表现是同卵双胞胎: 当早期胚胎细胞碰巧分成两组, 每组都能形成完整的人。具有这种性质的胚胎细胞可分离并且进行基因设计。操控胚胎干细胞是研究哺乳动物发育生物学的关键手段。人类的第一例胚胎干细胞在 1998 年被分离出来, 世界各地正在迅速研究它们的性质和潜在的医学应用。

4.8 特型系统

本章讨论的大多数模式系统是实验室的功臣, 大量的实验室利用它们作出了各式各样的发现。然而, 在许多情况下, 生物的特异性对阐明生物功能的普遍原理也是十分有用的。许多这类生物不能在实验室中培养, 其出名的科学理由可能是基于单一的发现。然而, 如果没有这些发现, 生物学的现状将会完全不同。

4.8.1 特型细胞

在描述细胞内的情况时, 我们经常落入陷阱, 认为所有的细胞是相同或相似的。显然, 这个想法太过于简化。就算是在单个生物体上, 如人体, 包含相同基因组的不同细胞在实现不同目的时是高度特异性的。实验生物学家长期以来利用同一生物体或生态系统中的不同生物体的不同细胞的多样性和特异性来研究他们关心的特定过程的机制, 这些过程可能要使用非常多的细胞, 但是只有少数会给出漂亮结果。

例如, 膜骨架蛋白 (肌动蛋白和肌球蛋白) 参与所有真核细胞产生收缩力的过程。脊椎动物的骨骼肌细胞包含很高浓度的这两种蛋白质, 它们组成规则的阵列, 能产生很大的力并收缩很长的距离, 从而移动动物的四肢。因此关心肌动蛋白和肌球蛋白产生力的机制的生化学家长期以来将骨骼肌细胞作为特型细胞进行研究, 在该细胞上这两种蛋白质很容易提纯, 也很容易在它们的天然栖息地上进行研究。有些动物以特别有趣的方式进一步修饰它们的特异性细胞, 这对于一般过程中的重要蛋白质的识别也是有益的。电鱼利用由肌肉衍生出来的高度特异性器官产生电荷将猎物电晕。控制正常肌肉细胞收缩的电信号只发生在细胞表面非常小的区域上, 该区域有一个运动神经元与乙酰胆碱受体局部接触 (我们将在第 17 章描述这一电信号转导机制)。在典型的骨骼肌细胞中, 这一受体的覆盖区域不到细胞表面的 0.1%, 因此提纯并研究其功能是非常困难的。然而, 在电鱼的带电器官中, 电受体域覆盖率超过了细胞表面的 10%。因此, 希望提纯并研究乙酰胆碱受体的研究者通常可以通过捕获野生电鱼而如愿以偿。

另外一个例子是果蝇的唾液腺体细胞, 它们有非常大的尺寸, 便于研究普遍的细胞过程。如上节所述, 在这些大型细胞中, 染色体重复许多份而细胞没有分裂, 4 条染色体会形成束状排列。染色体束上的条纹图样反映染色质的基本差异, 它们在光学显微镜下清晰可见。这种细胞特有的性质对早期研究果蝇的遗传学家建立基因这一抽象概念的物理认识非常重要。

动物王国以外也有被认可的重要的特型细胞。其中一个是小的泪珠形四膜虫, 科学家利用它进行分子生物学的研究硕果累累。这种生物是在识别制造端粒的生物合成机器时首次获得殊荣。端粒是线性染色体尾端的特异性片段, 它们阻止复杂的 DNA 复制过程中尾端的信息丢失。在人类细胞中, 端粒代表了整个 DNA 很小的一部分, 我们 46 条染色体中每端只有一个端粒。然而, 四膜虫经历独特的发育过程, 染色体上的这一重要片段被拷贝许多次并且储存在单独的特异性细胞核中, 以至于每个细胞有几千个端粒。像我们上面讨论的例子一样, 这种特异性便于通过生化方法识别合成端粒的酶复合物, 即端粒酶, 它在所有真核生物中是相当保守的。四膜虫也因拥有核酶这一具有催化性的 RNA 而闻名。核酶能够催化生化裂解反应, 而这通常被认为是蛋白质管辖的工作。从结构和化学上研究这一催化作用的特性帮助我们揭示了生化催化在更普遍意义下的工作原理。

4.8.2 乌贼巨型轴突和生物电

在生物学历史上, 我们将反复看到这样一些例子, 通过新奇生物的新奇细胞容易对重要的分子或生物过程进行辨识或研究。在第 17 章中, 我们将重新讲述一个漂亮的例子, 即乌贼的巨型轴突, 它对我们理解神经元的电信号转导机制以及长距离的胞内运输机制产生了重要影响。乌贼巨型轴突与其他动物神经细胞的工作原理相同, 不同之处就像其名字所暗示的, 它的直径达 1 mm。研究细胞电性质的一个关键挑战是怎样将我们宏观的测量装置与细胞膜连接。转化为技术问题是如何将电极与神经细胞连接。由于乌贼巨型轴突尺寸很大, 它非常适宜于在实验室中操纵, 用电极穿刺连接, 然后在显微镜下观察。于是, 乌贼巨型轴突允许科学家迎接这一挑战, 通过电极对神经细胞施加直流电信号。乌贼及其轴突示意图参见图 4.25。后来发展出的更细和更好的电极使得研究更小的神经元的电信号转导成为可能, 结果表明在乌贼轴突中得到的基本规律具有普遍性。

细胞的许多工作是由细胞内和细胞外基质中的电荷介导的。控制电荷的空间位置和时间演化与大量的过程特别是神经细胞实现功能有关。这里的讨论将表明关于乌贼巨型轴突的研究如何成为我们当前理解动作电位的基础。

神经细胞有稳定的跨膜电位差

细胞膜促成细胞内不同类型的化学分子 (从简单离子到蛋白质) 分区化。一个后果是膜两侧的电荷状态不匹配, 从而建立了跨膜电位, 通常称为膜电位。为认识真实细胞中离子失配的意义, 我们注意到细胞内的 K^+ 浓度比细胞外约大 20 倍。相应的膜电位可以通过能斯特 (Nersnt) 方程 (详见第 17 章) 粗略估算, 能斯特方程如下

$$V=\frac{k_BT}{q}\ln\frac{C_{\text{out}}}{C_{\text{in}}} \tag{4.1}$$

式中, q 是所关心的分子带的电量; C_{out} 是该种电荷在细胞外基质中的浓度; C_{in} 是该种电荷在细胞内的浓度。利用上面给出的浓度比, 从能斯特方程得到膜电位约为 $-75\,\text{mV}$, 即细胞内的电位比细胞外的电位低 $75\,\text{mV}$。

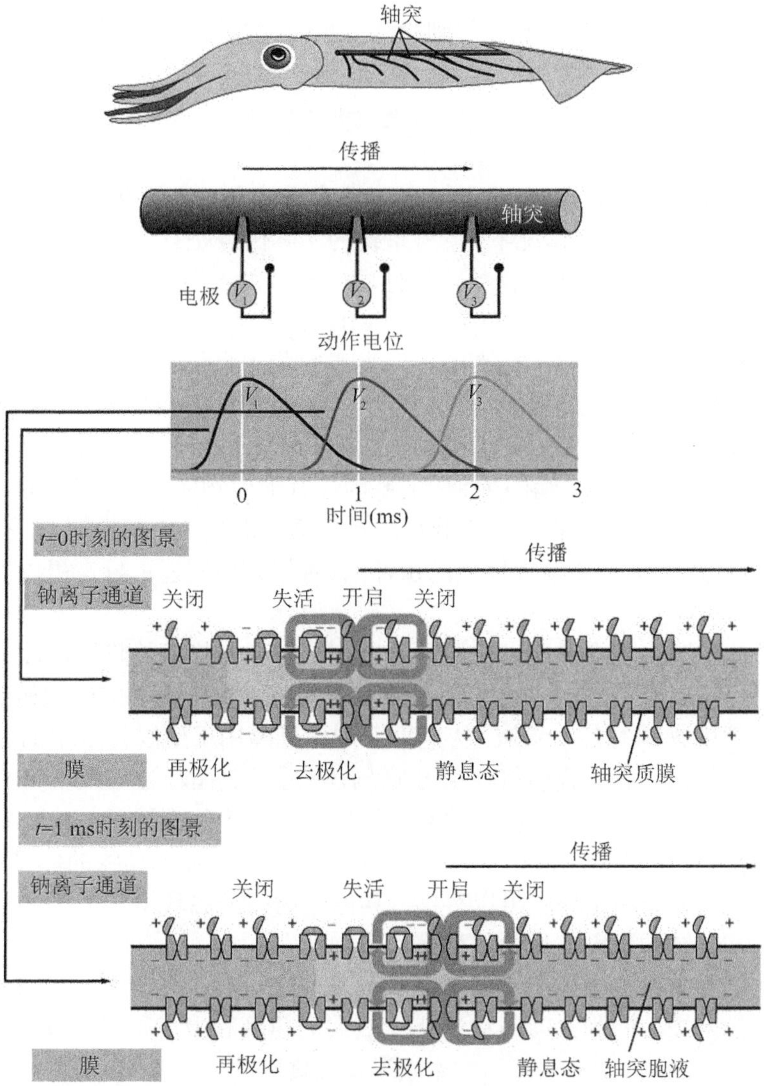

图 4.25 乌贼巨型轴突。示意图表明轴突是乌贼骨骼的一部分, 阐明动作电位 (抽象的电学术语) 的传播, 展示离子通道的出现怎样调节动作电位。(取自 B. Alberts et al., Molecular Biology of the Cell, 5th ed. New York, Garland Science, 2008.)

神经细胞传播电信号并实现彼此通信

细胞利用许多不同的机制传递信息。其中一个关键机制与化学信号分子的出现有关, 它们被释放出来作为细胞信号转导的基础。另一个信息传输的关键机制是利用电信号, 特别是所谓的动作电位。动作电位的物理图像是沿着神经细胞以 100 m/s 传播的膜电位的行脉冲。电脉冲沿神经细胞轴突相继到来, 参考示意图 4.25。膜的通透性瞬时改变伴随着跨膜离子流, 这导致轴突某点上的膜电位的局部值偏离其平衡值。这种电位在空间上的局部改变产生的效应是扰乱它附近的离子浓度分布和电位, 进而瞬时改变该区域的通透性以及相应的膜电位。这种级联事件依次沿轴突向下游传播, 如上面所看到的那样, 可以作为信号转导的基础, 肌肉收缩对外部刺激产生响应为此提供了证据。

4.8.3 特殊试剂

由于分子和功能具有普遍性, 我们在前一小节重点关注能产生特异性分子或实现专有功能的生物。然而, 在许多情况下, 特型系统的实际优点是它们能够做独特的事情。聪明的科学家已经反复利用一些生物独特的性质生产试剂, 这些试剂可作为生物学家工具箱的重要组件。最熟悉的例子是绿色荧光蛋白 (GFP)。这种蛋白质由水母产生, 是它们在深海中产生光信号的系统部件。在光照下发光或发荧光是很多生物共有的现象, 包括萤火虫、细菌、真菌、珊瑚和水母。然而, 许多光产生系统依赖于酶通过精细的生物合成途径合成的高度复杂的化学基团。GFP 的特别之处在于这种蛋白质本身就可以发荧光而不需要额外的化学基团。于是当编码 GFP 的基因在其他生物体 (从细菌到烟叶到兔子) 中表达时, 蛋白质仍会发荧光。在本书中我们将反复看到利用 GFP 的例子, 有时它作为转录受体, 有时作为测量细胞质物理性质的探针, 有时作为标签显示特定蛋白质在活细胞中的分布情况。

有史以来从特型生物中提炼出的最重要试剂是水生栖热菌的热稳定性 DNA 聚合酶, 它是发明聚合酶链反应 (PCR) 的基础。我们将在第 8 章中讨论 PCR 的机制。这一革命性的技术被用于生物学的各个领域, 从生物识别到克隆用于生物技术中的有用产品乃至法医鉴定犯罪现场的证据。我们将在第 8 章描述, 通过热循环过程反复升高和降低样品的温度, PCR 能够扩增罕见的 DNA 序列。从任何常规生物提取的 DNA 聚合酶在升高温度时变性。但是水生栖热菌喜欢生活在地热温泉中, 而在哺乳动物的体温下会死掉。它的 DNA 聚合酶在整个热循环中可以存活。其他生活在高温环境中的生物也提供了对生物科技和蛋白质的结构研究有用的热稳定性蛋白质。

地球生物的主要特征之一是把大量的能量用于与其他生物的相互作用, 很大一部分用于杀死并吃掉对方。一些食肉动物进化出很大的速度和力量得以捕获猎物。然而锥螺则与此迥异。这种缓慢移动的软体动物家族渴望过食肉的生活方式, 但它们在速度和力量方面都很弱。相反, 它们像巫婆一般酿造出烈性神经毒素使得众多的猎物失去抵抗力。许多蛇类、蜘蛛和蝎子也采用这种类似于化学战的捕食策略; 还有其他生物将神经毒素用于防御, 包括海绵动物、青蛙和河豚。为什么这些毒素不仅奇异, 而且有用呢? 神经毒素通过以非常高的亲和力与它们的目标动物的受体结合而起作用。低浓度的神经毒素抑制这些受体足以瘫痪或杀死目标动物。因此它们的受体几乎总是在神经信号转导和肌肉收缩过程中非常重要的蛋白质。由于神经毒素与受体之间强大的亲和力, 它们可用作生化提纯以及辨识它们的受体。特定的毒素对于研究参与特定形式的信号转导过程中的事件顺序也是十分重要的, 因为毒素通常许可上游事件发生, 而阻止下游事件发生。

这绝不是一个对生物学作出重要贡献的特型生物的完整列表。我们希望强调的是分析生物相互之间的区别以及相似性极大地丰富了我们对生命过程的研究。

4.9 总　结

本章介绍了许多关键的模式分子和模式生物, 它们作为发展物理生物学的基础在本书后面的章节中会反复出现。我们认为一旦特定生物体的生物学进展顺利, 就可以将研究重心转移到定量理论和实验之间的丰富联系上来, 这是本书探索的物理生物学的核心内容。我们将回到一些关键的模式系统: 血红蛋白、噬菌体、大肠杆菌、酵母以及果蝇。除了这些关键的名流生物外, 我们主张研究特型系统也是非常重要的。在许多方面, 生物学乐意研究生物体之间的差异以及理解进化怎样导致特异性。在本书后面的内容中, 我们将反复探索这些主题。

4.10 课后习题

1. 血红蛋白和肌红蛋白的结构

(1) 在第 2 章问题 4 中, 我们获得了血红蛋白和肌红蛋白的原子坐标。测量它们的尺寸, 辨别不同的亚基和血红素基团。

(2) 将 4.2.1 节中对血红蛋白的分析展开, 计算在红细胞内血红蛋白的平均间距。这个间距与血红蛋白分子尺寸相比如何?

(3) 全血细胞计数 (CBC) 的典型结果显示在表 4.1 中。假定成人约有 5 L 血液。根据这些数值估计:

①红细胞数目;

②它们占血液的体积百分比;

③它们的平均间距;

④血液中血红蛋白的总量;

⑤每个红细胞中的血红蛋白数目;

⑥血液中白细胞的数目。

2. 地球上噬菌体的数目

(1) 利用 Bergh 等 (1989) 的数据可以估算出地球上噬菌体的数目。从湖泊和海洋取水作样品数噬菌体的数目, 得到每毫升水含 $10^6 \sim 10^7$ 个噬菌体。利用对地球含水量的合理假定, 估算噬菌体的数目。

(2) 利用 (1) 的结果计算出地球上所有噬菌体的总质量。

(此问题由 Sherwood Casjens 提出)

3. 遗传学的数字

DNA分子上连续三个碱基称为密码子, 每个密码子编码一个氨基酸。大肠杆菌的 DNA 的分子质量是 3.1×10^9 Da。每个碱基对的平均分子质量是 660 Da, 占据 DNA 分子上 0.34 nm 的距离。

(1) 计算大肠杆菌基因组 DNA 与大肠杆菌的质量比。

(2) 计算大肠杆菌 DNA 的长度。这个尺寸与单个大肠杆菌细胞尺寸相比如何?

(3) 假定大肠杆菌的每个蛋白质是 300 个氨基酸的链。大肠杆菌的 DNA 最多可以编码多少蛋白质?

(4) 假定有个外星球上的遗传密码的每个密码子由两个碱基组成, 而 DNA 仍旧包含 4 种不同的碱基。那么可以编码多少种不同的蛋白质?

4. 变异的相关性与基因的物理距离

在 4.6.1 节, 我们简要叙述了斯特蒂文特对突变果蝇的分析以及由此产生的第一张染色体图谱。在表 4.2 中, 我们给出了他作图用到的与不同变异相关的交换数据。这里交换指的是染色体重排过程中两条染色体交换 DNA 的部件。这个过程如图 4.26 所示。斯特蒂文特看到 6 个遗传因子: B、C、O、P、R 和 M。黑色因子 B 处于隐性的果蝇躯体呈黄色。因子 C 和 O 是完全连锁的, 它们总是在一起, 这两个因子处于隐性的果蝇有白色的眼睛。因子 P 处于隐性的果蝇有朱红色的眼睛, 而不是通常的红眼。最后, 因子 R 处于隐性的果蝇翼退化, 而 M 处于隐性的果蝇有微型翼。部分果蝇表现出因子 B 和 P 的交换, 记为 BP。假定重组频次与两个基因座在染色体上的距离成正比。

表 4.2　果蝇的 6 个伴性遗传因子的交换比例 (取自 A. H. Sturtevant, *J. Exp. Zool.* 14: 43, 1913.)

因子	交换比例
BR	115/324
B(C,O)	214/21 736
(C,O)P	471/1 584
(C,O)R	2 062/6 116
(C,O)M	406/898
PR	17/573
PM	109/458
BP	1 464/4 551
BM	260/693

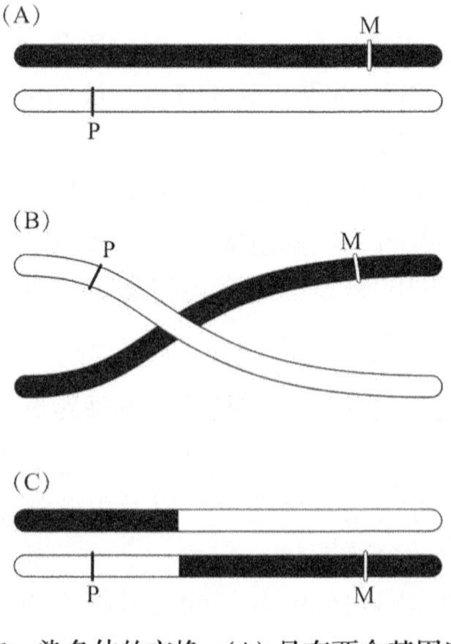

图 4.26　染色体的交换。(A) 具有两个基因座 P 和 M 的染色体交换前的状态。(B) 交换状态。(C) 交换后的染色体

利用表 4.2 中的数据点绘图, 重现斯特蒂文特的结论。

记住: 较短的"距离"比较长的"距离"更具有可靠性, 因为后者更倾向于双交换。距离具有可加性吗? 例如, 你是否可以通过距离 B(C,O) 和 (C,O)P 来预测 B 和 P 的距离? 怎样解释表 4.2 的最后两个数据点?

5. 突变体库的饱和性

在一组经典实验中, 黄果蝇的第二染色体被诱变处理, 这些变异的效应通过它们在胚胎发育中的表型来刻画。实验发现 272 个突变体的表型与野生型胚胎明显不同。然而, 当研究者利用图 4.21 所示的方法确定变异位点以及进行上一问题的计算时, 他们发现这些变异只映射到染色体上的 61 个不同的位置 (或基因座)。图 4.27 表明随着越来越多的突变体被计入, 越来越多的突变体会对应于已经识别的基因座。利用基于基因座等概率变异假设的模型计算新发现的基因座的数目与分离的突变体的数目之间的函数关系。解释饱和效应并针对数据画出你的计算结果图。提供一个判断是否值得继续搜索基因座的判据 (提示: 写下计入第一个 M 突变体后还没有被映射的一个特定基因座的概率)。本书的网站提供了这一问题的相关数据。

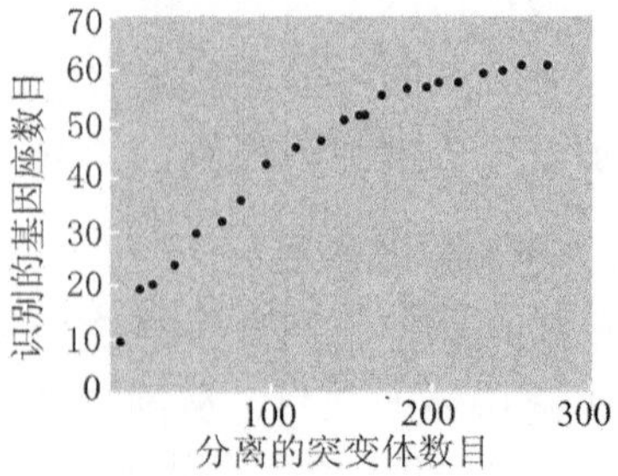

图 4.27　突变体库的饱和性。识别的不同基因座的数目与分离的突变体数目之间的函数关系 (取自 C. Nusslein–Volhard et al., *Roux's Arch. Dev. Biol.* 193: 267, 1984.)

6. 基因的剪接和内含子的发现

一个经典的实验发现编码蛋白质的真核基因组 DNA 密码以不连续的方式排列, 最终形成了内含子的概念, 内含子是给定基因在翻译之前实际剪接出 mRNA 分子的区域。该实验的基本想法是将未剪接的 DNA 与一个模仿已剪接的 mRNA 的 DNA 杂交。利用图 4.28, 估算出剪接区的尺寸。

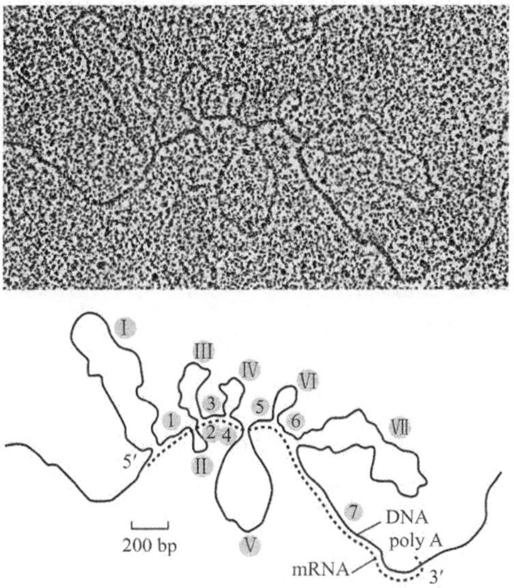

图 4.28 证明存在内含子的实验。未剪接的 DNA 杂交出已剪接的 mRNA。DNA 上的环对应区域在 mRNA 中被删除。(取自 P. Chambon, *Sci. Am.* 244: 60, 1981.)

4.11 延 伸 阅 读

Davis, RH (2003) The Microbial Models of Molecular Biology, Oxford University Press. 研究了微生物模式系统的作用。

Johnson, GB (1996) How Scientists Think – Twenty-one Experiments That Have Shaped Our Understanding of Genetics and Molecular Biology, Wm C. Brown Publishers. 详细描述了本章讨论的许多经典实验。

Tanford, C, & Reynolds, J (2001) Nature's Robots: A History of Proteins, Oxford University Press. 描述了确定蛋白质的性质相关的思想发展史。从本章的内容来看, 读者会发现血红蛋白有规律地进入历史舞台。

Dickerson, RE (2005) Present at the Flood: How Structural Molecular Biology Came About, Sinauer Associates. 包含了结构生物学的革命性的评论和文章。与本章主题相关的是 Dickerson 的作品"怎样解析蛋白质结构", 它着重强调了球蛋白。

Berg, H (2000) Motile Behavior of Bacteria, *Phys. Today*, Jan. 对大肠杆菌的运动提供了精彩而简明的描述, 包含了本章的许多主题。另外两本精彩的书分别是*E. coli* in Motion (2003, Springer) 和 Random Walks in Biology (1993, Princeton University Press), 它们解释了细菌的许多迷人性质, 包括趋化性。

Echols, H (2001) Operators and Promoters, University of California Press. 描述了分子生物学的历史。从本章的内容来看, 它为应用噬菌体和大肠杆菌作为模式系统提供了独到见解, 也精彩地描述了诸如基因调控这样的主题。

Judson, HF (1996) The Eighth Day of Creation, Cold Spring Harbor Laboratory Press. 与 Echols 的书一样, 叙述了分子生物学的发展史, 描述了本章中讨论的许多实验和进展。是一本引人入胜的书。

Barnett, JA (2003) Beginnings of microbiology and biochemistry: the contribution of yeast research, *Microbiol.* **149**, 557. 作者写了一系列关于酵母参与生物化学和微生物学兴起的过程的历史文章。本文提供了对我们极力推荐的更完整的论文集的宏观认识。

Ghaemmaghami, S, Huh, W-K, Bower, K, et al. (2003) Global analysis of protein expression in yeast, *Nature* **425**, 737. 提供了对野生型酵母基因组实验的宏观认识, 这些实验允许研究酵母的几乎全套蛋白质。

Kornberg, A (1991) For the Love of Enzymes, Harvard University Press. 描述了作者在 DNA 复制方面的工作, 也包含了有趣的故事。

Weiner, J (1999) Time, Love, Memory, Alfred A. Knopf, Inc. 本章我们描述了黄果蝇反复被用作模式系统刻画真核生物的遗传和发育。Weiner 的书提供了果蝇和西莫尔·本泽尔的有趣而颇有创见的传记, 本泽尔用这种生物作为研究行为生物学的对象。

4.12 参考文献

Alberts, B, Johnson, A, Lewis, J, et al. (2008) Molecular Biology of the Cell, 5th ed., Garland Science.

Berg, P (1993) Dissections and reconstructions of genes and chromosomes. In Nobel Lectures, Chemistry 1971–1980. World Scientific Publishing Co.

Bergh, O, Borsheim, KY, Bratbak, G, & Heldal, M (1989) High abundance of viruses found in aquatic environments, *Nature* **340**, 467.

Brunori, M (1999) Hemoglobin is an honorary enzyme, *Trends Biochem. Sci.* **24**, 158.

Chambon, P (1981) Split genes, *Scientific American* **244**, 60.

Chant, J, & Herskowitz, I (1991) Genetic control of bud site selection in yeast by a set of gene products that constitute a morphogenetic pathway, *Cell* **65**, 1203.

Dickerson, RE, & Geis, I (1983) Hemoglobin: Structure, Function, Evolution and Pathology, The Benjamin/Cummings Publishing Company, Inc. This lovely book is a testament to the status of hemoglo- bin as a model system. Chapter 2 gives an excellent discussion of the key role of hemoglobin as a model system with relevance to physiology, structural biology and the biophysics of allostery and cooperativity.

Grimes, S, Jardine, PJ, & Anderson, D (2002) Bacteriophage phi29 DNA packagings, *Adv. Virus Res.* **58**, 255.

Imai, K (1990) Precision determination and Adair scheme analysis of oxygen equilibrium curves of concentrated hemoglobin solution. A strict examination of Adair constant evaluation methods, *Biophys. Chem.* **37**, 197.

Jeong, H, Mason, SP, Barabasi, AL, & Oltvai, ZN (2001) Lethality and centrality in protein networks *Nature* **411**, 41.

Klotz, IM (1997) Ligand–Receptor Energetics – A Guide for the Perplexed, John Wiley and Sons.

Maxwell, RW (2002) Maxwell Quick Medical Reference, 5th ed., Maxwell Publishing Company.

Menssen R, Neutzner A, Seufert W (2001) Asymmetric Spindle pole localization of yeast Cdc15 Kinase links mitotic exit and Cytokinesis, *Curr. Biol.* **11(5)**: 345–50.

Novick, P, & Schekman, R (1979) Secretion

and cell-surface growth are blocked in a temperature sensitive mutant of *Saccharomyces cerevisiae*, *Proc. Nat. Acad. Sci.* **76**, 1858.

Nusslein-Volhard, C, Wieschaus, E, & Kluding, H (1984) Mutations affecting the pattern of the larval cuticle in *Drosophila melanogaster*. 1. Zygotic loci on the 2nd chromosome, *Roux's Arch. Dev. Biol.* **193**, 267.

Rossi-Fanelli, A, & Antonini, E (1958) Studies on the oxygen and carbon monoxide equilibria of human myoglobin, *Arch Biochem. Biophys.* **77**, 478.

Sturtevant, AH (1913) The linear arrangement of six sex-linked factors in Drosophila as shown by their mode of association. *J. Exp. Zool.* **14**, 43.

Zhimulev, IF, Belyaeva, ES, Semeshin, VF, et al. (2004) Polytene chromosomes: 70 years of genetic research, *Int. Rev. Cytol.* **241**, 203.

第二篇

从平衡态角度理解生命

5 活细胞中的力学和化学平衡

变分问题是个很古老的问题。它起源于这样一个事实,
在许多情况下, 对人类来说, 只有最优化的才足够好。
——劳伦斯·杨

本章概览: 考察细胞如何支配能量以及我们如何计算能量转化

消耗或释放能量的化学变化是生命系统的特征之一。同其他所有的物理系统一样, 活细胞服从相同的质量和能量守恒定律, 尽管它们同时受到进化史强加的额外约束。在本章, 我们首先总结细胞如何操纵和储存化学能, 以实现物质转化 (如高分子合成)、做机械功 (如肌肉收缩) 乃至产生光能 (如萤火虫腹部发光)。为了发展对这类生物变化过程建模所需的数学工具, 我们采用了如下有用的简化: 许多化学系统和力学系统可视为处于近平衡态来处理。我们将会看到, 真实世界中很多情况可以在平衡态假设下建立非常好的模型。仅从这一角度足以为像蛋白质折叠、结合反应、脂双层的形成等各种基本问题提供深刻的见解。这个重大简化构成了后面几章的实质内容。

5.1 能量和细胞生命活动

细胞生命活动的许多过程都涉及能量的转化。常见的生物是靠吃其他活体或刚死的生物来产生和蓄积的携能有机分子来维持生命的。这种物质转移过程使地球上的所有形式的生命形成一个相互联系、相互依赖的网, 而能量转移是这个网的关键通信模式。人类消耗的食物主要是脂质、蛋白质和糖类, 这些物质最初是由其他的生物体, 主要是植物、动物和菌类等合成的。我们消耗分子不仅是产生物质, 而且为日常生活中的耗能过程提供能源, 这些过程包括肌肉收缩、产生热量和大脑活动。

原则上, 生命的存在不可能仅靠在生物体之间循环和交换能量, 必须要有外部的能源补充。对于地球上的大多数生态系统, 最终的能量来源是太阳光, 阳光被植物、很多单细胞真核生物以及多种细菌的细胞吸收。对于光和生命的吸引人的讨论可以参见“延伸阅读”中的 Morton (2007)。这些细胞中收集的光不仅用来满足它们自己的能量需要, 而且最终为相互依赖的生命之网的其他成员提供能量。这些细胞通过特定的捕光分子实现跨膜离子输运来利用光能。离子梯度以类似于电池的方式来储存能量, 它可以与酶耦合, 将空气中的 CO_2 和水转化为糖, 再间接地进入所有其他的生物分子, 如蛋白质、脂类和核酸等。

至少 4 类关键的能量和生物系统有关: 化学能、机械能、电磁能和热能。生物体可以将这些能量形式中的每一种转化为其他的形式, 一个有趣而重要的例外是: 热能通常是一个死胡同, 因为利用随机的热运动来输出有用功是热力学第二定律所禁止的。例如, 来自

太阳的电磁能以光子形式存在, 在光合作用中被细胞捕获产生化学能, 并用于新陈代谢。相反地, 萤火虫和其他发光生物把化学能转化为光子。生物从环境中获得能量, 主要以化学能的形式储存以备后用。储能分子被用于所有生物大量重要的细胞过程。例如, ATP 被用于跨膜泵送分子、创建细胞运动的特异聚合装置以及驱动分子马达控制肌肉收缩。

我们将援引各种类型的模型来探究能量转化是如何发生的。本章主要目的是说明如何应用能量极小原理和自由能极小原理来预测生命系统中发生的能量转化的方向。在能量极小化计算过程中, 我们将经常假定系统在接近平衡的情况下运行, 以至于系统经历任何小的偏离, 最终都会回到原来的状态。如何调和数学上方便的平衡假设与真实世界中的生物系统不断动态变化的事实? 关键点是不同的过程发生在不同的时间尺度上, 通常可以将在较快的时间尺度上发生的一部分生物过程隔离出来, 在考虑对其他慢过程的影响时假定这一部分过程处于平衡态。

下面几章将建立处理平衡问题的平衡态热力学和统计力学工具。在统计力学的生物应用旅程开始之前, 我们首先比较生物过程的热运动力 (或能量) 与确定性力 (或能量), 并研究生物能量储存的化学基础。

5.1.1 确定性力和热运动力

细胞内部区别于我们日常经验的一个重要特性是在细胞内部热运动力和确定性力是同等重要的。热运动力是指溶剂分子 (如水分子) 不停地扰动导致对高分子结构的作用力。当考虑生物系统所能经历的各种变化时, 用能量曲面来描绘所有可能的状态是有益的。例如, 蛋白质存在很多可能的构象, 但是一些构象相对于其他构象在能量上是有利的。在任意给定的生物系统中, 自由能曲面上的峰和谷可以用能量输入来改变。例如, 拉伸含离子通道的膜可以使通道开启的构象比关闭的构象更有利。同时, 分子探测能量曲面的速率往往是由热运动力决定的。通过采用相同的单位可以将这些不同的效应定量地联系起来。

研究生物系统必须考虑粒子的热碰撞

最有名的体现热运动效应的例子或许是第 3 章介绍的布朗运动 (它是扩散的微观基础)。对小颗粒 (约 1 μm)、荧光标记的分子乃至细胞内的高分子的观察表明它们的运动明显是无规的。这种运动反映了我们关心的颗粒或分子除了受确定性力(如静电相互作用和弹性力) 外, 还受到来自于周围媒质中分子的持续碰撞, 同时, 媒质分子之间也无休止地相互碰撞。

为了对热运动力和确定性力的相对重要性有一个感性认识, 我们需要定量地度量热效应的贡献。通过 E_{det}/k_BT 可以比较热运动能量和确定性能量的尺度, 这里 E_{det} 代表确定性能量的尺度。例如, 我们可以求破坏氢键或弯折 DNA 分子相关的能量尺度。在第 6 章中, 我们将表明一个系统的某个给定“微观态”出现的概率正比于玻尔兹曼因子 $\exp(-E_{det}/k_BT)$, 它显示了热运动能量和确定性能量之间的定量相互作用。对于细胞中

的分子, 室温的热运动能量尺度设定了一个自然的能量单位, 即

$$k_B T = 4.1 \text{ pN nm} \tag{5.1}$$

可以看到这个能量尺度对高分子 (包括糖类、脂类、蛋白质和核酸) 的生命活动至关重要。因为 ATP 水解释放的能量是几十个 k_BT, 许多实现细胞功能的马达在纳米尺度上施加皮牛量级的力。对其他类型的生命转化过程, 有时考虑其他单位表示的热运动能量尺度更方便。例如, 对于生化反应 $k_B T = 0.6$ kCal/mol 或 2.5 kJ/mol, 在考虑电荷的热运动时, 我们将用到 $k_BT = 25$ meV。

热运动力和确定性力的相对重要性的观念更具体地表示在图 5.1 中。该图中的水平线代表热运动能量尺度, 表示为 $k_BT = 4.1 \times 10^{-21}$J。其他线说明了与特定确定性情形相关的能量代价。例如, 从不同尺寸的球上剥离部分电荷、把不同尺寸的杆弯曲以及把电子限制在不同尺寸的盒子中, 后者给出了对结合能的尺度的直观认识 (它也清晰地刻画了氢键结合能和范德瓦尔斯结合能)。图 5.1 的关键点是表明在纳米尺度 (恰好是细胞中的高分子的尺度), 热运动能量与电荷重排、成键和分子重排等性质相关的确定性能量是可比拟的; 这与在熟悉的厘米或米的尺度上确定性力占主导地位的情况不同。

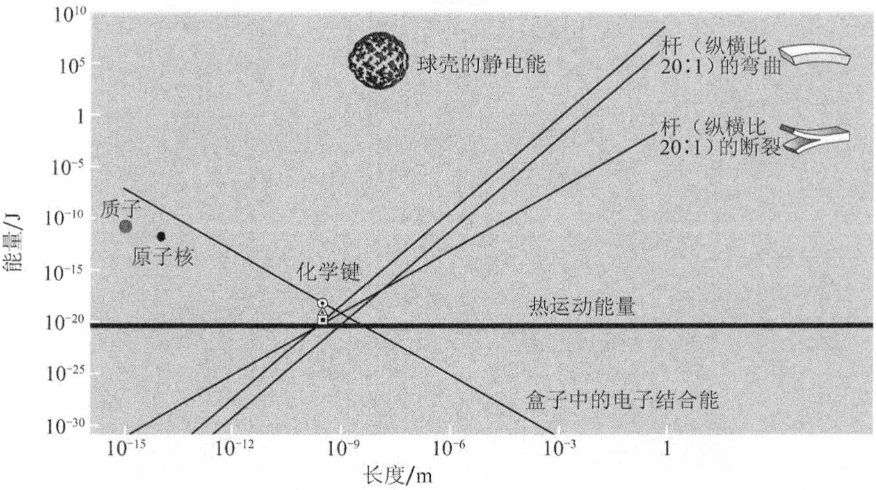

图 5.1 许多不同能量机制的能量与长度尺度的函数关系。该图显示了与物体相关的热运动能量、化学能、机械能和静电能同物体尺寸的尺度律。当物体的特征尺寸接近生物高分子的尺寸时, 所有的能量尺度都会聚于单一区间。水平线显示了热运动能量尺度。弯曲能是通过考虑将纵横比为 20 : 1 的弹性杆弯成半圆弧形来估算的。静电能是对表面上有极性残基的模型球蛋白进行估算的, 蛋白质的所有极性残基都被剥离一个电荷 (见第 9 章)。化学能与长度的函数关系, 即结合能, 是通过考虑将自由电子限制在该长度的盒子中的效应来近似估算的。为了进行比较, 显示了三种化学键 (氢键、ATP 中的磷酸根和共价键) 的结合能的测量值。在双对数坐标中, 它们在会聚点处彼此非常接近。(取自 R. Phillips and S. Quake, *Phys. Today* 59: 38, 2006.)

在分子层次上这些形式的能量具有可比拟的尺度, 并且能够有效地交换, 生物体需要产生运动、热、电以及进行分子合成, 因而是实现能量转化的行家。在很多方面, 活细胞

的能量来自于食物中的化学能, 并被用来产生其他形式的能量。一个有趣的例外是光合作用, 这里电磁能首先转化为化学能, 再转化为其他形式的能量。为了培养数觉, 我们将考察细胞产生和储存化学能的分子基础。

5.1.2 细胞的物质和能量预算

在第 2 章中, 我们估算了细胞中各种不同种类的高分子的数目以及当葡萄糖作为唯一碳源时建构这些组分所需要的葡萄糖分子的数目。我们忽略了碳原子转化为氨基酸、核苷酸、脂肪酸等所做的可观的代谢功。代谢是一个基本术语, 是指细胞把一个分子转化为另一个分子的过程。葡萄糖到赖氨酸的特异转化需要很多酶有序地参与, 其中一些在执行必要转化时要消耗能量。在活细胞中, 能量以几种形式储存和转移, 最常见的一种是三磷酸腺苷 (ATP; 我们将在下面更详细地讨论细胞的能量) 分子中的高能化学键。用来合

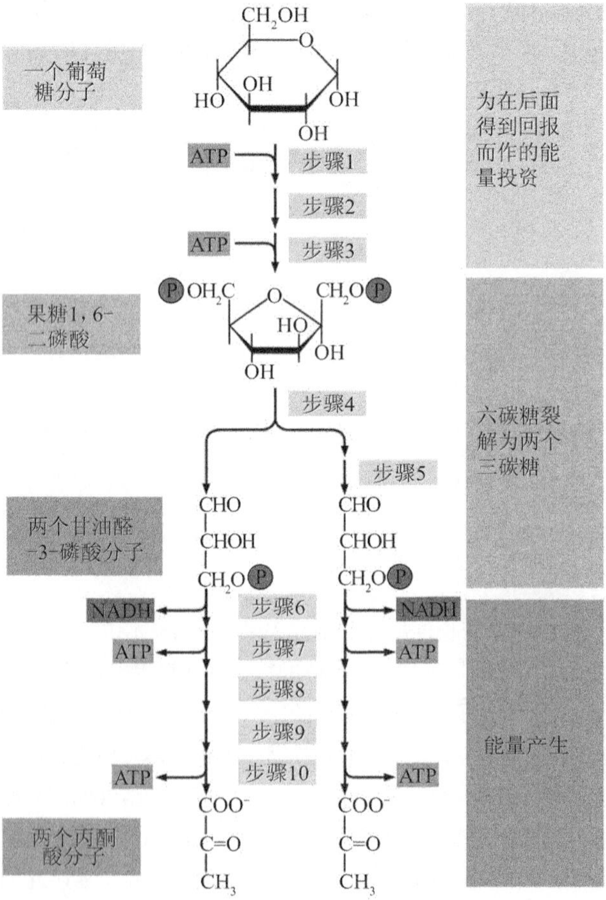

图 5.2　糖酵解途径的整体结构草图。10 步糖酵解的结果是一个葡萄糖分子转化为两个丙酮酸分子以及伴随的净产物: 两个 ATP 分子和两个 NADH 分子。(取自 B. Alberts et al., Molecular Biology of the Cell, 5th ed., New York, Garland Science, 2008.)

成 ATP 的最终能源事实上是来自于葡萄糖的糖酵解途径中的代谢分解, 如图 5.2 所示。在有氧环境中生活的大肠杆菌, 由于糖酵解途径中产生的丙酮酸可以为进一步的释能反应提供能量, 一个葡萄糖分子代谢分解可以使 30 个 ADP 分子转化为 ATP, 这个过程最终释放废物 CO_2。一个有趣的问题是, 细胞吸收的葡萄糖中有多少比例被用来制造新分子, 又有多少比例被用来为制造新分子提供能量。在这一节, 我们将估算在一个细胞周期

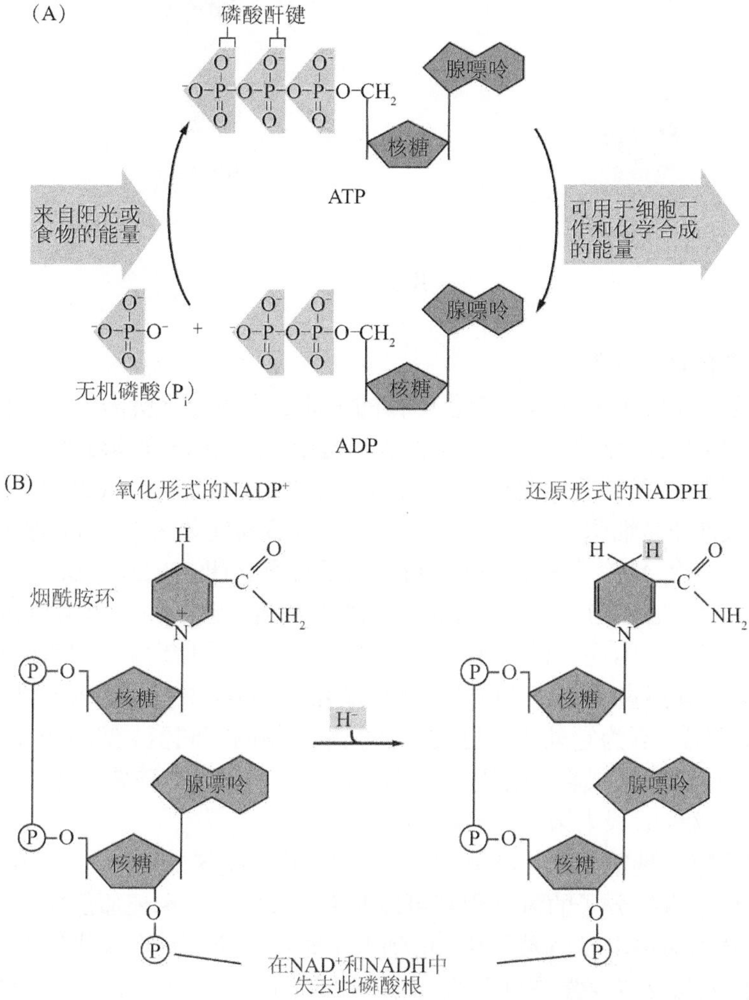

图 5.3 生物能量的三种重要形式。(A) 用于化学合成以及产生力的能量以 ATP 的形式储存, ATP 可以转变为 ADP+P_i, 大约释放 20 k_BT 的有用能量。ADP+P_i 随后又可以转变成 ATP。许多酶使用 ATP, 有些酶使用鸟苷三磷酸 (GTP)、尿苷三磷酸 (UTP) 或胞苷三磷酸 (CTP), 但是这些能量是等价的。(B) 以 NADH (或非常相似的分子 NADPH) 上的可转移的高能电子形式携带的还原电位。NADPH 可以转移两个电子来还原被氧化的有机化合物, 释放出一个氢负离子 (H^-) 以及氧化形式的载体分子 $NADP^+$。在此情况下, 1 mol NADH 氧化所释放的能量可以用于合成 2~3 mol ATP。(C) 跨膜离子梯度 (特别是以 H^+ 梯度的形式) 也用于储存能量。(A~C 取自 B. Alberts et al., Molecular Biology of the Cell, 5th ed., New York, Garland Science, 2008.)

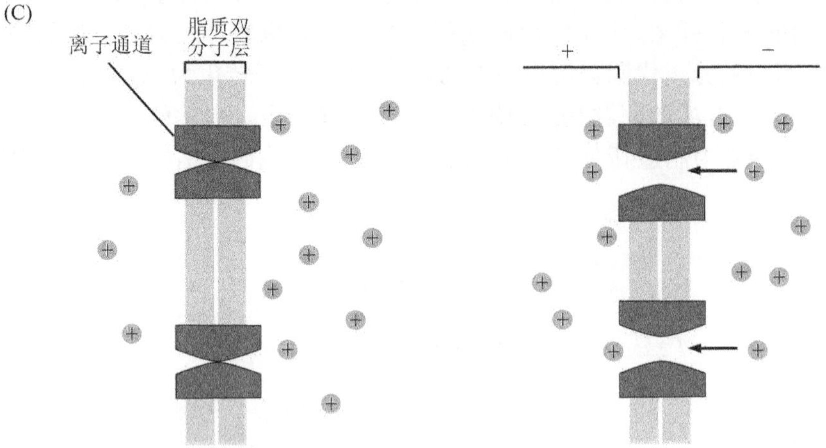

图5.3(续)

中大肠杆菌需要的能量预算。

为进行估算, 需要了解细胞中能量储存的本质、代谢转化所需的典型能量份额以及细胞分配能量和物质资源的方式。在大多数细胞中, 能量以多种形式储存并可以高效地相互转化。三种最常用的载体是图 5.3 所示的 ATP、NADH (NADPH) 和跨膜 H^+ 梯度。ATP 经常被称作是细胞中的能量货币, 因为它很容易转化为"商品和服务"。水解 ATP 的 γ-磷酸键产生一个 ADP 分子和一个无机磷酸根离子 P_i(即HPO_4^{2-}) 所释放的能量大约是 $20\,k_BT$ (精确的能量值依赖于 ATP、ADP 和 P_i 的浓度, 见第 6.4.4 节)。ATP 之所以是一种有用的能量货币, 是因为这样大小的能量可以和多种生化反应过程所消耗的能量相比拟, 它也介于热运动能量 (k_BT) 和典型共价键的能量 (150 k_BT) 之间。ATP 可视为细胞使用的 20 美元钞票, 因为它处于细胞的总体能量交易的中间值。使用 100 美元的大面值钞票是不方便的, 因为它很难"破开"。另外, 用一美元一张的钞票付账是件很麻烦的事, 因为要带上很多这样的钱去买一件有用的东西。

代谢转化中第二种重要的化学能的形式是 NADH 和 NADPH 分子中的易转移电子。很多代谢转化要求有机分子的氧化程度可以改变。氧化反应和还原反应涉及化合物间的电子转移。化合物失去电子时被氧化, 得到电子时被还原。对在现代地球富氧环境中长大的生物来说, 氧化反应通常是自发的, 而还原反应需要能量输入。在还原性的生物合成中, NADPH 通常贡献一对电子而变成氧化形式的 $NADP^+$。因此, NADPH 失去氢负离子 (H^-) 与 ATP 失去 P_i 的方式相同, 在这两种情形中, 释放能量, 用于做有用的生化工作。

在细胞中还原能量的另一种应用是建立跨膜 H^+ 梯度。这是第三种主要的生物能量储存形式的例子。跨膜电荷梯度引起的电荷分离的电学后果将是 17 章的主题。离子梯度很容易与 ATP 或 NADH 的能量相互转化。NADH 可以把高能电子传递给细菌质膜或真核细胞线粒体内膜上的电子载体分子, 最后在膜的另一侧释放 H^+, 产生梯度。这种离子梯度储存的能量可以通过 F_1-F_o – ATP 合酶的工作转化为 ATP。离子通过跨膜蛋白 (如 ATP 合酶) 流过膜实现能量释放。类似于水电站利用重力产生水的动能, 这里 H^+ 起到了水电站中水的作用。然而, 不是重力, 而是静电力和熵力驱动离子流, ATP 合酶扮演了涡轮机的角色。

所有这些形式的能量是怎样被用来合成构成细胞的生物分子的呢? 碳源的转化, 如从葡萄糖变为任何其他必需的有机分子 (如氨基酸、核苷酸、磷脂等) 的碳骨架, 经历一系列复杂的分步化学变化, 在此过程中代谢酶催化底物中的原子重排、共价化学键的断裂以及新的共价键的形成。图 5.4 给出了联系食物来源 (如葡萄糖) 到最终产物 (两个细胞) 的反应链的示意图。在这样的反应途径中一个反应的产物是另一个反应的底物。在图 5.4 中, 这个反应链上标有 “燃料产品”、“构造模块”、“高分子” 和 “结构”。细胞中的所有有机分子通过一个高度连通的复杂网络相互连接在一起。网络的整体架构是由关键的节点控制的, 这些节点即为重要的中间体分子, 如图 5.4 中的前体代谢产物, 它们可以进一步转变成各种各样的最终产物。

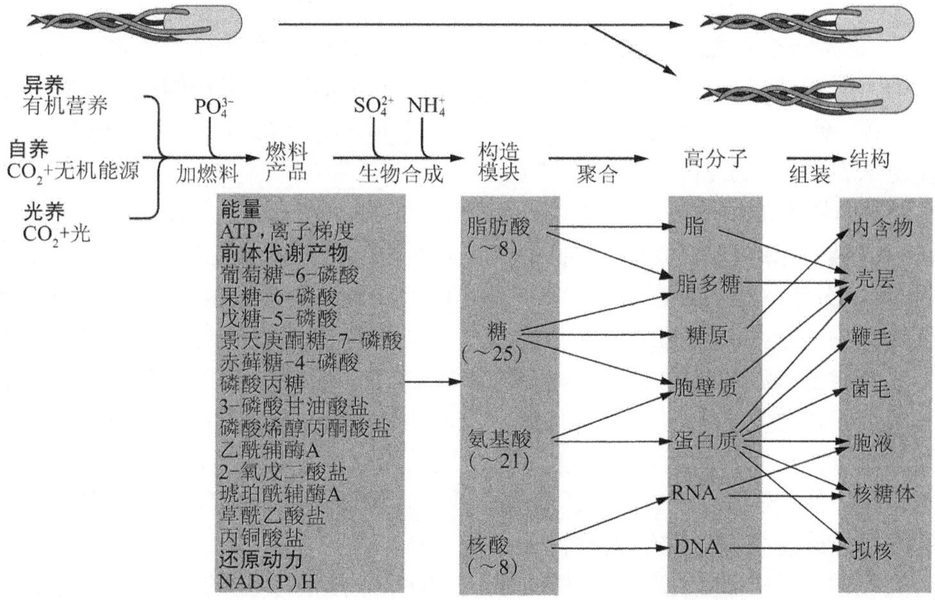

图 5.4 制造一个新的细菌细胞的能量和物质成本。本图阐明了细菌复制所需的物质和能量流。细菌从环境中摄取营养——要么是其他生物体提供的有机分子, 要么是二氧化碳和光 (对于进行光合作用的细菌)。细菌所消耗的碳源连同诸如磷酸盐、硫酸盐和铵等无机离子一起转变为前体代谢物, 然后转变为用于构造高分子的脂肪酸、糖、氨基酸和核苷酸。高分子进一步装配成细胞的大尺度结构。“构造模块” 栏中显示的数字对应于每种类型的分子构造模块的大致数目。(取自 M. Schaechter et al., Microbe, Washington DC, ASM Press, 2006.)

图 5.2 中给出了大肠杆菌以及其他细胞的最重要的代谢网络之一——糖酵解网络的一个高度示意性的描述。当含 6 个碳的葡萄糖分子被细菌细胞吸收后, 它经糖酵解过程分解成两份各含三个碳的丙酮酸。整个化学变化由分子层次上的 10 个不同化学步骤构成, 如图 5.5 所示。而丙酮酸又可以进一步被用来合成各种氨基酸或脂肪酸。当葡萄糖分解为丙酮酸时, 一部分储存在其共价键中的能量被用来合成 ATP 和 NADH。这些高能载体分子可以释放能量来驱动一些在能量上本来不利于发生的生物合成反应得以进行。

理解糖酵解过程中能量转化的一种有用方法是设想每类分子都有自己的特征能量，随着葡萄糖进行的一系列转化，分子在有起伏的能量面上升降。这个想法与我们在图 3.24 中介绍的对酶的处理有关。那里我们指出，弯曲形式的底物分子比直线形式的分子能级略高。对于实际的分子，如糖酵解途径中的中间体分子，特定类型分子的能量不仅依赖于分子的结构，同时也依赖于它在细胞中的浓度。我们将在第 6 章中考虑这些分子能量的严格定义。

这个总体框架使我们可以估算在一个细胞分裂周期中用于提供能量的葡萄糖的数量，并将其与用来提供结构单元的葡萄糖的数量作比较。准确地估算这些数量需要具体考查大肠杆菌的每一个生化合成途径，列出每一个酶步骤的能量消耗和释放情况。生化学家们已经为我们做了这些计算。在此，我们将尝试一种粗糙但是简单的方案，同时参考第 2 章中列出的各类分子 (蛋白质和核酸等) 的“典型”收支情况。

估算：建构一个细胞所需要的能量　在第 2 章中关于细胞的分子清单的估算使我们对建构一个新细胞所需的每种高分子的数目有感性认识。如果细胞把葡萄糖分子作为唯一碳源，糖中的碳要被拆卸并重新组装为氨基酸和核苷酸等有用的“积木”，这些积木使得细胞中高分子的建构成为可能。

我们这里所作的估算的理念类似于考虑建一个建筑的开支。总开支可分为物理的建筑材料自身的花销和把这些材料组合在一起所需的劳动力的花销。在细胞中，建筑材料 (以有机分子的形式存在) 和能源最终来自于细胞吸收的营养。与我们之前在第 2 章和第 3 章中关于大肠杆菌的估算一样，我们考虑细胞在只有葡萄糖作为唯一碳源和生物合成的能量来源的媒质中生长。在第 2 章中，我们估算了造一个新的大肠杆菌细胞所需的碳原子总数目约为 10^{10} 个。每个葡萄糖分子有 6 个碳原子，这意味着仅仅为了使细胞质量倍增而分裂为两个细胞所需要提供的原始建筑材料，一个细胞就要吸收大约 2×10^9 个葡萄糖分子。细胞还要吸收并转化多少额外的葡萄糖分子来提供生物合成的能量使碳骨架重组成细胞材料呢?

在大肠杆菌中，我们必须考虑 7 类主要的高分子组分的合成，它们是蛋白质、DNA、 RNA、磷脂、脂多糖、肽聚糖和糖原。因为每种组分都有它自己的复杂生物合成途径，我们必须分别讨论。我们不研究所有的这些组分，而是以蛋白质为例，并简单讨论 DNA 和 RNA，然后推断能量预算的最终计算结果。

当葡萄糖作为蛋白质合成的唯一碳源时，它的碳骨架必须先转化为氨基酸，再聚合形成新的蛋白质。从图 2.23 很容易看出不同氨基酸的结构大不相同，有些在合成时更复杂。100 年来，合成每种氨基酸的代谢途径已经被确定，相应的酶已通过诸如脉冲追踪法 (图 3.3) 和产生营养缺陷型突变体 (它们必须喂养前体分子才能生存) 等方法辨识出来。所有的氨基酸合成途径都和图 5.5 中的糖酵解途径有直接或间接的联系。事实上，所有的细胞代谢物都是通过复杂的代谢网络和其他代谢物相联系，这个网络可以用一个简图表示出来，这个图几乎覆盖一整面墙，类似于东京的地铁图，但是在本质上要更为错综复杂。丙氨酸能从丙酮酸由一个酶直接合成出来，而色氨酸的合成需要 12 个酶协调作用。合成每一个氨基酸的净花销总结在表 5.1 中。为了计算能量预算，我们也要顾及某些氨基酸比其他氨基酸丰度高些这个事实。例如，丙氨酸大约比色氨酸多 10 倍。把生成每个氨基酸所要的能量成本乘以它在细胞内的相对丰度, 可以估算得到生成一个氨基酸分子的平均能量成本: 对需氧环境中生长的细胞, 这个能量成本大约是 1.2 个 ATP 当量, 而对厌氧环境中的细胞而言是 4.7 个 ATP 当量。

表 5.1 在需氧和厌氧条件下制造氨基酸的丰度和合成成本。"葡萄糖当量"是指生成每个氨基酸的碳骨架所必需的葡萄糖分子的数量。例如, 一摩尔丙氨酸 (一种含三个碳的氨基酸) 可以由半摩尔葡萄糖 (一种含 6 个碳的糖) 合成。"ATP当量"是指从原材料葡萄糖合成氨基酸所需的生物合成能量的近似值。负值表示从葡萄糖合成氨基酸是有利的, 因此产生能量而不是消耗能量。这些数字并不是绝对的; 它们依赖于对代谢能量学和所利用的代谢途径的几个假设。我们已经假定一个 NADH 或 NADPH 分子的能量等价于两个 ATP 分子。我们没有考虑硫酸盐、氨基或单个碳单元的生物合成成本。(数据取自 F. C. Neidhardt et al., Physiology of the Bacterial Cell, Sunderland, Sinauer Associates, Inc, 1990; M。Schaechter et al., Microbe, Washington DC, ASM Press, 2006; and EcoCyc, Encyclopedia of *Escherichia coli* K-12 Genes and Metabolism, www.ecocyc.org.)

氨基酸	丰度/(分子/细胞)	葡萄糖当量	ATP当量 (有氧的)	ATP当量 (厌氧的)
丙氨酸(A)	2.9×10^8	0.5	−1	1
精氨酸(R)	1.7×10^8	0.5	5	13
天冬酰胺(N)	1.4×10^8	0.5	3	5
天冬氨酸(D)	1.4×10^8	0.5	0	2
半胱氨酸 (C)	5.2×10^7	0.5	11	15
谷氨酸(E)	1.5×10^8	0.5	−7	−1
谷氨酰胺(Q)	1.5×10^8	0.5	−6	0
甘氨酸(G)	3.5×10^8	0.5	−2	2
组氨酸(H)	5.4×10^7	1	1	7
异亮氨酸(I)	1.7×10^8	1	7	11
亮氨酸(L)	2.6×10^8	1.5	−9	1
赖氨酸(K)	2.0×10^8	1	5	9
蛋氨酸(M)	8.8×10^7	1	21	23
苯丙氨酸(F)	1.1×10^8	2	−6	2
脯氨酸(P)	1.3×10^8	0.5	−2	4
丝氨酸 (S)	1.2×10^8	0.5	−2	2
苏氨酸 (T)	1.5×10^8	0.5	6	8
色氨酸(W)	3.3×10^7	2.5	−7	7
酪氨酸 (Y)	7.9×10^7	2	−8	2
缬氨酸(V)	2.4×10^8	1	−2	2

在氨基酸被合成后, 它们必须被串在一起以形成蛋白质。这个辛苦的组装工作需要大量的能量投入, 每组装一个氨基酸大约需要 4 个 ATP 当量, 这包含了把氨基酸黏在 tRNA 上的能量和驱动核糖体运行的能量。结果, 每增加一个氨基酸的能量花销是 5.2 个 ATP 当量, 包括用于制造氨基酸的 1.2 个 ATP 当量和用于把氨基酸加入肽链的 4 个 ATP 当量。把这个能量乘上一个细胞需要的全部氨基酸的数目, 得到

$$\text{蛋白质的能量成本} \approx 5.2\,\text{ATP} \times 300 \times 3 \times 10^6 \approx 4.5 \times 10^9\ \text{ATP 当量} \tag{5.2}$$

我们已经取“平均的”蛋白质有 300 个氨基酸，每个细菌中大约有 3×10^6 个蛋白质。

对其他 6 种组分也可以进行同样的计算。有趣的是，我们发现对于蛋白质，合成氨基酸前体的能量成本较低，而组装成蛋白质的能量成本较高。DNA 和 RNA 的情形恰好相反。合成三磷酸核苷前体的能量花销较大，随生长条件的不同，在 10 ~ 20 个 ATP 当量的水平上。但是进一步用于组装成高分子的能量花销很小。合成氨基酸消耗的能量不到制造蛋白质的总能量的 1/4，然而合成核苷酸用到核酸合成总能量的近 90%。

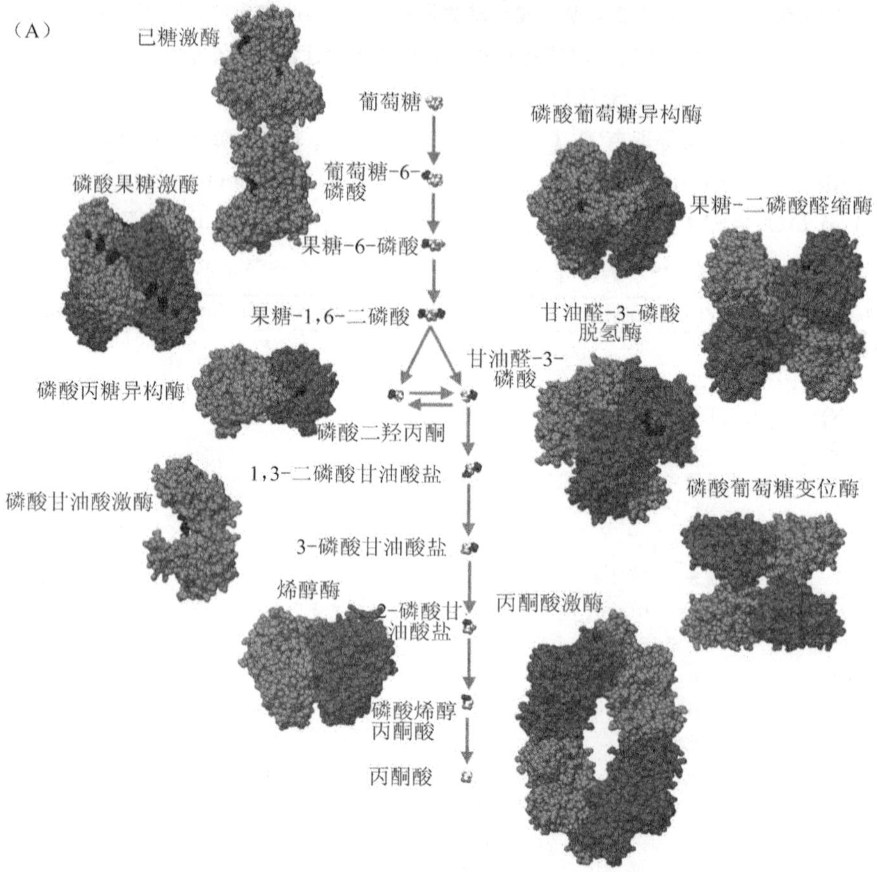

图 5.5　糖酵解途径的分子以及表示它们转化的能量曲面。(A) 通过一连串的 10 个化学步骤，一个葡萄糖分子转变为两个丙酮酸分子。每一步骤由特定的酶催化，此处所有的酶以空间填充模型来表示。酶远远大于底物小分子。(B) 糖酵解途径中能量下行的进程图，其中每个横条表示一个糖酵解的中间体的相对能级。每个中间体的大致浓度在括号中以微摩尔 (μmol/L) 为单位给出。总体上，葡萄糖向丙酮酸的转变在能量上是极其有利的。在这些转化的每个步骤中所释放的一些能量被高能载体分子 ATP 和 NADH 捕获。糖酵解步骤中有三个具有非常大的负能量变化，以致于它们被认为是不可逆的：葡萄糖被磷酸化为葡萄糖-6- 磷酸、果糖-6-磷酸被磷酸化为果糖-1,6-二磷酸以及伴随 ATP 合成的磷酸烯醇丙酮酸向丙酮酸的转变。许多其他的步骤进行时净能量变化很小。(A 图由 D. Goodsell 惠赠；B 图取自 C. K. Mathews et al., Biochemistry, San Francisco, Addison Wesley Longman, Inc., 2000.)

(B)

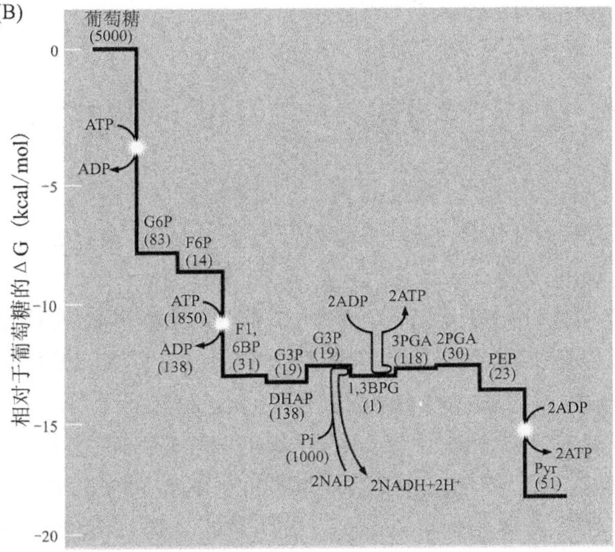

图 5.5 (续)

表 5.2 中总结了主要的几种高分子的生物合成能量成本。我们前面已经指出，准确的数值与生长条件有关，但这些数据可以视为对于在标准条件下生长的标准大肠杆菌的合理估算值。回忆前面提到一个大肠杆菌细胞要吸收约 2×10^9 个葡萄糖分子用于建筑材料来使质量倍增。在需氧条件下最高效地生长，一个葡萄糖分子可以产生 30 个 ATP 以及生成废物 CO_2。对表 5.2 中所有组分求和得到生物合成能量约合 10^{10} 个 ATP 当量，这相当于 6×10^8 个葡萄糖分子。因此，支付劳动力的花销是建构一个新细胞的实际建筑材料花销的 1/3。在低效生长条件下，生物合成的成本甚至可以高到超出材料成本的 10 倍. 此外，在以上的估算中，我们忽略了高分子在细胞中持续不断地降解和翻新这个事实。考虑这个事实，必然会增加总的能量预算，但它对我们估算的影响不会超出一个数量级。

表 5.2 大肠杆菌细胞的各类高分子的合成成本，以 ATP 当量表示

种类	生物合成成本 (有氧的)-ATP当量
蛋白质	4.5×10^9
DNA	3.5×10^8
RNA	1.6×10^9
磷脂	3.2×10^9
脂多糖	3.8×10^8
肽聚糖	1.7×10^8
糖原	3.1×10^7

我们已经看到，细胞可以使用的许多有用能量储存在磷酸键中。该能量可以通过各种不同的方式释放，用于与中心法则有关的过程、细胞运动以及建立跨膜离子梯度。我们用来研究这些能量转化的工具之一是热力学和统计力学中的力学和化学平衡理论。就是说，这里和以后章节中建立的对平衡的计算是一个抽象的工具，它使我们可以预测细胞中重要的能量交易的方向和程度。有了对重要的生物转化的能量尺度的感性认识，我们将

转入用于刻画这些生物转化的数学工具。

5.2 从自由能极小化角度理解生物系统

前一节讨论了高分子合成的能量问题, 这只是忙碌的细胞所进行的很多活动之一。在更一般的意义下, 我们对生命过程中的能量及其转化作用的考虑也可以应用于生物合成以外的很多其他类型的问题。是什么决定红细胞的形状? 给定肺中的氧分压, 红细胞中血红蛋白的结合位点占据率有多大? 需要多大的力才能在噬菌体的衣壳中包装 DNA? 大肠杆菌细胞中有多大比例的乳糖阻遏蛋白和 DNA 结合? 这些问题中的每一个最终都和能量交易有关, 可以表达为寻找一些函数的极值问题。例如, 在第 11 章中, 红细胞的形状问题在数学上可以表示为膜和约束细胞的纤丝的自由能的极小化问题。类似地, 我们对于很多问题 (包括血红蛋白的氧占据以及乳糖阻遏蛋白与 DNA 的结合) 的化学平衡和平衡常数的讨论是建立在化学势相等的基础上的, 而这正是自由能极小化的一个简单结果。我们将会看到, 力学和化学平衡的问题可以用极小化原理的语言来表述。

在本章剩余部分, 我们利用极值原理的观点来发展生物能量转化的数学模型。我们将在第 15 章中发展关于能量转化的一种互补观点, 在那里我们将明确地讨论速率和动力学。目前的关键问题是如何恰当地发展能量极小化的思想来理解系统 (包括从 DNA–蛋白质复合体到受应力的骨骼等) 的平衡构型。培养这一直觉的探索过程将引出变分计算的数学技巧, 最终阐明以自由能极小原理形式出现的平衡态吉布斯理论。

5.2.1 平衡态模型用于偏离平衡的系统

生物体是偏离平衡系统的典型例子, 一个自然的问题是平衡态物理的工具在多大程度上对生物学有用。答案出人意料, 事实上有大量的例子可以合理地应用平衡观点。

如果某过程的发生比其他过程快很多, 则可用平衡态模型处理该过程

平衡描述是否适合于给定问题的判定经常归结为时间尺度问题。作为最简单的实例, 我们研究细胞处于力学平衡态的有效性。力学平衡表征为在系统中没有任何非均衡的力。然而, 适合于某些生物学问题的力学平衡的更细致的描述是指系统中的所有力在生物过程发生的时间尺度上均衡。例如, 当细胞在一个表面蠕行时, 细胞骨架在部分质膜上推进。在某些情况下, 可认为质膜的响应比潜藏的细胞骨架的动力学时间尺度快很多, 以致于在每一时刻质膜都与细胞骨架所产生的力处于力学平衡。

类似的观点适用于化学平衡的情况。考虑反应

$$\mathrm{A} \underset{k_-}{\overset{k_+}{\rightleftharpoons}} \mathrm{B} \xrightarrow{r} \mathrm{C} \tag{5.3}$$

为了简化, 此处我们已经假定从 C 到 B 的逆向反应的速率可忽略不计 (这一近似对于考虑诸如转录和翻译的过程是有用的)。在本节用文字表述, 且在第 15 章用数学方式表达的

基本观点是: 如果 A 与 B 相互转化的速率同消耗 B 转化为 C 的速率相比足够快, 那么我们可以认为反应 A ⇌ B 处于平衡。此快速预平衡的具体特征是正反应速率与逆反应速率之比决定 A 和 B 的固定产量比。

图 5.6 中展示了这类分析的结果。计算的关键包含在以下事实中: 在初始的过渡期之后, 比率 [A]/[B] (符号 [A] 表示 "A 的浓度") 在随后的所有时刻都是恒定的, 即使 A 和 B 分子的绝对数量随时间而减少。此固定的比率是反应 A ⇌ B 的平衡常数。如果向产物 C 的转化率非常快, 那么快速预平衡条件不再满足, 将得到图 5.6(B) 中所示的状况。

在以后的章节中将更清楚地表明, 很多情形下, 各种动力学过程相关的数字表明本章发展的平衡观点是有用的。这一处理方法也属于时间尺度问题之一, 即如果一系列的反应中某个初始反应的速率常数非常大 (在某种程度上能以数学方式表示), 那么该反应可视为平衡反应来处理。

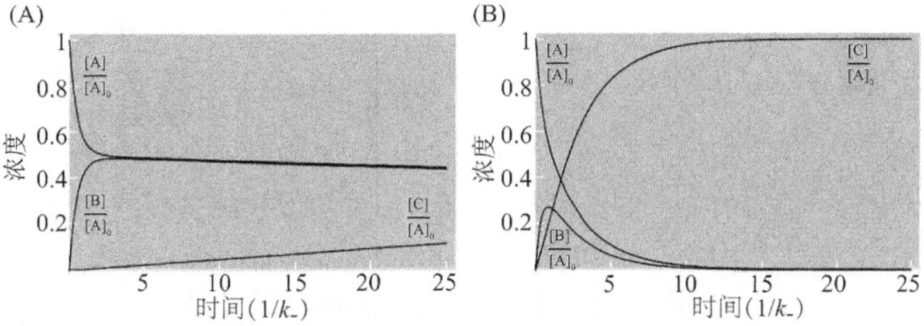

图 5.6 子过程快速接近平衡。在反应 A⇌B→C 中浓度与时间的依赖关系 $A(t)$、$B(t)$ 和 $C(t)$。(A) 对于 B 转变为 C 的速率比 A 和 B 之间的反应速率低的情形, 经历初始的过渡期之后, 在此过程剩余阶段 A 和 B 达到它们的相对平衡值。(B) 没有快速预平衡的情形

5.2.2 "平衡态"蛋白质

为了使援引平衡态模型来思考生物学感兴趣的问题的几种方法具体化, 图 5.7 展示了从平衡角度处理蛋白质的一些实例。在某些情况下, 如图 5.7(A) 和图 5.7(B) 所示, 可围绕力学平衡的概念建立严格的分析。化学平衡的观点认为蛋白质折叠态是自由能极小态。从平衡角度出发处理蛋白质的另一个性质是蛋白质的电荷状态与溶液 pH 的依赖关系。主要思想是蛋白质的电荷状态反映了允许电荷在溶液中游荡而获得的熵与从宿主蛋白质剥离那些电荷而消耗的能量之间的竞争。在本书中多次出现的另一个实例是对结合的处理, 对于蛋白质来说, 我们可以认为它与某个感兴趣的配体形成络合。这里的基本图像也是与游离配体相关的熵和配体结合到蛋白质宿主上的能量增益之间的相互影响。最后一个实例表明当蛋白质以活性和非活性形式 (它们的相对概率由某种外部影响决定) 共存时, 有时可方便地将蛋白质视为处于平衡态。例如, 我们将在第 7 章讨论蛋白质磷酸化作用可以使蛋白质从非活性态转变为活性态。第二个例子是离子通道的开关, 也将在第 7 章中进行研究。同样地, 通道的开关有时可以作为平衡问题来处理, 某些可调参数, 如膜的外部张力或外加电压, 可以改变通道开启的概率。

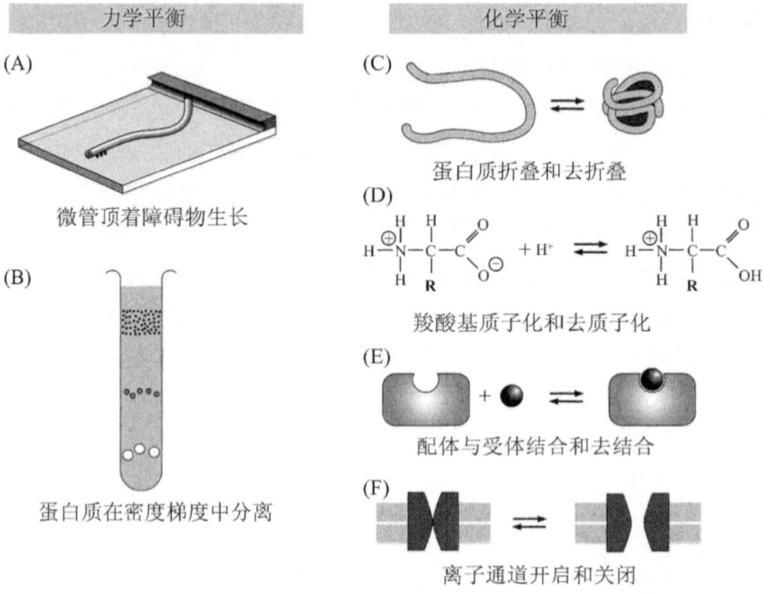

图 5.7 处于平衡态的蛋白质。示意图给出许多例子表明蛋白质近似处于平衡态的方式

蛋白质结构对应于自由能极小态

随着越来越多的基因组测序完成，对基因组信息的理解所面临的挑战也随之增加。特别是根据手头的遗传序列，对这些基因组编码的各种蛋白质的结构和功能可以讨论什么呢？假定已识别出基因组中的一个特别的基因，那么所提的问题就不同了。在图 1.4 中我们已经看到核酸和蛋白质的序列通过通用遗传密码发生联系，通用遗传密码告诉我们如何将 DNA 序列翻译为相应的氨基酸序列。然而，即使确定了相关的氨基酸序列，我们仍不知道这个给定的一级序列所导致的结构。

解决此问题的第一个步骤相当于回答以下问题：特定氨基酸链的所有可能折叠方式中，哪种具有最低的自由能？从直观角度来看，我们已经具有如图 5.8 所阐明的思考蛋白质 折叠的启发性思想。具体地，某些氨基酸侧链可以积极参与到周围水溶液的氢键网络中，而具有疏水侧链的那些残基倾向于与周围溶液隔绝。从定量角度来看，这些结构偏好具有相应的自由能优势。

从平衡角度来方便地考察蛋白质的第二种方式与蛋白质的电荷状态有关。当改变溶液的 pH 时，特定多肽链中的不同氨基酸残基上的电荷也会改变。图 5.9 显示了甘氨酸的实例。我们可以认为溶液中电荷的释放是两种效应 (异种电荷保持彼此接近而在能量上有利以及电荷游离于宿主蛋白质之外的熵收益) 的竞争结果。列举这些蛋白质实例的原因是强调这样一种方法，在该方法中平衡观点通常是分析重要生物学问题的起点。

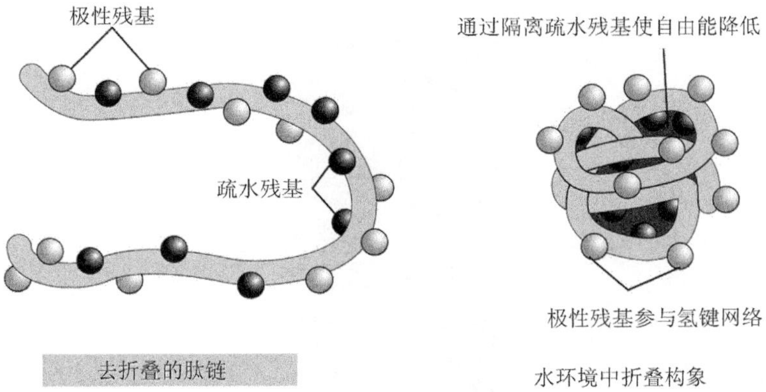

图 5.8 蛋白质折叠方式示意图: 疏水性氨基酸避开周围溶液而极性氨基酸与周围溶液接触

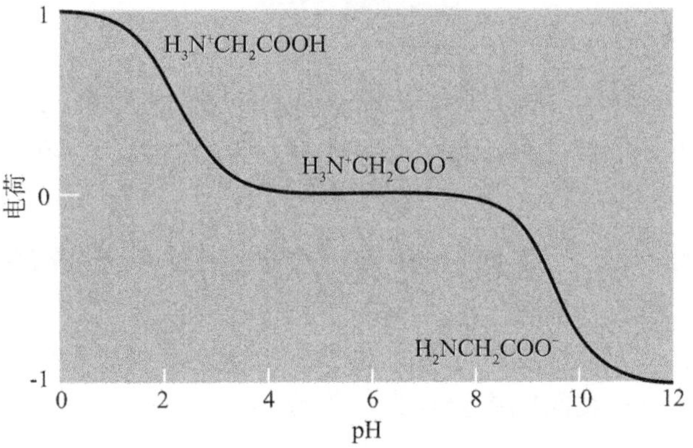

图 5.9 滴定曲线展示甘氨酸的电荷状态与溶液 pH 的函数关系。低 pH 对应高浓度的 H^+ 配体, 导致甘氨酸饱和。(取自 K. Dill and S. Bromberg, Molecular Driving Forces, New York, Garland Science, 2003.)

5.2.3 "平衡态"细胞

我们已经看到在许多情形中, 可以从平衡的角度来考察细胞的分子和高分子的组装。在细胞尺度上, 大多数情形下, 我们可以把细胞的某个特定部分 (如膜) 视为处于局部的力学或化学平衡态。红细胞的平衡形状就是关于这种思想的一个例子。如图 5.10 所示, 红细胞的形状已通过实验方法精确地描述, 且相似的形状可以由计算得到。

在本章剩余部分我们将介绍自由能极小化问题的两个关键步骤: 首先, 选择一类竞争者; 其次, 确定与这些竞争者相关的自由能。这也是本书其他章节所要阐明的关键部分。对于感兴趣的红细胞, 这类竞争者是满足两个几何约束的所有形状的集合。两个几何约束是: 从一种形状到另一种形状的红细胞的表面积以及红细胞包围的体积是不变的。图 5.10 的右侧展示了控制参数 (膜的两叶之间的面积差) 选取不同值对应的具有最低自由能的形状。

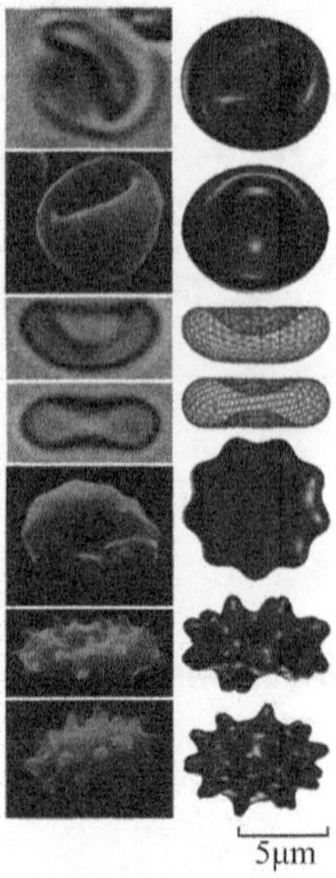

图 5.10　红细胞形状。左侧展示了用实验方法观察到的红细胞的形状, 而右侧是计算得到的形状。(取自 G. Lim et al., *Proc. Natl Acad. Sci.* 99: 16766, 2002.)

5.2.4　从极小化的角度看待力学平衡

如前面所述观点, 生物上很多有趣的例子从物理上看可以归结为极小值问题。可以用这种方式思考的其中一类问题主要与力学平衡有关。

力学平衡态对应于势能取极小

思考静止物体的力学方法之一是牛顿第一运动定律, 即如果物体处在平衡态, 则作用在物体上的所有力均衡。用数学方法表示, 平动平衡条件是

$$\sum_i \mathbf{F}_i = 0 \tag{5.4}$$

式中, $\mathbf{F}_i$ 是作用在物体上的第 i 个力。把 $\mathbf{F}_i$ 写成粗体是为了表示力的矢量特征。例如, 我们考虑如图 5.11 所示的挂钩, 作用在挂钩上的力一个来自弹簧, 另一个来自悬挂的砝码, 两个力是彼此均衡的。它们的力矢量大小相等, 方向相反。然而, 用力的矢量语言来考虑平衡问题并不总是方便和有启发性的。另一种方法将会在本书的其余部分经常用到, 它把力学平衡问题等价地表示为一个极小值问题。势能极小原理断言力学平衡态是所有可能的状态中势能最低的一个。

为了用能量的语言描述如图 5.11 所示系统的平衡, 我们把势能写成两项之和: 一项表征弹簧伸长的势能; 另一项描述“加载设备”, 即砝码的降低导致的能量。用这些概念,

势能可以写成

$$U(x) = \underbrace{\frac{1}{2}k(x-x_0)^2}_{\text{弹簧势能}} - \underbrace{mg(x-x_0)}_{\text{砝码的势能}} \tag{5.5}$$

式中, x_0 是弹簧的原长, 它同时也作为悬挂砝码的势能零点。图 5.11(B) 画出了这两项的曲线, 我们看到它们之和有个极小值 (即平衡点)。为了找到极小值点 x_{eq}, 我们注意到在 x_{eq} 点, 函数 $U(x)$ 的斜率是零——这个条件对应于数学表达式 $\mathrm{d}U/\mathrm{d}x=0$, 这将在后面详细证明。这里求势能的极小值在物理上对应于寻找位移 x_{eq} 使得势能最低, 它由如下条件决定:

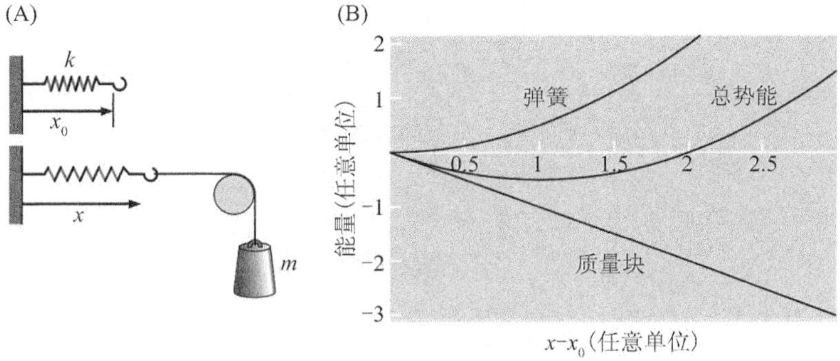

图 5.11 势能极小值对应力学平衡。(A) 本图展示怎样从势能极小化的观点思考系统的力学平衡问题。(B) 弹簧的势能、砝码的势能以及两者的总和与位移的函数关系

$$\frac{\mathrm{d}U}{\mathrm{d}x} = k(x_{eq}-x_0) - mg = 0 \tag{5.6}$$

这个结果可以写为

$$x_{eq} = x_0 + \frac{mg}{k} \tag{5.7}$$

它告诉我们弹簧偏离其平衡位置的程度。这个结果和我们的直觉是一致的, 砝码越重 (mg 大), 弹簧伸长越大; 弹簧越硬 (k 大), 弹簧伸长越短。

上面引入加载设备 (类似于砝码) 的势能的概念具有普遍意义, 将在本书中反复使用。如图 5.12 所示, 我们将考虑变形的悬臂梁 (如原子力显微镜的悬臂)、聚合物和生物膜的能量。在所有这些情况中, 当我们写出这些系统的总能量 (或自由能) 时, 要说明感兴趣的系统 (如聚合物和膜) 的变形如何改变加载设备 (如这里描述的砝码下降过程) 的能量。

早在图 1.12 就表明了“弹簧”出现在多种场合。我们特别感兴趣的一个例子是如图 5.13 所示, 利用激光构造一个弹簧, 即图 4.11 的光镊。具体地, 考虑一个珠子处在光阱中的情形, 系连在它上面的一段 DNA 对它施加作用力。我们要问负载引起的光阱中的珠子的位移是多少。可以写出如下形式的势能函数:

$$U(x) = \frac{1}{2}k_{\mathrm{trap}}x^2 - Fx \tag{5.8}$$

式中, 我们已假定光阱可视作刚度为 k_{trap} 的弹簧; 负载的大小是 F; 现在寻找能量极小

值对应的 x。通过解方程 $\mathrm{d}U/\mathrm{d}x=0$, 我们得到平衡位移为

$$x_{eq}=\frac{F}{k_{\mathrm{trap}}} \tag{5.9}$$

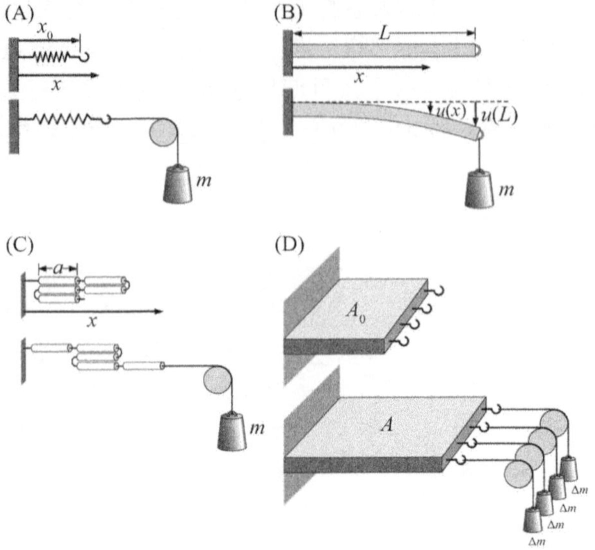

图 5.12　加载设备的力学。(A) 质量–弹簧系统。(B) 在外力作用下的梁。(C) 受外力作用的聚合物链以及(D) 受外加张力的膜

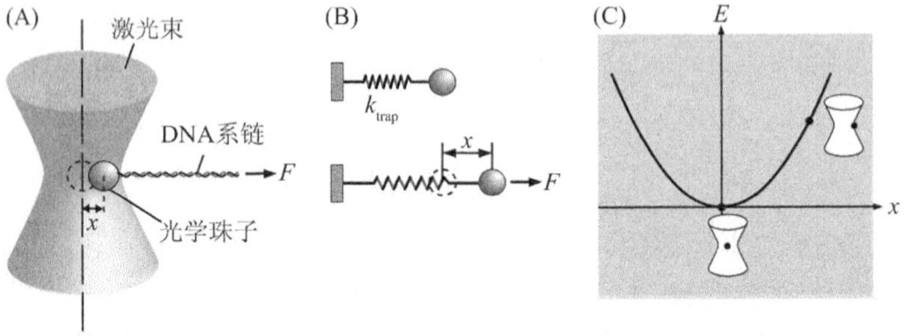

图 5.13　将光阱表示为质量–弹簧系统。(A) 展示力如何使珠子偏离光阱中心的示意图。(B) 用相应的等效弹簧替换光学作用。(C) 势阱中珠子的能量与其在势阱中的位置的函数关系。注意: 能量仅对足够小的位移是二次函数

这类实验中力的典型值是几十个皮牛。它可以测量很多有趣的单分子性质, 如高分子 (DNA、RNA 和蛋白质等) 的力–伸长特性以及分子马达的力–速度特性。图 4.12 中给出了这类实验的几个例子。图 5.14 给出了用单分子技术 (磁镊而不是光镊) 得到的 DNA 的力–伸长数据。这个实验允许一系列不同的力加载在 DNA 上并测量相应的伸长。在力较小时, 伸长随力的增加线性的增大, 在力较大时, 伸长趋于饱和, 因为分子已经完全伸展到它的轮廓线的长度。在第 8 章将看到, 这一实验可以直接与我们对 DNA 力学的理论理解比较。

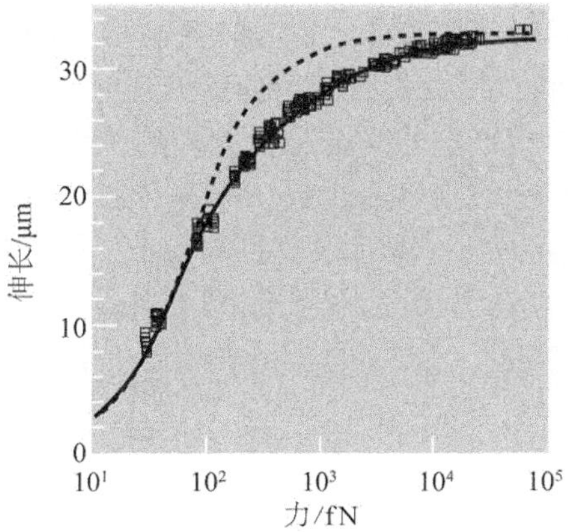

图 5.14 双股 DNA 的力–伸长曲线。来自 λ 噬菌体的双股 DNA (此处 DNA 分子总长度为 97 kb, 是由两个 λ 噬菌体的 DNA 分子连接而成) 的力–伸长数据阐明了自由连接链模型 (虚线) 与虫链模型 (实线) 之间的差异。自由连接链模型将在第 8 章中详细讨论, 而虫链模型将在第 10 章中讨论。(取自 C. Bustamante et al., *Science* 265: 1599, 1994.)

这些力学平衡的例子引入了本章的关键原理: 平衡结构使势能极小 (零温下) 或自由能极小 (有限温度下)。为了实现极值问题的求解, 我们要把势能或自由能用一组能刻画系统的几何状态 (即结构) 的变量表示出来。一旦我们用系统的特征参数写出了势能或自由能, 问题就简化为在可能的结构中寻找使势能或自由能最低的结构这样一个数学问题。对本节中引入的简单的质量–弹簧系统, 求其势能极小值要用到导数运算。然而更一般地, 我们必须处理这样一个数学问题: 给定一个函数, 如何在众多的可能竞争者中, 找到使函数取极小值的那一个。

5.3 极值数学

数学极值问题体现了人类追求卓越的天性。在非正式的谈话中, 我们经常会说出几个“最好”或“最坏”之类的词。类似地, 我们的技术也反映了对于使事物更快、更小、更轻、更安全等的追求。现代数学的发展包括了寻找能够描述最大或最小等极端状态的函数的工具。本节是一个数学简介, 它告诉我们如何把文字和直观上的个案识别替代为精确的数学工具, 从而允许我们在无限多个可能的竞争者中进行搜寻。这样的数学介绍是必要的, 因为对平衡的研究要求我们对能量或自由能函数求极小, 所以需要利用数学来有效地求极值。

5.3.1 函数和泛函

把日常生活中用“最好”和“最快”等描述的极端情况翻译成表达同样概念的数学语言, 需要引入一种用数字表达 “最佳” 程度的方案。

作为把极端情况数学化的具体实例, 我们考虑图 5.15 中所示的梁的弯曲。这个特例将会在本章以各种形式反复出现。例如, 当考虑变形 DNA 的几何、受力微管的屈曲或用悬臂梁给高分子施加力等问题时, 我们根据弯曲梁的几何写出系统的能量, 然后找到对应最低能量花费的构型。我们感兴趣的问题是什么样的位移函数 $u(x)$ 可以使弯曲梁和加载装置的势能最低。在这个情况下, 势能 $E_{tot}[u(x)]$ 依赖于具体的整函数, 这里用中括号 $[\cdots]$ 强调能量依赖于函数而不是一组有限数目的参数。另一种常用的方案如图 5.15(B) 所示, 把梁的几何离散化。在这种情况下, 我们把梁当作一组离散的质量元, 这样一组位移 $(u_1, u_2, \cdots, u_N)$ 决定了势能。于是, 能量是未知量 $(u_1, u_2, \cdots, u_N)$ 的函数, 可以写成 $E_{tot}(u_1, u_2, \cdots, u_N)$。

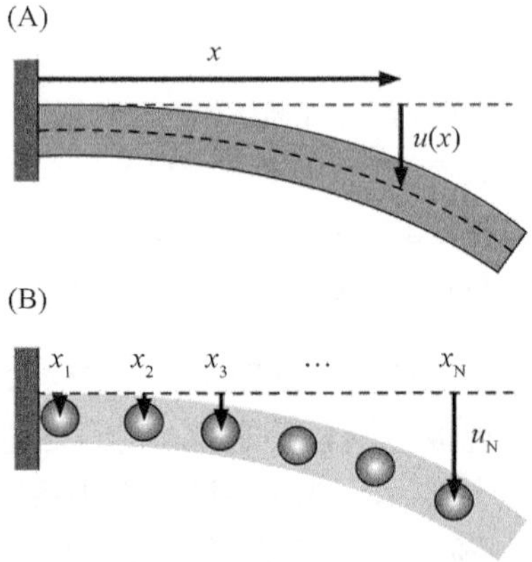

图 5.15 末端受力的梁的两种不同的几何表象: (A) 梁的几何的连续化表示; (B) 梁的几何的离散化表示

对每个给定的函数, 泛函给出一个数值

当把能量写成 $E_{tot}(u_1, u_2, \cdots, u_N)$ 的形式时, 我们进入了一个熟悉的数学领域。u_1, u_2 等一组离散的参数足以描述系统的几何, 且能量是几何参数的函数。如果把函数写成 $E_{tot}[u(x)]$ 的形式, 我们实际上已经引入了一个新的数学概念 (泛函), 因为这里函数 $u(x)$ 刻画了梁的几何, 而能量依赖于这个函数。能量泛函是对每一个构型指定一个能量, 而这里构型由整函数来刻画。

为了使我们的思想具体化, 图 5.16 中给出了几个例子, 在这些例子中, 自由能依赖于系统的布置 (由一个函数表示)。图 5.16(A) 给出了变形梁的几种不同的结构, 梁的每个不同变形构象由不同的函数 $u(x)$ 描述, 而每个 $u(x)$ 对应不同的能量。该图给出了变形梁的一个能量极小的构型和一个特别糟糕的猜测构型 (具有较高能量)。能量计表明后一种构型的能量比能量极小构型的能量高多少。在第 9 章中将处理一个更微妙的例子, 即蛋白质周围的离子分布。在这个例子中, 离子密度 $\rho(\mathbf{r})$ 是个未知函数, 它是空间位置的函数。同样可以写出自由能泛函, 对每一个我们猜测的离子密度分布, 它给出相应的自由能。图 5.16(B) 中给出了自由能最低时的离子分布和一个比最优分布差的离子分布, 能量计报告了它们相应的总能量。

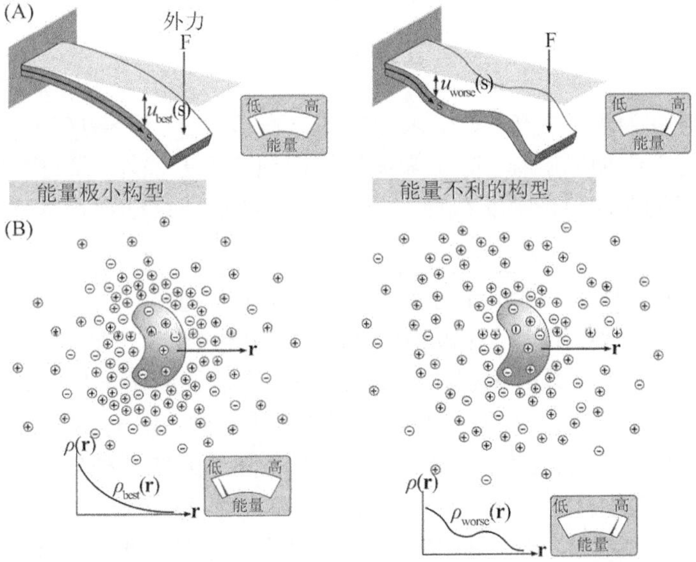

图 5.16 两个泛函的实例。(A) 梁的能量与形状函数 $u(x)$ 的关系。不同形状具有不同的应变能。(B) 自由能与蛋白质附近溶液中离子分布的函数关系。离子密度由函数 $\rho(\mathbf{r})$表示

本节的中心议题是评价函数或泛函的概念。关键点是我们要计算一些感兴趣的极小值问题中的物理量。在很多情况下，"评价函数"是能量或自由能。如果评价函数依赖于一组有限参数的布置，如图 5.15 中所示的梁离散化表示为 $(u_1, u_2, \cdots, u_N)$ 的情形，则评价函数的确是一个函数。另外，如果用一个整函数 $u(x)$ 来表示梁的状态，则我们需要一个评价泛函，因为确定能量或自由能时我们必须指定一个函数。

5.3.2 极值计算

前面的讨论展示了我们描述某些性质或数量在何种程度上是最好或最坏、最大或最小的方式。这自然引出函数或泛函的概念。现在我们把一个特定的量写成一个关于控制参数 (或控制函数) 的函数，从而能够讨论好或坏、大或小的程度，我们提出如下问题：如何从所有的竞争者中挑出一个优胜者？下面从普通的计算入手，更一般地寻找泛函极值的问题将在本章末的附录中进行处理。

求函数的极值就是寻找函数的导数为零的点

作为讨论如何用数学方法来寻找极值的第一步，我们回忆通常计算极大或极小值的思路。考虑函数 $f(u_1, u_2, \cdots, u_N) \equiv f(\{u_i\})$，它是 N 个变量 $\{u_i\}$ 的函数，这里用 {} 来表示一组对象。假定变量 $\{u_i\}$ 在一定范围内变化，我们的问题是：怎样选择 $\{u_i\}$ 的值可以使 $f(\{u_i\})$ 达到极大或极小值？具体而言，我们提醒读者注意围绕图 5.11 讨论。在那里，极小值问题只涉及一个变量，即位移 x。

为找到函数的极大或极小值, 我们寻找函数斜率为零的点, 即满足

$$\frac{\partial f}{\partial u_i} = 0, \ (i = 1, 2, \cdots, N) \tag{5.10}$$

于是, 我们的问题变为求解关于 N 个未知数的方程 (5.10)。记号$\partial f/\partial u_i$ 指偏导数, 将在下面“模型的数学”中加以解释。除了知道如何得到这组方程外, 我们不知道如何解这些方程。由于没有可能在此讨论解非线性方程的细节, 我们建议读者看 Auton(1990) 有趣的警示性描述。

模型的数学: 偏导数　本书十分关心函数如何随变量而改变。我们常常对依赖于多个变量的函数感兴趣。例如, 在极小化问题中, 能量 (或自由能) 通常依赖于多个参数: 自由能可以依赖于系统的体积和粒子数。另一个重要的例子是函数 $f(x,t)$ 同时依赖于位置 x 和时间 t。例如, 我们知道梁的挠曲可用函数 $u(x,t)$ 表示, 它告诉我们在 t 时刻位于 x 点的梁的挠曲程度。此外, 我们还对空间某处的某种分子的浓度 $c(\mathbf{r},t)$ 感兴趣, 这个函数依赖于 4 个变量, 因为矢量 $\mathbf{r}$ 实际上是 (x,y,z)。

在这些例子中, 导数的概念是比较微妙的, 因为我们要指明对哪个变量求导数。相应的数学工具是偏导数, 主要思想如图 5.17 所示。在普通微积分中, 函数的导数告诉我们小偏移如何导致函数改变。偏导数推广了这一概念, 它告诉我们函数的其中一个变量有小偏移, 而其他变量不变时怎样改变。来自日常经验的一个直观的例子是在山口行走。山口的形状像是一个马鞍。特别地, 沿一个方向走是下山, 而沿与之垂直的方向走可以上到峰顶, 它们界定了山口 。在这两种情况下, 偏导数实际上有不同的符号, 前一种情形曲线是向下倾斜的, 后一中情形曲线是向上倾斜的。

如果我们将山的局部形貌视为函数 $f(u_1,u_2)$, 这里 u_1 和 u_2 对应于两个相互垂直的方向, 则偏导数告诉我们沿这两个方向行走时函数如何变化, 这些思想可以通过如下数学定义表示:

$$\frac{\partial f(u_1,u_2)}{\partial u_1} = \lim_{\Delta u_1 \to 0} \frac{f(u_1+\Delta u_1, u_2) - f(u_1,u_2)}{\Delta u_1} \tag{5.11}$$

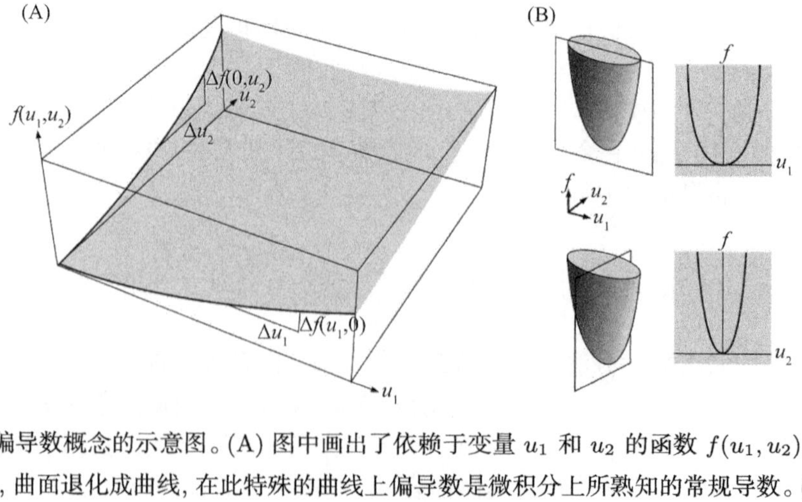

图 5.17　偏导数概念的示意图。(A) 图中画出了依赖于变量 u_1 和 u_2 的函数 $f(u_1,u_2)$。如果 u_2 保持不变, 曲面退化成曲线, 在此特殊的曲线上偏导数是微积分上所熟知的常规导数。(B) 函数 $f(u_1,u_2)$ 的二维截面

和

$$\frac{\partial f(u_1,u_2)}{\partial u_2}=\lim_{\Delta u_2\to 0}\frac{f(u_1,u_2+\Delta u_2)-f(u_1,u_2)}{\Delta u_2} \tag{5.12}$$

为了使寻找极小值的问题具体化, 我们考虑如图 5.18 所示的简单二次函数的例子。这个二维例子的函数形式为

$$f(u_1,u_2)=\frac{1}{2}(A_{11}u_1^2+A_{22}u_2^2+2A_{12}u_1u_2) \tag{5.13}$$

如果现在对式 (5.13) 应用式 (5.10) (即 $\partial f/\partial u_1=0$ 和$\partial f/\partial u_2=0$), 我们得到

$$\begin{aligned}A_{11}u_1+A_{12}u_2=0\\A_{21}u_1+A_{22}u_2=0\end{aligned} \tag{5.14}$$

它们是一对耦合的线性方程组, 它的解 u_1 和 u_2 使函数取极小值。假定方程组有唯一解 (当矩阵 A 的行列式非零时, 这是成立的), $u_1=u_2=0$ 显然是一个解, 表明函数 f 在 $(0,0)$ 处有一个极小 (或极大) 值。

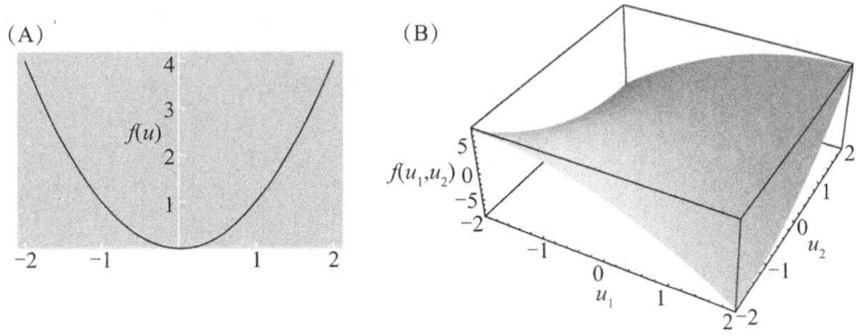

图 5.18 二次形式的能量函数。(A) $f(u)=\frac{1}{2}Au^2$。(B) $f(u_1,u_2)=\frac{1}{2}(A_{11}u_1^2+u_{22}u_2^2+A_{12}u_1u_2)$

5.4 构 型 能

在力学问题中, 势能决定平衡结构

对寻找极小值的数学体系的简要讨论使得我们现在可以探讨生物上感兴趣的物理问题, 特别是生物结构如何视为能量极小态 (在热效应可忽略的时候) 或自由能极小态。在本节, 我们讨论严格的力学问题, 即什么决定结构的势能, 如何从众多可能的候选者中挑选出势能极小的结构。这些概念将用于随后几章讨论 DNA、细胞骨架纤丝和生物膜的变形。

应用极值问题的数学, 首先要对一个给定结构的好坏程度给出一个能量上的判据。具体地, 我们需要给出一个能量函数或泛函, 它对我们感兴趣的结构的每一组参数都给出一个能量值。这些能量函数的性质形成了物理学的大部分历史背景。

一类非常重要的能量函数依赖于偏离平衡位置的位移的二次形式。导致这类能量函

数的原因是如下观念: 不必考虑给定势能曲面的细节特征, 在平衡位置附近, 它总可以写成是描述偏离平衡的变量的二次函数。具体地, 考虑如图 5.19 所示的一维势能函数 $U(x)$, x_{eq} 是它的一个平衡点。可以把 $U(x)$ 展开成泰勒级数, 保留到 x 的二阶项。泰勒级数的思想将在“模型的数学”中阐述。势能的泰勒级数具有如下形式:

$$U(x) = U(x_{eq} + \Delta x) \approx U(x_{eq}) + \left.\frac{\mathrm{d}U}{\mathrm{d}x}\right|_{eq} \Delta x + \frac{1}{2}\left.\frac{\mathrm{d}^2U}{\mathrm{d}x^2}\right|_{eq} \Delta x^2 \tag{5.15}$$

式中, 我们已经引入记号 Δx 来表示对平衡位置的偏离量, 在这里的一维情形中, Δx 可以看成是偏离平衡位置 x_{eq} 的距离, 如图 5.19 所示。因为平衡时没有非均衡的力, 这要求 $\mathrm{d}U/\mathrm{d}x|_{eq} = 0$, 于是我们得到

$$U(x_{eq} + \Delta x) \approx U(x_{eq}) + \frac{1}{2}\left.\frac{\mathrm{d}^2U}{\mathrm{d}x^2}\right|_{eq} \Delta x^2 \tag{5.16}$$

它有 $U(x) = \frac{1}{2}k\,x^2$ 的形式, 使系统保持平衡的“弹簧”的“刚度”为 $k = \mathrm{d}^2U/\mathrm{d}x^2$。相同的观念可以推广到在多个方向上偏离平衡位置的高维问题中 (如在山顶上, 我们可以沿两个正交的方向下山, 这样做的能量成本是两个偏离量的二次形式)。

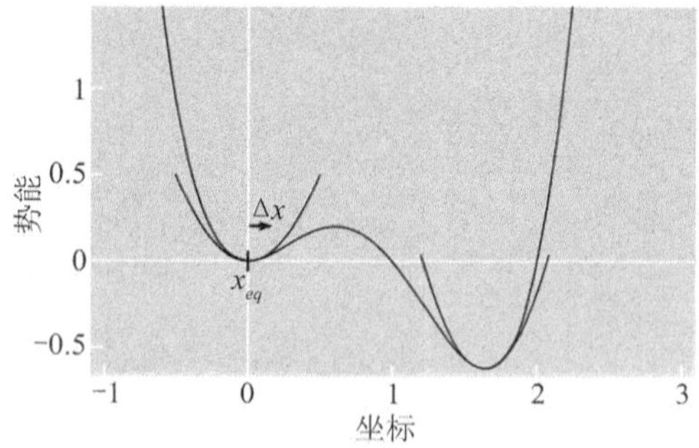

图 5.19 势能与坐标 x 的函数关系。在两个平衡点附近, 能量曲线可表示为二次形式

上面建立的观念最重要的体现之一是弹性理论, 它告诉我们如何把连续体 (包括杆和膜等) 的能量写成描述变形程度的应变的二次函数。在下一节中我们处理变形的弹性能量 (和胡克定律)。

模型的数学: 优美的泰勒展开 泰勒展开是对物理模型进行数学分析的一个重要工具。这类级数展开是本书其余部分将用到的基本数学工具之一。其思想很简单, 就是在一点的某个邻域内用一个简单的多项式来代替函数 $f(x)$。在本书中将会反复看到, 这个近似的优点在于它用简单的可解析处理的代数式来代替不好处理的非线性表达式, 从而给我们带来数学上的直观。

泰勒展开的思想体现在如下简单的公式中:

$$f(x) \approx a_0 + a_1 x + a_2 x^2 + \cdots \tag{5.17}$$

式中, 符号“≈”表示在点 x 的邻域, 公式左右两边近似相等。大多数时候, 我们只保留到二阶项, 于是泰勒展开的算法简化为: 如何选取三个参数 a_0、a_1、a_2 使展开式最接近函数 $f(x)$?

具体地，我们考虑函数 $f(x)$ 在 $x=0$ 点附近的行为。在式 (5.17) 两边设 $x=0$，得到 $a_0=f(0)$。我们已经知道了 $f(x)$ 的形式，所以只要找到 $f(x)$ 在 $x=0$ 的值就可以得到第一个系数。接下来，把式 (5.17) 两边都对 x 求导，得到方程

$$f'(x) \approx a_1 + 2a_2x + \cdots \tag{5.18}$$

再次设 $x=0$，得到 $a_1=f'(0)$。继续相同的步骤，求二阶导数，最终得到

$$f''(x) \approx 2a_2 + \cdots \tag{5.19}$$

它给出 $a_2=f''(0)/2$。如果对高阶展开项有兴趣，相同的分析可以无限地进行下去。在大多数时候，我们满足于表达式，

$$f(x) \approx f(0) + f'(0)x + \frac{1}{2}f''(0)x^2 \tag{5.20}$$

这一小段分析的结论是：如果要找二次函数代替感兴趣的函数，只要知道在展开的那一点的函数值和函数的前两阶导数值。图 5.20 给出了一个对 $\cos x$ 展开的例子。特别地，利用上面的规则，这个函数的泰勒级数是

$$\cos x \approx 1 - \frac{x^2}{2!} + \frac{x^4}{4!} - \frac{x^6}{6!} + \frac{x^8}{8!} - \frac{x^{10}}{10!} + \cdots \tag{5.21}$$

图 5.20 比较了函数 $\cos x$ 和各种基于泰勒级数的近似。可见展开项越多，在更大的 x 取值范围内近似结果就越好。当然考虑一般函数时还涉及一些数学细节，诸如泰勒级数的收敛性问题，函数 $1/(1-x)$ 的泰勒级数为 $1+x+x^2+x^3+\cdots$，但它只在 $-1<x<1$ 区间是有限的。

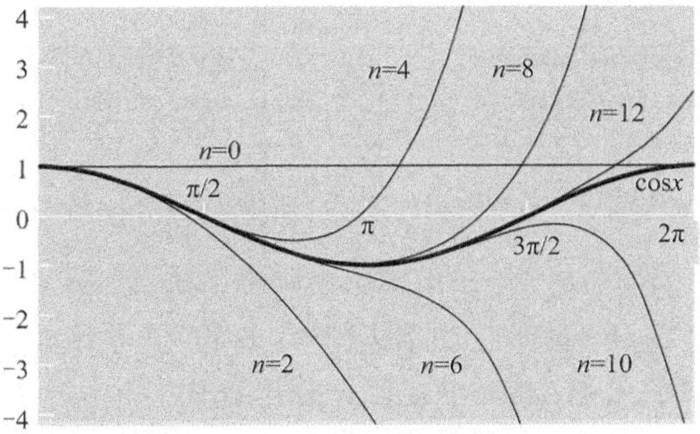

图 5.20 函数 $\cos x$ 与其泰勒展开的比较。曲线用泰勒级数中最高项的阶数来标记。例如，$n=2$ 表示级数是二阶的。余弦函数用粗线表示，用于与近似表达式相比较

力与梁的伸长呈线性关系

为了弄清在 DNA、细胞骨架纤丝和膜等具有生物重要性的连续体中如何应用这些对于平衡位置的小偏离的思想，我们从研究一根伸长杆的弹性理论开始。在第 10 章中将详

细地讨论这个主题, 主要目的是为弹性理论的思想提供一个概念性的基础。考虑如图 5.21 所示, 一根原长为 L 的梁, 伸长量为 ΔL。变形的物体的几何状态很自然地用应变这个物理量来刻画, 在这里, 应变的定义为

$$\varepsilon = \frac{\Delta L}{L} \tag{5.22}$$

应变概念的核心思想是在材料中相邻点经历不同的位移。在当前的例子中, 某点的位移依赖于它到原点的距离。相对位移的结果是材料中的化学键按如图 5.21 所示的那样拉长。虽然我们的思想实验只考虑了拉伸的情况, 我们也很容易考虑压缩的情况, 此时 $\Delta L < 0$。为了简化, 我们略去了垂直于拉伸方向的微小位移, 即泊松效应。

为了得到这些变形的数学解释, 图 5.21 表明我们可以视宏观变形为对大量的微观弹簧进行拉伸的结果, 这些弹簧对应于梁中原子之间的化学键。回忆弹簧的力和伸长的关系

$$F = -k\Delta a \tag{5.23}$$

式中, k 是劲度常数; Δa 是弹簧的伸长; F 是弹簧产生的力。在宏观上, 类似地有

$$\frac{F}{A} = E\frac{\Delta L}{L} \tag{5.24}$$

式中, F 是外力; A 是梁的截面积; 杨氏模量 E 反映梁的刚度的材料特性。因为应变是无量纲的, 所以杨氏模量的单位是力/面积或能量/体积。物理量 F/A 称为应力, 它具有力/面积的量纲。

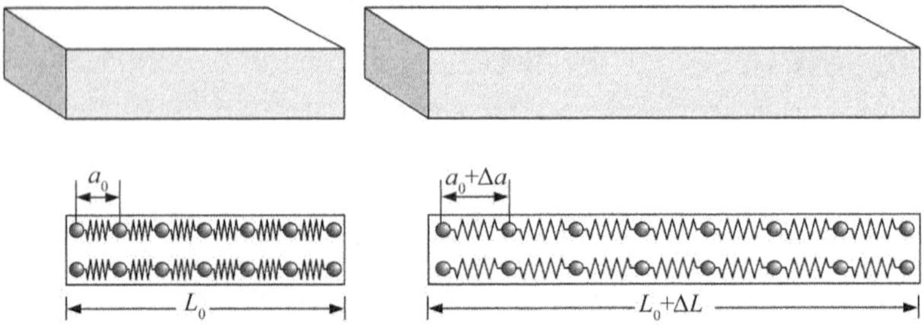

图 5.21　梁拉伸的能量学。可变形梁的连续介质描述可以用单个化学键的拉伸来解释

对于图 5.21 所示的简单模型, 梁由很多微观弹簧组成, 相邻的弹簧的间距是 a_0, 式 (5.24) 可以从式 (5.23) 得到。具体地, 如果梁受力 F 作用, 梁截面上的所有弹簧都拉伸相同长度而达到平衡。弹簧并联 (像并联电阻), 分担负载。因为弹簧总数为 A/a_0^2, 这里 a_0^2 是单个弹簧所占的面积, 所以每个弹簧伸长量为 $\Delta a = (F/k)/(A/a_0^2)$。这个结果反映了 n 个相同的并联弹簧受力 F 时, 每个经历的位移是 $(F/k)/n$。因为梁中所有的弹簧都有相同的伸长, 所以梁的总伸长是 $\Delta L = (L/a_0)\Delta a$, 这里 L/a_0 是沿梁的长度方向的弹簧的数目, 每个弹簧为 ΔL 贡献一个 Δa。把 Δa 的表达式代入前面的公式, 可以得到式 (5.24), 且 $E = k/a_0$。在这个简单的弹性固体的例子中, 杨氏模量是连接两个原子的化学键的弹簧常数和原子间的典型距离的比值。

弹性材料的变形能是应变的二次函数

我们已经用胡克定律表示变形的弹性材料产生的力。然而在很多场合，用变形弹性体的能量来刻画它的弹性性质更有用。回到简单的弹簧模型，弹簧伸长 Δa 储存的弹性能量是

$$E_{\text{strain}} = \frac{1}{2}k(\Delta a)^2 \tag{5.25}$$

式中，k 是弹性常数。适合于图 5.21 所示的有应变的弹性材料的更普遍公式，可以用分而治之的办法，把弹性体分成很多小块来得到。对于每个小体积元，我们计算应变能密度，然后乘上小单元的体积得到它的弹性应变能。将所有的材料单元加起来 (实际上是积分)，我们得到总的应变能为

$$E_{\text{strain}} = \frac{EA}{2}\int_0^L \left(\frac{\Delta L}{L}\right)^2 \mathrm{d}x \tag{5.26}$$

式中，A 是梁的截面面积。从如图 5.21 所示的梁的简单模型出发，类似于推导式 (5.24) 的方法，将所有微观弹簧的弹性能加起来就可以得到式 (5.26)。

如果考虑更一般的情形，相对伸长是沿梁的轴线上的位置的函数，则变形能为

$$E_{\text{strain}} = \frac{EA}{2}\int_0^L \left(\frac{\mathrm{d}u(x)}{\mathrm{d}x}\right)^2 \mathrm{d}x \tag{5.27}$$

关键点是存在一个能量函数对应于弹性体中相邻物质点之间距离的相对改变量。

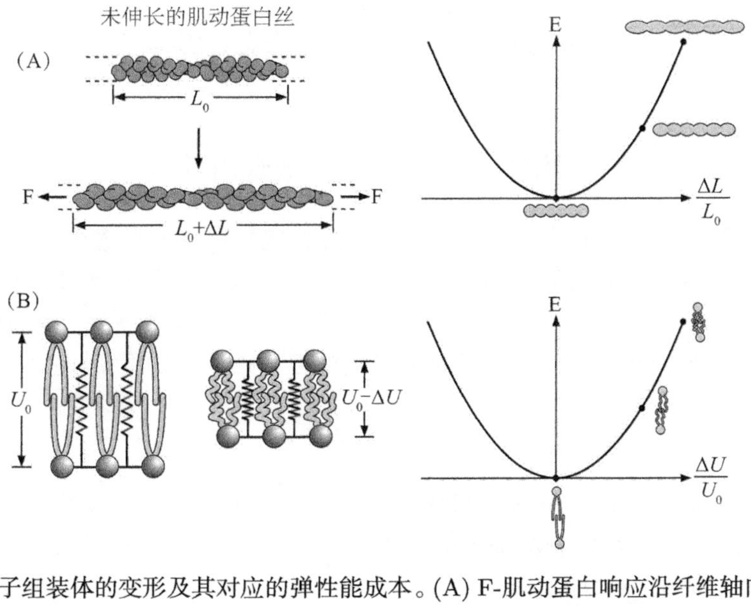

图 5.22 高分子组装体的变形及其对应的弹性能成本。(A) F-肌动蛋白响应沿纤维轴向施加力而拉伸的示意图。能量曲线显示了纤维相对于平衡长度伸长或收缩的二次形式的能量成本。(B) 脂质双分子层的厚度相对于其平衡值改变导致变形的示意图。能量曲线显示了脂质双分子层的厚度偏离平衡值时的弹性能成本

在本书剩下的章节中, 我们要应用类似上面对弹性的论述。其优点是允许我们讨论核小体和病毒中的 DNA 包装、受大力作用时微管的屈曲以及在离子通道附近的磷脂膜的变形等过程的能量成本。图 5.22 给出两个例子表明可以用弹性理论的语言来分析细胞骨架的单元。此外, 该图也为我们在第 11 章中对磷脂双层膜的研究作了铺垫。在这两种情形中, 基本思想是一致的, 即对平衡构型的小偏离导致一个二次函数形式的能量成本。

至此, 我们已经论述在很多情形下, 可以把力学平衡表示为势能极小的状态。当然为了求极小值, 首先要想办法对不同的构型指定势能。我们已经知道在系统的平衡位置附近, 能量成本可以写成对平衡构型偏离量的二次函数。无论是描述连续介质材料的弹性响应, 还是逐个原子计算构型的能量, 都会出现二次函数形式的能量。但是除了势能以外, 还有其他因素巧妙地平衡决定结构。热运动力是其中一个因素, 我们将在本章的余下部分对自由能预算中的这一部分进行讨论。

5.5　自由能极小状态对应的结构

在前一小节中, 我们已知道在不同的尺度上, 如何用力学研究系统的平衡构型。但是, 我们的讨论是不完备的, 因为没有考虑到支配平衡的热涨落效应。本节的目的是扩展关于平衡态的讨论, 给能量极小补充一个通常与之矛盾的熵极大的要求。

虽然在本章后续部分将详细推导有关结论, 现在我们只定性地讨论自由能的概念。它体现在如下公式中:

$$\text{自由能} = \text{能量} - \text{温度} \times \text{熵} \tag{5.28}$$

式中, 熵 (稍后解释) 是系统不同重排方式的数目的度量。本章余下部分的基本论点和本书后续部分的基本工具之一是如下观点: 系统的平衡态是所有可能状态中使自由能极小的状态。

熵度量了宏观态的微观简并度

从数学角度来看, 上面提到的热运动力的概念包含在熵的概念中。虽然在我们早期学习科学时就被教会考虑能量, 实际上, 存在更直观的状态变量为我们认识决定复杂体系 (如包含许多相互作用组分的溶液) 平衡态的因素提供了深刻的见解。特别地, 封闭系统的熵提供了对实现某个给定的宏观态的不同微观方式的数目的度量, 它可以写成

$$S = k_B \ln W \tag{5.29}$$

式中, W 是与宏观态相容的微观态的数目; k_B 是玻尔兹曼常数。按定义, 我们看到在自由能极小时, 能量项倾向于降低, 而熵的贡献倾向于以最大可能的方式实现宏观状态。

一个具体的例子与我们试图定量理解基因表达 (见第 6 章和第 19 章) 有关, 其中需要考虑与 DNA 结合的蛋白质的熵。具体地, 熵在这个例子里反映了结合蛋白沿整个 DNA 分子 (非特异性) 的不同排列方式, 如图 5.23 所示。设想 DNA 分子共有 N 个结合位点, 其中有 N_p 个结合了我们关心的蛋白质。我们进一步假设蛋白质非特异结合时的

结合能量是常数, 与占据哪个非特异位点无关 (尽管实际上, 不同的位点非特异结合能是不同的)。如上所述, 熵是对实现宏观状态的不同方式的数目的度量, 在这个例子里它由可能结合位点的数目和结合蛋白的数目来决定, 它的最一般的形式为

$$S = k_B \ln W(N_p; N) \tag{5.30}$$

式中, S 是熵; $W(N_p;N)$ 是微观态数目, 它反映了 N_p 个蛋白质在 N 个结合位点上排列的方式的数目。这一熵的定义来自于关键的相容条件: 复合系统的熵应该是可加的, 尽管它的微观态的数目是相乘性的。

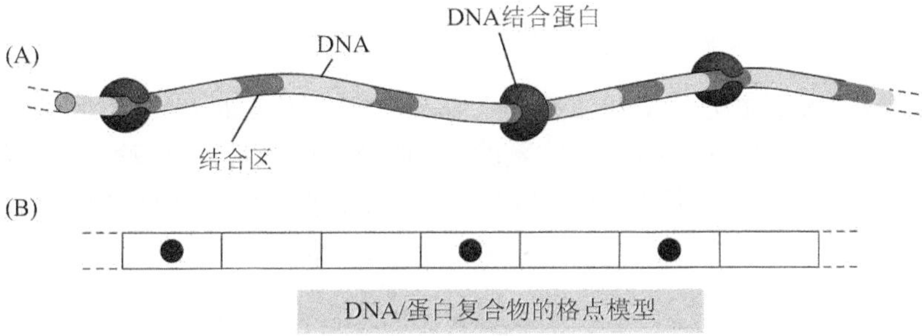

图 5.23 蛋白质在 DNA 分子上的可能排列。(A) 卡通图展示了 DNA 分子上的一系列结合位点, 以深灰色阴影表示。DNA 结合蛋白可以占据这些位点中的任何一个。(B) 格点模型表示进一步的理想化情形, 我们将 DNA 分子设想为一系列的盒子, 而 DNA 结合蛋白可以放入这些盒子中

对于 DNA 结合蛋白的例子, 我们注意到把 N_p 个蛋白质中的第一个放到结合位点有 N 种选择。当这个蛋白质已经放好, 只有剩下的 $N-1$ 个位点用来放第二个蛋白质。第三个蛋白质只能放在 DNA 上余下的 $N-2$ 个位点中的一个。因此, 放 N_p 个蛋白质的方式的总数目是 $N \times (N-1) \times (N-2) \cdots \times (N-N_p+1)$。这里, 我们没有考虑在某些情况下实际上不会出现不同的构型。例如, 我们无法区分第一个蛋白质在 10 号位点而第二个蛋白质在 15 号位点这样的构型与恰好相反的构型。结果我们多算了构型的数目, 要除去已占据位点上的 N_p 个蛋白质的可能排列的数目, 根据上述同样的论证, 该数目为 $N_p \times (N_p - 1) \cdots \times 1$。把 $1 \sim N_p$ 的所有整数相乘称作 N_p 的阶乘, 记作 $N_p!$。现在我们能够把微观排列的总数目写成

$$W(N_p; N) = \frac{N \times (N-1) \times (N-2) \cdots \times (N-N_p+1)}{N_p \times (N_p-1) \cdots \times 1} \tag{5.31}$$

把分子分母都乘上 $(N-N_p)!$, 便得到更令人满意的对称形式:

$$W(N_p; N) = \frac{N!}{N_p!(N-N_p)!} \tag{5.32}$$

对于 DNA 结合蛋白, 如乳糖阻遏蛋白, 大约 10 个这样的蛋白质与大肠杆菌的基因组上约 5×10^6 个 DNA -结合位点结合。上述公式告诉我们乳糖阻遏蛋白结合到大肠杆菌的基因组上大约有 3×10^{60} 种不同的排列方式。

现在用玻尔兹曼式 (5.30) 计算熵, 结果为

$$S = k_B \ln \frac{N!}{N_p!(N-N_p)!} \tag{5.33}$$

这里要用到的重要近似是斯特林公式, 它的最简单形式为

$$\ln N! \approx N \ln N - N \tag{5.34}$$

这个近似公式的来源可以参见下面“模型的数学”以及本章课后习题。对 DNA-蛋白质结合问题应用斯特林近似, 得到

$$S = -k_B N[c \ln c + (1-c)\ln(1-c)] \tag{5.35}$$

式中, 我们已经引入了更方便的浓度变量, $c = N_p/N$。图 5.24 给出了熵和浓度的函数关系。这个表达式的重要含义是两组分体系的不同排列方式的数目依赖于它们的相对数量。可以看到当一半的位点被占据时熵达到极大——这反映了该浓度允许最大数目的不同排列方式。

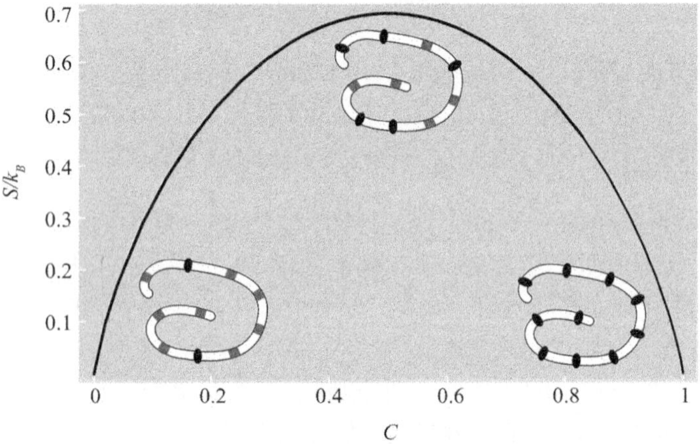

图 5.24　熵与 DNA 结合蛋白浓度的函数关系。此图展示了 DNA 上的结合位点 (用灰色标记) 以及结合位点上的 DNA 结合蛋白 (以黑色椭圆表示)。从左到右, 被蛋白质占据的位点的比例增加

模型的数学: 斯特林近似　斯特林近似是从计算 $\ln N!$ 的问题中产生的。导出这个结果的最简单的启发性观点是基于如下事实:

$$\ln N! = \ln[N(N-1)(N-2)\cdots \times 1] \tag{5.36}$$

另外, 应用对数的性质 $\ln AB = \ln A + \ln B$, 可以把式 (5.36) 改写成

$$\ln N! = \sum_{n=1}^{N} \ln n \tag{5.37}$$

现在我们用积分近似代替求和, 得到

$$\sum_{n=1}^{N} \ln n \approx \int_1^N \ln x \mathrm{d}x = N \ln N - N \tag{5.38}$$

在本章课后习题中将更仔细地讨论这个近似。

5.5.1 熵和疏水性

为了更具体地应用熵的概念, 我们考虑关于疏水效应的玩具模型, 该效应是生物系统中最重要的分子驱动力之一。定性的思想是, 疏水分子置入水中会阻止它附近的水分子像正常情况那样形成氢键。一个高度理想化的例子是水中的氢键网络, 如图 5.25 所示。

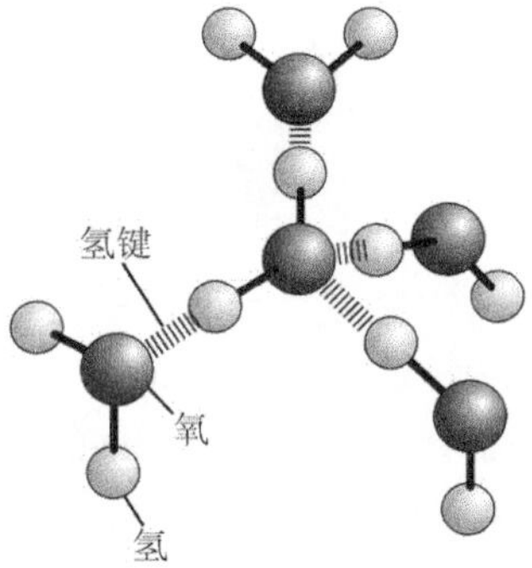

图 5.25 水中的氢键网络。水分子参与氢键结合 (以连接邻近的水分子的条纹线来表示)。水分子可理想化地视为有 4 个邻居, 它们排列成四面体结构

疏水性来源于剥夺水分子的部分构型熵

本节的目标是估算疏水相互作用的强度。论述的要点是溶液中的非极性分子如何剥夺水分子形成氢键的能力, 从而减少了水分子的一部分取向熵。这个简单的模型借用了鲍林 (1935) 计算冰的熵的原始模型。掌握了这个机制, 我们可以对疏水效应的大小作定量地估算。

结构的概念由图 5.25 给出, 相邻水分子中的氧原子形成四面体型的网络。图 5.25 进一步揭示了水分子形成动态的氢键网络, 平均每个氧原子与它周围的 4 个水分子中的两个形成氢键。考虑疏水相互作用的一个有用的概念框架是: 当一个非极性的分子置入水中时, 在它周围的水分子不能有效地形成氢键。我们可以把连续变化的水分子的可能取向粗粒化为如图 5.26 所示的 6 个不同的方向。于是可以估算在引入非极性分子时水的熵降低效应 (关于这个效应更清楚的描述, 参见 Dill & Bromberg, 2003)。

水分子的氢原子指向四面体的顶点有 6 种不同的方式, 这导致水分子的 6 种取向。如果 4 个最近邻的水分子中有一个被非极性分子取代, 那么, 由于失去一个形成氢键的伙伴, 可能的取向变为 3 个。例如, 假定移去图 5.26 中右下角的水分子, 那么在图示氧原子和缺失的水分子之间不能形成氢键。结果, 图 5.26 中下排的三种构型被禁止了。这个简单的模型预言了非极性分子的出现剥夺了相邻水分子参与氢键网络中一半的可能取向。每

个水分子的熵改变为

$$\Delta S_{\text{hydrophobic}} = \underbrace{k_B \ln 3}_{\text{受限水分子}} - \underbrace{k_B \ln 6}_{\text{未受限水分子}} = -k_B \ln 2 \tag{5.39}$$

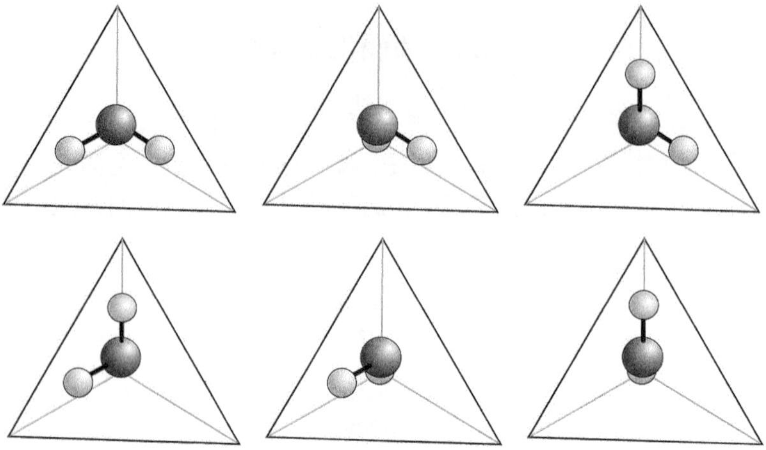

图 5.26 四面体网络中的水分子的取向。每个图显示了允许与邻近水分子形成氢键的水分子的不同排列。氢键在图中没有被氢占据的顶点的方向上。(取自 K. Dill and S. Bromberg, Molecular Driving Forces, New York, Garland Science, 2003.)

至此, 我们已经确定了每个水分子的熵损失。为了使估算有效, 还需要估算被非极性 (即疏水) 分子所影响的水分子数目。

我们可以定量地描述将一个疏水分子放在水中的疏水成本:

$$\Delta G_{\text{hydrophobic}}(n) = nk_BT\ln 2 \tag{5.40}$$

式中, n 是靠近非极性分子的水分子数目。这里我们只考虑自由能成本中的熵效应, 它可以表示为 $-T\Delta S_{\text{hydrophobic}}$。可以用一个特别有用的方式来描述我们的结果: 疏水分子的出现导致了单位面积上的自由能成本 $\gamma_{\text{hydrophobic}}$, 从而在水中加入一个疏水分子的自由能成本是 $\Delta G_{\text{hydrophobic}} = \gamma_{\text{hydrophobic}}A$。其中 A 是疏水分子和它周围的水分子之间的界面的面积。如上所述, 更方便地表示结果的方式是指定单位面积的自由能, 它可以通过每个水分子的面积得到。利用简单估算, 10 个水分子覆盖面积大约为 1 nm^2, 且 $\ln 2 \approx 0.7$, 我们可以认为浸在水中的疏水物体的界面自由能是 7 k_BT/nm^2。对于像 O_2 这样的小分子, 它们的界面面积为 $0.1 \sim 0.2$ nm^2, 把这样的分子放到水里的能量成本近似为 1 k_BT。于是, 氧分子可以很容易地溶于水, 尽管它是非极性的, 并且不能形成氢键。但是, 尺寸与蛋白质甚至糖分子相当的较大疏水分子需要有足够的自由能输入才能溶于水。

疏水效应可以解释日常生活中观察到的油和水不能互溶的现象。从前面的简单模型得到放一个碳水化合物分子 (如辛烷) 到水分子环境中需要消耗的自由能约为 15 k_BT。每多加一个新的辛烷分子到水中, 要多加一个相同的自由能。但是, 如果辛烷分子凝聚成团, 团簇总面积要比单个分子面积之和小得多。在室温下的水中, 单个分子急速"摇晃", 在几秒钟内, 分子就可以重新排列以使界面表面积减至最小。

氨基酸可以按它们的疏水性分类

与疏水效应有关的能量对于决定分子和细胞尺度上的结构形成起着极其重要的作用。例如, 考虑一个包含多种氨基酸侧链的蛋白质, 一些侧链是亲水的 (可以和水分子形成氢键), 另一些是疏水的。从上面的简单论述我们清楚地看到, 疏水的侧链在水溶液中要消耗自由能。作为初步近似, 蛋白质折叠成确定的三维结构可以视为油水分离原理的一个应用。蛋白质可以看成是一条悬挂着亲、疏水氨基酸侧链的弹性骨架。如前所述, 系统对熵的要求使得疏水侧链聚集在一起在蛋白质中心形成内部"油滴"。亲水氨基酸侧链倾向于保留在蛋白质的表面, 与水分子形成氢键。这个概念如图 5.8 所示。

为了建立准确的定量模型描述疏水效应在蛋白质折叠中的作用, 我们必须知道每一种氨基酸暴露在水中的相对自由能成本。然而, 作为一种有用的简化策略以建立直观图像, 我们一开始简单地把氨基酸分为两大类, 一类包含所有的疏水残基 (H), 另一类包括所有的亲水或极性的残基 (P)。我们将在第8章中更详细地讨论, 这个过分简化的模型对结构的许多方面提供了有用的估计。

作为上面论述的结果, 我们可以把不同的疏水氨基酸按它们在水中的有效面积作最简单的分级。在这个框架下, 一个疏水残基暴露在水中的自由能成本是

$$\Delta G_{\text{hydrophobic}} \approx \underbrace{\gamma_{\text{hydrophobic}}}_{\text{成本/面积}} \underbrace{A_{\text{hydrophobic}}}_{\text{疏水面积}} \tag{5.41}$$

这种策略的具体处理留待读者在本章课后习题中进行。

脂质疏水尾巴在水中的熵成本

类似的想法可以用来近似地描述与脂质分子分散在溶液中相关的自由能。脂质分子可视为极性头部基团连接上长的疏水的脂肪酸尾巴。针对这种情况的简单而实用的办法是把尾巴看成是柱状的疏水材料, 并为单独的脂质分子指定一个自由能成本, 它由上述计算得到的单位面积的自由能和柱状尾巴的面积的乘积给出。分散的脂质分子的高自由能成本是导致形成脂质双分子层的关键驱动力。

5.5.2 最大熵与平衡态计算

我们已经观察到势能极小原理决定了系统在零温下的力学平衡构型。现在开始讨论对有限温度下的平衡系统起完全相同作用的原理。我们又一次看到平衡问题可以用变分语言描述 (即作为一个求极小值的问题)。具体地,我们的讨论最终要得到的结论是: 在系统所有竞争的状态中, 平衡态使相关的自由能极小。但是, 在讨论自由能极小化之前, 我们将讨论热力学第二定律的一个更基本的体现: 孤立系统在平衡时的熵最大。

由熵的最大化得到热平衡和化学平衡

热平衡和化学平衡由热力学第二定律控制。这个定律可以用文字陈述为孤立系统的宏观平衡态出现在微观状态数目最大的情况 (即熵最大)。另一种表述方式是: 面对从所有宏观竞争者的空间中的选择问题, 挑选有最大微观代表数目的状态。这个热力学的控制原理与力学中的牛顿第二定律 $\boldsymbol{F}=m\boldsymbol{a}$ 地位相当。

图 5.27 描绘了内部有隔板的孤立系统中最大熵原理如何在一个真实而简单的例子中起作用。这里“孤立”一词表示容器内容物与我们在外部做的任何事情完全无关, 因此, 我们不能通过做功、加热、加磁场或电场等方式与这个系统交流。这里的思想实验涉及自发去除内部隔板所施加的限制这一想法。例如, 如图 5.27(A) 所示, 如果我们允许能量在两个子室之间流动, 则会有能量转移直到熵达到最大 (这对应于温度相同) 。如图 5.27(B) 所示, 如果使隔板固定装置松开, 隔板将会自由滑动, 直到系统整体的熵达到最大。隔板向左或右移动取决于哪边的压强大, 直到两边压强相等不再移动, 到达熵最大的状态。最后, 图 5.27(C) 给出了最有生物学意义的例子, 这里内部隔板允许粒子通过。在这个例子中, 粒子可以穿过隔板, 直到熵达到最大, 我们将在后面说明这个状态对应于两个区域的化学势相等。

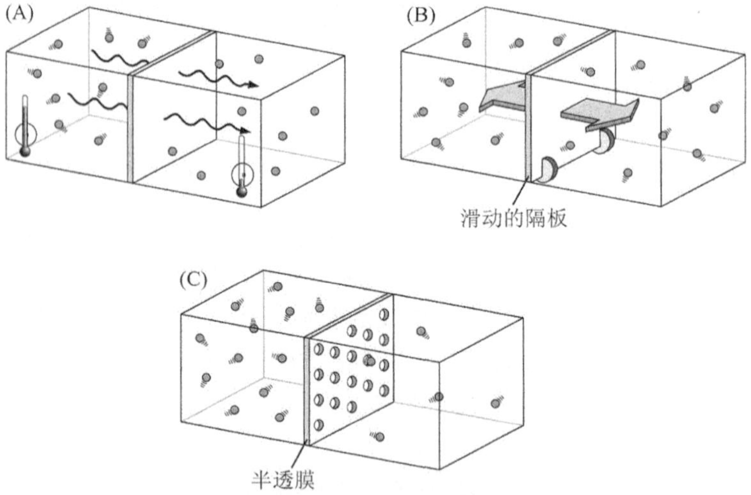

图 5.27　孤立系统的示意图, 它由两个子室构成, 中间由隔板分开, 隔板允许传递 (A) 能量、(B) 容积和 (C) 粒子

为了说明熵最大的思想导致的后果与物理直觉一致, 我们定量地分析如图 5.27 所示的有隔板的孤立系统。我们断言当去掉隔板的限制时, 能量将会重新分配 (产生热流)、体积将会调节 (隔板向一个或另一个方向滑动)、粒子将会重新分布 (粒子扩散), 直到孤立系统的熵达到最大。在数学上, 我们通过研究 $S_{tot}=S_1(E_1,V_1,N_1)+S_2(E_2,V_2,N_2)$, 总熵是隔板两侧区域熵的加和。因为系统是孤立的, 所以有约束: $E_{tot}=E_1+E_2$, $V_{tot}=V_1+V_2$ 和 $N_{tot}=N_1+N_2$, 这里 E_{tot} 是总能量, V_{tot} 是总体积, 而 N_{tot} 是总粒子数。如上所述,

当初始约束条件被释放 (如移除制动装置后隔板可滑动), 系统状态将会自发改变, 直到系统的熵达到最大。在隔板允许能量交换的情形下, 熵最大用数学表示为

$$\mathrm{d}S = \left(\frac{\partial S_1}{\partial E_1}\right)\mathrm{d}E_1 + \left(\frac{\partial S_2}{\partial E_2}\right)\mathrm{d}E_2 = 0 \tag{5.42}$$

现在我们利用总能量守恒的事实, 于是有 $\mathrm{d}E_2 = -\mathrm{d}E_1$, 代入式 (5.42), 得到

$$\left(\frac{\partial S_1}{\partial E_1} - \frac{\partial S_2}{\partial E_2}\right)\mathrm{d}E_1 = 0 \tag{5.43}$$

为了继续进行推导, 引入温度的热力学定义 $(\partial S/\partial E)_{V,N} = 1/T$, 这表明我们的结论等价于 $T_1 = T_2$。也就是说, 如果隔板允许传送能量, 热将流动直到两边的温度相等。这里无法写出所有来自热力学的结论, 我们建议不熟悉热力学的读者参考本章末尾的"延伸阅读"。

当除去制动装置允许隔板滑动时, 我们可以作上述类似的论述, 这种情况下体积可以调节以使系统的熵达到最大。熵最大化的条件是

$$\mathrm{d}S = \left(\frac{\partial S_1}{\partial V_1}\right)\mathrm{d}V_1 + \left(\frac{\partial S_2}{\partial V_2}\right)\mathrm{d}V_2 = 0 \tag{5.44}$$

约束条件再次告诉我们 $\mathrm{d}V_1 = -\mathrm{d}V_2$, 于是

$$\left(\frac{\partial S_1}{\partial V_1} - \frac{\partial S_2}{\partial V_2}\right)\mathrm{d}V_1 = 0 \tag{5.45}$$

在此, 利用热力学等式, $p/T = (\partial S/\partial V)_{E,N}$, 可以看到熵达到最大对应于压强相等。

生物学上最有意义的例子是隔板允许粒子通过的情况。此时熵达到最大对应于

$$\mathrm{d}S = \left(\frac{\partial S_1}{\partial N_1}\right)\mathrm{d}N_1 + \left(\frac{\partial S_2}{\partial N_2}\right)\mathrm{d}N_2 = 0 \tag{5.46}$$

利用总粒子数固定的约束条件, 我们有 $\mathrm{d}N_1 = -\mathrm{d}N_2$, 于是,

$$\left(\frac{\partial S_1}{\partial N_1} - \frac{\partial S_2}{\partial N_2}\right)\mathrm{d}N_1 = 0 \tag{5.47}$$

利用熵的改变定义化学势 $\mu/T = -(\partial S/\partial N)_{E,V}$, 可见熵最大意味着隔板两边的化学势相等。

这些论证的关键之处是强调了热力学平衡的变分描述。也就是说, 系统具有特殊地位的平衡态可以通过求熵最大来寻找。现在讨论熵最大化给出驱动力的多种有趣结果。虽然很多我们关心的问题要用到热力学第二定律更复杂的表述——自由能极小原理, 有很多问题可直接用熵最大化来处理。重要的例子包括可用来描述 DNA 分子的力–拉伸关系的熵弹性的概念, 溶液中高分子组装体之间的排空力的概念以及渗透压的起源。在下一节将阐述熵最大化的作用, 解释熵最大化如何导致有序性。

5.5.3　从竞争角度看结构

至此我们已经断言平衡结构反映了能量最低 (零温) 和熵最大 (有限温度)。但是, 生物建模中最有意义的情况是在严格的能量最低的力学观点和熵最大的统计观点之间采取中间路线。特别地, 体外溶液生化检测和体内细胞生命的化学反应体现了更微妙的情形: 系统可以和环境交换能量或物质。在这种情况下变分法对应于自由能极小, 它可以直观地理解为最大微观状态数和最小能量之间的竞争。允许处理这种竞争的变分原理是本章前面引入的自由能极小原理。

自由能极小化可以看成是熵最大化的另一种表述

如上所述, 平衡的吉布斯计算断言在考虑孤立系统的时候, 平衡态是有最多的微观发生方式的宏观状态。通过引入熵可将这个原理翻译成数学语言, 然后通过求最大值寻找平衡态。另外, 在很多有趣的问题中遇到的系统不能被看作是孤立系统。实际上, 大多数我们感兴趣的系统 (如细胞中的高分子、RNA 聚合酶或核糖体等高分子组装体乃至细胞自身) 是同外界媒质接触并交换能量和物质的。无论是海洋中的细胞, 还是聚合酶链反应中处于热循环器内的 DNA 聚合酶, 它们都和外界接触。有趣的是, 系统外加与之接触的热库或粒子库的最大熵的问题等价于系统本身的自由能极小问题。这个原理的美妙之处在于我们可以不去讨论由于系统和热库或粒子库接触带来的潜在复杂性, 而只考虑描述系统本身的自由度就够了。

为了继续讨论, 考虑图 5.28 展示的孤立系统和封闭系统的例子。注意封闭系统的特点是它和环境有能量交换。开放系统则同时与环境有物质和能量交换。允许我们对这些

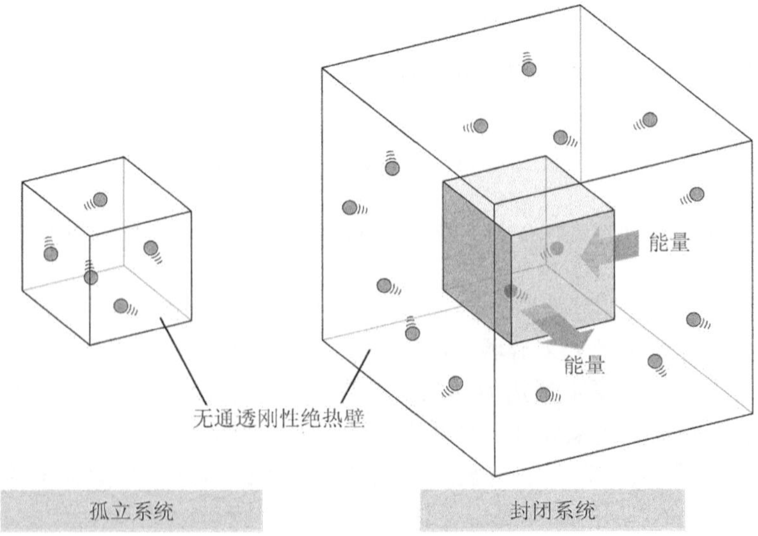

图 5.28　孤立系统和封闭系统。孤立系统不能与外界交换能量和物质。封闭系统与周围的热库或粒子库之间有能量交换

系统利用最大熵原理的理论技巧是把原始系统和与之接触的热库或粒子库看成一个孤立系统。从这个角度来看, 整个系统 (包括原始系统和相应的热库或粒子库) 的平衡由熵最大化决定。例如, 在体外的溶液生化环境中, 与水浴接触的试管是一个可以和环境交换能量的封闭系统的例子。类似地, 在细胞中, 我们可以将 DNA 分子上的特定位点视为系统, 而将细胞质中的 DNA 结合蛋白或 DNA 上其他非特异位点上的结合蛋白视为粒子库。

为了继续分析这个问题, 我们现在对原始系统和热库构成的复合系统的熵求极大值。考虑熵最大化的另一种方案是在去除约束后的任何自发过程中熵增加。这个陈述可以写成

$$\mathrm{d}S_{tot} = \mathrm{d}S_r + \mathrm{d}S_s \geqslant 0 \tag{5.48}$$

式中, S_s 是系统的熵; S_r 是热库的熵。借用热力学第一定律的知识把热库的能量改变写成

$$\mathrm{d}E_r = T\mathrm{d}S_r - p\mathrm{d}V_r \tag{5.49}$$

式中, $T\mathrm{d}S_r$ 是释放到热库中的热量, $p\mathrm{d}V_r$ 是热库做的功。如果把这个关系代入到熵的不等式中, 我们得到

$$\mathrm{d}S_s + \frac{\mathrm{d}E_r}{T} + \frac{p}{T}\mathrm{d}V_r \geqslant 0 \tag{5.50}$$

如同前面的做法, 因为整个孤立系统的能量和体积守恒, 我们有 $\mathrm{d}E_r = -\mathrm{d}E_s$ 和 $\mathrm{d}V_r = -\mathrm{d}V_s$, 于是

$$\mathrm{d}S_{tot} = \mathrm{d}S_s - \frac{1}{T}\mathrm{d}E_s - \frac{p}{T}\mathrm{d}V_s \geqslant 0 \tag{5.51}$$

最后, 把方程的两边都乘以 $-T$, 不等式反向, 我们得到

$$\mathrm{d}G = \mathrm{d}(E_s + pV_s - TS_s) \leqslant 0 \tag{5.52}$$

这里我们已经引入了吉布斯自由能 $G = E - TS + pV$, 并证明在自发过程中自由能会减少, 或者说, 平衡态的吉布斯自由能达到极小值。我们提醒读者注意, 吉布斯自由能在平衡时极小的表述是建立在包含子系统和热库在内的整个系统熵极大这一更基本表述之上的。此外, 我们一旦选择吉布斯自由能, 就不涉及和热库有关的坐标, 而只提及系统由于与热库接触而具有固定温度 T 和压强 p。

5.5.4 自由能反映了能量和熵之间的竞争

与自由能相关的有趣物理观点是平衡结构反映了能量和熵之间的相互竞争。如果温度变为零, 就回到了能量 E 的极小问题, 这是决定严格力学平衡问题的原理。另外, 随着温度升高, 熵效应的作用提升, 直到足够高的温度, 它在决定平衡态时起主要作用。

具体地, 能量和熵的竞争由图 5.7 中的例子很好地体现出来。例如, 在蛋白质折叠到它的天然态的时候, 能量项与形成了很多氨基酸之间的“天然”接触有关, 这使能量降低; 而自由能预算中熵的部分与蛋白质未折叠成天然态时形成多种不同的构型的数目有关。在足够高的温度下, 熵起主要作用, 蛋白质就会变性。类似的竞争出现在蛋白质周围的电荷中, 静电相互作用能量使电荷倾向于束缚在分子宿主上, 而自由能预算中熵的部分倾向

于使电荷远离宿主。图 5.7 中最后一个分解自由能的例子考虑的是配体与蛋白质结合的情形。如果配体游离在溶液中, 则获得有利的熵。另外, 与分子宿主结合使得能量上有利, 这些竞争性需求相互影响, 妥协为自由能极小化。

在下面几章, 我们反复利用能量和熵竞争的思想处理涵盖蛋白质折叠、核糖体周围的离子分布以及特定的生物功能化悬臂梁的挠曲等内容。在每一种情形中, 我们首先要给出一个能量项, 它倾向于把系统拉向一个方向, 如溶液中的离子和高分子之间的库仑吸引力倾向于使离子限制在高分子附近。另一个竞争项是熵效应, 它倾向于使离子分散到高分子周围的空间. 这些论证最终得到了本章的重要的结论, 平衡结构的问题总可视为相关势能函数的极小化问题。自由能决定了平衡态。注意有不同形式的自由能 (亥姆霍兹自由能和吉布斯自由能), 为了简化, 我们略去它们的差异, 在本书以后章节, 一律用符号 G 来表示自由能。

5.6 总　　结

大量繁忙的细胞生命活动涉及物质和能量的转化。本章表明对物理和化学变化的研究可以用寻找某些物理量的极大值 (熵) 和极小值 (势能) 的语言来描述。具体地, 我们论证了无论系统受何种约束, 牛顿静力学可以改写成寻找系统势能极小值的问题。虽然力学问题很重要, 但自由能极小原理更具有生物学的重要意义。具体地, 我们论证了包含许多粒子的孤立系统 (同一个宏观态对应天文数字的不同微观态) 满足另外一个变分要求, 即微观态数目达到最大。对多粒子系统的平衡的计算基于这样的观点: 平衡态是有最大数目的微观实现方式的宏观态。我们将在下面几章说明如何用这个简单的观点理解大量不同的生物现象。

5.7 附录: 欧拉–拉格朗日方程

用变分计算来找泛函的极值

本章的中心是寻找能量、熵和自由能的最大值或最小值。另外, 如图 5.16 所示, 生物问题中的能量和自由能常常是泛函而不是函数。这引出一个数学问题: 给定无限个竞争函数, 我们如何找到一个函数使能量或自由能极小? 下面推广建立在普通微积分上的讨论, 用类似寻找函数极值的方法研究泛函。对于相关内容的深入讨论, 我们建议读者参考 Lanczos (1986) 和 Gelfand & Fomin (2000)。

欧拉-拉格朗日方程使我们通过求解微分方程来极小化泛函

在很多情况下, 上面提到的这类泛函极小化问题可以写成很专门的形式, 即找一个函数使积分取极值。这样, 我们求如下形式的泛函的极小值:

$$E[u(s)] = \int_{a_1}^{a_2} f(u(s), u'(s))\mathrm{d}s \tag{5.53}$$

如同计算函数的极值, 界定条件是对极值的任意“小偏离”, 泛函值的一阶变化量为零。具体而言, 考虑具有 $\eta(s)$ 型的偏离, 并要求

$$\frac{\delta E[u(s)]}{\delta u(s)} = \lim_{\varepsilon\to 0} \frac{E[u(s+\varepsilon\eta(s))] - E[u(s)]}{\varepsilon} = 0 \tag{5.54}$$

通过与普通微积分类比思考, 式 (5.54) 告诉我们, 如果找到了使泛函极小的函数 $u(s)$, 则对这个函数所有可能的小偏离 [即 $\varepsilon\eta(s)$] 不改变泛函值。记号 $\delta E[u(s)]/\delta u(s)$ 提醒我们取“泛函导数”, 而不是普通微积分中的导数。容许偏离 $\eta(s)$ 还要由施加在竞争函数上的边界条件来决定。例如, 对竞争函数在边界上有固定值的情形, 容许偏离满足 $\eta(a_1) = \eta(a_2) = 0$。式 (5.54) 表达的条件可写成

$$\frac{\delta E[u(s)]}{\delta u(s)} = \lim_{\varepsilon\to 0} \frac{1}{\varepsilon}\left[\int_{a_1}^{a_2} f(u(s)+\varepsilon\eta(s), u'(s)+\varepsilon\eta'(s))\mathrm{d}s - \int_{a_1}^{a_2} f(u(s), u'(s))\mathrm{d}s\right] \tag{5.55}$$

现在考虑被积函数 $f(u(s)+\varepsilon\eta(s), u'(s)+\varepsilon\eta'(s))$ 的泰勒展开, 具体地, 我们考虑其一阶展开

$$f(u(s)+\varepsilon\eta(s), u'(s)+\varepsilon\eta'(s)) \approx f(u(s), u'(s)) + \varepsilon\frac{\partial f}{\partial u'}\eta'(s) + \varepsilon\frac{\partial f}{\partial u}\eta(s) \tag{5.56}$$

于是, 式 (5.55) 可以写成

$$\frac{\delta E}{\delta u(s)} = \int_{a_1}^{a_2} \left(\frac{\partial f}{\partial u'}\eta'(s) + \frac{\partial f}{\partial u}\eta(s)\right) \mathrm{d}s \tag{5.57}$$

至此, 我们根据 $f(u(s), u'(s))$ 的变化率重新表述了我们的原始问题。现在还有余下两个关键步骤。首先, 利用单重积分的分部积分法将式 (5.57) 重新整理。具体地, 注意到

$$\int_{a_1}^{a_2} \frac{\partial f}{\partial u'}\eta'(s)\mathrm{d}s = \eta(s)\frac{\partial f}{\partial u'}\bigg|_{a_1}^{a_2} - \int_{a_1}^{a_2} \frac{\mathrm{d}}{\mathrm{d}s}\left(\frac{\partial f}{\partial u'}\right)\eta(s)\mathrm{d}s, \tag{5.58}$$

式中, 右边的第一项是 0, 因为边界条件给出 $\eta(a_1) = \eta(a_2) = 0$. 于是可以把式 (5.57) 改写为

$$\frac{\delta E}{\delta u(s)} = \int_{a_1}^{a_2} \left(-\frac{\mathrm{d}}{\mathrm{d}s}\left(\frac{\partial f}{\partial u'}\right) + \frac{\partial f}{\partial u}\right)\eta(s)\mathrm{d}s \tag{5.59}$$

现在进行第二步, 承认极值条件确实对应于 $\delta E/\delta u(s) = 0$. $\eta(s)$ 是任意的, 利用这个条件得到

$$\frac{\mathrm{d}}{\mathrm{d}s}\left(\frac{\partial f}{\partial u'}\right) - \frac{\partial f}{\partial u} = 0 \tag{5.60}$$

我们已经了解到泛函的极小值问题等价于求解一个微分方程。具体地, 类似于上述与变分问题相关的微分方程被称为该问题的欧拉–拉格朗日方程。这个结果的美妙之处在于它把我们不知道如何处理的泛函极小值问题转化为另一个我们已经知道如何求解的微分方程问题。利用泛函极小化来解决感兴趣的问题将在以下几章阐述: 我们在第 9 章中讨论蛋白质周围的离子分布; 在第 10 章中讨论原子力显微镜和生物功能化的悬臂梁; 在第 11 章中讨论离子通道等膜蛋白诱导的脂质双层膜的变形。

5.8 课后习题

1. 高分子合成的能量成本

在这个问题里你将确定以葡萄糖作为食物产生丝氨酸的生物合成成本。所有的氨基酸的生物合成成本都可在表 5.1 中找到, 现在你将了解到如何获得这些数据的第一手经验。访问"ecocyc.org" 网站, 找丝氨酸合成和糖酵解的代谢途径。丝氨酸合成途径的起始分子是糖酵解中的一个中间体。必须要用多少葡萄糖分子才能提供制造丝氨酸所需的碳骨架? 画出从葡萄糖开始, 以丝氨酸结束的生化途径, 标出吸收能量和产生能量的步骤。沿这条途径, 有多少 ATP 分子被消耗和产生? 有多少 NADH 和 NADPH 被产生和消耗? 为了完整地回答这个问题, 你要同时考虑其他一些途径。例如, 糖酵解途径很可能实际上不是从葡萄糖开始。从葡萄糖得到葡萄糖-6-磷酸需要 1 个 ATP。丝氨酸合成途径中的一步与从 L-谷氨酸到 2-酮戊二酸的转化相耦合。你必须查找"谷氨酸生物合成途径III"来确定从 2-酮戊二酸再生 L-谷氨酸的成本。假定每个 NADH 或 NADPH 等价于 2 个 ATP, 这是细菌的合理转化因子, 合成一个丝氨酸分子的净能量成本以 ATP 为单位是多少? 以 k_BT 为单位又是多少?

2. 糖预算再探

在第 3 章中, 我们计算了提供细菌分裂的建筑材料的糖吸收速率。但是, 如本章所示, 糖分子还要为高分子合成提供能量。修订第 3 章中的估算来反映糖分子既供应建筑材料又提供组装它们的能量这一事实。你会发现查看表 5.2 中列出的高分子的能量成本是有用的。建构一个新的细胞需要多少糖提供能量和建筑材料? 在考虑这个修正后, 重新估算一个细菌分裂需要的平均糖吸收率。

3. 共价键的相关数字

(1) 共价键的典型键能和键长分别是 150 k_BT 和 1.5 Å, 利用量纲分析估算共价键振动的频率。

(2) 假定用 Lennard-Jones 势

$$V(r) = \frac{a}{r^{12}} - \frac{b}{r^6}$$

描述一个共价键 (虽然一个真实的共价键更适合用 Morse 势来描述, 但这个势能在解析上不方便)。利用典型键能作为势阱的深度和典型键长作为平衡位置确定参数 a 和 b。在平衡位置附近进行泰勒展开, 得到有效弹簧常数和相应的典型振动频率。

(3) 在 (1) 和 (2) 的基础上, 估计在蛋白质动力学的经典力学模拟所要求的时间步长。

4. 泰勒展开

(1) 在 $x = \pi/2$ 附近, 重复进行本章中对 $\cos x$ 的泰勒展开。

(2) 对 e^x 在 $x = 0$ 附近进行泰勒展开, 对不同阶数的近似展开计算相对误差, 比较函数和不同阶数展开, 并像图 5.20 所示那样作图。

(3) 函数 $f(x) = x^4 - 2x^2 - 1$ 给出一个一维势能曲面。找到它的两个极小值, 在其中一个极小值附近, 展开到二阶。像图 5.19 所示那样, 把原始函数和近似结果表示在一张图上。

5. 直观认识微观状态数

玻尔兹曼方程 (5.29) 告诉我们气体和液体的熵差是

$$S_{\text{gas}} - S_{\text{liquid}} = k_B \ln \frac{W_{\text{gas}}}{W_{\text{liquid}}} \tag{5.61}$$

注意水在固定的温度 $T = 373$ K时沸腾, 从熵的宏观定义 $dS = dQ/T$ 我们可以估算微观状态数的比值。

(1) 考虑 1 cm^3 的水, 利用使水沸腾的热 (汽化潜热) 为 $Q_{\text{vaporization}} = 40.66$ kJ/mol (在

100°C), 估算这么多分子的水和蒸汽的微观状态数的比值。把你的结果写成 10 的幂次的形式。如果我们根据固定 T 下的理想气体计算微观状态数, 则

$$\frac{W_1}{W_2} = \left(\frac{V_1}{V_2}\right)^N \tag{5.62}$$

要得到上述的液/气微观状态数的比值, 体积改变应是多少? 这是否合理?

(2) 在本章我们讨论了斯特林近似以及我们的结果难以置信的误差容忍度这个事实。下面, 我们更详细地讨论。我们发现对气体这样一个系统的典型微观状态数为 $W \approx \exp(10^{25})$。现在, 如果考虑我们在估算微观状态数时丢掉了一个为 10^{1000} 的因子, 即$W = 10^{1000}\exp(10^{25})$。用计算说明这两种微观状态数得到的熵的差别是可以忽略的。这样的误差容忍度允许我们方便地应用斯特林近似。(问题取自 Ralph Baierlein, Thermal Physics, Cambridge University Press, 1999.)

6. 斯特林近似再探

斯特林近似在多种情形下是有用的。这个问题的目的是给出比本章的启发式讨论更复杂的处理。我们的任务是找到 $n!$ 的有用表示, 因为 $\ln n!$ 常常来自于熵的表达式。

(1) 从证明

$$n! = \int_0^\infty x^n \mathrm{e}^{-x} \mathrm{d}x \tag{5.63}$$

开始。为此, 反复进行分部积分。具体地, 证明迭代关系

$$\int_0^\infty x^n \mathrm{e}^{-x} \mathrm{d}x = n \int_0^\infty x^{n-1} \mathrm{e}^{-x} \mathrm{d}x \tag{5.64}$$

说明重复利用这个关系可以得到我们需要的结果。

(2) 对不同的 n 作被积函数 $x^n\mathrm{e}^{-x}$ 的图, 观察峰的宽度和高度。我们要找到 x 值, 使得函数最大。我们的想法是在最大值附近展开。为此考虑 $\ln(x^n\mathrm{e}^{-x})$ 并寻找最大值。讨论为什么可以用函数的对数代替原函数是可以接受的, 证明函数和它的对数函数在同一个 x 处达到最大值。讨论为什么用被积函数的对数比用原函数作为我们分析的基础更方便。令函数在 $x = x_0$ 处达到最大值, 在 x_0 处展开对数函数。具体地, 考虑

$$\ln[(x_0+\delta)^n \mathrm{e}^{-(x_0+\delta)}] = n\ln(x_0+\delta) - (x_0+\delta) \tag{5.65}$$

并展开到 δ 的二阶项。把你的结果取指数, 就能得到原被积函数在 x_0 的邻域内很好的近似值。把这结果代回积分 (小心积分限) 并证明积分的下限改为 $-\infty$ 是可以接受的, 由此给出

$$n! \approx n^n\, e^{-n} \int_{-\infty}^{\infty} \mathrm{e}^{-\delta^2/2n} \mathrm{d}\delta \tag{5.66}$$

计算这个积分, 得到近似表达式

$$n! = n^n \mathrm{e}^{-n} (2\pi n)^{1/2} \tag{5.67}$$

计算这个结果的对数, 并论述为什么在多数情况下我们可以去掉 $(2\pi n)^{1/2}$ 项。

7. 计数和扩散

在本章, 我们开始实践计数的概念。下面利用计数概念思考扩散轨迹问题。考虑 8 个粒子, 4 个是黑的, 4 个是白的, 通透膜的左右两边各可放置 4 个粒子。设想由于随机运动, 8 个粒子的每种排列出现的可能性相同。一些可能的排列是: BBBB|WWWW, BBBW|BWWW, WBWB|WBWB; 膜的位置用 “|” 来表示。

(1) 这里有多少种可能的排列。

(2) 计算 4 个黑粒子都处于通透膜左边的概率是多大? 在膜的左边有 1 个白粒子和 3 个黑粒子的概率是多少? 最后, 计算 2 个白粒子和 2 个黑粒子处在膜左边的概率。比较这三个概率, 哪一种排列最可能发生?

(3) 设想在某一时刻, 左侧的一个随机粒子和右侧的一个随机粒子交换位置。从有 3 个黑粒子和 1 个白粒子在膜左侧开始, 计算一次交换后, 有 4 个黑粒子在左侧的概率以及 2 个黑粒子和 2 个白粒子同在左侧的概率。哪种情况更容易发生?

(取自 K. Dill and S. Bromberg, Molecular Driving Forces, New York, Garland Science, 2003 中的例题 2.3)

8. 分子驱动力

在第 5.5.2 小节, 我们证明了熵最大导致我们关于平衡的直观理解。这个讨论可以扩展到揭示自发过程的方向。具体地, 在任何自发过程中, 熵要增加。利用式 $(\mu_1 - \mu_2)\mathrm{d}N_1 \geqslant 0$ 推导化学势差作为物质输运中的 "驱动力"。如果 $\mu_2 > \mu_1$, 粒子向哪个方向流动? 对能量的流动和体积的改变作类似的论述。

5.9 延伸阅读

Morton, O (2007) Eating the Sun, Fourth Estate. 描述了关于光合作用的现代理解是如何发展的。

Neidhardt, FC, Ingraham, JL, & Schaechter, M (1990) Physiology of the Bacterial Cell, Sinauer Associates, Inc. 第 5 章关于 "生物合成和养料供应" 和本章紧密相关。

Gottschalk, G (1986) Bacterial Metabolism, Springer-Verlag. 充满了关于细菌细胞的统计数字和能量预算的有趣观点。

Price, NC, Dwek, RA, Ratcliffe, RG, & Wormald, MR (2001) Principles and Problems in Physical Chemistry for Biochemists, 3rd ed., Oxford University Press. 从热力学的观点描述了很多生物的重要化学反应。

Lemons, DS (1997) Perfect Form, Princeton University Press. 非常适用于教学, 它提供了各种各样有趣而简单的例子表明如何用极小化的语言来描述力学问题。

Nahin, PJ (2004) When Least is Best, Princeton University Press. 讨论了许多可以用极小化的语言来表述的问题。

Acton, FS (1990) Numerical Methods That Work, The Mathematical Association of America. 描述了数值数学上容易犯的一些错误。为了更多的乐趣和见解, 可以参考另一本书 Real Computing Made Real (1996, Princeton University Press)。

Kittel, C, & Kroemer, H (1980) Thermal Physics, 2nd ed., W. H. Freeman and Company. 为有兴趣的读者提供了热力学和统计力学的背景知识。

Callen, HB (1985) Thermodynamics and an Introduction to Thermostatistics, John Wiley and Sons. 强调最大熵方法作为寻找平衡态的基础. 我们的讨论复制了该书第二章 "平衡的条件"。

Tanford, C (1962) Contribution of Hydrophobic Interactions to the Stability of the Globular Conformation of Proteins, *J. Am. Chem. Soc.* **84**, 4240 (1962) and Tanford, C (1991) The Hydrophobic Effect: Formation of Micelles and Biological Membranes, Krieger Publishing Company. 很好地描述了疏水相互作用。

5.10 参考文献

Alberts, B, Johnson, A, Lewis, J, et al. (2008) Molecular Biology of the Cell, 5th ed., Garland Science.

Bustamante, C, Marko, JF, Siggia, ED, & Smith, S (1994) Entropic elasticity of λ-phage DNA, *Science* **265**, 1599.

Dill, K, & Bromberg, S (2003) Molecular Driving Forces, Garland Science.

Gelfand, IM, & Fomin, SV (2000) Calculus of Variations (translated and edited by R Silverman). Dover Publications. An unabridged reprint of Calculus of Variations originally published by Prentice-Hall, Inc. in 1963.

Lanczos, C (1986) The Variational Principles of Mechanics. Dover Publications. This is an unabridged and unaltered republication of the fourth edition (1970) of the work published by the University of Toronto Press.

Lim, G, Wortis, M, & Mukhopadhyay, R (2002) Stomatocyte–discocyte–echinocyte sequence of the human red blood cell: Evidence for the bilayer-couple hypothesis from membrane mechanics, *Proc. Natl Acad. Sci.* **99**, 16766.

Mathews, CK, van Holde, KE, & Ahern, KG (2000) Biochemistry, 3rd ed., Addison Wesley Longman, Inc. Their Figure 13.6 gives an energy profile of the glycolysis pathway.

Neidhardt, FC, Ingraham, JL, & Schaechter, M (1990) Physiology of the Bacterial Cell. Sinauer Associates, Inc.

Pauling, L (1935) The structure and entropy of ice and of other crystals with some randomness of atomic arrangement, *J. Amer. Chem. Soc.* **57**, 2680. Pauling's paper clearly outlines the structural assumptions behind his ice model, which can also be used to estimate the hydrophobic cost of placing molecules in water.

Phillips, R, & Quake, S (2006) The biological frontiers of physics, *Physics Today*, May.

Schaechter, M, Ingraham, JL, & Neidhardt, FC (2006) Microbe, ASM Press.

Smith, SB, Cui, Y, & Bustamante, C (1996) Overstretching B-DNA: the elastic response of individual double-stranded and single-stranded DNA molecules, *Science* **271**, 795.

6　统计力学基础与简单应用

无序的好处之一是经常导致激动人心的发现。
——米尔恩

本章概览: 发展统计力学工具并用于研究各种生物学问题

在前一章中, 我们指出尽管细胞是一个偏离平衡的系统, 但在很多情况下, 总可以挑选出细胞的一些子集, 并将它们视为力学或化学平衡的子系统来处理。这种平衡通常反映了降低能量和增加熵之间的竞争效应。为了使平衡态是自由能最小态这样的抽象陈述具体化, 我们需要一种能够明确计算系统中所有不同微观态概率的方法。为此, 本章将介绍统计力学的基本结果——玻尔兹曼分布, 它告诉我们一个给定系统的微观态概率是如何依赖于自身能量的。有了这个分布, 我们可以用它研究许多重要的生物学问题, 包括配体–受体相互作用、RNA 聚合酶与 DNA 启动子位点的结合、渗透压的起源、质量作用定律以及 ATP 水解释放的能量与 ATP、ADP 和无机磷酸根 (P_i) 的浓度之间的关系等。

6.1　玻尔兹曼分布

本节的目的是要发展出适用于生物学的统计力学方法。无论是考虑执行 PCR 的酶、核苷酸与 DNA, 还是研究活细胞中 RNA 聚合酶与 DNA 靶位点 (启动子) 的结合, 都会涉及大量的分子相互作用。其后果是我们经常会采用概率来描述系统的平均行为, 如 RNA 聚合酶与启动子结合的比例, 或 PCR 测定中解链 DNA 分子的比例等。统计力学是一种工具, 我们可以利用它写出系统不同微观态出现的概率。

虽然这些思想在 DNA 结合蛋白的行为和 DNA 可能的几何构象等问题中都会以不同的方式得到发挥, 但我们还是选择从简单的配体–受体结合开始介绍统计力学众多观念之一——微观态。微观态就是感兴趣的问题中各组分微观排列的一个特定实现。为了说明此概念, 图 6.1 展示了配体处于相关受体溶液中的模型。这是统计力学中的一个典型模型, 即溶液格子模型, 在这个模型中我们将溶液想象成一系列小盒子, 每个盒子可容纳一个配体。此时微观态指的是在溶液中和受体上共安排 L 个配体的所有可能的组合。图 6.1 中显示了所有配体都游离在溶液中的不同微观态以及一个受体被占据的微观态。受体未被占据的微观态总数是

$$\text{微观态数} = \frac{\Omega!}{L!(\Omega - L)!} \tag{6.1}$$

式中, Ω 是系统允许的盒子数; L 是配体数; 符号 $\Omega!$ 是$\Omega(\Omega-1)(\Omega-2)\cdots\times 1$ 的缩写。关于这类计数的数学会在下面“模型的数学”中作更详细的解释。

关于微观态思想的第二个例子展示在图 6.2 中。如果用显微镜观察荧光标记的 DNA 分子, 如来自 λ 噬菌体基因组长度为 48 kb, 轮廓长度约 16 μm 的 DNA, 我们会看到一个

涨落着的荧光团。如果显微镜有非常高的时空分辨率, 我们将看到 DNA 分子一连串不同的构象变换。分子形状 (也就是微观态) 可以用描述分子上所有位点的函数 $\mathbf{r}(s)$ 刻画, 这些位点沿 DNA 轮廓线的位置以 s 标记。换句话说, 函数 $\mathbf{r}(s)$ 刻画了系统的瞬时微观态。

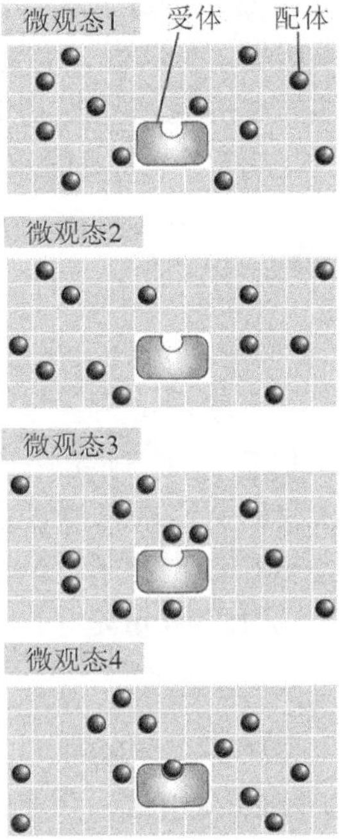

图 6.1 配体–受体结合的简单模型。溶液用“格子模型”来处理, 其中配体可以占据的位置用格子的离散集合表示。系统的微观态对应于在不同格子上安置配体的不同方式。在前三个微观态中受体未被占据, 在微观态 4 中受体已被占据, 溶液中还剩下 $L-1$ 个配体

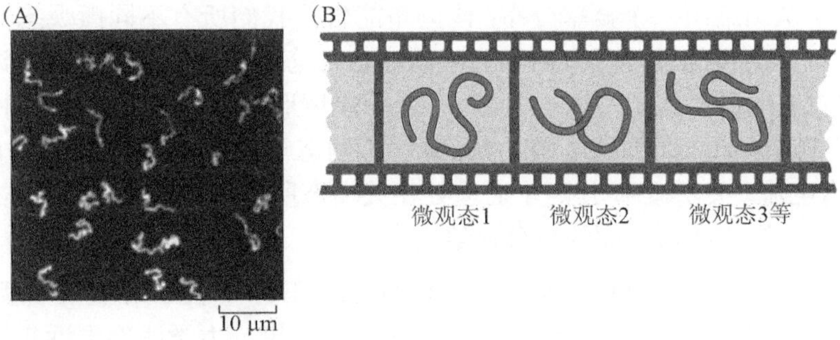

图 6.2 DNA 分子在溶液中的微观态。在溶液中 DNA 分子 (和其他聚合物) 扭动着探索不同的构象状态。每个构象代表一个不同的微观态. (A) 吸附在表面的 λ-DNA 荧光显微照片。(B) 单个 DNA 分子在不同瞬间的幻灯片。(取自 B. Maier and J. O. Räidler, *Phys. Rev. Lett.* 82: 1911, 1999)

以上两个例子表明生物系统的微观态并没有绝对的定义。在 DNA 的例子里, 还有一种描述分子构型的方法是列出所有原子的瞬时坐标, 此时微观态就是所有这些坐标的列表。因此, 为描述一个系统而选择的微观态依赖于要解决的特定问题。在分析低力区的单

分子拉伸实验中, 采用 $\mathbf{r}(s)$ 描述 DNA 构型是恰当的, 但考察高力区碱基对水平上的力致结构变化时, 这种描述就变得不恰当了。

模型的数学: 粒子排列计数　本书要不断用到的一个数学工具是计算在 Ω 个盒子中放 L 个不可分辨物体的排列组合, 任一盒子中放入物体的数目不能超过一个。当放置第一个物体时, 我们有 Ω 个盒子可以选择。一旦第一个物体放入, 则剩下 $\Omega-1$ 个盒子放余下 $L-1$ 个物体中的一个。同样简单的论述重复 L 次我们, 就有 $\Omega(\Omega-1)(\Omega-2)\cdots\times[\Omega-(L-1)]$ 种方式放置这 L 个物体。可以更简单地表示成

$$\text{排列数}=\frac{\Omega!}{(\Omega-L)!} \tag{6.2}$$

然而, 到目前为止, 我们忽略了这 L 个物体是不可区分的事实。举个例子, 假如我们有 L 个崭新的黑色台球, 我们无法辨认第一个球在 5 号盒子第二个球在 12 号盒子还是相反的"情形"。换种说法, 假如我们给已被物体占据的不同盒子照相, 然后在这些盒子之间重新排列这些物体再照相, 那么我们从这两张照片上是看不出任何区别的。为了消除这样的重复计数, 我们必须除去球在占据盒子之间的 $L!$ 种排列组合。因此, L 个物体出现在 Ω 个盒子中真正不同的"状态"数量是

$$\text{状态数}=\frac{\Omega!}{L!(\Omega-L)!} \tag{6.3}$$

这个重要的方程在本书中会被不断地用到。在很多与生物学相关的不同问题中, 它能帮助我们研究熵和结合能之间的竞争关系。

微观态概率取决于自身能量

统计力学试图给出一个概率分布, 该分布能告诉我们所有不同微观态的概率。能阐明该意图的一类简单问题是只有两种可能状态的二态系统, 它将在第 7 章详细研究。生物学中与之对应的经典例子是离子通道, 在最简单情形下它只有开或关两种状态。图 6.3 展示了离子通道电流与时间的函数关系, 显示出两态行为。通道开启时, 有电流流过, 关闭时, 就没有电流。关闭概率 是离子通道处在关闭态所占时间的百分比。类似地, 开启概率由通道处在开启态所占时间的百分比给出。

区分不同微观态的关键特征是它们的能量 E_i, 下标 i 表示第 i 个微观态, 如图 6.3 所示, 关闭态的能量是 $\varepsilon_{\text{closed}}$, 开启态的能量是 $\varepsilon_{\text{open}}$。统计力学明确告诉我们找到一个能量为 E_i 的微观态概率是

$$p(E_i)=\frac{1}{Z}\mathrm{e}^{-E_i/k_BT} \tag{6.4}$$

$1/Z$ 是一个常数, 它由所有概率求和为 1 的要求给定 (也就是说概率分布归一化)。参量 Z 称为配分函数, 在统计力学中有着核心地位。式 (6.4) 给出的概率分布称为玻尔兹曼分布, 就像方程 $\boldsymbol{F}=m\boldsymbol{a}$ 在力学中的那样, 它在统计力学中扮演着中心角色。我们将在第

6.1.3 节中推导玻尔兹曼分布。归一常数 $1/Z$ 由约束 $\sum_{i=1}^{N} p(E_i)=1$ 决定, 意味着

$$Z=\sum_{i=1}^{N}\mathrm{e}^{-E_i/k_BT} \tag{6.5}$$

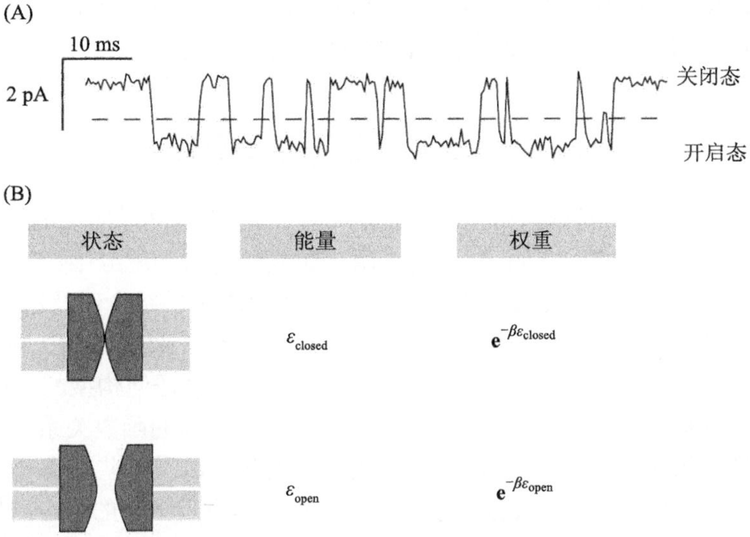

图 6.3 玻尔兹曼分布给出的微观态概率。模型化离子通道的有效微观态有两个: 开启态和关闭态。(A) 离子通道电流随时间变化的例子。(B) 离子通道开启态和关闭态以及它们的权重, 这些权重用玻尔兹曼分布表述。(取自 B. U. Keller et al., *J. Gen. Physiol.* 88: 1, 1986)

只要知道了不同微观态的概率分布, 我们就能计算关键的观测量, 如通过离子通道的平均电流或者平均能量

$$\langle E\rangle=\sum_{i=1}^{N}E_ip(E_i) \tag{6.6}$$

式中已经引入了符号 $\langle\cdots\rangle$ 表示平均。式 (6.6) 告诉我们系统的平均能量是对所有微观态的能量以概率 $p(E_i)$ 加权求和。本书关心的一类平均值是那些和配体占据有关的量, 即给定受体被结合的概率与配体浓度的函数关系。

数学技巧: 对参数求微分 配分函数是统计力学"分析机", 利用它能直接计算自由能 $G=-k_BT\ln Z$ 和平均能量。为了理解配分函数和平均能量的简单关系, 我们利用一个很有用的数学事实。将式 (6.4) 代入式 (6.6) 可以得到平均能量

$$\langle E\rangle=\frac{1}{Z}\sum_{i=1}^{N}E_i\mathrm{e}^{-E_i/k_BT} \tag{6.7}$$

根据配分函数的定义 $Z=\sum_{i=1}^{N}\mathrm{e}^{-E_i/k_BT}$, 可以把这个平均能量写成

$$\langle E\rangle=-\frac{1}{Z}\frac{\partial}{\partial\beta}Z \tag{6.8}$$

这里引入了符号 $\beta=1/k_BT$。要点是, $\mathrm{e}^{-\beta E_i}$ 对 β 求微分得到的结果是 $-E_i\mathrm{e}^{-\beta E_i}$, 这

正好是我们计算平均能量所需的。再应用关系 $\mathrm{d}(\ln f(x))/\mathrm{d}x = (1/f)(\mathrm{d}f/\mathrm{d}x)$, 就可以把式 (6.8) 重新表述成

$$\langle E\rangle = -\frac{\partial}{\partial\beta}\ln Z \tag{6.9}$$

这个技巧经常用来计算有生物学意义的重要观测量, 如离子通道处在开启的概率, 配体结合到受体的平均数目 (如与血红蛋白结合的氧分子数目) 等。

6.1.1　配体–受体结合初探

本章发展的统计力学工具最有力的应用之一是一大类有生物学意义的结合相互作用。图 6.1 展示了这类问题中的一个例子, 我们应用玻尔兹曼分布和配分函数来分析。这种类型的结合包括: 氧分子与血红蛋白的结合、转录因子与 DNA 的结合以及乙酰胆碱与烟碱乙酰胆碱受体的结合等。为了研究图 6.1 的物理, 设想在 Ω 个格子的盒子中有 L 个配体分子和一个单位点的受体。为了简单起见, 我们忽略受体自身任何构型的自由度。目标是计算受体被占据的概率 (p_{bound}) 与配体数目 (或者浓度) 之间的函数关系。

为了使计算逻辑更清晰, 图 6.4 显示了系统的可能状态以及这些状态对应的能量、简并度以及统计权重。要点是系统状态可分成两类: ①受体没有结合的状态; ②受体结合的状态。这种分类的特征是: 每一类状态都有很多种实现方式, 但是每一种实现方式的玻尔兹曼因子都是相同的, 如图 6.4 所示。

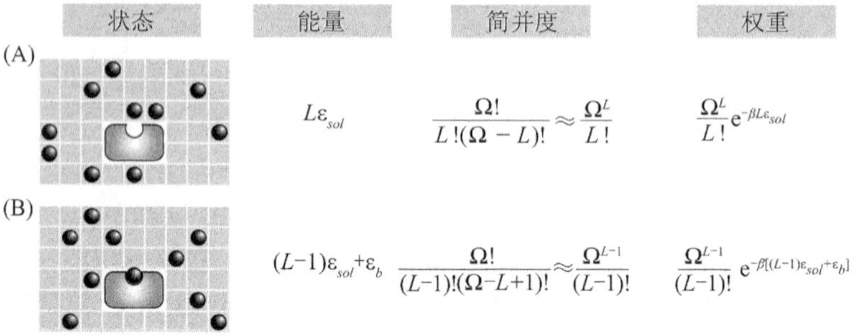

图 6.4　配体–受体结合状态和权重示意图。示意图展示了 L 个配体的溶液格点模型。(A) 受体未被占据; (B) 受体被一个配体占据, 余下 $L-1$ 个配体在溶液中不受任何限制。特定的状态都有一个玻尔兹曼因子指定的权重。简并度指的是有相同玻尔兹曼因子的不同微观态的数目 (如配体–受体未结合的所有状态都有相同的玻尔兹曼因子)

为了计算配体结合概率, 我们需要构建一个分式, 分子是配体–受体结合的所有状态数, 分母是所有状态之和。这一思想体现在图 6.5 中, 该图显示了受体被占据的多个不同状态: 首先, 有 L 个不同配体可以结合到受体上; 其次, 溶液中的 $L-1$ 个配体以多种不同的组合分配到 Ω 个格子上, 则

$$\text{受体被占据的权重} = \underbrace{\mathrm{e}^{-\beta\varepsilon_b}}_{\text{结合配体}} \times \underbrace{\sum_{\text{solution}} \mathrm{e}^{-\beta(L-1)\varepsilon_{sol}}}_{\text{自由配体}} \tag{6.10}$$

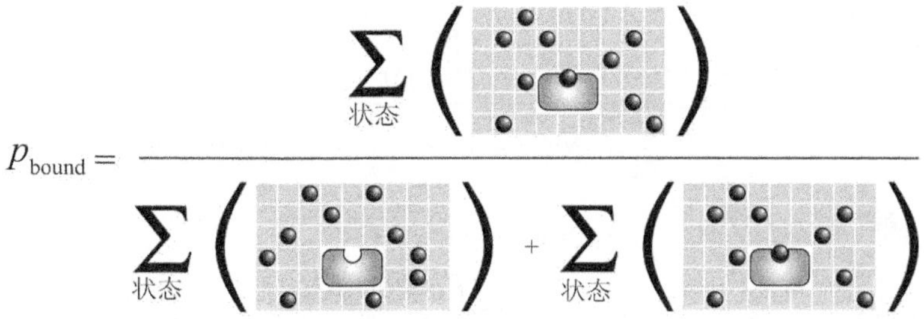

图 6.5 受体被占据的概率。受体被占据的概率可写成受体被配体占据状态权重和所有状态权重之比。分子中的符号表示对所有受体被占据的系统微观态的玻尔兹曼因子求和

式中, 我们引入配体–受体结合能 ε_b 以及配体在溶液中的能量 ε_{sol}。$\sum_{\text{solution}}$ 是对溶液中 Ω 个格点上安排 $L-1$ 个配体所有排列组合求和, 每种组合的权重均为 $\mathrm{e}^{-\beta(L-1)\varepsilon_{sol}}$。因为这些状态的玻尔兹曼因子都相同, 这个求和转化为寻找 $L-1$ 个配体在 Ω 个格点上的组合数, 结果是

$$\sum_{\text{solution}} \mathrm{e}^{-\beta(L-1)\varepsilon_{sol}} = \frac{\Omega!}{(L-1)![\Omega-(L-1)]!}\mathrm{e}^{-\beta(L-1)\varepsilon_{sol}} \tag{6.11}$$

图 6.5 表达式的分母就是配分函数, 因为它表示了系统所有可能的排列组合 (受体被占据或未被占据的组合), 它由以下公式给出:

$$Z(L,\Omega) = \underbrace{\sum_{\text{solution}} \mathrm{e}^{-\beta L\varepsilon_{sol}}}_{\text{未结合}} + \underbrace{\mathrm{e}^{-\beta\varepsilon_b}\sum_{\text{solution}} \mathrm{e}^{-\beta(L-1)\varepsilon_{sol}}}_{\text{配体结合}} \tag{6.12}$$

式 (6.11) 已经用累积求和方法计算了上述方程的第二项。为了完成配分函数的计算, 我们还需要对 Ω 个格子上安排 L 个配体的所有组合求和 $\sum_{\text{solution}} \mathrm{e}^{-\beta L\varepsilon_{sol}}$, 结论是

$$\sum_{\text{solution}} \mathrm{e}^{-\beta L\varepsilon_{sol}} = \mathrm{e}^{-\beta L\varepsilon_{sol}}\frac{\Omega!}{L!(\Omega-L)!} \tag{6.13}$$

根据这些结果, 配分函数可以写成

$$Z(L,\Omega) = \mathrm{e}^{-\beta L\varepsilon_{sol}}\frac{\Omega!}{L!(\Omega-L)!} + \mathrm{e}^{-\beta\varepsilon_b}\mathrm{e}^{-\beta(L-1)\varepsilon_{sol}}\frac{\Omega!}{(L-1)![\Omega-(L-1)]!} \tag{6.14}$$

利用 $\Omega \gg L$ 时成立的近似关系

$$\frac{\Omega!}{(\Omega-L)!} \approx \Omega^L \tag{6.15}$$

简化上面的结果。这个近似等同于取式 (6.15) 展开后所得求和中的最高阶项。为了明白为什么这是个很好的近似, 考虑 $\Omega = 10^6$ 和 $L = 10$ 的情形:

$$\frac{10^6!}{(10^6-10)!} = 10^6 \times (10^6-1) \times (10^6-2) \times \cdots \times (10^6-9) \approx (10^6)^{10} \tag{6.16}$$

上述近似的误差可以通过保留 $(10^6)^9$ 量级的项来估算。我们发现该量级的值是 $45\times(10^6)^9$, 它比主项大致小近 4 个量级, 这就例证了近似的合理性。

有了这些结果, 可将 p_{bound} 写成

$$p_{\text{bound}} = \frac{\mathrm{e}^{-\beta\varepsilon_b}\dfrac{\Omega^{L-1}}{(L-1)!}\mathrm{e}^{-\beta(L-1)\varepsilon_{sol}}}{\dfrac{\Omega^L}{L!}\mathrm{e}^{-\beta L\varepsilon_{sol}} + \mathrm{e}^{-\beta\varepsilon_b}\dfrac{\Omega^{L-1}}{(L-1)!}\mathrm{e}^{-\beta(L-1)\varepsilon_{sol}}} \tag{6.17}$$

分子分母同时乘以 $(L!/\Omega^L)\mathrm{e}^{\beta L\varepsilon_{sol}}$, 式 (6.17) 简化成

$$p_{\text{bound}} = \frac{(L/\Omega)\mathrm{e}^{-\beta\Delta\varepsilon}}{1+(L/\Omega)\mathrm{e}^{-\beta\Delta\varepsilon}} \tag{6.18}$$

这里我们已经定义了 $\Delta\varepsilon = \varepsilon_b - \varepsilon_{sol}$。如果盒子体积为 V_{box}, 我们可以用浓度变量重写上述结果。引入“参考”浓度 $c_0 = \Omega/V_{\text{box}}$, 对应于所有格子都被占据的浓度 (实际上是一个随意定义的“标准态”), 则 p_{bound} 可写成配体浓度 $c = L/V_{\text{box}}$ 的函数

$$p_{\text{bound}} = \frac{(c/c_0)\mathrm{e}^{-\beta\Delta\varepsilon}}{1+(c/c_0)\mathrm{e}^{-\beta\Delta\varepsilon}} \tag{6.19}$$

该经典结果在不同的领域有不同的命名, 如朗缪尔 (Langmuir) 吸附等温式或者希尔 (Hill) 系数 $n = 1$ 的希尔函数。不管怎么称呼, 这个表达式是我们思考所有结合问题的出发点。虽然许多生物学问题给出的结合曲线比上式对应的曲线更“陡峭” (即它们显示出了协同性, 这一点将在第 7 章详细讨论), 最终还得要和这里导出的标准结果作对比。

为了简单估计式 (6.19) 中的参数, 选定格子模型的单位盒子体积是 1 nm^3, 这相当于 $c_0 \approx 0.6$ mol/L。该值和很多生化教科书中用的标准浓度 1 mol/L 相当。在这个标准状态下, 我们可以画出当结合能取不同值 ($-7.5 \sim -12.5\ k_BT$) 时 p_{bound} 与配体浓度的函数关系, 结果显示在图 6.6 中。正如前面提过的, 统计力学中许多问题都可以看成是能量和熵对整个自由能贡献的竞争结果。在这个例子里, 我们关注配体浓度对应于使式 (6.17) 分母中两项近似相等的那个 L 值。两项近似相等表明配体结合到受体导致的溶液熵减少恰好被配体–受体结合引起的能量增加 ($\Delta\varepsilon$) 所抵消。注意该浓度对应于半占据率 ($p_{\text{bound}} = 0.5$)。在低浓度时, 熵是主导项, 而在高浓度时, 能量项是主要的。

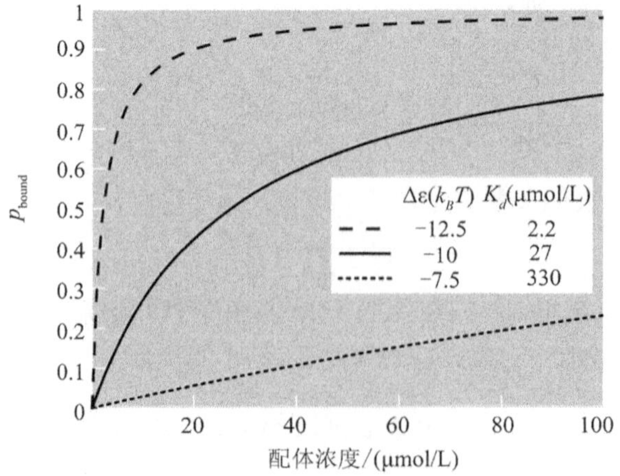

图 6.6 平均占据率与配体浓度的函数关系。该图显示了结合配体平均数是溶液中的配体总数的函数。图中所画曲线的 $\Delta\varepsilon$ 值分别是 $-7.5\ k_BT$、$-10\ k_BT$ 和 $-12.5\ k_BT$, 标准浓度 c_0=0.6 mol/L。

6.1.2 基因表达的统计力学

配体–受体结合思想一个激动人心的应用是基因调控问题。细胞每时每刻都在进行决策。细胞决策的重要表现之一是各种基因在何时何地得到不同程度的表达。在第 3.2.1 节中, 我们介绍过中心法则。然而, 我们对复制、转录和翻译的处理是空泛的, 因为这种处理没有涉及每个过程中可能发生的细胞干预。图 6.7 展示了中心法则各过程比较完整的图像, 特别指出了针对翻译和转录过程所作的控制。基因控制最重要的例子之一是转录调控, 指的是决定是否要转录 mRNA 分子。具体地, 很多被称为是转录因子的生物分子, 它们要么招募 RNA 聚合酶结合到特定启动子附近, 要么阻遏这种结合。本章我们只研究 RNA 聚合酶的结合问题, 至于转录因子的作用将在第 19 章更详细地介绍。

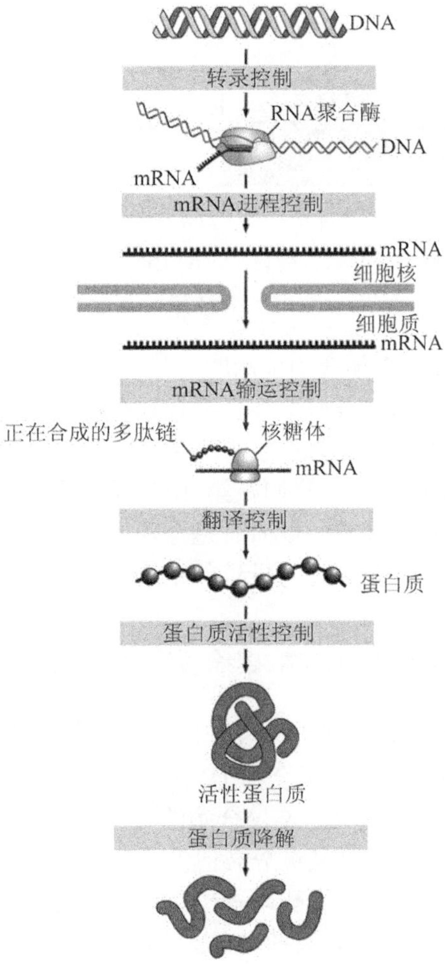

图 6.7 中心法则中的基因控制。对某个基因表达执行控制的示意图。中心法则中的每一步都有控制机制在控制本步骤何时何地可以发生。例如, 转录控制指的是某个基因的 mRNA 是否合成

通过基因表达的简单模型考察 RNA 聚合酶在启动子上的结合概率

我们从细胞决策是否制造基因信使 mRNA 开始。也就是说, 我们把基因表达问题映射到“较简单”的转录调控的子问题上。不只如此, 还要进一步简化, 将产生多少 mRNA 的问题转化为相关基因的启动子是否被 RNA 聚合酶占据的更简单问题。图 6.8 是基因启动子区域构造的简化图像。我们把启动子看成是 RNA 聚合酶在 DNA 上的“着陆架”。转录指的是这样一个过程, 聚合酶离开启动子并沿着相关基因移动进而产生一个 mRNA 分子 (转录物)。该过程的一个显微照片示于图 3.9。在简化的转录图像里, 我们将连接 DNA 及其蛋白产物的全部途径的复杂性用一个较简单的基因启动子是否被占据的平衡态问题所取代。

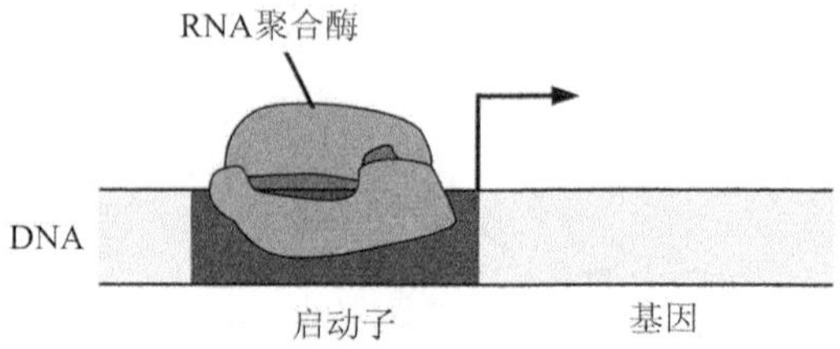

图 6.8　启动子区域构造。启动子是 RNA 聚合酶在 DNA 上的结合位点, 它处在基因起始位点 (用箭头标记) 的上游位置

当然, 在开始计算之前, 我们必须适当地阐明为什么这种策略在物理上是合理的。特别是用 RNA 聚合酶在启动子上的结合概率替代某时刻有多少个 mRNA 产生的问题是否合理? 进一步, 我们假定系统处于平衡态的合理程度怎样? 回顾第 5 章, 我们曾经分析过平衡图像适用时速率必须满足的条件。我们在第 19 章还将检查转录有关的各过程的速率, 并给出一个评价标准以判断平衡态假设何时是合理的, 何时又是不合理的。目前我们暂时认为平衡态假设是对的, 并由此探讨它导致的结果。

细胞中大部分 RNA 聚合酶结合在 DNA 上

除了相关启动子外, RNA 聚合酶还可以和其他很多位点 (别的启动子和非特异性位点) 结合。此外, 某些聚合酶可能根本就不会和 DNA 结合, 而是在溶液里自由扩散。然而, 很多实验证据表明大肠杆菌中上千个 RNA 聚合酶的绝大多数与 DNA 是结合的, 这些实验包括对没有 DNA 的最简细胞 (靠近某极分裂但没有基因组拷贝的细菌) 的 RNA 聚合酶含量检测等。我们假设所有 RNA 聚合酶与 DNA 结合 (与相关启动子或非特异性位点结合), 再分析非特异性位点与启动子之间的竞争。我们尤其要研究这些竞争位点如何影响 RNA 聚合酶的结合概率。

为了估算非特异性位点与启动子之间的竞争, 必须先分析 P 个 RNA 聚合酶分布在非特异性位点上的配分函数, 如图 6.9 所示。这与刚考察过的配体–受体结合问题完全相同。最简单的 RNA 聚合酶结合模型就是把 DNA 看成是 N_{NS} 个不同盒子 (N_{NS} 是 DNA

非特异性位点数), P 个 RNA 聚合酶分布其中, 每个盒子最多只能容纳一个分子。则配分函数为

$$Z_{NS}(P,N_{NS})=\underbrace{\frac{N_{NS}!}{P!(N_{NS}-P)!}}_{\text{简并度}}\times\underbrace{\mathrm{e}^{-\beta P\varepsilon_{pd}^{NS}}}_{\text{玻尔兹曼因子}} \tag{6.20}$$

符号 ε_{pd}^{S} 和 ε_{pd}^{NS} 分别表示 RNA 聚合酶与特异性启动子和非特异性位点的结合能, 见图 6.10 (该模型使用了一个简化假设, 即用一个典型数值代替连续分布的结合能)。现在可以写下总配分函数, 在此, 启动子必须和所有非特异性位点竞争结合。总共有两种结合构型: 启动子未被占据的状态和启动子被占据而其余 $P-1$ 个 RNA 聚合酶处在非特异性位点的状态。图 6.11 显示了这些不同状态以及它们相应的统计权重。

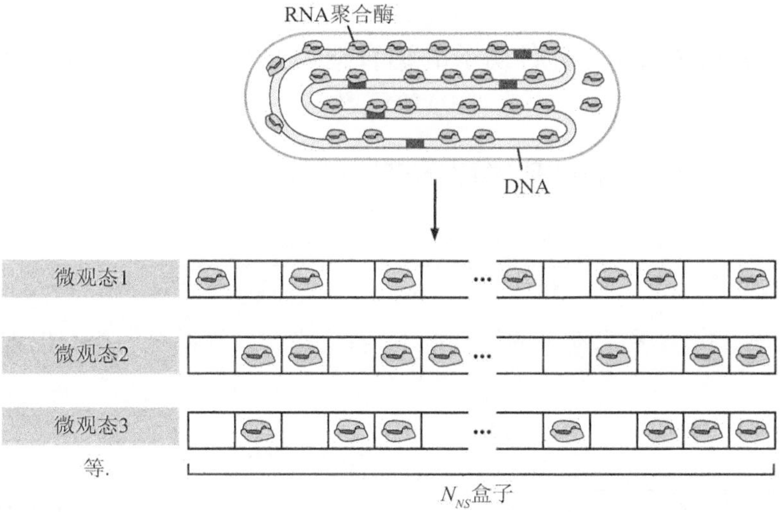

图 6.9 RNA 聚合酶储存库。RNA 聚合酶在细菌中分布的示意图。这些分子可以与 DNA 上 N_{NS} 个非特异性位点任意结合, 也可以结合在启动子上或散落在细胞质中。每个微观态代表聚合酶在非特异性位点上的一种排列组合。因为细胞质的贡献几乎可以忽略不计, 在我们考虑的模型中 RNA 聚合酶无一例外都结合在 DNA 上

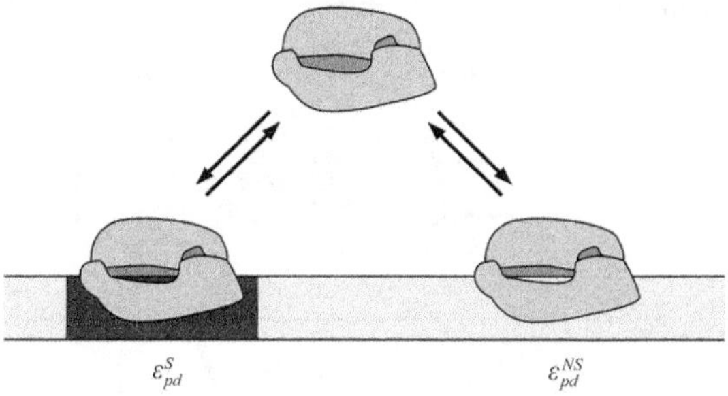

图 6.10 RNA 聚合酶的结合能。RNA 聚合酶特异性结合 (ε_{pd}^{S}) 和非特异性 (ε_{pd}^{NS}) 结合在能量上的差别

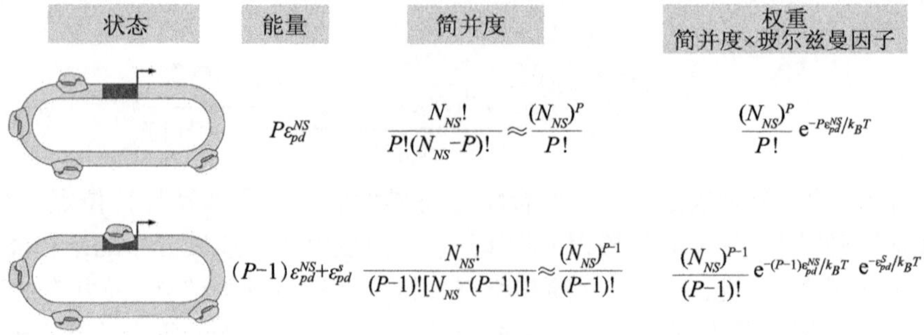

图 6.11　启动子占据的状态和权重。状态被分成两类: 一类是启动子上有 RNA 聚合酶, 另一类是启动子上没有 RNA 聚合酶

RNA聚合酶 (RNAP) 与启动子的结合概率是聚合酶分子数和结合能的简单函数

根据图 6.11 中的状态和权重, 总配分函数可以写成

$$Z(P,N_{NS}) = \underbrace{Z_{NS}(P,N_{NS})}_{\text{启动子上没有RNAP}} + \underbrace{Z_{NS}(P-1,N_{NS})e^{-\beta\varepsilon_{pd}^{S}}}_{\text{启动子上有RNAP}} \tag{6.21}$$

为了得到 RNA 聚合酶和启动子的结合概率, 我们需要计算结合的构型权重和所有构型权重的比,

$$p_{\text{bound}} = \frac{\dfrac{N_{NS}!}{(P-1)!(N_{NS}-(P-1))!}e^{-\beta\varepsilon_{pd}^{S}}e^{-\beta(P-1)\varepsilon_{pd}^{NS}}}{\dfrac{N_{NS}!}{P!(N_{NS}-P)!}e^{-\beta P\varepsilon_{pd}^{NS}}+\dfrac{N_{NS}!}{(P-1)!(N_{NS}-(P-1))!}e^{-\beta\varepsilon_{pd}^{S}}e^{-\beta(P-1)\varepsilon_{pd}^{NS}}} \tag{6.22}$$

该结果以图形表示于图 6.12 中。利用 $P \ll N_{NS}$ 时的近似关系$N_{NS}!/(N_{NS}-P)! \approx (N_{NS})^P$ [详见式 (6.15)], 式 (6.22) 上下同时乘以 $[P!/(N_{NS})^P]e^{\beta P\varepsilon_{pd}^{NS}}$, 则 p_{bound} 的最后表达式为

$$p_{\text{bound}} = \frac{\dfrac{P}{N_{NS}}e^{-\beta\Delta\varepsilon_{pd}}}{1+\dfrac{P}{N_{NS}}e^{-\beta\Delta\varepsilon_{pd}}} = \frac{1}{1+\dfrac{N_{NS}}{P}e^{\beta\Delta\varepsilon_{pd}}} \tag{6.23}$$

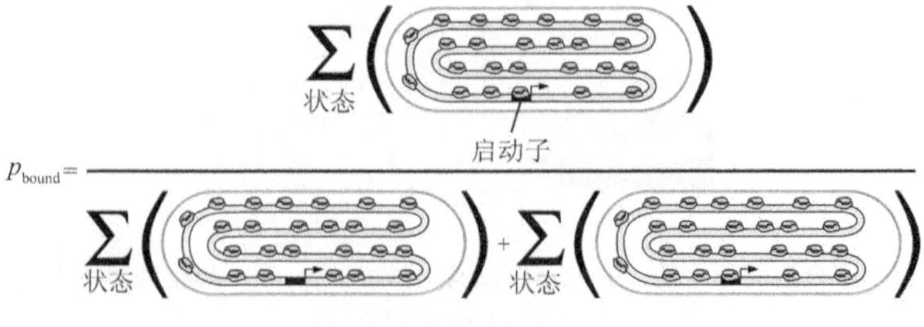

图 6.12　启动子占据率。RNA 聚合酶占据启动子的概率等于启动子被占据状态的权重与聚合酶在 DNA 上所有状态的权重之比

式中, $\Delta\varepsilon_{pd} = \varepsilon_{pd}^{S} - \varepsilon_{pd}^{NS}$。该式也可以由两态模型重新解释: 一个是启动子被 RNA 聚合酶占据的状态, 另一个是未被占据的状态, 见图 6.11。其中启动子未被占据状态的权重是 1, 而占据状态的权重是 $(P/N_{NS})\mathrm{e}^{-\beta\Delta\varepsilon_{pd}}$。

我们再次看到, 是能量差 $\Delta\varepsilon$ 而不是某个结合能的绝对值在起作用。不仅如此, 启动子之间的强弱差异也可以等价地看成是在 $\Delta\varepsilon$ 上的差别。我们把式 (6.23) 视为标准形式, 在其余章节尤其是第 19 章将对照它评判其他结果, 包括激活蛋白和阻遏蛋白 (两类重要的转录因子)。现在我们利用这个结果研究 RNA 聚合酶结合的一些案例。

图 6.13 显示了假想细菌中 RNA 聚合酶和启动子结合概率与 RNA 聚合酶分子数的函数关系。为了得到图示的曲线, 我们必须估算有效结合自由能。在这个特例中, 两条曲线对应于两种启动子的结合强度。第 6.4.1 节将介绍如何通过测量平衡常数计算这些结合能。第一个例子是大肠杆菌的启动子, 估计 $\Delta\varepsilon_{pd} = -2.9\ k_BT$。第二个例子是噬菌体 T7 的启动子, 其强度是 $\Delta\varepsilon_{pd} = -8.1\ k_BT$。这些估算都基于体外测量的结果。

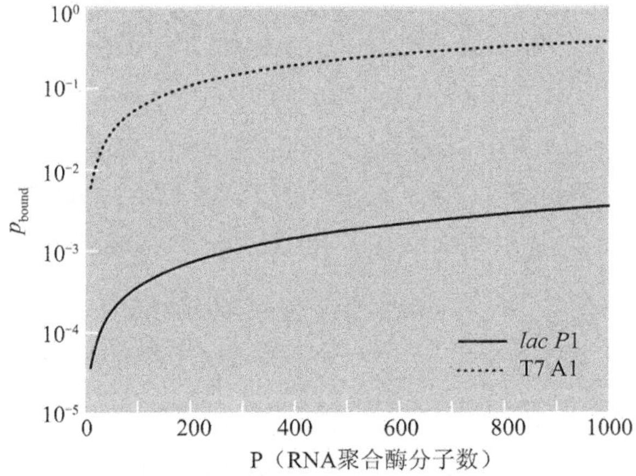

图 6.13 启动子占据概率与 RNA 聚合酶分子数的函数关系。p_{bound} 是用体外测到的特异和非特异结合能计算得到的, 这些值分别来自乳糖启动子 (实线) 和噬菌体 T7 的 A1 启动子

6.1.3 玻尔兹曼分布的经典推导

从公理化角度来看, 玻尔兹曼分布是计算生物学感兴趣的物理量 (如受体平均占据率与配体浓度之间的函数关系) 所必需的。另外, 在继续讨论之前, 我们先概述几种推导玻尔兹曼分布的方法, 为此, 从三种不同的视角来探讨其来源。如果读者只准备应用玻尔兹曼分布而不深究它的来源, 则可以跳过本小节而从第 6.2 节开始, 在那一节我们将应用这些思想研究许多有生物学意义的问题。

玻尔兹曼分布给出了与热库接触的系统微观态的概率

为了推导与热库接触的系统微观态的概率, 我们考虑图 6.14 所示的实验装置。设想一个盒子与外部世界之间存在刚性无通透绝热壁。则盒子内的总能量和总粒子数守恒。

盒子内有两个区域, 其一是我们感兴趣的系统, 其二是热库。我们关心系统和库之间如何分配它们的能量。

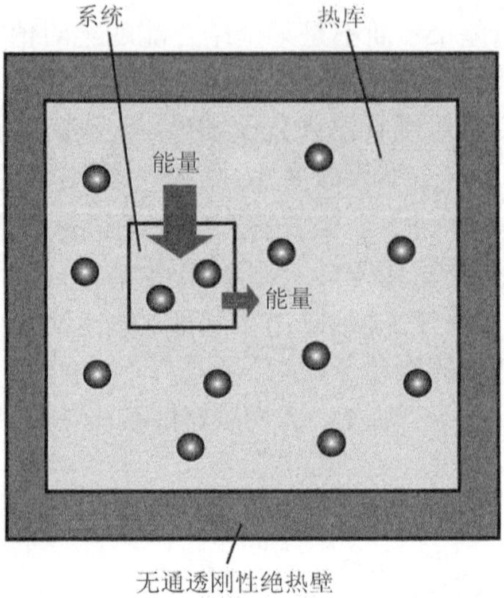

图 6.14　与热浴 (热库) 接触的系统。系统和热库被从世界中完全隔离出来, 这些隔离墙是绝热 (防止热流进或流出)、刚性 (防止体积变化) 和不通透的 (防止物质流动)。能量可以透过系统与热库之间的隔墙, 系统 (和热库) 的能量是可以涨落的

总能量 $E_{tot}=E_r+E_s$, 下标 r 和 s 分别标记热库和系统。我们的基本论点是找到一个能量为 E_s 的系统微观态的概率正比于系统处在这个特定状态时热库所有可能的状态数。则系统处于能量 $E_s^{(1)}$ 与 $E_s^{(2)}$ 的概率比为

$$\frac{p(E_s^{(1)})}{p(E_s^{(2)})}=\frac{W_r(E_{tot}-E_s^{(1)})}{W_r(E_{tot}-E_s^{(2)})} \tag{6.24}$$

式中, $W_r(E_{tot}-E_s^{(i)})$ 是系统处在特定状态 $E_s^{(i)}$ 时热库所有可能的状态数。其逻辑是假定系统所处的某个特定微观态仅由它的能量表征。当系统被指定这个能量时, 热库可能有的状态数 $[W_r(E_{tot}-E_s)]$ 只依赖于自身的能量 $(E_{tot}-E_s)$。虽然这些方程看起来比较复杂, 实际上, 它们隐含了很深奥 (也是漂亮) 的概念性思想。关键点是当系统处在能量为 $E_s^{(1)}$ 的微观态时, 系统和热库组成的体系所拥有的总状态数是

$$W_{tot}(E_{tot}-E_s^{(1)})=\underbrace{1}_{\text{系统状态}}\times\underbrace{W_r(E_{tot}-E_s^{(1)})}_{\text{热库状态}} \tag{6.25}$$

这是因为我们假定系统自身处在能量为 $E_s^{(1)}$ 的特定微观态上。尽管存在其他相同能量的微观态, 但是我们已经选定了处在该能量的一个特定微观态并寻找它出现的概率。

我们可以把式 (6.24) 重写

$$\frac{W_r(E_{tot}-E_s^{(1)})}{W_r(E_{tot}-E_s^{(2)})}=\frac{\mathrm{e}^{S_r(E_{tot}-E_s^{(1)})/k_B}}{\mathrm{e}^{S_r(E_{tot}-E_s^{(2)})/k_B}} \tag{6.26}$$

这里已经应用了熟悉的关于熵的玻尔兹曼方程, 即 $S = k_B \ln W$ 或 $W = \mathrm{e}^{S/k_B}$。为了完成推导, 对熵做展开

$$S_r(E_{tot} - E_s) \approx S_r(E_{tot}) - \frac{\partial S_r}{\partial E_r} E_s \tag{6.27}$$

这里只保留关于系统能量的一阶项。最后, 回顾热力学恒等式 $(\partial S/\partial E)_{V,N} = 1/T$, 则结果可以写成

$$\frac{p\left(E_s^{(1)}\right)}{p\left(E_s^{(2)}\right)} = \frac{\mathrm{e}^{-E_s^{(1)}/k_B T}}{\mathrm{e}^{-E_s^{(2)}/k_B T}} \tag{6.28}$$

因此, 发现系统处于状态 i 且能量是 $E_s^{(i)}$ 的概率是

$$p(E_s^{(i)}) = \frac{\mathrm{e}^{-\beta E_s^{(i)}}}{Z} \tag{6.29}$$

Z 是使所有概率累加等于 1 的配分函数。这就是早先引入的玻尔兹曼分布。

模型的数学: 宏观态和微观态的相对性 玻尔兹曼公式是统计力学的基础。它把微观态出现的概率和其能量联系在一起, $p_i = \mathrm{e}^{-\beta\varepsilon_i}/Z$。配分函数定义为 $Z = \sum_i \mathrm{e}^{-\beta\varepsilon_i}$, 求和是针对系统的所有微观态。

实际上, 人们经常对系统采取某种构象的可能性感兴趣, 这个构象可以用某个宏观参数 X 刻画。一般而言, X 是一个我们可以测量或者控制的变量。例如, 细胞中的 DNA 分子, 能用荧光标记测量的感兴趣的参量是 DNA 链上两个位点间的距离 R。对 R 多次测量的结果可以用来构造一个关于 R 值的直方图, 归一后就是概率分布 $p(R)$。

一般而言, 宏观态 X 的概率是由所有具有特定值 X 的系统微观态的概率求和给出,

$$p(X) = \sum_{i_X} p_i = \sum_{i_X} \frac{1}{Z}\,\mathrm{e}^{-\beta\varepsilon_i} \tag{6.30}$$

对于 DNA 而言, 上述方程中的求和只对高分子上两个标记位点满足预先给定距离的那些微观态进行。

利用配分函数和自由能的基本关系 $G = -k_B T \ln Z$, 宏观态 X 的概率可以表述成

$$p(X) = \frac{1}{Z}\,\mathrm{e}^{-\beta G(X)} \tag{6.31}$$

其中

$$G(X) = -k_B T \ln\left(\sum_{i_X} \mathrm{e}^{-\beta\varepsilon_i}\right) \tag{6.32}$$

是宏观态 X 的自由能。注意, 除了微观态的能量用宏观状态的自由能代替外, $p(X)$ 公式和微观态概率的玻尔兹曼公式完全是一样的。类似地, 当写下宏观态 X 的状态和权重时, 其能量也要被自由能代替, 如图 6.15 所示。从这个意义上讲, 宏观态和微观态的选取不是绝对的。

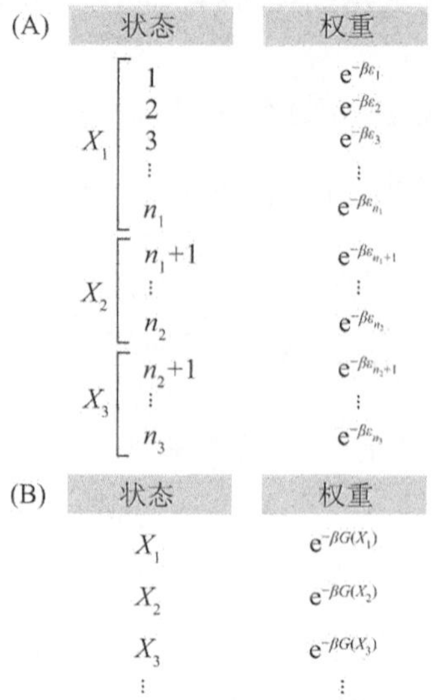

图 6.15　微观态和宏观态定义的任意性。(A) 根据宏观参数 X 的值对系统所有微观态和权重归类。(B) 参数 X 描述的宏观态和权重。权重中的自由能可以通过对所有对特定 X 值有贡献的微观状态做限制性求和计算得到

6.1.4　玻尔兹曼分布的计数推导

具有不同简并度的能量分配

玻尔兹曼分布对复杂的多体系统的统计学是如此重要以至于用不同的方法来审视其本质是值得的。我们的第二种方法是设想把总能量 E 分配到 n 个粒子上, 求某个粒子有能量 E_i 的概率。直觉告诉我们给一个粒子分配的能量越多, 其余 $n-1$ 个粒子上分配剩余能量的排列组合就会越少, 则相应状态出现的可能性就会下降 (这个论述实际上和前面小节的论述是等价的, 其论点是系统获得能量越多, 热库可能有的状态数越少)。

考虑由 n 个粒子组成的“宇宙”。每个粒子的能量是 E_i $(i=1,2,3,\cdots,n)$, 而 E_i 是某个能量单位 ε 的整数倍 $(0,\varepsilon,2\varepsilon,\cdots)$。假设在这个“宇宙”中, 所有粒子的总能量是常数 $N\varepsilon$。在数学上可以表示成 $\sum_{i=1}^{n} E_i = N\varepsilon$。我们进一步假设“宇宙”的能量在 n 个粒子上的任何分配都是等概率的。在这些设定下, 选定粒子拥有能量 $E=m\varepsilon$ 的概率 $p(E)$ 是多少?

概率 $p(E)$ 的计算可以分为两步。第一步, 我们计算 N 份能量在 n 个粒子间分配的排列组合 $W(N,n)$。然后再计算想要的概率

$$p(E)=p(m)=\frac{W(N-m,n-1)}{W(N,n)} \tag{6.33}$$

分子是 $N-m$ 份能量在 $n-1$ 个粒子上分配的排列组合数, 这也是把 m 份能量指派给特定粒子后, 剩余能量在“宇宙”中分配的排列组合数。分母是 $N\varepsilon$ 份能量在所有 n 个粒子上分配的排列组合数。

导出 $W(N,n)$ 的计数问题可以重新表述如下。我们用 N 个电池代表 N 份能量。为了给粒子指定能量我们画出 $n+1$ 个隔板, 在图 6.16 中用灰色的条带表示, 则两个相邻隔板间的电池数代表了该粒子的能量。我们利用二进制符号做记录, 隔板是 0, 电池是 1, 这样一个由 0 和 1 组成的二进制数就表示了一个特定的能量分配组合。

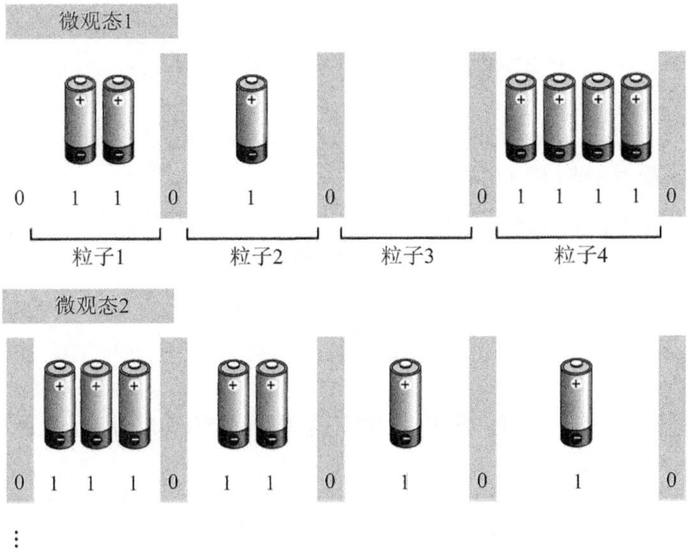

图 6.16 N 份能量分配到 n 个粒子上的排列组合计数问题。每个电池对应于一个能量单位 ε, 计数问题约化成找出这些能量份数在 4 个粒子上分配的排列组合数。这个特例显示了两个微观态, 它们对应于 7ε 能量在 4 个粒子上的分配, 因此 $N=7$ 和 $n=4$

在二进制中, 总能量 $N\varepsilon$ 分配的排列组合数就简化成由 $n+1$ 个 0 和 N 个 1 组成的不同数列的数目。因为每个二进制数都是从 0 开始到 0 结束 (图 6.16), 我们只考虑余下的 $n-1$ 个 0 和 N 个 1 的情况, 则二进制数的数目是

$$W(N,n)=\frac{(N+n-1)!}{N!(n-1)!} \tag{6.34}$$

式 (6.34) 的逻辑是这样的: 分子是 N 个电池和 $n-1$ 个内部隔板的排列组合数, 并假设电池和隔板之间都是可分辨的。分母考虑了所有电池 N 和内部的隔板 $n-1$ 之间都是不可分辨的事实。

选定粒子有 m 份能量的概率公式可以通过联立式 (6.34) 和式 (6.33) 得到

$$p(m)=(n-1)\frac{N!}{(N-m)!}\ \frac{[N+n-1-(m+1)]!}{(N+n-1)!} \tag{6.35}$$

为了获得更直观的认识, 利用本章多次使用的近似公式

$$\frac{N!}{(N-i)!}\approx N^i \tag{6.36}$$

式 (6.36) 在 $N\gg i$ 时成立。用它来对式 (6.35) 中出现的两个分式作近似, 则

$$p(m)=\frac{n-1}{N+n-1}\left(\frac{N+n-1}{N}\right)^{-m} \tag{6.37}$$

进一步简化假设, 即粒子数 n 和能量总份数 N 远大于 1, 且 $N \gg n$, 则

$$p(m) = \frac{n}{N}e^{-m(n/N)} \tag{6.38}$$

其中指数因子来自恒等式

$$\left(\frac{N+n-1}{N}\right)^{-m} = e^{-m\ln[(N+n-1)/N]}$$

和近似表示 $\ln(1+n/N) \approx n/N$ 给出, 该近似在 $N \gg n$ 时是精确的, 可通过对数函数的泰勒展开得到 (参看 5.4节"模型的数学")。

式 (6.38) 告诉我们, 选定粒子拥有能量 $E = m\varepsilon$ 的概率是能量的指数递减函数 (即类似于玻尔兹曼分布)。因为 $N\varepsilon/n$ 是每个粒子的平均能量 ($\langle E\rangle$), 我们可以把式 (6.38) 重新写成

$$p(E) = \frac{\varepsilon}{\langle E\rangle}e^{-E/\langle E\rangle} \tag{6.39}$$

这不是别的, 正是玻尔兹曼分布。图 6.17 对比了精确式 (6.35) 和近似式 (6.39) 的结果。

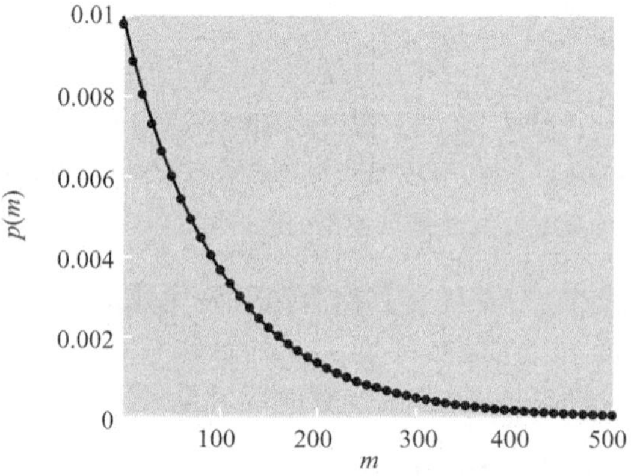

图 6.17 系统能量为 E 的概率。本图显示了能量和微观态概率函数的精确 [点: 式 (6.35)] 和近似结果 [实线: 式 (6.37)]。$N = 10\ 000$ 份单位的能量被分配到 $n = 100$ 个粒子上

6.1.5 玻尔兹曼分布的最大熵推导

我们已经看到玻尔兹曼分布可以在系统与热库之间能量分配的排列组合的计数基础上推导出来。推导玻尔兹曼分布的另一个完全不同的方法基于信息论, 它实际上等同于系统的信息 (如平均能量) 有限时, 对概率分布所能作的最佳推测。

信息有限时的最大熵对应最佳推测

我们论述的出发点是一个给定的微观态集合可以对其指定多种可能的概率分布。两个极端例子是: ①每个微观态都有相同的概率; ②某个微观态概率为 1 而其他态的概率为

0。信息论为我们提供了一条选择原理, 告诉我们在概率分布所有可能的竞争分配中, 哪一个具有最小偏差。定性地, 我们讨论的出发点是香农 (Shannon) 熵

$$S(p_1, p_2, \dots p_N) = S(\{p_i\}) = -\sum_{i=1}^{N} p_i \ln p_i \tag{6.40}$$

式中, p_i 是第 i 个微观态 (或输出) 的概率。我们可以把香农熵想象成一个探针, 它报告了一个特定概率分布所隐含的未知状态。注意, 在只知道有 N 个状态的极限情况下 (即 $p_i = 1/N$), 香农熵取值为 $S = \ln N$, 它是对 N 个状态所能取的最大值。而当我们对系统的状况很确信时 (如 $p_4 - 1$, 其他 $p_i = 0$), 香农熵反而为零。

为了让香农熵成为某个选择原理的基础, 我们贯彻最大熵原理, 即认为在所有可能的概率分布中, 应该选择使香农熵最大的分布。这种选择的合理性在于它给出的分布所导致的偏差最小, 也就是说, 它对缺失的信息保持最大程度不明朗。香农的成就在于他洞察了信息有限的概率分布中存在一个在第 5 章介绍的变分意义上的最佳选择。

为了看清这一点, 考虑除了知道有 N 个输出结果外其他一无所知的情形。直觉上, 对输出结果最好的猜测是指定它们有相同的概率, 因为我们没有理由特别偏好其中的某一个。最大熵原理要求我们在任何约束条件下求香农熵的最大值。在这个例子中, 唯一相关的约束是概率分布归一, 即 $\sum_{i=1}^{N} p_i = 1$。为此, 求下式的最大值

$$S' = -\sum_i p_i \ln p_i - \lambda \left[\sum_i p_i - 1 \right] \tag{6.41}$$

第一项是香农熵, 第二项引入拉格朗日乘子 λ (见下面“模型的数学”) 保证归一化条件的约束。接下来就是寻找概率 p_i 的集合使得这个扩充后的熵函数取最大值。注意 S' 对拉格朗日乘子取最大可以得到归一化约束

$$\frac{\partial S'}{\partial \lambda} = 0 = -\left[\sum_i p_i - 1 \right] \tag{6.42}$$

对未知概率 p_i 求微分, 得

$$\frac{\partial S'}{\partial p_i} = 0 = -\ln p_i - 1 - \lambda \tag{6.43}$$

其解是

$$p_i = \mathrm{e}^{-1-\lambda} \tag{6.44}$$

即使在决定拉格朗日乘子 λ 之前, 我们就注意到了所有输出的概率与 i 无关, 因此它们都是等概率的, 这一点与直觉一致。

利用约束 $\sum_i p_i = 1$ 决定拉格朗日乘子 λ。设想有 N 种可能的输出, 则约束就变成了

$$\sum_{i=1}^{N} \mathrm{e}^{-1-\lambda} = 1 \tag{6.45}$$

等价于

$$\mathrm{e}^{-1-\lambda} = \frac{1}{N} \tag{6.46}$$

式 (6.46) 暗示输出概率是

$$p_i = \frac{1}{N} \tag{6.47}$$

这表明 N 种输出都是等概率的。在这个例子中, 信息论的使用更像是杀鸡用牛刀。但是, 这个简单例子包含了在应用最大熵原理时所需的数学精髓, 在其他例子里, 很难不经分析就能猜出正确答案。

模型的数学: 拉格朗日乘子　包含非独立变量的函数极值问题具有挑战性。例如, 洛杉矶与巴黎之间的最短距离是多少, 其准确答案依赖于是否有约束条件。在无约束情况下, 两个城市间最短距离是穿越地球的一条直线。但是对人类更有意义的较好答案是一段圆弧。这段圆弧在所有地球表面曲线构成的解集中最短。

为了使极值问题的数学表达更清楚, 考虑函数 $A = xy$ (一个长方形面积) 在周长 $P = 2x + 2y$ 的固定约束下的最大值问题。这里的要点是不能在所有 x 和 y 中随意取值使 $A(x, y)$ 最大。相反, 选择 x 和 y 必须考虑到条件 $P - 2x - 2y = 0$。在这个例子中, 最容易的方法是从约束方程中解出 $y = (p - 2x)/2$ 并代入最大值问题, 即只需对 x 求最大。这是非常合理的策略。但是, 如果约束方程 (组) 包括很多变量, 且这些变量之间存在某种很复杂的非线性关联时, 这种策略会有很大的局限性。

而拉格朗日乘子方法 (有时) 可以避开这些复杂的变量消除步骤。特别是, 如果引入扩充函数

$$A_a(x, y) = A(x, y) - \lambda(P - 2x - 2y) \tag{6.48}$$

我们就能无约束地求解 $\partial A_a/\partial x = 0$, $\partial A_a/\partial y = 0$ 以及 $\partial A_a/\partial \lambda = 0$。结果是我们用一个三变量 (x, y, λ) 的无约束的最大值问题代替了一个两变量函数的有约束的最大值问题。其结果是 $x = y = P/4$, 告诉我们在固定周长条件下能围出最大面积的长方形是一个正方形。

最大熵可作为统计推测的工具

概率分配中应用最大熵有相当悠久的历史, 其中一个有趣而又有启发性的例子是面对作弊的骰子的概率指定。这个问题的设置是这样的: 我们重复掷一个骰子, 在大量多次试验后它给出一个平均值 $\langle i \rangle = (1/N)\sum_{n=1}^{N} i_n$, 这里符号 i_n 表示在第 n 次投掷后骰子显示的值。则问题是当面对这个有限而又非常重要的信息时, 我们所能做的最好的概率分配是什么?

为了具体起见, 我们考虑试验得出 $\langle i \rangle = 4.5$ 的情形, 它和一个本应得出 $\langle i \rangle = 3.5$ 的正常骰子不同。在只有这点信息的条件下, 我们的任务是对骰子不同面的概率 (p_i) 作最好的猜测。平均值可以用这些概率写成

$$\langle i \rangle = \sum_{i=1}^{6} p_i i \tag{6.49}$$

p_i 是得到 i 点面的概率。对一个正常骰子而言, 任何点面出现的概率都是相等的 (也就是说对所有的 i, $p_i = 1/6$), 则

$$\langle i \rangle = \frac{1}{6}\sum_{i=1}^{6} i = 3.5 \tag{6.50}$$

我们面对的是一个更有意思的情形, 其平均值暗示找到不同面的概率是不等的。

控制这个作弊骰子概率分布的信息有两条: ①概率求和等于 1; ②多次掷骰子的平均值是 4.5。这些信息会导致一个比 $p_i = 1/6$ 均匀分布具有较低香农熵的概率分布。这两条约束意味着我们不能在这 6 个独立输出概率上随便求最小。例如, 我们可以用归一化约束消除 p_6

$$p_6 = 1 - p_1 - p_2 - p_3 - p_4 - p_5 \tag{6.51}$$

另外, 我们也可以用平均值约束消掉其他变量, 如 p_5。再在剩下的 4 个 p_{is} 上对熵求最大, 我们原本要追随这种分析方法直到最终的结论。但另一方面, 拉格朗日乘子思想使我们不再需要利用约束直接消去变量。

对这个作弊骰子的问题, 可以用下面扩充的香农熵把约束自然地包括进来,

$$S_{\text{constrained}} = -\sum_{i=1}^{N} p_i \ln\, p_i - \underbrace{\lambda\left(\sum_i p_i - 1\right)}_{\text{归一化条件}} - \underbrace{\mu\left(\sum_i i p_i - \langle i \rangle\right)}_{\text{平均数}} \tag{6.52}$$

λ 和 μ 是每个约束的拉格朗日乘子。求该表达式关于对 p_i 的最大值, 得到

$$\frac{\partial S_{\text{constrained}}}{\partial p_i} = 0 = -\ln p_i - 1 - \lambda - \mu i \tag{6.53}$$

解出 p_i 得到概率分布为

$$p_i = \mathrm{e}^{-1-\lambda}\mathrm{e}^{-\mu i} \tag{6.54}$$

利用归一化条件 $\sum p_i = 1$, 有

$$\sum_{i=1}^{6} \mathrm{e}^{-1-\lambda}\mathrm{e}^{-\mu i} = 1 \tag{6.55}$$

该结果反过来也意味着

$$\mathrm{e}^{-1-\lambda} = \frac{1}{\sum\limits_{i=1}^{6} \mathrm{e}^{-\mu i}} \tag{6.56}$$

它允许我们写出完整的概率分布

$$p_i = \frac{\mathrm{e}^{-\mu i}}{\sum\limits_{i=1}^{6} \mathrm{e}^{-\mu i}} \tag{6.57}$$

现在剩下未知的量是拉格朗日乘子 μ。为了确定这个约束, 定义 $x = \mathrm{e}^{-\mu}$, 我们可以把 p_i 重新写成

$$p_i = \frac{x^i}{x + x^2 + x^3 + x^4 + x^5 + x^6} \tag{6.58}$$

把这个概率表达式代到约束式 (6.49) 中, 发现

$$\langle i\rangle=\frac{x+2x^2+3x^3+4x^4+5x^5+6x^6}{x+x^2+x^3+x^4+x^5+x^6} \tag{6.59}$$

给定一个 $\langle i\rangle$, 上述一般方程就可以解出 x, 这一点将在本章课后习题中说明。图 6.18 显示了 $\langle i\rangle=4.5$ 时得到的概率分布。

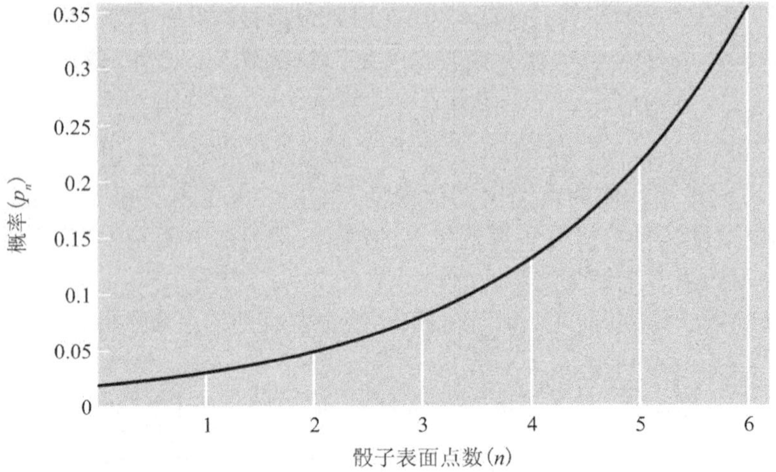

图 6.18　一个作弊骰子的概率分布。图显示了 $\langle i\rangle=4.5$ 时 6 个面的概率

玻尔兹曼分布是满足平均能量约束的最大熵分布

到目前为止, 最大熵都围绕一些没有物理或生物学意义的玩具问题。但是这些都可视为是思考玻尔兹曼分布的热身练习。的确如此, 除了符号上的变更外, 玻尔兹曼分布的推导在本质上只不过是作弊骰子问题的改头换面而已。基本想法是这样的: 考虑一个和热浴接触的系统, 如一支浸在某温度的水浴中的小试管。在这个例子中, 试管中的系统可以处在大量不同能态中的任一个, 我们想寻找能量为 E_i 的状态的概率。周围水浴的效应是确保试管的平均能量不变。

平均能量约束是基于物理理由提出的, 它是系统与恒温热库接触的结果, 平均能量可以写成 $\langle E\rangle=\sum_i E_ip_i$。我们再次考察扩充后的含两个拉格朗日乘子的香农熵函数,

$$S'=\underbrace{-\sum_i p_i\ln p_i}_{\text{香农熵}}\underbrace{-\lambda\left[\sum_i p_i-1\right]}_{\text{归一化条件}}\underbrace{-\beta\left[\sum_i p_iE_i-\langle E\rangle\right]}_{\text{平均能量}} \tag{6.60}$$

每个乘子与一个约束对应, 第一个约束对应于归一化条件。对这个扩充函数求最大值得到 $p_i=\mathrm{e}^{-1-\lambda-\beta E_i}$。归一化要求 $\sum\limits_i p_i=1$ 意味着

$$\mathrm{e}^{-1-\lambda}=\frac{1}{\sum\limits_i \mathrm{e}^{-\beta E_i}} \tag{6.61}$$

定义配分函数为

$$Z=\sum_i \mathrm{e}^{-\beta E_i} \tag{6.62}$$

则概率为

$$p_i=\frac{\mathrm{e}^{-\beta E_i}}{\sum\limits_i \mathrm{e}^{-\beta E_i}} \tag{6.63}$$

上述分析向我们展示了如何得到拉格朗日乘子 λ。更深刻的问题是如何求出拉格朗日乘子 β。在下一小节, 我们将用理想气体的物理学说明这个约束和温度以 $\beta=1/k_BT$ 方式相联系。在形式上, 拉格朗日乘子 β 由原来的约束 $\langle E\rangle=\sum_i E_ip_i$ 决定。为了具体理解这个约束起的作用, 我们现在就考虑无相互作用粒子组成的"气体"。

6.2 无相互作用的理想模型

我们已经论证了熵是描述生物系统的物理主角。虽然式 (5.30) 表明熵是对容许的微观态数目的度量这一抽象概念, 但我们经常需要求助于理想气体引出的熵的具体表述, 它可以更广泛地应用到任何一种无相互作用的分子或粒子, 这些分子或粒子在空间是各自独立运动的。为了超越前一章的抽象说明, 我们在这里展示模型的威力, 假定系统不仅处于平衡态, 而且系统的组分之间没有相互作用。图 6.19 显示了这些模型所隐含的思想。该图表达的是分子间相互作用的范围远小于它们之间的平均距离。以至于它们有相当独立的运动空间。这个图像可以启发我们对气体和溶液的研究。

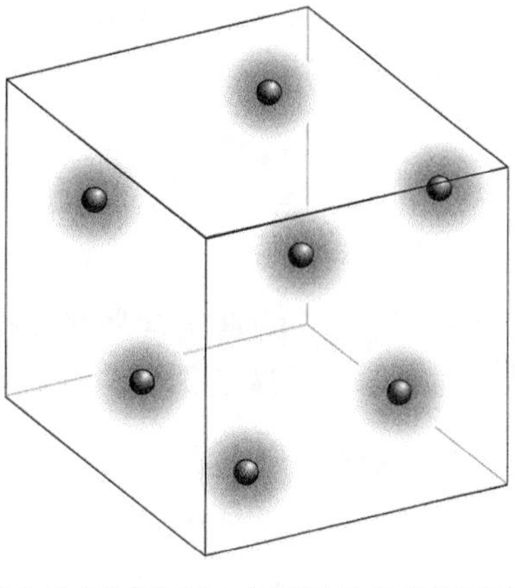

图 6.19 理想溶液 (和气体) 模型中的相互作用。在极稀的条件下分子的小体积元的示意图。在这种条件下分子描述成理想气体或理想溶液模型。围绕每个分子的阴影区域代表它们相互作用的范围

有了上述简化假设, 我们可以精确计算出某种形式的熵, 在很多不同的生物学问题中这些形式都是很有用的。在接下来几章里, 我们将用这里发展出来的方法研究氧分子与血红蛋白的结合 (第 7 章)、DNA 和蛋白质的力–伸长性质、核小体解缠绕 (第 10 章) 以及基因表达的调控 (第 19 章) 等。

6.2.1　气体分子的平均能量

理想气体的熵反映了重新安排分子位置和速度的自由度

上一节中，我们阐明了如何用最大熵原理推测平均能量为 $\langle E\rangle$ 的系统的概率分布。然而，为了完成计算，我们还需要知道拉格朗日乘子 β 的意义。对于无相互作用的气体分子，我们可以只关注一个分子，因为每个分子都有相同的概率分布。理论上，如果系统由 N 个独立变量 $(x_1, x_2, \cdots x_N)$ 描述，概率分布 $P(x_1, x_2, \cdots x_N)$ 总是可以因式分解成 $P(x_1, x_2, \cdots x_N) = p(x_1) \times p(x_2) \cdots p(x_N)$。意味着找到其中一个变量的概率分布就等于找到了整个系统的概率分布。

为了把这个想法用到无相互作用的气体分子，我们照图 6.19 那样设想有 N 个粒子受限在一个体积为 V 的盒子中。系统的微观态由每个分子的空间坐标和动量描述。另外，基于分子间无相互作用这个事实，我们可以忽略构型部分而只计算 $P(p_x)$，即某个分子动量处在 p_x 到 $p_x + \mathrm{d}p_x$ 的概率密度。我们之所以忽略概率分布的构型部分是因为分子处在任何体积元中的概率都是相等的，即分子在空间是均匀分布的。为了应用玻尔兹曼分布，我们必须为每个“微观态”指定一个能量。在这个例子中，因为所有分子的所有动量分量有相同的概率描述，我们把微观态集合简化成只考虑一个分子沿着 x 方向的动量分量。该分量对动能的贡献是

$$E = \frac{p_x^2}{2m} \tag{6.64}$$

我们已经应用了动能 $E = \frac{1}{2}mv_x^2$ 和动量 $p_x = mv_x$ 的关系。

上节已经给出能量为 $\langle E\rangle$ 的系统的概率分布式 (6.63)，正比于 $\mathrm{e}^{-\beta E}$，E 是状态的能量。为了把这个结论用到理想气体，利用式 (6.63) 直接写出概率分布

$$P(p_x) = \frac{\mathrm{e}^{-\beta(p_x^2/2m)}}{\sum\limits_{\text{states}} \mathrm{e}^{-\beta(p_x^2/2m)}} \tag{6.65}$$

为了确定因子 β，我们现在对符号 $\sum_{\text{states}}$ 的真实含义略作探讨。$\sum_{\text{states}}$指的是对分子所有可能动量值的态求和。因为 p_x 是一个连续变量，可以取任意值，用积分代替求和，

$$\sum_{\text{states}} \longrightarrow \int_{-\infty}^{\infty} \mathrm{d}p_x \tag{6.66}$$

为了继续运算，利用数学物理中最重要的积分公式之一

$$\int_{-\infty}^{\infty} \mathrm{e}^{-\beta p_x^2/2m} \mathrm{d}p_x = \sqrt{2m\pi/\beta} \tag{6.67}$$

在下面“模型的数学”中将对它做详细讨论。

为了决定拉格朗日乘子 β，需要用到平均能量约束，即

$$\langle E\rangle = \frac{1}{2}k_B T \tag{6.68}$$

该约束是能量均分定理的重新表述, 即每个自由度相关的平均能量是 $\frac{1}{2}k_BT$, 它也是统计力学的中心结论之一 (见"延伸阅读"中的 Dill & Bromberg, 2003)。有了这些铺垫后, 我们就可以用下述平均能量计算出玻尔兹曼分布中的参数 β

$$\langle E\rangle = \frac{\int_{-\infty}^{\infty}\frac{p_x^2}{2m}\mathrm{e}^{-\beta(p_x^2/2m)}\mathrm{d}p_x}{\sqrt{2m\pi/\beta}} \tag{6.69}$$

定义 $\alpha=\beta/2m$, 式 (6.69) 重写成

$$\langle E\rangle = \frac{(1/\beta)\int_{-\infty}^{\infty}\alpha p_x^2\mathrm{e}^{-\alpha p_x^2}\mathrm{d}p_x}{\sqrt{\pi/\alpha}} \tag{6.70}$$

这个积分可以求助参数微分的技巧计算出来。可以把平均能量重新写成

$$\langle E\rangle = \frac{\alpha^{3/2}}{\beta\sqrt{\pi}}\left(-\frac{\partial}{\partial\alpha}\right)\int_{-\infty}^{\infty}\mathrm{d}p_x\mathrm{e}^{-\alpha p_x^2} \tag{6.71}$$

如果现在再做积分和微分, 就得到了与拉格朗日乘子 β 有关的重要结论:

$$\beta=\frac{1}{k_BT} \tag{6.72}$$

有了这个结果, 我们就圆满证明了应用最大熵方法猜出的有关分布正是玻尔兹曼分布。

模型的数学: 高斯积分 计算理想气体时需要用到如下积分

$$\int_{-\infty}^{\infty}\mathrm{e}^{-\alpha p_x^2}\mathrm{d}p_x=\sqrt{\frac{\pi}{\alpha}} \tag{6.73}$$

为了解析它, 需要一个漂亮的技巧, 该技巧表明对这样漂亮的积分只算一次还不够。于是写出

$$\int_{-\infty}^{\infty}\mathrm{e}^{-\alpha x^2}\mathrm{d}x\times\int_{-\infty}^{\infty}\mathrm{e}^{-\alpha y^2}\mathrm{d}y=\int_0^{2\pi}\mathrm{d}\theta\int_0^{\infty}r\mathrm{d}r\mathrm{e}^{-\alpha r^2} \tag{6.74}$$

把它写成这种形式的原因在于我们可以在整个平面上求积分 $\mathrm{e}^{-\alpha(x^2+y^2)}$, 从而可以写成极坐标的形式。对 θ 部分的积分可以立刻进行并得到 2π。因此

$$\int_{-\infty}^{\infty}\mathrm{e}^{-\alpha x^2}\mathrm{d}x\times\int_{-\infty}^{\infty}\mathrm{e}^{-\alpha y^2}\mathrm{d}y=2\pi\int_0^{\infty}r\mathrm{d}r\mathrm{e}^{-\alpha r^2} \tag{6.75}$$

做变量替换 $u=-\alpha r^2$, 右边积分约化成 π/α, 则

$$\left[\int_{-\infty}^{\infty}\mathrm{e}^{-\alpha x^2}\mathrm{d}x\right]^2=\frac{\pi}{\alpha} \tag{6.76}$$

此即证明开头引用过的结果。

6.2.2 稀溶液的自由能

本书关于熵的核心思想之一是在进行统计力学的推理过程中会多次贯彻玻尔兹曼熵

$S = k_B \ln W$ 的基本观点。理想气体展示了动能可以在很多不同分子间均分。另一个能够简单计算出熵的完美例子包含在下面公式里:

$$W(N,\Omega) = \frac{\Omega!}{N!(\Omega - N)!} \tag{6.77}$$

它是 Ω 个盒子中放 N 个物体的构型熵。这个简单公式如何帮助我们思考溶液的自由能呢? 第 5.5.2 节已经证明两个化学势相等的子系统处于化学平衡态。如果我们考察低分子浓度的水溶液, 或者研究溶液中基因调控蛋白和 DNA 的相互作用, 如何写出各类分子的化学势呢?

稀溶液化学势是浓度的简单对数函数

为了写出稀溶液的化学势, 我们借助格子模型。作为一种离散技巧, 格子模型有很多优势, 它允许我们用解析的方法做组合分析。对于当前问题, 将系统 (水+溶质) 想象成是由一系列如图 6.20 所示的格子组成。第 6.1.1 节曾经介绍过这个格子模型, 见图 6.1。通过把分子可能的位置集合限制在一系列格子上, 就有了可以明确枚举的不同状态的可数集合。

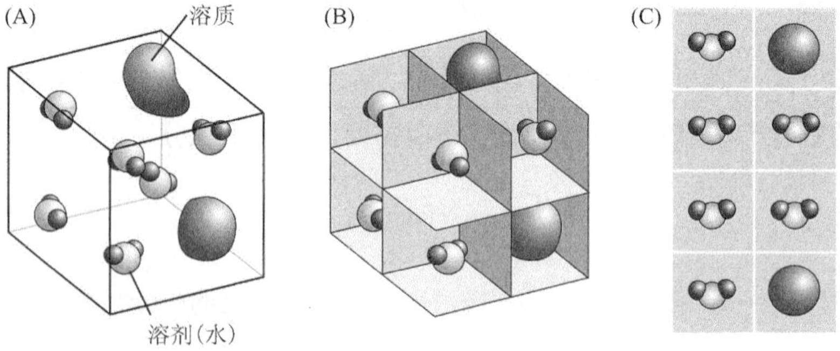

图 6.20　理想稀溶液的格子模型。(A) 实际溶液的卡通图, 其中溶质分子数量很少, 并在溶液中自由地游离着。(B) 和 (C) 分别是理想化的三维格子模型和二维格子模型, 溶质分子只能限制在格子上

水分子数记为 $N_{\mathrm{H_2O}}$, 溶质分子数记为 N_s. 我们的目标是得到系统的总自由能, 然后再用关系

$$\mu_{\text{solute}} = \left(\frac{\partial G_{tot}}{\partial N_s}\right)_{T,p} \tag{6.78}$$

求得溶质的化学势。总自由能可以写成如下形式:

$$G_{tot} = \underbrace{N_{\mathrm{H_2O}}\mu^0_{\mathrm{H_2O}}}_{\text{水的自由能}} + \underbrace{N_s\varepsilon_s}_{\text{溶质能量}} - \underbrace{TS_{mix}}_{\text{混合熵}} \tag{6.79}$$

式 (6.79) 利用了如下事实, 即水和溶质分子组成的系统的吉布斯自由能包括没有溶质时水的自由能、每个溶质分子贡献的能量以及可能的溶质分子重排引起的混合熵等。注意, 由于我们把溶质分子的能量贡献写成了每个溶质分子的贡献乘以溶质分子的总数, 溶质分子很稀的假设已经包含在这个计算中。这隐含地假设了在不同溶质分子间没有相互作用, 水分子围绕在溶质分子周围所付出的能量代价用单个量 ε_s 刻画。

现在需要一个关于构型熵的模型, 我们借助于总格子数为 $N_{\mathrm{H_2O}} + N_s$ 的格子模型。再次利用 $S = k_B \ln W$, 其中

$$W(N_{\mathrm{H_2O}}, N_s) = \frac{(N_{\mathrm{H_2O}} + N_s)!}{N_{\mathrm{H_2O}}!N_s!} \tag{6.80}$$

它是在格子上排列 $N_{\mathrm{H_2O}}$ 和 N_s 个分子的排列组合数。为了计算熵, 对 $W(N_{\mathrm{H_2O}}, N_s)$ 取对数。和以往一样, 利用斯特林近似, 则

$$S_{mix} = -k_B \left(N_{\mathrm{H_2O}} \ln \frac{N_{\mathrm{H_2O}}}{N_{\mathrm{H_2O}} + N_s} + N_s \ln \frac{N_s}{N_{\mathrm{H_2O}} + N_s} \right) \tag{6.81}$$

利用小量 $N_s/N_{\mathrm{H_2O}}$ (即溶质数量比水分子数少得多) 将上式近似地表示为

$$S_{mix} \approx -k_B \left[N_{\mathrm{H_2O}} \ln \left(1 - \frac{N_s}{N_{\mathrm{H_2O}}} \right) + N_s \ln \frac{N_s}{N_{\mathrm{H_2O}}} \right] \tag{6.82}$$

经泰勒展开 $\ln(1+\varepsilon) \approx \varepsilon$ 后有

$$S_{mix} \approx -k_B \left(N_s \ln \frac{N_s}{N_{\mathrm{H_2O}}} - N_s \right) \tag{6.83}$$

因此

$$G_{tot}(T, p, N_{\mathrm{H_2O}}, N_s) = N_{\mathrm{H_2O}} \mu^0_{\mathrm{H_2O}}(T, p) + N_s \varepsilon_s(T, p) + k_B T \left(N_s \ln \frac{N_s}{N_{\mathrm{H_2O}}} - N_s \right) \tag{6.84}$$

有这个结论后, 我们就可以通过求导数 $\mu_s = (\partial G/\partial N_s)$ 得到溶质的化学势

$$\mu_s = \varepsilon_s + k_B T \ \ln \ \frac{c}{c_0} \tag{6.85}$$

式中, 我们引入了符号 $c = N_s/V_{\mathrm{box}}$ 和 $c_0 = N_{\mathrm{H_2O}}/V_{\mathrm{box}}$ 用浓度变量代替了粒子数变量。从这个分析中得出的结论是, 对无相互作用系统, 无论是理想气体还是稀溶液, 它们的化学势的表达式都特别简单。在本书剩余部分, 我们将看到这个形式在很多应用中都承担着重要角色, 这些化学势更一般地写成

$$\mu_i = \mu_{i0} + k_B T \ \ln \frac{c_i}{c_{i0}} \tag{6.86}$$

下标 0 指的是某些方便的参考态。化学中约定的参考态是每种分子组分浓度都是 1 mol/L 的状态。

6.2.3 渗透压是熵弹性的一种表现形式

渗透压源于熵效应

对化学势的推导促使我们思考溶液中单个粒子的运动。生活在水环境中的细胞通过从外界摄取营养和排泄废物与溶液进行物质交换。我们将表明, 这些过程进行的速率强

烈依赖于细胞内外各种组分的化学势。实际上, 热力学第二定律告诉我们, 任何自发过程都遵循

$$(\mu_1 - \mu_2)\mathrm{d}N_1 \leqslant 0 \tag{6.87}$$

因此, 如果 $\mu_1 > \mu_2$, 意味着 $\mathrm{d}N_1 < 0$, 也就是说子系统 1 中的粒子数在输运物质的“驱动力” $\mu_1 - \mu_2$ 作用下减少。这部分内容可参考第 5.5.2 节。

我们从每个细胞都要面临的一个根本问题开始。如第 2 章所述, 细胞内部挤满了大量的分子和高分子组装体。对生活在水坑中的细菌而言, 外部溶液中组分的浓度要低得多。如第 5 章所述, 这个浓度差可以为物质输运提供驱动力, 并决定了某个组分是移入还是移出细胞。

因为内部组分浓度非常高, 细胞处于水从外部流入而几乎所有细胞组分从内部流出的趋势。这种内外浓度差产生了一个称为渗透压的机械力。在极端情况下, 丢进蒸馏水的敏感细胞会持续溶胀直至爆裂。实际上, 在实验室里经常使用这种方法诱使细胞和病毒释放出它们的 DNA。渗透压效应是非常基本且无法回避的, 为什么我们跳进泳池时身体却没有发生爆裂呢? 与大部分有机体一样, 人体需要消耗大量的能量应付危险的渗透压效应。许多细菌和植物细胞常用的一个防御机制是在质膜外构建一个坚固的细胞壁, 这样就可以物理地阻止细胞溶胀。另外, 很多细胞也消耗能量主动将水泵出以及调节离子和其他小溶质分子的浓度。我们在第 11 章将进一步讨论这些离子通道和输运机器。细胞对渗透压突然变化的响应有多快和多稳显得极为重要。对在多种不同环境中都能茁壮成长的生物来说, 其重要性是显而易见的。生活在人体肠道里的大肠杆菌被高浓度的其他细胞和富含营养的有机分子包围着。这种细菌可能会被突然释放到便池中干净的水里, 它只有迅速调整以应对渗透压的剧变才能存活下来。本节将探讨渗透压的简单数学表达式。

稀溶液分析的直接而又有生物学意义的应用是渗透压问题。渗透压产生的根本原因是半透膜导致渗透分子穿膜并重排, 并随之产生压强。为了理解这一点, 考虑图 6.21 所示的模型, 该图显示了一个有内膜的容器, 水可以穿过内膜而溶质分子不能。由于膜对水的渗透性, 平衡态由容器两侧水分子化学势相等表示 (重读第 5.5.2 节, 为什么最大熵隐含化学势相等)。

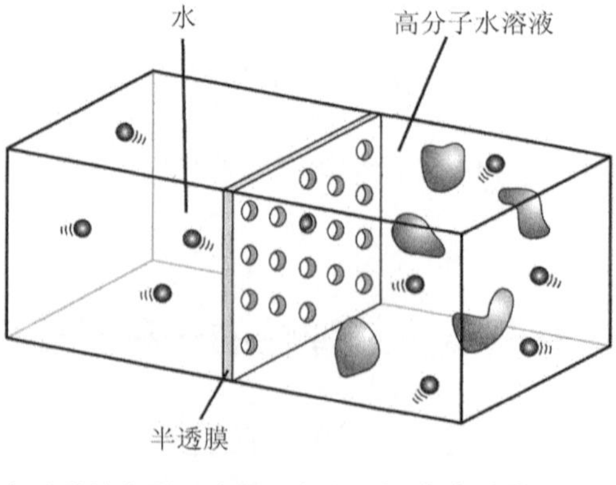

图 6.21 有半透膜的容器示意图。容器一侧为溶质分子, 另一侧则是纯溶剂

在溶质分子低浓度一侧的水分子化学势可以用式 (6.84) 导出, 特别要用到关系 $\mu_{\mathrm{H_2O}}(T,$

$p) = (\partial G_{tot}/\partial N_{\mathrm{H_2O}})$, 化学势明显依赖于压强和温度, 由此得到的表达式是

$$\mu_{\mathrm{H_2O}}(T,p) = \mu^0_{\mathrm{H_2O}}(T,p) - \frac{N_s}{N_{\mathrm{H_2O}}}k_BT \tag{6.88}$$

容器两侧的平衡可以表示成方程

$$\underbrace{\mu^0_{\mathrm{H_2O}}(T,p_1)}_{\text{无溶质一侧}} = \underbrace{\mu^0_{\mathrm{H_2O}}(T,p_2) - \frac{N_s}{N_{\mathrm{H_2O}}}k_BT}_{\text{有溶质一侧}} \tag{6.89}$$

注意, 我们已经假定了容器两侧有压强差, 纯水一侧压强是 p_1, 有溶质分子一侧的压强是 p_2。对右边化学势在 p_1 处做泰勒展开

$$\mu^0_{\mathrm{H_2O}}(T,p_2) \approx \mu^0_{\mathrm{H_2O}}(T,p_1) + \left(\frac{\partial\mu^0_{\mathrm{H_2O}}}{\partial p}\right)(p_2 - p_1) \tag{6.90}$$

根据热力学关系 $(\partial\mu/\partial p) = v$, 这里的 v 是每个分子所占的体积, 上述方程可以变换成

$$(p_2 - p_1) = \frac{N_s}{V}k_BT \tag{6.91}$$

式中, $V = N_{\mathrm{H_2O}}v$, 可以很好地近似为半透膜溶质一侧的总体积。该关系称为范特霍夫 (van't Hoff) 公式, 它给出了溶质浓度和渗透压的函数关系。

渗透压作用下的病毒、膜被细胞器和细胞

渗透压出现在很多场合。从生物角度看, 渗透压会引发力学伤害, 因此细胞和病毒必须找到办法存活下来。特别是当细胞膜和病毒衣壳对分子作选择性渗透时就有引发渗透压剧变的可能性。

估算: 细胞中的渗透压 为了估计像大肠杆菌那样的细菌所面临的渗透压, 我们回忆一下第 2 章中的分子普查结果。特别是细胞中无机离子的典型浓度是 100 mmol/L。利用 1 nmol/L 浓度相当于 0.6 分子/fL 的经验规律以及细胞体积大约是 1 fL 的事实, 估算出一个细菌里无机离子大约为 6×10^7 个。为了应用式 (6.91) 计算渗透压, 我们需要以分子数/nm^3 为单位表示浓度, 即

$$c \approx \frac{6 \times 10^7\ \text{分子数}}{10^9\ \mathrm{nm}^3} \approx 0.06\ \frac{\text{分子数}}{\mathrm{nm}^3} \tag{6.92}$$

应用范特霍夫公式 (6.91), 得到压强的量级为

$$p \approx 0.06\ \frac{\text{分子数}}{\mathrm{nm}^3} \times 4\ \mathrm{pN\ nm} \approx 0.24\ \mathrm{pN/nm}^2 \tag{6.93}$$

这个结果可以用关系 1 pN/nm^2 $\approx$ 10 atm①换算成大气压单位, 于是估算出细胞的渗透压相当于几个大气压。

① 1 atm=1.013×10^5 Pa, 后同。

利用渗透压来测量DNA链间的相互作用

渗透压除了上述具体的生物学意义外, 也曾作为一种工具被巧妙用来测量高分子间的相互作用力。其中一个例子就是用渗透压测量 DNA 相邻链之间的相互作用。对 DNA 分子在病毒中的包装、凝聚剂 (如精胺、压精胺和腐胺) 引起的 DNA 体外凝聚等现象, 这类实验都有相当重要的意义。图 6.22 是这类实验的示意图。在实验中, 双螺旋 DNA 由于诸如聚乙二醇这样的聚合物的存在而发生凝聚。DNA 分子凝聚后会形成六角对称的有序晶格。

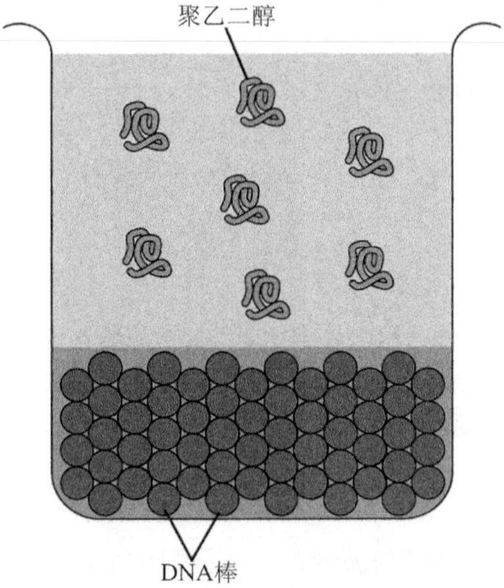

图 6.22　测量 DNA 链间相互作用的实验。这个实验用聚乙二醇作为渗透剂对六角有序排列的 DNA 分子施加渗透压, DNA 链之间的距离用 X 射线测量。在这个示意图中 DNA 分子排列成晶格, 双螺旋分子指向纸外

在图 6.22 所示的实验中, 聚乙二醇分子由于体积太大而无法嵌到 DNA 链之间的空隙里, 因此, 它们会在凝聚了的 DNA 上施加渗透压。平行的 DNA 链之间的空隙可以用 X 射线测量。通过使用不同浓度的渗透剂 (因此有不同渗透压) 经多次测量就有可能决定渗透压和 DNA 分子间距的函数关系。图 6.23 展示了这类实验的一组数据, 它显示了渗透压和 DNA 链间距的关系。根据这些实验, 与六角密排的 DNA 分子相互作用有关的压强同链间距的依赖关系可以用下述公式描述,

$$P(d_s) = F_0\mathrm{e}^{-d_s/c} \tag{6.94}$$

式中, d_s 是链间距; F_0 是依赖于离子溶液类型和浓度的常数; $c = 0.27$ nm 是衰减长度, 它在很宽的盐浓度范围内几乎是常数。

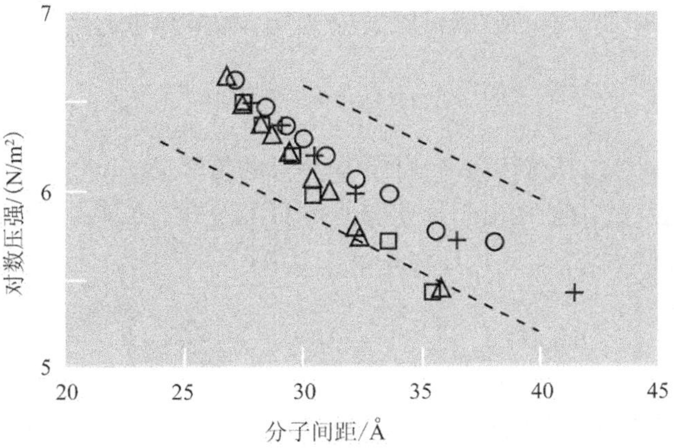

图 6.23 DNA 物态方程。用不同浓度的渗透剂产生不同渗透压而导致不同的分子链间距。不同符号代表了不同的盐浓度。(取自 D. C. Rau et al., *Proc. Natl Acad. Sci.* 81: 2621, 1984)

6.3 质量作用定律

生物学中应用最广的统计力学最高成就之一是化学平衡分析。几乎每个动态的生命过程都会发生某种化学变化, 包括两个分离的实体结合在一起形成复合物、先前存在的复合物分解成各种组分或者是一种分子转化成另一种分子。到目前为止, 我们只需要跟踪系统中分子的数目和能量。但是要解决实际的生物化学问题, 我们还需要正式的方法追踪分子身份的变化。

在标准生化语言里, 分子数量通常表述为浓度, 一种分子转变成另一种分子的趋势则由平衡常数表征。在最简单情形下, 我们可以考察反应 A+B$\rightleftharpoons$ AB, 它描述了两个分子相遇变成一个复合物的过程。双向箭头表示复合物可以重新分解成原来的分子。化学直觉告诉我们, 如果试管中含高浓度的 A 和 B 但没有 AB 复合物, 复合物 AB 就会形成。反之, 如果试管中只含高浓度的 AB 复合物, 则部分复合物就会分解。在足够长时间后, 我们区分不出这两只试管有什么不同。也就是说, 它们最终达到的平衡态与初始条件无关。然而, 根据最终达到平衡态的直觉, 我们可以相当准确的预测出每种情况的初始反应方向。在整个生物学中, 我们经常会用这个直觉去预测生物过程中即将发生的事件, 这些过程包括代谢反应、细胞对激素信号的响应、基因表达动力学以及其他任何一个我们想象得到的生物过程。在本节, 我们将从单个分子和能量的角度, 用玻尔兹曼概率分布的概念重新建立平衡态的化学定律。理解描述同一个真实过程的两种不同形式间的联系是连接统计力学和生物功能的重要成就。

平衡常数由最大熵决定

所有平衡态分析的基本规则已经在第 5 章中奠定。具体地, 我们要寻找系统所能达到的相关自由能最小化的构型。在化学平衡态, 我们对反应物和生成物分子数目的变化感兴趣。也就是说, 我们考虑的系统不允许分子进入或离开。然而, 这些分子之间可以有相互作用, 因此使得每种分子的数量可以发生变化。为了简单起见, 考虑反应

$$\mathrm{A}+\mathrm{B} \rightleftharpoons \mathrm{AB} \tag{6.95}$$

为了描述系统的构型状态, 我们引入每种分子数目的符号 N_A、N_B 和 N_{AB}。在这样的符号表示下, 系统可遍及的构型相当于这些分子数目的变化: ΔN_A、ΔN_B 和 ΔN_{AB}。在恒温恒压下, 平衡态等价于

$$\mathrm{d}G=\left(\frac{\partial G}{\partial N_A}\right)_{T,p}\mathrm{d}N_A+\left(\frac{\partial G}{\partial N_B}\right)_{T,p}\mathrm{d}N_B+\left(\frac{\partial G}{\partial N_{AB}}\right)_{T,p}\mathrm{d}N_{AB}=0 \tag{6.96}$$

为了将其变成具体结论, 我们还须加上正确的化学计量要求。也就是说, 考虑到当 A 和 B 分子数目各减少一个时, 相应的 AB 分子数必须增加一个。为此, 引入记录反应中第 i 种分子数目变化的化学计量系数 v_i。对上述反应, 我们有 $v_A=v_B=-1$ 和 $v_{AB}=1$, 这意味着新产生一个 AB 分子, A 和 B 分子数目必须相应地各减少一个。

式 (6.96) 中起重要作用的导数实际上是各种分子的化学势 (即 $\partial G/\partial N_i=\mu_i$), 则对固定 T 和 P 值的平衡态, 有

$$\mathrm{d}G=0 \Longrightarrow \mu_A\mathrm{d}N_A+\mu_B\mathrm{d}N_B+\mu_{AB}\mathrm{d}N_{AB}=0 \tag{6.97}$$

对更一般的 N 种分子组分的情形, 上述方程可以写成

$$\mathrm{d}G=0 \Longrightarrow \sum_{i=1}^{N}\mu_i\mathrm{d}N_i=0 \tag{6.98}$$

如果我们应用上述定义的化学计量系数及关系 $\mathrm{d}N_i=\nu_i\mathrm{d}N_r$, 式 (6.96) 则变成了普遍而抽象的形式

$$\sum_i \nu_i\mu_i=0 \tag{6.99}$$

至此, 我们还未对系统做任何特定假设, 特定的系统要求我们能明确表述化学势的精确形式。为了更进一步, 应用早先推导的化学势公式, $\mu_i=\mu_i^0+k_BT\ln(c_i/c_{i0})$, 其中 c_{i0} 是标准态的浓度, 在溶液情况下它一般定义为 1 mol/L。有了这个结果后, 式 (6.99) 就可以改写成很有用的形式, 这个形式是质量作用定律的一个实例, 并立刻引导我们提出反应平衡常数的概念。

推导质量作用定律的第一步是将式 (6.86) 代入式 (6.99) 中, 结果是

$$\sum_{i=1}^{N}\nu_i\mu_{i0}=-k_BT\sum_{i=1}^{N}\ln\left(\frac{c_i}{c_{i0}}\right)^{\nu_i} \tag{6.100}$$

应用规则 $\ln x_1+\ln x_2+\cdots\ln x_N=\ln(x_1x_2\cdots x_N)$, 将这个结果改写成

$$-\frac{1}{k_BT}\sum_{i=1}^{N}\nu_i\mu_{i0}=\ln\left[\prod_{i=1}^{N}\left(\frac{c_i}{c_{i0}}\right)^{\nu_i}\right] \tag{6.101}$$

这里我们使用了记号 $x_1x_2\cdots x_N=\prod_{i=1}^{N}x_i$。两边取幂, 并注意到 $\mathrm{e}^{\ln x}=x$, 则有

$$\prod_{i=1}^{N}\left(\frac{c_i}{c_{i0}}\right)^{\nu_i}=\mathrm{e}^{-(1/k_BT)\sum_{i=1}^{N}\nu_i\mu_{i0}} \tag{6.102}$$

把 c_{i0} 部分移到右边, 式 (6.102) 可以简化成

$$\prod_{i=1}^{N}c_i^{\nu_i}=\underbrace{\left(\prod_{i=1}^{N}c_{i0}^{\nu_i}\right)\mathrm{e}^{-(1/k_BT)\sum_{i=1}^{N}\nu_i\mu_{i0}}}_{K_{eq}(T)} \tag{6.103}$$

这个结果称为质量作用定律。该式告诉我们在温度和压强给定的条件下产物和生成物浓度间的关系。非常重要的是方程右边的部分, 它被专门称为平衡常数 K_{eq}

$$K_{eq}=\left(\prod_{i}c_{i0}^{\nu_i}\right)\mathrm{e}^{-\sum_i\mu_{i0}\nu_i/k_BT} \tag{6.104}$$

式中, $K_{eq}=1/K_d$, K_d 是解离常数。平衡 (或解离) 常数通常被看成是经验参数, 在给定温度和压强下可以用实验方法测量得到。另外, 化学问题的统计力学处理告诉我们它们也有相应的微观解释。在式 (6.95) 给出的例子中, 得出的比值是

$$\prod_{i=1}^{N}c_i^{\nu_i}=c_A^{-1}c_B^{-1}c_{AB}^{1}=\frac{c_{AB}}{c_Ac_B}=K_{eq} \tag{6.105}$$

质量作用定律所包含的思想展示在图 6.24 中, 该图表明在不同平衡常数下, 生成物和反应物分子之间的相对数量是不同的。

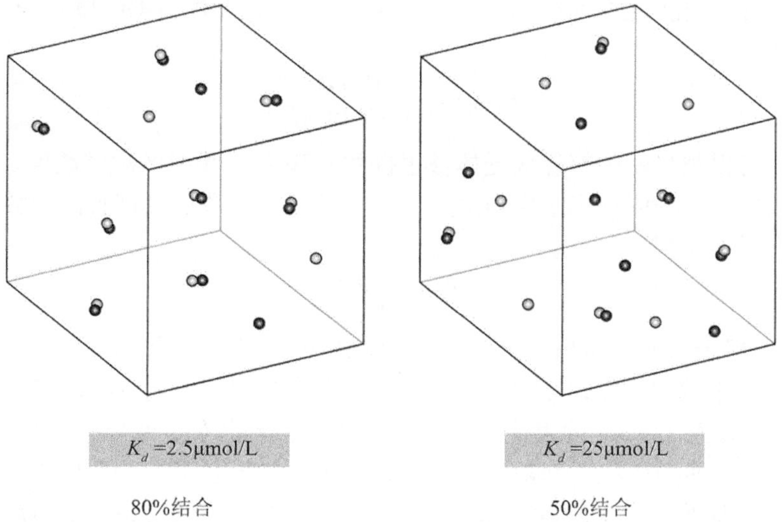

图 6.24 解离常数。反应物和生成物之间的相对数量由解离常数决定。由于有不同的 K_d 值, 两幅图中反应物和生成物的数目不同。两种分子总的浓度是 50 μmol/L

必须承认这些结果无论在符号还是在概念上都是抽象的。因此，为了使整个图像更加具体，我们现在转向一些特殊的例子，这些例子会展示出许多符号约定的意义，并且会凸显它们的生物学相关性。

6.4 平衡态演算的应用

6.4.1 配体-受体结合再探

在第 6.1.1 节，我们从统计力学微观模型的角度研究了配体–受体结合问题。同样的问题也可以从平衡常数和质量作用定律的角度处理，探究这两种角度之间的联系非常具有启发性。这个反应由以下化学计量方程描述，

$$\mathrm{L} + \mathrm{R} \rightleftharpoons \mathrm{LR} \tag{6.106}$$

式 (6.106) 可以用质量作用定律给出的解离常数描述，

$$K_d = \frac{[\mathrm{L}][\mathrm{R}]}{[\mathrm{LR}]} \tag{6.107}$$

则配体–受体复合物浓度为

$$[\mathrm{LR}] = \frac{[\mathrm{L}][\mathrm{R}]}{K_d} \tag{6.108}$$

和以前一样，我们感兴趣的是受体被配体占据的概率。p_{bound} 可以用自由受体和配体–受体复合物的浓度写成

$$p_{\text{bound}} = \frac{[\mathrm{LR}]}{[\mathrm{R}] + [\mathrm{LR}]} \tag{6.109}$$

这等于说我们可以用已经结合的受体比例代替单个受体被配体占据的概率。利用式 (6.108)，p_{bound} 可写成

$$p_{\text{bound}} = \frac{[\mathrm{L}]/K_d}{1 + ([\mathrm{L}]/K_d)} \tag{6.110}$$

我们看到 K_d 可以很自然的解释成受体被占据的概率为 1/2 时的配体浓度。进一步把式 (6.110) 和本章较早时用格子模型导出的式 (6.19) 作对比，我们发现解离常数可以用格子模型的微观参数表示成

$$K_d = \frac{1}{v}\mathrm{e}^{\beta\Delta\varepsilon} \tag{6.111}$$

式中，v 是单个格子占据的体积；$\Delta\varepsilon$ 是结合能。式 (6.111) 使得我们能够在结合能的统计力学语言与解离常数的化学语言之间自由转换。在本章课后习题中我们将探讨这种方法的一些局限性。注意 p_{bound} 的表达式只依赖于自由配体的浓度而不是配体的总浓度。这个细微之处相当重要，因为在实验中我们能操控的是总浓度，而自由配体浓度是由分子之间相互作用的性质决定的。所以当测定解离常数时，方便的做法是在配体浓度远超过受体浓度条件下进行，这时自由配体的浓度几乎和总配体的浓度相等。读者可以在本章课后习题中深入探讨这个议题。

6.4.2 配体–受体结合的测量

结合曲线是获取许多有生物意义的分子功能的主要窗口之一。如图 6.6 中所示, 这些曲线显示了受体的结合概率与配体浓度的函数关系。测量结合曲线的方法有很多, 其中几种方法凸显在图 6.25 中。这些方法通常利用了结合反应会改变某些物理性质的事实。举个例子, 表面等离子共振术 (SPR) 利用了表面受体层在结合配体后介电特性发生的变化。等温滴定量热法 (ITC) 利用了结合反应中的能量释放 (或吸收)。在接下来几章里, 我们会在多种不同场合下提到结合曲线, 读者应该能回想这些曲线是如何测得的。

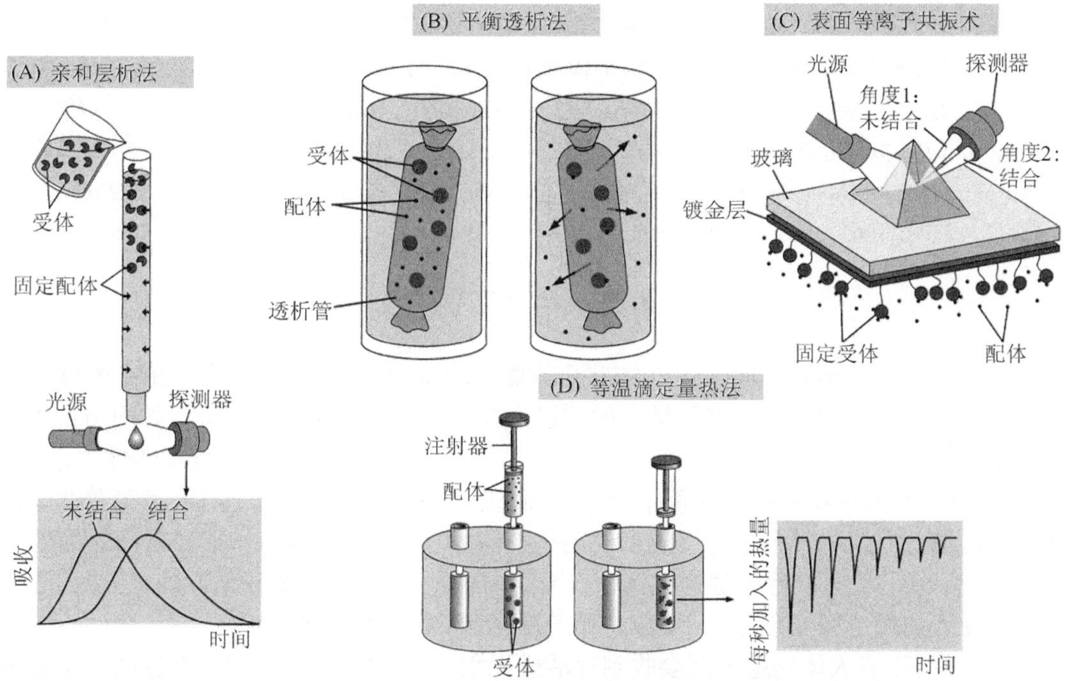

图 6.25 测量平衡态结合的不同方法。(A) 受体与配体的亲和力很容易用亲和层析法 (图 4.2) 测量出来。当包含受体的溶液通过一个配体固定在其基质上的圆柱时, 由于与配体不断进行着结合和解离的循环过程, 受体沿着圆柱下降的进程会变慢。结合强度可以通过测量蛋白质从圆柱另一端渗出所花的时间得到。(B) 当受体和配体的体积差异较大以至于配体可以自由通过透析膜而受体不能, 平衡亲和力可以通过测定长时间平衡后透析管内外配体浓度来确定。(C) 配体和受体数量较少时可以采用其他方法测定亲和力。通常使用的方法是表面等离子共振术 (SPR), 受体被固定在表面。该装置测量的是反射光的强度和角度, 它们又都是表面受体质量的函数。当可溶性配体与表面受体结合时, 表面受体质量就会发生变化。(D) 配件结合的物理后果也可以用等温滴定量热法测量。将装有受体的腔移入一个基准盒使二者达到热平衡后再以小剂量增加的方式注入配体。为了与基准盒保持相同温度而增加或移除的那部分热量可以通过仪器测量

结合测量产生的几组典型数据示于图 6.26, 并用式 (6.110) 给出的简单结合曲线拟合数据。简单地说, 这些曲线阐明的是肌红蛋白被氧分子占据的比例随氧分子浓度 (通过

分压测定) 增大而提高、HIV 病毒蛋白与细胞表面受体的结合以及转录因子 NtrC 与靶 DNA 结合的情况。结合曲线的实验数据与理论计算之间合理的一致性也表明式 (6.110) 刻画的简单 (非协同) 结合理论可以描述这些结合过程。

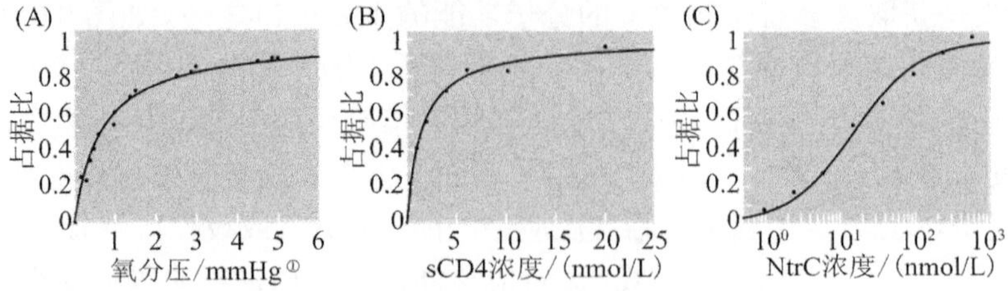

图 6.26　配体–受体结合的例子。(A) 氧分子同肌红蛋白的结合与氧分压的函数关系。点对应于测量值, 曲线由式 (6.19) 和式 (6.110) 拟合。标准态 $c_0 = 760$ mmHg=1 atm 下拟合出 $\Delta\varepsilon \approx -7.04\ k_BT$, 对应于解离常数 $K_d = 0.666$ mmHg。(B) HIV 蛋白 gp120 与可溶受体 CD4的结合。给定 $c_0 = 0.6$ mol/L, 拟合出 $\Delta\varepsilon \approx -19.84\ k_BT$ 或 $K_d = 1.4578$ nmol/L。(C) NtrC 与 DNA 的结合。给定 $c_0 = 0.6$ mol/L, 拟合出 $\Delta\varepsilon \approx -17.47\ k_BT$ 或 $K_d = 15.5$ nmol/L。(A, 数据取自 A.Rossi-Fanelli and E. Antonini, *Arch. Biochem. Biophys.* 77: 478, 1958; B, 数据取自 D. W. Brighty et al. *Proc. Natl. Acad. Sci.* 88: 7802, 1991; C, 数据取自 V. Weiss et al., *Proc. Natl. Acad. Sci.* 89: 5088, 1992.)

6.4.3　希 尔 函 数

结合反应的数学处理通常建立在前几节奠定的基础上, 它们都利用了单个配体只和单个受体以独立反应的方式进行结合的假设。这个假设导致的常见结果是如图 6.6 所示的与浓度相关的结合曲线。在低配体浓度时, 结合受体的数量与配体浓度呈线性关系。在高配体浓度时, 几乎所有的受体都结合, 结合曲线达到饱和。然而, 像这样有着简单浓度依赖关系的结合曲线对很多生物反应来说还是不够的。在分子或者细胞能非常高效的处于“开”或者“关”状态极为关键的案例中, 当这些开关状态是信号分子浓度的函数时, 它们的结合曲线如果也像开关那样 (更像一个阶跃函数) 将会好得多。

举个例子, 成人体细胞不断会收到存活或死亡 (执行凋亡) 的信号。在这两个态之间不存在其他状态。死亡的决定是无法取消的。设想一个和浓度相关的预凋亡信号有着正常的结合曲线特征, 那么细胞就很难确定在这个连续曲线上的哪个位置应该执行死亡程序。对于这些要求有或没有响应的生物过程而言, 细胞能把本来是模拟的信号转换成数字输出显得极为重要。产生类似开关响应的一种常见机制是构建有多个配体能同时结合的受体, 而且在受体结合了一个配体后能显著增强随后其他配体结合的亲和性。我们在第 4 章血红蛋白例子中已经见过一个协同结合的例子。

我们利用下面的反应方程来理解开关行为 (称为协同性) 是如何出现的

$$\mathrm{L} + \mathrm{L} + \mathrm{R} \rightleftharpoons \mathrm{L_2R} \tag{6.112}$$

此时解离常数为

$$K_d^2 = \frac{[\mathrm{L}]^2[\mathrm{R}]}{[\mathrm{L_2R}]} \tag{6.113}$$

① 1 mmHg≈133 Pa, 后同。

因为我们感兴趣的是受体被配体结合的概率, 与式 (6.109) 类似的讨论得到

$$p_{\text{bound}} = \frac{[\mathrm{L_2R}]}{[\mathrm{R}] + [\mathrm{L_2R}]} \tag{6.114}$$

应用解离常数定义, 可以重新写成

$$p_{\text{bound}} = \frac{([\mathrm{L}]/K_d)^2}{1 + ([\mathrm{L}]/K_d)^2} \tag{6.115}$$

这是一个希尔系数为 $n = 2$ 的希尔函数的简单例子。希尔函数一般形式为

$$p_{\text{bound}} = \frac{([\mathrm{L}]/K_d)^n}{1 + ([\mathrm{L}]/K_d)^n} \tag{6.116}$$

一个常用策略是用这些曲线直接拟合结合实验数据而不考虑拟合出的希尔系数所隐含的原因。图 6.27 显示了 n =1、2 和 4 的结果, 表明增加希尔系数可以出现更接近于开关行为的曲线。

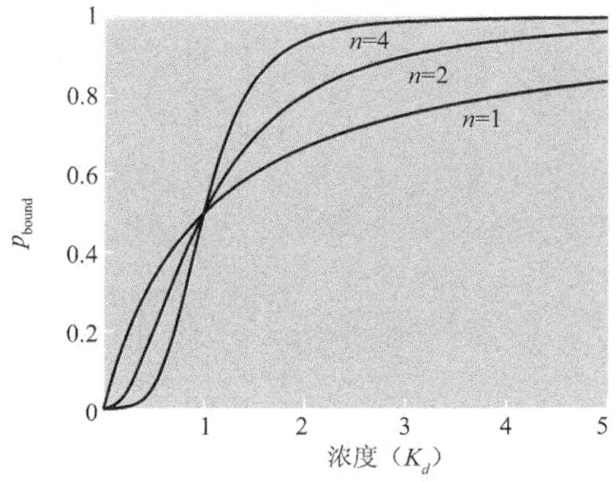

图 6.27 不同希尔系数的结合曲线族。希尔系数 n=1、2 和 4 的结合曲线比较

上述推导是基于这样一个简化假设, 单结合的受体浓度 (也就是 [LR]) 可以忽略不计, 也就是说, 要么是全结合, 要么就没有结合。当然在现实体系里, 不可能是严格成立的, 因此对一个特定结合反应测到的希尔系数可以是非整数。举个例子, 血红蛋白有 4 个结合位点, 如果氧分子和血红蛋白的结合是完全协同的话, 理论上希尔系数应该是 4, 但实验测量值近似为 3.0。

6.4.4 ATP 水解自由能

如第 5.1.2 节所述, ATP 驱动细胞的大量化学变化。而且 ATP 水解释放出的能量恰好与调控这些变化所需的能量幅度相当, 这与花钱时用 20 美元的面值很方便一个道理。为了更准确的计算水解释放的能量, 我们需要研究水解自由能与反应物和产物浓度的依赖关系。考察一个 ATP 分子水解成一个 ADP 分子和无机磷酸根时释放的能量。如前所述, 如果这三种分子浓度处在它们的平衡值, 则反应不会释放自由能。此时平衡的确意味着死亡。为了避免这种困境, 细胞会维持在一个非平衡的 ATP、ADP 和无机磷酸根浓度。

ATP 水解释放的能量与反应物和产物的浓度有关

通过讨论, 我们试图解决的一个关键问题是从 ATP 水解获得的自由能究竟如何依赖于反应物和产物浓度。为了进行估算, 利用第 6.3.1 节的结果, 写出水解反应的自由能的变化

$$\mathrm{d}G = \sum_i \mu_i \mathrm{d}N_i = \sum_i \mu_i \nu_i \mathrm{d}N_r \tag{6.117}$$

用化学势的标准表达式 [式 (6.86)], 对应于 $\mathrm{d}N_r = 1$ 的每次反应释放出的能量 ΔG 是

$$\Delta G = \sum_i \left[\mu_{i0} + k_B T \ln\left(\frac{c_i}{c_{i0}}\right)\right] \nu_i \tag{6.118}$$

如果我们两次使用上式, 一次是上述实际释放的自由能, 另一次是针对参考浓度的自由能 ΔG_{ref}, 将这两个自由能相减, 则两个自由能差可以用以下方式联系,

$$\Delta G = \Delta G_{ref} + k_B T \ln\left(\frac{\prod_{i=1}^N c_i^{\nu_i}}{\prod_{i=1}^N c_{i,ref}^{\nu_i}}\right) \tag{6.119}$$

选择平衡态作为参考态是方便的。也就是如果参与反应的各类分子的浓度处在平衡态, 则 $\Delta G_{ref} = 0$。不止如此, 如前节所述, 在平衡时 $\prod_{i=1}^N c_{i,eq}^{\nu_i} = K_{eq}$, 因此我们有

$$\Delta G = k_B T \ln\left(\frac{\prod_{i=1}^N c_i^{\nu_i}}{K_{eq}}\right) \tag{6.120}$$

注意方程 (6.120) 也可以写成

$$\Delta G = \Delta G_0 + k_B T \ln\left(\prod_{i=1}^N \left(\frac{c_i}{1\,\mathrm{mol/L}}\right)^{\nu_i}\right) \tag{6.121}$$

假如平衡常数用摩尔单位表示的话, $\Delta G_0 = -k_B T \ln K_{eq}$ 也被称为标准态自由能。

对 ATP 水解反应 $\mathrm{ATP} \rightleftharpoons \mathrm{ADP} + \mathrm{P}_i$, 式 (6.121) 变成

$$\Delta G = \underbrace{\Delta G_0}_{\text{标准状态}} + \underbrace{k_B T \ln\frac{[\mathrm{ADP}][\mathrm{P_i}]}{[\mathrm{ATP}]}}_{\text{浓度依赖部分}} \tag{6.122}$$

这里所有的浓度都是相对于 1 mol/L 的标准状态测量的。采用标准态自由能的测量值, $\Delta G_0 \approx -12.5\ k_B T$/分子, 以及大肠杆菌体内的典型浓度 ($[\mathrm{ATP}] \approx 8 \times 10^{-3}$, $[\mathrm{ADP}] \approx 8 \times 10^{-3}$ 和 $[\mathrm{P_i}] \approx 0.4 \times 10^{-3}$), 我们计算出 $\Delta G = -20\ k_B T$/分子。在大部分细胞中, ADP、ATP 及 $\mathrm{P_i}$ 浓度约为 mmol/L 量级, 因此我们可以把 $-20\ k_B T$/分子作为对 ATP 在体内水解释放的自由能的粗略估计。

6.5 总　　结

统计力学是所有物理学中最强大和应用最广的工具之一。在应用平衡态思想去解决生物学问题方面，统计力学是生命科学家进行定量研究的工具中强有力的组成部分。统计力学应用的出发点是玻尔 兹曼分布。关于这个分布，费曼 (1972) 曾经评注：“这条基本定律是统计力学的巅峰，整个领域要么从这个巅峰开始，如当应用这个定律到各个实例中时，要么向上攀登直到导出这条基本定律。”在本章，我们从引入微观态的概念、展示玻尔兹曼分布的意义和推导这个分布开始了攀登的历程。在有了这个分布后，我们转而把这些思想应用到配体–受体结合、启动子的占据和细胞决策、渗透压的起源和意义以及以质量作用定律形式进行的平衡态演算等问题。有了这些工具后，我们现在转向可以用统计力学研究的一类特殊问题，即二态问题。

6.6 课后习题

1. 二硫键的形成

如图 6.28 所示的蛋白质包含几个半胱氨酸 (用灰色球表示)，它们可以配对形成二硫键。6 个半胱氨酸可以形成 3 个二硫键；图中显示的配对方式是 1-6, 2-5, 3-4。那么有多少种可能的配对排列组合？导出 n(n 是偶数) 个半胱氨酸配对排列组合数的一般表达式。

(取自 K. Dill and S. Bromberg, Molecular Driving Forces, New York, Garland Science, 2003 问题 1.1。)

2. 聚合酶与启动子结合再探

启动子占据概率可以用统计力学和热力学 (即平衡常数) 两种方法计算。这两种观点已经在第 6.1.1 和第 6.4.1 节的简单配体–受体结合问题中讨论过。

(1) 写出 RNA 聚合酶和启动子结合概率与特异性和非特异性结合平衡常数的函数表达式。

(2) 在体外，RNA 聚合酶结合到非特异性 DNA 上的解离常数近似是 10 μmol/L，而 RNA 聚合酶与 *lac* P1 和 T7A1 启动子的解离常数分别是 550 nmol/L 和 3 nmol/L。用这些常数和 (1) 中的结论估算出体内 RNA 聚合酶与 *lac* P1 和 T7A1 启动子的结合能。

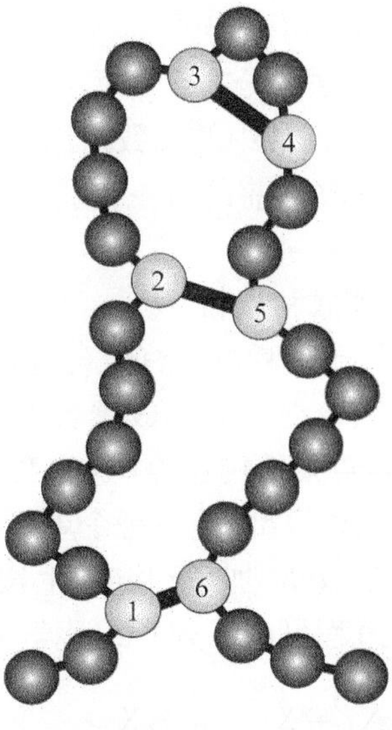

图 6.28　蛋白质结构的简化表示。每个氨基酸用一个球表示。半胱氨酸残基用标注指明。(取自 K. Dill 和 S. Bromberg, Molecular Driving Force, New York, Garland Science, 2003.)

3. 自由与结合的配体

式 (6.110) 给出了受体结合概率与自由配体浓度 [L] 的函数关系。然而，实验中容易调节的量是配体和受体的总浓度，$[L]_{tot}$ 和 $[R]_{tot}$.

(1) 求结合概率与配体总浓度和受体总浓度的函数关系。

(2) 研究 $[L]_{tot} \gg [R]_{tot}$ 的极限情况。注意这正是在第 6.1.1 节中用格子模型计算结合概率的极限。评价在第 6.4.1 中和课后习题 2 中得出的统计力学和热力学等价的结论。

(3) Maeda 等 (2000) 测量了不同 σ 亚基结合到 RNA 聚合酶核心酶的结合曲线。假设受体 (σ^{70}) 总浓度是 0.4 nmol/L, 用 (1) 中导出的模型拟合他们图 1 (A) 中的数据 (本书网站提供), 并与 (2) 中导出的表达式拟合的结果做比较。

4. 可分辨的配体

把溶液中 L 个配体当成是可分辨物体导出受体被占据的概率。证明这个表达式和式 (6.19) 得到的结果相同, 但在那里配体被当成是不可分辨的。

5. 推导玻尔兹曼分布

用第 6.1.4 节中的计数讨论推导玻尔兹曼分布。修改之前的讨论使得每个粒子至少有一份能量 ε。

6. 键合多项式和聚合

很多细胞过程都会有聚合过程, 在那里很多单体结合在一起形成聚合物, 如转录、翻译、细胞骨架的构建等。这里我们考察一个聚合的简单模型, 其中每个单体以相同的平衡结合常数 K 加载到链的生长端。

这个过程可由下列一组化学方程描述

$$\begin{aligned} X_1 + X_1 &\overset{K}{\rightleftharpoons} X_2 \\ X_1 + X_2 &\overset{K}{\rightleftharpoons} X_3 \\ \vdots \quad &\quad \vdots \quad \vdots \\ X_1 + X_{n-1} &\overset{K}{\rightleftharpoons} X_n \\ \vdots \quad &\quad \vdots \quad \vdots \end{aligned} \tag{6.123}$$

式中, X_n 是长度为 n 个单体的聚合物。在平衡时会有很多不同长度的聚合物。我们用这个模型计算聚合物的平均长度, 并计算出它是如何依赖于单体浓度的。

(1) 用 K 和自由单体浓度 $x = [X_1]$ 表达聚合物长度是 n 的概率。再用这个结果求聚合物平均长度 $\langle n \rangle$。

(2) 证明聚合物平均长度可以写成

$$\langle n \rangle = \frac{\mathrm{d}\ln Q}{\mathrm{d}(Kx)}$$

式中, $Q = 1 + Kx + (Kx)^2 + (Kx)^3 + \cdots$ 是键合多项式。

(3) 画出 $\langle n \rangle$ 与 Kx 的函数图。证明当 Kx 从左边接近于 1 时, $\langle n \rangle$ 发散。这种发散的物理意义是什么? (现实中没有聚合物能长到无穷长)

(Problem 28.6, K. Dill and S. Bromberg, Molecular Driving Forces, New York, Garland Science, 2003.)

7. 细胞渗透压

在第 6.2.3 节中, 我们推导了渗透压的范特霍夫公式, 也估算了一个细菌承受的渗透压, 它是由无机离子无法穿透细菌而引起的。检验细胞内部蛋白质对细菌渗透压的贡献。

这个结果该如何与来自无机离子对细菌渗透压的贡献做比较? 见表 2.1 和图 2.2 的相关数据.

8. 再探骰子问题

算出平均值为 $\langle i \rangle = 2.5$、$\langle i \rangle = 3.5$ 和 $\langle i \rangle = 4.5$ 的作弊骰子的概率分布。给出在每种情况的拉格朗日乘子并画出相应的概率分布 (直方图)。

6.7 延伸阅读

Ackers, GK, Johnson, AD, & Shea, MA (1982) Quantitative model for gene regulation by lambda phage repressor, *Proc. Natl Acad. Sci.* **79**, 1129. 以 λ-噬菌体为参照介绍了基因调控的热力学模型。

Dill, K, & Bromberg, S (2003) Molecular Driving Forces, Garland Science. 包括了用信息论推导统计力学的有趣讨论, 也论证了

我们假设的很多个结论都是正确的。对结合的处理是一个很好的资源。

Schroeder, DV (2000) An Introduction to Thermal Physics, Addison Wesley Longman. 我们对稀溶液和渗透压处理追随的是 Schroeder 给出的结果。

Kittel, C, & Kroemer, H (1980) Thermal Physics, 2nd ed., W. H. Freeman and Company. 统计力学工具的出色发展。

Baierlein, R (1999) Thermal Physics, Cambridge University Press. 我们对质量作用定律的处理追随的是 Baierlein 一书第 11 章中非常出色的处理。

Jaynes, ET (1989) Papers on Probability and Statistics, edited by R. D. Rosenkranz, Kluwer Academic Publishing. 对统计力学非同寻常的处理激起了强烈的正面和负面反应。如果没有其他理由, 只是为了乐趣而想听一个支持在统计力学中应用信息论清楚而又深刻的案例, 我们推荐这一系列论文。

Buchler, NE, Gerland, U, & Hwa, T (2003) On schemes of combinatorial transcription logic, *Proc. Natl Acad. Sci.* **100**, 5136. 给出了一个关于转录因子和它们与 DNA 的相互作用的一般统计力学形式。

Bintu, L, Buchler, NE, Garcia, HG, et al. (2005) Transcriptional regulation by the numbers 1: Models, *Current Op. Gen. Dev.* **15**, 116. 给出了一个关于应用 "热力学模型" 研究转录调控的教学式描述。

6.8 参考文献

Brighty, DW, Rosenberg, M, Chen, IS, & Ivey-Hoyle, M (1991) Envelope proteins from clinical isolates of human immunodeficiency virus type 1 that are refractory to neutralization by soluble CD4 possess high affinity for the CD4 receptor, *Proc. Natl Acad. Sci.* **88**, 7802.

Feynman, RP (1972) Statistical Mechanics, W. A. Benjamin, Inc.

Keller, BU, Hartshorne, RP, Talvenheimo, JA, Catterall, WA, & Montal, M (1986) Sodium channels in planar lipid bilayers: channel gating kinetics of purified sodium channels modified by batrachotoxin, *J. Gen. Physiol.* **88**, 1.

Maeda, H, Fujita, N, & Ishihama, A (2000) Competition among seven *Escherichia coli* σ subunits: relative binding affinities to the core RNA polymerase, *Nucleic Acids. Res.* **28**, 3497.

Maier, B, & Räidler, JO (1999) Conformation and self-diffusion of single DNA molecules confined to two-dimensions, *Phys. Rev. Lett.* **82**, 1911.

Rau, DC, Lee, B, & Parsegian, VA (1984) Measurement of the repulsive force between polyelectrolyte molecules in ionic solution: hydration forces between parallel DNA double helices, *Proc. Natl Acad. Sci.* **81**, 2621.

Rossi-Fanelli, A, & Antonini, E (1958) Studies on the oxygen and carbon monoxide equilibria of human myoglobin, *Arch. Biochem. Biophys.* **77**, 478.

Weiss, V, Claverie-Martin, F, & Magasanik, B (1992) Phosphorylation of nitrogen regulator I of *Escherichia coli* induces strong cooperative binding to DNA essential for activation of transcription, *Proc. Natl Acad. Sci.* **89**, 5088.

7 二 态 系 统

统计力学家关心两个模型, 一个是他正在处理的模型, 一个是伊辛模型。
——某统计力学家

本章概览: 应用统计力学考虑可视为二态系统的高分子

前几章已经介绍了统计力学工具。本章的目标是利用这些工具来考察一类特别的生物学问题。在这类问题中, 系统的状态可以用一个简单的二态变量来描述, 记作 σ。例如, 离子通道可以关闭 ($\sigma = 0$) 或开启 ($\sigma = 1$), 蛋白质中能与配体结合的位点可以空闲 ($\sigma = 0$) 或者被占据 ($\sigma = 1$)。这类重要的生物学问题可以用统计力学的方法来统一处理, 这也使得我们可以研究一系列有趣的问题, 包括: 离子通道的门控、磷酸化作用、受体-配体结合及协同性 (特别是血红蛋白的例子)。此外, 本章会为你增加一件新的统计力学工具——吉布斯分布, 该分布对于与粒子库接触的系统尤为重要。

7.1 多态的高分子

7.1.1 内部态变量

蛋白质和核酸常常以多种状态存在。分子马达具有一系列不同的构象, 取决于有无与之结合的核苷酸 (如 ATP), 以及它们运动的轨道——细胞骨架。许多蛋白质都具有活性态和失活态, 而处于这些态的相对概率取决于该酶是否被磷酸化, 或其是否有别构效应因子结合。除此以外, 高分子与底物或彼此结合以及不同的结合状态也可认为是该分子不同的“态”。

本章的目标就是要运用二态系统的统计力学这一有力工具来攻克这类问题。可以对一个内部态变量 σ 赋值来描述高分子的状态 (如离子通道的开启或关闭、配体的结合与否、蛋白质的磷酸化与否等)。有了这些内部态变量, 我们就可以将系统的能量写成简单的解析式, 以便纳入统计力学的框架中。其重要性在于, 我们从而能够计算出感兴趣的物理量, 如离子通道开启或关闭的概率、受体的平均占据状态、蛋白质是否具有活性以及 DNA 分子中解链的碱基对的平均数。这些可观测量中的每一个都支配着重要的生物过程。

蛋白质或核酸的状态在数学上可以用态变量刻画

图 7.1 展示了一系列用内部态变量描述高分子状态的例子。这种近似描述之所以可行, 是因为这些分子都有一个很重要的特点, 它们都具有有限个明显可区分的状态, 可以

用整数来标记这些状态。例如, 两态的情况, 尽管标记方法是任意的, 使用 0 和 1 进行标记最为方便。图中的例子也是本章以及后面的章节展开数学分析的基础。

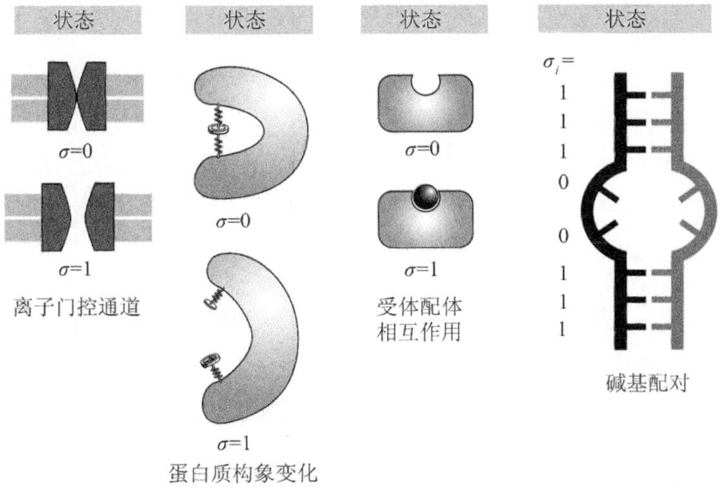

图 7.1 用内部态变量表示高分子的例子。从左到右分别是离子通道、蛋白质的活性态和失活态、受体与其配体伙伴、部分解开的双链 DNA。每个例子中的状态都可以用一个或多个取值只能为 0 或 1 的变量来描述

态变量可以用来描述高分子的内部态, 离子通道就是其中的一个简单例子。图 7.2 是实验上测量的随时间变化的通道电流, 表明通道的确在两个明显分立的状态之间来回切换。这里我们用 $\sigma = 0$ 表示通道关闭, $\sigma = 1$ 表示通道开启。通道的动态轨迹 $\sigma(t)$ 实际上是一串随时间变化的 0 和 1 的字符串。通道开启的概率由 σ 的平均值 $\langle\sigma\rangle$ 给出。例如, $\langle\sigma\rangle = 1/2$ 的情形, 就表示通道开启和关闭的时间各占一半。有趣的是, 能量 $E(\sigma)$ 依赖于外部的驱动力, 诸如外界施加的张力或电压。

在图 6.7 中, 我们展示了能决定中心法则中的各种步骤在恰当的时机发生的多种细胞干预, 如激活蛋白和阻遏蛋白可以改变转录概率。其中细胞利用翻译后的各种修饰来管理蛋白质最为有趣。通过在某些特定残基, 如丝氨酸、组氨酸上增加一个磷酸基团 (磷酸化) 或去掉一个磷酸基团 (去磷酸化), 蛋白质就可以从活性态转变为失活态。更详细的内容, 请参考“延伸阅读”中的 Walsh (2006)。和离子通道一样, 作为翻译后修饰产物的蛋白质也可以用一个二元的内部态变量表示。

另一个使用二态内部变量的简单例子是受体-配体的结合, 受体未被配体结合时状态为 $\sigma = 0$, 结合后为 $\sigma = 1$。我们可以将系统的能量写为 $E(\sigma) = \sigma\varepsilon_b + (1-\sigma)\varepsilon_{sol}$, 其中 ε_b 表示配体与受体结合的能量, ε_{sol} 表示配体在溶液中的能量。在 7.2.4 节中我们将会看到同样的方法在解决 O_2 结合血红蛋白的问题中非常有效。那里我们引入位点的占据变量 σ_1、σ_2、σ_3 和 σ_4 来描述血红蛋白中能与 O_2 结合的 4 个位点的占据状态。

内部态变量的思想也可以用于对 DNA 链杂交的精细描述。对沿着两条互补链的每个碱基, 都用一个变量去表示该碱基对是否杂交。这样, 整个分子的状态可以描述成向量 $(\sigma_1, \sigma_2, \cdots, \sigma_N) = \{\sigma_i\}$, 其中 σ_i 表示第 i 个碱基的杂交状态。这个例子在下一章中将会

继续讨论。

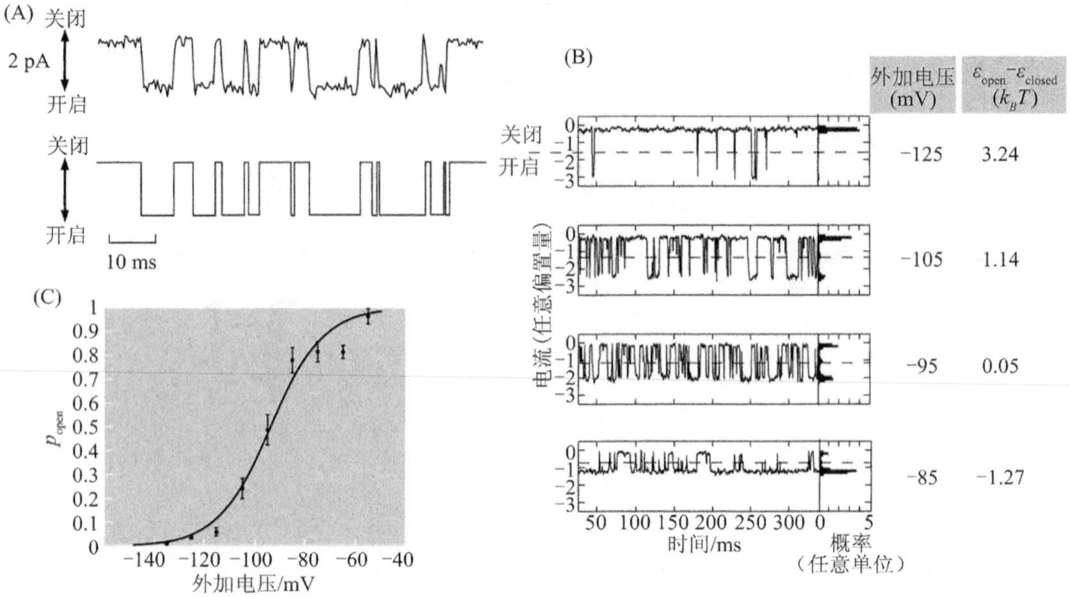

图 7.2　在不同电压下钠离子通道电流变化的实验曲线。因状态切换时间与逗留时间相比快很多, 所以适合做二态系统近似。(A) 电流曲线与其二态理想化近似。(B) 一个嵌入脂质双层膜中的通道在不同外加电压下的电流测量值。改变外界驱动力, 只是改变了通道在两个态的相对逗留时间比, 而非改变存在的状态本身。对不同的离子通道, 外加的驱动力可以为: ①膜张力; ②电压; ③配体结合; ④磷酸化。在此例中, 改变电压会改变通道在开启和关闭两个状态的停留时间。(C) 开启概率随电压变化的函数关系

本章中将会看到来自两个截然不同领域中的思想强有力的交汇。一方面, 在生物学领域, 高分子确实存在几个不同的状态。研究多态的生物问题是自然而且重要的。另一方面, 在统计力学中很少有问题像二态系统 (态变量的取值在两个值中选一个) 一样受到这么多关注。感兴趣的读者可以在浩瀚的文献中查查“伊辛模型”, 就会知道它在物理领域中有多么广泛的含义。在本章后面的内容中, 我们将展示二态系统的生物和物理结果是怎样融合成对各种不同问题的相关而定量的图像。这里要提醒读者一点, 在本章中我们假定平衡态物理通常能够有效刻画生命物质。对许多问题, 这样的假设是可行的, 但重要的是对这一假设要心中有数。

7.1.2　离子通道

离子通道是一种介导离子进出细胞的跨膜蛋白。其结构和功能是我们经常重复的一类问题。我们的主要简化就是将离子通道想象成只有开和关两种构象的二态模型。尽管选择 0 和 1 来标记态变量有一定的任意性, 但它非常有用。特别是这样一来, 通道开启的概率就可以通过计算 σ 的平均值 $\langle\sigma\rangle$ 直接得到。图 7.3 表示用变量 σ 描述的离子通道的几何示意图。自然, 离子通道的显著特征是它在不同状态间切换的概率依赖于诸如配体的结合、外加电压、周围膜的张力等种种外界因素。

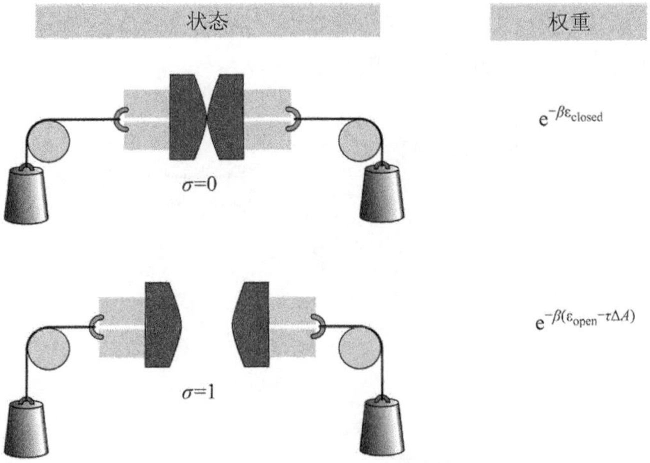

图 7.3 二态离子通道的状态和权重。假定离子通道处于 $\sigma=0$ 的关闭态和 $\sigma=1$ 的开启态中的一个。当通道关闭时, 能量为 ε_{closed}, 而当其开启时为 ε_{open}。另外, 在开启状态, 加载装置的能量降低, 结果增加了一项 $\tau\Delta A$, 其中 τ 表示张力而 ΔA 是开启以后的面积改变。加载装置的能量在图 5.12 中介绍过并将在图 7.5 相关的内容中有深入的讨论

首次严肃对待离子通道, 我们将揭晓外界驱动力如何影响通道的开启概率。进一步说, 就是计算通道开启的概率 p_{open}, 可用内部态变量 σ 表示为 $\langle\sigma\rangle$。当 $\langle\sigma\rangle\approx 0$ 就表示通道开启的概率很低。类似地, 当 $\langle\sigma\rangle\approx 1$ 就表示通道几乎全都开启。当然, 要计算这些概率, 需要用到玻尔兹曼分布, 它告诉我们一个能量为 E 的状态存在的概率是 $p(E)=e^{-\beta E}/Z$, 其中 Z 是在 6.1 节引入的配分函数。为计算概率, 需要能量与内部态变量的函数 $E(\sigma)$。当不存在外界驱动力时, 能量可以写成:

$$E(\sigma)=\sigma\varepsilon_{open}+(1-\sigma)\varepsilon_{closed}, \tag{7.1}$$

式中, 我们引入 ε_{open} 和 ε_{closed} 来分别表示通道开启和关闭的能量。

用统计力学计算离子通道开启的概率$\langle\sigma\rangle$

外界驱动力会改变开启和关闭态的能量均衡, 导致离子通道有趣的动力学行为。具体地, 我们考虑驱动力为膜张力的力敏感性通道。细菌的力感应通道被认为是保护膜在渗透压失衡时防止膜破裂的安全阀门。尤其当细菌遭受一次渗透压剧变时 (参考 6.2.3 节), 引起跨膜水流导致膜张力, 这些通道便开启以响应张力。图 7.4 展示了通道开启的概率如何依赖于张力。

尽管这个例子在第 11 章中会更详细地讨论, 在此不妨介绍依赖于张力 τ 的能量函数:

$$E(\sigma)=\sigma\varepsilon_{open}+(1-\sigma)\varepsilon_{closed}-\sigma\tau\Delta A \tag{7.2}$$

$\sigma\tau\Delta A$ 这一项倾向于开启状态, 体现了开启状态降低加载装置的能量。我们在图 5.12 中介绍了计算加载装置能量的思想, 这一思想在大量的不同情形下具有广泛的重要性。具

体地, 在许多情况下我们想知道包括外载在内的系统的自由能。此时, 必须同时考虑我们关心的生物系统的自由能和 “加载装置” 的能量。使用下降的砝码是一种强调要将加载装置一并考虑到总自由能中的方便教学的虚构物。

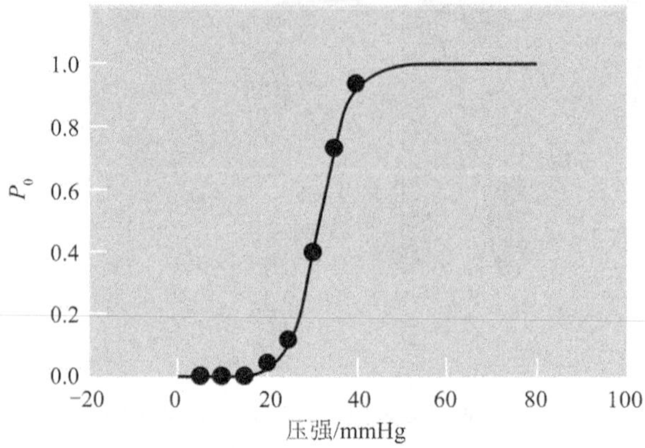

图 7.4　离子通道开启的概率。该图为力敏感性通道 MscL 开启概率与张力的函数关系。它是通过测量移液管对嵌有通道的膜片施加不同的吸附压得到的。图中的横坐标表示施加的吸附压而非膜张力。(取自 E. Perozo et al., Nat. Struc. Biol. 9: 696, 2002)

为了更好地看清外加张力如何耦合到能量中, 图 7.5 展示了利用砝码加载到通道上的方案。在此, 我们假定膜的总面积为常数, 当通道开启时, 半径变大, 砝码降低而减小了势能。砝码越重, 势能的变化就越大。而利用假想砝码是对外载的简化表示 (我们将会在下一章中利用类似的方案描述 DNA 的力—拉伸性质)。我们想象如图 7.5 中所示的一块面积有限的膜, 当通道开启, 由膜的面积不变可得到外半径的改变为 $\Delta R_{\text{out}} = (R/R_{\text{out}})\Delta R$。我们感兴趣的是计算通道开启导致的加载装置势能的变化 (在示意图里就是将砝码降低)。首先通过张力 τ(单位长度的力) 计算力 F, 然后计算它在位移 ΔR_{out} 上做的功。利用 $2\pi R\Delta R = 2\pi R_{\text{out}}\Delta R_{\text{out}}$ 可得到挂在膜边缘的砝码的位移 ΔR_{out}。于是有

$$\Delta G_{\text{tension}} = \underbrace{-\tau\Delta s}_{\text{弧上的力}} \times \underbrace{\frac{R}{R_{\text{out}}}\Delta R}_{\text{膜片的位移}} \times \underbrace{\frac{2\pi R_{\text{out}}}{\Delta s}}_{\text{膜片的数量}} \tag{7.3}$$

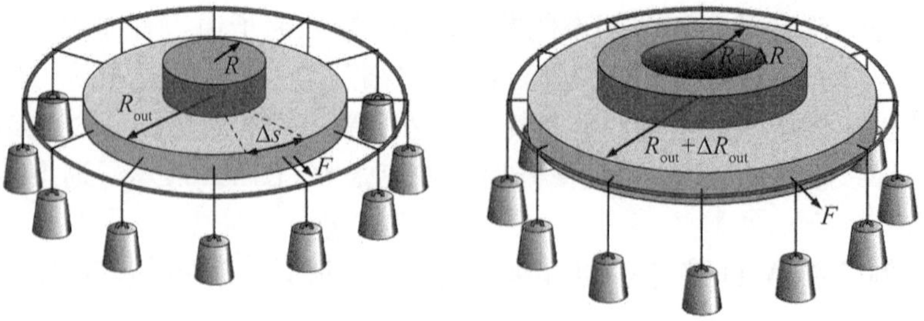

图 7.5　通道开启释放加载装置的示意图。我们将加载装置简化为连接在离通道较远的膜上的砝码。当通道开启时, 这些砝码降低

我们引入变量 Δs 来表示弧长单元, 且 $\tau = F/\Delta s$。有了这些定义, 可以得到加载装置的

能量改变为

$$\Delta G_{\text{tension}} = -\tau \times 2\pi R\Delta R \tag{7.4}$$

注意面积改变量 $\Delta A = 2\pi R\Delta R$, 则式 (7.4) 与式 (7.2) 中膜张力项一致。

更一般地表示外界驱动力对通道开启概率的影响如图 7.6 所示。该图描绘了通道完整的能量形貌图 (而不仅是通道关闭和开启的能量), 它表示在不同的外张力下能量与半径的函数关系。图 7.6 虽针对张力的情形, 但在外驱动因素为电压和配体结合时, 也有相似的能量形貌图。值得注意的是, 在没有张力的情况下, 关闭态较之开启态有着更低的能量。随着张力的增加, 开启态的能量逐渐降低直到低于关闭态的能量。关键是看驱动力如何改变关闭态和开启态能量的均衡关系。

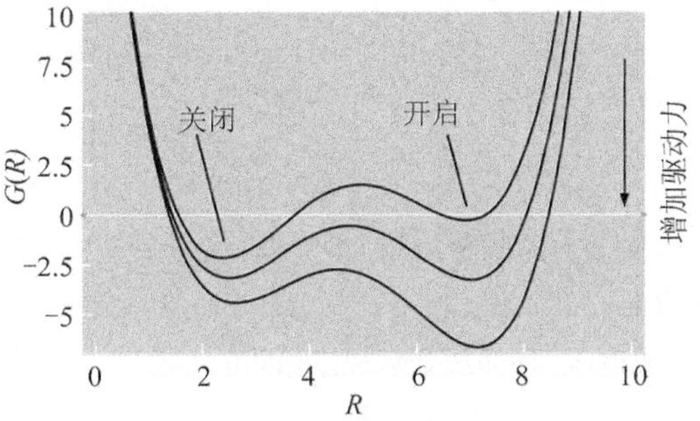

图 7.6 离子通道的能量形貌图。在二态离子通道模型中自由能作为通道半径的函数的示意图。不同的曲线对应着不同的驱动通道开启的外界参数 (如膜张力、配体结合浓度或外加电压)

应用第 6 章介绍的统计力学工具求解通道开启的概率, 需要计算配分函数

$$Z = \sum_{\sigma=0}^{1} \mathrm{e}^{-\beta E(\sigma)} \tag{7.5}$$

将式 (7.2) 的能量代入, 得到

$$Z = \mathrm{e}^{-\beta\varepsilon_{\text{closed}}} + \mathrm{e}^{-\beta(\varepsilon_{\text{open}} - \tau\Delta A)} \tag{7.6}$$

于是立刻可以写出开启概率:

$$p_{\text{open}} = \frac{\mathrm{e}^{-\beta(\varepsilon_{\text{open}} - \tau\Delta A)}}{\mathrm{e}^{-\beta(\varepsilon_{\text{open}} - \tau\Delta A)} + \mathrm{e}^{-\beta\varepsilon_{\text{closed}}}} \tag{7.7}$$

计算开启概率有一种完全等价 (可能更为优美) 的办法:

$$\langle\sigma\rangle = \sum_{\sigma=0}^{1} \sigma p(\sigma) = p(1) = p_{\text{open}} \tag{7.8}$$

图 7.7 展示了开启概率作为张力的函数, 表明当张力增加时通道处于开启状态的概率提高了。

要理解一个特定的通道在驱动力的作用下的行为, 需要知道两点。首先, 要理解两个态的内在偏好。其次, 要知道外界驱动力如何改变这些不同状态的相对能量。有了这两个

测量数据, 就可以用统计力学计算通道在不同驱动力下的行为。这一节以离子通道为例介绍了态变量的概念。在第 11 章和第 17 章中我们会认真地重新讨论离子通道。下面我们开始从态变量的角度来讨论受体–配体结合问题。

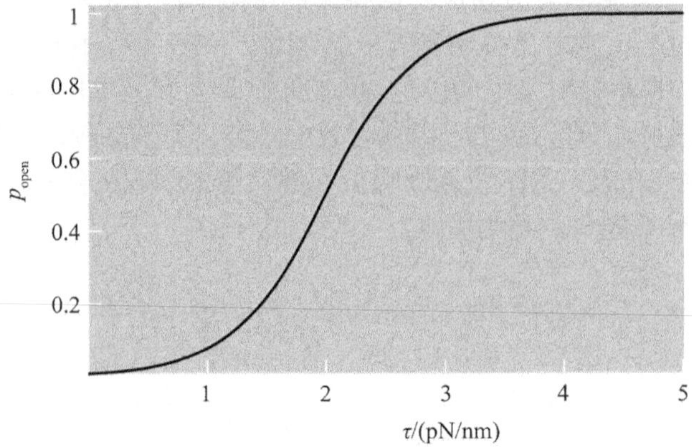

图 7.7 离子通道开启概率作为外驱动力的函数。该曲线表示 $p_{\rm open} = \langle\sigma\rangle$ 作为张力 τ 的函数。在这个力敏感性通道模型中, 参量的选取为: $\Delta\varepsilon = \varepsilon_{\rm closed} - \varepsilon_{\rm open} = -5k_BT$, $\Delta A = 10\ {\rm nm}^2$。如果将驱动力换成电压, 该曲线会呈现出相同的形态

7.2 受体–配体结合的态变量描述

在第 6.1.1 节和第 6.4.1 节中, 我们已经遇到了受体-配体结合问题, 一次是从玻尔兹曼 (正则) 分布的角度, 另一次是从质量作用定律和平衡常数的角度。本节将第三次处理这个问题, 但这一次是介绍统计力学的工具——吉布斯分布和巨配分函数。有了它, 我们可以将讨论推广到与多种受体协同结合的配体以及多种配体之间相互竞争的情形。事实上, 本节介绍的工具在本书余下的内容中会有极为广泛的应用。

在第 6 章中, 玻尔兹曼分布能统一解决与热浴相接触的系统的不同微观态的概率。那里系统与一个巨大的能量库接触, 二者可以自由交换能量, 因此可以占据任意不同的微观态。对于许多结合问题, 一个重要的推广是考虑系统不仅仅与热浴接触, 还与粒子库接触, 如图 7.8 所示。正如热库的温度控制着系统的平均能量一样, 粒子库的化学势也决定着系统的平均粒子数。导致配体结合的驱动力是粒子库的粒子密度。我们将会在后面的章节中看到, 这种强有力的观点能描述各类化学反应。

7.2.1 吉布斯分布

吉布斯分布给出了与热库和粒子库相接触的系统的微观态的概率

在第 6 章中, 我们分别从计数理论和信息论出发, 推导出了玻尔兹曼分布。还有一种很流行的推导方式, 正如我们现在将要做的, 是考察系统与热库和粒子库的耦合。这三种

推导统计力学中重要分布 (玻尔兹曼分布和吉布斯分布) 的方法会使读者对这些分布的意义和机制有一个更好的感性认识。

考虑如图 7.8 所示的与热库和粒子库接触的系统, 推导其微观态的概率。基本思想是设想有个盒子能将我们关心的小世界围起来, 与外界隔离, 形成有效的孤立体系。因此, 盒子中的总能量和总粒子数为常数。在盒子里, 我们考虑两个区域, 一个是我们关心的系统, 另一个是热库和粒子库, 体现这一思想的最常见最直观的例子是放置在空气中的开口容器。容器的出现丝毫没有改变热库和粒子库的热学状态和粒子数。另外, 容器所装的物质会与大气保持平衡。

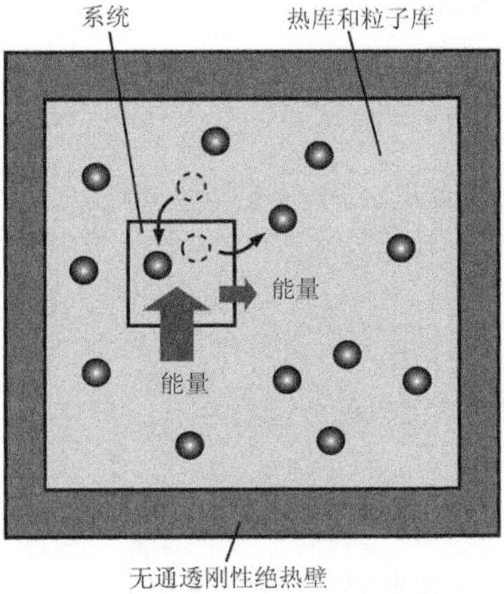

图 7.8 与热库和粒子库接触的系统。系统与热库和粒子库被封闭在无通透刚性绝热壁内, 与外界隔开。系统与热库和粒子库能交换能量和粒子

盒子里的粒子总数是 $N_{tot} = N_r + N_s$, 其中 r 表示库, s 表示系统。类似地, 总能量为 $E_{tot} = E_r + E_s$。我们最基本的出发点是找到系统处于给定状态 (用能量 E_s, 粒子数 N_s 来描述) 的概率正比于此时热库和粒子库中所有可达状态的数目, 即

$$\frac{p(E_s^{(1)}, N_s^{(1)})}{p(E_s^{(2)}, N_s^{(2)})} = \frac{W_r(E_{tot} - E_s^{(1)}, N_{tot} - N_s^{(1)})}{W_r(E_{tot} - E_s^{(2)}, N_{tot} - N_s^{(2)})} \tag{7.9}$$

式中, $W_r(E_{tot} - E_s^{(1)}, N_{tot} - N_s^{(1)})$ 表示系统处于某特定状态 $(E_s^{(1)}, N_s^{(1)})$ 时热库和粒子库所有可达状态的数目。系统处于特定状态 $(E_s^{(1)}, N_s^{(1)})$ 时, 系统与热库和粒子库组成的大系统所有可达状态的数目是:

$$W_{tot}(E_{tot} - E_s^{(1)}, N_{tot} - N_s^{(1)}) = \underbrace{1}_{\text{系统的状态}} \times \underbrace{W_r(E_{tot} - E_s^{(1)}, N_{tot} - N_s^{(1)})}_{\text{热库和粒子库的状态}} \tag{7.10}$$

尽管在相同的能量和粒子数的情况下, 系统仍有许多其他的微观态, 我们只选定处于该能量和粒子数的特定微观态并求其概率。

利用熵的定义式 $S = k_B \ln W$ 或写成 $W = \mathrm{e}^{S/k_B}$, 可将式 (7.9) 改写成:

$$\frac{W_r(E_{tot}-E_s^{(1)},N_{tot}-N_s^{(1)})}{W_r(E_{tot}-E_s^{(2)},N_{tot}-N_s^{(2)})} = \frac{\mathrm{e}^{S_r(E_{tot}-E_s^{(1)},N_{tot}-N_s^{(1)})/k_B}}{\mathrm{e}^{S_r(E_{tot}-E_s^{(2)},N_{tot}-N_s^{(2)})/k_B}} \tag{7.11}$$

我们将熵进行泰勒展开以完成推导,

$$S_r(E_{tot}-E_s,N_{tot}-N_s) \approx S_r(E_{tot},N_{tot}) - \frac{\partial S_r}{\partial E_r}E_s - \frac{\partial S_r}{\partial N_r}N_s \tag{7.12}$$

这里只保留了 E_s 和 N_s 的一阶项。最后, 利用热力学恒等式 $(\partial S/\partial E)_{V,N} = 1/T$ 和 $(\partial S/\partial N)_{E,V} = -\mu/T$, 可将结果写成

$$\frac{p(E_s^{(1)},N_s^{(1)})}{p(E_s^{(2)},N_s^{(2)})} = \frac{\mathrm{e}^{-(E_s^{(1)}-\mu N_s^{(1)})/k_BT}}{\mathrm{e}^{-(E_s^{(2)}-\mu N_s^{(2)})/k_BT}} \tag{7.13}$$

式 (7.13) 给出了给定状态的概率正比于吉布斯因子, 即 $p(E_s^{(1)},N_s^{(1)}) \propto \mathrm{e}^{-(E_s^{(1)}-\mu N_s^{(1)})/k_BT}$。因此, 找到系统在能量为 $E_s^{(i)}$, 粒子数为 $N_s^{(i)}$ 的状态 i 的概率为

$$p(E_s^{(i)},N_s^{(i)}) = \frac{\mathrm{e}^{-\beta(E_s^{(i)}-\mu N_s^{(i)})}}{\mathcal{Z}} \tag{7.14}$$

该结果即为吉布斯分布, 其中定义巨配分函数为

$$\mathcal{Z} = \sum_i \mathrm{e}^{-\beta(E_s^{(i)}-N_s^{(i)}\mu)} \tag{7.15}$$

式 (7.15) 即为对所有可能的微观态 (标记为 i) 求和。

在第 6.1 节中, 我们曾讨论过配分函数在统计力学中的重要地位, 并以对配分函数求导来计算平均能量 $\langle E\rangle$ 来证明此点 [见式 (6.9)]。巨配分函数能让我们更进一步计算系统的平均粒子数:

$$\langle N\rangle = \frac{1}{\beta}\frac{\partial}{\partial\mu}\ln\mathcal{Z} \tag{7.16}$$

为弄清这一点, 只需注意到平均粒子数写为如下表达式即可:

$$\langle N\rangle = \frac{1}{\mathcal{Z}}\sum_i N_i\mathrm{e}^{-\beta(E_i-N_i\mu)} \tag{7.17}$$

式中, 我们简化了累赘的记号, 将表示系统的下标 s 去掉。从这以后, 我们凡是提到吉布斯分布, 均隐含假设系统是同时与热库和粒子库接触的。我们从微观模型出发, 将化学势看成是对粒子库显式处理的简单表示。

7.2.2 回顾简单的受体-配体结合问题

为了应用吉布斯分布, 我们回顾在第 6.1.1 节和第 6.4.1 节中介绍的受体-配体结合问题。这里, 设想一个稍微不同的情形, 将注意力集中于一个与热库和粒子库保持接触的受体上。这个问题的美妙之处在于对粒子库中粒子的处理比用玻尔兹曼分布简单得多。此

外, 该方法允许我们推广至解决像血红蛋白那样有多个结合位点的更复杂的问题。在本问题中, 受体能处于两态中的一个, 结合或未结合。用 σ 来表示结合状态, $\sigma = 0$ 对应未结合态, $\sigma = 1$ 对应结合态。能量相应为 $E = \varepsilon_b\sigma$, 其中 $\varepsilon_b < 0$, 表明受体倾向于与配体结合。对 σ 的赋值是任意的, 一旦我们作出了不同的选择, 能量也要相应的改写。这种对 σ 取值方案的好处是, $\langle\sigma\rangle$ 表示了已结合配体的平均数。图 7.9 展示了该受体-配体结合问题的状态和权重。

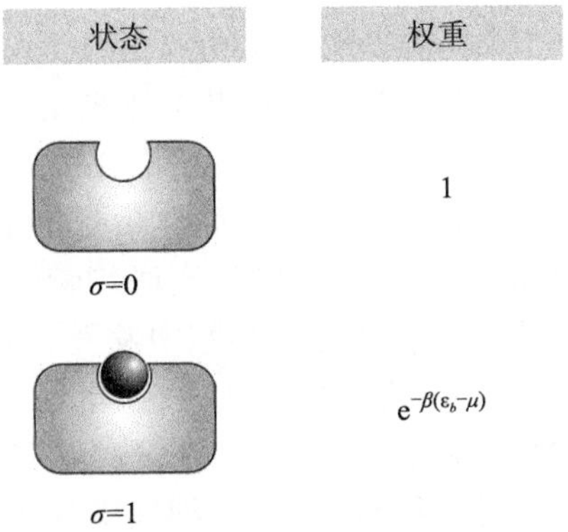

图 7.9 受体–配体结合的状态以及用吉布斯分布计算出的统计权重

利用巨正则分布作为计算 $\langle N\rangle$ 的基础, 需要计算

$$\mathcal{Z} = \sum_{\text{states}} e^{-\beta(E_{\text{state}} - N_{\text{state}}\mu)} \tag{7.18}$$

这里我们将对哑标 i 求和换成对所有态求和。变量 $\beta = 1/k_BT$ 体现了系统与热库的接触, 而 μ 则体现了系统与粒子库的接触。在系统只有两个状态时, 对状态的求和变得十分简单: ①受体未被占据的状态记为 $\sigma = 0$; ②受体和配体结合的状态记为 $\sigma = 1$。因此,

$$\mathcal{Z} = \sum_{\sigma=0}^{1} e^{-\beta(\varepsilon_b\sigma - \mu\sigma)} \tag{7.19}$$

求和的结果是

$$\mathcal{Z} = 1 + e^{-\beta(\varepsilon_b - \mu)} \tag{7.20}$$

配体结合平均数等于归一化的占据态的权重, 由下式给出:

$$\langle N\rangle = \frac{e^{-\beta(\varepsilon_b - \mu)}}{1 + e^{-\beta(\varepsilon_b - \mu)}} \tag{7.21}$$

该结果也可以由如式 (7.16) 所示的微分法得到。

对于受体只能结合一个配体的情况, 结合配体的平均数 $\langle N\rangle$ 等于在第 6 章中介绍的 p_{bound}。因此, 这里的计算结果应和式 (6.19) 等价。为了看清其等价性, 我们回顾在第 6.2.2 节中提到的理想溶液的化学势可以写成 $\mu = \mu_0 + k_BT\ln(c/c_0)$。如果将化学势的这个表达式代入式 (7.21), 我们有:

$$\langle N\rangle = \frac{(c/c_0)e^{-\beta\Delta\varepsilon}}{1 + (c/c_0)e^{-\beta\Delta\varepsilon}} \tag{7.22}$$

式中引入了记号 $\Delta\varepsilon = \varepsilon_b - \mu_0$。$\Delta\varepsilon$ 是指游离配体与结合配体的能量之差。这个结果和第 6 章中的结果等价。我们回顾受体-配体结合问题出于两个方面的原因。首先, 当前的处理使我们有机会看到内部态变量 σ 怎样发挥作用。其次, 这是吉布斯分布首次亮相的例子, 该分布还会被用于描述 O_2 和血红蛋白结合、核小体在平衡态下的可及性以及其他问题。

7.2.3 磷　酸　化

二态系统的思想在生物领域中非常有用, 可用于除上述例子以外的许多情形, 如理解蛋白质的翻译后共价修饰。酶的活动必须在外界条件改变时快速切换, 这在生物系统中非常普遍, 我们先前提及的酶调控细胞周期就是一例 (见第 3.2.2 节)。

利用磷酸根的共价键结合来调节蛋白质的活性是生物学中最重要的调控模式之一。据估计, 人类的基因组编码了超过 500 种帮助特定底物磷酸化的激酶。磷酸化的许多特点都展现了其非常有效的调控机制。在所有活细胞中发现了大量蛋白质磷酸化的底物, 如靶蛋白和 ATP。激酶催化 ATP 末端的磷酸根从 ATP 上脱离, 转移到蛋白质合适的亲核化学基团上, 并释放产物 ADP。在真核细胞中, 最普遍的被磷酸化的氨基酸侧链是那些包含羟基的氨基酸: 丝氨酸、苏氨酸和酪氨酸 (在细菌里则通常是组氨酸和天冬氨酸被磷酸化)。带有两个负电荷的磷酸根的结合会引起蛋白质表面的局域电荷分布剧烈变化。这个变化会对蛋白质带来剧烈和大范围的影响, 以致改变其整体结构, 影响与结合伙伴的结合能力。此外, 这种剧烈的转变容易通过一类被称为磷酸酶的物质逆转。磷酸酶利用水分子来水解磷酸根与蛋白质氨基酸侧链的化学键, 作为产物释放出自由的无机磷酸根和未被修饰的蛋白质。

对于通过这种方式调控活性的众多的酶和其他蛋白质, 利用简单二态系统的定量分析使得我们易于建立模型确定激活的蛋白质比例以及它们如何依赖于磷酸化的状态。

磷酸化能改变活性态和失活态之间的能量均衡

要描述蛋白质的“结构”状态, 我们引入态变量 σ_S 来表示其是否具有活性, 如 $\sigma_S = 0$ 表示蛋白质处于失活态, 而 $\sigma_S = 1$ 意味着其处于活性态。可是, 除了要刻画蛋白质的活性, 我们还需要第二个变量来刻画蛋白质磷酸化的状态, 这里用 σ_P 标记, $\sigma_P = 0$ 和 1 分别表示未磷酸化和已磷酸化的状态。

如图 7.10 所示, 磷酸化的状态可以改变活性态和失活态的相对能量。这会影响到平衡从蛋白质活性态向失活态偏移, 反之亦然。为了直观理解, 我们考虑一个磷酸化的玩具模型, 其中增加的磷酸根通过引入一个有利的静电相互作用, 使得活性态的自由能相对于失活态来说更低。

活性态和失活态及其权重总结在图 7.11 中。该图中出现的相互作用能量 I_1 和 I_2, 分别对应于活性态和失活态中两个电荷间的静电能。利用上面引入的 σ 变量, 我们可将蛋白质的自由能写成

$$G(\sigma_P, \sigma_S) = (1-\sigma_P)[(1-\sigma_S)0 + \sigma_S\varepsilon] + \sigma_P[(1-\sigma_S)(-I_2) + \sigma_S(\varepsilon - I_1)] \tag{7.23}$$

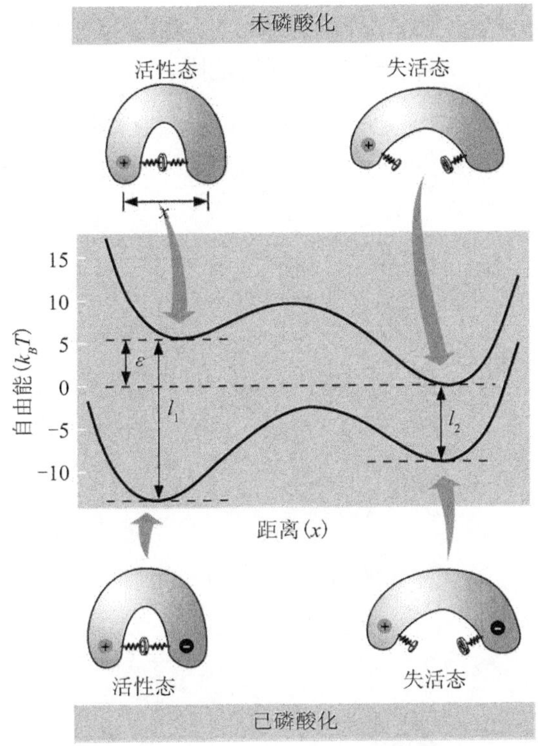

图 7.10 蛋白质在磷酸化和未磷酸化状态时的能量曲线。一个理想蛋白质可处于两种构象, 其中弯曲的构象具有生物活性。对于天然蛋白质, 失活态具有更低的自由能, 于是在平衡时更多的分子处于失活态而不是活性态。蛋白质的磷酸化使蛋白质表面增加了一个负电荷, 该电荷同蛋白质表面其他正电荷产生有利的静电相互作用, 可以稳定活性态和失活态, 并且使活性态较之失活态更加稳定, 因此, 平衡时, 更多的磷酸化蛋白质分子会处在活性态

式 (7.23) 可化简为

$$G(\sigma_P, \sigma_S) = \varepsilon\sigma_S - I_2\sigma_P + (I_2 - I_1)\sigma_S\sigma_P \tag{7.24}$$

从图 7.11 中给出的状态和权重, 我们能得到蛋白质在未磷酸化时, 处于活性态的概率, 即

$$p_{\text{active}} = \frac{\mathrm{e}^{-\beta G(\sigma_S=1,\sigma_P=0)}}{\sum_{\sigma_S=0,1}\mathrm{e}^{-\beta G(\sigma_S,\sigma_P=0)}} = \frac{\mathrm{e}^{-\beta\varepsilon}}{\mathrm{e}^{-\beta\varepsilon}+1} \tag{7.25}$$

而在磷酸化的蛋白质中, 该概率为

$$p^*_{\text{active}} = \frac{\mathrm{e}^{-\beta G(\sigma_S=1,\sigma_P=1)}}{\sum_{\sigma_S=0,1}\mathrm{e}^{-\beta G(\sigma_S,\sigma_P=1)}} = \frac{\mathrm{e}^{-\beta(\varepsilon-I_1)}}{\mathrm{e}^{-\beta(\varepsilon-I_1)}+\mathrm{e}^{\beta I_2}} \tag{7.26}$$

我们用比例 $p^*_{\text{active}}/p_{\text{active}}$ 刻画磷酸化导致的活性改变, 即

$$\frac{p^*_{\text{active}}}{p_{\text{active}}} = \frac{1+\mathrm{e}^{\beta\varepsilon}}{1+\mathrm{e}^{\beta(\varepsilon+I_2-I_1)}} \tag{7.27}$$

对于图 7.10 中自由能曲线描述的玩具模型, 我们假定 $\varepsilon \approx 5k_BT$, $I_2 - I_1 \approx -10k_BT$, 则 $p^*_{\text{active}}/\ p_{\text{active}} \approx 150$, 可见蛋白质依靠磷酸化增加了活性。对于细胞中出现的酶, 磷酸化带来的活性增加的比例为 2~1000, 分布在很宽的范围。

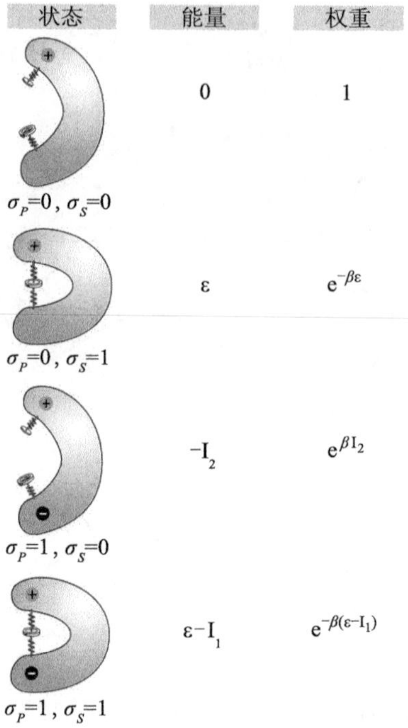

图 7.11　图 7.10 中能量形貌图对应的磷酸化的不同状态和权重

7.2.4 协同作用

在第 4.2 节中, 我们讨论过受体-配体结合的经典例子——血红蛋白。它有着比我们在第 6.1.1 节、第 6.4.1 节以及第 7.2.2 节中讨论的简单受体-配体结合更加丰富的另一个性质: 协同性。协同性是指对于一个给定的配体, 与受体的结合能同该受体上已经结合的配体数目相关。直觉告诉我们, 协同性源自配体和蛋白质结合导致的构象变化。因此, 当下一个配体结合时, 感受到的蛋白质接触面已经变化, 因此结合能量也不再相同 (体现为平衡常数的不同)。该效应体现为图 4.4 中展示的结合数据。从统计力学的角度, 我们将协同作用解释为相互作用能, 即多个不同配体的结合作用能是不能简单相加的。

氧气与血红蛋白的亲和力取决于是否有其他氧分子已经结合

为保持本章的主旋律, 我们用二态变量的语言来描述血红蛋白这个受体-配体结合的经典例子。血红蛋白的状态, 用一个向量 $(\sigma_1, \sigma_2, \sigma_3, \sigma_4)$ 来描述, 其中 σ_i 取 0 (未结合) 或 1 (结合), 描述分子内部位点 i 被占据的情况。图 4.6 展示了血红蛋白和氧分子结合的 4 个位点。这个模型的主要目标是解出氧分子的平均结合数随氧气浓度 (或氧分压) 的变化关系。

以血红蛋白二聚体的玩具模型为例阐述协同性思想

为从解析角度精确显示协同性的本质，我们分析一个能部分地反映血红蛋白结合复杂性的玩具模型。具体地，设想一个只有两个 O_2 结合位点的血红蛋白二聚体 (事实上，有些蛤蜊的确拥有这种二聚体，不像其他动物拥有血红蛋白四聚体)。首先确定二聚体的状态和权重，如图 7.12 所示，该分子有 4 个独立的状态，分别对应着每个结合位点被占据或者空闲。例如，结合位点 1 被占据我们有 $\sigma_1 = 1$ 否则 $\sigma_1 = 0$。系统的能量可以写为

$$E = \varepsilon(\sigma_1 + \sigma_2) + J\sigma_1\sigma_2 \tag{7.28}$$

式中，ε 是氧分子与其中任意一个结合位点的结合能。参数 J 是协同性的量度，它反映出当两个位点都被占据后，能量并非是两个单独位点结合能的简单相加。

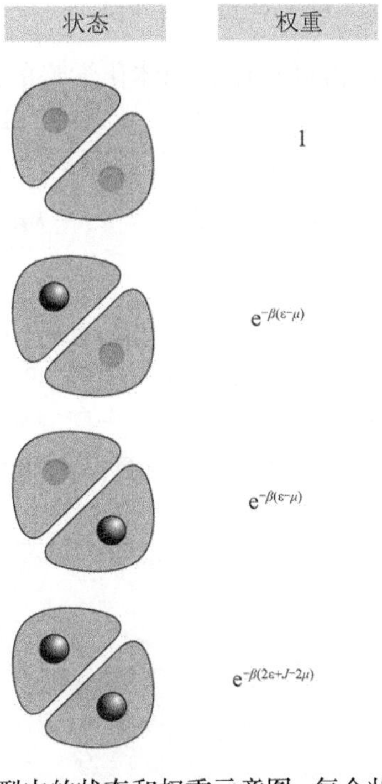

图 7.12 血红蛋白二聚体玩具模型中的状态和权重示意图。每个状态由一个二分量向量 (σ_1, σ_2) 描述，分别表示第一和第二个位点是否被氧分子占据。权重分别对应于不同状态的吉布斯因子

巨配分函数由图 7.12 中所示的各个状态求和得到

$$\mathcal{Z} = \underbrace{1}_{\text{空态}} + \underbrace{e^{-\beta(\varepsilon-\mu)} + e^{-\beta(\varepsilon-\mu)}}_{\text{单占据态}} + \underbrace{e^{-\beta(2\varepsilon+J-2\mu)}}_{\text{双占据态}} \tag{7.29}$$

有了配分函数，就可以计算空闲态、单占据态和双占据态的出现概率。图 7.13 给出了这些态的出现概率作为氧分压的函数曲线。

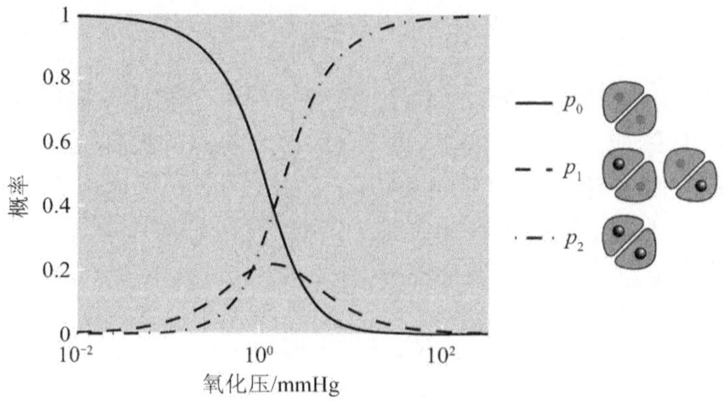

图 7.13　氧与血红蛋白二聚体的结合概率。曲线分别为没有结合氧分子时的概率 (p_0)、结合一个氧分子的概率 (p_1) 以及结合两个氧分子的概率 (p_2)。其中使用的参数值为 $\Delta\varepsilon = -5k_BT$, $J = -2.5k_BT$ 以及 $c_0 = 760$ mmHg

利用式 (7.16), 我们得到平均占据数作为配体化学势的函数

$$\langle N\rangle = \frac{2\mathrm{e}^{-\beta(\varepsilon-\mu)} + 2\mathrm{e}^{-\beta(2\varepsilon+J-2\mu)}}{1 + 2\mathrm{e}^{-\beta(\varepsilon-\mu)} + \mathrm{e}^{-\beta(2\varepsilon+J-2\mu)}} \tag{7.30}$$

从这个简单的结果出发, 再利用第 6.2.2 节的 $\mu = \mu_0 + k_BT\ln(c/c_0)$, 可以将平均占据数写成是氧气浓度的函数

$$\langle N_{\text{bound}}\rangle = \frac{2(c/c_0)\mathrm{e}^{-\beta\Delta\varepsilon} + 2(c/c_0)^2\mathrm{e}^{-\beta(2\Delta\varepsilon+J)}}{1 + 2(c/c_0)\mathrm{e}^{-\beta\Delta\varepsilon} + (c/c_0)^2\mathrm{e}^{-\beta(2\Delta\varepsilon+J)}} \tag{7.31}$$

式中, $\Delta\varepsilon = \varepsilon - \mu_0$。结果如图 7.14 所示。为了进一步探究协同性的本质, 可以考虑相互作用项中的 J 为零。此时我们得到的平均占据数就是两个独立的单位点占据数之和。

$$\langle N\rangle = 2\frac{(c/c_0)\mathrm{e}^{-\beta(\varepsilon_b-\mu_0)}}{1 + (c/c_0)\mathrm{e}^{-\beta(\varepsilon_b-\mu_0)}} \tag{7.32}$$

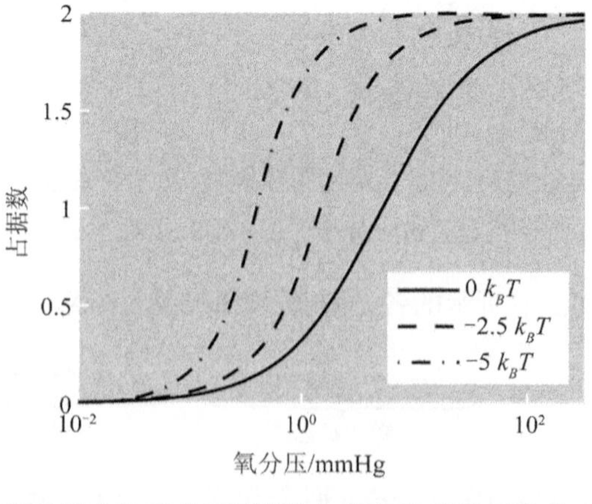

图 7.14　与血红蛋白二聚体结合的氧分子平均数与氧气浓度的函数关系。作图所用的参数值为 $\Delta\varepsilon = \varepsilon_b - \mu_0 = -5k_BT$, $c_0 = 760$ mmHg 以及 $J = 0$ (无协同性)、$J = -2.5k_BT$ 和 $J = -5k_BT$

莫诺-怀曼-昌吉克斯 (MWC) 模型: 协同结合的简单例子

关于受体-配体结合的一个经典二态模型是 MWC 协同结合模型。该模型的精髓在于所考虑的蛋白质存在两个有显著差异的构象状态, 分别记为 T 和 R。当没有配体时, 蛋白质更倾向于处于状态 T 而非状态 R, 要到达状态 R 需耗费能量 ε。但是, 配体结合反应对状态 R 有着更高的亲和力。随着配体浓度的增加, 尽管存在能量差 ε, 平衡仍会向着状态 R 偏移。将结合能标记为 ε_T 和 ε_R, 分别表示分子处于状态 T 和状态R时, 在与配体结合的过程中得到的能量。如果仍沿用在血红蛋白二聚体的玩具模型中表示配体结合的态变量 σ_1 和 σ_2, 再引入变量 σ_m 来描述分子是处在状态 T ($\sigma_m = 0$) 还是状态 R ($\sigma_m = 1$), 则系统的能量可以写为

$$E = (1-\sigma_m)\varepsilon_T \sum_{i=1}^{2} \sigma_i + \sigma_m \left(\varepsilon + \varepsilon_R \sum_{i=1}^{2} \sigma_i \right) \tag{7.33}$$

为了计算血红蛋白二聚体的平均占据数 $\langle N \rangle$, 需要计算巨配分函数。照例我们将各种可能出现的状态和各自对应的权重展示在图 7.15 中。一共存在 8 种不同的状态, 全部相加得到巨配分函数

$$\begin{aligned} \mathcal{Z} = & \underbrace{1 + 2\mathrm{e}^{-\beta(\varepsilon_T - \mu)} + \mathrm{e}^{-\beta(2\varepsilon_T - 2\mu)}}_{\text{T状态}} \\ & + \underbrace{\mathrm{e}^{-\beta\varepsilon}(1 + 2\mathrm{e}^{-\beta(\varepsilon_R - \mu)} + \mathrm{e}^{-\beta(2\varepsilon_R - 2\mu)})}_{\text{R状态}} \end{aligned} \tag{7.34}$$

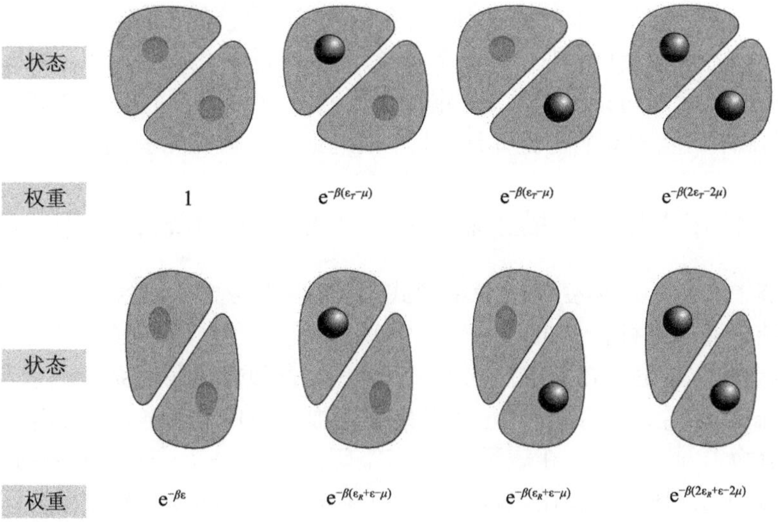

图 7.15 MWC 模型的状态和权重。上一行表示分子处于状态 T 时的占据情况, 下一行表示分子处于状态 R 时的占据情况。各种可能的状态实际上分别为分子在状态 T 或状态 R 上结合 0 个、1 个和 2 个 O_2 的状态

如前所述, 我们要从

$$\langle N \rangle = k_B T (\partial/\partial\mu) \ln \mathcal{Z}$$

计算平均占据数

$$\langle N\rangle=\frac{2}{\mathcal{Z}}[x+x^2+\mathrm{e}^{-\beta\varepsilon}(y+y^2)] \tag{7.35}$$

式中, $x=(c/c_0)\mathrm{e}^{-\beta(\varepsilon_T-\mu_0)}$; $y=(c/c_0)\mathrm{e}^{-\beta(\varepsilon_R-\mu_0)}$。图 7.16 展示了配体的平均结合数与氧气浓度的函数关系。

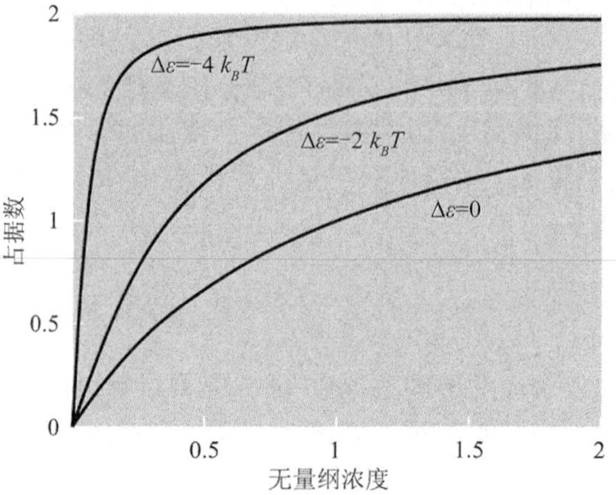

图 7.16　MWC 模型中血红蛋白二聚体结合配体的平均数。无量纲的浓度记做 $x=(c/c_0)\mathrm{e}^{-\beta(\varepsilon_T-\mu_0)}$, 其中 ε_T 是与 T 状态的配体结合能。$\Delta\varepsilon$ 为 R 状态和 T 状态的结合能之差。图中的曲线对应于 $\varepsilon=2k_BT$

利用这个假想的血红蛋白二聚体分子, 我们已经从几个不同角度考察了氧分子的结合过程。第一个模型包含更多的力学细节。另外, 在许多涉及真正蛋白的实际例子中, 耦合能量不是那么容易测量的。在这样的条件下, MWC 近似允许我们只用两个状态和少数几个变量就可以定量地讨论蛋白质的协同作用。当存在许多不同配体与同一蛋白质相互作用, 且每种配体均能改变酶的整体活性时, 该近似就显得尤为有用。

使用占据变量描述血红蛋白占据情况的统计物理模型

利用上节中介绍的占据变量的简单形式, 我们可以考虑不同层次的模型来理解血红蛋白与氧气结合的协同性。在每一个这种模型中, 占据变量的语言使得描述氧气结合程度变得简便。此外, 不论是否考虑协同性, 用这套语言很容易写出系统的能量。我们在这里使用 4 个态变量 σ_1、σ_2、σ_3 和 σ_4 来分别描述血红蛋白分子各位点的结合状态。每个变量可以取值为 0 或 1, $\sigma_\alpha=0$ 表示 α 位点空闲, 而 $\sigma_\alpha=1$ 表示该位点被氧分子占据。图 7.17 列出了一系列血红蛋白的结合模型, 其中考虑了不同复杂程度的协同性。

复杂度递增的血红蛋白结合模型

无协同性模型。我们从最简单的模型入手, 不同位点的结合过程彼此独立。这种情形下, 系统的能量为

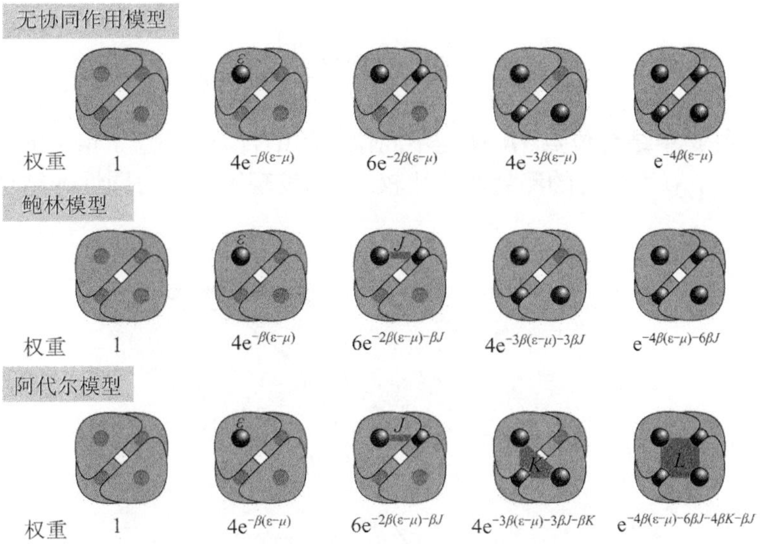

图 7.17 氧分子与血红蛋白结合协同性的不同层次的模型。每一个模型都使用 4 个态变量 σ_1、σ_2、σ_3 和 σ_4 来分别描述 4 个位点是否被氧分子占据。各个模型之间的区别在于能量与这 4 个态变量的依赖关系

$$E = \varepsilon \sum_{\alpha=1}^{4} \sigma_\alpha \tag{7.36}$$

式中, ε 表示一个氧分子与血红蛋白的某一结合位点结合的能量。按照统计力学的套路, 得到能量是为了计算配分函数。此时巨配分函数相应于对系统中 σ_i 所有可能的取值 (共 16 种) 状态求和。具体地, 巨配分函数可写为

$$\mathcal{Z} = \sum_{\sigma_1=0}^{1} \sum_{\sigma_2=0}^{1} \sum_{\sigma_3=0}^{1} \sum_{\sigma_4=0}^{1} \mathrm{e}^{-\beta(\varepsilon-\mu)\sum_{\alpha=1}^{4}\sigma_\alpha} \tag{7.37}$$

因为每一项是独立的, 式 (7.37) 可化简为

$$\mathcal{Z} = \sum_{\sigma_1=0}^{1} \mathrm{e}^{-\beta(\varepsilon-\mu)\sigma_1} \sum_{\sigma_2=0}^{1} \mathrm{e}^{-\beta(\varepsilon-\mu)\sigma_2} \sum_{\sigma_3=0}^{1} \mathrm{e}^{-\beta(\varepsilon-\mu)\sigma_3} \sum_{\sigma_4=0}^{1} \mathrm{e}^{-\beta(\varepsilon-\mu)\sigma_4} \tag{7.38}$$

式中, 每个求和等于 $1 + \mathrm{e}^{-\beta(\varepsilon-\mu)}$, 故得到如下形式的巨配分函数:

$$\mathcal{Z} = (1 + \mathrm{e}^{-\beta(\varepsilon-\mu)})^4. \tag{7.39}$$

为得到给定血红蛋白分子的结合情况, 我们借助式 (7.16) 中用到的一般技巧, 利用式 (7.39) 得到

$$\langle N_{\mathrm{bound}} \rangle = \frac{4\mathrm{e}^{-\beta(\varepsilon-\mu)}}{1 + \mathrm{e}^{-\beta(\varepsilon-\mu)}} \tag{7.40}$$

利用化学势的简单模型 $\mu = \mu_0 + k_B T \ln(c/c_0)$, 我们可以将式 (7.40) 改写成以氧气浓度为变量的形式, 即

$$\langle N_{\text{bound}} \rangle = 4\frac{(c/c_0)\mathrm{e}^{-\beta(\varepsilon-\mu_0)}}{1+(c/c_0)\mathrm{e}^{-\beta(\varepsilon-\mu_0)}}. \tag{7.41}$$

注意, 此结果刚好是单结合位点 (配体与不同位点的结合完全独立) 情况的 4 倍。我们将此结果与图 7.18 中氧气结合的测量曲线比较, 可以发现不考虑协同性的结合模型完全不符合实验数据。

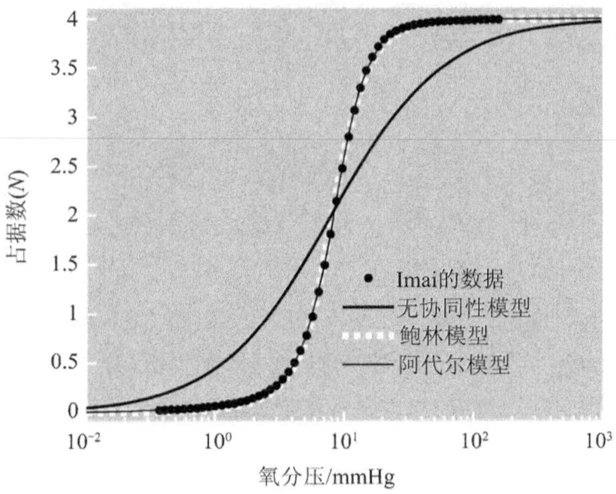

图 7.18　血红蛋白的结合。用二态系统来描述氧气与血红蛋白结合的不同模型之间的比较。(数据取自 K. Imai, Biophys. Chem. 37: 1, 1990.)

鲍林模型。接下来介绍用二态系统的语言描写的所谓鲍林模型。该模型仍用同一组变量 σ_1、σ_2、σ_3 和 σ_4 来描述系统状态。与无协同性模型的区别仅在于选取的能量函数不一样。在鲍林模型中, 假设与不同位点结合的氧原子存在两两相互作用, 以此体现协同性的物理内容。如果我们将 4 个结合位点想象成四面体的顶点, 其六条边与 6 组相互作用对应。若我们将 4 个顶点标记为 1、2、3 和 4, 这些两两相互作用则发生在 1 和 2, 3 和 4 等之间。且一共有 6 组不同的相互作用。

在这个模型中, 系统能量可以写成以下形式:

$$E = \varepsilon\sum_{\alpha=1}^{4}\sigma_\alpha + \frac{J}{2}{\sum_{(\alpha,\gamma)}}'\sigma_\alpha\sigma_\gamma, \tag{7.42}$$

式中, $\sum'$ 表示对 α 和 γ 从 1 到 4 求和时不包含 $\alpha=\gamma$ 的项; $J/2$ 是为了扣除如 $\sigma_1\sigma_2$ 和 $\sigma_2\sigma_1$ 等在求和时同时出现的重复。当两个不同的位点被占据时, 有一项包含 J 对能量的贡献。则相应于该能量函数的巨配分函数为

$$\mathcal{Z} = \sum_{\sigma_1=0}^{1}\sum_{\sigma_2=0}^{1}\sum_{\sigma_3=0}^{1}\sum_{\sigma_4=0}^{1}\mathrm{e}^{-\beta(\varepsilon-\mu)\sum_{\alpha=1}^{4}\sigma_\alpha-\beta(J/2)\sum'_{\alpha,\gamma}\sigma_\alpha\sigma_\gamma} \tag{7.43}$$

这里又一次要对 16 种血红蛋白分子被氧分子占据的状态求和。像以前一样, 配分函数可

以解析地化简为

$$\mathcal{Z}=\underbrace{1}_{\text{空态}}+\underbrace{4\mathrm{e}^{-\beta(\varepsilon-\mu)}}_{\text{单占据态}}+\underbrace{6\mathrm{e}^{-2\beta(\varepsilon-\mu)-\beta J}}_{\text{双占据态}}+\underbrace{4\mathrm{e}^{-3\beta(\varepsilon-\mu)-3\beta J}}_{\text{三占据态}}+\underbrace{\mathrm{e}^{-4\beta(\varepsilon-\mu)-6\beta J}}_{\text{四占据态}} \tag{7.44}$$

一旦得到了配分函数, 我们可以依据式 (7.16), 计算一阶微分就能得到平均占据数

$$\langle N_{\mathrm{bound}}\rangle=\frac{4\mathrm{e}^{-\beta(\varepsilon-\mu)}+12\mathrm{e}^{-2\beta(\varepsilon-\mu)-\beta J}+12\mathrm{e}^{-3\beta(\varepsilon-\mu)-3\beta J}+4\mathrm{e}^{-4\beta(\varepsilon-\mu)-6\beta J}}{1+4\mathrm{e}^{-\beta(\varepsilon-\mu)}+6\mathrm{e}^{-2\beta(\varepsilon-\mu)-\beta J}+4\mathrm{e}^{-3\beta(\varepsilon-\mu)-3\beta J}+\mathrm{e}^{-4\beta(\varepsilon-\mu)-6\beta J}} \tag{7.45}$$

如果采用记号 $j=\mathrm{e}^{-\beta J}$ 和 $x=(c/c_0)\mathrm{e}^{-\beta(\varepsilon-\mu_0)}$, 我们得到:

$$\langle N_{\mathrm{bound}}\rangle=\frac{4x+12x^2j+12x^3j^3+4x^4j^6}{1+4x+6x^2j+4x^3j^3+x^4j^6} \tag{7.46}$$

这个模型十分简洁, 只涉及两个独立变量。而且适当选取参数值, 该模型可以退化为无协同性的模型。例如, 令 $J=0$ (即 $j=1$), 忽略协同性的作用, 结果回到式 (7.41)。在本章末尾留下的习题中, 读者可以用该模型来验证图 7.18 的数据。

阿代尔 (Adair) 模型。下一个层级的模型是所谓的阿代尔模型, 比鲍林模型更进了一步, 它考虑了三体、四体相互作用。具体来说就是如果当氧气与三个位点结合时, 其能量区别于所有的两两相互作用之和。增加的参数 (阿代尔模型里有 4 个参数, 而鲍林模型里只有 2 个) 是为了能更好地解释丰富的实验数据, 包括当有其他配体的竞争性结合或血红蛋白分子存在突变体的情况。读者可以回顾图 7.17, 以便对阿代尔模型里的相互作用类型有感性认识。阿代尔模型的能量函数为

$$E=\varepsilon\sum_{\alpha=1}^{4}\sigma_\alpha+\frac{J}{2}\sum_{\alpha,\gamma}{}'\sigma_\alpha\sigma_\gamma+\frac{K}{3!}\sum_{\alpha,\beta,\gamma}{}'\sigma_\alpha\sigma_\beta\sigma_\gamma+\frac{L}{4!}\sum_{\alpha,\beta,\gamma,\delta}{}'\sigma_\alpha\sigma_\beta\sigma_\gamma\sigma_\delta \tag{7.47}$$

式中, 参数 K 和 L 分别用来描述三体、四体相互作用; $\sum'$ 表示仅对取值不同的下标求和。

这个模型的巨配分函数和前面模型中的有着相同的基本结构。具体地, 都是对 16 种不同的结合构象求和, 每个构象有相应的能量。这导致一个看起来有点吓人的表达式, 即

$$\begin{aligned}\mathcal{Z}=\sum_{\sigma_1=0}^{1}\sum_{\sigma_2=0}^{1}\sum_{\sigma_3=0}^{1}\sum_{\sigma_4=0}^{1}\exp\Big[&-\beta(\varepsilon-\mu)\sum_{\alpha=1}^{4}\sigma_\alpha-(\beta J/2)\sum{}'_{\alpha,\beta}\sigma_\alpha\sigma_\beta\\&-(\beta K/3!)\sum{}'_{\alpha,\beta,\gamma}\sigma_\alpha\sigma_\beta\sigma_\gamma-(\beta L/4!)\sum{}'_{\alpha,\beta,\gamma,\delta}\sigma_\alpha\sigma_\beta\sigma_\gamma\sigma_\delta\Big]\end{aligned} \tag{7.48}$$

其实, 式 (7.48) 没有看上去那么复杂, 可以化简为

$$\begin{aligned}\mathcal{Z}=&\underbrace{1}_{\text{空态}}+\underbrace{4\mathrm{e}^{-\beta(\varepsilon-\mu)}}_{\text{单占据态}}+\underbrace{6\mathrm{e}^{-2\beta(\varepsilon-\mu)-\beta J}}_{\text{双占据态}}\\&+\underbrace{4\mathrm{e}^{-3\beta(\varepsilon-\mu)-3\beta J-\beta K}}_{\text{三占据态}}+\underbrace{\mathrm{e}^{-4\beta(\varepsilon-\mu)-6\beta J-4\beta K-\beta L}}_{\text{四占据态}}\end{aligned} \tag{7.49}$$

和前面一样, 利用对化学势的一阶微分, 即式 (7.16) 计算一阶微分即得平均占据数

$$\langle N_{\mathrm{bound}}\rangle=\frac{4x+12x^2j+12x^3j^3k+4x^4j^6k^4l}{1+4x+6x^2j+4x^3j^3k+x^4j^6k^4l} \tag{7.50}$$

这里我们引入了 $k = \mathrm{e}^{-\beta K}$ 和 $l = \mathrm{e}^{-\beta L}$。在不考虑相互作用项 (即 $j = k = l = 1$) 时, 我们再一次回到式 (7.41) 的结果。

我们还能通过图 7.19 来观察本节的结果。曲线给出了系统处于所有允许状态的概率与氧气浓度之间的函数关系。特别是, 我们分别画出了没有氧分子结合的概率 (p_0)、一个氧分子结合的概率 (p_1) 等曲线。通过比较图 7.19(A) 和图 7.19(B), 我们发现在考虑协同性结合的情况下, 中间态很快就消失, 而过渡到未结合态或饱和态这样的主要状态上。在本章课后习题中, 读者可以更详细地考察该结果。

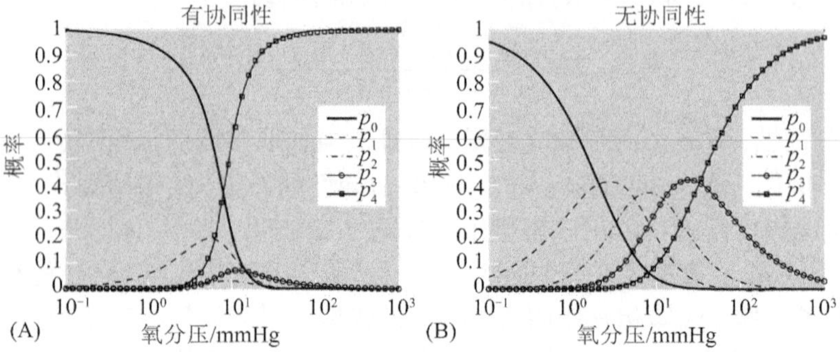

图 7.19　血红蛋白不同结合状态的概率。曲线表示各状态的概率 p_0、p_1、p_2、p_3 和 p_4, 其中 p_n 表示有 n 个氧分子与血红蛋白结合。(A) 阿代尔模型中各状态出现的概率 [参数见式 (7.51)]。(B) 无协同作用模型的结果 ($K_d = 8.07$ mmHg)

我们考虑了氧气与血红蛋白结合的一系列模型。正如前面的分析, 所有这些模型都可以写成二态占据变量 $\{\sigma_i\}$ 的形式, 不同之处仅在于对协同作用 (可以简单地将其理解为不同结合位点之间的相互作用) 的处理上。这些模型都有一个重要的结果——结合曲线, 反映占据数与氧气浓度的关系。我们在图 7.18 中比较各模型的结合曲线, 其中鲍林模型和阿代尔模型均引入了协同性。得到这些曲线的参数来自于对血红蛋白的平衡结合常数的测量, 结合曲线可拟合为

$$\langle N_{\text{bound}} \rangle = \frac{4K_1x + 12K_1K_2x^2 + 12K_1K_2K_3x^3 + 4K_1K_2K_3K_4x^4}{1 + 4K_1x + 6K_1K_2x^2 + 4K_1K_2K_3x^3 + K_1K_2K_3K_4x^4} \tag{7.51}$$

式中, 参数值分别为 $K_1 = 1.51 \times 10^{-2}\ \text{mmHg}^{-1}$; $K_2 = 1.52 \times 10^{-2}\ \text{mmHg}^{-1}$; $K_3 = 3.47 \times 10^{-1}\ \text{mmHg}^{-1}$ 和 $K_4 = 3.2\ \text{mmHg}^{-1}$。“协同性”是生化相互作用中的一个重要事实。

7.3 总　　结

许多重要的生物问题都会涉及二态高分子, 即分子只能处于两个状态中的一个。例如, 最简单的图像是离子通道的“开启”和“关闭”。类似地, 受体的特定位点也只能结合一个配体或空闲。在本章中, 我们借助统计力学的分析, 考察二态变量的思想, 抓住了此类问题的本质。这些思想将在本书以后的章节中反复出现。

7.4 课后习题

1. 对力敏感性离子通道加载

图 7.5 中展示了外载和力敏感性离子通道的耦合。当通道半径改变 ΔR 时，面积守恒意味着必须满足 $\Delta R_{\text{out}} = (R/R_{\text{out}})\Delta R$，利用该式推导出式 (7.4)。用得到的能量作出图 7.7 的曲线。

2. 利用统计力学推导平均占据数

推导式 (7.16)，利用该式导出单个结合位点的受体的平均占据数与配体浓度的函数关系。

3. 血红蛋白二聚体的回顾

(1) 用正则分布 (见第 6.1.1 节) 重新计算血红蛋白结合问题。为简单起见，设想一个装有 N 个 O_2 的盒子，分子可以分布在 Ω 个位点上。使用溶液的这种简单格子模型可以方便地计算 O_2 在溶液中的构象熵。这种对系统的处理可参考图 7.20。利用式 (7.28) 中给出的能量计算配分函数。

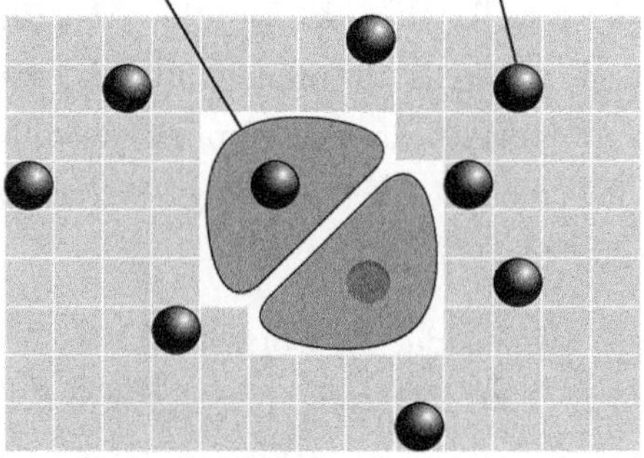

图 7.20 氧分子与血红蛋白二聚体的结合示意图。氧分子可以与二聚体结合或游离在溶液里

(2) 图 7.13 表示血红蛋白与氧气结合相互作用的各种可能状态的概率。分别写出对应于占据数为 0、1 和 2 的概率 p_0、p_1 和 p_2 的表达式。使用图 7.13 中的参数值，重作曲线图。

4. MWC 模型中的状态概率

分别画出 MWC 模型中的 T 型和 R 型血红蛋白处于不同占据状态的概率 p_0、p_1 和 p_2 的曲线。使用图 7.16 中相同的参数值来作图。

5. 一氧化碳与血红蛋白的结合

一氧化碳与血红蛋白的结合强度是氧气的 240 倍 (这表示 CO 的解离常数是 O_2 的 1/240 或 $240K_{\text{CO}} = K_{O_2}$，其中 $K_{O_2} = 26$ mmHg)，它是一种致命气体。

(1) 当 CO 和 O_2 同时存在时，利用第 6.4.3 节介绍的希尔方程来计算血红蛋白结合氧气达饱和态的概率。类似地，计算血红蛋白与 CO 结合饱和态的概率。计算氧分压时使用大气中氧气含量约为 21% 的实际数值，并假设 CO 的分压为 2 mmHg。血红蛋白和 CO 结合的希尔系数为 1.4，与 O_2 结合的希尔系数为 3.0。

(2) 假设氧分压不变，作出血红蛋白与 O_2 的结合概率同 CO 分压的函数曲线。

(3) 验证当满足条件

$$\left(\frac{[O_2]}{K^d_{O_2}}\right)^{n_{O_2}}\left(\frac{K^d_{\text{CO}}}{[\text{CO}]}\right)^{n_{\text{CO}}} = 1$$

时，O_2 和 CO 具有相同的结合概率。并计算该条件成立时 CO 的分压值。

6. 蛋白质折叠的玩具模型

如图 7.21 所示，具有 4 个氨基酸的蛋白质具有 4 个不同的构象。其中 3 个伸展态具有能量 $\varepsilon(\varepsilon > 0)$，一个是紧致态，能量为零。

(1) 温度为 T 时，分子处在伸展态的概率 p_0 是多少？处于紧致态的概率 p_c 又为多少？

(2) 在温度极高或极低的极限条件下，(1) 中计算的 p_c 会怎样？

(3) 分子在温度 T 下的平均能量为多少？

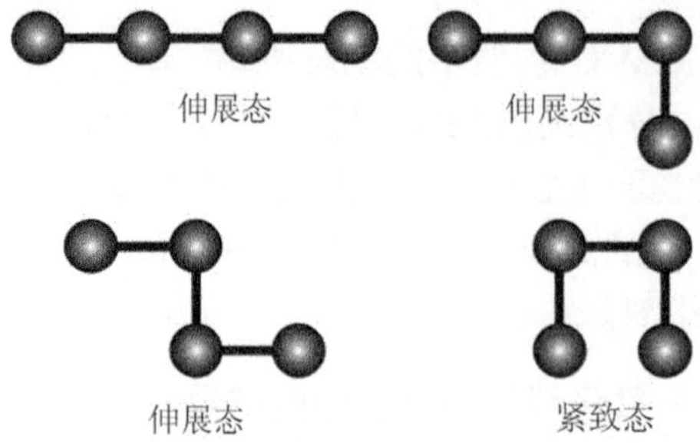

图 7.21　具有 4 个不同构象的蛋白质折叠的玩具模型

7.5 延伸阅读

Andersen, O, & Koeppe, R (1992) Molecular determinants of channel function, *Physiol. Rev.* **72**, S89. 综述给出了由离子通道开关问题引发的广泛而有条理的讨论。第 VII 节描述的二态离子通道模型与本章的描述类似。

Walsh, CT (2006) Posttranslational Modification of Proteins – Expanding Nature's Inventory, Roberts and Company Publishers. 介绍了大量对转录后修饰现象的有趣见解。

两篇对吉布斯分布的精彩处理, 见 Kittel, C, & Kroemer, H (1980) Thermal Physics, 2nd ed., W. H. Freeman and Company 和 Schroeder, DV (2000) An Introduction to Thermal Physics, Addison Wesley Longman。

Dill, K, & Bromberg, S (2003) Molecular Driving Forces, Garland Science. 对结合和协同性作了精彩的讨论。

Goldbeter, A, & Koshland, DE (1981) An amplified sensitivity arising from covalent modification in biological systems, *Proc. Natl Acad. Sci.* **78**, 6840. 介绍了蛋白质对诸如磷酸化等共价修饰的响应敏感度问题。

Graham, I, & Duke, T (2005) The logical repertoire of ligand-binding proteins, *Phys. Biol.* **2**, 159. 蛋白质能处于多个状态的又一有趣讨论。

7.6 参考文献

Imai, K (1990) Precision determination and Adair scheme analysis of oxygen equilibrium curves of concentrated hemoglobin solution. A strict examination of Adair constant evaluation methods. *Biophys. Chem.* **37**, 1.

Keller, BU, Hartshorne, RP, Talvenheimo, JA, Catterall, WA, & Montal, M (1986) Sodium channels in planar lipid bilayers: Channel gating kinetics of purified sodium channels modified by batrachotoxin, *J. Gen. Physiol.* **88**, 1.

Perozo, E, Kloda, A, Cortes, DM, & Martinac, B (2002) Physical principles underlying the transduction of bilayer deformation forces during mechano sensitive channel gating, *Nat. Struc. Biol.* **9**, 696.

8　无规行走和高分子结构

千里之行, 始于足下。
——老子《道德经》

本章概览: 从无规行走的角度考察生物高分子

刻画生物结构的方法有很多。其中一种有用的方法是统计描述, 它可以很好地代替以原子坐标为基础的确定性描述。例如, DNA 大分子在细胞内的状态最好用平均量 (如分子的平均尺寸和平均位置等) 以统计的方式描述。本章的目的是探讨所有科学领域中最强有力的思想之一——无规行走, 并展示它在描述 DNA 等生物高分子中的应用。我们将展示这些思想怎样在研究聚合物的首末端距概率分布时达到极致, 又如何用这个概率分布来计算 DNA 在细胞内的“结构”以及理解单分子实验。在这类实验中, DNA (或蛋白质) 分子被外力拉伸, 通过实验记录分子的变形与力的函数关系。此外, 我们还将展示如何对这些思想做恰当的修改以便用来思考蛋白质折叠问题。

8.1　高分子结构的确定性和统计性描述

结构研究是解决特定高分子或高分子组装体更有趣的功能动力学问题的必要前提。实际上, 关于结构和功能关系的观念已经被提升到分子生物学的中心法则的地位, 那就是“序列决定结构, 结构决定功能” (Petsko & Ringe, 2004), 这个观念号召我们去揭开序列和结构乃至功能之间的联系。结构的概念不仅微妙而且也涉及很多层次, 揭示功能所需的结构细节经常会出现在完全不同的空间尺度上。例如, 在考察由磷酸化作用引起的构象变化时, 我们需要逐个原子的描述, 而在考虑细胞分裂时, 对 DNA 做更粗略的描述可能会更有用。本章试图给出的重要讯息是, 在某些情况下抛弃前几章提到的确定性的 PDB 思考方式转而使用统计描述, 也就是只考虑结构的平均性质, 收获可以更多。我们将论证这种思考方式能使多个实验之间建立起直接而又有效的联系。

PDB 文件给出了对高分子结构的确定性描述

结构的概念既复杂又含糊。在晶体学中, 我们把结构想象成是原子以单调而又规则的方式排列在晶胞里, 而晶胞再构成晶体。这种想法甚至适用于由核苷酸、蛋白质或者诸如核糖体、病毒和 RNA 聚合酶那样的复合体组成的晶体。事实上, 正是由于这种规则性使得我们有可能把巨大的包含原子坐标的 PDB 文件存入 PDB 和 VIPER 这样的数据库里。从这个角度看, 一个结构就是一个数组 $(\mathbf{r}_1, \mathbf{r}_2, \cdots, \mathbf{r}_N)$, 其中 $\mathbf{r}_i$ 是含 N 个原子的分子中第 i 个原子的位置矢量 $\mathbf{r}_i = (x_i, y_i, z_i)$。然而, 这种出自 X 射线晶体衍射的结构描述提供的是一个有点欺骗性的静态图像, 它只适合于当作思考生物高分子和它们的复合体在拥挤的细胞内部的功能动力学的出发点。

结构的统计描述强调的是平均尺寸和形状, 而不是原子坐标

在像 DNA 这样的聚合物系统中, 结构观念立刻把我们引到普适性 (如分子尺寸与单体数目的标度关系) 和特异性的相对重要性的问题上。特别是在某些情况下, 我们可能希望谈论一些和聚合物系统的精确化学细节无关的结构性质。例如, 当 DNA 分子从噬菌体注入细菌细胞时, 我们真正关心的是这个分子占了多少空间, 它处在什么位置等。类似地, 在描述细菌基因组的几何特征时, 把它描述成一个具有特定形状和尺寸的线团就足够了。这样的考虑确实会引导我们去研究结构的统计性度量。如在本节标题中提示的那样, 回转半径 R_G 提供了结构的一个统计性度量, 粗略地说, 这个半径度量了一个聚合物线团的尺寸。在本章余下部分我们将给出结构统计性描述的可计算结果。

8.2　用无规行走描述高分子

无规行走模型将高分子视为由铰连接而成的一系列刚性链节

描述像 DNA 那样的高分子的几何形状的方法之一是利用确定性函数 $\mathbf{r}(s)$ 表示聚合物轮廓长度 s 处那一点的空间位置 $(\mathbf{r})$。在这里将要探讨的是另一种描述方法, 它把聚合物离散成每节长度为 a 的一系列刚性链节。这些不同链节被想象成用柔软的铰连接着, 这些铰允许相邻的链节指向任何方向。这个想法的一维和三维版本分别展示在图 8.1 中。在一维情况下, 链节之间的角度是 $\pm 180°$。为了清楚起见, 我们把它们以非重叠的方式画出。对于三维情况, 虽然在很多时候我们考虑的链节是可以任意旋转的 (称为自由连接杆模型), 这里展示的是链节旋转限制在 90° 的情形。

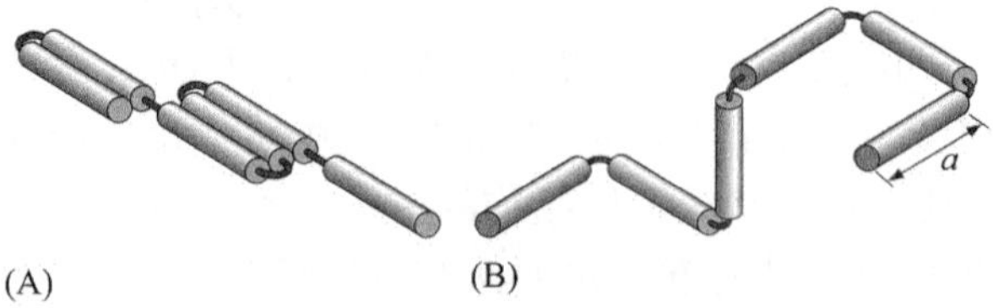

图 8.1　聚合物无规行走模型。一维 (A) 和三维 (B) 无规行走示意图。它们由长度为 a 的链节连接而成

图 8.2 展示了一个分子的真实结构和用无规行走格点模型理想化之后的对照。具体地, 该图展示了处在表面上的 DNA 分子的构象。我们要用上面提出的离散化方案展示同样一个结构如何能近似成由一系列刚性杆 (库恩链节) 连接成的链。我们将论证, 这种描述对很多问题 (包括估算 DNA 因被限制在细菌内部的熵损失以及用光阱拉伸 DNA 等) 相当有用。

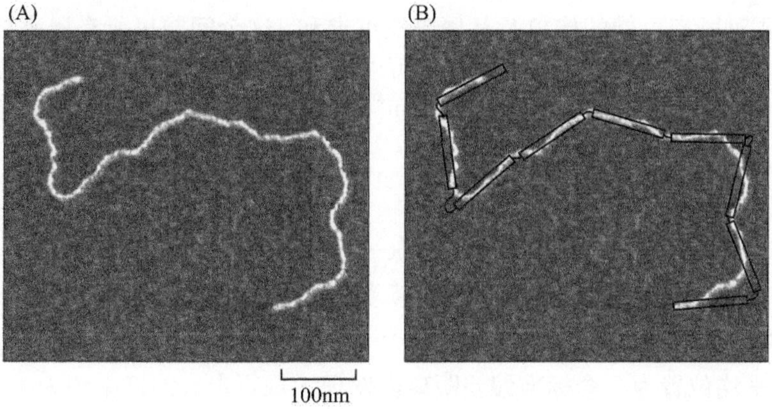

图 8.2 无规行走的 DNA。(A) 原子力显微镜实验观察到的处在表面上的 DNA 结构。(B) 用无规行走表示表面上的 DNA。(取自 P. A. Wiggins et al., *Nat. Nanotech.* 1: 37, 2006.)

8.2.1 数 学 处 理

在无规行走模型中每个聚合物构型具有相同的出现概率

在本节中, 我们将逐步深入到某些非常漂亮而又深奥的无规行走模型中。分析的目的是得到每个高分子构型的概率分布, 并用它们计算实验可观测的高分子性质, 如分子平均尺寸以及使分子发生变形所需的自由能等。我们从一维无规行走开始, 并由此作为推广, 这些思想将用在初步看来很出人意料的情况里。

设想一个限制在一维格点上的无规行走, 格子长度为 a, 如图 8.1(A) 所示。该行走的整个历史是由一系列向左和向右的移动组成, 每步移动相当于聚合物的一个链节。另外我们还假设向左和向右移动的概率都是 $p_r = p_l = 1/2$。构造行走轨迹时假设: 每一步行走都相当于重新开始, 与之前的链节指向无关。这意味着, 对一条有 N 个链节的链总共有 2^N 个可能的不同高分子构型, 而且每个构型出现的概率是 $1/2^N$。

无规行走高分子的平均尺寸和链节数目的平方根 ($\sqrt{N}$) 成正比

假设已经知道了所有可能的构型和它们相应的概率, 我们立即可以提出一个问题: 无规行走离开出发点的平均距离与聚合物链节数目呈现怎样的函数关系。在生物学范畴里, 这个问题与 DNA 成环、配体和受体找到对方的概率以及细胞中质粒和染色体 DNA 的粗略结构等都有着紧密的联系。为了得到感兴趣分子的首末端距, 我们可以采用简单的论证或强有力的计算, 这两种方法将被交替使用。简单论证方法是注意到, 在 N 步行走后离开原点距离为 R 的期望值可以用下式得到:

$$\langle R\rangle = \left\langle \sum_{i=1}^{N} x_i \right\rangle \tag{8.1}$$

$x_i = \pm a$ 是第 i 步行走的位移, 我们已经引入尖括号 $\langle\cdots\rangle$ 表示求平均。记住, 为了得到平均值, 我们要对所有可能的构象及其概率权重求和 (这个问题里所有概率都相等)。注意方程右边由尖括号 $\langle\cdots\rangle$ 代表的平均运算可以放到求和符号内部 (也就是说, 求和的平均等于平均的求和) 以及 $\langle x_i\rangle = 0$, 上述结果可以做进一步简化。实际上这使我们得出无规行走平均位移恒等于零的结论。

对无规行走离开原点更有用的度量是

$$\langle R^2\rangle = \left\langle \sum_{i=1}^{N}\sum_{j=1}^{N} x_i x_j \right\rangle \tag{8.2}$$

这个量正好是随机变量 R 的概率分布的方差, $\sqrt{\langle R^2\rangle}$ 称为标准偏差。后者的意义在于它指出在离平均位置为一个标准偏差距离内发现无规行走者的概率约为 70%。换句话说, 标准偏差是对无规行走 N 步后偏移量的一个典型度量, 它很好地代表了聚合物的典型尺寸。

为了使式 (8.2) 更进一步, 我们将求和分成两部分

$$\langle R^2\rangle = \sum_{i=1}^{N}\langle x_i^2\rangle + \sum_{i\neq j=1}^{N}\langle x_i x_j\rangle \tag{8.3}$$

注意每步都与前面和以后的位移无关, 这暗示右边第二项为零。此外, 因为 $x_i = \pm a$, 所以 $\langle x^2\rangle = a^2$, 于是

$$\langle R^2\rangle = Na^2 \tag{8.4}$$

至此, 我们知道无规行走离开出发点的距离可以统计地描述为 $\sqrt{\langle R^2\rangle} = a\sqrt{N}$, 这也意味着离开出发点的距离以链节数平方根的方式增加。

高分子给定状态的概率依赖于它的微观简并度

除了上述简单的论证外, 我们还可以用标准概率理论对该问题做强有力的分析。我们认为这也是一种非常重要的方法, 因为它着重强调了多个微观构型和一个宏观构型对应的事实。具体地, 总共行走 N 步, 其中向右走 n_r 步 (因此向左 $n_l = N - n_r$ 步) 的概率是多少呢? 因为每步向左和向右的概率都是 $p_r = p_l = 1/2$, 那么一个连续行走 N 步的序列出现的概率是 $(1/2)^N$。另外, 我们必须记住, 在行走总数为 N 步中, 向右 n_r 步向左 n_l 步的实现方式有很多。这些不同的实现方式总共为

$$W(n_r;N) = \frac{N!}{n_r!(N-n_r)!} \tag{8.5}$$

这一类的计数结果已经在第 6.1 节 "模型的数学" 中导出。图 8.3 展示了一个 $N = 3$ 的特例, 包含一个三链节都指向右边的构型, 一个三链节都指向左边的构型, 以及 $n_r = 2$, $n_l = 1$ 和 $n_r = 1$, $n_l = 2$ 的构型, 后两种各自有三个构型。

上面枚举了由给定首末端距刻画的每个宏观状态对应的微观简并度。现在, 我们可以写出从出发点行走 N 步后其中向右行走步数为 n_r 的概率, 它由以下式给出

$$p(n_r;N) = \frac{N!}{n_r!(N-n_r)!}\left(\frac{1}{2}\right)^N \tag{8.6}$$

有了这个概率分布, 我们就可以用对所有构型求和计算出任何描述链的几何性质的平均量。

为了熟练使用上述分布, 我们从证明它是归一化的开始。为此, 寻找下面的求和结果:

$$\sum_{n_r=0}^{N} p(n_r;N) = \sum_{n_r=0}^{N} \frac{N!}{n_r!(N-n_r)!}\left(\frac{1}{2}\right)^N \tag{8.7}$$

为了计算该求和, 我们先回顾二项式定理, 它告诉我们

$$(x+y)^N = \sum_{n_r=0}^{N} \frac{N!}{n_r!(N-n_r)!} x^{n_r} y^{N-n_r} \tag{8.8}$$

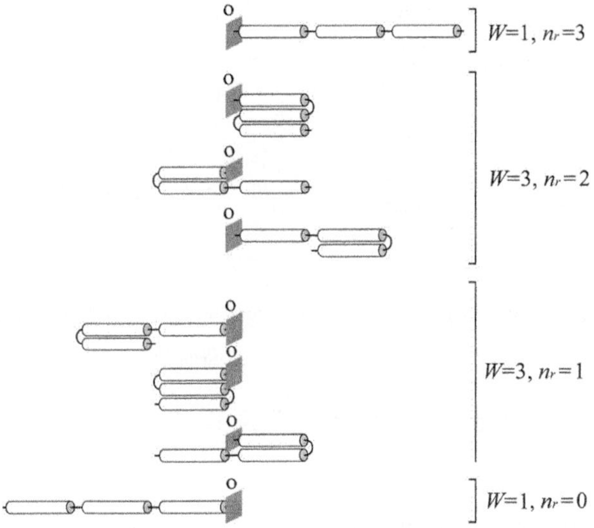

图 8.3 无规行走的构型。该示意图显示了一个由三个链节组成的聚合物所有可能的构象 ($2^3=8$个) 以及它们相应的简并度

对于 $x=y=1$ 的情形, 上式意味着

$$\sum_{n_r=0}^{N} \frac{N!}{n_r!(N-n_r)!} = 2^N \tag{8.9}$$

把这个结果代入式 (8.7) 就证明了那个概率分布的确是归一化的 [即$\sum_{n_r=0}^{N} p(n_r,N)=1$]。

聚合物链的熵弹性

关于 n_r 的概率分布可以用来推导一个更有用的量, 即首末端距 $R=(n_r-n_l)a$ 的概率分布。利用条件 $n_r+n_l=N$ 解出 n_l 并代到 $R=(n_r-n_l)a$ 中, 我们得到 $n_r=(N+R/a)/2$, 因此式 (8.6) 可以重新表述为

$$p(R;N) = \frac{N!}{\left(\dfrac{N}{2}+\dfrac{R}{2a}\right)!\left(\dfrac{N}{2}-\dfrac{R}{2a}\right)!}\left(\frac{1}{2}\right)^N \tag{8.10}$$

它给出了首末端距的概率分布。图 8.4 画出这个分布。对很大的 N 值, 这个概率分布在 $R=0$ 处有一个很尖锐的峰。接下来我们将证明 $R \ll Na$ 时首末端距概率分布具有高斯分布的形式。这个计算会用到我们以前讨论过的两种数学方法, 即斯特林近似 (第 5 章课后习题), 当 $n \gg 1$, $\ln n! \approx n\ln n - n + \frac{1}{2}\ln(2\pi n)$ 以及泰勒展开 (第 5.4 节), 当 $x \ll 1$ 时, $\ln(1+x) \approx x - \frac{x^2}{2}$。注意我们已经取了斯特林近似的前三项并保留泰勒展开到 x^2 阶, 我们预料 $\ln p(R;N)$ 中的主项是 R^2 阶。

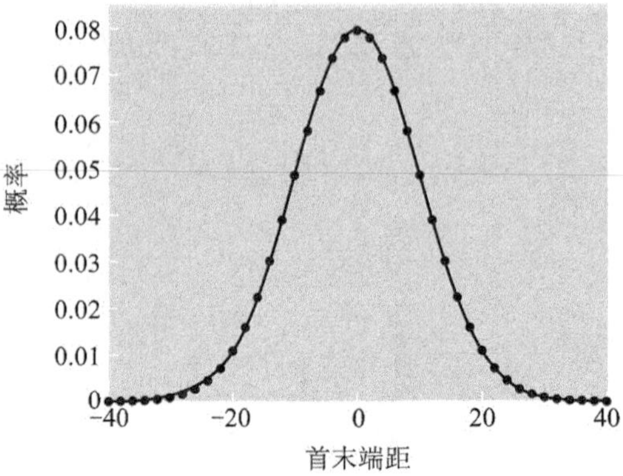

图 8.4 100 个链节构成的一维“高分子”的首末端距的概率分布。该图比较了式 (8.10) 中的二项式分布 (点) 和式 (8.16) 给出的高斯分布 (线)

我们先对式 (8.10) 中关于 R 的分布函数取对数, 然后再对三个阶乘分别作斯特林近似, 得到

$$\begin{aligned}\ln p(R;N) =& N\ln N - N + \frac{1}{2}\ln(2\pi N)\\ &-\left[\left(\frac{N}{2}+\frac{R}{2a}\right)\ln\left(\frac{N}{2}+\frac{R}{2a}\right)-\left(\frac{N}{2}+\frac{R}{2a}\right)+\frac{1}{2}\ln\left(2\pi\left(\frac{N}{2}+\frac{R}{2a}\right)\right)\right]\\ &-\left[\left(\frac{N}{2}-\frac{R}{2a}\right)\ln\left(\frac{N}{2}-\frac{R}{2a}\right)-\left(\frac{N}{2}-\frac{R}{2a}\right)+\frac{1}{2}\ln\left(2\pi\left(\frac{N}{2}-\frac{R}{2a}\right)\right)\right]\\ &- N\ln 2. \end{aligned} \tag{8.11}$$

接下来我们把对数改写为

$$\ln\left(\frac{N}{2}\pm\frac{R}{2a}\right) = \ln\left[\frac{N}{2}\left(1\pm\frac{R}{Na}\right)\right] = \ln\frac{N}{2} + \ln\left(1\pm\frac{R}{Na}\right) \tag{8.12}$$

在这里我们已经使用了对数规则 $\ln(AB) = \ln A + \ln B$。利用泰勒展开

$$\ln\left(1\pm\frac{R}{Na}\right) \approx \pm\frac{R}{Na} - \frac{1}{2}\left(\pm\frac{R}{Na}\right)^2 \tag{8.13}$$

反复对式 (8.11) 做代换。经过一些代数运算后 (留待读者练习), 就得到

$$\ln p(R;N) = \ln 2 - \frac{1}{2}\ln(2\pi N) - \frac{R^2}{2Na^2} \tag{8.14}$$

如果对式 (8.14) 两边取指数, 我们就得到了预期的高斯分布

$$p(R;N)=\frac{2}{\sqrt{2\pi N}}\mathrm{e}^{-R^2/2Na^2} \tag{8.15}$$

注意, 这个导出的近似公式是 $R/2a$ 的概率分布, $R/2a$ 的奇偶性与 N 的奇偶性有关。为了把上述公式转换成概率分布函数 $P(R;N)$, 使得$P(R;N)\mathrm{d}R$ 是 R 落在间隔 $\mathrm{d}R$ 内的概率, 我们还需要把式 (8.15) 除以 $2a$, 最终得到自由连接链首末端距的概率分布函数

$$P(R;N)=\frac{1}{\sqrt{2\pi Na^2}}\mathrm{e}^{-R^2/2Na^2} \tag{8.16}$$

在本书中我们会反复用到这个公式。

上述结果实际上是中心极限定理的一个特例, 这个定理可以说是概率论中最重要的结论。简而言之, 中心极限定理表明独立而又有相同分布的随机变量 x_i, 当它们的平均值和方差都是有限值时, 它们的和 $x_1+x_2+\cdots+x_N$ 的概率分布在大 N 极限下是高斯分布。因为无规行走的每步位移都满足这些条件, 我们立刻可以知道, 在 N (大数) 步后总位移 R 是一个平均值为 $\langle\mathbf{R}\rangle=0$, 方差为 $\langle\mathbf{R}^2\rangle=Na^2$ 的高斯分布。注意, 无论行走是在一维、二维还是三维中进行, 每相邻两步间允许的角度如何, 只要走的每一步和前一步无关, 这个结论总是成立的。

我们把证明式 (8.16) 给出的一维无规行走 R 的高斯分布满足所要求的均值和方差留作家庭作业。现在我们要利用这一结果推导三维无规行走首末端距在 N 很大时的概率分布。因为均值为零, 该分布形式是

$$P(\mathbf{R};N)=\mathcal{N}\mathrm{e}^{-\kappa R^2} \tag{8.17}$$

其中参数 $\mathcal{N}$ 和 κ 由以下两个等式决定:

$$\begin{aligned}&\int_{-\infty}^{+\infty}\int_{-\infty}^{+\infty}\int_{-\infty}^{+\infty}P(\mathbf{R},N)\mathrm{d}^3\boldsymbol{R}=1\ (\text{归一化})\\&\int_{-\infty}^{+\infty}\int_{-\infty}^{+\infty}\int_{-\infty}^{+\infty}R^2P(\mathbf{R},N)\mathrm{d}^3\boldsymbol{R}=Na^2\ (\text{方差})\end{aligned} \tag{8.18}$$

因为所有积分因子都是 R^2 的函数, 我们可以把体积分转变成在半径为 R 的球壳上做积分, 得到

$$\begin{aligned}&\int_{0}^{+\infty}P(\mathbf{R},N)4\pi R^2\mathrm{d}R=1\ (\text{归一化})\\&\int_{0}^{+\infty}R^2P(\mathbf{R},N)4\pi R^2\mathrm{d}R=Na^2\ (\text{方差})\end{aligned} \tag{8.19}$$

为了计算式 (8.19) 中的积分, 我们应用高斯积分公式

$$\begin{aligned}&\int_{0}^{+\infty}4\pi\mathcal{N}R^2\mathrm{e}^{-\kappa R^2}\mathrm{d}R=4\pi\mathcal{N}\left(\frac{1}{4}\sqrt{\frac{\pi}{\kappa^3}}\right)=1\\&\int_{0}^{+\infty}4\pi\mathcal{N}R^4\mathrm{e}^{-\kappa R^2}\mathrm{d}R=4\pi\mathcal{N}\left(\frac{3}{8}\sqrt{\frac{\pi}{\kappa^5}}\right)=Na^2\end{aligned} \tag{8.20}$$

将式 (8.20) 中的第二个等式除以第一个等式, 可得到参数

$$\kappa=\frac{3}{2Na^2} \tag{8.21}$$

把这个结果代入式 (8.20) 的第一个等式给出归一化因子

$$\mathcal{N}=\left(\frac{\kappa}{\pi}\right)^{\frac{3}{2}}=\left(\frac{3}{2\pi Na^2}\right)^{\frac{3}{2}} \tag{8.22}$$

联合这些结果就得到由 N 个长度为 a 的库恩链节组成的三维无规行走的首末端距分布

$$P(\mathbf{R};N)=\left(\frac{3}{2\pi Na^2}\right)^{\frac{3}{2}}\mathrm{e}^{-3R^2/2Na^2} \tag{8.23}$$

注意 $P(\mathbf{R},N)$ 的量纲是体积的倒数, 即浓度, 它的直观解释是无规行走聚合物一端出现在另一端位置为 $\mathbf{R}$ 附近的浓度。此外, $P(\mathbf{R},N)$ 在 $\mathbf{R}=0$ 处有一个尖锐的峰, 这个特征是聚合物链出现熵弹性的基础。也就是说, 设想拉伸一个高分子 (如大肠杆菌的 DNA) 使得 R 非零, 当你放开时分子自己会迅速找到 $R\approx 0$ 的状态, 仅仅因为它是一个更可能的状态。注意, 熵弹性不是某种物理力 (如最终导致晶体弹性的静电力) 的结果, 而纯粹是一个统计结果。和熵弹性类似的另一个熵力的例子是理想气体的压强。

估算: 大肠杆菌基因组的首末端距概率　上述思想的一个有趣应用是染色体 DNA 的结构, 本章将对这个议题做更加深入的研究。大肠杆菌的环状 DNA 长度约为 5 Mb。同样长度的线形 DNA 链可以用约为 $N=15\,000$ 步的无规行走建模, 这是因为裸 DNA 的库恩长度 (链模型中刚性链节的长度) 约为 300 bp。对一维无规行走在这么多步后首末端距为零的概率可以用式 (8.15) 估算出来, 约为 7×10^{-3}。$R=500\ a$ 的概率是 2×10^{-6}, 而 $R=1000\ a$ 的概率迅速下降到了 2×10^{-17}。如上所述, 由外力引起的聚合物弹性响应的主要原因是在 R 等于零附近的概率占有压倒性的优势。

驻留长度是聚合物保持大致为直构型的长度尺度

有了无规行走模型, 我们就能够描述长链聚合物的结构, 这种聚合物的轮廓长度 L 远大于驻留长度 ξ_p, 而在驻留长度内聚合物基本上是直的。驻留长度是切向量关联函数沿着链衰减的特征尺度。为了更好地理解这一点, 我们把聚合物想象成一条在三维空间中的曲线。可以在曲线的每一点画出聚合物的切向量。由于热涨落, 聚合物在空间中迂回蜿蜒, 驻留长度就是衡量切向量“记忆”丢失的长度尺度。从数学的角度可以把切向量关联函数写成 $\langle\mathbf{t}(s)\cdot\mathbf{t}(u)\rangle$, 其中 $\mathbf{t}(s)$ 是轮廓线上距离 s 处的切向量, 符号 $\langle\cdots\rangle$ 提醒要对所有构型做平均。驻留长度决定了切向量关联函数以如下方式衰减:

$$\langle\mathbf{t}(s)\cdot\mathbf{t}(u)\rangle=\mathrm{e}^{-|s-u|/\xi_p} \tag{8.24}$$

在第 10 章中, 我们将把聚合物视为细长的弹性梁模型导出该结果。此外, 注意式 (8.24) 并不是普遍成立的。例如, 假定聚合物两端的切向量固定不变且相等, 这可以用光阱的方法实现, 那么 $\langle\mathbf{t}(0)\cdot\mathbf{t}(s)\rangle$ 首先会衰减, 但当 s 接近聚合物轮廓长度 L 时, 因为 $\mathbf{t}(0)\cdot\mathbf{t}(L)=1$, 它必然会增加。聚合物上的其他约束, 如细胞壁的限制也会导致对式 (8.24) 的偏离。但是对于足够小的间距 $|s-u|$, 可以预料指数定律还是成立的。

病毒基因组, 如轮廓长度为 16.6 μm 的 λ 噬菌体 DNA, 是长而柔软的聚合物的一个很好的例子。将长度与室温下典型细胞的溶液环境中 DNA 的驻留长度为 $\xi_p\approx 50$ nm 作比较。因为聚合物骨架切向量在大于驻留长度的尺度上变得无关联，我们可以把聚合物看成由 $N \sim L/\xi_p$ 个相连的链节组成，这些链节相互间的指向完全是随机的。这正是导出自由连接链模型的逻辑 (实质上就是前一节讨论过的无规行走图像)。如上所述，在自由连接链模型中，高分子构象相当于 N 步无规行走。步长是库恩长度，它大致等于驻留长度。如在早期讨论中承诺过的那样，现在我们要建立驻留长度和无规行走模型的库恩长度之间的关系。为了更精确地决定库恩长度，我们计算有热涨落的弹性梁的均方首末端距，并把它和用自由连接链得到的同一个量作对比。梁的首末端向量 $\mathbf{R}$ 可以用切向量 $\mathbf{t}(s)$ 表示成:

$$\mathbf{R} = \int_0^L \mathrm{d}s\, \mathbf{t}(s) \tag{8.25}$$

由此可以写出

$$\langle \mathbf{R}^2 \rangle = \left\langle \int_0^L \mathrm{d}s\, \mathbf{t}(s) \cdot \int_0^L \mathrm{d}u\, \mathbf{t}(u) \right\rangle \tag{8.26}$$

这里的 $\langle \cdots \rangle$ 是对聚合物的所有构型求平均。应用切向量关联公式 (8.24)，我们得到

$$\langle \mathbf{R}^2 \rangle = 2 \int_0^L \mathrm{d}s \int_s^L \mathrm{d}u \mathrm{e}^{-(u-s)/\xi_p} \tag{8.27}$$

式 (8.27) 是把 $s-u$ 空间中在 $L \times L$ 的盒子上的积分分解成在两个三角形上的积分得到的，其中一个三角形满足 $s < u$，另一个三角形满足 $s > u$，两个积分有相同的贡献 (因此出现了因子 2)。在 $L \gg \xi_p$ 的极限下，我们有

$$\langle \mathbf{R}^2 \rangle \approx 2 \int_0^L \mathrm{d}s \int_0^\infty \mathrm{d}x \mathrm{e}^{-x/\xi_p} = 2L\xi_p \tag{8.28}$$

为了得到这一结果我们已经在第二个积分中做了变量代换 $x = u - s$，然后将积分上限 $L - s$ 换成了 ∞，这在 $L \gg \xi_p$ 的极限下是合理的。把式 (8.28) 和无规行走模型得到的式 (8.4) 的变形$\langle \mathbf{R}^2 \rangle = aL$ 作比较，发现库恩长度 a 恰好是驻留长度的两倍，即 $a = 2\xi_p$。在重写上述无规行走模型时，我们已经利用了行走总步长和库恩链节数目的关系，$L = Na$。现在我们准备估算溶液中基因组的物理尺寸。

8.2.2 基因组的尺寸

利用首末端距可对溶液中聚合物的尺寸作简单估算

$$\sqrt{\langle R^2 \rangle} = \sqrt{2L\xi_p} \tag{8.29}$$

回转半径或许是对聚合物尺寸更精确地衡量，它由式 (8.30) 定义:

$$R_G^2 = \frac{1}{N} \sum_{i=1}^{N} \langle (\mathbf{R}_i - \mathbf{R}_{CM})^2 \rangle \tag{8.30}$$

大致说来，回转半径度量了单体到聚合物质心的平均距离。质心定义为

$$\mathbf{R}_{CM} = \frac{1}{N} \sum_{i=1}^{N} \mathbf{R}_i \tag{8.31}$$

有了回转半径的定义, 我们就可以写出关于回转半径 R_G、分子轮廓长度 L 和驻留长度 ξ_p 之间的简单关系 (读者可以在本章课后习题中证明这点):

$$R_G = \sqrt{\frac{L\xi_p}{3}} \tag{8.32}$$

注意 $L = 0.34\ \text{nm} \times N_{\text{bp}}$, 可以把这个结果用感兴趣的基因组的碱基对数目改写成

$$R_G \approx \frac{1}{3}\sqrt{N_{\text{bp}}\xi_p}\ \text{nm} \tag{8.33}$$

图 8.5 画出了溶液中 DNA 的回转半径与碱基对数目之间的函数关系。

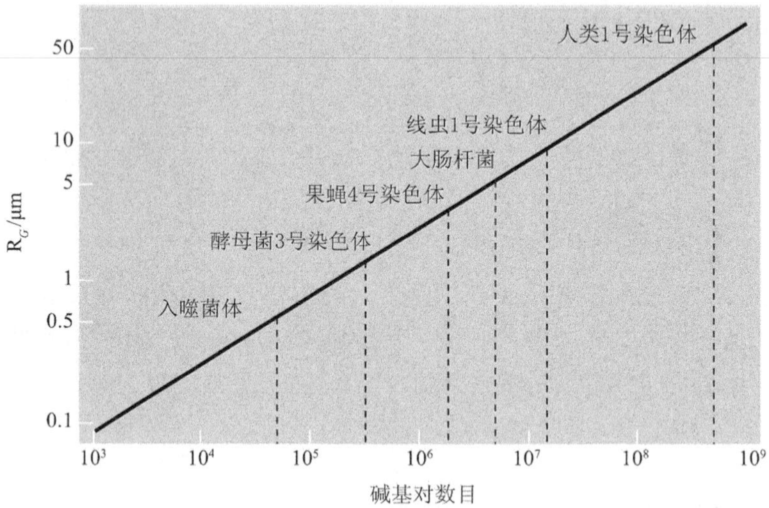

图 8.5 溶液中基因组 DNA 的尺寸。用无规行走模型得出的溶液中 DNA 碱基对数目与分子平均尺寸的函数图。图中的标注分别对应于病毒、细菌、酵母菌、果蝇、线虫和人类的特定染色体

估算: 病毒和细菌基因组的尺寸 像上述描述的那些思想可以用来研究电子显微镜观察到的病毒和细菌的照片, 照片中的生物体都已经破裂, 它们的基因组 DNA 残骸四处散落着。我们曾结合图 1.13 提到可以用电子显微镜观察到的 DNA 外形作为估算基因组长度的基础。图 8.6 展示了第二个例子, 可以看到溶液中的 DNA 构型要比它在病毒或细菌中包装的尺寸大得多。为了直观理解这些图中的现象, 我们利用式 (8.32) 估算 DNA 的尺寸。考虑图 1.13 中的 T2 噬菌体。该病毒基因组已经从一个明显破碎的衣壳中渗出。我们假定 DNA 在溶液中取平衡构型。T2 和 T4 的基因组非常相似, 长度大约都是 150 kb。回顾驻留长度 $\xi_p \approx 50$ nm, 式 (8.33) 告诉我们在图 1.13 中观察到的 DNA 平均尺寸是 $R_G \approx (1/3) \times \sqrt{150 \times 10^3 \times 50}\ \text{nm} \approx 0.9\ \mu\text{m}$。这个结果和图 1.13 中的 DNA 在尺度上差不多, 只是比后者稍大. 考虑到这个模型相当粗糙, 而且可能更重要的是图中那个 DNA 似乎通过某种连接把自己限制在衣壳上, 这里的分析已经为电子显微镜中看到的结构提供了令人满意的初步近似。

可以采用相同的论述直观认识从细菌渗出并弥漫在其四周的 DNA "云" 的尺度。在这种情形下, 细菌的基因组长度要比 T2 噬菌体的大得多, 即 $N_{\text{bp}} \approx 4.6 \times 10^6$ bp。再

次利用式 (8.33) 得到图 8.6 中 DNA 的平均尺寸是 $R_G \approx 5\ \mu m$。和对噬菌体的计算一样, 无规行走看来过高估计了 DNA 的尺寸, 这是因为图中的 DNA 很明显被迫多次折回到那个细菌里, 这使得 DNA 无法采取完全伸展的构型。

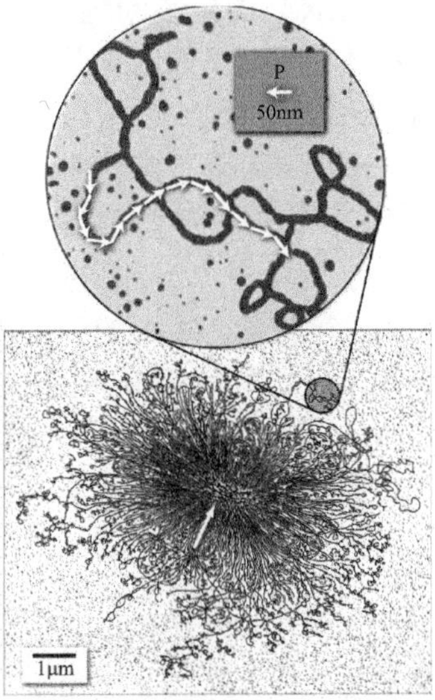

图 8.6　已经从细菌中溢出的基因组的空间扩展图。图中放大区域显示了 DNA 的一个小片段以及它上面的小箭头, 每个箭头的长度都和驻留长度相等, 这是为了显示在那个长度内的 DNA 是刚性的。(Ruth Kavenoff 原创)

8.2.3　染色体地理学

染色体的基因图谱和物理图谱描述了染色体结构的不同侧面

到目前为止, 我们讨论的 DNA 是一个没有特征的聚合物链。然而很明显, DNA 更为人所知并受到关注的是它作为遗传信息的载体。古典遗传学关注于基因的识别和描述, 基因被看成是抽象实体而无视它们在染色体上的物理位置的重要性, 作为载体的 DNA 分子的物理性质的重要性也被忽视了。在第 4 章描述过的托马斯 · 摩尔根和他的基因猎手们的突破性工作就是以下事实的早期生动写照, 即作为基因的抽象信息实体与具体的物理实体之间存在着联系。对基因的调控和功能知道得越多, 我们就越清楚地认识到, 承载基因的 DNA 分子的物理位置和动态性质是基因生物功能的重要组成部分。例如, 摩尔根的作图策略基于测量两个或多个基因间的重组频率。重组的物理过程要求两个同源 DNA 分子在细胞核里可以移动, 使得它们能以可测量的频率彼此相遇。重组似乎不是在所有细胞核里都能进行。它能够在雌性果蝇生殖腺内的卵子发生期间的减数分裂过程中进行, 但不能发生在雄性果蝇生殖腺内的精子发生期间进行。为什么 DNA 片段有时候能发生物理接触而有时候又不能呢? 究竟是什么决定了这种接触概率? 这些聚合物构象问题给出了基因事件的物理限制, 这些事件涵盖了细菌细胞中的转化和转导, 哺乳动物免疫系统抗体多样性的产生等各种问题。

DNA 包装线密度刻画了染色质的不同结构模型

我们将反复考察的一个议题是 DNA 的包装问题。在真核细胞中, DNA 浓缩成染色质纤维。染色质 的基本单元是核小体。核小体如何包装成染色质要看细胞是否正在分裂。在分裂间期细胞会主动转录基因, 而染色体也不会像在有丝分裂期间那样浓缩, 在有丝分裂期间, 两份完整的基因组会平均分配到两个子细胞中。

度量 DNA 包装成染色体的程度的物理量是染色质的线密度 v, 它是指 1 nm 染色质纤维内包含的 DNA 碱基对的数目。对于图 8.7 (A) 中的 30 nm 粗的纤维, $v \approx 100$ bp/nm, 而 10 nm 粗的纤维包装密度约小一个量级。对 v 的一个简单估计可以用图 8.7(B) 的显微镜照片得到, 该图展示了沿着 10 nm 粗的纤维分布的单个核小体。平均每 50 nm 的纤维有 2 个核小体。假设每个核小体包含 200 个碱基对 (缠绕在组蛋白上的 150 bp 再加上 50 bp 的 DNA 连接头), 那么 $v \approx 2 \times 200$ bp/50 nm $= 8$ bp/nm。作为对比, 中期的染色体, $v = 30\ 000$ bp/nm。

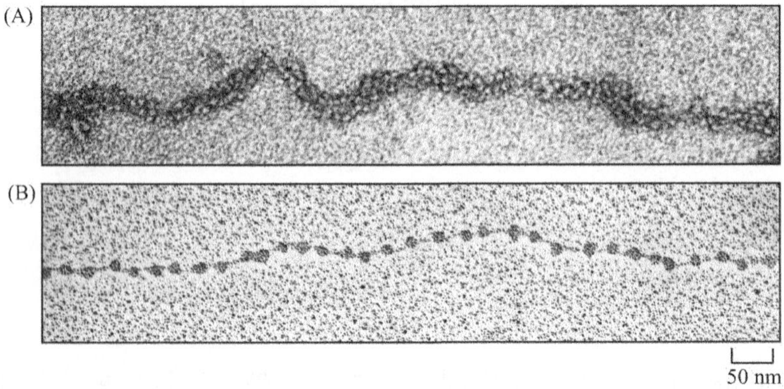

图 8.7　染色质的电子显微图。(A) 从处于分裂间期的细胞核中抽取的染色质看起来像是一条 30 nm 粗的纤维。(B) 在 10 nm 粗的纤维结构上可以看到单个核小体。(A 蒙 Barbara A. Hamkalo 惠赠; B 蒙 Victoria Foe 惠赠)

染色体的空间组织同时具有无序和有序的特征

人们曾经认为间期染色体就像一碗意大利面条那样无序地分布在细胞核里。同这种观点相反, 来自荧光标记染色体实验的可靠证据显示, 基因在细胞中的空间组织是相当有序的, 如图 8.8 所示。因为实验发现单个染色体和特定基因座总是处在细胞核的同一区域内, 染色体领地的概念被提了出来。染色体领地的存在引发了很多关于基因表达和基因配对作用 (如在重组期间) 如何在时空上协调的问题。

假如把染色体系统看成是一个非常稀的聚合物系统, 那么间期染色体分离现象并不令人意外, 但假如它是一个很稠密的系统, 结果就不一样了, 因为在此情况下溶液中自由存在的聚合物之间会发生纠缠。简单估计一下细胞核中的染色质密度就会发现, 我们预期的染色体平衡态应该对应于稠密聚合物系统的平衡态。然而，观察到的染色体分离的事实只不过表明了存在某些超出聚合物链的熵和受限效应的机制，影响染色体的空间分布。我们将研究染色体系连这样一种机制，它假定染色体分子之所以有特定的物理位置是因为有某些固定分子把它们系连在那里。图 8.9 显示了几种可能的系连情形。

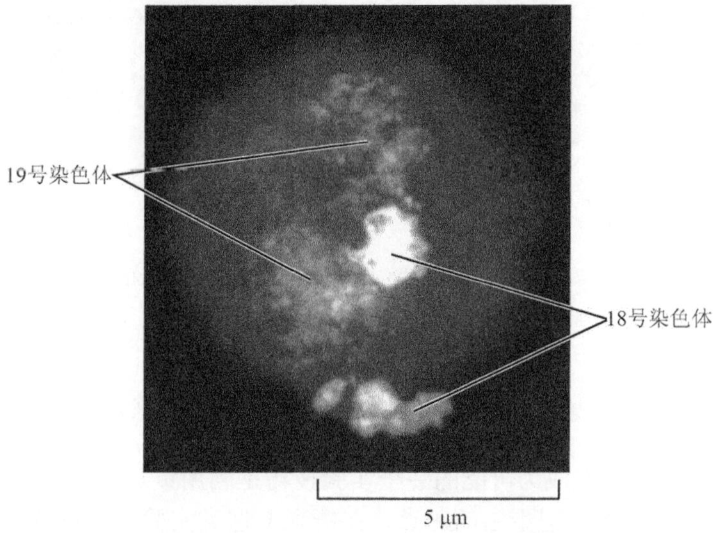

图 8.8 人类细胞中经荧光标记的 18 号和 19 号染色体。在细胞核里这些染色体被认为有各自独立的领地。(取自 J. A. Croft et al., *J. Cell Biol.* 145: 1119–1131, 1999. © The Rockefeller University Press.)

估算：酵母细胞核中的染色体包装 在这里我们要用高分子物理学研究在酵母菌中的染色体是更像在碗里的意大利面条，还是更像分开的肉丸。酵母细胞核里总共有 16 条染色体。分裂间期细胞核的直径约为 2 μm。染色体的尺寸为 230~1500 kb，基因组总长是 12 Mb。这给出平均密度 $c = 12\ \text{Mb}/(4\pi/3 \times 1\ \mu\text{m}^3) \approx 3\ \text{Mb}/\mu\text{m}^3$。我们现在把它和没有细胞核限制的典型酵母染色体的密度作比较。如果用无规行走模型描述溶液中的自由染色质，这个密度估算为 $c^* = N_{\text{bp}}/(4\pi R_G^3/3)$，其中 N_{bp} 是以碱基对为单位的染色体长度，R_G 是分子的回转半径。取酵母染色体的平均长度为 $12\ \text{Mb}/16 = 750\ \text{kb}$，包装密度为 8 bp/nm，那么聚合物的长度是 $750\ \text{kb}/(8\text{bp/nm}) = 94\ \mu\text{m}$。利用 10 nm 粗的纤维驻留长度的体外测量值 $\xi_p = 30\ \text{nm}$，回转半径估算为 $R_G = 0.97\ \mu\text{m}$。这就得到了一个“自由”染色体的密度 $c^* = 750\ \text{kb}/[4\pi/3 \times (0.97\ \mu\text{m})^3)] \approx 200\ \text{kb}/\mu\text{m}^3$，它比在细胞核中染色体的密度低 10 倍。采用 30 nm 粗的染色体纤维模型也能得到相同的定性结果。也就是说，使用包装密度 100 bp/nm 以及文献报道过的驻留长度 200 nm，得到染色体的平均密度是 $c^* \approx 500\ \text{kb}/\mu\text{m}^3$。这表明在酵母菌细胞核中的染色体通常处在纠缠的熔态构型，这是因为没有足够空间容纳它们偏好的无交叠构型。酵母染色体之间相互分离以及它们在细胞核中占有明确区域的事实显示，细胞需要一个能实现这种分离的特定机制，如图 8.9 所示，把染色体系连在细胞核边缘。

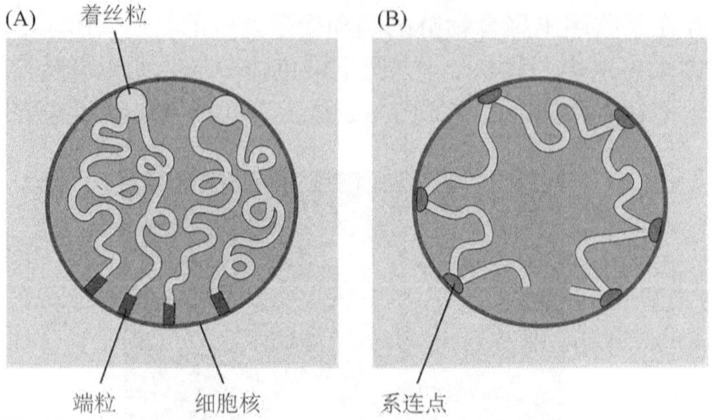

图 8.9 间期染色体可能的系连方式的卡通图。(A) 系连在细胞核边缘的着丝粒和两个端粒上; (B) 染色体中间点系连在细胞核壳上。(取自 W. F. Marshall, *Curr. Biol.* 12:R185, 2002.)

染色体被系连在细胞核的不同位置上

使染色体地理学研究成为可能的一个实验技巧是利用重复出现的 DNA 结合位点, 这些位点是某些特定荧光标记蛋白的靶点。在概念上这类实验可以这样设计: 先准备两组 DNA 结合位点, 它们的基因距离是分开的, 并且是已知的; 然后测量这些结合位点在空间中的物理距离就有可能绘制出基因组上不同位点的空间分布情况, 这些结合位点在荧光照片上显示为彩色的斑点。

应用原位杂交荧光实验, 或者是插入了 *lac*O 阵列的染色体并用融合了 GFP 的乳糖阻遏蛋白做标记的实验都可以得到两个染色体的基因座之间距离分布的详细信息。注意这里的术语 “距离” 同语境有关。在某些情形中, 我们指的是两点间的标量距离, 在其他情况里指的是连接两点间的位移向量。我们会在这两种含义之间做随意切换, 它们的关系将在本章课后习题中讨论。在没有系连时 (或者只有一个系连点时), 染色质的无规行走模型预言两个荧光标记之间的距离 $\mathbf{r}$ 的分布是高斯分布

$$P(\mathbf{r}) = \left(\frac{3}{2\pi N a^2}\right)^{3/2} \mathrm{e}^{-3\mathbf{r}^2/2Na^2} \tag{8.34}$$

式中, $a = 2\xi_p$ 是聚合物的库恩长度或链节长度; N 是两个标记之间总的库恩链节数。

能导致与上面距离分布不同的最简单系连是有两个系连点的情形, 如图 8.10 所示。假设一个系连点和两个荧光标记中的某个重合, 另一个系连点处在两个标记之间且与第一系连点距离为 $\mathbf{R}$。这种标记和系连点的安排会导致这两个标记之间距离为 $\mathbf{r}$ 的分布是一个有偏高斯分布

$$P(\mathbf{r}) = \left(\frac{3}{2\pi N' a^2}\right)^{3/2} \mathrm{e}^{-3(\mathbf{r}-\mathbf{R})^2/2N'a^2} \tag{8.35}$$

式中, N' 是第二个系连点和第二个标记之间的库恩链节的数目。当我们把式 (8.34) 看成是第二个系连点和第二个标记之间距离 $(\mathbf{r}-\mathbf{R})$ 的概率分布时, 就可以得到式 (8.35)。高

斯分布有如下有趣的数学性质, 两个高斯分布的卷积仍然是一个高斯分布, 这个性质决定了任何系连的构型都会是一个关于距离的有偏高斯分布。

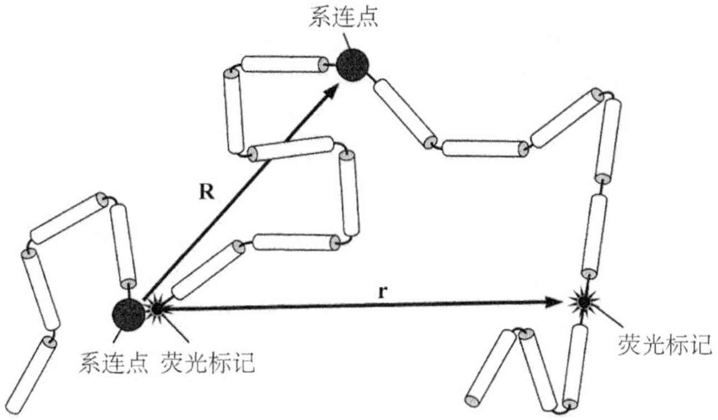

图 8.10 系连染色体的简单构型。两个系连点处在空间中的固定位置上, 第二个系连点处在离第一个系连点距离为 **R** 的位置。当两个荧光标记中的一个和染色体系连点的位置相同时, 它们之间距离的分布是一个有偏高斯分布

在写下式 (8.34) 和式 (8.35) 时, 我们已经隐含假设染色体构型可以用无规行走描述。从细胞内部包装密实的染色体看来, 这似乎是过度使用了简化模型。然而, 就像本节后面几个例子显示的那样, 这个模型确实能够把握染色体实验数据中的关键特征, 更为重要的是, 它作出的错误预言给了新的实验方向。由此看来, 无规行走模型是定量染色体地理学研究的一个很好的出发点。这个思想还进一步受到弗洛里 (Flory) 定理的支持, 该定理认为, 对稠密聚合物系统, 如限制在细胞内的染色体, 两个单体之间的距离分布仍然可以用无规行走的统计理论描述。

染色体上两个标记的基因座之间的轮廓长度 Na 可以用两个标记间的基因距离表示成 $Na = N_{\mathrm{bp}}/v$, v 是染色质 DNA 的包装线密度。例如, 在 30 nm 粗的染色质纤维上, 两个基因距离为 $N_{\mathrm{bp}} = 100$ kb 的基因座之间的轮廓长度大约是 100 kb/(100 bp/nm) = 1 μm。假设染色质结构是一条 10 nm 粗的纤维, 由于包装密度比前面的小 10 倍, 这两个基因座之间沿着纤维的轮廓距离就要比前者大 10 倍。

无规行走聚合物的首末端距分布函数是由单参数 Na^2 决定的, 它也是均方首末端距。因为轮廓长度 $Na = N_{\mathrm{bp}}/v$, 均方首末端距也可以写成 $\langle R^2 \rangle = N_{\mathrm{bp}}a/v$。因此, 描述染色体无规行走模型的实质性参数是库恩长度和包装密度的比。这个参数可以通过测量染色体上两个标记的基因距离与它们空间上的均方距离的函数关系来确定。图 8.11 展示了在人类 4 号染色体上的测量结果。对数据拟合估算出$a/v = 2\ \mathrm{nm}^2/\mathrm{bp}$, 它正好是数据初始线性区的斜率。数据在很大的基因距离处偏离线性关系可以归咎于细胞核对染色体的限制效应。下面我们利用染色体构型的无规行走模型分析在霍乱弧菌中的限制效应。

有了染色体的材料参数 a/v 的测量值后, 我们就能算出染色体上两个荧光标记的基因座之间距离的概率分布函数。通常, 由于显微镜下的细胞指向是随机的, 标记后的染色体实验只能得到关于染色体上两个标记点之间距离向量 $\mathbf{r}$ 的模 r 的信息。这个量的概率分布可以通过将式 (8.34) 和式 (8.35) 对向量的角变量 θ 和 ϕ 积分得到。对自由的聚合

物, 积分给出

$$P(r)=\left(\frac{3}{2\pi Na^2}\right)^{3/2}4\pi r^2\mathrm{e}^{-3r^2/2Na^2} \tag{8.36}$$

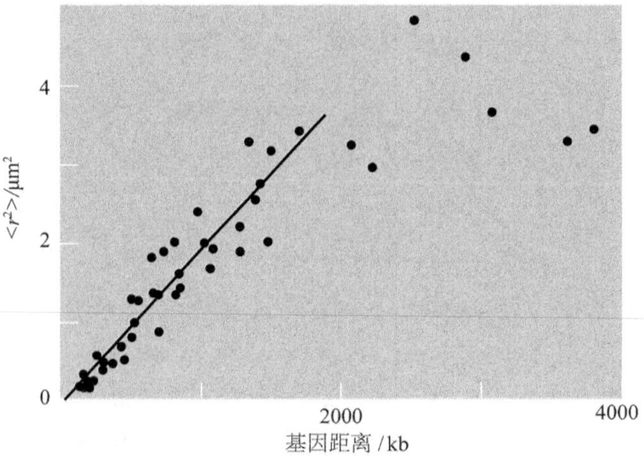

图 8.11　人类 4 号染色体上两个荧光标记的基因座的物理距离与基因距离之间的函数关系。物理距离用两个标记之间的均方距离度量。(取自 G. van den Engh et al., *Science* 257: 1410, 1992.)

而当聚合物被系连时,

$$P(r)=\left(\frac{3}{2\pi N'a^2}\right)^{1/2}\frac{r}{R}\left[\mathrm{e}^{-3(r-R)^2/2N'a^2}-\mathrm{e}^{-3(r+R)^2/2N'a^2}\right] \tag{8.37}$$

注意, 系连给出的距离分布函数和自由的不同, 这就为我们检测细胞内的染色体是否被系连提供了一个数学工具。

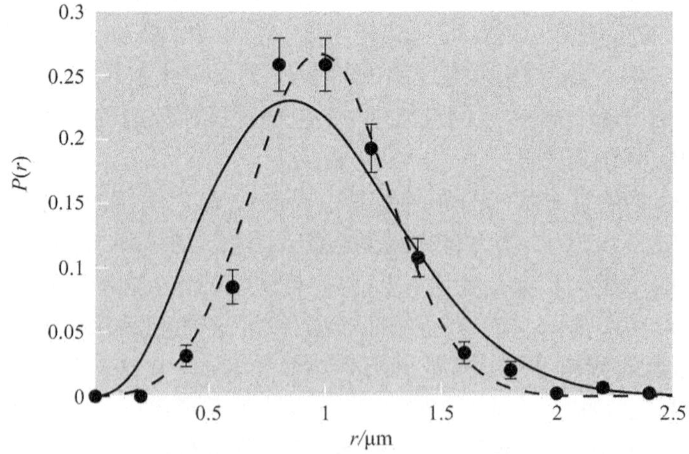

图 8.12　酵母菌 III 号染色体的统计。安置在着丝粒附近以及酵母菌 III 号染色体 HML 区的两个荧光标记之间距离的分布。这两个区域的基因距离约 100 kb。实线是用自由聚合物的距离分布函数 [式 (8.36)] 拟合的结果, 虚线是用系连聚合物式 (8.37) 拟合的结果。(蒙 S. Gordon-Messer, J. Haber, and D. Bressan 惠赠)

对酵母菌 III 号染色体上两个标记之间的距离分布的测量发现, 上面提到的分布差异也可以在体内观察到。图 8.12 展示了测量得到的两个荧光标记距离的分布, 其中一个标记在靠近出芽酵母菌 III 号染色体的 HML 区, 另一个在纺锤体极体上。极体处在核周围的某个固定位置上, 它实际上标示了着丝粒的位置。用自由聚合物的式 (8.36) 难以拟合实验测量的分布, 而用系连聚合物的式 (8.37) 拟合得很好。

用系连聚合物的分布拟合可以得到刻画模型的两个量, 它们是系连点与 HML 区的荧光标记之间的均方距离 $N'a^2 = 0.5\,\mu\text{m}^2$ 以及从纺锤体极体到系连点之间的距离 $R \approx 0.9\,\mu\text{m}$。注意, 为了计算假想的系连点在基因组上的位置, 我们需要刻画染色质结构的参数 a/v。为此, 进行关于人类 4 号染色体的图 8.11 类似的测量是非常必要的。

在细菌细胞中观察到染色体领地

细菌的染色体过去常被认为是无结构的和随机分布的。这个观点已经受到实验的强力挑战, 这些实验利用了放置在基因组上不同位置的荧光标记, 如图 8.13 所示。实验中总共制备了 112 种新月柄杆菌的突变体, 荧光标记放在这 112 个不同位置上, 覆盖了整个环状的细菌染色体。沿着细菌长度方向测量标记的平均位置发现, 从复制起点开始的基因距离和离细菌极点的物理距离之间呈线性关系。如果我们把这个 4 Mb 的环状染色体简单地模型化为限制在细胞内部的聚合物环, 上述关系有点出乎预料。

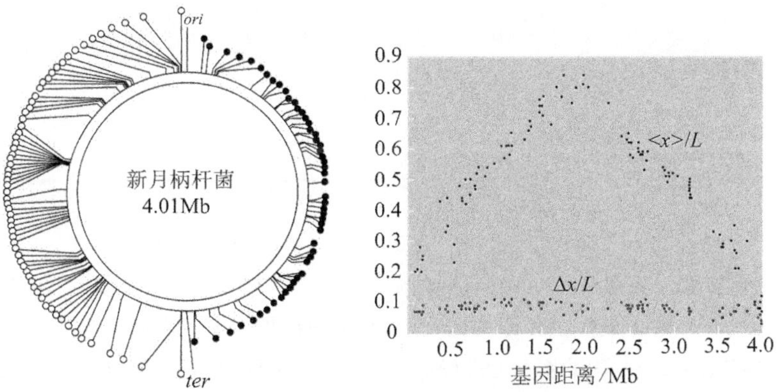

图 8.13 新月柄杆菌的染色体地理学。该图画出了新月柄杆菌染色体上 112 个不同荧光标记的位置沿着细胞长轴方向的平均位置 ($< x > /L$) 和位置标准偏差 ($\Delta x/L$)。左图显示的是荧光标记在染色体上的位置。(取自 P. H. Viollier et al., *Proc. Natl Acad. Sci.* 101: 9257, 2004.)

估算: 新月柄杆菌染色体的组织 在新月柄杆菌中, 标记区域位置分布的宽度提供了染色体组织的另一种度量。如图 8.13 所示, 位置的标准方差与离复制起点的基因距离无关, 它近似是 0.2 μm (细菌长度 $L \approx 2$ μm)。我们可以用一个简单模型对这个测量结果做出合理解释, 在这个模型里染色体被分解成一系列环。这可能是由于蛋白质使得染色体上不同位置之间产生接触 (H-NS就是一个例子)。为了估算这种环的尺寸, 我们假设观察到的位置分散性是由于环的无规行走引起的。考虑到首末端距的平方 $r^2 = x^2 + y^2 + z^2$ 的均值是 Na^2, x^2 的均值应该是其 1/3 (已经假定球对称分布),

即 $Na^2/3$。利用基因距离和均方距离的关系 $Na^2 = N_{\mathrm{bp}}a/v$, 并假设染色体和裸 DNA 有相同的库恩长度 ($a = 100$ nm) 和包装密度 ($v = 3$ bp/nm), 我们得到如下估算, $(0.2\,\mu\mathrm{m})^2 = Na^2/3 = N_{\mathrm{bp}}/3(100/3)\,\mathrm{nm}^2/\mathrm{bp}$, 即 $N_{\mathrm{bp}} \approx 4\,\mathrm{kb}$, 这意味着环应该小于或者等于 8 kb (更仔细的分析应该考虑到环的封闭性质, 这样估算出来的值要大 2 倍)。这个结果同用其他方法对细菌染色体中拓扑域的测量有很好的关联, 后者得出的结果大约是 10 kb。

霍乱弧菌染色体领地可以用受限的系连聚合物模型来描述

另外一个实验把荧光标记安置在接近霍乱弧菌的两条染色体复制起始的位置上, 这两条染色体的长度大约是 3 Mb 和 1 Mb。在这个例子中, 沿着细菌长度 (x) 和垂直方向 (y) 同时测量荧光标记的位置。图 8.14 显示了较大的那条染色体的复制起点的 x 和 y 分布。作为比较, 细胞长 3.2 μm, 直径约 0.8 μm。

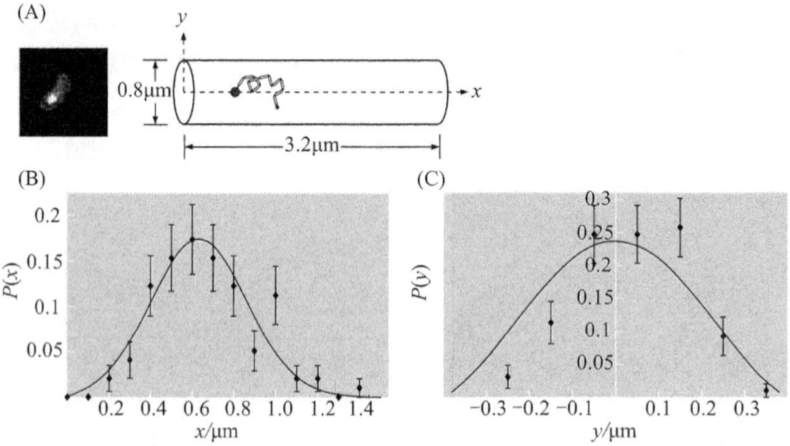

图 8.14　活体染色体的位置分布。(A) 霍乱弧菌两条染色体中较大的一条的复制起点经荧光标记, 它沿着细胞长轴 (x 方向) 和垂直于长轴 (y 方向) 的位置测量结果。将细胞模型化成一个圆柱, 沿 x 和 y 方向的位置分布可以用一个受限的系连无规行走聚合物模型来预测。(B) 和 (C) 测量了距离分布函数并与理论作比较。$P(x)$ 具有自由无规行走聚合物的高斯分布特征, 由于细胞壁的限制效应, $P(y)$ 不是高斯型的。对限制在圆柱中的无规行走聚合物的 $P(y)$ 的计算留作本章课后习题。(蒙 A. Fiebig, J. Schmit, and J. Theriot 惠赠。)

x 位置分布的宽度约为半个微米, 它比细菌长度要小得多。分布中心位于 $x_0 = 0.6$ μm 处, 它与细胞在该位置上有一个系连点一致, 这个分布可以用高斯分布很好地描述, 就像是一个未受到细胞壁影响的无规行走聚合物。通过拟合简单一维无规行走聚合物首末端距的高斯分布

$$P(x) = \sqrt{\frac{1}{2\pi Na^2}}\mathrm{e}^{-(x-x_0)^2/2Na^2} \tag{8.38}$$

得到参数 $Na^2 = 0.16$ μm²。再次假设裸 DNA 的库恩长度是 $a = 0.1$ μm, 我们得出荧光标记点与在 $x_0 = 0.6$ μm 的系连点之间的库恩链节数目是 $N = 16$。取 $v = 3$ bp/nm 就给

出了到系连点处的基因距离 $16 \times 0.1\ \mu\text{m} \times 3\ \text{bp/nm} = 4.8\ \text{kb}$。因此,简单一维染色体模型与基因组上离荧光标记位置约 5 kb 处存在一个系连点的结论是一致的。这类分布也和其他决定活细胞染色体基因座位置的机制相容,包括存在多个系连点的情况。

沿 y 方向的位置分布跨越了整个细菌宽度,它的中心在零点。后者是实验设计的结果,实验随机收集细胞沿方位角方向的距离数据。此外,分布的非高斯特征意味着出现了细胞壁的限制效应。为了定量地直观理解限制效应,我们设计一个由 N 个长度为 a 的链节组成的一维聚合物模型,聚合物一端系连在 x_0 处,并且限制在长度为 L 的细胞里,如图 8.15 所示。我们的目标是计算聚合物的首末端距分布 $P(x; N)$。

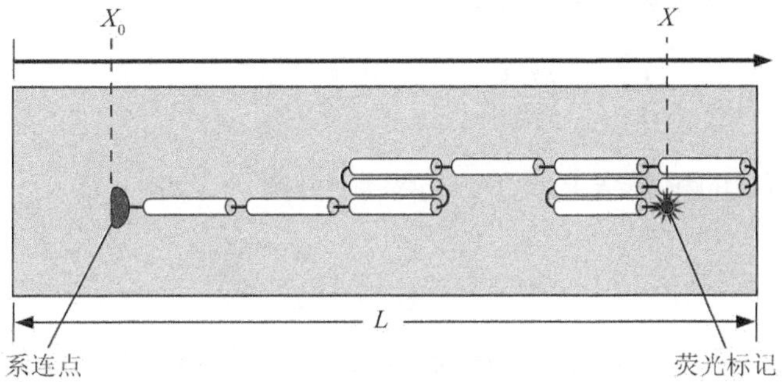

图 8.15 染色体的一维简化模型,除了一端被系在 x_0 处外,分子也被限制在长度为 L 的细胞里。这个模型预测了荧光标记距离的分布函数 $P(x)$

为了计算 $P(x; N)$,我们再次将聚合物映射为无规行走模型,聚合物构型被等价成一条从位置 x_0 出发总共行走了 N 步的无规行走的轨迹。因为只对那些留在细胞里的无规行走感兴趣,我们还须加上吸收边界条件。换言之,我们要求 $P(x; N)$ 在 $x = 0$ 和 $x = L$ 对任何 N 都为零。这样确保任何穿过细胞边界的行走都被排除在可能的行走集合之外。从 $x = x_0$ 出发在 x 处结束同时没有离开细胞的无规行走比例是 $G(x; N)$,这个量满足如下扩散方程

$$\frac{\partial G(x;N)}{\partial N} = \frac{a^2}{2}\frac{\partial^2 G(x;N)}{\partial x^2} \tag{8.39}$$

无规行走和扩散之间的联系将在第 13 章和本章课后习题中进一步探讨。

留在细胞内并在位置 x 处结束的行走的概率是

$$P(x;N) = \frac{G(x;N)}{\int_0^L G(x;N)\mathrm{d}x} \tag{8.40}$$

因此,为了得到概率分布 $P(x; N)$,我们必须在边界条件 $G(0; N) = G(L, N) = 0$ 和初始条件 $G(x; 0) = \delta(x - x_0)$ 下求解式 (8.39),初始条件表示的是聚合物行走的起始位置。函数 $\delta(x - x_0)$ 在 x_0 处有尖锐的峰表明行走从这个位置开始。

为了求解式 (8.39),对函数 $G(x; N)$ 做傅里叶展开 (见本节“模型的数学”)

$$G(x;N) = \sum_{n=1}^{\infty} A_n(N)\sin\left(\frac{n\pi}{L}x\right) \tag{8.41}$$

注意式 (8.41) 求和中的每一项都满足吸收边界条件,还需要满足初始条件和微分方程。

初始条件给出

$$\delta(x-x_0)=\sum_{n=1}^{\infty}A_n(0)\sin\left(\frac{n\pi}{L}x\right) \tag{8.42}$$

式中, $A_n(0)$ 是待求常数。将式 (8.42) 两边同乘以 $\sin(m\pi x/L)$ 并对其在 0 到 L 上积分。左边给出 $\sin(m\pi x_0/L)$, 而右边是

$$\sum_{n=1}^{\infty}A_n(0)\int_0^L\sin\left(\frac{n\pi}{L}x\right)\sin\left(\frac{m\pi}{L}x\right)\mathrm{d}x=\frac{L}{2}A_m(0) \tag{8.43}$$

这里我们已经用了正弦函数的正交性质

$$\int_0^L\sin\left(\frac{n\pi}{L}x\right)\sin\left(\frac{m\pi}{L}x\right)\mathrm{d}x=\delta_{n,m}\frac{L}{2} \tag{8.44}$$

把式 (8.42) 左右两边的积分结果放在一起考虑, 得到

$$A_m(0)=\frac{2}{L}\sin\left(\frac{m\pi}{L}x_0\right) \tag{8.45}$$

现在回到微分方程。于是问题转化为选择什么样的系数 $A_n(N)$ 使得扩散方程 (8.39) 成立。为此, 只需简单地把 $G(x;N)$ 的傅里叶展开代到微分方程里。这样就有

$$\sum_{n=1}^{\infty}\frac{\mathrm{d}A_n(N)}{\mathrm{d}N}\sin\left(\frac{n\pi}{L}x\right)=-\frac{a^2}{2}\sum_{n=1}^{\infty}A_n(N)\left(\frac{n\pi}{L}\right)^2\sin\left(\frac{n\pi}{L}x\right) \tag{8.46}$$

再次运用将方程两边乘以 $\sin(m\pi x/L)$ 并从 0 到 L 积分的技巧。应用正交性质, 就得到关于系数 $A_m(N)$ 的微分方程

$$\frac{\mathrm{d}A_m(N)}{\mathrm{d}N}=-\frac{a^2}{2}\left(\frac{m\pi}{L}\right)^2A_m(N) \tag{8.47}$$

式 (8.47) 的解是指数函数

$$A_m(N)=A_m(0)\exp\left[-\left(\frac{m\pi}{L}\right)^2\frac{a^2}{2}N\right] \tag{8.48}$$

式中, 系数 $A_m(0)$ 已经由初始条件导出的式 (8.45) 决定了。

最后, 式 (8.39) 满足所有行走从 x_0 开始的初始条件以及细胞壁吸收边界条件的解是

$$G(x;N)=\sum_{n=1}^{\infty}\frac{2}{L}\sin\left(\frac{n\pi}{L}x_0\right)\sin\left(\frac{n\pi}{L}x\right)\exp\left[-\left(\frac{n\pi}{L}\right)^2\frac{a^2}{2}N\right] \tag{8.49}$$

为了把这个量转换成在细胞内的受限聚合物首末端距的概率分布, 利用式 (8.40) 得到

$$P(x;N)=\frac{1}{L}\frac{\displaystyle\sum_{n=1}^{\infty}\sin\left(\frac{n\pi}{L}x_0\right)\sin\left(\frac{n\pi}{L}x\right)\exp\left[-\left(\frac{n\pi}{L}\right)^2\frac{a^2}{2}N\right]}{\displaystyle\sum_{n=1}^{\infty}\sin\left(\frac{n\pi}{L}x_0\right)\frac{1}{n\pi}[1-\cos(n\pi)]\exp\left[-\left(\frac{n\pi}{L}\right)^2\frac{a^2}{2}N\right]} \tag{8.50}$$

图 8.16 画出了限制在 2 μm 长的细菌里的 DNA 的概率分布, DNA 长度为 0.5 ~ 10 μm。注意细胞限制对最短的链没有影响, 首末端距分布只是一个简单的高斯函数 [式 (8.38)]。对中等长度的链, $Na = 2$ μm, 细胞的存在是使得分布偏移, 这是由于系连点选在靠近细胞边界左侧 $x_0 = 0.75$ μm 位置的缘故。最后, 对非常长的 DNA 链, 这个分布再次变得对称, 此时关于系连点位置的所有记忆都消失了。

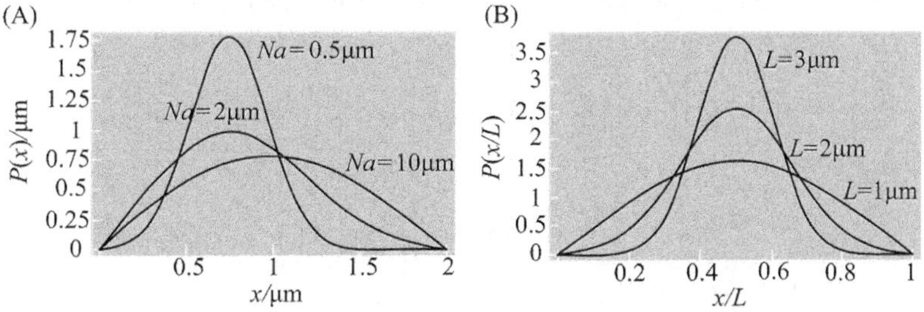

图 8.16 受限聚合物的分布。(A) 系连点 (位于 $x_0 = 0.75$ μm) 和荧光标记间的染色质纤维取不同轮廓长度时的一维染色体模型的距离分布。这里细胞长度 $L = 2$ μm, 包装密度和库恩长度与裸 DNA 相同。(B) 同 (A) 类似, 针对的是长度为 1 μm 的染色质纤维被系连在不同尺寸的细胞中间位置上的情形

受限无规行走为我们提供了定量的直观图像, 它使我们得出如下结论, 即图 8.13 所示的新月柄杆菌染色体标记的平均位置的观测分布和细胞内部仅系连在细菌极点上的受限聚合物模型并不相容。这种系连构型会使得大部分标记的平均位置出现在细胞的中间位置上 (接近复制起点和终点的那几个除外, 因为它们被限制在细胞极点上)。因此, 为了建立同观测一致的染色体地理学, 有必要对染色体加上进一步的限制。

在图 8.16(B) 中我们再次用式 (8.50) 画出首末端距分布。但这一次 DNA 长度是 $Na = 1$ μm ($a = 100$ nm), 它被系连在限制盒的中间位置上, 盒子长度为 1 ~ 3μm。我们看到限制效应很快呈现出来: 对最大盒子这种效应不明显; 而对最小盒子, 分布实际上等同于一条非常长的聚合物被限制在一个小盒子中的情形。这为安置在霍乱弧菌染色体上的荧光标记沿 x 和 y 方向观测到的距离分布不同提供了一个解释。我们可以用推导得到的公式和测量得到的 x 分布做拟合来定量验证这个结论。拟合给出两个参数, 一个是假定的系连点位置 x_0, 另一个是用 Na^2 描述的链尺寸。有了 Na^2 的值, 并假定系连点在 y 方向上位于 $y = 0$ (假如沿 y 方向限制效应很强, 对系连点在 y 方向的位置选取对问题没有实质影响, 因为前面曾经论述过强限制效应抹去了系连点的位置影响), 很容易画出 y 分布并检查它是否和数据相匹配。这个比较展示在图 8.14 中, 在那里我们把细胞简化成一个圆柱体并考虑到了如下事实, 即实验测得的荧光标记的 y 位置是荧光标记的径向距离在放置细胞的盖玻片平面内的投影。具体计算细节留作家庭作业。

模型的数学: 傅里叶级数 我们经常会考虑定义在区间 $0 \sim L$ 上的函数。这些函数的一个有用性质是它们可以展开成如下傅里叶级数

$$f(x) = \frac{a_0}{2} + \sum_{n=1}^{\infty} \left[a_n \cos\left(\frac{2\pi n}{L} x\right) + b_n \sin\left(\frac{2\pi n}{L} x\right) \right] \tag{8.51}$$

式中, a_n 和 b_n 是傅里叶系数, 对于给定函数 f, 这些系数决定了相关函数的特性。上述等式对区间内除 $x=0$ 和 $x=L$ 的所有点都成立。因为出现在方程右边求和中的所有函数在 0 和 L 处有相同的值, 我们必然会得出 $f(0)=f(L)$ 的结论。如果函数不是这样, 可以证明 $f(x)$ 的傅里叶表示在区间边界上取值为 $[f(0)+f(L)]/2$。

计算傅里叶系数依赖于正弦和余弦函数的正交性质。具体地, 这样两种函数乘积的积分, 只有当它们都是正弦或者都是余弦并且有相同周期时才非零; 这里 $\sin(2\pi nx/L)$ 的周期是 L/n。在数学上重新表述为

$$\begin{aligned}
\int_0^L \sin\left(\frac{2\pi n}{L}x\right)\cos\left(\frac{2\pi m}{L}x\right)\mathrm{d}x &= 0\\
\int_0^L \sin\left(\frac{2\pi n}{L}x\right)\sin\left(\frac{2\pi m}{L}x\right)\mathrm{d}x &= \frac{L}{2}\delta_{n,m}\\
\int_0^L \cos\left(\frac{2\pi n}{L}x\right)\cos\left(\frac{2\pi m}{L}x\right)\mathrm{d}x &= \frac{L}{2}\delta_{n,m}
\end{aligned} \tag{8.52}$$

式中, 当 $n=m$ 时克罗内克符号 $\delta_{n,m}$ 等于 1, 其他为 0。有了这些等式, 我们可以用不同周期的正弦和余弦函数乘以函数 f 再从 0 到 L 做积分来计算该函数的傅里叶系数。观察式 (8.51) 右边并考虑上面的正交恒等式, 可以看到式 (8.51) 右边只剩下有相同周期的正弦或余弦函数, 因此得到下列等式:

$$\begin{aligned}
\int_0^L f(x)\mathrm{d}x &= \frac{a_0}{2}L\\
\int_0^L f(x)\cos\left(\frac{2\pi n}{L}x\right)\mathrm{d}x &= a_n\frac{L}{2}\\
\int_0^L f(x)\sin\left(\frac{2\pi n}{L}x\right)\mathrm{d}x &= b_n\frac{L}{2}
\end{aligned} \tag{8.53}$$

由此可计算出傅里叶系数

$$\begin{aligned}
a_0 &= \frac{2}{L}\int_0^L f(x)\mathrm{d}x\\
a_n &= \frac{2}{L}\int_0^L f(x)\cos\left(\frac{2\pi n}{L}x\right)\mathrm{d}x\\
b_n &= \frac{2}{L}\int_0^L f(x)\sin\left(\frac{2\pi n}{L}x\right)\mathrm{d}x
\end{aligned} \tag{8.54}$$

为了说明函数展成傅里叶级数的过程, 考虑一个简单函数, 它在 $0<x<L/2$ 等于 1, 在 $L/2<x<L$ 为 0 (即方波)。应用式 (8.54) 计算傅里叶系数, 得到 $a_0=2/L$, $a_n=0$, 而对偶数 n 有 $b_n=0$, 对奇数 n 有 $b_n=2/\pi n$。图 8.17 展示了当求和中保留的项数增加时, 函数 $f(x)$ 怎样从傅里叶级数中呈现出来。

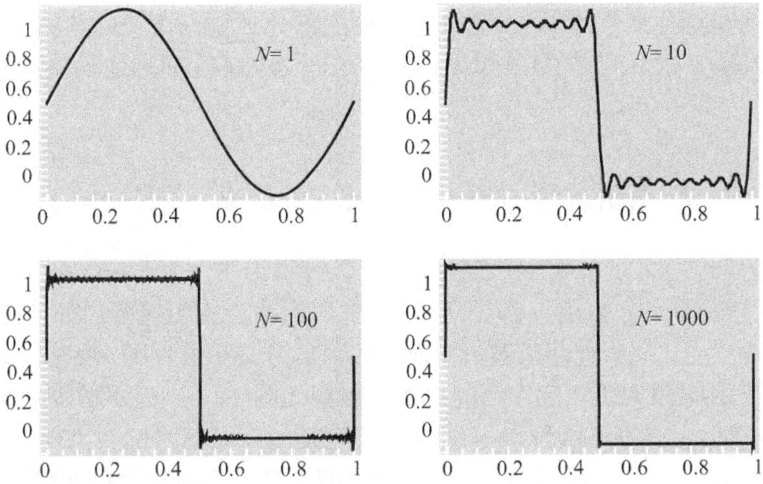

图 8.17 方波的傅里叶级数表示。用傅里叶级数 (8.51) 的前 N 项表示方波, 不同的图对应不同的 N 值

8.2.4 DNA成环

基因的组织发生在很多不同的尺度上。在较小的尺度上有普遍意义的现象是在基因组 DNA 和 RNA 上形成不同形态的环。图 8.18 展示了核苷酸在多种不同情形下是如何成“环”的。例如, 图 8.18(A) 展示了 DNA 解链导致的单链片段形成泡, 单链片段蜿蜒曲折的部分可以当作无规行走问题来处理。类似的想法也可以用在计算 RNA 形成发夹环的倾向性上, 发夹是 RNA 二级结构的重要单元。另一个很受欢迎的例子是转录因子诱

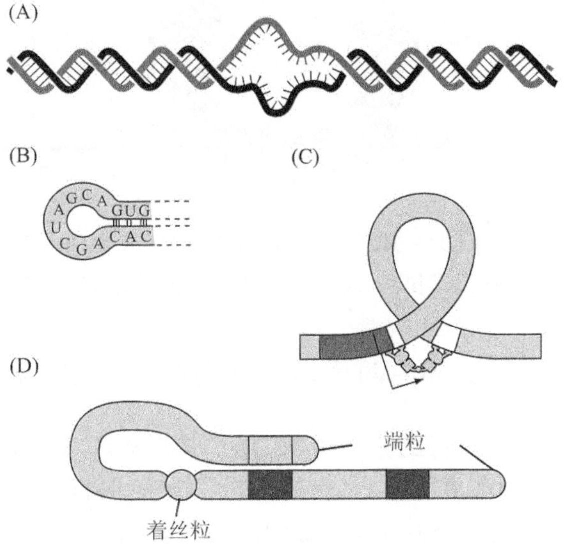

图 8.18 成环的例子: (A) 双螺旋 DNA 中形成泡 (B) RNA 二级结构的发夹环 (C) 转录因子诱导的 DNA 成环。(D) 染色体 DNA 的长距离成环

导 DNA 成环, 它是基因调控过程的一部分。而展示在图 8.18(D) 中的例子涉及基因重组, 作为重组事件的前奏, 染色体 DNA 上相互远离的部分必须先找到对方。这些事件在酵母菌的交配型转换、B 细胞的 V(D)J 重组以及参与嗅觉受体选择的随机决策过程中都很重要。

乳糖阻遏蛋白通过形成 DNA 屏蔽环发挥作用

在图 4.13 和第 4.4.3 节中, 我们曾介绍过乳糖操纵子, 它是一个特别新奇的基因调控的例子。乳糖操纵子故事的一部分是图 8.19 所示的乳糖阻遏蛋白如何抑制这个操纵子基因。到目前为止, 关于乳糖阻遏蛋白的描述大部分是示意性的, 没有特别指出负责阻遏的力学行为。乳糖阻遏蛋白起作用的真实故事要比图 4.15 中展示的复杂得多。实际上, 除了在那里描述的主操纵基因位点 (O1) 外, 还有其他操纵基因位点 (O2 和 O3), 阻遏蛋白可以和它们结合并诱导出如图 8.19 所示的 DNA 环。当阻遏蛋白四聚体 (由 LacI 基因的 4 个拷贝表达合成) 同时结合到两个操纵基因上时, 阻遏的效率达到最大值。图 1.11 中展示了不同长度的环的实验结果。

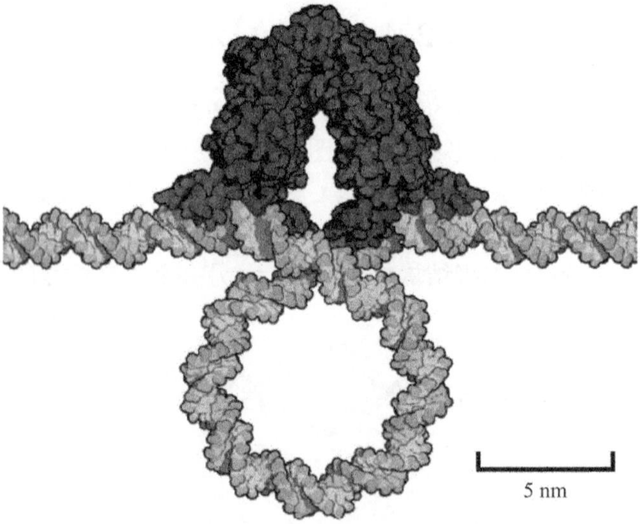

图 8.19 乳糖阻遏蛋白诱导的 DNA 成环模型。蛋白质和 DNA 界面由 X 射线衍射实验确定, 但 DNA 环的整体位置和形状是艺术加工的结果。(蒙 Goodshell 惠赠)

DNA 片段成环由两个端点找到对方的难易程度决定

为了使像乳糖阻遏蛋白这样的分子诱导 DNA 自发成环, DNA 和蛋白质分子必须同时承受住热涨落的冲击, 而涨落也把 DNA 的不同片段拉到物理上接近的位置。如在第 10 章所述, DNA 以这种方式弯折付出了弹性能代价。然而, 熵对 DNA 的成环自由能也有贡献, 这是因为当 DNA 成环时, 系统允许的构象变少, 熵因此相应地减少。

作为计算成环的熵代价的热身练习, 我们研究一维模型的闭合构象所占的比例。成

环概率 $p_\circ$ 是一维无规行走返回原点的概率。取式 (8.10) 中 $R=0$, 得到

$$p_\circ = \frac{\text{成环构型数目}}{\text{总构型数目}} = \frac{\overline{(N/2)!(N/2)!}^{N!}}{2^N} \tag{8.55}$$

式中, N 是库恩链节的数目。我们感兴趣的是 $N \gg 1$ 的长链极限。如上所述, 也只有在这个极限时无规行走模型才能用于 DNA 构象的研究。为进一步简化式 (8.55), 使用斯特林公式 $N! \approx (N/\mathrm{e})^N\sqrt{2\pi N}$, 它在 $N \gg 1$ 时成立, 我们发现

$$p_\circ \approx \sqrt{\frac{2}{\pi N}} \tag{8.56}$$

该模型的一个有趣预言是长链 DNA 的成环概率以链长的 $-1/2$ 次方衰减。

首末端在某个小距离内的概率也可以用第 8.2.1 节中导出的首末端距的高斯分布近似得到。使用这个连续分布求链的两端在某个临界距离 $\delta \ll \sqrt{Na^2}$ 内的概率。在这种情况下式 (8.16) 的首末端距分布可以近似写为

$$P(R;N) \approx \frac{1}{\sqrt{2\pi Na^2}} \tag{8.57}$$

我们已经用了在 $-\delta < R < \delta$ 内成立的 $\mathrm{e}^{-R^2/2Na^2} \approx 1$ 做了替换。成环概率可以由对邻近的所有距离做积分得到, 结果是

$$p_\circ = \int_{-\delta}^{\delta} \frac{1}{\sqrt{2\pi Na^2}}\mathrm{d}R = \sqrt{\frac{2}{\pi N}}\frac{\delta}{a} \tag{8.58}$$

和预期的一样, 当 $\delta = a$ 时它和式 (8.56) 相同。

我们之前曾发现聚合物尺寸和长度的标度律与空间维度无关, 但是, 维度效应对成环的影响相当显著。特别是成环概率的形式依赖于我们使用的是一维、二维还是三维无规行走来计算这个量。为了说明这一点, 考虑一个 N 步的三维无规行走。返回原点的概率可以写成返回原点的行走数和总行走数的比, 这和前面做过的非常相似 (在离散形式下的计算细节留作本章课后习题)。然而, 通向这个结果更直接的途径是利用连续分布。

考虑一个三维无规行走的首末端距分布。具体地, 链两端在距离为 δ 内的概率由以下积分给出

$$p_\circ = \int_0^{\delta} 4\pi R^2 P(R;N)\mathrm{d}R = \int_0^{\delta} 4\pi R^2 \left(\frac{3}{2\pi Na^2}\right)^{\frac{3}{2}} \mathrm{e}^{-3R^2/2Na^2}\mathrm{d}R \tag{8.59}$$

因为我们对成环感兴趣, 所以可以假设距离 δ 比聚合物的尺寸 $N^{1/2}a$ 小得多。在这种情况下, 积分因子中的指数函数近似为 1, 由此得到的积分是

$$p_\circ = \int_0^{\delta} 4\pi R^2 \left(\frac{3}{2\pi Na^2}\right)^{\frac{3}{2}} \mathrm{d}R = \left(\frac{6}{\pi N^3}\right)^{\frac{1}{2}} \left(\frac{\delta}{a}\right)^3 \tag{8.60}$$

从这个计算得到的主要结论是成环概率以库恩链节数目的 $-3/2$ 次方衰减。我们将在第 10.3 节展示如何把 DNA 成环的熵和能量描述联系起来以完成这里的论述。在第 19.2.5 节, 这些思想也用来计算基因表达的概率。

8.2.5　PCR、DNA 解链和 DNA 泡

至此, 我们已经考察了与 DNA 成环相关的生物过程, 在那些问题中 DNA 双链都是保持完整的。在有各种聚合酶参与的 DNA 加工过程中, 双链 DNA 的局域双螺旋会解开并形成一些单链的 DNA 环。这个解链过程也是聚合酶链反应 (PCR) 的核心步骤。它是当代分子生物学的关键工具之一。这里我们用 DNA 无规行走模型研究互补的碱基配对如何和解链态相互竞争, 在解链态下碱基不再以配对方式相互连接。

DNA 解链是分开两条互补链的能量损失和熵增益之间的竞争结果

解链过程是熵和能量之间竞争的结果, 前者喜欢解链状态, 而后者在所有碱基配对并形成氢键时最小。因此, 通过升温可以改变熵和能量在 DNA 自由能中的相对权重, 或者改变盐浓度以改变氢键的结合能, 从而导致解链。当细胞需要解开它的 DNA 双螺旋时, 它并不需要改变温度或盐浓度, 而是使用一种称为解旋酶的耗能分子, 以付出能量代价的方式分开两条 DNA 链。

PCR 曾是分子生物学中的革命性进展。PCR 使 DNA 片段发生扩增, 扩增后的片段可以用于如下过程: 在细菌中克隆表达胰岛素的基因、寻找种群中的稀罕变异、鉴定犯罪现场血样来源以及对比人类和穴居人的 DNA 序列等。基本原理展示在图 8.20 中。PCR 的目标是取 DNA 的某个片段并对它做大规模拷贝。在图 8.20 中可以看到包含模板 DNA (需要拷贝的片段) 的反应物、用作“引物”的 DNA 小片段 (它们和 DNA 上靠近感兴趣区域的位点互补)、DNA 聚合酶 (它们相当于是复制拷贝的分子复印机) 以及大量建造新 DNA 分子的原材料核苷酸 (A、G、T、C 等)。

一个典型的 PCR 进行方式是基于一系列温度交替升高和降低的循环。升高温度的目的是为了使 DNA 解链。当 DNA 解开成单链时紧接着是一个退火步骤, 在此期间引物就结合到它们的靶位点上。在这之后是一个延伸过程, 聚合酶把恰当的核苷酸加到新生 DNA 双螺旋上。当这个循环结束后, 再次重复上述过程, 这时已经有更多的模板分子可以用来制造新的 DNA 分子。整个反应产物浓度因此会以指数的方式增加。本节的目标是分析针对 PCR 反应中 DNA 解链步骤的一个简单模型。和我们已经用过的很多玩具模型一样, 分析的目标是为了展示某些重要的思想, 而不是为了深入了解 PCR 过程中 DNA 的解链。

DNA 解链温度可以用无规行走模型进行估算

下面基于两个内部状态变量的模型来讨论 DNA 解链, 这和第 7 章介绍过的几个模型类似。在这个模型中碱基对要么处在双螺旋态要么处于解链态。多个连续处于解链态的碱基对形成了一个“泡”。由于氢键断裂, 形成泡需要付出一定的能量代价, 但是对熵而言是有利的, 这是由于构成泡的单链 DNA 要比双链 DNA 柔软得多, 它因此有更多的构型。所以, 解链转变是形成泡的能量和熵之间的竞争结果。

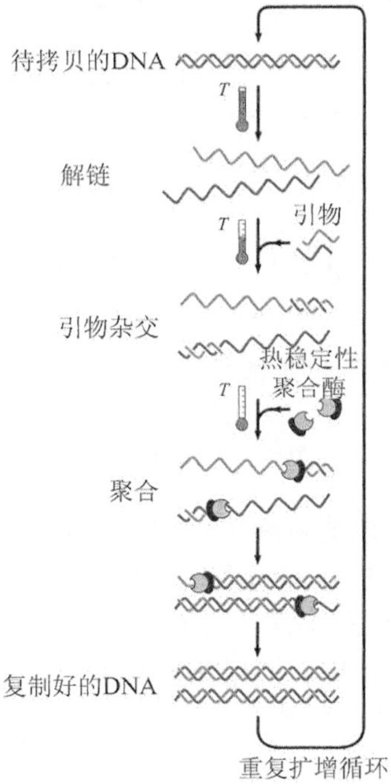

图 8.20 聚合酶链反应 (PCR) 以及它和 DNA 解链关系的示意图。温度计图标显示了在聚合酶链反应循环中每一步的温度的变化情况

为了定量研究这个竞争，我们考虑珀兰德-薛拉格模型的一个简化版本，只考虑 DNA 有一个泡的状态，如图 8.21 所示。这个假设是合理的，因为对一条长度适中的 DNA 链 (100~ 1000 bp)，生成一个泡的能量代价要比延伸泡的能量代价大得多，对于短链，多个泡引起的熵增加还不足以超过生成这些泡的能量代价。

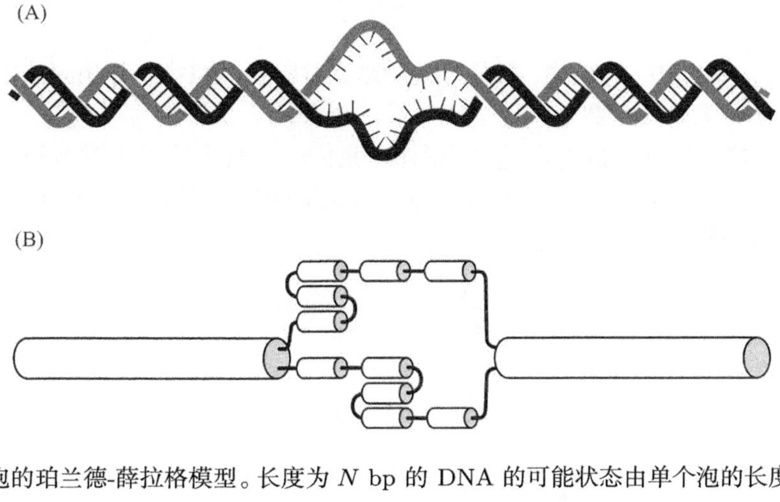

图 8.21 单泡的珀兰德-薛拉格模型。长度为 N bp 的 DNA 的可能状态由单个泡的长度 $1 \leqslant n \leqslant N$ 标记。(A) DNA 上的单泡示意图。(B) 单泡 DNA 的一维无规行走图像。圆柱体的不同长度表示了刚性的 dsDNA 和柔软的 ssDNA 在驻留长度上的区别

这个单泡模型一个很有趣的量是泡长为 n 个碱基对的平衡态概率。统计力学告诉我们这个概率由下式给出:

$$p_1(n) = \frac{e^{-\Delta G_1(n)/k_B T}}{Z} \tag{8.61}$$

式中, $\Delta G_1(n)$ 是形成一个长度为 n 的泡的自由能,

$$Z = \sum_{n=1}^{N} e^{-\Delta G_1(n)/k_B T} \tag{8.62}$$

是单泡模型的配分函数。形成泡的自由能可以写成

$$\Delta G_1(n) = E_{in} + nE_{el} - k_B T \ln[\Omega_\circ(n)(N - n + 1)] \tag{8.63}$$

式中, E_{in} 和 E_{el} 分别是泡的生成能量和多延伸一个碱基对的能量; $\Omega_\circ(n)$ 是两条 ssDNA 链围成一个泡的不同方式的数目, 这里每条链长是 n 个核苷酸; 因子 $N - n + 1$ 考虑了泡在 DNA 链上所处位置的可选方式的数目。泡的熵的精确形式与描述 ssDNA 采用的聚合物模型有关。为了简单起见, 在这里我们采用一维的聚合物无规行走模型。在此情形下我们就可以写出 DNA 单链部分的构型数

$$\Omega_\circ(n) = 2^{2n} p_\circ(2n) \tag{8.64}$$

这正是经过 $2n$ 步返回原点的无规行走的数目, 它已经在式 (8.55) 中介绍过。当 $n \gg 1$ 时, 它约化成

$$\Omega_\circ(n) = \frac{2^{2n}}{\sqrt{\pi n}} \tag{8.65}$$

这里已经使用了成环概率 $p_\circ(2n)$ 满足的式 (8.56)。

因此, DNA 解链的单泡模型的 (约化) 自由能是

$$\frac{\Delta G_1(n)}{k_B T} = (\varepsilon_{el} - 2\ln 2)n + \frac{1}{2}\ln n - \ln(N - n + 1) \tag{8.66}$$

能量参数由 $\varepsilon_{el} \equiv E_{el}/k_B T$ 给出, 我们已经去掉了对所有单泡状态都相同的生成能量和其他不重要的与 n 无关的常数。

为了理解这个模型提供的定量直观图像, 我们考虑自由能最小时泡的长度 n^* (它也是热平衡下泡的最可能长度) 与温度 (或等价的无量纲延伸能量 ε_{el}) 之间的依赖关系。令自由能对 n 的一阶导数为零, 得到

$$\Delta\varepsilon + \frac{1}{2n^*} + \frac{1}{N - n^* + 1} = 0 \tag{8.67}$$

式 (8.67) 已经引入了新变量

$$\Delta\varepsilon \equiv \varepsilon_{el} - 2\ln 2 \tag{8.68}$$

首先考虑 $\Delta\varepsilon > 0$ 的情况。此时式 (8.67) 中的三项都是正的, 因而没有关于 n^* 的实数解。这意味着在 $1 \leqslant n \leqslant N$ 的范围内, 自由能是单调增加的, 可以预料最小泡的状态 $(n = 1)$ 对应的自由能最小 (注意这个结论不是 100%可靠, 因为斯特林近似只在 n 很大

时有效)。回到模型原有参数, 这说明当温度足够低使得 $E_{el}/k_BT > 2\ln 2$ 时, 泡是很小的。在较高温度下, 当 $\Delta\varepsilon < 0$ 时, 情况就完全不同了。此时式 (8.67) 有两个不同的 n^* 解 (这点将在本章课后习题中做详细讨论)。其中一个解比 N 小很多, 它是一个局域极大值, 而另一个解接近 N, 它是一个局域极小值。图 8.22 展示了由式 (8.66) 给出的 ε_{el} 接近 $2\ln 2 \approx 1.39$ 时的约化自由能曲线, 它们很清楚地验证了上述行为。有趣的是, 注意当 $E_{el}/k_BT < 2\ln 2$ 时, 虽然 $n = 1$ 是自由能极小态之一, 但是应该可以观察到涨落导致更大的泡出现, 这些泡的平均尺寸与温度有关。同样, 在接近临界温度时, 自由能作为泡的尺寸的函数变得相当平坦, 这预言应该会出现由于热涨落而引起的不同尺寸的泡。

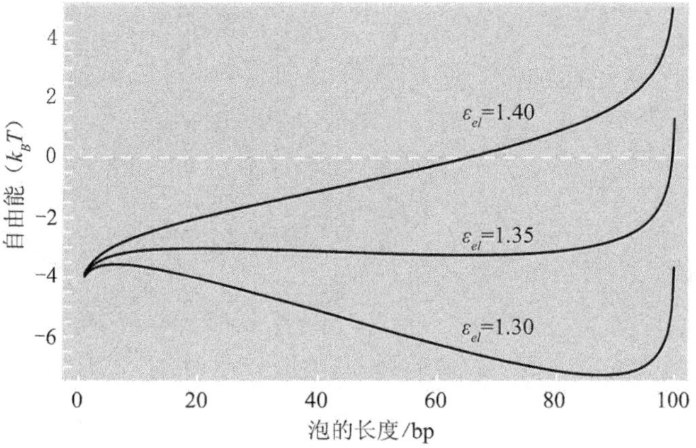

图 8.22 单泡模型中自由能与泡的尺寸之间的函数关系。当温度升高时, 泡延伸的约化能量 ε_{el} 变得越来越小。在低温下最可能的泡的尺寸是 0, 而在高温时泡会接近于 DNA 全长 (这里取 $N = 100$ bp), 此时 DNA 已经彻底解链。在中等温度区, 相当平坦的自由能曲线预示泡的尺寸会有很大的涨落

8.3 单分子力学的新世界

像这里描述的无规行走模型有着非同寻常的影响力。这些思想的另一个有趣应用是发展单分子技术测量高分子对外力的响应。

单分子测量技术导致力谱学的诞生

对单个高分子施加力的方法有很多。图 8.23 展示了其中的一些技术。图 8.23(A) 中展示的技术是使用微米尺度的悬臂, 高分子一端黏在这个悬臂上, 而另一端系连在一个表面上。通过控制系连分子的表面的高度, 悬臂会产生一个可用反射激光测量的弯曲。展示在图 8.23(B) 中第二个例子是光阱, 它能够对感兴趣的高分子施加 1~50 pN 量级的力。这个例子的关键想法是把一个高分子黏在微米尺度的珠子上, 这样就有可能用照在珠子上的激光产生的辐射压去拖动并操纵这个珠子 (因此也拉伸这个高分子)。同样的观念也用在图 8.23(C) 中的磁镊技术上, 该技术是用磁场而不是激光来操纵珠子。磁镊在施力方式上有趣的不同点是它可以施加扭矩, 这样就可以研究分子对扭转的响应。展示在图 8.23(D)

中的最后一个例子是用吸管控制的力学装置, 它能研究配体-受体相互作用的强度以及脂质囊泡的力学响应。我们在这里讨论的目的是提醒读者, 单分子技术的出现是对传统的生物化学工具的有益补充, 它们不仅能够测量生物学关心的不同分子的平均性质, 也能测量平均响应的涨落。

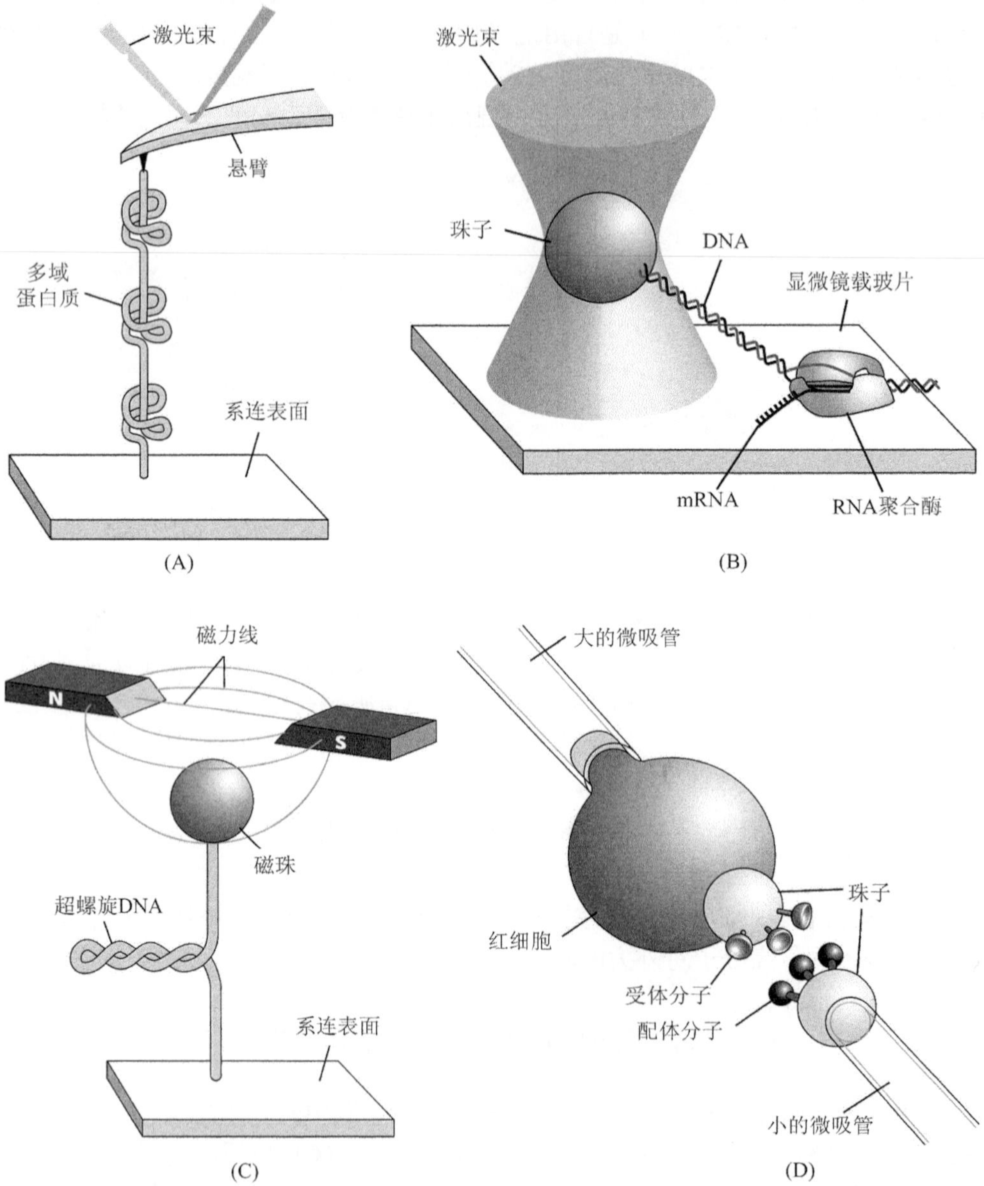

图 8.23　几种单分子技术的示意图。(A) 单分子原子力显微镜拉伸一个多域蛋白质; (B) 光阱测量转录速率; (C) 磁镊测量 DNA 的扭转性质; (D) 基于吸管的力学装置测量配体 -受体黏附力

8.3.1 力–伸长曲线

不同高分子在外力作用下有不同的“力谱指纹”

上面介绍过的单分子技术能够明确测量出一系列不同分子的力–伸长特性。图 8.24 给出了几个典型例子 (包括 DNA、蛋白质等) 的力–伸长性质。图 8.24(A) 特别展示单个 DNA 分子在外力下的力–伸长特征 (图 5.14 也展示了一个类似的例子)。注意, 对同一个 DNA 分子会有同样特征的力–伸长信号, 与用哪一种技术测量无关。此外, 这条曲线还提供了一个独一无二的指纹, 它可以作为高分子力谱学的基础。图 8.24(B) 展示了一个特殊 RNA 分子的力–伸长性质。注意, 与给定 RNA 分子二级结构有关的特征被逐个翻译成了力–伸长曲线的特征, 这证实了力–伸长曲线提供不同高分子的力谱指纹的想法。图 8.24(C) 展示了与不同高分子相关的力–伸长曲线的有趣多样性的第三个例子, 这一次揭示了多域肌联蛋白在力的作用下的去折叠。在这个例子中, 一个直接的结论是曲线中外载荷下降的次数与蛋白中去折叠域的数目一一对应。我们强调这三个例子只是一大类测量中的少数几个代表, 已经测量过的分子包括多糖、脂质、蛋白质、核酸以及它们的组装体等。

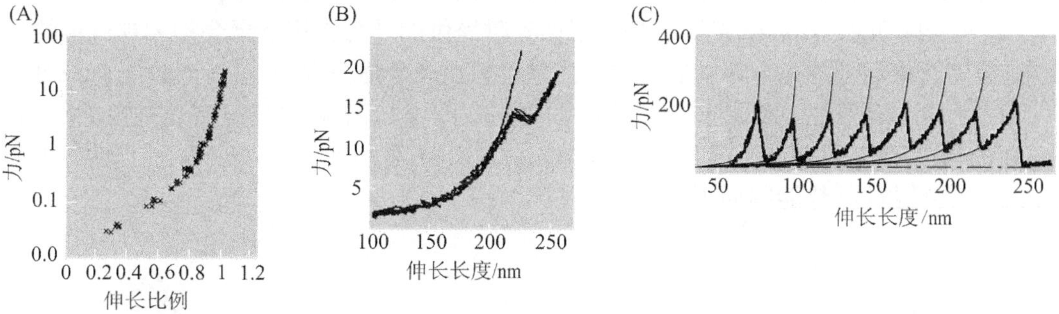

图 8.24 几种不同高分子的力–伸长曲线: (A) dsDNA。(B) RNA。(C) 用人类心脏肌联蛋白I带第 27 号 Ig 域的重复片段制成的蛋白质分子。这些测量曲线显示单分子实验可作为力谱学的基础。非单调特征对应于外力引起的结构转变。(A 取自 C. Bustamante et al., *Curr. Op. Struc. Biol.* 10: 279, 2000; B 取自 J. Liphardt et al., *Science* 292: 733, 2001; C 取自 M. Carrion-Vazquez et al., *Proc. Natl Acad. Sci.* 96: 3694, 1999.)

8.3.2 解释力–伸长曲线的无规行走模型

由于不同高分子有不同的力–伸长曲线信号, 能否用我们已知的无规行走知识计算出这些特征是个相当有趣的问题。实际上, 力–伸长曲线的计算为我们进一步探索熵力提供了机会。

低力区的力–伸长曲线可以用无规行走模型来解释

能抓住聚合物力–伸长关系的最简单模型是基于自由能的严格熵解释。具体地，当链状高分子被拉伸直到它的全长时，分子可达的构型数目在不断地下降，熵随之而减少。熵下降意味着自由能的增加。如果拉伸实验进行得足够慢，我们可以认为力由下式给出：

$$\text{力} = -\frac{\partial G}{\partial L} \tag{8.69}$$

式中，G 是自由能；L 是分子伸长.

我们从自由连接链模型的一维表述开始。设想一个全长为 $L_{tot} = Na$ 的聚合物，N 是单体数目，a 是每个单体链节的长度。我们讨论的根本目标要构建出自由能 $G(L)$ 与伸长 $L = (n_r - n_l)a$ 的函数关系，达到那个伸长量所需的力可以用式 (8.69) 计算。和以前一样，我们用记号 n_r 和 n_l 表示总链节中有多少个指向右边 (n_r) 和多少个指向左边 (n_l)。为了继续下去，还需要自由能的明确表达式。上面已经提示，在这个最简单模型中我们忽略了焓对自由能的贡献，分子的总自由能取如下形式：

$$G(L) = -k_BT\ln W(L; L_{tot}) \tag{8.70}$$

式中：$W(L; L_{tot})$ 是分子伸长为 L 时的构型数；L_{tot} 是分子的轮廓长度。

如图 8.25 所示，我们感兴趣的是在诸如光阱提供的外力作用下聚合物无规行走的平衡态。思考这个问题的一个特别简明的方式是设想在聚合物 一端挂上一个砝码，如图 8.26 所示 (这种用砝码代替加载装置能量贡献的思想在图 5.12 中介绍过)。在这种情况下，式 (8.70) 的自由能 必须补充一项 $U_{\text{weights}} = -mgL$。从物理上讲，这一项表明分子伸展越长，砝码悬挂得就越低，势能因而下降。

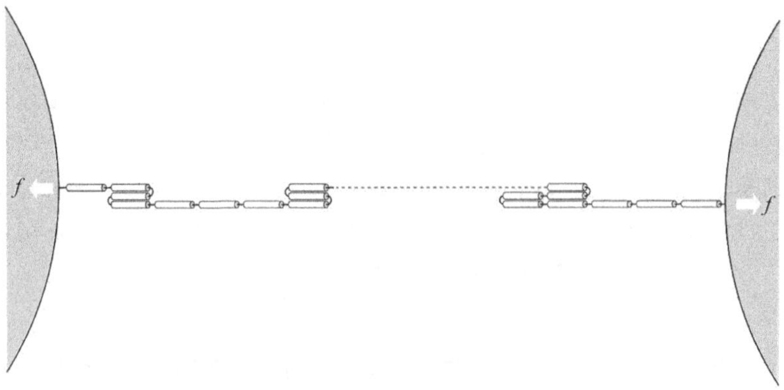

图 8.25　外载下的聚合物建模。由光阱施加的外力作用下的一维聚合物模型的示意图

把这项与式 (8.70) 的贡献加在一起，就得到了系统的总自由能

$$G(L) = \underbrace{-mgL}_{\text{砝码势能}} \underbrace{- k_BT\ln W(L; L_{tot})}_{\text{聚合物构象熵}} \tag{8.71}$$

图 8.26 外载下的聚合物。外力作用下的一维聚合物模型的示意图, 这里的外力由黏在分子一端的砝码产生。这是一种便于教学的方案, 用以说明作用力是如何被包括在整个系统的自由能预算中

为了取得进一步的结果, 特别是为了找到对应于自由能最小的伸长 (它是外力的函数), 我们必须先找到 $W(L;L_{tot})$ 的具体表达式。注意到这转化为如下组合问题, 即总共有 N 个箭头, 其中向右指的有 n_r 个, 向左指的有 $n_l=N-n_r$ 个, 那么总共有多少种不同组合。答案是

$$W(n_r;N)=\frac{N!}{n_r!(N-n_r)!} \tag{8.72}$$

用向右指的箭头数和总箭头数代替 L 和 L_{tot} 是很方便的, 它们之间的联系是 $L=(n_r-n_l)a$ 和 $L_{tot}=Na$。

有了自由能后, 我们现在的任务是使它对长度 (或 n_r) 取最小。为此我们首先使用斯特林近似, 即用 $N\ln N-N$ 代替 $\ln N!$。利用这个近似后整个自由能就可以写成

$$G(n_r)=-2mgn_ra+k_BT[n_r\ln n_r+(N-n_r)\ln(N-n_r)] \tag{8.73}$$

注意我们已经忽略了所有常数项, 因为它们在求最小值时没有任何贡献。将这个表达式对 n_r 求微分, 得到

$$\frac{\partial G}{\partial n_r}=-2mga+k_BT\ln n_r-k_BT\ln(N-n_r)=0 \tag{8.74}$$

求解上述方程可以得到最可几的 n_r/n_l 为

$$\frac{n_r^*}{n_l^*}=\mathrm{e}^{2mga/k_BT} \tag{8.75}$$

由此可得到关于伸长的简单表达式

$$z=\frac{\langle L\rangle}{L_{tot}}=\frac{n_r^*-n_l^*}{n_r^*+n_l^*}=\tanh\frac{mga}{k_BT} \tag{8.76}$$

把砝码加载到分子上的构造只是为了教学上的方便, 它提供了一种具体的物理机制以理解加载装置的能量是如何被包含到自由能预算中的。更一般地, 受外力 f 作用下分子两端的相对伸长为 $z=\tanh(fa/k_BT)$。图 8.27 展示了这个力–伸长关系。为了进一步定量地认识该模型, 我们考察小力极限情形, 即 $fa\ll k_BT$, 对生理条件下的 dsDNA ($a\approx 100$ nm), 这相当于要求 $f\ll 40\,\mathrm{fN}$, 而对更柔软的 ssDNA ($a\approx 1.5\,\mathrm{nm}$), 小力区域是 $f\ll 3\,\mathrm{pN}$。在小力极限下力–伸长曲线是线性的 (在本章课后习题中将证明这一点):

$$\langle L\rangle=\frac{L_{tot}a}{k_BT}f \tag{8.77}$$

也就是说, 在这个区域里, 聚合物的行为就像是一个理想的胡克弹簧, 它的劲度系数是 $k=k_BT/L_{tot}a$。该弹簧的劲度系数正比于温度, 揭示了它真实的熵本性。对轮廓长度为

$L_{tot} = 16.6\ \mu\text{m}$的λ 噬菌体 dsDNA, 有效弹簧的劲度系数是 $k \approx 2.3\ \text{fN}/\mu\text{m}$, 而同样长度的 ssDNA, 有效弹簧的劲度系数是 $k \approx 160\ \text{fN}/\mu\text{m}$。注意, 由于 ssDNA 的驻留长度很小, ssDNA 拥有较大的柔韧性, 这使得它的有效弹簧劲度系数有更大的值。

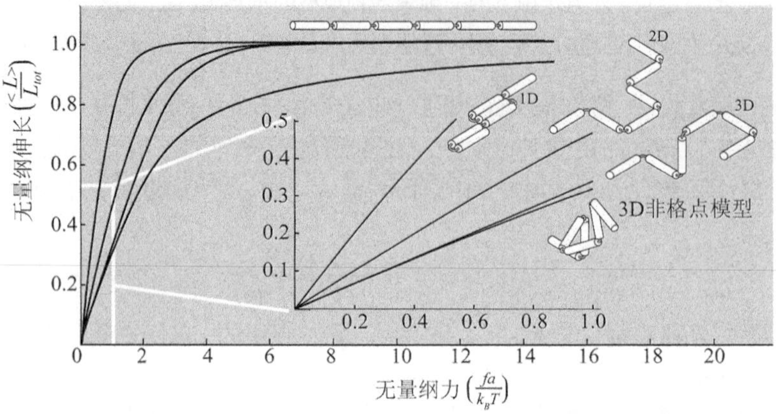

图 8.27 自由连接链模型得到的力–伸长特性一维、二维和三维的结果。三维模型有两种, 一种是单体指向只能沿着笛卡儿坐标方向, 另一种指向是任意的。将曲线和它们相应的模型放在一起, 这些模型用无规行走链的卡通图表示, 三维模型和实验数据的比较展示在图 5.14中

到目前为止, 我们已经对高分子模型做了高度的理想化, 因为我们设想每个单体只能指向两个方向中的一个。虽然这个模型有一定的启发性, 但很显然, 把我们的视界推广到物理上更实际的三维情形是有意义的。把我们对自由连接链的分析推广到三维并没有什么特别之处。基本思路是不再限制单体只能向右指或向左指, 而允许它们有完全自由的三维运动。这个模型最简单的变种是允许每个单体指向 6 个方向中的任一个 (即 $\mathbf{e}_1$、$-\mathbf{e}_1$、$\mathbf{e}_2$、$-\mathbf{e}_2$、$\mathbf{e}_3$ 和 $-\mathbf{e}_3$)。我们这里只给出模型的最后结果

$$z = \frac{\langle L\rangle}{L_{tot}} = \frac{2\sinh\beta fa}{4 + 2\cosh\beta fa} \tag{8.78}$$

计算细节留给读者作练习。

我们要详细计算的更有趣的情况是每个单元可以指向任意方向。此时, 与其明确写出自由能, 还不如计算配分函数并用它导出相关的平均值, 如给定力下的平均长度。因为每个链节都是独立变动的, 有 $N = L_{tot}/a$ 个链节的配分函数是 $Z_N = Z_1^N$, 其中

$$Z_1 = \int_0^{2\pi} \mathrm{d}\phi \int_0^{\pi} \mathrm{e}^{fa\cos\theta/k_BT} \sin\theta \mathrm{d}\theta \tag{8.79}$$

式 (8.79) 告诉我们先计算单体每个指向的玻尔兹曼因子, 该指向由角度 ϕ 和 θ 描述, 然后再对这两个角度的所有可能的值求和 (积分)。单位球面上的积分可以用变量代换 $x = \cos\theta$ 计算, 得到

$$Z_1 = 4\pi\frac{k_BT}{fa}\sinh\left(\frac{fa}{k_BT}\right) \tag{8.80}$$

现在自由能 $G(f)=-k_BT\ln Z_N$ 是外力 f 的函数, 将其对 f 求微分就得到 f 的热力学共轭量, 即聚合物的平均伸长

$$\langle L\rangle=-\frac{\partial G}{\partial f}=Na\left[\coth\left(\frac{fa}{k_BT}\right)-\frac{k_BT}{fa}\right] \tag{8.81}$$

在 $fa/k_BT\ll 1$ 的小力极限下, 它给出了和一维自由连接链模型同样的胡克关系式 $f=k\langle L\rangle$, 只是这里有效弹簧的劲度系数比前面的大 3 倍, $k=3k_BT/L_{tot}a$。同样的结果也可以由式 (8.78) 给出。毫无意外, 不论是否定义在格点上, 该模型的二维版本都会给出 $k=2k_BT/L_{tot}a$。

在很大的力作用下, 分子接近其全长, 从自由连接链模型导出的力–伸长式 (8.81) 不足以描述由拉伸 dsDNA 所得的实验数据。在那个区域里, 因为 dsDNA 的弹性性质开始变得重要, 一个包含弯曲刚度的更精密的模型可以很好地描述实验数据。这个所谓的虫链模型将会在第 10 章讨论。

8.4 通过无规行走理解蛋白质折叠

结构生物学是在原子细节上寻求蛋白质结构的学科, 推动这一学科研究的一个关键思想是蛋白质的结构决定其功能。到目前为止, 我们已经展示了无规行走模型如何用在核酸研究中。蛋白质是由氨基酸组成的聚合物。因此一个很自然的问题是, 蛋白质分子结构哪些方面可以用聚合物的简单粗粒化模型 (如本章介绍的各种无规行走模型) 来理解?

处在天然态的球蛋白拥有紧致的结构, 这些结构和无规行走模型暗示的松散构型完全不同。因此, 我们可能不禁得出结论——无规行走模型和蛋白质研究没有任何关系。与之相反, 我们考虑蛋白分子紧致的结构特性, 修改现有的无规行走模型。

本节应用的紧致无规行走模型定义在一套栅格上, 这意味着代表聚合物构型的无规行走轨迹从一个格点跳到另一个格点。在一般情况下, 当用在栅格上的无规行走表示聚合物时, 没被聚合物单体占据的格点代表溶剂分子。在前几节中描述的简单无规行走都有松散的结构, 单体 位点一般都被溶剂位点环绕。如上所述, 这不足以描述蛋白质紧致的构象, 溶剂通常只和蛋白质表面上的氨基酸有接触。我们采用紧致无规行走 (也称为哈密顿行走) 来模拟蛋白质的这一性质, 这是一种经过栅格上每个格点的自回避行走, 栅格通常取成立方格子, 如图 8.28 所示。由于所有格点都被单体占据, 溶剂位点都被推到表面上。这种无规行走是蛋白质的粗粒化模型, 和所有粗粒化模型一样, 它解决问题的范围和精确程度是有限制的。而另外, 这样做的回报是能得到简单而又普适的答案。不仅如此, 和任何优秀的模型一样, 紧致无规行走不仅可以揭示新问题, 而且也阐明了关于天然蛋白质结构的老问题。

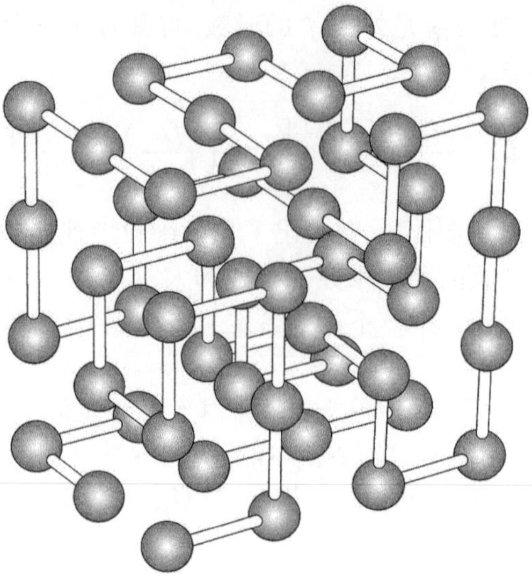

图 8.28 $4 \times 4 \times 3$ 立方栅格上的紧致聚合物构型。每个球代表一个氨基酸。(取自 P. D. Thomas and K. A. Dill, *Proc. Natl Acad. Sci.* 93: 11628, 2006.)

8.4.1 紧致无规行走和蛋白质的尺寸

由蛋白质紧致性估算它的尺寸

球蛋白最简单的性质可能就是它的尺寸, 如用它的线度或更精确的回转半径度量。考察来自 PDB 库的代表性蛋白质就会发现蛋白质的尺寸和它们的质量之间有系统的依赖关系。特别是对球蛋白, 它们的回转半径大致正比于质量的立方根。图 8.29 展示了蛋白质的物理尺寸和序列长度的简单关系。可观察到标度律是蛋白质分子紧致结构属性的一

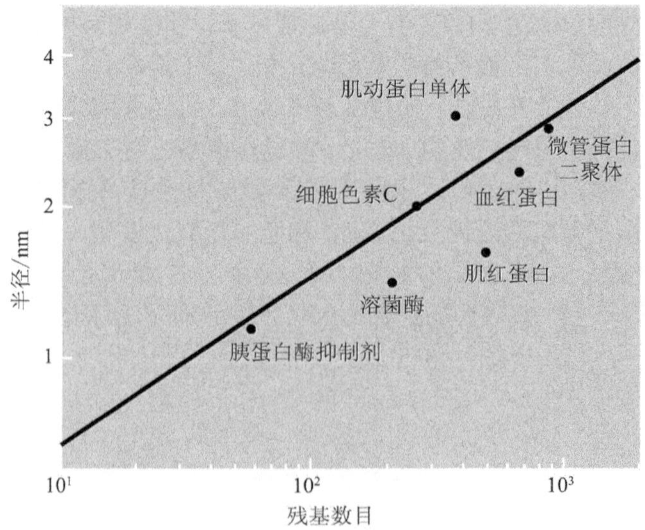

图 8.29 蛋白质尺寸与氨基酸残基数目的标度律。直线斜率是 1/3, 这相当于空间填充的堆积

个简单后果, 它也是紧致无规行走 描述的性质之一。因为紧致无规行走完全填充了栅格(图 8.28), 对于三维栅格, 紧致无规行走的线度应该和栅格的线度成正比, 也就正比于格点数目的立方根。如果我们把每个格点和单个残基联系在一起, 并且认为这些残基质量大致相等, 就可得到在许多真实蛋白质中观察到的标度律。紧致性意味着蛋白质占据的空间都被填满而没有留下任何空缺。因此, 蛋白质占据的体积 (正比于线度的立方) 同质量成正比。对处于去折叠状态的蛋白质, 它的结构用无规行走描述更好。与紧致聚合物不同, 无规行走聚合物的尺寸和质量的 1/2 次方成正比。如果要研究无规自回避行走 (附加非自交限制), 由弗洛里给出的论证预言行走的线度和质量的 3/5 次方成正比, 这意味着这种结构甚至比简单无规行走还要松散。

8.4.2 疏水和亲水残基

宏伟的基因组测序计划取得成功的挑战之一是找出大量基因库的结构和功能意义。揭示所有这些基因组数据意义的一个步骤是解决如何从特定蛋白质序列得到相应的结构。当面对某个新的基因序列时, 我们希望能指出这些不同序列决定什么样的蛋白质, 这些蛋白质又有什么样的结构。就像在第 7 章中对蛋白质-配体结合的分析那样, 在这里我们也会发现, 用内部状态变量描述特定残基的氨基酸身份是非常有效的。

因为我们对氨基酸序列决定蛋白质特定的三维天然态结构的理解还不够充分, 所以还无法预测基于已知序列的结构。这个问题的复杂性可以用如下的观察给出部分解释, 即蛋白质可能的三维构象数目如此巨大以至于在结构空间中通过无规行走是不可能找到天然态的。大自然非常聪明地避开这个问题, 而我们有时却不能。即使可以用一个高度简化的方案做结构建模, 在这个方案中的一个给定结构被当成是上面提过的在立方栅上的无规行走, 但是对于 100 个单体的链拥有的结构数目就有 6^{100} 或者是 6.5×10^{77} 个。这个估计是根据每个连接相邻残基的链节可以指向沿着三个笛卡儿坐标的 6 个方向之一的想法得到的。如果我们设想在这些结构中以每飞秒 (10^{-15} s) 一个结构的速率做随机搜索, 这需要近 2×10^{55} 年才能完成整个搜索过程。这几乎是宇宙年龄的 10^{45} 倍。

上述估算告诉我们, 蛋白质折叠到它的天然态结构肯定不是简单的无规行走过程。如图 5.8 所示, 氨基酸残基和围绕在它们周围的水分子之间的疏水相互作用使分子链发生塌缩。塌缩的后果是疏水残基被隔离在蛋白质的内部而亲水残基聚集在蛋白质的表面。所以疏水性质是能引导蛋白质折叠的力, 它使得蛋白质避开了在构象空间中做随机搜索的过程。事实上, 这里介绍的这类模型的主要精神在于由疏水效应引起的塌缩驱动二级结构的形成, 这与认为是二级结构的氢键形成导致塌缩的观点相反。

HP 模型把氨基酸分成疏水的和亲水的两类

疏水力在蛋白质折叠中扮演重要角色的思想已经衍生出多种蛋白质的粗粒化模型, 在这些模型中, 20 种天然存在的氨基酸被含 2 个字母的字母表所代替: 每个氨基酸被认为是疏水的 (H) 或者亲水的 (P)。这使得序列空间的复杂性极度简化, 如 100 个单体可能有的序列数目从 $20^{100} \approx 10^{130}$ 降到了 $2^{100} \approx 10^{30}$。为了实现这样的模型, 需要把这 20 种氨基酸分成 H 和 P 两类。图 8.30 展示了这样一个划分的例子。事实上, 如图 8.31 所示, 根据氨基酸聚类的不同性质可对氨基酸进行等级式分类。

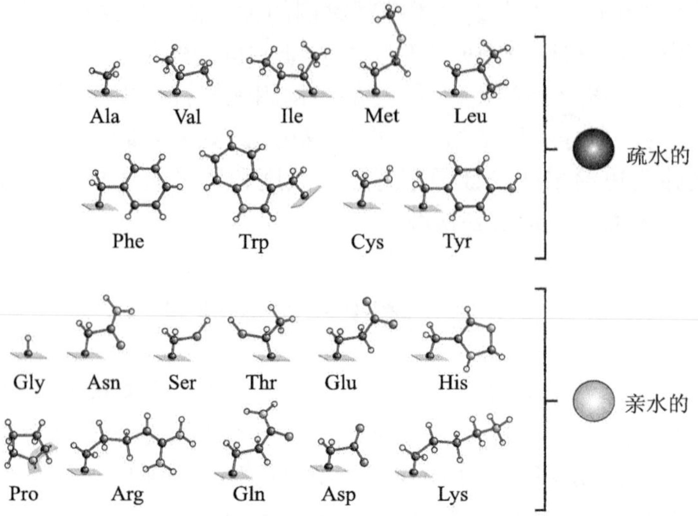

图 8.30　将氨基酸映射到 HP 字母表上。20 种氨基酸被粗略地分成两大类, 疏水的 (H) 和亲水的 (P)

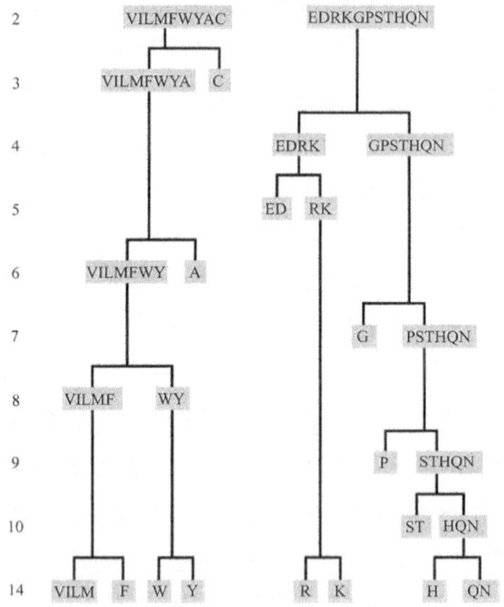

图 8.31　氨基酸分类的等级图。氨基酸按相似属性分类。在图的顶端, 氨基酸被分成两大类, 左边是疏水的 (H) , 右边是亲水的 (P), 每一级分类的级数用左边的整数表示。(取自 K. A. Dill and P. D. Thomas, *Proc. Natl Acad. Sci.* 93: 11628, 1996.)

在本书剩余部分中, 我们会用这里介绍的 HP 模型作为不同讨论的基础。我们的根据是, 对氨基酸的两个粗略分类使得我们可以处理原本没法解析分析的问题。例如, 在第 18.4.1 节中我们要考虑一个只有两类 tRNA 参与的翻译和动态校对的 HP 模型。这个简化允许我们进行完全彻底的分析。类似地, 关于生物信息学的整个第 18 章靠的是完全基于 HP 字母表的序列联配。虽然在生物现实性上打了折扣, 但是从教学的角度上看, 我们认为这是值得的。

8.4.3 蛋白质折叠的 HP 模型

给定一条蛋白质氨基酸序列, 寻找天然态结构的蛋白质折叠问题是关于氨基酸序列空间和蛋白质三维结构空间的关系问题中的一个。就像刚才引入两字母表极大地简化序列空间一样, 将结构空间约束在紧致格子上的无规行走使得研究结构更可行。特别是, 在一个经常用于数值研究的 $3\times3\times3$ 栅格上, 紧致聚合物结构数目是 103 346, 可能的序列数是 $2^{27}=134\ 217\ 728$。

为了直观认识格点 HP 模型, 我们将探讨一个在 2×3 栅格上由 6 个单体组成的玩具模型。可能的序列数是 $2^6=64$, 在排除了栅格转动、平移或反射后, 紧致结构的数目只剩下 3 个, 它们展示在图 8.32(A) 中。除了序列和结构外, 模型的另一部分构成是疏水能, 它衡量了H单体和溶剂, H 单体和 P 单体之间形成在能量上不利的接触强度 (溶剂分子处在 6 个单体外面的格点上)。这种相互作用的一个简单模型是对每个H单体与溶剂或 P 单体的接触指定一个自由能罚分 ε。这些不利的接触在图 8.32(B) 中用虚线表示。更精

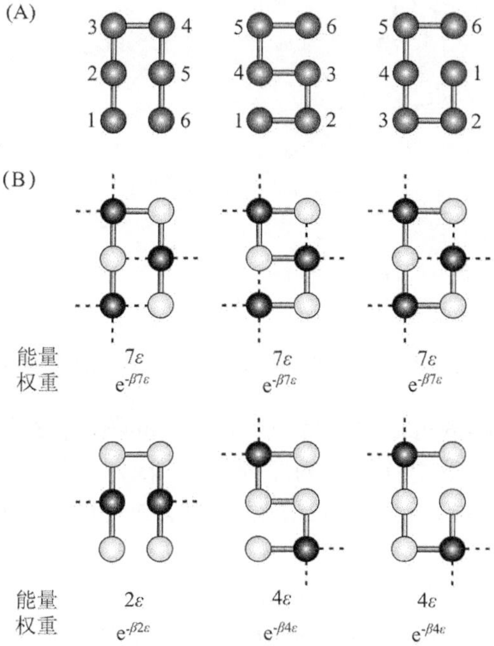

图 8.32 蛋白质折叠的 HP 模型。(A) 在 2×3 的栅格上的 HP 六单体可能的紧致结构, 对称性已经被排除。(B) 处在特定紧致结构的 HP 六单体的疏水能量依赖于它的序列。能量函数对每个用虚线表示的接触指定一个能量代价 ε, 这些接触发生在 H 单体与 P 单体或溶剂分子之间。上半部分图中的序列是 HPHPHP, 它的三个紧致结构的能量相同, 而下半部分图中的序列是 PHPPHP, 它有一个最低能态的结构, 这是类蛋白序列的特征

细的模型应该区分 H-溶剂与 H-P 接触的相互作用能量。

在这个玩具模型内，蛋白质折叠问题可表述为：给定一条 HP 序列，可能结构中的哪一个具有最小的疏水作用能？这个有最低能量的状态就被认为是蛋白质的天然态。为了使这个问题变得更明确，我们以两条模型序列 (HPHPHP 和 PHPPHP) 为例。对每条序列，所有三种可能的紧致结构的能量都已经标在图 8.32(B) 中。我们看到第一条序列对应的六单体的紧致结构具有相同的能量。这暗示找到聚合物处在这三个紧致结构中任一个的概率与温度无关，都是 1/3。从它没有唯一的低能量天然态结构来看，这样的序列不可能是类蛋白的。

另外，序列 PHPPHP 有唯一的天然态结构，即如图 8.32(B) 所示的 Π 状结构。这条链处在该天然态的概率正比于和它能量相关的玻尔兹曼因子

$$p_{\text{fold}} = \frac{\mathrm{e}^{-2\beta\varepsilon}}{\mathrm{e}^{-2\beta\varepsilon} + 2\mathrm{e}^{-4\beta\varepsilon}} \tag{8.82}$$

分母正是三个可能结构的配分函数。这个蛋白质玩具模型采用该折叠状态的概率与温度的函数展示在图 8.33 中。注意曲线的 S 形特征是许多真实蛋白质具有的性质。

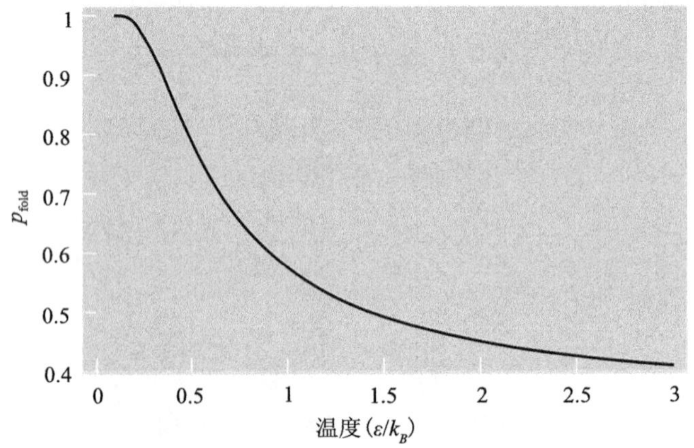

图 8.33　PHPPHP 聚合物处于天然态的概率

在这个玩具模型范畴内可以提出另一个有趣的问题：什么样的序列是类蛋白质的？在更真实的蛋白质模型里，由于有海量的序列和结构，像这样的问题事实上是不可能回答的。我们希望通过对简单格点模型研究这类问题，或许能发现在真实蛋白质中也会出现的模式。

在玩具模型中，因为只有 64 条序列要审查，我们能够系统地处理这个问题。为了找到有唯一的最低能量结构的类蛋白序列，对每条序列我们都要决定其对应的三种可能的紧致结构的能量。

如果我们注意到序列有唯一天然态的一个必要条件是其至少有一个HH接触，那么不需要检验所有的序列，我们就能得到一个简单的答案。图 8.32(B) 中序列 PHPPHP 就是这种情况。对三种可能紧致结构的每一个，我们构造出所有那些以该特定结构作为其唯一天然态的所有序列。一种策略是先选择在已给定结构中有接触的两个残基，如在 Π 结

构中的残基 2 和 5。我们让这两个残基都是 H, 而其他所有残基指定为 H 或 P, 这样在其他紧致结构中就不会有有利的接触发生。该算法实现的结果见图 8.34。

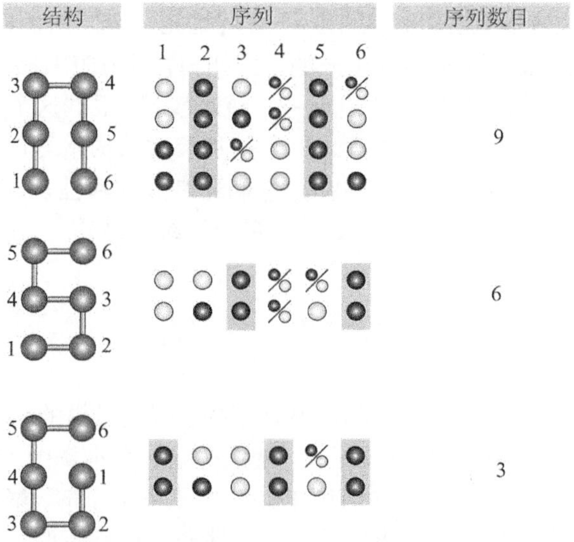

图 8.34 类蛋白序列折叠成唯一的紧致结构。对应于不同的紧致结构的类蛋白序列的数目也不同。类蛋白序列数目特别多的结构是高度可设计的

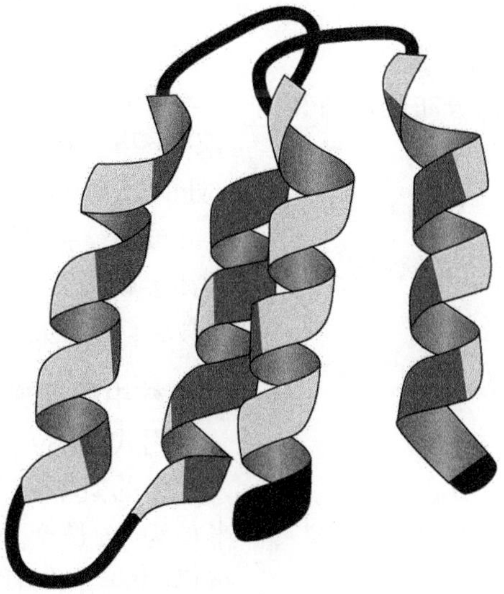

图 8.35 用 HP 序列策略设计的 4-螺旋束。HP 序列的选择与一个 α 螺旋每周有 3.6 个氨基酸一致。疏水残基被嵌进螺旋束的内部, 而亲水残基留在表面上面对着溶剂。(取自 M. H. Hecht et al., *Protein Sci.* 13: 1711, 2004.)

这个模型的一个有趣特征是它预言了 Π 结构是最可设计的一个。在 64 条序列中, 有 9 条序列以这个结构作为它们唯一的天然态。最不可设计的结构只有三条序列以其为天

然态。这个小型计算使我们想知道在自然界中看到的更复杂的蛋白质结构是否是高度可设计的。

HP 模型为蛋白质设计启发了一个有趣的策略。该想法是用遗传密码的简并性创建一个氨基酸序列库, 这些序列在翻译成 HP 语言后是完全等同的。对任何特定序列, 氨基酸是从 H 和 P 残基库里中随机挑选出来的。例如, 序列 HPPHHPPHPPHHPPH··· 可以保证在每 3 个或 4 个氨基酸中就会出现一个疏水残基, 根据这个序列, 图 8.35 所示的 4 螺旋束被设计出来。与 α 螺旋每周有 3.6 个氨基酸的结构重复单元一致。实验已经证实, 这些序列不仅能恰当地折叠成螺旋结构, 它们还有酶的活性。同样的设计原理已经用来构造 β 折叠, 它们能聚集形成类似于淀粉样蛋白纤维的结构。

8.5 总　　结

无规行走模型在许多科学问题中都是很有用的。这些思想的一个强大应用是理解聚合物的结构和性质, 也包括许多生命中的“巨型”分子。在本章中, 我们已经展示了这些来自无规行走的物理思想是如何用来探讨 DNA 的尺寸和分布、聚合物的力–伸长性质、熵弹性的产生以及作为能刻画蛋白质折叠的某些性质的玩具模型。

8.6 课 后 习 题

1. 一维无规行走

(1) 完成导出式 (8.14) 的所有步骤。

(2) 证明式 (8.16) 给出的高斯分布的均值和方差与一维无规行走要求的一致。

2. 回转半径

证明关于轮廓长度和回转半径的关系式 (8.32)。

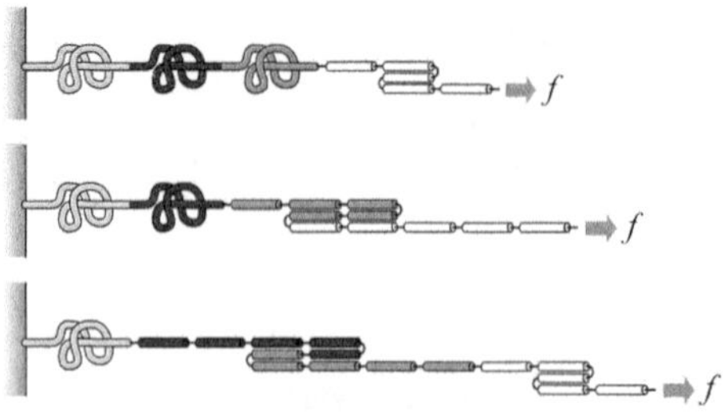

图 8.36　通过无规行走模型理解肌联蛋白的力–伸长曲线的弹性部分

3. 离开原点的平均偏离

计算一维无规行走离开出发点的平均偏离。特别要用到如下事实: 平均行走可以写成 $\langle R\rangle = (\langle n_r\rangle - \langle n_l\rangle)a$; N 步行走中向右 n_r 步的概率分布是二项式分布。

4. 聚合物构型和扩散方程

式 (8.39) 描述了无规行走的概率分布。用以下事实推导该方程: N 步行走位置在 x 处的概率意味着在 $N-1$ 步时行走应该在 $x-a$ 或者 $x+a$ 处。具体地, 由 $p(x\pm a;N-1)$ 及其泰勒展开 $p(x\pm a;N-1)\approx p(x;N)+$ 导数项, 写出关于 $p(x;N)$ 的方程。

5. 圆柱中的无规行走

用式 (8.39) 的三维推广解出聚合物首末端距的概率分布, 这个分子的一端固定在半径为 R 长度为 L 的圆柱中轴的 x_0 处。将得到的结果与图 8.14 中的数据做比较。

6. 染色体系链

(1) 从式 (8.34) 出发推导出三维无规行走聚合物的概率密度 $P(r)$ 满足的式 (8.36), r 是首末端之间的距离。$P(r)$ 的量纲是什么?

(2) 从式 (8.35) 出发推导首末端距分布式 (8.37), 这个分子被系连在离其一端点距离

为 R 的位置, 如图 8.10 所示。

7. 三维无规行走和聚合物成环

计算在一维、二维和三维空间中离散型无规行走的成环概率。

8. 三维自由连接链

(1) 推导式 (8.78), 用该结论推导出力和伸长之间的关系, 并作图。

(2) 在小力极限下, 力–伸长曲线是线性的, 换言之, 在这个范围里聚合物的行为类似于一个劲度系数为 $k \propto k_BT/L_{tot}a$ 的理想胡克弹簧。证明该论断并得到数值因子, 用更严格的等式代替上面的正比关系。

9. 力引起的多域蛋白质去折叠可以用无规行走建模

我们可以把力–伸长曲线的讨论推广到多域蛋白质的情况。图 8.24(C) 展示的是肌联蛋白相关的实验数据。我们在该问题中的分析思路展示在图 8.36 中, 可以看到, 整条链的总长度随去折叠域的数目增加而以可预测的方式增加。用类似图 8.36 中的模型比较展示在图 8.24(C) 中的数据。对数据拟合时应该只关注力–伸长曲线的上升部分。

10. B-DNA 到 S-DNA 的转变

DNA 在拉力超过 60 pN 时会经历一个从通常的 B 型结构向所谓的 S 形结构转变。这里我们研究一个基于 DNA 自由连接链的简单转变模型, 并与实验数据做比较。

(1) 考虑一维自由连接链模型。聚合物的每个链节只指向 $+x$ 或 $-x$ 方向。如图 8.37(A) 所示, 在分子一端沿 $+x$ 方向施加力 f。为了考虑 B 到 S 的转变, 我们假设链节长度在 B 状态是 b, 在 S 状态是 a, 且 $a > b$。不仅如此, 当链节从 B 状态转变到 S 状态时需要付出能量 ε (这个能量大致是碱基对的堆积能量)。写出总能量表达式和单个链节 4 种状态的玻尔兹曼因子。

(2) 计算出每个链节的平均首末端距。对于 N 个链节的链, 它的平均首末端距是单个链节值的 N 倍。

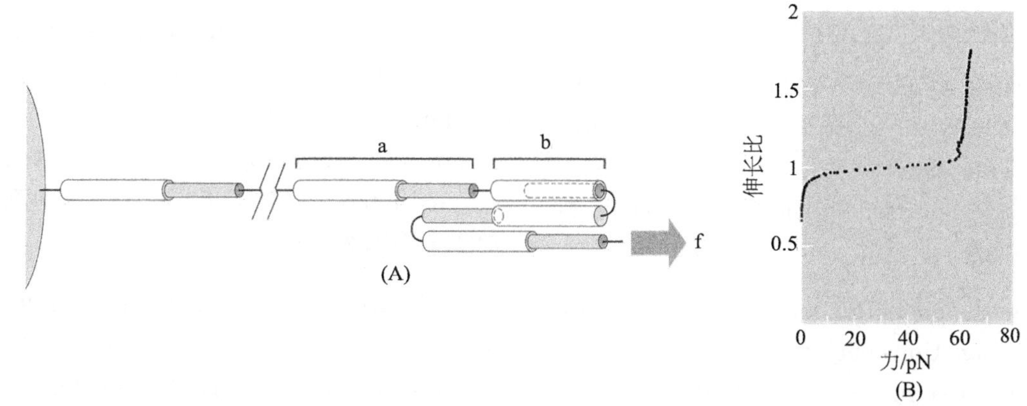

图 8.37 (A) B 型到 S 型 DNA 转变的无规行走模型。B-DNA 的链节长度是 b, S-DNA 链节长度是 a。(B) dsDNA 的力–伸长曲线。(取自 C. Bustamante et al., *Nature* 421: 423, 2003.)

(3) 用适合 DNA 的数据画出经 Nb 归一化后的平均首末端距 (或相对伸长) 与力的函数关系。这些数据是: $b = 100$ nm, $a = 190$ nm。为了估算 ε, 取从 B-DNA 到 S-DNA 转变时每个碱基对能量为 $5k_BT$ (B-DNA 碱基对长度近似为 1/3 nm)。将这个图与图 8.37(B) 比较。本书网页上提供了与本问题有关的数据 (问题和答案由 Ady

Spakowitz 提供)。

11. 蛋白质尺寸的标度律

聚合物尺寸与单体数目的标度律是由简单聚合物格点模型得出的中心结果之一。本问题的目标是研究这个结论对生物高分子，特别是蛋白质的合理程度。为此，从 PDB 库下载多种球蛋白的坐标，包括肌红蛋白、血红蛋白、牛胰蛋白酶抑制剂、溶菌酶、细胞色素、G 肌动蛋白和微管蛋白等。对每一种蛋白质计算回转半径，再作图显示蛋白质残基数目和蛋白质回转半径的函数。本问题的目标是重新获得图 8.29。

8.7 延伸阅读

Grosberg, AY, & Khokhlov, AR (1997) Giant Mole- cules, Academic Press。对高分子物理学做了相当深入的讨论，无论是初学者还是专业学者都会对它满意。有兴趣的读者也应该看一下他们的高级著作 Statistical Physics of Macromolecules (American Institute of Physics, 1994)。

Benedek, GB, & Villars, FMH (2000) Physics With Illustrative Examples from Medicine and Biology: Statistical Physics, 2nd ed., Springer-Verlag, Inc. 很好的素材来源。

Berg, H (1993) Random Walks in Biology, Princeton University Press. Berg's book is an enlightening classic. 关于无规行走的讨论适合于扩散问题，也能用来思考聚合物。

Doi, M (1995) Introduction to Polymer Physics, Oxford University Press, and Doi, M, & Edwards, SF (1986) The Theory of Polymer Dynamics, Oxford University Press. 为对聚合物的统计力学感兴趣的读者提供了见识。

Chandrasekhar, S (1943) Stochastic Problems in Physics and Astronomy, *Rev. Mod. Phys.* **15**, 1 (1943). 描述无规行走和随机过程一般思想的漂亮而有用的纲要。

Nelson, P (2004) Biological Physics: Energy, Information, Life, W. H. Freeman and Company. 对弹性和 DNA 力–伸长性质的处理非常出色。

Poland, D, & Scheraga, HA (1970) Theory of Helix-Coil Transitions in Biopolymers; Statistical Mechanical Theory of Order–Disorder Transitions in Biological Macromolecules, Academic Press. 阐述了简单格点模型的应用，这些模型与我们在 DNA 解链和蛋白质折叠问题中应用的模型类似。

De Gennes, PG (1979) Scaling Concepts in Polymer Physics, Cornell University Press. 高分子物理学最伟大的名著之一。De Gennes 的直观模型和简单讨论方法应该会激发下一代物理生物学家的灵感。

Fiebig, A, Keren, K, & Theriot, JA (2006) Fine-scale time-lapse analysis of the biphasic, dynamic behaviour of the two *Vibrio cholerae* chromosomes, *Molecular Microbiol.* **60**, 1164 (2006). 从实验上研究染色体地理学的一个有趣例子。

Dill, KA, Bromberg, S, Yue, K, et al。(1995) Principles of protein folding – A perspective from simple exact models, *Protein Sci.* **4**, 561 and Dill, K (1999) Polymer principles and protein folding, *Protein Sci.* **8**, 1166. 给出了很多关于应用格点模型和约化氨基酸字母表研究蛋白质折叠的有趣见解。

Hecht, MH, Das, A, Go, A, Bradley, LH, & Wei, Y (2004) De novo proteins from designed combinatorial libraries, *Protein Sci.*

13, 1711. 描述了 HP 模型在蛋白质设计中的应用。

Rippe, K (2001) Making contacts on a nucleic acid polymer, *Trends Biochem. Sci.* **26**, 733. 阐明了用高分子物理学研究与染色体结构组织相关的生物学问题的一些有趣的方式.

8.8 参考文献

Alberts, B, Johnson, A, Lewis, J, et al. (2008) Molecular Biology of the Cell, 5th ed. Garland Science.

Bustamante, C, Smith, SB, Liphardt, J, & Smith, D (2000) Single-molecule studies of DNA mechanics, *Curr. Op. Struc. Biol.* **10**, 279.

Bustamante, C, Bryant, Z, & Smith, SB (2003) Ten years of tension: single-molecule DNA mechanics, *Nature* **421**, 423.

Carrion-Vazquez, M, Oberhauser, AF, Fowler, SB, et al. (1999) Mechanical and chemical unfolding of a single protein: A comparison, *Proc. Natl Acad. Sci.* **96**, 3694.

Liphardt, J, Onoa, B, Smith, SB, Tinoco, I, Jr. & Bustamante, C (2001) Reversible unfolding of single RNA molecules by mechanical force, *Science* **292**, 733.

Marshall, WF (2002) Order and disorder in the nucleus, *Curr. Biol.* **12**, R185.

Petsko, GA, & Ringe, D (2004) Protein Structure and Function, New Science Press Ltd.

Thomas, PD, & Dill, KA (1996) An iterative method for extracting energy-like quantities from protein structures, *Proc. Natl Acad. Sci.* **93**, 11628.

van den Engh, G, Sachs, R, & Trask, BJ (1992) Estimating genomic distance from DNA sequence location in cell nuclei by a random walk model, *Science* **257**, 1410.

Viollier, PH, Thanbichler, M, McGrath, PT, et al. (2004) Rapid and sequential movement of individual chromosomal loci to specific subcellular locations during bacterial DNA replication, *Proc. Natl Acad. Sci.* **101**, 9257.

Wiggins, PA, van der Heijden, T, Moreno-Herrero, F, et al. (2006) High flexibility of DNA on short length scales probed by atomic force microscopy, *Nat. Nanotech.* **1**, 137.

9　盐溶液的静电学

水是生命的基石，
水是生命的介质，
水是生命的源泉，
没有水就没有生命。
——阿尔伯特·圣捷尔吉

本章概览：利用静电学和统计物理方法研究盐溶液的性质

生物高分子处于水环境中。DNA和蛋白质所带电荷的状态很大程度上由周围离子溶液的性质决定。脂质分子由于其尾部的疏水作用形成有序双层结构。在本章，我们将研究水中电荷的静电学，并讨论这些电荷的能量对于生物学中重要的结合及组装反应的调控作用。本章的重点是泊松–玻尔兹曼理论，该理论将简单的静电学思想与统计物理结合起来。我们将以病毒的组装过程为例来阐释以上思想。

9.1　水是生命的以太

所有地球上的生命都需要水。离开水，细胞和生物体就会迅速死亡。在第12 章中，我们将讨论细胞和生物体中水的特殊力学性质。而在本章，我们主要研究水作为生命介质而言更重要的一种性质，即其与从钾、钠这样的单个离子到DNA这样的带电高分子间的静电作用。由于静电相互作用随距离衰减较慢，它对生物分子的功能有特殊的影响。我们已经多次提到，高分子之间的结合反应起因于结合能，然而，生物功能往往需要特异性。也就是说，高分子必须只能和某些分子伙伴相结合，而不能与其他形状、大小类似的分子结合。通常，分子结合特异性来源于两个相互作用分子表面的互补电荷分布。

水分子 (H_2O) 的一个重要性质是它可以解离为两种离子，即氢离子 (H^+) 和氢氧根离子 (OH^-)。在纯水中，平均每 10^7 个分子中有一个处于这样的解离状态。然而，当水中存在其他会与 H^+ 和 OH^- 结合的分子时，这一比例将发生变化。这种调节水分子解离状态的行为被称为调节溶液的 pH。在水溶液中，pH 定义为 $\mathrm{pH} = -\log_{10}[\mathrm{H}^+]$。由于蛋白质中往往有许多氨基酸的侧链可以在水溶液中接收或者贡献氢离子，蛋白质的整体结构是与pH息息相关的。细胞经常会以蛋白质结构的 pH 依赖性作为调控机制，从而利用全局或者局部的 pH 来选择不同的反应路径。例如，人体血液的 pH 总是在 7.3 左右，血液酸碱度偏离该值一个单位就会导致死亡。然而，在细胞内的某些部分，情况大不相同。例如，溶酶体负责蛋白质的降解，其内部的 pH 通常小于 4。细胞是通过氢离子的主动跨膜运输来调节 pH 的。我们将在第 17 章中介绍其他的电荷跨膜运输方式。

在流感病毒攻击宿主细胞的过程中，我们可以看到 pH 调控蛋白质结构的例子。流感病毒由包含许多血凝素蛋白 (HA) 所组成的膜包裹, 该蛋白质可以介导膜的融合反应。当病毒在宿主细胞外部时, 如散布在被感染人体的鼻涕上, HA 处于非活性构象。只有当处于细胞内低 pH 的隔室中, HA 蛋白才能转变为可以与生物膜发生融合的状态 (图 9.1)。宿主细胞喜好调节某些隔室的 pH, 病毒正是利用这一点作为线索来判断是否处于未感染细胞内部, 以及是否应该启动复制与破坏程序。

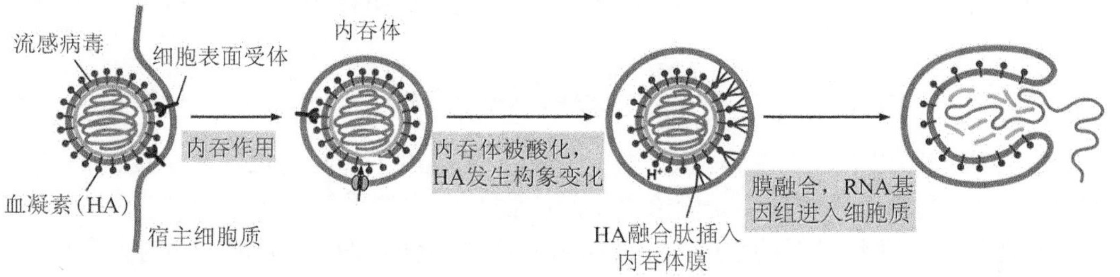

图 9.1 流感病毒入侵细胞的过程。本图显示了流感病毒的核壳体进入哺乳动物宿主细胞质的过程, 该过程是 pH 依赖的。病毒与细胞表面受体结合, 并通过受体介导的胞吞作用进入细胞内部。继而, 特殊的质子泵会结合于内吞体膜, 并从细胞质转运氢离子, 从而导致内吞体内 pH 的下降。HA 蛋白在低 pH 下会发生显著的结构变化, 低 pH 延展构型的蛋白质催化病毒膜和内吞体膜的融合, 导致病毒衣壳内的物质被释放到细胞质中。(取自 B. Alberts et al., Molecular Biology of the Cell, 5th ed., New York, Garland Science, 2008.)

在本章中, 我们从水作为生化意义上的生命介质这一角度研究水。在图 2.2 中, 我们从单分子层次检视了一个典型的细菌。以本章的观点看, 那里的数据的重要性在于它们显示了细胞中有大量的水分子和离子。细胞中 70% 的是水, 由此可估算出每个细菌中约有 2×10^{10} 个水分子。同样, 通过估算离子浓度 (如钾离子和钠离子), 我们发现每个细菌中大概有 10^7 个离子。

除了研究运动中的生物流体的各种力学性质 (见 12 章) 以外, 水如何介导生化反应 (或者说水如何完成作为生化反应以太的功能) 也是很有趣的问题。当我们检视水作为生化反应的环境所起的作用时, 将会认识到水中的自由电荷或者从高分子上脱离下来的电荷的重要性。我们将重点讨论这一性质在 DNA 和蛋白质相互作用的盐浓度依赖性以及病毒组装等问题方面的体现。

9.2 水的化学

9.2.1 pH与平衡常数

水分子的解离过程反映了结合能与电荷释放导致的熵变之间的竞争关系

为了定量地描述 pH, 我们需要考虑电荷分离过程中的能量与熵效应。具体来说, 能量最小化 (束缚态水分子) 与熵最大化 (解离态水分子) 之间的竞争关系为众多生物反应创造了条件, 这也是 6.3 节中介绍的质量作用定律的一个有趣而有说服力的应用实例。由于我们主要关注的是解离状态水分子的比例, 相关化学反应可以写为

$$H_2O \rightleftharpoons H^+ + OH^- \tag{9.1}$$

为了表述方便, 我们把式 (6.103) 中的 ν_i 替换为 ν_{H_2O}、ν_{H^+} 和 ν_{OH^-}, 其中 $\nu_{H_2O} = -1$, $\nu_{H^+} = 1, \nu_{OH^-} = 1$。利用以上定义, 水分子解离问题的质量作用定律 (参考 6.3 节) 可以写为

$$\frac{[H^+][OH^-]}{[H_2O]} = \frac{[H^+]_0[OH^-]_0}{[H_2O]_0} \exp(-(\mu^0_{H^+} + \mu^0_{OH^-} - \mu^0_{H_2O})/k_BT) \tag{9.2}$$

式 (9.2) 可以按照以下方式理解。公式左边给出了某温度下产物与反应物浓度的比值。右边的解离常数则基于一些重要变量给出了反应物与产物的平衡。首先, 我们用 $[A]_0$ 表示物质 A 在某种标准状态下的浓度。标准状态的选取是任意的, 并通常选择为方便计算的状态。另外, 公式右边的变量 μ^0_i 表示标准状态下的化学势。

对于水的解离这个特殊的例子, 可以有更多的结果。我们首先假设水中的 H^+ 完全来自于解离。也就是说, 要求 $[H^+] = [OH^-]$。另外, 为了实用目的可以取 $[H_2O] = [H_2O]_0$。这样假设是因为式 (9.1) 中反应的产物十分稀少, 几乎不能改变初始的水分子浓度, 即 $[H_2O]_0 = 55$ mol/L。因此, 我们可以在式 (9.2) 中假设 $[H_2O] = [H_2O]_0$, 这也就是说该公式两侧的分母相互抵消了。已知 $[H^+]_0 = [OH^-]_0 = 1$ mol/L 对应的化学反应能量变化为 $\mu^0_{H^+} + \mu^0_{OH^-} - \mu^0_{H_2O} \approx 79.9$ kJ/mol. 由此可以得到 $[H^+][OH^-] = [H^+]^2 = 1.0 \times 10^{-14}$ $(mol/L)^2$, 从而 $[H^+] = 1.0\times 10^{-7}$mol/L. 由于 pH 可由氢离子的摩尔浓度定义为

$$pH = -\log_{10}[H^+] \tag{9.3}$$

我们得到了水在标准状态下 pH=7 的结果。在图 9.2 中, 我们将氢离子间的平均距离对 pH 作图, 从而可以进一步直观理解 pH 的概念。

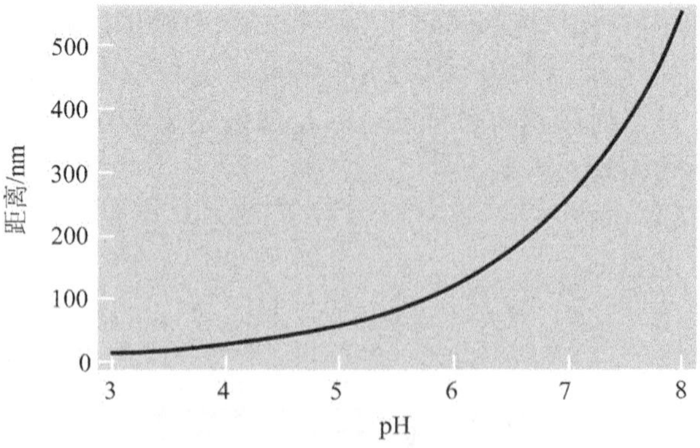

图 9.2　氢离子间距与 pH 的函数关系

9.2.2 DNA 与蛋白质上的电荷

生物高分子带电状态依赖于溶液的 pH

我们已经指出高分子的带电状态对于它们的结构和功能十分重要。为了研究分子带电状态的调控方式, 我们考虑如下一般形式的方程

$$\mathrm{HM} \rightleftharpoons \mathrm{H}^+ + \mathrm{M}^- \tag{9.4}$$

式中, M 代表我们关心的高分子。从之前关于质量作用定律的讨论中 (见 6.3 节), 我们知道这样的反应由一个解离常数刻画, 即

$$K_d = \frac{[\mathrm{H}^+][\mathrm{M}^-]}{[\mathrm{HM}]} \tag{9.5}$$

我们可以定义

$$\mathrm{p}K = -\log_{10} K_d \tag{9.6}$$

来描述一个分子发生解离反应的倾向性。如果对式 (9.5) 两边取对数, 则有

$$-\log_{10} K_d = -\log_{10}[\mathrm{H}^+] - \log_{10}[\mathrm{M}^-] + \log_{10}[\mathrm{MH}] \tag{9.7}$$

结合 pH 和 pK 的定义, 容易得到

$$\mathrm{pH} = \mathrm{p}K + \log_{10}\frac{[\mathrm{M}^-]}{[\mathrm{MH}]} \tag{9.8}$$

式 (9.8) 通常被称为亨德森-哈塞尔巴尔赫 (Henderson-Hasselbalch) 等式。我们可以令 $[\mathrm{M}^-]=[\mathrm{MH}]$ 来理解公式的物理意义。容易发现, 当一半的 MH 解离时, pK 与 pH 等值。所以, 对于任意一种分子, 其 pK 值可以告诉我们半数分子发生解离时的 pH。

为了具体地说明这些思想, 我们考虑 DNA 分子, 其 pK $\approx$ 1.0。也就是说在通常的pH条件下, DNA 主链上的磷酸根几乎完全处于解离状态。因此, 每个碱基都带有两个负电荷, 其电荷线密度为 $\lambda = 2e/(0.34\ \mathrm{nm})$。DNA 是强酸, 所以会完全贡献出其磷酸根上的电荷。

不同氨基酸有不同的带电状态

另一个令人信服的例子是蛋白质的电荷状态。由于氨基酸侧链有着不同的解离倾向, 从而在不同的 pH 下, 不同的侧链会有不同的解离状态 (我们已经在图 5.9 中, 用滴定曲线介绍过这一现象)。在第 10 章中, 我们会讨论 DNA 缠绕在组蛋白八聚体上形成核小体的自组装过程。我们将看到由于组蛋白上的赖氨酸和精氨酸残基带有正电荷, 偏好于与带负电的 DNA 分子相互作用, 并克服 DNA 的弯曲能量, 使其缠绕在组蛋白上。更一般地, 蛋白质电荷和 pH 的相互影响是蛋白质响应环境的主要途径之一。

9.2.3　盐与分子结合

生物分子所经历的许多过程都涉及分子之间的相互识别。我们已经讨论了一些这方面的例子 (见第 6 章), 包括 RNA 聚合酶与 DNA 启动子位点的特异性结合, 受体与配体特异性结合。高分子表面的电荷分布对于决定识别事件的特异性及其强弱起关键作用。在实验室中, 我们可以很容易地观察到静电作用对高分子结合的重要影响, 因为几乎所有的结合作用都明显地依赖于溶液中的离子浓度。

关于分子结合中的盐效应, 可以用 DNA 与蛋白质作用的一系列例子来说明, 特别是调控蛋白 (转录因子) 与 DNA 的结合。在 6.1.2 节中我们研究了 RNA 聚合酶和启动子的结合。我们注意到在大多数情况下, 是否产生某个基因的 mRNA 转录物是由阻遏蛋白或激活蛋白的结合决定的, 这些因子会抑制或增强聚合酶的结合。乳糖操纵子是贯穿本书的一个重要例子 (图 4.13 和图 4.15)。图 9.3(A) 显示了转录因子 (乳糖阻遏蛋白) 和 DNA 的结合强度与盐浓度的关系。

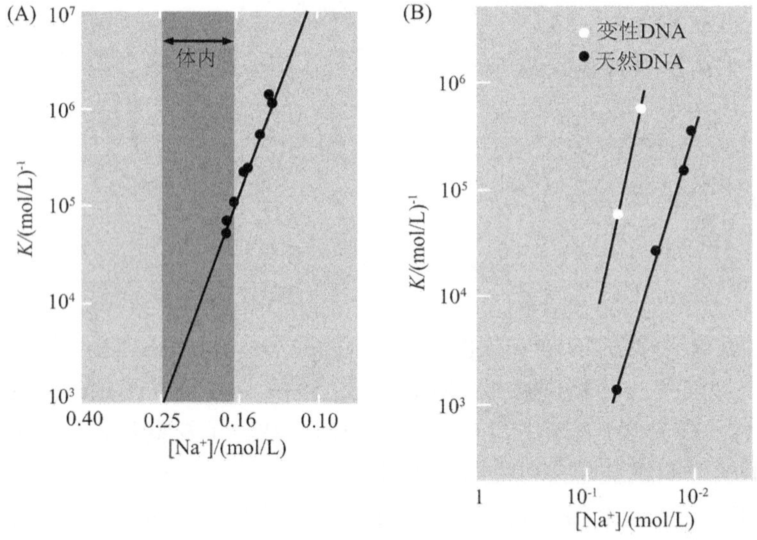

图 9.3　蛋白质与 DNA 的结合对盐浓度的依赖性。(A) 乳糖阻遏蛋白–DNA 非特异结合的平衡常数与钠离子浓度的关系。体内盐浓度的范围用阴影表示; (B) 牛胰核糖核酸酶–DNA 结合的平衡常数与钠离子浓度的关系。(A 取自 Y. Kao-Huang et al., *Proc. Natl Acad. Sci.* 74: 4228, 1977; B 取自 D. E. Jensen and P. H. von Hippel, *J. Biol。Chem.* 251:7198, 1976.)

图 9.3(B) 给出了 DNA 与蛋白质的结合强度被盐浓度调控的另一个例子。该图显示了牛胰核糖核酸酶与双链或变性的单链 DNA 的结合强度和钠离子浓度的关系。

我们可以从几种不同的直观方式来着手理解这些结果。其中一个是贯彻本章的思想, 即盐溶液中的离子会在它们可能结合的高分子周围聚集形成屏蔽云。当结合反应发生时, 屏蔽云会释放出离子从而导致熵的增加。结合作用的另外一个特点是, 当离子浓度提高时, 离子可以有效地与受体作用从而与配体形成竞争关系。在本章的课后习题中, 我们会介绍探讨这一现象的玩具模型, 虽然这些玩具模型可能忽略了很多细节。

9.3 盐溶液的静电学

如前所述, 我们可以通过平衡 (解离) 常数来理解溶液中高分子的电荷状态。然而, 为了得到平衡常数的微观理解, 我们必须研究静电势。此外, 在包括病毒 DNA 组装的能量、核小体稳定性的分子根源以及膜电位的性质等一系列问题中, 我们都需要从静电学入手。为此, 本节将介绍一些静电学的基础知识。

9.3.1 静电学入门

我们已经知道, 溶液中的电荷可以自由移动。电荷离开高分子的程度由能量效应和熵效应的竞争决定。正负电荷间的相互作用能量使它们不易分开。另外, 熵效应使得电荷倾向于离开高分子而在溶液中自由运动。为了刻画这一竞争关系, 需要电荷间相互作用的表达式。我们都知道同性电荷相互排斥, 而异性电荷相互吸引。为了描述这一定性的现象, 我们需要为不同的带电构型定义能量, 这个问题属于静电学的范畴, 也正是我们在本章要深入研究的。

在这个关于静电学的简要介绍中, 我们主要关注电势及其与电荷分布的关系。首先回顾两个电荷间的静电力

$$F = \frac{1}{4\pi\varepsilon_0\varepsilon_r}\frac{q_1q_2}{r^2} \tag{9.9}$$

这里我们假设电荷的尺寸远小于它们之间的距离 (即所谓的“点电荷”)。在静电力的定义中, 常数 $1/4\pi\varepsilon_0 = 9\times10^9\ \mathrm{N\ m^2/C^2}$, ε_r 为介电常数 (对于水, ε_r=80), q_1 与 q_2 是以库仑为单位的电量, r 是两电荷间的距离。如果两个电荷是同号的, 力 F 是排斥的, 否则, 两个电荷是相互吸引的, 这就是著名的库仑定律。严格地说, 这个公式要描述为矢量形式。在这里, 我们默认力的方向沿着两个电荷的连线。

在空气和其他非极性介质中, 式 (9.9) 中介电常数 ε_r 很小 (约为 1), 而在水这样的极性溶剂中, ε_r 比较大 (约为 80)。我们可以通过图 9.4 来理解介电常数, 图 9.4 中, 两个点电荷间的静电力被它们之间有永久电偶极矩的分子削弱。电偶极矩的负电荷朝向两电荷中的正电荷, 而电偶极矩的正电荷则朝向两电荷中的负电荷, 从而电荷间的静电力被屏蔽了。我们会看到当溶液中有盐离子这样的自由电荷时, 屏蔽效应会更明显。

电荷分布产生空间电场

不用力来考虑电荷相互作用, 这里引入电场 $\mathbf{E}$ 的概念, 使得置于电场内的检验点电荷 q_{test} 会受到大小为 $q_{\text{test}}\mathbf{E}$ 的静电力作用。我们已经将视角从电荷本身转移到电荷周围的空间中 (即场)。对于一个处于原点的点电荷 Q, 由式 (9.9) 导出空间点 $\mathbf{r}$ 处的电场为

$$\mathbf{E}(\mathbf{r}) = \frac{1}{4\pi\varepsilon_0\varepsilon_r}\frac{Q}{r^2}\mathbf{e}_r \tag{9.10}$$

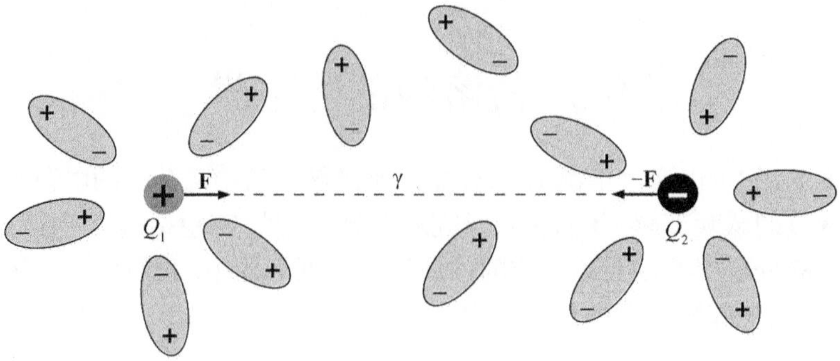

图 9.4 分子在电场作用下的极化。溶液中的一对正负电荷与它们各自周围的分子相互作用。如果这些分子有永久偶极矩，它们将会按照对静电相互作用有利的方向排布

式中，$\mathbf{e}_r$ 是 $\mathbf{r}$ 方向的单位向量。对于特定的电荷分布，假设电荷 q_i 处于 $\mathbf{r}_i$ 位置，则 $\mathbf{r}$ 处的电场等于所有电荷在该处产生的电场的矢量和，即

$$\mathbf{E}_{tot}(\mathbf{r}) = \sum_i \mathbf{E}_i = \sum_i \mathbf{E}(\mathbf{r} - \mathbf{r}_i) \tag{9.11}$$

总电场可以由单个电荷电场相加得到的性质被称为叠加原理。

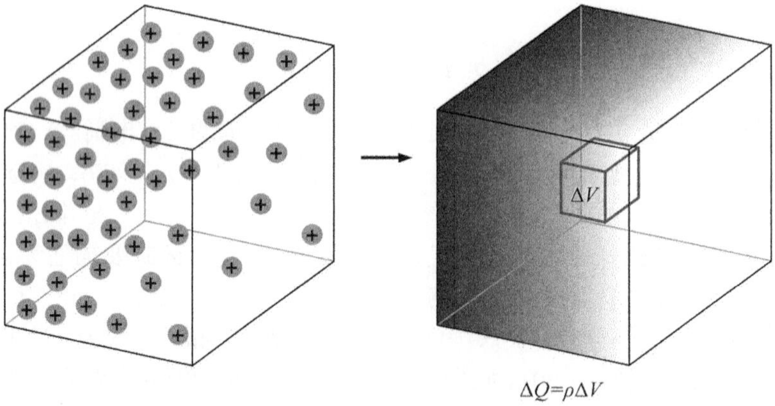

图 9.5 将离散电荷分布表示为连续电荷分布。左图显示了电荷的离散分布。而在右图的连续极限下，我们考虑体积元 ΔV 和其中点的电荷总数 ΔQ

电荷分布的概念对于描述蛋白质和 DNA 这样的溶液中的带电高分子十分有用。除了上面介绍的离散分布 (即电荷 q_i 处于 $\mathbf{r}_i$ 位置) 外，如图 9.5 所示，我们还可以引入电荷的连续分布密度函数 $\rho(\mathbf{r})$。基于电荷分布密度，空间 $\mathbf{r}$ 处小体积 ΔV 内的电荷总量 ΔQ 可以表示为 $\rho(\mathbf{r})\Delta V$。与离散情况类似的，我们可以利用叠加原理计算连续电荷分布产生的电场。唯一的不同是，我们需要用体积元 $\mathrm{d}V$ 上的积分来代替式 (9.11) 中的求和。图 9.6 介绍了叠加原理应用于离散和连续电荷分布的例子。

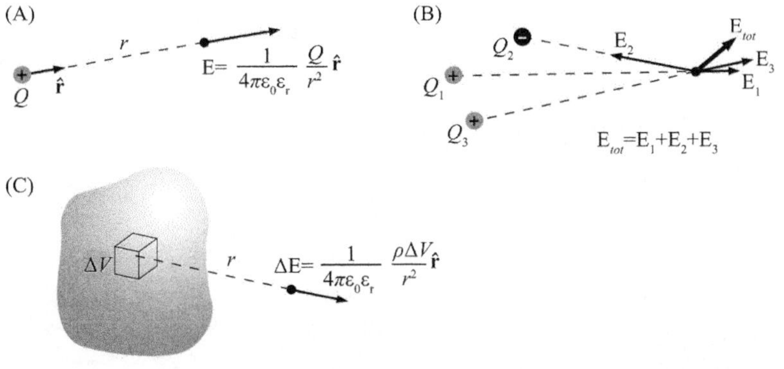

图 9.6 不同电荷分布的电场。(A) 对一个点电荷, 电场线是沿径向向外 (正电荷) 或者向内 (负电荷) 的。(B) 对于一组离散电荷, 空间一点的电场可以由各点电荷在该点产生的电场矢量和计算。(C) 对于连续的电荷分布, 空间中某点的电场可以通过对每一个小体积元中的电荷贡献求和 (积分) 来获得

用电场通量来度量电场线密度

除了用积分公式计算电场外, 人们还经常使用电场的局域描述, 即电荷密度与电场强度的微分方程关系。我们将介绍静电学中联系空间 $\mathbf{r}$ 点的电场强度与该点电荷密度的公式。为了建立这一关系, 我们需要介绍电场通量的概念。想象空间中分布着电场线, 则通量可以被定义为通过垂直于电场线方向单位面积的电场线数目。穿过表面并指向内部的电场线对于通量有负贡献, 而指向外部的电场线则有正贡献。对一个闭合曲面, 我们可以对通过该面上任意面积元的电场通量求和来计算通过表面的总通量。数学上, 这种操作等同于将表面分成小面积元 ΔA_i, 其法向量为 $\mathbf{n}_i$, 这里法向量 $\mathbf{n}_i$ 是矢量, 我们采取的约定是法向量垂直于表面向外。然后计算 $\mathbf{E}(\mathbf{r}_i)\cdot\mathbf{n}_i\Delta A_i$。对上述所有的项求和即得到通量 Φ。

例如, 点电荷导致的电通量可以通过对式 (9.10) 中的电场积分得到, 即

$$\Phi = \int_{\partial V}\mathbf{E}(\mathbf{r})\cdot\mathbf{n}\mathrm{d}A = \int_{\partial V}\frac{1}{4\pi\varepsilon_0\varepsilon_r}\frac{Q}{r^2}\mathbf{e}_r\cdot\mathbf{e}_r\mathrm{d}A \tag{9.12}$$

积分结果为

$$\Phi = \frac{1}{4\pi\varepsilon_0\varepsilon_r}\frac{Q}{r^2}4\pi r^2 = \frac{Q}{\varepsilon_r\varepsilon_0} \tag{9.13}$$

值得注意的是, 这里得到的电通量并不依赖于球的大小。这与我们的直观定义 (电通量为穿过球面的电场线数目) 一致。实际上, 考虑到电场线只起始和终止于电荷, 穿过球面的电场线数目就不应与球的尺寸有关。即使我们将球面变为其他任意形状, 电通量也不会发生变化。图 9.7 展示了电通量的例子。利用叠加原理, 我们发现通过闭曲面的电场通量与曲面内总电荷 Q_{tot} 满足式 (9.13) (只需要将 Q 替换为 Q_{tot})。这就是高斯定律。

同样的结果也适用于均匀分布于球体内的电荷 Q。对于这种分布, 我们可计算通过包裹它的更大球面的电场通量。对于一个半径为 r 的球面, 电场通量应为 $4\pi r^2E(r)$。考

虑到内部电荷总量 Q, 由式 (9.13) 我们可以得到

$$E(r) = \frac{1}{4\pi\varepsilon_0\varepsilon_r}\frac{Q}{r^2}$$

这与处于球心的等效电荷为 Q 的电荷产生的电场一致。

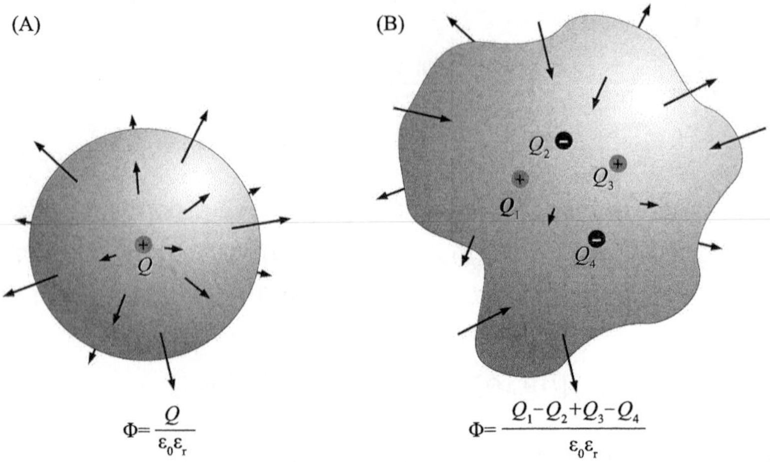

图 9.7 电场通量与高斯定律。(A) 由点电荷产生的穿过球面的电场通量。(B) 将 (A) 中的情形推广为任意电荷分布与任意形状的闭合曲面情形

这些结果的重要之处是说明了高斯定律给出的穿过闭合曲面的总电通量为

$$\Phi = \frac{Q_{tot}}{\varepsilon_r\varepsilon_0} \tag{9.14}$$

虽然这个公式看起来有些抽象, 但却十分有效, 可以基于此推导出静电学的关键控制方程。为此我们考虑三维空间中的一个特殊的电荷分布, 如图 9.8 所示, 该电荷分布只依赖于 x 坐标, 而在 y 和 z 方向上是均匀的。这样的电荷分布将导致 x 方向上的非均匀电场。如果我们考虑一个小的, 边长为 Δx、Δy 和 Δz 的正交体积元。则体积元内的电荷 $\Delta Q = \rho(x)\Delta x\Delta y\Delta z$。因此, 穿过该体积元表面的电通量为

$$\Phi = E_x(x+\Delta x)\Delta y\Delta z - E_x(x)\Delta y\Delta z \tag{9.15}$$

在 y 或 z 方向上, 电场是均匀的, 因此通过垂直于这两个方向表面的总电通量被抵消了。E_x 表示我们考虑的是 x 方向上的电场分量。利用泰勒展开, 我们有 $E_x(x+\Delta x) \approx E_x(x) + (\mathrm{d}E_x(x)/\mathrm{d}x)\Delta x$, 于是

$$\Phi = \frac{\mathrm{d}E_x(x)}{\mathrm{d}x}\Delta x\Delta y\Delta z \tag{9.16}$$

将式 (9.14) 中的通量表达式代入, 并利用 $\Delta Q = \rho(x)\Delta x\Delta y\Delta z$, 可得

$$\frac{\mathrm{d}E_x(x)}{\mathrm{d}x} = \frac{\rho(x)}{\varepsilon_r\varepsilon_0} \tag{9.17}$$

这是高斯定律的另一个版本。对于任意电荷分布，类似的可以得到一般形式的高斯定律，即

$$\frac{\partial E_x(x,y,z)}{\partial x}+\frac{\partial E_y(x,y,z)}{\partial y}+\frac{\partial E_z(x,y,z)}{\partial z}=\frac{\rho(x,y,z)}{\varepsilon_r\varepsilon_0} \tag{9.18}$$

就像前边提到的，这个定律提供了局域的电场强度与电荷密度的关系。在课后习题中请读者自行推导这个结果。

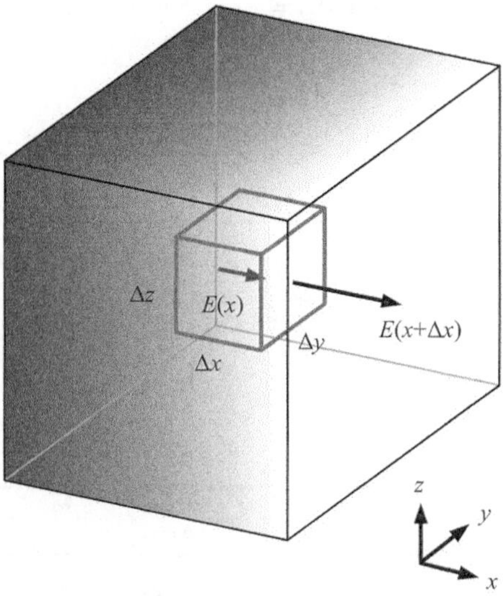

图 9.8 穿过盒子的电通量。这里计算的是通过边长为 Δx、Δy 和 Δz 的小体积元的电通量。在垂直于 x 方向的面上，电通量为 $E_x(x+\Delta x)\Delta y\Delta z-E_x(x)\Delta y\Delta z$，其中负号是因为在左侧的面上，电场指向体积元内部

电势是描述系统的静电状态的另一个基本物理量

到目前为止，我们都在讨论电荷分布导致的电场矢量 $\mathbf{E}(\mathbf{r})$。也就是说在指定电场时，我们需要在空间中任一点给出矢量 $\mathbf{E}$ 的三个分量。实际上，可以用更简单的方式描述场，为此我们引入作为标量场的电势 $V(\mathbf{r})$。在空间中每一点用单个物理量 [即电势 $V(\mathbf{r})$] 描述的场与在每一点定义的电场向量描述是完全等价的。为了理解这点，我们需要知道电场的三个分量与电势的关系。

空间中任意位置 $\mathbf{r}$ 处的电势被定义为将单位检验电荷从无穷远处移到 $\mathbf{r}$ 时，外力所做的功。这里假设电荷的转运过程是非常缓慢的，即作用在电荷上的外力时刻与电场力相抵消。为了更好地理解这个定义，我们用一个例子来说明。考虑只沿 x 方向变化的电荷分布产生的电场，由电荷分布的对称性，我们知道电场指向 x 方向。由于单位检验电荷上的电场力为 $E_x(x)\mathbf{e}_x$，且移动电荷的位移为 $\Delta x(-\mathbf{e}_x)$，则 x 处的电势为

$$V(x)=\int_x^{\infty}[(-E_x(x')\mathbf{e}_x)\cdot(-\mathbf{e}_x\mathrm{d}x')]=\int_x^{\infty}E_x(x')\mathrm{d}x' \tag{9.19}$$

式 (9.19) 中的第一个负号是因为作用于电荷的力与电场力是反向的。这里我们将力 $\mathbf{F}$ 在位移 $\Delta\mathbf{x}$ 下做的功记为 $\Delta W=\mathbf{F}\cdot\Delta\mathbf{x}$。最后，对式 (9.19) 两侧求导，我们得到电场与电势

的关系

$$E_x(x) = -\frac{\mathrm{d}V(x)}{\mathrm{d}x} \tag{9.20}$$

图 9.9 描述了以上推导的思想。关键的步骤是计算检验电荷在相邻两点间移动时外力所作的功 (能量的变化)。在图 9.9(A) 中, 我们研究了在匀强电场中, $0 \sim X$ 移动检验电荷所需的能量。利用式 (9.19) 中电势的定义, 容易得到

$$V(x) - V(0) = -\int_0^x E_x(x')\mathrm{d}x' \tag{9.21}$$

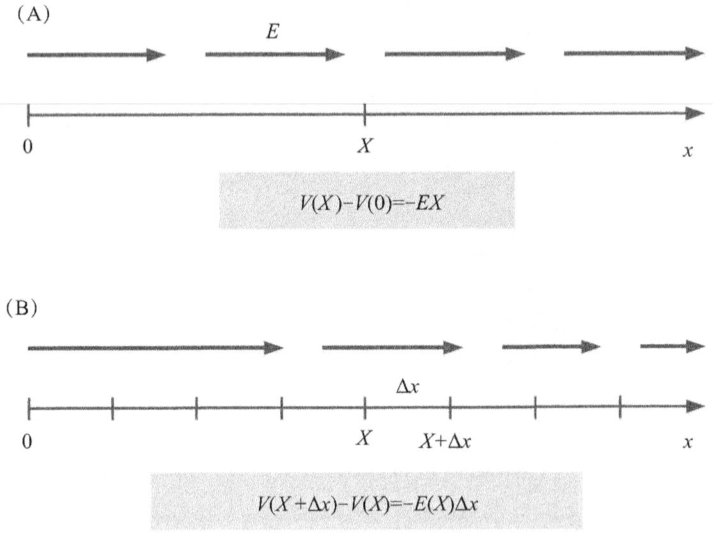

图 9.9　电场和静电势的局域关系。(A) 对于匀强电场, 将单位检验电荷从原点移动到 X 处外力所做的功为 $-EX$。(B) 在非均匀电场中, 在 X 和 $X+\Delta x$ 间移动检验电荷时能量的变化为 $-E(X)\Delta x$

对于匀强电场, 积分的结果是 $V(x) - V(0) = -E_x x$。更重要的是, 如果我们对两个相邻点间的电势差感兴趣, 则有

$$V(x+\Delta x) - V(x) = -\int_x^{x+\Delta x} E_x(x')\mathrm{d}x' \approx -E_x(x)\Delta x \tag{9.22}$$

这一结果与式 (9.20) 等价。

在更一般的条件下, 即电荷分布在三个方向上都有变化时, 电场强度与电势的关系是

$$(E_x(x,y,z), E_y(x,y,z), E_z(x,y,z)) = -\left(\frac{\partial V(x,y,z)}{\partial x}, \frac{\partial V(x,y,z)}{\partial y}, \frac{\partial V(x,y,z)}{\partial z}\right) \tag{9.23}$$

式 (9.23) 告诉我们, 对于给定电势, 电场是指向电势减小最快方向的矢量, 其大小等于该方向上电势变化的速度。最后, 将 V 和 $\mathbf{E}$ 的关系代入式 (9.18) 的高斯定律, 我们得到泊松方程

$$\frac{\partial^2 V(x,y,z)}{\partial x^2} + \frac{\partial^2 V(x,y,z)}{\partial y^2} + \frac{\partial^2 V(x,y,z)}{\partial z^2} = -\frac{\rho(x,y,z)}{\varepsilon_r \varepsilon_0} \tag{9.24}$$

该方程将电势与电荷密度联系起来。这个控制微分方程是我们研究高分子周围的电荷引起的电场和能量的出发点。

模型的数学: 梯度算符与矢量分析 在式 (9.23) 和式 (9.24) 中, 书写导数的方法十分繁琐, 因此我们需要引入数学物理中非常重要的矢量分析方法。特别是, 给定一个标量场 $V(\mathbf{r})$, 我们可以计算其梯度向量

$$\mathbf{E}(\mathbf{r}) = -\nabla V(\mathbf{r}) \tag{9.25}$$

其中, 梯度算符定义为

$$\nabla = (\partial/\partial x, \partial/\partial y, \partial/\partial z) \tag{9.26}$$

当用梯度算符作用于 $V(\mathbf{r})$ 这样的标量场时我们可以得到一个矢量场。类似的, 我们可以将式 (9.24) 写为

$$\nabla^2 V(\mathbf{r}) = -\frac{\rho(\mathbf{r})}{\varepsilon_r \varepsilon_0} \tag{9.27}$$

式中, ∇^2 作用于标量函数, 通常被称为拉普拉斯算符。

虽然在本章中引入 ∇ 和 ∇^2 仅仅为了书写的方便, 这些算符在数学和物理方面都有更重要的意义, 尤其在不可能写出式 (9.23) 和式 (9.24) 那样的显式表达式时。感兴趣的读者可以参考著作 Schey(1996)。

将一系列电荷聚集在一起需耗费能量

细胞将很大一部分能量用来移动电荷。为了更好地理解细胞中电荷排布的能量学意义, 具体地, 我们研究把许多相隔十分远的孤立点电荷聚拢形成特定的电荷分布所做的功。系统的静电能量正好等于这个功, 正的静电能量意味着为了形成电荷分布需要注入其他形式的能量。例如, 考虑某个包含两个相距为 r 的点电荷的电荷分布。把第二个点电荷拉到第一个点电荷附近所做的功, 或者说系统的静电能量为 q_2V_2。这里, V_2 是第一个电荷在第二个电荷位置产生的电势。我们可以通过计算移动第一个电荷到第二个电荷附近所做的功来计算这个能量。这样能量即可表示为 q_1V_1。因此我们可以把静电能量写成更加对称的形式 $\frac{1}{2}(q_1V_1 + q_2V_2)$。对更一般的电荷分布, 我们有

$$U_{el} = \underbrace{\frac{1}{2}\sum_i q_i V_i}_{\text{离散分布}} = \underbrace{\frac{1}{2}\int V(\mathbf{r})\rho(\mathbf{r})\mathrm{d}^3\mathbf{r}}_{\text{连续分布}} \tag{9.28}$$

式中, 第一个等号是对离散电荷分布而言, 第二个等号是对连续电荷分布而言。

作为例子, 我们计算一个均匀带电球体的静电能量。如图 9.10 所示, 该球体半径为 R, 带电量为 Q。在计算中, 我们把球分成许多厚度为 $\mathrm{d}r$, 电量为 $\mathrm{d}q$ 的球壳, 以球壳由小到大的组装过程考虑构造该电荷分布所做的功。如果已经组装好的所有球壳带电量为 q, 则添加另一球壳时, 静电能量的增加为

$$\mathrm{d}U_{el} = V(r)\mathrm{d}q \tag{9.29}$$

式 (9.29) 告诉我们, 当向已经组装好的“洋葱”上添加半径为 r 的一层时, 所需要的能量由已经建立起来的电势 $[V(r)]$ 和所添加的电量 $\mathrm{d}q$ 决定。考虑到均匀带电球体外部的

电场与处于球心带有同样电量的点电荷产生的电场一致，我们可以容易地计算已经建立的电场。由于电势可根据电场力做功来定义，我们有

$$V(r)=\int_r^{\infty}E(r')\mathrm{d}r'=\int_r^{\infty}\frac{1}{4\pi\varepsilon_0\varepsilon_r}\frac{q}{r'^2}\mathrm{d}r'=\frac{1}{4\pi\varepsilon_0\varepsilon_r}\frac{q}{r} \tag{9.30}$$

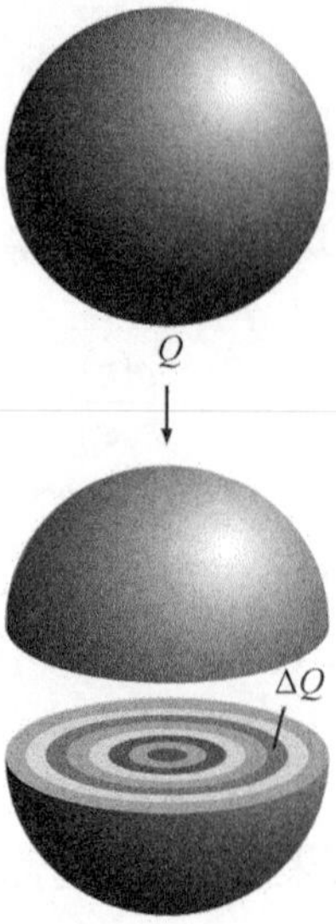

图 9.10　带电球体的静电能量。将球体分成层状“洋葱”结构，通过累加新的带电球壳所需要的能量可以计算建立球状电荷分布所需要的能量

接下来，我们要确定有多少电荷处于半径为 r 的球体内。为此我们利用电荷密度 $\rho=Q/\frac{4}{3}\pi R^3$ 计算 $q=\rho\frac{4}{3}\pi r^3$ 和 $\mathrm{d}q=\rho 4\pi r^2\mathrm{d}r$。由这些结果，我们可以将添加一个球壳所需的能量写为

$$\mathrm{d}U_{el}=V(r)\mathrm{d}q=\frac{1}{4\pi\varepsilon_0\varepsilon_r}\frac{\rho\frac{4}{3}\pi r^3}{r}\rho 4\pi r^2\mathrm{d}r \tag{9.31}$$

对所有球壳求和，即对式 (9.31) 中的 r 积分，我们得到

$$U_{el}=\int_0^R\frac{1}{4\pi\varepsilon_0\varepsilon_r}\frac{16\pi^2}{3}\rho^2 r^4\mathrm{d}r=\frac{1}{4\pi\varepsilon_0\varepsilon_r}\frac{3}{5}\frac{Q^2}{R} \tag{9.32}$$

估算：噬菌体 ϕ29 中的 DNA 浓缩　病毒中的 DNA 被限制在病毒衣壳内部 (图 2.19)。由于 DNA 是强酸，在溶液中带大量电荷，因此将 DNA 装入衣壳内部需要能量。对于噬菌体 ϕ29，能量来自于门马达 (一种拖动 DNA 的蛋白质机器) 产生的机械功，而马达的能量来自于 ATP 的水解。图 10.18 展示了对这些马达做功的测量结果。这些测量表明 DNA 的包装会在内部产生反抗力。对力-伸长曲线积分可以估计反抗内力所做的功为

$$W_{int}\approx\frac{1}{2}\times 7000\ \mathrm{nm}\times 60\ \mathrm{pN}\approx 200\ 000\ \mathrm{pNnm}$$

在这个估算中，我们用到了 ϕ29 DNA 的长度约为 7μm，而最大力为 60 pN (在这个粗略的估算中，我们假设力与已经包装好的 DNA 长度之间呈线性关系)。

$\phi29$ 基因组约有 20 000 个碱基对, 其所带总电量约为

$$Q=\frac{2e}{\mathrm{bp}}\times 20\,000\ \mathrm{bp}$$

式中, $e=1.6\times10^{-19}\mathrm{C}$ 是电子的基本电量。假设所有电荷均匀分布在病毒衣壳内, 且假设衣壳是一个半径为 $R\approx 20$ nm 的球体, 聚集这样的电荷分布所做的功可由式 (9.32) 给出, 结果为

$$W_{\mathrm{charge}}\approx\frac{9\times10^{9}}{80}\frac{3}{5}\frac{(40\,000\times1.6\times10^{-19})^{2}}{20\times10^{-9}}\mathrm{J}\approx10^{8}\ \mathrm{pNnm}$$

这个估算结果比由反抗力所得到的功大 2000 倍, 明显违反了能量守恒定律。当我们认识到 DNA 电荷间的静电力被溶液中的补偿离子屏蔽从而有效地减弱时, 才能解决这个矛盾。在屏蔽现象存在时, 所需静电能量会远小于式 (9.32) 给出的结果。在本章的剩余内容中, 我们的主要任务是研究屏蔽现象的性质及其生物学意义。

使分子释放离子的能量可与热运动能量相当

静电相互作用蕴含着巨大的能量。事实上电中性也可以被归结为释放电荷要耗费过高的能量。然而, 通常不被重视的一点是, 在水中释放电荷所需的能量往往明显地降低。纳尔逊 (Nelson, 2004) 的书中给出了一个非常具有说服力的例子, 即比较在真空和在水中分开一对正负电荷所需能量的差别。由此给出一个非常有趣的结果, 在水中, 电荷很大程度上可以自由地运动。许多十分有趣的研究案例往往与羟基以及 OH^- 和 H^+ 的分离有关。

为了获得更直观和精确的理解, 我们可以比较一个分子在水中剥离电荷所需的静电能量以及热运动的能量尺度。电离化倾向可以看成是离子结合导致的能量下降以及分离导致的熵增加 (离子可以在溶液中游荡) 的竞争结果。我们关心的是静电能量 (来自于库仑定律) 和热运动能量之间的均衡。在图 9.11 中两个等量异号电荷被分开了一定距离使得它们之间的静电能与热运动能量 k_BT 相当, 该距离称为比耶鲁姆 (Bjerrum) 长度。

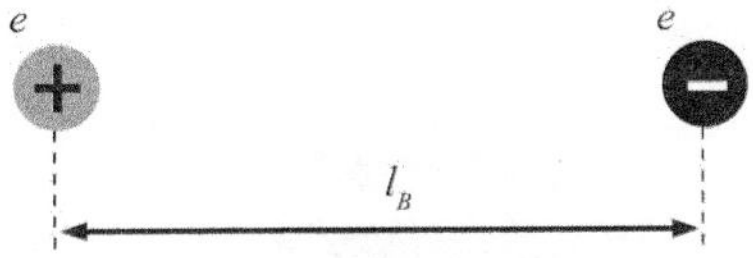

图 9.11 比耶鲁姆长度示意图。两个等量异号电荷在溶液中分开距离 l_B 所需的能量为 k_BT

为了估算比耶鲁姆长度, 我们让静电能与热运动能量相等, 即

$$\frac{e^2}{4\pi\varepsilon_0\varepsilon_r l_B}=k_BT \tag{9.33}$$

由此决定一个基本长度

$$l_B=\frac{e^2}{4\pi\varepsilon_0\varepsilon_r k_BT} \tag{9.34}$$

利用 $e^2/4\pi\varepsilon_0 \approx 2.3 \times 10^{-28}$ Jm, 水的介电常数 $\varepsilon_r \approx 80$, 得到 $l_B \approx 0.7$ nm。

9.3.2 带电蛋白质

为了对蛋白质在溶液中的带电状态有定量的了解, 我们将球状蛋白简化为由氨基酸组成的半径为 R 的圆球, 并且假设这个圆球由半径为 r 的小圆球紧密堆积而成。

对于这个问题的特定处理方式如图 9.12 所示 (Nelson, 2004), 假设所有的疏水残基都被挤压在蛋白质内部, 而表面的残基全部是极性的, 每个可以贡献一个电荷。于是问题转化为求解带电球体的自能。我们主要关注自能与蛋白质尺寸 (半径 R) 的关系。与前面计算不同, 不能考虑电荷像"洋葱"那样一层层加入, 所有的电荷均在半径为 R 的球壳上。我们将计算每个蛋白质上的极性残基数目与半径 R 的关系, 然后利用该关系按下式估算蛋白质的自能

$$U = \frac{1}{4\pi\varepsilon_0\varepsilon_r}\frac{Q_{tot}^2}{2R} \tag{9.35}$$

式中, 带电球壳的静电能与带电球体的静电能差常数因子 (见课后习题)。表面上的极性残基数目为

$$N = \frac{4\pi R^2}{\pi r^2} \tag{9.36}$$

这里我们假设所有极性残基的半径均为 r。由此可以认为蛋白质所带总电荷为 $Q_{tot} = Ne$, 于是可写出静电能

$$U = \frac{e^2}{4\pi\varepsilon_0\varepsilon_r}\frac{8R^3}{r^4} \tag{9.37}$$

注意

$$\frac{e^2}{4\pi\varepsilon_0\varepsilon_r} = l_B k_B T \tag{9.38}$$

该能量可以用比耶鲁姆长度表示为

$$U = k_B T l_B \frac{8R^3}{r^4} \tag{9.39}$$

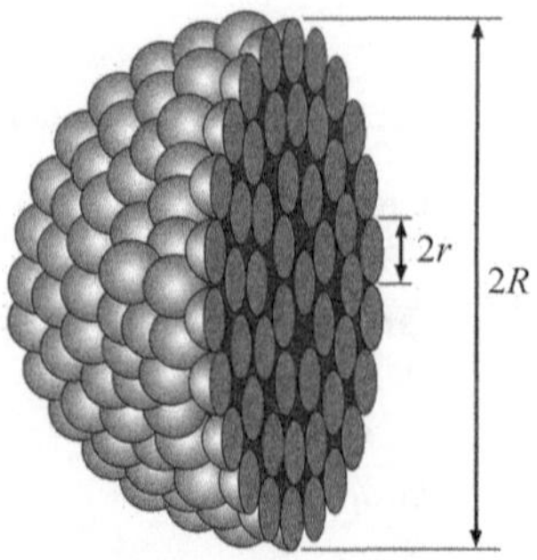

图 9.12 分析从蛋白质表面移去电荷的能量消耗示意图。蛋白质的半径为 R, 而每个残基的半径为 r。在这个简化模型中, 我们假设只有蛋白质表面的残基是极性的, 可以从它们剥离电荷

如果我们用 $l_B \approx 0.7$ nm 及$r \approx 0.5$ nm, 则蛋白质的能量可以用其尺寸表示为

$$U = k_B T \frac{8 \times 0.7}{(0.5)^4} R^3 \tag{9.40}$$

式中, 能量以 $k_B T$ 为单位, 蛋白质半径以纳米为单位。图 9.13 画出了蛋白质能量与半径的关系。该图定量地指出纳米尺度的物体丢失电荷所带来的能量损失是可以忍受的, 而更大物体则不能, 在图 5.1 中, 我们已经介绍了这一观念。

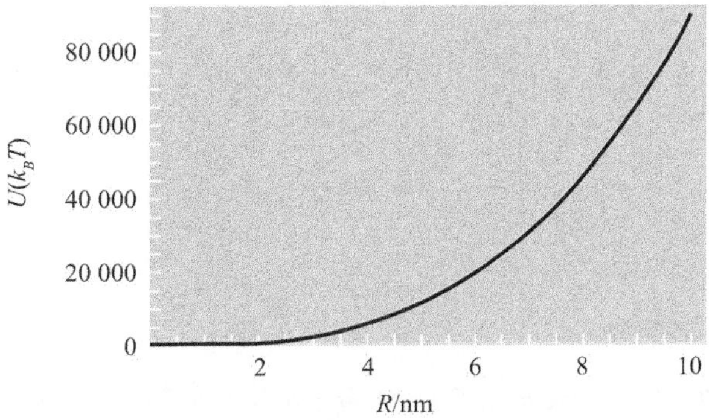

图 9.13 带电蛋白质的能量。图中显示带电球壳的能量, 其电荷密度由极性残基密度决定。该图给出了静电能量与模型蛋白质半径的依赖关系

9.3.3 屏蔽效应

溶液中离子的空间分布方式会屏蔽 DNA 这样的带电分子

盐溶液是生命高分子的生化以太, 而组成盐溶液的离子是可移动的。因此蛋白质或 DNA 分子周围的离子分布依赖于分子的形状和分子周围离子的浓度。作为对溶液中电荷行为的定性特征的简介, 图 9.14 展示了一段带有大量负电荷的 DNA 分子及其周围溶液中的补偿离子。下面的理论目标是发展对 DNA 附近的离子分布的精确估算方法, 并且研究这些离子的存在怎样改变分子周围的静电势。

像蛋白质和核糖核酸这样的带电高分子在盐溶液中会建立起如图 9.15(A) 所示的屏蔽云, 以至于它们的总电荷会被中和。离子的能量与熵的竞争关系决定了屏蔽云的厚度。具体地说, 我们假设高分子带有总电量为 $-Q$ 的负电荷。在这种情况下, 补偿离子会被吸引到高分子附近而形成屏蔽云。这些补偿离子采用降低静电能量的构型。同时, 屏蔽云中局部电荷密度的增加会导致熵损失, 因为这时补偿离子等效地受到更大的限制。类似地, 负离子远离带负电荷的高分子以取得能量增益与熵损失的均衡。

屏蔽云的尺寸由周围离子的能量与熵的均衡决定

为了估计屏蔽云的厚度, 我们假设其中的补偿离子浓度是均匀的, 设为

$$c_+ = c_\infty + \frac{\Delta c}{2} \tag{9.41}$$

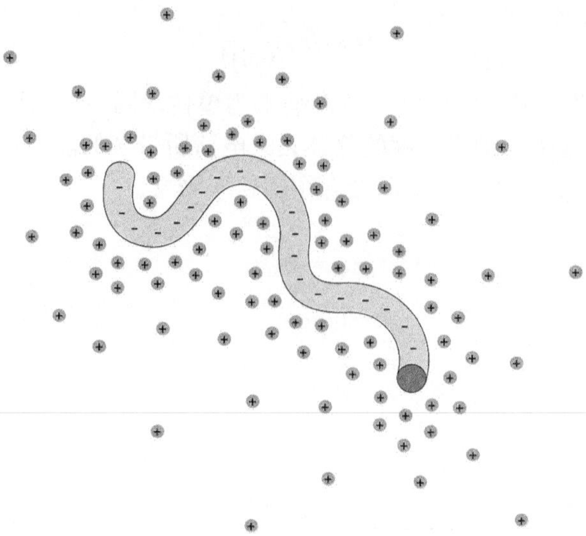

图 9.14　离子溶液中的 DNA。该图显示了 DNA 分子上显著的负电荷分布及其周围溶液中的正补偿离子分布

式中, c_∞ 代表图 9.15(B) 所示的屏蔽云之外正离子的浓度。类似地, 负离子的浓度在屏蔽云中减少了 $\Delta c/2$。这里 Δc 定义为 $\Delta c = c_+ - c_-$, 它刻画了远场浓度 c_∞ 在屏蔽云中受到高分子的扰动程度。特别是, Δc 刻画了屏蔽云中负电荷的减少和正电荷的增多。屏蔽云的总电荷为 $e\Delta cA\lambda_D$, 其中 A 是带电高分子的表面积, λ_D 是屏蔽云的厚度, 也称为德拜 (Debye) 长度。这个简单模型的关键点是, 在 λ_D 厚度区域里, 离子分布是均匀的但不同于远场的密度值。高分子的总电荷与屏蔽云的总电荷之和为零, 因此 $Q = e\Delta cA\lambda_D$。由此, 我们得到

$$\Delta c = \frac{Q}{e}\frac{1}{A\lambda_D} \tag{9.42}$$

式中, Q/e 是总电荷数, 它可用于计算电荷密度。

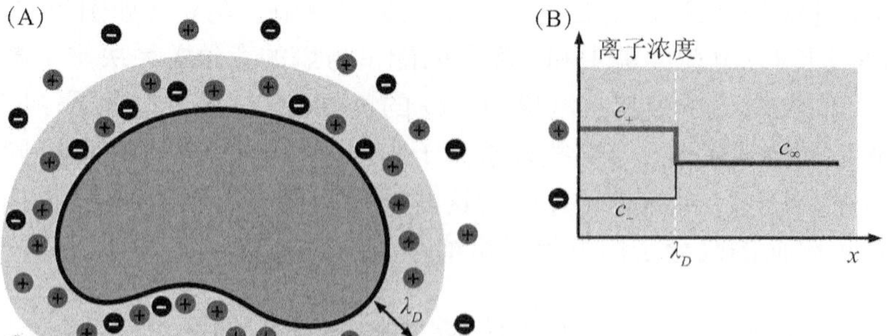

图 9.15　盐溶液中的电荷密度。(A) 带电表面周围的屏蔽云。假设高分子带有均匀分布的负电荷, 在它周围建立了厚度为 λ_D 的均匀屏蔽云。(B) 屏蔽云结构的简单模型

我们近似地认为屏蔽云中的电场为

$$E_{\text{cloud}} = \frac{Q}{\varepsilon_r \varepsilon_0 A} \tag{9.43}$$

这里假设所有屏蔽电荷都在距离高分子表面 λ_D 处。在本章的习题中, 我们会讨论图 9.15 所示电荷分布导致的电场。屏蔽云中的平均静电势为

$$V_{\text{cloud}} = -\frac{1}{2}E_{\text{cloud}}\lambda_D = -\frac{1}{2\varepsilon_r\varepsilon_0}\frac{Q\lambda_D}{A} \tag{9.44}$$

如 5.5.2 节中所推导的一样, 在平衡条件下, 各处正补偿离子的化学势应该是相同的。在屏蔽云之外, 离子浓度为 c_∞, 而电势为零, 所以化学势为 $\mu = \mu_0 + k_BT\ln(c_\infty/c_0)$。而在屏蔽云中, 离子的化学势为

$$\mu = \mu_0 + k_BT\ln\left(\frac{c_\infty + \Delta c/2}{c_0}\right) + eV_{\text{cloud}} \tag{9.45}$$

式中, 最后一项刻画电荷在屏蔽云中的能量。令补偿离子在屏蔽云内外的化学势相等, 并用式 (9.42) 计算 Δc, 用式 (9.44) 计算 V_{cloud}, 我们得到

$$k_BT\ln\left(1 + \frac{Q}{2eA\lambda_D c_\infty}\right) - \frac{1}{2\varepsilon_r\varepsilon_0}\frac{Qe\lambda_D}{A} = 0 \tag{9.46}$$

如果我们假设正离子在屏蔽云中的浓度变化相对于 c_∞ 是很小的, 则可以利用对数表达式展开 $\ln(1+x) \approx x$。同时, 由于比耶鲁姆长度 $l_B = e^2/4\pi\varepsilon_0\varepsilon_r k_BT$, 于是我们得到

$$\lambda_D = \sqrt{\frac{1}{4\pi l_B c_\infty}} \tag{9.47}$$

这与由下面将要讨论的德拜-休克尔 (Debye-Hückel) 理论得到的精确德拜屏蔽长度只相差一个 $\sqrt{2}$ 因子。

我们已经用一个玩具模型展示了带电高分子在盐溶液中引起的补偿离子云。它的厚度有限, 由德拜长度刻画。对大于德拜长度的距离, 高分子与其周围的屏蔽云有效地中和。这就引出了两个带电高分子相互作用的本质问题。我们发展的屏蔽云图像表明这种相互作用是短程的。或者说, 除非两个高分子被置于足够近的位置, 以致它们的屏蔽云发生了重叠, 否则两者之间几乎没有相互作用。在距离很短时, 两个带电高分子之间的相互作用是由改变屏蔽云的分布导致的能量和熵的组合效应决定的。

重新估算: 噬菌体 ϕ29 中的 DNA 浓缩 屏蔽的物理图像可以帮助我们重新估算将 DNA 在病毒衣壳中包装所需的能量, 该能量在本章的前一个模型中是无法正确得到的。为了进行粗略的估计, 我们假设屏蔽云只由带正电的补偿离子组成。另外, 假设 DNA 的电荷被完全屏蔽, 它们之间没有相互作用。因此, DNA 包装的自由能损失完全来自组成屏蔽云中的补偿离子被限制在衣壳内部时的熵减小。

基于以上的假设, 对于 DNA 长约为 20 000 bp 的 ϕ29, 屏蔽云中的正电荷数目大约为 40 000。屏蔽云的尺寸由德拜长度决定, 生理条件下, 盐溶液浓度约为 100 mmol/L, 导致屏蔽长度 $\lambda_D \approx 1\text{nm}$。

当 DNA 被包装进入病毒衣壳时，补偿离子也进入衣壳里以中和 DNA 的电荷。这一过程的能量消耗对应于补偿离子从衣壳外部被压进衣壳内部狭小空间所需的 pV 功，即

$$W_{\text{charge}} = Nk_BT\ln\frac{V_{\text{cloud}}}{V_{\text{capsid}}} \tag{9.48}$$

在以上公式中，$N = 40\ 000$ 是补偿离子的数目；V_{cloud} 是屏蔽云的体积，而 V_{capsid} 是补偿离子在衣壳中所占的体积。

将 DNA 近似看作半径为 R_{DNA} 的长圆柱杆，屏蔽云包围这根长杆，厚度为 λ_D，因此屏蔽云的体积为

$$V_{\text{cloud}} = L\pi[(R_{\text{DNA}} + \lambda_D)^2 - R_{\text{DNA}}^2] \approx 64\ 000\ \text{nm}^3 \tag{9.49}$$

式中，$L = 20\ 000 \times 0.34\ \text{nm} = 6800\ \text{nm}$ 为 DNA 的长度，$R_{\text{DNA}} = 1\ \text{nm}$ 为 DNA 的半径，而 $\lambda_D = 1\ \text{nm}$ 为德拜长度。

在衣壳中，补偿离子的可达体积由病毒衣壳体积与 DNA 体积之差决定，即

$$V_{\text{capsid}} = \frac{4\pi}{3}R_{\text{capsid}}^3 - L\pi R_{\text{DNA}}^2 \approx 12\ 000\ \text{nm}^3 \tag{9.50}$$

式中，我们取 $\phi29$ 病毒衣壳的半径为 $R_{\text{capsid}} = 20\ \text{nm}$。

将对于屏蔽云体积和病毒衣壳内自由体积的估算代入式 (9.48)，我们得到 $W_{\text{charge}} \approx 65\ 000\ k_BT$，与单分子实验测量值相当。我们的方法虽然粗略，与没有考虑补偿离子屏蔽效应的估计相比，却得到了满意的结果。在估算中我们没有考虑补偿离子在衣壳中因与 DNA 的距离相比在自由空间中更近而导致的静电能量下降。

9.3.4　泊松-玻尔兹曼方程

至此，我们用极其近似的方法处理屏蔽效应并得到了一系列估计。处理溶液中电荷排布的更正式的理论是基于泊松-玻尔兹曼方程的。该理论将理论物理的两个重要结果联系在一起，即建立电荷分布与电势关系的泊松方程 [式 (9.24)] 和描述微观状态 (如溶液中离子可能采取的不同构型) 概率的玻尔兹曼分布 [式 (6.4)]。该方法的关键概念是溶液中的离子分布总是与它们屏蔽的高分子相平衡。也就是说，在溶液中某点找到一个离子的概率由玻尔兹曼权重决定。

屏蔽离子的分布由泊松–玻尔兹曼方程决定

我们考虑处在含有正负电荷溶液中像高分子这样的带电物体周围离子的分布状况。为了简化分析，我们只考虑带有电量 $\pm ze$ 的离子。如果我们所感兴趣的高分子带有负电荷，则正离子被吸引到其周围，从而密度会升高，负离子则被排斥，密度降低。在远离高分子的地方，溶液电中性要求两种离子的数密度是相同的，即 $c_+ = c_- = c_\infty$。更一般地，当溶液中有许多不同种类的离子时，电中性条件可写为 $\Sigma_i z_i c_i = 0$，其中 z_i 是第 i 种离子的电荷数。

为了定量地研究离子电荷密度，我们首先考虑一种简单情况，即溶液中的带电物体是一个均匀带负电的膜，如图 9.16 所示，其电荷面密度为 σ，单位为 $\mathrm{C/m^2}$。在这种情况下，只要处在膜附近以至于膜的尺度可等效为无穷大，则正负离子的数密度只沿着垂直于膜平面的方向变化。我们将该方向记为 x，并用 $x=0$ 标记带电表面的位置。则溶液中离子的数密度由玻尔兹曼公式给出为

$$\begin{aligned} c_+(x) &= c_\infty \mathrm{e}^{-zeV(x)/k_BT} \\ c_-(x) &= c_\infty \mathrm{e}^{+zeV(x)/k_BT} \end{aligned} \tag{9.51}$$

式中，$\pm zeV(x)$ 是正负离子在电势 $V(x)$ 中的静电能量。这里电势与数密度一样只沿垂直于膜的方向变化。为了计算 x 方向上溶液中离子的分布，必须首先计算出电势。由于电势本身是由离子分布决定的，我们需要寻找两者之间的第二个关系。该关系由 9.3.1 节中的泊松方程给出。

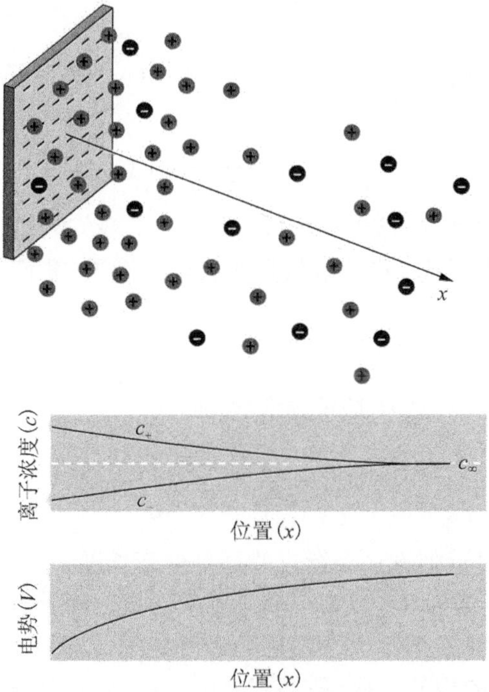

图 9.16 盐溶液中的带电膜。带电膜的存在导致了其附近非均匀的正负电荷分布。补偿离子密度在膜附近升高，而同号电荷的密度则降低。图中显示了电荷数密度及电势与到膜的距离之间的函数关系

在位置 x 处的总电荷密度由正电荷和负电荷的总贡献得到，即

$$\rho(x) = zec_+(x) - zec_-(x) \tag{9.52}$$

该电荷密度与同一位置的电势之间的关系由泊松方程给出

$$\frac{\mathrm{d}^2V(x)}{\mathrm{d}x^2} = -\frac{\rho(x)}{\varepsilon_r\varepsilon_0} \tag{9.53}$$

将式 (9.51) 代入式 (9.52), 并将所得到的 $\rho(x)$ 代入泊松方程, 我们得到

$$\frac{\mathrm{d}^2V(x)}{\mathrm{d}x^2}=\frac{zec_\infty}{\varepsilon_r\varepsilon_0}\left(\mathrm{e}^{zeV(x)/k_BT}-\mathrm{e}^{-zeV(x)/k_BT}\right) \tag{9.54}$$

以上描述盐溶液中电势的非线性微分方程即为泊松-玻尔兹曼方程。考虑带电膜给定的边界条件并求解上述方程就可得到电势 $V(x)$, 然后代入式 (9.51) 即可得到电荷分布。

屏蔽电荷在高分子周围的溶液中指数衰减

当电势较“小”时, 式 (9.54) 中的 $\exp(\pm zeV(x)/k_BT)$ 可以用 $1\pm zeV(x)/k_BT$ 近似, 而泊松-玻尔兹曼方程可以被简化 (即线性化) 为德拜-休克尔方程。当电势显著地小于 $k_BT/e=25$ mV 时, 这个近似是合理的。为了体会这个电势值的大小, 我们用水中蛋白质的表面电势来与之作对比。对于一个电荷 $q=1e$, 直径为 $R=4$ nm 的蛋白质, 我们估计其表面电势 $(1/4\pi\varepsilon_0\varepsilon_r)(q/R)\approx 10$ mV。我们即将看到, 当有补偿离子存在时, 这个估计值就偏高了。

在对玻尔兹曼因子进行线性近似后, 我们由式 (9.54) 得到了描述平面带电体的德拜-休克尔方程

$$\frac{\mathrm{d}^2V(x)}{\mathrm{d}x^2}=\frac{2z^2e^2c_\infty}{\varepsilon_r\varepsilon_0k_BT}V(x) \tag{9.55}$$

对于以上讨论的简单几何形状, 该方程可以解析求解。我们需要找到一种函数形式, 其在两次求导后为相同的函数形式。指数函数具有这样的性质, 我们可以检验

$$V(x)=A\mathrm{e}^{-x/\lambda_D}+B\mathrm{e}^{x/\lambda_D} \tag{9.56}$$

是方程 (9.55) 的解。这里 A 和 B 是积分常数, 而

$$\lambda_D=\sqrt{\frac{\varepsilon_r\varepsilon_0k_BT}{2z^2e^2c_\infty}} \tag{9.57}$$

是前一小节我们已经通过近似方法介绍过的德拜屏蔽长度。

常数 A 和 B 由边界条件确定。第一个边界条件是远离带电膜的地方电势为零, 这意味着 $B=0$。由此我们知道电势的大小随离开带电体的距离指数衰减, 其特征长度为德拜长度 λ_D。为了确定剩下的积分常数, 我们需要用到由高斯定律得到的膜表面的电场

$$E_x(0)=\frac{\sigma}{\varepsilon_0\varepsilon_r} \tag{9.58}$$

利用场与势的关系 $E_x(x)=-\mathrm{d}V(x)/\mathrm{d}x$ 以及式 (9.56), 我们得到 $A=\sigma\lambda_D/\varepsilon_r\varepsilon_0$, 于是

$$V(x)=\frac{\sigma\lambda_D}{\varepsilon_r\varepsilon_0}\mathrm{e}^{-x/\lambda_D} \tag{9.59}$$

将此解代入联系电势与电荷密度的式 (9.53), 我们得到

$$\rho(x)=-\frac{\sigma}{\lambda_D}\mathrm{e}^{-x/\lambda_D} \tag{9.60}$$

类似地, 正负离子的数密度也与离带电膜的距离呈指数关系。假设膜表面带有负电荷, 则正电荷密度在膜表面达到最大值, 并指数衰减为 c_∞; 带负电离子的情况正相反。

此前在关于屏蔽的简单玩具模型中讨论过, 并且在这里用精确计算证实德拜长度的关键概念在于电势在该长度之外基本为零, 而电荷均匀分布。钾离子在细胞内部的典型浓度约为 $c_\infty = 200$ mmol/L, 对应的德拜屏蔽长度约为 0.7 nm。这意味着, 在该距离之外, 蛋白质上的电荷不会"感受"到其他电荷的存在。这表明蛋白质的三维形状对静电作用十分重要, 因为两个蛋白质若要产生静电相互作用, 需要它们的带电荷残基充分接近。当两者的几何形状互补时, 残基的接近变得更加可能。当然, 所有这些关于蛋白质附近电荷分布的思考都间接地假设对离散电荷的连续化处理在这些尺度下是合理的。

9.3.5 将病毒视为带电球

到目前为止, 我们已经对平坦界面研究了屏蔽的机制。这一几何形状的静电性质与生物膜附近的静电性质是相关的。另外一类重要的问题与蛋白质和高分子组装体 (如核糖体和病毒衣壳) 的表面电荷状态相关。在这种情况下, 通常将这些结构理想化为带电球。这里, 我们利用德拜-休克尔模型来研究盐溶液中带电球周围的静电能量, 并利用这一结果来估算与病毒衣壳组装相关的静电能量。特别是, 我们将研究这一过程的平衡常数对盐浓度的依赖性, 这一问题与实验紧密联系。

由式 (9.28) 可知, 组装带电 Q、半径 R 的球壳所需的能量为 $\frac{1}{2}QV(R)$, $V(R)$ 是球表面的电势。对于球对称的电荷分布, 我们可以用积分形式的库仑定律 [式 (9.13)] 计算电势。对于半径 $r > R$ 的球壳, 穿过它的电场通量为

$$\Phi(r) = E_r(r)4\pi r^2 \tag{9.61}$$

球壳内的总电荷可以用电荷密度 ρ 计算, 即

$$q(r) = \int_0^r \rho(r')4\pi r'^2 \mathrm{d}r' \tag{9.62}$$

利用电通量与电荷的关系, $\Phi(r) = q(r)/\varepsilon_r\varepsilon_0$, 并使两边对 r 求导, 我们得到球对称情况下的泊松方程

$$\frac{\mathrm{d}}{\mathrm{d}r}\left(-r^2\frac{\mathrm{d}V(r)}{\mathrm{d}r}\right) = \frac{\rho(r)}{\varepsilon_r\varepsilon_0}r^2 \tag{9.63}$$

式中, 我们已经用到了电场与电势的关系, $E_r(r) = -\mathrm{d}V(r)/\mathrm{d}r$。该结果可以被简化为

$$\frac{1}{r}\frac{\mathrm{d}^2(rV(r))}{\mathrm{d}r^2} = -\frac{\rho(r)}{\varepsilon_r\varepsilon_0} \tag{9.64}$$

我们写出描述电荷密度的玻尔兹曼方程的线性化形式

$$\rho(r) \approx -\frac{2z^2e^2c_\infty}{k_BT}V(r) \tag{9.65}$$

并代入式 (9.63), 可以得到球对称条件下的德拜-休克尔方程

$$\frac{\mathrm{d}^2(rV(r))}{\mathrm{d}r^2} = \frac{1}{\lambda_D^2}(rV(r)) \tag{9.66}$$

这里 λ_D 同样是德拜长度 [见式 (9.57)]。

注意到 $rV(r)$ 所满足的方程与平面膜中 $V(x)$ 所满足的方程一致, 我们可以直接写出 $rV(r)$ 的指数衰减形式的解

$$V(r) = \frac{A}{r}\mathrm{e}^{-r/\lambda_D} \tag{9.67}$$

为了确定积分常数 A, 我们需要计算电量 Q、半径 R 的球体的电势。由于球体的表面电场为

$$E_r(R) = \frac{Q}{4\pi\varepsilon_0\varepsilon_r R^2} \tag{9.68}$$

我们可以利用 $E_r(r) = -\mathrm{d}V(r)/\mathrm{d}r$ 得到

$$A = \frac{Q\mathrm{e}^{R/\lambda_D}}{4\pi\varepsilon_0\varepsilon_r(1+R/\lambda_D)} \tag{9.69}$$

将所得到的 A 代入式 (9.67), 可以得到带电球壳的表面电势为

$$V(R) = \frac{1}{4\pi\varepsilon_0\varepsilon_r}\frac{Q}{R}\frac{\lambda_D}{R+\lambda_D} \tag{9.70}$$

则球壳的静电能量为

$$U(R) = \frac{1}{2}QV(R) = \frac{1}{2}k_BT\left(\frac{Q}{e}\right)^2\frac{l_B\lambda_D}{R(R+\lambda_D)} \tag{9.71}$$

这里我们已经用到了比耶鲁姆长度 $l_B = e^2/4\pi\varepsilon_0\varepsilon_r k_BT$。

有趣的是, 盐溶液中带电球的静电能公式也可作为感性认识病毒组装性质的基础。就像在 2.2.4 节讨论过的, 病毒衣壳是由数百个重复蛋白单元组成的薄球壳, 一般具有二十面体对称性。这些组成衣壳的蛋白单元在接触力的作用下聚集在一起。所谓接触力是指蛋白质十分靠近时表面间的作用力, 如疏水力。这些蛋白质成分在溶液中是带电的。因此, 衣壳组装时需要很大的能量将带有相同电荷的衣壳蛋白相互拉近。卡通图 9.17 显示了由 120 个衣壳蛋白二聚体组成的人类乙型肝炎病毒。

一个简单的描述静电作用与接触力 (通常为疏水作用) 的模型可以写为

$$\Delta G_{\text{capsid}} = \Delta G_{\text{contact}} + \frac{1}{2}k_BTN^2z^2\frac{l_B\lambda_D}{R^2} \tag{9.72}$$

式中, 静电部分由式 (9.71) 给出, 这里假设病毒衣壳由 N 个衣壳蛋白组成, 每个壳蛋白带有 ze 个电荷 (或者说总电荷为 $Q = Nze$)。同时, 由于 100 mmol/L 单价盐溶液的德拜长度 ($\lambda_D = 1$ nm) 至少比典型病毒的半径小一个量级, 我们近似取 $R + \lambda_D \approx R$。这个关于组装自由能的公式十分有趣, 因为公式的第二项通过屏蔽长度敏感地依赖于盐溶液浓度。

该模型可以通过测量不同盐浓度下衣壳组装的平衡常数 K_{capsid} 来检验。这里平衡常数与自由能由惯用关系式 $\ln K_{\text{capsid}} = -\Delta G_{\text{capsid}}/k_BT$ 相联系。乙型肝炎病毒组装的热力学实验结果绘制在图 9.18 中。这个实验利用尺寸排阻层析法, 通过测量在不同衣壳蛋白浓度下病毒衣壳在溶液中的比例来确定平衡常数。我们将在本章课后习题中深入讨论这些测量结果。

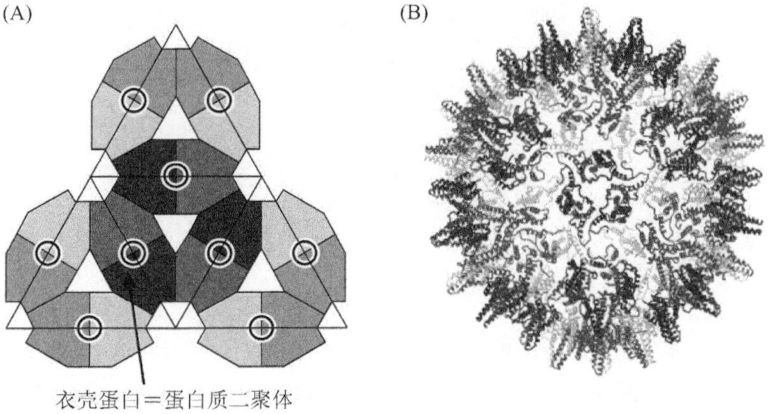

图 9.17 病毒衣壳结构。(A) 近距离观察组成二十面体的衣壳蛋白之间的接触。每个衣壳蛋白是由两个蛋白质单元 (用两种不同的灰色阴影表示) 组成的二聚体。每个衣壳蛋白中间的圆圈表示垂直于结构的 α 螺旋, 即图 (B) 中的刺突; (B) 人类乙型肝炎病毒的三维结构。(取自 S. A. Wynne et al., *Mol. Cell* 3: 771, 1999.)

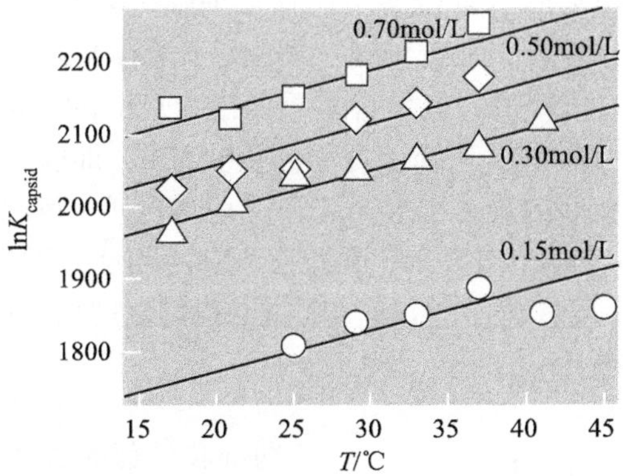

图 9.18 乙型肝炎病毒组装的平衡常数。图中绘制了不同温度与 NaCl 浓度下的平衡常数。利用尺寸排阻层析法, 通过测量溶液中组装完好的衣壳和自由的衣壳蛋白之间的比例, 可以确定无量纲的平衡常数。(取自 W. K. Kegel and P. van der Schoot, *Biophys. J.* 86: 3905, 2004.)

图 9.18 中的数据显示 $\ln K_{\text{capsid}}$ 随温度线性升高。这是研究病毒组装时所使用的较小温度范围的预期结果。另外, 我们看到曲线的斜率与盐浓度是无关的, 表明 ΔG_{capsid} 的温度依赖性主要来自于接触相互作用。模型 [式 (9.72)] 预言实验数据中不同盐浓度下 $\ln K(T)$ 曲线的偏移是由 ΔG_{capsid} 的静电部分决定的。由于盐浓度 c 通过德拜长度 $\lambda_D = 1/\sqrt{8\pi l_B c}$ 影响自由能, 理论预言曲线的偏移与 $c^{-1/2}$ 呈线性关系。如图 9.19 所示, 这个预测获得了实验数据的支持。因此实验数据与病毒衣壳组装的简单模型定量符合, 衣壳蛋白间有利的接触相互作用和不利的静电相互作用之间的竞争决定了衣壳蛋白与完整的衣壳之间建立的平衡关系。

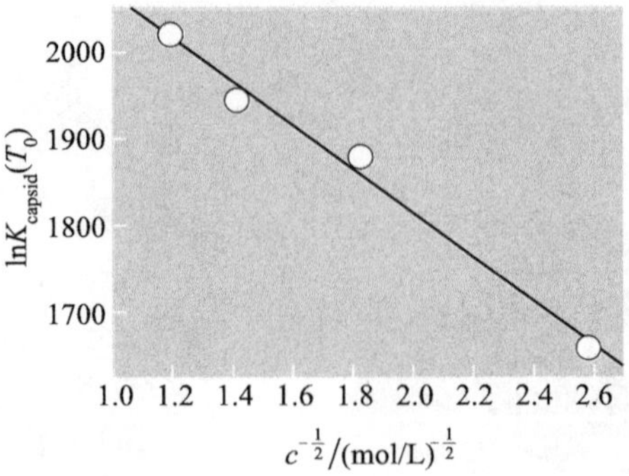

图 9.19　病毒组装平衡常数对盐浓度的依赖。图 9.18 中平衡 常数对盐浓度的依赖可以被定量描述。$T_0 = 0°\rm C$下, $\ln K_{\rm capsid}$与$c^{-1/2}$ 呈线性关系, 与将病毒衣壳看成盐溶液中带电球壳的模型所得结果一致。(取自 W. K. Kegel and P. van der Schoot, *Biophys. J.* 86: 3905, 2004.)

9.4 总　　结

无论是在生化学家简易的试管设备中还是在细胞内部非均匀的拥挤环境中, 带电高分子总是被非均匀分布的屏蔽离子所包围。这些离子的存在对细胞生命产生了重要影响, 体现在细胞中大量的 pH 依赖过程以及许多重要结合反应的盐浓度依赖性。考虑这些问题的重要理论工具融合了静电学和统计力学的重要结果, 即联系电荷密度与电势的泊松方程以及描述微观状态概率的玻尔兹曼分布。一般情况下, 我们会得到关于电势的非线性偏微分方程。然而当电势较“小”时, 该方程可以由线性方程近似, 导出德拜屏蔽长度的概念。对于简单的平面或者球形的几何, 这些方程可以解析求解, 结果显示屏蔽电荷密度与电势都是指数衰减的。

9.5 课 后 习 题

1. 推导泊松方程

(1) 在式(9.18)中, 我们给出了电场散度与电荷密度的关系。请参考在一维情况下导出式 (9.17) 的过程, 推导式 (9.18)。为了完成推导, 需要计算如图 9.8 所示通过小立方体积元的电场通量。

(2) 利用电场与电势的关系, $\mathbf{E}(\mathbf{r}) = -\nabla V(\mathbf{r})$, 写出联系电势与电荷密度的偏微分方程。

2. 高斯定律的应用

(1) 推导电量 Q、半径 R 的均匀带电球体内部和外部的电场。

(2) 推导电量 Q、半径 R 的均匀带电球壳的电场。

(3) 在 9.3.3 节中, 我们考虑了蛋白质所带电荷被溶液中电荷屏蔽的现象。在那个玩具模型中, 我们近似地认为所有屏蔽电荷都在离蛋白质表面某个固定距离上, 从而有

$$E = \frac{Q}{\varepsilon_r\varepsilon_0 A}$$

对于两个相距 d、带相反均匀电荷的平行平板, 假设两板的表面电荷密度为 $\pm Q/A$, 请用高斯定律证明上式正好对应于两板间的电场。

3. 带电球壳的能量

推导式 (9.35) 给出的带电球壳的能量公式。

4. 病毒衣壳组装的简单模型

在本章, 我们研究了病毒衣壳组装的平衡常数及其对于溶液盐浓度的依赖性。在实验中, 该平衡常数可以通过用尺寸排阻层析方法测量自由壳蛋白和组装好的病毒衣壳间的比例而得到。另外, 在分析数据得到平衡常数的过程中, 我们通常假设溶液中部分形成的衣壳数量很少以至可以忽略。这里我们用 Zlotnick (1994) 提出的关于二十面体病毒衣壳组装模型的简化版来研究这一假设的合理性。我们用 12 个相同的五边形子单元组成的十二面体作为病毒衣壳的模型。当这些子单元相互靠近而发生接触时, 每条接触的边提供能量为 $\Delta\varepsilon < 0$, 它是有利于聚合的相互作用; 同时由于这些单元在组成聚合体时损失了平动自由度, 系统有平动熵损失。

假设在子单元聚合的过程中只存在与十二面体结构相符合的部分组装结构。进而, 我们尝试估算自由病毒衣壳蛋白、完整十二面体和部分组装结构的比例。由 n 个结构子单元组成的结构的能量为

$$\varepsilon_n = \sum_{m=1}^{n} f_m \Delta\varepsilon \tag{9.73}$$

这里 f_n 是当一个衣壳蛋白结合于 $n-1$ 个衣壳蛋白的组装结构从而形成尺寸为 n 的结构时, 系统增加的相互接触边数。为了进一步简化, 我们采用以下这组 f_n 值

$$f_n = \begin{cases} 1 & n = 2 \\ 2 & 3 \leqslant n \leqslant 7 \\ 3 & 8 \leqslant n \leqslant 10 \\ 4 & n = 11 \\ 5 & n = 12 \end{cases} \tag{9.74}$$

在该模型中, 由于单个衣壳蛋白没有能量, 所以 $f_1 = 0$。

我们用体积分数 ϕ_n $(n = 1, 2, 3, \cdots, 12)$ 来描述包含 N_{tot} 个衣壳蛋白的溶液状态, 其中 $\phi_n = N_n \nu_n / V$, 其中 N_n 是由 n 个衣壳蛋白组成的部分形成的衣壳的数目, ν_n 是这些结构的体积, 而 V 是溶液的体积。我们的目标是计算对于不同的 n, ϕ_n 与 $\Delta\varepsilon$ 以及衣壳蛋白在溶液中的总体积比 $\phi_T = N_T \nu_1 / V$ 的关系。

(1) 用本书中惯用的格子模型来描述溶液, 证明衣壳蛋白溶液的总自由能为

$$G_{\rm T} = \sum_{n=1}^{12} N_n \varepsilon_n + \frac{V}{v_n} k_B T [\phi_n \ln \phi_n + (1-\phi_n)\ln(1-\phi_n)]$$

在衣壳蛋白总数 N_{tot} 为常数的约束下 (用拉格朗日乘子方法) 将该自由能对 N_n 极小化, 可以求得尺寸为 n 的中间物的体积比例为

$$\phi_n = \phi_1^n \exp(-\varepsilon_n / k_B T) \tag{9.75}$$

要得到该结果, 需要用到 $\varepsilon_1 = 0$。最后, 请证明对 N_n 的约束可以写为

$$\phi_{\rm T} = \sum_{n=1}^{12} \phi_n$$

(2) 假设只有 $n = 1$ 和 $n = 12$ 的结构占有显著的体积比, 请证明一半衣壳蛋白形成完整病毒衣壳时 $\phi_{\rm T}$ 的临界值 $(\phi_{\rm C})$ 为

$$\ln(\phi_{\rm C}/2) = \frac{\varepsilon_{12}}{11 k_B T} \tag{9.76}$$

(3) 数值求解 ϕ_n $(n = 1, 2, 3, \cdots, 12)$ 与 $\phi_{\rm T}$ 及 $\Delta\varepsilon$ 的函数关系。画出 $\phi_{\rm T} = \phi_{\rm C}$ 和 $\Delta\varepsilon = -1$、-5 及 $-10 k_B T$ 时, ϕ_n 与 n 的函数关系。在每种情况下, 衣壳蛋白怎样在 12 种不同的结构下分布? 对于 $\Delta\varepsilon = -5 k_B T$ 时, 当总体积分数从 $\phi_{\rm C}$ 以下向 $\phi_{\rm C}$ 以上变化时, 形成完整病毒衣壳的衣壳蛋白比例有何变化? (该问题由 Mike Hagan 提供。)

5. 德拜长度

在 9.3.3 节中, 我们用屏蔽云的玩具模型计算了德拜长度。主要思想是寻找使自由能极小的屏蔽云厚度。自由能计算了屏蔽云中电荷的静电能和熵。在计算中, 我们假设屏蔽云中有均匀电场, 即屏蔽电荷都位于距离带电高分子 λ_D 处, 由此可以估计静电能量。这里我们通过计算如图 9.15 所示均匀电荷分布的电场和静电能来重新进行估计。

(1) 利用高斯定律计算屏蔽云中的电场 $E(x)$, 这里 x 是到带负电荷高分子表面的距离。我们假设屏蔽云的电场沿 x 方向, 并垂直于高分子表面。

(2) 利用以下关系计算与屏蔽云有关的静电能量

$$U=\frac{\varepsilon_r\varepsilon_0}{2}\int_{\text{cloud}}E^2\text{d}V \tag{9.77}$$

这里积分遍及屏蔽云的体积域。

(3) 考虑屏蔽云中的所有正负离子的贡献, 计算屏蔽云导致的熵损失。继而计算使屏蔽云自由能极小对应的德拜长度。该值与本章正文中得到的有何不同?

6. 泊松-玻尔兹曼方程回顾

(1) 用线性泊松-玻尔兹曼方程计算距离盐溶液中带电平面 x 处的正负电荷浓度, $c_+(x)$ 和 $c_-(x)$, 以及电势 $V(x)$。如果平面上单位面积的电量为 $\sigma=e/a$, 请给出线性近似合理时 a 所应满足的条件。假设盐浓度为 $c_\infty=100$ mmol/L。

(2) 假设平面上平均每 100 nm^2 面积带一个电子电量, 而 $c_\infty=100$ mmol/L, 请画出电势及正负电荷密度随到平面的距离的变化关系。

(3) 计算溶液中的总电荷, 证明它与平面所带电荷精确互补。

7. 蛋白质附近的电势

考虑处于 25°C 时 $c_\infty=0.05$ mol/L 的氯化钠溶液中的蛋白质, 其半径为 18Å, 电量 $Q=-10\ e$。我们将离子看成点电荷, 并用线性泊松-玻尔兹曼方程研究以下问题。

(1) 补全推导式 (9.67) 和式 (9.69) 的过程。并推导带电球体在盐溶液中的电势 $V(r)$。

(2) 蛋白质的表面电势是多少 (以 k_BT/e 为单位)?

(3) 蛋白质表面的钠离子与氯离子浓度为多少?

(4) 距离蛋白质表面 3Å 处的钠离子与氯离子浓度为多少?

(取自 K. Dill and S. Bromberg, Molecular Driving Forces. New York: Garland Science, 2003 中的问题 23.2)

8. 盐溶液中蛋白质的静电能量

在 9.3.2 节中讨论的蛋白质玩具模型中, 我们假设蛋白质是在水中的带电球体。现在, 我们来考虑盐对于蛋白质充电所需能量的影响。

(1) 计算带电球形蛋白质在水中的能量, 假设蛋白质半径为 R, 溶液中存在浓度为 c_∞ 的单价盐, 且蛋白质的带电残基均匀分布在其表面。

(2) 重复导出图 9.13 的计算。在不同盐浓度 ($1\sim100$ mmol/L) 下作出蛋白质的静电能量与其半径的函数图像。试分析盐浓度对蛋白质的带电状态有何影响。

9. 与膜结合

考虑由 90%不带电磷脂和 10%带单个电荷磷脂组成的磷脂双层膜。假设每个磷脂分子头部基团占有 68Å^2 的表面积, 且带电磷脂静止地均匀分布在膜上。膜置于 25°C 下浓度为 $c_\infty=100$ mmol/L 的氯化钠水溶液中。

(1) 计算膜的电荷面密度 (单位面积电量)。

(2) 计算膜的表面电势。

(3) 计算三价正离子 (如亚精胺, 一种有生物活性的聚胺) 与膜表面结合时的静电能 (以

k_BT 为单位)。

(4) 考虑到空间位阻效应, 三价离子处于距离膜表面 5Å 处, 求系统的静电能 (以 k_BT 为单位)。

(取自 K. Dill and S. Bromberg, Molecular Driving Forces. New York: Garland Science, 2003 中的问题 23.7)

10. 玩具模型: 受体–配体结合的盐浓度依赖性

在 9.2.3 节中, 我们讨论了研究蛋白质与 DNA 结合过程中的盐效应的实验。这里我们将用两个简单的受体-配体结合模型来研究这一效应, 包含蛋白质的电荷状态和相关的静电能。我们假设受体带有 $+ze$ 电量, 而配体带有 $-ze$ 电量, 这里 e 是电子的基本电量。

在受体-配体结合状态下, 两个模型是相同的, 都认为配体和受体的电荷相互抵消; 而在配体–受体分开时, 它们有所不同。

(1) 在第一个模型中, 配体与受体在未结合时都与 z 个单价补偿离子紧密结合, 从而其电荷被中和。计算配体与受体的结合概率以及解离常数。解离常数与补偿离子浓度之间有何种尺度律关系?

(2) 在第二个模型中, 未结合的配体与受体被补偿离子的屏蔽云包围, 屏蔽云的尺寸由德拜屏蔽长度 λ_D 决定。此时解离常数与盐浓度之间有怎样的尺度律关系?

(3) 将两个模型的预测与图 9.3 的数据相比较, 哪个模型与数据更符合?

11. 膜孔

一个中性的转运蛋白可以帮助离子转移并跨越脂质膜。

(1) 当一个单价离子从 25℃的水溶液中被转运到介电常数 $\varepsilon_r = 2$ 的碳水化合物溶液中时, 静电自由能改变了多少? 假设离子半径为 2Å。

(2) 评判离子扩散穿过脂质膜的能力。大自然是如何解决这个问题, 使得离子跨越膜的?

(取自 K. Dill and S. Bromberg, Molecular Driving Forces. New York: Garland Science, 2003 中的问题 22.11)

9.6 延 伸 阅 读

Dill, K, & Bromberg, S (2003) Molecular Driving Forces, Garland Science. 对溶液中电荷的讨论十分有趣。

Record, MT, Jr, Zhang, W, & Anderson, CF (1998) Analysis of effects of salts and uncharged solutes on protein and nucleic acid equilibria and processes: a practical guide to recognizing and interpreting polyelectrolyte effects, Hofmeister effects, and osmotic effects of salts, *Adv. Protein Chem.* **51**, 281. 详细讨论了结合与盐溶液的关系。

Feynman, RP, Leighton, RB, & Sands, M (1965) The Feynman Lectures on Physics, Addison-Wesley Publishing. 第二卷对电磁现象有很好的描述。

Daune, M (1999) Molecular Biophysics – Structures in Motion, Oxford University Press. 第四部分"生物聚合物和聚电解质"对本章中的许多问题进行了详细讨论。

Purcell, EM (1963) Electricity and Magnetism, 2nd ed., McGraw-Hill Book Company. 对电磁现象的经典介绍。

Schey, HM (1996) Div, Grad, Curl and All That, 4th ed., W. W. Norton and Company. 对矢量分析的工具提供了详细而有趣的介绍。

9.7 参考文献

Alberts, B, Johnson, A, Lewis, J, et al. (2008) Molecular Biology of the Cell, 5th ed., Garland Science.

Jensen, DE & von Hippel, PH (1976) DNA "Melting" proteins. I. Effects of bovine pancreatic ribonuclease binding on the conformation and stability of DNA, *J. Biol. Chem.* **251**, 7198.

Kao-Huang, Y, Revzin, A, Butler, AP, et al. (1977) Nonspecific DNA binding of genome-regulating proteins as a biological control mechanism: Measurement of DNA-bound *Escherichia coli* lac repressor *in vivo*, *Proc. Natl Acad. Sci.* **74**, 4228.

Kegel, WK, & van der Schoot, P (2004) Competing hydrophobic and screened-coulomb interactions in hepatitis B virus capsid assembly, *Biophys. J.* **86**, 3905.

Nelson, P (2004) Biological Physics: Energy, Information, Life, W. H. Freeman and Company.

Wynne, SA, Crowther, RA, & Leslie, AGW (1999) The crystal structure of the human hepatitis B virus capsid, *Molecular Cell* **3**, 771.

Zlotnick, A (1994) To build a virus capsid. An equilibrium model of the self-assembly of polyhedral protein complexes, *J. Mol. Biol.* **241**, 59.

10　弹性梁理论及其生物学应用

给我一个支点, 我就能撬动地球。
——阿基米德

本章概览: 将弹性梁理论应用于各种不同的生物纤丝

生物体中的许多高分子都是纤丝状的。这些高分子不仅在细胞中明显可见, 其结构还与细胞使用它们的方式紧密相关。从适用性和有效性的角度可将几何结构表示为一维单元的网络。对这一结构近似的力学处理传统上称为“弹性梁理论”。梁的结构力学已被应用于设计圣母院的飞拱或是飞往巴黎的波音 747 的机翼。本章的主题是表明一维梁在生物界中也起类似的架构作用。在此引入的物理概念都可等同于符合胡克定律的弹簧组, 由此我们可以考察一系列看似无关的问题, 如转录调控过程中 DNA 的弯曲, 病毒和真核细胞核中 DNA 的包装以及细胞骨架的性质。

10.1　细胞中存在大量的梁结构

一维的结构单元是众多高分子和细胞架构的基础

我们细想一些结构, 如树、动物骨骼、细胞骨架网络、核酸和蛋白质, 它们都是由一个维度远大于另两个维度的单元构成。具有这种几何性质的结构称为梁 (或杆), 其有趣的力学性质影响到它们的生物功能。图 10.1 给出了可视为一维梁的结构。其中图 10.1(A) 提示梁可以作为传统的建筑单元。更小点的例子是图 10.1(B) 中原子力显微镜的悬臂梁, 它是单分子生物学研究的基础。

本章我们关注可以视为梁的生物结构单元。特别是图 10.1(C)~(G) 给出了大量的例子。图 10.1(C) 展示了一维纤丝网络构成的典型真核细胞骨架。另一个漂亮的例子是图 10.1(D) 所示的哺乳动物内耳中的听毛细胞。这些听毛细胞有纤细的突出物, 约几十微米长, 通常被称为静纤毛, 其作用是响应声波的振动。图 10.1(E) 表明鞭毛可作为细胞 (从大肠杆菌到真核生物精子) 的推进器, 它本身可视为是弹性杆。图中所示的鞭毛长度可达到细胞主体的 10 倍以上, 而截面尺寸比细胞主体小些。图 10.1(F) 和图 10.1(G) 显示单独的聚合物 (如微管和 DNA) 的几何构型也是长度远远大于横向尺寸。

下一节我们将发展一个定量框架来考虑可以近似视为一维梁的生物组织的结构和能量。其中两个最重要的研究案例涉及基因调控过程以及包装过程中 DNA 的变形。无论是病毒、原核生物还是真核生物, 它们的 DNA 包装都需要将巨大的 DNA 分子塞进一个受限的空间, 由于弹性弯曲而耗费相应的能量。第二类研究案例与细胞骨架的力学相关, 细胞骨架本身可以看成一组弹性梁的集合。有趣的是, 从生物学的角度考虑相距甚远的问题从物理生物学的观点来看可能非常接近。对梁的弹性变形的研究使得我们可以用共同的语言谈论转录调控、DNA 的包装以及细胞骨架的力学。

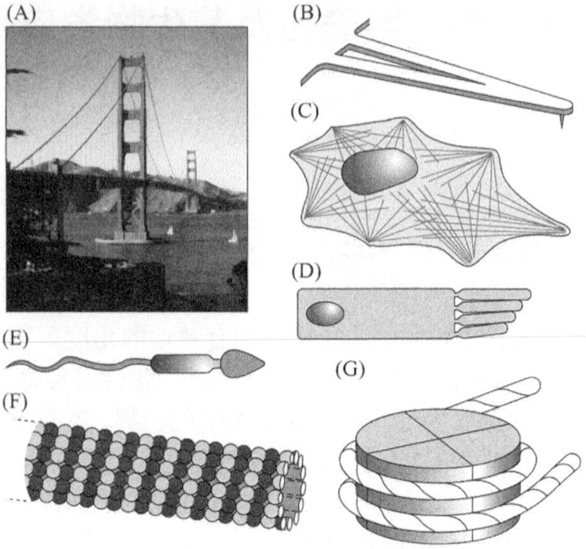

图 10.1　几个不同的例子显示可视为梁的结构: (A) 组成大桥的梁和钢索。(B) 用于原子力显微镜的微小悬臂梁。(C) 真核细胞的细胞骨架。(D) 听毛细胞的静纤毛。(E) 精子细胞的鞭毛。(F) 单根微管。(G) 核小体中的 DNA

10.2　梁变形的几何和能量

10.2.1　拉伸、弯曲和扭转

生物纤丝的重要特征是其长度远远大于横向尺度。例如, 细菌鞭毛长达几微米, 而直径只有几十纳米, 如图 2.17 所示, 烟草花叶病毒、肌动蛋白丝和微管也有类似特征, 它们的长度也在微米量级, 而直径在纳米量级。由于这种几何的非对称性, 使得我们可以引入几个关键的简化假设写出这些非对称结构简洁的变形能量。

梁的变形模式: 拉伸、弯曲和扭转

我们开始定性讨论梁的三种关键的独立变形模式的几何特征。梁的变形可以由图 10.2 所示的伸长、弯曲和扭转表示。伸长变形已在 5.4.1 节讨论, 对应于梁的轴线从 L_0 伸长 (或压缩) 到 $L_0+\Delta L$。本章我们补充以前的讨论, 考察另外两种变形模式, 它们对生物体系的力学十分重要。图 10.2(B) 给出了梁的最简单弯曲变形, 即将直梁弯成弧形对应的变形。另外一种变形模式如图 10.2(C) 所示, 对应于将梁绕长轴进行扭转。

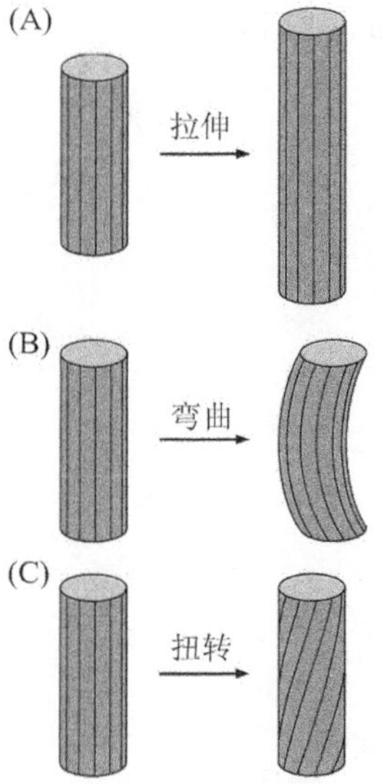

图 10.2 梁的三种变形模式: (A) 梁的拉伸。(B) 梁的弯曲。(C) 梁的扭转

梁的弯曲可以由一组拉伸的梁来分析

本章重点讨论的变形状态是弯曲。图 10.1 中的许多例子已经显示了弯曲的重要性。如图 10.1(G) 所示, 当确定 DNA 缠绕在组蛋白八聚体上的自由能时, DNA 的弯曲能量是构成总自由能的两种主要能量形式之一, 它与 DNA–蛋白质相互作用能量的竞争决定了形成核小体的自由能。

我们先考察描述梁变形状态的几何假设。当然, 谈到弯曲梁的几何, 首要的是中性轴的概念, 如图 10.3 所示, 它在梁的变形中既不伸长, 也不收缩。由该图还可观察到一个重要事实, 中性轴上方的材料单元拉伸而下方的材料单元收缩。

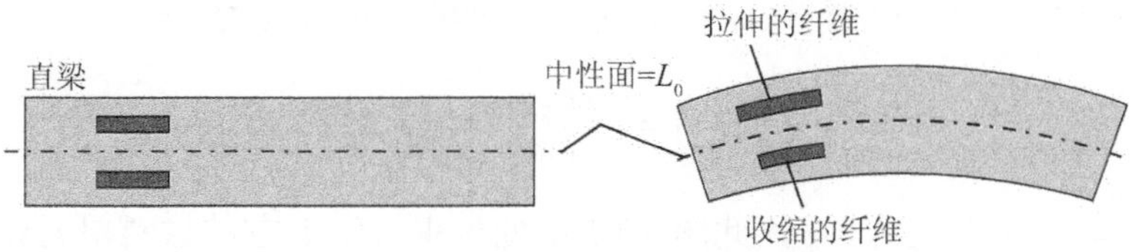

图 10.3 弯曲梁中材料单元的变形。点线代表中性轴, 弯曲过程中其长度保持不变。中性轴上方的材料单元拉伸而下方的材料单元收缩

当描述梁较复杂变形状态的几何特征时, 我们采用图 10.4 所示的分而治之的策略, 这个策略将在本书中反复用到。其基本思想是将梁分为一系列片段的集合, 每一个片段局部上视为一个圆弧。我们将在后面论证当梁弯成一个圆弧时, 经简单计算可以得到其曲率 $(1/R)$ 及相应的变形能。因此, 把每一段的贡献加在一起 (数学上表现为积分), 就可得到整个梁的变形能。这个思想的实施描绘在图 10.4 中。在垂直于纸面的维度上的两个方向具有对称性, 我们可以忽略这个维度。图 10.4 的另一个要点是, 无论弯曲多么复杂,

我们总可以把梁视为一系列粘连在一起的圆弧。沿梁的长度方向, 每一段均可由一定半径的圆来拟合, 圆的半径即梁的局部曲率半径。

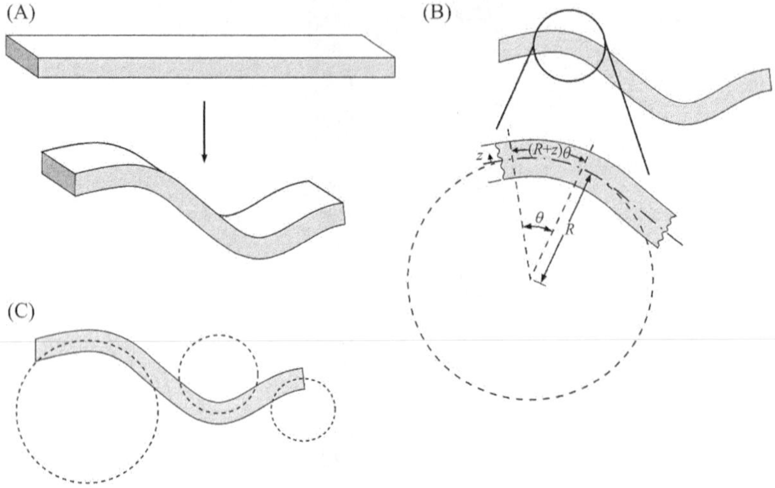

图 10.4　梁的曲率。梁可视为一系列片段的集合, 每一个片段局部上弯成一个圆弧。(A) 梁的非均匀弯曲。(B) 确定梁在某点的曲率。(C) 梁在不同点有不同的曲率

一旦知道了曲率半径, 我们就可以计算梁中每点的变形状态。考虑到如 5.4.1 节所示处于拉伸状态的梁的变形, 我们可以用胡克定律计算出梁的弯曲变形能。变形可以用微元的伸长比率 $(\Delta L/L_0)$ 来度量。特别是, 我们注意到微元的伸长或缩短量正比于微元到中性轴的距离, 即 $\Delta L(z) = \alpha z$。其中系数可以通过图 10.4 从几何层面来确定, 注意到所有的微元张角均为 θ, 故距离中性轴为 z 处的微元总长度为 $L(z) = (R+z)\theta$。利用 $\theta = L_0/R$ 可将其改写为 $L(z) = (R+z)L_0/R$, 结果我们得到距离中性轴 z 处的纤维的伸长为

$$\Delta L(z) = L(z) - L_0 = \frac{zL_0}{R} \tag{10.1}$$

沿着这条路线继续向前, 我们得到距离中性轴 z 处的伸长应变为

$$\varepsilon(z) = \frac{\Delta L(z)}{L_0} = \frac{z}{R} \tag{10.2}$$

注意 z 从中性轴往上为正方向, 因此图 10.4 中处于中心轴上方的材料单元处于拉伸状态 $(\varepsilon > 0)$, 而下方的材料单元处于压缩状态 $(\varepsilon < 0)$。

梁的变形能是应变的二次函数

对于上述梁的应变状态, 我们可以评估变形所储存的能量。一个极好的想法是利用已知的拉伸梁的能量来计算弯曲梁所耗费的能量。基本原理如图 10.5 所示, 一个微观的解释是中性轴上方的原子间化学键伸长而下方化学键缩短。尽管原子间具体的相互作用力非常复杂, 但是在小变形的情况下化学键的弯曲和伸长能量均可简单地取为二次形式。

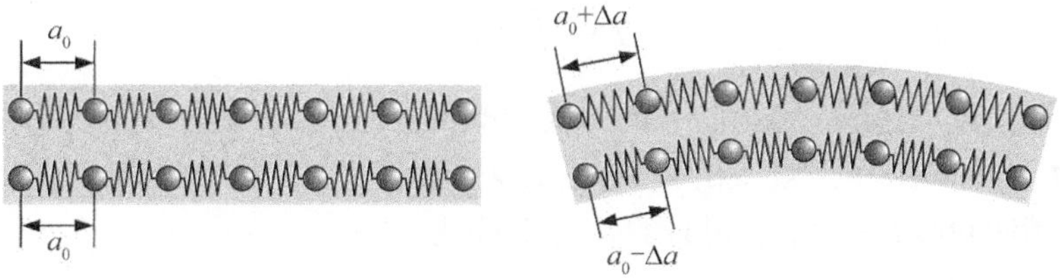

图 10.5 梁的弯曲能的微观解释。当梁弯曲时, 梁的中性轴上方的原子间化学键伸长而下方化学键缩短

材料在一个方向拉伸时通常在另外两个方向上收缩的效应称为泊松效应, 在忽略该效应时, 梁拉伸对应的应变能密度 (单位体积的能量) 可以写成

$$W(\varepsilon)=\frac{1}{2}E\varepsilon^2=\frac{1}{2}E\left(\frac{\Delta L}{L_0}\right)^2 \tag{10.3}$$

式中, E 是材料的杨氏模量 (参见 5.4 节)。将这一应变能密度乘以微元的体积, 就得到微元内材料储存的总应变能。

更精确地处理变形能需要考虑到微元的应变状态与其所在的位置有关。例如, 式 (10.2) 告诉我们应变依赖于微元到中性轴的垂直距离。从能量的角度来看, 我们要将所有微元的贡献加起来。根据应变与 z 的依赖关系, 梁储存的总应变能可写为

$$E_{\text{bend}}=L_0\int \mathrm{d}A\frac{Ez^2}{2R^2} \tag{10.4}$$

式中, 面积分在垂直于梁轴线的截面上进行, 参考示意图 10.6。

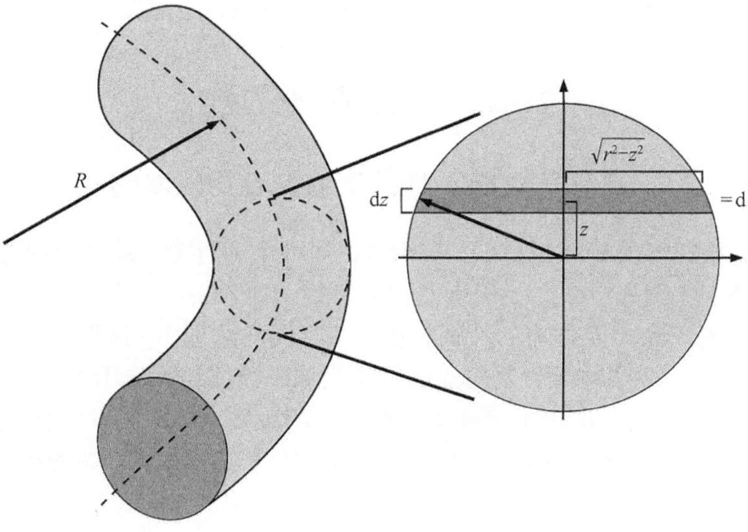

图 10.6 梁的弯曲能的计算。计算时需对梁的截面求积分

更一般地, 上述结果可表示为

$$E_{\text{bend}}=\frac{EIL}{2R^2} \tag{10.5}$$

其中

$$I = \int \mathrm{d}Az^2 \tag{10.6}$$

称为截面的几何矩, 积分仍在垂直于梁轴线的截面上进行, z 表示到中性轴的垂直距离。式 (10.5) 是本书中一个相当重要的公式, 它告诉我们长为 L 的梁弯成半径 R 的圆弧的弯曲能。对于完整的圆, $L = 2\pi R$, 可计算出弯曲能为

$$E_{\text{loop}} = \frac{\pi EI}{R} \tag{10.7}$$

在以后章节中, 特别是考察转录调控和 DNA 的包装时将多次使用这一简单的能量表达式。

至此, 我们分析了整个长为 L 的梁均匀地弯成半径为 R 的情况。通常我们感兴趣的是每一点的局部曲率不同的情况。此时, 采用的局域性假设是梁在给定物质点的能量与上述半径为常数的表达式相同。将所有物质点的能量相加得到总能量为

$$E_{\text{bend}} = \frac{K_{eff}}{2} \int_0^L \frac{1}{R(s)^2} \mathrm{d}s \tag{10.8}$$

式中, $K_{eff} = EI$ 为梁的弯曲刚度, 它包含梁的材料参数 (杨氏模量 E) 和几何形状 (几何矩 I)。式 (10.8) 是卡通图 10.4 的具体体现, 那幅图中梁上每点在局部上均可视为圆的一部分。这个公式也可写成其他方便的形式以便在以后的章节中应用。首先, 可定义曲率 $k(s) = 1/R(s)$, 因此式 (10.8) 可改写为

$$E_{\text{bend}} = \frac{K_{eff}}{2} \int_0^L \left| \frac{\mathrm{d}\boldsymbol{t}}{\mathrm{d}s} \right|^2 \mathrm{d}s \tag{10.9}$$

式中, 我们已经用到了曲率可表示为切矢量对弧长的导数这一事实。

10.2.2　驻 留 长 度

热涨落倾向于打乱生物聚合物的取向

在本书中, 我们将反复回到 5.1.1 节引入的一个有趣主题, 那就是热效应和确定性力之间竞争的概念。例如, 图 9.11 引入了比耶鲁姆 (Bjerrum) 长度作为电荷游离于蛋白质外但不显著改变库仑相互作用的特征长度。基于同样的理由, 这里我们考察另外一个例子, 其中诸如 DNA 等生物聚合物每点的指向受周围流体相互作用而改变。在这个例子中, 是弹性力而不是库仑力决定了热涨落可被容忍的尺度。尤其是, 直觉告诉我们如果聚合物太短, 它将不受热涨落的影响。相反, 对于特别长的聚合物, 一端的指向和另外一端的指向完全无关。

短于驻留长度的聚合物近乎刚性

热涨落和梁弯曲能量的竞争可由一个称为驻留长度的尺度方便地来刻画。驻留长度度量了自由能中熵的贡献 (倾向于打乱聚合物的方向) 和弯曲消耗的能量之间的竞争。

物理生物学中存在着许多不同的尺度, 它们本质上来源于能量和熵的相互影响。一般说来, 尺度反映了热运动能量和某确定性能量的竞争, 在该尺度上确定性能量近似等于热运动的能量 k_BT。考虑到弹性能和热涨落的竞争, 作如下比较

$$k_BT \approx \frac{EIL}{2R^2} \tag{10.10}$$

式中, L 是我们关注的片段的长度。粗略地说, 当聚合物的长度等于驻留长度 ξ_p 时, 其曲率半径差不多也是 ξ_p。代入上式可得到驻留长度

$$\xi_p \approx \frac{EI}{2k_BT} \tag{10.11}$$

驻留长度刻画聚合物上不同点的切向量的关联

看待驻留长度的另一种观点是从空间曲线的几何学出发来考察生物聚合物。描述空间曲线的数学方式有很多种, 其中之一是关联函数, 它度量了聚合物的不同部分之间的几何相关程度。

具体考虑一空间曲线, 可参数化地表示为 $\mathbf{r}(s)$, 其中 s 为弧长参数。函数 $\mathbf{r} = \mathbf{r}(s)$ 给出了为每一个弧长 s 分配一个位置矢量的规则。图 10.7 展示了一个构型。对于给定的空间曲线, 我们提出的问题是切向量的关联函数 $g(s) = \langle \mathbf{t}(\tau + s) \cdot \mathbf{t}(\tau) \rangle$ 有何特性。其中 $\mathbf{t}(s)$ 表示弧长 s 处曲线的单位切向量。这里定义的切向量关联函数是一个相当数学的观念, 它提供了弧长 τ 和 $\tau + s$ 处的切向量之间的关系。当关联函数等于 1 时, 表示切向量是平行的。

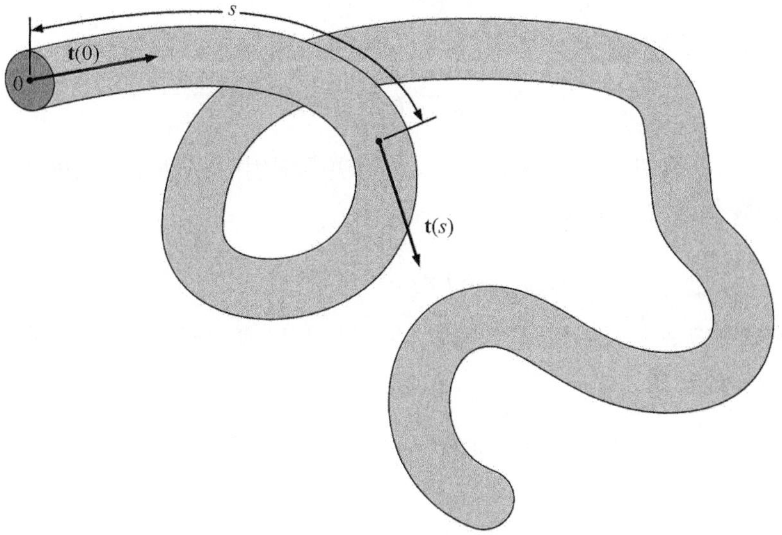

图 10.7 涨落的聚合物链上的切向量。参数 s 度量了沿聚合物的距离。$\mathbf{t}(s)$ 表示弧长 s 处曲线的切向量

图 8.6 清楚的显示了这一观点, 那里我们展示了从细胞中释放的细菌的基因组。在小插图中, 我们用白色箭头标记了驻留长度, 每一个箭头长度等于 DNA 的驻留长度。这些箭头表明, 切向量在几十纳米的尺度上是相关的, 而在微米尺度上是无关的。

通过对聚合物的所有构型求平均得到驻留长度

驻留长度的数值定量地依赖于纤丝的刚度。DNA 和微管具有不同的驻留长度, 前者驻留长度大约是 50 nm, 而后者驻留长度可达 6 mm。为计算驻留长度, 我们需要对聚合物的所有构型进行平均, 每一个构型分配的玻尔兹曼权重依赖于弯曲能量。在进行切向量关联函数

$$g(s) = \langle \mathbf{t}(s) \cdot \mathbf{t}(0) \rangle \tag{10.12}$$

的数学计算之前, 我们先考虑它的极限情况。一方面, 由于切向量是单位矢量, 所以 $g(0) = 1$。另一方面, 当 s 远远大于驻留长度 ξ_p 时, 我们期望两个切向量是无关的, 故 $g(s) \to 0$。具有这种特性的简单函数是指数函数

$$g(s) = \mathrm{e}^{-s/\xi_p} \tag{10.13}$$

证明 $g(s)$ 的确是指数函数有些微妙。该证明基于如下性质: 梁的相邻片段受相互独立的热涨落力的作用, 因此两个片段总的关联函数等于各自关联函数的乘积, 即 $g(s_1 + s_2) = g(s_1)g(s_2)$, 其中 s_1 和 s_2 分别是两个片段的长度[详细推导参见 Nelson (2004)]。

下面寻找式 (10.13) 定义的驻留长度和梁的弯曲刚度 $K_{eff} = EI$ 之间的关系。为此, 我们取长度远远小于 ξ_p 的梁来计算 $g(s)$。对于短梁, 热涨落只能使梁稍稍弯曲, 每一瞬间的形状可以看成半径为 R 的圆弧的一部分。这种构型的能量在式 (10.5) 已经给出, 也可以写为

$$E_{\mathrm{bend}} = \frac{EI\theta^2}{2s} \tag{10.14}$$

式中, $\theta = s/R$。假定梁的起点切矢量指向 z 轴, 则切向量关联函数变为

$$g(s) = \langle \cos\theta(s) \rangle, \tag{10.15}$$

式中, θ 是梁的终点的切向量与 z 轴夹角。对于短梁应用小挠度假设 $(\theta(s) \ll 1)$, 可将余弦函数做泰勒展开得到简化表达式

$$g(s) = \langle 1 - \theta^2/2 \rangle \tag{10.16}$$

式 (10.16) 中的热力学平均是指把终点的切矢量所有可能的方向, 即在三维空间中的单位球面上作平均。故有

$$\langle \theta^2 \rangle = \frac{1}{Z} \int_0^{2\pi} \mathrm{d}\phi \int_0^{\pi} \mathrm{d}\theta \sin\theta \theta^2 \mathrm{e}^{-(EI/2k_BTs)\theta^2} \tag{10.17}$$

其中

$$Z = \int_0^{2\pi} \mathrm{d}\phi \int_0^{\pi} \mathrm{d}\theta \sin\theta \mathrm{e}^{-(EI/2k_BTs)\theta^2} \tag{10.18}$$

是归一化因子 (亦称为配分函数)。为了简化计算, 我们注意到式 (10.17) 与 Z 的被积函数只差 θ^2, 它可以从式 (10.18) 对 E 的微分得出。于是我们有

$$\langle \theta^2 \rangle = \frac{1}{Z} \left(-\frac{2k_BTs}{I} \frac{\partial Z}{\partial E} \right) = -\frac{2k_BTs}{I} \frac{\partial \ln Z}{\partial E} \tag{10.19}$$

这样剩下的问题是计算式 (10.18) 的积分。

对于小角度, $\sin\theta \approx \theta$。利用变量代换 $u = (EI/2k_BTs)\theta^2$ 计算式 (10.18) 得到

$$Z = \frac{2\pi k_BTs}{EI}\int_0^{\infty} \mathrm{d}u\mathrm{e}^{-u} = \frac{2\pi k_BTs}{EI} \tag{10.20}$$

需注意当 s 远远小于驻留长度[近似表达式为式 (10.11)] 时, 式 (10.20) 中变量 u 的积分上限趋于无穷大。利用式 (10.19) 就可得到 $\langle\theta^2(s)\rangle$, 进而有

$$g(s) = 1 - \frac{k_BT}{EI}s \tag{10.21}$$

将它与式 (10.13) 在 $s \ll \xi_p$ 的结果比较可得

$$\xi_p = \frac{EI}{k_BT} \tag{10.22}$$

注意这个结果与基于比较热运动的能量和梁弯成 1 弧度的圆弧的弯曲能得到的结果式 (10.11) 有相同的尺度律。于是我们可以将弯曲刚度改写为 $EI = \xi_p k_BT$。

10.2.3 虫 链 模 型

虫链模型同时考虑了聚合物链的弹性和熵

至此, 本书用两个不同的物理模型描述聚合物的结构和自由能。在第 8 章中, 我们用无规行走考察了聚合物的行为。这一思想允许我们通过考察聚合物力–伸长的测量实验来探测使得聚合物折叠的熵力。本章我们采用互补的观点来考虑聚合物变形耗费的能量。显然, 弯曲能和熵的贡献对总自由能都很重要。为此, 人们提出了虫链模型。在这个模型中我们通过聚合物不同构型计算配分函数, 每一构型的权重与弹性能相关。这个模型的基本观念如图 10.8 所示。

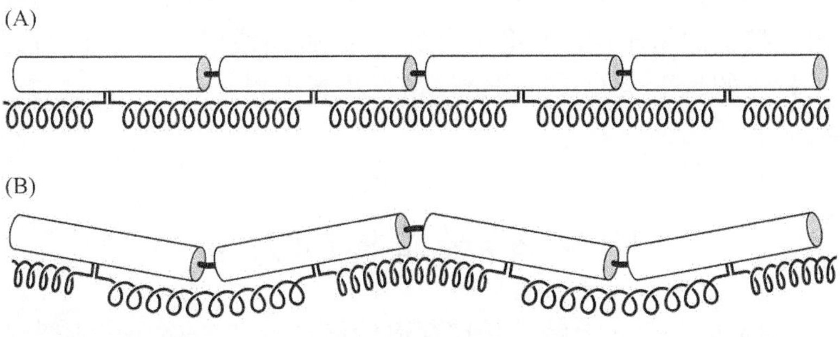

图 10.8 虫链模型的思想。如同第8章, 链由一系列柔性铰接的柱子组成。(A) 无变形构型, 弹簧未拉伸, 但是由于只有一种可能的构型, 柔性铰接的熵被剥夺了。(B) 变形的构型, 弯曲链消耗能量, 但是系统有更多的构型

链的熵和弯曲能的竞争由配分函数来刻画, 对于虫链模型有

$$Z = \int \mathcal{D}\mathbf{t}(s)\exp\left(-\frac{\xi_p}{2}\int_0^L \left|\frac{\mathrm{d}\mathbf{t}}{\mathrm{d}s}\right|^2 \mathrm{d}s\right) \tag{10.23}$$

式 (10.23) 计算规则如下: ①画一条长为 L 的曲线代表聚合物的构型; ②计算弯曲能 $E_{\text{bend}}=(\xi_p k_B T/2)\int_0^L\left|\frac{\mathrm{d}\mathbf{t}}{\mathrm{d}s}\right|^2\mathrm{d}s$ 和相应的玻尔兹曼因子 $\exp(-E_{\text{bend}}/k_BT)$; ③对每一可能的曲线重复步骤①和②并且把所有的玻尔兹曼因子相加就得到 Z。对所有曲线求和就是著名的费曼路径积分, 这里简记为 $\int\mathcal{D}\mathbf{t}(s)$, 其中 $\mathbf{t}(s)$ 是曲线在弧长 s 处的切向量。就目前而言, 式 (10.23) 应当理解为一种计算配分函数的简单写法, 我们需记住这里包含了聚合物无数不同的构型。

为计算虫链模型的力–伸长曲线, 我们考虑在链的末端施加大小为 F 方向沿 z 轴的力。虫链从而获得了额外的能量 $-F\int_0^L t_z\mathrm{d}s$。这等价于以前讨论的自由连接链受外力的情形, 如图 8.26 所示, 即当聚合物伸长时降低的那部分能量。对于固定的力 F, 链的伸长 $z=\int_0^L t_z\mathrm{d}s$ 对所有的构型平均为

$$\langle z\rangle=\frac{1}{Z(f)}\int\mathcal{D}\mathbf{t}(s)z\exp\left(-\frac{\xi_p}{2}\int_0^L\left|\frac{\mathrm{d}\mathbf{t}}{\mathrm{d}s}\right|^2\mathrm{d}s+f\int_0^L t_z\mathrm{d}s\right)\tag{10.24}$$

式中, $Z(f)$ 是外力 $F=fk_BT$ 对应的配分函数。注意约化力 f 有长度倒数的量纲。由于 $\langle z\rangle$ 是力的热力学共轭量, 式 (10.24) 可以改写为

$$\langle z\rangle=\frac{\mathrm{d}\ln Z(f)}{\mathrm{d}f}\tag{10.25}$$

于是计算力–伸长曲线的问题变为计算 $Z(f)$ 了。这是一个相当困难的数学问题。幸运的是, 这个问题在力很小和很大的极限情况下变得简单了许多。在 10.8 节 (本章附录) 我们研究这两种极限情况, 从而得到相应的力–伸长曲线。

这些计算的结果可以用下面的插值公式表示:

$$f\xi_p\approx\frac{\langle z\rangle}{L}+\frac{1}{4(1-\langle z\rangle/L)^2}-\frac{1}{4}\tag{10.26}$$

它允许我们估计虫链模型在各种力的情况下的伸长。式 (10.26) 在大力极限下的行为与8.3.2 节自由连接链非常不同, 那里预言的力–拉伸曲线以 $1/f\xi_p$ 的行为趋于全伸长 $\langle z\rangle=L$。这里较慢的趋于全伸长是虫链模型在小于库恩 (Kuhn) 长度时表现出有限弯曲刚度的结果。

10.3 转录调控的力学

众所周知, DNA 的一个重要特性是储存遗传信息, 从它的物理性质来看像可变形的聚合物。这两种性质是互补的, 很多情况下, DNA 分子的遗传性质和物理性质相互影响而产生生物学的后果。一个非常重要的例子是基因调控。在大量的例子中, 转录调控是通过蛋白质结合到 DNA 上影响 DNA 成环来实现的。图 1.11 展示了这种影响, 而成环过程中熵对自由能的贡献则在 8.2.4 节讨论。本节的目的是探讨本章发展的梁的弯曲理论怎样应用于转录调控过程中 DNA 的变形。

10.3.1 乳糖操纵子和其他成环系统

在 4.4.3 节中已经强调, 乳糖操纵子是基因调控中最著名的一个例子。这个基因网络管理大肠杆菌的乳糖代谢。历史上, 这个系统是产生基因调控图像的焦点之一。现在, 我们考虑乳糖操纵子通过成环实现转录阻遏。本节主要论点是可以从梁的弹性理论的角度来考察这些环。一个简短的提示是, 乳糖操纵子可受正负调控。特别是, RNA 聚合酶被分解代谢基因激活蛋白 (CAP)“招募”到启动子区域, DNA结合乳糖阻遏蛋白决定转录负调控。

DNA 成环影响转录调控

图 8.19 所示的乳糖阻遏蛋白是四聚体, 它结合在 DNA 的两个位点上 (其中一个靠近启动子) 使得其间的 DNA 成环。尤其是, 乳糖阻遏蛋白总共有三个特异结合位点, 分别记为 O1、O2 和 O3。O2 在 O1 的下游 401 bp 处, 而 O3 在 O1 的上游 92 bp 处。要实现完全阻遏, 要求四聚体阻遏分子结合在 O1 以及另外一个备用位点上从而使其间的 DNA 成环。根据不同的备用位点, 环的长度可以是 401 bp 或 92 bp。注意 92 bp 的环弯曲比较厉害, 这个长度远小于 DNA 的驻留长度。

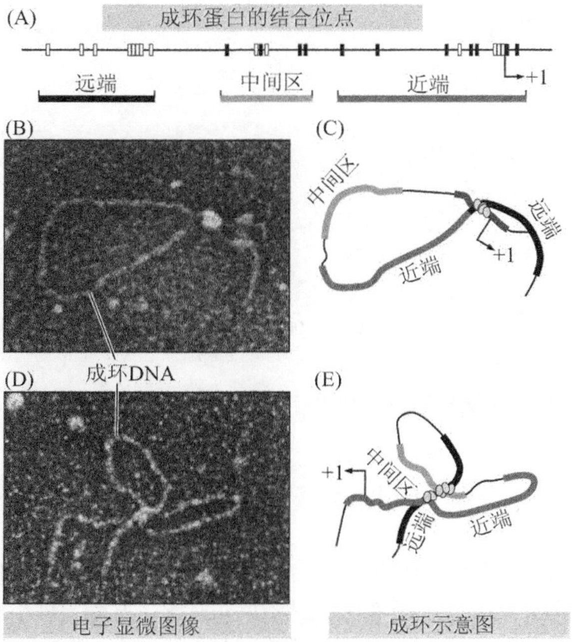

图 10.9 基因调控和 DNA 成环。(A) 与 *cyIIIa* 基因相关的 DNA 顺式调控区域示意图。(B)DNA 环的电子显微图片。(C) 将图 (A) 中的 DNA 区域连接在一起形成 (B) 图中的环。(D) 第二种环构型的电子显微图片。(E) 将图 (A) 中的 DNA 区域连接在一起形成 (D) 图中的环。(取自 R. W. Zeller et al., *Proc. Natl. Acad. Sci.* 92: 2989, 1995.)

除了乳糖操纵子的例子以外，其他原核和真核细胞调控区域也包含 DNA 环。在原核细胞中，另外一个重要的例子是阿糖操纵子，它与阿拉伯糖的代谢有关。真核细胞中普遍存在一类顺式调控区域控制着发育过程，它们也含 DNA 环。为认识与真核细胞启动子有关的顺式调控区的复杂性，我们考虑海胆发育过程中被刻画得很好的一个调控网络。图 10.9 展示了海胆发育过程中 *cyIIIa* 基因调控区域及结合特定转录因子的 DNA 片段的电子显微图片。

10.3.2 DNA 成环的能量

在 8.2.4 节我们考察了 DNA 环的熵贡献。这里我们补足 DNA 环的能量贡献。首先估计影响阻遏蛋白结合的弹性能。从弹性理论的观点出发，可假定 DNA 环是圆形的，从而估计 DNA 环的能量。由式 (10.7) 可得半径为 R 的环的能量 $E_{\text{loop}} = \xi_p \pi k_B T/R$。也可以根据碱基对的数目表示这个能量。给定 DNA 的长度可表示为 $L \approx 0.34N_{\text{bp}}$ nm，于是环的能量

$$\frac{E_{\text{loop}}}{k_B T} = \frac{2\pi^2}{N_{\text{bp}}}\left(\frac{\xi_p}{\delta}\right) \approx \frac{3000}{N_{\text{bp}}} \tag{10.27}$$

式中，参数 $\delta \approx 0.34$ nm 是相邻碱基对的间距；$\xi_p = 50$ nm 是驻留长度。式 (10.27) 表示环的形成能，图像如图 10.10 所示。

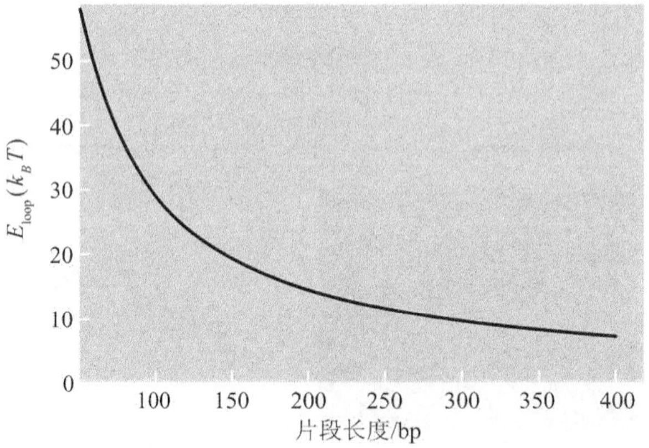

图 10.10　DNA 环的能量与碱基对数目的函数关系。计算过程假定环是理想的圆

10.3.3 J因子

将 DNA 环的能量和 8.2.4 节的熵结合到一起就得到环的自由能。一方面，对于很长的片段，自由能主要由 DNA 成环的构型熵决定；另一方面，对于特别短的 DNA，自由能取决于弯曲能。现在我们考察这两种不同效应的相互影响，并且计算成环概率，它反映了熵与能量对自由能的贡献。

式 (10.27) 表明成环消耗弹性能

$$\Delta E_{\text{loop}} \approx 3000 k_B T/N_{\text{bp}} \tag{10.28}$$

这里只考虑了弯曲能。第 8 章长链聚合物简单的无规行走模型给出成环概率 (p_o) 正比于 $N_{\text{bp}}^{-3/2}$ [参考式 (8.60)]。它表明成环过程熵损耗为

$$\Delta S_{\text{loop}} = k_B \ln p_o = k_B \left(-\frac{3}{2}\ln N_{\text{bp}} + \text{const}\right) \tag{10.29}$$

式中, 常数项与链长无关。得到上述公式原因如下, $\Delta S_{\text{loop}} = S_{\text{loop}} - S_{\text{unloop}} = k_B \ln(W_{\text{loop}}/W_{\text{unloop}})$, 而 $W_{\text{loop}}/W_{\text{unloop}}$ 近似为成环概率 p_o。综合成环的能量和熵, 可近似得到成环的自由能

$$\Delta G_{\text{loop}} = \Delta E_{\text{loop}} - T\Delta S_{\text{loop}} \approx k_BT\left(\frac{3000}{N_{\text{bp}}} + \frac{3}{2}\ln N_{\text{bp}} + \text{const}\right) \tag{10.30}$$

它的图像画在图 10.11 中。一个显著的特点是存在一个优化的 DNA 长度 (略小于 2000 bp) 使得成环的自由能达到最小值。

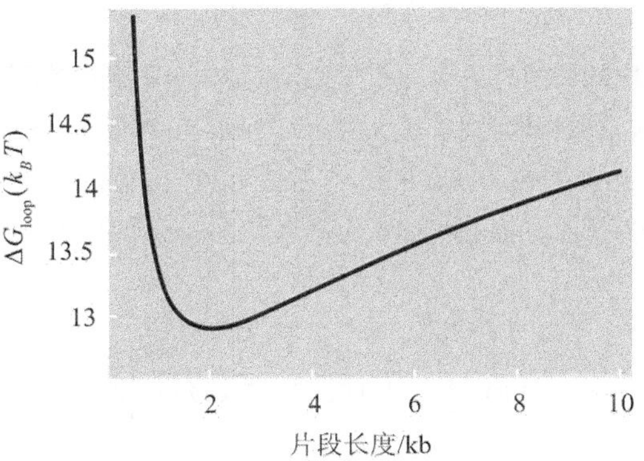

图 10.11 DNA 成环的自由能。形成一圆形环的自由能与环中的碱基对数目之间的函数关系。这一结果基于一个玩具模型, 其中能量由弹性杆的弯曲得到, 而熵由无规行走模型得到

上述简单估算能够通过 DNA 成环的体外实验进行验证 (图 10.12)。特别是, 在一系列经典的实验中, 可以估算成环概率并与上述简单线性弹性模型比较。这些实验的基本思想是捕获 DNA 片段的自发热涨落导致其两端靠近而成环的事件。实验中是通过连接酶来缝合 DNA 片段的互补黏性端来实现的。实验得到成环概率最大的 DNA 片段长度约为 500 bp。不必惊讶这一定量结果与我们的理论估计不一致, 因为我们的模型在中等链长时是失效的, 此时能量和熵对自由能的贡献是相当的。

上一章表明蛋白质结合到其底物上可以由结合能和解离常数来刻画。类似地, 此处也有两种不同的语言描述 DNA 的力学和其取某一构型的概率。在 DNA 成环实验中常用 J因子来刻画, 它具有浓度的量纲。它的量级可解释为 DNA 分子一端在另一端附近的有效浓度。J因子正比于 $\mathrm{e}^{-\beta\Delta G_{\text{loop}}}$, 其中 ΔG_{loop} 是成环的自由能, 比例系数具有浓度的量纲, 依赖于具体的微观模型。请读者思考课后习题4。

测量 J因子的不同实验展示在图 10.12 中。趋势与我们的模型吻合, 即长链极限下熵起主要作用, 而短链极限下弯曲能起主要作用。

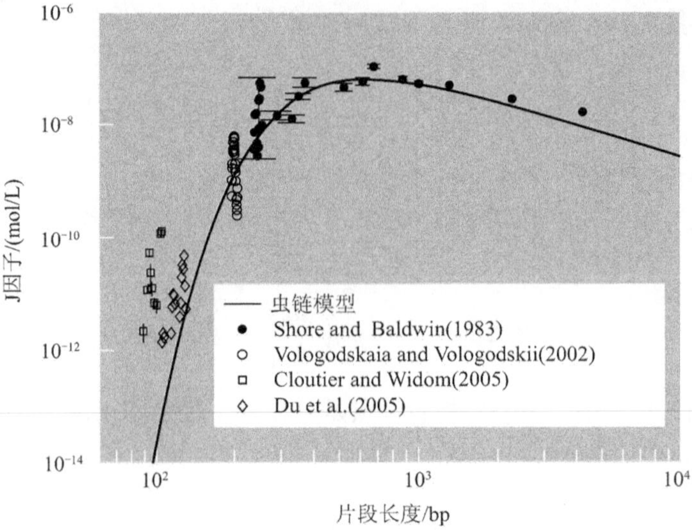

图 10.12　J 因子与DNA片段长度的关系。曲线表示虫链模型得到的成环概率。这个模型比本章讨论的玩具模型定量上更逼真。(数据取自 T. E. Cloutier and J. Widom, *Proc. Natl. Acad. Sci.* 102: 3645, 2005; Q. Du et al., *Proc. Natl. Acad. Sci.* 102: 5397, 2005; D. Shore and R. L. Baldwin, *J. Mol. Biol.* 170: 957, 1983; M. Vologodskaia and A. Vologodskii, *J. Mol. Biol.* 317: 205, 2002.)

10.4　DNA 的包装

病毒和细胞的 DNA 包装过程中 DNA 需要被极大地压实

DNA 的重要特征之一是它的长度远大于它要进入的受限体积的尺度。例如, 噬菌体的 DNA 长度超过 10 μm, 却要挤进直径 50 nm 左右的衣壳。拿我们日常生活的例子类比, 就像是将金门大桥上直径 10 cm、长 500 m 的缆线塞进送货车的后备箱。可通过几种不同的方法观察特定基因组的压实程度。尽管有点误导, 最简单的度量方法是比较 DNA 的长度和 DNA 被限制的所在区域的尺度。例如, 在典型的真核细胞 DNA 包装过程中, DNA 的长度为几厘米, 而储存 DNA 的细胞核只有几个微米。更好地度量 DNA 包装程度是考察 DNA(看成是直径 2 nm 的长杆) 所占体积与储存 DNA 区域的体积比, 即如下无量纲比值

$$v = \frac{\Omega_{\text{genome}}}{\Omega_{\text{container}}} \approx \frac{N_{\text{bp}}}{\Omega_{\text{container}}} \tag{10.31}$$

式中, $\Omega_{\text{container}}$ 以立方纳米为单位, 这里我们已经使用了双股 DNA 每个碱基对的体积约为 1 nm^3。

估算: DNA 包装压实率　式 (10.31) 允许我们探讨在图 10.13 中不同例子的 DNA 压实程度。作为具体例子, 我们考察 λ 噬菌体。它的衣壳可视为半径为 27 nm 的球面, 包含 48 500 bp 的基因组。注意这里我们忽略衣壳的厚度, 于是 λ 噬菌体的包装率为

$$v_\lambda = \frac{N_{\mathrm{bp}}\ \mathrm{nm}^3}{4\pi R^3/3} \approx \frac{5\times 10^4}{4\times 27^3} \approx 0.6 \tag{10.32}$$

这一结果显示噬菌体中的 DNA 包装接近于结晶密度, 这对它们的感染能力和生存方式影响重大。具体来说, 我们将证明, 高包装率的 DNA 包装过程要耗费很大的自由能, 需要 ATP 马达提供帮助。据猜测, 包装过程耗费的大量自由能有助于在感染过程中它们的遗传物质的易位。

第二个有趣的例子是细菌的拟核。尽管它的 DNA 明显不如病毒 DNA 有结构, 但它的 DNA 还是高度局域化的。我们将拟核理想化地看成半径为 0.25 μm 的球。对于大肠杆菌, 基因组长度为 5×10^6 bp, 这意味着包装率

$$v_{\mathrm{bacterium}} \approx \frac{5\times 10^6\ \mathrm{nm}^3}{4\times(250\ \mathrm{nm})^3} \approx 0.1 \tag{10.33}$$

对于真核精子细胞而言, 如图 10.13 所示, DNA 也是高度压实的。精子头部可视为直径为 5 μm 的球, 于是可得到压实率

$$v_{\mathrm{sperm}} \approx \frac{10^9\mathrm{nm}^3}{4\times(2500\mathrm{nm})^3} \approx 0.02 \tag{10.34}$$

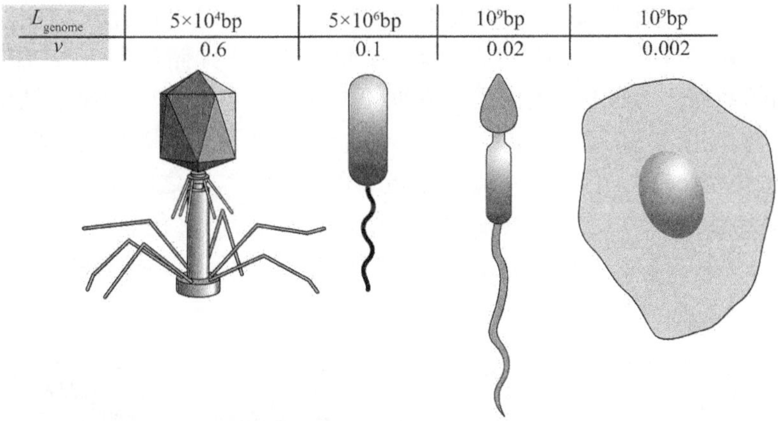

图 10.13 不同的DNA包装情形: λ 噬菌体, 大肠杆菌, 人类精子细胞, 人类成纤维细胞。各种情况下基因组长度和包装率也显示在图中

最后一种情况是真核细胞核。大约 10^9 bp 的基因组储存在半径为 5 μm 的细胞核内。包装率为

$$v_{\mathrm{nucleus}} \approx \frac{10^9\mathrm{nm}^3}{4\times(5000\mathrm{nm})^3} \approx 0.002 \tag{10.35}$$

DNA 包装问题的有趣之处不仅仅在于纯粹的几何拥挤填充, 而且在于 DNA 被包裹的区域尺度与 DNA 的驻留长度是可比拟的。余下关于 DNA 包装的讨论集中在包装过程消耗的弹性自由能, 它补充了第 9 章静电能的贡献。下面关注两个例子, 一个是细菌病毒, 另外一个是真核染色体的结构。在这两种情形下, 最小的包装区尺度和 DNA 驻留长度是可比拟的, 因而要付出弹性自由能。实际上, 病毒 DNA 包装消耗的弹性自由能恰好

等于分子马达将 DNA 压缩所做的功。

10.4.1　病毒 DNA 的包装问题

紧接着我们关注一些新的实验, 通过它们可以了解病毒 DNA 怎样包装和射出的。作为讨论的基础, 我们提醒读者噬菌体的生命周期已经展现在图 3.20 中。噬菌体附着在宿主细胞的受体 (大肠杆菌的外膜蛋白 LamB) 上并且在一分钟内将近 50 kb 的基因组射出。在接下来 10~20 min 内, 病毒的基因组进行复制, 该基因组编码蛋白被合成。一旦蛋白质浓度合适, 衣壳自发组装, 在接下来的包装过程中门马达消耗 ATP 将 DNA 压入衣壳。对于分子马达的定量描述将在第 16 章中进行。包装完成后, 衣壳加上一条尾巴宣告组装结束, 成熟的病毒体从被破坏的细菌中释放出来, 到其他的细菌中重复同样的破坏过程。

结构生物学家已经测定了病毒的许多部件的结构

结构生物学家已经开始测定病毒生命周期中的许多分子参与者的结构。例如, 使得 DNA 在衣壳里包装的门马达的部件结构已经被测定, 它类似于运送 T4 病毒基因组的膜穿刺装置。现在重点讨论测定衣壳结构以及 DNA 在其内包装的重要进展。图 2.19 陈列了不同的病毒衣壳的结构。其中一个重要特征是衣壳具有二十面体对称性。另一个重要特征是, 病毒衣壳具有差不多的尺寸, 相差在 2 倍以内。就像储存蛋白质结构的数据库一样, 病毒结构的数据库 VIPER 提供了成熟期不同状态的各种衣壳的原子结构。

另一个结构问题是基因组包装的几何特征。冷冻电子显微镜及X射线散射实验显示 DNA 在衣壳内高度有序。尤其是实验显示近邻的两股 DNA 之间距离是确定的, 其中一个实验结果显示在图 10.14 中。根据这些实验, 大量关于 DNA 包装的结构假说被提出来, 其中最受欢迎的结构模型是 DNA 在衣壳中以图 10.15 所示同心排列的方式包装。

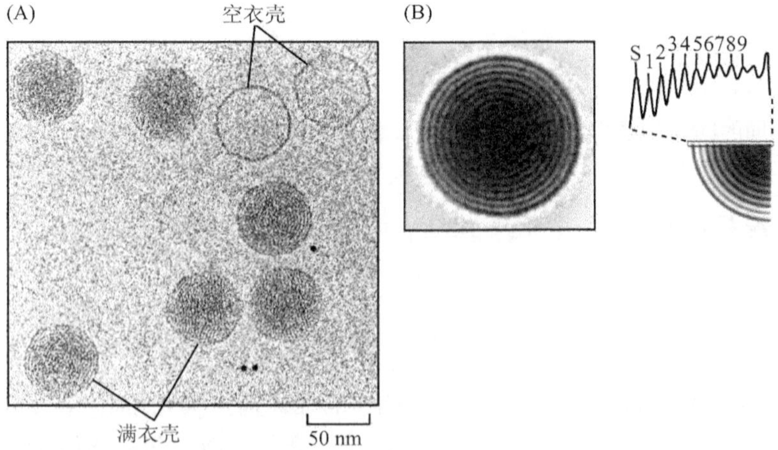

图 10.14　DNA 包装的冷冻电子显微镜图像。(A)T7 衣壳以及包装的 DNA。(B) 单个衣壳的高清图像, 其中有规则的 DNA 环。右侧的几个峰显示了强度与半径的依赖关系。其中 S 代表衣壳自身的蛋白质壳。(取自 M. E. Cerritelli et al., *Cell* 91: 271, 1997.)

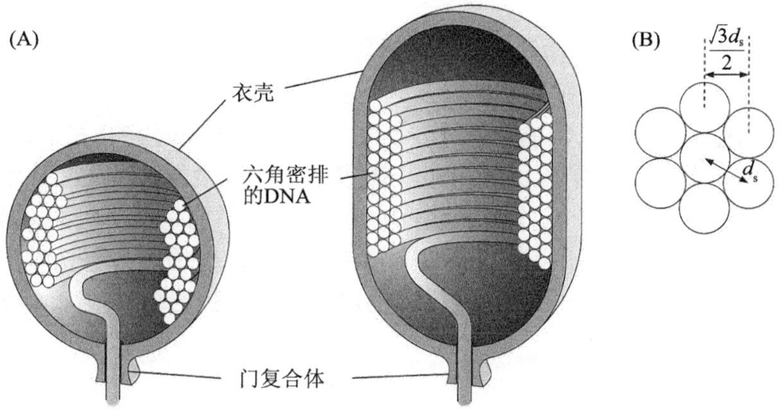

图 10.15 两个简化模型用以计算 DNA 包装自由能。(A) 左侧是球形衣壳, T7 或 λ 噬菌体的简化版本。右侧是拉长了的 $\phi29$ 衣壳的简化版。(B)DNA 在衣壳内包装的截面放大图。DNA 六角密排, 每个 DNA 片段有 6 个近邻片段

除电子显微镜得到的数据外, X 射线衍射实验也阐明了 DNA 包装的结构。例如, 对 DNA 片段间距与衣壳的填充比之间的函数关系的测量结果展示在图 10.16 中。这些数据可以用简单的几何模型来解释。如图 10.15 所示, 假定每股 DNA 间距都是一样的, 且等于 d_s, 于是基因组所占据的体积近似为 Ld_s^2, 其中 L 是基因组包装的长度。由于基因组占据的总体积和衣壳的体积大致相等, 即 $V_{\text{capsid}} \approx Ld_s^2$, 所以可以得到两股 DNA 间距 $d_s \approx \sqrt{V_{\text{capsid}}/L}$。这里预言的尺度律 $d_s \sim L^{-1/2}$ 似乎与图 10.16 所示的实验数据符合, 不过这些数据是基因组长度在小范围变化的结果。

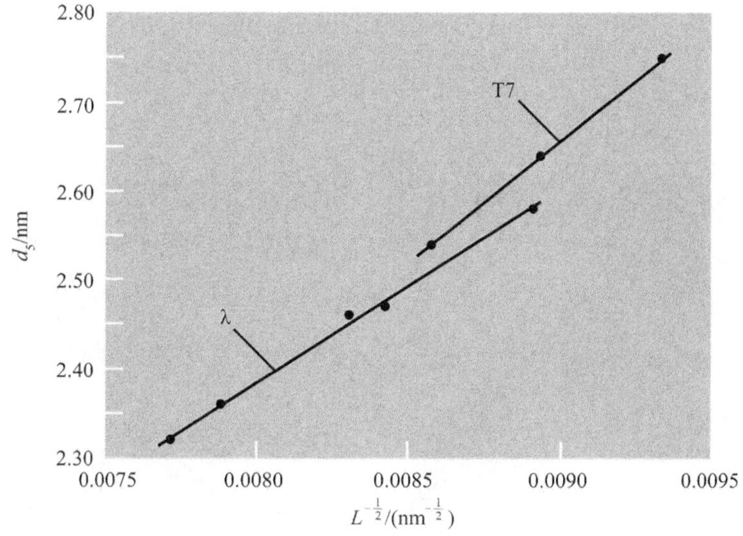

图 10.16 DNA 间距与组装长度的关系。数据来自 X 射线和冷冻电子显微镜对 T7 和 λ 噬菌体测量结果。(取自 P. K. Purohit et al., *Biophys. J.* 88: 851, 2005.)

病毒 DNA 包装导致自由能升高

DNA 包装过程的单分子实验以及 DNA 射出过程的体外研究补充了这些结构观点。图 10.17 所示的单分子包装实验可测量包装过程中马达产生的力。这些技术使得抓住正在包装的病毒 DNA 以及测量门马达克服 DNA 包装储存的能量所产生的力成为可能。图 10.18 展示了这些实验的数据, 包含包装速率和包装过程产生的力与衣壳内基因组所占的百分比之间的函数关系。结构的观点以及生化和单分子实验的结合给出了病毒生命周期可供定量检验的图像。

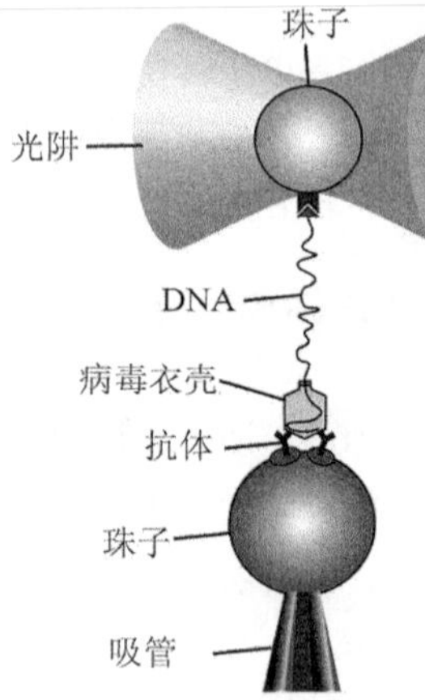

图 10.17　光镊测量 DNA 包装过程的力。病毒衣壳通过抗体黏在一个珠子上, 基因组黏在第二个珠子上。光阱抓住第二个珠子测量 DNA 被门马达消耗 ATP 而卷入衣壳产生的力。(取自 D. E. Smith et al., *Nature* 413: 748, 2001.)

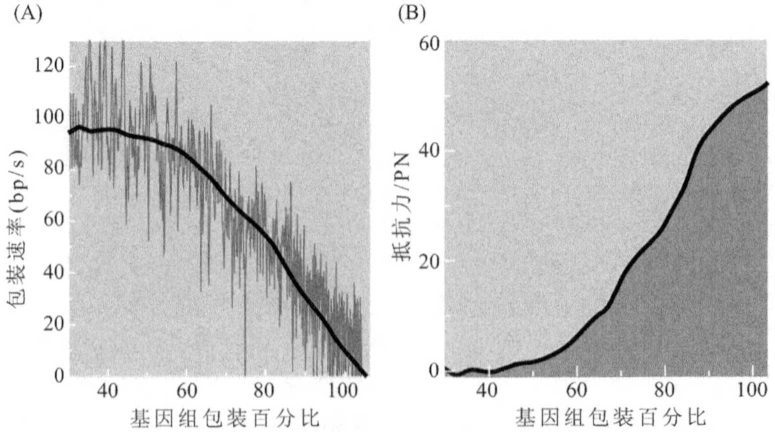

图 10.18　ϕ29 噬菌体 DNA 包装数据。(A)DNA 包装速率和 (B) 抵抗包装的力与进入衣壳中基因组的百分比之间的函数关系。(取自 D. E. Smith et al., *Nature* 413: 748, 2001.)

本节目的是处理病毒包装过程中的机械力并且用简单的 DNA 弹性和静电排斥模型估算这些力。然后将它们与单分子实验结果比较。病毒包装的能量来自以下几个方面: ①熵弹性效应, 它使得 DNA 在溶液中舒展开来; ②弹性弯曲能, 它由 DNA 中小于驻留长度 (约 50 nm) 的曲率半径导致; ③DNA 及溶液中的电荷。熵的贡献至少比弯曲能和静电能小 10 倍。我们的策略是先分别讨论弹性能和静电相互作用能, 然后综合到一起完整地估算病毒 DNA 包装的能量。

具体来说, 我们探寻 DNA 包装过程如下形式的自由能

$$G_{tot}(d_s, L) = G_{\text{bend}}(d_s, L) + G_{\text{charge}}(d_s, L) \tag{10.36}$$

式中, d_s 是图 10.15 所定义的 DNA 在衣壳中的间距; L 是被包装的DNA 的长度。利用 $\partial G_{tot}/\partial d_s = 0$ 求解 d_s 可以计算 DNA 的平衡间距与被包装的基因组部分之间的函数关系。将函数 $d_s(L)$ 代入 G_{tot}, 可以通过 $F = -\mathrm{d}G_{tot}(d_s(L), L)/\mathrm{d}L$ 计算抵抗包装的力。这里我们隐含地假定了包装过程是准静态的并且 DNA 处于平衡态。在第 6 章我们已经讨论过平衡态的假定依赖于过程的时间尺度。在这里, DNA 的包装速率和弛豫时间是关键的变量。由于每秒钟包装约 100 bp, 这个时间尺度足以让 DNA 在衣壳中重新排列。

病毒 DNA 包装的简单模型

我们利用本章开头发展的梁的线性弹性理论来估算病毒包装过程的弹性能。特别是, 我们忽略扭转储存的弹性能而只关注弯曲弹性的贡献。在这一近似下, 弹性对自由能的贡献可由式 (10.7) 得到。

尽管我们想象 DNA 包装成图 10.15(A) 所示的螺旋, 但从弹性自由能泛函来看, 可以将几何结构视为半径为 R 的一叠圆箍。要点在于尽管实际曲率半径为 $R_c = R(1 + p^2/4\pi^2R^2)$, 其中 p 是螺距, 但我们感兴趣的几何结构是 $p \approx 2$ nm 而 $R \approx 20$ nm, 于是 $p^2/4\pi^2R^2 \ll 1$ 以至于可以忽略。在这一近似下, 圆箍的曲率为 $\kappa = 1/R$, 弹性能可写为

$$G_{\text{bend}} = \pi\xi_p k_B T \sum_i \frac{N(R_i)}{R_i} \tag{10.37}$$

式中, $N(R_i)$ 是半径为 R_i 的圆箍的数目。这一项的出现反映了衣壳的形状, 当半径变小, DNA 包装得更紧, 以至于允许的圆箍数目增加。

为了得到弹性能的解析表达式, 我们将上式转化为积分形式

$$G_{\text{bend}} = \frac{2\pi\xi_p k_B T}{\sqrt{3}d_s} \int_R^{R_{\text{out}}} \frac{N(R')}{R'} \mathrm{d}R' \tag{10.38}$$

这里求和 $\sum_i$ 被换成了积分 $\int 2\mathrm{d}R'/\sqrt{3}d_s$, 其中 $(\sqrt{3}/2)d_s$ 是两股近邻 DNA 间距沿半径方向的投影, 参考图 10.15(B)。用积分代替求和会带来一些误差, 随着圆箍数目增加, 误差越来越小。这样得到了弹性自由能与 DNA 包装的半径之间的关系。为与实验比较, 需要用被包装的 DNA 长度来表示弹性能。被包装的 DNA 长度由下式给出

$$L = \frac{2}{\sqrt{3}d_s} \int_R^{R_{\text{out}}} 2\pi R' N(R') \mathrm{d}R' \tag{10.39}$$

为说明怎样估算弹性能，我们考虑一种简单 (当然不一定是实际的) 情况，即柱形衣壳和 DNA 构成一个反线轴构型。这种几何形状可以由二十面体衣壳去掉锥形帽得到。具体地，这个柱面由几何参数 z (高度) 和 $R_{\rm out}$ (半径) 来表征。在这种情况下，由于柱高 z 以及两股近邻 DNA 间距为 d_s，所以 $N(R) = z/d_s$，由式 (10.38) 可得到相应的弹性能为

$$G_{\rm bend}(R) = \frac{2\pi\xi_p k_B T z}{\sqrt{3}d_s^2}\ln\left(\frac{R_{\rm out}}{R}\right) \tag{10.40}$$

由式 (10.39) 得到包装长度

$$L = \frac{2\pi z}{\sqrt{3}d_s^2}(R_{\rm out}^2 - R^2) \tag{10.41}$$

或等价的关系式 $R = R_{\rm out}\sqrt{1 - \sqrt{3}d_s^2 L/2\pi z R_{\rm out}^2}$.

现在，弹性能可写成 DNA 包装长度的函数

$$G_{\rm bend} = -\frac{\pi\xi_p k_B T z}{\sqrt{3}d_s^2}\ln\left(1 - \frac{\sqrt{3}d_s^2 L}{2\pi z R_{\rm out}^2}\right) \tag{10.42}$$

这个结果可用来计算与蓄积弹性能相关的力。具体地，将能量对 DNA 包装长度求微分，我们得到

$$f(L) = -\frac{{\rm d}G_{\rm bend}}{{\rm d}L} = -\frac{\xi_p k_B T/2R_{\rm out}^2}{1 - \sqrt{3}d_s^2 L/2\pi z R_{\rm out}^2} \tag{10.43}$$

尽管对于其他衣壳形状的代数处理有些困难，模仿相同的基本步骤可得到各种情况下的弹性能。这些计算留在本章课后习题中解决。

DNA 自身相互作用对于计算病毒 DNA 包装的自由能也是重要的

因为简单，我们的模型远没有包含 DNA 包装问题的完整自由能。尤其是，除了弹性贡献以外，还需补足 DNA 以及溶液中电荷的贡献。在生理条件下，电荷相互作用使得靠近的 DNA 片段排斥。我们无意通过“第一原理”处理这种相互作用，而是通过实验直接测量这种相互作用。第 6 章介绍了实验的基本思想，即用渗透压挤压 DNA 成图 6.22 所示的有序排列，同时通过 X 射线测量相邻两股 DNA 之间的间距。渗透压来源于溶液中的聚乙二醇。这些实验中的能量和渗透压与相邻两股间距直接的关系如图 6.23 所示。除此经验证据外，我们附加假设：平行的两股 DNA 之间相互作用可由单位长度的对势能 $v(d_s)$ 表示，并且相互作用是近邻的。

一旦测定了渗透压，就可以计算相互作用能，相应地得到对势能。为此，考虑 N 股平行的长为 l 的 DNA，排列成六角阵列，间距为 d_s。这些 DNA 储存的相互作用能为

$$G_{\rm charge} = 3Nlv(d_s) \tag{10.44}$$

式中，因子 3 的出现是因为每股 DNA 有 6 个最近邻 (忽略表面效应)，然后再乘以 1/2 来排除重复计数。DNA 聚集的体积为

$$V = N\frac{\sqrt{3}}{2}d_s^2 l \tag{10.45}$$

渗透压 $p(d_s) = -\mathrm{d}G_{\mathrm{charge}}/\mathrm{d}V$, 其中 $\mathrm{d}V = \sqrt{3}Nld_s\mathrm{d}d_s$。于是可以将单位长度的力写成

$$f(d_s) = -\frac{\mathrm{d}v(d_s)}{\mathrm{d}d_s} = \frac{1}{\sqrt{3}}p(d_s)d_s \tag{10.46}$$

现在将图 6.23 拟合的结果 $p(d_s) = F_0\mathrm{e}^{-d_s/c}$ 代入式 (10.46) 得到一个微分方程, 考虑边界条件 $v(\infty) = 0$ 即可得到对势能

$$v(d_s) = \frac{1}{\sqrt{3}}F_0(c^2 + cd_s)\mathrm{e}^{-d_s/c} \tag{10.47}$$

有了对势能, 即可得到相互作用对自由能的贡献

$$G_{\mathrm{charge}} = \sqrt{3}F_0(c^2 + cd_s)L\mathrm{e}^{-d_s/c} \tag{10.48}$$

式中, $L = Nl$ 是 DNA 的总长度。一个有趣的事实是, 实验工作者通过改变缓冲液的离子强度在一定的程度上可以控制相互作用能, 这个主题已在第 9 章详细论述。进而, 我们的简单模型预测改变 DNA 在衣壳内包装的压强可能影响病毒将自己的 DNA 注入宿主细胞的能力。

病毒 DNA 包装是弹性能和静电相互作用的竞争

综合我们对弹性能和静电相互作用的计算可以得到 DNA 包装的自由能。两者的竞争给出了一个长度尺度, 即衣壳内圆箍之间的间距。具体地, 相互作用项倾向于两股 DNA 离得尽可能远。另外, 两股间距太大意味着构型的曲率半径要小。以柱形衣壳为实例, 总自由能可写为

$$G_{tot} = G_{\mathrm{bend}} + G_{\mathrm{charge}} = -\frac{\pi\xi_p k_B T z}{\sqrt{3}d_s^2}\ln\left(1 - \frac{\sqrt{3}d_s^2 L}{2\pi z R_{\mathrm{out}}^2}\right) + \sqrt{3}F_0(c^2 + cd_s)L\mathrm{e}^{-d_s/c} \tag{10.49}$$

注意式 (10.49) 假定了弯曲能和静电相互作用能是独立的, 尽管实际上驻留长度 (以及弯曲能) 确实依赖于电荷。为计算 DNA 包装过程的抵抗力, 我们对于固定的 L 极小化自由能, 找到优化的 DNA 之间的间距 $d_s(L)$。类似地, 我们可用 $F(L) = -\partial G_{tot}/\partial L$ 和 L 对应的优化 d_s 得到抵抗 DNA 包装的力。结果显示在图 10.19 中; 其中关于 $\phi 29$ 的结果可与图 10.18(B) 相比较。读者可以在本章课后习题中自己作此比较。更重要的是, 我们可以应用相同的模型于不同的噬菌体并且预测在同一光镊实验中抵抗 DNA 包装的力, 参考图 10.19。注意对于 T7 噬菌体我们预测的最大力超过 100 pN, 这表明它有比 $\phi 29$ 噬菌体更强大的马达, 否则 T7 噬菌体在 $\phi 29$ 噬菌体包装反应的缓冲条件下是不能完全包装的。不管怎样, 这个模型表明测量 T7 噬菌体包装过程的力将给这一有趣的生物过程带来深入的认识。

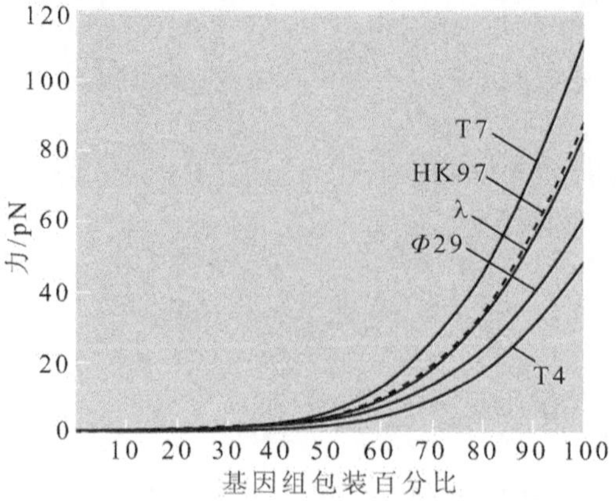

图 10.19　不同病毒 DNA 的包装力。不同噬菌体有不同尺寸的衣壳以及不同长度的基因组, 因而导致不同的包装能量。曲线显示了不同噬菌体。(T7、HK97、λ、ϕ29 和 T4) 的包装力, 溶液环境与 ϕ29 的光镊实验相同。(取自 P. K. Purohit et al., *Biophys*. J. 88: 851, 2005.)

10.4.2　核小体的构造

我们要从梁的理论定量研究 DNA 包装的第二个关键例子是真核细胞核。DNA 在真核细胞核内的包装形成等级结构, 在最小尺度上 DNA 缠绕在组蛋白八聚体上形成图 2.16 所示的核小体。在大一些的尺度上, 核小体排列成 30 nm 的染色质纤维, 其中核小体形成规则阵列, 就像弦上串的念珠聚集成螺旋线圈。现在我们讨论最小的连接单元——核小体核心颗粒。为了比图 2.16 更清楚地阐明这一结构, 图 10.20 从原子层次描绘了 DNA 缠绕在组蛋白八聚体上的样子。需要记住几个数量级, 组蛋白八聚体可视为直径 7 nm, 高度 6 nm 的圆柱, 绕在它上面的 DNA 有 147 bp, 缠绕 1.75 圈。

估算: 核小体的相关数字　为获得真核 DNA 包装的粗略印象, 我们注意到每 147 bp 的 DNA 被分配到一个组蛋白上, 中间连接区约 50 bp。因此, 可简单地估计每个组蛋白缠有 200 bp DNA。对于长度为 3×10^9 bp 的基因组, 意味着组蛋白八聚体的数目约为

$$N_{\text{octamer}}=\frac{3\times10^9\ \text{bp}}{200\ \text{bp}}\approx10^7 \tag{10.50}$$

这是对下限的估计, 因为有一定比例的组蛋白可能游离在溶液中。

估算组蛋白占细胞核的体积比也是有趣的。如果将组蛋白八聚体视为直径 7 nm, 高度 6 nm 的圆柱, 每个组蛋白体积为

$$\Omega_{\text{histone}}=\pi r^2h\approx225\ \text{nm}^3 \tag{10.51}$$

因此 10^7 个组蛋白所占体积约为 $2.3\times10^9\ \text{nm}^3$, 它应该与半径为 5 μm 的细胞核的近似体积 $5\times10^{11}\ \text{nm}^3$ 进行对比。

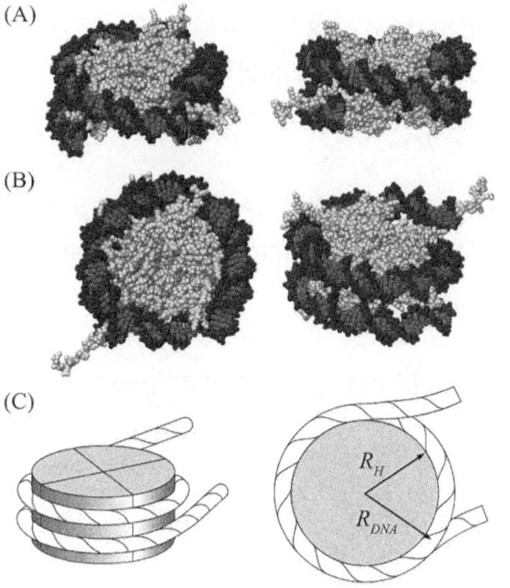

图 10.20 核小体的结构。(A) 核小体核心颗粒 (包含组蛋白八聚体和 DNA) 的原子堆积图。(B) 另一视角的原子堆积图。(C) 核小体核心颗粒卡通图。(A, B 两图由 D. Goodsell 惠赠)

真核 DNA 包装成等级结构, 使得大多数 DNA 序列在核小体上。这是一个神秘的生物学事实, 因为许多与 DNA 相关的最本质的过程需要蛋白质结合在 DNA 特殊的靶位点上。例如, 我们讨论过的转录过程由一系列的转录因子 (激活蛋白和阻遏蛋白) 来调节。于是, 理解核小体 DNA 的可及性是非常有趣的。靶位点容易接近的程度与它到 DNA 解开端的距离之间的函数关系怎样? 为探讨这个问题, 我们首先讨论核小体组装的自由能。然后通过统计力学处理核小体 DNA 在平衡态下的可及性问题。

核小体的形成涉及 DNA 的弹性变形以及组蛋白与核小体之间的相互作用

本节目的是考察核小体核心颗粒组装的自由能均衡关系。我们回顾 DNA 的驻留长度约为 50 nm。作为比较, 注意 DNA 缠绕在组蛋白八聚体上的曲率半径约为 4.5 nm。就像上一节考虑病毒包装的例子, 高度变形的 DNA 片段对弹性能有贡献。除了弹性变形能, 还需考虑另外的能量贡献。特别是, 由于 DNA 自身带负电而组蛋白八聚体因表面覆盖赖氨酸和精氨酸残基而出现补偿的正电荷, 所以我们还需考虑 DNA 和组蛋白八聚体之间的吸引的静电相互作用。在这一简单图像下, 核小体的形成能可写为

$$G_{\text{nucleosome}} = G_{\text{bend}} + G_{\text{DNA-histone}} \tag{10.52}$$

为初步估算形成核小体核心颗粒时的变形, 我们将 DNA 视为均匀变形的杆。根据式 (10.8), DNA 每缠绕一圈所储存的变形能为

$$G_{\text{bend}} = \frac{\pi \xi_p k_B T}{R_{\text{DNA}}} \tag{10.53}$$

式中, R_{DNA} 是 DNA 缠绕的曲率半径。

为进行我们的估计, 需要计算 147 bp 的 DNA 缠绕在组蛋白八聚体上的曲率。如图 10.20 所示, DNA 以螺旋的形式 (这里我们并不是指 DNA 的双螺旋结构) 缠绕在组蛋白八聚体上, 并且螺距很小。作为简单的计算, 我们使用螺距为零情况下曲率的近似表达式。此外, 我们假定 DNA 绕组蛋白八聚体两个整圈, 这样总的弯曲自由能为 $G_{\text{bend}} = 2\pi\xi_p k_BT/R_{\text{DNA}} \approx 70k_BT$。

对核小体形成能的第二个关键贡献来源于 DNA 与组蛋白上带正电残基直接的相互作用。作为简单模型, 我们用吸附能 γ_{ad} (单位: 能量/长度) 来刻画这个相互作用。根据这个模型, 吸附作用贡献的总自由能为

$$G_{\text{DNA-histone}} = 4\pi R_{\text{DNA}}\gamma_{ad} \tag{10.54}$$

这里已经假定 DNA 绕组蛋白八聚体两个整圈。在下一节, 我们说明如何从核小体在平衡态下的可及性实验数据导出吸附能。

10.4.3 在平衡态下核小体 DNA 的可及性

如上所述, 真核细胞的 DNA 缠绕在组蛋白八聚体上形成核小体。在这种状态下, 调控蛋白在 DNA 上的结合位点被核小体堵塞, 因而不能直接接近 DNA。我们将上述对核小体组装的讨论推广来研究调控蛋白与核小体 DNA 结合的统计力学。核小体可及性的关键实验都是在体外进行, 评估 DNA 上特殊位点对限制酶切的敏感性与该位点到核小体 DNA 解开端的距离之间的函数关系。这些限制酶是一些蛋白质, 它们把 DNA 在特殊的识别位点切断并作为一种方便的评估核小体可及性的输出方式。实际上, 这些实验提供了位置相关的平衡常数, 它依赖于我们关心的位点到核小体 DNA 解开端之间的距离。

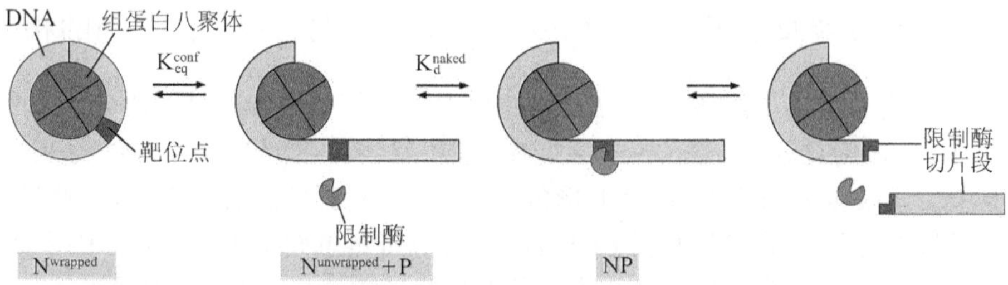

图 10.21 测量在平衡态下核小体的可及性的实验。核小体 DNA 有一个限制酶的结合位点。测量酶切概率与靶位点到核小体 DNA 解开端之间的距离的函数关系

在平衡态下核小体的位点的可及性依赖于位点到核小体 DNA 解开端的距离

为解释这些结果, 设想 DNA 结合蛋白 (实验中的限制酶即是这种蛋白) 与靶位点的结合分两步完成: 首先, 热运动使 DNA 从组蛋白上解开; 然后, 限制酶结合到未被核小体堵塞的特异位点上。这一过程粗略地描述在图 10.21 中。在图 10.22 中我们展示了 DNA 从核小体上解开的平衡常数。简单的观察得知平衡常数随着结合位点远离核小体的解开

端而下降。为了定量分析这些数据，我们再次转向统计力学并计算酶结合到靶位点上的概率与靶位点的位置之间的函数关系。

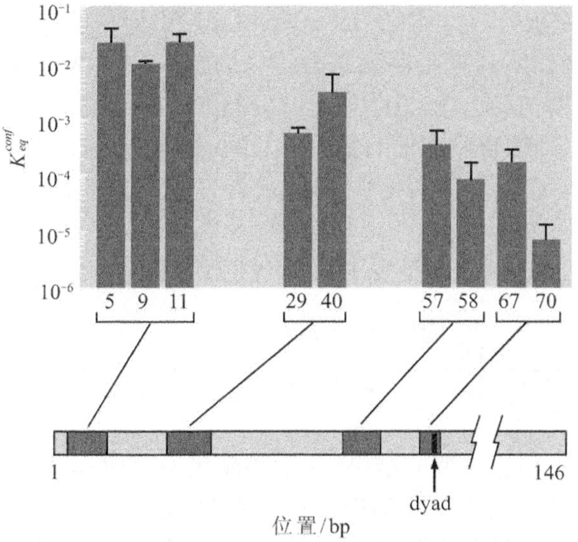

图 10.22 暴露位点的平衡常数与位点到核小体 DNA 解开端之间的距离的函数关系。这里显示了结合位点的大致位置。dyad 是缠绕在组蛋白八聚体上的 DNA 分子的对称中心。(取自 K. J. Polach and J. Widom, *J. Mol. Biol.* 254: 130, 1995.)

图 10.23 展示了一个二自由度模型。其中一个重要的自由度是从核小体上解开的 DNA 的长度 x，它可以为 $0 \sim L(\approx 25\ \text{nm})$ 连续取值；这个长度是缠绕在核小体上 DNA 总长的一半。另外一个自由度是离散的，它记录限制酶是否结合在它的特异位点上。结合位点的位置记为 x_{re}，它在 DNA 上 $0 \sim L$ 的某个位置。我们希望计算限制酶结合到位点上的概率 p_{bound} 与限制位点的位置的函数关系。

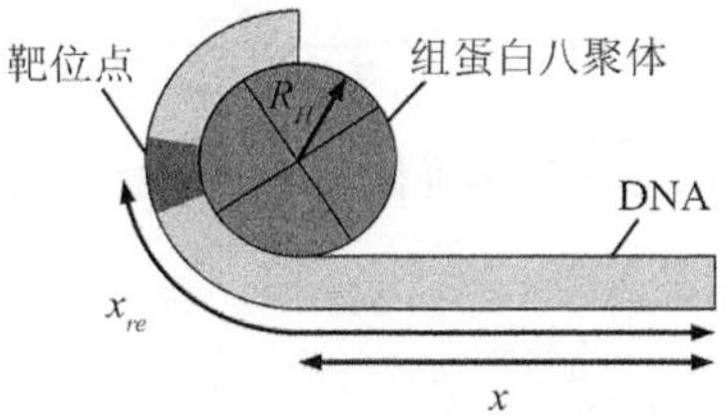

图 10.23 核小体位点可及性的几何图像。坐标 x 表示多少 DNA 被解开，x_{re} 表示接触到靶位点需要解开 DNA 的最少长度

很容易由第 7.2.1 节引入的巨正则系统来计算酶的结合概率。巨正则配分函数为

$$\mathcal{Z} = \underbrace{\int_0^L \mathrm{e}^{\frac{1}{k_BT}(\gamma_{ad}-\gamma_{\text{bend}})(L-x)}\,\frac{\mathrm{d}x}{a}}_{\text{没有酶结合}} + \underbrace{\mathrm{e}^{\frac{\mu}{k_BT}}\,\mathrm{e}^{\frac{\varepsilon_{\text{bind}}}{k_BT}}\int_{x_{re}}^L \mathrm{e}^{\frac{1}{k_BT}(\gamma_{ad}-\gamma_{\text{bend}})(L-x)}\,\frac{\mathrm{d}x}{a}}_{\text{酶结合}} \tag{10.55}$$

式 (10.55) 第一项是对没有限制酶结合时所有可能的解开 DNA 的长度 x 求和。为了方便, 用对 DNA 长度的连续积分取代了对碱基对的离散求和, 其中 a 是相邻碱基对的间距; 之所以成立是因为 $\int_0^L \mathrm{d}x/a$ 与核小体上的碱基对数目相等。对于给定 x 的统计权重则由 DNA 和组蛋白的吸附能 $(-\gamma_{ad})$ 以及 DNA 单位长度的弯曲能 (γ_{bend}) 决定。

第二项计及 DNA 解开且限制酶结合到它的特异位点的状态。由于实现这种状态 DNA 至少解开的长度由结合位点的位置 x_{re} 给定, 它设定了积分的下限。如果 DNA 解开的长度小于 x_{re}, 则结合位点仍旧是不可及的。对于给定 x 的统计权重有两个附加的因子, 一个考虑限制酶在溶液中的化学势 μ, 另外一个来源于酶和其在 DNA 上特异位点的结合能 $\varepsilon_{\text{bind}}$。

酶结合到限制位点上的概率是式 (10.55) 中配分函数的第二项与配分函数的比值:

$$p_{\text{bound}} = \frac{\frac{[\mathrm{P}]}{[\mathrm{P}]_0}\mathrm{e}^{\frac{\varepsilon_{\text{bind}}}{k_BT}}\left(\mathrm{e}^{\frac{1}{k_BT}(\gamma_{ad}-\gamma_{\text{bend}})(L-x_{re})}-1\right)}{\frac{[\mathrm{P}]}{[\mathrm{P}]_0}\mathrm{e}^{\frac{\varepsilon_{\text{bind}}}{k_BT}}\left(\mathrm{e}^{\frac{1}{k_BT}(\gamma_{ad}-\gamma_{\text{bend}})(L-x_{re})}-1\right)+\left(\mathrm{e}^{\frac{1}{k_BT}(\gamma_{ad}-\gamma_{\text{bend}})L}-1\right)} \tag{10.56}$$

式中, 我们已经使用了理想溶液的结果, 化学势满足 $\mathrm{e}^{\mu/k_BT} = [\mathrm{P}]/[\mathrm{P}]_0$。这里 [P] 是溶液中限制酶的浓度, 而 $[\mathrm{P}]_0$ 对应于化学势为 0 的浓度。

为和实验数据联系, 我们要将式 (10.56) 用解离常数表示。限制酶结合到 DNA 的过程可由反应式 $\mathrm{P}+\mathrm{N} \rightleftharpoons \mathrm{NP}$ 表示, 其中 P 表示限制酶, N 表示纯粹的核小体, NP 表示核小体和酶的复合物。反应的平衡解离常数为

$$K_d = \frac{[\mathrm{P}][\mathrm{N}]}{[\mathrm{NP}]} \tag{10.57}$$

限制酶结合到 DNA 的概率可表示为限制酶–核小体复合物浓度与总的核小体的浓度比:

$$p_{\text{bound}} = \frac{[\mathrm{NP}]}{[\mathrm{NP}]+[\mathrm{N}]} \tag{10.58}$$

利用式 (10.57), 可得到

$$p_{\text{bound}} = \frac{[\mathrm{P}]/K_d}{1+[\mathrm{P}]/K_d} \tag{10.59}$$

最后, 将式 (10.59) 与式 (10.56) 比较, 我们得到平衡解离常数

$$K_d = \frac{[\mathrm{P}]_0}{\mathrm{e}^{\frac{\varepsilon_{\text{bind}}}{k_BT}}}\frac{\mathrm{e}^{\frac{1}{k_BT}(\gamma_{ad}-\gamma_{\text{bend}})L}-1}{\mathrm{e}^{\frac{1}{k_BT}(\gamma_{ad}-\gamma_{\text{bend}})(L-x_{re})}-1} \tag{10.60}$$

现在我们希望将模型同实验上的可观测量——核小体可及性的平衡常数 K_{eq}^{conf} 联系起来。它定义为 DNA 解开以至于限制酶可结合的核小体浓度与 DNA 完全缠绕以至于限制酶不能结合的核小体浓度之比。如图 10.21 所示, 这些浓度分别记为 $[\mathrm{N}^{\text{unwrapped}}]$ 和 $[\mathrm{N}^{\text{wrapped}}]$。我们断言 K_{eq}^{conf} 是 K_d 的一部分。为了看清这一点, 我们将 K_d 的分子和分母同乘以 $[\mathrm{N}^{\text{unwrapped}}]$, 得到

$$K_d = \frac{[\mathrm{P}][\mathrm{N}]}{[\mathrm{NP}]}\frac{[\mathrm{N}^{\text{unwrapped}}]}{[\mathrm{N}^{\text{unwrapped}}]} \tag{10.61}$$

注意，既然形成核小体–限制酶复合物需要核小体的 DNA 被充分地解开，故 [NP] 与 $[N^{\text{unwrapped}}P]$ 相同的。利用这一点，可将解离常数表示为

$$K_d = \underbrace{\frac{[N^{\text{unwrapped}}][P]}{[N^{\text{unwrapped}}P]}}_{K_d^{\text{naked}}} \frac{[N]}{[N^{\text{unwrapped}}]} \tag{10.62}$$

式中，$K_d^{naked} = [P]_0 e^{-\varepsilon_{\text{bind}}/k_BT}$ 是裸 DNA 的解离常数，它反映在没有组蛋白时限制酶结合在 DNA 上和在溶液中的平衡。式 (10.62) 中的后一项可根据DNA缠绕和解开的核小体重写。为此须注意 $[N] = [N^{\text{unwrapped}}] + [N^{\text{wrapped}}]$，这导致

$$\frac{[N]}{[N^{\text{unwrapped}}]} = \frac{[N^{\text{unwrapped}}] + [N^{\text{wrapped}}]}{[N^{\text{unwrapped}}]} = 1 + \underbrace{\frac{[N^{\text{wrapped}}]}{[N^{\text{unwrapped}}]}}_{\left(K_{eq}^{conf}\right)^{-1}} \tag{10.63}$$

于是可将解离常数表示为

$$K_d = K_d^{\text{naked}} \left(1 + \frac{1}{K_{eq}^{conf}}\right) \tag{10.64}$$

将此式与式 (10.60) 比较，我们得到

$$K_{eq}^{conf} = \frac{e^{\frac{1}{k_BT}(\gamma_{ad}-\gamma_{\text{bend}})L} - e^{\frac{1}{k_BT}(\gamma_{ad}-\gamma_{\text{bend}})x_{re}}}{e^{\frac{1}{k_BT}(\gamma_{ad}-\gamma_{\text{bend}})L}\left(e^{\frac{1}{k_BT}(\gamma_{ad}-\gamma_{\text{bend}})x_{re}} - 1\right)} \tag{10.65}$$

它只依赖于限制酶的结合位点的位置，而不依赖于结合强度 $\varepsilon_{\text{bind}}$。

我们现在可以将理论结果和前面讨论的实验比较。图 10.24 展示了实验数据以及对这些数据的最佳拟合曲线，拟合参数为吸附能。结论是当结合位点从解开端向中间 ($x = 70$ bp≈ 25 nm) 移动时 K_{eq}^{conf} 减小 4 个数量级，这与波拉赫 (Polach) 和威多姆 (Widom) 的

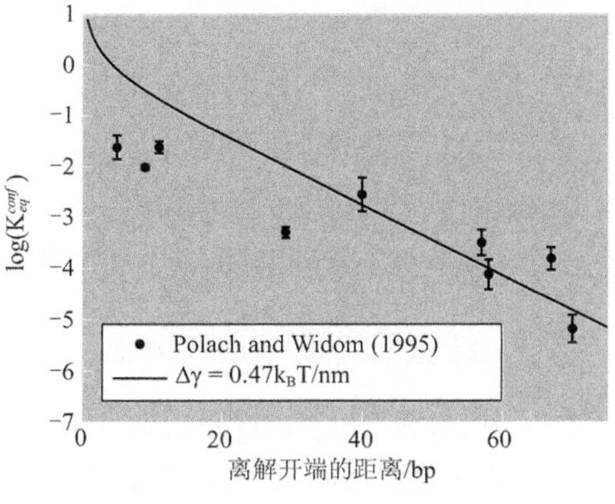

图 10.24 DNA 可及性平衡常数。数据点是实验测量结果。曲线是 10.4 节的模型结果。我们定义参数 $\Delta\gamma = \gamma_{ad} - \gamma_{\text{bend}}$。驻留长度 50 nm 对应 $\gamma_{\text{bend}} = 1.2k_BT/\text{nm}$。(数据取自 K. J. Polach and J. Widom, *J. Mol. Biol.* 254: 130, 1995.)

实验相符 (注意图 10.24 中 $x_{re}=0$ 处的陡峭下降是因为我们模型中连续化近似的虚假结果, 它导致 $x_{re}\to 0$ 时 K_{eq}^{conf} 发散。通过离散模型修补连续模型的反常行为留给读者在课后习题中处理)。尽管这些研究短 DNA 片段从组蛋白上解开的实验是在体外进行的, 很有可能类似的能量考虑也适用于真核细胞核中染色体的 DNA 包装和解开。

10.5　细胞骨架与弹性梁理论

细胞的力学行为很大程度上由它的结构单元的材料性质和排列方式决定。这些结构单元看起来像梁或者梁的网络, 统称为细胞骨架。神经细胞是一个鲜明的例子, 它表明这些纤丝结构对细胞形状和力学起决定性作用。19 世纪末期, 西班牙解剖学家圣地亚哥 · 拉蒙 · 卡哈尔 (Santiago Ramón y Cajal) 敏锐地观察到神经元并作出了如图 10.25 所示的精彩图片来反映他的观察。这种细胞最引人注目的特点是极其复杂而又严格控制形态。仅仅考虑表面张力和弯曲的简单物理过程无法解释这么精细的结构, 它应该是细胞内的构造决定的。

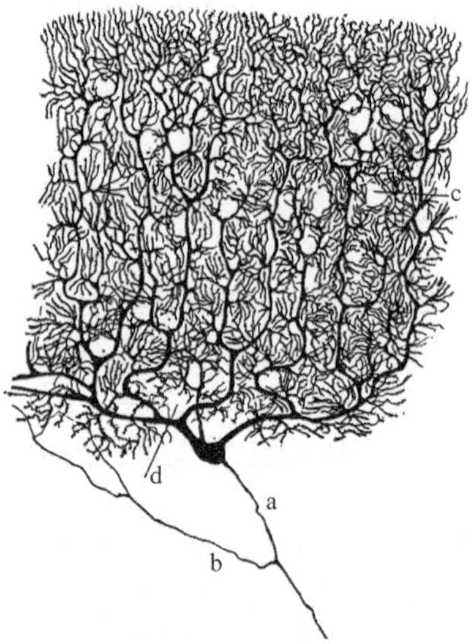

图 10.25　神经元的描绘。这幅图是卡哈尔众多的神经元绘图中令人印象最深刻的一幅。具体地, 这幅图显示了人类的浦肯雅细胞及其细胞骨架决定的细胞形态的复杂性。(取自 S. R. y Cajal, Histology of the Nervous System, New York, Oxford University Press, 1995.)

纤丝网络贯穿真核细胞

当观察细胞内部时, 我们可以看到细胞充满纤丝结构, 它为细胞精细而复杂的形状提供了结构基础。这些纤丝通常由蛋白质构成, 但是比单个多肽链要显著地大很多。事实上, 这些纤丝是由许多蛋白质亚基的相同拷贝装配成螺旋的结构体, 如图 2.17 所示。成千上万个亚基聚合到一起形成单个纤丝。如果我们用药物或突变打断这些亚基的直接结合, 细胞形状也随之极大地改变。我们该怎样定量考虑这些纤丝的力学性质对细胞结构和组织的影响? 从几何的角度看, 这些纤丝的显著特点在于它们的细长比与 DNA 类似——长度远大于截面尺寸。因此, 我们可以用相似的力学处理来描述这些单元的力学性质。

10.5.1 细胞骨架分类

以图 10.25 为例, 从纤丝的分子构成来看, 我们可以将纤丝分成三类: 一类是微管, 直径约为 25 nm 的稍显弯曲的纤丝; 另一类是直径约为 8 nm 的肌动蛋白丝; 剩下的一类是中间丝, 之所以这样称呼是因为它的尺寸介于肌动蛋白丝和微管之间。不同的纤丝处在神经元的不同位置, 如图 10.26 所示。肌动蛋白丝和微管在发育的神经元的生长锥内。不同的纤丝有不同的力学性质, 实现不同的生物功能。

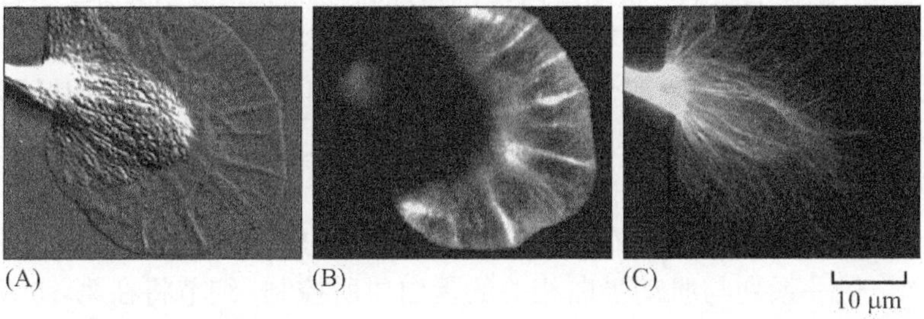

图 10.26 神经元生长锥内的细胞骨架纤丝。(A) 海兔神经元生长锥的微分干涉相差图片。(B) 生长锥内的肌动蛋白荧光图片。(C) 生长锥内的微管荧光图片。(由 P. Forscher 惠赠)

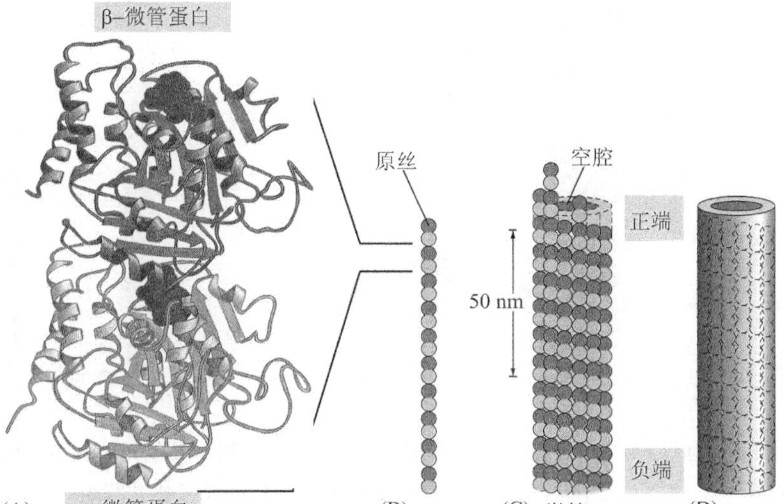

图 10.27 微管结构。(A) 微管蛋白亚基的带状表示图, 每个亚基由 α-和 β-微管蛋白形成二聚体。结合的 GTP 分子用小球表示。(B) 微管蛋白亚基以首尾连接方式组装成原丝 (它本身是不稳定的)。(C) 微管是由 13 根原丝形成的中空柱。由于微管蛋白亚基的极性, 微管也是有极性的, β-微管蛋白暴露在正端, 而 α-微管蛋白暴露在负端。(D) 作为理想化的表示, 我们视微管为直径 25 nm 的均匀中空柱面。(取自 B. Alberts et al., Molecular Biology of the Cell, 5th ed., New York, Garland Science, 2008.)

微管　微管参与一系列关键的细胞过程, 如作为分子马达 (驱动蛋白和动力蛋白) 运动的轨道, 负责组织细胞分裂过程。微管在几个结构层次上的构造显示在图 10.27 中。这些纤丝由 8 nm 的微管蛋白亚基组成。这些亚基首尾连接形成原丝。在合适的条件下, 纯微管蛋白亚基在试管中能自发组装成微管。微管是中空的圆柱, 其截面一圈含 13 个微管蛋白亚基。沿着微管侧面看每个亚基与其邻居有两类蛋白质–蛋白质相互作用。沿着环向, 亚基之间有横向相互作用, 沿着长度方向亚基之间头尾接触使得所有亚基指向相同的方向。在细胞内部, 微管常常形成管束。例如, 细胞分裂时有丝分裂纺锤体中的微管负责将复制的染色体分开。每个染色体锚定在由 30 根微管同向排列且互相交联而形成的管束上。我们以后将会讨论细胞骨架纤丝形成管束改变了细胞骨架纤丝的力学性质, 这对实现细胞功能很重要。

肌动蛋白丝　像微管一样, 肌动蛋白丝也是球状亚基的螺旋组装体。尽管亚基尺寸差不多 (肌动蛋白 5 nm, 微管蛋白 8 nm), 肌动蛋白丝却小得多, 因为它由 2 根而不是 13 根原丝组成, 如图 10.28 所示。在细胞内部, 肌动蛋白丝也常常形成束。肌动蛋白对细胞的结构和功能起重要作用, 最常见的作用与细胞运动有关。利用 ATP 水解, 这些细丝可做有用功而行使运动功能, 如运动细胞的伸突 (15.2 图) 和细菌病原体的运动 (15.3 图)。肌动蛋白丝同动力蛋白参与肌肉收缩过程。细胞内常见的肌动蛋白丝复杂网络的生长在时间和空间上严格受一系列与肌动蛋白相关的蛋白质所控制, 细节将在第 15 章讨论。这些与肌动蛋白相关的蛋白质的活性作用之一是能形成诸如分枝网络的高度有序结构。

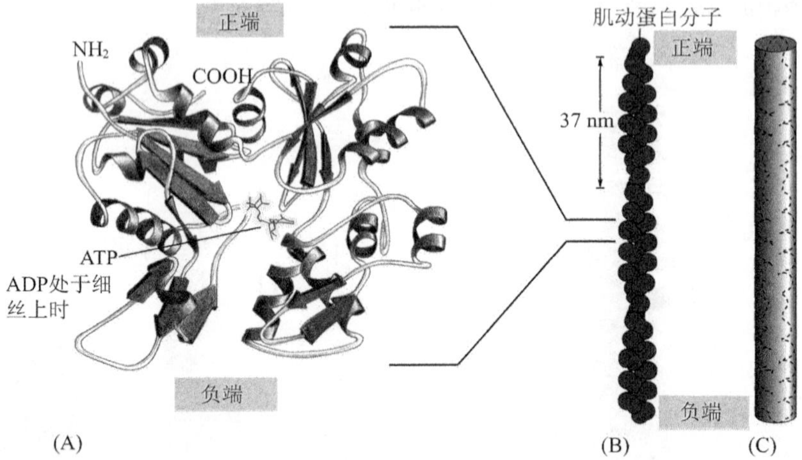

图 10.28　肌动蛋白丝结构。(A)G-肌动蛋白亚基的带状表示图, 每个亚基是直径 5.4 nm 的球状蛋白, 它可结合单个核苷酸 (ATP 或 ADP)。(B)F-肌动蛋白丝由两根原丝互相缠绕组成, 周期为 37 nm。所有肌动蛋白亚基指向相同的方向。细丝由 2 根平行的原丝组成, 每加入一个亚基使得细丝长度增加 2.7 nm。(C) 作为理想化的处理, 我们视肌动蛋白丝为直径 8 nm 的均匀圆柱。(取自 B. Alberts et al., Molecular Biology of the Cell, 5th ed., New York, Garland Science, 2008.)

中间细丝　中间细丝的亚基与肌动蛋白和微管蛋白亚基非常不同, 它们是长条形的蛋白质而不是球状蛋白。中间细丝的组装涉及亚基横向成束并扭转成卷曲的线团结构。它们的功能是部分地抵抗组织内的细胞拉伸力。卷曲线团二聚体连接在一起形成反平行的四聚体, 四聚体缠绕在一起形成绳子状的结构以提供力学强度。

原核细胞有类似于真核细胞骨架的蛋白质

将小蛋白亚基组装成大的螺旋纤丝似乎是细胞组织的普遍保守特性。具体地, 几乎地球上所有的细胞 (包含细菌、古核生物和真核生物) 都有肌动蛋白和微管蛋白。在细菌中, 由于历史的原因, 它们使用了不同的名字 (如细菌和古核生物中的微管蛋白同源体被称为 FtsZ, 而肌动蛋白同源体被称为 MreB 和 ParM; 通常细菌蛋白质的命名是基于发现它们的遗传筛选而不是它们的结构), 但是蛋白质晶体结构清楚地表明这些蛋白质结构非常相似。这些结构经历了 30 亿年的进化还相当保守。在所有的细胞中, 骨架纤丝均对决定细胞形状以及细胞分裂的相关力学过程有贡献。准确的作用因细胞的不同而相差甚大, 然而它们通过自组装提供大尺度的组织结构这一基本作用是普遍的。

10.5.2 细胞骨架纤丝的刚度

细胞骨架可看成弹性梁的组合

我们已经断言细胞骨架纤丝决定细胞的组织和力学性质。这意味着它们可以提供力学支撑以反抗外力并克服诸如膜的弹性、结合反应、表面张力等不同机制导致的力的竞争。破译结构单元的作用的先决条件是刻画它们作为单独的力学单元的响应特征。具体地, 就像描述 DNA 一样, 梁的刚度由驻留长度或抗弯刚度来刻画。

对于细胞骨架单元, 三种不同因素决定了其在细胞内的等效刚度。第一种因素当然是纤丝的固有柔软性。第二种因素是纤丝结合蛋白的出现或缺失调节纤丝的刚度。第三种因素是纤丝大尺度组装成纤维束、网络或凝胶。多种技术手段被发展来测量这些不同尺度的刚度。对于单根纤丝, 热运动足以导致纤丝弯曲到可被光学显微镜直接测量的程度。因此, 最直接而又最少侵扰的测量纤丝刚度的方式是直接观察荧光标记的纤丝或者用增强相差显微镜观察无荧光标记的微管。其他的测量是对纤丝进行机械操纵从而观察它们在外力下的变形。这类测量可用标定的显微操作针或光阱控制的珠子将已知的力传递到所俘获的纤丝的一端。这一处理的生动例子展示在图 10.29 中, 其中光镊将肌动蛋白丝打成一个结。

细胞将骨架纤丝组合到一起改变其大尺度的力学性质来建构机械结构。这一点可以通过一个普遍的情形看出: 细胞骨架成束得到更强的承受弯曲的单元。图 10.30 显示了成束的肌动蛋白丝形成人类肠上皮细胞膜上的突起物, 从而极大地增加表面积以利于营养吸收。下一章我们将仔细探讨以这样褶皱的方式弯曲细胞膜需要的能量输入。从另外一个角度看, 膜会对肌动蛋白丝束产生力。肠上皮细胞表面持续存在束结构表明膜产生的力不足以使纤丝束弯曲或屈曲。下一节我们的估算表明长度与微绒毛相当的单根纤丝不能承受膜产生的力, 它将会屈曲。因此, 似乎有理由作出如下结论: 纤丝成束的生物功能是提高复合纤丝的刚度使其大于单根纤丝的刚度。人类典型的微绒毛是由大约 30 根肌动蛋白丝按六角点阵排列而成。

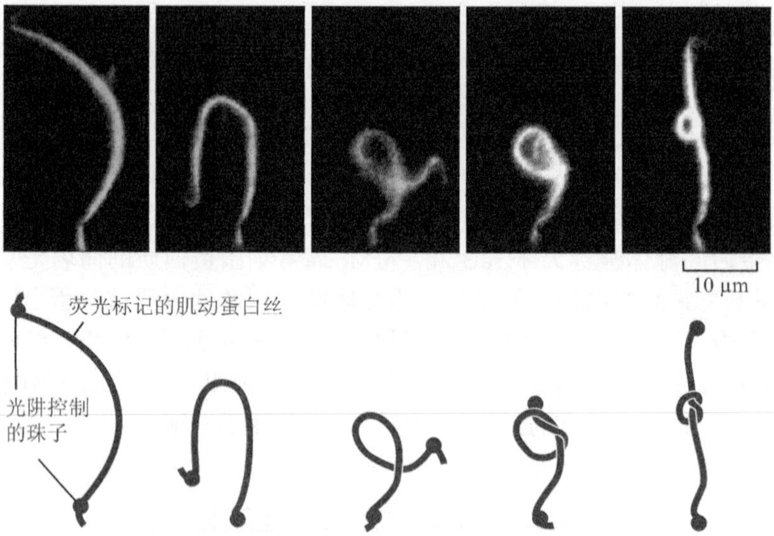

图 10.29 打结的肌动蛋白丝。两个珠子黏在纤丝的两端并受光阱控制将肌动蛋白丝打成一个结, 这个实验生动地体现了肌动蛋白丝的柔软性。(取自 Y. Arai et al., *Nature* 399: 446, 1999.)

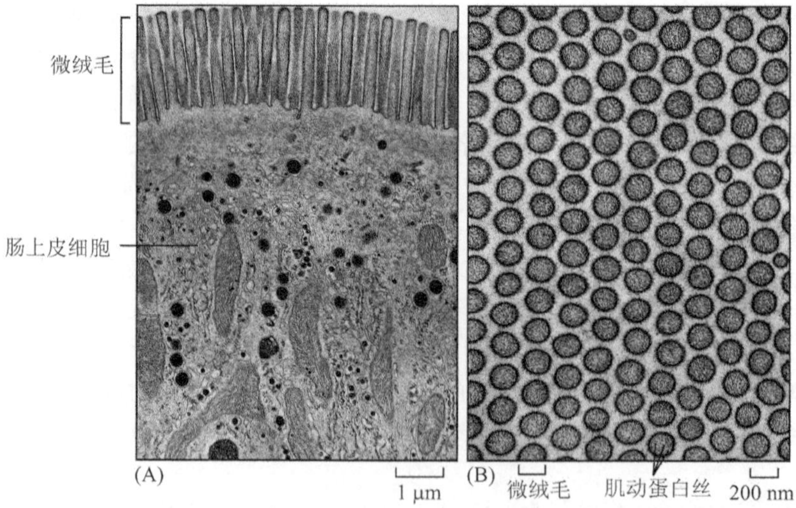

图 10.30 小肠刷状缘。两个电子显微图显示人类肠上皮细胞吸收表面的肌动蛋白丝和细胞膜的排列。(A) 肠上皮细胞截面侧视图。(B) 截面俯视图显示微绒毛和肌动蛋白丝束的紧密排列。(取自 D. W. Fawcett, The Cell, Its Organelles and Inclusions: An Atlas of Fine Structure, Philadelphia, W. B. Saunders & Co., 1966.)

一个非常不同但更优雅的应用肌动蛋白丝束增强刚度的例子是脊椎动物的听毛细胞, 它们负责将空气的运动转化成可感知的声音, 如图 10.31 所示, 听毛细胞在内耳中靠近覆膜的位置, 它们形成流体腔壁之一, 产生振动响应击中耳膜的声波。听毛细胞的顶部与覆膜接触的部位是一系列类似于微绒毛的静纤毛, 它们是细胞膜卷曲着肌动蛋白丝束形成的。与微绒毛具有差不多的长度, 所不同的是, 附着在听毛细胞上的静纤毛具有类似于台阶式的长度分布。覆膜的运动导致最长的静纤毛向细胞表面倾斜。单根静纤毛比较刚硬, 所以成束后不能弯曲。取而代之的是, 当静纤毛倾斜时, 短的相对于长的会滑动, 致使打开离子通道将力学信号转化成大脑可感知的电信号。静纤毛的极端刚性是力学信号转导的必要条件, 这不能通过单根细胞骨架纤丝来实现。

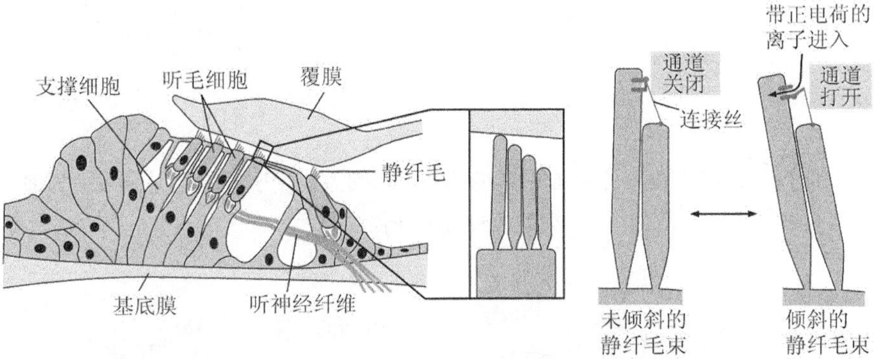

图 10.31 听觉的力学。听毛细胞探测声音并将其转化为电信号。听毛细胞的上表面有静纤毛投影束, 它与内耳中的覆膜接触。覆膜特殊位点响应声波而振动。膜的振动推动静纤毛束。相邻的静纤毛由弹性丝彼此连接, 一根静纤毛的顶端与旁边较高的静纤毛的侧面相连。当静纤毛束倾斜时, 连接丝拉伸使得离子通道打开。(取自 B. Alberts et al., Molecular Biology of the Cell, 5th ed., New York, Garland Science, 2008.)

10.5.3 细胞骨架的屈曲

梁受足够大的压力会屈曲

我们前面的分析都假定梁变形时构成梁的材料经历“小”变形。当然, 从实验的角度来看, 这一限制完全是人为的, 我们可以用力自由地推或拉梁引起超越弹性理论所能描述的变形。材料经历的一种不同于上述简单变形的变形方式是屈曲。该过程显示在图 10.32 中。下面, 我们通过分析使梁变形为半圆弧或正弦函数的轮廓需要的能量来简单地估算屈曲力。

细胞骨架纤丝聚合过程中可以产生力。一个特别有趣的过程是肌动蛋白丝聚合的前缘使得细胞膜变形, 如运动细胞的丝足。有趣的问题是纤丝发生屈曲变形之前能够承受多大的力。实际上, 在一系列的体外实验中, 微管的聚合从一个表面开始向一个沟槽生长, 沟槽阻止微管生长并导致屈曲。这个实验的示意图展示在图 10.33 中。我们可以通过弹性屈曲的简单观念解释这个实验。

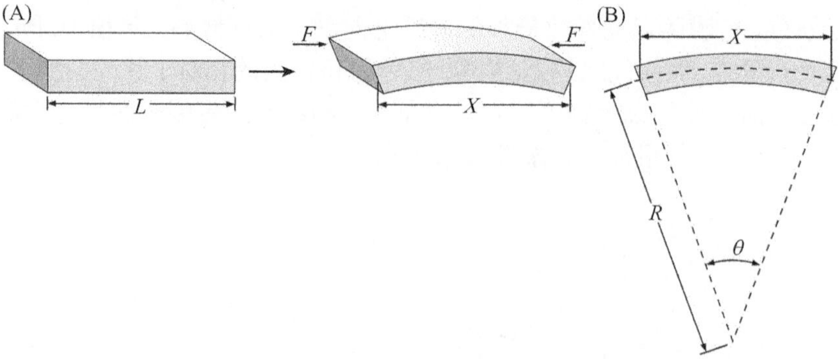

图 10.32　屈曲过程示意图。(A) 长为 L 的梁两端加上压缩力。当力足够大时，梁发生屈曲。(B) 刻画梁屈曲过程的几何参数

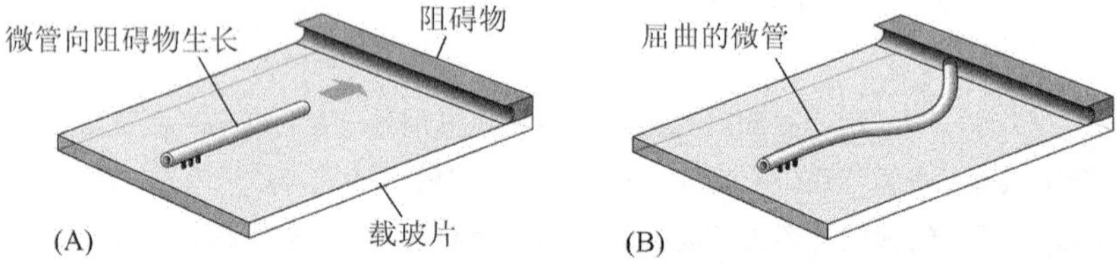

图 10.33　微管聚合过程的屈曲。(A) 实验开始时，微管紧紧地束缚在载玻片上，使得其正端朝向突出物的阻碍壁生长。随着微管蛋白的加入，微管自由生长直到与阻碍壁接触。(B) 即使微管生长端与阻碍壁接触，小的热涨落偶尔也提供了插入微管蛋白亚基的空间。界面间的力导致微管变弯进而屈曲。(取自 M. Dogterom and B. Yurke, *Science* 278: 856, 1997.)

10.5.4　屈曲力的估算

考虑如图 10.32 所示的细长弹性梁 (如微管)，两端受压力 F，经验告诉我们当外力增加到一定程度时，梁会屈曲。为了估算屈曲临界力，我们再次采用本章用到的圆弧这一简单的几何构型。具体地，假定屈曲梁的形状是一个半径为 R 长为 L 的圆弧；$\theta = L/R$ 是圆弧对应的圆心角。我们感兴趣的是使得 $\theta \neq 0$ 对应能量极小值的临界力。也就是说，随着梁的屈曲，外力贡献的能量是减小的，而弯曲能是增加的。如果弯曲能的增加占主导地位，那么梁将保持为直的 ($\theta = 0$)；这在外力足够小时总是成立的。当外力非常大时，相反的情形出现，梁将屈曲。利用屈曲梁的圆弧几何构型，我们容易估算临界力 F_{crit}。

我们现在计算总能量，它是梁的弯曲能和外力贡献的能量之和，即

$$E_{tot} = \underbrace{\frac{\xi_p k_B T}{2} \frac{L}{R^2}}_{\text{弹性能}} - \underbrace{F(L-x)}_{\text{加载设备}}, \tag{10.66}$$

其中

$$x = 2R\sin\frac{\theta}{2} \tag{10.67}$$

是梁两端之间的距离。根据角度 θ, 屈曲梁的总能量写为

$$\frac{E_{tot}}{k_BT}=\frac{\xi_p}{L}\frac{\theta^2}{2}-\frac{FL}{k_BT}\left(1-\frac{2}{\theta}\sin\frac{\theta}{2}\right) \tag{10.68}$$

我们的目标是搜寻屈曲失稳, 办法是看足够大外力时最低能量态对应的 θ 是否非零。为此我们画出不同 F 时能量关于 θ 的函数图。图 10.34 显示了两种情形, 分别是 $F<F_{crit}$ 和 $F>F_{crit}$ 时的能量。第一种情形, 能量极小对应于 $\theta=0$, 不会发生屈曲, 梁倾向于直的。第二种情形中能量极小值发生在 $\theta\neq 0$ 时, 表明梁倾向于屈曲。第二种情形下的优化能量是负的, 表明外力贡献的能量是负的且战胜了正的弯曲能。

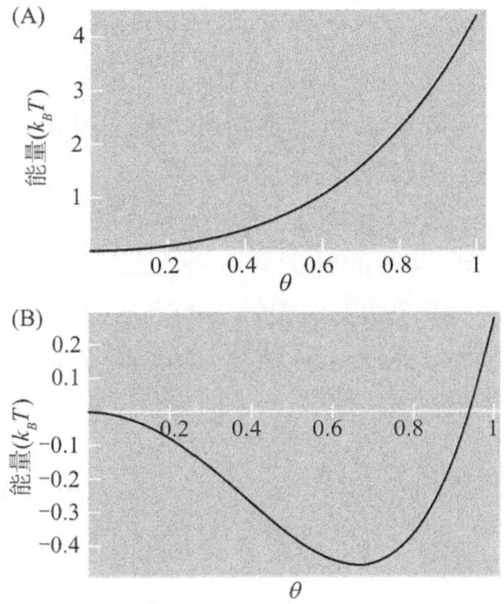

图 10.34 梁的屈曲能量。不同外力下屈曲梁的能量与 θ 的函数关系: (A)$F<F_{crit}$ 和 (B)$F>F_{crit}$。作图使用的参数 $L=20$ μm 和 $\xi_pk_BT=30$ pN μm^2, 这对应于图 10.33 所示实验的数值

较长的梁对应的屈曲力较小

我们进一步利用这个结果并估算外力的临界值。具体他, 将式 (10.68) 对小角度 θ 展开, 这在外力接近于临界值时是合理的, 我们得到

$$\frac{E_{tot}}{k_BT}=\frac{\xi_p}{L}\frac{\theta^2}{2}-\frac{FL}{k_BT}\frac{\theta^2}{24} \tag{10.69}$$

由此式可得到

$$F_{crit}=12\frac{k_BT\xi_p}{L^2} \tag{10.70}$$

当 $F<F_{crit}$ 时, 直梁对应能量为零, 是式 (10.69) 的极小值。一旦外力大于 F_{crit}, 就不是这样的, 梁会屈曲。更为重要的是, 当 $F>F_{crit}$ 时, 小角度 θ 对应的能量由原先的正值变为负值, 表明 $\theta=0$ 的状态由稳定变为不稳定。注意屈曲的临界力正比于 L^{-2}, 这意味着长梁比短梁更易发生屈曲。在图 10.33 所示的实验中, 微管长度约为 20 μm, 特征刚度为 $\xi_pk_BT=30$ pN μm^2, 相应的临界力为 0.9 pN。

对这个问题更精密的处理是放宽屈曲梁的圆弧假设，允许各种形状。极小化过程要对所有可能的形状进行，从数学上说来，对应于变分问题。这一处理给出正弦函数的形状对应于能量极小，由此得到的临界力与式 (10.70) 的唯一区别是用 π^2 置换因子 12。

10.6　梁与生物技术

本章至此，我们关注的例子均是将弹性理论应用于理解生物结构单元的行为。这些数学物理工具的另外一个有趣应用是设计和开发纳米尺度的人造力学装置与分子或细胞尺度的生物系统相互作用。鉴于这些小装置与待探测的细胞和分子有类似的尺寸和材料性质，我们应用相同的线性弹性理论。结合分子手段和原子力显微镜中用到的微小硅悬臂梁，几个特殊仪器被设计出来。尽管标准的原子力显微镜利用悬臂梁的运动作为纯粹的力学探针，这里即将描述的新技术利用我们可以特异性地将感兴趣的分子黏附在探针表面上的本领来探索分子行为与悬臂梁弯曲的关系。

基于悬臂梁的显微镜开创了一个可能的单分子生物物理的新时代。一类特别振奋人心的实验是基于利用连接到悬臂梁的针尖攫取种在某个表面上的分子 (如 DNA 或蛋白质) 的想法。如图 10.35 所示，将样品朝远离针尖的方向拉伸将导致悬臂梁偏斜，偏斜量可以通过针尖上反射的光来显示。如图 8.24 所示，加载在分子上的已知力导致的力–变形特征曲线提供了所关心的分子的力学指纹。

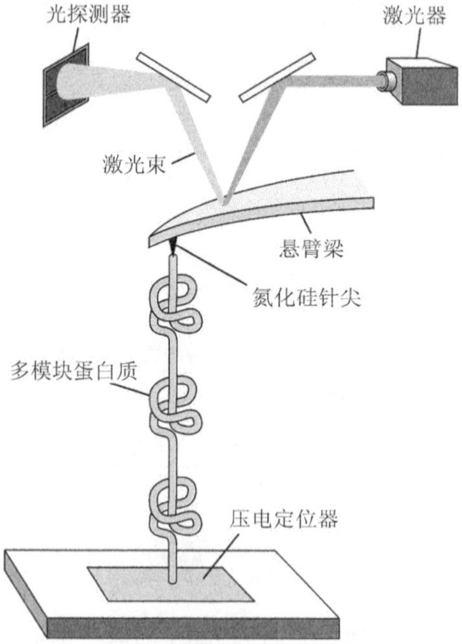

图 10.35　基于悬臂梁的显微镜的卡通图。本图特别显示了利用悬臂梁的偏斜测量多模块蛋白质的力和变形的关系

生物功能化的悬臂梁和分子辨识

弹性梁理论的简单观念可应用于生物分子检测, 基本想法是将悬臂梁一个表面上覆盖一层探测分子, 它们可以与环境中的目标分子结合。关键点是, 目标分子结合到悬臂梁表面的探测分子时改变了整个表面的自由能, 因此就改变了表面能和悬臂梁弯曲的体弹性能的均衡关系。这导致悬臂梁的变形, 这一思想如图 10.36 所示。

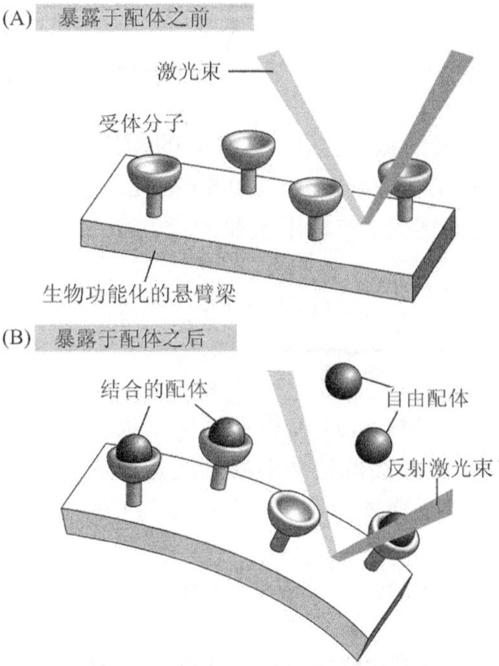

图 10.36 分子结合导致微悬臂梁变形。分子结合到表面上改变表面自由能。(A) 没有配体时的无变形状态。(B) 当配体结合到悬臂梁表面上的受体时, 改变表面自由能。悬臂反射的激光束 投射到光电二极管探测器上, 从而定出悬臂针尖精确到纳米量级的准确位置

生物功能化的悬臂梁的弯曲反映了弯曲能和表面自由能之间的竞争

竞争背后的物理体现在如下自由能中

$$F[u(x)] = \gamma_{\text{up}} A_{\text{up}}[u(x)] + \gamma_{\text{down}} A_{\text{down}}[u(x)] + E_{\text{bend}}[u(x)] \tag{10.71}$$

式中, γ_{up} 是上表面的表面能; A_{up} 是悬臂梁上表面的面积; γ_{down} 是下表面的表面能, A_{down} 是下表面的面积。此外, 我们还引入了位移 $u(x)$, 它描述了梁的中线的竖直位移。从物理的角度来看, 关键点是目标分子结合在上表面上改变了 γ_{up}, 需要通过减小 (若 γ_{up} 变大) 或增大 (若 γ_{up} 变小) 上表面的面积以达到能量均衡。

为了更精确的讨论, 我们将弹性能量 E_{bend} 和两个表面的面积用变形 $u(x)$ 表示。注意当两个表面有相同的表面能 ($\gamma_{\text{up}} = \gamma_{\text{down}}$) 时, 平衡构型对应于 $u(x) = 0$。更有趣的情形是上下表面具有不同的表面能。对这个问题的本质处理需要求解梁的未知位移 $u(x)$。为此, 写出位移 $u(x)$ 的泛函表示上下表面的面积以及梁的弯曲能。我们必须确定这些泛函的精确形式。回顾梁的弯曲能具有如下形式

$$E_{\text{bend}}[u(x)] = \frac{EI}{2}\int_0^L [u''(x)]^2 \mathrm{d}x \tag{10.72}$$

另外一项能量来自于梁的变形导致上下表面面积的改变。具体的, 我们有

$$E_{\text{surface}}[u(x)] = w\gamma_{\text{up}}\left(L - \frac{t}{2}\int_0^L u''(x)\mathrm{d}x\right) + w\gamma_{\text{down}}\left(L + \frac{t}{2}\int_0^L u''(x)\mathrm{d}x\right) \tag{10.73}$$

式中, t 是梁的厚度; w 是梁的宽度。在 ssDNA 的检测实验中, 悬臂梁是 Au/SiN 合金 (E=180 GPa), 梁的尺寸是 $L = 200$ μm, $t = 0.5$ μm, $w = 20$ μm。如果 $u''(x) > 0$ (梁向上凹), 则上表面缩小而下表面增大。忽略不重要的常数项, 我们需要极小化的泛函是

$$E_{tot}[u(x)] = \underbrace{\frac{EI}{2}\int_0^L (u''(x))^2 \mathrm{d}x}_{\text{弹性能}} + \underbrace{\frac{tw}{2}(\gamma_{\text{down}} - \gamma_{\text{up}})\int_0^L u''(x)\mathrm{d}x}_{\text{表面能}} \tag{10.74}$$

我们现在的目标是寻找函数 $u(x)$ 使得上述泛函极小化。如第 5 章所述, 极小化的数学框架是变分计算。另外, 更直接得到结果的办法是配成完全平方。具体地, 我们注意到泛函的第一项包含 $u''(x)$ 的二次式, 而第二项是 $u''(x)$ 的一次式。可将泛函改写成

$$E_{tot}[u(x)] = \frac{EI}{2}\int_0^L \left(u''(x) + \frac{\Delta\gamma tw}{2EI}\right)^2 \mathrm{d}x \tag{10.75}$$

式中, $\Delta\gamma = \gamma_{\text{down}} - \gamma_{\text{up}}$, 这里再次略掉了无关紧要的常数项。注意我们要寻找 $u(x)$ 使得泛函取最小值, 实现这一点的最佳方式是被积函数等于零, 即

$$u''(x) + \frac{\Delta\gamma tw}{2EI} = 0 \tag{10.76}$$

这个标准微分方程的解为

$$u(x) = -\frac{tw}{4EI}\Delta\gamma x^2 \tag{10.77}$$

它的物理含义如下: 当 $\gamma_{\text{down}} > \gamma_{\text{up}}$, 梁向下弯曲, 减小下表面面积。导致表面自由能差 $\Delta\gamma$ 的微观机理尚不大清楚。如图 10.37 所示, 对于黏附 ssDNA 导致悬臂梁弯曲的情形, DNA 分子链的熵提供了一种可能的机制。

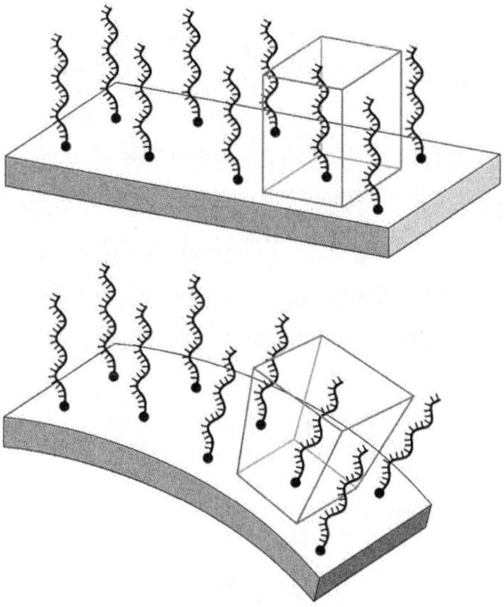

图 10.37 卡通图显示聚合物构型熵对梁弯曲的贡献

10.7 总 结

尽管 DNA、微管和大如股骨的骨骼在诸如生物功能、尺寸和材料性质等各方面都不同, 但是它们在生物系统中的力学行为却可以由简单的线性弹性模型定量描述。这的确证明了我们的论断: 生物学的不同问题从物理生物学的角度看是可以很相似的。本章发展梁的线性弹性理论的相关工具表明这些思想可以应用于不同的具体问题。在一些意料之外的地方, 如基因表达效率和基于悬臂梁的生物感应器 (可作为人工鼻子) 的生产技术的发展方面, 仍能够发现弹性起重要作用。

10.8 附录: 虫链模型的数学

为了统一第 8 章引入的链的统计理论和本章引入的梁的弯曲弹性理论, 我们在 10.2.3 节介绍了虫链模型。然而, 计算这个模型的力–伸长特性相比第 8.3.2 节引入的自由连接链模型复杂很多。下面来具体分析虫链模型。

首先, 我们分析小力极限 $f\xi_p \ll 1$, 对 dsDNA 来说相当于 $F \ll k_BT/\xi_p = 0.08$ pN, 的确是很小的力。在这一极限下, 将配分函数展开成 $f\xi_p$ 的幂级数:

$$Z(f) = \int \mathcal{D}\mathbf{t}(s) \left\{ \exp\left(-\frac{\xi_p}{2} \int_0^L \left| \frac{\mathrm{d}\mathbf{t}}{\mathrm{d}s} \right|^2 \mathrm{d}s \right) \left[1 + f\int_0^L t_z(s)\mathrm{d}s + \frac{f^2}{2}\int_0^L t_z(s)\mathrm{d}s \int_0^L t_z(u)\mathrm{d}u + O\left((f\xi_p)^3\right) \right] \right\} \quad (10.78)$$

我们可以仅仅保留展开式中的前三项。近似表达式可改写为

$$Z(f) = Z(0)\left[1 + f\int_0^L \langle t_z(s)\rangle_0 \mathrm{d}s + \frac{f^2}{2}\int_0^L\int_0^L \mathrm{d}s\mathrm{d}u\langle t_z(s)t_z(u)\rangle_0\right] \tag{10.79}$$

式中, $\langle\cdots\rangle_0$ 表示作平均时用的是零力对应的配分函数式 (10.23)。式 (10.79) 第二项无贡献, 因为零力时平均伸长是零。第三项贡献非零, 可以借助切向量关联函数 $\langle\mathbf{t}(s)\cdot\mathbf{t}(u)\rangle_0 = \mathrm{e}^{-|s-u|/\xi_p}$ 来计算。回忆 10.2.2 节中切向量关联函数的定义。因为 $\mathbf{t}(s)\cdot\mathbf{t}(u) = t_x(s)t_x(u)+t_y(s)t_y(u)+t_z(s)t_z(u)$, 且零力时虫链的能量具有旋转不变性, 所以 $\langle t_z(s)t_z(u)\rangle_0 = (1/3)\langle\mathbf{t}(s)\cdot\mathbf{t}(u)\rangle_0$。将其代入式 (10.79), 且应用 $L \gg \xi_p$时$\int_0^L\int_0^L \mathrm{d}s\mathrm{d}u\mathrm{e}^{-|s-u|/\xi_p} = 2L\xi_p$, 可得

$$Z(f) = Z(0)\left(1 + \frac{f^2 L\xi_p}{3}\right) \tag{10.80}$$

最后, 利用关系式 (10.25) 可以得到

$$\frac{\langle z\rangle}{L} = \frac{2f\xi_p}{3} \tag{10.81}$$

只要取库恩长度是驻留长度的两倍, 这一结果与自由连接链的结果相同。

接下来我们考虑大力极限 ($f\xi_p \gg 1$), 这对应于作用在 dsDNA 上的拉力远超过 0.08 pN 的情形。在这一极限下, 只有切向量几乎指向力的方向的链的构型对配分函数有明显的贡献。换句话说, 切向量的 x 和 y 分量是小量, 即

$$\mathbf{t} \approx \left(t_x, t_y, 1 - \frac{1}{2}(t_x^2 + t_y^2)\right) \tag{10.82}$$

这一近似使得能量的表达式变为 t_x 和 t_y 的二次型,

$$E_{tot} = \frac{\xi_p k_B T}{2}\int_0^L \mathrm{d}s\left[\left(\frac{\mathrm{d}t_x}{\mathrm{d}s}\right)^2 + \left(\frac{\mathrm{d}t_y}{\mathrm{d}s}\right)^2\right] + \frac{fk_BT}{2}\int_0^L \mathrm{d}s(t_x^2 + t_y^2) - fk_BTL \tag{10.83}$$

对于这样的能量二次型, 配分函数中的路径积分可以化为高斯积分, 可以显式地得到结果。

利用式 (10.82) 得到大力极限下伸长的平均值为

$$\langle z\rangle = L - \frac{1}{2}\int_0^L \mathrm{d}s\langle t_x^2 + t_y^2\rangle \tag{10.84}$$

式中, $\langle\cdots\rangle$ 是关于 $Z(f)$ 的平均。为计算 $\langle t_x^2 + t_y^2\rangle$, 我们首先将能量泛函按切向量分量的傅里叶级数展开,

$$t_\alpha(s) = \sum_\omega \mathrm{e}^{\mathrm{i}\omega s} t_\alpha(\omega) \quad (\alpha = x, y) \tag{10.85}$$

式中, 频率定义为 $\omega = 2\pi j/L$, j 是整数。在傅里叶空间中, 对于每一个频率, 能量化成一系列的谐振子的势能形式,

$$E_{tot} = \frac{Lk_BT}{2}\sum_\omega(\xi_p\omega^2 + f)\left(|t_x(\omega)|^2 + |t_y(\omega)|^2\right) \tag{10.86}$$

这一事实允许我们不必显式计算路径积分而得到 $|t_\alpha(\omega)|^2$ 的平均值。我们回忆平衡统计力学中的能量均分定理: 每个自由度的平均能量是 $k_BT/2$。所以,

$$\left\langle \frac{Lk_BT}{2}(\xi_p\omega^2+f)|t_\alpha(\omega)|^2 \right\rangle = \frac{k_BT}{2} \quad (\alpha = x, y) \tag{10.87}$$

于是将式 (10.84) 中的积分化成傅里叶求和可得到

$$\frac{\langle z\rangle}{L} = 1 - \frac{1}{L}\sum_\omega \frac{1}{\xi_p\omega^2+f} \tag{10.88}$$

考虑连续化极限 $\sum_\omega \to L/2\pi\int_{-\infty}^{+\infty}\mathrm{d}\omega$, 由式 (10.88) 可得

$$\frac{\langle z\rangle}{L} = 1 - \frac{1}{2\sqrt{f\xi_p}} \tag{10.89}$$

利用小力极限和大力极限下的结果可以近似构造所有情况下的力–伸长关系。将式 (10.81) 与式 (10.89) 分别改写为

$$f\xi_p = \frac{3}{2}\frac{\langle z\rangle}{L} \tag{10.90}$$

$$f\xi_p = \frac{1}{4(1-\langle z\rangle/L)^2} \tag{10.91}$$

于是两个极限形式可以组合成式 (10.26), 如图 10.38 所示, 这一插值公式在大力和小力的情况下给出正确的行为, 一般情况下与数值计算方法得到的精确结果相差不超过 10%。

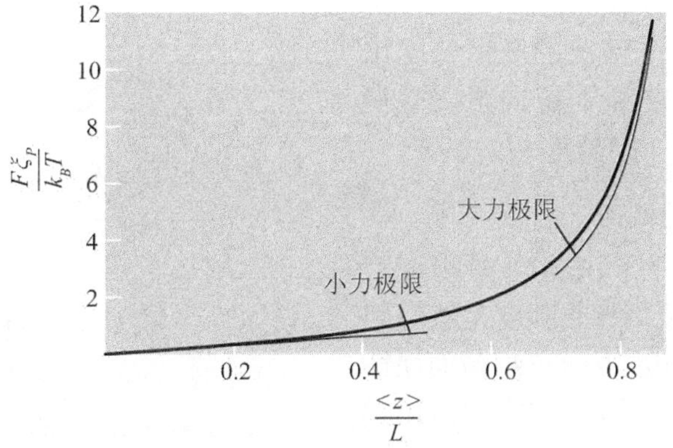

图 10.38 虫链的力–伸长曲线。粗线是插值式 (10.26) 的图像, 细线是大力和小力极限下的结果

10.9 课后习题

1. 驻留长度和傅里叶分析

本章我们将聚合物看成是存在热涨落的弹性梁, 计算了它的切向量关联函数。在小涨落极限下的计算给出了驻留长度与聚合物弯曲刚度的关系。这里我们对于二维聚合物重新分析这个问题, 不同的是没有小

涨落假定。

(1) 对于限制在平面上的高分子，其切向量 $\mathbf{t}(s)$ 可以用极角 $\theta(s)$ 表示：$\mathbf{t}(s) = (\cos\theta(s), \sin\theta(s))$。请根据式 (10.9) 用 $\theta(s)$ 重新写出梁的弯曲能表达式。

(2) 考虑边界条件 $\theta(0) = 0$ 和 $\left.\frac{\mathrm{d}\theta}{\mathrm{d}s}\right|_{s=L} = 0$，将极角 $\theta(s)$ 展开成傅里叶级数. 注意第一个边界条件表示将聚合物的 $s = 0$ 点的切向量限制在 x 方向。第二个边界条件表示聚合物的末端不受力 (请思考为什么)。

(3) 请用 (2) 中引入的傅里叶振幅 $\tilde{\theta}_n$ 重新表示弯曲能，并且证明等价于一系列独立的谐振子。利用能量均分定理计算傅里叶振幅的平均值。

(4) 对于高斯分布的随机变量 X 有 $\langle\cos(X)\rangle = \mathrm{e}^{-X^2/2}$。由此可得切向量关联函数满足方程 $\langle\mathbf{t}(s)\cdot\mathbf{t}(0)\rangle = \mathrm{e}^{-\theta(s)^2/2}$。然后通过 $\theta(s)$ 的傅里叶表象和 (3) 中得到的傅里叶振幅的平均值来计算 $\langle\theta^2(s)\rangle$。请通过画图和傅里叶分析确认当 $0 < s < L$时$\langle\theta^2(s)\rangle = s/\xi_p$。

(5) 将二维情况和三维情况的驻留长度比较。 解释为何二维情况下切向量关联函数衰减得较三维快。一维情形又如何呢?

2. 生物聚合物的弯曲刚度

(1) 回忆我们将高分子视为弯曲刚度为 $K_{eff} = EI$ 的弹性梁。弯曲刚度是能量因子 (E, 杨氏模量) 和几何因子 (I, 截面惯性矩) 的乘积。重做得到梁的弯曲能式 (10.8) 的过程，证明弯曲刚度的表达式。

(2) 利用你已知的 DNA、肌动蛋白丝、微管的几何特征计算它们的截面惯性矩 I。注意微管是中空的。并说出你作简化的理由。

(3) 鉴于肌动蛋白丝的弹性模量是 2.3 GPa，我们假定感兴趣的高分子的杨氏模量 E 也差不多，即 2 GPa 左右。比较将肌动蛋白丝和 DNA 拉伸 1%时的应力。把这一结果转化为拉伸力，用皮牛作单位。

(4) 用 (2) 和 (3) 的结果计算上述三种分子的驻留长度。

(5) 实验测量 DNA 的驻留长度为 50 nm，利用 (2) 中的惯性矩，计算 DNA 的杨氏模量。这个结果与 2 GPa 符合得怎样?

3. DNA 的扭转

当小扭矩作用在弹性梁上时，扭矩和扭转应变满足线性关系 $\tau = C\mathrm{d}\theta/\mathrm{d}z$。这一点类似于本章的弯曲弹性。如图 10.39 所示，在单分子实验中，利用磁镊或光镊转动两端受限的 DNA 并分析施加的扭矩，我们可以测量 DNA 分子的扭转弹性。

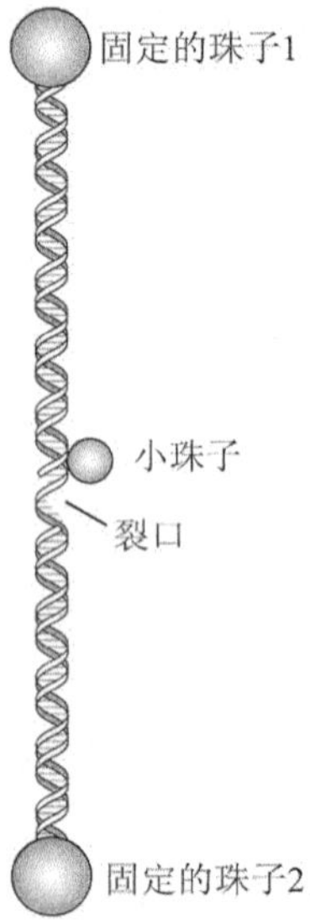

图 10.39　DNA 扭转弹性实验。DNA 两端加上珠子限制 DNA 分子的旋转。引入小裂口，用第三个珠子测量 DNA 的解旋。(取自 Z. Bryant et al., *Nature* 424: 338, 2003.)

(1) 利用图 10.40(A) 的数据估算扭转模量。

(2) 估算将 14.8 kb 的 DNA 分子旋转 10 圈和 100 圈的扭矩。

(3) 写出 DNA 分子扭转变形储存的能量。利用这个表达式和图 10.40(A) 的数据估算 14.8 kb 的 DNA 分子旋转 50 圈后每个碱基对储存的能量。

(4) 另一种测量扭转模量的办法是探测分子的热涨落。图 10.40(B) 给出了通过图 10.39 中 DNA 中间黏附的小球的热运动测出的角位移分布。导出扭转涨落和刚度之间的表达式, 并利用数据估算扭转刚度。具体地, 通过计算配分函数得到分布函数 $p(\theta)$, 然后证明 $\langle(\Delta\theta)^2\rangle = k_BTL/C$, 利用实验数据求得 C。

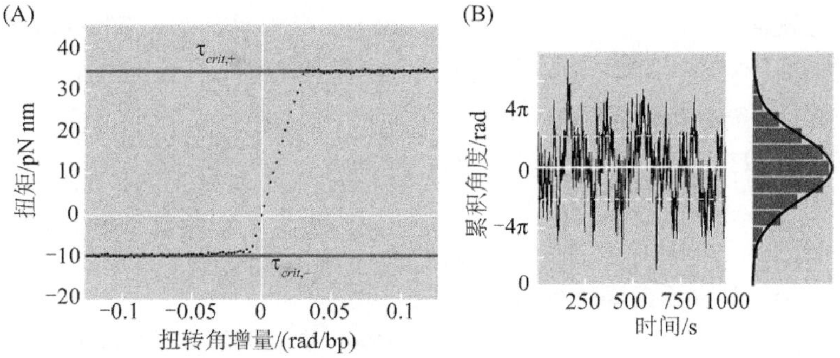

图 10.40 DNA扭转弹性实验的数据。(A) 扭矩和 DNA 分子角位移的实验结果。(B) 珠子所在位置的角度涨落分布函数。(取自 Z. Bryant et al., *Nature* 424: 338, 2003.)

4. *J*-因子与成环自由能的关系

导出 J-因子和 10.3.3 节成环自由能之间的关系。具体地, 构造成环过程的格点模型, 假想一个包含 Ω 个格点的盒子, 每个格点占据体积 v。考虑三种 DNA: 具有黏性互补端的单体; 两个黏性端结合在一起的二聚体; 两端黏合在一起的 DNA 环。每一种分子的数目分别记为 N_1、N_2 和 N_c。

(1) 利用格点模型写出自由能。假定互补端结合的能量为 ε_b, 成环构型能量为 $\varepsilon_{\text{loop}}$, 一个单体长度的 DNA 与溶剂的相互作用能为 ε_{sol}。进一步假定二聚体与溶剂的相互作用能为 $2\varepsilon_{\text{sol}}$, 成环构型与溶剂的相互作用能等于它所含单体与溶剂的相互作用能。引入拉格朗日乘子 μ 表示限制条件 $N_{tot} = N_1 + 2N_2 + N_c$。

(2) 分别关于 N_1、N_2 和 N_c 对自由能极小化, 得到三类分子的浓度。然后利用 J-因子是 $N_2 = N_c$ 时的单体浓度来求解未知的拉格朗日乘子 μ, 最后用成环自由能表示 J-因子。

5. 球形病毒包装的自由能

对球形衣壳重新计算 DNA 包装的自由能。将这个结果与本章柱形衣壳的结果比较。利用本书网站上的实验数据, 并将其与图 10.18(B) 的模型结果比较。

本书的网站提供了本问题的相关数据。

6. ϕ29 包装的熵

(1) 估算 ϕ29 的门马达克服 DNA 包装失去的熵所需做的总功 (提示: DNA 在衣壳外面的部分可视为自由连接链, 相邻片段间夹角保持 90°)。

(2) Smith 等 2001 年测得 ϕ29 的 DNA 包装过程中门马达做的总功是多少? 将他们的结果与你在 (1) 中得到的结果比较, 你能得到什么结论?

本书的网站提供了本问题的相关数据。

7. 盒子中的核小体

利用正则分布重新推导核小体的可及性。设想核小体处在一个包含 L 个能与 DNA 结合的蛋白质的盒子中。计算核小体被一个蛋白质占据的概率与蛋白质的浓度和蛋白质结合位点在 DNA 上的位置之间的关系。

8. 核小体的形成和组装

(1) 重新计算核小体的形成能, 不同的是这里假定 DNA 与组蛋白八聚体之间有 $N=14$ 个分立的接触点。

(2) 利用离散模型计算核小体结合位点在平衡态下的可及性。将这个模型与 Polach 和 Widom (1995) 的数据比较, 拟合每个接触点的结合能 γ_{discrete}。

(3) 重画 10.24 图并将你从 (1) 和 (2) 得到的可及性与埋藏深度的关系同连续化的模型比较。

(4) 查看 Lowary 和 Widom 于 1998 年报道的不同 DNA 序列与组蛋白的亲和力。我们再次假定组蛋白与不同 DNA 分子之间的静电相互作用不变, 即序列无关。这等价于说序列的不同仅表现在其柔软性, 即弯曲能上。那么它们的驻留长度会有什么不同?

(5) 建立模型描述一个 DNA 结合蛋白与缠绕在组蛋白八聚体上的 DNA 有两个结合位点的情形。在平衡态下的可及性与蛋白质浓度和结合位点的相对位置之间有何关系? 如果两个结合位点对应于两个不同的结合蛋白, 这个问题的结论有何改变?

本书的网站提供了本问题的相关数据。

10.10 延伸阅读

Calladine, CR, & Drew, HR (1999) Understanding DNA: The Molecule and How It Works, 3rd ed., Academic Press. 对本章很多论题有深入的描述。

Gordon, JE (1978) Structures or Why Things Don't Fall Down, Penguin Group. 第 11 章"梁的优点"对宏观结构的梁理论作了优美的描述。

Alberts, B, Johnson, A, Lewis, J, et al. (2008). Molecular Biology of the Cell, 5th ed., Garland Science. 第 16 章关于细胞骨架的描述是本章有益的出发点。

Amos, LA, & Amos, WB (1991) Molecules of the Cytoskeleton, The Guilford Press. 关于细胞骨架的有趣文献。

Bray, D (2001) Cell Movements: From Molecules to Motility, Garland Science. 提供了涵盖从细胞骨架的特性到细菌运动的特性的大量素材。

Boal, D (2002) Mechanics of the Cell, Cambridge University Press. 对梁和杆的弹性理论有很好的处理。

Marko, JF, & Siggia, E (1995) Stretching DNA, *Macromolecules*, **28**, 209. 虫链模型力–伸长曲线的经典文献。

Riemer, SC, & Bloomfield, VA (1978) Packaging of DNA in bacteriophage heads: some considerations on energetics, *Biopolymers* **17**, 785. 描述了自由能对噬菌体的 DNA 包装的贡献。

Kindt, J, Tzlil, S, Ben-Shaul, A, & Gelbart, WM (2001) DNA packaging and ejection forces in bacteriophage, *Proc. Natl Acad. Sci.* **98**, 13671。

Fuller, DN, Rickgauer, JP, Jardine, PJ, et al. (2007) Ionic effects on viral DNA packaging and portal motor function in bacteriophage ϕ29, *Proc. Natl Acad. Sci.* **104**, 11245. 提出了用本章的简单模型解释对细菌包装过程的包装力的测量结果。

Schiessel, H (2003) The physics of chromatin, *J. Phys.: Condens. Matter* **15**, R699. 描述了核小体的结构和能量。

Dogterom, M, & Yurke, B (1997) Measurement of the force–velocity relation for growing microtubules, *Science* **278**, 856. 用图10.33 所示的微管屈曲实验来测量力和微管生长速度的关系。

10.11 参考文献

Alberts, B, Johnson, A, Lewis, J, et al. (2008) Molecular Biology of the Cell, 5th ed., Garland Science.

Arai, Y, Yasuda, R, Akashi, K-I, et al. (1999) Tying a molecular knot with optical tweezers, *Nature* **399**, 446.

Bryant, Z, Stone, MD, Gore, J, et al. (2003) Structural transitions and elasticity from torque measurements on DNA, *Nature* **424**, 338.

Cerritelli, ME, Cheng, N, Rosenberg, AH, et al. (1997) Encapsidated conformation of bacteriophage T7 DNA, *Cell* **91**, 271.

Cloutier, TE, & Widom, J (2005) DNA twisting flexibility and the formation of sharply looped protein-DNA complexes, *Proc. Natl Acad. Sci.* **102**, 3645.

Du, Q, Smith, C, Shiffeldrim, N, et al. (2005) Cyclization of short DNA fragments and bending fluctuations of the double helix, *Proc. Natl Acad. Sci.* **102**, 5397.

Fawcett, DW (1966) The Cell, Its Organelles and Inclusions: An Atlas of Fine Structure, W. B. Saunders and Company.

Lowary, PT, & Widom, J (1998) New DNA sequence rules for high affinity binding to histone octamer and sequence-directed nucleosome positioning, *J. Mol. Biol.* **276**, 19.

Nelson, P (2004) Biological Physics: Energy, Information, Life, W. H. Freeman and Company.

Polach, KJ, & Widom, J (1995) Mechanism of protein access to specific DNA sequences in chromatin: a dynamic equilibrium model for gene regulation, *J. Mol. Biol.* **254**, 130.

Purohit, PK, Inamdar, MM, Grayson, PD, et al. (2005) Forces during bacteriophage DNA packaging and ejection, *Biophys. J.* **88**, 851.

Ramón y Cajal, S (1995) Histology of the Nervous System, Oxford University Press (translated by Neely Swanson and Larry W. Swanson).

Shore, D, & Baldwin, RL (1983) Energetics of DNA twisting. I. Relation between twist and cyclization probability, *J. Mol. Biol.* **170**, 957.

Smith, DE, Tans, SJ, Smith, SB, et al. (2001) The bacteriophage straight ϕ29 portal motor can package DNA against a large internal force, *Nature* **413**, 748.

Vologodskaia, M, & Vologodskii, A (2002) Contribution of the intrinsic curvature to measured DNA persistence length, *J. Mol. Biol.* **317**, 205.

Zeller, RW, Griffith, JD, Moore, JG, et al. (1995) A multimerizing transcription factor of sea urchin embryos capable of looping DNA, *Proc. Natl Acad. Sci.* **92**, 2989.

11 生物膜的弹性

我清楚地记得当时一些正统化学家怎样讥讽朗缪尔和哈金斯描绘的长链化合物站立在水面的图像: 亲水端埋在水里而疏水端远离水……

——亚当

本章概览: 将生物膜视为弹性介质

细胞生命的标志性特征之一是膜将细胞与外部世界分隔开, 将细胞的不同隔室分开。这些膜有许多有趣的化学性质和物理性质, 包括将膜从平衡构型弯曲要耗费能量这一力学性质。本章进一步发展了第 10 章我们对弹性的思考, 将一维弹性问题拓展到二维的生物膜。像其他章节一样, 本章融合了细胞生物学非常重要的领域 (膜和蛋白质的研究) 和物理学的重要领域 (膜的弹性理论)。如同任何好的融合一样, 整体大于局部之和。

11.1 生物膜的性质

11.1.1 细 胞 和 膜

细胞和细胞器由复杂的膜包裹

膜是地球上所有生命形式非常重要的部分, 因为它们将细胞内部物质与外界分开, 保持细胞不同于其外部环境的化学组分。同时, 膜必须能允许养料透入细胞而排出废物。它们还必须是柔软的, 使得细胞能够生长乃至改变形状; 它们必须是拓扑可变的, 如单个细胞可以分裂成两个, 每一个都由完整的膜包裹。生物系统的膜由具有特殊物理性质的分子构成, 从而满足了这些要求。

生物膜的主要组分必须是物理上有两个子域的分子, 一部分是亲水的 (能与水形成氢键), 另一部分是疏水的。最普遍的膜组分是图 11.1(A) 所示的脂质分子。多数膜的脂质分子近乎圆柱形, 这使得它们在水中自组装成的最普遍几何结构是双分子层。当水中脂质分子浓度足够高时, 它们自组装成的疏水尾巴被埋藏在里面的结构, 就像包围活细胞的双层质膜那样。

从几何的角度来看, 膜的明确特征是它们有很小的纵横比, 其横向尺度比其厚度 (5 nm) 大好几个数量级。因此, 我们用以分析膜的变形的弹性模型是二维的, 这样我们只关注膜的拉伸和弯曲。尽管膜很薄, 但头部基团之间的疏水区域仍能完全阻碍任何亲水分子的扩散。亲水分子 (如离子和氨基酸养料) 的穿透需要激活作为选择性通道或泵的特定膜蛋白才能完成。疏水区域也使得单个脂质分子从膜的一叶翻转到另一叶的过程非常缓慢, 因为这需要亲水头部基团穿过疏水区。相反, 脂质分子在同一叶里面的运动是很快的扩散运动。

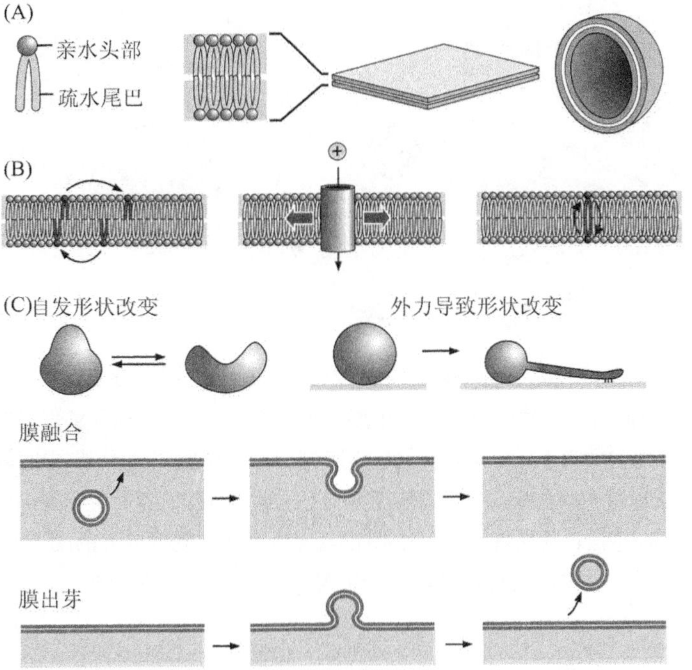

图 11.1 生物膜的结构和性质。(A) 多数膜的主要成分是脂质分子, 具有图示的亲水头部和疏水尾巴。这些分子可自发形成厚度为两个分子长度的双分子层, 头部基团排列在表面上而尾巴在里面。这种膜双分子层可以很大。为避免边界效应, 膜通常形成闭合结构, 如这里所展示的球面。(B) 在双分子层中, 单个的分子可以有多种运动。脂质分子可自发地在膜的两叶做面内扩散运动。嵌入在双分子层中的蛋白质分子也可在面内扩散, 此外一些有趣的膜蛋白可改变构型打开选择性通道, 如允许带电离子穿过疏水障碍。单个脂质分子可以以非常缓慢的速率从一叶翻转到另一叶。一种称为翻转酶的膜蛋白可加快这一翻转过程。(C) 与生物功能相关的膜的形状改变。由于热运动, 所有的膜都会自发改变构型并且发生涨落。由分子马达产生的外力可使平衡形状发生改变。一种普遍的几何形状是拉出一根细管。膜也可经由融合和分裂 (出芽) 而改变拓扑

从大尺度看, 将膜视为二维的无结构的弹性薄板可近似理解膜的许多有趣的与生物相关的活动。闭合的弹性薄板可自发地或者在外力作用下改变形状。更有趣的是, 许多生物过程, 需要将分离的膜融合成一体或通过分裂过程分离。对于细胞, 这些过程等价于交配和复制——生命的本能。

图 11.2 给出了基本的膜双层结构在真核和原核细胞的不同部位的不同表现形式。我们下面将看到细胞膜极其复杂。它的分子组分包含几百种脂质分子、完全贯穿于膜或在膜一侧的相关蛋白质、蛋白质和脂质成分的碳水化合物修饰物 (糖链) 及其他结构 (如细胞壁或核糖体) 的结合体。

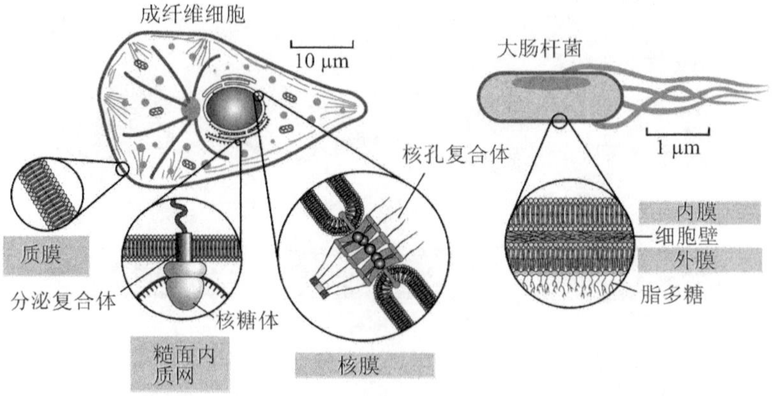

图 11.2　生物系统中关键膜的例子。真核细胞, 如成纤维细胞包含许多特定的膜。质膜是布满膜蛋白的单个磷脂双分子层。粗面内质网也是单个双分子层, 是合成膜结合蛋白和分泌蛋白的场所。核糖体合成的这些蛋白质迅速与内质网膜上的运输体结合。核膜包含两个磷脂双分子层, 中间间隔一个小空间。其上的核孔允许物质从细胞质向细胞核内 (或相反方向) 输运。细菌细胞很少有内部膜被细胞器, 但是它有复杂的外部膜系统。例如, 大肠杆菌的细胞外壳包含由刚性细胞壁分开的两个双分子层 (内膜和外膜)。外膜的外叶包含大量的脂多糖而不是磷脂

电子显微镜提供了观察细胞膜结构的窗口

电子显微镜是我们了解细胞膜的一种工具。膜本身和环绕细胞的介质形成鲜明对比, 表征了膜的存在。图 11.3 展示了几张膜的电子显微图像。例如, 图 11.3(A) 显示了图 3.17 介绍的新月柄杆菌的冷冻电子显微照片。细菌的内膜和外膜在图像中清晰可见。真核细胞的边界对应的图像描绘于图 11.3(B) 中, 它显示了上皮细胞表面复杂而密集的微绒毛。

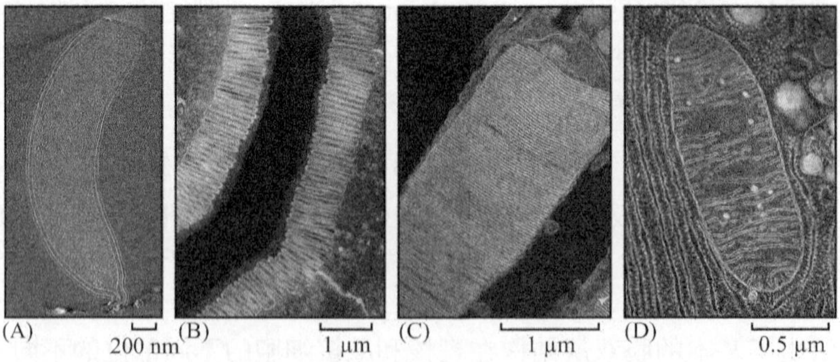

图 11.3　几种膜的电子显微图像。(A) 新月柄杆菌的冷冻电子显微照片。细胞壁和几层膜清晰可见。(B) 肠上皮细胞中顶面表现为膜绕微绒毛密集的折叠。在微绒毛上的一个模糊层是糖链伸出膜表面形成的。(C) 视杆细胞外层是由感光器包裹的膜。(D) 蝙蝠胰腺的糙面内质网包围的线粒体切片(A 图由 G. Jensen 惠赠; B 图和 D 图取自 D. W. Fawcett, The Cell, Its Organelles and Inclusions: An Atlas of Fine Structure, Philadelphia, W。B。Saunders & Co., 1966; C 图取自 P. C. Cross and K. L. Mercer, Cell and Tissue Ultrastructure, New York, W. H. Freeman and Company, 1993.)

细胞内也有许多与细胞器相关神奇的膜结构, 图 11.3(C) 和图 11.3(D) 分别显示了视杆细胞和内质网包围的线粒体的层状膜结构。

我们考虑膜构造的出发点是它的形状由脂质双分子层的物理性质决定。脂质双分子层厚度为两个脂质分子厚度, 布满令人眼花缭乱的膜蛋白。图 11.4 展示了几代细胞膜的结构模型。辛格 (Singer) 和尼科尔森 (Nicolson)1972 年提出的流体镶嵌模型将脂质双分子层视为二维流体, 镶嵌在其中的蛋白质可在膜的面内自由运动, 而不会有面外运动。后续的版本得益于大量的结构异质性的事实。例如, 膜包含多种脂质分子, 它们倾向于非理想混合, 因而有复杂的组织, 其中结构相容的脂质分子聚集成微畴。类似地, 膜蛋白能够使其周围的脂质分子产生局部的序, 脂畴对蛋白质的组织有较大的影响。在活细胞中, 膜不是孤立存在的, 碳水化合物长的分支链深入其第三个维度, 细胞内的结构单元 (如膜骨架) 与膜组分相互作用影响膜表面的形状。

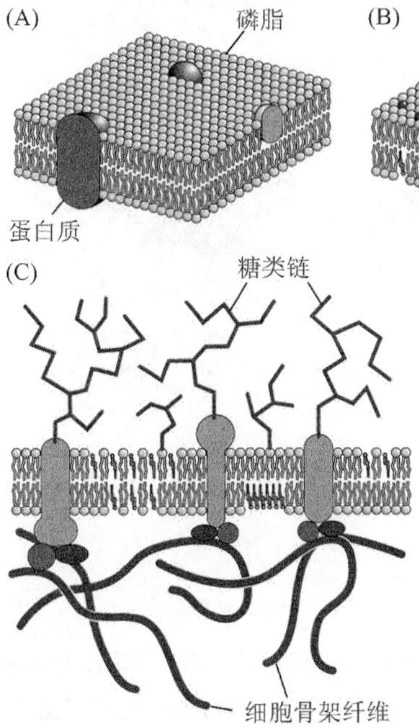

图 11.4 细胞膜模型示意图

(A) 早期的流体镶嵌假说, 将膜视为二维脂质流体, 少量蛋白质镶嵌其中。(B) 进一步的精细化得益于多种成分的异质性。具有不同化学特性的磷脂分子和胆固醇自结合形成子畴。蛋白质在膜的面内也倾向于自结合进而改变组分局部的厚度。(C) 在磷脂双分子层的上方是黏附在脂质分子或蛋白质上的糖类链, 它们向外延伸。蛋白质和脂质分子也黏附在细胞内的结构单元上从而限制自身的运动。(取自 O. G. Mouritsen, Life – As a Matter of Fat, Berlin, Springer, 2005。)

11.1.2 脂质分子的化学和形状

膜由不同的双亲分子构成

脂类与蛋白质、核酸、糖类是构成生命世界的4种基本要素。图 11.5 显示了 5 种广泛存在于真核细胞、细菌和古核生物细胞膜上的脂质分子的化学和几何结构。所有的分子有类似的结构, 都由一个长的疏水域 (通常由脂肪酸尾巴构成) 与亲水头部基团结合而成。亲水头部基团很容易参与周围水分子形成的氢键网络。相反地, 疏水尾巴通常避免与水接触。因而脂质分子形成的典型结构是双分子层。脂质分子不同区域的亲疏水关系使得脂质分子具有双亲性 (表示喜欢水和讨厌水)。亲疏水域的分子结构绝然不同, 但共同的整体构造使得不同的脂质分子能够聚合在一起形成混合膜。

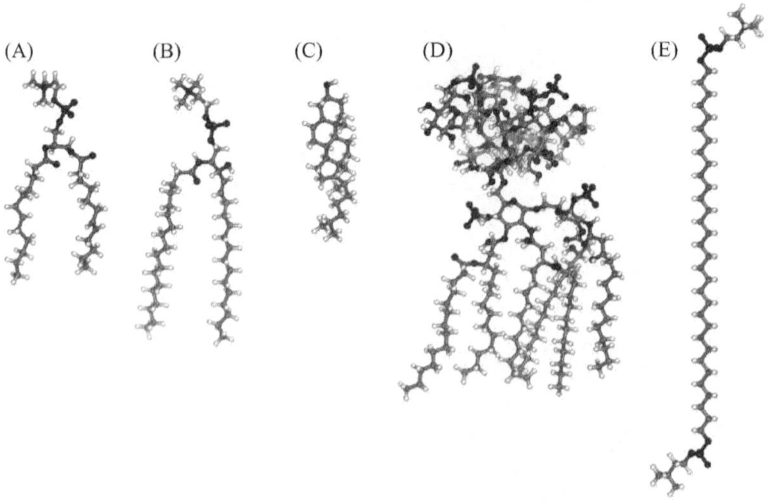

图 11.5　细胞膜的关键脂质分子的原子结构图　(A) 磷脂。(B) 鞘脂。(C) 胆固醇。(D) 脂多糖。(E) 双头基脂 (来自于古核生物)。(D. Goodsell 惠赠)

如图 11.5(A) 所示, 真核细胞膜上普遍的脂质类型是围绕甘油构造的, 甘油是小分子, 含有三个碳原子和三个羟基。为了制造脂质分子, 细胞将两个长的疏水尾巴黏在其中两个羟基上形成化学连接 (称为酯), 它比较容易断裂。第三个羟基与脂质分子的亲水头部相连。头部通常包含磷酸基团, 它与其他小分子 (如糖、氨基酸等) 连接。由于这一模块化构造, 细胞可以使用相同的酶组装各种不同类型的脂质分子。例如, 不同的脂质分子有不同数目 (通常情况是 2) 的尾巴及不同长度的尾巴。尾巴通常是单体 $(CH_2)_n$ 的重复序列, 其中典型的 n 值为 12~18。此外, 尾巴的形状由其中所含双键的数目决定, 它们导致尾巴弯折。

图 11.5(B) 展示了鞘脂, 它粗看起来跟基于甘油构造的磷脂很像, 但它不由甘油构造, 而是由鞘氨醇构造, 鞘氨醇本身有一个长的烃链, 细胞只需要连接另外一个长链和一个头部基团即可。

图 11.5(C) 所示的胆固醇有着极其不同的结构。疏水部分包含4个刚性的平面环, 而头部基团是一个小的羟基。动物的细胞膜及细胞器的膜由不同比例的磷脂、鞘脂和胆固醇混合而成, 它们导致膜具有不同的物理性质 (如流动性) 和微畴结构。如图 11.6 所示, 同一类动物细胞的不同细胞器的各种脂质组分的含量是不同的。

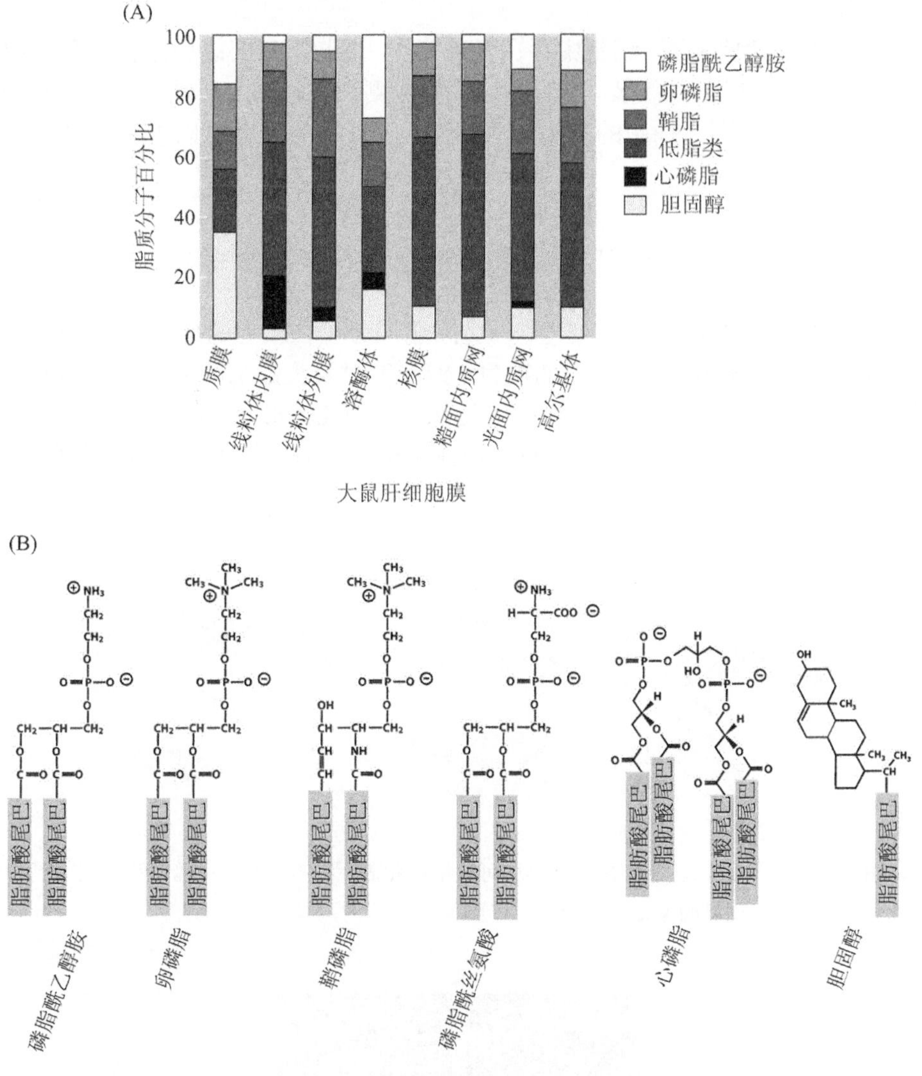

图 11.6 细胞脂类分子的多样性。(A) 大鼠肝细胞膜的不同脂类的相对比例。(B) 不同脂类的化学结构。(A 图取自 D. L. Nelson and M. M. Cox, Lehninger's Principles of Biochemistry, New York, Worth Publishers, 2000.)

细菌细胞含磷脂, 但不含胆固醇。有些细菌细胞 (所谓的革兰氏阴性细胞, 如大肠杆菌) 由两层膜包裹, 如图 11.5 所示, 外膜的外叶含有一种特殊的脂类——脂多糖。这些脂类由一对连接在一起的糖而构建, 总共有 6 个烃链连在它们上面。这两个糖分子通常与两个带负电的磷酸基团和一个复杂的碳水化合物链连接。碳水化合物链的组分和组织方式在不同种类的细菌中是不同的, 甚至在同类细菌的不同菌株上也不同。脂多糖是人类免疫系统识别不同细菌入侵者的主要抗原。

生命的第三界古核生物 含有特别有趣的脂质——双头基脂。这些特殊的脂类广泛存在于生活在恶劣环境 (如高盐或高温) 下的古核生物中。其烃链是磷脂烃链长度的 2 倍, 有两个头部基团, 每端一个。它们并不形成双分子层, 而是形成对化学和高温侵扰更不敏感的单分子层。

上面的讨论清楚地表明, 细胞中存在各种脂类, 细胞不仅要能控制核酸和蛋白质, 还要能控制脂质分子在膜上的组装。实验可让我们探测细胞膜的多样性, 这个领域常称为脂质学。图 11.6 展示了同一细胞的脂类的多样性。感兴趣的读者可以进一步参考 Fahy 等 2005 年的著作。

脂质分子的形状导致膜的自发曲率

至此我们主要讨论脂质的化学性质。此外, 脂质分子在膜上的排列特征可根据分子的几何性质来理解。具体地, 根据尾巴的数目、饱和度以及头部基团的尺寸的不同, 脂质分子表现出很强的各向异性。图 11.7 给出了几种类型的几何形状。本书延伸阅读中的一些文献 (如 Boal, 2002 和 Israelachvili, 1992) 描述了单个脂质分子的形状和它们的组装体之间的关系。

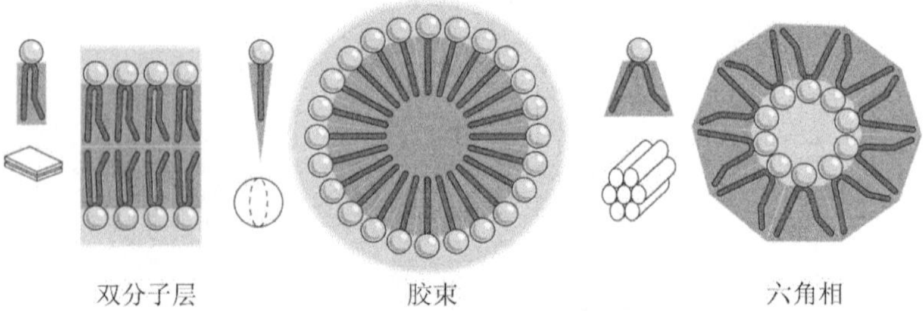

图 11.7　脂质分子的形状。此图为脂质分子几何的粗粒化表示, 它有助于直观理解不同脂类导致的自发曲率。小插图展示了脂类聚合体的三维几何结构

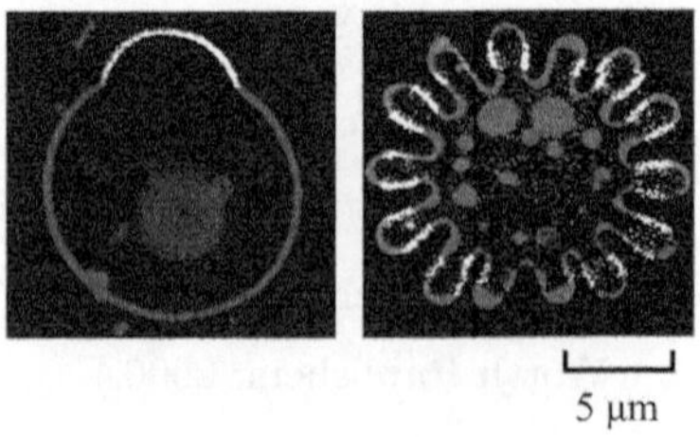

图 11.8　多组分囊泡的结构。多组分囊泡表现出复杂的几何形状。不同的脂类由不同的荧光染色标记, 这里显示为不同的灰度。不同物理性质的脂质分子倾向于自发分离形成畴。左侧是 25°C 时含两个畴的囊泡。不同畴在边界上的失配导致线张力, 线张力使得囊泡变形, 一个畴 (亮线) 比另一个畴 (暗线) 的曲率大。右侧是 50°C 的囊泡, 它的结构复杂得多。单个脂畴较小, 整个形状也分为高曲率 (暗线) 和低曲率 (亮线) 区。(取自 T. Baumgart et al., *Nature* 425: 821, 2003)

当两种或多种具有不同几何结构的脂类在一个结构中共存时, 它们倾向于分离成不同的畴。在某些情况下, 自发的分离能够产生复杂的膜泡形状, 如图 11.8 所示, 不同的畴在膜上有不同的曲率。在细胞内部, 这种脂类异质性和膜蛋白的影响对形成精细的细胞内膜系统有贡献, 我们将在后面讨论这个问题。

11.1.3 膜的活性

膜的主要生物学功能是将细胞与细胞器同它们的环境分开, 但同时, 细胞和细胞器必须与外界交流和交换物质。蛋白质对生物膜关键的功能性修饰使得这种交换成为可能, 它们在膜上占有很大的质量比 (参考如下估算)。一般来说, 这些蛋白质的结构包含三个不同的部分: 胞内域、跨膜域和胞外域。图 11.9 展示了一些典型的蛋白质, 它们的功能将在下面详细叙述。

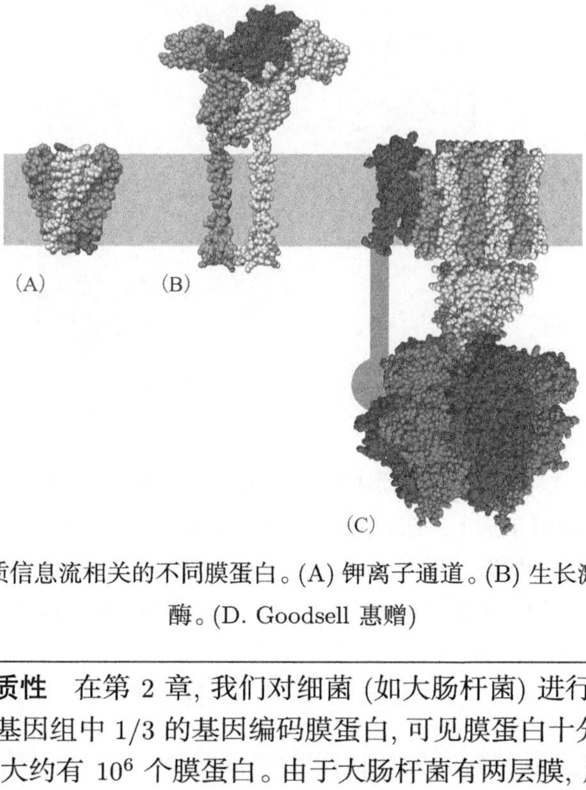

图 11.9 与跨膜的物质信息流相关的不同膜蛋白。(A) 钾离子通道。(B) 生长激素受体。(C) ATP 合酶。(D. Goodsell 惠赠)

估算: 膜的异质性 在第 2 章, 我们对细菌 (如大肠杆菌) 进行了普查, 给出了膜蛋白的估算方法。基因组中 1/3 的基因编码膜蛋白, 可见膜蛋白十分重要。由此, 我们估计每个大肠杆菌大约有 10^6 个膜蛋白。由于大肠杆菌有两层膜, 所以每一层膜含有 500 000 个膜蛋白。膜的面积大约为 6 μm^2, 这意味着每个膜蛋白占 12 nm^2。如果假定膜蛋白密排成四方点阵, 则膜蛋白间距为 3.5 nm。

线粒体膜大约 70%的质量来自于膜蛋白。图 11.10 中线粒体膜的电子显微图像显示出膜蛋白。膜蛋白和脂质分子的质量比汇编在 Mitra 等 2004 年的著作中。

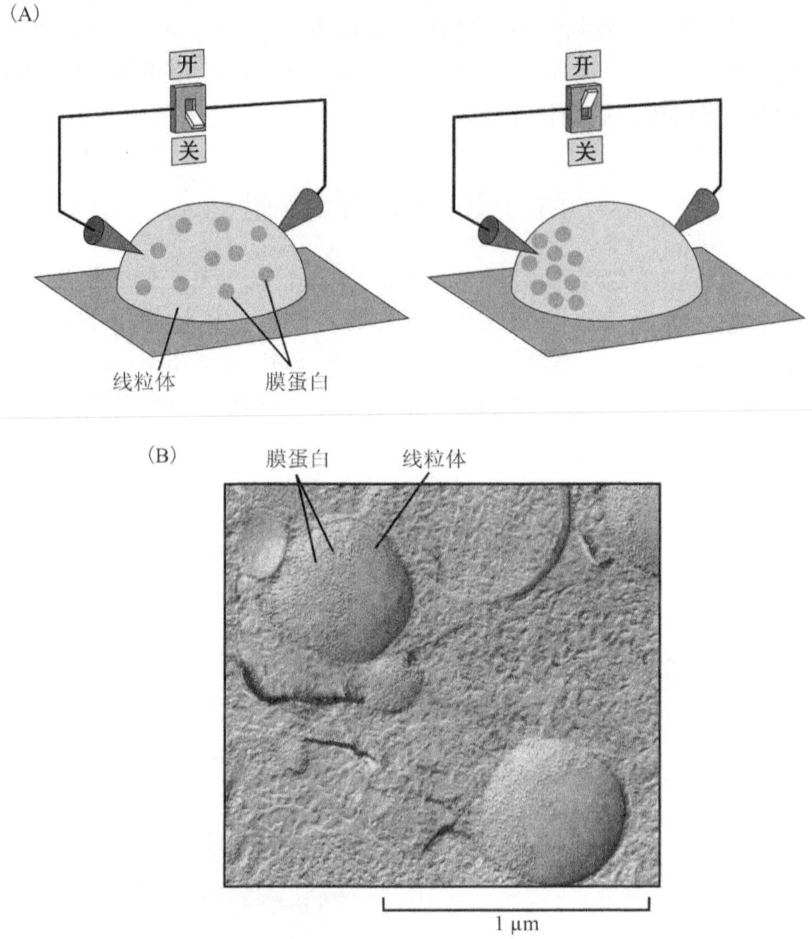

图 11.10　证明蛋白质在线粒体膜上的活动性的实验　(A) 孤立的线粒体膜暴露在电场中。当电场关闭时, 蛋白质均匀分布在线粒体表面上。当开启电场时, 膜蛋白向一个电极移动, 当再次关闭电场, 几秒钟后膜蛋白又回到均匀分布的状态。(B) 冷冻断裂电子显微镜显示膜蛋白为膜左侧的小凸点。(取自 A. E. Sowers and C. R. Hackenbrock, *Proc. Natl Acad. Sci.* 78: 6246, 1981.)

膜蛋白负责跨膜物质输运

在细胞繁殖中, 它需要将其尺寸加倍以分离成两个子细胞。显然, 细胞需要从环境中输入有机分子和无机分子 (如糖、氨基酸、离子和水) 来维持自身并产生新的子细胞。我们在第 3 章估算不同过程的速率时已经描述了这些原料。图 11.11 展示了脂质分子对这些不同成分的固有渗透性。渗透性定义如下

$$流 = P(c_{\text{in}} - c_{\text{out}}) \tag{11.1}$$

式中, “流”是单位时间内透过单位面积的分子数; 渗透系数 P 有长度/时间的量纲。

例如, 水有相当高的渗透系数, 因此水的跨膜浓度和压力自动消失。然而, 葡萄糖的

渗透性相对于水小4个数量级，而离子的渗透性比葡萄糖又小4个数量级。因此，最重要的一类膜蛋白作为运送者负责这些分子的跨膜输运。有一些运送蛋白质作为通道，它们能选择性地增加某种分子沿着浓度降低方向的渗透性。多数情况下，这些通道仅在收到配体结合的信号或者跨膜电压改变时打开。图 11.9(A) 所示的钾离子通道就是这种例子。一种更有趣的运送者利用细胞的能量实现小分子沿着浓度增大方向的主动运输。细胞利用这些主动运送者 (泵) 从环境中吸收糖和氨基酸等营养物质，并且建立细胞和环境之间的离子 (如 K^+、Na^+ 和 H^+) 浓度差。一类特别重要的蛋白质利用吸收光子的能量实现离子跨膜输运。这是光合作用的起始事件，也是整个地球生物链中的能量源头。细胞可以通过多种方式利用泵产生的离子浓度梯度，如驱动更多的输运过程产生 ATP、以及产生神经元的电信号。

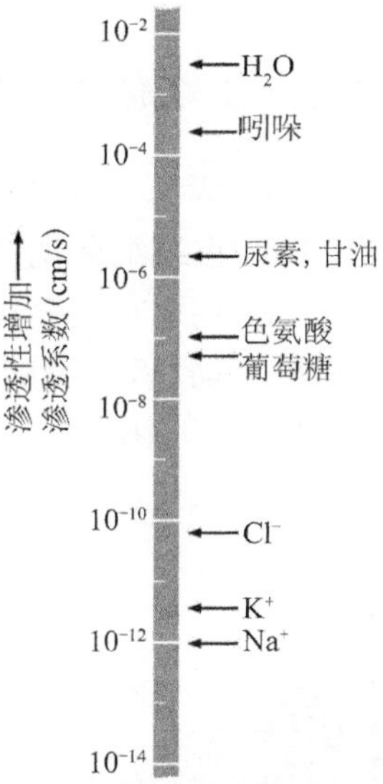

图 11.11 膜对不同分子的渗透性。膜对水的渗透性最好，对离子的渗透性最差。(取自 R. N. Robertson, The Lively Membranes, Cambridge University Press, 1983.)

膜蛋白实现跨膜信息交流

细胞需要在不必引入物质的情况下频繁地对其环境的改变作出响应。这类例子集中在神经元决定生长形成轴突和树突的过程。在图 10.26 中我们看到了细胞骨架的排列引起形态的改变。靶细胞 (如肌肉细胞) 分泌一些被称为生长因子的信号分子吸引神经元的注意。如图 11.9(B) 所示，这些生长因子结合在神经元的受体上并引发细胞内一系列的事件，从而导致细胞骨架的组装产生新的附属物 (轴突和树突)。对于信号的交流，不要求生长因子本身进入神经元，而是它结合到受体上导致跨膜受体的构型变化从而激活与受体胞内域关联的酶。有时相关的酶实际上是与生长因子结合的跨膜受体的一部分，有时酶是能够感受配体与受体结合后构型变化的单个蛋白质。

特定的膜蛋白制造 ATP

我们在很多地方已经提到 ATP 是细胞的能量货币。ATP 的翻转数是惊人的, 新的 ATP 由 ADP 和无机磷酸根 P_i 合成, 因此我们非常想了解负责合成 ATP 的机器。确实, 作者曾听说 ATP 合酶是“生物中第二重要的分子”, 其结构参见图 11.9(C)。这个绝妙的分子机器将 H^+ 的跨膜梯度转化为 ATP, 具体过程是 H^+ 沿浓度递减的方向输运推动蛋白质“涡轮”旋转, 导致三个酶激活位点的构型改变, 这些激活位点将一个 ADP 和 P_i 接并在一起形成一个 ATP。这个机器也可以反转, 消耗 ATP 产生 H^+ 梯度。我们将在第 16 章讨论这个机器的工作机制。另一个功能相似的膜结合分子机器是鞭毛马达装置。这个机器将 H^+ 梯度储存的化学能转化为细胞的动能。

膜蛋白在囊泡中重组

研究膜蛋白的一种有效的分析手段是在囊泡中重组它们, 使得它们与细胞环境分离开。图 11.12 展示了一个非常有趣的例子, 同时重组细菌视紫红质和 ATP 合酶。这个例子的诱人之处在于当将这些蛋白质在囊泡上重组后, 它们存在共生关系, 光照细菌视紫红质产生 H^+ 浓度梯度, 这个浓度梯度恰好可以驱动 ATP 合酶。这个小型人造化学装置就像一个简化的绿色植物, 将光能转变成 ATP 储存的化学能。

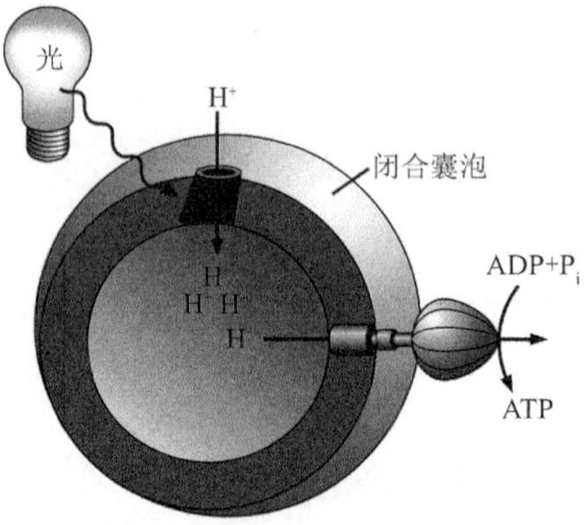

图 11.12 包含细菌视紫红质和 ATP 合酶的重组囊泡。(取自 B. Alberts et al., Molecular Biology of the Cell, 5th ed., New York, Garland Science, 2008。)

11.2 膜的弹性

不论我们对细胞器的形状还是对膜的变形感兴趣, 首要问题是定量回答能量与膜的形状的关系。我们将用最简单的弹性理论来描述膜的各种变形。在第 10 章我们采用连续介质弹性理论来描述材料而忽略材料的离散性, 本章对膜的处理也继承这种精神。由于梁一个方向的尺度远远大于另外两个方向的尺度, 在第 10 章中我们采用了约化维度来描述梁。其优点是约化后的弹性理论较三维空间的弹性理论容易处理得多。类似地,我们利用膜的厚度远远小于另外两个维度的尺度这一事实来建立三维弹性理论的约化替代品。

11.2.1 膜的几何

为描述不同构型的膜的能量,我们需要一些数学知识来区分膜的构型。在图 10.2 中我们引入了梁变形的三种不同模式 (拉伸、弯曲和扭转) 来描述变形梁的几何。这里我们建立类似的数学和物理工具来考察变形膜的几何。首要任务是描述膜曲面本身的几何。

图 11.13 描述了膜的 4 种变形模式,它们对研究生物膜的模型和蛋白质与膜的相互作用十分有用。例如,讨论微吸管实验时需要考虑膜的拉伸。当思考分子马达怎样产生内质网的细管时,我们将关注膜的弯曲。当讨论力敏感性离子通道时,我们将关注蛋白质对周围脂质双分子层厚度的影响。最后,为理解红细胞的不同形状我们必须考虑膜和血影蛋白网络的剪切变形。为获得这些变形的直观几何图像,我们反复借助于图 11.13 所示的方形膜片。在这种处理之外还有很多微妙之处,对这个丰富课题的完整处理会使我们离题太远,这里我们暂且满足于图像的表示。

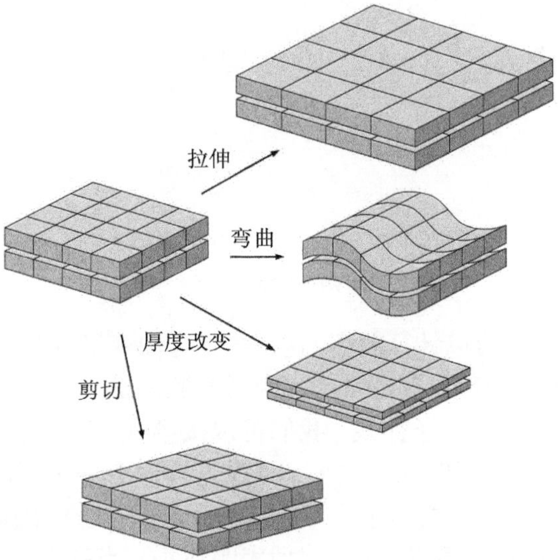

图 11.13 膜变形的几何。从上到下我们依次给出了膜的拉伸、弯曲、厚度改变、剪切

膜的拉伸可用简单的面积函数表示

我们考虑图 11.13 顶图所示的第一类变形,膜片的面积增加 Δa。就像 5.4 节中的 ΔL 描述梁的均匀拉伸一样,参数 Δa 描述膜的面积变化。为描述膜上不同地方有不同拉伸的情况,我们引入函数 $\Delta a(x, y)$ 表示位于 (x, y) 处的膜片的面积改变量。

膜的弯曲可用简单的高度函数表示

对于弯曲变形, 我们考虑图 11.14 所示的曲面, 并且在参考平面上布置 x-y 网格, 且用变量 h 表示膜在平面上方的高度。膜的几何可用每一点的高度函数 $h(x,y)$ 描述。注意对于极端的变形情况 (出现褶皱和交叠), 这种简单的描述不再适用, 此时需要利用内蕴几何处理, 而不是采用这里的平面坐标表示。

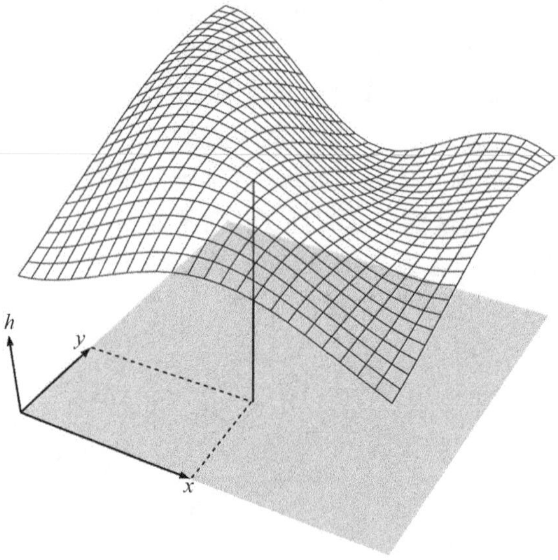

图 11.14　高度函数 $h(x,y)$。膜曲面由每一点 (x,y) 的高度表示。高度函数告诉我们膜的局部偏离平面参考态的程度

有了高度函数, 我们就可以计算曲率, 这是描述弯曲变形的关键。像对梁的处理一样, 我们将会看到膜的弯曲能依赖于膜的曲率。为考察膜的曲率, 我们采用图 11.15 的处理。用一个平面切割曲面, 交线是一条曲线。我们可以按第 10 章的方法 (图 10.4) 找一个圆, 在感兴趣的点拟合曲线来计算曲线的曲率。不过这样做有一个问题。我们得到的曲率与用来切割曲面的平面的方向有关。不同平面将切出不同的交线, 因而有不同的曲率。一个漂亮的定理使得我们绕过这一障碍。这个定理表明在每一点存在一对特殊的正交平面, 它们与曲面切出的两条曲线的曲率恰好取极值, 一个极大一个极小。这两个曲率称为主曲率。这个定理要求用两个数来描述曲面的曲率, 与曲线 (梁) 的情况不同, 那里只要一个数 $(1/R)$ 来描述曲率。

从实践的角度看, 计算曲面上某点曲率最简单的方式如下: 构造该点的切平面, 如图 11.16 所示, 定义局部的笛卡儿坐标系, 将曲面到切平面的高度展开为 x_1 和 x_2 的级数, 为了求和的方便, 这里我们采用 $x_1 = x$ 以及 $x_2 = y$。展开到二次时得到函数 $h(x_1,x_2)=\sum_{i,j=1}^{2}\kappa_{ij}x_ix_j$, 其中系数与曲率直接相关。具体地, 我们通过矩阵

$$\kappa = \begin{pmatrix} \kappa_{11} & \kappa_{12} \\ \kappa_{21} & \kappa_{22} \end{pmatrix} \tag{11.2}$$

来计算曲率, 其中我们已经引入了记号

$$\kappa_{ij} = \frac{\partial^2 h}{\partial x_i \partial x_j} \tag{11.3}$$

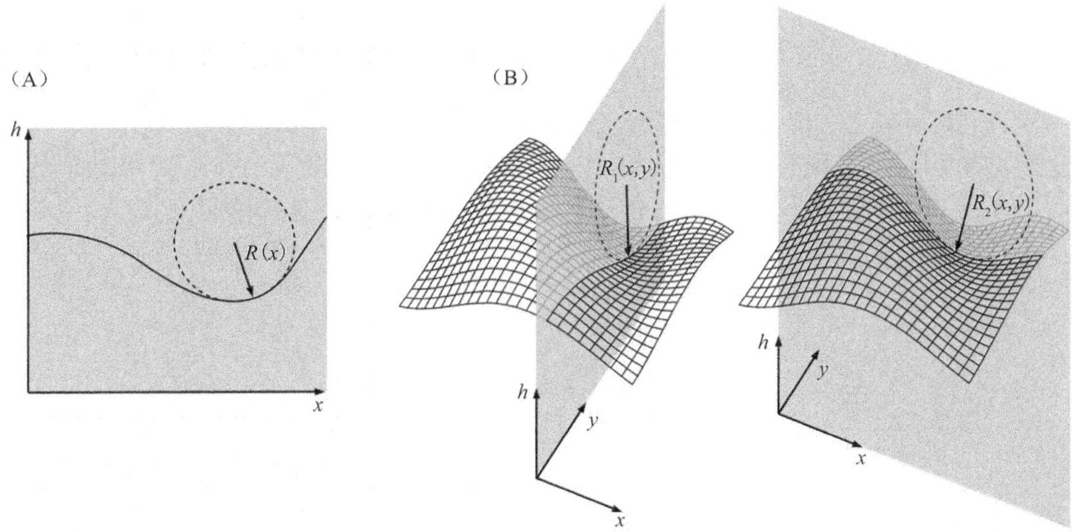

图 11.15 曲线和曲面的曲率。(A) 曲线在某点的曲率可以由曲线在该点的最佳拟合圆得到。(B) 曲面曲率由两个正交方向的最佳拟合圆得到。此图显示了分别过 x 轴和 y 轴平面与曲面的交线

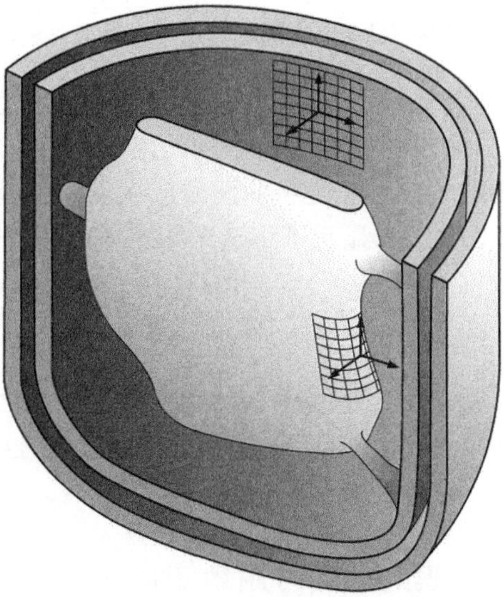

图 11.16 在膜曲面上取局部坐标。这里我们选取了复杂的线粒体膜作为例子, 并给出对该曲面的两个局部拟合

矩阵 (11.2) 的特征值就是两个主曲率。特征值和特征向量在 15.2.6 节"模型的数学"中详细讨论。求特征值和特征向量对应于旋转图 11.15(B) 所示的两个正交平面, 找到合适

的坐标将曲率 矩阵对角化。为具体看清这些定义，考虑两个简单但重要的例子。第一个是半径为 R 的球面，它的两个主曲率相等，均为 $1/R$。第二个例子是半径为 r 的柱面，它的主曲率分别为 0 和 $1/r$。

另外一种分析方法是将图 11.14 所示的高度函数 $h(x,y)$ 在 (x_0,y_0) 点做泰勒展开，于是有

$$h(x,y)=h(x_0,y_0)+\frac{\partial h}{\partial x}\Delta x+\frac{\partial h}{\partial y}\Delta y+\frac{1}{2}\left(\frac{\partial^2 h}{\partial x^2}\Delta x^2+2\frac{\partial^2 h}{\partial x\partial y}\Delta x\Delta y+\frac{\partial^2 h}{\partial y^2}\Delta y^2\right) \quad (11.4)$$

这里我们保留到 Δx 和 Δy 的二阶项。如果考虑从 (x_0,y_0) 附近 $\Delta x\times\Delta y$ 的小方块到膜上的小方块的映射，则我们得到式 (11.4) 中各项的几何意义如图 11.17 所示。常数项对应于沿 z 方向的平移量 $h(x_0,y_0)$。一阶项代表小方块转动到与膜相切的位置，二阶项对应于小方块的弯曲

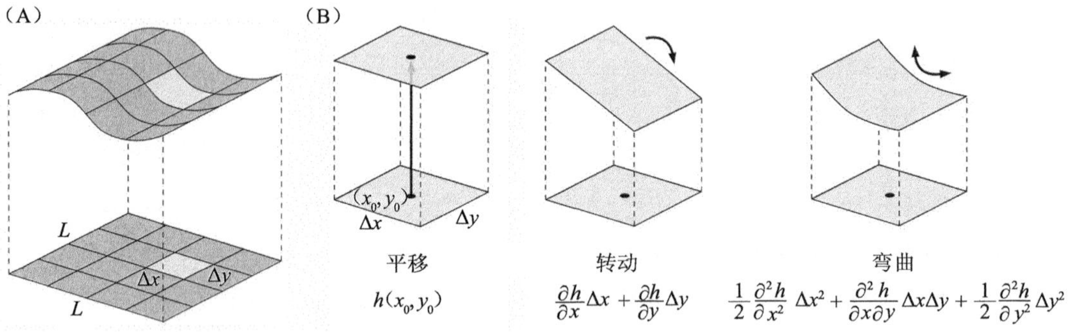

图 11.17　高度函数泰勒展开的几何意义。(A) 将膜表示为一系列小方块。(B) 以平面作为参考面的高度函数的泰勒展开，它将小方块映射到变形的膜上

我们这里的处理有一些局限性，具有复杂结构的一般曲面也许不能通过高度函数 $h(x,y)$ 来描述。例如，十分崎岖的曲面可能出现凸沿，也就是说有几个高度对应于给定点 (x,y)。对这种问题我们的矫正办法是将曲面分成大量的小坐标贴片，每一个贴片上建立一个局部标架 (x,y,z)。图 11.16 显示了将这个策略应用于线粒体状的几何上的例子。

膜的法向压缩可用简单的厚度函数 $w(x,y)$ 表示

我们将在后面的第 11.5.2 节看到，具有疏水部分的膜蛋白会与周围的膜结合，这会改变膜的厚度。于是膜的厚度可以相对于其平衡值 w_0 有改变，这里 w_0 指的是双分子层单叶的平衡厚度。我们用场 $w(x,y)$ 描述膜在 (x,y) 点的厚度。

膜的剪切可用角变量 θ 表示

纯脂质双分子层具有液体特征，因而不能承受剪切变形。然而，细胞膜通常附着一层弹性网络，如红细胞的血影蛋白网络，它提供膜的剪切刚度。为描述剪切变形，我们考虑图 11.18 中的未变形小方块。当膜变形时，方块变成了具有相同面积的菱形，由角 θ 刻画，它表示剪切变形的状态。

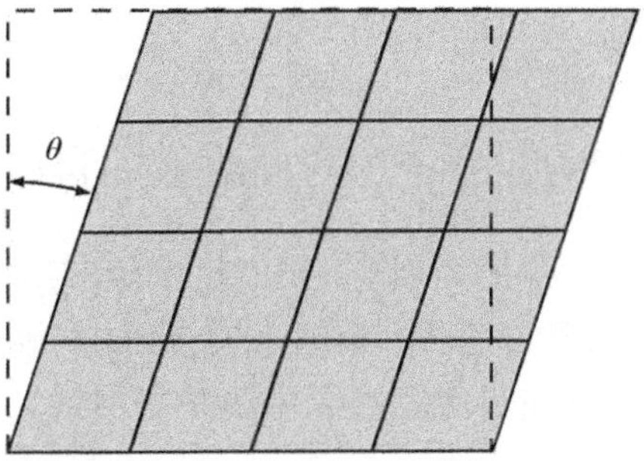

图 11.18 剪切变形。剪切变形后膜的小块 (实线) 相对于变形前的小块 (虚线) 转角为 θ

11.2.2 膜的变形自由能

有了对变形膜的几何描述, 下一步讨论自由能。我们具体感兴趣的是与形状相关的自由能泛函 $G[\text{shape}]$。回顾第5 章的讨论, 泛函是一种法则, 对于每个函数给出一个数。在这里, 我们所针对的函数就是膜的形状 [由几何函数 $\Delta a(x,y)$、$h(x,y)$ 和 $w(x,y)$ 表征], 相应泛函的值是自由能。不同的问题使得我们关注不同形式的变形。现在, 我们分析面积改变、弯曲和厚度改变导致的能量。

脂质双分子层面积改变对应的自由能

我们可以施加给膜的一类变形是拉伸。这要耗费相应的能量。可将膜的拉伸类比于图 11.19 所示弹簧系统的拉伸。因此, 拉伸需付出的能量与膜的面积相对于参考面积的改变有关, 可写为

$$G_{\text{stretch}} = \frac{K_a}{2} \int \left(\frac{\Delta a}{a_0}\right)^2 \mathrm{d}a \tag{11.5}$$

式中, Δa 是面积改变量; a_0 是参考面积。事实上, 将自由能写成积分形式意味着膜上不同点的面积改变量可以不一样。同往常一样, 我们采用"分而治之"的策略, 即对于每一小块膜, 计算其变形能, 然后把所有小块的变形能加起来得到整个自由能。

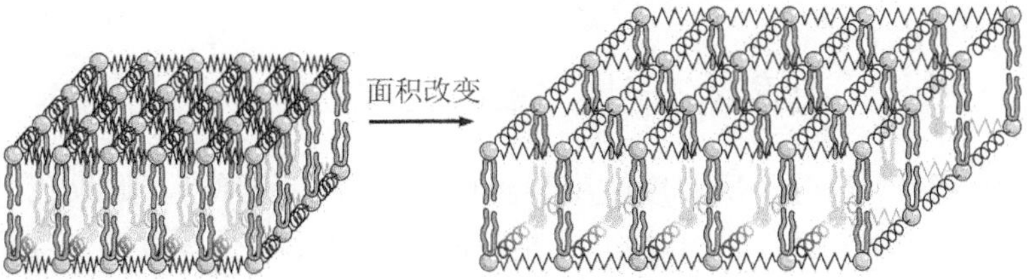

图 11.19 拉伸膜消耗自由能的示意图。当膜的面积从平衡值开始改变时, 需要耗费自由能

当面积应变 $\Delta a/a_0$ 在膜曲面上是常数时, 上式简化为

$$G_{\text{stretch}} = \frac{K_a}{2} \frac{\Delta a^2}{a_0} \tag{11.6}$$

式中, 参数 K_a 是膜的面积拉伸模量, 典型值为 55~70k_BT/nm^2 (通常用 mN/m 作单位, 即在 230~290 mN/m 范围内)。

脂质双分子层弯曲对应的自由能

假定不存在自发曲率, 当一块脂质双分子层弯曲而偏离平面的零能量状态时, 双分子层中脂质分子的头部和尾部会重新排列。粗略来说, 这种重排可等价地看成图 11.20 中弹簧的拉伸和压缩。准确地说, 弯曲自由能可以用曲率表示为

$$G_{\text{bend}}[h(x,y)] = \frac{K_b}{2}\int [\kappa_1(x,y)+\kappa_2(x,y)]^2\,\mathrm{d}a \tag{11.7}$$

式 (11.7) 常被称为海弗里奇–坎纳姆–埃文斯 (Helfrich-Canham-Evans) 自由能。我们引入 κ_1 和 κ_2 表示曲面每点的主曲率, 它是式 (11.3) 中矩阵对角化后的对角元。平均曲率定义为 $\bar{\kappa} = (\kappa_1+\kappa_2)/2$。式 (11.7) 告诉我们对于曲面上每一点, 找出其曲率, 然后计算 $\bar{\kappa}^2$, 然后把膜上所有点的能量加起来。

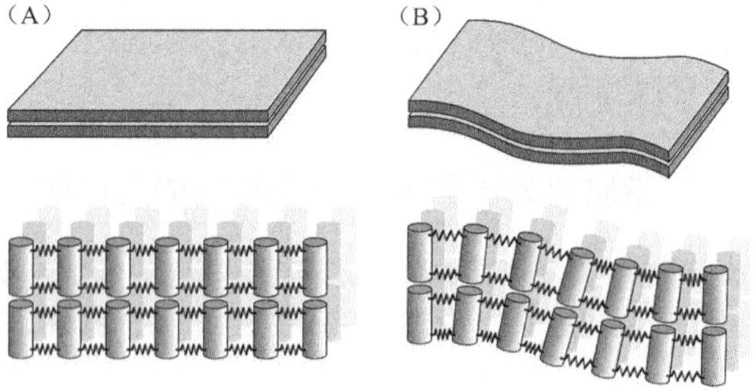

图 11.20　膜弯曲消耗的自由能示意图。(A) 膜的未变形态。(B) 膜弯曲变形导致近邻分子间相对倾斜

注意式 (11.7) 中的弯曲能量包含一个新的材料参数, 弯曲刚度 K_b。既然 κ 的量纲是长度的倒数 (这可以从曲率的定义看出来), da 的量纲是长度的平方, 整个式 (11.7) 的量纲是能量, 那么 K_b 的量纲是能量, 其典型范围是 10~20k_BT。我们在 11.3.1 节描述怎样测量弯曲刚度。

脂质双分子层厚度改变对应的自由能

如图 11.21 所示, 双分子层厚度改变导致膜的另外一种弹性。如果我们考虑膜的平衡厚度为 $2w_0$, 改变后厚度为 $2w$ (这里 w 是膜的半厚度), 于是厚度改变导致的自由能为

$$G_{\text{thickness}}[w(x,y)] = \frac{K_t}{2}\int \left(\frac{w-w_0}{w_0}\right)^2 \mathrm{d}a \tag{11.8}$$

式中, K_t 是抵抗厚度变化的刚度, 它有能量/面积的量纲, 典型值约为 60k_BT/nm^2。在讨论膜蛋白周围的脂质分子时需要这个自由能, 双分子层的厚度从膜蛋白开始连续改变, 直

到远离膜蛋白的位置变为 $2w_0$。为考虑膜蛋白周围的厚度改变, 需要把膜分成小块分别计算自由能, 然后把它们加起来。

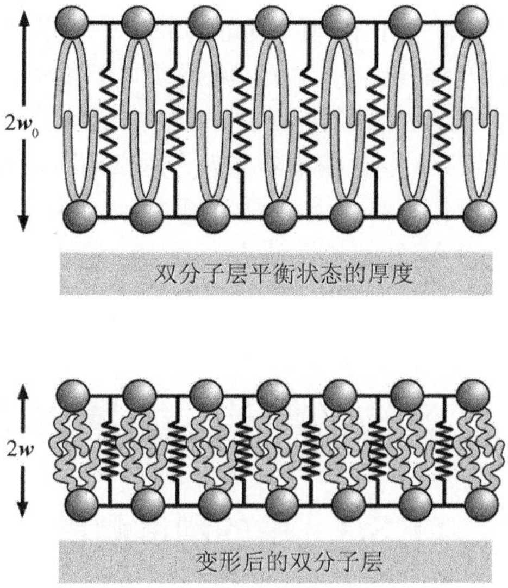

图 11.21 膜厚度改变消耗的自由能。弹簧表示膜的厚度改变要消耗自由能

这一节描述了生物膜经历的各种变形的几何及相应变形耗费的自由能。在本章余下部分, 我们将用式 (11.5)、式 (11.7) 和式 (11.8) 来分析膜的变形问题。尽管我们没有讨论膜的剪切, 这里还是要提到剪切能量是剪切变形 θ 的二次式。当讨论图 11.38 所示红细胞的平衡形状时, 需要考虑剪切能量的贡献。

高斯曲率对应的自由能

从我们宏观材料可知, 对于一维梁, 有一些几何变换不消耗能量。例如, 将杆平移不影响能量。将杆绕质心整体转动不改变能量。但不论向哪个方向弯曲杆都要耗费能量。这一简单的弯曲观念正好对应上面所说的膜的平均曲率能, 然而对于膜还有另外一项能量没有一维对应。

回顾膜的曲率由矩阵 (11.2) 描述, 它有两个特征值, 称为主曲率。平移和转动曲面不影响这些曲率, 因此我们说它们具有平移和转动不变性。类似地, 膜向哪个方向弯曲并不是很重要。如果膜具有正的或负的曲率, 二者有相同的能量。主要原因是平均曲率的二次方决定消耗的能量。我们要问, 是否存在另外一种由主曲率构造的能量形式, 它不同于平均曲率能, 但是仍然是主曲率的二次型且具有平移和转动不变性。无需详述, 我们注意到高斯曲率对弯曲自由能的贡献满足上述条件。与平均曲率不同, 高斯曲率是主曲率的乘积。高斯曲率对自由能贡献的弯曲模量记为 k_G。

生物学上对高斯曲率感兴趣主要是因为它直接与曲面的拓扑 (曲面把手的数目) 相关。如果考虑一个闭曲面, 如囊泡, 无论怎么变形, 高斯曲率的贡献不变。仅当曲面的拓扑改变 (如从球变为甜甜圈) 时高斯曲率才起作用。这意味着对于内质网和线粒体这样复杂的形态, 当洞、管和环在膜上出现或消失时, 高斯曲率在膜的能量中占重要比例。另一个有趣的特征是, 与平均曲率的弯曲模量不同, k_G 的符号不必总是正的。事实上, 对于有些人造膜, k_G 的量级与平均曲率的弯曲模量相同, 但是取负号。k_G 具有不同的符号使得膜倾向于不同的普适形状。k_G 为正的膜, 倾向于采取马鞍形状; 这种形状出现在膜的融合和分裂茎及线粒体嵴节中。如果 k_G 为负, 则膜倾向于紧密包裹的形态。不幸的是, 由于高斯曲率是拓扑不变量, 很难从实验上测定 k_G 的数值和符号。

本节讨论膜弹性思想的一个主要缺陷在于我们强调了力学而忽视了统计力学。具体地, 我们忽略了膜的复杂热涨落。对于大多数问题, 将膜生物物理视为弹性问题来考察是具有启发性的第一步。然而, 膜的热涨落也是重要的, 感兴趣的读者请参看本章结尾的“延伸阅读”部分。

11.3 囊泡的结构、能量和功能

11.3.1 膜的刚度测量

通过拉伸囊泡可以测量膜的弹性性质

式 (11.5)、式 (11.7) 和式 (11.8) 引入的自由能包含材料参数, 它们反映膜抵抗不同类变形的能力。微吸管实验被用来测量这几个材料参数。这些实验对囊泡施加已知的变形。其主要特征显示在图 11.22 中。这些实验运用微吸管 (直径在 10 μm 以下) 探测含囊泡 (或细胞) 的溶液。吸管与一个气囊相连以保证微吸管和溶液环境的压差 Δp。于是, 可以像图 11.22 那样抓住囊泡, 抽吸压可导致囊泡变形。在视频显微镜下, 可获得图 11.23 所示的变形囊泡的图像。这个实验测量的关键几何参数是囊泡的半径 R_v、囊泡的吸入长度 l 及半球冠的半径 R_1 (它近似等于微吸管直径 d 的一半)。

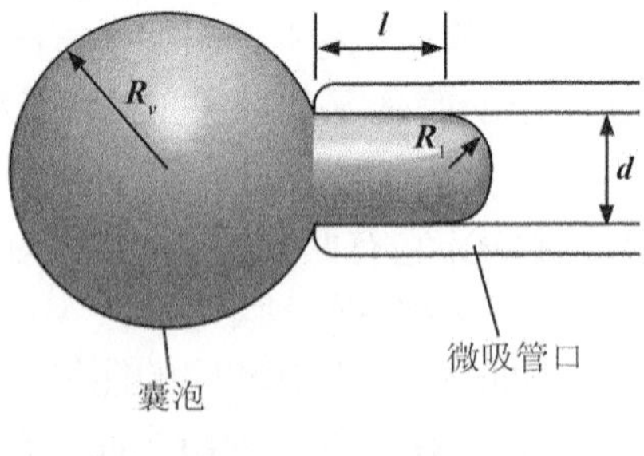

图 11.22 微吸管技术。微吸管抓住囊泡。抽吸压将囊泡的一部分吸入微吸管。变形后囊泡的形状与抽吸压决定了脂质双分子层力学响应的材料参数

有趣的是, 基于已知的压差和这些测定的几何参数就有可能确定膜的张力及材料参数 K_b (弯曲模量) 和 K_a (面积拉伸模量)。囊泡内外压差 Δp_{out} 由拉普拉斯-杨定律给出

$$\Delta p_{\text{out}} = \frac{2\tau}{R_v} \tag{11.9}$$

式中, τ 是膜的张力。这个关系式来自于对肥皂泡的研究, 它告诉我们要维持半径为 R_v 的球面需要的压差。推导拉普拉斯-杨关系式的详细过程留在课后习题中处理。同理, 囊泡内的压强和微吸管内的压强之差可写为

$$\Delta p_{\rm in} = \frac{2\tau}{R_1} \tag{11.10}$$

由于 $\Delta p_{\rm in} - \Delta p_{\rm out}$ 等于压强差 Δp (实验中的可控参数), 我们将式 (11.9) 和式 (11.10) 相减就可得到张力和几何参数的关系

$$\tau = \frac{\Delta p}{2}\frac{R_1}{1-(R_1/R_v)} \tag{11.11}$$

于是, 对于每一个 Δp, 测量相应的几何参数就可得到张力。有了几何参数和张力, 我们可以开始确定模量。

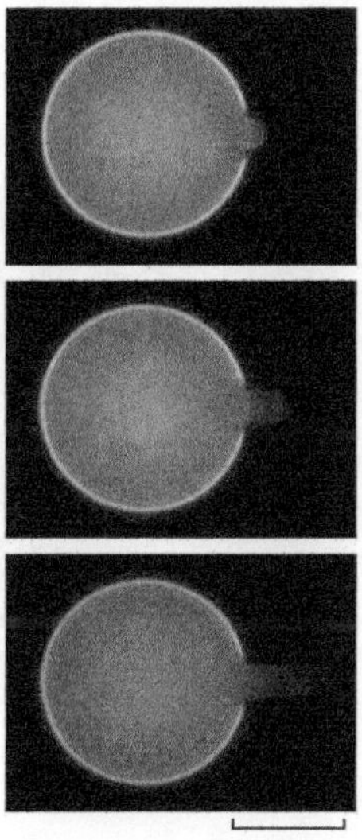

图 11.23 微吸管实验图像。一系列荧光图像显示增加流体静压力怎样使巨型囊泡变形。膜上掺杂了一些头部用罗丹明 (一种小的荧光分子) 标记过的脂质分子。从上到下每一幅图中, 面积和张力是增加的。自上至下张力分别为 1.1 mN /m、3.2 mN/m 和 7.4 mN/m。(T. Ursell 惠赠)

例如, 为测量面积拉伸模量 K_a, 我们利用面积应变 $\Delta a/a_0$ 和张力 τ 之间的关系式

$$\tau = K_a\frac{\Delta a}{a_0} \tag{11.12}$$

这里 Δa 是膜的面积改变量, a_0 是参考态的面积。在写此式时, 我们假定张力足够大以至消除了热涨落导致的膜的皱褶。这种熵效应有点像 8.3.2 节处理的聚合物的力–伸长特性。在小张力下 (类似于小拉力下的聚合物), 膜上有许多自发起伏。随着张力的增加, 这些涨落逐渐被消除。在这里的讨论中, 我们假定张力仅仅导致脂质分子间平均距离的增加。需要强调的是, 在熵主导的区域测量面积应力–应变关系可用于确定弯曲模量 K_b。对包含弯曲项的完整实验处理在本章课后习题中探讨。

将图 11.23 中的图像绕吸管轴线旋转一周, 计算得到的图形的表面积 (膜的总面积), 进一步可以确定面积应变。作为简单的近似, 可以视变形囊泡为一个大的球面带一个小的柱面, 柱面末端有个半球冠。带帽柱面的面积为

$$\Delta a = 2\pi R_1 l + 2\pi R_1^2 \tag{11.13}$$

而参考面积为 $a_0 = 4\pi R_v^2$, 对应于半径为 R_v 的球形泡。注意, 这里我们进一步假定了整个实验中囊泡的半径保持不变。这两个公式给出面积应变的近似表达式为

$$\frac{\Delta a}{a_0} = \frac{R_1^2(1 + l/R_1)}{2R_v^2} \tag{11.14}$$

因此, 要确定面积拉伸模量 K_a, 我们只需画出式 (11.11) 右端项关于式 (11.14) 右端项的图像, 其斜率即为 K_a, 分析结果展示在图 11.24 中。

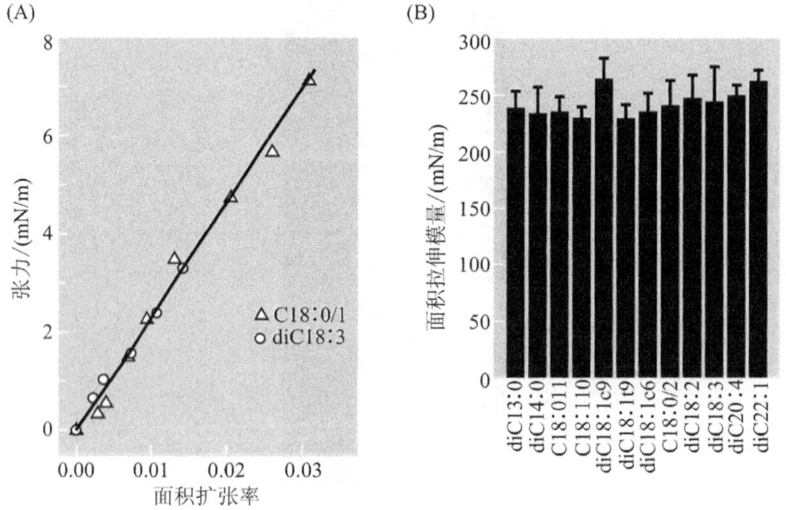

图 11.24　微吸管实验的数据。(A) 控制微吸管压强施加给囊泡的一系列张力及膜相应的面积。斜率就是面积拉伸模量。(B) 不同脂质分子对应的面积拉伸模量。脂质分子尾巴的特征由碳原子的数目和碳链上不饱和键的数目表示。例如 C18：0/1 表示有两条 18 原子的碳链, 其中一条链上有一个不饱和键; diC18：3 表示有两条相同的 18 原子的碳链, 每条链上有三个不饱和键。(取自 W. Rawicz et al., Biophys. J. 79: 328, 2000。)

将这里描述的处理方法用于实际的细胞膜的一个困难是, 这里所有的测量均是针对纯的单组分脂质双层膜泡。而细胞膜则布满膜蛋白、膜组分多样化, 且与胞内外细胞结构单元连接, 如何刻画复杂细胞膜的能量仍然是一个具有挑战性的问题。

11.3.2　膜　　管

在上述实验中, 微吸管的几何限制了抽吸压在膜上抽出的膜管的形状和尺寸。导致细胞内多数膜管形成的力的性质是很不相同的, 然而最终产物通常是从膜上伸出长的柱面

管。在活细胞中, 至少两类细胞器有管网结构: 内质网和顺式高尔基网状系统。许多将蛋白质从一个膜传输到另一个膜的媒介也是管网结构。仔细观察这些膜被细胞器的行踪和细胞内的微管导致如下假说, 生物膜管的形成常常需要与膜粘连的马达蛋白合作实现。图 11.25 展示了体内膜管形成的视频序列及马达蛋白工作的可能模型。我们的问题是, 对于给定力学性质的囊泡, 如果在某点施加一个拉力, 我们能否预测囊泡被拉成一个椭球还是产生一个伸长的管? 多大量级的力才能使得体内形成内质网结构?

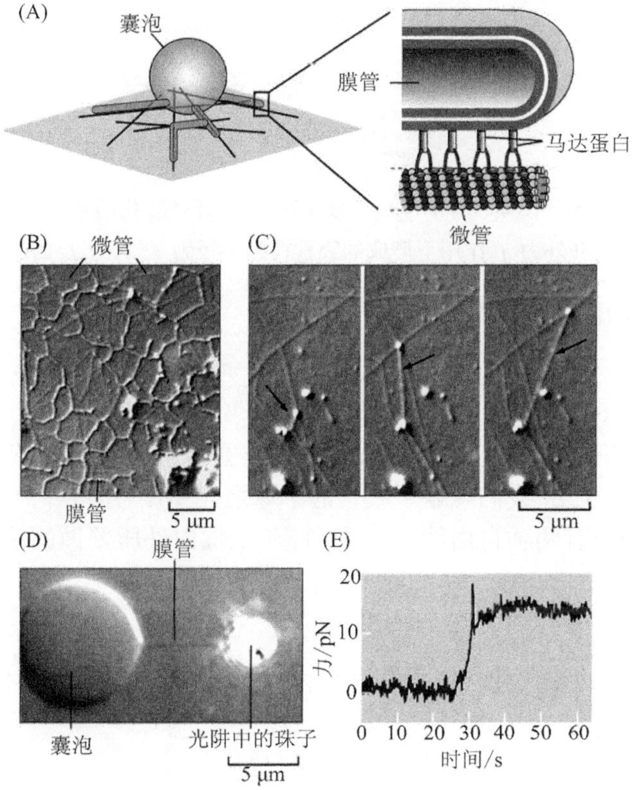

图 11.25 系带的形成。(A) 马达蛋白从球形泡拉出细长膜管。(B) 在微管结合大鼠肝的内质网膜和爪蟾卵胞浆蛋白的体外实验中, 通过微分干涉相差显微镜可观察到内质网膜在微管上形成精细的网状物。(C) 以 11 s 为周期, 一个膜管被抽出并从一个微管切换到另一个微管上。(D) 为测量导致系带形成的力, 利用光阱抓住粘在膜上的珠子, 然后拉出膜管。(E) 类似于图 (D) 所示实验的时间序列, 表明当系带形成时, 珠子上的力有个跳跃, 然后保持为常数。系带形成的典型力的量级为 10 pN(A 和 D 取自 G. Koster et al., *Proc. Natl Acad. Sci.* 100: 15583, 2003; B 和 C 取自 V. Allan and R. Vale, *J. Cell Sci.* 107: 1885, 1994.)

实验表明在脂质膜上某点施加力确实能够导致一个细长的膜管。力可以由光镊或分子马达产生。为了获得力和能量的直观图像, 如图 11.26 所示, 我们考虑一个简化模型, 半径为 R 的球形泡附加一个长为 L, 半径为 r 的膜管, 外力为 f。对于不同种类的膜 (包含内质网和高尔基体的膜), 实验测得典型的力的量级为 10 pN。

为了计算拉出膜管所需的力，我们写下囊泡和膜管系统的自由能。膜的弯曲自由能为

$$G_{\rm bend} = \underbrace{8\pi K_b}_{\text{球面部分}} + \underbrace{\pi K_b \frac{L}{r}}_{\text{柱面部分}} + \underbrace{4\pi K_b}_{\text{半球冠}} = 12\pi K_b + \pi K_b \frac{L}{r} \tag{11.15}$$

球和柱面的能量表达式是主曲率之和的平方，$4/R^2$ (球面)，和 $1/r^2$ (柱面)，乘以相应的面积。

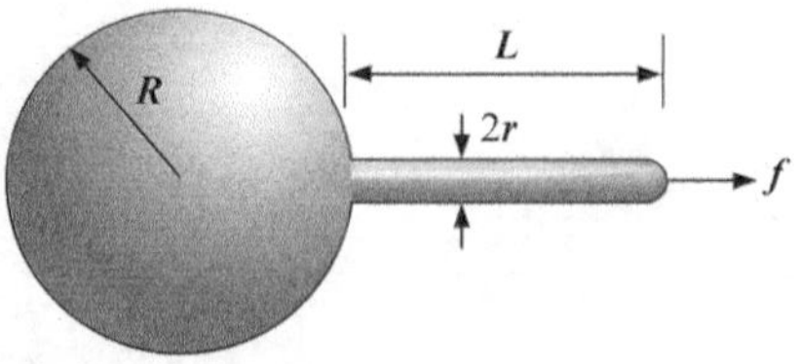

图 11.26 力导致膜管形成的模型。为了考察外力导致膜管的形成，我们考虑半径为 R 的球形囊泡的简化模型。在外力 f 作用下形成的膜管视为半径为 r，长为 L 的加帽柱面

膜的拉伸对自由能的贡献为

$$G_{\rm stretch} = \frac{K_a}{2}\frac{(a-a_0)^2}{a_0} \tag{11.16}$$

式中，K_a 是膜的面积拉伸模量；$a = 4\pi R^2 + 2\pi rL$ 是球形泡和膜管总面积；a_0 是参考面积。由于假定了 $r \ll R, L$，我们忽略了膜管的半球冠面积。

囊泡–膜管系统还有两项自由能。一项对应于抵抗内外压差做的功

$$G_{pV} = -\Delta p\left(\frac{4}{3}\pi R^3 + r^2\pi L\right) \tag{11.17}$$

式中，括号中的项是总体积 (这里我们也忽略了球冠的体积)。另外一项对应于外力做的功

$$G_{\rm load} = -fL \tag{11.18}$$

式 (11.17) 和式 (11.18) 中的负号提示我们内外压差 Δp 和外载荷 f 的效应是增加体积和膜管长度。通常，加载项可以通过图 5.12 中的相关装置获得。

将所有的贡献组合在一起，我们得到

$$G_{tot} = 12\pi K_b + \pi K_b \frac{L}{r} + G_{\rm stretch} - \Delta p\left(\frac{4}{3}\pi R^3 + r^2\pi L\right) - fL \tag{11.19}$$

囊泡–膜管的平衡形状使得 G_{tot} 关于三个参数 r、R、L 取极小值，这完全决定了我们所考虑的形状。换言之，G_{tot} 对这三个参数的偏导数为零，由此给出如下三个方程

$$\frac{\partial G_{tot}}{\partial R} = 0 \Rightarrow 8\pi\tau R - 4\pi\Delta p R^2 = 0 \tag{11.20}$$

$$\frac{\partial G_{tot}}{\partial r} = 0 \Rightarrow -\pi K_b \frac{L}{r^2} + 2\pi\tau L - 2\pi\Delta p r L = 0 \tag{11.21}$$

$$\frac{\partial G_{tot}}{\partial L} = 0 \Rightarrow \pi K_b \frac{1}{r} + 2\pi\tau r - \pi\Delta p r^2 - f = 0 \tag{11.22}$$

为得到这些方程, 我们充分利用了等式

$$\frac{\partial G_{\text{stretch}}}{\partial R} = K_a \frac{a-a_0}{a_0}\frac{\partial a}{\partial R} = 8\pi\tau R \tag{11.23}$$

其中第二步用到了膜的张力和面积应变之间的线性关系 $\tau = K_a(a-a_0)/a_0$。通过完全类似的过程可以得到 $\partial G_{\text{stretch}}/\partial r = \tau 2\pi L$ 和 $\partial G_{\text{stretch}}/\partial L = \tau 2\pi r$。

式 (11.20) 给出膜张力和内外压差之间的拉普拉斯-杨关系 $\Delta p = 2\tau/R$。将其代入式 (11.21), 我们发现与 Δp 相关的项比含 τ 的项小 r/R 的量级, 故可以忽略。于是解出膜管半径 r 满足

$$r = \sqrt{\frac{K_b}{2\tau}} \tag{11.24}$$

将拉普拉斯-杨关系代入式 (11.22), 我们仍旧发现含 Δp 的项相对于含 τ 的项可以忽略。将上式中的 r 代入, 最后可得到外力与膜的张力以及弯曲模量的关系为

$$f = 2\pi\sqrt{2K_b\tau} \tag{11.25}$$

由于从内质网和高尔基体拉出膜管的力在 10 pN 的量级, 我们可以利用式 (11.24) 和式 (11.25) 粗略估算膜的张力和膜管的半径。将式 (11.25) 改写为 $\tau = f^2/8\pi^2 K_b$, 膜的典型弯曲模量为 $K_b \approx 20k_BT$ ($k_BT = 4$ pN nm), 由此得到 $\tau \approx 0.015$ pN/nm (或 0.015 mN/m), 这个数值比导致膜破裂的典型张力小三个量级。类似地, 从式 (11.24) 我们估计膜管半径为 $r \approx 50$ nm, 这与图 11.25 所示的内质网和高尔基体实验中观察到的结果接近。

11.3.3 细胞内的囊泡

囊泡被用于多种细胞转运过程

我们大体上把囊泡定义为由脂质双分子层包围的近似球形的隔室。它们在细胞中有三类普遍应用。具体来说, 这些囊泡将某些物质从外界吸收进来 (称为胞吞), 将某些物质排出到外界 (称为胞吐), 将物质从细胞内的一个隔室移动到另外一个隔室 (称为细胞内输运)。图 11.27 展示了这三类过程。

关于吸收的第一个例子专指细胞从外界吸收小粒子。经典的例子是细胞从循环血液中吸收含胆固醇的粒子 (常称为低密度脂蛋白)。如图 11.6 所示, 胆固醇是动物细胞膜的必备成分。我们的细胞膜中一半的胆固醇是我们自身合成的, 另外一半是我们从饮食中汲取和转化的。饮食中的胆固醇在肝脏中包装成低密度脂蛋白颗粒, 它们是由蛋白质和磷脂单分子层包裹含胆固醇混合物的脂肪滴形成的复合体。这些颗粒的尺度在 20 nm 的量级。对于其他用这些颗粒构造膜的细胞, 这些粒子必须被吸收和分解。较大的尺寸妨碍它们通过蛋白质输送装置进入细胞。低密度脂蛋白通过受体结合在细胞表面。由于这些跨膜受体的胞内域能够通过网格蛋白 (它们自组装成笼状结构) 间接结合, 这些结合受体簇集在一起。当越来越多的结合低密度脂蛋白的受体簇集在网格蛋白有被小窝上时, 网格蛋白覆盖层的组装使得膜变形和弯曲从而形成泪珠形内陷, 最终会掐断而形成膜被球形囊泡。图 11.27(A) 展示了不同组装状态的网格蛋白有被小窝的漂亮阵列。

图 11.27(B) 展示的是类似的吸收过程, 专门针对过大而不能通过基于网格蛋白的机制吸收的粒子。这个例子发生在免疫系统细胞 (如巨噬细胞或中性粒细胞) 为消灭入侵的致病细菌而吞没它们的时候。这个过程需要巨噬细胞的膜黏在细菌上, 并且含肌动蛋白和肌球蛋白的细胞骨架单元消耗能量进行组装使膜鼓出以便吞没细菌, 从而形成单个脂质双分子层包裹的巨型泡。

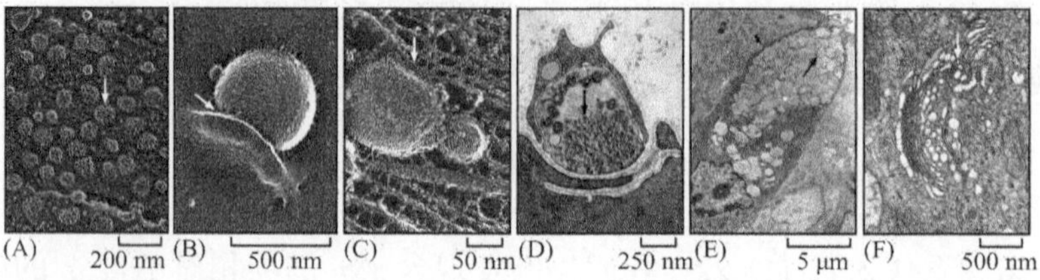

图 11.27　细胞内囊泡的例子。(A) 胞吞过程中细胞膜上形成的网格蛋白有被小窝 (参考白色箭头)。(B) 对大粒子吞噬过程需要在箭头所示点包裹膜。(C) 与微管紧密连接的神经元轴突内的囊泡输运 (见箭头)。(D) 通过肌肉细胞和神经细胞交界处的一个轴突的切片, 交界排列大量的轴突泡。(E) 肠内的杯状细胞将巨黏液泡 (见箭头指示处) 倒入内腔。(F) 高尔基体的切片显示小的转运泡介导不同存储栈之间的运输。(A, B, D 由 J. Heuser 惠赠; C 取自 N. Hirokawa, *Science* 279: 519, 1998; E 取自 P. C. Cross and K. L. Mercer, Cell and Tissue Ultrastructure, New York, W. H. Freeman and Company, 1993; F 取自 D. W. Fawcett, A Textbook of Histology, Philadelphia, W. B. Saunders Company, 1986.)

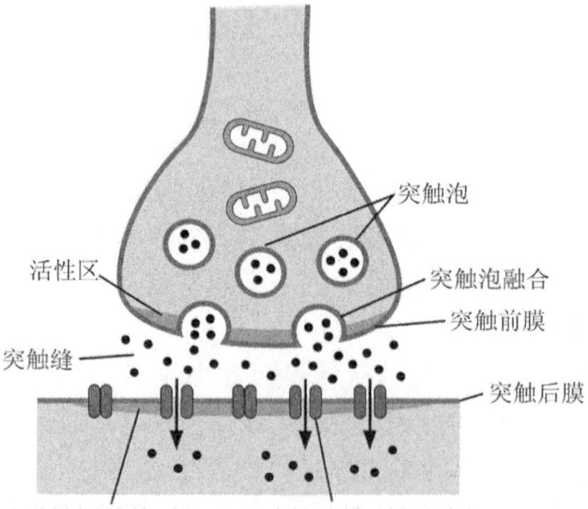

图 11.28　突触示意图。神经元将轴突伸到靶细胞, 轴突末端是一种特别的突触前结构, 它充满大量的包含神经递质分子的小泡。靶细胞膜上是特定的突触后域, 排列着高密度的神经递质受体。当动作电位到达突触, 突触泡与膜融合, 将其内部成分排出到两个细胞间的缝隙中

接下来的两个例子, 如图 11.27(C) 和图 11.27(D) 所示, 展示了相反的过程, 细胞将某些成分运送到胞外而不是吸收它们。一个精彩的例子如图 11.28 所示, 发生在运动神经细胞和肌肉细胞的交界处, 它导致肌肉收缩。神经细胞的末端包含小的突触泡, 它们排列在

与肌肉细胞接触的位置附近。当电信号 (所谓的动作电位, 参考第 17 章) 到达神经末端, 这些突触泡很快与质膜融合将其内部成分倾倒在两个细胞之间的缝隙中。这些突触泡的内部成分主要是乙酰胆碱, 它与肌肉细胞膜上的受体结合并触发肌肉收缩。

正如我们上面看到的胞吞作用, 胞吐机制主要是针对小粒子而不是大粒子。突触泡非常小 (直径 40~60 nm), 而如图 11.27(E) 所示的胞泌泡 (又称颗粒) 可以非常大 (几个微米)。这些颗粒出现在肠道内层杯状细胞中, 其功能是分泌黏液附着在肠道上保护肠道不受侵袭。

下一个例子, 如图 11.27(F) 所示, 展示了囊泡将物质从细胞的一个区域运送到另一个区域。在某些情形下, 如高尔基体的膜泡运输, 囊泡从一个存储栈到另外一个存储栈仅移动非常短的距离 (几十纳米量级)。在另外一些情形下, 如在神经轴突中, 囊泡被传输很长一段距离 (达到米的量级)。所有这些例子表明细胞的囊泡管理是它们整体行为的关键。

球形囊泡的自由能与尺寸无关

我们立即想到的一个重要问题是细胞在制造囊泡时要付出多少自由能。可借助式 (11.7) 引入的弯曲能对自由能作估计。回顾该式蕴含的基本思想是对膜上的每一小块计算平均曲率 然后计算能量。囊泡最可能的几何形状是球形, 它的能量形式为

$$G_{\text{vesicle}} = \frac{K_b}{2} \int_{\partial\Omega} \left(\frac{2}{R}\right)^2 \mathrm{d}a \tag{11.26}$$

式中, $\partial\Omega$ 表示对整个膜的面积进行积分。既然球面的曲率是常数, 我们积分立即得到

$$G_{\text{vesicle}} = \frac{K_b}{2} \left(\frac{2}{R}\right)^2 4\pi R^2 = 8\pi K_b \tag{11.27}$$

基于以下几个原因, 这个结果非常有启发性。首先, 从弯曲能的角度来看, 制造囊泡需要的能量与它的尺寸无关, 也就是说所有的囊泡消耗的能量是相同的。其次, 因为 $K_b = 10 \sim 20k_BT$, 所以形成囊泡的自由能为 $250 \sim 500k_BT$。于是, 细胞必须通过主动机制克服这么大的能量来制造囊泡。有利于弯曲的蛋白质的参与能克服这一固有能量成本。第二个机制与导致曲率的脂质分子分布有关。在分析细胞内囊泡形成机制之前, 我们先估算细胞内囊泡的花销。

估算: 细胞中囊泡的计数和能量 基于多种理由我们要统计真核细胞内的囊泡数目, 其中一个理由是这有利于估算囊泡输运所需的能量。对囊泡的货物运输能力获得感性认识, 我们考察直径为 60 nm 的突触泡。每个泡的体积约为 100 000 nm^3。突触泡携带神经递质分子乙酰胆碱, 其分子质量约为 450 Da, 每个分子体积约为 1 nm^3。如果神经递质分子在泡内紧密排列, 那么每个泡大约携带 100 000 个乙酰胆碱分子。实际数目要少一些, 为几千到一万个 (我们的估算中假定突触泡完全被乙酰胆碱占据, 这个估计过高了)。

根据经验, 对于细胞 (如成纤维细胞), 与囊泡相关的膜通量可根据一个小时内产生的囊泡的总面积相当于质膜的面积来估算。为弄清囊泡的数目和产生率意味着什么, 我们需要估算成纤维细胞膜的面积。图 2.12 描绘了成纤维细胞的示意图, 由此估算其

面积 $a_{\text{fibroblast}} \approx 2000\ \mu\text{m}^2$。如果取囊泡的直径约为 100 nm (可能高估了), 则每个囊泡的面积 $a_{\text{vesicle}} \approx 30\ 000\ \text{nm}^2$。要得到与质膜相当的膜泡, 大约需要 60 000 个囊泡。要在一个小时内完成, 那么囊泡的产生率为 1000 个/min。每产生一个囊泡要 $500k_BT$ 的能量 (等价于 25 个 ATP 分子), 即产生这些囊泡等价于每分钟消耗 25 000 个 ATP 分子。

出芽蛋白促进囊泡的形成

图 11.27 显示了细胞内的大量囊泡, 我们已经估算制造囊泡要花费几百 k_BT 的能量, 多种多样的蛋白质专门参与囊泡的形成。图 11.29 给出了真核细胞的分泌途径示意图, 展示了囊泡从内质网膜、高尔基体膜和质膜上脱落的过程。具体地, 衣被蛋白 I 和衣被蛋白 II 这两种蛋白质复合体介导内质网和高尔基体直接的囊泡传输: 衣被蛋白 I 监督从高尔基体到内质网及在高尔基体潴泡内的传输; 而衣被蛋白 II 主导从内质网到高尔基体的传输。网格蛋白介导吸收质膜上的物质。图 11.30 展示了网格蛋白单元的结构, 它呈笼状, 负责囊泡的出芽。

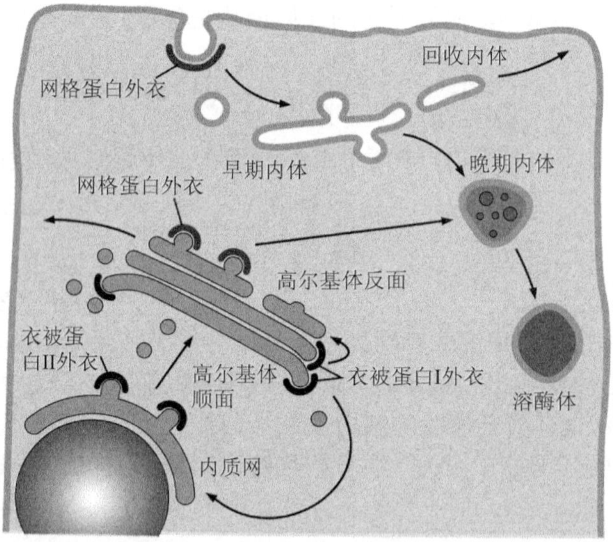

图 11.29　蛋白质外衣介导囊泡的转运。从内质网形成的囊泡覆盖着一层衣被蛋白 II, 然后被传送到高尔基体的顺面。囊泡从高尔基体的一个存储栈移动到另外一个存储栈由衣被蛋白 I 主导。在高尔基体的反面, 囊泡由网格蛋白覆盖并出芽。网格蛋白也参与质膜的胞吞过程。(取自 T. Kirchhausen, *Nat. Rev. Mol. Cell Biol.* 1: 187, 2000.)

尽管分子细节丰富而复杂, 从物理的角度看, 这些囊泡的伴侣因与它们有利的相互吸引作用而相互结合。同时, 这些蛋白质携带某种自发曲率, 如图 11.31 所示, 使得膜弯曲并出芽。我们可以估算伴侣外衣亚基之间相互作用能量的界限, 因为这个有利的相互作用必须克服 $250 \sim 500k_BT$ 的不利于形成囊泡的弯曲能量。

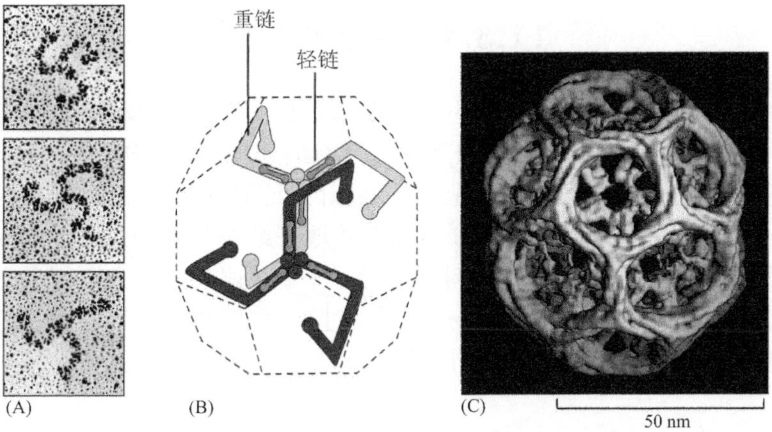

图 11.30 网格蛋白的结构。(A) 电子显微镜下单独一个网格蛋白分子, 它有三条腿, 称为三脚蛋白。(B) 两个三脚蛋白形成规则的点阵结构示意图。(C) 网格蛋白笼子的冷冻电子显微镜重现图, 这个笼子围绕出芽泡形成并为出芽过程提供能量。(A 图取自 E. Ungewickell and D. Branton, *Nature* 289: 420, 1981; B 图取自 I. S. Nathke et al., *Cell* 68: 899, 1992; C 图取自 C. J. Smith et al., *EMBO J.* 17: 4943, 1998。)

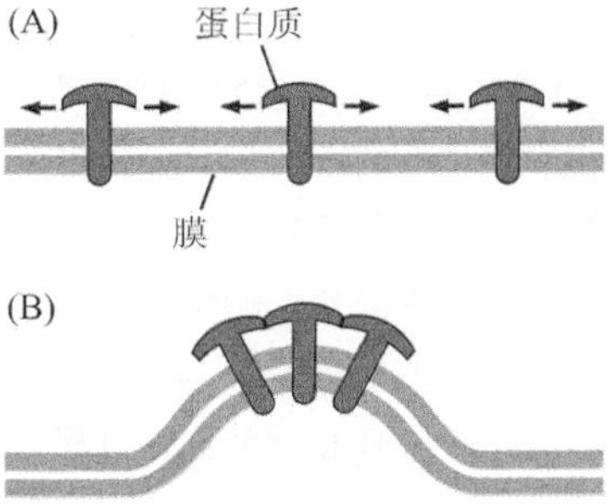

图 11.31 蛋白质诱导的膜曲率。(A) 当不存在自发曲率时, 脂质膜在能量上有利的形状是平面。嵌入膜的蛋白质可在面内移动。(B) 如果某些蛋白之间偏好形成弯曲构型, 蛋白质之间有利的结合能可以战胜不利的膜弯曲能

拆开膜的外衣需耗费能量

当蛋白质包裹的囊泡从膜上脱落后, 它们仍然被这些蛋白质出芽伙伴覆盖着。有趣的是, 为了拆开这些外衣, 需要由 ATP 水解提供能量。这是由于形成蛋白质包裹的囊泡从能量上看是下向反应。采用简单模型, 假定形成蛋白质包裹囊泡的结合能恰好补偿弯曲能 (取 500 k_BT), 由于每个 ATP 分子提供 20 k_BT 的能量, 所以去除蛋白质外衣需要 25 个左右的 ATP 分子。

11.3.4 融合和分裂

在活的真核细胞中，囊泡的形成很少出现在最终过程中。相反，囊泡通常是复杂的膜输运系统的中间步骤，它们将蛋白质和其他的细胞组分从一处运送到另一处，它们使得细胞不同区域有复杂的形态特异性（如上表皮细胞内外两侧膜的不对称结构分别面对肠道和血液系统）。为了这些生物目的，必须迅速有效地仔细调节膜出芽形成囊泡的过程以及囊泡融合到其他膜上给膜加入囊泡材料的过程。一个普遍的解决方案似乎是细胞利用图 11.32 所示的 SNARE 蛋白来催化融合过程。反过来，囊泡出芽也牵涉到一组专门的蛋白质协助外衣蛋白（如网格蛋白）使产生出芽泡的膜的分裂变得容易。

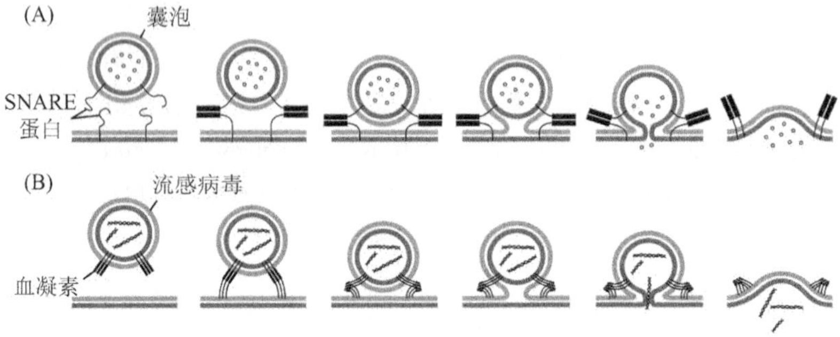

图 11.32 蛋白质催化囊泡融合。(A) 在真核细胞正常膜运输过程中，特定的 SNARE 蛋白协助运输囊泡找到它们合适的靶位并融合。囊泡和靶位上的互补 SNARE 蛋白彼此形成螺旋束将两个成员拉到一起。融合分几步进行，首先是膜的外叶融合形成不稳定中间态，然后是内叶融合形成漏孔，最终融合成新的膜。(B) 病毒可能用相同的机制与细胞膜融合。例如，流感病毒起初占据宿主细胞内体，然后病毒膜与内体膜融合并将病毒基因组注入宿主细胞的细胞质。融合由血凝素蛋白介导，它随着内体的酸化经历一个 pH 依赖的变构过程

平面膜和球形膜都很乐意处在自身的状态。于是，需要蛋白质机器降低中间态的自由能使它们融合或分离。GTP 的水解使得这些过程可以发生。尽管机制的实际细节还不清楚，共同的特征是蛋白质通过操控膜系统的几何来降低融合或分裂的能垒实现功能。在将来，是否能建立可信的模型描述这些蛋白质的效应将是一个有趣的挑战。

11.4 膜及其形状

在地球的早期生命中，膜的主要功能可能相当简单，它至少具备两个重要功能。其一，膜是一个选择性渗透屏障，将细胞内外分开，维持特定分子和离子的浓度梯度。其二，膜能区分自我和非我，这对建立单个细胞谱系的特征并提供遗传框架使得竞争和自然选择起作用非常关键。一旦这些谱系在早期进化史中建立，细胞开始同其他谱系竞争资源，从而开始有特异性。细胞的多种特异性，如尺寸、形状和运动是重要的，它们赋予选择优势。就这一点而言，膜的功能超越了作为简单的边界，而是作为结构单元对多种细胞功能和行

为起作用。

细胞的一个显著特征是它们形态的多样性, 从简单的近乎球形 (如球形菌) 到异常精巧的分枝结构 (如哺乳动物中枢神经系统的神经元)。图 11.33 展示了一些不同形状的细胞和细胞器。对于细胞呈现的所有异常多的形状, 它们的界定膜必须维持基本和原始的功能, 即将内外界分开, 区分自我和非我, 还要能保证复杂结构的发育。现代细胞的精细形状不仅依赖于脂质双分子层的力学性质, 而且依赖于脂质膜与细胞骨架和细胞壁或胞外基质的相互作用。

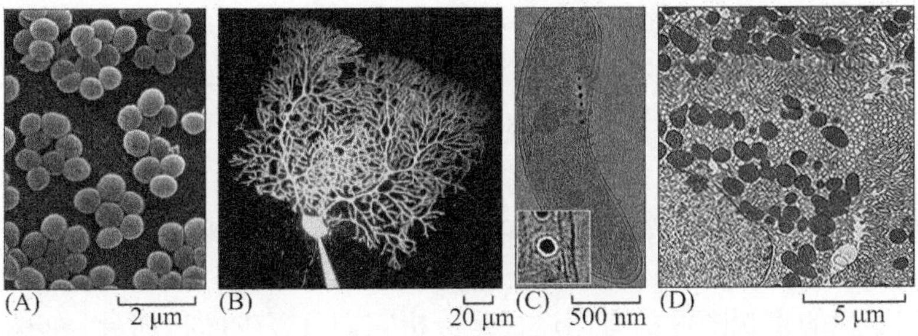

图 11.33 细胞和细胞器的形态复杂性。(A) 金黄色葡萄球菌是一个近似球形的细菌, 是可见的最简单的细胞形状。(B) 将荧光分子注入哺乳动物小脑的蒲肯野细胞体, 可见该细胞精巧的树状分枝结构。(C) 趋磁细菌的磁小体是简单的球形细胞器。如小插图所示, 邻近质膜的细胞器内栖息着磁性晶体。(D) 哺乳动物掌管分泌的细胞, 如显微图片所示的胃壁细胞, 有异常复杂的膜被细胞器。(A 图取自 Public Health Image Library - image 6486; B 图取自 A.-H. Wang et al., *Nat. Neurosci.* 3: 1266, 2000; C 图取自 A. Komeili et al., *Science* 311: 242, 2006; D 图取自 P. C. Cross and K. L. Mercer, Cell and Tissue Ultrastructure, New York, W. H. Freeman and Company, 1993.)

随着进化过程中代谢特异性和多样性的增加, 各种胞内膜被细胞器出现了。它们包含从边界膜的简单加工产物 (如磁小体, 凹陷膜包裹的磁性晶体) 到复杂的多隔室的乳腺上皮细胞 (制造牛奶) 的分泌体。胞内膜被细胞器的形状多样性同细胞的多样性相似, 从简单的球形泡到精细的内质网管网结构及高尔基体中一叠叠的扁平煎饼状潴泡。是什么导致细胞和细胞器如此多样的形态? 在多大程度上膜的变形可以部分地回答这个问题?

11.4.1 细胞器的形状

许多膜被细胞器有着不同于球面的形状。例如, 图 11.34 (以及图 2.9、图 2.13、图 2.14 和图 2.15) 展示了线粒体、内质网和高尔基体的形状。这些细胞器最显著的视觉特征是它们的膜呈错综复杂的层状结构。有趣的是, 尽管它们结构复杂, 在不同的细胞内却有固定的形态。显然, 细胞生物学和膜生物物理学交叉点的最吸引人的问题之一是: 驱使形成并维持这些结构的因素是什么?

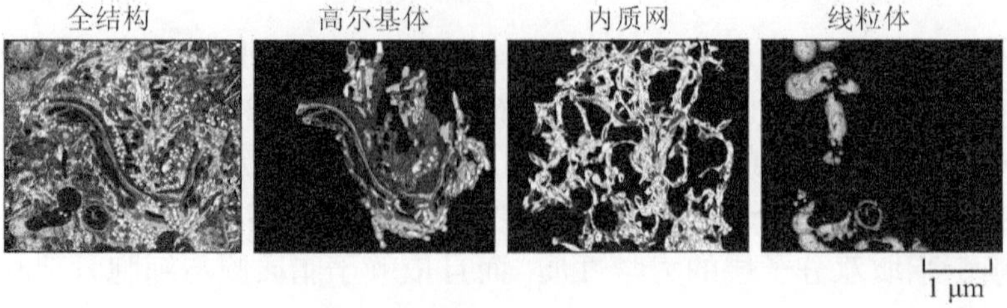

图 11.34　单个细胞内细胞器的不同形状。通过跟踪人工培养的胰腺细胞的一连串切片的电子显微镜图像显示的轮廓, 重建细胞内的各种膜被结构。在细胞的局部不同细胞器用不同的灰度区分开来。高尔基体、内质网和线粒体分别单独显示出来以便观察其形状。(取自 B. Marsh et al., *Proc. Natl Acad. Sci.* 98: 2399, 2001.)

细胞器的膜是褶皱的, 所有细胞器的膜的总面积和比质膜大得多

获得细胞器膜的直观图像的有用途径是分析它们有多少面积加身。如图 11.35 所示, 线粒体由两个可区分的膜系统构成。外膜有点像细菌的形状, 包围两个明确的区域。内膜有复杂的拓扑, 通常包含许多平行的层, 称为嵴。有趣的是, 如图 11.36 所示的内质网可粗略地视为具有与线粒体相反性质的结构。具体地, 核膜可视为内质网包围区域的内表

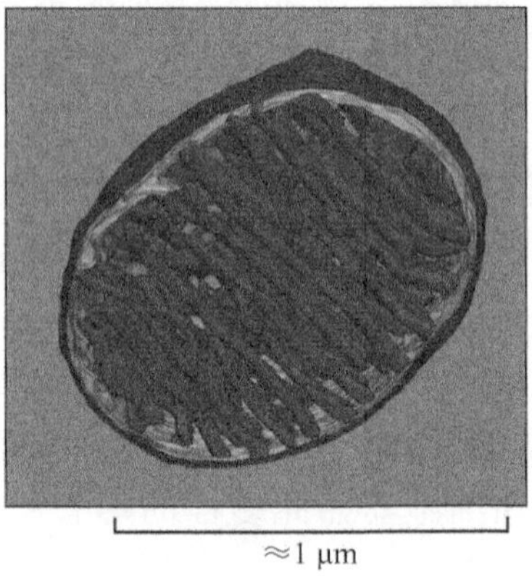

图 11.35　冷冻电子显微镜重构的线粒体结构, 中切面显示其内部结构。(T. Frey 惠赠)

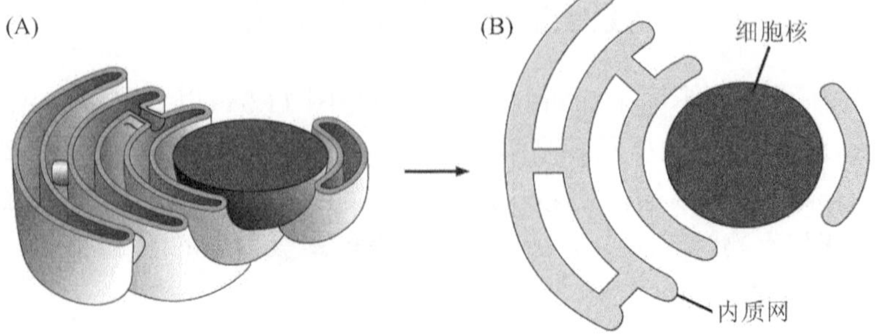

图 11.36　内质网的结构示意图。(A) 真核细胞的内质网和细胞核的三维结构示意图。(B) 内质网膜系统的二维模型

面。在这种情形下, 细胞核出现凸起形成第二个膜系统, 这个膜系统的面积比核膜大很多。下面我们以线粒体为例, 估算这些不同膜系统的相对面积。

估算: 线粒体膜的面积　图 11.35 允许我们抽取线粒体及其膜的关键几何特征。然而, 冷冻电子显微镜成像技术的出现表明解释电子显微照片是非常有技巧的。图 11.37 展示了线粒体内膜的几代结构模型。在经典的隔板模型中, 膜可视为大的插入板, 然而在最近的嵴节模型中, 小的管子从内膜伸出连在盘状嵴上。

为刻画线粒体的几何, 我们假定常见的线粒体是一个长 1 μm直径为0.8 μm 的球柱面。这种结构的体积是

$$\Omega_{\text{mito}} = \frac{4}{3}\pi r^3 + \pi r^2 h \approx 4 \times (0.4)^3 + 3 \times (0.4)^2 \times 0.2 \approx 0.4\ \mu\text{m}^3 \qquad (11.28)$$

更直接反映线粒体功能的估算是分析内膜和外膜的面积及其包围的不同空间的体积。外膜的面积可估算为

$$A_{\text{mito}}^{\text{out}} = 4\pi r^2 + 2\pi r h \approx 4 \times 3 \times (0.4)^2 + 2 \times 3 \times 0.4 \times 0.2 \approx 2.4\ \mu\text{m}^2 \qquad (11.29)$$

这里我们取圆周率 $\pi \approx 3$。内膜的面积可以通过假定嵴为一系列垂直于线粒体长轴排列的圆盘来估算。于是内膜总面积为

$$A_{\text{mito}}^{\text{inner}} = A_{\text{mito}}^{\text{out}} + 2N_{\text{disk}}A_{\text{disk}} \approx 2.4 + 2 \times 15 \times 3 \times (0.4)^2 \approx 16.8\ \mu\text{m}^2 \qquad (11.30)$$

式中, 因子 2 乘以圆盘的数目是假定嵴是中空的薄饼结构, 并且取 $N_{\text{disk}} = 15$。我们将这个数字和质膜比较, 对于成纤维细胞来说, 质膜总面积大约是 2000 μm^2。我们发现单个线粒体膜的表面积相对于质膜来说很可观。因此当把所有的细胞器加起来时, 得到的总面积将会超过质膜。

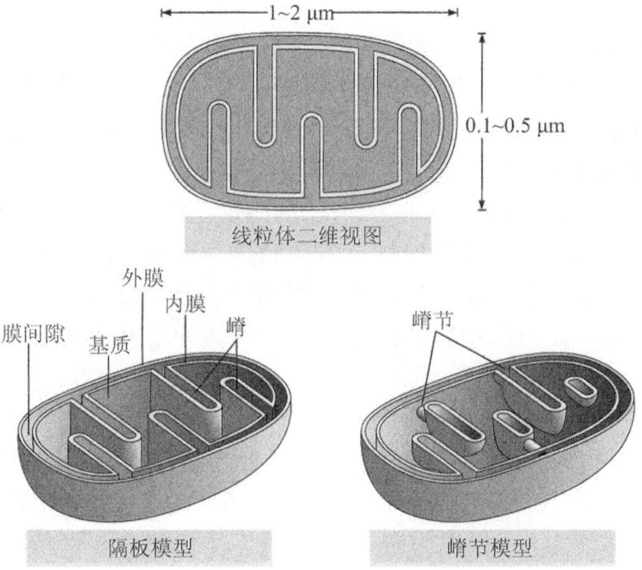

图 11.37　线粒体模型的卡通图

11.4.2　细胞的形状

膜的弹性性质是决定不同生物元件 (包括细胞器) 各种形状的必要条件。然而, 对于整个细胞来说, 膜的性质不足以单独决定细胞的形状。在一些特殊的形状中, 细胞包含大量的刚性单元支撑着脂质膜。这些刚性单元通常是前一章描述的弹性梁, 它们组装和交联成具有高弹性强度的大尺度网络。这些结构支撑单元在细胞内外都有。例如, 植物的细胞壁由致密的纤维素交联网状物构成, 它们的强度足够支撑成年的红杉高度达到 100 m 以上, 它们足够坚硬以致于细胞死亡之后仍能继续存在, 甚至于在树死以后人类可以用之建造家具和房子。同样地, 真菌、细菌和古核生物也常常有坚硬的细胞外壁。

另外, 动物细胞没有细胞外壁, 然而却表现出各种迷人的形状。一般来说, 这些形状由细胞内部单元 (如细胞骨架) 的组织和动态行为决定。我们将在第 16 章讨论, 细胞骨架纤维的组装能产生力, 它们发生组装的位置由细胞调节。一个"简单"的并较好理解的情况是哺乳动物的红细胞, 我们将在下面讨论。对于形状主要由细胞外壁决定的细胞来说, 细胞骨架在建立细胞壁生物合成酶的分布乃至细胞壁的形状中也起关键作用。这在诸如植物和细菌等生物体中是正确的。可能也存在相反的信息交流情形: 细胞壁单元的分布影响胞内细胞骨架。

红细胞的典型形状和力学性质并不仅取决于脂质双分子层的形状。非常靠近膜的是一个规则的骨架网络, 它附着在跨膜蛋白上。这个网络由血影蛋白 (一种长纤维分子) 两端结合在短肌动蛋白纤丝上形成的交联结构构成。几何上规则的血影蛋白–肌动蛋白网络支撑并强化了膜。最成功的处理方式是将双分子层和骨架网络作为一个整体考虑。由于骨架网络的贡献, 膜不再能够视为流体, 它能承受剪应力。

红细胞的平衡形状可通过自由能极小化来获得

探讨红细胞形状的相图用到的最简单的自由能模型只需要包含本章前面引入的弯曲能量项, 但需要附加膜的总面积和膜包围的体积固定这两个约束条件。然而, 这个方案不能解释图 11.38 所示的形状变化序列: 口形–碟形–棘形。为解释红细胞丰富多样的形状, 需要从两个关键方面拓展简单的弯曲能量模型。第一, 必须在自由能中加一项表示膜的内叶和外叶的面积差偏离平衡值 ΔA_0 所消耗的能量。第二是膜骨架网络的贡献。血影蛋白网络使我们必须引入弹性项显式地计及剪切和拉伸细胞所消耗的能量。有了这些额外的特征, 这个模型可以预测图 11.38 所示的形状改变过程。该图从上到下的可调参数是膜内叶和外叶的面积差。在顶图中膜的内叶比外叶约大 1%, 而在底图中, 膜的外叶比内叶约大 2%。

相同的模型也被用于从理论上研究如图 2.11 所示红细胞通过毛细血管或人造管道时的变形。这些计算呈现的重要观点是这个简单的模型能够解释不同溶液和外力作用下红细胞的不同形状。尽管红细胞有相对简单的形状, 拓展的模型 (包含膜的内外叶面积差及附加膜骨架承受的剪切力) 也可视为研究复杂细胞 (如神经元) 形状的第一步。

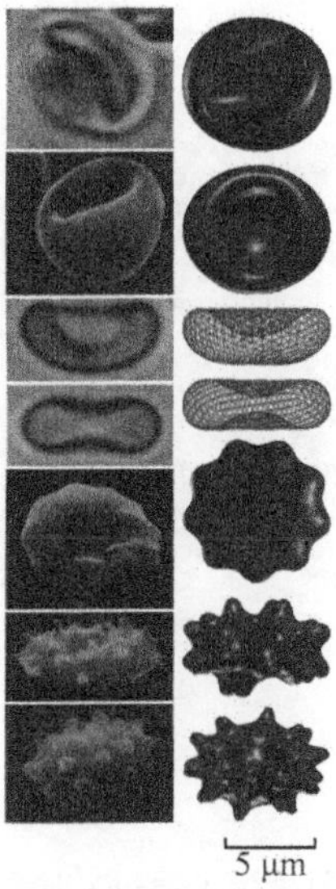

图 11.38 红细胞的形状。左列展示了实验观察到的红细胞, 右列展示了正文中描述的弹性模型的计算结果。(取自 G. Lim et al., *Proc. Natl Acad. Sci.* 99: 16766, 2002.)

11.5 活 性 膜

11.5.1 力敏感性离子通道和膜的弹性

力敏感性离子通道响应膜的张力

尽管我们已知蛋白质是膜的一种主要组分, 但是并没有显式地分析镶嵌在膜中的蛋白质 怎样影响膜的力学行为及膜的力学性质怎样影响蛋白质的功能的。本章发展的观念的一个有趣生物应用是第 7.1.2 节引入的细菌的力敏感性离子通道。细菌中的力敏感性通道似乎是作为避免渗透压失衡导致细胞膜破裂的安全阀门。具体地, 当细菌经历剧烈的渗透压变化时, 其产生的跨膜水流导致膜张力迅速改变。作为响应, 这些通道打开, 以挽救细胞的爆裂。

我们将高传导率的力敏感性通道作为模型系统重点处理, 这个系统允许我们分析通道的开关方式与膜的变形和张力的关系。现有的结构和功能数据使得它成为吸引人的模型。如图 11.39 所示, 通道关闭态的结构是已知的, 而开启态的结构是猜测的。同时, 膜片钳实验显示了张力与流经通道的流之间的关系。从这些实验中得到一个关键观测量是图 11.40 所示的开启概率 P_o 与施加压强之间的函数关系。与图 7.4 相比, 本图还显示了开启概率如何依赖于通道所在的膜的脂质分子尾巴的长度。开启概率依赖于脂质分子尾巴的长度这一事实暗示膜的变形是控制通道开关自由能的重要部分。于是, 我们现在考虑膜蛋白如何使得其周围的脂质双分子层变形。

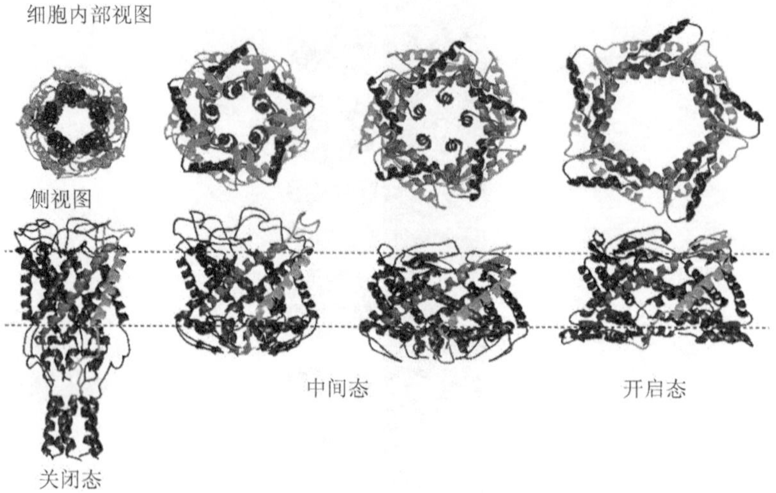

图 11.39 高传导率的力敏感性通道。该图显示了通过X射线晶体衍射法确定的关闭态。中间态和开启态是基于其他各种数据提出的模型。(取自 S. Sukharev et al., *Biophys. J.* 81: 917, 2001.)

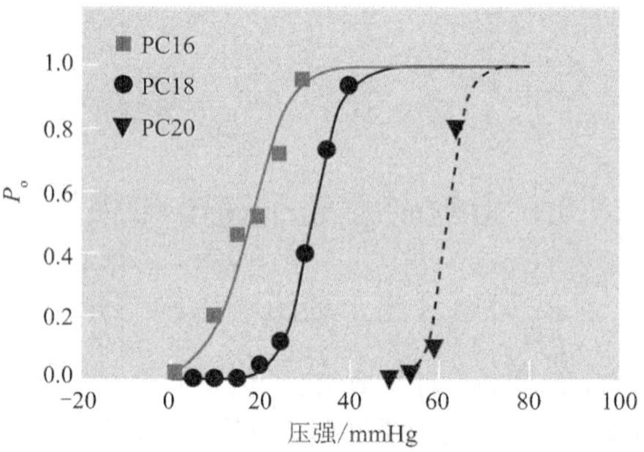

图 11.40 离子通道开启概率。该图显示了开启概率与对力敏感性通道施加的压强之间的函数关系。不同的曲线对应于不同脂质分子尾巴的长度。几个特殊的情形是尾巴上有 16 个、18 个和 20 个碳原子的脂质分子。(取自 E. Perozo et al., *Nat. Struc. Biol.* 9: 696, 2002.)

11.5.2 蛋白质导致膜的弹性变形

蛋白质致使其周围的膜变形

本章开头主张膜的活性来源于它们中蛋白质的活动。我们现在探讨的假说是蛋白质周围膜的能量对于很多膜蛋白的功能有贡献。我们选择力敏感性蛋白作为例子, 因为这些蛋白有如图 11.40 所示的定量数据。这类离子通道的开关由周围膜的张力控制。然而, 膜蛋白经历的变构也改变其周围膜的形状从而使膜变形。本节探讨的观点是膜变形反馈给蛋白质并且会改变蛋白质的构象选择。

为弄清膜的变形怎样与蛋白质功能耦合，我们从图 11.41(A) 所示的膜蛋白开始。为了数学上的方便，考虑图 11.41(B) 所示的几何构型，其中函数 $h_+(x)$ 和 $h_-(x)$ 分别描述脂质双分子层的上、下叶的高度。就像它们的脂质分子伙伴一样，膜蛋白有疏水片段，这些片段喜欢与水隔绝，满足这一要求的办法是这些片段与周围脂质分子的尾巴黏合，这是我们画出图 11.41 的依据。脂质分子尾巴的长度决定了膜的平衡厚度，然而膜的疏水层厚度可能和蛋白质不一致。这导致形成耗费能量的过渡区，其中的脂质分子变形，它们的长度介于远离蛋白质的脂质分子的长度和近邻蛋白质的脂质分子的长度之间。显然，要完整刻画膜蛋白导致的变形，我们需要进行完整的二维计算，这留待本章课后习题中解决。此外，这一高度理想化的图像忽略了脂质分子的热运动而假定它们静态地分布在蛋白质周围。

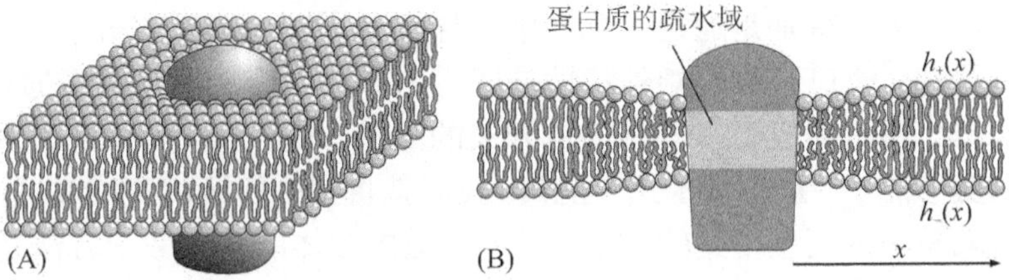

图 11.41 蛋白质诱导的膜变形。(A) 膜中的蛋白质。(B) 蛋白质附近膜的变形示意图。脂质双分子层的上叶、下叶的高度分别记为 $h_+(x)$和$h_-(x)$。由于蛋白质附近的脂质分子与蛋白质的疏水片段形成疏水失配，脂质分子发生变形。示意图忽略了脂质分子的热涨落导致的多种构象

为刻画蛋白质诱导的膜变形的几何，引入如下两组相关的场是方便的:

$$h(x) = \frac{h_+(x) + h_-(x)}{2} \tag{11.31}$$

和

$$w(x) = \frac{h_+(x) - h_-(x)}{2} \tag{11.32}$$

这里 $h(x)$ 和 $w(x)$ 分别定义了位置 x 处的脂质双分子层的中面和半宽度。有了这些定义，我们可以将两叶的变量改写为 $h_+(x) = h(x) + w(x)$ 和 $h_-(x) = h(x) - w(x)$。

蛋白质诱导膜弯曲的自由能

图 11.41 表明膜蛋白能导致膜弯曲变形。在 11.2.2 节中，我们揭示了怎样思考膜的弯曲能量，现在对于膜蛋白的问题也采用这种处理。从微观的角度来看，弯曲能量可视为局部地改变膜蛋白附近脂质分子的取向所需付出的能量代价。根据场 $h_+(x)$ 和 $h_-(x)$，弯曲能可写为

$$G_{\text{bend}}[h_+(x), h_-(x)] = \frac{K_b^{(1)}}{2} \int \mathrm{d}x \left[\left(\frac{\mathrm{d}^2 h_+(x)}{\mathrm{d}x^2} \right)^2 + \left(\frac{\mathrm{d}^2 h_-(x)}{\mathrm{d}x^2} \right)^2 \right] \tag{11.33}$$

式中, $K_b^{(1)} = K_b/2$ 是单叶膜的弯曲模量, 它是双分子层弯曲模量的一半。弯曲对自由能的贡献可由场 $h(x)$ 和 $w(x)$ 更方便地写为

$$G_{\text{bend}}[h(x), w(x)] = \frac{K_b}{2}\int \mathrm{d}x \left[\left(\frac{\mathrm{d}^2 h(x)}{\mathrm{d}x^2}\right)^2 + \left(\frac{\mathrm{d}^2 w(x)}{\mathrm{d}x^2}\right)^2\right] \tag{11.34}$$

这个公式告诉我们与中面和厚度改变相关的弯曲能量。

11.5.3　力敏感性离子通道的一维解

膜的变形可由膜的自由能极小化得到

我们的目标是通过一个简单的膜弹性模型来探究通道打开的能量, 从而分析张力与通道开关之间的关系。特别是通道出现在膜上导致其周围的脂质双分子层变形, 这一点上面已经作了描述。通道开关的额外特性是通道诱导膜的变形量依赖于通道的构型。我们借助于图 11.42 所示的模型来刻画通道开关的能量, 即要计算由线型内含体导致的膜的单位长度的变形能。一旦得到了这个能量, 我们就将图中所示的直线卷成圆, 并认为单位长度的能量就是一维模型得到的结果。处理通道内含体的正确数学方法是用柱坐标考虑该完整的二维几何问题。在轴对称的假设下, 也会导致膜变形能量的一维模型, 但是极小化的变形模式对应的最终方程将不如下面的推导简单。尽管数学上更严格, 但对于理解膜的力学对力敏感性离子通道所起的作用来说, 柱坐标的处理并不比我们的简单模型增加更多的知识。

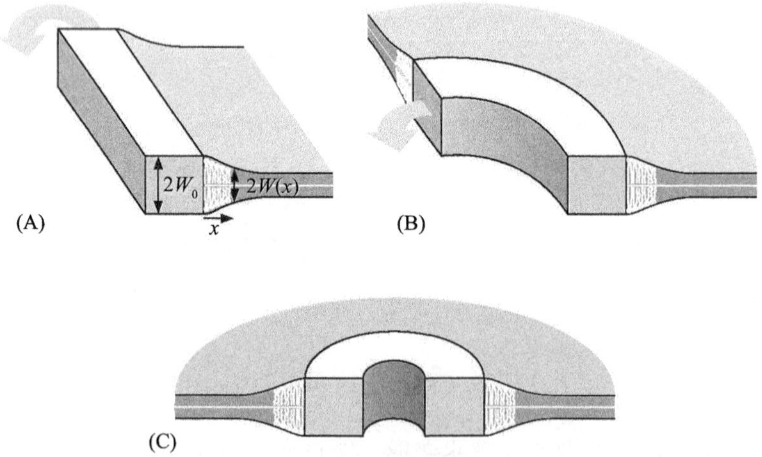

图 11.42　离子通道导致的变形能。示意图展示了怎样抽取“离子通道”的一维弹性问题及怎样将其变为柱形膜蛋白 (如力敏感性离子通道) 导致的二维膜变形问题。(A) 一维问题的几何。(B) 将一维解绕成环形物。(C) 最终的变形构型: 变形材料形成的环

为了简单, 我们关注这样一个力敏感性蛋白质模型, 在该模型中蛋白质只导致膜的厚度改变, 而不导致中面弯曲。在这种情形下, 对于一维问题, 能量只依赖于变形 $u(x) =$

$w(x)-w_0$, 可以写为

$$G_h[u(x)] = \underbrace{\frac{K_b}{2}\int_R^\infty \left(\frac{\mathrm{d}^2u}{\mathrm{d}x^2}\right)^2 \mathrm{d}x}_{\text{弯曲能}} + \underbrace{\frac{K_t}{2w_0^2}\int_R^\infty u(x)^2\mathrm{d}x}_{\text{疏水失配}} \tag{11.35}$$

引入带下标 h 的记号 G_h 是为了突出蛋白质与周围脂质分子疏水失配导致的自由能。为计算膜的变形, 我们需要寻找满足边界条件的函数 $u(x)$ 使得自由能极小。当求解从式 (11.35) 导出的微分方程时, 我们要讨论一下场 $u(x)$ 在边界 (在通道 $x=R$ 处以及远离通道 $x\to\infty$ 处) 上的行为。其中一个条件是疏水 "胶合" 条件, 数学上表示为

$$u(R) = \frac{W}{2} - w_0 \tag{11.36}$$

也就是要求蛋白质–脂质界面处双分子层的半宽度由通道的疏水片段的尺寸 W 来确定。第二个条件是场 $u(x)$ 的斜率满足

$$u'(R) = 0 \tag{11.37}$$

这个表达式表明在简单的柱状蛋白质模型中, 脂质双分子层的上叶、下叶对称地胶合在蛋白质上 (且轮廓线水平)。另外两个条件说的是在远离蛋白质的地方膜是不受干扰的, 即

$$u(\infty) = 0 \tag{11.38}$$

和

$$u'(\infty) = 0 \tag{11.39}$$

如第 5 章附录所示, 类似于式 (11.35) 的能量泛函的极小化要进行变分计算。计算的基本思想有点像通过计算普通函数的导数等于零来求普通函数的极值。这里, 我们通过让泛函导数等于零得到相应的微分方程。为计算泛函导数, 让函数 $u(x)$ 经历一个小的偏移 $\eta(x)$, 即 $u(x)\to u(x)+\eta(x)$, 偏移后得到的函数仍旧满足边界条件, 故函数 η 在边界上为零。在这种情形下, 自由能泛函极小等价于泛函导数等于零, 即

$$\frac{\delta G_h}{\delta u(x)} = 0 \Leftrightarrow K_b\int_R^\infty u_{xx}\eta_{xx}\mathrm{d}x + \frac{K_t}{w_0^2}\int_R^\infty u\eta\mathrm{d}x = 0 \tag{11.40}$$

式中, 我们使用了记号 $u_{xx}=d^2u/dx^2$。对于含 η_{xx} 的项继续使用分部积分, 得到

$$K_b u_{xx}\eta_x|_R^\infty - K_b\int_R^\infty u_{xxx}\eta_x\mathrm{d}x + \frac{K_t}{w_0^2}\int_R^\infty u\eta\mathrm{d}x = 0 \tag{11.41}$$

上式第一项等于零, 因为 u_x 在边界上是固定的, 从而 η_x 在边界上为零。对第二项继续使用分部积分得到

$$-K_b u_{xxx}\eta|_R^\infty + K_b\int_R^\infty u_{xxxx}\eta\mathrm{d}x + \frac{K_t}{w_0^2}\int_R^\infty u\eta\mathrm{d}x = 0 \tag{11.42}$$

由于 $u(x)$ 在边界上固定, 所以 $\eta(R)=\eta(\infty)=0$, 于是上式中边界项消失。这样, 我们得到系统的平衡方程

$$K_b\frac{\mathrm{d}^4u}{\mathrm{d}x^4} + \frac{K_t}{w_0^2}u = 0 \tag{11.43}$$

方程 (11.43) 的解使得自由能 G_h 取极小, 因此给出了蛋白质周围的膜的最佳轮廓。

围绕通道蛋白的膜产生线张力

自由能泛函极小得到的平衡方程是一个常系数线性微分方程。解这类微分方程的有效方法是借助试探解 $u=\mathrm{e}^{\Lambda x}$。将它和它的导数代入方程 (11.43) 得到 4 次方程

$$\Lambda^4+\frac{K_t}{K_b w_0^2}=0 \tag{11.44}$$

就像二次方程 $x^2+1=0$ 有两个根一样, 4 次方程有 4 个解。形式上可以记为

$$\Lambda=\sqrt[4]{\frac{K_t}{K_b w_0^2}}\sqrt[4]{-1} \tag{11.45}$$

于是方程的 4 个根对应于 -1 的 4 个根, 具有如下形式

$$\Lambda_1=\sqrt[4]{\frac{K_t}{K_b w_0^2}}\mathrm{e}^{\mathrm{i}\pi/4}=\sqrt[4]{\frac{K_t}{K_b w_0^2}}\left(\frac{\sqrt{2}}{2}+\mathrm{i}\frac{\sqrt{2}}{2}\right) \tag{11.46}$$

$$\Lambda_2=\sqrt[4]{\frac{K_t}{K_b w_0^2}}\mathrm{e}^{\mathrm{i}3\pi/4}=\sqrt[4]{\frac{K_t}{K_b w_0^2}}\left(-\frac{\sqrt{2}}{2}+\mathrm{i}\frac{\sqrt{2}}{2}\right) \tag{11.47}$$

$$\Lambda_3=\sqrt[4]{\frac{K_t}{K_b w_0^2}}\mathrm{e}^{\mathrm{i}5\pi/4}=\sqrt[4]{\frac{K_t}{K_b w_0^2}}\left(-\frac{\sqrt{2}}{2}-\mathrm{i}\frac{\sqrt{2}}{2}\right) \tag{11.48}$$

$$\Lambda_4=\sqrt[4]{\frac{K_t}{K_b w_0^2}}\mathrm{e}^{\mathrm{i}7\pi/4}=\sqrt[4]{\frac{K_t}{K_b w_0^2}}\left(\frac{\sqrt{2}}{2}-\mathrm{i}\frac{\sqrt{2}}{2}\right) \tag{11.49}$$

关于得到这些解的数学, 请参看下面“模型的数学”。

模型的数学: -1 的 4 个根 **我们分析的出发点是欧拉公式** $\mathrm{e}^{\mathrm{i}\theta}=\cos\theta+\mathrm{i}\sin\theta$. 这告诉我们 $\mathrm{e}^{\mathrm{i}\pi}=-1$, 更一般的 $\mathrm{e}^{\mathrm{i}(2n+1)\pi}=-1$, 其中 n 是整数。于是, $\sqrt[4]{-1}$ 可以写为 $\mathrm{e}^{\mathrm{i}(2n+1)\pi/4}$。如图 11.43 所示, 4 个根分别对应于幅角 $\pi/4$、$3\pi/4$、$5\pi/4$ 和 $7\pi/4$。

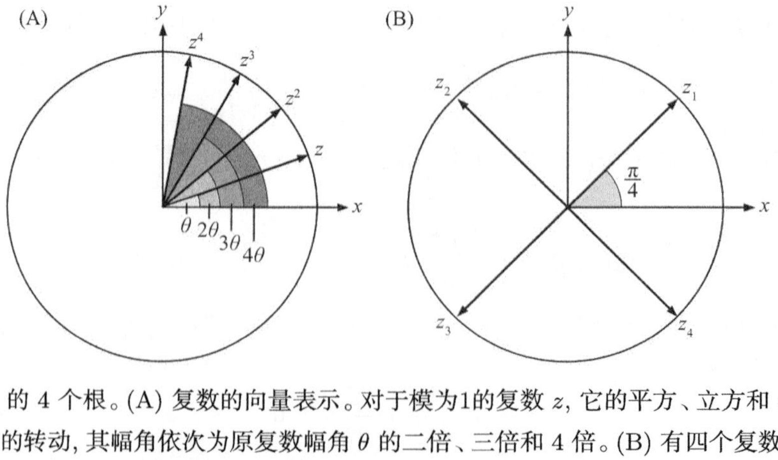

图 11.43 -1 的 4 个根。(A) 复数的向量表示。对于模为1的复数 z, 它的平方、立方和 4 次方对应于长为 1 的矢量的转动, 其幅角依次为原复数幅角 θ 的二倍、三倍和 4 倍。(B) 有四个复数, 其 4 次方等于 -1。它们的幅角分别为 $\pi/4(z_1)$、$3\pi/4(z_2)$、$5\pi/4(z_3)$ 和 $7\pi/4(z_4)$

至此，我们得到平衡方程的 4 个解。然而，当 $x \to \infty$ 时 $u(x) \to 0$，因而我们只能保留 Λ_2 和 Λ_3 (注意它们的实部) 对应的解，因为这两个解在x 很大时是衰减的，而另外两个解是发散的。实际上，物理直觉告诉我们远离蛋白质的膜比近邻蛋白质的膜受到的影响要小 [这等价于式 (11.38) 和式 (11.39) 描述的边界条件]，因此我们可以简单地排除不可能的解。经过上述分析，我们得到通解

$$u(x) = C_2 \mathrm{e}^{\Lambda_2 x} + C_3 \mathrm{e}^{\Lambda_3 x} \tag{11.50}$$

这是一个随着到通道距离增大而衰减的函数，衰减特征长度是 λ^{-1}，其中

$$\lambda = \sqrt[4]{\frac{K_t}{K_b w_0^2}} \tag{11.51}$$

为确定解中的待定常数，我们应用通道处的边界条件。这些边界条件在式 (11.36) 和式 (11.37) 中给出，说的是双分子层在通道处与蛋白质的疏水部分匹配。利用这些条件，我们有

$$C_2 \mathrm{e}^{\Lambda_2 R} + C_3 \mathrm{e}^{\Lambda_3 R} = U \tag{11.52}$$

$$\Lambda_2 C_2 \mathrm{e}^{\Lambda_2 R} + \Lambda_3 C_3 \mathrm{e}^{\Lambda_3 R} = 0 \tag{11.53}$$

式中，我们引入了新变量 $U = (W/2) - w_0$。这两个方程包含两个待定常数 C_2和C_3，解出它们 (参见本章课后习题) 后可得

$$u(x) = U \mathrm{e}^{-\lambda(x-R)/\sqrt{2}} \left[\cos\frac{\sqrt{2}}{2}\lambda(x-R) + \sin\frac{\sqrt{2}}{2}\lambda(x-R)\right] \tag{11.54}$$

有了这个解，我们可以计算位移函数的二阶导数

$$u''(x) = U\lambda^2 \mathrm{e}^{-\lambda(x-R)/2\sqrt{2}} \left[\sin\frac{\sqrt{2}}{2}\lambda(x-R) - \cos\frac{\sqrt{2}}{2}\lambda(x-R)\right] \tag{11.55}$$

这允许我们计算式 (11.35) 中的能量。

具体地，我们将位移函数及其导数代回式 (11.35)，可以得到

$$\begin{aligned} G_h =& \frac{K_b}{2}\int_R^\infty \mathrm{d}x U^2 \lambda^4 \mathrm{e}^{-\sqrt{2}\lambda(x-R)} \left[1 - \sin\sqrt{2}\lambda(x-R)\right] \\ &+ \frac{K_t}{2w_0^2}\int_R^\infty \mathrm{d}x U^2 \mathrm{e}^{-\sqrt{2}\lambda(x-R)} \left[1 + \sin\sqrt{2}\lambda(x-R)\right] \end{aligned} \tag{11.56}$$

式 (11.56) 初看起来很麻烦，但是回顾 λ 的定义式 (11.51)，注意到第一个积分中的常数 λ^4。将这个常数提到积分号外面来并利用式 (11.51)，我们发现两个积分号前面的常系数是相同的。于是可将两个积分中的第二项消掉，剩下的积分结果为

$$G_h = \frac{K_t U^2}{\sqrt{2}\lambda w_0^2} \tag{11.57}$$

注意我们计算的是“通道”周围的膜变形导致的单位长度的能量。现在我们开始探索图 11.42 中包含的数学思想：假定单位长度的能量可以用于轴对称的离子通道周围的圆形变形场，总自由能为

$$G_{\mathrm{MscL}} = G_h + G_{\mathrm{tension}} = G_0 + \underbrace{\frac{K_t U^2}{\sqrt{2} w_0^2 \lambda}}_{\text{单位长度的能量}} \times \underbrace{2\pi R}_{\text{周长}} - \underbrace{\tau \pi R^2}_{\text{加载设备}} \tag{11.58}$$

我们繁冗的计算得到一个直观的物理结果。膜变形项线性地依赖于通道半径，而外载项正比于半径的平方，即

$$G_{\mathrm{MscL}} = G_0 + \mathcal{K} U^2 \pi R - \tau \pi R^2 \tag{11.59}$$

这里我们对于膜变形导致的“弹性系数”用了简洁的记号

$$\mathcal{K} = \sqrt{2} \sqrt[4]{\frac{K_t^3 K_b}{w_0^6}} \tag{11.60}$$

这一力敏感性通道结果的含义画在图 11.44 中。我们看到在低张力时，关闭态有更低的自由能。随着张力的增加，开启态半径对应的自由能极小值逐渐降低，最终取代关闭态。这里给出的图像是开启通道（较大的圆环物使得双分子层变形）引入的不利能量和张力导致的有利能量之间的竞争。

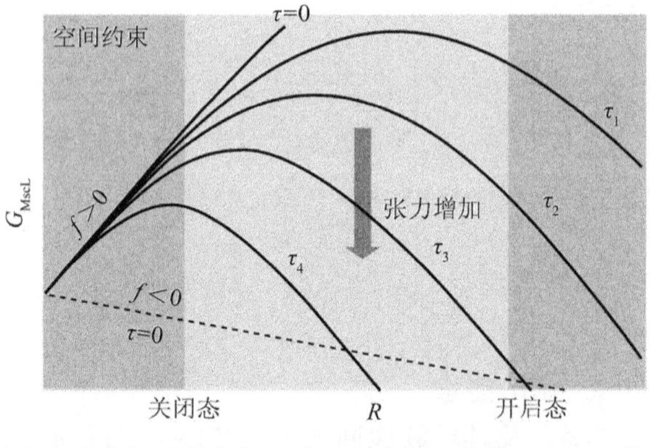

图 11.44　不同张力下膜的自由能与通道半径的关系示意图。参数 $f = K_t U^2/\sqrt{2}\lambda w_0^2$ 是等效线张力。注意半径 R 的下限对应于关闭态的通道半径。R 存在一个上限，对应于通道分解为孤立的 α 螺旋的半径（这在物理上是耗能很大的事件）。(取自 P. A. Wiggins and R. Phillips, *Proc. Natl Acad. Sci.* 101: 4071, 2004.)

实际上，临界张力可由关闭态和开启态的自由能相等 ($G_{\mathrm{MscL}}(R_c) = G_{\mathrm{MscL}}(R_o)$) 得到，即

$$\mathcal{K} U^2 \pi R_c - \tau \pi R_c^2 = \mathcal{K} U^2 \pi R_o - \tau \pi R_o^2 \tag{11.61}$$

求解这个方程得到临界张力

$$\tau_{\mathrm{crit}} = \frac{\mathcal{K} U^2}{R_c + R_o} \tag{11.62}$$

此外, 这个模型允许我们探究零张力时的自由能差, 即

$$\Delta G(\tau=0)=G_{\mathrm{MscL}}^{\tau=0}(R_o)-G_{\mathrm{MscL}}^{\tau=0}(R_c)=\pi\mathcal{K}U^2(R_o-R_c) \tag{11.63}$$

这个结果可与实验结果比较。模型参数取为 $R_c\approx 23\text{Å}$, $R_o\approx 35\text{Å}$, $U=W/2-w_n=w_{n=12}-w_n$, $\mathcal{K}=0.02k_BT/\text{Å}^3$。选择合理的 w_n, 未变形的脂质双分子层的半厚度, 于是对不同的脂质分子我们有 $U=0.65(12-n)\text{Å}$。从式 (11.62) 和式 (11.63) 得到模型的理论预测与实验结果的比较列在表 11.1 中。

表 11.1 力敏感性通道的理论和实验比较。实验测量的是开启概率为 1/2 时的压强。将理论和实验结果比较需要通过吸管半径把压强转化为张力 (数据取自 E. Perozo et al., *Nat. Struc. Biol.* 9: 696, 2002。)

	理论		实验	
n	$\tau_{\mathrm{crit}}/(k_BT/\text{Å}^2)$	$\Delta G(\tau=0)/k_BT$	$P_{1/2}$/mmHg	$\Delta G(\tau=0)/k_BT$
16	2.3×10^{-3}	5	24 ± 2	4
18	5.2×10^{-3}	11.5	42 ± 5	9.4
20	9.3×10^{-3}	20.4	72 ± 8	23.5

我们关于力敏感性通道的讨论奠定了第 17 章更普遍地讨论离子通道重要作用的基础。本章的讨论使用膜弹性的简单观念作为观察离子通道功能的窗口, 而后面的讨论将强调静电作用的重要性。

11.6 总　结

膜在细胞生物学中起关键作用, 区分细胞的自我和非我、分开细胞的内部和外界、分隔细胞内不同的隔室。研究膜需要理解许多不同的物理原理, 从疏水效应导致的自组装能力到二维流体的独特性质乃至膜的弯曲能。细胞膜的许多性质不仅由其脂质组分决定, 而且取决于其不同蛋白质组分。一些膜相关蛋白促进离子和其他分子的跨膜输运, 另一些则控制膜的出芽、融合及膜管的形成 (这些过程体现了细胞膜的生命特征)。脂质分子和蛋白质之间精巧而互惠的相互作用使得细胞膜充满活力, 但仍保持有序。

11.7 课后习题

1. 膜蛋白的统计数字

(1) Mitra 等 (2004) 的表 1 报道了细胞膜和细胞器膜被上的蛋白质和磷脂分子的质量比。利用大肠杆菌细胞膜上每 1.0 mg 磷脂就有 2.0 mg 蛋白质来计算膜蛋白的密度和膜蛋白的平均间距。利用质量比为 2.6 对内质网的膜做相应的估算。解释你做估算时用到的所有假设。

(2) Dupuy 和 Englman (2008) 报道红细胞细胞膜中蛋白质面积约占总面积的 23%, 而脂质分子约占 77%。利用这些数据估算红细胞膜蛋白的数目及它们的平均间距。解释你做估算时用到的所有假设。

2. 曲率的数学

考虑函数 $h(x_1,x_2)=x_1^2+x_1x_2-2x_2^2$, 假定它描述了变形的脂质膜。如图 11.14 所

示, x_1 和 x_2 是参考平面的坐标。

(1) 画出高度函数的图像。

(2) 计算主曲率。

(3) 计算膜的弯曲自由能。假定膜的尺寸在区间 $0 \leqslant x_1 \leqslant 1, 0 \leqslant x_2 \leqslant 1$ 内。

3. 膜的面积改变

本章的高度函数可用来计算变形导致的膜的面积改变。考虑定义在平面 $x-y$ 上区间为 $L \times L$ 的高度函数 $h(x,y)$, 它告诉我们 $L \times L$ 方形膜的变形状态。为计算面积的改变, 我们将方形膜分成许多 $\Delta x \times \Delta y$ 的小块, 并考虑它们在图 11.17(A) 所示曲面 $h(x,y)$ 上怎样变形。函数 $h(x,y)$ 将小方块映射为倾斜的平行四边形。

(1) 证明平行四边形的邻边由矢量

$$\Delta x\left(\mathbf{e}_x+\frac{\partial h}{\partial x}\mathbf{e}_z\right) \text{和} \Delta y\left(\mathbf{e}_y+\frac{\partial h}{\partial y}\mathbf{e}_z\right) \tag{11.64}$$

决定, 其中 $\mathbf{e}_x, \mathbf{e}_y, \mathbf{e}_z$ 为单位向量。

(2) 利用矢量叉乘的涵义证明平行四边形的面积为

$$a'=\sqrt{1+\left(\frac{\partial h}{\partial x}\right)^2+\left(\frac{\partial h}{\partial y}\right)^2}\Delta x\Delta y \tag{11.65}$$

(3) 假定偏导数是小量, 利用 $\sqrt{1+x^2} \approx 1+x^2/2$ 证明面积改变量为

$$\Delta a=a'-a=\frac{1}{2}\left[\left(\frac{\partial h}{\partial x}\right)^2+\left(\frac{\partial h}{\partial y}\right)^2\right]\Delta x\Delta y \tag{11.66}$$

将这个表达式在整个域上积分, 即可得到总面积的改变量。将表达式两边同时除以 $a=\Delta x\Delta y$ 计算面积的相对改变量 $\Delta a/a$。

4. 拉普拉斯–杨关系式

(1) 假定球的内外压强分别为 p_{in} 和 p_{out}, 导出拉普拉斯-杨关系式 (11.9)。压差导致沿膜的法线向外的力。进行图 11.45 所示的思想实验, 假定一个球面沿赤道剪开, 向下的膜张力与压差导致向上的力平衡。通过正 z 方向压强导致的力与负 z 方向张力导致的力之间的平衡导出拉普拉斯-杨关系式。注意, 张力可以解释为作用在赤道上单位长度向下的力。忽略弯曲能量的贡献, 只考虑表面张力。

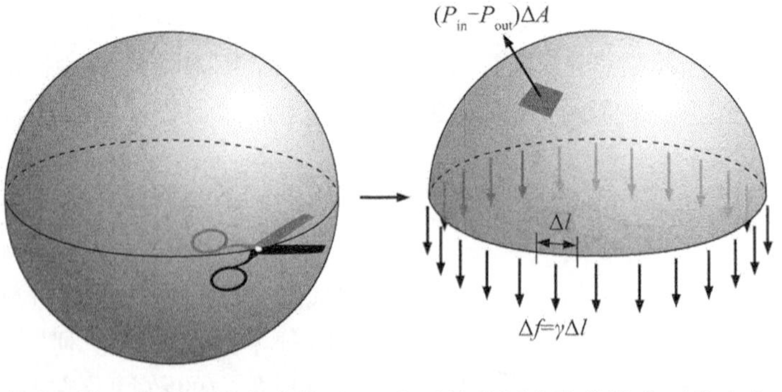

图 11.45 膜中的力平衡。将膜泡沿赤道剪开, 用向下的作用力取代膜表面张力在赤道上导致的力

(2) 利用能量判据 (而不是力平衡判据) 导出相同的结果。为此, 假定球半径有一个小的改变, 结果我们有对应于功 pV 和 γA 的自由能。对于小的偏离, 自由能改变应等于零, 由此可得拉普拉斯–杨关系式。

5. 弯曲模量和微吸管实验

本章描述的微吸管实验可用来测量弯曲模量 K_b 和面积拉伸模量。热涨落不停地推撞脂质膜。即使平面膜处在最低能量态，涨落也会导致膜自发弯曲。本问题的目的是利用平衡统计力学预测弯曲涨落的特性，并由此作为测量弯曲模量的实验基础 (注：本问题很有挑战性，请读者参考图书网站上的提示)。

(1) 以对膜的面积积分形式写出膜的总自由能。必须包含膜弯曲和膜张力的贡献。用膜在位置 $\mathbf{r}$ 处的高度函数 $h(\mathbf{r})$ 表示你的结果。

(2) 可以用高度函数的傅里叶模改写自由能。傅里叶变换约定为

$$h(\mathbf{r}) = \frac{A}{(2\pi)^2}\int \tilde{h}(\mathbf{q})\mathrm{e}^{-\mathrm{i}\mathbf{q}\cdot\mathbf{r}}\mathrm{d}^2\mathbf{q} \qquad (11.67)$$

式中，$A = L^2$ 是我们关心的膜片的面积。将上述 $h(\mathbf{r})$ 代入总自由能 (弯曲能和膜张力导致的自由能)，将这个实空间的能量转化为 $q-$ 空间的能量。注意到 $q-$ 空间中的高度场看起来像一组谐振子的叠加。

(3) 利用能量均匀定理 $\langle E(\mathbf{q})\rangle = k_BT/2$，其中 $E(\mathbf{q})$ 是 q 模的能量，自由能可写为

$$F[\tilde{h}(\mathbf{q})] = \frac{A}{(2\pi)^2}\int E(\mathbf{q})\mathrm{d}^2\mathbf{q} \qquad (11.68)$$

利用此式计算 $\langle|\tilde{h}(\mathbf{q})|^2\rangle$ 以备后用。

(4) 现在我们可以计算张力和面积以及弯曲模量的直接关系式。实际面积和投影面积的差为

$$A_{\mathrm{act}} - A = \frac{1}{2}\int [\nabla h(\mathbf{r})]^2\mathrm{d}^2\mathbf{r} \qquad (11.69)$$

在傅里叶空间里面可改写为

$$\langle A_{\mathrm{act}} - A\rangle = \frac{1}{2}\frac{A^2}{(2\pi)^2}\int_{\pi/\sqrt{A}}^{\pi/\sqrt{a_0}} q^2\langle|\tilde{h}(\mathbf{q})|^2\rangle 2\pi q\mathrm{d}q \qquad (11.70)$$

计算该积分，它将面积应变与弯曲模量、膜尺寸、温度和张力联系起来。积分的上下限分别由膜的总面积 A 和单个脂质分子所占的面积 a_0 给定。这个结果可以直接应用于测量弯曲模量的微吸管实验。具体地，利用 Boal (2002) 建议的特征参数 $\tau \approx 10^{-4}\mathrm{J/m^2}$, $K_b \approx 10^{-19}\mathrm{J}$ 和 $a_0 \approx 10^{-20}\ \mathrm{m^2}$ 证明

$$\frac{\Delta A}{A} \approx \frac{k_BT}{8\pi K_b}\ln\frac{A\tau}{\pi^2 K_b} \qquad (11.71)$$

描述怎样应用这一结果来测量弯曲模量 (显式地与数据比较，参考 Rawicz et al., 2000。进一步的分析，参考 Helfrich and Servuss, 1984。对这个问题的完整处理参考 Boal, 2002 的第六章)。

6. 利用变分处理力敏感性离子通道诱导的变形

本章我们直接通过求解变形场 $u(x)$ 的微分方程将式 (11.35) 极小化。也可以采用变分方法来处理。首先将膜蛋白诱导变形的试探函数 $u(x) = A\mathrm{e}^{-x/x_0}$ 代入式 (11.35)。通过蛋白质–脂质界面的疏水失配 u_0 确定常数 A。积分得到自由能，然后对参数 x_0 极小化找到最低能量解。利用得到的解计算 G_h 从而获得临界张力。将你的结果和本章得到的“精确”解比较。这里采用的试探解不能满足蛋白质–脂质界面的边界条件 $u'(x) = 0$。更合适的试探函数是

$$u(x) = u_0\left(1 + \frac{x}{x_0}\right)\mathrm{e}^{-x/x_0} \qquad (11.72)$$

证明这个试探函数满足蛋白质–脂质界面的边界条件。将其代入自由能并对 x_0 极小化得到极小自由能对应的变形形式。类似于图 11.44，对于不同的张力 (包含临界张力) 作出自由能与半径的函数关系。将临界张力与本章通过微分方程的完全解得到的结果比较。

7. 力敏感性离子通道的二维处理

考虑式 (11.35) 的二维推广。

(1) 证明膜变形的自由能可以写为

$$G_h = \frac{K_b}{2}\int(\nabla^2 u)^2 \mathrm{d}^2\mathbf{r} + \frac{K_t}{2}\int\left(\frac{u}{a}\right)^2 \mathrm{d}^2\mathbf{r}$$

将其与张力对自由能的改变

$$G_{\text{tension}} = G_0 - \tau\pi R^2 \tag{11.73}$$

加在一起, 其中常量 G_0 是加载设备的能量参考值。解释离子通道和加载设备复合体系的自由能为什么可以写成如下形式

$$\begin{aligned} G_{\text{MscL}} =& G_0 - \tau\pi R^2 + \frac{K_b}{2}\int(\nabla^2 u)^2 \mathrm{d}^2\mathbf{r} \\ &+ \frac{K_t}{2}\int\left(\frac{u}{a}\right)^2 \mathrm{d}^2\mathbf{r} \end{aligned} \tag{11.74}$$

要显式地计算自由能, 需要知道场 $u(\mathbf{r})$ 的轮廓。

(2) 推导这个自由能泛函对应的欧拉–拉格朗日方程。

(3) 求解膜蛋白导致的变形场的偏微分方程, 然后模仿推导式 (11.57) 的步骤, 不同的是这里是对完全二维变形场的计算。

(4) 将结果同本章给出的一维近似解比较。

11.8 延 伸 阅 读

Robertson, RN (1983) The Lively Membranes, Cambridge University Press。包含许多对膜的生物意义、化学修饰及物理性质的漂亮而富有启发性的图像及出色的讨论。

Tanford, C (2004) Ben Franklin Stilled the Waves, Oxford University Press. 有趣地描述了我们对脂质分子及其形成的结构的理解。Tanford 是个固执的人, 但乐意听人们正直的想法而不是中性的评论。

Israelachvili, J (1992) Intermolecular & Surface Forces, Academic Press. 讨论了脂质分子的形状和其形成的结构之间的关系。

Mouritsen, OG (2005) Life – As a Matter of Fat, Springer. 对脂质分子在生命物质中的作用进行了广泛地讨论。

Engelman, DM (2005) Membranes are more mosaic than fluid, *Nature* **438**, 578. 报道了细胞膜的异质性的现代观点。

Boal, D (2002) Mechanics of the Cell, Cambridge University Press。Boal's treatment of equilibrium shapes is very instructive. 提供了热涨落对膜的影响的出色讨论, 这一论题正好是我们所忽略了的。

Helfrich, W, & Servuss, R-M (1984) Undulations, steric interaction and cohesion of fluid membranes, *Il Nuovo Cim.* **3D**, 137. 证明了脂质双分子层的热涨落和膜的弯曲刚度之间的关系。

Munn, EA (1974) The Structure of Mitochondria, Academic Press. 对线粒体不同结构的汇编。

Frey, TG, & Mannella, CA (2004) The internal structure of mitochondria, *Trends Biochem*。*Sci.* **25**, 319. 包含线粒体形状和功能的许多优美图像和观点。

Dobereiner, H-G (2000) Properties of giant vesicles, *Current Op. Coll. Int. Sci.* **5**, 256. 对脂质双分子层的力学和膜的形状进行了讨论。

Seifert, U (1997) Configurations of fluid membranes and vesicles, *Adv. Phys.* **46**, 13. 详细描述了脂质双分子层的物理。

Lim, G, Wortis, M, & Mukhopadhyay, R (2002) Stomatocyte– discocyte–echinocyte sequence of the human red blood cell: Evidence for the bilayer-couple hypothesis from membrane mechanics, *Proc. Natl Acad Sci.*

99, 16766. Noguchi, H, & Gompper, G (2005) Shape transitions of fluid vesicles and red blood cells in capillary flows, *Proc. Natl Acad. Sci.* **102**, 14159. 描述了红细胞的形状。

Upadhyaya, A, & Sheetz, MP (2004) Tension in tubulovesicular networks of Golgi and endoplasmic reticulum membranes, *Biophys. J.* **86**, 2923. 用光镊测量膜张力.

Smith, A, Sackmann, E, & Seifert, U (2004) Pulling tethers from adhered vesicles, *Phys. Rev. Lett.* **92**, 208101. 处理了膜的抽管问题。

Sprong, H, van der Sluijs, P, & van Meer, G (2001) How proteins move lipids and proteins move lipids, *Nat. Rev. Mol. Cell Biol.* **2**, 504. 探讨了细胞膜的脂质分子和蛋白质之间的关系。

Andersen, OS, & Koeppe, RE (2007) Bilayer thickness and membrane protein function: an energetic perspective, *Annu. Rev. Biophys. Biomol. Struct.* **36**, 107. 探讨了膜的变形和膜蛋白功能的耦合关系。

Sukharev, S, & Corey, DP (2004) Mechanosensitive channels: multiplicity of families and gating paradigms, *Sci. STKE* **3**, 219. 对力敏感性通道的有益综述。

Gillespie, PG, & Walker, RG (2001) Molecular basis of mechanosensory transduction, *Nature* **413**, 194. 对不同力敏感性案例进行了十分有趣的综述。

Hamill, OP (ed.) (2007) Mechanosensitive Ion Channels, Part A, Academic Press. 包含大量关于力敏感性的具有启发性的文章，尤其是包含 Markin 和 Sachs 关于“力敏感性的热力学”的文章。

Fain, GL (2003) Sensory Transduction, Sinauer Associates, Inc. 描述了几类感知及离子通道所起的作用。

Takamori, S, Holt, M, Stenius, K, et al. (2006) Molecular anatomy of a trafficking organelle。*Cell* **127**, 831–846. 定量地描述了参与细胞器运输的分子。

Dupuy, AD, & Engleman, DM (2008) Protein area occupancy at the center of the red blood cell membrane。*Proc. Natl Acad. Sci.* **105**, 2848. 描述了如何测量相对面积占据率。

11.9 参考文献

Alberts, B, Johnson, A, Lewis, J, et al. (2008) Molecular Biology of the Cell, 5th ed., Garland Science.

Allan, V, & Vale, R (1994) Movement of membrane tubules along microtubules in vitro: evidence for specialised sites of motor attachment, *J. Cell Sci.* **107**, 1885.

Baumgart, T, Hess, ST, & Webb, WW (2003) Imaging coexisting fluid domains in biomembrane models coupling curvature and tension, *Nature* **425**, 821.

Cross, PC, & Mercer, KL (1993) Cell and Tissue Ultrastructure 2nd ed., W. H. Freeman and Company.

Fahy, E, Subramaniam, S, Brown, HA, et al. (2005) A comprehensive classification system for lipids, *J. Lipids Res.* **46**, 839.

Fawcett, DW (1966) The Cell, Its Organelles and Inclusions: An Atlas of Fine Structure, W. B. Saunders, and Company.

Fawcett, DW (1986) A Textbook of Histology, W. B. Saunders and Company.

Hirokawa, N (1998) Kinesin and dynein superfamily proteins and the mechanism of organelle transport, *Science* **279**, 519.

Kirchhausen, T (2000) Three ways to make a vesicle, *Nat. Rev. Mol. Cell Biol.* **1**, 187.

Komeili, A, Li, Z, Newman, DK, & Jensen, GJ (2006) Magnetosomes are cell membrane invaginations organized by the actin-like protein MamK, *Science* **311**, 242.

Koster, G, VanDuijn, M, Hofs, B, & Dogterom, M (2003) Membrane tube formation from giant vesicles by dynamic association of motor proteins, *Proc. Natl Acad. Sci.* **100**, 15583.

Marsh, B, Mastronarde, DN, Buttle, KF, Howell, KE, & McIntosh, JR (2001) Organellar relationships in the Golgi region of the pancreatic beta cell line, HIT-T15, visualized by high resolution electron tomography, *Proc. Natl Acad. Sci.* **98**, 2399.

Mitra, K, Ubarretxena-Belandia, I, Taguchi, T, Warren, G, & Engelman, DM (2004) Modulation of the bilayer thickness of exocytic pathway membranes by membrane proteins rather than cholesterol, *Proc. Natl Acad. Sci.* **101**, 4083. Table 1 of this paper gives a useful list of protein to phospholipid mass ratios for a number of different membranes.

Nathke, IS, Heuser, J, Lupas, A, et al. (1992) Folding and trimerization of clathrin subunits at the triskelion hub, *Cell* **68**, 899.

Nelson, DL, & Cox, MM (2000) Lehninger's Principles of Biochemistry, Worth Publishers.

Perozo, E, Kloda, A, Cortes, DM, & Martinac, B (2002) Physical principles underlying the transduction of bilayer deformation forces during mechano- sensitive channel gating, *Nat. Struc. Biol.* **9**, 696.

Rawicz, W, Olbrich, KC, McIntosh, T, Needham, D, & Evans, E (2000) Effect of chain length and unsaturation on elasticity of lipid bilayers, *Biophys. J.* **79**, 328.

Singer, SJ, & Nicolson, GL (1972) The fluid mosaic model of the structure of cell membranes, *Science* **175**, 720.

Smith, CJ, Grigorieff, N, & Pearse, BM (1998) Clathrin coats at 21 $\AA$ resolution: a cellular assembly designed to recycle multiple membrane receptors, *EMBO J.* **17**, 4943.

Sowers, AE, & Hackenbrock, CR (1981) Rate of lateral diffusion of intramembrane particles: Measurement by electrophoretic displacement and rerandomization, *Proc. Natl Acad. Sci.* **78**, 6246.

Sukharev, S, Durell, SR, & Guy, HR (2001) Structural models of the MscL gating mechanism, *Biophys. J.* **81**, 917.

Ungewickell, E, & Branton, D (1981) Assembly units of clathrin coats, *Nature* **289** 420.

Wang, S-H, Denk, W, & Häusser, M (2000) Coincidence detection in single dendritic spines mediated by calcium release, *Nature Neurosci.* **3**, 1266.

Wiggins, PA, & Phillips, R (2004) Analytic models for mechanotransduction: Gating a mechanosensitive channel, *Proc. Natl Acad. Sci.* **101**, 4071.

第三篇

从动力学角度理解生命

12 流 体 力 学

两条小鱼一起游泳, 迎面碰到一条大鱼, 大鱼对小鱼说: "孩子们, 早上好, 感觉水怎样? "

这两条小鱼继续游了一会儿, 最后其中的一条小鱼看着另外一条问: "水究竟是什么啊?"

——大卫 · 福斯特 · 华莱士

本章概览: 研究生命水环境的动态特征

前 6 章有一个共同的假设, 这个假设有其优点, 也有其局限性。这个假设是, 可借助平衡的概念来对生物系统进行近似的物理描述。我们已经十分小心地界定在哪些条件下这个假设是正确而合理的。现在, 是时候承认如下事实了: 生命体系通常处于远离平衡的状态; 诸如时间、速率以及轨迹等动态叙词频繁地出现在物理生物学的语言中。本章分析生命的水介质的动力学。具体地, 我们将发展物理和数学工具研究细胞内及细胞与环境相互作用 (如游泳) 的流体动力学。

12.1 水 的 地 位

根据达尔文的学说, 生物为环境中有限的资源而竞争, 消耗、生长及繁殖能力强的竞争者具有选择优势。本章我们将通过地球上的生命之源——水来探索生物的动力学。海洋覆盖了 70%的地球表面, 人类潜入海洋就会发现各种生命的形式。但是其数量相对于用显微镜观察池塘里的一滴水中的生物数量来说可以忽略不计。许多生物在水中活跃的游动、追逐猎物、避开掠食者、寻找更舒适的生活环境, 它们是精通流体力学的大师。目前的人造轮船远不及蓝鲸、鳀、草履虫在水中的游动高效。即使是离开海洋的生物, 它们自身携带水分, 也需要精巧地控制水的运动, 如血液循环或植物汁液的提升。

水在生命世界的不同尺度 (小到单细胞, 大到游动的鱼群) 中起重要作用。它的物理和化学性质直接影响生物分子的结构和功能。因此, 当探讨生命世界时, 对水和流体的深刻认识通常是极其重要的。在本章中, 我们通过牛顿流体模型研究流体的运动性质。

12.2 水和其他流体的动力学

12.2.1 水是连续介质

尽管流体由分子组成, 它仍然可作为连续介质来处理

为了对流体进行数学描述, 必须先选择合适的"坐标系"。取图 12.1 所示的 "一盒分

子”表示流体。水分子受热运动扰动，彼此之间通过范德瓦耳斯力相互作用。这种情形下，描述流体需要规定所有分子的位置和动量坐标。这是分子动力学的观点，我们在约化描述时常常回避这一点，尽管我们并不否认从全原子描述中能得到更多的信息。

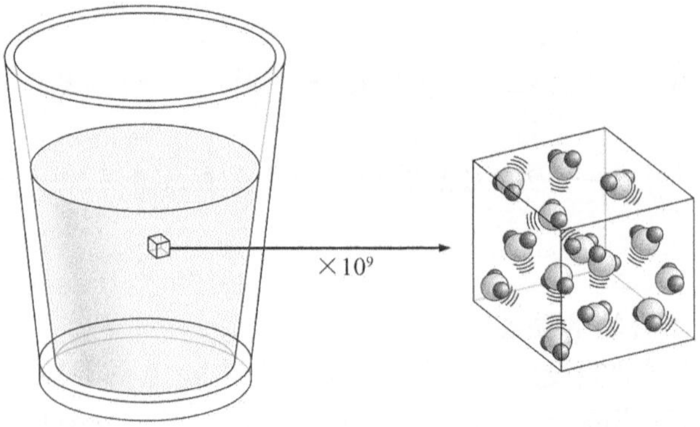

图 12.1　水的表示。连续化描述是将分子的离散集合抹平后的表示

将流体视为连续介质的观点与分子动力学观点互补。流体作为连续介质，就像我们处理梁和膜的弹性理论一样，被视为密度为 ρ 的无特征液滴。它的运动状态由速度场 $\mathbf{v}(\mathbf{r}, t)$ 描述，如图 12.2 所示，速度场可视为附在流体每一点的箭头的集合，箭头的指向和长度表示时刻 t 位置 $\mathbf{r}$ 处的流体速度。流体力学描述的思想是寻找一种办法计算每一个体积元上的力，并用这些力推导流体微元的运动方程。

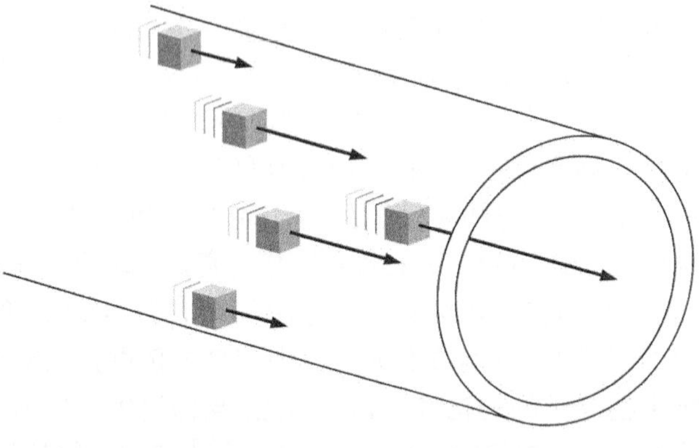

图 12.2　速度场。将离散的分子描述替代为流体的连续场描述，其中每个小的物质体积元被指定一个速度矢量来刻画该点的流体速度

12.2.2　牛 顿 流 体

流体速度梯度导致剪切力

在第 5.4 节和第 10 章，我们已经研究了固体及它们对外力的响应。现在我们转向对流体的讨论。流体和固体最大的区别在于流体能流动而固体不能，更准确地说，固体流动

得非常慢。机械工程师会说要引起固体变形, 必须施加力, 而对于流体则不是必须的。事实上, 流体对外力的响应是流动, 即应变率的改变。为说明这一点, 考虑置于一罐蜂蜜中的汤匙。如果将汤匙缓慢地从罐中抽出, 只有很小的力阻碍汤匙的运动。另外, 如果以很快的速度抽汤匙, 则整个罐子会被提起。这一现象的核心观念是用黏度 (就像固体的杨氏模量) 作为描述流体力学性质的物质参数。

我们通过观察简单的实验来给出黏性的定义。考虑图 12.3 所示的两块大平行板, 每个面积为 A, 二者分开一个小间隔 d, 中间充满流体。假想固定其中一块平板, 而用力 F 拖动另一块板。对于简单流体 (称为牛顿流体), 我们将观察到板以恒定的速度 v 移动, 这个速度正比于外力。实际上, 用不同尺寸的平板和不同的板间距做实验, 得到如下形式的关系式

$$\frac{F}{A}=\eta\frac{v}{d} \tag{12.1}$$

式 (12.1) 是牛顿以定律的形式首先提出来的。其中常数 η 是流体的黏度, 就像密度和比热, 它是流体的材料性质。黏度的单位是 Pa s, 水的黏度大约为 1 mPa s。

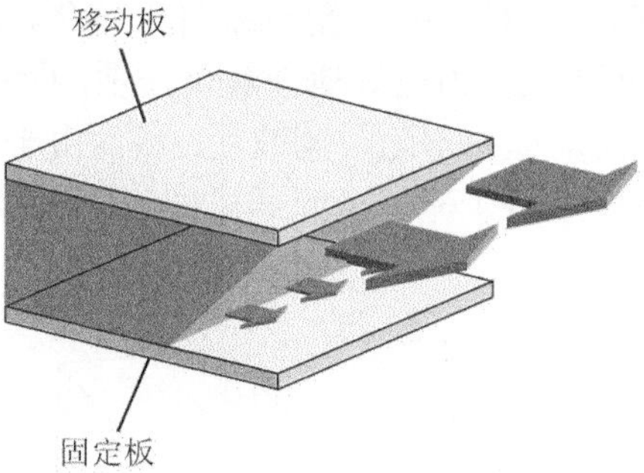

图 12.3 流体黏度的测量。在两个平板间注入未知黏度的流体。由于流体与固体界面之间的无滑移条件, 上方平板以恒定速度运动导致流体中的线性速度梯度。通过确定以特定速度移动上方平板需要的力, 就可测量黏度

黏性的微观起源是液体分子的热扩散。如果流体内有速度梯度, 分子从高流速区域向低流速的区域扩散, 这将导致动量的传递从而产生力。可用两条高速车道上的车作有趣的类比。如果一个车道比另一个车道快, 那么较慢的车挤进快车道将会使快车道上的车慢下来。分子世界也发生相同的事情, 只不过“车道的切换”不是不耐烦的司机所为, 而是分子随机热运动的结果。接下来我们基于简单的式 (12.1) 来发展流体动力学的数学形式。尽管我们用牛顿流体模型作为概念框架, 但生物学中的许多流体表现出非牛顿流体的复杂行为, 它们 (如鸡蛋清或黏液) 对外力的响应既表现出类似流体的特征, 也表现出类似固体的特征。

12.2.3 流体中的牛顿第二定律

为得到流体的运动方程, 我们考虑流体微元的运动并应用牛顿第二定律: $\mathbf{F}=m\mathbf{a}$。选择流体微元的尺度远远小于流体速度明显改变的尺度。

我们继续导出流体微元加速度的公式。观察 t 时刻位于 $\mathbf{r}=(x,y,z)$ 处的流体微元及其在 Δt 时间段的移动。为简化计算, 假定流体速度矢量沿着 x 方向并且也只在这个方向上有改变。流体微元的初始速度是 $\mathbf{v}(x,t)=v(x,t)\mathbf{e}_x$, 其中 $\mathbf{e}_x$ 是 x 方向的单位矢量。如图 12.4 所示, 经过 Δt 时间后, 流体微元移动到 $x+\Delta x$ 位置, 其速度为 $v(x+\Delta x,t+\Delta t)$。对这个速度进行泰勒展开至一阶项得到

$$v(x+\Delta x,t+\Delta t)=v(x,t)+\frac{\partial v}{\partial x}\Delta x+\frac{\partial v}{\partial t}\Delta t \tag{12.2}$$

利用流体微元在 Δt 时间段的位移为 $\Delta x=v(x,t)\Delta t$ 这一事实, 从上述方程我们得到流体微元的速度改变量为

$$\Delta v(x,t)=\left[\frac{\partial v}{\partial t}+v\frac{\partial v}{\partial x}\right]\Delta t \tag{12.3}$$

加速度由 $a=\Delta v/\Delta t$ 给出, 于是有如下形式

$$a(x,t)=\frac{\partial v(x,t)}{\partial t}+v(x,t)\frac{\partial v(x,t)}{\partial x} \tag{12.4}$$

注意流体微元速度的变化率包含两部分: 一部分来自于显含时间的速度场, 另一部分称为牵连项, 来自于速度场的空间改变。为更好地理解牵连项, 我们考虑圆弧形弯管中以恒定速率流动的水。不同地方的流动速率不随时间改变。然而由于匀速圆周运动, 流体微元一定有向心加速度。这个加速度来自于流体微元通过圆弧时速度方向的改变。

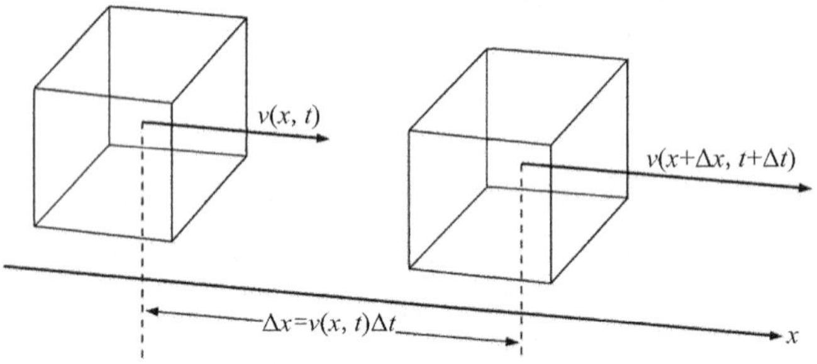

图 12.4　计算流体微元加速度的示意图

对于任意速度场, 基于上述相同原理, 可导出流体微元加速度的普遍表达式 $\mathbf{a}=\mathrm{D}\mathbf{v}/\mathrm{D}t$。其中“对时间的物质导数” $(\mathrm{D}/\mathrm{D}t)$ 表示给定流场携带的物质粒子的相关物理量随时间的变化率。式 (12.4) 的更普遍表示是

$$\frac{\mathrm{D}}{\mathrm{D}t}=\frac{\partial}{\partial t}+\mathbf{v}\cdot\nabla \tag{12.5}$$

式中, 第一项表示显式依赖于时间的部分, 第二项来自于牵连项。这里我们已经利用了第 9.3.1 节“模型的数学”中讨论的梯度算子 ∇。速度和梯度算子之间的点积表示沿速度的方向导数。

这个记号表示了连续介质导致的一个新颖特征: 场变量的时间依赖性有两种可能的来源。一种是上述显式依赖于时间的常规项, 它仅反映场变量可以随时间改变。另一种时间依赖的来源是牵连项, 它与连续介质的运动相关, 物质粒子可以被拽到空间中的不同区

域而感受到不同的场强。为形象地理解这个观点, 设想在溪流中航行的小船, 配备一个温度计测量船牵连的物质点处的水温。如果小船停泊在某处而水温随时间改变, 温度计会报告温度的改变。另外, 如果水温随位置改变但不随时间改变, 当小船沿着溪流而下, 经过一段距离, 由于温度依赖于位置, 温度计将会测得不同的温度。

上述观点可以用以下数学表示。就算是流体处于静止, 通过加热, 温度 T 可以随时间变化, 变化量 $\mathrm{D}T/\mathrm{D}t$ 来自于 $\partial T/\partial t$ 这一项。相反的极端情况是水温沿着溪流方向有改变, 但不随时间改变。这种情况下, 与给定物质粒子相关的温度随粒子进入不同的空间区域而不同。特别是, 对于 x 方向的速度为 v_x 的稳恒流动, 由于 $v_x\partial T/\partial x$ 这一项, $\mathrm{D}T/\mathrm{D}t$ 也是非零的。

我们已经有了流体运动学, 现在转向计算作用在流体微元上的力。为了简化处理, 我们把流体微元取成 $\Delta x\times\Delta y\times\Delta z$ 的立方盒子, 它的表面分别垂直于 x、y 和 z 轴。流体微元上的力来自于它与其他流体微元之间的相互作用, 可以分为压力和黏性应力。第一项是流体中压强的改变所致, 而第二项是流体速度梯度导致的摩擦力。这两项贡献画在图 12.5 中。

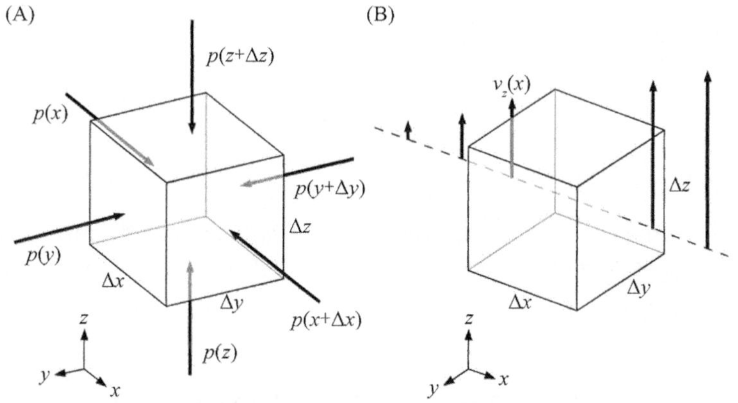

图 12.5 作用在流体微元上的压强和黏性力。(A) 压力垂直作用在单元的表面上, 并指向流体微元。(B) 流速的空间梯度导致流体微元表面的剪切力。如果流体速度指向 z 方向, 并且沿 x 方向有改变, 剪切力将会作用在垂直于 x 轴的表面上, 方向沿 z 方向

压力场 $p(x,y,z,t)$ 在图 12.5(A) 所示的流体微元的平行表面上产生一对相反的力。我们考虑与 x 方向垂直的两平行表面上的力。位于 x 处的表面受力大小为 $p(x,y,z,t)\Delta y\Delta z$, 沿 x 正方向; 而位于 $x+\Delta x$ 处的表面受力大小为 $p(x+\Delta x,y,z,t)\Delta y\Delta z$, 沿 x 负方向。于是 x 方向的总压力为这两项之和

$$\delta F_x^p = p(x,y,z,t)\Delta y\Delta z - p(x+\Delta x,y,z,t)\Delta y\Delta z \tag{12.6}$$

将第二项作泰勒展开 $p(x+\Delta x,y,z,t)\approx p(x,y,z,t)+(\partial p/\partial x)\Delta x$, 我们得到

$$\delta F_x^p = -\frac{\partial p}{\partial x}\Delta x\Delta y\Delta z \tag{12.7}$$

类似地, 可以得到 y 分量和 z 分量, 于是总压力为

$$\delta \mathbf{F}^p = -\nabla p\Delta x\Delta y\Delta z \tag{12.8}$$

式中, $\nabla p=(\partial p/\partial x,\partial p/\partial y,\partial p/\partial z)$。

为计算上述流体微元的黏性力, 我们考虑由图 12.5(B) 所示流场 $\mathbf{v}=(0,0,v_z(x))$ 给出的简单剪切流, 利用牛顿黏性力公式 (12.1) 确定作用在流体微元每个表面上的力。具体地, 牛顿公式告诉我们在流体微元每个表面上的黏性力正比于垂直于该表面的流场的改变率, 同时正比于该表面的面积。对于只沿 x 方向改变的速度场, 只有垂直于 x 两个表面上的黏性力是非零的, 这两个表面平行于 $y-z$ 平面, 面积为 $\Delta y\Delta z$。

位于 x 处的表面上的黏性力为 $-\eta(\partial v_z(x)/\partial x)\Delta y\Delta z\mathbf{e}_z$, 而位于 $x+\Delta x$ 处的表面上的黏性力为 $\eta(\partial v_z(x+\Delta x)/\partial x)\Delta y\Delta z\mathbf{e}_z$, 其中 $\mathbf{e}_z$ 是沿 z 方向的单位向量。第一项有个负号的原因可这样来理解: 若流体微元在 x 处表面内侧的流速比外侧大, 则黏性力的作用是使流体微元减速; 相反, 若流体微元在 $x+\Delta x$ 处表面外侧的流速比内侧大, 则黏性力的作用是使流体微元加速。于是流体微元上受到的总黏性力是这两个表面所受黏性力之和, 即

$$\delta F_z^v=-\eta\frac{\partial v_z(x)}{\partial x}\Delta y\Delta z+\eta\frac{\partial v_z(x+\Delta x)}{\partial x}\Delta y\Delta z \tag{12.9}$$

通过将第二项作泰勒展开到 Δx 的一阶, 我们得到

$$\delta F_z^v=\eta\frac{\partial^2 v_z(x)}{\partial x^2}\Delta x\Delta y\Delta z \tag{12.10}$$

上述黏性力的公式很容易推广到三维情形。不必列出所有的可能情况, 更好的处理办法是通过观察上述简单的推导, 断定黏性力正比于流体速度对坐标的二阶导数。力是一个矢量, 假定流体是各向同性的, 我们应该考虑通过两个 ∇ 算子 (给出二阶导数) 及速度场 $\mathbf{v}$ 可构造出矢量的各种途径。两个独立的组合方式是 $\nabla^2\mathbf{v}$ 和 $\nabla(\nabla\cdot\mathbf{v})$。于是黏性力的最一般表达式是

$$\delta\mathbf{F}^v=[\eta\nabla^2 v+\eta'\nabla(\nabla\cdot\mathbf{v})]\Delta x\Delta y\Delta z \tag{12.11}$$

由于我们只考虑不可压流体, 于是第二项恒等于零。下面我们将通过上面相同的逻辑推导来证明这一点。

如图 12.6 所示, 考虑流动对流体微元的影响。不可压意味着流动拉伸或扭曲流体微元, 但不改变其体积。考虑尺寸为 $\Delta x\times\Delta y\times\Delta z$ 的流体微元, 经过 Δt 时间后, 流体微元

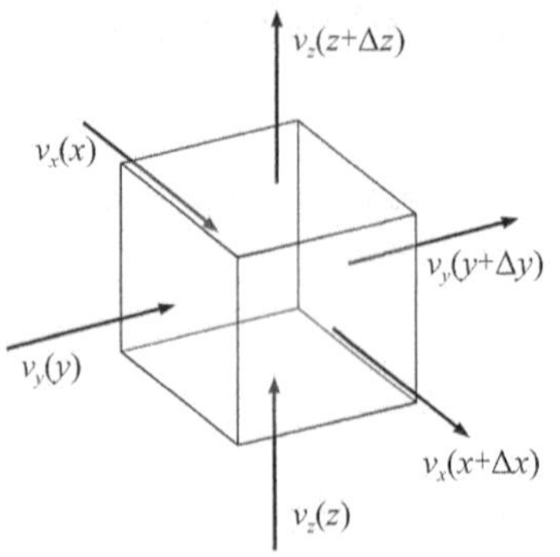

图 12.6　物质微元上的速度场

x 方向的尺寸变为

$$\Delta x' = \Delta x \left(1 + \frac{\partial v_x}{\partial x}\Delta t\right) \tag{12.12}$$

对于 $\Delta y'$ 和 $\Delta z'$ 有等价的公式。式 (12.12) 是通过考虑流体微元的两个表面沿 x 轴的位移之差而得到的, 即在 Δt 时间内, 左侧表面位移为 $v_x(x,y,z)\Delta t$, 而右侧表面位移为 $v_x(x+\Delta x,y,z)\Delta t$。这两个位移之差给出了流体微元在 x 方向上的长度增量。根据这些, 我们求得流体微元的改变量 (精确到 Δt 的一阶) 为

$$\Delta x'\Delta y'\Delta z' = \Delta x\Delta y\Delta z\left[1 + \left(\frac{\partial v_x}{\partial x} + \frac{\partial v_y}{\partial y} + \frac{\partial v_z}{\partial z}\right)\Delta t\right] \tag{12.13}$$

于是流体微元体积不变等价于第二项等于零, 即 $\nabla\cdot\mathbf{v}=0$。

12.2.4 纳维–斯托克斯方程

现在我们写下流体微元的牛顿第二定律, 即

$$\Delta m\mathbf{a} = \delta\mathbf{F}_p + \delta\mathbf{F}_v \tag{12.14}$$

式中, $\Delta m = \rho\Delta x\Delta y\Delta z$。利用流体微元加速度式 (12.4) 的完整矢量式, 压力表达式 (12.8) 及黏性力表达式 (12.11), 我们得到

$$\frac{\partial\mathbf{v}}{\partial t} + (\mathbf{v}\cdot\nabla)\mathbf{v} = -\frac{1}{\rho}\nabla p + \nu\nabla^2\mathbf{v} \tag{12.15}$$

这就是著名的纳维-斯托克斯方程, 其中 ρ 是流体的密度, $\nu=\eta/\rho$ 称为运动黏度。实际上这个矢量方程是关于速度分量 (v_x,v_y,v_z) 三个方程的简记形式。可以推测, 由简单牛顿流体本构关系刻画的流体流动的复杂性包含在这个方程中。事实上这个方程是非线性的, 因此除最简单的流动情形外得不到解析解。一个重要的例子是本章将要讨论的低雷诺数的流动, 其中流体微元的加速度可以忽略, 从而方程化成线性形式。

流体在固体表面的速度为零

纳维-斯托克斯方程是一个偏微分方程, 要求解它必须给出边界条件, 如固体表面附近的流速特征。流体的流动通常受到固体壁的限制, 因此要考虑固体表面的流速。多数情况下取这个边界条件为无滑移条件, 即固体边界处的流体相对于壁是静止的。这一点从风扇叶片积的灰尘在风扇开动时仍然保持在叶片上可以看出。更确切地说, 由于流体不能穿透表面, 速度的法线分量必须是零。

12.3 血液流体动力学

人体内, 血液循环过程生动地体现了流体动力学。心脏推动血液流遍全身, 血液流经尺寸从 1 cm 到 2 μm 的血管系统。图 2.11 显示了尺寸超过 5 μm的红细胞挤进非常小的毛细管的过程。

血液通过血管的最简单流动模式是黏度为 η、密度为 ρ 的牛顿流体稳恒地流经截面直径为 d 的管，每经过长度 l 压强降低 Δp，如图 12.7(A) 所示。在管壁流体速度为零，模型的对称性导致管内流速只与流体到轴线的距离 r 有关。换句话说，流速矢量可写为

$$\mathbf{v} = v(r)\mathbf{e}_z \tag{12.16}$$

式中，$\mathbf{e}_z$ 是沿流动方向的单位矢量，与 z 轴重合。

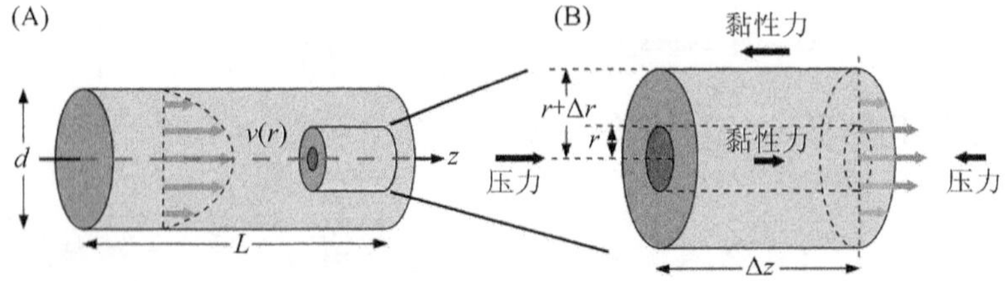

图 12.7 管流的流体动力学。(A) 在直径为 d 长为 L 的管中的稳恒流。速度场只沿半径方向改变。(B) 对于管中的稳恒流，每个流体微元上受到的黏性力和压力平衡。这里流体微元取厚度为 Δr 的空心柱

为计算流场 $v(r)$，我们利用简化后的纳维-斯托克斯方程。首先，在稳态下，我们令 $\partial\mathbf{v}/\partial t = 0$。其次，非线性项也为零，因为沿流动方向 ($z$ 方向) 速度场没有改变。于是式 (12.15) 的左端项恒为零，这样纳维-斯托克斯方程简化为作用在流体微元上的压力和黏性摩擦力的平衡。

我们不直接将纳维-斯托克斯方程在柱坐标中表示出来，而通过将长为 Δz 的空心圆柱作为流体微元来导出相关的方程。如图 12.7(B) 所示，空心柱的内外半径分别为 r 和 $r+\Delta r$。作用在该圆柱上的压力差为

$$\delta F_z^p = [p(z) - p(z+\Delta z)] \times 2\pi r\Delta r = -\frac{\mathrm{d}p}{\mathrm{d}z} \times 2\pi r\Delta r\Delta z \tag{12.17}$$

根据式 (12.1) 可得到黏性力差为

$$\delta F_z^v = \eta v'(r+\Delta r) \times 2\pi(r+\Delta r)\Delta z - \eta v'(r) \times 2\pi r\Delta z = \eta\left[\frac{v'}{r} + \frac{\mathrm{d}v'}{\mathrm{d}r}\right] \times 2\pi r\Delta r\Delta z \tag{12.18}$$

这些黏性力分别作用在图 12.7(B) 所示的流体微元的内外表面上。内表面面积为 $2\pi r\Delta z$，外表面面积为 $2\pi(r+\Delta r)\Delta z$。上述方程中的符号 v' 表示 $\mathrm{d}v/\mathrm{d}r$，将 $p(z+\Delta z)$ 和 $v'(r+\Delta r)$ 对 Δz 和 Δr 做一阶泰勒展开就可以得到最后结果。

流体微元上的力平衡方程可写为 $\delta F_z^p + \delta F_z^v = 0$，利用式 (12.17) 和式 (12.18)，得到 $v(r)$ 满足的微分方程

$$\frac{1}{\eta}\frac{\mathrm{d}p}{\mathrm{d}z} = \frac{1}{r}\frac{\mathrm{d}v}{\mathrm{d}r} + \frac{\mathrm{d}^2 v}{\mathrm{d}r^2} = \frac{1}{r}\frac{\mathrm{d}}{\mathrm{d}r}\left(r\frac{\mathrm{d}v}{\mathrm{d}r}\right) \tag{12.19}$$

精通矢量计算的人将会看到上式的右端项正是柱坐标中用拉普拉斯算符作用于 $v(r)\mathbf{e}_z$ 的结果，式 (12.19) 对应于矢量形式的纳维-斯托克斯方程 (12.15)。

为求解这个方程，我们对两边关于 z 求积分，得到

$$-\frac{\Delta p}{\eta} = \frac{l}{r}\frac{\mathrm{d}}{\mathrm{d}r}\left(r\frac{\mathrm{d}v}{\mathrm{d}r}\right) \tag{12.20}$$

式中, $\Delta p = p(0) - p(l)$ 是沿管的压降。

通过两次积分可求得上述微分方程的解

$$v(r) = -\frac{\Delta p}{\eta l}\left(\frac{r^2}{4} - \frac{C_1}{r^2} + C_2\right) \tag{12.21}$$

式中, C_1 和 C_2 是两个积分常数。因为流体速度在 $r = 0$ 处为有限值, 所以 $C_1 = 0$; 由无滑移边界条件 $v(d/2) = 0$ 可得 $C_2 = -d^2/16$。管中流体速度的最终表达式为

$$v(r) = \frac{\Delta p}{4\eta l}\left(\frac{d^2}{4} - r^2\right) \tag{12.22}$$

由这个表达式可以得到其他几个有用关系式, 如通过管截面的平均速度为

$$\bar{v} = \frac{\int_0^{d/2} v(r) \times 2\pi r dr}{\pi d^2/4} = \frac{\Delta p d^2}{32\eta l} \tag{12.23}$$

及流率 $Q = \bar{v}\pi d^2/4$, 当代入 $\bar{v}$ 的表达式后得到

$$Q = \frac{\pi \Delta p d^4}{128\eta l} \tag{12.24}$$

流率的公式是流体动力学中的一个经典结果, 通常将它归功于泊肃叶 (Poiseuille)。它表明对于固定的压差, 流率是直径的 4 次方。这告诉我们由于血斑堆积引起血管宽度微小的改变能够极大地降低血液的流率。

估算: 血液通过毛细血管　各种动物的毛细血管大致有相同的尺寸, 直径约为 5 μm。我们利用压差和尺寸粗略估算通过毛细管的血液。毛细血管每长度 $l \approx 1$ cm 的压差为 $\Delta p \approx 20$ mmHg≈ 3000 Pa。利用管流的平均流速公式

$$v = \frac{\Delta p d^2}{32\eta l} \tag{12.25}$$

我们估算出血流速率为 $v \approx 0.02$ cm/s, 而实验测得的血流速率约为 0.05 cm/s。注意上面估算中用到了水的黏度 $\eta = 10^{-3}$ Pa s; 估算的流速小于测量值似乎暗示毛细管中的血液黏性比水小。事实上, 血液的黏度比水大三倍, 这导致我们的估算和观察到的速度分歧更大。但不用奇怪, 因为红细胞的尺寸与管道直径相当, 更可靠的处理需要考虑流体的非牛顿特性。

白细胞的滚动和吸附

上面我们讨论血液的流体动力学时将血液近似看成简单流体。然而在低倍显微镜下可以看到血液实际上是由各种不同形状、尺寸和功能的细胞形成的高浓度悬浮液。最主要成分是红细胞, 我们已经在第 4.2 节讨论过, 它们携带血红蛋白将氧气运送到全身。另一种主要的细胞是白细胞, 它们是免疫系统的代理人。白细胞利用血液循环系统作为高速通道使它们能够到达身体的任何部位迅速地对感染作出反应。白细胞入侵发炎组织的

过程包含几个不同的阶段，它们体现了血液的流体动力学和血管壁之间可调节的复杂相互作用。

在没有被感染的正常人体内，白细胞同红细胞一样是被动运输的。然而，在响应受伤和感染时，受损组织的细胞分泌分子指示细胞形成血管衬里以改变血管的表面黏附性质，并指示白细胞通过复杂的方式改变其黏附性质。这个过程如图 12.8 所示。当白细胞和形成血管壁的内皮细胞亲和力开始稍微增加时，白细胞出现一种引人注目的行为——滚动。此时白细胞和内皮细胞之间的特异分子结合事件不足以抵抗强大的血液流动而使得白细胞黏在血管壁上。当驱动白细胞运动的黏性力和表面吸附力平衡时，形成一种稳定的动力学过程，包括白细胞黏附滚动和以一定概率发生的无黏附滚动。当接收到来自受损组织更强的痛苦信号时，白细胞和内皮细胞的接触进一步增强以致于滚动的球形白细胞黏贴在内壁上。黏住之后，白细胞会穿过血管进入受损的组织从而抵抗感染。不同的白细胞利用不同的武器抵抗微生物入侵。

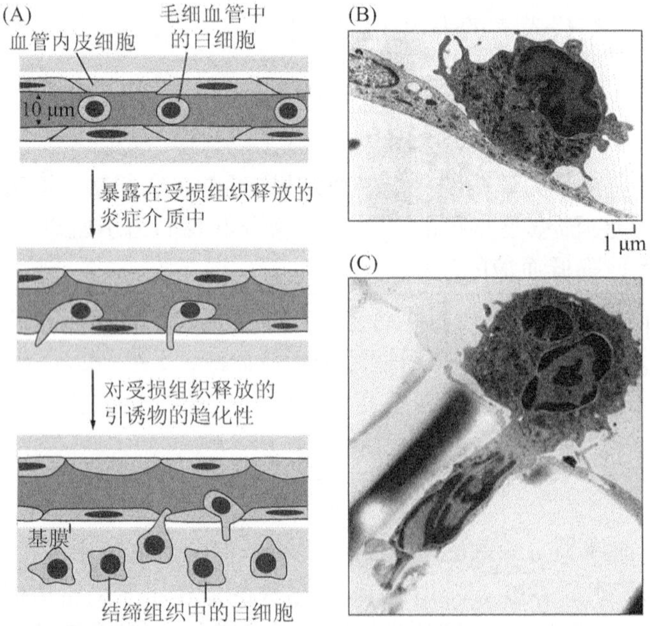

图 12.8　白细胞入侵组织。(A) 白细胞被吸收到受损组织的示意图。(B) 白细胞黏附在血管内皮细胞的电子显微图。(C) 白细胞外渗行为 (穿过内皮细胞进入组织) 的电子显微图。(A 图取自 B. Alberts et al., Molecular Biology of the Cell, 5th ed. New York, Garland Science, 2008; B 图由爱尔兰科学家惠赠; C 图由 Clare O'Connor 和 Jill Mackarel 惠赠)

12.4 低雷诺数的世界

12.4.1 斯托克斯流

有趣的是, 对于许多生物学中受关注的问题, 流体力学的方程可以极大地简化, 因为其动力学与我们熟知的日常生活中将弹子投入一罐蜂蜜相似。关于"低雷诺数下的生命"是爱德华・珀赛尔 (Edward Purcell) 在一篇同名的经典论文中提出的, 建议所有的读者阅读这篇论文。为了演示"低雷诺数"流动的特殊性质, 自 1927 年起澳大利亚一直在进行一项实验。该实验装置如图 12.9 所示, 测量高黏性的流体在重力作用下的"流动"。从 1927 年至今, 大约 80 年只滴下了8滴流体。这个实验之所以对培养生物学的直觉非常重要在于这一高黏性的环境呈现出细菌世界的图像, 下面关于计算细菌制动距离的具体例子说明细菌受到非常大的黏性阻力。

图 12.9 历经百年的实验。实验演示日常生活中的一种流体, 其黏性程度对于鱼来说与水的黏性程度对于大肠杆菌来说相当。上部容器盛有黑色沥青, 可以清晰看到置于其中的黑色沥青会悬挂在上部容器口, 然后滴下来。(J. S. Mainstone 教授惠赠)

纳维-斯托克斯方程的非线性项在黏性占主导地位的流动中可以忽略。为看清这一点, 考虑线度为 L 的刚体以速度 U 通过流体导致的流动。惯性项在式 (12.15) 左边, 其量级近似为 $\rho U^2/L$, 而黏性项量级近似为 $\eta U/L^2$。估算的思想是流体速度的一阶和二阶导数的量级分别近似为 U/L 和 U/L^2。惯性项和黏性项的量级之比是无量纲的雷诺数

$$Re = \rho LU/\eta = LU/\nu \tag{12.26}$$

雷诺数的意义在于当 $Re \ll 1$ 时纳维-斯托克斯方程简化为斯托克斯方程

$$\nabla p = \eta \nabla^2 \mathbf{v} \tag{12.27}$$

斯托克斯方程是线性的, 并且在附加不可压条件 $\nabla \cdot \mathbf{v} = 0$ 时对以均匀速度运动的球的绕流问题可以得到重要的解析解。

雷诺数刻画了黏性和惯性的相对重要性, 审视这一含义的替代方案是简单地比较动能和黏性耗散。如果我们考虑尺度为 a 的一团流体以速度 u 移动, 则其动能 (KE) 是其质量 ρa^3 乘以其速度的平方, 即

$$\mathrm{KE} \sim \rho a^3 u^2 \tag{12.28}$$

下面将这个数值同流体团移动一个与其尺度相当的距离时黏性力耗散的能量作比较。黏性功为

$$W \sim \underbrace{\eta \frac{u}{a}}_{\text{黏性应力}} \times \underbrace{a^2}_{\text{面积}} \times \underbrace{a}_{\text{移动距离}} \tag{12.29}$$

式中, 流体速度的改变率 (约为 u/a) 产生黏性应力。动能和黏性功的比值给出式 (12.26), 于是我们断定在小雷诺数的世界中, 流体微元的动能很快被摩擦耗散掉。如果我们估算流体团动能耗散的时间与移动一段约等于其尺度的距离所需的时间, 可以得到相同的结论。前者由动能 ($\rho a^3 u^2$) 和摩擦力的功率 ($\eta a u^2$) 给出

$$\tau_{\text{viscous}} = \rho a^2/\eta \tag{12.30}$$

而后者为

$$\tau_{\text{inertial}} = a/u \tag{12.31}$$

这两个时间尺度之比再次给出式 (12.26)。

对于半径为 R 的球远离器壁且以恒定速度 $\mathbf{v}$ 在流体中移动的情形, 可以得到斯托克斯方程式 (12.27) 的一个重要解。如图 12.10 所示, 流动的特性随着雷诺数的不同而不同。这个基本解可作为直观地理解我们关心的许多生物流体动力学关键问题的基础。考虑这个问题的等价办法是将坐标系建在球上随球一起移动。在这种情况下, 当求解式 (12.27) 时, 需要假定球表面的流体速度为零 (无滑移条件) 而无穷远处流体速度为 $-\mathbf{v}$。著名的斯托克斯公式描述了流体对球的阻力, 由于它的数学推导在大多数流体力学教科书上都可以找到, 因此我们仅从量纲分析的角度给出直观的论证。

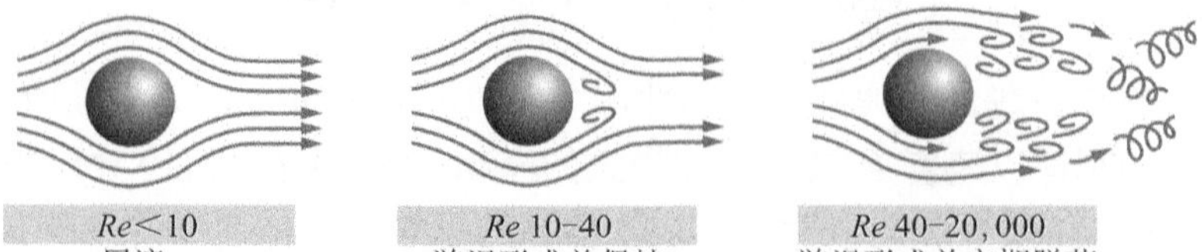

图 12.10 球形物体的绕流问题。当雷诺数增大, 流场从层流转变为湍流。(取自《费曼物理学讲义》, 1965)

为计算流体对球产生的力，我们需要将黏性应力和压强对整个球面积分。由推导纳维-斯托克斯方程的过程可知，黏性应力正比于速度的空间梯度，我们期望流体速度在与球半径可比拟的尺度上会降为零，于是速度的空间梯度近似为 v/R。由式 (12.27) 可以看出压强也有相同的规律。球的表面积为 $4\pi R^2$，于是可将积分的结果估算为表面积与力的特征尺度 $(\eta v/R)$ 的乘积，这导致斯托克斯力为 $F_S = C\eta Rv$，其中 C 是一个无量纲常数。注意这个方程也可以由斯托克斯方程的线性特征 (压强和流速线性相关) 得到，于是 $F_S \sim v$，前面的比例系数单位是 $\mathrm{N\,s/m}$。这个问题中余下的有量纲参数是黏度 η 和半径 R，得到 $\mathrm{N\,s/m}$ 唯一的组合是 ηR。通过数学求解微分方程，可以得到斯托克斯阻力的准确表达式

$$F_S = 6\pi\eta Rv \tag{12.32}$$

所得到的更多信息仅仅是确定了常数 C 的值为 6π。

这种思考模式也允许我们计算低雷诺数下流体对圆柱的阻力。这一计算与靠旋转鞭毛或纤毛推进的细菌密切相关。对于长度为 L，半径为 r 并以速度 $\mathbf{v}$ 运动的圆柱，我们预期流体速度梯度大小为 v/r。圆柱表面积为 $2\pi rL$，我们估算出黏性阻力形式为 $C_{cyl}\eta vL$，其中 C_{cyl} 量级为 1。可以对任意形状的固体重复这一简单的论证，从而得到经验法则: 固体的最大维度决定了摩擦力的尺度。

上面的论述忽略了一个细节，这个细节在细菌鞭毛推进的问题中是重要的。具体地，圆柱有两个不等价的方向，一个沿着轴向，另一个垂直于轴向，阻力与沿着轴向运动还是垂直于轴向运动有关。特别是，沿着垂直于轴向运动的系数 C_{cyl} 是沿着平行于轴向运动的系数的两倍。此外，量纲分析对于圆柱来说没有球体那么有效。圆柱存在一个无量纲参数 L/r，所以量纲分析允许 C_{cyl} 是 L/r 的任意函数。事实上，基于斯托克斯方程的具体计算表明 C_{cyl} 与 L/r 的对数成弱依赖关系。

12.4.2 单分子实验中的斯托克斯阻力

单分子实验允许我们探测细胞内的单个分子。在第 8 章中我们已经看到怎样利用这些手段来研究 DNA 的力学性质。这些技术的另外一个应用是研究细胞内的分子机器的动力学。要解释这些实验，我们必须理解黏在这些高分子上的珠子或细丝引入了何种人为信号。

斯托克斯阻力对光镊实验是不重要的

一个非常漂亮的单分子实验被用来明确地证明 ATP 合酶是旋转马达。实验的基本思想展示在图 12.11 中，荧光标记的肌动蛋白丝黏在 ATP 合酶上。当马达旋转时，肌动蛋白丝会转动。这个实验提供了观察这些迷人机器的窗口，实验证明这些机器存在停顿现象。

另一类经典的单分子实验是利用光镊进行的。这些技巧最激动人心的应用是研究分子马达，如图 3.26 的实验允许我们测量诸如肌球蛋白等分子马达的速度与负载的关系。从本章的观点来看，我们想到的一个问题展示在图 12.12 中，马达的尺寸 (纳米量级) 和

黏在马达上控制马达的珠子的尺寸 (微米量级) 是不匹配的。具体地, 当马达拖动珠子, 珠子上的阻力会有多大, 它与马达产生的力可比吗?

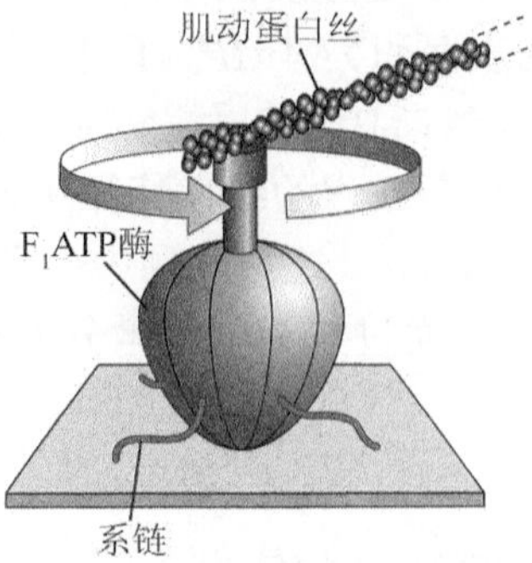

图 12.11 肌动蛋白丝黏在 F_1 合酶上的单分子实验

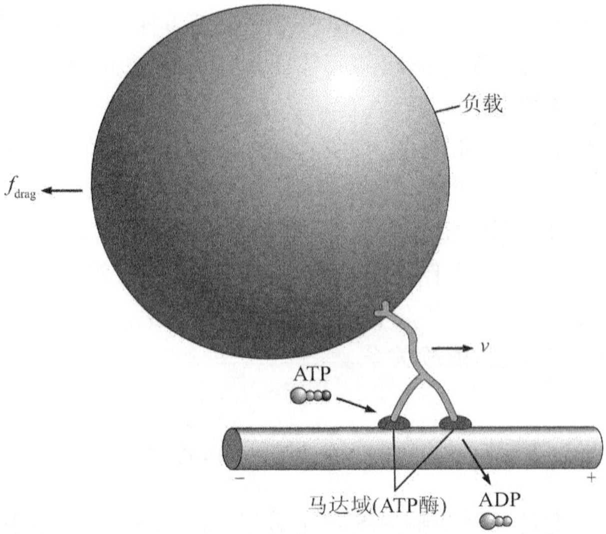

图 12.12 光镊实验中的黏性力。几百纳米的珠子黏在纳米尺度的分子马达上。当马达沿着膜骨架轨道运动时, 珠子会受到小的黏性阻力

为估算这个力的大小, 我们使用式 (12.32), 其中, R 是珠子的半径, v 是其速度。代入与分子马达运动相关的合适数据, 我们有

$$F_s \approx 6 \times \pi \times \underbrace{10^{-3}\,\mathrm{N\,s/m^2}}_{\text{黏度}} \times \underbrace{500 \times 10^{-9}\,\mathrm{m}}_{\text{珠子半径}} \times \underbrace{10^{-6}\,\mathrm{m/s}}_{\text{马达速度}} \approx 10^{-2}\,\mathrm{pN}$$

这个简单的估算表明珠子的阻力差不多比马达产生的力 (约 5 pN) 小三个量级。于是, 尽管马达与黏在它上面的珠子给人的感觉像是阿特拉斯 (Atlas) 背着地球, 但实际上马达需要额外克服的由珠子导致的黏性阻力可以忽略不计。

12.4.3 耗散的时间尺度和雷诺数

通过对黏性力支配的运动的力学类比, 我们能获得关于低雷诺数世界的更直观的认识。考虑一个阻尼谐振子, 由下述方程描述

$$m\ddot{x}+\gamma\dot{x}+kx=0 \tag{12.33}$$

式中, m 是质量; γ 是阻尼系数; k 是劲度系数; 符号 $\dot{x}$ 和 $\ddot{x}$ 是速度和加速度的速记形式, 它们分别是 x 对时间的一阶和二阶导数。我们关心的是谐振子在黏性极限下的运动。基本思想是评估这种简单情况下惯性项和阻力项的相对重要性。对于纳维-斯托克斯方程, 这对应于黏性时间尺度比问题中其他所有的时间尺度都短。黏性时间尺度是黏性力消耗动能所需的时间。我们看到在这个时间尺度上动能被阻力项消耗, 可以写为

$$\frac{m\dot{x}^2}{\tau_v}\approx\gamma\dot{x}^2 \tag{12.34}$$

右端项是耗散率, 它是黏性力 $(\gamma\dot{x})$ 和速度 $(\dot{x})$ 的乘积。于是我们可以写出黏性时间尺度

$$\tau_v=\frac{m\dot{x}^2}{\gamma\dot{x}^2}=\frac{m}{\gamma} \tag{12.35}$$

可以断言在黏性极限下, 如果我们只关心时间尺度大于 m/γ 时谐振子的位置, 惯性项 $(m\ddot{x})$ 可以从式 (12.33) 中删掉。这导致 $x(t)$ 的方程可简化为

$$\gamma\dot{x}+kx=0 \tag{12.36}$$

很容易得到它的解

$$x(t)=x_0\mathrm{e}^{-(k/\gamma)t} \tag{12.37}$$

式中, x_0 是谐振子的初始位置。

可以假定谐振子的初始位置和速度分别为 x_0 和 v_0, 直接求解式 (12.33) 来核实上面的断言。方程的解为

$$x(t)=C_+\mathrm{e}^{\lambda_+ t}+C_-\mathrm{e}^{\lambda_- t} \tag{12.38}$$

其中

$$\lambda_\pm=\frac{-\gamma\pm\gamma\sqrt{1-4km/\gamma^2}}{2m} \tag{12.39}$$

而常数 $C_\pm=(\lambda_\mp x_0-v_0)/(\lambda_\mp-\lambda_\pm)$。在黏性极限下, 谐振子的周期 $\sqrt{m/k}$ 远大于黏性时间尺度 m/γ, 于是 $km/\gamma^2\ll 1$。这个严格不等式允许我们将式 (12.39) 中的平方根做泰勒展开。将其展开到 km/γ^2 的最低阶并将 $\lambda_\pm$ 代入式 (12.38) 中得到

$$x(t)=C_+\mathrm{e}^{-(k/\gamma)t}+C_-\mathrm{e}^{-(\gamma/m)t} \tag{12.40}$$

于是在时间 t 远长于黏性时间尺度时, 这个方程化为式 (12.37), 与忽略掉惯性项的阻尼谐振子结果一致。有趣的是, 只要 $m/\gamma\ll x_0/v_0$, 就像式 (12.37) 一样, 对初始速度的依赖性

也从这个问题中消失。这个额外的假定要求黏性时间尺度比粒子以速度 v_0 经过 x_0 的距离所用的时间短很多。

这个简单的练习表明单自由度系统中惯性项和阻力项的相对重要性。这里的经验可用来更好地理解流体力学中雷诺数的意义。

12.4.4 细菌的游动

低雷诺数区与诸如大肠杆菌等微生物的游动关系特别密切。为了看清细菌同宏观游泳者 (如鱼) 的雷诺数的差别, 我们作量级上的估算。对于尺寸约为 10 cm 的鱼在水中以 1 m/s 游动, 利用室温下水的运动黏度 $\eta/\rho = 10^{-6}\ \mathrm{m^2/s}$ 和式 (12.30) 可得到黏性时间尺度为 $\tau_v = 10^4\,\mathrm{s}$。由式 (12.31) 得到惯性时间尺度 $\tau_i = 0.1\,\mathrm{s}$。这导致一个大的雷诺数 10^5, 表明惯性效应比黏性项占优势。另外, 对于大肠杆菌, 尺寸约为 1 μm, 在水中游动速度为 10 μm/s, 可导出 $\tau_v = 1\,\mu\mathrm{s}$, $\tau_i = 0.1\,\mathrm{s}$, 以及雷诺数 10^{-5}。在这种情况下, 细菌游动非常短的距离 (量级为 $\tau_v u \approx 0.1\,\text{Å}$) 就会停止, 动能及时地被消耗掉。

从上面的例子我们看到宏观生物体 (如鱼) 同微生物 (如大肠杆菌) 的雷诺数差 10 个量级。我们将要详细讨论细菌所处的机械运动的世界, 在这个世界中亚里士多德的观点是正确的, 即基本动力学是速度与力呈线性关系。为获得关于雷诺数巨大差异的直观感觉, 我们考虑介质要黏到何种程度鱼在其中游动的雷诺数与大肠杆菌在水中游动的雷诺数相当? 答案是运动黏度应该比水大 10 个量级, 即 $10^4\,\mathrm{m^2/s}$。这大约是室温时沥青的运动黏度, 结果显示在图 12.9 的实验中。

第二种说明低雷诺数奇特世界的途径是考虑不同尺寸的物体的制动距离。我们考虑一个球形物体的运动, 其初始速度等于球直径/秒。然后我们问阻力将以这一初速度运动的球制动前球移动多长的距离。计算结果展示在图 12.13 中。对于直径为 1 μm 的球, 制动距离小于 1 nm!

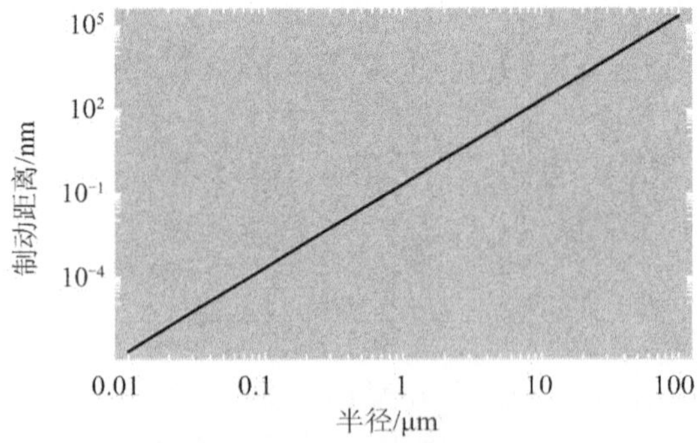

图 12.13　初始速度等于直径/s 的球的制动距离。纵坐标表示球形粒子以直径/s 的初速度运动, 在它停止运动前经过的距离

细菌所处的小雷诺数世界的一个重要结果是它们驱使自己寻找营养物的方式。例如, 大肠杆菌旋转鞭毛运动, 鞭毛如图 4.16 所示, 是细的螺旋纤维结构。流体在平行和垂直于杆的方向运动对杆的阻尼系数不同导致推进力的产生。为估算推力及其产生的速度, 我

们将鞭毛看成长为 $L = 10\ \mu\text{m}$ 的螺旋纤维, 其绕轴旋转频率为 $f = 100\ \text{Hz}$。螺旋的螺距和直径分别为 $P = 2\ \mu\text{m}$ 和 $D = 0.5\ \mu\text{m}$。从鞭毛上取长为 l 的一个小片段, 它与 z 轴的角度记为 θ, 运动速度为 $v = \pi D f$。几何关系显示在图 12.14 中。夹角 θ 与螺距和直径关系为 $\tan\theta = \pi D/P$。平行和垂直于鞭毛片段方向的力分别为

$$F_{\parallel} = \gamma_{\parallel} v \sin\theta \quad 和 \quad F_{\perp} = \gamma_{\perp} v \cos\theta \tag{12.41}$$

式中, $\gamma_{\parallel} \approx 2\pi\eta l$ 和 $\gamma_{\perp} \approx 4\pi\eta l$ 分别是杆沿平行和垂直于其长轴方向运动的阻尼系数。注意我们忽略了阻尼系数中的对数修正项。于是两个方向的不同阻尼系数导致非零的推进力。

将 L/l 个片段的平行和垂直推进力的 $z-$ 分量加起来, 得到推进力

$$F_p = 2\pi\eta L v \cos\theta \sin\theta \tag{12.42}$$

如果细菌以速度 V 运动, 其阻力 $2\pi\eta LV$ 与推进力 F_p 平衡, 由此可以得到 V 的表达式

$$V = v\cos\theta\sin\theta = \pi D f \sin\theta\cos\theta \tag{12.43}$$

利用上面大肠杆菌的数据, 我们估算出 $V \approx 70\ \mu\text{m/s}$, 而实验测量值约为 $30\ \mu\text{m/s}$。

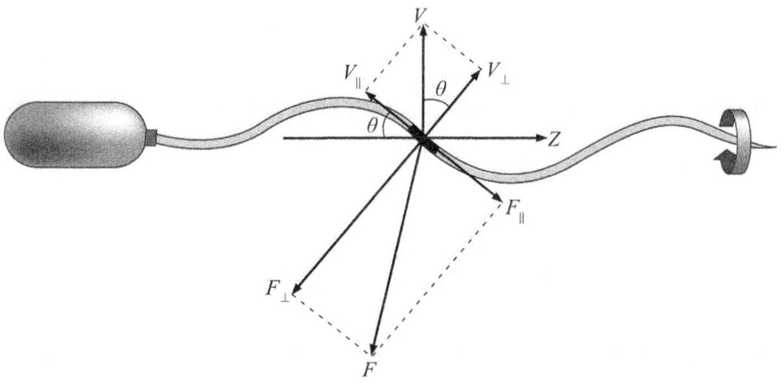

图 12.14 细菌游动产生力的图像。示意图展示了鞭毛给定点的速度可以分解为平行和垂直于鞭毛的分量

在低雷诺数下游泳者形体的往复变形不会导致净运动

转动螺旋纤维是生命体在小雷诺数下产生运动的许多策略中的一种。有趣的是, 对人类或大尺度的游泳者非常有效的某些游动策略在小雷诺数下是非常失败的, 如扇贝采取的一个简单策略。"游泳者"由两块板铰连构成, 两块板以不同的速度摆动。即使这种运动在大雷诺数时可以推进游泳者, 然而在小雷诺数下采用这种策略则是徒劳无益的。为表明这一点, 我们利用小雷诺数流的性质: 运动物体上的力与其速度成正比。

两个板之间的夹角 $\theta(t)$ 随时间改变, 但在游动冲程的始末这个夹角是相同的, 即 $\theta(0) = \theta(T)$。流体作用在"扇贝"上的力线性正比于角速度 $\mathrm{d}\theta/\mathrm{d}t$。另外, 扇贝的线速度 v 正比于力, 因而 $v = \text{const} \times\ \mathrm{d}\theta/\mathrm{d}t$。将两边对一个周期 (从 0 到 T) 积分, 得到

$x(T)-x(0)=\text{const}\times[\theta(T)-\theta(0)]=0$, 换句话说, 净位移为零。我们看到游泳者的往复运动 (游动循环可分为两个互逆的"冲程") 总是这种情况。对"扇贝"的一个简单的改进是三块板由两个铰链连接, 如图 12.15 所示, 只要板折叠的顺序与打开的顺序相同 (可避免往复运动的陷阱), 它就可以产生净运动。游泳者确切地采取哪种运动方式是一个相当精妙的问题, 答案还与板的运动幅度有关。

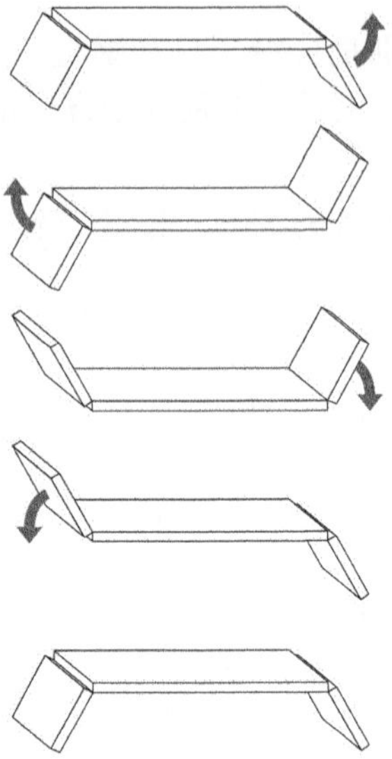

图 12.15 珀塞尔的简单游泳者。箭头表示的板的运动会导致整体的平移 (游泳)。这个模型有可能解释小的螺原体细菌的游动机制。(取自 E. M. Purcell, *Am. J. Phys.* 45: 3, 1977.)

12.4.5 离心和沉降

流体力学有一个比较特殊的问题与生化学家和分子生物学家最熟悉的工具之一——离心机密切相关。通常, 生化提纯的核心目的是将高分子或其复合体从周围的溶液中分离出来。离心法是实现这一目的特别有效的方式, 它也提供了一个扩散中出现漂移的简单例子, 在这个例子中需要再一次用到斯托克斯公式。

离心过程是将包含大分子的溶液样品高速旋转, 转速可高达 100 000 r/min (对应的加速度为 $10^6\,g$)。其目的是将高分子按尺寸分离, 实现的步骤如下: 旋转样品的过程导致表观离心力, 它作用在每个分子上。这个力从转动轴指向外, 大小为 $m\omega^2 r$, 其中 m 是分子的质量, ω 是转动角速度, r 是分子到转轴的距离。如果假定样品分子的尺寸远小于其到转轴的距离, 则可以认为单位质量的离心力近似为常数。这有点像重力, 地表附近所有自由下落物体加速度均为 9.8 m/s^2。这一类比过程中我们要注意的是进入离心力公式中的质量需要用阿基米德定律修正, 即 $m\to m-\rho V$; 这里 ρ 是溶剂的密度, V 是分子所占的体积。

离心力赋予分子漂移速度。在摩擦统治的高分子溶液世界中, 摩擦力与漂移速度成

正比。而摩擦力与离心力平衡, 可导出表达式

$$v_{\text{drift}} = \frac{mg_c}{\gamma} \tag{12.44}$$

式中, g_c 是单位质量的离心力; γ 是摩擦系数。对于半径为 R 的球在黏度为 η 的流体中运动, 摩擦系数由斯托克斯公式 $\gamma = 6\pi\eta R$ 给出。

物理量 m/γ 不依赖于离心机的转速, 对于高分子通常用斯韦德贝格 (Svedberg) 做单位; 1斯韦德贝格是 10^{-13} s, 半径为 1 nm 的球蛋白在水中的结果与这个值接近。可以取蛋白质的典型密度 1.35 g/cm^3 及式 (12.45) 来估算出这个值。

漂移速度由式 (12.44) 给出, 它实际上是尺寸的二次函数。如果假定粒子是密度为 ρ_p 半径为 R 的球, 于是

$$v_{\text{drift}} = \frac{(\rho_p - \rho) \times \frac{4}{3}\pi R^3 g_c}{6\pi\eta R} = \frac{2(\rho_p - \rho)}{9\eta} R^2 g_c \tag{12.45}$$

漂移速度对粒子尺寸的强烈依赖性允许我们利用离心法有效地分离粒子。

在旋转样品中, 溶液中高分子上的作用力不仅仅只有离心力。还有一个普遍的随机热运动力, 它来源于溶剂分子对高分子不停的碰撞。热运动力导致高分子的扩散, 这对于分离高分子起负作用。

考虑分子初始分布在离心机试管上方的一个窄带中。这是速率区带离心的情形, 样品沉积在有密度梯度的蔗糖或其他物质的水溶液上方, 如图 12.16(A) 所示。分子沿管的方向所处的位置记为 x, 窄带初始处在 $x = 0$ 位置。为简化分析, 假定零时刻离心力开始起作用, 分子开始漂移, 同时由于扩散它们的分布展宽了。分布的展宽可由扩散定律 $\Delta x = \sqrt{2Dt}$ 得到, 然而带的中心位置由 $x_c = v_{\text{drift}}t$ 给出。注意带宽的增加是时间的平方根而中心位置的改变与时间成正比, 这一区别使得分离分子成为可能。

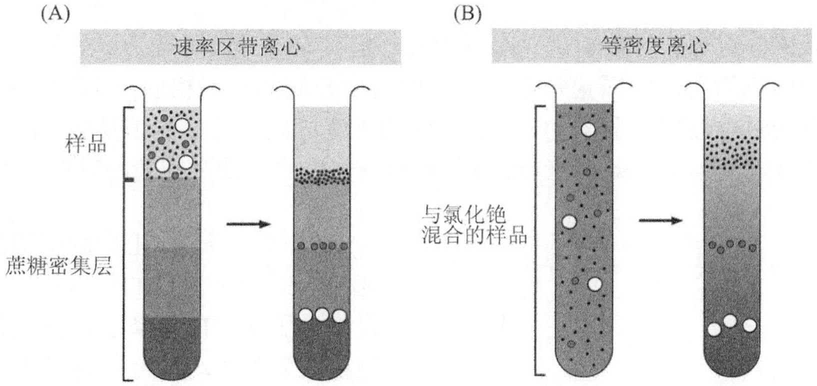

图 12.16 离心过程的流体力学。(A) 在速率区带离心过程中, 高分子样品初始时刻在离心机试管的上方很窄的一个区域。(B) 在等密度离心过程中高分子分散在整个试管中。所有高分子按密度梯度从溶液中分离出来

为研究两种高分子分离的条件, 我们考虑两种分子初始处于 $x = 0$ 的窄带中的简单情形。只要两种分子有不同的漂移速度和扩散系数, 当两种分子形成窄带的中心距离大

于两个带宽之和时, 两种分子即发生分离。换句话说, 我们要求

$$|v_{\mathrm{drift1}} - v_{\mathrm{drift2}}|t > (\sqrt{2D_1} + \sqrt{2D_2})\sqrt{t} \tag{12.46}$$

这总是可以成立的, 只要我们等待足够长的时间 ($t > t_{\mathrm{sep}}$), 这里分离时间

$$t_{\mathrm{sep}} = \left(\frac{\sqrt{2D_1} + \sqrt{2D_2}}{|v_{\mathrm{drift1}} - v_{\mathrm{drift2}}|}\right)^2 \tag{12.47}$$

要在有限长的试管中发生分离, 分离时间必须足够小使得分离发生在漂移的高分子条带到达试管底部之前。这给定了离心机的设计参数, 使得两种分子能成功分离开。如果两个漂移速度较大者是 v_{drift1}, 那么在长为 L 的试管中的分离条件是 $v_{\mathrm{drift1}}t_{sep} < L$。利用漂移速度及分离时间的公式, 我们可以将这个条件改写为离心力所要满足的条件 (这给出了对转动速度的限制)

$$g_c > \frac{1}{L}\frac{m_1}{\gamma_1}\left(\frac{\sqrt{2D_1} + \sqrt{2D_2}}{m_1/\gamma_1 - m_2/\gamma_2}\right)^2 \tag{12.48}$$

与等待一定的时间以达到分离不同, 等密度方法依赖于离心机试管中的所有高分子的密度梯度。这种方法如图 12.16(B) 所示。在等密度情形, 特定的高分子有可能向管口或管底漂移, 取决于它的密度在特定的位置比溶剂大还是小。当分子达到某处, 其密度与该处溶剂匹配, 漂移就会停止。这时对应于式 (12.45), 它代表当 $\rho_p = \rho$ 时 $v_{\mathrm{drift}} = 0$。因此, 将样品旋转足够长的时间, 最终产品将是所有的高分子分离成一些条带, 在这些条带上其密度跟溶剂匹配。

12.5 总　　结

从显微镜下看细菌的游动是一个激动人心但具有误导性的经历。当它们四处游动时, 这些微小的细胞给我们的错觉是它们和我们与水介质的关系相同, 但这是错误的。本章表明如何直接将牛顿第二定律 ($\mathbf{F} = m\mathbf{a}$) 应用于流体微元及怎样用其导出的运动方程来培养对细胞和细菌生命活动 (如红细胞在我们身体中的运动及细菌的游动) 的感性认识。

12.6 课后习题

1. 细菌觅食

细菌通过游泳来寻找食物。假想细菌处在食物稀少的区域。细菌要能够通过游动达到食物密度较高的区域获益, 它必须在扩散导致两个区域食物分子浓度差不多之前到达那里。这里我们寻找细菌跑赢扩散需要游动的最小距离。

(1) 请作出一张图, 上面画出细菌以恒定速度 v 在时间 t 游动的距离及在相同时间内食物分子扩散的距离。在图上标明细菌跑赢扩散需要游动的最短时间和最小距离。

(2) 对于大肠杆菌来说游动速度为 30 μm/s, 典型的食物分子扩散系数约为 500 μm^2/s, 请估算出最短时间和最小距离的数值。

(3) 估算细菌以这种速度游动时每秒要消耗的ATP分子的数目, 假定游动过程

中ATP水解释放的能量都被用来克服流体阻力。每个 ATP 分子水解释放的能量大约是 20 k_BT。注意细菌鞭毛马达实际上是由质子梯度驱动的, 而这里的估算是基于 ATP 水解释放的能量恰好克服流体阻力。

2. 静水压强与血压

在本问题中, 我们考察流体的静水压力。

(1) 考虑一静止的流体微元 $\Delta x \times \Delta y \times \Delta z$。写下流体微元受到的压力和重力的平衡方程

$$\nabla p = \rho \mathbf{g} \tag{12.49}$$

其中 $\mathbf{g}$ 是重力加速度。

(2) 假定密度是常量, 求解 (1) 中导出的微分方程。证明流体中的压强表达式为 $p(z) = p_0 - \rho g z$, 其中 z 轴与 $\mathbf{g}$ 反向。

(3) 估算大气压强 (线索: 查找空气密度并对大气层的高度做合理的猜测)。

(4) 当医生测量你的血压时, 如果你将手臂举过头顶, 测量的结果相对于你的手臂与心脏平齐的时候有何改变? 下次在医生的办公室试试。

3. 圆石藻、浮力和海洋之花

(1) 利用因特网搜索"Emiliana huxleyi bloom"并且欣赏圆石藻产生的海洋之花图片。本书网站上能够找到我们最喜欢的一张图片。

(2) 从圆石藻的电子显微照片估算其尺寸和质量。

(3) 假定其细胞的密度是水的 1.3 倍, 计算其在室温下充满空气或水的烧杯中的平均高度。画出平均高度与细胞半径之间的函数曲线。

(4) 由 (3) 的结果推断在什么尺度上重力和热运动的效应相当。考虑球形粒子下降一个与其半径相同的距离释放的重力势能, 将其与热运动的能量比较。

4. DNA 的扭转实验

两个珠子黏在长度为 L 的双螺旋 DNA 分子的两端, 使得 DNA 的扭转受限。假定将一个珠子相对于另外一个扭转角度ϕ, 保持两端的张力阻止 DNA 形成超螺旋。如图 10.39 所示, 再黏一个半径为 R 的小珠子在双螺旋上, 将小珠子下方的其中一股 DNA 打断, 这样 DNA 分子可以绕没有打断的一股 DNA 上的单键旋转而释放扭矩。为理解这个实验, 我们需要考虑旋转珠子的阻力。

(1) 证明半径为 R 以角速度 ω 转动的球的阻尼系数为 $K\eta R^3$, 其中 K 是一个无量纲常数。对于转动, 摩擦系数将角速度和摩擦扭矩联系起来。可以应用本章导出斯托克斯公式的处理方法。其思想是黏性应力的尺度正比于 $v/R = \omega$, 作用面积的尺度为 R^2。结合二者可得到力, 进而得到扭矩。

(2) 对于高度扭转的 DNA, 扭矩与扭转角无关, 约等于常量 $\tau = 33\,\text{pN nm}$。利用图 12.17 确定常数 K 和 π 的乘积。

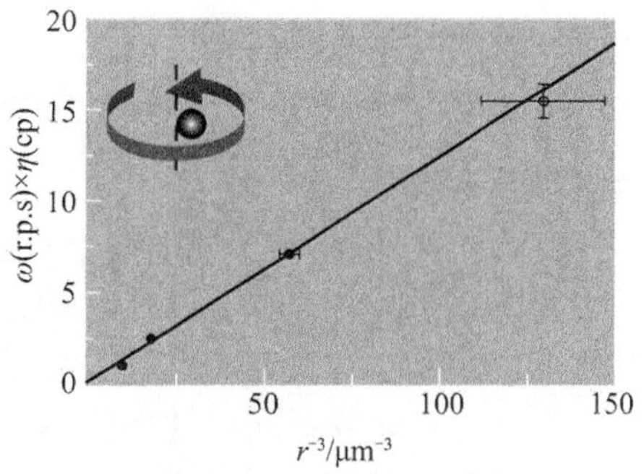

图 12.17 DNA 扭转的实验数据。转动速率与珠子尺寸的函数关系。(取自 Z. Bryant et al., *Nature* 424: 338, 2003.)

(3) 根据黏度 η, 珠子半径 R, 扭转刚度 C, 长度 L 及扭转圈数 $N(= \phi/2\pi)$ 写出珠子的角速度表达式。估算半径为 $R = 400$ nm 的珠子将长为 14.8 kb 的 DNA 扭转 50 圈时对应的角速度。DNA 扭转刚度约

为 400 pN nm^2。将你的结果表示成转/秒。

(4) 利用 (1) 和 (2) 得到的结果确定球绕其质心旋转的转动阻尼系数。需要用到实验中球的转动可以分解为其质心的平动和绕质心的转动。

(此问题由 C. Bustamante 提供)

5. 低雷诺数下的生命

(1) 大肠杆菌转动螺旋的鞭毛, 以 20 μm/s 的速度游动。如果马达比正常情况下转动快 10 倍, 它们的游动速度如何? 如果它们周围的流体黏度增加 10 倍, 马达仍旧以平常速度转动, 它们的游动速度又如何? 在这两种情况下马达的功率输出如何改变?

(2) 两个微尺度的小球, 一个由银构成, 一个由金造成, 它们在黏性流体中沉降 (即在重力场中下落)。假定银球半径是金球的两倍, 哪一个沉降速度更快?

(3) 人类左心室每次心跳泵出大约 50 mL 血液。假定心跳每秒一次而主动脉直径为 2 cm, 那么主动脉中的血液平均流速是多少? 雷诺数是多少?

(4) 细菌游泳的雷诺数是多少? 蝌蚪呢? 蓝鲸呢?

(此问题由 H. C. Berg 和 D. Nelson 提供)

6. 蛋白质离心分离

蛋白质和其他高分子可以按尺寸通过离心法分离开来。将含有不同尺寸的蛋白质溶液样品旋转起来, 旋转产生单位质量的离心力为 g_c, 它导致不同尺寸的蛋白质以不同的漂移速度扩散。假定样品中的蛋白质近似可看作半径为 R 的球。

(1) 遵循本章的讨论, 填补得到蛋白质漂移速度与半径关系的表达式 (12.45) 的过程, 推导

$$v_{\text{drift}} = \frac{2(\rho_{\text{protein}} - \rho_{\text{solvent}})g_c R^2}{9\eta} \tag{12.50}$$

式中, ρ_{protein} 和 ρ_{solvent} 分别是蛋白质和溶剂的密度, η 是溶液的黏度。

(2) 对于超速离心机 ($g_c \approx 10^5 g$, 其中 $g \approx 10\,\text{m/s}^2$), 估算血影蛋白在水中的漂移速度。假定典型的蛋白质密度为1.2 g/cm^3。

(3) 我们要分离两种类似的蛋白质, 具有相同的密度 $\rho' = 1.35\,\text{g/cm}^3$。它们的半径分别为 4 nm 和 5 nm。初始时刻这两种蛋白质混合在一起形成一个薄层, 位于长 1 cm 的离心机试管中。离心加速度 g_c 要达到多大才能使得它们在漂移到试管底部之前分离开?

12.7 延伸阅读

Purcell, EM (1977) Life at Low Reynolds Number, *Am. J. Phys.* **45**, 3. 低雷诺数动力学的经典文献。

Bray, D (2001) Cell Movements: From Molecules to Motility, Garland Science. 研究各种细胞运动的详实材料。

Berg, H (1993) Random Walks in Biology, Princeton University Press. 对物理生物学感兴趣的读者的必读材料。

Berg, H (2003) *E. coli* in Motion, Springer. Berg 的另外一本经典著作。

Denny, M (1993) Air and Water – The Biology and Physics of Life's Media, Princeton University Press. 对生物体在空气和水中的生活方式进行了有趣的讨论。

Vogel, S (1994) Life in Moving Fluids, 2nd ed., Princeton University Press. 更多地是强调宏观有机体而不是微生物, 很有启发性和趣味性。

Warhaft, Z (1997) Introduction to Thermal-Fluid Engineering, Cambridge University Press. 尽管与我们讨论的是完全不同尺度的问题, 它包含许多关于量级估算的优雅而

有趣的讨论。

Hinch, EJ (1988) Hydrodynamics at low Reynolds numbers: a brief and elementary introduction, in Disorder and Mixing, edited by E Guyon, J-P Nadal, and Y Pomeau, Kluwer Academic Publishers.

Happel, J, & Brenner, H (1983) Low Reynolds Number Hydrodynamics, Martinus Nijhoff Publishers. 对低雷诺数的现象进行了严格地处理, 适宜于对数学细节感兴趣的读者。

Witten, TA, & Pincus, PA (2004) Structure Fluids – Polymers, Colloids, Surfactants, Oxford University Press. 对许多我们没有涉及的讨论课题进行了清晰的描述, 这些课题对于理解生物材料的物理行为是重要的。

Chen, S, & Springer, TA (1999) An automatic braking system that stabilizes leukocyte rolling by an increase in selectin bond number with shear, *J. Cell Biol.* **144**, 185. 描述了白细胞滚动的物理特征。

Chen, S, & Springer, TA (2001) Selectin receptor–ligand bonds: formation limited by shear rate and dissociation governed by the Bell model, *Proc. Natl Acad. Sci.* **98**, 950. 给出了与白细胞滚动相关的物理问题。

Bird, RB, & Curtiss, CF (1984) Fascinating polymeric liquids, *Phys. Today* Jan. 对非牛顿流体世界的有趣介绍。

12.8 参考文献

Alberts, B, Johnson, A, Lewis, J, et al. (2008) Molecular Biology of the Cell, 5th ed., Garland Science.

Bryant, Z, Stone, MD, Gore, J, et al. (2003) Structural transitions and elasticity from torque measurements on DNA, *Nature* **424**, 338.

Feynman, RP, Leighton, RB, & Sands, M (1965) The Feynman Lectures on Physics, Addison-Wesley Publishing. Chapter 41 of Volume 2 on the "Flow of wet water" describes many important ideas from fluid mechanics.

13 扩　　散

一切都在变化, 没有东西静止。
——赫拉克利特

本章概览: 利用无规行走模型研究高分子运动

胞内动力学形式多样, 但最重要的动力学过程之一是扩散, 也就是各种分子在溶液中的随机往复运动。当这些分子同时扩散时, 整个浓度场在时空上的变化表现为分子朝浓度低处有序和定向的运动。本章的目的在于阐明扩散在生命系统中的重要作用, 通过比较扩散运动的微观和连续描述, 将这些观点应用于一些重要问题。例如, 荧光漂白恢复技术 (FRAP) 的工作机制以及受体如何调节信号。

13.1 胞内的扩散运动

生命系统处于持续不断的变化之中。前一章我们从水中的定向运动开始简单地讨论了生物动力学, 但其结果严重依赖于一个简化假设: 水被视为连续流体而非相互作用的分子集团。我们现在准备进一步考虑离散粒子在水中的独立运动, 这些离散粒子包括分子、细胞器、病毒及它们攻击的细胞。在后面的 4 章中, 我们将发展一套描述生物运动的框架, 具体路径从最简单的无生命系统 (布朗运动) 和生命体系 (扩散运动) 开始。这些过程之所以吸引人, 是因为这些扩散分子尽管在微观尺度上表现出随机的本性, 但大量扩散分子在宏观尺度上仍然体现出沿着浓度梯度的确定性动力学。

如在 3.4.2 节所讨论的, 布朗运动是水分子之间热碰撞的必然结果, 而不是生命系统本身的活动。可是, 扩散运动在分子尺度始终存在, 为了执行定向的动力学过程, 生命系统不得不容忍、利用或抑制布朗运动。扩散过程对生物体的物理限制的一个熟悉的例子是人类每次呼吸时所经历的一些生理过程。人类新陈代谢需要恒定的高浓度氧输运给体内细胞的线粒体。更小耗氧生物简单地将氧气扩散作为一种输运机制, 但这种输运仅仅在数十个微米的距离上有效。

人类和其他大型动物已经发育出了复杂的机制来循环并向各组织输运氧气, 才能保证身长超过 1 m。我们在第 7 章研究了血红蛋白, 它们专门负责将氧气输运至远离肺部的身体各部位。吸入的氧气在肺组织中扩散的有效距离大约 100 μm, 该值不仅仅受制于氧的自由扩散能力, 还受制于组织细胞对氧的消耗速率。在肺部, 毛细血管组成的精细网络包围了每个气囊, 吸入的氧气仅仅靠自身的扩散运动足以被毛细血管血液中血红蛋白吸附。心脏驱动的快速血液循环将氧气输运至全身, 其速度比简单扩散快得多。氧分子经过毛细血管到达组织后还能扩散 100 μm 的尺度, 这决定了从老鼠到蓝鲸等所有哺乳动物的毛细血管末梢分支的间隔。

在本章, 我们将粗略估算被动运输 (即扩散) 的有效距离, 推导并应用扩散的数学公式。

13.1.1 主动与被动运输

细胞中充满运动。关于这些运动人们可能提出的第一个问题是: 这种运动在多大程度上是随机的, 在多大程度上又是主动和定向的。我们在第 5 章已详细讨论过, 热运动力与确定性力之间的交互作用是细胞动力学的特征之一。在热运动方面, 热运动力的主要效应之一就是普遍存在的扩散运动。图 13.1 展示了离子通道开启后各种离子的扩散。

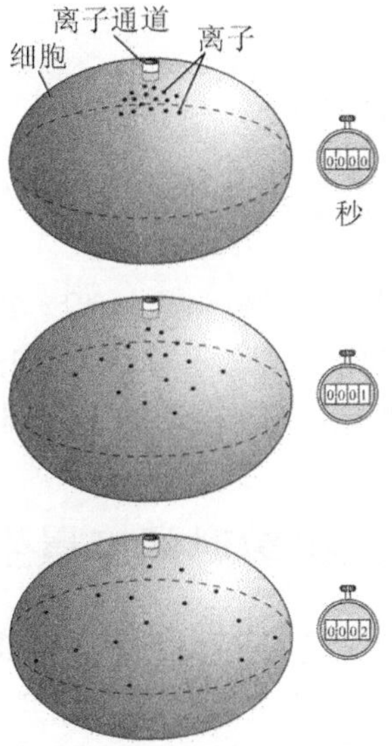

图 13.1 离子通道开启与离子扩散示意图。三个截图给出了离子分布的定性描述

另一个将扩散和主动运输对照的例子见图 13.2, 它展示了 RNA 聚合酶在细胞内的“自由”扩散输运及转录期间的主动运动。定向运动的标志是能量源的存在, 此图的重点

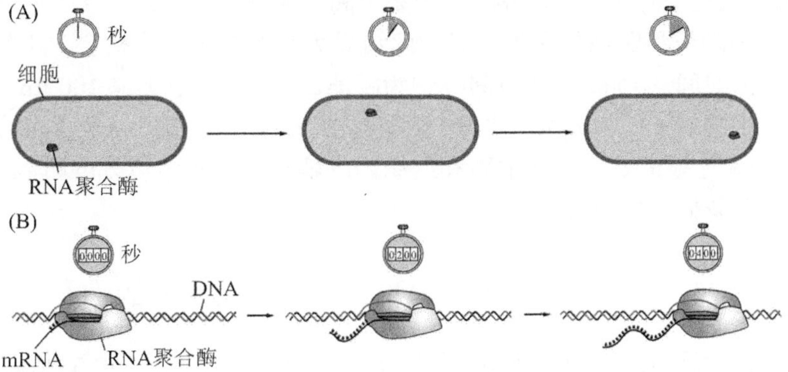

图 13.2 RNA 聚合酶扩散与定向运动的比较。(A) 自由的 RNA 聚合酶在细菌胞内的扩散运动。(B) RNA 聚合酶沿着 DNA 做具有主动运输特性的一维运动

是对比扩散与定向运动。本章即将给出的这类概念不仅有助于描述胞内的高分子，也有助于描述细胞本身。如图 13.3 所示，游动的细菌，如大肠杆菌，在低分辨率的长时段内看起来也表现为扩散运动的无规行走特征，可是，在短时间尺度上，细胞又经历一系列的定向运动与原地翻滚，就像第 4.4.4 节讨论细菌化学趋化时所提到的那样。无规行走的概念在考虑很多不同事件时将非常有用。

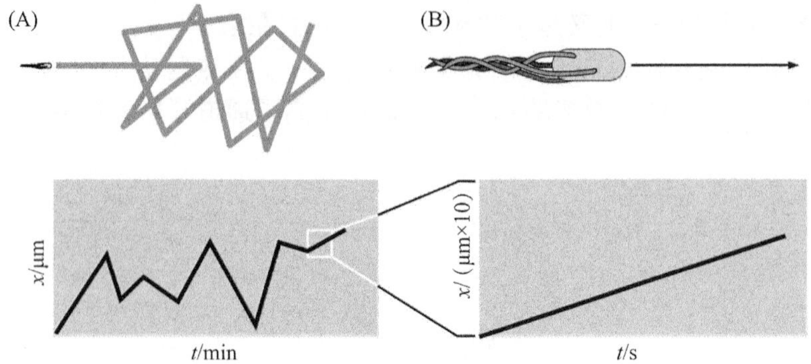

图 13.3　大肠杆菌在不同尺度上的游动模式。(A) 低放大率下，单个细胞的游动表现为无规行走，即一系列步骤在取向上是随机的。把细菌位置矢量的 x 分量对时间作图将显示一系列进退运动的无序性。(B) 高放大率下，无规行走的每一步是直线的规则运动

13.1.2　以扩散时间度量生物距离

从本章获得的最简单实用的结果之一是借助扩散运动对分子输运不同距离所需时间进行估算。尤其是，我们将给出粒子扩散距离 L 所需的特征时间 $t \approx L^2/D$，其中 D 为粒子的扩散系数。扩散系数的单位为长度^2/时间，与粒子的大小、温度及周围介质的黏度有关，稍后本章将有详细讨论。我们首先讨论这个简单而又重要的数值结果。

分子扩散位移 L 所需的时间正比于 L^2

在恒速的弹道运动中，穿越距离 L 所需时间与距离之间是线性关系，而扩散动力学意味着扩散时间随位移距离的平方增长。此结果为我们提供一个机会，将距离转换成图 13.4 所示的扩散时间。在此，扩散时间标记为距离的函数，其中 $D = 100\ \mu m^2/s$ 为典型球蛋白在室温水中的特征扩散系数。注意，要穿越 $L \approx 10^6\ \mu m$ (即 1 m) 所需的扩散时间为 10^{10} s($\approx$ 300 年)!这很清楚地表明细胞和组织内的输运需要扩散以外的机制。在第 16 章考虑分子马达时我们将回顾这一点。

扩散对细胞内的长距离输运是无效的

尽管扩散运动是与细胞动力学相关的整个体系的一部分，如图 13.5 所示，也存在一些事例表明扩散运动太慢以至于不能连通细胞不同区域。一个最鲜明的例子由神经细胞给出，如图 3.3 所示。图 13.5 (A) 给出随机扰动导致分子沿着轴突的运动。图 13.4 所示的

结果表明: 穿越 1 m 距离所需的扩散时间太长了。可是, 在后面章节将会详细解释, 如果利用分子马达的定向运动来输运感兴趣的分子, 所需时间就会缩短多个数量级。

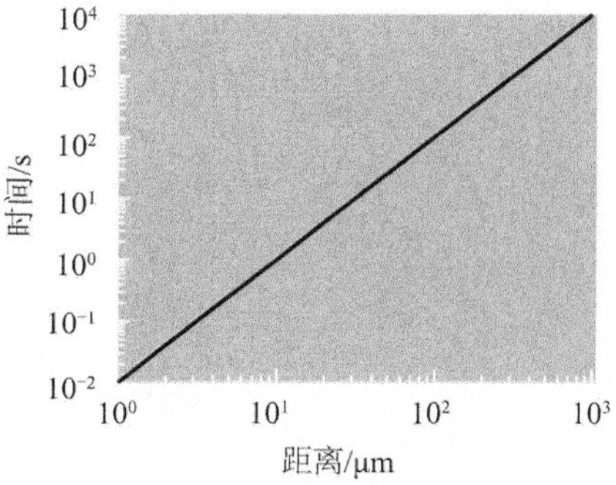

图 13.4 扩散时间与距离的函数关系, 其中扩散系数 ($D = 100\ \mu m^2/s$) 为水中球蛋白的典型值。因为时间和距离关系为 $t = x^2/D$, log-log 坐标中直线的斜率为 2

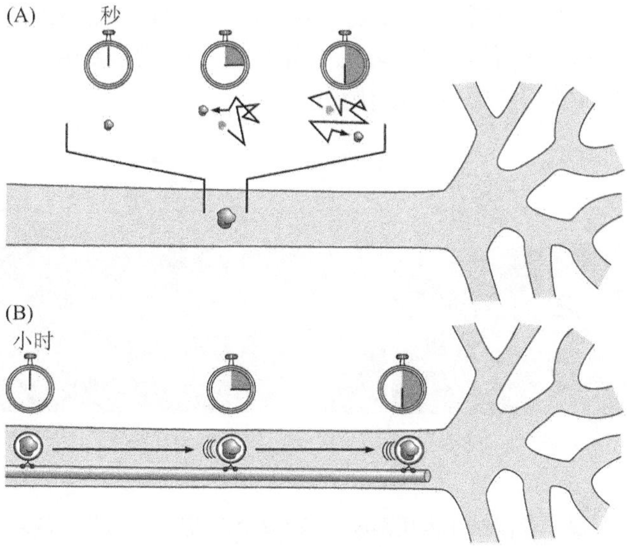

图 13.5 神经细胞内的输运。(A) 扩散驱使的分子被动运输。(B) 分子马达定向运动驱使的分子主动运输

为了更好地理解扩散动力学 (尤其在活细胞中), 我们需要了解什么样的实验技术能用来探究这些动力学。在以下“相关实验”部分, 我们将考察若干极其有用的技术。

相关实验: 测量扩散动力学 可用多种技术研究胞内的扩散动力学。这里我们考虑三种测量扩散的精巧技术: FRAP、单粒子跟踪和荧光关联谱 (FCS)。

荧光探针只能释放有限的光子, 因此荧光标记分子在过度曝光后不再发射荧光。但是, 荧光探针这个固有的缺点在此成了优点, 因为 FRAP 正是利用这一特征来测量胞内的扩散动力学的。这种技术如图 13.6 所示。需要指出的是, 激光聚焦在细胞上形成一个恒定的光斑, 其特征尺度约为 1 mm。经历激光脉冲之后, 细胞内其他区域的荧光标记分子扩散到原先被激光漂白的地方。观察荧光恢复随时间变化的过程, 我们就能获取扩散动力学的信息。

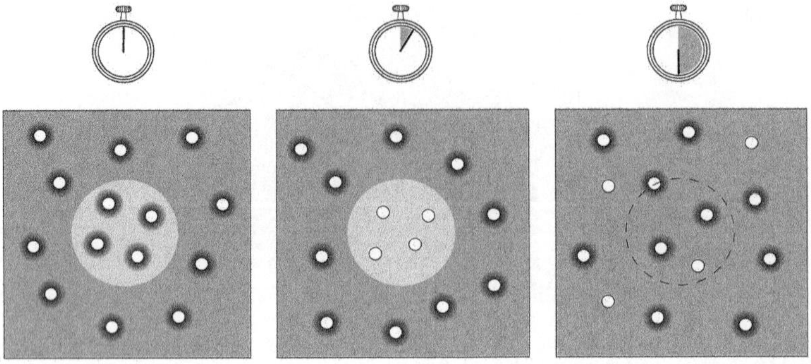

图 13.6 FRAP 实验示意图。细胞的某个区域被光漂白, 有效地破坏了这个区域的荧光分子 (见第二帧)。光漂白区域的荧光恢复来源于样品中其他区域的荧光分子扩散到该区域

图 13.7 展示了 FRAP 实验中的细胞实例。在一系列的截图中, 由于漂白区域外的荧光分子扩散到漂白区域, 使漂白区域的荧光强度不断增强。第 13.2.3 节探讨了这种方法的数学基础并描述了它提供的新认识。

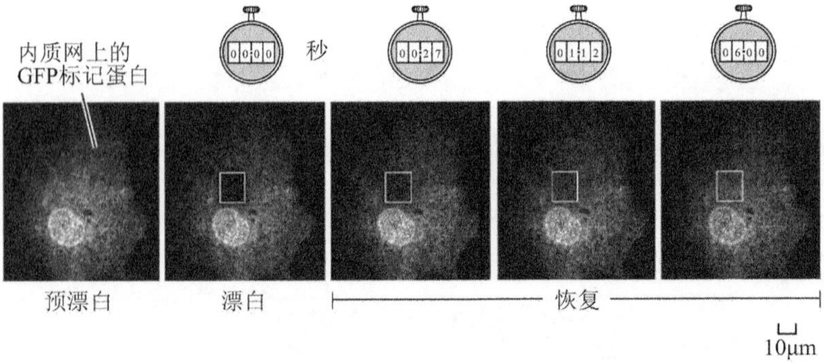

图 13.7 FRAP 实验展示了限制在内质网膜上的 GFP 标记蛋白的荧光恢复。框内区域在 $t=0$ 时被漂白。在之后的几帧里细胞内其他区域的荧光分子扩散到漂白区域。(取自 J. Ellenberg et al.,*J. Cell Biol.* 138: 1193, 1997)

监视扩散过程的一个更直接的方法是跟踪单个粒子的运动轨迹。这种方法与布朗运动本身一样历史悠久, 它是佩兰 (Perrin) 测量原子大小 (及阿伏伽德罗常数) 的经典实验 (1990年) 的基础。轨迹映射法用处很广, 从细菌运动到单个蛋白沿着 DNA 巡游。这项技术常需要用到视频显微镜: 在固定的时间间隔抓拍目标的位置图像, 并构建其运动轨迹。在细菌实验中, 运动细胞轨迹表现出向特定营养物移动的倾向。这种化学趋化现象将在第 19 章详细讨论。

探测胞内扩散动力学的另一种非常有用的方法是 FCS。FCS 方法用于测量小区域内荧光强度随时间的变化, 如图 13.8 所示。荧光强度随着荧光分子进出视场而涨落。通过使用含时关联函数分析强度随时间的涨落, 可得到分子运动的扩散系数及其他特性。

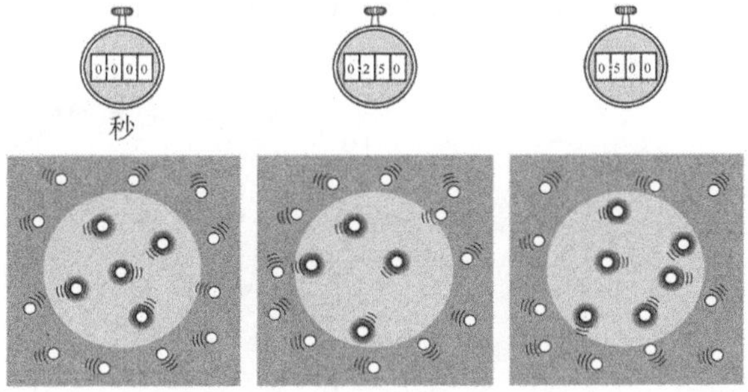

图 13.8 FCS方法示意图。测量荧光强度随时间的变化函数。这种变化是荧光分子因扩散运动进出视场 (以亮灰色表示) 导致的

13.1.3 回顾无规行走

本章是第 8 章内容的延续。本书的主旨之一是体现某些特定模型的“明星”作用, 它们有能力解决一系列不同的问题。这里我们再次提及著名的无规行走模型, 在第 8 章我们使用了无规行走模型来考察长链分子的结构。在此, 我们将考察其第二个重要作用, 即作为处理扩散问题的基础。比较第 8 章和本章的处理, 对无规行走模型的用法有很大差别: 前者将其作为平衡态模型, 而后者将其视为非平衡动力学模型。

本章剩余部分将从两个不同的角度推导扩散动力学的数学公式。首先, 从宏观角度将扩散分子的集合视为浓度场, 并写出浓度在时空上的宏观演化方程。其次, 严格从微观角度考虑单个粒子在所考察的区域 (常为细胞本身) 内漫无目的的游走事件。有趣的是, 这两种观点是可以兼容的: 所有随机运动的粒子整体上表现出沿浓度梯度驱动的定向运动。一旦拥有扩散模型, 我们就能将其应用于一系列有趣的生物问题。

在第 5.5.2 节, 我们引入了驱使系统达到平衡的分子驱动力。我们认为如果除去一些系统的内在约束 (图 5.27), 系统最终将演化到平衡态。在到达平衡态之前, 系统内温度、压力或化学势是不平衡的。对于这里所考虑的物质输运, 我们集中考虑非平衡的系统, 不同区域的化学势不相等, 化学势差便是扩散运动的驱动力。

13.2 浓度场与扩散动力学

我们首先探讨基于宏观浓度与流的概念的扩散动力学问题。浓度的概念已在书中使用过多次, 而且作为处理问题的概念性工具还会继续使用。回顾一下, 图 13.9 中的浓度场给出了单位体积内的平均分子数。准确地说, 我们将空间分割成大量的小盒子 (图 13.9): 盒子的尺度大到能放入很多分子, 小到在盒子的尺度上分子密度是均匀的。我们用 $c(\mathbf{r},t)$ 表示三维空间中位于 $\mathbf{r}$ 的盒子内的浓度 (单位体积内的粒子数), 用 $c(x,t)$ 表示一维问题中的浓度场 (单位长度内的粒子数)。

有了浓度的概念, 我们就可以考察扩散动力学的来源。我们注意到从宏观的角度看, 扩散动力学是浓度梯度的结果。“梯度”是浓度场在空间的变化。图 13.10 给出了一个简

单的浓度分布: 我们关心的分子浓度在区域的左边高右边低。

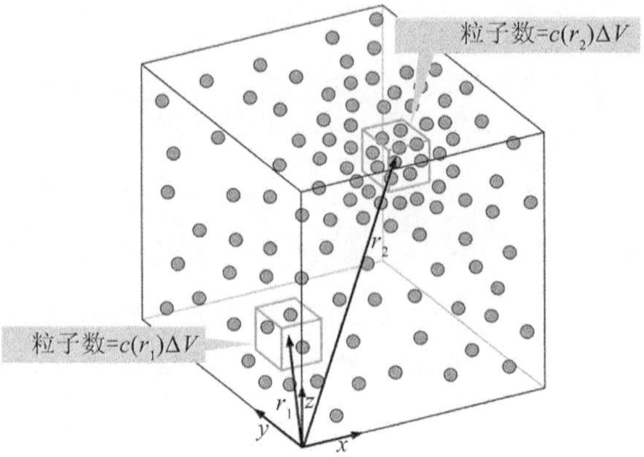

图 13.9　定义浓度场的示意图。系统被分割成体积为 ΔV 的小盒子。整体浓度场的变化足够缓慢, 以至于每个小盒子里的“浓度”分别是常数

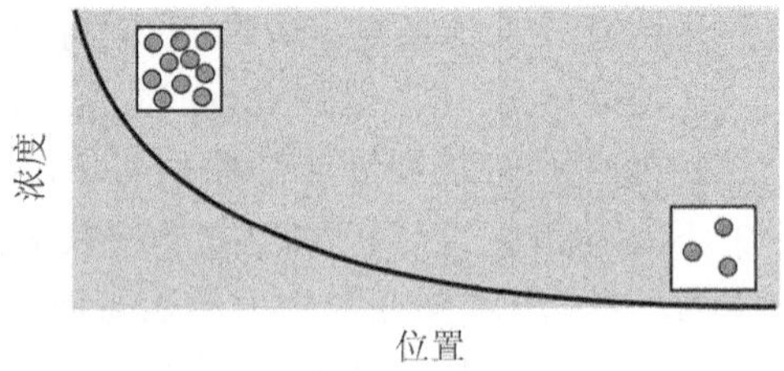

图 13.10　浓度分布的例子。该图描述了浓度随位置的变化, 阐明了浓度场的概念

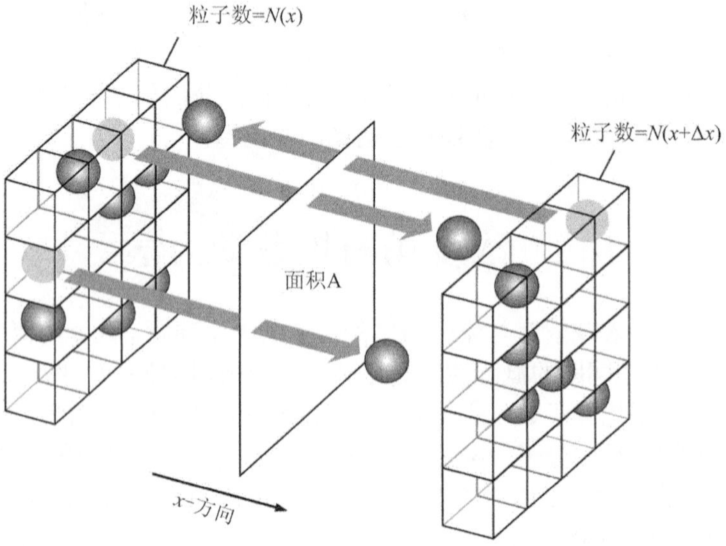

图 13.11　流的概念的示意图。一维情形, 空间离散化为一系列间隔为 Δx 的平面。粒子可左右跳动, 穿过相邻平面之间的粒子流可以通过计算单位时间穿过单位面积的净粒子数得到

对扩散运动进行宏观描述的另一个重要参量是粒子流。如图 13.11 所示, 粒子流在概念上可以这样理解: 定义一个面积为 A 的平面, 计算单位时间穿过该平面的粒子数。这便是流矢量在该方向的分量。一般来说, 在三维空间, 流是个矢量, 其分量表示了穿越垂直于 x、y、z 平面的流。我们的目的是要确定描述浓度场如何随时间和空间变化的“运动方程”。

菲克定律揭示浓度梯度如何导致物质流

首先, 我们严格唯象地处理问题。然后再从微观条件推导该唯象定律。目前, 为了数学上处理简单, 我们只考虑一维浓度的情形。菲克定律表明流与浓度梯度线性相关, 即

$$j = -D\frac{\partial c}{\partial x} \tag{13.1}$$

式中, j 为单位时间的流密度, 可视为单位时间通过单位面积的粒子数; D 为扩散系数 (关于偏微分的简短综述, 建议读者参阅第 5.3.2 节的“模型的数学”)。菲克定律中的负号保证了粒子流方向正确。例如, 在图 13.10 所示的情况中, 浓度随 x 的增加而降低 ($\partial c/\partial x < 0$)。但是, 物质流很显然沿正 x 方向从高浓度区域流向低浓度区域。D 的单位可由菲克公式中其他参量的单位来确定。按惯例, 参量 D 的单位可表示为 $[D]$。请读者注意其表示与浓度表示的本质区别。为了更清楚地理解菲克定律, 设

$$[j] = \frac{1}{\text{长度}^2 \times \text{时间}} \tag{13.2}$$

表示单位时间流过单位面积的粒子数。式 (13.1) 右边的单位为

$$\left[\frac{\partial c}{\partial x}\right] = \frac{\text{粒子数}/\text{长度}^3}{\text{长度}} = \frac{\text{粒子数}}{\text{长度}^4}. \tag{13.3}$$

移项后可得到扩散系数的量纲为长度^2/时间。注意到扩散系数的量纲与空间维度无关, 它的典型值列于表 13.1 中。

表 13.1 不同分子的扩散系数

分子	扩散系数/(μm^2/s)
水中的钾离子	≈ 2000
大肠杆菌中的 GFP	≈ 7
酵母中的 DNA	5×10^{-4}

我们的目标是计算小区域内浓度随时间变化的速率。具体来说, 只考虑图 13.12 中盒子内沿着 x 方向的流。意味着粒子只能通过垂直于 x 方向的两个平面进出盒子。基本策略是计算进出位于 x 和 $x + \Delta x$ 两个平面的粒子数。定义 $N_{\text{box}}(x, y, z, t)$ 为 t 时刻盒子内的粒子数, 则 $N_{\text{box}}(x, y, z, t) = c(x, y, z, t)\Delta x\Delta y\Delta z$。因为粒子数守恒 (我们不考虑能改变给定粒子数的化学反应的情况), 引起 $N_{\text{box}}(x, y, z, t)$ 变化的唯一因素是穿过盒子表面的流。

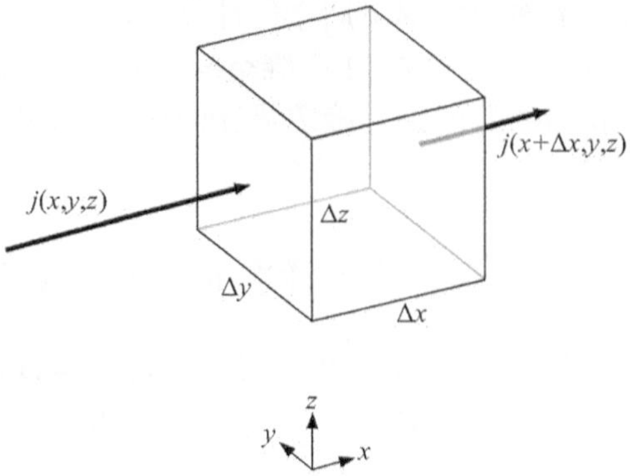

图 13.12　体积元中的物质输运。穿过盒子表面的流改变体积元中的粒子数

由菲克定律和粒子数守恒导出扩散方程

单位时间内的粒子数 $N_{\mathrm{box}}(x,y,z,t)$ 的变化就是单位时间内的浓度变化乘盒子体积, 即

$$\frac{\partial N_{\mathrm{box}}}{\partial t}=\frac{\partial c}{\partial t}\Delta x\Delta y\Delta z \tag{13.4}$$

考虑到粒子数守恒, 该结果等于单位时间内流入盒子的粒子数 $j(x,y,z)\Delta y\Delta z$, 减去单位时间内流出盒子的粒子数 $j(x+\Delta x,y,z)\Delta y\Delta z$, 可写为

$$\frac{\partial c}{\partial t}\Delta x\Delta y\Delta z=j(x,y,z)\Delta y\Delta z-j(x+\Delta x,y,z)\Delta y\Delta z \tag{13.5}$$

对 $j(x+\Delta x,y,z)$ 作泰勒展开至 Δx 的第一阶 (参考第 5.4 节对泰勒展开的讨论), 得到

$$\frac{\partial c}{\partial t}\Delta x\Delta y\Delta z\approx j(x,y,z)\Delta y\Delta z-\left[j(x,y,z)+\frac{\partial j}{\partial x}\Delta x\right]\Delta y\Delta z \tag{13.6}$$

整理得到粒子数守恒的局域表述

$$\frac{\partial c}{\partial t}=-\frac{\partial j}{\partial x} \tag{13.7}$$

式 (13.7) 的重要性在于它给出了流与浓度的关系。

联合粒子数守恒的表达式 [式 (13.7)] 和流与浓度梯度的关系 [式 (13.1)], 我们得到一个很重要的关系式

$$\frac{\partial c}{\partial t}=D\frac{\partial^2 c}{\partial x^2} \tag{13.8}$$

这就是经典的一维扩散定律。值得注意的是: 为了推导扩散方程的这个特别形式, 我们假设了 D 不依赖于浓度。这个方程包含了两个重要概念: ①粒子数守恒及②流与浓度的具体关系。注意: 前者与具体物质无关, 而流可能因为与浓度存在复杂的非线性关系, 导致菲克定律并不在任何情况下都成立。

13.2.1 对微观轨迹求和导出扩散方程

上节得到的扩散方程完全可以从微观角度推导。关键在于考虑单个扩散分子 (或粒子) 的运动, 并对系统的所有可能微观轨迹求和。全部微观轨迹的平均效果即为系统整体的宏观效应。一维扩散问题中单个微观轨迹如图 13.13 所示。

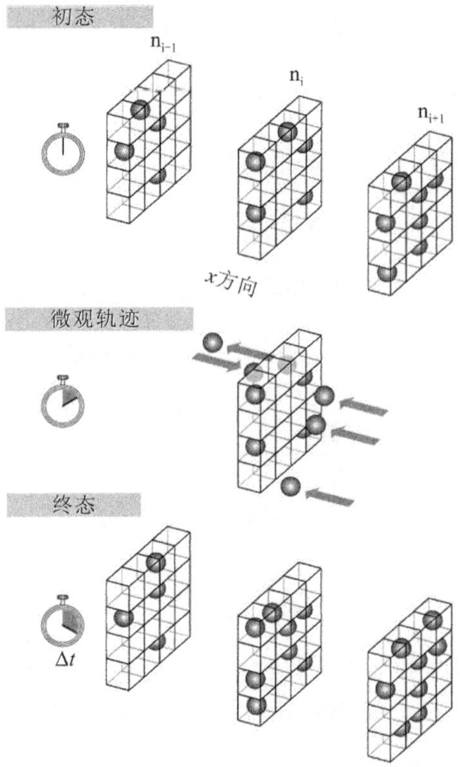

图 13.13 一维无规行走。空间已离散化为一系列平面

显微镜中观察到的粒子或荧光标记分子经历着随机碰撞, 每个粒子有着不同的轨迹。现在我们将着重考察随机轨迹并详细地定量处理扩散问题, 这种方法与本书使用过的计算平衡态概率的状态和权重方法并不排斥。后面几章我们将“轨迹与权重”的处理方法应用于扩散粒子、分子马达、多聚反应马达等的随机动力学。在此, 我们先利用简单扩散过程来阐明处理的程序。关键点是用给定时间在指定位置发现粒子的概率密度 $p(\boldsymbol{x},t)$ 来描述随机轨迹, 则在 t 时刻中心处于位置 x 宽度为 Δx 的盒子里发现粒子的概率为 $p(\boldsymbol{x},t)\Delta x$。为了简化数学处理, 我们只考虑一维运动情况, 并离散化空间和时间。在这种情况下, 粒子轨迹能够简单地表示为整数序列, 其中位置以 a 为单位, 而时间间隔为 Δt。为了获得概率密度 $p(x,t)$ 的方程, 只需确定时间 Δt 内所有可能微观轨迹的权重。

微观轨迹与相应的权重如图 13.14 所示。在相距为 a 的格点上, 时间 Δt 内粒子只有三种可能: 原地不动, 向左或向右跳动 a 距离。左右跳动一次的概率为 $k\Delta t$, 原地不动的概率为 $1-2k\Delta t$, 这样保证了三种可能的概率累加为 1。用这个模型可以计算出与粒子轨迹相关的一些量。首先我们计算时间 t 内位移的平均值与方差。时间 t 内粒子移动了 $N = t/\Delta t$ 步, 每步位移 Δx_i, $i = 1, 2, \cdots N$。总位移 $\Delta x_{tot} = \Delta x_1 + \Delta x_2 + \cdots \Delta x_N$ 是独立而又有相同分布的随机变量的累加。如本节末尾的"数学技巧"所示, Δx_{tot} 的平均值与方差分别为 N 倍的单个步长位移 Δx 的平均值与方差。这些结果可由图 13.14 通过对微观轨迹求和得出。单个时间步长内三条轨迹求和可得到平均值

$$\langle \Delta x \rangle = a \times k\Delta t + (-a) \times k\Delta t + (0) \times (1 - 2k\Delta t) = 0 \tag{13.9}$$

给定时段内对所有可能的轨迹导致的位移平方求平均, 即为方差

$$\left\langle \Delta x^2 \right\rangle = a^2 \times k\Delta t + (-a)^2 \times k\Delta t + (0)^2 \times (1 - 2k\Delta t) = 2a^2 k\Delta t \tag{13.10}$$

总位移的方差为上述结果的 $N = t/\Delta t$ 倍, 即

$$\left\langle \Delta x_{tot}^2 \right\rangle = 2(a^2 k)\, t \tag{13.11}$$

如果我们定义扩散系数 D 为 $a^2 k$, 上式即为扩散运动的展宽表示式。

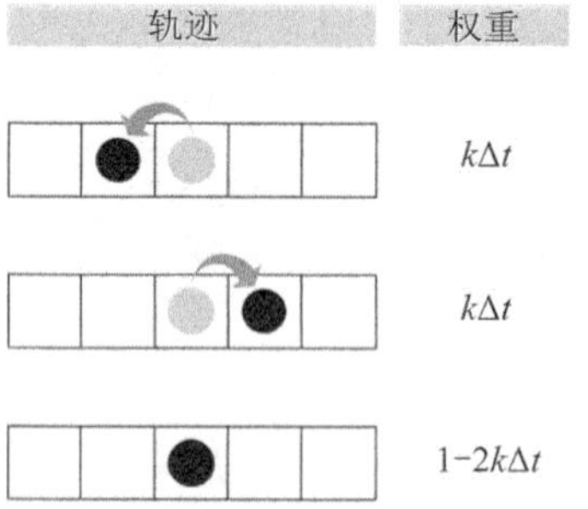

图 13.14 简单扩散的轨迹与权重。扩散分子在每个步长内有三种可能的运动: 向左跳、向右跳、原地不动。每个微观轨迹都有相应的统计权重

轨迹与权重方法也可以用来推导 $p(x,t)$ 的控制方程, $p(x,t)$ 是粒子在 t 时刻位于 x 的概率密度。基本思想是对从 t 时刻出发, 并在 $t + \Delta t$ 时刻到达 x 处的所有轨迹求和。为此, 粒子必须处于 x (如果下一步不动)、$x - a$ (如果下一步向右跳) 或 $x + a$ (如果下一步左移); 相应概率分别为 $p(x,t)$、$p(x-a,t)$ 和 $p(x+a,t)$。运用图 13.14 中的概率, $p(x, t+\Delta t)$ 可写为对微观轨迹的求和

$$p(x, t+\Delta t) = \underbrace{(1 - 2k\Delta t) \times p(x,t)}_{\text{不动}} + \underbrace{k\Delta t \times p(x-a,t)}_{\text{向右跳}} + \underbrace{k\Delta t \times p(x+a,t)}_{\text{向左跳}} \tag{13.12}$$

这是 $p(x,t)$ 的离散微分 (或差分) 方程。在写出上述方程时, 我们利用了马尔科夫过程的特性, 即粒子在时刻 t 的微观轨迹的概率与之前的历史无关; 这也使得我们可将总概率写成各分步概率的乘积。为了得到更熟悉的连续化扩散方程, 再次使用泰勒展开

$$\begin{aligned} p(x, t+\Delta t) &\approx p(x,t) + \Delta t \frac{\partial p(x,t)}{\partial t} \\ p(x \pm a, t) &\approx p(x,t) \pm a \frac{\partial p(x,t)}{\partial x} + \frac{a^2}{2} \frac{\partial^2 p(x,t)}{\partial x^2} \end{aligned} \tag{13.13}$$

将它们代入式 (13.12), 得到

$$\frac{\partial p(x,t)}{\partial t} = (a^2k)\frac{\partial^2 p(x,t)}{\partial x^2} \tag{13.14}$$

这便是上一节通过菲克定律得到的扩散方程, 其中 $D = a^2k$, 与前述定义一致。

如同很多的基本结论, 扩散方程的推导方法有很多种。各种方法之间的相互验证是有意义的, 现在对任意瞬间系统所有可能的微观轨迹求和。爱因斯坦在1905年的一篇经典论文采用过这种方法。我们想象时间被划分成长度为 Δt 的间隔, 且在每个时间步长内, 粒子可以跳离或停留原地。爱因斯坦把位于 x 和时刻 $t+\Delta t$ 的浓度写成以下积分

$$\underbrace{c(x,t+\Delta t)}_{\text{位于}x\text{的现时浓度}} = \int_{-\infty}^{+\infty} \underbrace{c(x+\Delta,t)}_{\text{位于}x+\Delta\text{的早先浓度}} \underbrace{\phi(\Delta)}_{\text{跳跃步长}\Delta\text{的概率}} \mathrm{d}\Delta \tag{13.15}$$

该积分精确地说明: 要得到时刻 $t+\Delta t$ 位于 x 的浓度, 就得对粒子到达那里的所有可能方式求和。具体地, 在时刻 t, 粒子可能处在 $x+\Delta$, 紧接着下一步就跳到位置 x (需要注意的是我们沿用了爱因斯坦的记号, 读者应该意识到这里的 Δ 也就是我们前面推导扩散方程时的 Δx)。上述微观轨迹适用于任意 Δ。意思是说: 为了得到位于 x 的浓度我们必须加和所有可能的权重为 $\phi(\Delta)$ 的跳动, 该权重就是跳动 Δ 距离的概率。事实上, 爱因斯坦考虑了粒子跳动任意距离的概率, 而我们之前的推导只允许大小为 a 的跳跃。爱因斯坦接着做了两个假设。首先假定跳跃概率的形式是对称的

$$\phi(\Delta) = \phi(-\Delta) \tag{13.16}$$

表示粒子左右跳移相同距离的概率也相等, 即粒子在方向选择上没有偏见。至于有偏扩散方程, 我们将在分子马达部分碰到。分布 $\phi(\Delta)$ 的另一重要特征是

$$\int_{-\infty}^{+\infty} \phi(\Delta)\mathrm{d}\Delta = 1 \tag{13.17}$$

保证了分子在每个时间步长内都有运动。对式 (13.15) 的两端作泰勒展开, 得

$$c(x,t+\Delta t) \approx c(x,t) + \frac{\partial c}{\partial t}\Delta t \tag{13.18}$$

和

$$c(x+\Delta,t) \approx c(x,t) + \frac{\partial c}{\partial x}\Delta + \frac{1}{2}\frac{\partial^2 c}{\partial x^2}\Delta^2 \tag{13.19}$$

代入式 (13.15), 得

$$c(x,t) + \frac{\partial c}{\partial t}\Delta t \approx c(x,t)\int_{-\infty}^{+\infty} \phi(\Delta)\mathrm{d}\Delta + \frac{\partial c}{\partial x}\int_{-\infty}^{+\infty} \Delta\cdot\phi(\Delta)\mathrm{d}\Delta + \frac{1}{2}\frac{\partial^2 c}{\partial x^2}\int_{-\infty}^{+\infty} \Delta^2\phi(\Delta)\mathrm{d}\Delta \tag{13.20}$$

我们逐项考察方程右边各项。由式 (13.17) 可知第一积分项为 1。方程两边则都有 $c(x,t)$ 项, 最终被消掉。第二积分项为 0, 因为我们对奇函数 Δ 和偶函数 $\phi(\Delta)$ 的乘积作全域积分。如果我们定义最后一积分项为

$$D \equiv \frac{1}{2\Delta t}\int_{-\infty}^{+\infty} \Delta^2\phi(\Delta)\mathrm{d}\Delta \tag{13.21}$$

式 (13.20) 可写成

$$\frac{\partial c}{\partial t} = D\frac{\partial^2 c}{\partial x^2} \tag{13.22}$$

与先前我们导出的一维扩散方程完全相同。

数学技巧: 求变量之和的平均值 若独立的随机变量 $\sigma_1, \sigma_2, \cdots \sigma_N$ 都具有相同概率分布 $P(\sigma)$, 则它们的联合概率分布可以分解为

$$P_{\text{joint}}(\sigma_1, \sigma_2, \cdots \sigma_N) = P(\sigma_1) \times P(\sigma_2) \times \cdots \times P(\sigma_N) \tag{13.23}$$

因式分解的特征表明: 某个随机变量获取某个具体值的概率与体系内其他变量无关。如果变量 σ_i 可以取 1 和 0 两个值, 则这种数学表达可以用来描述 N 个无相互作用的离子通道, 其中 0 和 1 分别对应于通道的关和开。除了这个例子, 我们还会遇到很多类似情况。因此我们暂时岔开, 推导独立而又有相同分布的随机变量之和的两个有用的性质。

首先, 我们知道 $\sigma_1 + \sigma_2 + \sigma_3 + \cdots + \sigma_N$ 的平均值等于 N 倍的单个随机变量的平均值 (选择哪一个并不重要, 因为它们是全同的)。利用联合概率分布来计算和的平均值

$$\left\langle \sum_{i=1}^{N} \sigma_i \right\rangle = \sum_{\sigma_1}\sum_{\sigma_2}\cdots\sum_{\sigma_N}\left[\sum_{i=1}^{N}\sigma_i P_{\text{joint}}(\sigma_1, \sigma_2, \cdots \sigma_N)\right] \tag{13.24}$$

利用式 (13.23) 给出的因式分解性质, 上式可写为

$$\begin{aligned}\left\langle \sum_{i=1}^{N} \sigma_i \right\rangle &= \sum_{\sigma_1}\sigma_1 P(\sigma_1)\sum_{\sigma_2}P(\sigma_2)\cdots\sum_{\sigma_N}P(\sigma_N) \\ &\quad + \sum_{\sigma_1}P(\sigma_1)\sum_{\sigma_2}\sigma_2 P(\sigma_2)\cdots\sum_{\sigma_N}P(\sigma_N) \\ &\quad + \cdots\sum_{\sigma_1}P(\sigma_1)\sum_{\sigma_2}P(\sigma_2)\cdots\sum_{\sigma_N}\sigma_N P(\sigma_N)\end{aligned} \tag{13.25}$$

最后, 利用归一化条件 ($\sum_\sigma P(\sigma) = 1$) 和所有随机变量的全同性, 得到最终结果

$$\left\langle \sum_{i=1}^{N} \sigma_i \right\rangle = N\sum_{\sigma}\sigma P(\sigma) = N\langle\sigma\rangle \tag{13.26}$$

现在, 我们计算 N 个独立而又有相同分布的随机变量之和的方差。方差为随机变量与平均值之差的平方的平均值

$$\operatorname{var}\sum_{i=1}^{N}\sigma_i = \left\langle\left[\sum_{i=1}^{N}\sigma_i - \left\langle\sum_{i=1}^{N}\sigma_i\right\rangle\right]^2\right\rangle \tag{13.27}$$

利用上述计算, 并展开平方项, 方程被简化为

$$\text{var}\sum_{i=1}^{N}\sigma_i = \left\langle\left[\sum_{i=1}^{N}\sigma_i\right]^2\right\rangle - N^2\langle\sigma\rangle^2 \tag{13.28}$$

将式 (13.28) 中的平方项写成两个相同项的乘积, 并使用两个不同的下标 i 和 j 求和, 得到

$$\text{var}\sum_{i=1}^{N}\sigma_i = \left\langle\sum_{i,j=1}^{N}\sigma_i\sigma_j\right\rangle - N^2\langle\sigma\rangle^2 \tag{13.29}$$

为了计算 $\left\langle\sum_{i=1}^{N}\sigma_i\sigma_j\right\rangle$, 将两重求和分成两部分, 一部分为 $i=j$ 的 N 项, 另一部分为 $i\neq j$ 的 N^2-N 项

$$\left\langle\sum_{i,j=1}^{N}\sigma_i\sigma_j\right\rangle = \left\langle\sum_{i=1}^{N}\sigma_i^2\right\rangle + \left\langle\sum_{i\neq j;i,j=1}^{N}\sigma_i\sigma_j\right\rangle \tag{13.30}$$

因为所有 σ_i 相互独立, $i\neq j$ 时有

$$\langle\sigma_i\sigma_j\rangle = \langle\sigma_i\rangle\langle\sigma_j\rangle = \langle\sigma\rangle^2$$

代回式 (13.29), 得到

$$\begin{aligned}\text{var}\sum_{i=1}^{N}\sigma_i &= N\langle\sigma^2\rangle + (N^2-N)\langle\sigma\rangle^2 - N^2\langle\sigma\rangle^2 \\ &= N\left[\langle\sigma^2\rangle - \langle\sigma\rangle^2\right] = N\ \text{var}(\sigma)\end{aligned} \tag{13.31}$$

即 N 个独立而又有相同分布的随机变量之和的方差等于单个随机变量方差的 N 倍。

13.2.2 扩散方程的解与性质

更精确地描述浓度函数的展宽随时间的变化

有了扩散方程, 考察它在生物上的应用是十分有趣的。其中的重要应用是求解 $t=0$ 时刻位于原点的浓度脉冲的演化问题。假设 $t=0$ 时 N 个分子集中于 $x=0$ 的无限小邻域内, 浓度演化如下

$$c(x,t) = \frac{N}{\sqrt{4\pi Dt}}\mathrm{e}^{-x^2/4Dt} \tag{13.32}$$

求解过程留在本章课后习题中。将上式除以 N 可进一步视为粒子出现在 x 和 $x+\mathrm{d}x$ 之间的概率密度。上述解的形式常被称为扩散方程的格林函数, 其演化如图 13.15 所示。浓度函数曲线具有高斯形式。高斯展宽为 $\sqrt{4Dt}$, 即, 它随时间的平方根增长。这个解最优美的特征之一是: 一旦得到它, 通过考察扩散方程本身的线性, 我们很容易写出任意初始条件下扩散方程的解, 见课后习题。

如图 13.15 所示, 扩散分布的平均位置不随时间改变, 这意味着无漂移项, 漂移项在第 16 章讨论分子马达的动力学时十分重要。另外, 即使无漂移, 扩散动力学同样丰富而

有趣。最有趣的特征变量之一为分布的宽度 $\langle x^2\rangle$, 它随时间展宽。因为分布的高斯性, 我们很容易知道展宽的动力学, 即使如此, 我们在此还是要精确计算它, 因为这样做无论对于物理学还是数学都有指导意义。计算展宽, 就得计算 $\langle x^2\rangle$

$$\langle x^2\rangle = \frac{\displaystyle\int_{-\infty}^{+\infty} x^2 \frac{N}{\sqrt{4\pi Dt}} \mathrm{e}^{-x^2/4Dt}\,\mathrm{d}x}{N} = \frac{1}{\sqrt{4\pi Dt}} \int_{-\infty}^{+\infty} x^2 \mathrm{e}^{-x^2/4Dt}\,\mathrm{d}x \tag{13.33}$$

式中, 我们利用了 t 时刻位于 x 处发现粒子的概率分布, 且它与浓度分布式 (13.32) 的关系为 $c(x,t)/N$。使用下述“数学技巧”, 可直接算出积分

$$\langle x^2\rangle = \frac{1}{\sqrt{4\pi Dt}} \int_{-\infty}^{+\infty} x^2 \mathrm{e}^{-x^2/4Dt}\mathrm{d}x = \frac{1}{\sqrt{4\pi Dt}} \frac{\sqrt{\pi}}{2}(4Dt)^{3/2} = 2Dt \tag{13.34}$$

这个结果在本书直观认识扩散过程时被多次提及 (如第 13.1.2 节)。该结果特别表明了扩散时间与位移平方成正比。

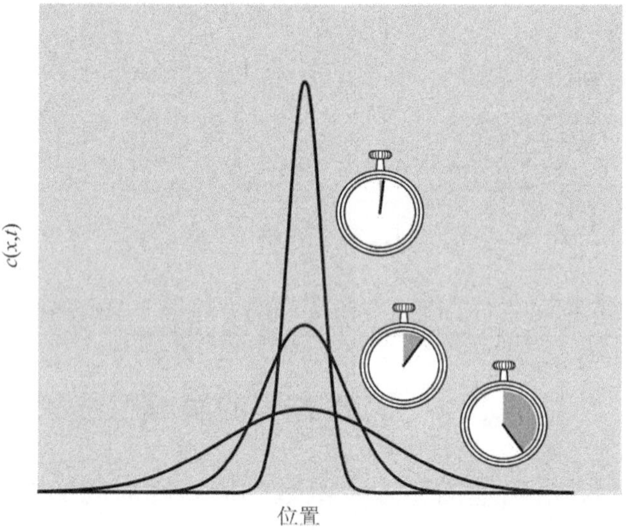

图 13.15　浓度场的时间演化。该图给出了扩散方程不同时刻的解, 初始条件为 $x=0$ 的脉冲分布

数学技巧: 参数求导法计算积分　有时候可以对积分函数中某个参数求导来计算一系列相关的积分。在配分函数的讨论中我们已使用过这种方法。高斯积分

$$\int_{-\infty}^{\infty} \mathrm{e}^{-\alpha x^2}\,\mathrm{d}x = \sqrt{\frac{\pi}{\alpha}} \tag{13.35}$$

方程两边对参数 α 求导得

$$\int_{-\infty}^{+\infty} x^2 \mathrm{e}^{-\alpha x^2}\,\mathrm{d}x = -\frac{\partial}{\partial\alpha}\int_{-\infty}^{+\infty} \mathrm{e}^{-\alpha x^2}\,\mathrm{d}x = -\frac{\partial}{\partial\alpha}\sqrt{\frac{\pi}{\alpha}} = \frac{\sqrt{\pi}}{2\alpha^{3/2}} \tag{13.36}$$

如果两边再次对 α 求导, 得到 $\langle x^4\rangle$. 连续对 α 微分可确定所有的偶阶矩。

13.2.3 FRAP 和 FCS

本章介绍的测量扩散的方法的一个优点是它们可以直接用于活体细胞的测量。分子在细胞环境中的扩散行为依赖于分子自身的物理结构、环境状况及与其他分子的相互作用。在后面几章中我们将着重探讨一些特别的例子, 如怎样通过考察稀溶液中的扩散行为的偏离来获取细胞结构的信息。首先我们考察一个简单实验, 研究活细胞内示踪分子 GFP 的运动, 在此, 示踪分子与细胞组分不会发生任何特异性的结合反应。在如图 13.16 所示的实验中: 细长的大肠杆菌细胞被光漂白, 然后测量不同时刻的荧光强度。

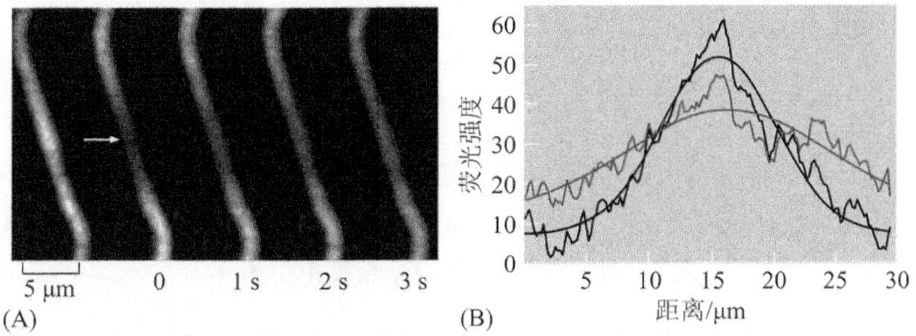

图 13.16 GFP 标记的细菌的 FRAP 数据。(A) 左边第一帧为被预漂白的杆菌, 右边是被漂白后在不同时刻 (单位为秒) 的成像。箭头指向漂白区域。(B) 曲线给出了光漂白前后荧光强度沿细菌长轴的变化。黑色曲线对应于光漂白之后马上进行的测量, 灰色曲线对应于 4s 之后的测量。(取自 C. W. Mullineaux et al., *J. Bacteriol.* 188: 3442, 2006)

为了计算 GFP 光漂白后的时间演化, 考虑一维的大肠杆菌, 它可能在图 20.2 “球形奶牛” 的大肠中找到。该问题的典型特征在一维情形已经被揭示, 本章课后习题中要讨论更现实的二维情形。现在考虑 FRAP 实验的一维模型。荧光分子在长度为 $2L$ 的盒子里扩散。为方便起见, 盒子放置在 x 轴的 $-L$ 到 L 之间。区间 $-L < x < -a$ 和 $a < x < L$ 内的初始浓度为 c_0, 区间 $-a < x < a$ 内的初始浓度为 0, 如图 13.17 所示。也就是说, 可以设想宽度为 $2L$ 的盒子内荧光分子有均匀浓度 c_0, 然后将长度为 $2a$ 的小盒子内的所有分子暴露于高强度激光中进行光漂白。使用显微镜可以观察到未漂白分子进入尺寸为 $2a$ 的盒子导致的荧光恢复过程。基于荧光恢复的速度可以测量荧光分子的扩散系数。

利用简单的一维模型可得到恢复过程的定量结果。为了计算恢复曲线, 首先求解扩散方程

$$\frac{\partial c}{\partial t} = D\frac{\partial^2 c}{\partial x^2} \tag{13.37}$$

得到荧光分子的浓度 $c(x,t)$, 设定光漂白后的初始浓度为

$$c(x,0) = \begin{cases} c_0 & \text{当} -L < x < -a \\ 0 & \text{当} -a < x < a \\ c_0 & \text{当} a < x < L \end{cases} \tag{13.38}$$

我们还设置边界条件为: $x = \pm L$ 时 $\partial c/\partial x = 0$, 即荧光分子在一维细胞的边界上流为零

(无物质进出)。这模拟了真实生命中的情况: 荧光蛋白被限制在细胞体内、细胞膜上或其他亚细胞结构上。

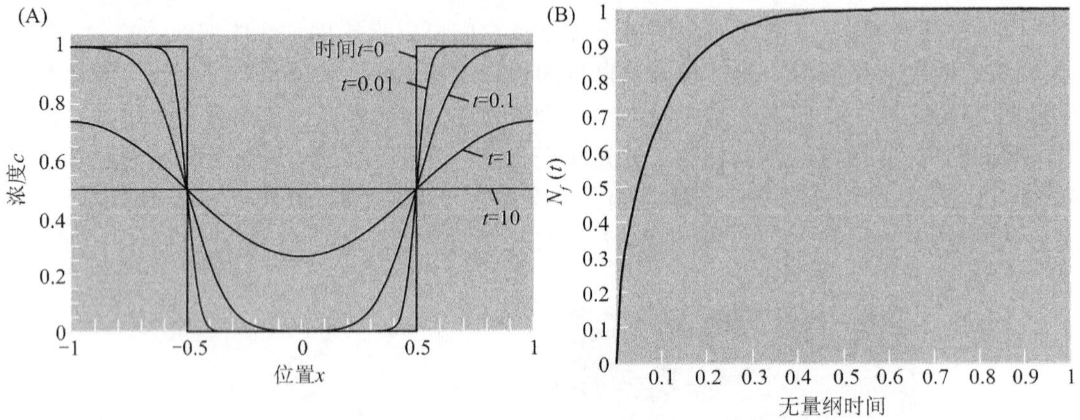

图 13.17　FRAP 的一维模型。(A) 光漂白后不同时刻的浓度分布。漂白区域为受限区域 $2L$ 的一半。(B) 不同大小的漂白区域内荧光恢复随时间的变化。当漂白区域为受限区域的一半时恢复最快。两图中, 时间单位为 L^2/D, 长度单位为 L

为了解出给定初边值条件的扩散方程, 首先用余弦函数 (见第 8.2.3 节"模型的数学") 将浓度表达式 $c(x,t)$ 展开

$$c(x,t)=A_0(t)+\sum_{n=1}^{\infty}A_n(t)\cos\left(\frac{x}{L}n\pi\right) \tag{13.39}$$

该展开式满足边界条件, 即 $A_n(t)\cos(xn\pi/L)$ 在 $x=\pm L$ 处的一阶导数为 0。此外, 初始浓度曲线对正负 x 有相等的值, 这包含在用余弦函数展开式中。现在只需函数 $A_n(t)$ 满足式 (13.37) 与初始条件式 (13.38)。

将 $c(x,t)$ 的级数展开代入扩散方程, 得到

$$\frac{\mathrm{d}A_0}{\mathrm{d}t}+\sum_{n=1}^{\infty}\frac{\mathrm{d}A_n(t)}{\mathrm{d}t}\cos\left(\frac{x}{L}n\pi\right)=D\sum_{n=1}^{\infty}\left(-A_n(t)\frac{n^2\pi^2}{L^2}\right)\cos\left(\frac{x}{L}n\pi\right) \tag{13.40}$$

考虑到余弦函数的正交性 [见式 (13.44)], 上式简化为一系列独立的微分方程

$$\begin{aligned}\frac{\mathrm{d}A_0}{\mathrm{d}t}&=0\\ \frac{\mathrm{d}A_n}{\mathrm{d}t}&=-\tfrac{Dn^2\pi^2}{L^2}A_n(t)\quad(n\geqslant 1)\end{aligned} \tag{13.41}$$

每个方程的解为指数函数

$$A_n(t)=A_n(0)\mathrm{e}^{-(Dn^2\pi^2/L^2)t} \tag{13.42}$$

将其代入式 (13.39), 有

$$c(x,t)=A_0(0)+\sum_{n=1}^{\infty}A_n(0)\mathrm{e}^{-(Dn^2\pi^2/L^2)t}\cos\left(\frac{x}{L}n\pi\right) \tag{13.43}$$

最后的问题是确定常数 $A_n(0)$。

为了计算余弦函数的初始振幅, 再次使用函数的正交性

$$\int_{-L}^{L} \cos\left(\frac{x}{L} n\pi\right) \cos\left(\frac{x}{L} m\pi\right) \mathrm{d}x = L\delta_{n,m} \tag{13.44}$$

式 (13.43) 两边乘以 $\cos(n\pi x/L)$, 然后对 x 积分, 得到初始振幅的方程

$$\begin{aligned} A_0(0) &= \frac{1}{2L} \int_{-L}^{L} c(x,0)\mathrm{d}x \\ A_n(0) &= \frac{1}{L} \int_{-L}^{L} c(x,0) \cos\left(\frac{x}{L} n\pi\right) \mathrm{d}x \quad (n \geqslant 1) \end{aligned} \tag{13.45}$$

将初始浓度 $c(x,0)$ 代入这些方程, 积分得

$$\begin{aligned} A_0(0) &= c_0 \frac{L-a}{L} \\ A_n(0) &= -2c_0 \frac{\sin(n\pi a/L)}{n\pi} \quad (n \geqslant 1) \end{aligned} \tag{13.46}$$

将这些结果代入式 (13.43) 得到作为时间函数的浓度解 $c(x,t)$

$$c(x,t) = c_0 \left[1 - \frac{a}{L} - \sum_{n=1}^{\infty} \frac{2\sin(n\pi a/L)}{n\pi} \mathrm{e}^{-(Dn^2\pi^2/L^2)t} \cos\left(\frac{x}{L} n\pi\right)\right] \tag{13.47}$$

不同时刻的浓度作为 x 的函数曲线如图 13.17(A) 所示 (设 $a = L/2$)。注意: 时间很长时 ($t \gg L^2/D$, 后者为盒子尺度的扩散时间), 浓度曲线趋于常数值 $c_\infty = c_0(1 - a/L)$。这点很容易理解: 时间足够长时, 扩散会使浓度在 $2L$ 的区间均匀分布。而荧光分子数不会随时间变化, 则

$$c_\infty \times (2L) = c_0 \times [2(L-a)] \tag{13.48}$$

式 (13.48) 给出了时间足够长时的浓度值。

给定浓度作为时间的函数曲线后, 现在可以在简单一维模型中计算 FRAP 的恢复曲线。我们想知道漂白区域内荧光分子数随时间的变化。在我们的简单模型中, 漂白区域位于盒子 x 轴的 $-a$ 至 a 区域。我们已知在 $t = 0$, 漂白区域内的荧光分子数为 $N_f = 0$, 而在远大于扩散时间的时候这个数趋近于 $2ac_\infty$。而期间的分子数计算为

$$N_f(t) = \int_{-a}^{a} c(x,t)\mathrm{d}x \tag{13.49}$$

将式 (13.47) 的浓度结果代入上式, 得到恢复曲线的表达式

$$N_f(t) = 2c_0 a \left(1 - \frac{a}{L}\right) \times \left[1 - \frac{1}{(a/L)(1-a/L)} \sum_{n=1}^{\infty} \frac{2}{n^2\pi^2} \sin^2(n\pi a/L) \mathrm{e}^{-(Dn^2\pi^2/L^2)t}\right] \tag{13.50}$$

显然, 正如预期的那样, $t \to \infty$ 时, N_f 趋于 $2ac_\infty = 2c_0 a(1 - a/L)$。

图 13.17(B) 画出了归一化了的 FRAP 恢复曲线, 其中归一化常数为长时极限下漂白区域内的荧光分子总数 $2c_0 a(1 - a/L)$。模型预测了漂白区域是受限区域的一半时恢复最快。此外, 从式 (13.50) 可看出, 漂白区域体积分数为 a/L 和 $1 - a/L$ 的恢复曲线是相同的。请注意式 (13.50) 右边在 $a/L \leftrightarrow 1 - a/L$ 互换的情况下保持不变。

13.2.4 斯莫鲁霍夫斯基方程

我们已经处理的扩散问题都是不存在外力作用的情况。可是, 大量的扩散过程是存在外力作用的, 如电场作用下的离子扩散。在处理扩散的轨道和权重时, 我们假设了粒子向任何方向的跳动概率是相同的, 但有外力作用时, 情况就不再一样了, 粒子将偏向某个方向运动。在这种情况下, 我们可以设想粒子沿施力方向的跳动速率比相反方向的大, 也就是速率不再对称。为了展示这种非对称的效果, 我们可以重复扩散方程的分析过程, 只是还要考虑外力引起的飘移速率的非对称情况。

首先计算经过时间 t 后粒子位移的平均值与方差。我们再次看到, 总位移的平均值与方差为单个时间步长位移 Δx 的 $N = t/\Delta t$ 倍。这样可以很快由图 13.18 中的轨迹与权重得到

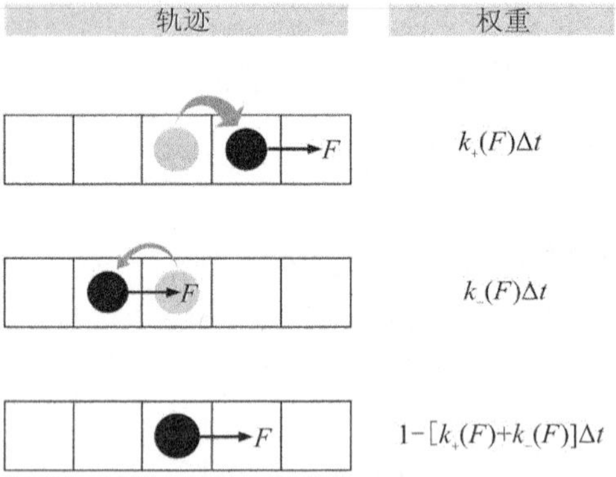

图 13.18　驱动扩散的轨迹与权重。沿施力方向的跳动概率高于逆施力方向的概率, 粒子左右的跳动概率不再相等

$$\begin{aligned}\langle \Delta x\rangle &= a \times k_+\Delta t + (-a) \times k_-\Delta t = a(k_+ - k_-)\Delta t\\ \mathrm{var}(\Delta x) &= a^2 \times k_+\Delta t + (-a)^2 \times k_-\Delta t - \langle \Delta x\rangle^2 = a^2(k_+ + k_-)\Delta t\end{aligned} \tag{13.51}$$

在方差的表达式中, 我们忽略 $\langle \Delta x\rangle^2$ 项, 原因是它比第一项小得多, 因为它是 Δt 的平方项, 而 $k_\pm\Delta t \ll 1$。

位移的方差与无偏扩散的相同, 且扩散常数为 $D = (k_+ + k_-)a^2/2$。但是, 平均值不再为零, 而随时间线性增长。因此, 粒子的整个运动可以描述为有漂移的扩散, 其漂移速度为

$$v = \frac{\langle \Delta x\rangle}{\Delta t} = a(k_+ - k_-) \tag{13.52}$$

在低雷诺数流体中运动的粒子, 其漂移速度与外力之间满足关系 $F = \gamma v$, 其中 γ 为阻尼系数。这在第 12.4.1 节讨论过。

与处理无偏扩散类似, 我们可以使用轨迹与权重的方法推导粒子在 t 时刻位于 x 的概率密度 $p(x,t)$ 的控制方程。我们考虑时间 Δt 内终止于位置 x 的所有微观轨迹, 共有

三种: 初始位置为 x 并停止不动; 初始位置为 $x-a$ 并右跳; 初始位置为 $x+a$ 并左跳。这些轨迹的求和就是概率 $p(x,t+\Delta t)$

$$p(x,t+\Delta t)=[1-(k_{+}+k_{-})\Delta t]\times p(x,t)+k_{+}\Delta t\times p(x-a,t)+k_{-}\Delta t\times p(x+a,t) \quad (13.53)$$

与式 (13.13) 的处理类似, 通过泰勒展开 $p(x,t+\Delta t)$ 和 $p(x\pm a,t)$ 可以获得熟悉的连续形式, 即

$$\frac{\partial p(x,t)}{\partial t}=-v\frac{\partial p(x,t)}{\partial x}+D\frac{\partial^2 p(x,t)}{\partial x^2} \quad (13.54)$$

式中, 漂移速度 $v=a(k_{+}-k_{-})$; 扩散系数 $D=(k_{+}+k_{-})a^2/2$。

13.2.5 爱因斯坦关系

上述漂移扩散的微观推导可以通过宏观推导补足。我们将看到, 这将导出扩散系数与阻尼系数之间的重要关系, 而该关系首先由爱因斯坦导出。我们将菲克定律推广到有外力存在的有偏扩散。具体情况是, 力 F 施于粒子上, 导致了漂移速度 $v=F/\gamma$, 其中 γ 为阻尼系数。当半径为 a 的球形粒子在黏滞系数为 η 的液体中移动时, $\gamma=6\pi\eta a$ [参见式 (12.32) 及相关讨论]。如图 13.19 所示的粒子团以同样的平均速度 v 漂移时形成的净流具有以下形式

$$J_F=\frac{(v\Delta t)c}{\Delta t}=\frac{F}{\gamma}c \quad (13.55)$$

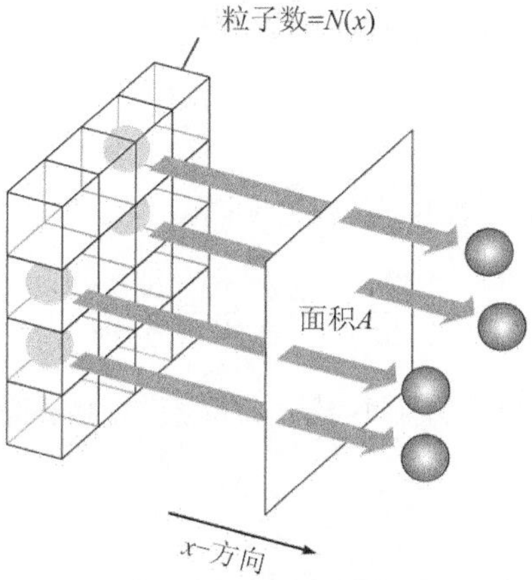

图 13.19 外力引起的流。所有粒子以漂移速度 v 向右运动, 有 $\Delta N=cvA\Delta t$ 个粒子在时间 Δt 内穿过面积为 A 的平面。穿过平面的流为 $\Delta N/A\Delta t=cv$

现在可以把总概率流写成随机跳动部分和外力作用部分之和。具体形式为

$$J(x)=-D\frac{\partial c}{\partial x}+\frac{F}{\gamma}c \quad (13.56)$$

平衡状态时, 净流为零, 即 $J(x)=0$, 且 c 与时间无关, 于是得

$$D\frac{\mathrm{d}c}{\mathrm{d}x}=\frac{F}{\gamma}c \quad (13.57)$$

这个微分方程揭示了外力是可以造成浓度的非均匀分布的。它也可以描述膜附近的离子分布。为了探讨这个结论, 我们首先使用分离变量法来解这个简单线性微分方程。变量分离后得到

$$\gamma D\frac{\mathrm{d}c}{c}=F\mathrm{d}x \tag{13.58}$$

为了方便起见, 现在只考虑势能导致的力 $F=-\mathrm{d}U/\mathrm{d}x$, 得到

$$\gamma D\frac{\mathrm{d}c}{c}=-\mathrm{d}U \tag{13.59}$$

积分得

$$\frac{c(x)}{c(0)}=\frac{\mathrm{e}^{-U(x)/\gamma D}}{\mathrm{e}^{-U(0)/\gamma D}} \tag{13.60}$$

这其实就是我们预期的玻尔兹曼分布, 只需设定

$$D=k_BT/\gamma, \tag{13.61}$$

式 (13.61) 即为爱因斯坦关系!

爱因斯坦关系把扩散和摩擦这两个起初看起来毫无关联的现象联系起来。扩散系数考虑了流体中环境分子的热扰动导致的微观粒子的随机运动。阻尼系数则是关于物体在流体中运动时所受阻力的宏观效果。因为两种效果均依赖于粒子与环境液体分子的相互作用, 可以预想两者之间存在某种联系。事实上, 受爱因斯坦与朗之万在扩散方面的工作的启发, 佩兰做了相关实验, 并引发了关于扩散的现代原子论观点。

有偏扩散在非平衡情形下也具有一些重要结果。粒子数守恒表明

$$\frac{\partial c}{\partial t}=-\frac{\partial J}{\partial x} \tag{13.62}$$

而概率流的额外项导出控制方程也有新项, 即

$$\frac{\partial c}{\partial t}=D\frac{\partial^2 c}{\partial x^2}-\frac{F}{\gamma}\frac{\partial c}{\partial x} \tag{13.63}$$

它与方程 (13.54) 的形式完全一样。本书后面将表明, 该控制方程在描述同时有外力和扩散的过程方面十分重要。

13.3 扩散理论的简单生物学应用

与扩散有关的另一类有趣问题便是某种物质扩散到指定位置的速率。例如, 细胞骨架纤丝的聚合就要求肌动蛋白单体无阻碍地到达纤丝的生长端, 如图 13.20 所示。

很多信号转导过程同样也需要某种活动信号分子到达细胞表面并结合到受体上, 引发信号级联反应。一个具有广泛代表性的细胞表面化学受体如图 13.21 所示, 不过, 受体均匀分布有些过度简化 (Kentner and Sourijk, 2006)。我们面临的数学问题如图 13.22 所示, 将细胞理想化为一个球, 受体均匀分布于球面。假定信号分子以细胞为中心径向分布, 且远场浓度为 c_0。我们提出的问题是: 信号分子以多大速率接近表面受体。

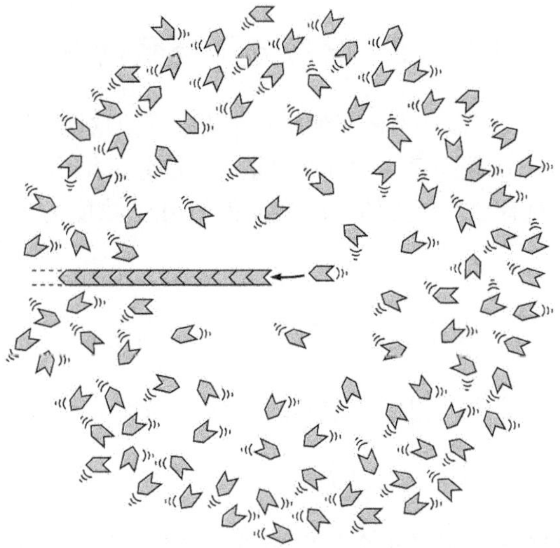

图 13.20 单体扩散至细胞骨架纤丝的生长端。图片表明了紧靠生长端的邻域, 单体基本耗尽。图示的单体浓度分布忽略了纤丝本身的影响

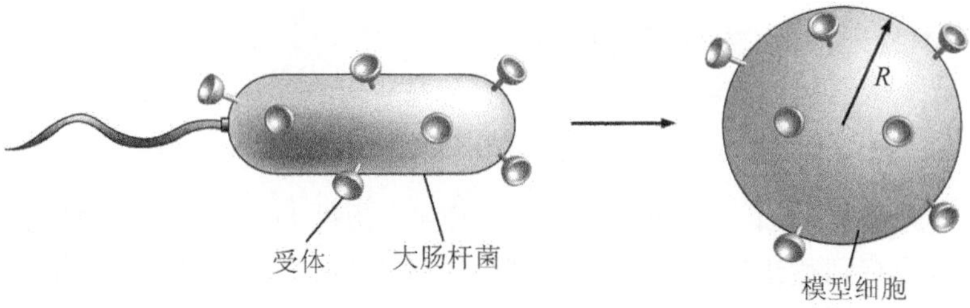

图 13.21 化学受体的卡通图。细胞表面分布着受体。为了方便分析, 细菌被理想化为球体, 受体均匀分布于球面

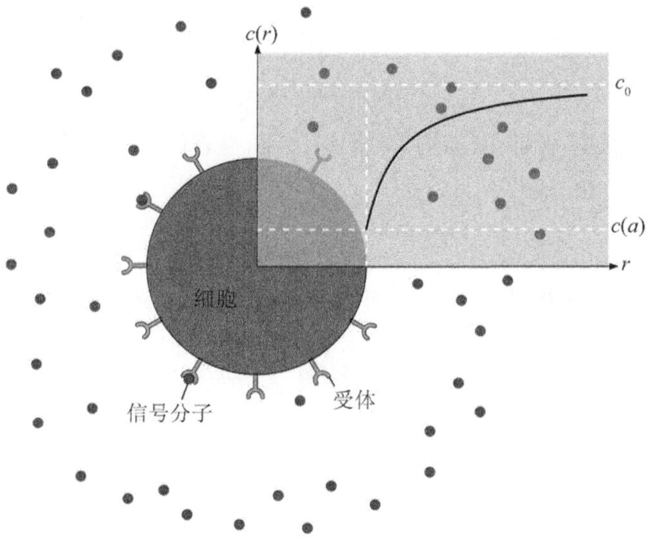

图 13.22 球形细胞附近的浓度分布。浓度分布 $c(r)$ 为球对称, 配体的浓度是到细胞表面的距离的函数

13.3.1　信号分子俘获问题

现在, 我们利用图 13.22 给出的高度理想化的几何模型对扩散导致的俘获过程给出具体的数学描述。我们的目的是计算出单位时间内信号分子结合到受体的数目, 即 $\mathrm{d}n/\mathrm{d}t$。假设细胞半径为 a, 球面有 M 个受体。再假设信号分子浓度为球对称分布 $[c(\mathbf{r}) = c(r)]$, 且远场浓度为 $c_0 = c(\infty)$。

受体最高俘获速率为 $4\pi Dc_0a$

为了用扩散方程解决问题, 我们考虑稳态条件 $\partial c/\partial t = 0$。扩散方程式 (13.8) 简化为

$$D\nabla^2 c = 0 \tag{13.64}$$

在球对称条件下, 拉普拉斯算子只包含径向分量。扩散方程进一步简化为

$$\nabla^2 c = \frac{1}{r^2}\frac{\mathrm{d}}{\mathrm{d}r}\left(r^2\frac{\mathrm{d}c}{\mathrm{d}r}\right) = 0 \tag{13.65}$$

导数为 0 表明本身为常数, 方程可改写为

$$r^2\frac{\mathrm{d}c}{\mathrm{d}r} = A \tag{13.66}$$

A 为常数, 由边界条件 $c(a) = 0$ 和 $c(\infty) = c_0$ 确定。条件 $c(a) = 0$ 表明细胞表面的受体是理想吸收体, 即所有到达细胞表面的分子都被受体“吞下”。我们作如下推导。首先, 利用扩散方程得到浓度分布 $c(r)$。对式 (13.66) 积分得

$$c(r) = -\frac{A}{r} + B \tag{13.67}$$

代入边界条件得

$$c(r) = c_0(1 - \frac{a}{r}) \tag{13.68}$$

有了浓度, 利用菲克定律可导出流密度。事实上, 细胞表面的流密度为 $j(a) = -D[\mathrm{d}c/\mathrm{d}r]_a$, 则

$$j(a) = -\frac{Dac_0}{r^2}\bigg|_a = -\frac{Dc_0}{a} \tag{13.69}$$

最后, 流密度乘以球的面积就得到单位时间到达球面的总粒子数

$$\frac{\mathrm{d}n}{\mathrm{d}t} = -j(a)4\pi a^2 = 4\pi Dac_0 \tag{13.70}$$

在考察受体调控的信号转导和细胞骨架纤丝生长端的聚合时, 这个简单结果对于考察它们的反应速率是非常有用的, 它是我们区分扩散限速还是反应限速的基础。

受体分布接近理想吸收体的效果

上述计算假设了无论配体以多快的速率扩散至表面的受体, 受体都会及时与配体结合。受体的结合速率赶不上配体的扩散速率时情况又会如何呢? 假设细胞对信号分子的结合速率 k_{on} 有限。而当 k_{on} 足够大时, 可回溯到上述结果。速率方程给出了单位时间内结合的分子数

$$\frac{\mathrm{d}n}{\mathrm{d}t} = Mk_{\text{on}}c(a) \tag{13.71}$$

M 为表面受体的数目。稳态时建立起来的浓度分布恰好保证了扩散流平衡于受体的结合流。穿过任意球面的流为 $-j(r)4\pi r^2$, 负号表明流的方向与径向相反, 由粒子数守恒, 并联合式 (13.71) 及菲克定律, 得

$$-j(r)4\pi r^2 = D\frac{\mathrm{d}c}{\mathrm{d}r}4\pi r^2 = Mk_{\text{on}}c(a) \tag{13.72}$$

写成积分形式

$$\int_{c(a)}^{c(r)} \mathrm{d}c = \int_a^r \frac{Mk_{\text{on}}c(a)}{4\pi Dr^2}\mathrm{d}r \tag{13.73}$$

两边积分

$$c(r) - c(a) = \frac{Mk_{\text{on}}c(a)}{4\pi Da} - \frac{Mk_{\text{on}}c(a)}{4\pi Dr} \tag{13.74}$$

最后, 使用条件 $c(\infty) = c_0$ 得细胞表面的配体浓度

$$c(a) = \frac{c_0}{1 + (Mk_{\text{on}}/4\pi Da)} \tag{13.75}$$

上式存在两个有趣的极端状况。每个极端状况对应不同的 $c(a)$。第一个极端状况是

$$\frac{Mk_{\text{on}}}{4\pi Da} \gg 1 \Rightarrow c(a) = 0 \tag{13.76}$$

则结果回溯到上节最高俘获速率的情况, 这个结果暗含了受体俘获信号分子的速率赶得上扩散过程传递信号分子的速率。另一个极端状况为

$$\frac{Mk_{\text{on}}}{4\pi Da} \ll 1 \Rightarrow c(a) = c_0 \tag{13.77}$$

表明结合速率足够小时, 背景浓度基本没有变化。

上述结论延伸出一个有趣的生物学问题: 太多的受体修饰细胞表面无助于提高表面对配体的结合能力。为了更精确地表述问题的实质, 我们问: 多少受体修饰表面恰好使表面的结合能力达到最大? 将式 (13.75) 的结果代入式 (13.71) 有

$$\frac{\mathrm{d}n}{\mathrm{d}t} = Mk_{\text{on}}c(a) = M\frac{k_{\text{on}}c_0}{1 + (Mk_{\text{on}}/4\pi Da)} \tag{13.78}$$

如果结合速率是扩散速率给出的极值 $4\pi Dac_0$ 的一半, 则需要多少受体? 这需要求解参数 M 的方程

$$\frac{\mathrm{d}n}{\mathrm{d}t} = \frac{4\pi Dac_0}{2} = \frac{(Mk_{\text{on}}/4\pi Da)4\pi Dac_0}{1 + (Mk_{\text{on}}/4\pi Da)} \tag{13.79}$$

即求解方程

$$\frac{1}{2}=\frac{\beta}{1+\beta} \tag{13.80}$$

式中, $\beta = Mk_{\text{on}}/4\pi Da$。方程的解为 $\beta = 1$, 即

$$M=\frac{4\pi Da}{k_{\text{on}}} \tag{13.81}$$

为了看清该解的真实意义, 我们利用一个数值例子。考虑一个“典型”的真核细胞, 理想化为半径 $a \approx 10\ \mu\text{m}$ 的球。其次, 假设配体的扩散系数为 $100\ \mu\text{m}^2/\text{s}$, 以及 $k_{\text{on}} \approx 10\ (\mu\text{mol/L})^{-1}\text{s}^{-1}$, 这也是肌动蛋白或 ParM (肌动蛋白的细菌类似物) 聚合速率的典型值。计算前, 得将 k_{on} 中的浓度单位换算一下

$$1\ \mu\text{mol/L} = 6\times10^{23}\times10^{-6}\ \text{L}^{-1} = 600/\mu\text{m}^3 \tag{13.82}$$

由式 (13.81) 直接计算得 $M \approx 10^5$ 个受体。

现在考察 10^5 个受体对半径为 $10\ \mu\text{m}$ 的细胞表面是不是显得太多。受体分布的拥挤程度可以用平均间隔 d 和受体对表面的覆盖率来衡量。球 (即细胞) 的表面积为 $A_{\text{sphere}} = 4\pi\times\ (10\ \mu\text{m})^2 \approx 12\times100\ \mu\text{m}^2$, 平均覆盖面积为

$$d^2=\frac{12\times100\ \mu\text{m}^2}{10^5}=12\times10^3\ \text{nm}^2\approx100\ \text{nm}\times100\ \text{nm} \tag{13.83}$$

即受体的平均间隔大约为 100 nm。我们也可算出受体占据细胞膜表面积的比例。假设单个受体面积为 $b = 10\ \text{nm}^2 = 10^{-5}\ \mu\text{m}^2$, 受体占据的面积比例为

$$\text{细胞膜覆盖率}=\frac{10^5\times10^{-5}\ \mu\text{m}^2}{1200\ \mu\text{m}^2}=\frac{1}{1200} \tag{13.84}$$

上述估算表明, 相对稀疏的受体也能达到理想吸收球面的效果。此外, 不同种类的受体能够同时占据细胞表面, 且似乎都能达到理想吸收效果。

13.3.2 扩散限速化学反应的“普适”速率

上一节引入的从扩散到俘获的概念也可用于化学反应的速率分析。考虑简单的双分子反应 $\text{A}+\text{B}\rightleftharpoons\text{AB}$。整体反应速率受制于两个绝然不同的因素。首先, 整体反应速率显然依赖于反应物如何频繁地扩散到彼此附近, 但是, 彼此靠近并不能保证反应马上发生。A和B靠近后需要多次尝试才能最终结合并形成产物 AB。我们讨论的这两种效应可导致两种限速模式, 分别称为扩散限速反应和结合限速反应。我们暂时考虑反应物一旦靠近即反应的情形。练习的目的在于计算出扩散限速反应的普适速率极限。

确定生物过程速率的策略之一是假定给定过程的速率完全受扩散控制。例如, 我们可以估算衣壳蛋白形成病毒壳所需的时间, 方法是计算单个蛋白被成长的病毒衣壳俘获所需的扩散时间。当然现实中, 有多个过程参与其中: ①相关的参与分子互相靠近 (空间位置及方向定位); ②即使已经靠近, 仍存在一些能垒需要穿越, 因而降低了速率。此处的观

点是扩散速率限制了反应的最大速率。相关事例包括: 反应 $H^+ + OH^- \to H_2O$、氧和血红蛋白的结合、乳糖阻遏蛋白和 DNA 结合及单体蛋白组装形成病毒衣壳。最简单的扩散讨论 (假定扩散分子有相同的尺寸) 给出分子结合的速率常数

$$k_{\text{diffusive}} = \frac{8k_BT}{3\eta} \tag{13.85}$$

式中, η 为介质的黏滞系数。这个简单表达式可由式 (13.70) 通过替换 $D \to 2D$ 和 $a \to 2a$ 得到。如此替换是因为两个分子具有相同扩散系数 $D = k_BT/6\pi\eta a$ 及它们相距小于 $2a$ 才发生作用。如果使用室温时水的黏度 ($\eta \approx 10^{-3}$ Pa s), 可得 $k_{\text{diffusive}} \approx 7 \times 10^9$ L/(mol·s)。这个结果用来估算点状粒子的速率是有益的, 但对于蛋白质和配体之间的反应速率显然是高估了, 尽管如此, 其缺陷还是可以通过考虑配体与受体只能处于精确的方向定位而发生作用的情况加以修正。在这种情况下, 配体和蛋白受体的旋转扩散必须加以考虑。

13.4 总　结

很多生命过程发生在分子尺度上, 分子的热驱动扩散是影响化学反应以多快并在什么地方发生的主要因素。本章我们考察了分子扩散行为的一些有趣的动力学结果。扩散作为一种输运机制只在短程而非长程有效。作为运送配体至受体的一种机制, 扩散动力学产生了一个内在的限制, 以至于稀疏分布受体的细胞表面和完全覆盖受体的细胞表面在信号接收上几乎同样有效。我们也考察了其他影响扩散行为的过程, 包括外部施力或扩散导致俘获的情况。生物动力学中的诸多情况非常接近上述某个简单情形。单个分子的扩散行为与浓度梯度的宏观演化之间的和谐统一揭示了宏观尺度的表观现象源自单个分子随机而又非耦合的行为。扩散是生命在分子尺度上的本质现象; 所有分子过程必须利用或克服扩散。

13.5 课后习题

1. 生物距离与扩散时间

利用表 13.1 中的三种扩散系数生成如图 13.4 的一系列图。利用斯托克斯–爱因斯坦关系 $D = k_BT/6\pi\eta a$ 证明这些扩散系数选择的合理性。

2. 点源的扩散

推导点源一维扩散方程的解式 (13.32)。尽管首次使用数学工具解决这个问题会显得难以上手, 但该过程会使我们理清一些重要的数理概念。

(1) 将扩散方程对空间变量作傅里叶变换, 得到新的微分方程 $\tilde{c}(k,t)$。

(2) 解 $\tilde{c}(k,t)$ 的微分方程。然后对解作逆傅里叶变换, 得实空间的解 $c(x,t)$。

(3) 证明任意初始浓度分布 $c(x,t=0)$ 的解可以写成对点源解的积分。特别是初始浓度分布形式为 $c(x,0) = c \neq 0$ $(x < 0)$ 及 $c(x,0) = 0$ $(x > 0)$ 时, 导出扩散解。

(4) 推导关系 $\langle x^2 \rangle = 2Dt$。

3. 回顾大肠杆菌的一维 FRAP

图 13.16(A) 表明大肠杆菌被光漂白后的不同快照。使用一维细菌 FRAP 问题的解式 (13.47), 画出初始浓度 (漂白前) 与 t 时刻浓度之差沿空间分布的曲线, 如图 13.16(B) 所示。使用 GFP 在大肠杆菌里的

扩散系数 $D = 7\ \mu m^2/s$, 画出不同时刻的一系列图像。推荐使用更现实的初始浓度表示, 而非本章使用的点源。相关数据放在本书的网站上。

4. 二维 FRAP 分析

目的在于推广本章给出的一维 FRAP 分析。将细胞视为半径为 R 的圆盘,均匀覆盖着自由扩散的荧光蛋白。如果激光在细胞中心漂白出一个半径为 a 的洞, 在此忽略细胞核的存在。仿照本章一维处理的方法, 推导细胞内荧光蛋白浓度在时空上的分布。计算漂白洞内分子数随时间的变化关系。

5. 转动扩散

(1) 考虑水中半径为 R 的球体。因为与水分子的随机碰撞, 球体转动扩散。转动扩散定律与平动扩散情况类似

$$\langle \Delta\theta^2 \rangle = 2D_r t \tag{13.86}$$

求转动扩散系数 D_r 的单位。使用爱因斯坦关系写出 D_r 的表达式, 转动阻尼系数由习题 12.4 提供, 并证明其单位的正确性。

(2) 估算大肠杆菌转动扩散 1 弧度角所需时间。并求期间细菌的扩散位移。

6. 扩散俘获与扩散速度极限

正文中我们使用物理论证解决了扩散俘获问题, 避免了直接求解扩散方程的麻烦。在此, 我们用数学解题。

(1) 在球坐标下写出完全结合情形下的扩散方程。使用变量分离法推出正文给出的结果。

(2) 使用流的概念计算单位时间内结合的分子数, 写出相应的 k_{on} 表达式。运用合理的参数计算氧气结合血红蛋白情形下的扩散速度极限。

7. 化学受体的群聚

有明显证据表明大肠杆菌中的化学受体倾向于群聚在某一极附近 (参见 Kentner and Sourjik, 2006)。关于此种群聚功能的其中一个假说认为这样能够提升细菌探测环境分子的能力。首先, 判断这是否是结合化学引诱物分子最有效的策略。大肠杆菌可近似为半径 $a = 1\ \mu m$ 的球, 并忽略其运动的影响; 其次, 比较两种情况的扩散流大小, 第一是有 $N = 1000$ 个受体 (结合斑半径为 s=10Å) 均匀分布于细胞表面; 第二是, 相同数量的受体群聚在细胞表面的同一个区域。可利用下述结果: N 个斑点半径为 s 的受体均匀分布于半径为 a 的球面的体系所产生的概率流

$$I = \frac{4\pi D a c_\infty}{1 + \frac{\pi a}{N s}}$$

式中, D 为分子的扩散系数; c_∞ 为远离细胞的分子浓度。(摘自 H. C. Berg 提供的资料。)

13.6 延伸阅读

Bray, D (2001) Cell Movements: From Molecules to Motility, Garland Publishing. 对细胞相关的一系列动力学过程有相当漂亮的描述。

Berg, H (1993) Random Walks in Biology, Princeton University Press. 本书的“经典”不是马克吐温嘲弄的那种只可谈论而不可读的经典。Berg 的书读者群广泛, 实至名归。

Berg, H (2003) *E. coli* in Motion, Springer. 另一本真正经典的书。

Benedek, GB, & Villars, FMH (2000) Physics with Illustrative Examples from Medicine and Biology: Statistical Physics, Springer-Verlag, Inc. 涉及很多专题, 经常进入我们许多章节的“延伸阅读”。

Perrin, J (1990) Atoms, Ox Bow Press. 提供了能够满足读者好奇心的有趣见解。

Einstein, A (1956) Investigations on the Theory of the Brownian Movement, Dover Publications Inc. 爱因斯坦处理扩散问题的方法仍可作为极好的入门教材。

Chandrasekhar, S (1943) Stochastic problems in physics and astronomy, *Rev. Mod. Phys.* **15**, 1. 综述了无规行走及随机过程中的很多有趣而又普适的观点。

Axelrod, D, Koppel, DE, Schlessinger, J, Elson, E, & Webb, W (1976) Mobility measurement by analysis of fluorescence photobleaching recovery kinetics, *Biophys. J.* **16**, 1055. 提供了用光漂白研究细胞动力学的理论基础。

Lippincott-Schwartz, J, Snapp, E, & Kenworthy, A (2001) Studying protein dynamics in living cells, *Nat. Rev. Mol. Cell Biol.* **2**, 444. 详细描述了研究细胞动力学的各种技术, 比如 FRAP。

Verkman, AS (2002) Solute and macromolecule diffusion in cellular aqueous compartments, *Trends Biochem. Sci.* **27**, 27. 描述了使用光漂白研究活体细胞动力学的方法。

Berg, HC, & Purcell, EM (1977) Physics of chemoreception, *Biophys. J.* **20**, 193. 物理生物学的经典文献之一, 阐明了如何利用扩散俘获的概念来研究细胞信号转导问题。

Kentner, D, & Sourjik, V (2006) Spatial organization of the bacterial chemotaxis system, *Curr. Opin. Microbiol.* **9**, 619. 表明了在化学趋化体系中, 受体不是均匀分布的, 而是群聚于极点附近。

13.7 参考文献

Ellenberg, J, Siggia, ED, Moreira, JE et al. (1997) Nuclear membrane dynamics and reassembly in living cells: targeting of an inner nuclear membrane protein in interphase and mitosis, *J. Cell Biol.* **138**, 1193.

Elowitz, MB, Surrettee, MG, Wolf, P-E, Stock, JB, & Leibler, S (1999) Protein mobility in the cytoplasm of *Escherichia coli*, *J. Bacteriol.* **181**, 197.

Marshall, WF, Straight, A, Marko, JF, et al. (1997) Interphase chromosomes undergo constrained diffusional motion in living cells, *Curr. Biol.* **7**, 930.

Mullineaux, CW, Nenninger, A, Ray, N, & Robinson, C (2006) Diffusion of green fluorescent protein in three cell environments in *Escherichia coli*, *J. Bacteriol.* **188**, 3442.

14 无序与拥挤环境中的生命

因为过于拥挤, 现在没人再去那里了。

——优吉 · 贝拉

本章概览: 重新考虑稀溶液的图像并说明细胞内的拥挤效应

细胞内部如此拥挤以至于相邻蛋白质之间的距离与蛋白质本身的尺寸相当。同样, 在细胞膜流动的脂质层中栖息着大量不同种类的蛋白质。这些事实表明细胞所处的物质环境与大部分的生化实验及假想模型之间存在相当大的差别。特别是在“稀溶液”极限下有关分子彼此结合方面的简单研究中, 我们就忽略了这些拥挤效应。在研究扩散动力学时, 我们同样认为分子是在不受任何相邻分子的影响下自由地进行无规行走。本章将阐述拥挤对体系平衡及动力学的影响, 并给出拥挤效应的几个简单模型。

14.1 拥挤、连锁和纠缠

我们目前关于细胞的定量知识大部分涉及结合和扩散问题的各个方面。结合与扩散是驱动细胞生化反应的中心问题。然而, 我们为了使用这些概念而作的很多假设与细胞的实际工作状况似乎并不一致。我们已经作的两个最关键假设是: ①理想性假设: 分子的浓度足够稀以至于分子之间既不存在任何直接碰撞作用, 也不存在长程相互作用; ②均匀性假设: 分子所处的环境与位置无关。本章就是考虑怎样放宽上述两个前提假设, 并揭示由此产生的有关生物结构和功能的新观点。

细胞的生命正是由于包含了大量复杂现象而显得丰富多彩, 这些复杂现象与理想性和均匀性假设是有冲突的。与本书建立的理想性假设发生冲突的细胞生命事例之一就是细胞内的极端拥挤现象。拥挤程度的保守估算是蛋白平均间距小于 10 nm, 以后的内容将会展示这一事实对体系的平衡和动力学双方面的影响。所谓微摩尔浓度下的体外实验已经算是“高浓度”了, 而它们的蛋白平均间距达 100 nm, 由此可见细胞内的拥挤程度。

无论是光学显微镜还是电子显微镜对细胞的观察都表明大量的组织结构与我们目前的均匀性假设是不相符的。真实情况是交联的高分子网络表现出非均匀性的环境特征, 如纵横交错形成运动细胞前缘的肌动蛋白网络或建构细菌形状的肽聚糖网络。此外, 真核细胞内的各种细胞器更展现了多姿多彩的特征。例如, 即使是像内质网和高尔基体这样彼此相邻的细胞器, 其膜上的脂质组分也不相同。

本章引发的问题也许要比其解决的问题多, 但基本上围绕以下两个主题展开: ①在考虑拥挤对生化平衡的影响后, 如何弥补我们早先对结合和相互作用处理所留下的缺陷; ②真实细胞内的扩散动力学与稀溶液中的扩散动力学到底有什么区别?

14.1.1 细胞内的拥挤程度

第 2 章我们从实验上对细胞作定量统计, 从而改变了我们对生命物质的理解。图 2.3 和图 2.10 所示的实验使统计实现细胞功能的不同蛋白质总数成为可能。此外, 这些实验还促成了图 2.2 所示的新一代图解法, 目的就是“帮助我们想象生物分子处在适当的环境下包装成活细胞” (Goodsell, 1998)。在实验室的生化反应中, 我们大多关注确保浓度和电荷状态 (反映在 pH 与离子浓度) 这些指标尽量接近于活细胞的情况, 却忽略了稀溶液实验与拥挤细胞之间的区别。阿瑟 · 科恩伯格 (Kornberg, 2000) 针对生化研究的现状提出“改进用稀溶液来模拟分子拥挤状况的研究”。

为了认识细胞内部的拥挤本质, 我们回顾第 2.1.2 节对细菌中的分子普查。这些计算的潜在目的是要寻找一种简单的方法来评估细胞内部的拥挤程度。最简单的估算是将细菌想象成一个边长为 1000 nm 的立方体。如图 2.2 所示, 我们粗略估算大肠杆菌细胞内大约有数百万个蛋白质。为简单起见, 我们认为细菌的细胞质中有 10^6 个蛋白质。这就意味着沿立方体的三个方向每条边可排列 100 个蛋白质, 相邻蛋白质的中心距离是 10 nm。为了进一步简化我们的估算, 假设蛋白质都是半径为 2 nm 的球, 则蛋白质间的“溶液”厚度略大于 5 nm。对细胞内部情况的上述估算完全颠覆了理想溶液理论的稀薄和均匀性假设。然而, 我们所说的拥挤具有丰富的内涵, 不仅指一堆蛋白质简单的聚在一起。我们现在要讨论的就是这样一个具有丰富内涵的主题: 纵横交错于细胞内的纤丝网络。

14.1.2 高分子网络

考虑球体间的拥挤对于理解排斥体积效应和排空力具有指导意义。然而, 上述知识还不足以使我们对生物体的结构和条件作进一步近似。因为活细胞和组织内的很多组分负责结构和力学功能, 它们表现得更像是一个弹性梁而不是一个球。在第 10 章中, 我们考虑了单根纤丝的性质, 现在, 我们必须考虑大量纤丝紧密地挤在一起的情形, 以便更真实地模拟生命环境。不仅仅在细胞内如此, 细胞外基质也是如此。事实上, 某些动物和绿色植物之所以能克服引力限制而长到不可思议的高度, 就是细胞外基质纤丝结构的特殊性质所致。

丝状排列结构在组织内很常见。图 14.1 举出了一些例子。我们已经看到平行的肌动蛋白纤丝束和微管束如何被用来构建细胞的表面形状以抵抗屈曲 (第 10 章), 如图 14.1(A) 所示的微绒毛。纤丝束对胞内的穿梭也有贡献。令人印象深刻的例子是图 14.1(B) 所示的神经细胞轴突里面排列的微管束和微管束之间的纤丝。图 14.1(C) 所示的细胞外基质中排齐的纤丝赋予我们的肌腱和韧带对抗剪切的能力。肌腱中胶原蛋白的排列状况能方便地在光学显微镜下观察到。图 14.1(D) 展示了植物细胞外基质中纤维素的类似排列, 它们使树木能抵抗重力长到数百米高。

尽管纤丝成束能够获得远远超越单根纤丝的强度和力学性能, 但这种组织模体的缺点是其极端的各向异性。很多情况下, 细胞必须阻止来自各个不同方向的力学侵扰, 而不仅是沿着纤丝束轴向的侵扰。为了增加三维结构的力学强度, 细胞常常将纤丝交联成网络, 且相邻纤丝的夹角可能很大。事实上, 各种各样的纤丝网络在自然界中普遍存在。图 14.1(E) 展示了在蠕行细胞前缘的肌动蛋白丝组成的分枝网络, 细胞外结缔组织 [如图 14.1(F) 所示的基膜和图 14.1(G) 所示的富含胶原蛋白的组织] 也能被用于抵御来自多个方向的剪切和拉伸。细菌细胞的硬壁也属于这类结构, 如图 14.1(H) 所示糖链分子构成的长纤维通过小的肽分子交联在一起形成三维结构以抵抗外部应力。

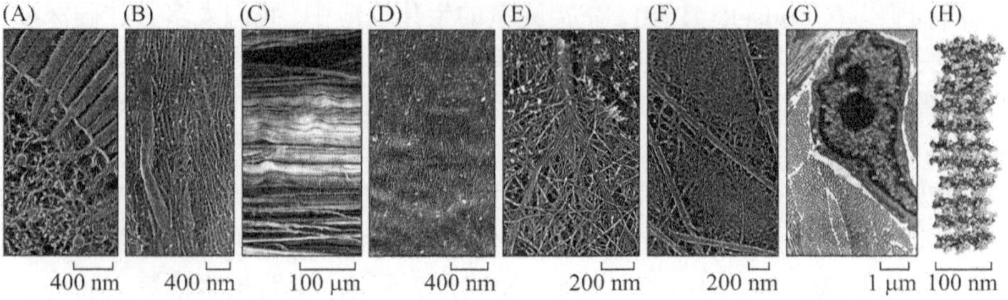

图 14.1　细胞内和细胞外基质中发现的纤丝网络结构图例。(A) 在小肠上皮细胞上边缘, 微绒毛紧紧包裹着肌动蛋白束, 而膜下区域尽管组织结构较少, 肌动蛋白网络依然较稠密; (B) 在神经细胞的轴突内, 紧密排列的包装成一束的神经纤丝和微管可以使轴突长得很长, 并且可以作为输运线粒体这样的细胞器的轨道。(C) 大鼠切片中的动物韧带, 排齐的胶原蛋白束可以抵御剪切力。(D) 植物细胞壁由排齐的纤维素束构成, 这种细胞壁结构不仅存在于柔弱的杂草拟南芥中, 也存在于坚硬的红杉中。(E) 在运动细胞的前缘, 网束中肌动蛋白丝的生长推动膜前进。(F) 上皮细胞构成的动物组织, 常包括衬在细胞下面的基膜以提高组织的机械强度。这个基膜不是磷脂膜, 而是由胶原蛋白、蛋白多糖及其他纤丝分子构成的垫子。(G) 成纤维细胞, 图片横切了紧密包装的细胞外基质。在该薄切片中, 胶原蛋白纤维在不同的方向被切断, 这些方向反映了它们规则的结构。(H) 革兰氏阳性细菌的细胞壁由糖类细丝带通过独特的肽相互交联而成。该原子模型展示了纤丝的某种可能的取向。(A 和 F 由 J. Heuser 惠赠; B 取自 N. Hirokawa, *J. Cell Biol.* 94: 129, 1982; C 取自 P. P. Provenzano et al., *J. Orthop. Res.* 20: 975, 2002; D 取自 D. H. Burk and Z. H. Ye, *Plant Cell* 14: 2145, 2002; E 取自 T. M. Svitkina et al., *J. Cell Biol.* 160: 409, 2003; G 取自 P. C. Cross and K. L. Mercer, Cell and Tissue Ultrastructure, New York, W. H. Freeman and Company, 1993; H 取自 S. O. Meroueh et al., *Proc. Natl Acad. Sci.* 103: 4404, 2006.)

细胞不仅允许纤丝成束和产生超结构组织, 而且鼓励它与交联蛋白栓在一起。极性纤丝的自发排列会使各自的取向混乱, 然而在许多实例中, 细胞内的纤丝都指向同一个方向。仅仅由于熵不可能导致这种现象, 有可能是局部位置成核使得每根纤丝朝一个方向生长, 或者是利用马达蛋白 将纤丝整理成同一取向。这个问题将在第 16 章中进一步讨论。图 14.2 是运动细胞前缘纤丝组织的高分辨图像。这种组织形式的有趣特征之一是组织变化程度与到细胞前缘的距离有关。在第 15 章中, 我们将阐述时间依赖的肌动蛋白丝的生长是如何形成这种组织的。

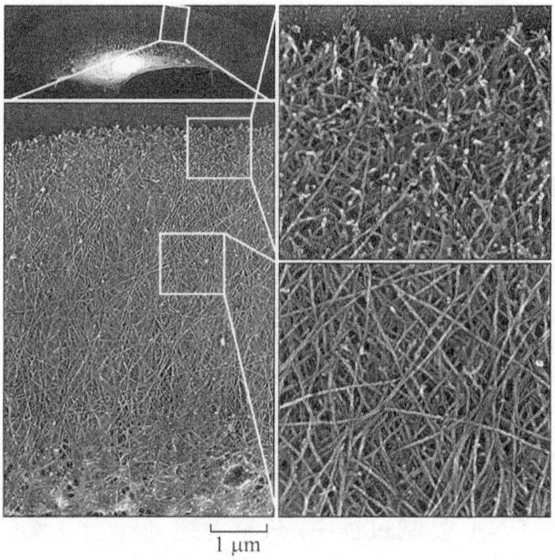

图 14.2 蠕行细胞前缘的肌动蛋白纤丝组织。在拍摄的时间点, 鱼皮角膜细胞正向上运动。揭开细胞膜, 将纤丝结构涂在非常薄的玻片上。细胞下方的大白斑是细胞核和膜被细胞器的位置。白线框的区域被放大在下部。基本上所有的纤丝都是肌动蛋白。方框指示的两个不同区域还被放大在右边。上图表示接近细胞前缘区域, 肌动蛋白丝较短并频繁分叉。下图表示离细胞前缘较远的区域, 各个肌动蛋白丝较长, 且相互以随机的夹角交叠在一起。(取自 T. M. Svitkina et al., *J. Cell Biol.* 139: 397, 1997.)

14.1.3 膜上的拥挤程度

拥挤不仅在细胞内的三维空间扮演重要角色, 在细胞膜的生命功能中也起关键作用。图 11.10 显示了细胞膜上的拥挤状况, 并阐述了如何用电场操控线粒体膜上的蛋白, 冷冻断裂膜的电子显微图表明电场将膜蛋白分离到膜的一侧。该图像和其他一些实验都表明膜蛋白占膜成分很大比例。事实上, 线粒体膜 50%以上的质量是由膜蛋白贡献的。磷脂分子与膜蛋白质量相对值的测量在米特拉等 (Mitra, 2004) 的文章中有报道。

细胞质中对蛋白质浓度的估算能揭示蛋白之间平均间距相对于自身尺度的大小, 类似地, 我们可以用同样的方法来估算细胞膜上的情况。为此, 我们回顾大肠杆菌的膜面积大概是 6 μm^2, 内外膜上总共容纳了约 500 000 个蛋白, 表明每个蛋白占据的面积约为 10 nm^2, 或者说蛋白间的典型距离是 3 nm。由此可见细胞膜确实很拥挤。

14.1.4 拥挤导致的后果

我们已经考察了细胞拥挤环境的结构特征。也看到这种拥挤结构作为细胞生化反应的场所与稀薄而又均匀的生化溶液环境绝然不同。这种拥挤对细胞会产生怎样的后果呢? 由于细胞内分子的聚集, 拥挤对平衡结合和扩散过程将产生怎样的影响?

拥挤改变生化平衡

由拥挤引发的第一类效应是对体系平衡的影响。例如，拥挤能改变体系在极稀溶液条件下定义的生化反应的平衡态。在第 6 章，我们利用统计力学计算了结合曲线，并阐明了受体占据率与配体浓度的关系。然而，由于“被动”拥挤试剂的存在，上述结果在多方面必须加以修正。具体来说，某些底物的结合概率与自身浓度相关，当拥挤试剂存在时，其结合概率将会上升。拥挤导致的另一个有趣结果是一种新型熵力的出现，它既不是范德瓦尔斯力，也与电荷无关。这类熵力也被称为“排斥体积力”或“排空力”，它表观上引入“序”，产生违反直觉的效应。

图 14.3 给出一个例子，显示拥挤效应是如何改变结合状况的，实验测量了与噬菌体 DNA 复制有关的附属蛋白复合体。特别是，这些数据显示出拥挤分子首先对基因产物 45 (滑动夹) 和 44/46 (夹子装配器) 之间结合概率产生影响，而后它们才结合到 DNA 聚合酶上并提高其活性。在 DNA 复制过程中，只有上述 4 个分子结合在一起才能产生前导链。实验使用的拥挤试剂是聚乙二醇，平均分子质量为 12 kDa。当它们结合到复制复合体时，这两种噬菌体蛋白具有提高 T4DNA 聚合酶活性的作用。夹子装配器 gp44/62 的 ATP 水解速率作为测量参数衡量这些附属蛋白的结合速率，图中曲线是在固定的 gp45 浓度下，通过滴定 gp44/62 浓度作出的。作为一种控制方法，实验证明 DNA 聚合酶的催化活性可以通过改变拥挤试剂的浓度而被间接改变。该图数据只是普遍现象中的一个特例，即惰性拥挤试剂的加入会使体系的生化平衡发生偏移。

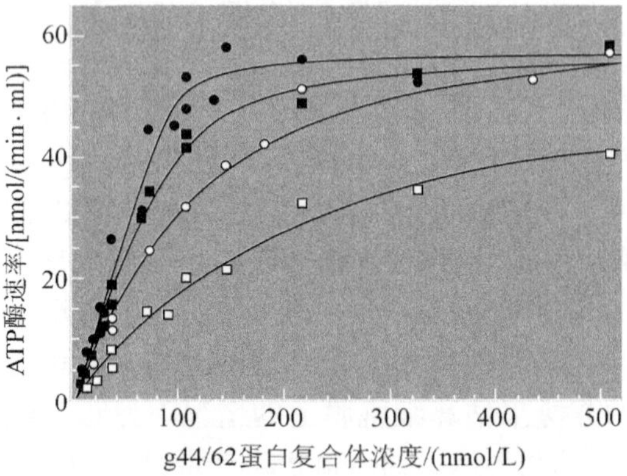

图 14.3　与 T4DNA 复制有关的 ATP 酶速率。在不同浓度的拥挤试剂 (聚乙二醇) 的作用下，ATP 酶速率与 g44/62 浓度之间的关系曲线也不同。从下到上不同曲线对应的拥挤试剂 (聚乙二醇) 的质量百分比分别是 0、2.5、5 和 7.5。(取自 T. C. Jarvis et al., *J. Biol. Chem.* 265: 15160, 1990.)

拥挤改变胞内动力学

拥挤不仅改变体系的平衡性质，也明显影响细胞内各种动力学过程。简单的出发点是讨论活细胞内的扩散与稀溶液中的扩散有何不同。回答该问题的方法之一是利用第 13.1.2 节引入的 FRAP 技术。基本思路是：先对细胞内的目标高分子作荧光标记；然后对细胞的某个区域作荧光漂白; 最后测量荧光分子的扩散动力学。图 13.7 给出了这类实验的例子。图 14.4 的 FRAP 实验结果表明细胞内的扩散慢于稀溶液的扩散, 细胞内与水中的扩散系数比值同扩散分子尺度之间的函数关系如图所示。这些曲线显示扩散系数减小 4 倍, 对较大分子表现更为明显。

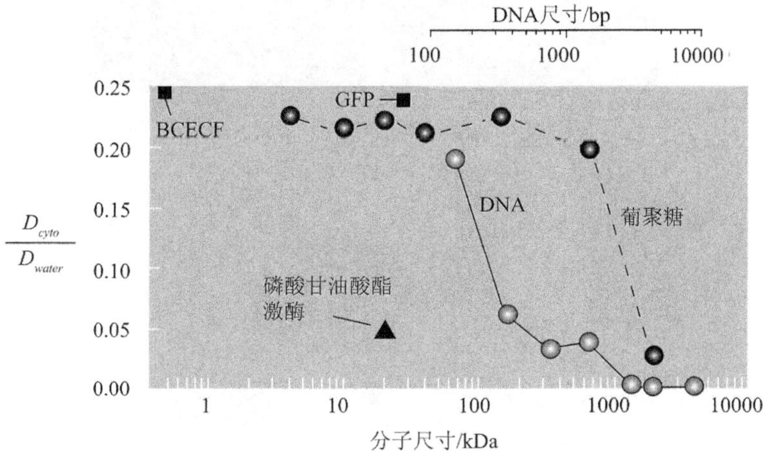

图 14.4 细胞内的扩散系数。曲线显示细胞内扩散系数与水中扩散系数的比值同分子尺寸的关系, 这些分子包括不同长度的 DNA 分子。(取自 A. S. Verkman, *Trends Biochem. Sci.* 27: 27, 2002.)

另一个研究拥挤对扩散影响的有趣方法是考察细胞表面膜蛋白的扩散动力学。跟踪单个膜蛋白的视频图像表明这些分子经历的扩散轨迹与传统二维无规行走有很大的区别, 后者被认为是自由扩散。具体地, 有几类不同的现象被观察到。其中一类运动如图 14.5 所示, 自由扩散的进程不断地被其他膜蛋白的频繁结合所打断。另一类相关的扩散运动显示分子在一个二维笼子中表现出自由扩散, 然后逃逸到相邻的笼子中, 到那里后表现出更加局域性的扩散。同样的现象在活细胞中标记的 RNA 和体外构建的三维纤丝网络中的各种示踪粒子的三维扩散实验中也被观察到。与二维情况类似, 单根轨迹的特征是在表观的笼子里快速扩散, 间或从一个笼子跳跃到另一个笼子。这两种情况下, 观察到分子的动力学也许由于笼子本身的动力学重构而变得异常复杂。

本节的重点就是利用几个实例阐明拥挤对分子结合及动力学的影响。在本章剩余部分, 我们将研究各种简单模型, 阐明拥挤试剂对下述情况产生影响的机制: 改变平衡态结合曲线; 导致粒子之间熵力的产生, 这在稀溶液中是不必考虑的; 减慢扩散运动。注意这里引入的模型只是对拥挤效应作最简单的处理。面对拥挤现象更真实的模型需要更高超的处理手段。

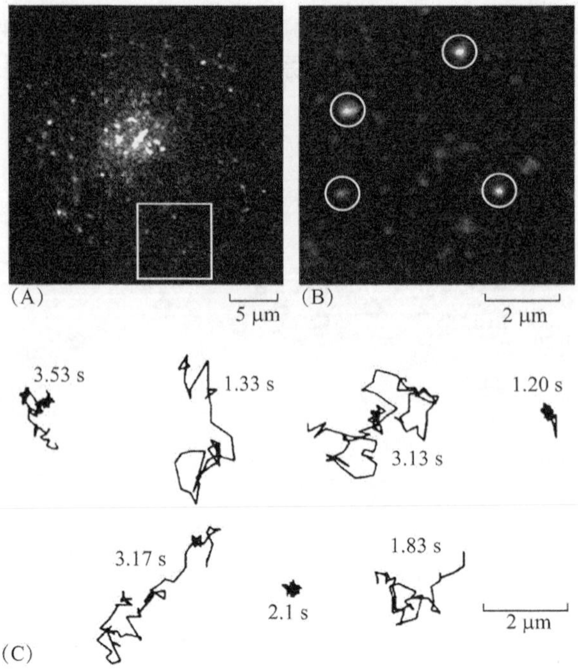

图 14.5　膜蛋白扩散的单分子测量。(A) 细胞被编码 GFP 与膜蛋白 Lck 融合体的 DNA 片段转染。在荧光显微镜下, 细胞表面被随机分布的斑点所覆盖。(B) 左图方框区域的放大图, 单个分子 (圈) 可以被清楚地看到。它们的运动可以由视频图像实时追踪。(C) 一系列单分子的轨迹, 时间 1~3.5 s 不等, 轨迹表明了各个分子行为的异质性。有些分子像是被囚禁了, 几乎不移动; 然而有些分子却穿越了很长的距离。(取自 A. D. Douglass and R. Vale, *Cell* 121: 937, 2005.)

14.2　拥挤环境中的平衡

14.2.1　拥挤与结合

在第 6 章中, 我们利用格点模型考虑配体结合到蛋白质上的统计力学. 这个方法可以拓展到溶液中出现拥挤试剂的情况, 这些拥挤试剂与配体和蛋白质都没有相互作用, 它们仅仅是占据一些空间。我们考虑拥挤试剂如何影响配体占据受体结合位点的概率。

溶液的格点模型为生化平衡中的拥挤效应提供了简单的图像

为了简化问题, 我们将反应域分割成 Ω 个体积为 ν 的单元 (如图 14.6 所示)。溶液格点模型中的每个单元要么是空的 (实际上被溶剂分子占据)、要么被配体占据、要么被一个拥挤试剂占据。设反应域 $\Omega\nu$ 中分别有 L 个配体及 C 个拥挤试剂。如果我们考虑溶液

中只有配体和拥挤试剂存在的情况, 则溶液的简单格子模型给出体系的配分函数

$$Z_{sol}(L,C)=\frac{\Omega!}{L!C!(\Omega-L-C)!}\mathrm{e}^{-\beta L\varepsilon_L^{sol}}\mathrm{e}^{-\beta C\varepsilon_C^{sol}} \tag{14.1}$$

式中, ε_L^{sol} 和 ε_C^{sol} 分别是配体和拥挤试剂在溶液中的能量。式 (14.1) 中的组合因子简单地表示 L 个配体与 C 个拥挤试剂分布在组成反应域的 Ω 个单元中的排列数。

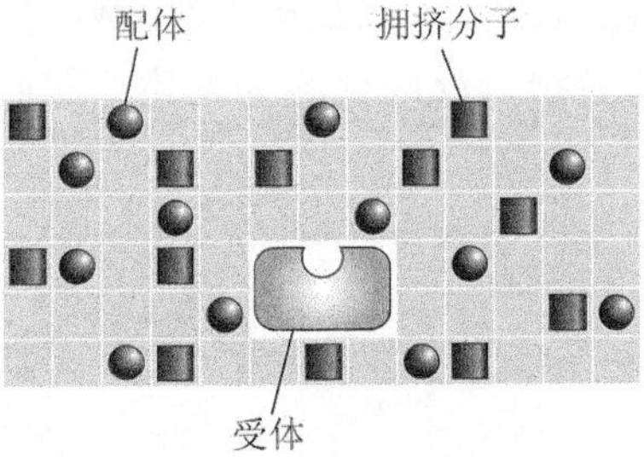

图 14.6 拥挤效应的格子模型。反应域被溶剂分子、拥挤分子和配体占据。单个配体可以与蛋白结合

有了该溶液模型, 我们就可以问溶液中的受体与配体结合的概率是多少, 该概率怎样依赖于配体和拥挤试剂的浓度。受体有两种状态: 要么与配体结合、要么没有与配体结合。两种状态的权重分别是 $Z_{sol}(L-1,C)\mathrm{e}^{-\beta\varepsilon_L^b}$ 和 $Z_{sol}(L,C)$, 其中 ε_L^b 是配体与蛋白的结合能。因而, 配体与蛋白结合的概率为

$$p_{\text{bound}}=\frac{Z_{sol}(L-1,C)\mathrm{e}^{-\beta\varepsilon_L^b}}{Z_{sol}(L-1,C)\mathrm{e}^{-\beta\varepsilon_L^b}+Z_{sol}(L,C)} \tag{14.2}$$

如果分子分母同时除以 $Z_{sol}(L-1,C)\exp(-\beta\varepsilon_L^b)$, 并假设 $\Omega-L-C\gg 1$, 则方程可以简化为

$$p_{\text{bound}}=\frac{1}{1+\dfrac{\Omega-L-C}{L}\mathrm{e}^{\beta\Delta\varepsilon_L}} \tag{14.3}$$

式中, $\Delta\varepsilon_L\equiv\varepsilon_L^b-\varepsilon_L^{sol}$ 是配体—受体结合与配体在溶液中的能量差。

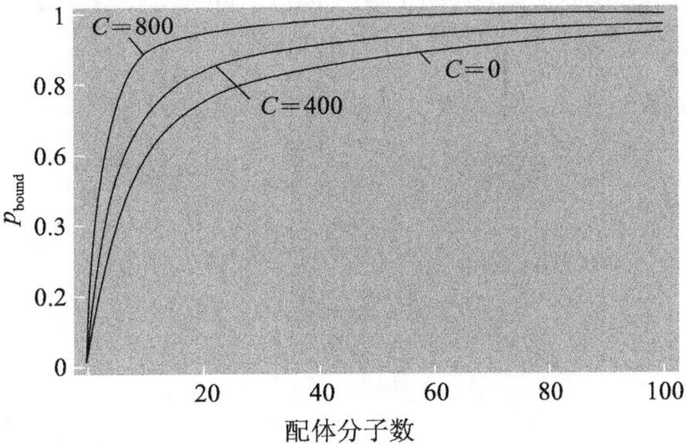

图 14.7 不同拥挤分子浓度下, 配体分子结合到蛋白结合位点的概率。反应域体积 $\Omega=1000$, 并且 $\Delta\varepsilon_L=-5k_BT$

从式 (14.3) 我们可以推断: 只有当拥挤试剂的数目 C 与 Ω 可比时 (我们假定配体分子数 $L \ll \Omega$), 拥挤分子才会对配体结合到受体的概率产生显著影响。由于 C 的效应是有效地减少了配体所能遍布的空间, 因此, C 的增加导致 p_{bound} 的上升。图 14.7 给出不同拥挤分子浓度下 p_{bound} 与配体分子数的关系。

如果我们利用更复杂的格点模型来处理拥挤和结合的关系,就能较逼真地反映图 14.3 介绍的数据。该图中的理论曲线与本书其他地方一样是对结合数据的拟合, 可给出解离常数与聚乙二醇浓度的函数关系, 如图 14.8 所示。图中数据定性地显示了随着拥挤试剂的增加解离常数不断减小, 意味着结合反应更容易发生。我们的目的在于用简单的模型给出导致这些数据的直观原因。

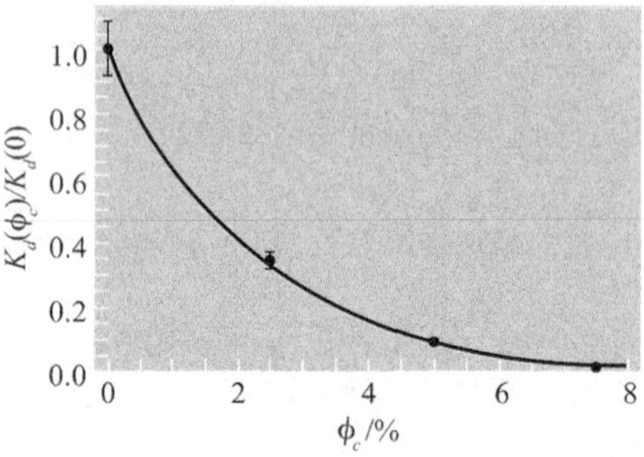

图 14.8　解离常数与拥挤的关系。比较拥挤试剂存在时, 有关结合的理论值 (实线) 和实验值 (实点)。在实验中测量了 T4DNA 复制复合体中 gp44/62 和 gp45 组分在不同聚乙二醇浓度 (以体积百分数表示) 下的解离常数。理论曲线由式 (14.6) 拟合得到, 蛋白质复合体与聚乙二醇的有效体积比为 r, 后者的分子数为 12 000。(取自 T. C. Jarvis et al., *J. Biol. Chem.* 265: 15160, 1990.)

为了给出依赖于聚乙二醇浓度的解离常数模型, 我们利用上述有关拥挤的格点模型。面临的新问题是排空分子 (聚乙二醇) 相对于结合受影响的蛋白复合体 (基因产物 44/62) 要小得多, 前者分子质量为 12 kDa, 而后者达 164 kDa。为了考虑尺度差异, 在溶液的格点模型中, 我们假设一个蛋白质就要占据 r 个盒子, 而一个盒子只能容纳一个聚乙二醇分子。为了进一步简化组合计算, 我们假设反应域被分割成 Ω 个大盒子, 而每个大盒子由 r 个小盒子构成, 如图 14.9 所示。蛋白质占据大盒子, 而聚乙二醇占据剩余的小盒子。更详细的计算将允许蛋白质占据任意 r 个小盒子的区域。

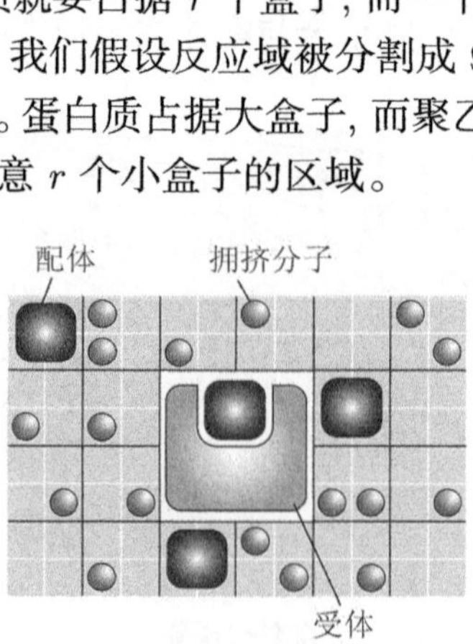

图 14.9　大配体的格子模型。该格子模型描述了拥挤试剂尺度不同于配体尺度时的结合情况。对拥挤试剂和配体用不同大小的盒子表示

此时, L 个蛋白, C 个拥挤分子组成的体系的配分函数为

$$Z_{sol}(L,C)=\frac{\Omega!}{(\Omega-L)!L!}\frac{(r\Omega-rL)!}{(r\Omega-rL-C)!C!}\,\mathrm{e}^{-\beta L\varepsilon_L^{sol}}\mathrm{e}^{-\beta C\varepsilon_C^{sol}} \tag{14.4}$$

当 $r=1$ 时此式回归到式 (14.1)。如果假定拥挤分子与配体的体积大小一致, 则利用上式可以直接计算蛋白结合到受体的概率。特别是, 如同在式 (14.3) 中的处理, 我们构造这样一个比率, 其分子是结合态的统计权重, 分母是所有态统计权重之和, 于是结合概率具有如下形式

$$p_{\text{bound}}=\frac{1}{1+\dfrac{Z_{sol}(L,C)}{Z_{sol}(L-1,C)}\mathrm{e}^{\beta\Delta\varepsilon_L}}=\frac{1}{1+\dfrac{\Omega}{L}(1-\phi_C)^r\mathrm{e}^{\beta\Delta\varepsilon_L}} \tag{14.5}$$

式中, $\phi_C=C/r\Omega$ 是拥挤试剂在溶液中的体积分数。为了得到最后的等式, 我们假设了 $L\ll\Omega$, 即结合蛋白的体积分数远小于 1, 我们再次利用了公式 $(N+r)!/N!\approx N^r$, 此公式在 $N\gg r$ 时成立。

联合式 (14.5) 和式 (6.110), 得到解离常数与体积分数的依赖关系

$$\frac{K_d(\phi_C)}{K_d(\phi_C=0)}=(1-\phi_C)^r \tag{14.6}$$

在图 14.8 中, 我们比较了上式的理论值和从 T4 噬菌体中得到的 gp44/62 蛋白复合体的数据。通过调整参数 r, 得到理论曲线与实验数据之间的最佳拟合。r 代表配体与拥挤试剂之间的相对体积比。根据我们对配体和拥挤分子质量的认知, 粗略猜测 $r\approx15$, 而最佳拟合值是 $r=45$。

上述处理仅仅考虑了拥挤试剂对生化平衡的影响。引入的模型仅仅是拥挤效应的一幅草图, 忽略了很多重要的特征, 其中一个特征如图 14.10 所示。更一般地, 本节模型没有考虑 "排斥体积" 效应, 粒子占据的有限空间比它们的物理体积大, 而占据空间的计算与它们的整体浓度有关!这种粒子间的相互作用将在第 14.2.3 节加以考虑。

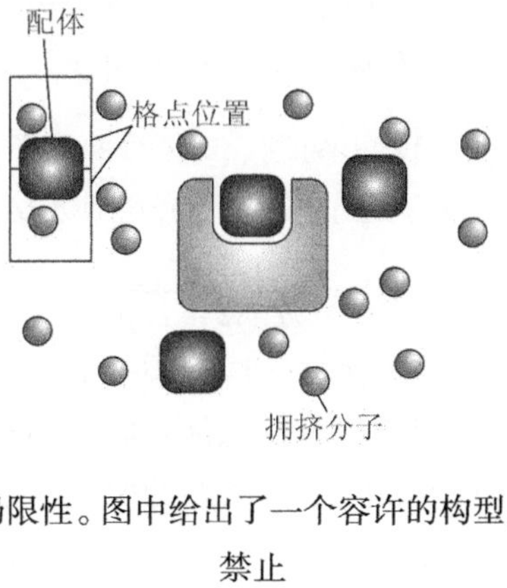

图 14.10 拥挤效应格子模型的局限性。图中给出了一个容许的构型, 但这个构型在格点模型中被人为禁止

14.2.2　拥挤溶液中的渗透压

渗透压反映拥挤效应

细胞内离子和蛋白质共存的一个有趣结果是对细胞膜产生渗透压。基于血红蛋白浓溶液的实验揭示了这种现象。图 14.11 的实验数据展示了渗透压与蛋白浓度之间的非线性关系。我们可以用上节拥挤溶液的格点模型来解释这些数据。在低浓度时, 渗透压线性地依赖于血红蛋白的数量, 正如第 6.2.3 节范特霍夫公式所描述的那样。随着血红蛋白浓度的提高, 蛋白质之间的相互作用变得越来越重要, 从而使得渗透压与浓度之间偏离简单的线性关系。

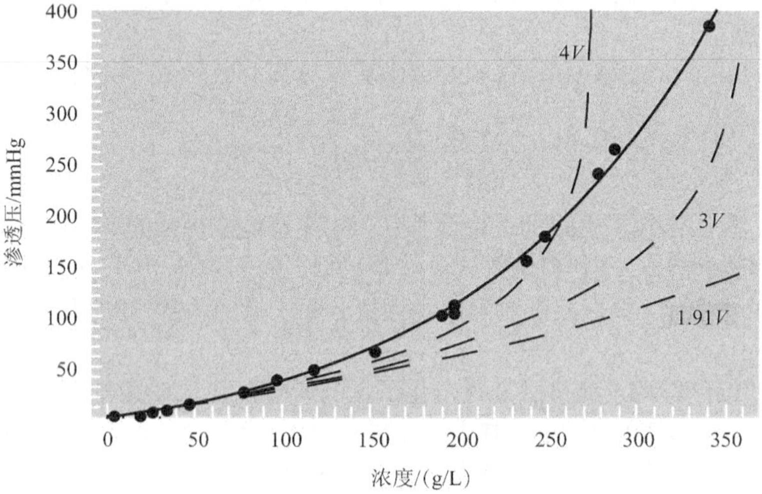

图 14.11　0°C 时渗透压与血红蛋白浓度之间的关系。实心点表示实验数据。虚线表示格子模型预测的曲线, 实线则是硬球模型预测的曲线, 其中硬球体积 V 对应的直径是 5.8 nm。曲线旁标示的是格子模型中单个盒子的大小。(取自 P. D. Ross and A. P. Minton, *J*。*Mol*。*Biol.* 112: 437, 1977.)

对于血红蛋白浓溶液的情况, 我们考虑仅包含两种分子的格子模型: 填满的格子对应血红蛋白, 而空格子表示溶剂分子。这个模型的配分函数是

$$Z_{sol}(H,\Omega)=\frac{\Omega!}{H!(\Omega-H)!}\mathrm{e}^{-\beta H\varepsilon_H^{sol}} \tag{14.7}$$

其实就是式 (14.1), 血红蛋白数 H 代替了拥挤试剂数 C, 且 $L=0$。

格点模型中的渗透压 p 可以通过体系的总体积减少单个盒子的体积 ν 导致体系自由能 $G=-k_BT\ln Z_{sol}$ 的改变来计算。假定自由能的变化等于体系对外做的功

$$pv=G(\Omega-1)-G(\Omega)=-k_BT\ln\frac{Z_{sol}(H,\Omega-1)}{Z_{sol}(H,\Omega)} \tag{14.8}$$

联合式 (14.7), 可得到渗透压的公式

$$p=\frac{k_BT}{\nu}\ln\frac{\Omega}{\Omega-H} \tag{14.9}$$

利用血红蛋白浓度 $[\mathrm{H}] = H/\Omega\nu$, 改写上式得

$$p = -\frac{k_B T}{\nu}\ln\left(1 - [\mathrm{H}]\nu\right) \tag{14.10}$$

图 14.11 比较了格子模型的理论值与实验数据。注意到模型中自由参量只有单个盒子的体积 ν。为了具体的比较, 我们把实验浓度的单位由 g/L 转化为摩尔浓度。为此, 将实验数据除以血红蛋白的摩尔质量 $m_{\mathrm{Hemoglobin}} \approx 64$ kDa。我们发现格子模型能够重现实验数据的非线性, 并且在 ν 值与血红蛋白 X 衍射决定的尺度相当时, 得到了渗透压的正确量级。

虽然格子模型具有较好的定性特征, 但是它不能对渗透压的实验数据给出令人满意的定量解释。幸运的是, 在统计物理中对“硬球气体”的研究有比较久的历史。在硬球气体模型中, 只考虑两个球之间的相互排斥作用, 禁止它们之间的中心距离小于硬球直径。此模型对于考虑排斥体积效应的情况是理想的, 不会引入格子模型中的人为限制, 迫使粒子只能占据空间点的受限集合。我们认为格子模型的缺点正是由对体积排斥的极端人为近似造成的。硬球模型可以导出比格子模型更精密的配分函数, 得到压强与浓度的关系为

$$p = k_B T[\mathrm{H}](1 + x + 0.625x^2 + 0.287x^3 + 0.110x^4) \tag{14.11}$$

式 (14.11) 由波尔兹曼在 1899 年首次给出。变量 x 的定义为 $x = 4V[\mathrm{H}]$, 其中 V 是单个硬球的体积。利用硬球模型分析的数据展示在图 14.11 中, 在课后习题中, 读者会证明这种处理是比较好的。对于高浓度血红蛋白的渗透压的实验数据, 简单的硬球模型已经给出了定量解释。

14.2.3 排 空 力

大颗粒彼此靠近排斥它们之间的小粒子从而产生熵力

拥挤导致的最有趣而又违反直觉的结果之一就是熵如何产生力和有序结构。熵导致的一个漂亮效应是排空力, 如图 14.12 所示。基本思想如下, 溶液由一些大颗粒及许多小得多的粒子组成, 当大颗粒相互靠近且间距与小粒子尺度可比时, 大颗粒会将小粒子从间隙中排除出去。当大颗粒紧密接触时, 小粒子的有效活动空间增加了。这就出现了导致大颗粒之间相互吸引的熵力效应。细胞中的高分子与高分子复合体之间的典型距离与它们本身的尺度相当。因此, 当我们讨论细胞内高分子之间的作用时, 应该把这类效应考虑进来。

为了阐明排空力的成因, 我们从图 14.13 所示的边界附近大小圆盘的二维体系入手。大、小圆盘半径分别为 R 和 r。在这个理想的二维体系中, 我们关心的是小圆盘的可达域面积与大圆盘离边界距离 z 的关系。当大圆盘远离边界时, 总排空面积就是大圆盘和边界排空面积之和。当大圆盘靠近边界时, 小圆盘到达不了的区域面积越来越少 (图示阴影部分), 因此体系的熵增加了。我们的策略是计算小圆盘的熵如何随大圆盘与边界的距离 z 变化 (或其他有趣的例子)。可以用熵来计算体系的自由能, 而一旦拥有了自由能, 我们

就可以用 $F = -\partial G/\partial z$ 计算大圆盘与边界之间的有效排空力。这个计算将作为本章的课后习题。现在我们讨论如何一般性地考虑这类问题，然后把一般性的方法应用到特殊情形。

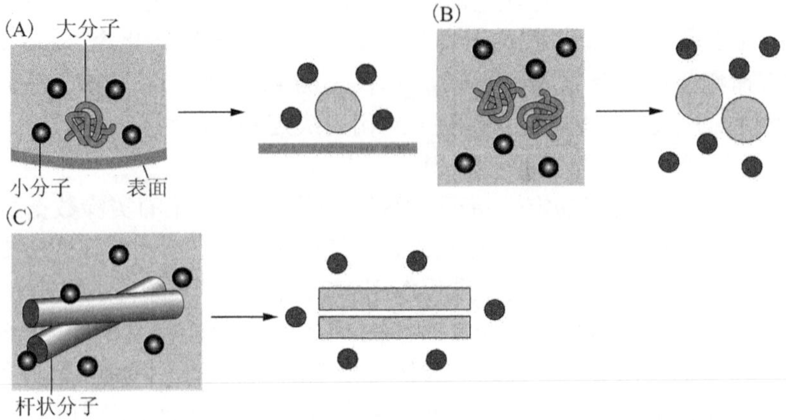

图 14.12　排斥体积效应产生熵力的示意图。在每幅图中，我们展示了二维的理想构型。(A) 表面附近的大颗粒；(B) 溶液中两个大分子；(C) 溶液中两个杆状分子。随着两个大物体越来越接近，它们排除小粒子的总体积越来越小。从而导致两个大物体（如大分子与表面，大分子之间及杆状分子）之间的等效吸引力

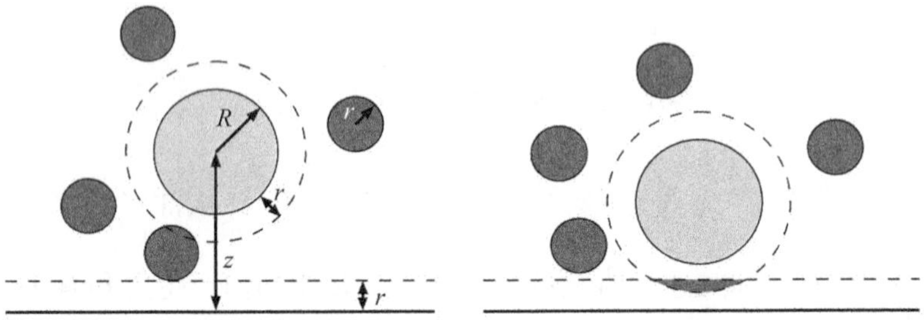

图 14.13　排斥体积相互作用示意图。在由边界和多个半径为 r 的小圆盘构成的体系内有一个半径为 R 的大圆盘。点线表示对小圆盘的排斥体积。当大圆盘靠近边界时，对小圆盘的总排斥体积变小，原因是大圆盘和边界对小圆盘的排空域（虚线表示）重叠。重叠区域在右图中用灰色阴影表示。由于小圆盘的可达区域增大，其熵也变大，导致了大圆盘与边界之间产生有效的吸引作用

在前一节中，我们考虑了一种分子对另一种分子结合的拥挤效应。我们可以利用同样的格点模型来建立排斥体积作用的直观图像。形式上，我们考虑溶液中包含两个大分子和大量小的拥挤试剂的情况，并认为各种分子之间不存在传统的相互作用力（范德瓦尔斯力、静电力等）。因此分子之间的力完全是由大分子之间距离的改变而产生的熵变引起的。在这种情况下，小分子的自由能由大分子之间的距离与方位决定（如果分子结构相同），即大分子使小分子的可达空间从 V_{box}（盒子的体积）减少到 $V_{\text{box}} - V_{ex}$，其中 V_{ex} 是

大分子的排斥体积。具体来说, 该排斥体积引发的自由能改变

$$G_{ex}=-Nk_BT\ln\left(\frac{V_{\text{box}}-V_{ex}}{\nu}\right)+Nk_BT\ln\left(\frac{V_{\text{box}}}{\nu}\right) \tag{14.12}$$

式中, N 为小分子数目; ν 为单元体积常数 (如对格子模型而言, 就是格子的体积)。这种效应在图 14.13 中已经介绍, 并在图 14.14 中更详细地展示出来。联合两个对数项, 并假定排斥体积 V_{ex} 远远小于整个盒子的体积, 再利用近似公式 $\ln(1+x)\approx x$ 可以得到自由能更简单的表达式

$$G_{ex}=Nk_BT\frac{V_{ex}}{V_{\text{box}}} \tag{14.13}$$

式中, 参数 V_{ex} 与大分子的间距有关, 因此, 力也与距离相关。事实上, 一旦两个大分子的排空区域开始相互重叠, 重叠部分就是减少的 V_{ex}, 同时增加了小分子的熵。式 (14.13) 不仅简单, 还有合理的物理解释。我们可以定义 Nk_BT/V_{box} 为盒子中小分子理想气体的 (渗透) 压强, 则排斥体积导致的自由能等于压强在小分子占据体积减少 V_{ex} 时对小分子气体做的功。

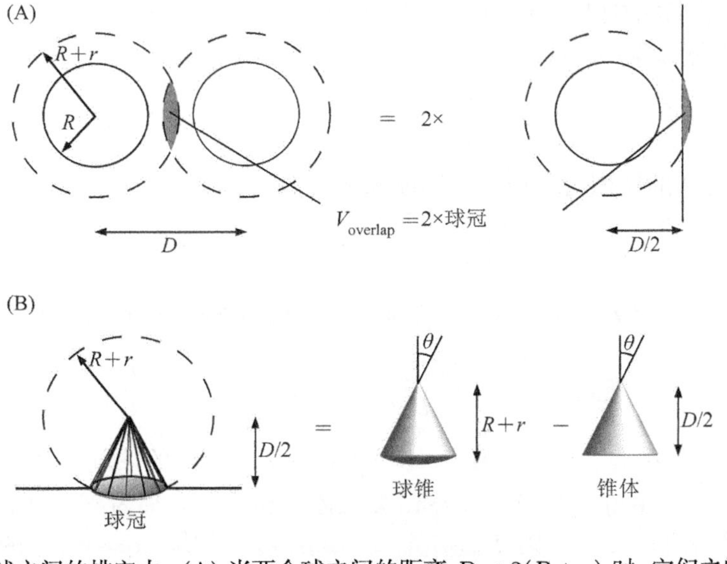

图 14.14 两个球之间的排空力。(A) 当两个球之间的距离 $D<2(R+r)$ 时, 它们之间的排空力不为零, 并由它们之间相互交叠的体积决定, 此体积等于两倍的球冠体积。(B) 球冠体积等于球锥与锥体之间的体积差

现在我们来计算排空力, 假设两个大分子之间的距离发生一个微小的变化。如果它导致了式 (14.13) 的小分子自由能变化, 那么我们可以解释为大分子之间的排空力是由小分子介导的。排空力的大小等于 G_{ex} 对距离导数的绝对值。导数的符号表征力的方向: 如果是负号, 则 G_{ex} 随距离的增大而减小, 排空力是斥力; 如果是正号, 则排空力是引力。

为了定量认识排空力, 我们考虑这样一个体系: 两个大球处于无数小球的"海洋"中。如上段讨论, 排空力的计算最终要归结到排斥体积 V_{ex} 的计算。首先考察两个半径为 R 的大球被无数半径为 r 的小球所包围的情况。

单个大球的排斥体积就是半径为 $R+r$ 的球体, 也就是说小球的中心不可能处于离大球中心 $R+r$ 的球体内。当两个大球存在时, 对小球的总排斥体积即为两倍, 除非两大球靠得足够近以至于排空区域发生交叠。从前面的讨论中, 可以清楚地看到, 只有当两个大球的距离 $D \leqslant 2(R+r)$ 时, 它们之间才会有排空引力。此时, 两个球的排斥体积少于单个球排斥体积的两倍

$$V_{ex} = 2 \times \frac{4\pi}{3}(R+r)^3 - V_{\text{overlap}} \tag{14.14}$$

交叠体积如图 14.14(A) 所示, 由两个球冠构成, 而球冠体积等于图 14.14(B) 所示的球锥体积减去锥体的体积。

球锥体积由下述积分公式给出

$$V_{\text{spherical cone}} = \int_0^{2\pi} \mathrm{d}\phi \int_0^{\theta} \sin\theta \, \mathrm{d}\theta \int_0^{R+r} r^2 \, \mathrm{d}r = \frac{2}{3}\pi(R+r)^3(1-\cos\theta) \tag{14.15}$$

由于 θ 也是锥体的半锥角, 则 $\cos\theta = (D/2)/(R+r)$, 公式改写成

$$V_{\text{spherical cone}} = \frac{2\pi}{3}(R+r)^2(R+r-D/2) \tag{14.16}$$

锥体体积是等底同高的柱体体积的 1/3, 图 14.14(B) 中锥体的半径是 $\sqrt{(R+r)^2-(D/2)^2}$, 高为 $D/2$, 则锥体体积是

$$V_{\text{cone}} = \frac{\pi}{3}(D/2)\left[(R+r)^2-(D/2)^2\right] \tag{14.17}$$

最终得到交叠区域的体积为球椎与椎体体积之差的两倍

$$V_{\text{overlap}} = \frac{2\pi}{3}(R+r-D/2)^2(2R+2r+D/2) \tag{14.18}$$

利用式 (14.13) 将 G_{ex} 对距离 D 求导数, 得两个大球之间的排空力

$$F_{\text{depletion}} = -\frac{\partial G_{ex}}{\partial D} = -p\pi\left[(R+r)^2-\frac{D^2}{4}\right] \tag{14.19}$$

式中, $p = nk_BT$ 是小分子的渗透压 ($n = N/V_{\text{box}}$ 是小分子的浓度), 两个大球的距离约束为 $2R < D < 2(R+r)$; 对于较大距离, 交叠体积和排空力都为零。为了得到 “数觉”, 假定 $R \gg r$, 且 $D \approx 2R+r$, 则 $F_{\text{depletion}} \approx \pi nk_BTrR$。如果 $R = 1\ \mu\text{m}$ 的球珠浸在浓度 $n = 1\ \text{mmol/L}$, 半径 $r = 2\ \text{nm}$ 的小分子环境中, 则排空力 $F_{\text{depletion}} \approx\ 15\ \text{pN}$。

图 14.15 是对排空力测量的实验结果。两个直径为 1.25 μm 的珠子被限制在两球心的连线上运动。利用光镊系统可以实现这种一维的限制, 在这样的系统中, 激光被聚焦形成一个俘获珠子的线性区域, 其势能不随时间改变。实验用的排空试剂是 λ-噬菌体 DNA, 长度为 16 μm, 在图示浓度下会形成半径 $r \approx 500$ nm 的球。这种情况下聚合物的熵会阻止不同 DNA 分子重叠, 因而可以等效地把它们处理成硬球。

实验中用光学显微镜测量珠子之间的距离。反复测量可以得到一个确定的距离分布, $P(D)$。因为平衡态的 $P(D)$ 正比于波尔兹曼因子 $\mathrm{e}^{-\beta G_{ex}(D)}$, 对测到的距离分布函数取对数可得到体系的自由能 $G_{ex}(D)$。在图 14.15 中定量给出了自由能与 DNA 浓度的关系[自由能会趋于一个常数, 实验中, 我们选定该常数为零, 即 D 很大时, $G_{ex}(D)$ 趋于零]。

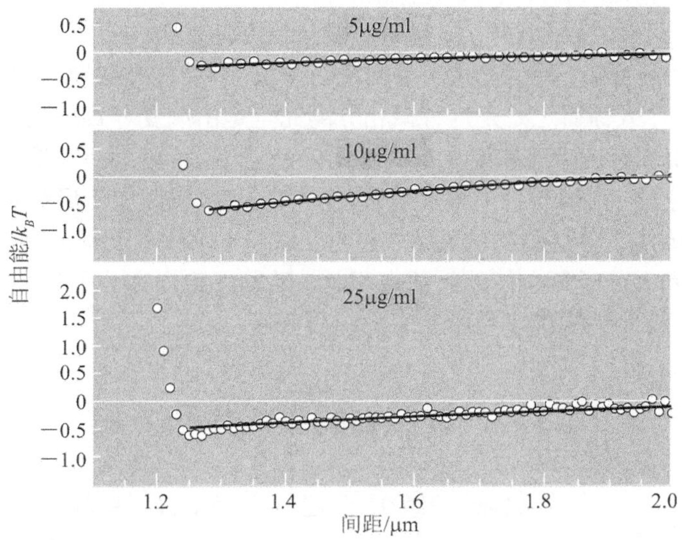

图 14.15 测量排斥体积引发的自由能。两个直径为 1.25 μm 的珠子相互作用的自由能与排空试剂浓度 (标记在各图中) 的关系。排空试剂是 λ 噬菌体的 DNA, 由光散射测得的回转半径约为 500 nm。(取自 A. G. Yodh et al., *Phil. Trans. R. Soc. Lond.* A359: 921, 2001.)

图 14.15 中的线段由式 $G_{ex}(D) = pV_{\text{overlap}}$ 拟合, 其中 V_{overlap} 由式 (14.18) 给定。使用的拟合参数就是 DNA 分子的有效半径 [式(14.18) 中的 r] 和渗透压 (p)。DNA 的有效半径与其浓度无关, 其值在各独立测量中保持不变。按范特霍夫公式, 渗透压 p/k_BT 正比于 DNA 的浓度 n, 但是前面的系数 1 换成 0.5。这个差异的原因并不清楚, 需要进一步探讨。

排空力导致有序

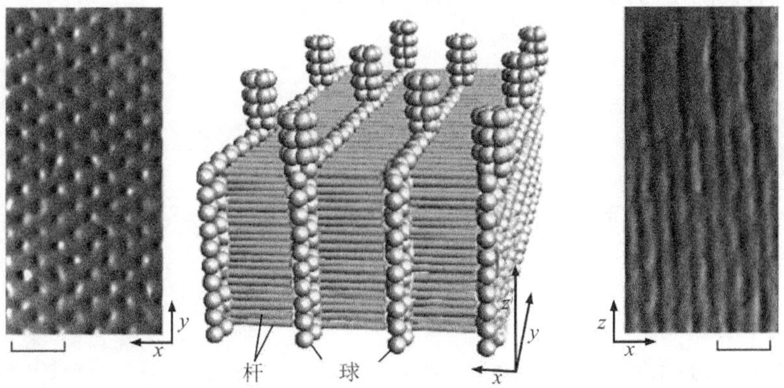

图 14.16 硬杆和球混合物的熵导致有序现象。球和硬杆的混合溶液存在丰富的相图, 具体取决于两组分的体积比, 其中一种相是图中所示的层状结构。左图是沿 Z 轴方向的显微图, 而右图则是沿 Y 轴方向的显微图。中间的图描绘了可能的层状结构。其中标尺为 3 μm。(取自 M. Adams et al., *Nature* 393: 349, 1998.)

至此我们已经清楚了排斥体积效应如何导致两个高分子之间短程吸引的排空力。除对两个分子的相互作用有影响外，排空力还能导致极其复杂的有序结构。这种现象在多组分体系中最为明显，如一种由丝状病毒构成的体系，其功能类似硬杆和球，形成图 14.16 所示的层状结构。令人惊讶之处是这种微相分离完全是由熵变导致的，其中球层与硬杆层相互交替。宏观相分离是指球和杆在反应空间中处于不同的区域，这是预期的结果，然而实验却发现在相空间 (由球与杆的体积比决定) 中一些区域倾向于层状结构。

鉴于球与硬棒体系分层结构的发现，我们可以提出这样的有趣问题：在细胞内，排空力是否对高分子和大分子复合体的组织有贡献。随着细胞内高分子复合体空间排列数据的积累，这类问题将会是物理生物学领域的前沿问题。

14.2.4 聚合物的排斥体积效应

排斥体积导致分子之间等效的排斥力

通过考察高分子排除小分子的体积，我们已经了解溶液中大量小分子的存在会导致大分子间相互吸引的原理。现在，我们考虑细胞内 N 个高分子之间的相互排斥问题，其中每个高分子所占体积是 ν。排斥体积作用是指两个分子不允许同时占据细胞内的同一个区域。

我们采用 14.2.2 节中的格子模型，N 个高分子分布在 Ω 个体积为 ν 的格子里。排斥体积作用清楚地表明每个盒子最多只能有一个高分子。为了估算分子间由于排斥体积作用引起的有效排斥力，我们先计算包含排斥体积作用前后的自由能差。

考虑排斥体积后，配分函数就是从 Ω 个盒子中选取 N 个以安放高分子的排列数，即

$$Z_{ex}(N) = \frac{\Omega!}{N!(\Omega - N)!} \tag{14.20}$$

另一方面，如果我们不考虑排斥体积，则配分函数为

$$Z_{nex}(N) = \frac{\Omega^N}{N!} \tag{14.21}$$

表示每个高分子都有 Ω 个盒子可以选择，无论该盒子是否被占据。而 $N!$ 表示每个高分子都是全同的。

利用自由能与配分函数之间的正则关系，$G = -k_B T \ln Z$，我们可以计算出两个状态之间的自由能差

$$\Delta G_{ex} = G_{ex} - G_{nex} = -k_B T \ln \frac{Z_{ex}}{Z_{nex}} \tag{14.22}$$

为了进一步分析，我们利用斯特林近似 $n! \approx (n/\mathrm{e})^n$，该式在 $n \gg 1$ 时成立 (见第 5.5 节"模型的数学"和第 5 章的课后习题)。在此近似下，上式中两个配分函数的比值可以表示成

$$\frac{Z_{ex}}{Z_{nex}} = \frac{\Omega!}{\Omega^N(\Omega - N)!} \approx \frac{(\Omega/\mathrm{e})^{\Omega}}{\Omega^N[(\Omega - N)/\mathrm{e}]^{\Omega - N}} = \frac{\mathrm{e}^{-N}}{[1 - (N/\Omega)]^{\Omega}} \left(1 - \frac{N}{\Omega}\right)^N \tag{14.23}$$

我们将在本章课后习题中，要求读者验证此近似的有效性。如果 $\Omega \gg N$，则利用 $(1-N/\Omega)^{\Omega} \approx \mathrm{e}^{-N}$ 将上式简化为

$$\frac{Z_{ex}}{Z_{nex}} \approx \left(1-\frac{N}{\Omega}\right)^{N} \tag{14.24}$$

最后，我们把此式代入式 (14.22)，得到排斥体积引起的自由能差

$$\Delta G_{ex} = -Nk_BT\ln\left(1-\frac{N}{\Omega}\right) \approx k_BT\frac{N^2}{\Omega} \tag{14.25}$$

式中，我们利用了泰勒展开 $[\ln(1-x) \approx -x]$。最后等式可以解释成：排斥体积作用将每个高分子的自由能提高了 $k_BT\phi$，其中 $\phi = N/\Omega$ 止是高分子在细胞中所占的体积比。

聚合物单体之间的自回避导致聚合物溶胀

本章讨论了拥挤效应的各种表现形式。这些效应可以通过实验观察到，也迫使我们重新考虑本书发展出来的许多潜在的理论工具。我们在第8章提出了聚合物的无规行走模型，并且利用它描述 DNA 之类的高分子。可是，无规行走模型有一个不合理的特征：它允许两个单体占据相同的空间位置，也允许链自相交。很明显，这些构型是不可能存在的，基于这些理由，我们试图抛弃无规行走模型。但是我们要记住无规行走模型是一个统计模型，因此，如果这些不合理的状态几乎不存在 (即其概率可以忽略)，则模型还是能给出柔性高分子可靠的统计平均特性的。例如，假如我们考虑只有几个驻留长度的 DNA，则导致自相交的弯曲所付出的能量是很大的，因此自相交不可能发生。这些现象给我们提出了以下问题：DNA 分子必须有多长自回避效应才开始起作用？例如，我们对诸如 DNA 的高分子反复使用 $\sqrt{Na^2}$ 公式来估算它们的尺寸，该公式是从无自回避的无规行走模型推导出来的。我们将简短地证明：考虑自回避后将会导致完全不同的结果。

为了认识自回避对决定平均聚合物尺度带来的影响，我们利用弗洛里 (Flory) 建议的方法估算。基本思路是，考虑聚合物链的熵与自回避之间的竞争效应，其中熵效应使聚合物链紧凑，而自回避效应使得聚合物链溶胀。为了计算这两种效应，我们先写出聚合物链的自由能与其尺度的关系

$$G(R) = -TS_{rw}(R) + G_{ex}(R) \tag{14.26}$$

式中，$S_{rw}(R)$ 为尺度为 R 的链无规行走的熵，而 $G_{ex}(R)$ 为上述排斥体积效应引发的自由能。

为了估算聚合物链的熵，我们利用式 (8.23) 给出的无规行走的首末端距分布，$P(R;N)$。在这种情况下，我们可以写出结果

$$S_{rw}(R) = k_B\ln P(R;N) + \mathrm{const} = -k_B\frac{3R^2}{2Na^2} + \mathrm{const} \tag{14.27}$$

式中，常数项与聚合物链的尺度 R 无关。

为了估算排斥体积带来的效应 (G_{ex})，我们把聚合物链近似成由长为 a，直径为 d 的刚性圆柱体形成的气体 (DNA 的 $a \approx 100$ nm库恩长度；$d \approx 2$ nm)。与先前的例子不

同, 在那里我们考虑硬球气体的排斥体积效应, 而现在我们要考虑两个刚性柱体的排斥体积与它们之间的相互取向有关。如图 14.17 所示, 对一个固定的取向而言, 排斥体积可以估算为 $v = 2da^2 \sin\theta$, 其中 θ 是圆柱轴之间的夹角(昂萨格公式得到的精确结果在 $a \gg d$ 的近似下退化为该结果)。对所有可能取向求 $\sin\theta$ 的平均值为

$$\langle \sin\theta \rangle = \frac{1}{4\pi}\int_0^{2\pi} \mathrm{d}\phi \int_0^{\pi} \sin^2\theta \mathrm{d}\theta = \frac{\pi}{4} \tag{14.28}$$

排斥体积的最终估算值是 $\pi a^2 d/2$。有了这些结果, 我们可以采用式 (14.25)。为此, 我们需要决定体积分数 ϕ。这里的 N 是指刚性柱体的数目 (即组成高分子链的库恩链节数目), 则我们可以写出组成聚合物链的柱体所占总体积的分数

$$\phi(R) = N\frac{\frac{1}{2}\pi a^2 d}{\frac{4}{3}\pi R^3} = N\frac{3a^2 d}{8R^3} \tag{14.29}$$

式 (14.25) 告诉我们如何得到排斥体积对自由能的贡献, 结果是

$$G_{ex}(R) = k_B T N^2 \frac{3a^2 d}{8R^3} \tag{14.30}$$

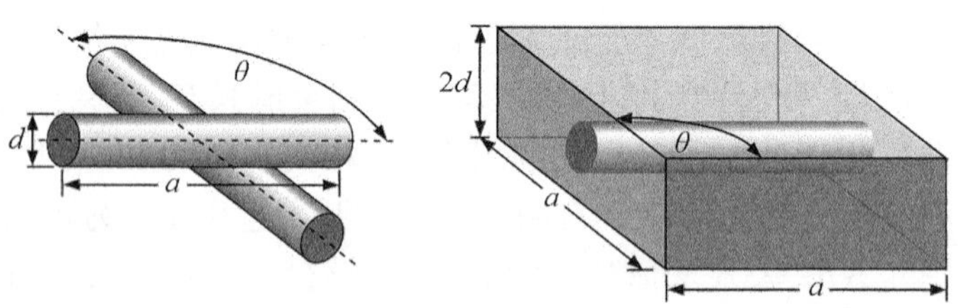

图 14.17　两个柱体的排斥体积。(A) 柱体对另一个柱体的排空体积依赖于两个柱体之间的相对取向, 以圆柱轴之间的夹角 θ 表征。(B) 当柱体的长度远大于其截面的直径时, 排斥体积可以用阴影部分的平行六面体作很好的近似

联合排斥体积效应项和熵效应项, 弗洛里得到对尺度 R 的高分子链自由能的估算公式

$$G_{\mathrm{Flory}}(R) = k_B T\frac{3R^2}{2Na^2} + k_B T N^2 \frac{3a^2 d}{8R^3} \tag{14.31}$$

我们去掉了并不重要的熵估算中的常数项。为了获得平衡态时高分子链的尺度, 只需对弗洛里自由能以 R 为变量最小化。对式 (14.31) 求导, 并让导数等于零, 得

$$R_{\mathrm{Flory}} = \left(\tfrac{3}{8}a^4 d\right)^{\frac{1}{5}} N^{\frac{3}{5}} \tag{14.32}$$

很显然, 考虑自回避的高分子尺度与链节数 N 的 3/5 次方成正比。该指数比简单无规行走模型得出的 1/2 大。从而证实了排斥体积效应导致高分子链溶胀。

自从考虑自回避效应得出完全不同的聚合物链尺度预估值后, 我们有再次放弃无规行走模型预估值的冲动。其实这样做并不保险, 因为高分子链足够短时自回避是可以忽略的。为了看清这一点, 我们比较 G_{Flory} 中的自回避自由能项 $G_{ex}(R)$ 和熵贡献项 $S_{rw}(R)$,

假设高分子链的尺度由无规行走模型给出 $R=\sqrt{Na^2}$, 则分别从式 (14.30) 和式 (14.27) 导出

$$G_{ex}=k_BT\frac{3}{8}\frac{d}{a}N^{\frac{1}{2}} \tag{14.33}$$

和

$$S_{rw}=\frac{3}{2}k_B \tag{14.34}$$

可以发现当 N 足够大时, 自回避项将起主导作用。然而, 对 DNA 来说, $d=2$ nm, $a=100$ nm, 且 $N\ll 16(a/d)^2=40\ 000$ 时, 自回避项的贡献依然比无规行走熵的贡献小很多, 因此自回避仍然可以忽略。这么多库恩链节的 DNA 长度 $L=Na=40\ 000\times 100$ nm, 即 4 mm长, 比 λ 噬菌体的基因长度 ($L\approx 16$ μm) 还要长很多。这个例子表明: 在此长度下, DNA 的自回避问题可以忽略。

14.3 拥挤动力学

到目前为止, 我们只考虑了拥挤对体系平衡的影响。然而正如本章开始时提到的, 拥挤也改变了细胞内的动力学过程。由于高分子拥挤可能引发新的物理效应, 我们依然从动力学本质的观点出发回到本章开始关心的扩散问题, 只是扩散介质比较稠密和复杂。

14.3.1 拥挤与反应速率

底物通道能使细胞中酶反应速率快于扩散限速

在体外稀溶液生化实验中, 底物转化成产物的反应速率依赖于酶的浓度、底物的浓度及酶固有的翻转速率。一般认为这些浓度依赖的速率反映了酶在溶液中自由扩散并随机碰到其底物分子所需的时间长度。它们的浓度越高, 随机碰撞就越频繁。

与稀溶液的情况不同, 酶在细胞内几乎不可能自由扩散, 因为蛋白倾向于形成很大的复合物, 并且与细胞膜或细胞骨架缔合。这种效应如图 14.4 所示, 糖酵解酶 (磷酸甘油酸酯激酶) 在细胞内的有效扩散系数比 GFP 慢 5 倍, 虽然这两种蛋白的体积差不多大。因此, 我们可以期望细胞内的生化反应速率主要由底物浓度决定。然而, 在很多关键的代谢途径中, 如线粒体的克氏循环中, 中间产物丁酮二酸盐之类的小分子底物浓度 太低以至于无法统计其通过代谢途径的流。

细胞是怎样促使酶的催化速率快于物理扩散所允许的极限速度的呢? 一个普适的答案是, 细胞只是不允许代谢途径中间产物的底物分子从一个酶的活性位点自由扩散到另一个酶的活性位点, 而是通过特殊的、低亲和的蛋白-蛋白相互作用装配一个大型的多酶复合体, 底物分子在其中可以直接从一个酶的活性位点穿行到另一个酶的活性位点, 因而无需借助自由扩散。该行为被称为底物通道。

由于这个效应, 即使我们精确知道底物和酶的浓度以及酶的翻转速率, 要预测体内生化反应的实际速率仍是一个极大的挑战。

分子伴侣帮助蛋白质折叠

另一个在体外稀溶液的生化实验中不能精确表达细胞内蛋白行为复杂性的是蛋白质折叠。许多结构相对简单的小蛋白可以用尿素或盐酸胍之类的较粗糙的化学试剂来纯化或变性。当变性试剂移除后, 蛋白在体外重新折叠为原始的天然结构。只有当蛋白浓度比细胞内的真实浓度低好几个数量级时, 这类实验才可能成功。在很拥挤的溶液中, 变性蛋白倾向于聚集, 这是由于不同分子之间的疏水基团的缔合阻止了分子内部这些区域的缔合, 后者的缔合可以形成蛋白的疏水内核, 如图 14.18 所示。

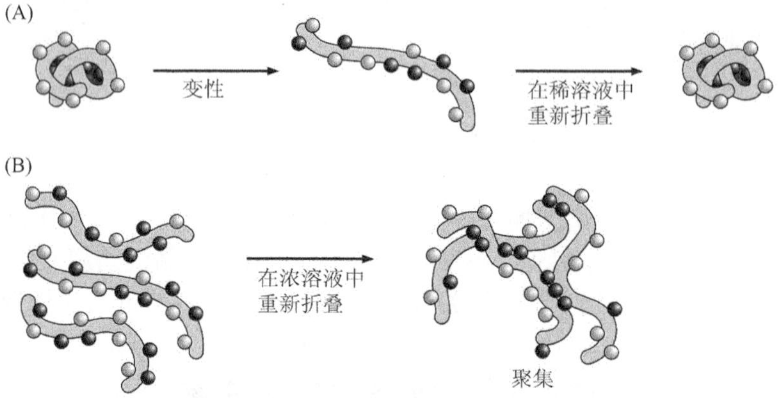

图 14.18 蛋白折叠与聚集。蛋白折叠到其天然态, 将疏水区隔绝在蛋白内部, 隐藏在疏水核里。变性破坏其天然结构, 并使疏水区域暴露。(A) 当蛋白在很稀的溶液中折叠时, 单个分子的疏水基团自缔合形成天然的疏水核。(B) 在高浓度下, 蛋白的疏水基团与另一蛋白的疏水基团缔合, 触发了蛋白的聚集, 而不是重新折叠到天然结构

当蛋白在高拥挤的细胞质环境中被核糖体合成后, 细胞是如何阻止蛋白聚集的呢? 被称为分子伴侣的特殊蛋白帮助了蛋白质折叠, 一方面提高了折叠速率, 另一方面又防止了部分折叠的蛋白中间态聚集。这些分子伴侣可以分为两大类。腔室分子伴侣如细菌中的 GroEL 和真核细胞中的 TRiC 实际上都形成一个微小的私人空间, 在这个空间内的单个肽链可以自由折叠, 没有与其他肽链疏水基团随机碰撞的危险。腔室分子伴侣在开关腔室入口的过程中需要消耗 ATP。第二类分子伴侣可以由热休克蛋白 HSP70 来例证, 它们不需要消耗 ATP。蛋白的疏水区域刚被核糖体合成, 就被最近的分子伴侣结合以阻止聚集, 这种结合直到整条肽链被翻译完并准备折叠为止。

14.3.2 拥挤环境中的扩散

正如图 14.4 和图 14.5 所示, 拥挤环境中的扩散比稀溶液中的扩散更微妙。关于这个具有挑战性的问题的理论常建立在一些基本的直觉思维上: 当一个粒子跳跃到新位置时, 这个新位置是没有被其他粒子占据的。一个简单无规行走模型还是能够用来阐释拥挤对分子扩散的影响的, 与本章早先处理一样, 尽管我们仅适度地考虑了拥挤效应。为了使模

型具体化，假设分子占据的体积分数是 ϕ，且两个分子不能同时占据一个位点。在此情况下，每个位点被一个分子占据的概率是 ϕ。为了进一步简化，我们仅考虑一维无规行走。

现在，无规行走按常规行进：每隔 τ 时间，粒子等概率向左或右跳跃。只有当新位点没有被占据时，跳跃才会成功。因此，粒子左右跳跃的概率是

$$p_{\text{right}} = p_{\text{left}} = \frac{1}{2} \times (1-\phi) \tag{14.35}$$

式中，1/2 为粒子试图跳跃的概率；而 $1-\phi$ 为新位点未被占据的概率，因此两者乘积就是一次成功跳跃的概率。如果相邻位点被占据，那么粒子试图跳跃是不会成功的，所以粒子会停在原位点。其概率等于相邻位点被占据的概率，

$$p_{\text{stay}} = \phi \tag{14.36}$$

也等于 $1-p_{\text{jump}}$。这三个结果展示于图 14.19 中。

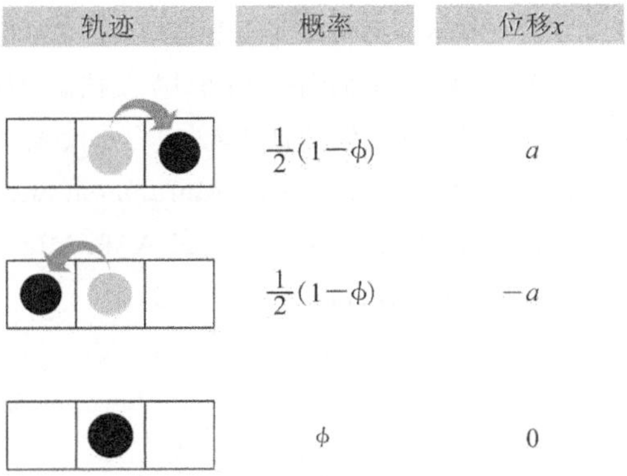

图 14.19 考虑拥挤效应后，一维无规行走的轨迹及其权重

为了计算与无规行走有关的扩散系数，我们考察位移平方的平均值 $\langle x^2 \rangle$ 与时间 t 的关系。当 $t=\tau$ 时，轨迹仅包含一步，则

$$\langle x^2(\tau) \rangle = a^2 \times p_{\text{right}} + a^2 \times p_{\text{left}} + 0 \times p_{\text{stay}} = a^2(1-\phi) \tag{14.37}$$

在 t 时刻后，分子轨迹包含 $N=t/\tau$ 步，则位移平方的平均值是 N 乘以式 (14.37) 的值，

$$\langle x^2(t) \rangle = \frac{t}{\tau} \times \langle x^2(\tau) \rangle = \frac{a^2}{\tau}(1-\phi)t \tag{14.38}$$

如第 13 章中一样，从式 (14.38) 可得到扩散系数

$$D = D_0(1-\phi) \tag{14.39}$$

式中，$D_0 = a^2/2\tau$ 为在没有其他分子存在的情况下，无规行走模型推导的扩散系数。

拥挤效应降低了扩散系数，幅度正比于分子所占体积，进而也就影响了扩散限制的速率。图 14.20 是示踪分子和自扩散分子的相关测量结果。我们可以看出模型给出的结果可以解释实验数据显示的趋势。另外，较精确的函数关系是建立在粗粒化模型的基础上的，

我们对硬球模型的排斥体积效应作了“平均场”描述和更成熟的处理, 并对实验数据给出了半定量解释, 详见 Muramatsu and Minton (1988)。

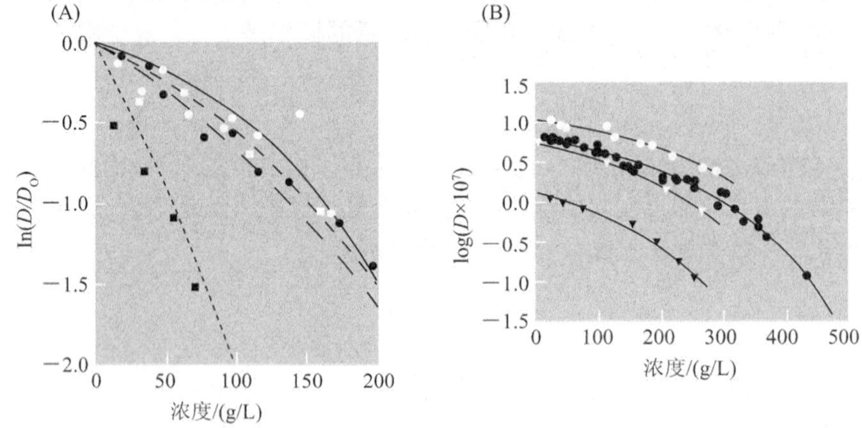

图 14.20　扩散与拥挤。(A) 示踪分子扩散与拥挤试剂浓度的关系。不同曲线分别代表示踪分子 FITC 的扩散系数与醛缩酶 (白点)、BSA (实点)、卵清蛋白 (白方块) 及核糖核酸酶 (实心方块) 浓度之间的关系。(B) 球形蛋白在不同浓度下的自扩散: 它们是肌红蛋白 (白点)、血红蛋白 (实点)、卵清蛋白 (白三角) 及无脊椎动物的血红蛋白 (实三角)。(A, 取自 N. Muramatsu and A. P. Minton, *Proc*。*Natl Acad*。*Sci.* 85:2984, 1988; B, 取自 S. B. Zimmerman and A. P. Minton, *Annu. Rev. Biophys. Biomol. Struct.* 22: 27, 1993.)

14.4 总　　结

本章探讨了细胞生物学与理论物理交叉领域激动人心的前沿问题之一, 即在极端拥挤的情况下, 生命物质的特性与传统溶液的性质有什么不同。我们讨论了两大类问题: ①拥挤如何影响平衡反应; ②拥挤如何影响扩散动力学和生化反应速率。尽管本章的内容出现在第三篇, 细心的读者会发现我们的主要计算集中在平衡现象。这也反映了我们的无奈, 我们还不能用几个简单的模型来解释拥挤引发的极其复杂的动力学现象。

14.5 课后习题

1. 数觉: 比较体内与体外浓度

本章我们讨论了分子的平均间距, 体外生化实验浓度为 μmol/L 量级时, 平均间距约为 100 nm, 而细胞内的间距还要小 10 倍。用简单的估算验证上述结论。生化“标准态”常取 1 mol/L。计算此浓度下分子的平均间距。

2. 有效浓度与活性

浓溶液中拥挤效应对分子化学势的影响可以用方程 $\mu = \mu_0 + k_BT\ln(c\gamma/c_0)$ 表示, 其中下标零表示参考态。$c\gamma$ 表示有效浓度, c 是分子在溶液中的实际浓度, 而 γ 被称为活性系数。本章多次使用的蛋白溶液简单格子模型可以用来估算活性系数。推导活性系数公式, 并与图 14.21 中的实验数据比较。

3. 血红蛋白的渗透压

利用硬球气体模型的压力近似式 (14.11), 结合图 14.11 的实验数据计算出血红蛋白的有效硬球半径。该有效半径与 X 衍射测得的半径比, 差距有多大? 此问题的相关数据在本书的网站上。

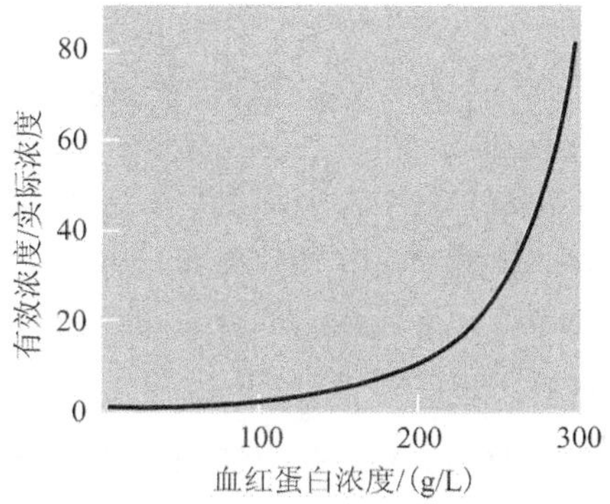

图 14.21 拥挤与活性系数的关系。血红蛋白浓度对其有效浓度的影响。(取自 A. P. Minton, *J. Biol. Chem.* 276: 10577, 2001.)

4. 硬球与边界之间的排空力

计算出半径为 R 的球与平面之间的排空力。按图 14.13 所示计算, 其中小球的半径为 r。

5. 排斥体积作用

在本章, 我们导出了在有小的排空分子存在时溶液中两个物体间自由能的一般表达式, 它基于分子渗透压及两个大物体间距为 D 时的排斥体积这两个参数。重复推导得到下面的公式

$$G(D) = \Pi_o V_{ex}(D) \tag{14.40}$$

式中, $\Pi_o = Nk_BT/V$ 为排空分子的渗透压。计算蛋白溶液中半径为 1 μm 的两个珠子之间的排空力, 其中蛋白浓度等于大肠杆菌细胞的典型值。蛋白半径的典型值取 $r = 3$ nm。

6. 平面上的自回避

将 DNA 限制在二维平面上, 重复本章第 14.2.4 节中弗洛里的计算。

(1) 考虑自回避效应, 计算聚合物尺寸与其长度的关系。

(2) 估算 DNA 多长时自回避效应变得重要。该长度与 λ 噬菌体中的 DNA 长度相比如何?

7. 扩散与拥挤

利用本习题, 我们扩展有拥挤分子存在的一维扩散模型, 考虑示踪分子 (低浓度) 与拥挤试剂尺度上的差异。这种情况与图 14.20(A) 给出的实验数据有关。我们假定示踪分子在间距 b 的较大格子上无规行走, 拥挤试剂则在间距 a 的较小格子间跳动 (图 14.22)。引入两种格点就是考虑两种分子尺度的差异。

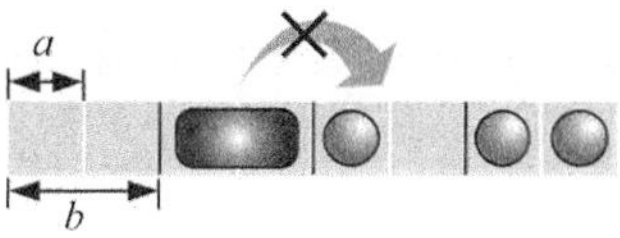

图 14.22 示踪粒子在拥挤试剂溶液中扩散的格子模型。示踪分子尺度为 b, 而拥挤试剂尺度为 a。只有当相距 $r = b/a$个拥挤试剂位点不被占据时, 示踪分子才能跳到该位点。该位点被拥挤试剂占据的概率为 ϕ

(1) 根据示踪分子可能的轨迹及其概率计算扩散系数。示踪分子的跳动只有在相邻位点没有被占据的情况下才能实现。将结果表示成无拥挤试剂的无规行走扩散系数 D_0、拥挤试剂的体积分数 ϕ 及两种分子大小比值 $r = b/a$ 的函数。

(2) 画出 $\ln(D/D_0)$ 与体积比 r 的关系图。用该模型解释图 14.20(A) 实验数据的效果如何? 为此, 你需要估算实验中使用的分子尺度, 从分子量及其密度入手, 典型的蛋白

质密度是水的 1.3 倍, 具体数据见本书网页。

14.6 延伸阅读

Goodsell, DS (1996) Our Molecular Nature, Springer-Verlag. 详细阐述了细胞内的拥挤程度。

Zimmerman, SB, & Minton, AP (1993) Macromolecular crowding: biochemical, biophysical and physiological consequences, *Annu. Rev. Biophys. Biomol. Struct.* **22**, 27. 引发了与“拥挤”有关的许多重要问题。

Luby-Phelps, K (2000) Cytoarchitecture and physical properties of cytoplasm: volume, viscosity, diffusion, intracellular surface area, *Int. Rev. Cytology* **192**, 189. 指明了隐藏在稀溶液生化试验背后的关键假设。

Minton, AP (2001) The influence of macromolecular crowding and macromolecular confinement on biochemical reactions in physiological media, *J. Biol. Chem.* **276**, 10577. 对细胞内由于拥挤产生的问题作了详细的陈述。

Ellis, RJ (2001) Macromolecular crowding: obvious but underappreciated, *Trends Biochem. Sci.* **26**, 597. 一篇非常有用的入门文献, 介绍了有关拥挤及其对平衡现象和动力学两方面的影响。

Bray, D (2001) Cell Movements: From Molecules to Motility, Garland Science.

Asakura, S, & Oosawa, F (1958) Interaction between particles suspended in solutions of macromolecules, *J. Polymer Sci.* **33**, 183. 是理论预测新现象的漂亮例子。作者在文中注明了“在本文导出的力的真实性还没有得到实验证实”提醒我们, 理论思想还是有用的, 即使没有所谓的“数据支持”。

De Gennes, PG (1979) Scaling Concepts in Polymer Physics, Cornell University Press. 清晰地推导了排斥体积效应对高分子的作用。

14.7 参考文献

Adams, M, Dogic, Z, Keller, SL, & Fraden, S (1998) Entropically driven microphase transitions in mixtures of colloidal rods and spheres, *Nature* **393**, 349.

Burk, DH, & Ye, ZH (2002) Alteration of oriented deposition of cellulose microfibrils by mutation of a katanin-like microtubule-severing protein, *Plant Cell* **14**, 2145.

Cross, PC, & Mercer, KL (1993) Cell and Tissue Ultrastructure, 2nd ed., W.H. Freeman and Company.

Douglass, AD, & Vale, R (2005) Single-molecule microscopy reveals plasma membrane microdomains created by protein–protein networks that exclude or trap signaling molecules in T cells, *Cell* **121**, 937.

Goodsell, DS (1998) The Machinery of Life, Springer-Verlag.

Hirokawa, N (1982) Cross-linker system between neurofilaments, microtubules, and membranous organelles in frog axons revealed by the quick-freeze, deep-etching method, *J Cell Biol.* **94**, 129.

Jarvis, TC, Ring, DM, Daube, SS, & von Hippel, PH (1990) Macromolecular crowding: thermodynamic consequences for protein–protein interactions within the T4 DNA replication complex, *J. Biol. Chem.* **265**, 15160.

Kornberg, A (2000) Ten commandments: lessons from the enzymology of DNA replication, *J. Bacteriol.* **182**, 3613.

Meroueh, SO, Bencze, KZ, Hesek, D, et al. (2006) Three-dimensional structure of the bacterial cell wall peptidoglycan, *Proc. Natl Acad. Sci.* **103**, 4404.

Mitra, K, Ubarretxena-Belandia, I, Taguchi, T, Warren, G, & Engelman, DM (2004) Modulation of the bilayer thickness of exocytic pathway membranes by membrane proteins rather than cholesterol, *Proc. Natl Acad. Sci.* **101**, 4083. Table 1 of this paper gives a useful list of protein to phospholipid mass ratios for a number of different membranes.

Muramatsu, N, & Minton, AP (1988) Tracer diffusion of globular proteins in concentrated protein solutions, *Proc. Natl Acad. Sci.* **85**, 2984.

Provenzano, PP, Hayashi, K, Kunz, DN, Markel, MD, & Vanderby, R (2002) Healing of subfailure ligament injury: comparison between immature and mature ligaments in a rat model, *J. Orthop. Res.* **20**, 975.

Ross, PD, & Minton, AP (1977) Analysis of non-ideal behavior in concentrated hemoglobin solutions, *J. Mol. Biol.* **112**, 437.

Svitkina, TM, Bulanova, EA, Chaga, OY, et al. (2003) Mechanism of filopodia initiation by reorganization of a dendritic network, *J. Cell Biol.* **160**, 409.

Svitkina, TM, Verkhovsky, AB, McQuade, KM, & Borisy, GG (1997) Analysis of the actin-myosin II system in fish epidermal keratocytes: mechanism of cell body translocation, *J. Cell Biol.* **139**, 397.

Verkman, AS (2002) Solute and macromolecule diffusion in cellular aqueous compartments, *Trends Biochem. Sci.* **27**, 27.

Yodh, AG, Lin, K-H, Crocker, JC, et al. (2001) Entropically driven self-assembly and interaction in suspension, *Phil. Trans. R. Soc. Lond.* **A359**, 921.

15 速率方程与胞内的动力学

所谓改进，即是变化；所谓完美，即是与时俱进。

——温斯顿·丘吉尔

本章概览：用速率方程描述分子的动力学轨迹

多数关于细胞内分子或高分子复合物之间相互作用的描述，无论大小，都建立在化学势和平衡常数这些概念的基础之上。然而，在活细胞中，环境无时无刻不在变化。离子通道持续地开和关，酶不停地催化各种生化反应，细胞骨架时而生长时而收缩。在这一章里，我们将介绍处理细胞内这些动态过程的确定性和统计性方法，具体是指描述各类化学组分含量随时间变化的速率方程。我们着重以离子通道的动力学、酶动力学和细胞骨架组装为例来阐明这些思想。

15.1 生物统计动力学初探

细胞是一个繁忙的化学反应大都市，反应物和产物组成的复杂反应网络连接在一起。无论我们考虑的是如图 5.2 所示的保证活细胞能量供应的新陈代谢途径，还是构建这些细胞结构单元的合成途径，归根结底都是由化学反应构成的。如果测量活细胞的化学活性，我们会发现这些反应的速率和分子组分在不断变化，反映了新陈代谢、细胞分裂和细胞运动等各种过程的动态特征。因此，我们所面临的挑战是如何将描述细胞生命的丰富动力学的建模工具整合起来。

至此，我们已经考虑了生命的水介质的流体力学及稀疏和拥挤环境中的无规行走的扩散动力学。为了真实地处理生物学中的动力学，我们还必须考虑涉及分子本身身份改变的那些变化，而不只是涉及分子位置的改变。我们从考查细胞动力学方面的一些案例研究开始，然后再获得用来定量解决这些问题的数学工具集。

15.1.1 细胞类似化工厂

第二章首次讨论细胞组分时，我们根据每类高分子成分的数量估算了细胞内含物的平均值，可参考第 2.1.2 节。在推导这些平均值时，我们并没有关注生物学的实际情况，即每个细胞和其中的每种组分其实都处在一种不断变化的状态之中。随着细胞日常生命活动的进行，如消耗物质和能量、排泄废物、生长分裂、移动位置等，其各种组分也在不断变化中。即使处在相当稳定的环境中，即细胞不再主动改变自身的尺寸，其各种组分也以稳态的方式持续地合成与降解。当环境变化时，生物体还会通过改变蛋白质、RNA、脂质，其他高分子甚至小的代谢物的含量来迅速地适应环境。

图 3.17 和图 3.19 展示的是细胞内基因表达量随时间变化的例子。测量蛋白质、脂质或者代谢物含量的变化在技术上要比测量 RNA 数量的变化困难, 但很多实验的确证实细胞中的这些组分的含量可以在短时间内有惊人的变化。为了理解这些变化的本质, 我们必须设法定量描述一种物质转化成另一种物质的化学过程。活细胞中, 普遍意义上的转化发生在各种时空尺度上。快速转化包括蛋白质磷酸化和酶催化新陈代谢中的各步骤等过程。较慢的转化包括新的大尺度组装体 (如听毛细胞分化过程中顶端的静纤毛束) 的构建。因为细胞通常包含每种组分分子的多份拷贝, 所以将数量变化考虑成浓度变化通常是有效的。相应地, 我们的许多例子都涉及用浓度随时间的变化来描述反应速率。然而, 以浓度这种方便的方法刻画的转化归根结底不是别的, 正是不断变化着的各种分子的化学反应过程。本章的主要目标之一就是要整合两种观点的速率方程, 这两种观点分别来自单分子和系统研究。

为了给读者以生物转化速率的数觉, 我们举一个日常的例子, 考虑人体每天消耗的能量总和。

> **估算: 人体内 ATP 合成的速率** 为了认识细胞的 ATP 预算, 我们考虑与人体日均 2000 kcal 热量的日常饮食相当的 ATP 的数量。如果用 12 kcal/mol 作为 ATP 水解所释放的能量值, 并且进一步假设饮食摄入能量的一半转化为 ATP, 则每天 ATP 合成的摩尔数为 (1000 kcal/d)/(12 kcal/mol)=80 mol/d。已知 ATP 摩尔质量大约为 500 g/mol, 由此可得每天参与能量周转的 ATP 多达 40 kg!显然, 人体内任何时刻都不可能有 40 kg 的 ATP; 这个质量反映的是伴随新陈代谢过程的周转数, 每天总量 40 kg 的 ATP 只是这个繁忙的新陈代谢“企业”合成的一部分。

15.1.2 细胞骨架动力学

除了代谢小分子 ATP, 细胞的结构单元也处于高度的周转中。我们曾在多处考虑过组成细胞骨架的纤丝。例如, 第 2 章里作为高分子组装体、第 10 章里作为可以弯曲和屈曲的梁及第 14 章里作为导致细胞拥挤的主要单元之一。然而, 我们还没有去探求这些纤丝的结构和它们不同寻常的动力学属性。

活细胞内所有的细胞骨架聚合物通过添加和失去蛋白亚基而不断地生长和收缩, 同时它们起到梁结构和分子马达轨道的作用。图 15.1 说明肌动蛋白丝在体外和体内组装过程的速率。在体外, 纯化的肌动蛋白单体溶液可在几分钟的时间内聚合成细丝。在细胞内, 同样时间尺度的细丝组装可以用来推动蠕行细胞的前缘。聚合的微观过程要比这里所展示的复杂得多。例如, 单体在细丝上既可以聚合也可以解离。此外, 聚合物中还发生着 ATP 水解反应。而且, 单体加载到成长细丝的速率既取决于肌动蛋白单体的浓度, 又受到许多其他蛋白质的调控。

与细胞骨架动力学相关的速率可以通过观察活细胞的运动来估算。图 15.2 展示了一个鱼表皮细胞 (也称角膜细胞) 在表面上的迁移。注意细丝在细胞前缘不断聚合, 推动细胞膜向前运动, 细胞向前运动的平均速率为 0.2 μm/s。有趣的是, 与这种精心策划的细胞骨架组装的类似过程可以被诸如李斯特菌那样的感染性细菌所劫持, 作为它们在被感染

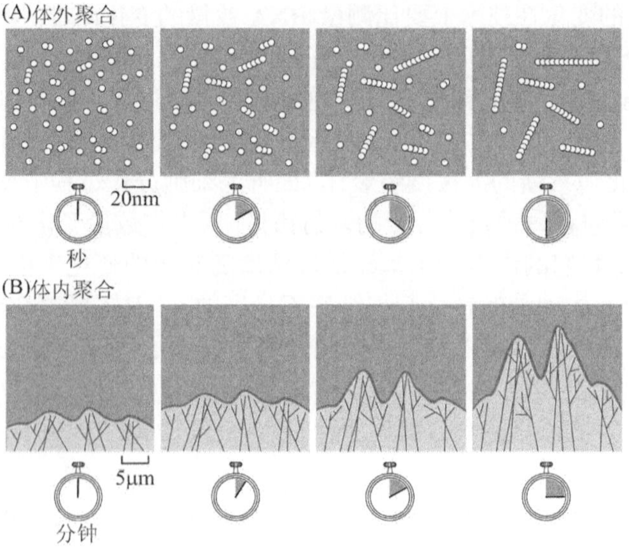

图 15.1 细胞骨架纤丝的生命史快照。图片提供了对细胞骨架组装的时空动力学的感性认识。(A) 体外实验展示了单体组装形成细丝的生长过程。(B) 体内实验的时间过程显示蠕行细胞前缘肌动蛋白丝生长的动力学过程

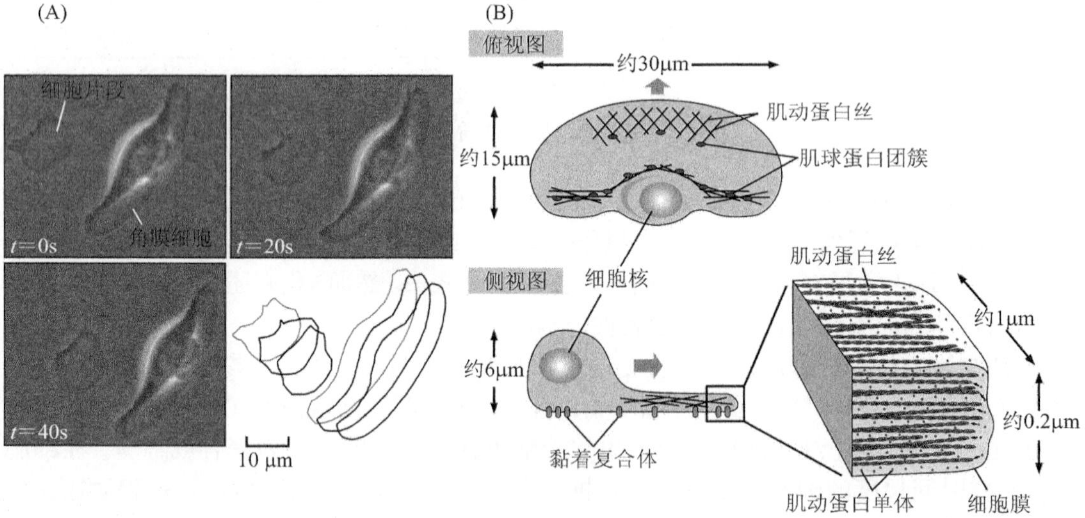

图 15.2 上皮细胞基于肌动蛋白蠕行。(A) 这一系列照片显示了鱼表皮细胞在玻片上的蠕行过程。在这个细胞后部，另一个细胞的片状伪足富含肌动蛋白的片段也在自动蠕行，这个片段没有细胞核或细胞体。每幅照片间隔 20 s。轮廓线显示了细胞和细胞片段在不同时刻的位置。注意它们的形状在蠕行中几乎保持不变。(B) 角膜细胞内肌动蛋白丝的组织结构。在显微镜中俯视，片状伪足是一较大的延伸体，填充着由肌动蛋白丝彼此交联而构成的网状结构 (图 14.2)。从侧面看，片状伪足是一个巨大的扁平结构，牵引后面的球形细胞体和细胞核向前运动。示意图显示了细胞前缘肌动蛋白丝近似的密度分布。(A 蒙 G. Allen, K. Keren and J. Theriot 惠赠。)

的人体宿主细胞质中运动的基本手段，如图 15.3 所示。它们操纵宿主细胞细胞骨架的自组装过程，形成一条由肌动蛋白丝构成的"彗尾"，从而推动自身在细胞内运动，速率因宿主细胞的差异而不同，范围为 0.05~1.4 μm/s。如图 15.3(C) 所示，这个系统中的关键成分可以从细胞物质中提取出来，也可以被用来驱动人工合成的珠子运动。

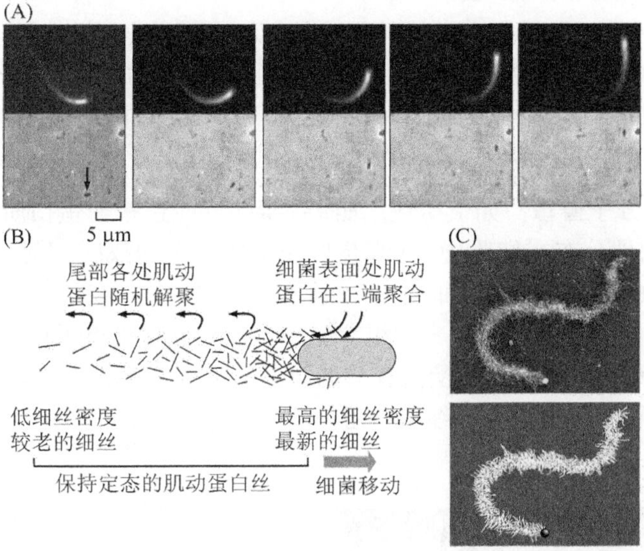

图 15.3 肌动蛋白聚合驱动李斯特菌运动。(A) 这一系列照片显示了李斯特菌在细胞质提取液中的运动。相差显微照片显示在每一帧的下方(箭头指示细菌的位置)，荧光标记的肌动蛋白显示在上方。每幅图片间隔 30 s。(B) 李斯特菌彗尾处肌动蛋白丝的动力学。(C) 上图为肌动蛋白聚合驱动的珠子的电镜照片，下图为示意图。(A 蒙 D. Fung & J. Theriot 惠赠；C 蒙 L. Cameron, T. Svitkina, J. Theriot & G. Borisy 惠赠。)

估算：肌动蛋白的聚合速率 我们可以用如图 15.2 和图 15.3 所示的细胞迁移速率来估算肌动蛋白丝的平均聚合速率，因为不论是角膜细胞还是李斯特菌，它们的运动都是单体接到细丝上的体现。我们可以通过细胞运动的速率和每个肌动蛋白单体的长度来估算聚合发生的速率。李斯特菌在典型的宿主上皮细胞内运动的平均速率为 0.2 μm/s 左右，与鱼表皮细胞的运动速度差不多。每个添加到细丝成长端的肌动蛋白单体可使细丝的长度大约增长 3 nm (图 10.28)。如果我们假设每根细丝的生长速率与细胞的整体迁移速率呈严格的线性关系 (当然，这明显是一个过度的简化，但它至少为估算聚合速率的界限提供了有意义的参考)，那么平均结合速率为

$$\frac{\mathrm{d}N_{\mathrm{actin}}}{\mathrm{d}t} \approx \frac{v_{\mathrm{cell}}}{L_{\mathrm{monomer}}} \approx \frac{200\ \mathrm{nm/s}}{3\ \mathrm{nm}} \approx 70\ 单体/\mathrm{s} \tag{15.1}$$

注意这一聚合速率是体现细胞内高分子聚合的非常重要的特征数据，在以后的讨论中，我们还会看到它的具体用途。

对于这一估算，应注意以下三点。第一，实际的聚合速率强烈依赖于溶液中的自由单体浓度，后面我们会更详细讨论这种影响。第二，肌动蛋白的聚合并非是鱼表皮细胞或李

斯特菌运动速率的决定步骤, 而是像黏附力这样的外力对运动速率起限制作用。第三, 活细胞运用许多与细胞骨架相关的蛋白质来调控肌动蛋白和其他细胞骨架纤丝的位置和动力学。在很多情况下, 细丝聚合的速率是由细胞内的这些辅助蛋白而非肌动蛋白本身的活化和定位决定的。尽管如此, 这一估算实际上表明, 在考虑细胞骨架动力学时, 单个结合事件发生的时间尺度为几十毫秒。

除细胞运动时前缘肌动蛋白结构的组装外, 另一个引人注目的肌动蛋白调控动力学的例子发生在细胞分裂期间, 一条由肌动蛋白和肌球蛋白构成的细丝条带迅速在细胞中心位置形成并收缩, 从而将细胞夹成两半。在粟酒裂殖酵母的分裂过程中, 有大约 30 种辅助蛋白已被确定参与了调控分裂环肌动蛋白丝的组装。

相关实验: 分子普查　如上所述, 细胞骨架的反应速率与蛋白质浓度有关。很多蛋白质并非均匀地分布在细胞中, 比起蛋白质整体的平均浓度, 我们更需要知道它们的局部浓度。为此, 仅知道每个细胞内的分子数量是不够的, 我们还需知道它们的空间分布。荧光显微镜和其他定量技术的组合应用为这种测量提供了可能。

图 15.4 展示了一个与肌动蛋白有关的蛋白质普查的实例。首先应确定每种蛋白质的平均浓度, 然后再描绘单个细胞中蛋白质的分布。由于许多种蛋白质参与了细胞

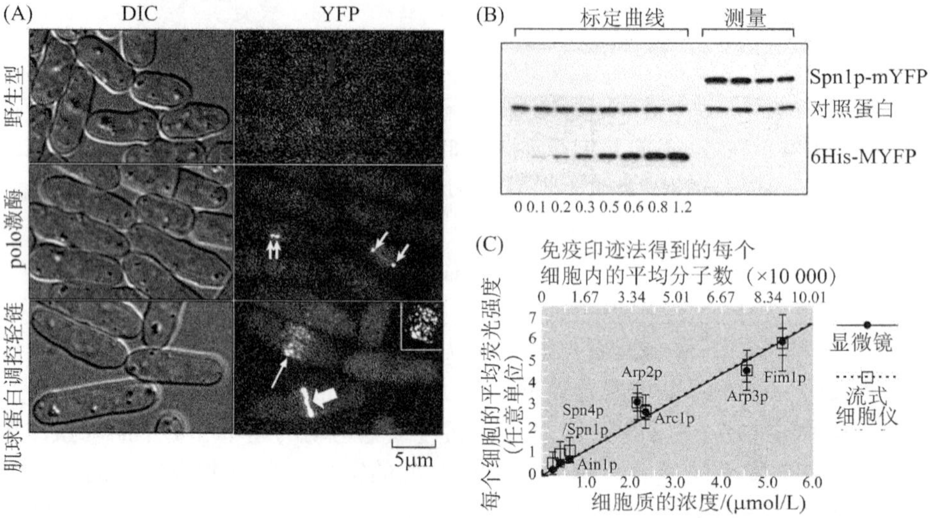

图 15.4　粟酒裂殖酵母细胞内与细胞分裂有关的蛋白的定标与定量。(A) 从微分干涉相差显微镜中可以清晰地看到细胞个体, 野生型酵母中没有观察到黄色荧光蛋白通道中的荧光信号; 在大多数细胞内 polo 激酶并不可见, 但是在两个处于染色体分离期的细胞内却捕捉到了成对出现的激酶亮点 (细箭头); 图片下方显示的是细胞分裂之前肌球蛋白调控轻链聚集在细胞中央形成分裂环 (宽箭头)。在细胞周期的早期, 肌球蛋白开始在待分裂位置聚集并形成松散的带状结构 (长箭头)。(B) 用蛋白免疫印迹法测量各种目标蛋白的平均浓度。凝胶左侧每个跑道加载已知浓度的黄色荧光蛋白 YFP 与等量的对照蛋白, 右侧对被标记的蛋白进行四次复本测量。待测蛋白的浓度可以通过条带亮度与标定曲线比较得到。(C) 由免疫杂交法得到的细胞内分子数目正比于用流式细胞仪或荧光显微镜测量的相应分子的荧光强度。(A-C 取自 J.-Q. Wu and T. D. Pollard, *Science* 310: 310, 2005)

分裂, 为此培养了粟酒裂殖酵母菌株, 其中目标蛋白质与黄色荧光蛋白 YFP 融合。为确定细胞中每种标记蛋白质的数量, 可以通过诸如蛋白免疫印迹法的定量技术, 测定蛋白质的平均浓度。在蛋白质免疫印迹实验中, 使来自大量细胞的蛋白质一起通过凝胶电泳, 然后用一种抗体来探测。黄色荧光蛋白的特异性结合抗体识别有相同亲和力的标记蛋白质, 蛋白免疫印迹的信号由已知的纯化黄色荧光蛋白稀溶液的信号标定。将结果除以加在凝胶中的细胞数目, 就得到了每个细胞中标记蛋白质的平均浓度。利用蛋白质免疫印迹实验确定这种蛋白质的浓度后, 还要确定荧光强度 (由荧光显微镜或流式细胞仪测量) 与绝对浓度的关系。最后, 局部的浓度就可以通过荧光实验来确定。细胞分裂时, 参与构造分裂沟的蛋白质在沟附近的浓度是其平均浓度的 100 倍。

15.2 生物动力学的化学图像

我们已经定性描述了一些事例, 其中转化速率对于理解生物过程是至关重要的。现在将寻求严格处理这些问题的定量方法。关于化学反应的定量理论最终必须就所有参与的分子回答三个关键问题: 有多少分子参与? 它们分布在哪里? 它们何时在那里?

15.2.1 速率方程范例

浓度是我们讨论的出发点, 它告诉我们单位体积内的分子数目 (图 13.9) 有多少。之所以用浓度而不是用分子总数是因为浓度这个概念不仅适用于一滴水, 也适用于整个湖, 而且就像我们在后面章节中会看到的那样, 许多情况下决定化学反应速率的是浓度而非分子总数。

浓度随时间和空间的变化

为叙述清楚起见, 想象第 i 种物质的浓度随空间和时间而变化, 我们用 $c_i(\mathbf{r}, t)$ 表示时刻 t 位于 $\mathbf{r}$ 处的第 i 种物质的浓度, 它告诉我们此时此地单位体积内有多少该种物质。浓度作为一个“场变量” (依赖于时间和空间的物理量), 说明一根试管或一个细菌内的化学态在空间的分布并不是均匀的 (依赖于 $\mathbf{r}$), 且这种状态也是随时间变化的。这个概念的合理性基于这样一个假设: 浓度的空间变化尺度相比于分子的平均间距大很多, 因此, 整个区域内任何一个小盒子内的浓度都可以视为均匀的。

我们注意对于活细胞, 浓度这个概念的有效性并不总是适用的, 原因有二: ①某些分子的数目可能非常少; ②这些分子有可能分布在细胞膜上或某些细胞器内。因此, 有两件事应铭记于心。第一, 对分子被限制在细胞器内或某个区域的情况, 应考虑局部浓度而不是全局浓度。第二, 对分子数目非常少的情况, 应考虑单分子轨迹的随机行为而不是全局平均。有了这些共识, 我们继续讨论。

速率方程描述浓度随时间的演化

我们从最简单的情况开始, 假设浓度分布与空间无关, 把精力集中在考虑浓度随时间的变化上。因此在对于浓度的描述中可以省略 $\mathbf{r}$ 而写成 $c_i(t)$。引入符号 $\{c_j\}$ 作为 $c_1, c_2, c_3, \cdots, c_n$ 的缩写, 其中不同的下标表示不同的物质。速率方程的基本假设是认为浓度的演化可以写成如下形式的微分方程

$$\frac{\mathrm{d}c_i(t)}{\mathrm{d}t} = f(\{c_j\};\{k_i\}) \tag{15.2}$$

式中, $f(\{c_j\};\{k_i\}) = f(c_1, c_2, \cdots, c_n; k_1, k_2, \cdots, k_m)$; 而 $c_1, c_2, \cdots, c_n$ 是指所感兴趣的反应中各种物质的浓度; k_i 称为反应速率常数, 表征反应进行的快慢。式 (15.2) 告诉我们第 i 种物质的浓度随时间变化, 改变的快慢依赖于与 c_i 耦合的其他物质的浓度。为了将此想法具体化, 我们来考虑不同反应下 $f(\{c_j\};\{k_i\})$ 的具体形式。

15.2.2　降 解 反 应

高分子的降解可用简单的一阶微分方程描述

为赋予 $f(\{c_j\})$ 以具体形式, 考虑生物高分子的降解过程。例如, 细胞内的 mRNA, 与细胞分裂所用的时间相比, 它们的寿命是极其短暂的。类似地, 细胞内的各种蛋白最终也将被降解掉, 即使是同一种蛋白, 寿命也不尽相同, 有可能还要受到其他蛋白质的调控。

这些降解反应, 好比放射性衰变, 物质并没有消失, 只不过转换成了其他形式而已。mRNA 被分解成核苷酸, 蛋白质则被分解成氨基酸。为了讨论降解反应的速率方程, 我们忽略不同物质的复杂性, 只考虑一种物质的浓度变化。

这一节我们主要考虑涉及光合作用和视觉成像的核心化学反应, 图 15.5 所示的视黄醛是一种小的有机分子, 它通常结合在光合菌细胞膜表面的蛋白质上, 有两种分子构象, 自然情况下处于基态, 即能量比较低的状态。因为尾部的双键排列方式, 基态有时也被称为“全反式视黄醛”。另一种构象为激发态, 也称为 13-顺式视黄醛, 能量稍微高于基态。分子从“全反式”变到“13-顺式”, 尾部的一个 C=C 双键必须旋转 180°, 在分子尾部中形成一个弯折。自然条件下, 处于基态的视黄醛分子可以吸收携带适当能量的光子, 克服扭转势垒而跃迁到激发态, 如图 15.5 (B) 所示 (也称异构化反应)。等待足够长的时间, 也能观察到激发态衰变为基态。

如此微小的构象变化却扮演着极其重要的角色。在光合菌内, 视黄醛镶嵌在一种跨膜蛋白细菌视紫红质的中心, 光子诱导的弯折被视紫红质放大, 产生更大的构象转换从而把一个氢离子从细胞内运输到细胞外。这样, 光子的能量就被转化为跨膜的电化学梯度, 可以用来合成 ATP, 也可以用来驱动鞭毛的旋转, 还可以从事其他功能。在人的视网膜上, 视锥细胞和视杆细胞上也发现有视紫红质的蛋白同源体, 视黄醛通过另一种异构化反应 (从 11-顺式到全反式) 激发信号转导级联反应, 进而触发神经元将状态变化传递给大脑的视皮质, 在那里我们将视黄醛的异构化反应理解成光。

13-顺式到全反式的转换可以用式 (15.2) 刻画, 特别地, 对于简单的衰变反应, 我们有 $f(c;k) = -kc$, 表示反应物的衰变速率正比于周围反应物的浓度。对于某种分子, 其速率方程可以写为

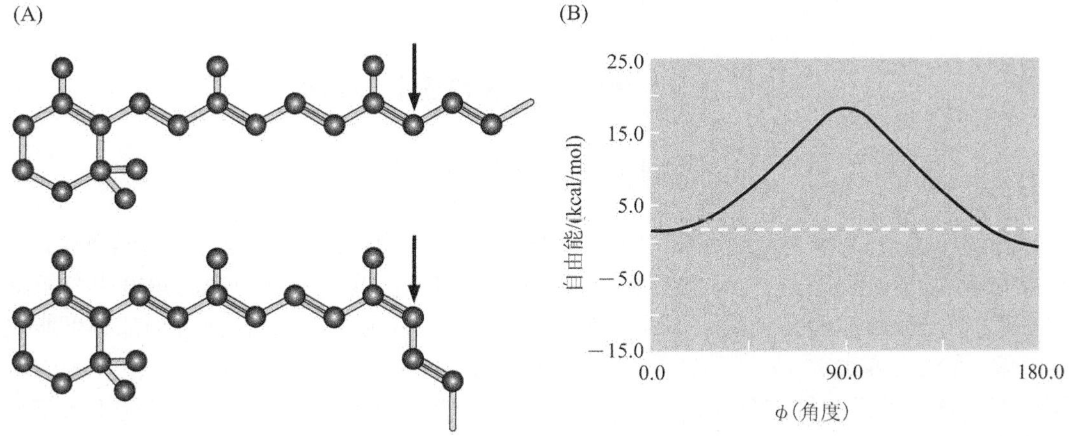

图 15.5 视黄醛的构象改变。(A) 上图显示的是处于基态的“全反式”视黄醛, 下图为 13-顺式, 它是通过旋转箭头所指的原子得到的。这一旋转通常是吸收一个光子的能量所致。(B) 计算得到的从顺式到反式的能量曲线, 横坐标为绕碳原子的旋转角度。表明两态之间存在较大的势垒。(B 取自 A. Hermone and K. Kuczera, *Biochem.* 37: 2843, 1998.)

$$\frac{\mathrm{d}c(t)}{\mathrm{d}t} = -kc(t) \tag{15.3}$$

注意刻画衰变特征的速率常数 k 的量纲为时间的倒数。

这个线性微分方程可以利用分离变量法 [式 (13.58)] 求解, 其解为

$$c(t) = c_0\mathrm{e}^{-t/\tau} \tag{15.4}$$

式中, c_0 表示初始浓度, 即 $c(0) = c_0$; 而 $\tau = 1/k$ 表示衰变的特征时间。图 15.6 显示了浓

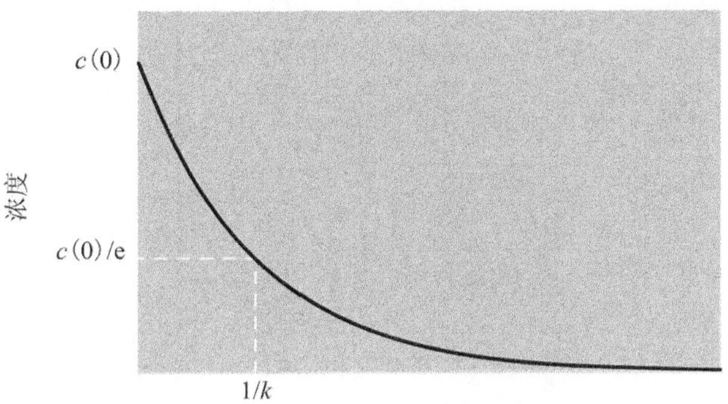

图 15.6 在衰变过程中分子数目作为时间的函数图像。$1/k$ 规定了浓度变为初始时刻的 1/e 所需要的时间

度随时间的演化图像。这一简单的计算告诉我们, 如果我们从某一初始浓度 c_0 开始, 那么浓度会呈指数式迅速衰减。但必须认识到, 这里所应用的速率方程 考虑的是物理量的平均值而忽略了涨落效应。更进一步, 我们自然想知道考虑了涨落后的物理图像是什么样子的, 这也是我们将要从单分子观点重新审视这些过程的原因之一。

15.2.3　针对轨迹的统计力学

分子在特征寿命时间尺度上瓦解

如前所述, 在对降解反应最简单的数学描述中, 我们引入了衰变的特征时间概念。从唯象和微观的角度来看这个常数将是非常有趣的。下面, 我们就从微观的角度来分析降解过程, 即分子可以经历无数个不同的微观轨迹。可以认为, 分子在任何时刻都有可能发生降解, 在没衰变之前, 分子的轨迹位于状态 1, 发生衰变之后, 则为状态 0。这里我们将第 7 章平衡态的思想推广到描述分子在两个状态之间的转换。图 15.7 显示了若干条可能的轨迹。

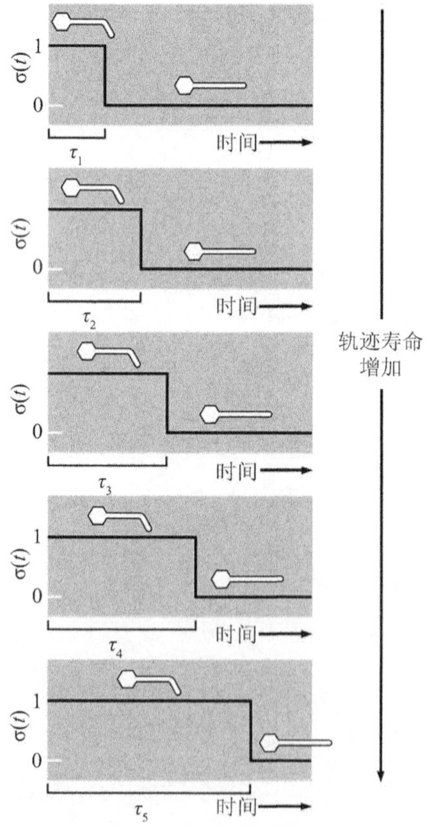

图 15.7　经历异构化反应的分子轨迹示意图。系统的两种状态被标记为 1 和 0, 一条轨迹就是在状态 1 停留了一段时间后迅速衰变为状态 0, 转变时间相比于停留时间可忽略不计。这里显示了若干条轨迹示意图, 如果停留时间 τ_i 是连续变量, 因此可能的轨迹也构成连续系统

在数学上, 我们用 $\sigma_i(t)$ 标记这些轨迹, 它定义为

$$\sigma_i(t) = \begin{cases} 1 \text{ 若} t < t_i \\ 0 \text{ 其他情况} \end{cases} \tag{15.5}$$

式中, 时间 t_i 是某条轨迹的停留时间。速率常数 k (或 $\tau = 1/k$) 的意义在于描述了高分子的平均寿命。因为速率常数的单位为时间的倒数 (如 s^{-1}), 所以它还有单位时间内某事件发生概率的含义。它的倒数 τ 与时间的单位相同, 直观上可以理解为分子的平均寿命。好比某个 mRNA 分子, 发生降解的时间可能需要 1 s 或 1 min、甚至可能一星期。但是只有考虑大量 mRNA, 平均寿命才是有意义的, 这也正是 τ 所描述的。

我们可以应用图 13.14 所示的"轨迹和权重"方法来处理随机问题。将时间离散化为 N 个长度为 Δt 的时间段 (因此总时间 $t = N\Delta t$), 某条轨迹出现的概率就是它所对应的各个时间段发生事件的概率的乘积。例如, 如果分子在前 N 段内保持基态, $N+1$ 段内突然发生转变, 这一过程的概率可以表示为

$$p(t)\Delta t = \underbrace{(1-k\Delta t)\times(1-k\Delta t)\times\cdots\times(1-k\Delta t)}_{N\text{步}}\times k\Delta t \tag{15.6}$$

式中, $k\Delta t$ 表示每一步发生衰变的概率; 而 $(1-k\Delta t)$ 表示该步未发生衰变的概率。注意 $p(t)$ 为概率密度, 而 $p(t)\Delta t$ 才表示衰变发生在 t 至 $t+\Delta t$ 内的概率。因为 $\Delta t = t/N$, 上式可以重新写为

$$p(t)\Delta t = (1-k\Delta t)^N k\Delta t = \left(1-\frac{kt}{N}\right)^N k\Delta t \approx k\mathrm{e}^{-kt}\Delta t \tag{15.7}$$

式中, 我们应用了等式 $\mathrm{e}^{-x} = \lim_{N\to\infty}(1-x/N)^N$。该结果告诉我们, 一旦知道了分子的平均寿命 $(\tau = 1/k)$, 那么它在 t 到 $t+\Delta t$ 的时间段内发生衰变的概率为

$$p(t)\Delta t = \frac{1}{\tau}\mathrm{e}^{-t/\tau}\Delta t \tag{15.8}$$

衰变过程可以用两态轨迹描述

从轨迹观点来看待分子衰变的方法是第 6.1.5 小节介绍过的最大熵方法。每一个具体的衰变过程都对应分子从状态 A 衰变到状态 B 的一条轨迹。为方便起见, 我们用1代表状态A, 用 0 代表状态 B。我们的目标是用 6.1.5 小节的信息论方法得到分子轨迹对应的概率。正如我们在第 6 章里介绍的几种得到玻尔兹曼分布的方法, 我们这里所要做的就是通过不同的方法得到停留时间的分布 $p(t)$。

我们要求的是使香农熵达到最大值的分子轨迹所对应的概率密度分布函数 $p(t)$, 而我们所知道的仅是分子的平均寿命为 τ。在这一约束下香农熵作为 $p(t)$ 的条件泛函可以写作

$$S = \underbrace{-\int_0^\infty p(t)\ln p(t)\,\mathrm{d}t}_{\text{香农熵}} - \underbrace{\lambda\left(\int_0^\infty p(t)\,\mathrm{d}t - 1\right)}_{\text{归一化约束}} - \underbrace{\mu\left(\int_0^\infty tp(t)\,\mathrm{d}t - \tau\right)}_{\text{平均寿命约束}} \tag{15.9}$$

具体来讲, 两个拉格朗日乘子分别对应归一化约束

$$\int_0^\infty p(t)\,\mathrm{d}t = 1 \tag{15.10}$$

和平均寿命为 τ 的约束

$$\int_0^\infty tp(t)\,\mathrm{d}t = \tau \tag{15.11}$$

关于拉格朗日乘子的概念读者可参看 6.1.5 节“模型的数学”。和通常一样, 我们所要做的就是令它的泛函导数为零, 从而使这个受约束的香农熵达到最大值, 解出这时的函数 $p(t)$, 即

$$-\ln p(t) - \lambda - 1 - \mu t = 0 \tag{15.12}$$

由此可以得到寿命为 t 的轨迹的概率是

$$p(t) = \mathrm{e}^{-1-\lambda}\mathrm{e}^{-\mu t} \tag{15.13}$$

再利用归一化条件来确定拉格朗日乘子 λ 和 μ

$$\int_0^\infty p(t)\,\mathrm{d}t = \mathrm{e}^{-1-\lambda}\underbrace{\int_0^\infty \mathrm{e}^{-\mu t}\,\mathrm{d}t}_{=1/\mu} = 1 \tag{15.14}$$

可得

$$\mathrm{e}^{-1-\lambda} = \mu \tag{15.15}$$

所以归一化条件告诉我们

$$p(t) = \mu\mathrm{e}^{-\mu t} \tag{15.16}$$

下面利用平均寿命 $\tau = \int_0^\infty tp(t)\,\mathrm{d}t$ 确定另一个拉格朗日乘子。由上式的结果, 平均寿命可以写成

$$\tau = \mu\int_0^\infty t\mathrm{e}^{-\mu t}\,\mathrm{d}t \tag{15.17}$$

这个积分可以利用对参数 μ 求导的方法求得 (可参看 13.2.2 节“数学技巧”), 也就是

$$\tau = \mu\left(-\frac{\mathrm{d}}{\mathrm{d}\mu}\right)\int_0^\infty \mathrm{e}^{-\mu t}\,\mathrm{d}t = \mu\left(-\frac{\mathrm{d}}{\mathrm{d}\mu}\right)\frac{1}{\mu} = \frac{1}{\mu} \tag{15.18}$$

将这一结果代入式 (15.16) 得到 $p(t) = (1/\tau)\mathrm{e}^{-t/\tau}$, 因此分子在时间段 t 到 $t+\Delta t$ 发生衰变的概率可以写为

$$p(t)\Delta t = \frac{1}{\tau}\mathrm{e}^{-t/\tau}\Delta t \tag{15.19}$$

在讨论分子马达不同内部态 (第 16.2.3 节) 的寿命时我们还会回到这里。

一种物质的衰变对应另一种物质的生成

到目前为止，我们所讨论的化学反应可以简单概括为

$$\mathrm{A} \rightarrow \mathrm{B} \tag{15.20}$$

图 15.8 以视黄醛为例给出了这类过程的示意图。前面我们仅考虑了物质 A 的变化，但事实上物质 B 的数量也在发生变化，而且描述 A 与 B 变化的方程是紧密联系在一起的。在这个例子里，A 分子浓度的减小必然对应于 B 分子浓度的增加，而总浓度保持不变，即

$$c_{\mathrm{A}}(t) + c_{\mathrm{B}}(t) = c_0 \tag{15.21}$$

这一等式正是质量守恒定律的体现。写成另外一种形式即为

$$\frac{\mathrm{d}c_A}{\mathrm{d}t} = -\frac{\mathrm{d}c_B}{\mathrm{d}t} = -kc_A \tag{15.22}$$

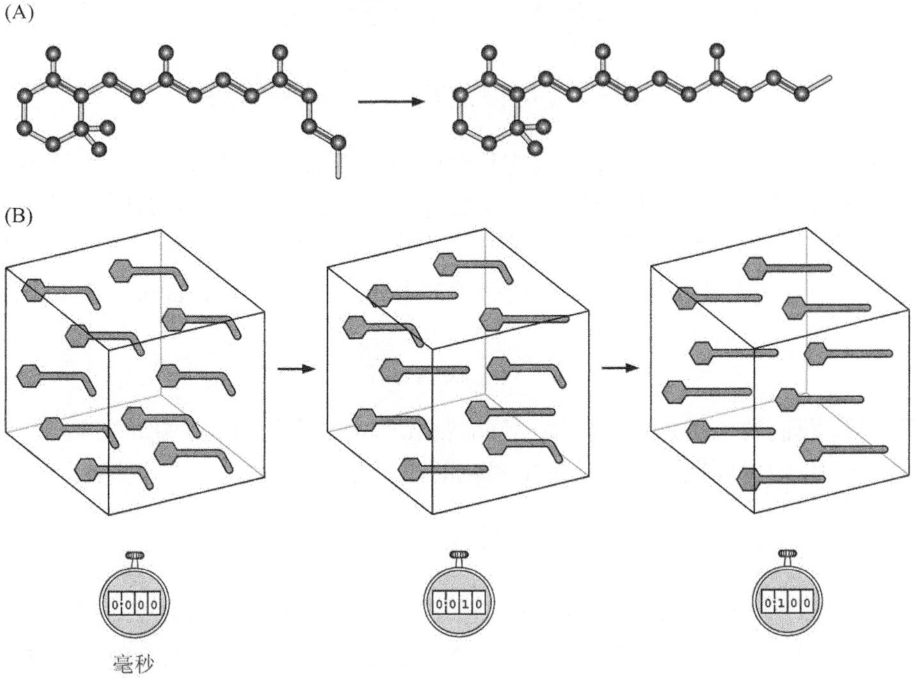

图 15.8 异构化过程的不同视角。(A) 从物质 A 衰变到物质 B 的异构化过程示意图，这里我们用前面介绍的视黄醛的两种形式来刻画这个过程。(B) 两种物质的数量随时间变化的示意图

考虑初始时刻全是 A 分子的情况，即 $c_A(0) = c_0$, $c_B(0) = 0$。从我们前面对衰变问题的讨论，很容易就可以写出两种物质的化学反应速率方程。再利用由式 (15.21) 给出的质量守恒条件，就有

$$\frac{\mathrm{d}c_B}{\mathrm{d}t} = kc_A = k(c(0) - c_B) \Rightarrow c_B(t) = c_0(1 - \mathrm{e}^{-kt}) \tag{15.23}$$

两种物质随时间的演化示意图如图 15.8 所示。读者可以尝试在本章课后习题部分画出两种物质随时间的变化曲线。

同样的道理也适用于可逆反应

$$\mathrm{A} \rightleftarrows \mathrm{B} \tag{15.24}$$

在这种情况下, 速率方程可以写为

$$\frac{\mathrm{d}c_{\mathrm{A}}}{\mathrm{d}t} = -k_+ c_{\mathrm{A}} + k_- c_{\mathrm{B}} \tag{15.25}$$

以及

$$\frac{\mathrm{d}c_B}{\mathrm{d}t} = -\frac{\mathrm{d}c_A}{\mathrm{d}t} \tag{15.26}$$

表征的质量守恒约束条件。式 (15.25) 告诉我们物质 A 浓度的变化来自两个方面: ①A 以速率 k_+ 衰变为 B; ②B 以速率 k_- 衰变为 A。对于这种情况, 最终两种物质的浓度都不为零, 且其比例为 k_+/k_-。我们把这一问题留在本章课后习题中处理。

15.2.4　双分子反应

化学反应可以提高某种物质的浓度

衰变与异构化只是庞大的生化反应集合中的一小部分, 实际上它们并不是常见的, 因为这里只涉及一种分子; 这种分子可以改变它自己的状态, 但并不与其他分子发生反应。一般来讲, 最有意思的情况是两种不同的分子发生反应生成第三种分子。在这种情况下, 速率函数 $f(\{c_j\})$ 必须考虑到来自两种物质相互作用的贡献。下面我们就考虑简单的化合反应

$$\mathrm{A} + \mathrm{B} \rightleftharpoons \mathrm{AB} \tag{15.27}$$

和前面一样, 我们的目的是要找到描述反应物和产物浓度随时间变化的方程。

直觉上, 我们可以把描述产物浓度变化的速率方程写为

$$\frac{\mathrm{d}c_{AB}(t)}{\mathrm{d}t} = k_{AB} c_A c_B \tag{15.28}$$

式中, k_{AB} 为反映A和B两种分子化合速率的常数。这一方程告诉我们, A 和 B 结合生成 AB 的速率正比于 A 和 B 同时出现在一个地方的概率 (即它们的浓度)。注意双分子反应导致了一个全新的特征。具体在这个方程里, 不同物质的动力学方程是耦合在一起的。在我们从前处理衰变问题时, $c_A(t)$ 的变化与其他物质的浓度无关。而在这个例子里, 一种物质的变化伴随着另一种物质的变化, 表现在数学形式上, 就是指刻画该系统的微分方程是耦合的 [远比式 (15.22) 要复杂]。

为具体起见, 回到我们的一个主要问题, 配体和受体结合的问题上来。考虑浓度分别为 [L] 和 [R] 的配体与受体, 它们要么处于自由状态, 要么彼此结合形成复合物 LR, 其浓度记为 [LR]。反应方程式为

$$\mathrm{L} + \mathrm{R} \rightleftarrows \mathrm{LR} \tag{15.29}$$

对此反应, 考虑如图 15.9 所示的格点模型, 总共有 Ω 个格子, 其中分布有 N_L 个配体, N_R 个受体。理想情况下, 在任何一个格子里找到配体的概率为 N_L/Ω, 找到受体的概率为 N_R/Ω。假设 L 和 R 必须出现在同一个格子里才能形成配体, 则在时间 Δt 内, 由于配体受体的结合, 复合物的变化数为

$$\Delta N_{LR} = \underbrace{-(k_{\text{off}}\Delta t)N_{LR}}_{\text{衰变项}} + \underbrace{\Omega}_{\text{格子数}} \times \underbrace{\frac{N_L}{\Omega}\frac{N_R}{\Omega}}_{\text{格子被占据的概率}} \times (k'_{\text{on}}\Delta t) \tag{15.30}$$

式中, 第一项为我们前面讨论过的衰变项 (15.2.2 小节); 第二项为化合速率, 由同时被配体和受体占据的盒子的数目与两分子结合速率的乘积决定; k'_{on} 为同一个格子内配体和受体结合形成复合物的速率。

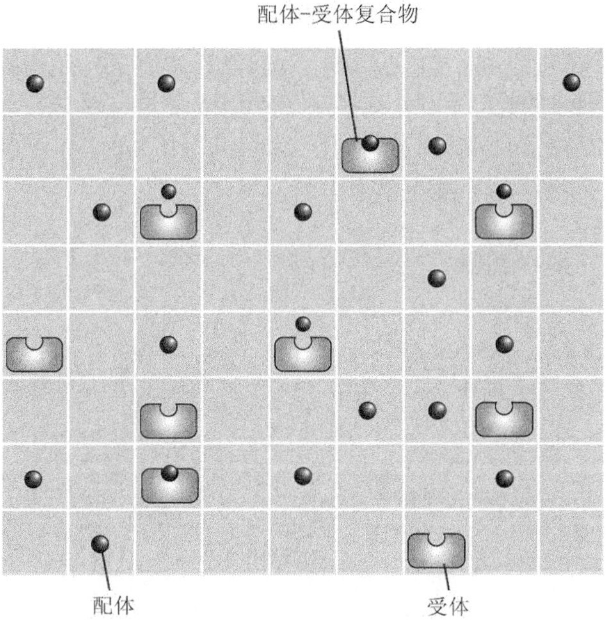

图 15.9 配体与受体结合动力学的格子模型。系统总共被分为 Ω 个盒子, 溶液中有 R 个受体与 L 个配体, 只有当配体和受体在同一个盒子内时, 它们才能结合形成复合物, 在 Δt 时间段内结合反应发生的概率为 $k'_{\text{on}}\Delta t$

这一结果可以通过两边同除以 Δt 和体积 Ωv 化成我们熟悉的微分方程形式 (v 为每个小格子单元的体积)。

$$\frac{\mathrm{d}}{\mathrm{d}t}\left(\frac{N_{LR}}{\Omega v}\right) = -k_{\text{off}}\left(\frac{N_{LR}}{\Omega v}\right) + \frac{\Omega}{\Omega v}\,\frac{N_L}{\Omega v}\frac{N_R}{\Omega v}v^2 k'_{\text{on}} \tag{15.31}$$

利用变量替换 $[\mathrm{L}] = N_L/\Omega v$, $[\mathrm{R}] = N_R/\Omega v$ 及 $[\mathrm{LR}] = N_{\mathrm{LR}}/\Omega v$, 上式化为

$$\frac{\mathrm{d[LR]}}{\mathrm{d}t} = -k_{\text{off}}[\mathrm{LR}] + k_{\text{on}}[\mathrm{L}][\mathrm{R}] \tag{15.32}$$

式中, 双分子的结合速率与格子模型的速率常数 $k_{\text{on}} = vk'_{\text{on}}$ 有关, 其量纲为 $(\mathrm{mol/L})^{-1}\,\mathrm{s}^{-1}$。这一启发式的推导展示了如何把微观的格子模型同宏观的速率方程用浓度变量联系起来。

从反应速率看平衡常数的动力学解释

速率方程为我们提供了一个机会, 从另一角度来考察反应平衡的概念。按定义, 一个反应达到平衡是指各物质的浓度不再随时间改变, 因为正向反应正好和逆向反应达到平衡。但是必须注意到, 这时分子仍在反应, 只不过正逆反应的净流量相等所以总浓度不变。用方程表示就是 $\mathrm{d[LR]}/\mathrm{d}t = 0$, 即

$$-k_{\mathrm{off}}[\mathrm{LR}]_{eq} + k_{\mathrm{on}}[\mathrm{L}]_{eq}[\mathrm{R}]_{eq} = 0 \tag{15.33}$$

这个方程提供了平衡浓度 ($[\mathrm{L}]_{eq}, [\mathrm{R}]_{eq}, [\mathrm{LR}]_{eq}$) 及相关的速率常数之间的关系

$$K_d = \frac{[\mathrm{L}]_{eq}[\mathrm{R}]_{eq}}{[\mathrm{LR}]_{eq}} = \frac{k_{\mathrm{off}}}{k_{\mathrm{on}}} \tag{15.34}$$

通过速率方程, 重新得到了 6.3 节应用统计力学得到的质量作用定律, 那里 K_d 被解释为 $p_{\mathrm{bound}} = 1/2$ 对应的浓度。这一方程揭示了平衡浓度与速率常数之间的联系。正如图 15.10 所示, 通过速率方程可以得到不同初始条件 (即 $t = 0$ 时刻) 下各物质浓度随时间的变化过程, 而不仅仅是最终的平衡态信息。

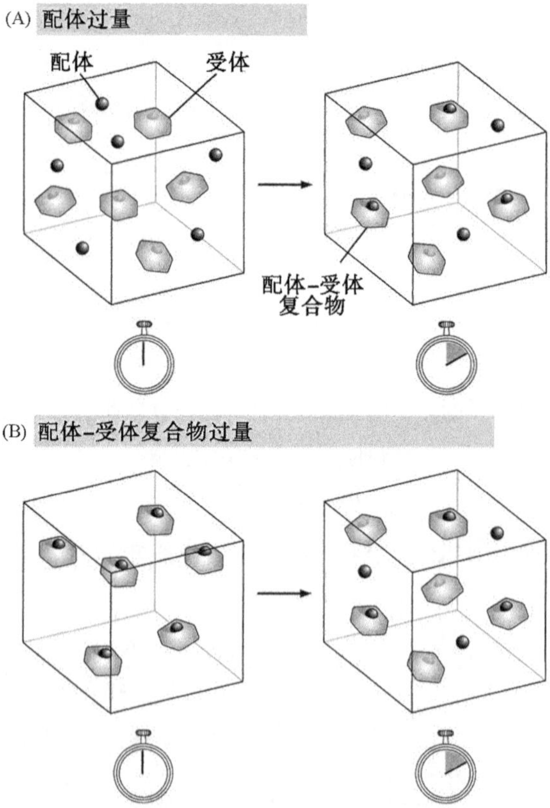

图 15.10　反应方向。(A) 初始时刻 [L] 和 [R] 大于其平衡浓度的时间演化图。(B) 初始浓度 [LR] 大于其平衡浓度的时间演化图

15.2.5 离子通道的动力学

将速率方程应用到离子通道的动力学研究是非常有意思的尝试。在第 7 章里, 我们曾用开启与关闭的两态模型 (图 7.2) 刻画离子通道这一简单的生物系统。我们仅考虑离子通道在平衡态的行为, 而现在我们要研究它的动力学行为。例如, 当神经元细胞膜去极化后, 多长时间电压门控钙离子通道才能打开? 与时间相关的整个膜上的离子分布如何依赖于离子通道的行为? 我们的目标是写出严格描述, 将单个通道固有的二进制轨迹行为与大尺度系统的整个模拟化反应联系起来。同时我们还要探索相同的通道分子行为随时间变化的概率描述。假设离子通道只有两种状态, 要么开启, 要么关闭, 并且可以通过某一相关反应在两种状态之间切换。这一假设虽然简单, 但它为后面描述更多的物质与更复杂的转变做了一个很好的铺垫。

描述离子通道开启和关闭概率的速率方程

单个离子通道若干微轨迹示于图 15.11。我们的目标是得到区别和分析不同轨迹的动力学描述。用来刻画离子通道动力学的参量是概率, 指通道在 $t = 0$ 时处于开启状态, 停留时间 τ 后仍然处于开启状态的概率。

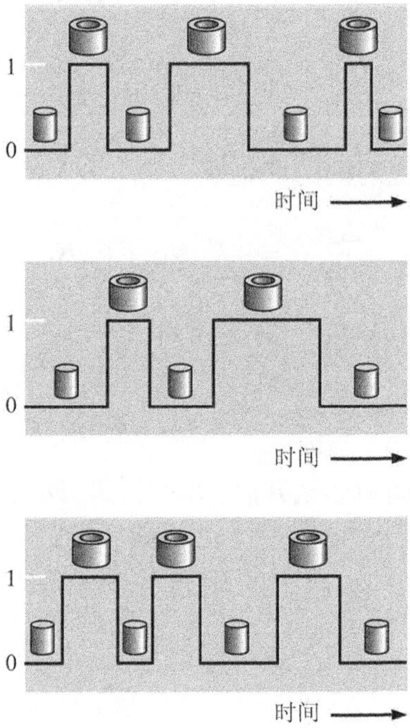

图 15.11 离子通道的轨迹。该图显示了三条两态离子通道可能的状态轨迹。这里我们假设开启和关闭状态之间的转换相比于在其本身的停留时间 可认为是瞬间完成的。图标 1 和 0 分别代表开启和关闭状态

为把速率方程引进离子通道的动力学描述, 我们借用图 15.12 所示的模型。假设一片细胞膜上分布有 N 个离子通道, 每个离子通道只有开启和关闭两种状态。我们要找到描述开启概率随时间变化的微分方程, 也就是计算 $N_O(t)/N$, 其中 $N_O(t)$ 表示时刻 t 处于开启状态的离子通道的数目。为此, 将时间离散化为一系列长为 Δt 的小时段, 在每个时段内, 离子通道既可能保持原来的状态, 也可能切换到另一状态。"反应"方程式为

$$\mathrm{O} \underset{k_-}{\overset{k_+}{\rightleftarrows}} \mathrm{C} \tag{15.35}$$

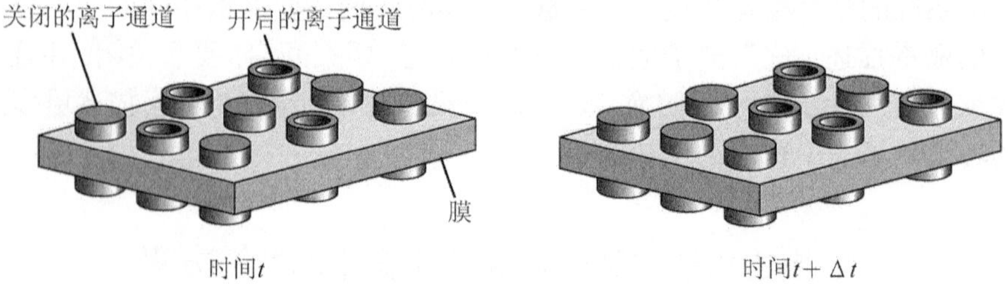

图 15.12　通道门控的动力学。一片细胞膜上分布着许多离子通道, 它们有的开启, 有的关闭。每个时间步骤, 它们要么保持原来的状态, 要么发生切换

式中, O 对应开启态; C 对应关闭态。k_+ 和 k_- 为速率常数, 它们决定在某个时段内正逆反应发生的概率。则在给定时段内开启态离子通道数的变化量

$$\Delta N_O = \underbrace{-k_+ N_O \Delta t}_{\mathrm{O}\to\mathrm{C}} + \underbrace{k_- N_C \Delta t}_{\mathrm{C}\to\mathrm{O}} \tag{15.36}$$

两边都除以 Δt, 得到开启数随时间的变化率

$$\frac{\Delta N_O}{\Delta t} = -k_+ N_O + k_- N_C \tag{15.37}$$

两边再同除以通道总数 N, 利用 $p_O = N_O/N$ 和 $P_C = N_C/N$, 再令 $\Delta t \to 0$, 得到微分方程

$$\frac{\mathrm{d}p_O}{\mathrm{d}t} = -k_+ p_O + k_- p_C \tag{15.38}$$

注意 $p_O + p_C = 1$, 也就是说通道要么开启, 要么关闭, 两者取其一, 上式重新写为

$$\frac{\mathrm{d}p_O}{\mathrm{d}t} = -k_+ p_O + k_-(1 - p_O) \tag{15.39}$$

整理成更加清晰的形式

$$\frac{\mathrm{d}p_O}{\mathrm{d}t} = -(k_+ + k_-) p_O + k_- \tag{15.40}$$

通过分离变量和添加一个常数项, 可得该方程的通解

$$p_O(t) = \frac{k_-}{k_+ + k_-} + A\mathrm{e}^{-(k_+ + k_-)t} \tag{15.41}$$

指数项规定了该解对时间的依赖关系。如果假设初始时刻通道全部处于开启状态，即 $p_O(0)=1$，那么我们可以确定常数 A 的值，从而得到如下解

$$p_O(t)=\frac{k_-}{k_++k_-}+\frac{k_+}{k_++k_-}\mathrm{e}^{-(k_++k_-)t} \tag{15.42}$$

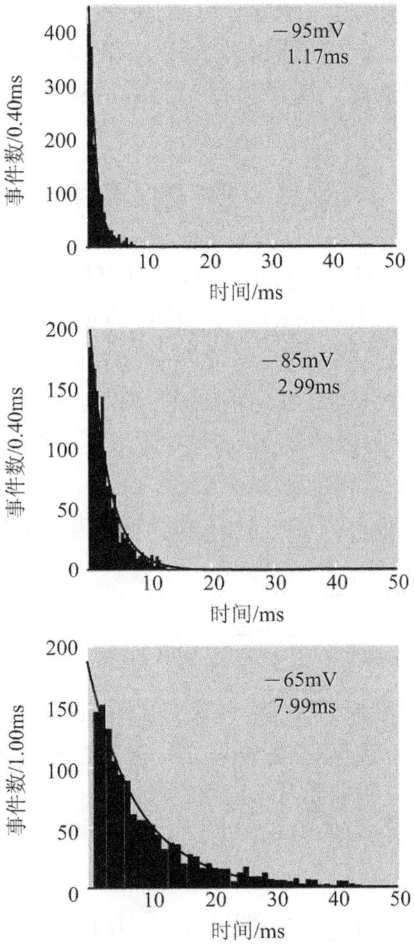

图 15.13 测量离子通道门控动力学。每一幅直方图都显示了电压门控钠离子通道在开启状态的寿命分布。y 轴表示频率，即每个分辨时段 (以毫秒计) 事件发生的数目。注意最下方图的分辨时段比上两幅要大。三幅图分别对应不同的膜电位 (见图上标示)，它们的平均寿命 τ 显示在电位下方。(数据取自 B. U. Keller et al., *J. Gen. Physiol.* 88: 1, 1986)

概率描述不仅对于刻画离子通道的动力学十分有效，同时它还提供了关联函数的信息。关联函数可以告诉我们如何利用如图 15.11 所示的那些动力学轨迹读出离子通道在两种状态的平均停留时间。考虑这样一个单分子实验，我们只观察一个离子通道的关闭与开启 (类似的实验数据可以参考图 7.2)。想象某一时刻通道处于开启状态，我们按下手中的秒表，记录下通道随时间变化的状态，0 对应关闭，1 对应开启。那么我们将得到一连串随机的电报信号 $\sigma(t)$，就像图 15.11 那样。我们的任务是计算关联函数 $\langle\sigma(0)\sigma(t)\rangle$。这

一平均值可以通过不断重复同一实验, 并对多次的实验数据取平均而得到, 图 15.11 显示了三条假想的实验记录。我们也可以长时间只观察一条通道, 然后求时间平均值。至于稳态过程的情况, 这两种计算方式给出的结果应该是一样的, 而且对于任意轨迹 $\sigma(t)$ 及它的平移轨迹, 其分布也是相同的。

对于给定的轨迹 $\sigma(t)$, 乘积 $\sigma(0)\sigma(t)$ 的值要么是 1, 要么是 0。因此平均值 $\langle\sigma(0)\sigma(t)\rangle$ 就对应在 $\sigma(0)$ 等于 1 的条件下 $\sigma(t)$ 也等于 1 的概率。这正是我们上面所计算的 $p_O(t)$。实验得到这个分布的方法之一就是记录如图 7.2 所示的实验轨迹, 并对通道的停留时间做直方图, 图 15.13 显示了不同钠离子通道停留时间的这种分布。

15.2.6 快速平衡

在进行了离子通道两态模型的热身后, 现在我们转向涉及更多物质间转换的较复杂的生物系统。首先回忆一下 5.2.1 小节的讨论, 其目的是要表明在何种情况下我们能够用平衡态的思想对非平衡过程作近似处理。尽管生命过程被认为是由非平衡过程统治的, 但是许多例子都证实平衡态的想法也是非常有用的。平衡态的想法是否适合取决于我们所考虑问题的时间尺度。这一节的目的就是要用描述浓度随时间变化的速率方程的方法帮助我们判断平衡态假设对某一具体实验是否合适。

为具体起见, 考虑包含三种可以相互转化的物质的玩具模型, 包含一个快反应和一个慢反应, 反应方程式为

$$\mathrm{A} \underset{k_-}{\overset{k_+}{\rightleftarrows}} \mathrm{B} \overset{r}{\rightarrow} \mathrm{C} \tag{15.43}$$

假设初始时刻仅有物质A, 我们要计算三种物质的浓度随时间的变化函数。快反应的速率常数 $k_\pm \gg r$。B 变成 C 的反应被简化为不可逆反应 (更细致的处理是仍然保持 C 变成 B 的可能但这个速率相比其他速率非常小)。我们的目的是要证明在这样的动力学背景下, 平衡将迅速建立, 而且一旦建立, 便在两个快速步骤间维持下来。

一些化学反应通过耦合速率方程组联系在一起

基于式 (15.43) 所示的反应方程式, 描述这三种物质转化的速率方程可以写为

$$\begin{aligned}\frac{\mathrm{d}A}{\mathrm{d}t} &= -k_+A + k_-B \\ \frac{\mathrm{d}B}{\mathrm{d}t} &= k_+A - (k_- + r)B \\ \frac{\mathrm{d}C}{\mathrm{d}t} &= rB\end{aligned} \tag{15.44}$$

两边同除以 k_- 可以把方程化成无量纲形式, 实际上等价于以 $1/k_-$ 作为计时单位。引入无量纲时间 $\tau = k_- t$。不幸的是, 标记无量纲时间的 τ 与我们前面标记分子平均寿命的符号相同。为避免歧义, 本章余下部分的 τ 都是指无量纲时间。此外, 引入无量纲速率常数

$k = k_+/k_-$ (同时也是反应 A $\rightleftarrows$ B 的平衡常数) 及 $\varepsilon = r/k_-$, 我们可以把速率方程改写为

$$\begin{aligned}\frac{\mathrm{d}A}{\mathrm{d}\tau} &= -kA + B\\ \frac{\mathrm{d}B}{\mathrm{d}\tau} &= kA - (1+\varepsilon)B\\ \frac{\mathrm{d}C}{\mathrm{d}\tau} &= \varepsilon B\end{aligned} \tag{15.45}$$

因为前两个方程与第三个无关,我们可以先来解这两个方程。假设初始条件 $(A(0), B(0)) = (1, 0)$, 将它们写为矩阵形式

$$\frac{\mathrm{d}}{\mathrm{d}\tau}\begin{pmatrix} A \\ B \end{pmatrix} = \begin{pmatrix} -k & 1 \\ k & -(1+\varepsilon) \end{pmatrix}\begin{pmatrix} A \\ B \end{pmatrix} \tag{15.46}$$

这一矩阵方程的通解为

$$\begin{pmatrix} A \\ B \end{pmatrix}(\tau) = a_1\begin{pmatrix} A_1 \\ B_1 \end{pmatrix}\mathrm{e}^{\omega_1\tau} + a_2\begin{pmatrix} A_2 \\ B_2 \end{pmatrix}\mathrm{e}^{\omega_2\tau} \tag{15.47}$$

式中, $\begin{pmatrix} A_{1,2} \\ B_{1,2} \end{pmatrix}$ 为式 (15.46) 中的 2×2 矩阵的特征向量; $\omega_{1,2}$ 为相应的特征值; $a_{1,2}$ 为由初始条件所确定的积分常数。“模型的数学”部分将向读者展示如何求矩阵的特征值和特征向量。

待求矩阵的特征值为下列方程的解

$$\det\begin{pmatrix} -k-\omega & 1 \\ k & -(1+\varepsilon)-\omega \end{pmatrix} = 0 \tag{15.48}$$

将行列式展开为关于 ω 的二次式得到

$$\omega^2 + (1+k+\varepsilon)\omega + k\varepsilon = 0 \tag{15.49}$$

这个二次方程的两个解

$$\omega_{1,2} = -\frac{1}{2}(1+k+\varepsilon) \pm \frac{1}{2}\sqrt{(1+k+\varepsilon)^2 - 4k\varepsilon} \tag{15.50}$$

是特征值, 决定各浓度的时间演化行为。

为将上式化简, 利用开始时所做的假设: k 的数量级为 1, 而 ε 远小于 1。因此, 可以利用 $\sqrt{1+x} \approx 1 + x/2$ 对式 (15.50) 关于 ε 进行泰勒展开 (见 5.4 节“模型的数学”), 得到近似特征值

$$\omega_1 = -\frac{k}{k+1}\,\varepsilon, \quad \omega_2 = -(k+1) \tag{15.51}$$

式中, 第一个特征值的最低阶为 ε^1; 第二个特征值的最低阶为 ε^0。不出所料, 我们果然得到了一个慢速率 ($\omega_1 \ll 1$) 和一个快速率 ($\omega_2 \approx 1$)。快速率说明 A 与 B 之间的平衡很快就能建立, 而慢速率对应 A 和 B 的衰变转化成 C 的反应。

为得到完全的解, 我们还须计算 ω_1 和 ω_2 各自对应的特征向量。这可以通过求解如下 2×2 的线性方程组而得到

$$\begin{pmatrix} -k-\omega_{1,2} & 1 \\ k & -(1+\varepsilon)-\omega_{1,2} \end{pmatrix}\begin{pmatrix} A_{1,2} \\ B_{1,2} \end{pmatrix}=0 \tag{15.52}$$

特征向量关于 ε 的泰勒展开式的最低阶分别为

$$\begin{pmatrix} A_1 \\ B_1 \end{pmatrix}=\begin{pmatrix} 1 \\ k \end{pmatrix},\quad \begin{pmatrix} A_2 \\ B_2 \end{pmatrix}=\begin{pmatrix} 1 \\ -1 \end{pmatrix} \tag{15.53}$$

因而微分方程式 (15.46) 的通解为

$$\begin{pmatrix} A \\ B \end{pmatrix}(\tau)=a_1\begin{pmatrix} 1 \\ k \end{pmatrix}\mathrm{e}^{-(k\varepsilon/(k+1))\tau}+a_2\begin{pmatrix} 1 \\ -1 \end{pmatrix}\mathrm{e}^{-(k+1)\tau} \tag{15.54}$$

最后, 利用初始条件 $\begin{pmatrix} A \\ B \end{pmatrix}(0)=\begin{pmatrix} 1 \\ 0 \end{pmatrix}$, 代入式 (15.54) 得到积分常数所满足的方程

$$\begin{aligned} a_1+a_2&=1, \\ ka_1-a_2&=0 \end{aligned} \tag{15.55}$$

这组线性方程的解为 $a_1=1/(k+1)$ 和 $a_2=k/(k+1)$。至此速率方程式 (15.45) 近似到关于 ε 的展开式中最低阶的完全解为

$$\begin{pmatrix} A \\ B \end{pmatrix}(\tau)=\begin{pmatrix} 1/(k+1) \\ k/(k+1) \end{pmatrix}\mathrm{e}^{-(k\varepsilon/(k+1))\tau}+\begin{pmatrix} k/(k+1) \\ -k/(k+1) \end{pmatrix}\mathrm{e}^{-(k+1)\tau} \tag{15.56}$$

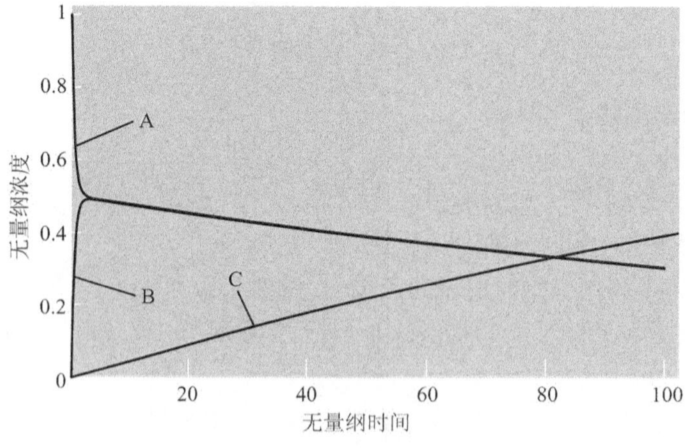

图 15.14　A 和 B 的浓度随时间的演化图, 其中 $k=1,\varepsilon=0.01$。初始时刻有单位浓度的 A 但没有 B。经历了 A 的迅速衰减与 B 的急剧上升后, 二者达到平衡, 以相同浓度继续衰减。C 的浓度增长也显示在这幅图里

这个解恰好印证了我们的直觉。图 15.14 显示了 $k=1$ 和 $\varepsilon=0.01$ 条件下的精确解。正如我们所预料的那样, A从一开始就迅速衰变, 直到与 B 达到平衡, 然后二者以固定的比例保持平衡并缓慢衰减。特别地, 对于 $\tau \gg 1/(k+1)$ 的区间, 我们可以忽略式 (15.56) 的第二项得到

$$\begin{pmatrix} A \\ B \end{pmatrix}(\tau) = \begin{pmatrix} 1/(k+1) \\ k/(k+1) \end{pmatrix} \mathrm{e}^{-(k\varepsilon/(k+1))\tau} \tag{15.57}$$

这个方程说明了 A 与 B 虽然都缓慢衰减, 但是它们的相对浓度却保持不变, 而且正好是平衡态所对应的平衡常数: $B(t)/A(t)=k$。同时, 它也告诉我们, 在一个涉及多步化学反应的动态过程中, 某些子反应可以认为始终处于平衡状态。这一观念的经典应用就是用于描述酶催化反应的米–曼 (Michaelis–Menten) 动力学。

模型的数学: 特征值和特征向量 我们都很熟悉形如 $ax+b=0$ 的方程, 其中 a,b 为参数, x 为未知数。它的解为 $x=-b/a$, 当然这只在 $a \neq 0$ 的条件下成立。对于 $a=0$ 的情形, 要分两种情况讨论, 如果 $b \neq 0$, 那么方程无解; 如果 $b=0$, 任何数都是该方程的解。这看起来易如反掌, 但是如果 a 变成了矩阵, 而 $b=0$, 那么方程何时有非零解则是解决许多重要问题的关键, 尤其是我们马上就要面临的寻找矩阵特征值和特征向量的问题。

我们仅考虑方阵, 即限定矩阵的行数和列数相等, 为了简单, 考虑 2×2 矩阵, 但是请注意, 我们的结论对于高维矩阵仍然适用。

矩阵对向量的作用显示在图 15.15 当中。一个向量在矩阵的作用下变成一个新的向量, 新向量相比于老向量或者发生方向上的旋转, 或者发生长度上的收缩, 或者两者组合。某一向量在矩阵的作用下并不改变方向, 那么该向量叫做该矩阵的特征向量, 新向量与老向量之间的长度比例就是对应的特征值。为了寻找某个矩阵的特征向量, 一种办法是找出所有的向量, 看它们哪一个在矩阵作用下保持方向不变。但这显然是不切实际的, 因为有无穷多种可能的向量。
要求矩阵

$$\mathbf{M} = \begin{pmatrix} m_{11} & m_{12} \\ m_{21} & m_{22} \end{pmatrix} \tag{15.58}$$

的特征向量, 等价于求解方程 $\mathbf{M}\mathbf{e}=\lambda\mathbf{e}$, 而 $\mathbf{e}$ 就是对应特征值 λ 的特征向量。利用矩阵乘法展开得到关于 e_1, e_2 的线性方程组

$$\begin{aligned} m_{11}e_1 + m_{12}e_2 &= \lambda e_1 \\ m_{21}e_1 + m_{22}e_2 &= \lambda e_2 \end{aligned} \tag{15.59}$$

这可以改写为

$$\begin{aligned} (m_{11}-\lambda)e_1 + m_{12}e_2 &= 0 \\ m_{21}e_1 + (m_{22}-\lambda)e_2 &= 0 \end{aligned} \tag{15.60}$$

如此它就具有了曾经讨论过的形式 $(\mathbf{M}-\lambda\mathbf{I})\mathbf{e}=0$, 其中单位矩阵 $\mathbf{I} = \begin{pmatrix} 1 & 0 \\ 0 & 1 \end{pmatrix}$。为求解这个方程组, 先从第一个方程得到 e_2 关于 e_1 的表达式

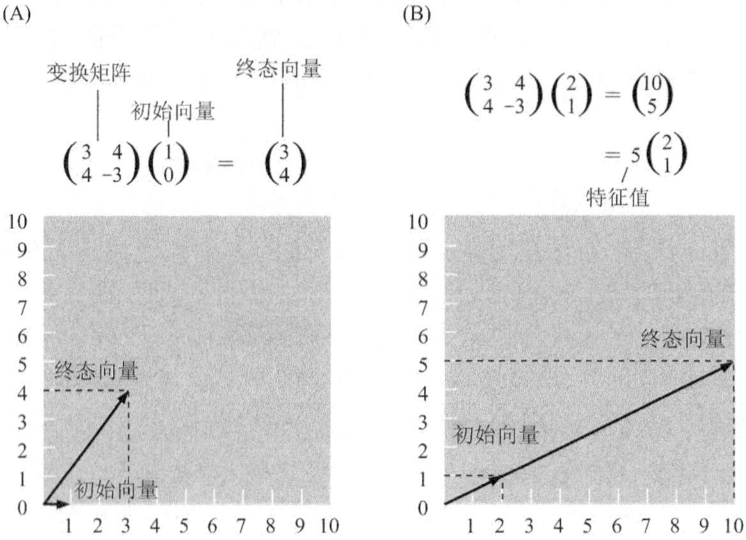

图 15.15　矩阵的特征向量和特征值。(A) 一个向量在矩阵的作用下长度和方向都发生了改变。(B) 特征向量在矩阵作用下只改变长度。特征值对应长度的伸缩比

$$e_2 = -\frac{(m_{11} - \lambda)}{m_{12}} e_1 \tag{15.61}$$

式中, 蕴含了假设 $m_{12} \neq 0$。在 $m_{12} = 0$ 时, 类似地, 可以通过式 (15.60) 的第二个方程解得 e_1 关于 e_2 的表达式。如果 m_{12} 和 m_{21} 同时为零, 那么矩阵是对角阵, $\begin{pmatrix}1\\0\end{pmatrix}$ 和 $\begin{pmatrix}0\\1\end{pmatrix}$ 就是它的特征向量, m_{11} 和 m_{22} 分别是其特征值。

下一步, 把式 (15.61) 代入式 (15.60) 的第二个方程, 我们有

$$\frac{m_{21}m_{12} - (m_{11} - \lambda)(m_{22} - \lambda)}{m_{12}}\ e_1 = 0 \tag{15.62}$$

因为我们要找的是非零解, 所以 e_1 的系数必须为零, 也就是说

$$(m_{11} - \lambda)(m_{22} - \lambda) - m_{12}m_{21} = 0 \tag{15.63}$$

必须成立。这个二次方程的两个根就是矩阵的特征值。为得到特征向量, 可令 $e_1 = 1$; 利用这两个特征值代入式 (15.61) 再得到 e_2。

注意得到特征值的二次方程还可以写成矩阵形式

$$\det(\mathbf{M} - \lambda\mathbf{I}) = 0 \tag{15.64}$$

这种形式的方程适用于任何维数的矩阵。对于 2×2 矩阵, 其行列式值为主对角线元素的乘积与次对角线元素的乘积之差。

15.2.7 米-曼酶动力学

在上述快速预平衡假设前提下, 分析生化动力学最有效的工具之一是米–曼动力学模型。我们将以细胞骨架的聚合和分子马达为例介绍这一简单的动力学规则, 同时, 这一规则还适用于许多其他生物过程中的酶, 如中心代谢及胚胎发育期的信号转导等。米曼规则为各种各样的生物催化酶动力学提供了强有力的统一近似描述, 尽管这些酶利用各自的机制对大量底物执行着千差万别的转化。在这一框架下, 任何一种酶可近似用两个参数来刻画: 最大速率和米氏常数。最大速率用来刻画底物浓度饱和时酶能达到的最大翻转速率, 米氏常数指反应速率为最大速率一半时的底物浓度。尽管米–曼规则相比真实的生物催化机制过于简化, 但它的普适性和简洁性为它在生物化学发展历史中奠定了中心地位。许多生化参考书都会利用这两个定量参数来比较各种酶的活性。

米–曼规则的核心思想在于将酶反应分成两个步骤。首先, 酶和底物结合形成中间复合物, 这是一个可逆反应, 一旦复合物形成, 它可以经历下一个反应形成产物。有许多事实可以说明这样的步骤是合理的, 如①转录过程中 RNA 聚合酶结合启动子的速率比从启动子启动转录要快得多; ②翻译过程中 tRNA 结合到核糖体上的速率也远比氨基酸之间肽键的形成快; ③ATP 与酶的结合速率也远远快于其水解速率等。

这类反应可以总结为如下化学反应式

$$\mathrm{E}+\mathrm{S} \underset{k_-}{\overset{k_+}{\rightleftarrows}} \mathrm{ES} \xrightarrow{r} \mathrm{E}+\mathrm{P} \tag{15.65}$$

这里我们假设第二个反应是不可逆反应, 反应速率为 r。这个方程在结构上类似于反应式 (15.43), 但多了一个作为催化剂的酶 E。反应结束后酶又恢复到起始状态, 因此它能继续催化新的底物分子。

根据上述反应路径, 我们可以仿照本章前面所介绍的方法写出反应速率方程式

$$\begin{aligned}
\frac{\mathrm{d}[\mathrm{E}]}{\mathrm{d}t} &= -k_+[\mathrm{E}][\mathrm{S}]+k_-[\mathrm{ES}]+r[\mathrm{ES}] \\
\frac{\mathrm{d}[\mathrm{S}]}{\mathrm{d}t} &= -k_+[\mathrm{E}][\mathrm{S}]+k_-[\mathrm{ES}] \\
\frac{\mathrm{d}[\mathrm{ES}]}{\mathrm{d}t} &= k_+[\mathrm{E}][\mathrm{S}]-(k_-+r)[\mathrm{ES}] \\
\frac{\mathrm{d}[\mathrm{P}]}{\mathrm{d}t} &= r[\mathrm{ES}]
\end{aligned} \tag{15.66}$$

要想得到这组方程的解, 一个简单而直接的方法是数值求解。也就是说, 给定一组初值 ($[\mathrm{E}]_0$、$[\mathrm{S}]_0$、$[\mathrm{ES}]_0$ 和 $[\mathrm{P}]_0$, 这里我们用下标 0 表示初始值), 利用逐次积分的方法我们就可以得到四种物质的浓度随时间演化的曲线。为体现这组反应的本质, 我们可以选择这样一组初值, $[\mathrm{E}]_0=[\mathrm{S}]_0=(k_-+r)/k_+$ 和 $[\mathrm{ES}]_0=[\mathrm{P}]_0=0$, 即反应开始时既无产物也无中间复合物。这组解的图像如图 15.16 所示。注意到酶的浓度开始时呈下降趋势, 而一旦底物消耗过度时, 酶的浓度最终又开始爬升。读者可以试着在课后习题中详细分析该现象。

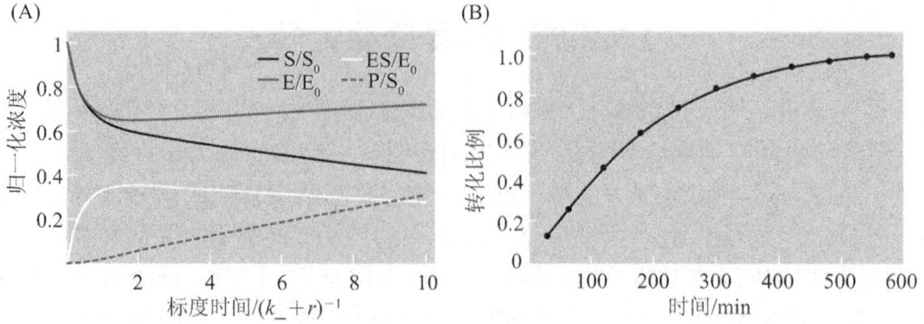

图 15.16 酶催化反应中反应物与产物浓度随时间的变化图。(A)[E]、[S]、[ES] 和 [P] 随时间的变化趋势。时间以 $1/(k_-+r)$ 为单位, 且$r/(r+k_-)=0.1$。(B) 实验数据显示了酵母菌蔗糖酶催化蔗糖水解这一反应的产物含量随时间的变化曲线。刚开始时, 产物数量随时间线性增加, 如 (A) 图所示, 然后 (大约在 100 min 后) 速率开始变缓, 这是因为底物被消耗。(实验数据取自 A. J. Brown, *J. Chem. Soc. Trans.* 81: 373, 1902)

当然, 令人感兴趣的往往是能为给定模型带来直观认识的一些近似解析解。为此, 我们常需要求助于一些假设, 如上述方程, 一个有效的办法是令 $\mathrm{d[ES]}/\mathrm{d}t=0$, 即假设酶与底物复合物处于稳态。在反应开始阶段当产物的浓度随时间近似呈线性增长时, 可认为这一假设是合理的, 这相当于每一个酶分子以近似相同的速率工作。有了这样的假设, 我们还可以得到 [ES] 与 [E] 和 [S] 的浓度关系

$$\frac{[\mathrm{E}][\mathrm{S}]}{[\mathrm{ES}]}=\frac{k_-+r}{k_+}=K_m \tag{15.67}$$

式中, 我们引进了一个新的常数 K_m, 通常称之为米氏常数。直观上, 可以把米氏常数理解为当反应速率为最大速率的一半时的底物浓度。如果 $r\ll k_-$, 则 K_m 约等于 k_-/k_+, 即底物与酶结合的解离常数 K_d。

我们感兴趣的是在稳态情况下产物的生成速率。为此可以把 $\mathrm{d[P]}/\mathrm{d}t$ 重写为

$$\frac{\mathrm{d[P]}}{\mathrm{d}t}=r\frac{[\mathrm{E}][\mathrm{S}]}{K_m} \tag{15.68}$$

注意到反应的最大速率 $V_{\max}=r[\mathrm{E_{tot}}]$, 此时所有的酶都处在与底物复合的状态, 即底物的浓度远大于 K_m 的情况, 我们可以将式 (15.68) 化简为

$$\frac{\mathrm{d[P]}}{\mathrm{d}t}=V_{\max}\frac{[\mathrm{E}][\mathrm{S}]/K_m}{[\mathrm{E_{tot}}]} \tag{15.69}$$

如果注意到 $[\mathrm{E_{tot}}]=[\mathrm{E}]+[\mathrm{ES}]$, 再由 $[\mathrm{ES}]=[\mathrm{E}][\mathrm{S}]/K_m$, 我们就得到了反应速率作为底物浓度函数的米–曼公式

$$\frac{\mathrm{d[P]}}{\mathrm{d}t}=V_{\max}\frac{[\mathrm{S}]/K_m}{1+([\mathrm{S}]/K_m)} \tag{15.70}$$

由上述分析得到的最重要的一个结论是反应速率对底物浓度的依赖关系与我们在第 6 章里介绍的结合曲线是一致的。函数图像如图 15.17(A) 所示, 从中我们可以看出 K_m

对应速率为最大速率一半时的底物浓度。图 15.17(B) 显示的是肌球蛋白马达催化 ATP 水解的实验数据的拟合曲线。

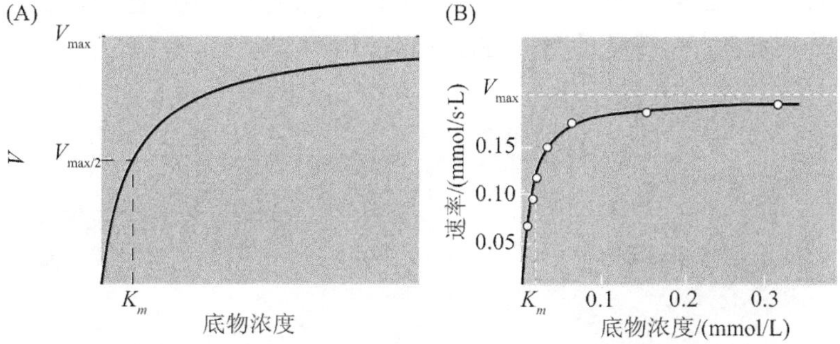

图 15.17 米–曼动力学。(A) 米–曼方程的一般形式表明反应速率作为底物浓度的函数仅依赖于两个参数: 底物浓度饱和时的最大速率 ($V_{\max}$), 反应速率为最大速率一半时的底物浓度 (K_m)。(B) 实验数据显示的是兔子骨骼肌中的肌动蛋白水解 ATP 的速率作为 ATP 浓度的函数的图像。(数据取自 L. Ouellette et al., *Arch. Biochem. Biophys.* 39: 37, 1952)

尽管在近 100 年的历史当中, 米氏规则作为描述化学反应速率对底物浓度依赖关系的基础被证明是有价值的, 但是, 对于许多真实系统中的酶, 这样的分析实在是过于简化以至于有时并不与实验数据吻合, 尤其是当底物浓度变化范围很大时。之所以在许多系统中, 米–曼规则不再适用, 是因为酶与底物的复合物必须要先经历许多复杂的中间步骤才能释放产物。当一个酶可以与两个或多个底物结合, 甚至后者又是协同结合时, 或者当酶是通过别构效应激活, 而调控因子又是结合在酶的活性位点以外区域时, 情况更为复杂。有时实验因素过于复杂难以分析也可能导致米–曼规则的失效。例如, 产物分子往往抑制酶的活性, 导致等效的酶浓度随时间降低。读者可以试着通过本章课后习题和"延伸阅读"来探讨这些问题。

15.3 细胞骨架的动态构建

至此, 本章强调了速率方程作为处理化学反应中反应物与产物浓度随时间变化问题的框架。这种思想可以作为强有力的方法探讨细胞骨架动力学。为此, 我们首先回顾一下涉及细胞骨架的几种典型例子, 然后应用速率方程来阐明这些现象。

15.3.1 真核生物的细胞骨架

细胞骨架是始终处于构建中的动态结构

哺乳动物细胞中真核细胞的细胞骨架主要由三种成分构成, 分别为肌动蛋白丝、微管和中间丝, 我们曾在 10.5.1 节中介绍过。这些生物高分子的最迷人的特征之一是无论在体外还是体内, 它们都展现出丰富的动力学行为。事实上, 许多细胞内的活动都依赖于细胞骨架丰富的动力学行为。例如, 图 15.18 显示了微管在染色体分离时的作用。类似地, 在图 15.2 和图 15.3 中我们可以看到细丝的组装如何调节细胞的运动。通过这些观察, 我们可以得到的结论是细胞骨架是在不断变化着的动态网络结构, 各种丝状结构何时何地成核、连接、分支和生长, 都是被精确控制着的。

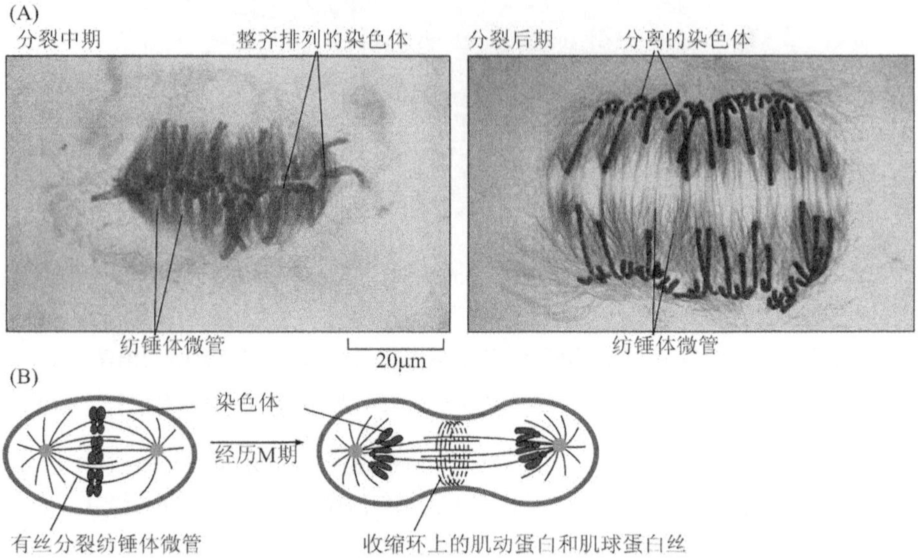

图 15.18　染色体被微管分离。(A) 百合胚乳细胞从分裂中期 (姐妹染色单体整齐的排列于赤道) 到分裂后期 (姐妹染色单体被分裂为两部分) 的过渡图像。微管蛋白用金标记的抗体标记。(B) 卡通图显示了微管如何将染色体分离以及在母细胞中央如何形成一个由肌动蛋白细丝组成的环并将母细胞分成两个子细胞。(A 图蒙 A. Bajer 惠赠, B 取自 B. Alberts et al., Molecular Biology of the Cell, 5th ed., New York, Garland Science, 2008.)

图 15.18 所示的引人入胜的细胞事件揭示了细胞骨架动力学的复杂性, 为了对这种动力学建模, 我们首先考虑图 15.19 所示的较易处理的体外情形。这幅卡通图旨在告诉我们肌动蛋白单体在溶液中会自发地聚合形成细丝。类似的实验在图 15.1(A) 中也有说明。有一种简单的测量方法可以用来测量细丝的合成速率, 把一种小分子共价地结合到肌动蛋白单体上, 当肌动蛋白处于单体状态时荧光很弱, 一旦聚合形成细丝荧光强度会突然增加。通过监测荧光信号随时间的变化, 我们就能够测量细丝成核与生长的速率。数据可参看图 15.19(C)。

正如图 15.19(A) 所示, 若肌动蛋白单体置于溶液之中, 经过初始滞后期, 它们就成核并生长直至达到平衡, 即聚合速率等于解离速率。对比图 15.19(B) 中的图像, 如果溶液中存在预成核的“种子”, 则单体会马上聚合成丝, 但生长速率与 (A) 一样。这些实验提供了第一手线索, 让我们了解细胞如何通过调节细丝的成核来控制细丝形成的时间和地点。事实上, 活细胞内含有数以百计的与肌动蛋白相关的蛋白能够调控肌动蛋白丝动力学的各个侧面, 包括成核速率、延伸速率、解离速率、ATP交换速率甚至大尺度构造等。某些调控蛋白的浓度可由图 15.4 所示的实验所决定。图 15.19(C) 显示了这类调控蛋白对细丝聚合的影响。

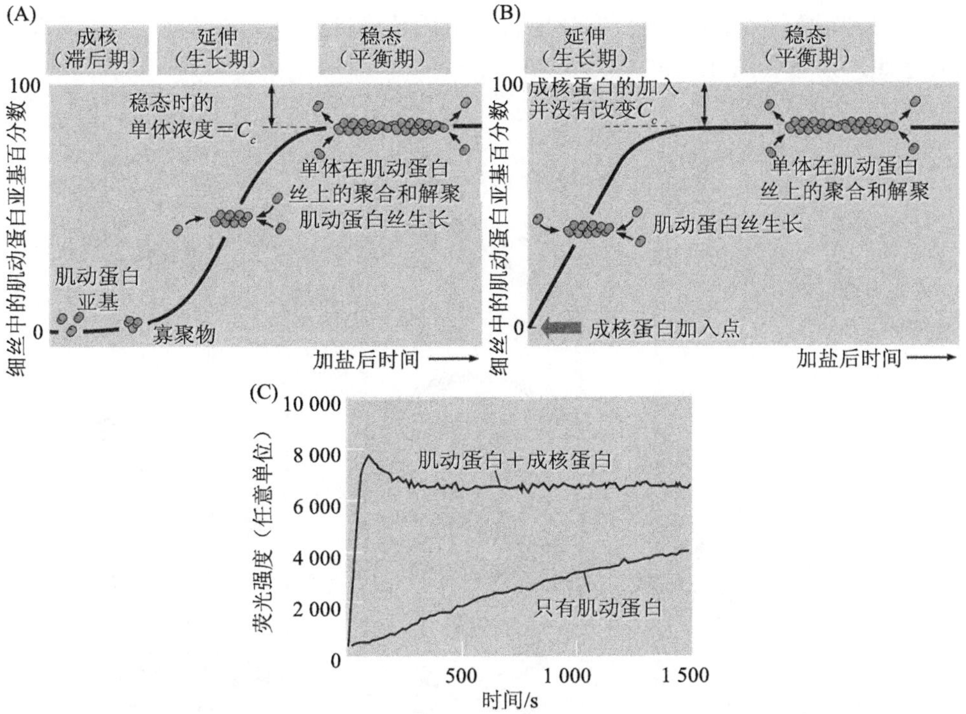

图 15.19 细丝的聚合速率随时间的变化图。(A) 如果开始时溶液只有肌动蛋白单体，那么在快速生长之前，首先要形成核，这至少需要三个单体通过随机碰撞，因此相比延伸阶段，核的形成是非常慢的，是限速步骤，表现在图上就是初始阶段细丝的生长 有个滞后。当聚合结束后，溶液中仍含有部分肌动蛋白单体，这种剩余单体的浓度称为临界浓度。(B) 如果聚合反应开始之前，溶液中已有稳定的核，那么细丝将迅速延伸而没有滞后，但是临界浓度并不受影响。(C) 细丝分别在有和无成核蛋白 (Arp2/3 和 ActA) 的溶液中的生长曲线图。缓慢生长的曲线对应无成核蛋白的情况。(A, B 取自 B. Alberts et al., Molecular Biology of the Cell, 5th ed., New York, Garland Science, 2008; C 取自 M. D. Welch et al., *Science* 281: 105, 1988)

15.3.2 细菌细胞骨架的奇妙案例

历史上一直认为细菌与真核生物的一个显著的区别在于细菌没有细胞骨架，但是，微管和细丝的同源物在细菌内被识别彻底颠覆了这一观点，甚至还发现了可能是中间丝的同源蛋白。例如，ParM，这是一种位于细菌内的肌动蛋白同源物，负责分裂时质粒的分离。ParM 是墨西哥和美国西南部流行性伤寒突然爆发后在一种携带抗生素抗性基因的质粒上发现的。ParM 和它的分子伴侣负责保证细菌分裂时每个子细胞都会有一个质粒。图 15.20 展示了 ParM 的工作机制。

ParM 有趣的地方在于某种程度上它可以认为是纺锤体的简化版本。在图 15.18 中显示了微管如何将染色体分离以及细丝环如何在母细胞中央形成。而图 15.20 则为我们展示了 ParM 在原核细胞内如何行使类似纺锤体的功能。基本想法是 ParM 细丝自发地生长和收缩, 直到两端都碰到抗生素抗性质粒的拷贝之一。当两个质粒分别结合到细丝的两端时, 细丝持续聚合而不再收缩, 有效地将两个质粒推进到细胞的两极。关于质粒分离实验的时序照片请参看图 15.20(B)。

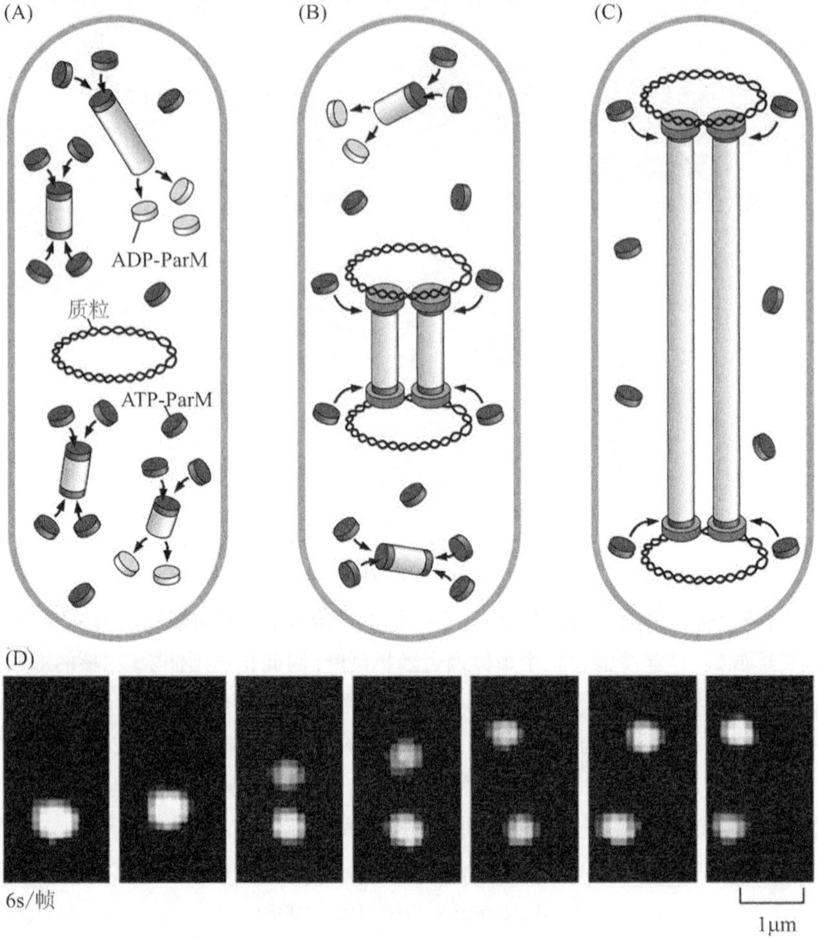

图 15.20 细菌内的肌动蛋白同源物 ParM 驱动质粒分离的模型。(A) 一些细菌含有携带抗生素抗性基因的质粒, 这些质粒非常稀少, 通常只有一到两个, 为了保证它们在细胞内的存在, 质粒需要一种类似于染色体的分离机制。R1 质粒编码肌动蛋白同源物 ParM, 后者是连续表达的。ParM 细丝十分不稳定。(B) 质粒被复制后, 当不稳定的 ParM 细丝与质粒上的特定位点结合时会变得稳定, 而且在 DNA 结合处可以稳定延伸。(C) ParM 细丝的延伸将两个质粒推到细胞的两极。(D) 在活体大肠杆菌内两个被荧光标记的质粒分离的实验照片序列。(A-C 取自 E. C. Garner et al., *Science* 306: 1021, 2004; D 取自C. S. Campbell and R. D. Mullins, *J. Cell Biol.* 179: 1059, 2007)

MreB 是细菌内的另一种骨架蛋白同源物, 即肌动蛋白同源物, 与基因组的定位和细胞形状有关。细菌内还含有一种微管蛋白同源物 FtsZ, 负责分裂时操纵分裂面的中央圆环的形成。有趣的是, 这些原核生物内的骨架蛋白与真核细胞内对应蛋白的功能刚好相反, 如肌动蛋白同源物 MreB 执行的是微管蛋白的功能。上述关于原核细胞与真核细胞内骨架蛋白的研究为我们应用本章介绍的速率方程提供了一个很有趣的尝试。

15.4 细胞骨架聚合生长的简单模型

大量的细胞过程都涉及单体在生长链末端的聚合, 如转录和翻译、细胞骨架的组装及烟草花叶病毒等丝状病毒的聚合等。关于聚合反应最简单的描述是假设有一个聚合速率来刻画单体加载到生长的聚合物的末端, 以及一个解离速率来描述单体从末端脱落。这种描述自然引出了各类动力学模型。

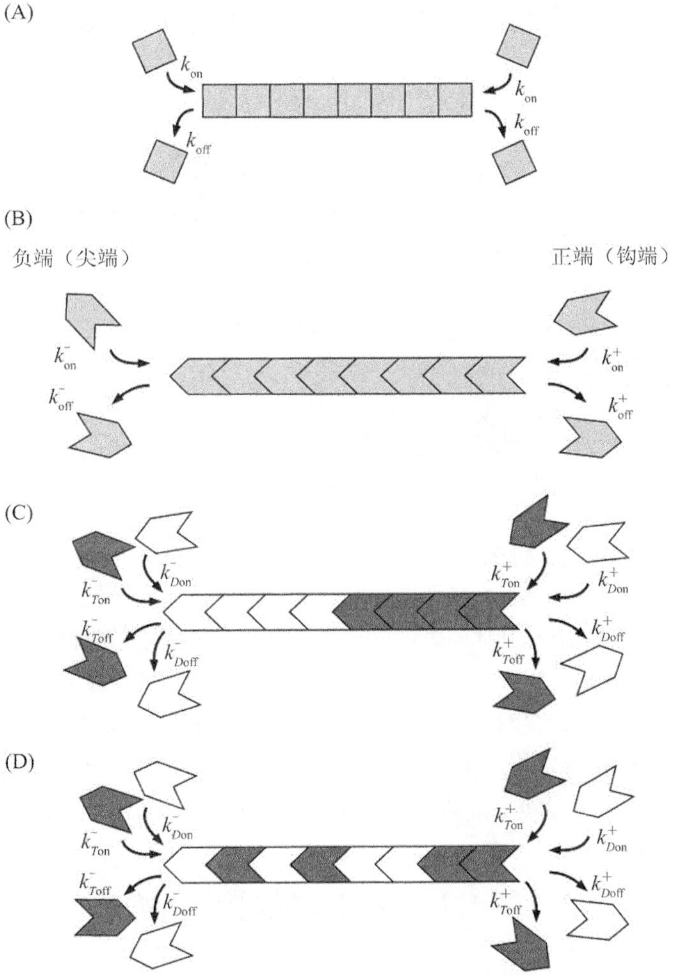

图 15.21 包含非对称速率和水解效应的细胞骨架聚合的层级结构模型。(A) 两端的聚合速率相等。(B) 两端结构差异导致不对等的聚合速率, 两端分别被称为正端或负端。对应于肌动蛋白丝, 则为钩端和尖端。(C) 包含非对称速率与水解反应的聚合模型, 水解只能发生在 ATP 结合单体加载到 ADP 结合单体的交界处, 称为向量式水解。(D) 与 C 类似, 不过水解可以发生在任何 ATP 结合单体上。对每一种模型, 速率常数如图所示。不同的速率常数包含细丝的正负端以及 ATP 或 ADP 结合单体的聚合和解聚速率

聚合反应动力学涉及多种物理和化学效应

为具体起见, 我们以肌动蛋白为例, 循序渐进逐次考虑如图 15.21 所示的复杂性逐渐增加的层级结构模型。我们考虑的关键变量是 t 时刻细丝长度为 n 的概率分布 $P_n(t)$ 和平均长度 $\langle L\rangle$。在最简单情况下, 可假设细丝两端解离和聚合的速率相同并且没有水解反应。再复杂一点, 可以假设两端的聚合和解离速率不同。但是细丝和微管与众不同的地方在于它们同时还是 ATP 酶 (或者 GTP 酶), 这就意味着在这类生物高分子的动力学中, 水解反应起着核心作用。由于水解反应的存在, 系统在两端的聚合速率与解离速率差异非常大。图 15.22 给出了当考虑水解反应和两端不对称性的影响时细丝动力学的定量图像。

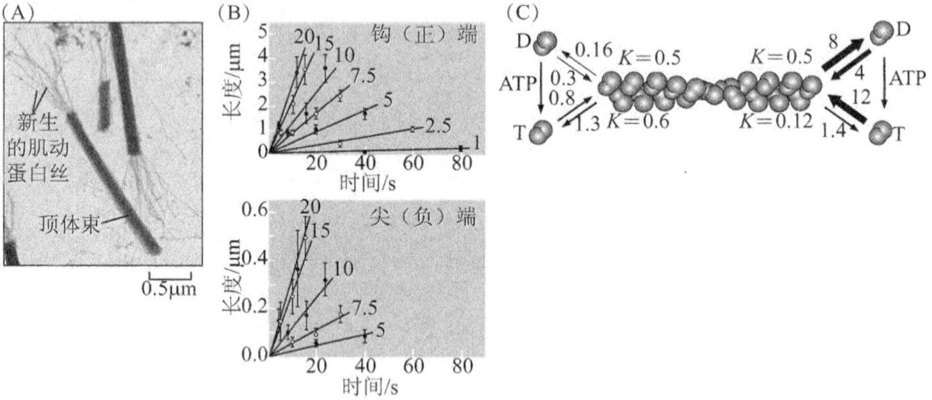

图 15.22　肌动蛋白聚合速率。(A) 鲎精子顶体束两端肌动蛋白丝极化生长的电镜照片。顶体束由一系列平行的稳态肌动蛋白丝组成。当添加肌动蛋白单体后, 新的细丝以不同的速率在顶体的钩端与尖端形成。这里可以看到几簇长的细丝从顶体的钩端伸出。(B) 从顶体钩端与尖端伸出的细丝长度随时间变化的曲线。肌动蛋白单体的浓度 (以 μmol/L 为单位) 表示在相应曲线的后面。注意到量级上的差别, 钩端的速率比尖端快了近 10 倍。(C)G- 肌动蛋白的聚合卡通图。聚合速率以 $(\mu mol/L)^{-1}s^{-1}$ 为单位, 解聚速率以 s^{-1} 为单位, 解离常数以 μmol/L 为单位。(A 图蒙 M. Footer 惠赠; B, C 取自 T. D. Pollard, *J. Cell Biol.* 103: 2747, 1986.)

15.4.1　平衡态的聚合物

细胞骨架的平衡态模型描述了简单聚合物的长度分布

人们考虑生物聚合物时所能想到的最简单的模型莫过于平衡态模型, 在这类模型中, 动力学是由两端的统计涨落引起的。这些模型为许多生物细丝的形成提供了有用的描述, 如细菌鞭毛, 丝状病毒, 淀粉纤维等。但是, 这些模型不能描述细胞骨架聚合物 (肌动蛋白、微管及它们的同源物) 的某些迷人的动力学特征, 如踏车现象和动态不稳定性。平衡态模型首先要处理的数据之一是图 15.23 所示的细丝长度分布的直方图, 从中可知各种长度的分子各有多少。

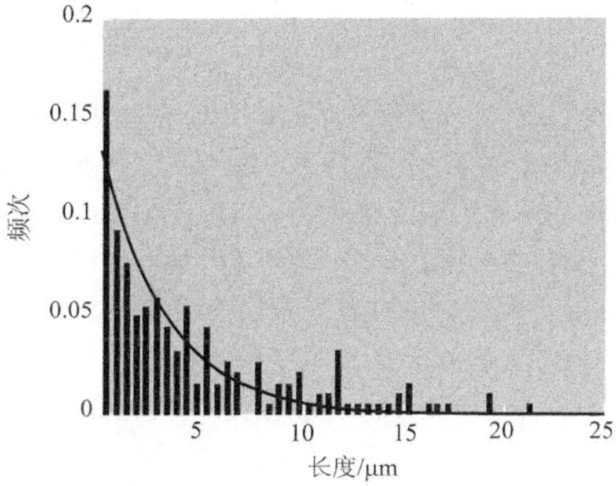

图 15.23 肌动蛋白丝的长度分布。(数据取自 S. Burlacu et al., *Am. J. Physiol.* 262: C569, 1992.)

平衡态分析的出发点是假设不同长度细丝出现的概率不随时间变化, 即 $\mathrm{d}P_n/\mathrm{d}t = 0$。因此, 平衡可概括为下述反应达到了平衡

$$\mathrm{P}_n + \mathrm{P}_1 \overset{K_d}{\rightleftarrows} \mathrm{P}_{n+1} \tag{15.71}$$

或者写成如下形式

$$K_d = \frac{[\mathrm{P}_n][\mathrm{P}_1]}{[\mathrm{P}_{n+1}]} \tag{15.72}$$

原则上, K_d 应该是 n 的函数, 因为两个单体合成一个二聚体的反应和一个长度为 1000 个单体的分子添加一个单体形成 1001 个多聚体的反应显然是不一样的。但为简化讨论, 我们假设 K_d 与 n 无关。考虑式 (15.72) 中 $n = 1$ 的特殊情形, 我们有

$$K_d = \frac{[\mathrm{P}_1][\mathrm{P}_1]}{[\mathrm{P}_2]} = \frac{[\mathrm{P}_1]^2}{[\mathrm{P}_2]} \Rightarrow [\mathrm{P}_2] = \frac{[\mathrm{P}_1]^2}{K_d} \tag{15.73}$$

类似地, 令 $n = 2$, 代入上一步的结果, 有

$$K_d = \frac{[\mathrm{P}_2][\mathrm{P}_1]}{[\mathrm{P}_3]} = \frac{[\mathrm{P}_1]}{[\mathrm{P}_3]} \cdot \frac{[\mathrm{P}_1]^2}{K_d} \Rightarrow [\mathrm{P}_3] = \frac{[\mathrm{P}_1]^3}{K_d^2} \tag{15.74}$$

依此类推, 一般情况下有

$$[\mathrm{P}_n] = \frac{[\mathrm{P}_1]^n}{K_d^{n-1}} = K_d \left(\frac{[\mathrm{P}_1]}{K_d}\right)^n \tag{15.75}$$

这一结果提供了研究简单聚合物分子长度分布的基础。实际上提供了二聚体、三聚体等长度分布的估算。我们可以把式 (15.75) 写成更好用的形式

$$[\mathrm{P}_n] = K_d \mathrm{e}^{n \ln([\mathrm{P}_1]/K_d)} = K_d \mathrm{e}^{-\alpha n} \tag{15.76}$$

式中, $\alpha = -\ln([\mathrm{P}_1]/K_d)$。当 $[\mathrm{P}_1] < K_d$ 时, 分布函数是如图 15.23 所示的指数衰减函数。

有了聚合物分子的长度分布函数，我们就可以计算这些细丝的平均长度

$$\langle n\rangle=\frac{\int_0^{\infty} n\mathrm{e}^{-\alpha n}\mathrm{d}n}{\int_0^{\infty}\mathrm{e}^{-\alpha n}\mathrm{d}n}=\frac{1}{\alpha}=\frac{1}{\ln(K_d/[\mathrm{P}_1])} \tag{15.77}$$

利用已知的 K_d 的值，我们就可以画出平均长度作为单体浓度的函数图像，如图 15.24 所示。可见，平均长度对单体浓度的变化还是十分敏感的。因此，如果细胞采用平衡态的策略，就需要非常精细地调节单体的浓度来维持一定的分子长度。事实上，许多聚合物还有其他的策略来维持自己偏好的长度。例如，烟草花叶病毒 (TMV) 这样的丝状病毒利用其基因组为模板决定其自身长度。为了对这一模型有更进一步的认识，我们还可以研究它所预测的涨落特性。

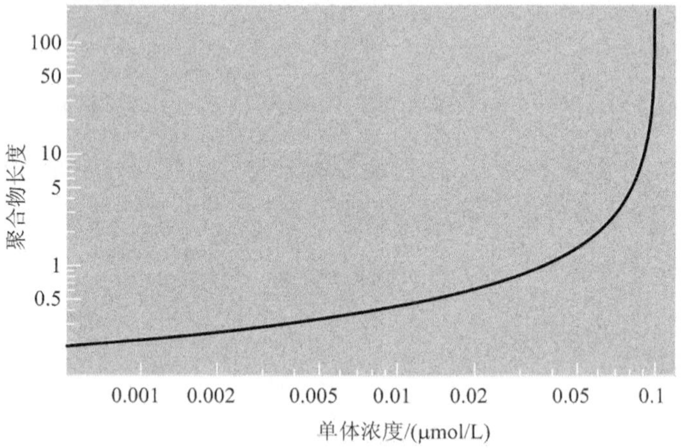

图 15.24　在平衡态模型中，细丝平均长度与单体浓度之间的函数关系

估算：平衡态聚合物？　为了看清该简单模型对生物聚合物的统计意义，我们需要估算 K_d。方法之一是通过计算 $k_{\mathrm{off}}/k_{\mathrm{on}}$ 得到。应用已知的速率，并暂时忽略它们与单体结合 ATP 或 ADP 的依赖关系，即 $k_{\mathrm{on}}\approx 10\,(\mu\mathrm{mol/L})^{-1}\mathrm{s}^{-1}$和$k_{\mathrm{off}}\approx 1\ \mathrm{s}^{-1}$。由此得 $K_d=k_{\mathrm{off}}/k_{\mathrm{on}}\approx 0.1\ \mu\mathrm{mol/L}$。对于许多自组装的聚合物，$K_d$ 也经常被称为临界浓度 (c^*)。在单体溶液中，如果其浓度高于 c^*，则细丝开始生长；反之，如果低于 c^*，则细丝开始收缩。如我们通常所做的，将浓度转化为分子间的距离往往可以得到更有用的信息。例如，这一临界浓度对应分子间距离约为 200 nm。按每个单体的尺寸为 5 nm 左右，细胞内平均两个高分子之间的距离不超过 10 nm。上述事实表明快速扩散对单体在如此巨大的间隔下找到彼此而后形成细丝有多么重要。

平衡态聚合物也随时间涨落

系统处于平衡态并不意味着它是静态的，正如在布朗运动的分析中所指出的，处于平衡态的系统经历着扩散涨落。同样，处于平衡态的聚合物也是时而生长时而收缩的，我们要借用这种思想考虑平衡态聚合物长度随时间的变化。我们可以问这样一个问题：需要等待多久才能观察到由于涨落而导致的分子长度变化1 μm。模型如图 15.25 所示。

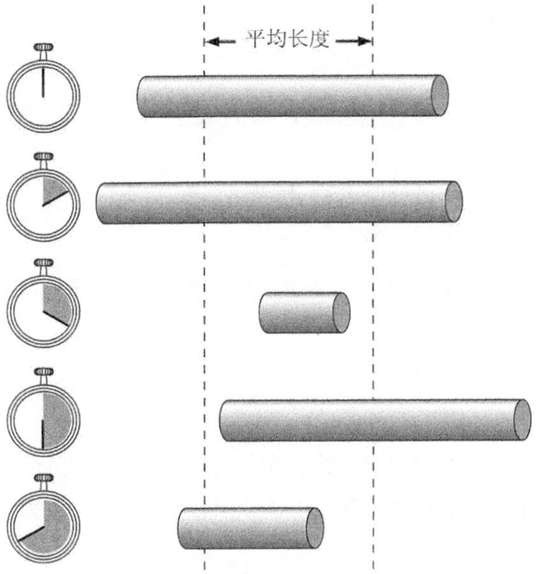

图 15.25 涨落导致的聚合物伸缩的卡通图。在 $t=0$, 细丝长度稍微长于平均长度, 随着时间推移, 两端长度随单体添加和脱落不断涨落

为研究平衡态细丝的动力学, 我们将时间离散化为步长 Δt 的序列。任一时刻, 细丝末端都有三种可能 (图 15.26): 保持不变、失去一个单体或者添加一个单体。有了这些轨迹和权重后, 可以通过把系统所有可能的微观过程按其各自的统计权重相加计算出系统平均的动力学行为。在这一框架下, 增长一个单体长度 a 的概率为

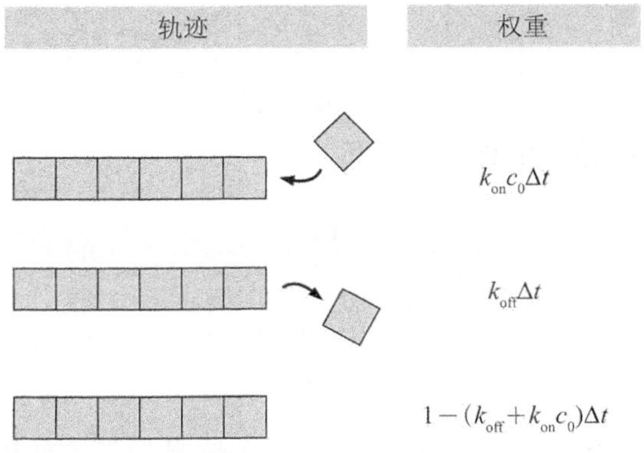

图 15.26 平衡态聚合物的轨迹和权重。图示为三种可能的过程

$$P(a)=k_{\text{on}}c_0\Delta t \tag{15.78}$$

式中, c_0 表示单体浓度。而收缩一个 a 的概率为

$$P(-a)=k_{\text{off}}\Delta t \tag{15.79}$$

最后, 什么都没发生的概率为

$$P(0) = (1 - k_{\text{on}}c_0\Delta t - k_{\text{off}}\Delta t) \tag{15.80}$$

注意平衡时临界浓度 $c^* = k_{\text{off}}/k_{\text{on}}$, 意味着 $P(a) = P(-a)$, 所以每个时间段长度平均变化

$$\underbrace{\langle x \rangle}_{\text{在}\Delta t\text{时间内}} = aP(a) - aP(-a) = 0 \tag{15.81}$$

这一结果并不令人吃惊, 此时的分子末端好比一个左右概率相同的无规行走者。而长度涨落就类似于行走者的均方位移

$$\langle x^2 \rangle = a^2P(a) + a^2P(-a) = a^2k_{\text{on}}c_0\Delta t + a^2k_{\text{on}}c_0\Delta t = 2a^2k_{\text{on}}c_0\Delta t \tag{15.82}$$

我们感兴趣的是需要多久聚合物的长度才能发生可观察的变化, 如1 μm。因为每一步都独立于前一步 (也就是说没有记忆), N 步的累积方差等于各步方差之和, 所以有

$$\langle L^2 \rangle = 2Na^2k_{\text{off}}\Delta t \tag{15.83}$$

注意到 $N = t/\Delta t$, 上式可写为

$$\langle L^2 \rangle = 2a^2k_{\text{off}}t \tag{15.84}$$

这一结果的重要性通过真实数字才能体会到。我们感兴趣的是发生长度为 L 的涨落需要等待多久。由式 (15.84) 有

$$L = \sqrt{\langle L^2 \rangle} = \sqrt{2a^2k_{\text{off}}t} \tag{15.85}$$

所需时间

$$t = \frac{L^2}{2a^2k_{\text{off}}} \tag{15.86}$$

代入上述参数的具体值, 我们得到

$$t = \frac{1\mu\text{m}^2}{2\left(\underbrace{\frac{4}{1000}\ \mu\text{m}}_{a}\right)^2 \times 1\text{s}^{-1}} \approx 9\ \text{h} \tag{15.87}$$

这一基于平衡态假设的结果与现实中所观察到的细胞骨架长度变化的时间尺度相差甚大。最容易的方法是通过细胞运动或分裂的录像, 观察到这种过程发生的时间尺度是分钟而不是小时。如此迅速的动力学过程借助了肌动蛋白或微管蛋白对核苷酸的水解催化作用, 并且还依赖于许多骨架结合蛋白的活性。因此, 细胞形态在这个时间尺度要产生这么快的变化, 平衡态假设就显得不合适了。在 15.4.3 小节, 我们会重新回到这一话题, 考虑骨架细丝对核苷酸的水解作用。在此之前, 我们先在不发生水解的假设下, 考虑聚合物的生长动力学行为。

15.4.2 细胞骨架聚合的速率方程描述

聚合反应可以用速率方程描述

细胞骨架的聚合过程包含如图 15.19(A) 所示的三个不同阶段。如果初始时刻溶液中只有单体, 那么这些单体首先要结合形成寡聚物凝结核, 因此有一个滞后期。成核期后, 一旦成核种子形成, 则成长期开始; 骨架分子就开始迅速延伸, 直到稳态期。此时, 溶液中的单体与细丝两端的单体仍然存在交换, 但细丝的净长度不再变化。这三个阶段中, 滞后期可以通过向溶液中直接添加成核分子而避开, 如图 15.19(B) 所示。

作为平衡态模型的替代品, 我们将用速率方程描述如图 15.19 所示的实验曲线。考虑有 M 个核的最简单情况, 我们要计算“平均”每根细丝上结合的单体数目 n 随时间变化曲线。速率方程并不考虑长度的涨落, 单体数目 n 由以下方程给出

$$\frac{\mathrm{d}n}{\mathrm{d}t} = \underbrace{k_{\mathrm{on}}\left(c_0 - \frac{Mn(t)}{V}\right)}_{\text{生长}} - \underbrace{k_{\mathrm{off}}}_{\text{收缩}} \tag{15.88}$$

式中, c_0 是溶液中的初始单体浓度; V 是总体积; M 是核的数目。这一方程假设单体的添加速率与溶液中的单体浓度成正比, 比例系数为 k_{on}。k_{off} 一项描述单体的脱落。随着单体浓度的变化, 两项发生了竞争。$(c_0 - Mn/V)$ 因子的重要意义在于它准确刻画了溶液中的瞬时单体浓度。想象初始时刻在体积为 V 的容器内有 c_0V 个单体等待聚合, 随着反应进行, 溶液中的自由单体数目越来越少, 因为一部分聚合成为了细丝 (这部分单体数量为 Mn)。注意到在这一简单模型中, 核的数目 M 是固定的。

这是一个一阶线性微分方程, 写成下面的形式可以让我们看得更加清楚

$$\frac{\mathrm{d}n}{\mathrm{d}t} + \frac{k_{\mathrm{on}}Mn}{V} = k_{\mathrm{on}}c_0 - k_{\mathrm{off}} \tag{15.89}$$

可以猜测它有一个特解

$$n_{\mathrm{particular}}(t) = \frac{V}{Mk_{\mathrm{on}}}(k_{\mathrm{on}}c_0 - k_{\mathrm{off}}) \tag{15.90}$$

而式 (15.89) 所对应的齐次方程 (即令等号右边为 0) 的解为

$$n_{\mathrm{homogeneous}}(t) = A\mathrm{e}^{-k_{\mathrm{on}}Mt/V} \tag{15.91}$$

式中, A 是由初始条件确定的待定常数。整个方程的通解则是上述特解加上齐次方程的通解。考虑初始时刻核的长度为零 (当然, 这与存在有限尺寸的核时聚合反应才能开始是矛盾的, 但是它在数学上是方便的, 并且能够得到与有限尺寸的核相同的关键特征)。令 $n(0) = 0$, 常数 A 应为

$$A = -\frac{V}{Mk_{\mathrm{on}}}(k_{\mathrm{on}}c_0 - k_{\mathrm{off}}) \tag{15.92}$$

通过这些演算, 方程的解可以表示为

$$n(t)=\frac{V}{Mk_{\text{on}}}(k_{\text{on}}c_0-k_{\text{off}})(1-\mathrm{e}^{-k_{\text{on}}Mt/V})\tag{15.93}$$

细丝的长度可以表示为

$$L(t)=an(t)\tag{15.94}$$

式中, a 为每个单体的长度, 相应的函数图像展示在图 15.27 中。图中有两个特征区域, 反应初始阶段, 确切的说, 是当时间小于

$$\tau=\frac{V}{Mk_{\text{on}}}\tag{15.95}$$

细丝长度随时间线性增长。这可以从 $\mathrm{e}^{-k_{\text{on}}Mt/V}$ 的泰勒展开式中看出 (利用 $\mathrm{e}^x\approx 1+x$, 参考 5.4 节“模型的数学”)。而当反应进行很长时间后, 生长趋于饱和, 细丝长度保持不变。

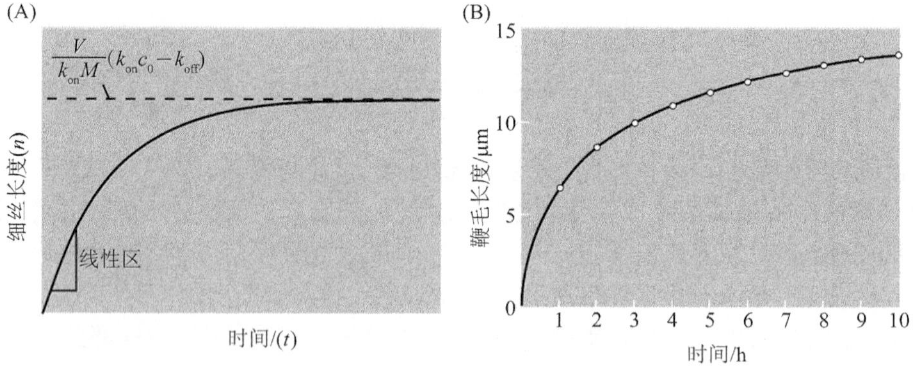

图 15.27　细丝平均长度随时间变化。(A) 在初始有 M 个核的条件下, 细丝长度随时间的变化曲线。在反应初始时, 长度随时间线性增加, 当反应进行很长时间后, 系统达到稳态。(B) 细菌鞭毛组装时长度随时间变化的实验数据。(B 取自 T. Iino, *J. Supramol. Struct.* 2: 372, 1974)

概率分布 $P_n(t)$ 的演化可以用速率方程描述

考虑一个比上述模型更为细致的模型, 即考虑细丝的长度分布函数 $P_n(t)$ 随时间变化的规律。$P_n(t)$ 表示时刻 t 找到一个含有 n 个单体的细丝的概率, 它可以表示为

$$P_n(t)=\frac{N_n}{\sum_{n=1}^{\infty}N_n}\tag{15.96}$$

式中, N_n 为包含 n 个单体的细丝的数目, 即 n 聚体细丝的数目。图 15.28 显示了实验上如何通过直方图获得细丝长度的概率分布。

描述 n 聚体长度变化的速率方程可以示意性地写为

$$\frac{\mathrm{d}P_n}{\mathrm{d}t}=n\text{聚体的单体聚合速率}-\text{单体解聚速率}\tag{15.97}$$

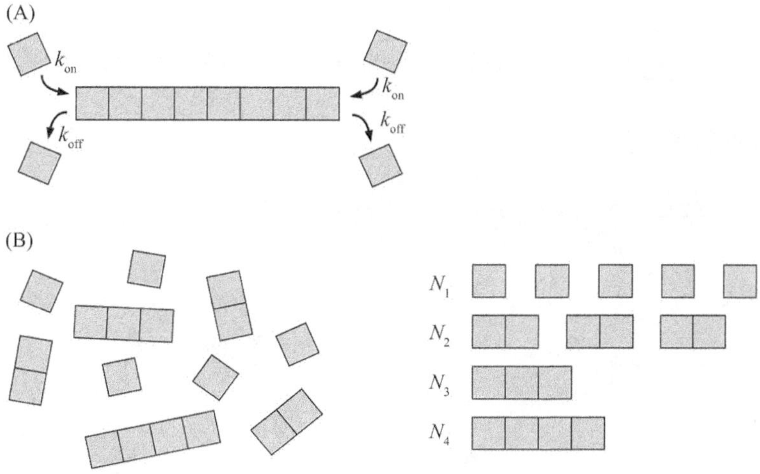

图 15.28 概率分布函数 $P_n(t)$ 的含义。(A) 能够改变细丝长度的各种反应。(B) 不同长度的细丝的数目分布。以 N_1, N_2 等计数

式中, 我们做了简化, 即假设 n 聚体的长度改变只能通过添加或脱落单个单体实现。例如, 我们排除了五聚体添加到四聚体末端成为九聚体的可能性。而且, 我们还假设细丝的两端性质相同, 忽略了细丝具有极性这个已被实验证实的事实。

在上述假设下, 反应可以写成

$$P_n + P_1 \underset{k_{\rm off}}{\overset{k_{\rm on}}{\rightleftarrows}} P_{n+1} \tag{15.98}$$

我们的目标是写出该反应的速率方程。但是, 应注意到这里不只一个反应, 而且是彼此是耦合的反应。也就是说 P_n 的演化依赖于 P_{n-1} 和 P_{n+1}。为求出 P_n 的演化, 我们还要考虑“毗邻”的反应

$$P_{n-1} + P_1 \underset{k_{\rm off}}{\overset{k_{\rm on}}{\rightleftarrows}} P_n \tag{15.99}$$

即描述 n 聚体“脱落”一个单体成为 $n-1$ 聚体的反应。$P_n(t)$ 的演化由四种不同的过程决定, 数学上可以写为

$$\frac{\mathrm{d}P_n}{\mathrm{d}t} = \underbrace{k_{\rm on}P_{n-1}P_1}_{\text{添加到}P_{n-1}} + \underbrace{k_{\rm off}P_{n+1}}_{\text{从}P_{n+1}\text{脱落}} - \underbrace{k_{\rm on}P_nP_1}_{\text{添加到}P_n} - \underbrace{k_{\rm off}P_n}_{\text{从}P_n\text{脱落}} \tag{15.100}$$

由此我们马上会问这样一个问题: 由式 (15.100) 所描述的细丝的平均长度随时间是如何演化? 如果 a 表示一个单体的长度, 那么平均长度可以写成

$$\langle L\rangle = \sum_{n=1}^{\infty} na\,\mathrm{P}_n \tag{15.101}$$

对此式求导, 得到

$$\frac{\mathrm{d}\langle L\rangle}{\mathrm{d}t} = \sum_{n=1}^{\infty} na\frac{\mathrm{d}P_n}{\mathrm{d}t} \tag{15.102}$$

将式 (15.100) 代入上式, 有

$$\frac{\mathrm{d}\langle L\rangle}{\mathrm{d}t}=\sum_{n=1}^{\infty}na(k_{\mathrm{on}}P_{n-1}P_1+k_{\mathrm{off}}P_{n+1}-k_{\mathrm{on}}P_nP_1-k_{\mathrm{off}}P_n)\tag{15.103}$$

等式右端可以重新整理为

$$\frac{\mathrm{d}\langle L\rangle}{\mathrm{d}t}=\sum_{n=1}^{\infty}ank_{\mathrm{on}}P_1(P_{n-1}-P_n)+\sum_{n=1}^{\infty}ank_{\mathrm{off}}(P_{n+1}-P_n)\tag{15.104}$$

接下来利用等式

$$\sum_{n=1}^{\infty}nP_{n-1}=2P_1+3P_2+\cdots=\sum_{n=1}^{\infty}(n+1)P_n\tag{15.105}$$

原式右端就可以化为

$$ak_{\mathrm{on}}P_1\sum_{n=1}^{\infty}n(P_{n-1}-P_n)=ak_{\mathrm{on}}P_1\sum_{n=1}^{\infty}[(n+1)-n]P_n=ak_{\mathrm{on}}P_1\sum_{n=1}^{\infty}P_n=ak_{\mathrm{on}}P_1\tag{15.106}$$

通过这些技巧, 最终我们将得到与前面分析平均长度时同样的结果, 也就是

$$\frac{\mathrm{d}\langle L\rangle}{\mathrm{d}t}=(k_{\mathrm{on}}P_1-k_{\mathrm{off}})a\tag{15.107}$$

这一结果的意义体现在如图 15.29 所示的生长速率随单体浓度变化的曲线。从中可以看出, 当浓度小于 $k_{\mathrm{off}}/k_{\mathrm{on}}$ 时, 细丝收缩。反之, 当浓度大于 $k_{\mathrm{off}}/k_{\mathrm{on}}$ 时, 细丝将生长。特别地, 当浓度等于临界浓度 $c^*=k_{\mathrm{off}}/k_{\mathrm{on}}$ 时, 平均长度保持不变, 因为此时有 $\mathrm{d}\langle L\rangle/\mathrm{d}t=0$.

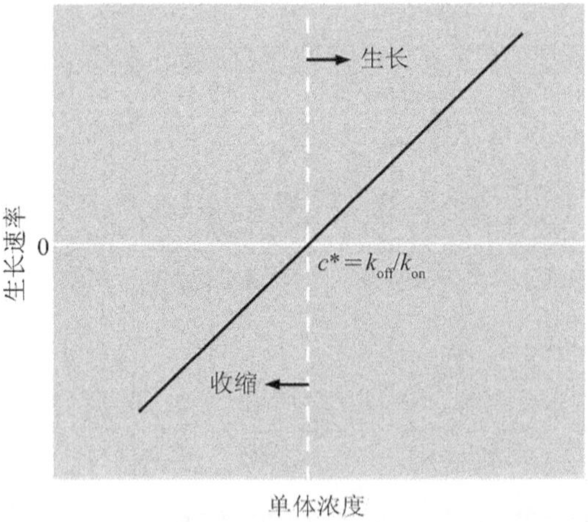

图 15.29　细丝的生长速率曲线。这幅图显示了生长速率作为自由单体浓度的函数。在临界浓度以下, 细丝收缩。在临界浓度以上, 细丝生长

骨架细丝两端的单体添加速率和脱落速率通常各不相同

正如图 15.21 所暗示, 生物聚合反应的层级模型逐渐接近真实的物理过程。下面我们将朝着描述真实骨架分子生长过程的方向再前进一步, 考虑骨架分子两端反应速率不同

的情况。此时细丝生长模型如图 15.30 所示, 细丝两端的非对称结构导致了反应速率的差别。例如, 肌动蛋白丝的两端被分为“正”端和“负”端 (由于历史原因, 正端也被称为钩端, 负端也被称为尖端)。如图 15.30 所示, 正端相对负端, 添加速率和脱落速率都要快。

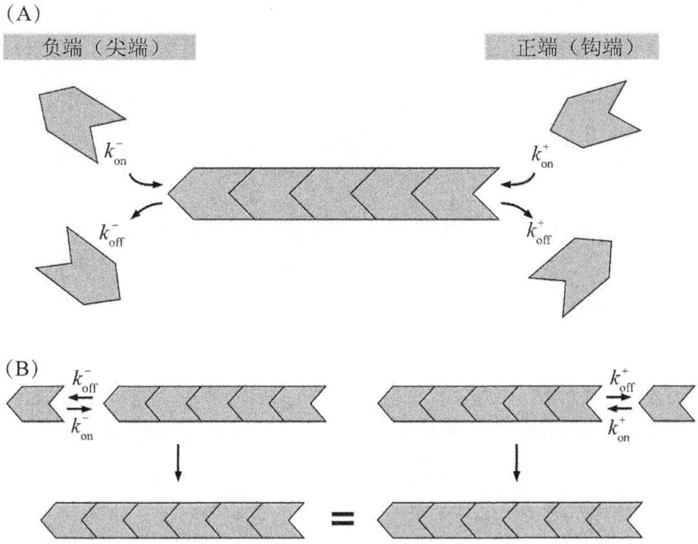

图 15.30 考虑两端极性的模型。(A) 钩端和尖端不同速率的示意图。(B) 生长过程中单个单体的添加

这一模型的有趣之处在于两端的添加速率与脱落速率之比必须彼此相等。弄清这一点的最简单方法是注意两端的分子接触界面是一样的, 因此与单体接触相关的自由能也是相同的。正如图 15.30(A) 所示, 尽管单体分子本身是不对称的, 但是无论添加到正端还是负端, 分子之间的接触面却是相同的。数学上可以把这一情况表述为

$$\Delta G^+ = \Delta G^- \Rightarrow \frac{k_{\text{off}}^+}{k_{\text{on}}^+} = \frac{k_{\text{off}}^-}{k_{\text{on}}^-} = \frac{1}{V}\mathrm{e}^{\Delta G/k_BT} \tag{15.108}$$

尽管两端的反应速率不尽相同, 但是形式上却是一样的, 分别表示为

$$\frac{\mathrm{d}n_+}{\mathrm{d}t} = k_{\text{on}}^+ c_0 - k_{\text{off}}^+ \tag{15.109}$$

和

$$\frac{\mathrm{d}n_-}{\mathrm{d}t} = k_{\text{on}}^- c_0 - k_{\text{off}}^- \tag{15.110}$$

图 15.31 显示了生长速率作为单体浓度的函数图像。从中可以看出, 当溶液中单体浓度高于临界浓度 c^* 时, 两端同时生长, 反之亦然。这一模型在刻画类似细菌鞭毛蛋白这样简单的聚合物的组装时往往是精确的, 但是对于肌动蛋白和微管等涉及核苷酸水解反应的组装过程来讲却又是不足的。它们有可能在一端生长而在另一端收缩, 称为踏车现象。

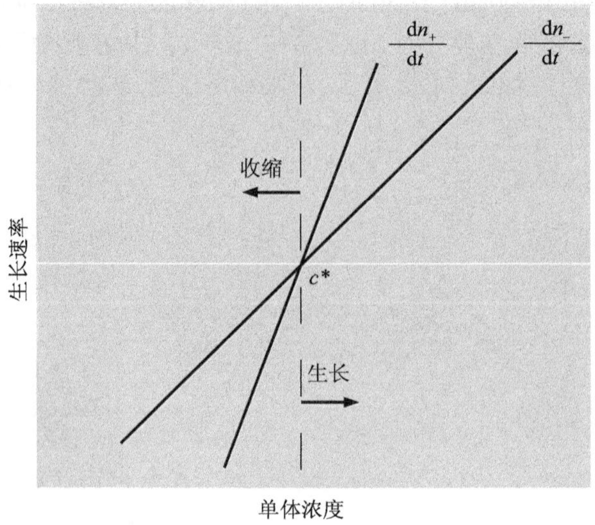

图 15.31 细丝两端生长速率各不相同时生长速率与浓度的关系。临界浓度 (c^*) 之上, 两端同时生长。反之, 两端同时收缩

15.4.3 骨架聚合伴随核苷酸水解

ATP 水解影响分子接触面导致骨架分子两端不同的反应速率

细胞骨架聚合奇妙而复杂之处在于单体分子与核苷酸之间有相互作用, 尤其是聚合可以催化核苷酸水解。例如, 肌动蛋白单体既可以结合 ATP, 也可以结合 ADP; 而微管蛋白单体则是结合 GTP 或 GDP。这一事实的重要性在于骨架分子单体作为一种 ATP 酶, 通过与 ATP (或 GTP) 水解的耦合, 其分子构象发生变化, 从而改变相邻两个分子之间的接触界面, 进而导致不同的结合和去结合速率, 图 15.22 显示了完整的复杂性。现在我们的关键问题是有极性的肌动蛋白丝两端对 ATP 结合单体与 ADP 结合单体表现出不同的聚合和解聚速率。其效果展示于图 15.32 中。

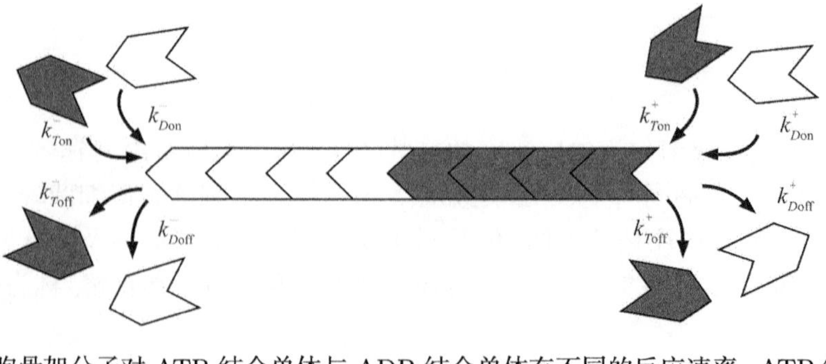

图 15.32 细胞骨架分子对 ATP 结合单体与 ADP 结合单体有不同的反应速率。ATP 结合单体用深色表示, ADP 结合单体用浅色表示。ATP 水解带来的差异导致每一端的反应速率都要用 4 个常数来刻画

我们可以这样简化问题, 假设在钩端只能添加或脱落 ATP 结合单体, 而在点端则只能与溶液中的 ADP 结合单体进行交换。在这一假设下, 速率方程与式 (15.109) 和式 (15.110) 是相同的。不同之处在于两种速率的比值不再像式 (15.108) 那样相等。两端的生长速率作为溶液中单体浓度的函数见图 15.33。

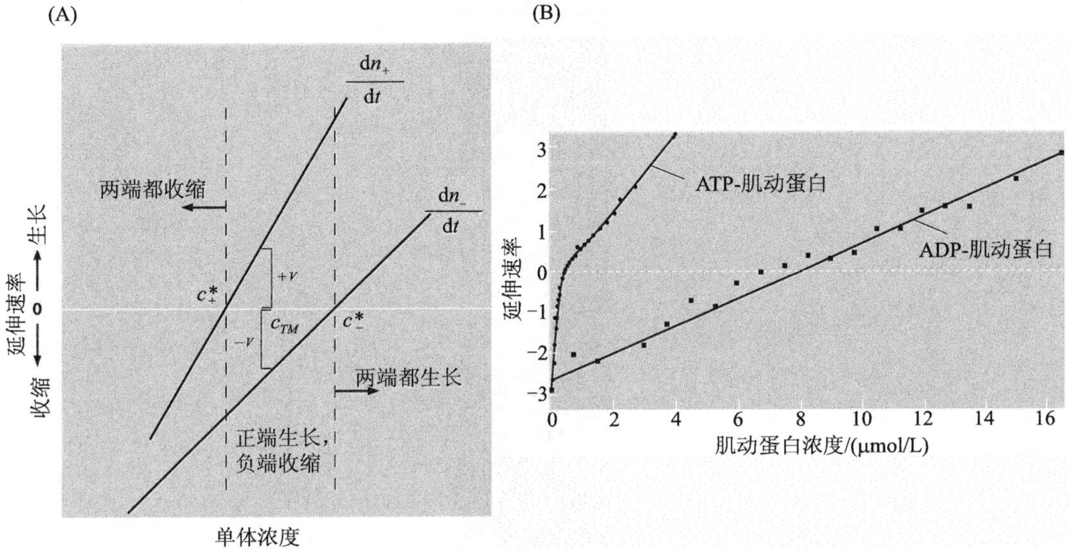

图 15.33 考虑水解效应后两端生长速率与单体浓度的变化曲线。(A) 两条直线表现了微管两端不同的生长速率。上面的曲线显示了正端较快的生长速率。在临界浓度 c_{TM} 处, 正端的生长速率恰好等于负端的收缩速率, 发生“踏车”现象。(B) 生长速率作为 ATP-肌动蛋白 (左) 与 ADP-肌动蛋白 (右) 浓度的函数图像。ADP-肌动蛋白的行为正如正文中所描述的模型预言的那样, 其临界浓度为 8 μmol/L。对于 ATP-肌动蛋白, 在临界浓度以上, 生长速率是线性依赖于单体浓度, 但是在低浓度时, 表现出非线性的依赖关系。这是因为 ATP 的水解被聚合所加速, 导致解离的实际上是 ADP-肌动蛋白。也就是说, 在收缩的细丝中 ATP 帽 (图 15.36) 消失了。(数据取自 M. F. Carlier et al., *J. Biol.Chem.* 259: 9983, 1984.)

这一模型区别于层级模型中其他模型的地方在于它可以描述“踏车”现象, 也就是一端生长而另一端收缩。如图 15.33 所示, 对于某一临界浓度 c_{TM}, 钩端的生长速率恰好等于点端的收缩速率, 数学上可以表示为

$$\frac{\mathrm{d}n_+}{\mathrm{d}t} = -\frac{\mathrm{d}n_-}{\mathrm{d}t} \tag{15.111}$$

也就是

$$k_{\text{on}}^+ c_{TM} - k_{\text{off}}^+ = -k_{\text{on}}^- c_{TM} + k_{\text{off}}^- \tag{15.112}$$

求解 c_{TM} 得到

$$c_{TM} = \frac{k_{\text{off}}^+ + k_{\text{off}}^-}{k_{\text{on}}^+ + k_{\text{on}}^-} \tag{15.113}$$

说明踏车浓度同时依赖于两端的聚合速率和解聚速率。

这些想法是我们思考观察到的微管动力学行为的基础, 特别是, 当条件适当时, 将微管固定在细胞的绝对坐标系中, 则有可能观察到微管一端生长, 而同时另一端收缩。图 15.34 就是这样一个例子。

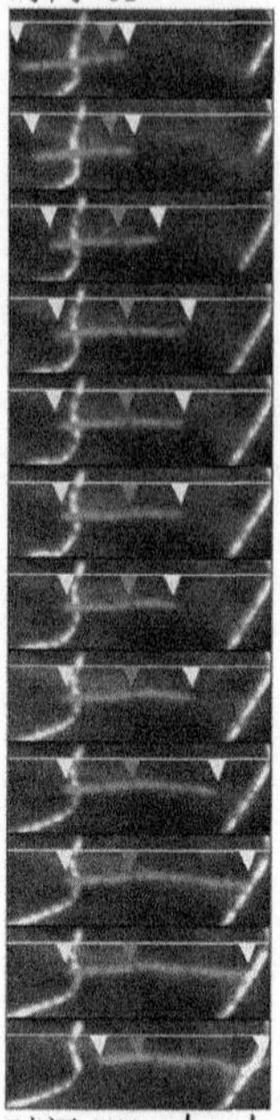

图 15.34　微管踏车现象。活细胞内单根微管正经历着踏车过程。荧光标记的微管看似从左边滑到右边。但是, 注意到中间箭头所指的微管上的某个固定点, 就会发现事实上是一端 (左边的负端) 在缩短, 而另一端 (右边的正端) 在伸长。(数据取自 C. M. Waterman-Storer and E. D. Salmon, *J. Cell Biol.* 139: 417, 1997.)

15.4.4　动态不稳定性

微管动力学最吸引人的特征之一是存在“动态不稳定性”, 基本现象是即使化学环境基本保持不变, 微管也呈现出生长和收缩的循环。把许多微管放在同一试管内观察, 发现在任何时刻, 总是有些微管在生长, 而有些在收缩。测量某个微管长度随时间的变化函数, 其曲线如图 15.35 所示呈锯齿状。微管生长动力学不时被塌缩事件所打断, 从而突然收缩, 其后又重新恢复生长。动态不稳定性也存在于细菌的肌动蛋白类似物 ParM 中。有理由表明, 在染色体分离和其他复杂的空间过程中, 动态不稳定性为细丝重复探寻较大空间和发现目标提供了一种机制。

动态不稳定性的玩具模型: 假设塌缩发生在生长端的核苷酸水解时

作为了解塌缩动力学的第一步, 我们首先考虑一个不发生水解的帽体的简单玩具模型。基本图像是生长细丝存在一帽体，由与 GTP (或 ATP) 结合的单体构成，如图 15.36 所示。帽体的长度取决于单体添加到生长端的速率与细丝内水解发生速率之间的竞争。在这个模型里，塌缩发生在帽体长度收缩至零时。

为清楚起见，我们从一个确定性模型开始，假设只有位于帽体与细丝剩余部分交界处的单体分子才发生核苷酸水解，而且这个脆弱单体的核苷酸水解速率 (由 GTP 转化为 GDP 或者由 ATP 转化为 ADP) 由寿命 τ 刻画。这个确定性假设意味着交界面以速度 a/τ 沿细丝移动。另外，请注意尖端的速率常数由 ADP 结合细丝端刻画，而钩端的速率常数则由 ATP 结合细丝端刻画。更加复杂和真实的过程应是在帽体上的任何一点都可能发生核苷酸水解，该图像提供的帽体动力学会更完整。

在这个简单模型里，塌缩是在水解"面"追上了钩端生长点才发生的。可以导致该效应的一个物理机制是溶液中有效单体的逐渐耗尽而降低生长速率。至此，我们已形成下面这样一幅图像，生长端以速度 $V_{\rm tip}$ 向前运动，水解以速率 $1/\tau$ 发生。发生塌缩的临界条件是生长端前进的速率刚好等于水解面 (交界处) 前进的速率，数学上可以表述为

$$\underbrace{\frac{{\rm d}x_{\rm tip}}{{\rm d}t}}_{\text{生长端前进速率}} = \underbrace{\frac{a}{\tau}}_{\text{水解面前进速率}} \tag{15.114}$$

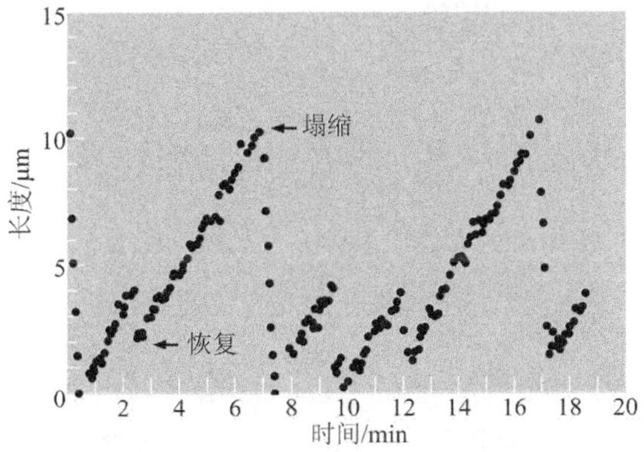

图 15.35 单根微管长度随时间变化的历史记录。一根长为 10 μm 的微管置于显微镜下，每隔约 1 min 记录其长度 10 次。几乎就在记录的开始，微管就经历了一次塌缩，长度迅速收缩至零附近。然后逐渐恢复生长。在剩余的近 20 min 内，上述循环又经历了超过 5 次，每次生长和收缩长度的变化都是随机的。而在每次循环内，微管的生长几乎以相同的速率发生，收缩发生的速率也几乎恒定，只是速率更快。(数据取自 D. K. Fygenson et al., *Phys. Rev.* E50: 1579, 1994.)

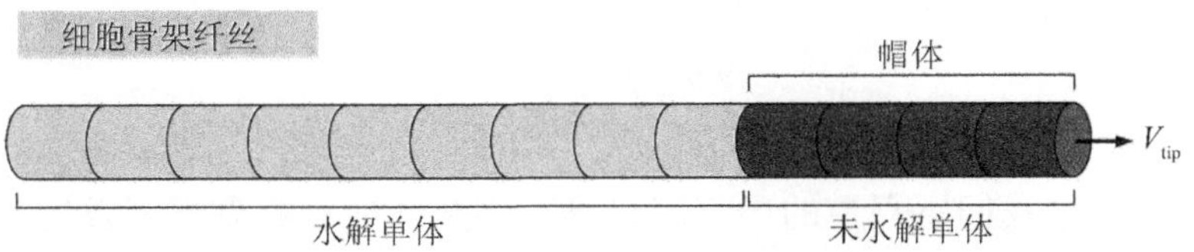

图 15.36 一根顶端覆盖 GDP(或 ATP) 单体结合形成的帽体细丝。位于帽体区域内的单体还没有发生核苷酸水解

式 (15.114) 告诉我们当把下一个单体添加到生长端的同时, 位于交界处的单体也正好水解其三核苷酸, 其中已经隐含了生长端的帽体只有一个单体长度的假设。上述临界条件实际上设定了边界, 即只有当水解面移动速率比生长点前进还快时, 才能保证前者追上后者, 并导致塌缩。

塌缩的物理图像则是一旦水解面追上生长点时塌缩就发生了, 因为在这个时间点, GTP (或 ATP) 结合蛋白的增长速率被其同伴 GDP (或 ADP) 结合蛋白的增长速率所取代。或者说, GDP 单体主导解聚速率, 而 GTP 蛋白主导聚合速率。该模型预言了一个非常特殊的关系, 即塌缩速率与有效单体浓度的依赖关系。为看清这一点, 下面转向数学描述。

顶端的生长可以用式 (15.88) 作基本描述, 只要注意到 $\mathrm{d}x_{\mathrm{tip}}/\mathrm{d}t = a\mathrm{d}n/\mathrm{d}t$, 就有

$$\frac{\mathrm{d}x_{\mathrm{tip}}}{\mathrm{d}t} = a\left[k_{\mathrm{on}}\left(c_0 - \frac{x_{\mathrm{tip}}M}{Va}\right) - k_{\mathrm{off}}\right] \tag{15.115}$$

式中, M 为细丝数目。注意 x_{tip}/a 告诉我们每根细丝帽体顶端所含单体的数目, 再乘以 M 就得到所有细丝帽体顶端结合的单体数目。仿照求解式 (15.88) 的步骤及图 15.37 所示, 很容易就得到该方程的解

$$x_{\mathrm{tip}}(t) = \frac{aV}{Mk_{\mathrm{on}}}(k_{\mathrm{on}}c_0 - k_{\mathrm{off}})(1 - \mathrm{e}^{-Mk_{\mathrm{on}}t/V}) \tag{15.116}$$

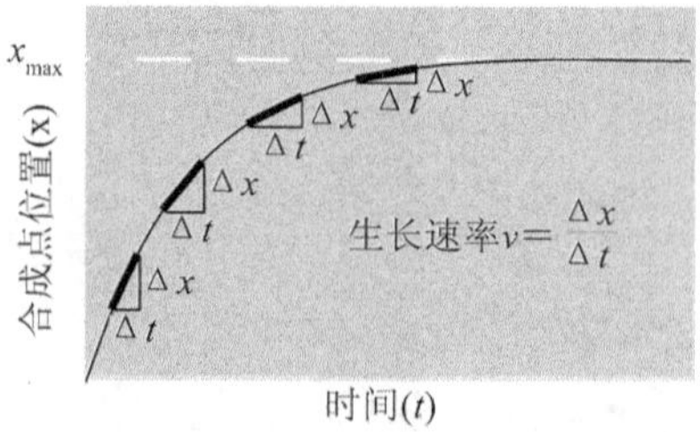

图 15.37　生长细丝合成点位置随时间变化图。合成点瞬间速度 (即生长速率) 就是曲线的斜率。随着单体蛋白的消耗, 生长速率逐渐变慢

在这个玩具模型里, 只有当合成点速度低于水解点前进速度时塌缩才发生。塌缩发生在某个临界帽体长度 $x_{\mathrm{tip}}^{\mathrm{crit}}$, 在该临界点, 由于溶液中单体数量的逐渐减少, 生长端速率会降到水解速率以下, 它可以通过解方程

$$a\left[k_{\mathrm{on}}\left(c_0 - \frac{x_{\mathrm{tip}}M}{Va}\right) - k_{\mathrm{off}}\right] = \frac{a}{\tau} \tag{15.117}$$

而得到。解的具体表达式为

$$x_{\mathrm{tip}}^{\mathrm{crit}} = \frac{Va}{Mk_{\mathrm{on}}}\left(k_{\mathrm{on}}c_0 - k_{\mathrm{off}} - \frac{1}{\tau}\right) \tag{15.118}$$

除临界长度外, 我们感兴趣的还有需要等待多久才能观察到塌缩发生。为求得停留时间 t_{crit}, 令式 (15.116) 的右端等于临界长度, 我们有

$$\mathrm{e}^{Mk_{\mathrm{on}}t_{\mathrm{crit}}/V} = \tau(k_{\mathrm{on}}c_0 - k_{\mathrm{off}}) \tag{15.119}$$

解得

$$t_{\text{crit}} \approx \frac{V}{Mk_{\text{on}}} \ln(\tau k_{\text{on}} c_0) \tag{15.120}$$

式中, 暗含了假设 $k_{\text{off}} \ll k_{\text{on}} c_0$, 相当于帽体顶端的单体添加速率要远远大于脱落速率。我们可以画出塌缩速率 $1/t_{\text{crit}}$ 作为单体浓度的函数图像, 如图 15.38(A) 所示。

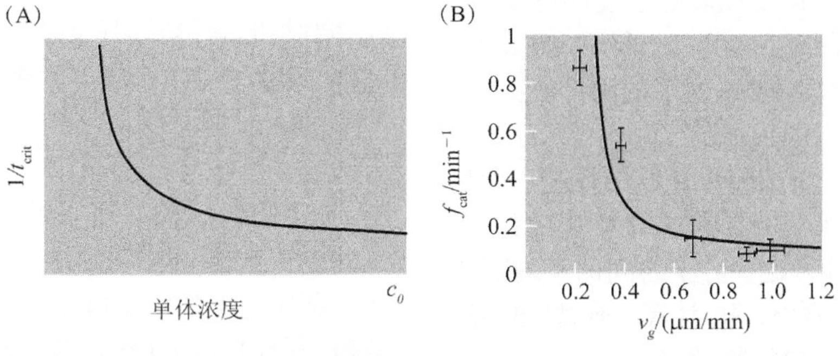

图 15.38　经历动态不稳定性的细丝的塌缩速率。(A) 帽体动力学玩具模型所预测的塌缩速率与单体浓度的函数关系。(B) 测量的塌缩速率与生长速率的函数关系 (生长速率线性依赖于单体浓度)。(B 取自 H. Flyvbjerg et al., *Phys. Rev.* E54: 5538, 1996)

模型的缺点之一是预言了一旦单体耗尽, 所有微管几乎同时塌缩。这与微管动力学的实验观察显然不符, 在实验中, 我们可看到活细胞中某些微管在生长, 而另一些微管在收缩 (经历塌缩)。这只说明我们的玩具模型尽管是一个有用的出发点, 但不足以刻画微管行为的完整复杂性。提高模型准确性的第一步, 可以想象水解不只发生在图 15.36 所示的水解与非水解界面, 也可以发生在帽体区的任何其他部分。也就是说, 偶然水解事件可以发生在任何接近帽体端的地方, 即水解“面”可以从水解点向正负两端传播。这一概念框架如图 15.21(D) 所示。有关塌缩更复杂的模型结果如图 15.38(B) 所示。在那里, 横坐标并不是溶液中的单体浓度, 而是微管的生长速率, 这是因为生长速率线性依赖于单体浓度。尽管对这一模型的分析已经超出了本章的范围, 但是我们仍然鼓励读者阅读 Flyvberg (1996) 等的文献, 弄清楚其中的细节。与合成点生长和核苷酸水解相关的平均速度受制于图 15.25 所示的涨落, 这样, 在相同的化学环境下, 两根微管也会表现出不同的行为。因此, 即使整体环境是有利于聚合, 某根微管也可能由于不幸而失去它的帽体而塌缩。这种随机思考方法肯定要应用到活细胞微管动力学中。

15.5 总　　结

细胞内就像一个熙熙攘攘的世界, 无数化学反应不断地在这里发生。考虑细胞行为的部分重要建模工具是化学反应动力学模型。本章的目的在于介绍一种常用的描述化学反应的速率方程方法, 并把这一方法应用到各种反应中去。这些方程刻画了反应物与产物浓度随时间变化的情况。

15.6 课后习题

1. 裂殖酵母内的骨架蛋白的数量普查

如图 15.4 所示, 裂殖酵母体内各种骨架蛋白的全局浓度或局部浓度都可以通过荧光显微镜测到。这里我们利用 Wu & Pollard (2005) 报告的表1所示的测量数据估算各种骨架蛋白的数量。

(1) 估算一个裂殖酵母细胞的体积。然后, 利用已知的肌动蛋白单体, 加帽蛋白和形成素的浓度, 计算这些分子之间的平均距离。再利用你估算的体积, 计算“典型”的裂殖酵母内每种蛋白的数目。

(2) 在任意给定时刻, 大约一半的肌动蛋白单体聚合成细丝。 给定加帽蛋白的解离常数 $K_d = 1\text{nmol/L}$, 估算细丝的平均长度, 假设每一条细丝只有一个加帽蛋白。把你的结果与每条细丝平均包含 100 个单体的典型数据比较一下。

2. 异构化反应动力学

式 (15.22) 描述了异构化反应的动力学。这里, 我们计算几个实例。

(1) 假设初始时刻只有浓度为 c_0 的分子A, 计算两种物质的浓度 $c_A(t), c_B(t)$ 及两者之和, 并画出曲线。

(2) 将 (1) 题的结果应用到如图 15.8 所示的 13-顺式视黄醛到全反式视黄醛的衰变过程, 假设反应的半衰期为 $\tau = 2\text{ s}$。

(3) 这些思路以不同的时间尺度同样适用于放射性衰变, 典型的例子是钾到氩的衰变, 半衰期为 12.6 亿年。假设初始时刻只有钾, 画出氩随时间变化的函数图像。

3. 互换反应速率方程

考虑可逆反应

$$\text{A} \leftrightarrows \text{B} \tag{15.121}$$

其速率方程可写为

$$\frac{\mathrm{d}c_A}{\mathrm{d}t} = -k_+c_A + k_-c_B \tag{15.122}$$

和

$$\frac{\mathrm{d}c_B}{\mathrm{d}t} = -\frac{\mathrm{d}c_A}{\mathrm{d}t} \tag{15.123}$$

后者等价于式 (15.21) 所表示的质量守恒约束, 长时极限下 A 和 B 都有非零浓度。

(1) 假设初始时刻只有 A, 求两种物质的浓度随时间变化的函数 $c_A(t)$ 和 $c_B(t)$, 并画出曲线, 说明系统的长时间行为由比例 k_+/k_- 决定。

(2) 利用图 7.2(A) 所示的单个钠离子通道的电流数据, 估算通道的开启和关闭速率。利用 (1) 的结果画出通道开启和关闭的概率随时间的变化函数。假设初始时刻通道处于关闭状态。

4. 双分子反应的格子模型

将 15.2.4 小节中双分子反应速率式 (15.32) 的推导细节补充完整。

5. 米–曼动力学与真实动力学

写出米–曼动力学模型描述的反应速率方程。将上述方程无量纲化, 即以 $(k_- + r)^{-1}$ 为时间单位, 以 $K_m = (k_- + r)/k_+$ 为浓度单位并定义 $\varepsilon = r/(r + k_-)$。

(1) 数值求解该方程, 并重现图 15.16(A) 所示的结果。

(2) 画出米–曼方程对应的 $\mathrm{d}[\mathrm{P}]/\mathrm{d}t$ 与 [S] 的函数图像, 并求出在下述参数下的真实解: ①$[\mathrm{S}]_0 = 100, [\mathrm{E}]_0 = 1, \varepsilon = 0.1$; ②$[\mathrm{S}]_0 = 1, [\mathrm{E}]_0 = 1, \varepsilon = 1$。关于米曼方程的有效性你能得出什么结论?

6. 微管动力学与动态不稳定性

在这个问题里,我们将讨论由Dogterom & Leibler (1993) 引入的描述微管动力学的唯象模型。更有趣的模型是把 ATP 水解的效应也包括进来 (见 Flyvbjerg et al., 1996)。这些模型的目的在于解释如图 15.35 所示的实验数据, 其中记录了单根微管的长度随时间变化的图像, 以及一系列“塌缩”与“恢复”事件的发生。

(1) 推导微管长度的概率分布 $p_+(n,t)$ 和 $p_-(n,t)$ 满足的方程

$$\frac{\partial p_+}{\partial t} = -f_{+-}p_+ + f_{-+}p_- - v_+\frac{\partial p_+}{\partial z} \tag{15.124}$$

$$\frac{\partial p_-}{\partial t} = +f_{+-}p_+ - f_{-+}p_- + v_-\frac{\partial p_-}{\partial z} \tag{15.125}$$

写出关于 $p_+(n,t)$ 和 $p_-(n,t)$ 的主方程。注意每一步总共有四种过程能够改变这两种概率。考虑 + 的情况: ①$n-1$ 聚体以速率 v_+ 变为 n 聚体; ②n 聚体同样以速率 v_+ 变为 $n+1$ 聚体; ③生长的 $n+$ 聚体以速率 f_{+-} 从生长状态切换到塌缩状态; ④收缩的 $n-$ 聚体以速率 f_{-+} 从收缩状态变为生长状态。如果你能够包含全部4个过程, 那么就能写出正确的主方程。利用类似 $p_+(n-1,t)-p_+(n,t)$ 的泰勒展式得到式 (15.124) 和式 (15.125)。

(2) 求这些方程的稳态解 $p_\pm(n)$, 即令 $\partial p_\pm(n,t)/\partial t = 0$。证明稳态概率 $p_\pm(n)$ 指数衰减, 衰减常数为

$$\sigma = \frac{v_+f_{-+} - v_-f_{+-}}{v_+v_-} \tag{15.126}$$

(3) 利用图 15.35 估算参数 v_+, v_-, f_{+-}, f_{-+}, 然后利用该模型预估聚合物的平均长度。为此, 你需要把所有可能的长度及其相应概率的乘积加起来。生长和收缩区曲线的斜率告诉你生长或收缩的速率, 生长和收缩的持续时间则告诉你关于参数 f_{+-} 和 f_{-+} 的信息。注意通过拟合这些数据, 你就能够预测长度的概率分布。

15.7 延伸阅读

Segel, LA (1984) Modeling Dynamic Phenomena in Molecular and Cell Biology, Cambridge University Press. 对本章的许多问题都有精彩的讨论。

Michaelis, L, & Menten, ML (1913) Kinetics of invertase action, *Z. Biochem.* **49**, 333. 提出了被众多生化学家所采用的研究酶催化反应的理论框架。

Crane, HR (1950) Principles and problems of biological growth, *Sci. Monthly* **70**, 376. 展示了没有特殊对称性的分子怎样组装成螺旋结构。

Abraham, VC, Krishnamurthi, V, Taylor, DL, & Lanni, F (1999) The actin-based nanomachine at the leading edge of migrating cells, *Biophys. J.* **77**, 1721. 与 Wu & Pollard (2005) 的文章类似, 对运动细胞前沿的肌动蛋白进行了浓度普查。

Oosawa, F, & Asakura, S (1975) Thermodynamics of the Polymerization of Protein, Academic Press. 包含了关于聚合问题的有趣图片和讨论。

Amos, LA, & Amos, WB (1991) Molecules of the Cytoskeleton, The Guilford Press. 包含许多关于细胞骨架的深刻见解。

Hill, TL, & Kirschner, MW (1982) Bioenergetics and kinetics of microtubules and actin filament assembly-disassembly, *Int. Rev. Cytol.* **78**, 1. 包含了涉及蛋白质聚合反应在各种情形下的动力学和热力学的理论基础, 包括结构上有极性和无极性的情形, 考虑和不考虑核苷酸水解的情形, 在有加帽蛋白和负载的情形等。

Flyvbjerg, H, Holy, TE, & Leibler, S (1996) Microtubule dynamics: Caps, catastrophes, and coupled hydrolysis, *Phys. Rev.* **E54**, 5538. 展示了如何超越本章简单的 GTP 帽体模型而把水解的随机效应考虑进来的方法。

Caplow, M, & Shanks, J (1996) Evidence

that a single monolayer tubulin-GTP cap is both necessary and sufficient to stabilize microtubules, *Mol. Biol. Cell* **7**, 663. 描述了有关 GTP 帽体的实验。

15.8 参考文献

Alberts, B, Johnson, A, Lewis, J, et al. (2008) Molecular Biology of the Cell, 5th ed., Garland Science.

Brown, AJ (1902) Enzyme action, *J. Chem. Soc. Trans.* **81**, 373.

Burlacu, S, Janmey, PA, & Borejdo, J (1992) Distribution of actin filament lengths measured by fluorescence microscopy, *Am. J. Physiol.* **262**, C569.

Campbell, CS, & Mullins, RD (2007) *In vivo* visualization of type II plasmid segregation: bacterial actin filaments pushing plasmids, *J. Cell Biol.* **179**, 1059.

Carlier, MF, Pantaloni, D, & Korn, ED (1984) Evidence for an ATP cap at the ends of actin filaments and its regulation of the F-actin steady state, *J Biol. Chem.* **259**, 9983.

Dogterom, M, & Leibler, S (1993) Physical aspects of the growth and regulation of microtubule structures, *Phys. Rev. Lett.* **70**, 1347.

Fygenson, DK, Braun, E, & Libchaber, A (1994) Phase diagram of microtubules, *Phys. Rev.* **E50**, 1579.

Garner, EC, Campbell, CS, & Mullins, RD (2004) Dynamic instability in a DNA-segregating prokaryotic actin homolog, *Science* **306**, 1021.

Hermone, A, & Kuczera, K (1998) Free-energy simulations of the retinal *cis* → *trans* isomerization in bacteriorhodopsin, *Biochem.* **37**, 2843.

Iino, T (1974) Assembly of *Salmonella* flagellin *in vitro* and *in vivo*, *J. Supramol. Struct.* **2**, 372.

Keller, BU, Hartshorne, RP, Talvenheimo, JA, Catterall, WA, & Montal, M (1986) Sodium channels in planar lipid bilayers. Channel gating kinetics of purified sodium channels modified by batrachotoxin, *J. Gen. Physiol.* **88**, 1.

Ouellete, L, Laidler, KJ, & Morales, MF (1952) Molecular kinetics of muscle adenosine triphosphatase, *Arch. Biochem. Biophys.* **39**, 37.

Pollard, TD (1986) Rate constants for the reactions of ATP- and ADP-actin with the ends of actin filaments, *Cell Biol.* **103**, 2747.

Waterman-Storer, CM, & Salmon, ED (1997) Actomyosin-based retrograde flow of microtubules in the lamella of migrating epithelial cells influences microtubule dynamic instability and turnover and is associated with microtubule breakage and treadmilling, *J. Cell Biol.* **139**, 417.

Welch, MD, Rosenblatt, J, Skoble, J, Portnoy, DA, & Mitchison, TJ (1998) Interaction of human Arp2/3 complex and the *Listeria monocytogenes* ActA protein in actin filament nucleation, *Science* **281**, 105.

Wu, J-Q, & Pollard, TD (2005) Counting cytokinesis proteins globally and locally in fission yeast, *Science* **310**, 310. This paper illustrates the strategy of using fluorescence microscopy for taking the census of a cell.

16 分子马达动力学

像一道闪电, 瞬间揭露了真相。我在沙滩上用树枝描绘出马达的图像。

——尼古拉 · 特斯拉

本章概览: 利用速率方程研究分子马达动力学

细胞的动力学问题贯穿本书的各个章节, 分析得到的结论之一是主动运输在细胞生命调节中扮演重要角色。分子马达在细胞内执行主动运输和维持非平衡方面起到核心作用, 特别是消耗 ATP 做功这一力学化学耦合机制将是本章讨论的重心。我们首先罗列一下不同种类的马达及其调控的细胞进程; 其次, 整理一下涵盖结构生物学及单分子生物学中有关马达的大量定量数据, 然后对这些数据进行系统研究; 最后, 利用速率方程来描述马达动力学。

16.1 分子马达简介

生物体最显著的特性之一是定向而有目的的运动。尽管某些生物在肉眼看来是静止的, 但在细胞层次非常繁忙, 如绿色植物叶绿体内细胞器的快速定向运动及细胞分裂期间染色体的分离。尽管前几章我们集中讨论了扩散和随机的运动模式, 但是, 这些模式很显然还不足以解释诸如染色体分离或肌肉收缩之类的定向运动。定向运动消耗能量! 这些运动需要通过某种机制将化学能转化成机械能 (功)。在第 5 章中, 我们描述了细胞的化学能储存方式, 包括 ATP 中磷酸酐键这样的高能共价键和跨膜离子梯度 (具体说是浓度梯度)。本章我们将讨论分子马达利用某种化学能发力 (或称产生力)、并在特定方向上作用一定的距离这一问题。在这个过程中, 我们会讨论很多在前几章中提到的涵盖从弹性梁理论到速率方程的物理生物学原理。

在细胞内, 马达的一个迷人的特征是它们结构和功能的多样性。然而, 很多不同种类的马达分享着类似的基本物理原理, 因此, 对某一马达的分析能不断地启示对其他马达功能的确定, 即使它们进化过程毫不相关, 生物功能也各不相同。为方便起见, 我们将马达分成四大类。

(1) **线动马达**: 这类马达以一维方式沿线性“轨道”步行。包括沿肌丝 (也称肌动蛋白丝) 滑动而引起肌肉收缩的肌球蛋白及沿DNA运动并解旋双链的解旋酶。

(2) **转动马达**: 这类不寻常的马达常常嵌在细胞膜内, 并通过机械部件产生扭矩。我们在生物学上了解最多的转动马达之一是细菌的鞭毛马达, 示于图 3.18。

(3) **聚合马达**: 在下一章中我们将讨论到, 亚基的聚合和解聚会释放能量。肌动蛋白和微管的组装经常被细胞利用来定向发力, 同时又为其他发力的线动马达提供了线性轨道。

(4) **易位马达**: 这类马达能频繁地 (尽管不是每时每刻) 将一个完整的结构 (如 DNA

链或去折叠的蛋白) 穿过一个小孔, 并实现跨膜输运。蛋白输入到线粒体之类的特殊细胞器经常需要易位马达的帮助。

将马达分成 4 类仅仅是为了简化建模, 这样分类既不全面也不相互排斥。某些重要马达包含了几类马达的特征。例如, RNA 聚合酶既是沿 DNA 运动的线动马达, 又是善于利用核苷聚合释放能量的聚合马达。又如, 将噬菌体 DNA 包装入衣壳的马达, 既有转动马达的特性, 又有易位马达的特征。此外, 某些存在于特殊细胞的发力装置也不太容易按上述框架分类。典型的例子是马蹄蟹的精子, 它带有一个卷曲的预应力弹簧, 在受精期间, 一旦被触发并刺入马蹄蟹卵的凝胶层, 弹簧会迅速展开。这类马达肯定与我们熟悉的马达一样服从某些物理原理, 但是, 我们在此并不想探讨此类奇异马达的机制。

我们的目的是了解这几类马达的结构和功能, 并利用简单的速率方程来揭示它们的运动机制。对于马达功能的理解需要生物化学和力学的交叉, 生物马达的研究是生物学和物理学融合成果较丰硕的领域之一。驱动蛋白是一个沿微管运动的线动马达, 对于它的特性描述既需要测量与 ATP 水解有关的生化速率常数, 也需要测量它的物理运动速率及发力大小。由于马达蛋白尺度小 (典型值为几个纳米) 及它们工作在热运动起重要作用的状态, 测量马达速率及发力这些物理量在技术上很具挑战性。就像我们即将看到的, 许多用于各种物理概念测量的精巧技术大部分是由生物学家和物理学家一起合作开发的。

在统一的物理框架内, 分子马达被处理成将化学能转化成机械功的纳米机器, 我们可以比较不同马达的特性, 并推导它们内在的运行机制。图 16.1 给出了驱动蛋白、RNA 聚合酶及噬菌体包装马达随着负载增加的不同行为。与人造马达类似, 分子马达也会随着负载的增加而减速, 只是三种马达的降速行为绝然不同。生物马达的功能依赖于它们的能量转化方式, 它们将化学反应中释放出的能量转化成导致自身运动或对外发力的构型变化。反之, 外界施力也能影响马达的生化反应速率。因此, 马达速度与外界施力之间必然通过机械能与化学能的转化机制联系在一起。如图 16.1 所示, RNA 聚合酶倾向于运动在最高速度, 直到负载达到一个阈值, 它才突然减速并停止运动。然而, 噬菌体包装马达的

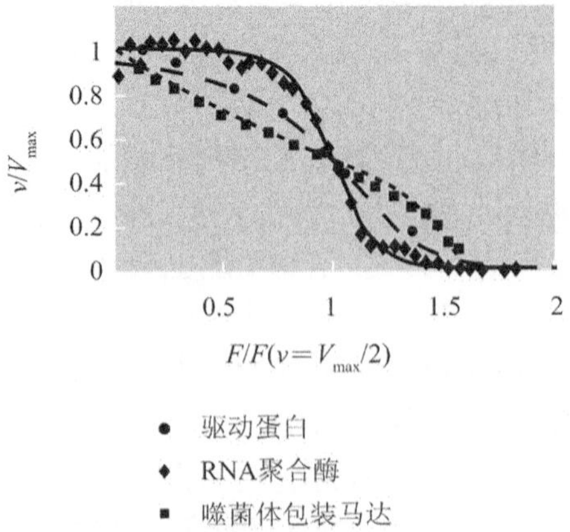

图 16.1 负载对驱动蛋白、RNA 聚合酶及噬菌体包装马达的速度影响。三个马达的速度都被各自的最大值归一化, 负载也被各自半最大速度时的负载值 $[F(v = V_{\max}/2)]$ 归一化。不同的负载–速度曲线隐含了不同的机制。(取自 C. Bustamante et al., *Ann. Rev. Biochem.* 73: 705, 2004.)

速度随负载增加而逐步降低。驱动马达则展现了一个处于两者之间的比较复杂的力-速度关系。我们将看到马达内部不同的力学与生化之间的耦合模式是怎样被用来预测这些不同形状的力-速度特征关系曲线的。在建模之前，我们简要回顾四大类主要马达的生物学角色及其特征。

16.1.1 线动马达

与微管和肌丝等细胞骨架相关的分子马达无疑是最重要和熟悉的马达。我们已经看到，这些马达不仅负责细胞内多种多样的囊泡定向输运，还负责基于肌肉收缩的动物跑动、游泳和飞行。这些线动的细胞骨架马达可以分成肌球、驱动和动力三大蛋白家族，它们分别示于图 16.2 中。微管和肌丝都是由非对称的亚基通过首尾相连的方式自组装而成，因此，这些轨道结构上明显呈现极性，正是这种极性保证了马达的定向运动。例如，动力蛋白家族成员向微管负端运动，而大部分驱动蛋白则向微管正端运动 (当然，也有个别驱动马达往负端运动)。肌球蛋白家族多沿肌丝运动，且大部分往钩端 (类似于微管的正端)移动，当然，也有几个例外是往尖端运动的。

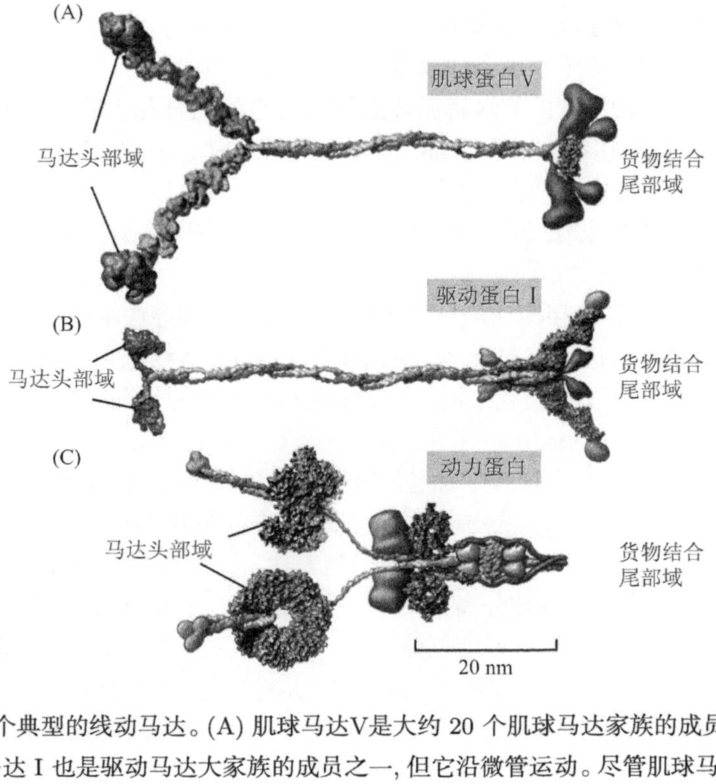

图 16.2 三个典型的线动马达。(A) 肌球马达V是大约 20 个肌球马达家族的成员之一，沿肌丝运动。(B) 驱动马达 I 也是驱动马达大家族的成员之一，但它沿微管运动。尽管肌球马达和驱动马达拥有不同的底物，但它们头部的结构非常相似。因而被认为是从同一个祖先进化而来。(C) 动力马达是另一种基于微管的马达，看起来与驱动马达或肌球马达都没有亲缘关系。(取自 R. D. Vale, *Cell* 112: 467, 2003.)

每一个沿底物轨道行进的马达都经历了一系列固定步长的步进过程。每个力学步进紧耦合于单个生化循环, 包括 ATP 的结合、水解和产物释放。因此马达行进的速度是步长与单位时间内步进数目的乘积。线动马达另一个重要特征是它的持续性, 也就是马达在脱离单根细丝之前沿该细丝的连续步进数。像 RNA 聚合酶这类线动马达持续性很好, 以至于合成数千个核苷酸组成的整条 mRNA 链只需要一个聚合酶。其他马达的持续性则差很多。我们即将看到, 参与肌肉收缩的肌球马达沿同一个肌丝只能连续行走一两步, 这么低的持续性对于它正常的生物学功能来说尤为重要。单个马达每走一步所能发力的大小肯定受限于单个 ATP 分子水解释放出的化学能的大小。

估算: 马达发力大小　驱动马达每水解一个 ATP 步进 8 nm, 我们就此估算它的发力大小

$$F_{\max} = \frac{\text{ATP水解自由能}}{\text{步长}} \approx \frac{20k_{\mathrm{B}}T}{8\ \mathrm{nm}} \approx 10\ \mathrm{pN}$$

我们在此使用了经验法则 $k_{\mathrm{B}}T \approx 4$ pNnm。当然, 数值是高估了, 我们假设 ATP 水解释放出的自由能完全转化成了机械功, 真实马达的转化效率也许没有这么高。

主要的细胞骨架马达家族都包含大量特性各异的成员, 它们在细胞内发挥各种不同的功能。例如, 不同的驱动马达成员输运的货物不同, 沿微管运动的速度也各异。总的来说, 这三个家族由图 16.2 所示相似的功能域构成。比较一致的结构是 ATP 结合域, 也称马达头部域, 它的一部分还能与轨道细丝结合。该结构域一方面催化 ATP 水解, 同时又经历一个构象变化, 后者又导致整个马达分子大尺度的构象变化, 进而使马达沿线性轨道行进一步。为了产生移动, ATP 的水解循环必须与轨道的结合和去结合循环耦合在一起。如图 16.2 所示的三例马达都有两个头部, 但某些马达只有一个或多至三个头部。在马达的另一端是尾部, 它能与货物结合。在每个马达家族内, 马达头部比结合货物的尾部相对来说要保守得多。这就意味着, 同一家族的马达往往行走在同一类型的轨道上, 但可以输运不同种类的货物。

与这些马达有关的各种穿梭活动总揽于图 16.3 中。这类穿梭活动的一个实例发生在神经元内。基于微管的马达运载着囊泡、蛋白质和 mRNA 从细胞合成它们的区域走向轴突端形成突触的位点。对于长颈鹿来说, 这类神经元在体内的长度可达数米, 微管马达运载货物的速率可达 $20 \sim 40$ cm/d。

另一个迷人的事例是线动马达在细胞分裂中所扮演的角色。纵观本书, 我们已经讲述了很多有关基因组管理的故事, 就物理学要求来说, 在正确的时间和地点给出基因材料, 而就信息学要求来说, 在需要时基因要保证得到表达。该故事令人印象深刻的部分是在细胞周期内DNA复制后染色体被分离到两个子代细胞中。在细胞分离这一幕中, 线动微管马达借助有丝分裂纺锤体参与了染色体分离, 超过一打的各种驱动马达联合细胞质中的动力马达一起在纺锤体内产生微管的相对运动, 并将染色体移动和定位。这一现象描述在图 15.18 中, 我们在此提醒读者是为了强调马达相互协调的活动能力和与细胞骨架的伴侣关系。

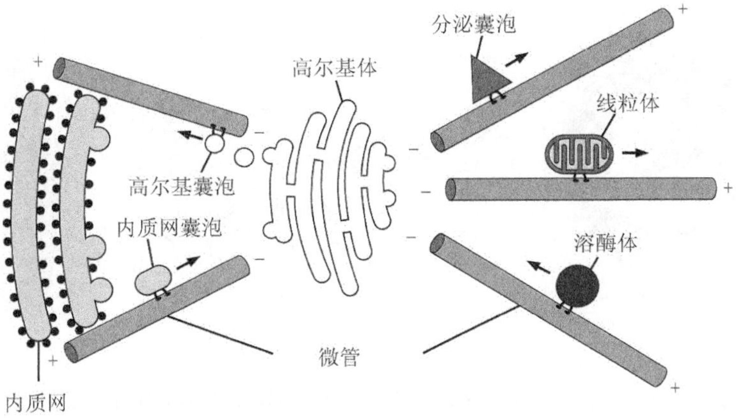

图 16.3 膜被细胞器的定向输运。图片概述了在一个典型的真核细胞内各种基于微管的细胞器输运的景象。驱动马达和动力马达家族的不同成员结合不同的细胞器或输运囊泡以不同的速度在细胞内穿梭。(取自 N. Hirokawa, *Science* 279: 519, 1998.)

线动马达驱动纤毛和鞭毛的运动

细胞内动态的丝状结构为线动马达的活动提供了又一事例, 该例子还涉及梁的弯曲动力学与线动发力马达之间的精妙耦合。特别是, 对真核组织来说, 大量较重要的进程是由鞭毛和纤毛调节的, 它们是由微管束与动力马达以特殊方式交联而成并从细胞表面向外延伸, 整个又被细胞质膜包裹。纤毛运动遍及整个生命世界, 从胚胎表面到各种哺乳动物组织的内膜及诸如草履虫这样的单细胞组织的游动。熟悉的例子是肺的黏膜纤毛活动梯, 纤毛的挥舞可以将有害物质从肺中轰出或将无害物吞咽。囊性纤维化患者由于黏液的超高黏度使纤毛瘫痪而无法清除细菌的感染, 最终导致患者普遍过早死亡。类似地, 卡塔格纳综合征患者由于动力马达的突变而瘫痪, 最终导致肺部感染而过早死亡。像精子这样的游动细胞上的鞭毛, 结构上非常接近于拍打纤毛。两者都有轴丝这样的漂亮结构 (必须注意的是: 像精子细胞这样的真核鞭毛与细菌鞭毛在结构上是完全不同的, 之所以共用一个名词源于一次不幸的历史事件)。基于微管和马达的轴丝如图 16.4 所示。

图 16.5 展示了纤毛和真核鞭毛是如何利用线动马达来产生结构振荡的。轴丝中的相邻细丝通过线动马达和连接装置而相互联结。连接装置是为了阻止这些平行细丝之间过大的相对位移, 这样, 马达的步进运动所产生的压缩力会导致细丝弯曲。如图 16.5(A) 所示, 如果两根平行细丝之间没有连接装置, 马达的运动只会导致细丝间的滑动。另外, 如图 16.5(B) 所示, 如果细丝被捆在一起, 马达的运动会引起这些细丝的弯曲。细丝弯曲的能量学可以用弹性梁理论来建模, 类似于第 10 章中讨论的那样。动力马达沿纤毛或鞭毛步进的时空调节导致了规律性的拍打图形并沿纤毛或鞭毛传播。例如, 游动精子的鞭毛快照显示鞭毛弯曲成一个优美的近似正弦曲线的形状。随后, 正弦曲线会沿鞭毛向下游移动。这种弯曲波的传播反过来驱动精子头部向前穿越低雷诺数的介质。其效率和速度部分取决于介质的黏度, 我们在第 12 章中已经探讨过这个问题。人类精子通过游动搜寻卵子并受精的能力取决于几个物理生物学要素的协同作用。

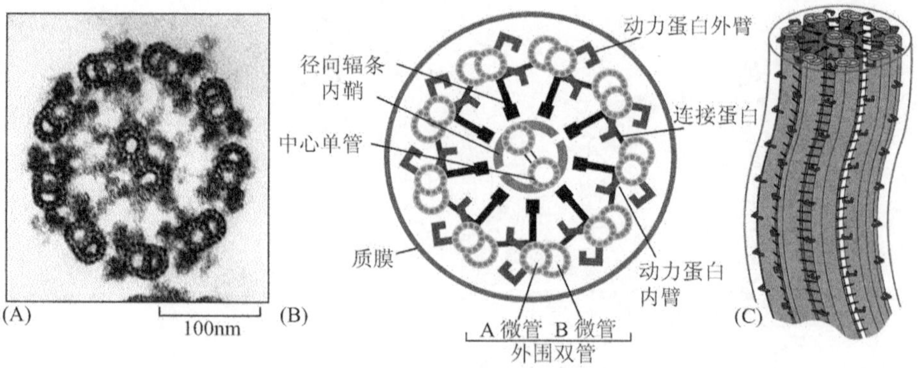

图 16.4　轴丝结构。(A) 衣藻鞭毛薄切片的电子显微图。(B) 鞭毛部分图示。动力蛋白内臂和动力蛋白外臂都由马达组成, 它们使微管之间相对滑动从而产生鞭毛的拍打运动。(C) 鞭毛的侧示图。(A 由 Lewis Tilney 惠赠)

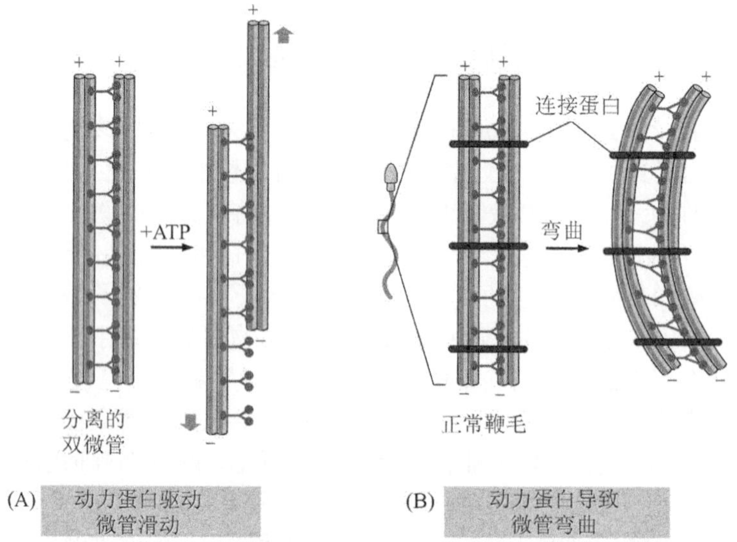

图 16.5　线动马达引起的鞭毛和纤毛的弯曲。(A) 当相邻细丝没有被绑在一起时, 马达的步进只导致细丝间的滑动。(B) 当相邻细丝被捆在一起时, 马达的步进会导致细丝束的变形。(取自 B. Alberts, et. al., Molecular Biology of the Cell, 5th ed., New York, Garland Science, 2008.)

肌球马达调节肌肉收缩

尽管驱动马达常常会被当作线动马达的典范, 但是, 肌肉组织中的线动骨架马达的活动也许是最有名的。因此, 线动马达肌球蛋白占据了图 16.6 的中心位置。图 16.7 显示肌肉的结构是肌球蛋白与细丝的错综复杂的联合体。肌球蛋白集体形成粗肌丝, 从而引起肌动蛋白束之间的滑动。这些相对运动在宏观上表现为肌肉收缩。

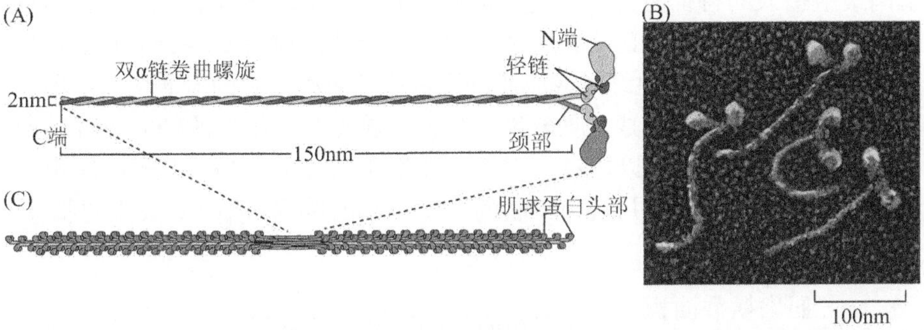

图 16.6 肌肉肌球蛋白 II 的结构。(A) 骨骼肌分离出来的肌球蛋白 II 是个六聚体, 包含两条很大的重链和 4 条小得多的轻链。重链包含一个处于C端的长而卷曲的螺旋结构域, 处于N端的肌动蛋白结合域及发力的马达头部域。(B) 单个肌球蛋白分子的铂金复制图像显示了它们漂亮的规则结构。(C) 数百个肌球蛋白II能自组装成一根粗肌丝。在这个柱状结构中, 左半侧的肌球马达都指向左边, 而右半侧的都指向右边。这个反平行的取向对肌肉收缩来说至关重要。(A,C 取自 B. Alberts, et.al., Molecular Biology of the Cell, 5th ed., New York, Garland Science, 2008, B 由 J.Heuser 惠赠)

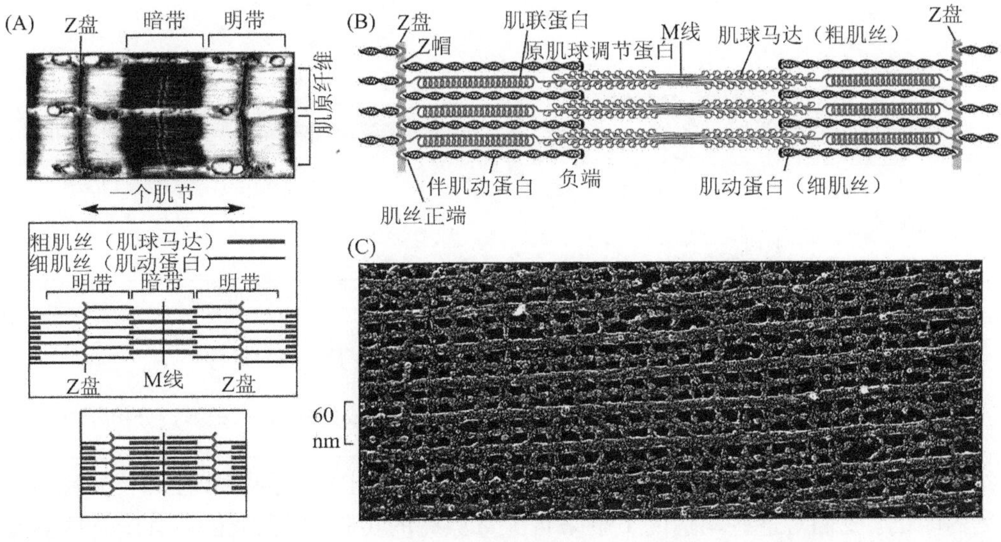

图 16.7 肌肉结构。(A) 肌肉拉伸时单个肌节组织的薄切片电子显微图。中部的暗带代表对齐的肌球粗肌丝, 而两边的明带表示细丝的位置。下方图表示肌肉收缩期间肌节长度的变化。(B) 肌节的规则结构有赖于许多结构蛋白的同轴度。(C) 快速冷冻深度蚀刻电子显微图展示了粗、细肌丝间相互交替而又极其规则的空间排列, 而肌球马达头部则跨在两种肌丝之间。(A 由 Roger Craig 惠赠, B 取自 B. Alberts, et.al., Molecular Biology of the Cell, 5th ed., New York, Garland Science, 2008, C 由 J. Heuser 惠赠)

估算: 肌球马达和肌肉的发力 分子马达就是那些通过消耗某种形式的化学能来输出机械功的分子。我们用来描述线动马达特征的信息有马达行进的速度、发力的大小及其持续性 (即脱离细丝前连续行走的步数)。

肌肉最吸引人的特征是许多马达同时作用产生运动。假定已知单个马达的特性，则一排肌肉马达能产生多大的力？通过研究肌肉的结构和功能，我们可以发展出一种算法。图 16.7(B) 给出了由肌纤维或肌原纤维构成的肌肉细胞的卡通图。肌原纤维自身是由称为肌节的收缩单元组成。肌球蛋白排列成被称为粗肌丝的轴向对称结构，并对临近的细肌丝施力。我们可以通过一个简单图像来估算每个马达分子的净出力，如图 16.8 所示，肌肉被认为是由并联和串联的弹簧组成的阵列，肌肉横截面的肌球蛋白数近似为

$$N_{\text{myosin}} \approx \frac{\text{肌肉横截面积}}{\text{粗肌丝的横截面积}} \times \text{每根粗肌丝的肌球马达数目} \approx \frac{\pi(3\text{cm})^2}{\pi(60\text{nm})^2} \times 300 \approx 10^{14}$$

假设肱二头肌承力 100 N (相当于提 10 kg 物体)，且该力被平均分配到每个肌球马达，则单个肌球马达发力为

$$F_{\text{myosin}} \approx \frac{10\ \text{kg} \times 10\ \text{m/s}^2}{10^{14}} = 1\ \text{pN}$$

尽管上述估算存在一些不严格的假设，但最终 1 pN 的结果与体外单分子实验测得的值处在同一数量级。

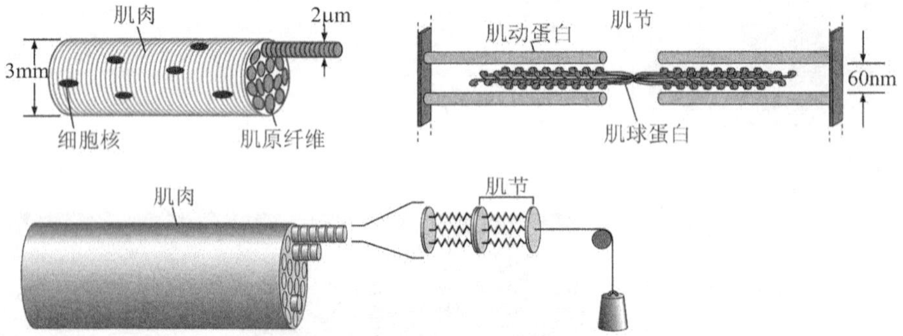

图 16.8　肌肉模型。肌肉可视为由并联和串联弹簧组成的阵列，每根弹簧分担外力

线动马达已经展现了各种不同的能力，同时也反应出它们的多样性和特异性，这正是进化的印记。我们对这些马达的了解来自大量漂亮的实验，现在就讲述其中一些实验。

相关实验：测量马达的运动　数十年来，大量不同技术的应用给我们提供了各种马达的结构、功能及其相关联的信息。尽管体内和体外测量已经为我们提供了很多有关马达蛋白运动的信息，但是在此我们只对体外实验感兴趣。

令人印象最深刻的实验之一是被称为滑行运动的检测。肌球马达被固定在显微镜玻片上，带荧光标记的肌丝则被加入到系统中。如图 16.9 所示，在 ATP 缓冲后，结合到马达的肌丝就会产生平移运动。在这类肌丝滑行实验中，大量肌球马达可以同时与同一个肌丝结合并协同工作。对于肌节中的肌球蛋白 II 的体内情况来说，该实验是很好的模拟。

另一个观察单个纯化马达分子运动的办法是将马达分子固定到一个珠子上，后者

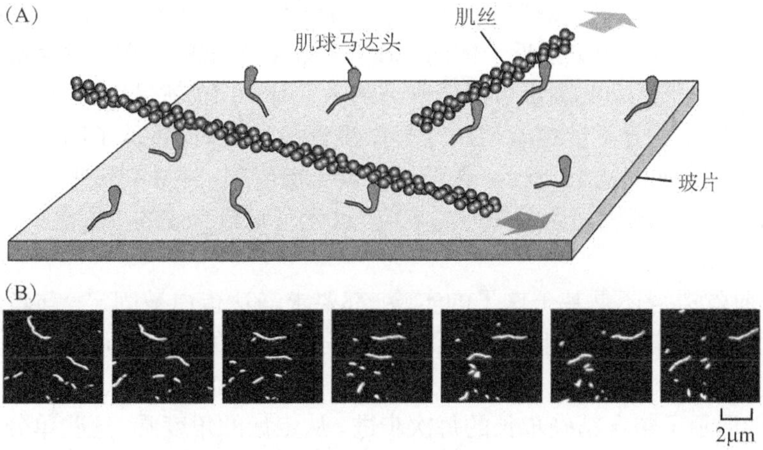

图 16.9 肌球马达滑行运动检测。(A) 马达固定在显微镜玻片表面, 当 ATP 加入后, 我们可观察到带荧光标记的肌丝在表面上滑动。(B) 间隔 30 s 的视频图像时序画面展示了多个方向单根肌丝的进程。(A 取自 B. Alberts, et. al., Molecular Biology of the Cell, 5th ed., New York, Garland Science, 2008, B 由 J. A. Spudich 惠赠)

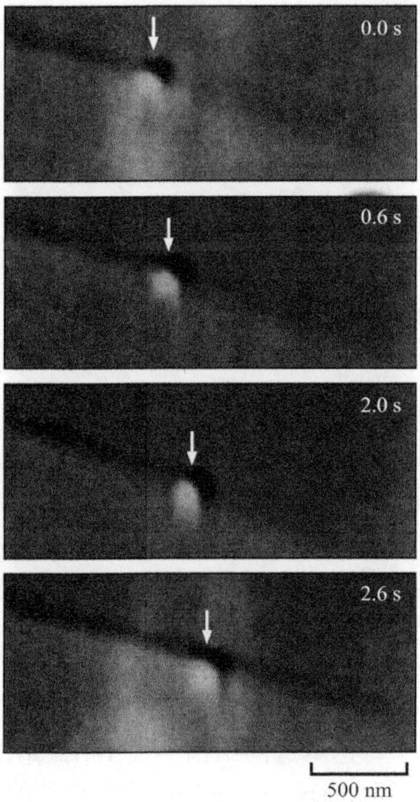

图 16.10 驱动马达的运动。黏有驱动马达的玻璃珠由光镊操纵与微管接触。微管和珠子均能在微分干涉相差 (DIC) 显微镜中观测到。珠子附近可见的微小耀眼光斑就是光镊。光镊关闭后, 珠子开始沿微管持续运动达数秒。(取自 S. M. Block et al., *Nature* 348: 348, 1990.)

可以在传统的光学显微镜中观察到。在此, 珠子就像一个忠实的信使记录着马达的主动运动轨迹。该几何图像更接近于体内驱动马达输运囊泡的情况。对反映马达行为的大尺度 (微米) 珠子运动的测量可以精确到纳米。图 16.10 就是这类测量的一个例子。珠子和微管可以由微分干涉相差 (DIC) 显微镜直接观测到。将珠子固定到单个马达会带来另一个效用。如图 4.12 所示, 珠子可以被光镊俘获, 并被利用来对行走的马达施加任意方向的外力。测量马达对外力的响应, 这无疑是最有效的手段之一, 测量数据如图 16.1 所示。

无论是肌丝滑行还是基于珠子的实验, 都要求马达蛋白被固定: 前者固定在显微镜玻片上而后者固定在珠子上。另一个观察单分子运动的方法是用小的荧光标签对马达进行标记, 如图 16.11 所示, 荧光分子结合在肌球马达V的头部。随着马达的主动步行, 荧光探针展示了包含精确步长的每次步进。从定量的角度看, 这些单分子实验的主要成果之一是提供了观察马达动力学中的随机性的窗口。例如, 马达每步之间的时间间隔是不同的。在第 16.2.4 节中, 我们将用一个描述马达运动的简单模型计算这些停留时间的预期分布。

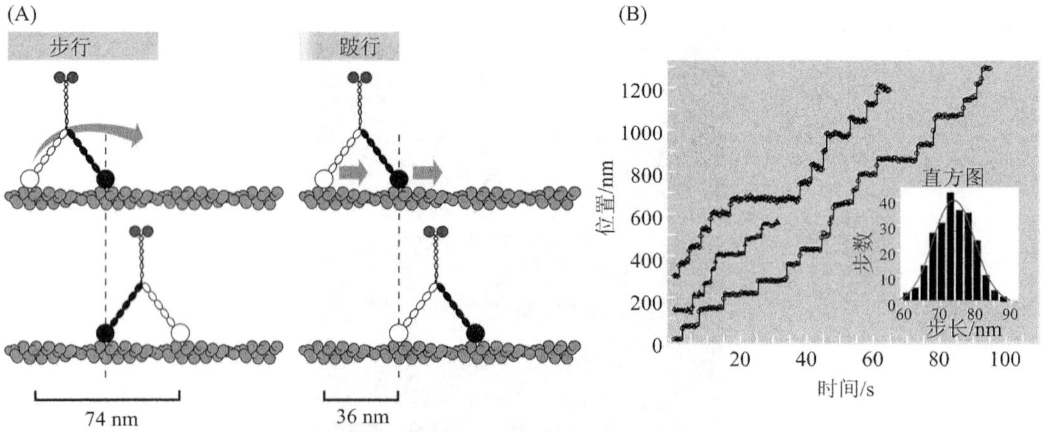

图 16.11　肌球马达 V 步进的单分子动力学。(A) 步行和跛行运动模式的卡通图。(B) 肌球马达 V 的位置与时间的关系曲线。马达的一条臂上标记了荧光探针。三条轨迹来自不同马达。平均步长稍大于 70 nm, 与步行机制较吻合, 但与跛行模式发生冲突。(取自 A. Yildiz et al., *Science* 300: 2061, 2003.)

这些特定实验的应用之一是判定不同的假设机制, 如马达是步行的还是跛行的。如图 16.11 所示, 单个荧光探针标记于马达其中的一个头部。在这个例子中, 荧光探针处于头部末端, 马达行进的各步将由探针揭示出来, 步长约 70 nm。这个步长与马达两头交替领先的行进模式吻合。

特征步长的尺度取决于马达本身的结构, 图 16.12 给出了有趣的证明。肌球马达V的头部域被一步步地缩短。肌球马达的构型变化导致的步进其实是一个刚性“活动臂”的转动, 活动臂越短, 马达跨出的步长也越小。

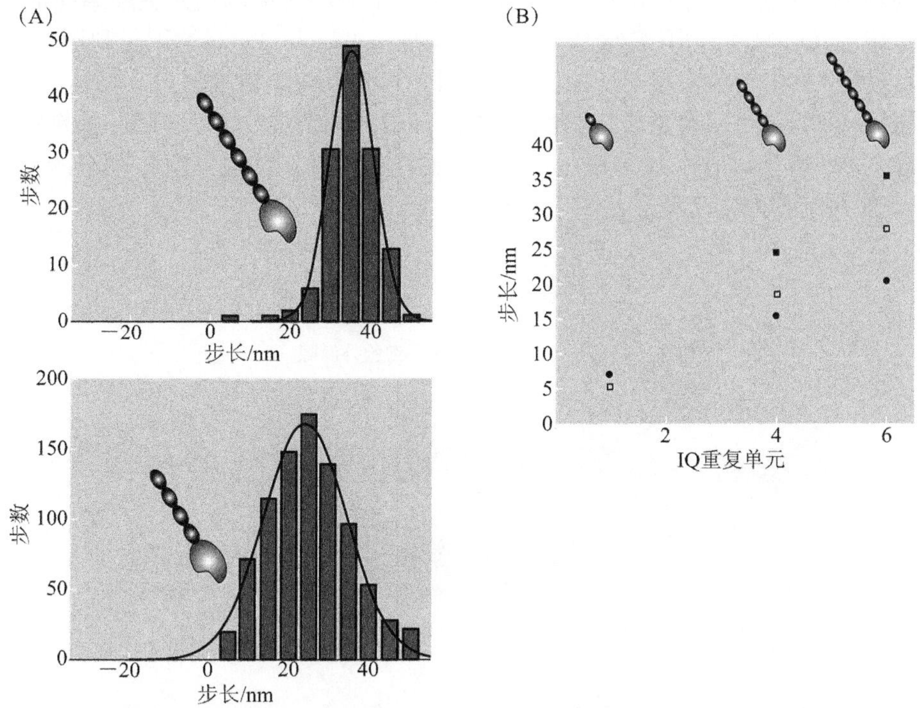

图 16.12 马达的步长取决于马达的结构。(A) 肌球马达的头部已经被纯化, 顶图表示正常状态; 底图表示转动臂已经通过蛋白质工程缩短。缩短臂的马达特征步长比完整臂的马达特征步长小。(B) 肌球马达 V 的活动臂由称为刚性的 IQ 重复子域构建。因此, 不同数量的重复单元可以很容易构建出不同长度的活动臂。对于 1~6 个重复单元, 步长与重复单元数目线性相关。三个不同的符号表示三个不同的马达结构, 所有数据都符合线性关系。(取自 T. J. Purcell et al., *Proc. Natl Acad. Sci.* 99: 14159, 2002.)

16.1.2 转 动 马 达

自然进化不仅产生了各种精致的线动马达, 同时也衍生了转动马达。被广泛研究的两类转动马达分别是鞭毛马达和 ATP 合酶。两者都已经在第 11 章中作为膜蛋白被介绍过了。这两种马达展示于图 16.13 中。

细菌鞭毛马达嵌在细菌细胞膜内并连接一根丝状鞭毛。一个细菌细胞可以只有一根鞭毛, 就像霍乱病原体霍乱弧菌; 也可以拥有数根鞭毛分布于整个膜表面, 就像我们的老朋友大肠杆菌。马达转动时, 鞭毛的旋转运动会推动细菌在高黏度区域 (就像第 12 章用低雷诺数度量的区域)游动。有趣的是, 细菌鞭毛马达利用离子梯度 (而不是 ATP) 作为力学循环的基础, 如图 16.13 所示。特别地, 马达是由质子流驱动的, 质子流又是由细胞内部与细菌膜间隙之间的质子浓度差引起的 (某些奇异的鞭毛马达利用的是钠离子而不是质子)。马达的转速可以超过 100 r/s, 一个特别惊人的特征是该马达不需要改变质子流的方向就能实现反转。

ATP 合酶是活细胞的核心发电站之一, 它们处在细菌细胞的内膜, 也存在于真核细胞的线粒体膜。它是一个精巧的分子机器, 由两个不同的转动马达共轴连结而成。F_o 马达类似于鞭毛转动马达, 利用跨膜质子梯度来实现机械转动; F_1 马达则是利用 ATP 的水解能来转动, 但方向与前者相反。在正常环境中, 跨膜电化学梯度强, F_o 马达比 F_1 产生更大的扭矩, 从而迫使后者逆转, 进而将 ADP 和磷酸根合成 ATP。可是, 如果跨膜电化学梯度较弱, 平衡会向另一方向倾斜, F_1 产生的扭矩比 F_o 更大, 此时, 耦合的马达利用 ATP 水解能往细胞外泵送质子。

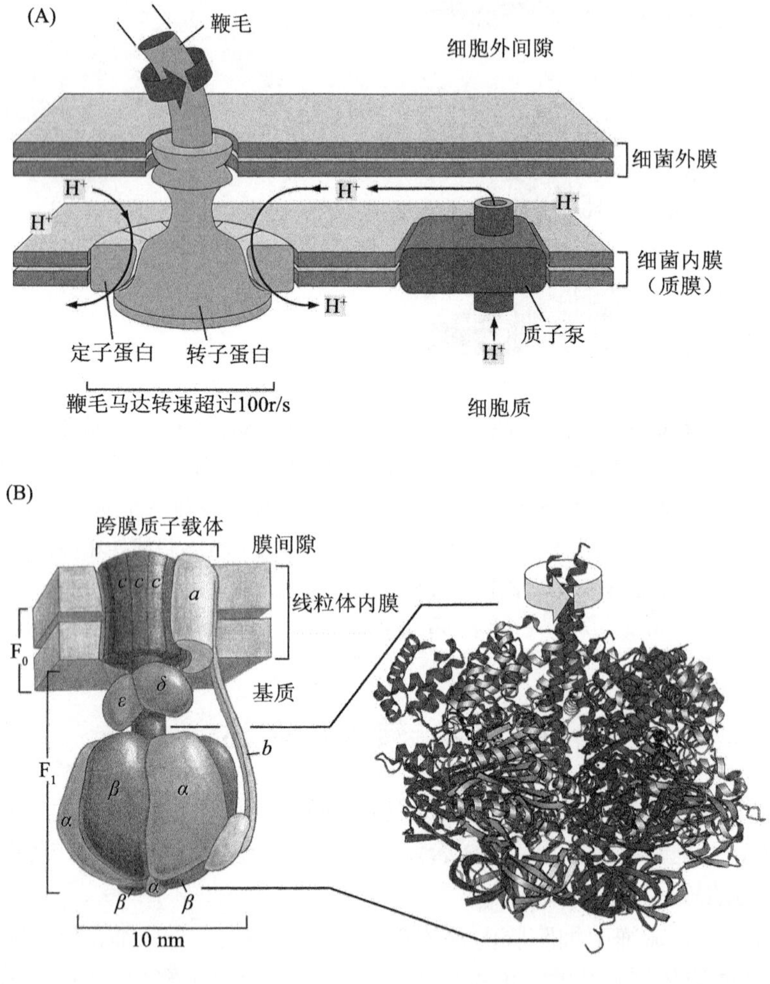

图 16.13　转动马达图例。(A) 鞭毛马达像一个纳米推进器, 由跨细菌内膜的质子梯度驱动。连续的运转需要消耗 ATP 的质子泵来补偿质子梯度。鞭毛本身是一根很长 (10 μm) 的螺旋形细丝。细丝的根部与马达部件连接。马达嵌在细菌内膜里并通过一个穿越外膜的轴锚住细胞壁。马达可以正反方向转动, 转速可达 100 Hz。(B) ATP 合酶也是转动马达, 利用质子梯度引起的跨膜电位驱动机械转动, 从而将 ADP 和磷酸根合成 ATP。字符 a、b、c、α、β、γ、δ 和 ϵ 代表组装成马达的不同蛋白。(取自 B. Alberts, et. al., Molecular Biology of the Cell, 5th ed., New York, Garland Science, 2008.)

相关实验: 转动马达的动力学 对转动马达行为的深刻理解得益于大量酶学、结构生物学和单分子的实验。在活体组织中转动运动存在的证明来之不易, 因为对特别微小的元件或细丝的转动的观察在技术上是非常困难的。其中一类有影响的实验是去除大部分鞭毛, 将剩余鞭毛根部固定在盖玻片上。在这个装置中, 鞭毛马达的转动将引发细胞自身绕盖玻片固定点旋转, 在光学显微镜中, 这种大尺度的运动比鞭毛马达自身的转动更容易观察到。另一个方法是对鞭毛进行荧光标记, 以致它们在光学显微镜中可见, 如图 16.14 所示。

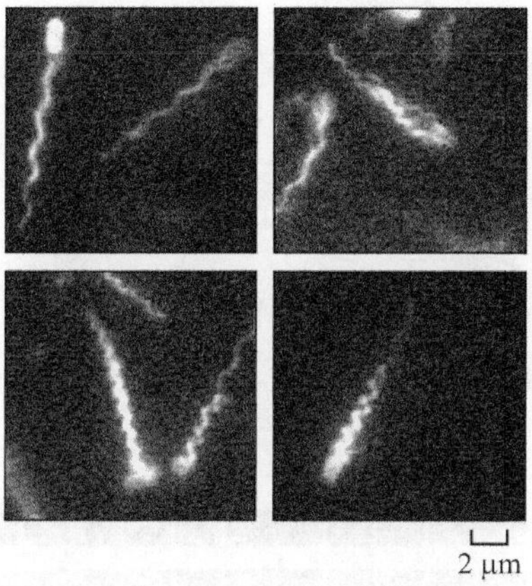

图 16.14 细菌鞭毛马达的运动。活体细菌细胞表面标记上荧光分子, 鞭毛的螺旋结构便显现出来。不同的个体之间, 螺距及长度的差异很大。在少数情况下, 我们能看到多根螺旋结合在同一个细菌上并形成一根磨损的鞭毛束。(取自 L. Turner et al., *J. Bacteriol.* 182: 2793, 2000.)

对转动马达行为的深度观察也可以从体外单分子实验 (与体内测量对应) 获得。最著名的单分子实验之一是对单个 F_1 马达转动的直接观察。将荧光标记的肌丝结合在转轴上, ATP 加入后就可观察到肌丝转动并测量其转速 (注意此处马达的转向与细胞内正常情况相反, 在细胞内 F_o 迫使 F_1 逆转合成ATP而不是水解它)。这个聪明的实验的示意图及典型数据如图 16.15 所示。测量数据显示马达的转动也是以 120° 角步进的, 且与 ATP 水解是紧耦合的。固定角度的力学步进运动与 ATP 水解之间的紧耦合特征与上节讨论的线动马达类似。

16.1.3 聚合马达

水解反应与机械发力之间的耦合还可以以意想不到的形式发生。除了上述线动马达和转动马达外, 细胞还存在其他发力机制, 如借助细胞骨架细丝聚合发力。我们称它们为聚合马达。前几章已经展示了数个聚合马达的例子。图 15.3 是我们特别喜欢的例子之一, 某些细菌病原体, 如李斯特菌, 是通过绑架宿主细胞骨架来驱动自身的运动的。图 15.20 是另一个例子, 在细菌分裂中, 是聚合马达分离了具有抗生素抗性的质粒。

在第 15 章中, 我们描述了这些细胞骨架纤丝的某些特征及如何利用速率方程来探讨它们的动力学。但还有一个有趣的特征没有详细说明, 即它们施力和做功的能力。前面有关细胞骨架讨论的最亮点也就是对核苷水解在聚合过程中的角色分析。本章的目的是要认识在单体过剩的情况下, 水解对维持非平衡态是有贡献的, 聚合马达正需要这个不稳定的能量状态来发力。这些例子也阐明了肌丝聚合也是细胞调节运动方向的一种方式。注意, 类似于线动马达和转动马达, 这些机器做功的能力最终也与 ATP 或 GTP 的消耗有关。

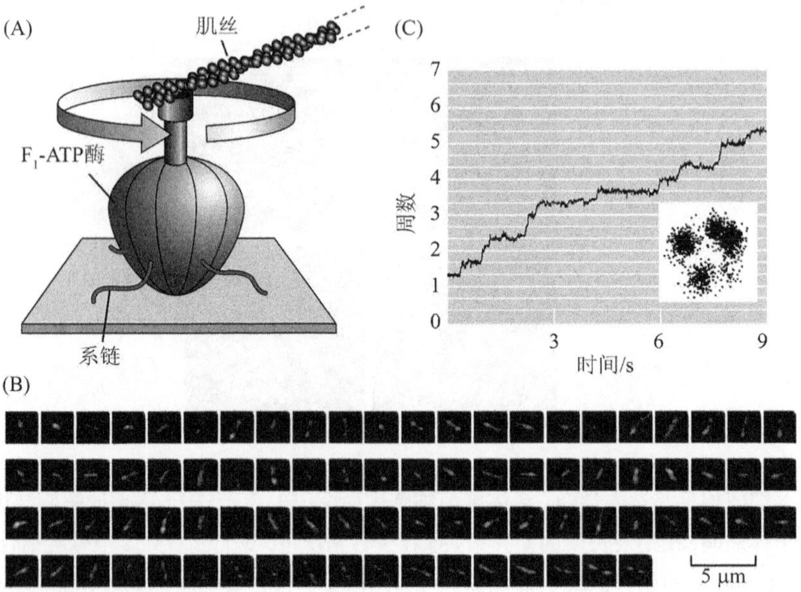

图 16.15　利用肌丝在单分子层面观察转动马达的转动。(A) ATP 合酶的 F_1 部分结合在玻璃片上, 顶部转轴上黏上荧光标记的肌丝。(B)F_1 转动驱动肌丝转动, 图片的时间间隔为 133 ms。(C) 低浓度 ATP 时, 曲线明确显示马达步进三步才完成一周, 曲线显示的是数秒内肌丝角度的变化, 插图表示较长时间内肌丝末端的空间分布。(A, B 取自 H. Noji et al., *Nature* 386: 299, 1997; C, 取自 R. Yasuda et al., *Cell* 93: 1117, 1998.)

16.1.4　易位马达

细胞内充满各种细胞器, 高分子需要从一个膜被区域穿行到另一个膜被区域。的确, 核酸、蛋白质、糖类甚至脂质都必须从细胞的一个膜被区域输送到另一个膜被区域, 或者甚至从胞外到胞内。我们以 “易位马达” 来命名这类大分子机器, 它们的工作就是介导此类输运。更广义地看, 这类马达包括核孔复合体、线粒体输入输出蛋白、蛋白酶体、噬菌体 DNA 包装马达、离子通道、转运蛋白、Sec 复合物甚至翻转酶, 翻转酶可以将脂分子从脂双层的一叶翻转到另一叶并维持一个很不对称的脂质分布, 该行为似乎违反熵原则。

其中一个马达的两种可能的假想机制展示在图 16.16 中。线粒体是本书的中心角色之一, 它给我们提供了一个认识易位马达的机会。TIM 和 TOM 是两个在线粒体内分别负责蛋白输入和输出的重要的复合物。例如, TIM 跨膜输入的机制之一是识别去折叠的肽链, 并允许其自由扩散到线粒体内。如图 16.16(A) 所示, 易位中的肽链的结合伴侣开始结合到已经穿越通道的肽链上, 产生棘轮效应。另一个机制是设想一个做功冲程, 一个分子结合到已经扩散到膜内的部分肽链上, 再借助 ATP 驱动的构型变化 (跨桥棘轮) 将肽链往内拉一段距离, 详细情况见图 16.16(B)。

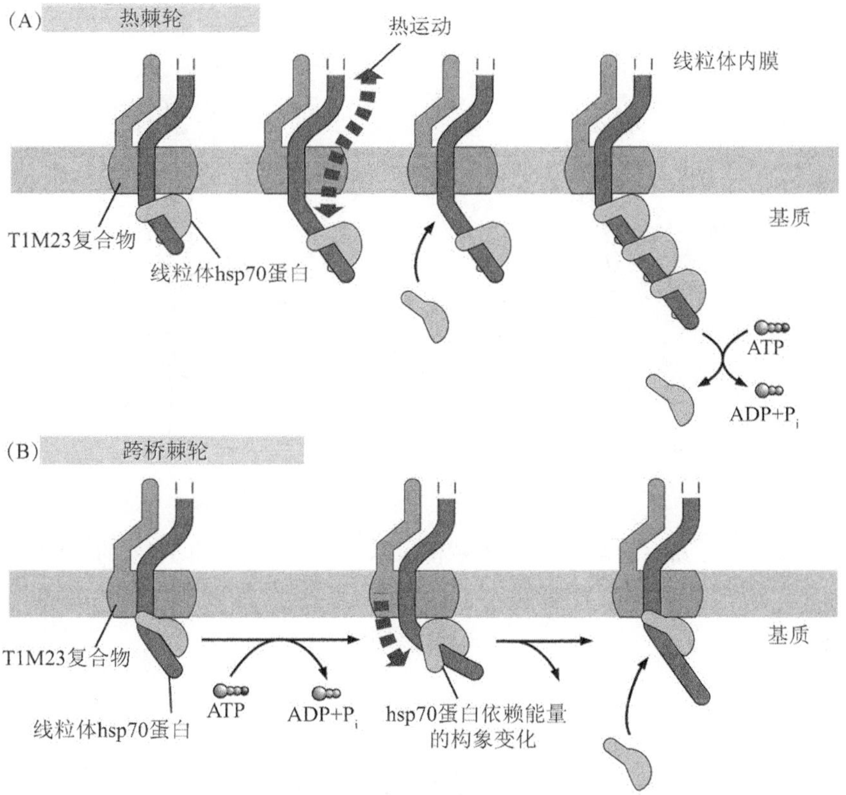

图 16.16 蛋白质输入线粒体的热棘轮及跨桥棘轮模型。(A) 蛋白质易位的热棘轮模型。聚合物进出微孔的热运动由于膜界面一边存在结合蛋白而产生了偏向。(B) 易位的跨桥棘轮模型。膜界面一边的结合蛋白也可以利用能量依赖的构象变化进一步确保输运的高分子只往一个方向移动。(摘自 B. Alberts, et. al., Molecular Biology of the Cell, 5th ed., New York, Garland Science, 2008.)

为了理解这类马达活动的重要意义, 我们再举几个例子。第 10 章提到, 噬菌体 DNA 被压缩在衣壳内并承受高压, 一旦感染后, 该高压将转化成整个驱动力。但是, 这个压力效应本身显然不足以介导病毒基因组的整个易位。因此, 噬菌体 T7 的易位被认为是由于 RNA 聚合酶结合到启动子并启动转录导致的, 该启动子位于首先易位到细菌体内的那一端。随后 RNA 聚合酶沿 DNA 模板的能量依赖的转录易位将病毒基因组拉进宿主细胞, 如图 16.17 所示。

然而, 相同主题的另一个例子是蛋白酶体。它是细胞的蛋白质垃圾处理器, 带走那些不需要的或折叠错的多肽链并把它们消化掉。蛋白酶体的蛋白酶活性位点被隔离在大的圆柱状复合物的内部, 因此, 蛋白酶的作用不会偶然降解细胞内非特异性靶物。将需要降解的多肽链投递到蛋白酶体内这个步骤需要对特异性蛋白标签进行识别，这个工作由位于圆柱状蛋白酶体两端的帽状复合物负责。帽状复合物利用 ATP 水解释放出的能量，首先将靶向多肽链去折叠，然后将它穿入蛋白酶体的“胃”中降解。一旦进入蛋白酶体的核心，多肽链被切成短片段，氨基酸被回收为蛋白的构造模块。尽管蛋白降解本身是一个不需要能量的过程，但是，多肽链在进入蛋白酶体之前的去折叠是需要消耗 ATP 的。

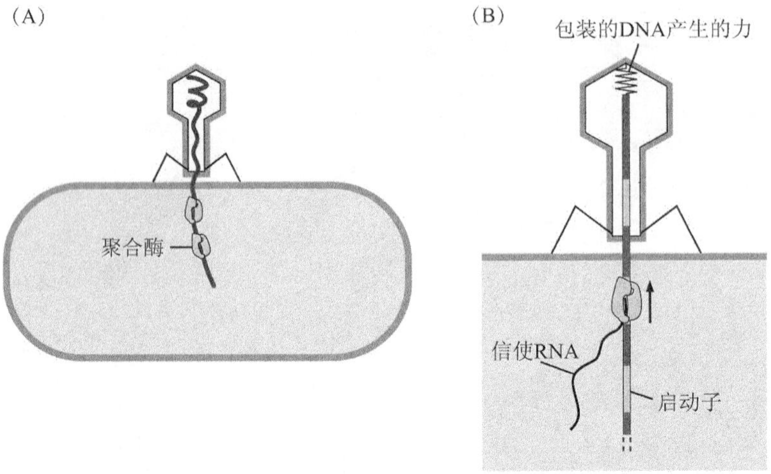

图 16.17 噬菌体 DNA 易位。(A) 作用在噬菌体 DNA 上的驱动力说明。包装的 DNA 产生一个驱动力；此外，还有 RNA 聚合酶能通过转录运动将 DNA 从壳中拉出。(B) 聚合酶转录行为对 DNA 易位效果的特写图

16.2 整流的布朗运动

上一节我们快速浏览了几类典型的分子马达，现在我们要讨论哪些理论框架能被用来解释从这些马达实验中观察到的现象。尽管有关马达的疑问很多，但我们还是将讨论限制在几个关键问题上：什么是马达的平均速率？它与外力的关系如何？要施加多大的外力才能使马达停止运动？马达速度与 ATP 或其他燃料的浓度关系怎样？不同实验揭示的相同马达的轨迹有什么不同？

如图 16.18 所示，选择哪类模型其实并非易事。如果以很高的时空分辨率观察，分子马达的运动是随机的，步进之间有停顿，有时候马达还会蹒跚后退而不是前行。相比之下，如果我们观察的时间尺度较长，则马达又表现出以某一特征平均速度稳定地前行。针对不同的时空尺度，各类模型可以抓住马达动力学相应的关键特征。

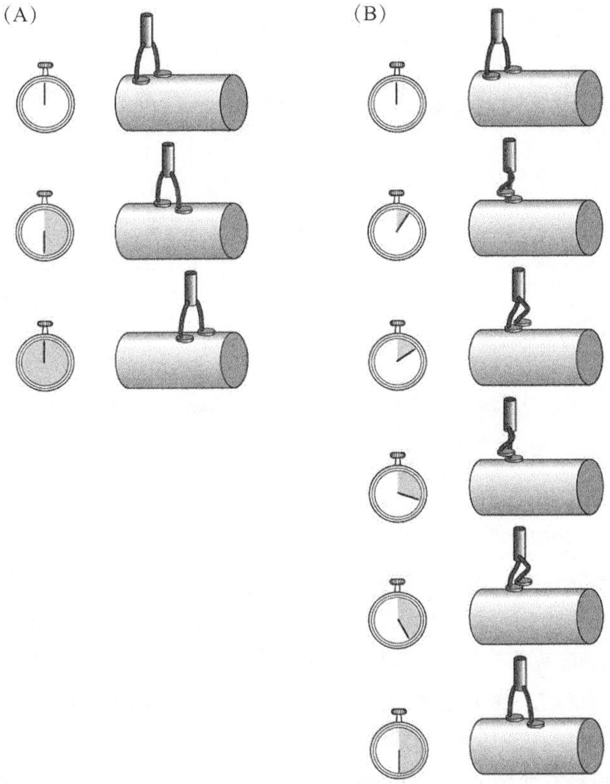

图 16.18 不同时间尺度上的马达运动。(A) 如果我们在一个较低的时间分辨率上观察马达，它会表现出以某一平均速度稳定地前行。(B) 如果我们在较高的时空分辨率上观察马达，我们将会发现其位置的涨落

16.2.1 无规行走

分子马达可视为无规行走者

在本书中，无规行走模型被广泛用于表征大量的生物过程，在此也很自然地被用来描述马达动力学。我们下面利用这一概念来研究细胞骨架线动马达，必须强调的是概念性的处理是非常普适的，这种研究方法可以推广到转动马达、聚合马达、易位马达及其他线动马达。基本思路是首先提出马达各种可能的构象态；其次考虑外力和能量利用的生化机制对构象态能级的影响方式；最后确认单个马达从一个态过渡到另一个态的轨迹。我们描述马达动力学的方法之一如图 16.19 所示。肌丝或微管是具有周期性结构的轨道，对于沿这类轨道运动的线动马达，模型设想了 n 个相同的槽分布在轨道上。在每个槽内，马达可以处在 P 个不同态中的任何一个，即马达可以由态空间来描述，在此，马达可以处于一系列的几何位置，在每个位置上它又有一系列的内部结构态。对于驱动马达那样简单的线动马达来说，上述图像是显而易见的：其几何位置对应于马达在微管上的位置，内部态则与马达构象态及 ATP、ADP 或 P_i 的结合情况有关。

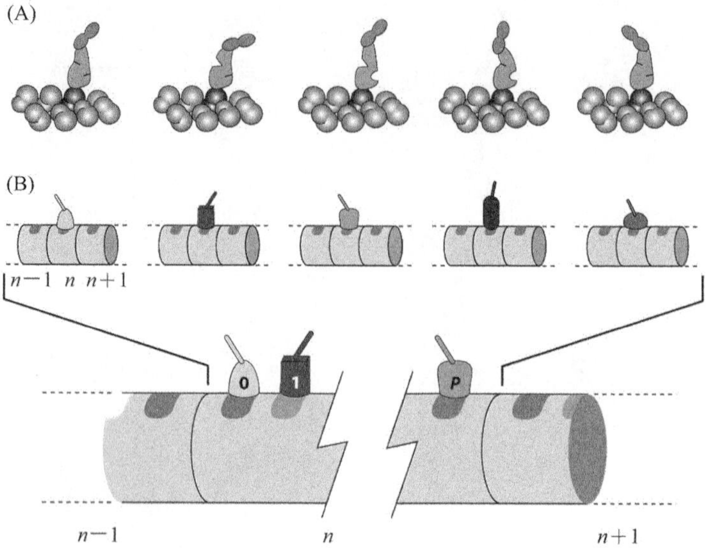

图 16.19　位置–态模型示意图。(A) 每个分子马达都可能存在大量不同构型的态。图中显示的是头部与肌丝结合的肌球马达 II, 对于肌球马达来说, 不同构型态之间的差异之一是活动臂的位置, 它可以指向右边, 也可以指向左边; 差异之二由马达头部自身的内部结构不同引起, 这种不同来自于 ATP、ADP+Pi 和 ADP 的不同结合状态、或是空态; 差异之三是在外力或生物负载作用下它是否被拉伸了或是被压缩了。(B) 完整描述单个分子马达的态必须包括马达相对于肌丝轨道的位置及其内部构型。线动马达的运动轨道可以分割成标有参数 n 的一系列格子。在此, 同一肌丝位置 n 有马达的5个不同构型。马达可以前行到 $n+1$ 或后退到 $n-1$, 在那里马达又可能处在任意一个内部态。如底图所示, 为了使这个方法更加普适, 我们设想马达在任何位置可以有 $P+1$ 个不同的态。任一时刻对特定马达的描述只需两个参数, 位置 $(n-1, n, n+1, \cdots)$ 和内部态 $(0, 1, 2, \cdots)$

马达沿轨道的位置可以被离散成等距格子, 这种简化的依据是我们发现真实马达常常以特定的步长步进。如肌球马达 V 每个 ATP 水解循环头部跨越 74 nm (图 16.11), F_1 则是转 120° (图 16.15)。

为了对马达在整个离散态上的动力学建模, 我们引入概率 $p_m(n,t)$, 表示位于轨道位置 na 的马达在时刻 t 处于第 m 个内部态的概率。长度 a 定义为马达行走的轨道上两个连续周期位置的距离, 如图 16.19 所示。从函数 $p_m(n,t)$ 包含的信息, 我们可以计算出感兴趣的结果, 如平均速度与外力的关系。实际上, 实验者往往反向操作: 他们直接测量受外力影响的速度变化, 隐含的动力学速率常数则通过动力学模型的数值拟合确定。

16.2.2　单态模型

我们首先考虑一个尽可能简单的马达运动模型, 如图 16.20 所示。马达没有内部态, 在外力 F 作用下分别以速率 $k_+(F)$ 和 $k_-(F)$ 前后跳动。在某个位点, 单位时间内马达前行的概率是 $k_+(F)$, 而后退的概率为 $k_-(F)$。很明显, 这些速率与外力有关, 这里的外力方向向后。我们从这种非常简化的模型入手处理位置–态, 当然真实马达不能这样直接处理, 因为真实马达必须将化学能耦合到机械的构象变化中, 这些化学能可以来自 ATP 水解或某种电化学梯度中的质子转移, 因此, 马达至少得拥有两个态才能对外做有用功。为了简化数学推导, 即使 $F=0$ 的情况下, 我们也选择不同的速率常数 $k_+(F)$ 和 $k_-(F)$ 来充分认识能量利用的重要性。严格来说, 单态马达没有能力辨别自己所处的肌丝位置, 也不能区分自己是前行还是后退, 原因是无论它处在何处, 都只保留在单个状态, 也就没有办法来区分这两个速率。这样的分子可以在肌丝上无规行走, 但不会偏向某个方向, 因此也不可能输出有用功。事实上, 这里处理的马达只是"准单态"马达, 它以不同的速率常数来表征前行和后退, 而内部的复杂度暂时摆在一边 (我们接着讨论的两态模型将涉及内部复杂度), 内部复杂度是可以区分前后速率的。

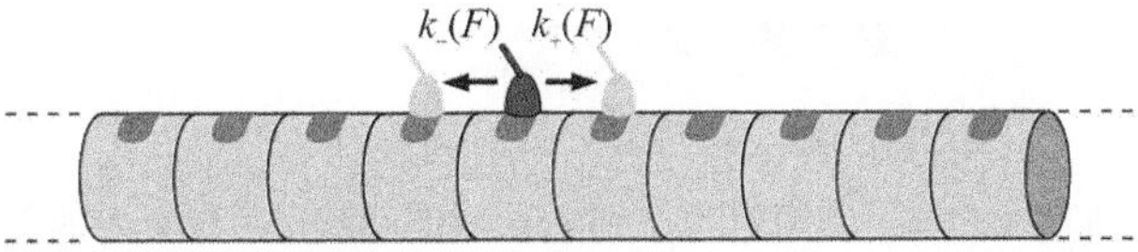

图 16.20 单态模型示意图。在每个格子内马达只能处于一个态。速率常数代表马达单位时间内左右跳动的概率

我们现在讨论马达态分布的演化方程 $p_1(n,t)=p(n,t)$, 因为任何位置马达只能处在一个内部态, 因此去掉了下标 $m=1$。$p(n,t)$ 是马达在时刻 t 处于位置 n 的概率, 为方便起见, 我们也把时间以间隔 Δt 离散化。

通过主方程写出分子马达动力学

我们利用主方程来研究马达动力学, 概率 $p(n,t+\Delta t)$ 可以通过累积发生在间隔 Δt 内的从时刻 t 开始到时刻 $t+\Delta t$ 结束的所有过程获得。也就是, 我们可以将所有对系统有效的各种微观轨迹累加, 并约定最终态就是上述指定的态。例如, 马达在时刻 t 处于 $n+1$, 而在时刻 $t+\Delta t$ 后撤到 n。处理这种动力学过程常常采用图 16.21 所示的"轨迹与权重"图。

为了确定演化方程, 我们累加所有的微观轨迹得到

$$p(n,t+\Delta t)=\underbrace{k_+\Delta t p(n-1,t)}_{\text{右跳}}+\underbrace{k_-\Delta t p(n+1,t)}_{\text{左跳}}+\underbrace{(1-k_-\Delta t-k_+\Delta t)p(n,t)}_{\text{停留}} \tag{16.1}$$

该"主方程"是把所有轨迹的概率累加并得出马达处在给定位置的可能性。移项处理得

$$\frac{p(n,t+\Delta t)-p(n,t)}{\Delta t}=k_+[p(n-1,t)-p(n,t)]+k_-[p(n+1,t)-p(n,t)] \tag{16.2}$$

假设概率分布沿肌丝位置 x 是连续的, 马达处于 x 的概率 $p(x,t)$ 等于马达处于 $x=na$ 的概率 $p(n,t)$。则概率 $p(x\pm a,t)$ 可以泰勒展开 (见第 5.4 节"模型的数学")

$$p(x\pm a,t)\approx p(x,t)\pm\frac{\partial p}{\partial x}a+\frac{1}{2}\frac{\partial^2 p}{\partial x^2}a^2 \tag{16.3}$$

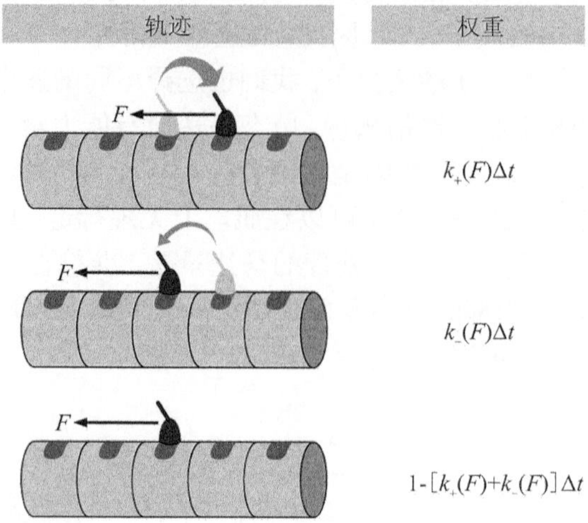

图 16.21　分子马达的轨迹和权重。该图给出了马达在时间间隔 Δt 内所有的轨迹。马达可以前跳 (往右, 与外力方向相反), 也可以后跳 (往左, 与外力方向一致) 或者停在原地

我们忽略了高阶项。代入式 (16.2) 得微分方程

$$\frac{\partial p}{\partial t}=-(k_+-k_-)\frac{\partial p}{\partial x}a+\frac{1}{2}(k_++k_-)\frac{\partial^2 p}{\partial x^2}a^2 \tag{16.4}$$

其中已经利用了近似关系

$$\frac{p(x,t+\Delta t)-p(x,t)}{\Delta t}\approx\frac{\partial p(x,t)}{\partial t} \tag{16.5}$$

该方程的形式其实已经在第 13 章中讨论过了

$$\frac{\partial p}{\partial t}=-V\frac{\partial p}{\partial x}+D\frac{\partial^2 p}{\partial x^2} \tag{16.6}$$

V 和 D 定义如下

$$V=a[k_+(F)-k_-(F)] \tag{16.7}$$

及

$$D=\frac{a^2}{2}[k_+(F)+k_-(F)] \tag{16.8}$$

我们毫不意外地回到了是有外力的扩散方程。描述单态马达的概率分布 $p(x,t)$ 可由式 (16.6) 表征, 它是带驱动或有偏扩散方程, 也称斯莫鲁科夫斯基 (Smoluchowski) 方程。该方程的物理本质是马达以平均速度 V 运动。如果同时有一堆马达在平行的肌丝上运动 (就像跑道上的一批短跑选手), 我们发现它们会渐渐分散开来, 扩散系数为 D。要看清这一点, 必须求解方程。

带驱动的扩散方程能转变成普通的扩散方程

通过变量变换可以消去驱动项, 驱动型扩散方程也就变成了传统型, 后者的解已经在第 13 章中获得 [式 (13.32)]。相关的变量变换为

$$\bar{t}=t \tag{16.9}$$

及

$$\bar{x} = x - Vt \tag{16.10}$$

上述变换意味着参考系是以平均速度运动的。出现在驱动型扩散方程中的导数项由以下公式决定, 首先, 时间导数

$$\frac{\partial p}{\partial t} = \frac{\partial p}{\partial \bar{t}}\frac{\partial \bar{t}}{\partial t} + \frac{\partial p}{\partial \bar{x}}\frac{\partial \bar{x}}{\partial t} = \frac{\partial p}{\partial \bar{t}} - V\frac{\partial p}{\partial \bar{x}} \tag{16.11}$$

其次, 类似地, 空间导数

$$\frac{\partial p}{\partial x} = \frac{\partial p}{\partial \bar{x}} \tag{16.12}$$

及

$$\frac{\partial^2 p}{\partial x^2} = \frac{\partial^2 p}{\partial \bar{x}^2} \tag{16.13}$$

利用上述变换, 式 (16.6) 可约化成第 13 章中讨论过的熟悉的形式

$$\frac{\partial p}{\partial \bar{t}} = D\frac{\partial^2 p}{\partial \bar{x}^2} \tag{16.14}$$

满足初始条件的马达在 $t = 0$ 时刻处在 $\bar{x} = 0$ 的解是

$$p(\bar{x}, \bar{t}) = \frac{1}{\sqrt{4\pi D\bar{t}}}\mathrm{e}^{-\bar{x}^2/4D\bar{t}} \tag{16.15}$$

则原变量的形式解

$$p(x, t) = \frac{1}{\sqrt{4\pi Dt}}\mathrm{e}^{-(x-Vt)^2/4Dt} \tag{16.16}$$

概率分布的时间演化如图 16.22 所示, 它在以均速 V 传播的同时, 由于扩散效应, 分布逐渐展宽。

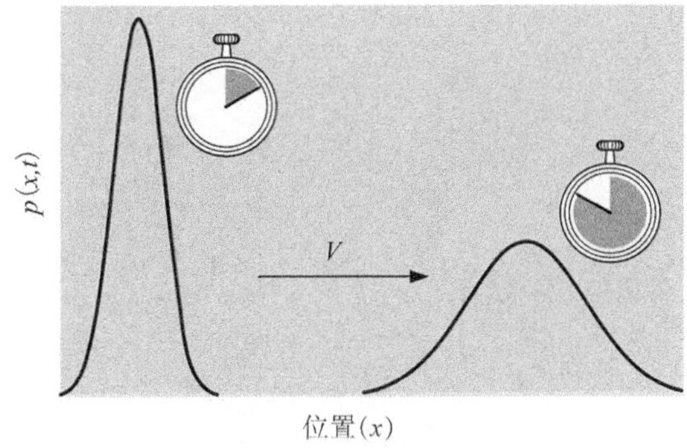

图 16.22 驱动型扩散方程的解。随着时间的消逝, 概率分布的重心以平均速度 V 右移; 同时分布展宽

我们的讨论只是集中在单态马达的整个动力学, 没有考虑实际采用的参数 $k_+(F)$ 和 $k_-(F)$。前面已经提及, 模型的基本物理因素之一是跃迁速率 k_+ 和 k_- 的非对称性。尤其是这些跃迁速率与施加在马达上的外力有关, 如图 16.23 所示。两速率的比值在平衡时必须满足某种特殊关系, 该关系由图 16.24 所示的能量曲面决定。平衡时马达从一个单态到

另一个单态没有净概率流, 马达处于这两个单态上的概率分别是 p_i 和 p_j。对于相邻位点 n 和 $n+1$, 平衡条件可表示成

$$k_+p_n = k_-p_{n+1} \tag{16.17}$$

平衡态概率由玻尔兹曼公式 $p_n = \mathrm{e}^{-\beta G_n}/Z$ 给出, G_n 是马达处在肌丝第 n 位点的自由能。由平衡条件的定义可以导出步进和后退速率之间的关系

$$\frac{k_+}{k_-} = \mathrm{e}^{-\beta\Delta G} \tag{16.18}$$

自由能变化 $\Delta G = G_{n+1} - G_n$.

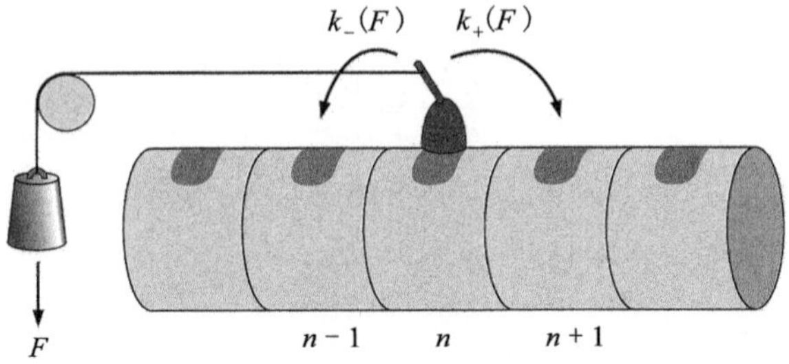

图 16.23　外力对跳动速率的影响。当有外力作用时, 分子马达将调整其步进和后退的跳动速率

如果外力向后作用于马达, 第 n 位点的自由能将被提升, 相对于无外力时的提升值就是马达对抗外力做的功 Fna, 即 $G_n \to G_n + Fna$。在图 16.23 中, 我们习惯地用一滑轮和质量块的组合来代表作用于马达的外力。基于无外力时同样的理由, 我们得到

$$\frac{k_+(F)}{k_-(F)} = \mathrm{e}^{-\beta(\Delta G + Fa)} \tag{16.19}$$

上式的重要意义表示在图 16.24 中。外力的效应使能量曲面倾斜, 从而改变势垒的高度及相关的速率。

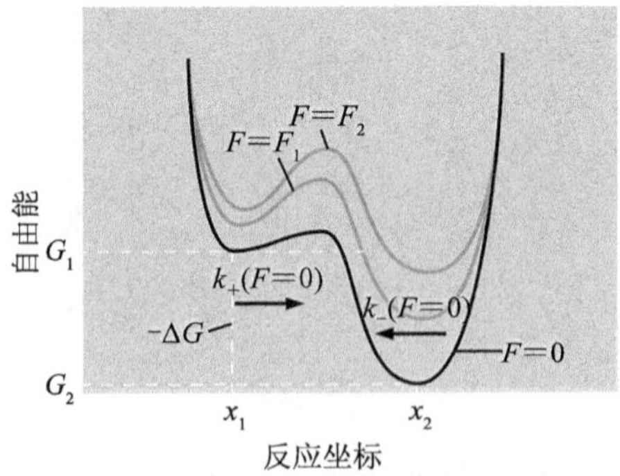

图 16.24　无外力时单态模型的能量曲面 (黑线)。外力往后拉马达时, 能量曲面发生倾斜 (灰线)

上述观点可以由光镊实验进行检验。光镊可以对马达施加一个向前或向后的拉力。来自某个实验的数据示于图 16.25 中。同样大小的力向前或向后拉马达, 其步进速度之比达 10 倍。

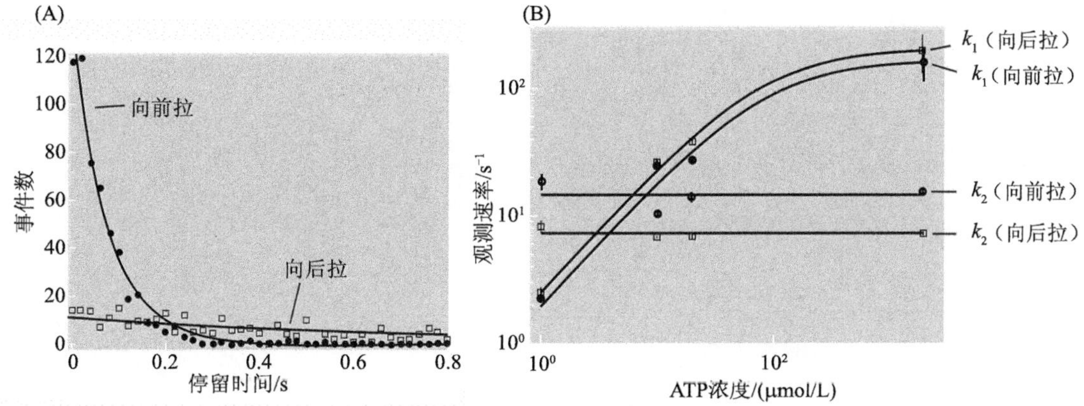

图 16.25 外力方向对肌球马达V步进速率的影响。(A) 步进之间的平均停留时间直接反应了马达速率。当外力向前拉马达时, 马达的步进快速而连续, "停留时间"曲线主要部分是各步之间的短暂停留(实心圆点)。相比之下, 当外力向后拉时, 停留时间的直方图显示短暂停留较少而长时停留较多。(B) 在一定的 ATP 浓度范围内, 可以对肌球马达 V 的停留时间曲线进行很好地拟合, 该模型包含两个不同的内部态和两个速率常数 (见第 16.2.4 节)。一个跃迁常数 k_1 只与 ATP 浓度有关, 与外力无关(处于顶部的两条线)。另一个跃迁常数 k_2 与 ATP 浓度无关, 但受外力影响较大, 且向前比向后拉的影响更明显。该结果表明, 外力对马达活性的影响至少可以部分地与能量利用机制分离开来。(取自 T. J. Purcell et al., *Proc. Natl Acad. Sci.* 102:13873, 2005.)

为了更多地了解外力在这类模型中的作用, 我们必须有一个精确的表述来厘清步进和后退速率各自与外力的关系。为此, 我们将列举外力出现在速率表达式不同部分的各种情况。首先, 我们假设只有 k_+ 依赖于外力。即

$$k_+(F) = k_- \mathrm{e}^{-\beta(\Delta G + Fa)} \tag{16.20}$$

将上式插入式 (16.7) 得

$$V(F) = ak_-[\mathrm{e}^{-\beta(\Delta G+Fa)} - 1] \tag{16.21}$$

该结果示于图 16.26(A) 中。其次, 外力与 k_+ 无关, 而与 k_- 有关。则

$$k_-(F) = k_+ \mathrm{e}^{\beta(\Delta G + Fa)} \tag{16.22}$$

类似地

$$V(F) = ak_+[1 - \mathrm{e}^{\beta(\Delta G+Fa)}] \tag{16.23}$$

结果示于图 16.26(B) 中。上述两种情况下, 只要外力足够大, 马达是可以后退的。肌球马达V和驱动马达的高负载实验中也已经观察到了这类后退运动。实验测得的肌球马达V的速度与外力关系示于图 16.26(C) 中, 曲线显示外力只影响 k_- 的模型更符合实验结果。但是, 读者应该记住, 简单的单态模型仅仅是为了阐明一种分析方法, 而不是为了阐明线动马达, 如肌球马达 V 和驱动马达运动的分子机制。

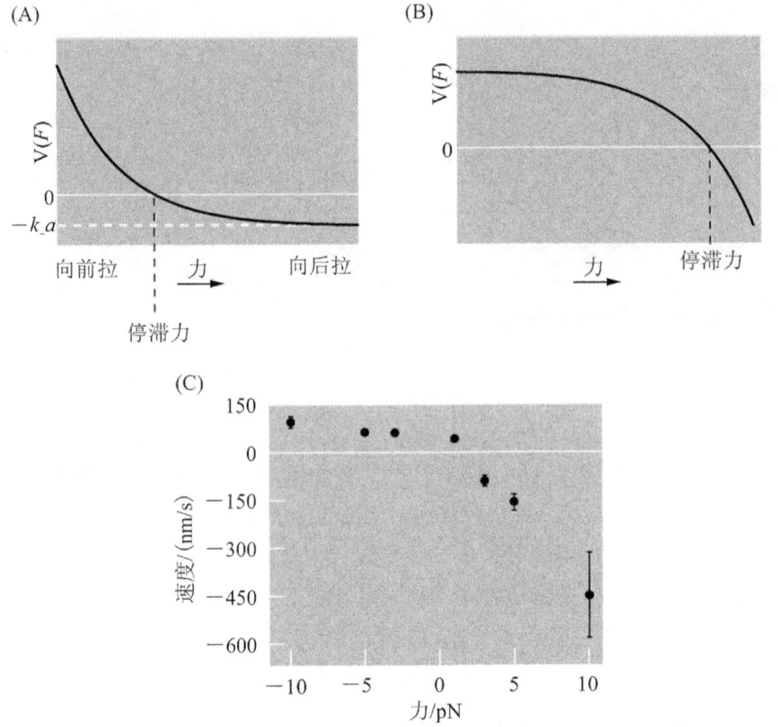

图 16.26　马达速度与外力之间的关系。(A) 外力只影响步进速率的理论结果。(B) 外力只影响后退速率的理论结果。(C) 肌球马达V的数据, 负值代表向前拉力, 而正值代表向后拉力。曲线的形状更接近于 (B) 表明外力只影响后退速率而不是步进速率的单态模型可以解释实验结果。(C 取自 J. C. Gebhardt et al., *Proc. Natl Acad. Sci.* 103: 8680, 2006.)

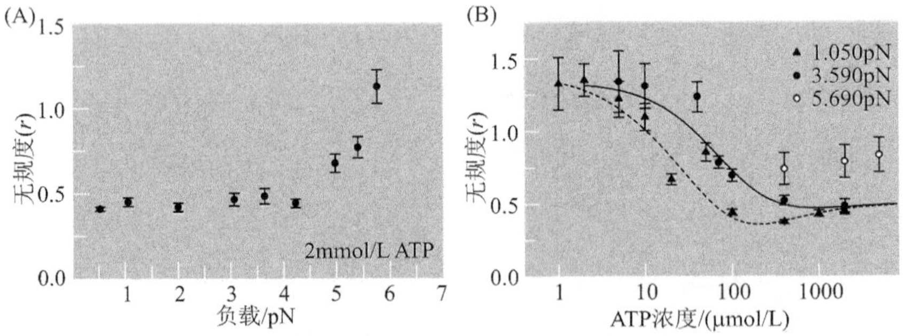

图 16.27　驱动马达在不同条件下无规度的测量。(A) 饱和 ATP 浓度和低负载情况下, 无规度普遍较低, 表明马达以相当恒定的速度运动。当负载很高甚至接近停滞力时, 无规度才开始上升。(B) 无规度随 ATP 浓度的降低而增加 (ATP 的结合变成了限速步骤), ATP 浓度很低时, 外力与无规度之间的关系较复杂, 负载越高, 无规度越大, 对速度的影响也越明显。尽管这些数据不能被文中所述的单态模型所拟合。但包含较多内部态的模型能很好地解释它们。(摘自 K. Visscher et al., *Nature* 400: 184, 1999.)

除了力与速度的关系外, 该模型还能帮助我们思考另一个重要的实验参数—— 无规度。引入特征时间 $\tau = a/V$, 该时间内的扩散偏移 $\Delta x^2 = 2D\tau = 2Da/V$, 则无规度定义

为

$$
\text{无规度} = r \equiv \frac{\Delta x^2}{a^2} = \frac{2D}{Va} = \frac{k_+(F) + k_-(F)}{k_+(F) - k_-(F)} \tag{16.24}
$$

最后的等号只是在我们考虑的单态模型中有效。如果 $k_+ = k_0[\text{ATP}]$, 则 ATP 浓度很大时, 无规度将趋于 1。精确测量无规度比测量速度困难得多, 不过某些数据还是有用的。图 16.27 展示了有关驱动马达这方面的测量。实验数据无法由单态模型解释, 但能被更实际的两态模型合理地拟合。本章课后习题将用单态模型讨论无规度。

16.2.3 从自由能角度考虑马达步进

我们利用主方程讨论了马达沿肌丝的无规行走运动。速率 k_+ 和 k_- 代表单位时间内马达向右或向左跳动一定距离 a 的概率。模型也提供了另一个视角, 如图 16.28 所示马达在自由能曲面上扩散。此时, 速率 k_+ 可以通过马达沿肌丝跨越势垒从 n 位点扩散到 $n+1$ 位点所需的平均时间的倒数来计算, 而速率 k_- 则是从 $n+1$ 扩散到 n 的平均时间的倒数。我们在此作个简化的假设: 跃迁速率与两态之间的势垒高度满足阿伦尼乌斯关系 $k = \Gamma e^{-\beta \Delta G_{\text{barrier}}}$, Γ 是试图逃逸势垒的频率, $\Delta G_{\text{barrier}}$ 是自由能曲面上的势垒高度。

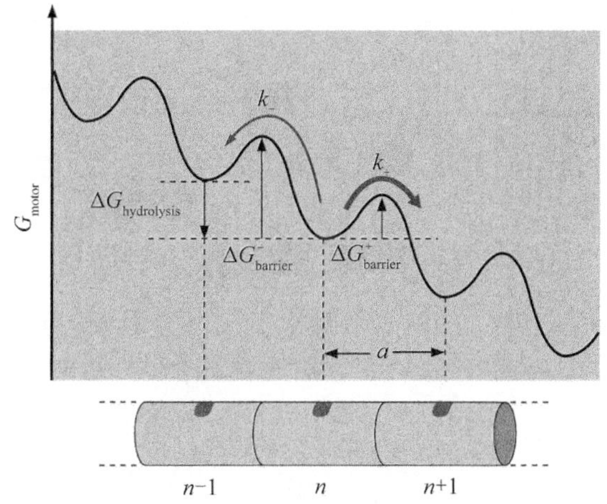

图 16.28 马达沿肌丝运动的自由能曲线。n 表示马达在肌丝上的离散位点。自由能曲面的整个倾斜导致了马达以平均速度向右运动。马达左右跳动的速率由处于 n 与 $n \pm 1$ 态之间的势垒决定

与外力和速度关系的分析相似, 我们能够利用平衡态观点来约束跳动速率 k_+ 和 k_- 的允许空间, 并确定它们在单态马达的玩具模型中与 ATP 浓度的关系。我们从计算马达单个步进所需的自由能变化开始。我们假定马达每一步伴随着一个 ATP 分子的水解事件, 图 16.29 的格子模型代表溶液中 ATP 分子数减 1, 而 ADP 和 P_i 分子数各加 1。

如果马达处于位点 n 对应于溶液中有 A 个 ATP 分子、D 个 ADP 分子和 P 个磷酸根, 该态的统计权重是

$$
w_n = \frac{\Omega!}{A!D!P!(\Omega - A - D - P)!} e^{-\beta A \varepsilon_{\text{bond}}} \tag{16.25}
$$

组合项计及了溶液 Ω 个格子中所有可能的分子排列方式, 波尔兹曼因子对应于 ATP 分子中磷酸根与 ADP 之间所有的成键。水解时, 一个 ATP 分子分裂成一个 ADP 和一个磷酸根, 同时马达运动到位点 $n+1$。因此该态的统计权重是

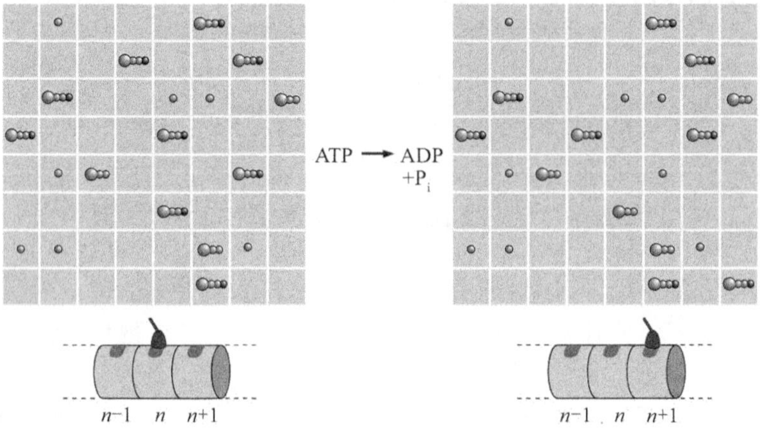

图 16.29 马达运动与 ATP 水解耦合的格子模型。马达的每一步伴随单个水解事件, 即减少一个 ATP 分子, 而 ADP 和 P_i 分子数各加 1

$$w_{n+1}=\frac{\Omega!}{(A-1)!(D+1)!(P+1)![\Omega-(A-1)-(D+1)-(P+1)]!}\mathrm{e}^{-\beta(A-1)\varepsilon_{\mathrm{bond}}} \tag{16.26}$$

态 $n+1$ 与态 n 之间的自由能差就是水解自由能 $\Delta G_{\mathrm{hydrolysis}}$, 与 $n+1$ 和 n 态的统计权重有关

$$\mathrm{e}^{-\beta\Delta G_{\mathrm{hydrolysis}}}=\frac{w_{n+1}}{w_n}=\frac{A}{DP}\Omega\mathrm{e}^{\beta\varepsilon_{\mathrm{bond}}} \tag{16.27}$$

最后等式简单假设了格子模型中的格子数远大于三类分子数, 且各类分子数均远大于 1。注意我们从格子模型中重新导出了 ATP 水解自由能公式 [见式 (6.122)]

$$\Delta G_{\mathrm{hydrolysis}}=\Delta G_0+k_BT\ln\left(\frac{[\mathrm{D}][\mathrm{P}]}{[\mathrm{A}]}v\right) \tag{16.28}$$

分子浓度由各自分子数除以溶积 Ωv, v 代表单个格子体积。“标准态自由能” $\Delta G_0=-\varepsilon_{\mathrm{bond}}$ 对应于每个 ATP 分子中断裂一个化学键释出的能量。标准态指每个格子均有三个分子, 即 $[\mathrm{A}]=[\mathrm{D}]=[\mathrm{P}]=1/v$ (我们如此定义标准态是为方便起见, 而生化学家的标准态是指所有化学组分均为 1 M 时的状态)。很明显, 此时没有熵变, 原因是当 ATP 分子分裂成 ADP 和 P_i 时这些分子不能自由地运动到别的格子中, 因此水解自由能仅仅是键断裂的能量。

我们计算的水解自由能对应于自由能曲面中相邻最小值的差, 马达在该自由能曲面上扩散, 因而差值等于图 16.28 中的整体斜率。式 (16.28) 表明 ATP、ADP 和 P_i 浓度的变化会改变自由能曲面的斜率。因此, 在这个高度简化的模型中, 马达速度也与浓度有关。

但是, 要得到马达速度与 ATP 浓度的关系公式, 光有平衡条件是不够的。在图 16.28 所示的自由能曲面所描述的简单模型中, 我们还必须指定步进速率与 ATP 浓度的关系。

类似于力对马达速度效应的分析, 我们假设两种情景, 其一是 ATP 浓度只与步进速率有关, 其二是只有后退速率才与 ATP 浓度有关, 这两种情况描述在图 16.30 中。

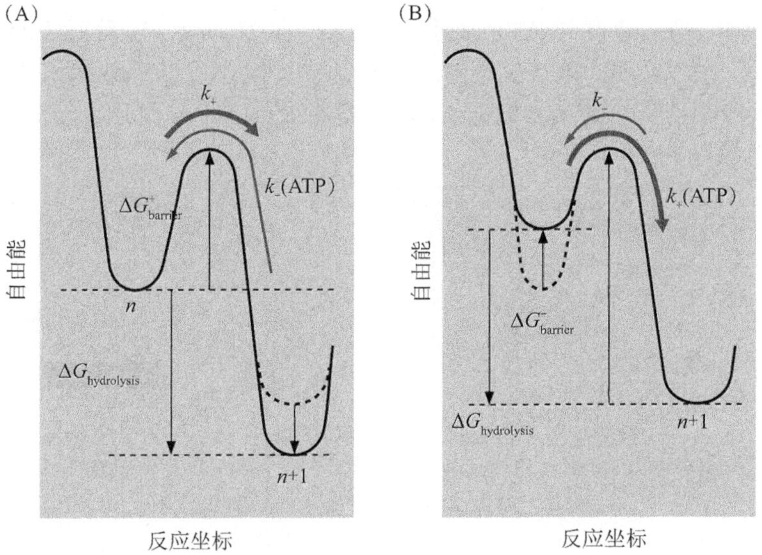

图 16.30 速率与 ATP 浓度关系的可能情景。(A) ATP 浓度只与后退有关, 与步进无关。(B) ATP 浓度只与步进有关。虚线代表较低 ATP 浓度时的自由能曲面, 垂直的实箭头表示 ATP 浓度增加带来的自由能提升

只有步进速率与 ATP 浓度有关时, 我们能利用阿伦尼乌斯公式。得

$$\begin{aligned} k_+ &= \Gamma_+ \mathrm{e}^{-\beta(\Delta G^-_{\rm barrier}+\Delta G_{\rm hydrolysis})} \\ k_- &= \Gamma_- \mathrm{e}^{-\beta\Delta G^-_{\rm barrier}} \end{aligned} \tag{16.29}$$

马达速度 $V = a(k_+ - k_-)$, 联合上式得

$$V = a(k^0_+[\mathrm{A}]v - k_-) \tag{16.30}$$

速率 $k^0_+ = \Gamma_+ \mathrm{e}^{-\beta(\Delta G^-_{\rm barrier}+\Delta G_0)}/[\mathrm{D}][\mathrm{P}]v^2$ 与 ATP 浓度无关, 即标准态 ATP 浓度 ($[\mathrm{A}] = 1/v$) 下的步进速率。上式预言了马达速率与 ATP 浓度之间的线性关系。这种关系显然与实验结果不符, 尤其是 ATP 浓度很高时, 马达速度趋于饱和。事实上, ATP 浓度较高时, 模型本身也变得不自洽。ATP 浓度提升将降低马达从 n 位点步进到 $n+1$ 位点的势垒。尤其是 $\Delta G^-_{\rm barrier} + \Delta G_{\rm hydrolysis} = 0$ 时, 势垒消失, 跃迁速率的阿伦尼乌斯关系将不再有效。因此, 该模型只适合解释低 ATP 浓度时马达速度与 ATP 浓度的关系。

类似地, 后退速率与 ATP 浓度有关时, 速率表达式为

$$\begin{aligned} k_+ &= \Gamma_+ \mathrm{e}^{-\beta\Delta G^+_{\rm barrier}} \\ k_- &= \Gamma_- \mathrm{e}^{-\beta(\Delta G^+_{\rm barrier}-\Delta G_{\rm hydrolysis})} \end{aligned} \tag{16.31}$$

马达速度为

$$V = a\left(k_+ - \frac{k^0_-}{[\mathrm{A}]v}\right) \tag{16.32}$$

$k_-^0 = \Gamma_- e^{-\beta(\Delta G^+_{\text{barrier}} - \Delta G_0)}[D][P]v^2$。模型预言了高 ATP 浓度时马达的饱和速度，但是与上述模型的高ATP浓度的情形一样，ATP 浓度很低时，势垒消失导致阿伦尼乌斯公式无意义。

两种情况下，马达速度与 ATP 浓度关系如图 16.31 所示，还没有理论曲线大范围地符合实验数据。尽管如此，单态模型对建立马达动力学本质的感性认识提供了一个良好的开端。为了对驱动马达的实验数据作出令人信服的解释，我们开始分析两态马达。

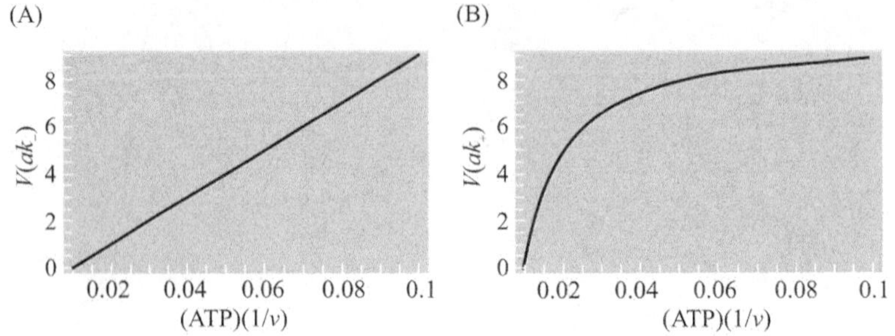

图 16.31　单态模型预言的分子马达速率与 ATP 浓度关系。(A) 只有步进速率与 ATP 浓度有关。(B) 只有后退速率与 ATP 浓度有关

16.2.4　两态模型

单态模型可以快速推广到每个位点有两个内部态的情况，图 16.32 给出了新模型的轮廓。我们采用下标 0 和 1 来标记两个内部态。不同于单态模型，两态模型区别于单态模型的一个有趣特征是某些跃迁不是沿细丝的几何位移，而是指包含水解的内部态之间的转移。对于真实马达来说，与 ATP 水解有关的内部态之间的转移耦合于马达本身的构象变化，正是后者导致马达沿底物产生单个步进，也改变了马达头部与底物的亲和度。产生定向运动的耦合循环，包括结合、ATP 水解、步进和去结合。在单态模型中，我们被迫毫无道理地假设：无论马达前进或后退，即使内部态没有变化，步进和后退的速率常数也被人为设置成互不相同的。现在，我们通过加入第二个态使模型变得较现实 (我们即将看到，它有惊人的定量预言能力)。

两个耦合速率方程描述两态马达动力学

在单态马达的分析基础上，可以进一步用一组速率方程来描述概率分布 $p_i(n,t)$，i 表示内部态 (0 或 1)，n 代表线性轨道的位点。例如，如果我们只对 $p_0(n,t)$ 感兴趣，就需要考虑能够导致马达在 t 时刻位于 n 位点并处于态 0 的各个不同进程。首先，位于 $n-1$ 处于态 1 的马达可以以速率 k_A^+ 跃迁到这个态。其次，位于 n 又处于态 1 的马达也可以以速率 k_B^- 跃迁到这个态。最后，在时间间隔 t 到 $t+\Delta t$ 内，马达依然停留在位点 n 并处于态 0，发生的概率是 $1-(k_A^- + k_B^+)\Delta t$。

类似于单态模型的策略，$p_0(n,t)$ 的时间演化方程为

$$\frac{dp_0(n,t)}{dt} = k_A^+ p_1(n-1,t) + k_B^- p_1(n,t) - k_A^- p_0(n,t) - k_B^+ p_0(n,t) \tag{16.33}$$

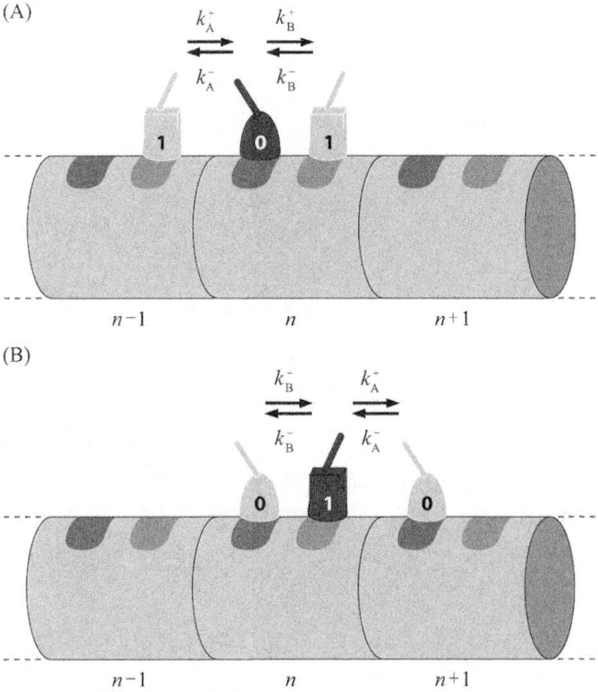

图 16.32 两态马达模型。(A) 跃迁速率改变内部态 0 的概率。黑色图标表示马达头部的当前态, 两个浅色图标代表马达下一步可能处的态。在两态模型中, 无论是马达相对于细丝保持静止 (以速率 k_B) 还是处于后退 (以速率 k_A), 马达头部只能从态 0 转变到态 1。(B) 跃迁速率改变内部态 1 的概率。无论马达保持原位还是处于步进, 马达头部只能转变到态 0

同样的理由, $p_1(n,t)$ 的时间演化方程为

$$\frac{dp_1(n,t)}{dt} = k_A^- p_0(n+1,t) + k_B^+ p_0(n,t) - k_A^+ p_1(n,t) - k_B^- p_1(n,t) \tag{16.34}$$

我们将导出马达位置与时间的关系, 它能拓展我们的视野。

两态模型完整解的详细过程留给读者作家庭作业, 我们在此提供导出速度的简明框架。技巧是引入概率 P_0 和 P_1, 它们是马达在任意位点 n 又分别处于态 0 或 1 的概率, 也即忽略马达的位置而只关注内部态。至此, 我们已经成功地描绘了两态问题, 并可立即写出两态系统动力学的速率方程

$$\frac{dP_0}{dt} = k_A^+ P_1 + k_B^- P_1 - k_A^- P_0 - k_B^+ P_0 \tag{16.35}$$

和

$$\frac{dP_1}{dt} = k_A^- P_0 + k_B^+ P_0 - k_A^+ P_1 - k_B^- P_1 \tag{16.36}$$

将所有位点 $n = 1 \sim \infty$ 的两态概率分布各自累加, 从式 (16.33) 和式 (16.34) 可直接导出上述两个方程 (为此, 我们假设马达可以沿微管行走无限长的距离)。稳态时, 有

$$(k_A^+ + k_B^-)P_1 = (k_A^- + k_B^+)P_0 \tag{16.37}$$

事实上, 马达要么处于态 1, 要么处于态 0, 意味着

$$P_0 + P_1 = 1 \tag{16.38}$$

上述两条件可决定 P_0 和 P_1 值分别为

$$P_0 = \frac{k_A^+ + k_B^-}{k_A^- + k_B^- + k_A^+ + k_B^+} \tag{16.39}$$

和

$$P_1 = \frac{k_A^- + k_B^+}{k_A^- + k_B^- + k_A^+ + k_B^+} \tag{16.40}$$

给定了概率, 我们可以通过研究每个可能的 0~1 或 1~0 的跃迁运动来计算马达速度。具体来说, 我们假定在给定位点从态 0 到态 1, 马达穿越的距离是 δ, 而从某一位点的态1跃迁到下一位点的态 0, 马达穿越的距离是 $a-\delta$, a 是马达轨道的结构周期。

在每个时间间隔 Δt 内, 系统存在 4 种可能跃迁: 在同一位点态 0 和态 1 之间的跃迁, 马达向左或向右偏离 δ; 不同位点态 0 和态 1 之间的跃迁, 马达左右移动距离均为 $a-\delta$。净平均速度则为

$$V = \delta(P_0 k_B^+ - P_1 k_B^-) + (a-\delta)(P_1 k_A^+ - P_0 k_A^-) \tag{16.41}$$

将式 (16.39) 和式 (16.40) 中的 P_0 和 P_1 代入上式, 则平均速度可简化成

$$V = a\frac{k_A^+ k_B^+ - k_A^- k_B^-}{k_A^- + k_B^- + k_A^+ + k_B^+} \tag{16.42}$$

有趣的是平均速度与同一位点内部态之间跃迁引起的马达位置偏离 (δ) 无关。

与单态模型给出的速度表达式 $V = a(k_+ - k_-)$ 相比, 我们可以定义

$$k_+ = \frac{k_A^+ k_B^+}{k_A^- + k_B^- + k_A^+ + k_B^+} \tag{16.43}$$

和

$$k_- = \frac{k_A^- k_B^-}{k_A^- + k_B^- + k_A^+ + k_B^+} \tag{16.44}$$

为了得到扩散系数, 需要对式 (16.33) 和式 (16.34) 作进一步分析。该问题留给读者解决。

与单态模型不同, 引入两个或两个以上内部态的模型是为了解释实验数据。图 16.33 是驱动马达的一组实验数据。在一定的 ATP 浓度和负载力范围内, 仔细测量了马达运动的速度。随着 ATP 浓度的增加, 马达速度也随之上升, 但当 ATP 浓度很高时, 马达速度接近某个常数。这使我们想起了米氏动力学中酶的翻转速率 (图 16.53)。对于驱动马达来说, 马达速度是正比于 ATP 酶的翻转速率的, 因为单个马达的步长是均匀的且与 ATP 水解紧密耦合。不同负载情况下的数据揭示了负载的增加不仅降低了马达的最大速度, 而且提高了 ATP 和马达的表观结合常数 (即当马达速度是最大值一半时的 ATP 浓度)。

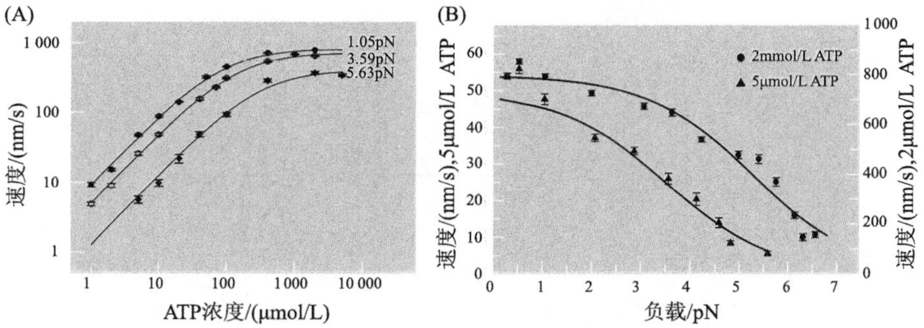

图 16.33 驱动马达速度与 ATP 浓度和负载的关系。(A)ATP 浓度较低时, 马达速度随 ATP 浓度的增加而上升; ATP 浓度较高时, 马达速度趋于饱和。(B) 不同 ATP 浓度下马达速度与负载的关系。(取自 K. Visscher et al., *Nature* 400: 184, 1999; 和 M. J. Schnitzer et al., *Nat. Cell Biol*。2: 718, 2000.)

停留时间分布揭示了内部态的存在

内部态是处理马达动力学的普遍方法。某些实验结果还表明了马达运动需要多个底物。虽然目前我们还没有办法直接解构内部态, 但还是有些间接的结果表明它们的存在。最快速的方法之一是根据测量的两个步进之间的短暂停留时间并统计其分布。要了解这些内部态如何改变停留时间分布, 我们得假定第 i 个底物的特征寿命为 τ_i。这就意味着导致马达净位移的综合进程将以某种方式与这些时间联系在一起。

第15章的最大熵分析表明: 给出平均停留时间 $\langle t\rangle$ 的停留时间概率密度函数形式为

$$p(t)=\frac{1}{\langle t\rangle}\mathrm{e}^{-t/\langle t\rangle} \tag{16.45}$$

该分布来自约束方程

$$\langle t\rangle=\int_0^\infty tp(t)\mathrm{d}t \tag{16.46}$$

式 (16.45) 刻画了子进程指数型的停留时间分布, 两个指数型子进程构建的复合进程的停留时间分布可表示为

$$p(t)=\int_0^t p_A(\tau)p_B(t-\tau)\mathrm{d}\tau \tag{16.47}$$

$p_A(\tau)$ 是时间 τ 后第一步进发生的概率, $p_B(t-\tau)$ 是时间 $t-\tau$ 后第二步进发生的概率。复合进程总停留时间的概率是 $p(t)$。式 (16.47) 中的积分代表对所有可能的微观轨迹求和。例如, 如果 $t=5$ s, 则积分就是那些停留时间加起来等于 5 s 的所有中间步进之和。当进程 A 停留 $\tau=2$ s 时, 意味着进程 B 耗时 3 s。不同的复合微观轨迹例子如图 16.34 所示。

各分立的子进程的概率可以写成

$$p_A(t)=\tau_A^{-1}\mathrm{e}^{-t/\tau_A} \tag{16.48}$$

和

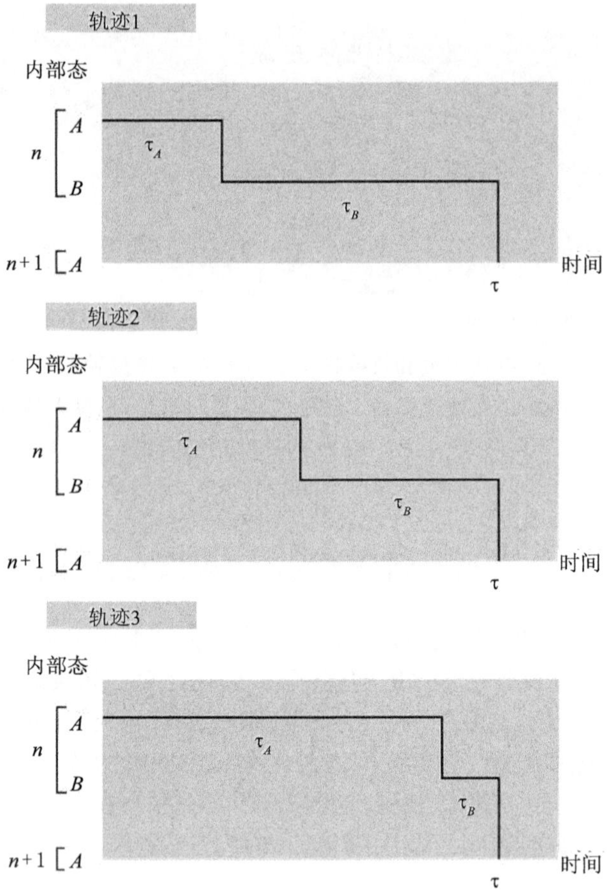

图 16.34 两态系统的轨迹。两个跃迁的总时间 τ。在该时间段内, 系统可以由多种方式产生两个跃迁。停留 τ_A 后产生第一个步进; 停留 τ_B 后产生第二个步进

$$p_B(t) = \tau_B^{-1}\mathrm{e}^{-t/\tau_B} \tag{16.49}$$

代入式 (16.47) 得

$$p(t) = \int_0^t \mathrm{e}^{-\tau/\tau_A}\mathrm{e}^{-(t-\tau)/\tau_B}\mathrm{d}\tau\frac{1}{\tau_A\tau_B} \tag{16.50}$$

积分得 (求解过程见课后习题)

$$p(t) = \frac{1}{\tau_B - \tau_A}(\mathrm{e}^{-t/\tau_B} - \mathrm{e}^{-t/\tau_A}) \tag{16.51}$$

图 16.35 展示了这类停留时间分布的函数形式。事实上, 测到的各种分子马达停留时间分布符合这类函数形式。

在位置–态的模型中, 马达内部构型变化的速率依赖于核苷水解状况和外力因素, 因此, 我们期望停留时间分布也与这两个因子相关。图 16.36 展示了两个 ATP 浓度下肌球马达 V 的平均停留时间与外力的关系。在高 ATP 浓度下, 马达的停留时间很短, 但随外

力的增加, 马达会输出更多的功, 停留时间就快速上升。ATP 浓度很低时, 马达大部分时间在等待核苷的结合, 因此受外力的影响不明显。整个停留时间的分布既使我们了解涉及整个马达动力学的复合进程; 也可以通过停留时间数据的拟合过滤一些模型。

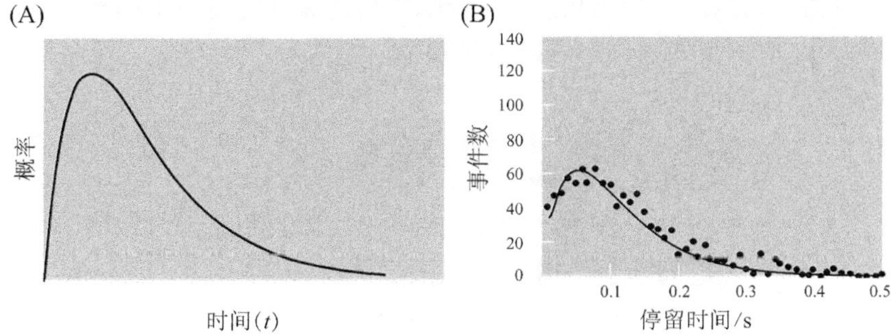

图 16.35 两态马达停留时间的概率分布。(A) 式 (16.51) 的理论值。(B) 当 ATP 浓度为 10 μmol/L 时, 单头肌球马达 V 的停留时间分布数据。(取自 T. J. Purcell, et al., *Proc. Natl Acad. Sci.* 102: 13873, 2005, 和 J. C. Liao et al., *Proc. Natl Acad. Sci.* 104: 3171, 2007.)

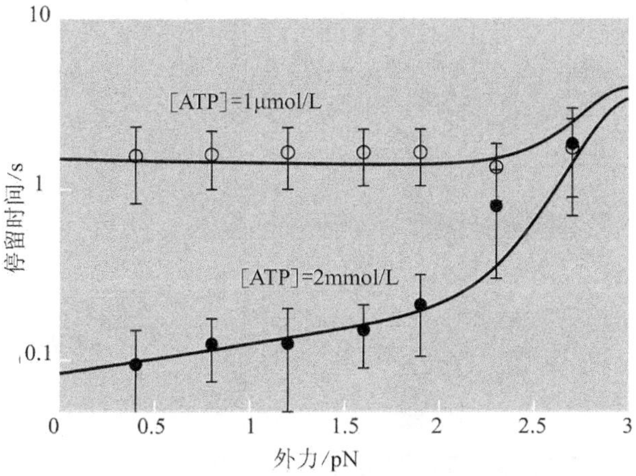

图 16.36 肌球马达V平均停留时间与负载的关系, 实点代表高 ATP 浓度, 空点代表低 ATP 浓度。曲线是两态模型拟合的结果。(取自 A. D. Mehta et al., *Nature* 400: 590, 1999, 和 A. B. Kolomeisky and M. E. Fisher, *Biophys. J.* 84: 1642, 2003.)

16.2.5 更一般的马达模型

一般来说, 分子马达内部动力学可能比单态和两态模型复杂很多。对于这类马达来说, 图 16.19 引入的 P 态 N 位点模型也许还是比较实用的。例如, 为了拟合驱动马达的所有数据, 拥有 4 个内部态的模型似乎最现实。当然, 其数学复杂度和参数扩增已经使这些模型大大超出了本书的范围。可是, 在转入其他马达之前, 我们首先作个一般说明。

作为内部态扩增的一个例子, 图 16.37 显示了肌球马达的实际情况。它展示了肌球马达沿肌动蛋白运动时周期性的步骤。第一步, 肌球马达头部结合到肌丝上 (结合); 第二步, 马达结合 ATP 并与肌丝去结合 (释放), 为沿肌丝运动作准备; 第三步, ATP 水解 (产物ADP 和 P_i 依然结合在头部) 导致马达较大的构象变化并与细丝产生大约 5 nm 的位移 (翘起); 第四步, 磷酸根被释放, 为马达重新结合到肌丝上作准备; 第五, 动力冲程启动, ADP 释放 (发力), 马达回到初始状态。尽管肌球马达展现的每一个内部态都能被上述模型描述, 但每个几何位点的内部态可以多于两个。

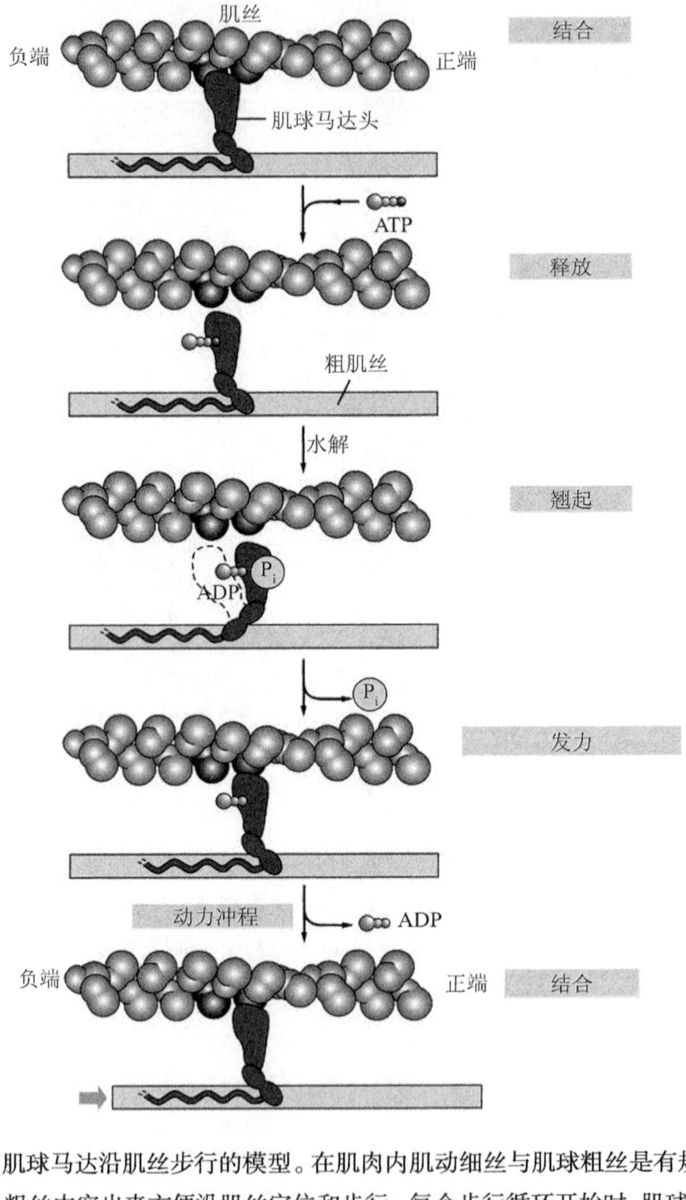

图 16.37　肌肉内肌球马达沿肌丝步行的模型。在肌肉内肌动细丝与肌球粗丝是有规则的并行排列的, 每个肌球马达头从粗丝中突出来方便沿肌丝定位和步行。每个步行循环开始时, 肌球马达头部与肌丝结合; ATP 结合到马达头部促使马达从肌丝解离; ATP 水解与马达的一个构型变化耦合在一起, 后者使马达偏移到肌丝的下一个位点。磷酸根释放后, 马达才能结合到新的位点上; ADP 的释放伴随着一个发力的动力冲程。(摘自 B. Alberts, et. al., Molecular Biology of the Cell, 5th ed., New York, Garland Science, 2008.)

可以用很多实验方案探测马达的各种响应。调控肌球马达和驱动马达动力学的最有趣的两个方法是改变 ATP 浓度和对马达施力, 就像我们已经描述的那样。另一个特别有趣的方法是将数个马达连接起来, 迫使它们一起工作。我们现在就讨论这个迷人的话题。

16.2.6 多马达的协调运动

我们已经注意到了单个马达分子不寻常的力学特性。然而, 细胞内单个分子独自完成某项工作是非常罕见的。更普遍的情况是许多马达必须协调一致完成较大规模的任务。令人印象深刻的是肌肉纤维, 10^{14} 个马达 (在第 16.1 节估算) 必须相互之间没有任何妨碍地同时协调发力。这些马达的合作运动产生了宏观尺度上的肌肉收缩, 从而使我们能奔跑、跳跃和游泳。这种协调是如何达成的呢?

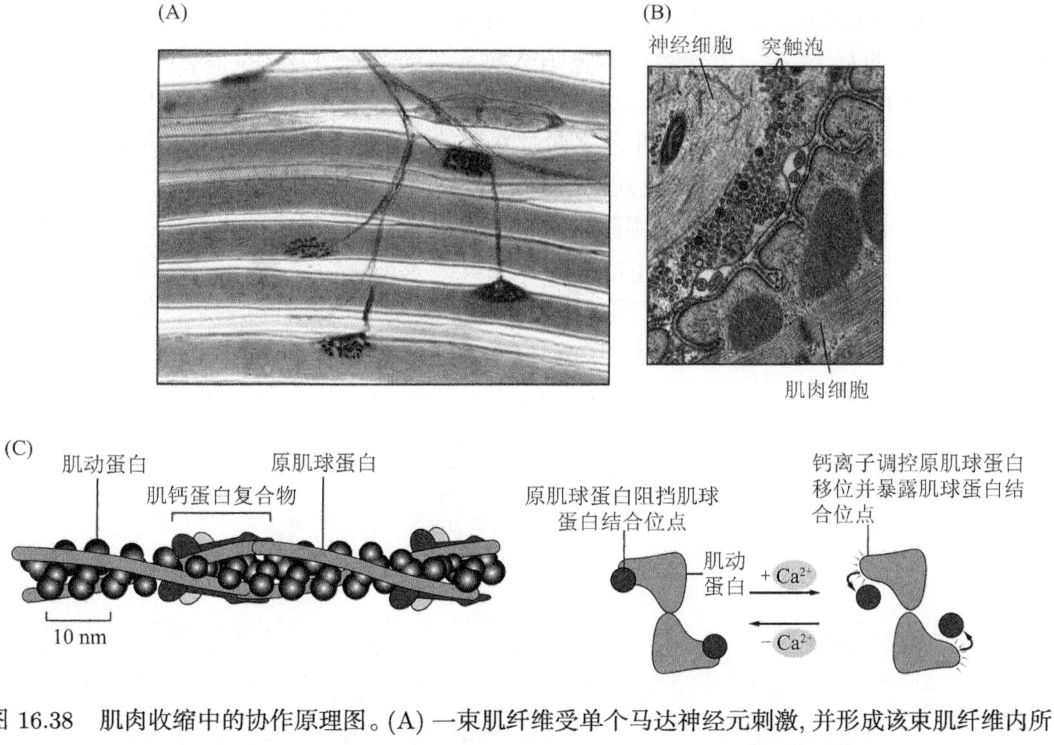

图 16.38 肌肉收缩中的协作原理图。(A) 一束肌纤维受单个马达神经元刺激, 并形成该束肌纤维内所有纤维的通讯突触。(B) 在每个突触上, 神经末梢的分化部分被含有乙酰胆碱的囊泡填满, 后者跨在靶肌肉细胞间排成一行。神经元释放了神经递质后, 乙酰胆碱结合到肌肉细胞的受体上, 并触发钙离子流瞬间穿越整个巨型肌肉细胞的胞质。(C) 在静息的肌肉细胞内, 肌球马达头与肌丝的结合被阻止, 因为肌动蛋白被一系列称为原肌球蛋白的瘦长蛋白包裹着, 而原肌动蛋白又与几个小的钙结合蛋白 (肌钙蛋白) 结合。当钙离子结合到肌钙蛋白时, 一个构象变化促使原肌球蛋白挪位, 并将肌球马达结合位点曝露出来, 后者立即吸引位于附近的肌球马达头与之结合。(A, T. Caceci 惠赠; B, J. Heuser 惠赠; C 取自 B. Alberts, et. al., Molecular Biology of the Cell, 5th ed., New York, Garland Science, 2008.)

肌肉收缩期间马达协调有三个必要条件: 首先, 所有马达头往同一个方向运动; 其次,它们同时发力; 最后, 它们互不妨碍。在肌肉内, 第一个必要条件是通过精致的几何安排达成的, 图 16.7 显示肌节发育期间细胞行使了这种安排。第二个必要条件是通过肌动结合蛋白的活动达成的, 肌动结合蛋白由原肌球蛋白和肌钙蛋白组成, 对钙离子信号的响应机制示于图 16.38。长的原肌球蛋白阻止肌球马达头与肌丝的结合, 因此, 收缩只能发生在对正信号的响应, 即钙离子流入细胞时。由于钙离子非常快速地充满整个细胞, 导致膜去极化的快速传播 (第 17 章将讨论), 几乎同时移除整个细胞内的原肌球蛋白阻塞, 最终导致大尺度的协调收缩。第三个必要条件是骨骼肌肌球马达与肌丝紧结合的时间非常短暂, 只占整个 ATP 周期的很小部分 (小于 5%)。因此, 每个马达产生一个动力冲程并快速脱离肌丝, 并不妨碍其他马达的活动。显然, 这个图像不符合驱动马达或肌球马达 V 的情况。因为它们必须独自持续工作; 这些马达与轨道保持紧密结合的时间大于 ATP 水解周期的 50%。

肌肉是一个比较特殊的系统, 遍布整个细胞的数百万个肌球马达分子已经进化到能协调运动。更一般地说, 它是一个需要协调工作的较小的马达团队。至于像肌球马达 V 和驱动马达这样的双头持续马达, 重要的是马达一头与细丝紧结合之前, 另一头不能脱离细丝。否则, 由于热运动, 马达及其负载的货物有漂离的危险, 这一点在分子尺度上显得尤为重要。因此, 两头之间必须以某种方式通过它们的连接域实现通讯, 以协调彼此的 ATP 水解循环及与细丝的结合。这种模式的分子通讯机制尚未被揭示。研究该问题的一个有趣方法阐明于图 16.39 中。在这个实验中, 由蛋白质工程制造一系列人造的寡聚化的驱动马达头, 马达头又与一串刚性杆状蛋白域和弹性蛋白域相连。这类单头马达能推动微管以一个合理的速率滑行, 而二连体和三连体马达却能合作推动微管持续更快地滑动。人工马达已经清楚地证明了马达之间协作性的存在, 即使连接蛋白的分子结构与真实马达中

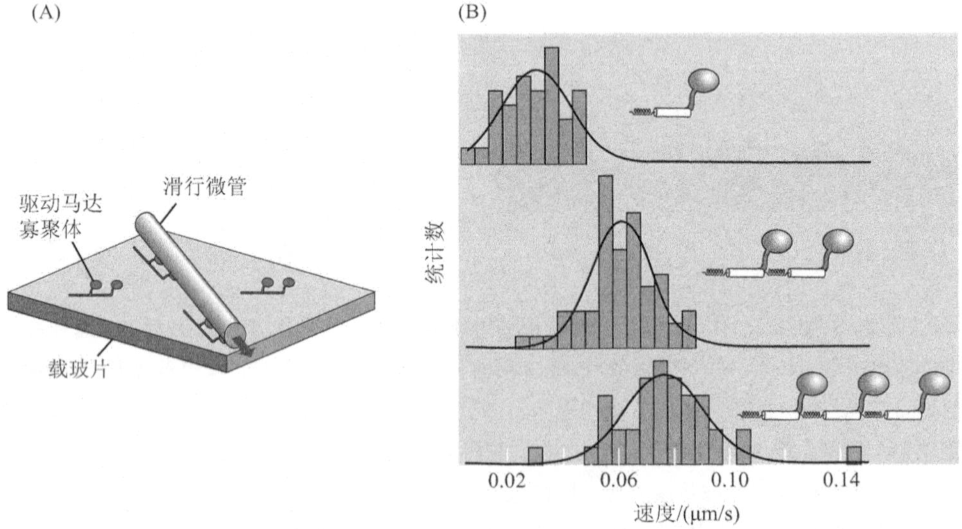

图 16.39　相连马达之间的协作机制。(A) 实验原理图, 固定的驱动马达寡聚体在滑行实验中移动微管。(B) 单根微管移动速度测量的直方图, 单头移动微管 (顶部); 二连体移动微管 (中部); 三连体移动微管 (底部)。尽管每个马达头都是相同的单元, 但多个头耦合在一起能使它们更快地驱动微管。(取自 M. R. Diehl et al., *Science* 311: 1468, 2006.)

发现的连接结构绝然不同。这个结果意味着相连马达之间的协作机制也许可以通过纯力学的原理来揭示。

多个不同种类的马达也经常需要一起工作, 如膜被细胞器和囊泡在细胞内输运。图 16.40 是这类输运的一个例子。黑素细胞内有许多小囊泡充满了称为黑素体的黑色素。在某些鱼类和两栖动物中, 细胞能改变颜色来响应荷尔蒙信号, 当动物受惊吓、愤怒或性冲动时实现通信。事实上, 每个黑素细胞被三个不同种类的马达包裹着, 动力马达可以沿微管移动黑素细胞朝向细胞中心, 而驱动马达在同一根微管上可以逆向移动黑素细胞, 肌球马达 V 则在细胞的边缘沿肌丝移动。当细胞接收到荷尔蒙信号时, 所有的黑素细胞会同时朝一个方向运动。原因是荷尔蒙信号间接造成蛋白质磷酸化, 后者可以调节马达活性, 启动朝内的马达还是朝外的马达工作。对马达的协调性的研究是马达研究中激动人心的前沿课题之一。

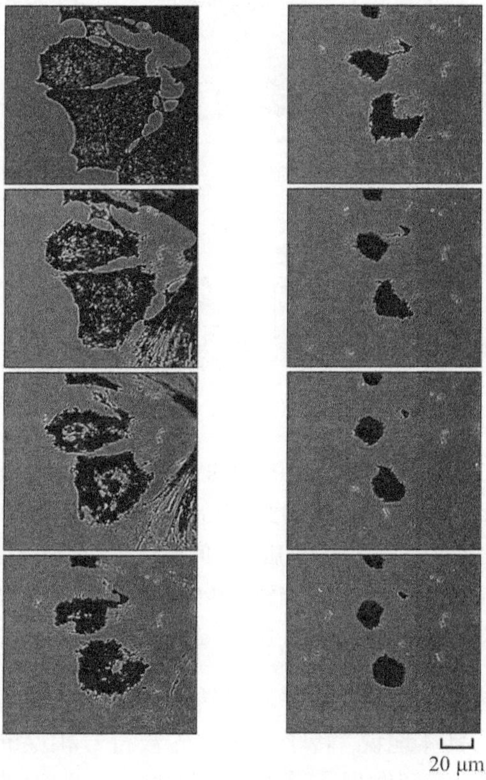

图 16.40 黑素体小颗粒的输运。黑素体细胞从黑脂鲤的皮肤中培养得到, 用肾上腺素刺激后, 黑素体细胞中的黑素体颗粒将重组。图片来自 2 min 间隔的视频截图。黑素体颗粒在细胞中心的聚集使鱼看起来颜色变得更深。(取自 V. I. Rodionov and G. G. Borisy, *Nature* 386: 170, 1997.)

16.2.7 转动马达

我们已经为线动马达发展出了位置–态模型, 认为马达沿线性轨道每运动一步都需要能量。这类模型很容易被推广到第二类主要的生物马达——转动马达，只需将线性轨道弯成一个闭环。就像图 16.15 所示的那样，转动马达也以一系列离散的步骤转动，每一步也消耗化学能。能量要么来自 ATP 水解，要么来自离子沿电化学梯度跨膜输运。

对线动马达引入的重要力学量都可以直接过渡到转动马达中。例如，线动马达中的线动速度类似于转动马达中的角速度，发力变成扭矩。我们感兴趣的是：转动马达角速度与外加扭矩的关系如何？速度与耗能（即 ATP 浓度或电化学势）之间的关系又怎样？

图 16.41 说明了转动马达是典型的大型多蛋白机器，一系列相似的亚基围成一个环。跨膜输运一个钠离子伴随马达的一个构象变化，后者等价于运动环（也称转子）相对于其余不动的部件（也称定子）一个步进。

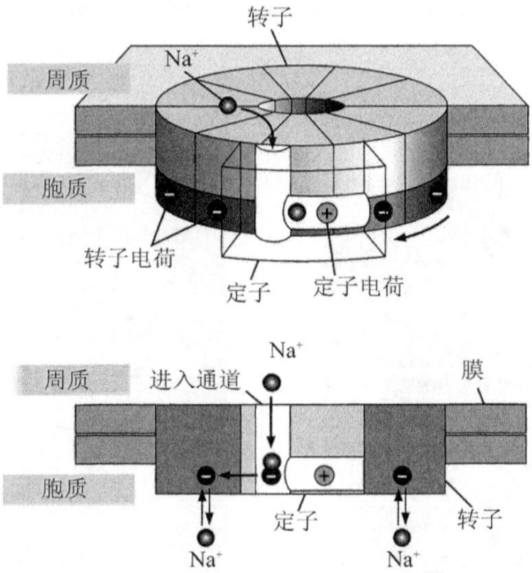

图 16.41 Na^+ 转运蛋白的工作原理。中度产丙酸菌的 F_o 马达图，与大部分细菌的 F_o 输运 H^+ 不同，这类细菌输运 Na^+。单个 Na^+ 穿过转子的运动要求经历一个步骤，就是带领一部分转运的离子进入定子环中有电荷分布的区域。任何时候，周质与细胞质之间没有直接的通道存在，但离子仍然可以跨膜运动。当转子处于某个位置时离子从周质进入，当转子转到下一个位子时，离子离开转子并进入细胞质。这就导致了转子带有漂移的转动扩散。(取自 C. Bustamante et al., *Acc. Chem. Res.* 34: 412, 2001.)

转子的扩散转动是热涨落引起的，并通过转子、定子和钠离子之间的静电相互作用整流后变成了定向运动。具体地说，转子电荷首先被符号相反的定子电荷俘获。然后脱离定子电荷的束缚并扩散，直到发现通道入口（图 16.41），通道的周质一侧钠离子浓度较高。最后，转子电荷从周质一侧俘获钠离子并使自己部分表现出中性，更容易脱离定子电荷束缚而扩散。一旦离开定子，钠离子就被释放到低浓度的细胞质一侧。马达的驱动力因而是钠离子从周质穿越到细胞质而造成的自由能差。

细菌鞭毛马达和 ATP 合酶的 F_o 亚基的扭矩产生机制共享上述原理。在 ATP 合酶中，我们更有兴趣比较离子转移（F_o 中）与 ATP 水解（F_1 中）产生的扭矩的大小。

估算: ATP 合酶中的竞争 ATP 合酶明显的特征之一是它的转动方向取决于跨膜离子梯度强度和 ATP、ADP 及 P_i 的浓度。我们将重点估算在两个方向上施加的扭矩大小。F_o 单元的转动是跨膜离子流引起的, 每转移一个离子, 马达转 30°。相应地, ATP 水解驱动 F_1 单元反转, 每水解一个 ATP, 马达转 120°。

假设有关离子输运 (F_o) 和 ATP 水解 (F_1) 的自由能全部转化成有用功, 则可以对两个马达各自产生的扭矩作简单估算。扭矩就是马达定向转动的驱动力, 等价于马达扩散的自由能曲面的倾斜度, 类似于外力使线动马达自由能曲面倾斜的情形。对 F_o, 我们有

$$\Delta G_{tot} = \Delta G_{pot} + \Delta G_{conc} \tag{16.52}$$

ΔG_{pot} 是移动离子在跨膜电势上引起的自由能差; ΔG_{conc} 对应于离子从浓度 c_{out} 一侧移动到 c_{in} 一侧造成熵变而引起的自由能差。跨膜电势对移动离子过程中自由能的贡献为

$$\Delta G_{pot} = e\Delta V \tag{16.53}$$

跨膜电势差的典型值为 90 mV, 则自由能差约为 $4k_BT$。离子转移引起的熵变对自由能的贡献是

$$\Delta G_{conc} = k_BT \ln \frac{C_{\text{out}}}{C_{\text{in}}} \tag{16.54}$$

假设在理想自由能转化过程中离子跨膜转移引起的自由能变化全部转化成有用功并产生扭矩, 则

$$\tau_{F_o} \approx \frac{4k_BT}{\pi/6} + \frac{k_BT}{\pi/6} \ln \frac{C_{\text{out}}}{C_{\text{in}}} \approx 30 + 20\Delta\text{pH pN nm} \tag{16.55}$$

ΔpH 是细胞内外 pH 之差。

前面已经提到, 如果离子浓度足够低而 ATP 浓度足够高, 马达可以反转, 此时, F_1 产生的最大扭矩可以估算如下

$$\tau_{F_1} \approx \frac{\Delta G_0}{2\pi/3} + \frac{k_BT}{2\pi/3} \ln \frac{[\text{ADP}][\text{P}_\text{i}]}{[\text{ATP}]} \approx 40\text{pN nm} \tag{16.56}$$

估算时利用了生理条件下水解一个 ATP 分子产生的自由能典型值 $20k_BT$。对比两个力矩, 我们可以调节 ΔpH 来改变马达的转向, 转变点发生在 ΔpH≈ 0.5。正常情况下, 大肠杆菌的 ΔpH 维持在 0.75 左右, 即 F_o 产生的扭矩较大, 则 F_1 合成 ATP; 当外部介质的 pH 较高时 (非常碱性时, pH$>$ 8.0), ΔpH 也可以为 $-0.25 \sim 2.0$, 则 ATP 合酶可以反转。

16.3 聚合和易位也是马达运动

16.3.1 聚合棘轮

我们已经定量讨论了沿细胞骨架轨道运动的线动马达。有趣的是, 作为线动马达脚

手架的细胞骨架细丝本身也存在马达活动的一面。在某些特殊场合, 细胞骨架聚合确实是细胞对外施力的主要手段之一。聚合发力的典型模型是聚合棘轮, 基本思路是细丝生长端单体的加入能对障碍物产生一个推力, 单体加入借助了障碍物或细丝本身位置的涨落。具体来说, 我们可以大致设想增长的肌丝在蠕行细胞的前缘推动细胞。

设想细胞骨架细丝已经长到了足够长以致它与障碍物之间没有空间, 这类实验如图 10.33 所示。一旦细胞骨架细丝与障碍物接触到, 则没有空间让下一个单体进入并连接, 聚合进程似乎会慢慢停顿下来。可是, 如果障碍物 (膜) 的位置总在不停地涨落, 总会出现合适的空间让新的单态聚合, 结果是膜的位移不断增加。同样地, 细丝本身也会涨落, 偶尔也会从障碍物上弯曲脱离, 则新的单体就有结合的空间。无论哪种机制, 涨落"肯定"是主因, 是它导致作用在膜上的力。最终结果是生长的肌丝产生抵抗膜变形的力并对外做功。

基于棘轮图像, 并利用热力学推理, 我们可以估算细丝聚合所产生的最大推力。没有外力时, 单体聚合的自由能曲面如图 16.42 所示。有外力时, 新单体的聚合必须做功 $F\delta$, 从而有额外的自由能损失。简单来说, 新单体抵抗外力做功所跨越的距离等于单体长度。根据图 16.43 的自由能图像, 力的效应就是将无外力状态的自由能提高 $F\delta$。导致有力状态的聚合反应解离速率增加

$$K_d(F) = K_d(0)\mathrm{e}^{F\delta/k_BT} \tag{16.57}$$

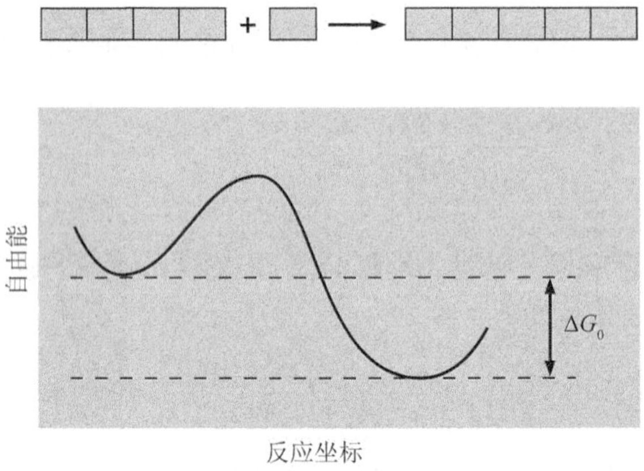

图 16.42 聚合反应平衡态自由能曲线。每个单体聚合到细丝将降低系统的自由能。细胞能利用该自由能做功

上一章已经讨论过, 解离常数是平均细丝长度不随时间改变时的单体浓度 m。因此, 当单体浓度为 m 时细丝聚合产生的最大发力满足关系式

$$m = K_d(0)\mathrm{e}^{F_{\max}\delta/k_BT} \tag{16.58}$$

由此解出最大发力

$$F_{\max} = \frac{k_BT}{\delta}\ln\frac{m}{m^*} \tag{16.59}$$

其中 $m^* = K_d(0)$ 是无外力时的临界浓度。

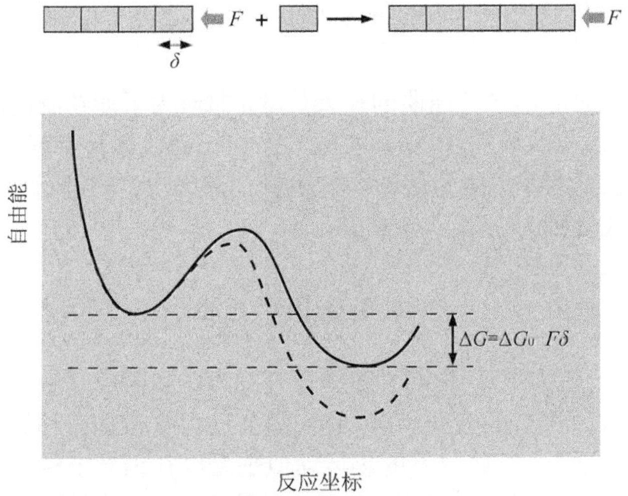

图 16.43 有外力的聚合。外力使自由能曲面倾斜,并使单体的聚合变得比没有外力时困难

利用这个简单公式,我们就能估算细丝和微管聚合时所能产生的最大推力。在活体细胞内,动力蛋白单体的浓度约为 20 μmol/L,即 $m = 100\ m^*$,单体聚合时细丝长度的变化 δ 可以估算如下

$$\delta \approx \frac{5.4\ \text{nm}}{2\text{根原丝}} = 2.7\ \text{nm} \tag{16.60}$$

则最大力

$$F_{\max} = \frac{4\text{pN nm}}{2.7\ \text{nm}} \times \ln 100 \approx 7\ \text{pN} \tag{16.61}$$

对于微管而言,我们取微管蛋白过剩浓度与动力蛋白的一样,即 $m = 100\ m^*$,单体聚合导致的微管长度变化

$$\delta = \frac{8\ \text{nm}}{13\text{根原丝}} \approx 0.6\ \text{nm} \tag{16.62}$$

则最大推力

$$F_{\max} = \frac{4\text{pN nm}}{0.6\ \text{nm}} \times \ln 100 \approx 30\text{pN} \tag{16.63}$$

结果表明,在其他条件不变的情况下,聚合步进越小,马达发力越大。在真实细胞内,不时观察到微管的生长或收缩能产生惊人的生物力,而肌丝又总是集体行动的。

上述估算的局限之一是没有考虑屈曲,一旦屈曲,细丝聚合的最大估算力也许很难达到;局限之二是没有考虑细丝长度,认为单根细丝聚合发力是常数,与长度无关。事实上,细丝越长越容易屈曲。在第 10 章我们导出了式 (10.69),估算屈曲力

$$F_{\text{buckle}} \approx \frac{k_{\text{flex}}}{L^2} \tag{16.64}$$

细丝的抗弯刚度是其抵抗弯曲的特征参数,它与驻留长度的关系是 $k_{\text{flex}} = \xi_p k_B T$。可见其量纲是能量乘长度,将其除以长度平方得到力。

由于屈曲力正比于长度平方的倒数,因此只有非常短的细丝才能支撑 $F_{\max}$ 大小的负载而不屈曲,其临界长度由二力相等决定。驻留长度为 15 μm 的肌丝,设定 $F_{\text{buckle}} = F_{\max}$,

利用式 (16.64) 得

$$\frac{4\ \mathrm{pN\ nm} \times 15\ \mu\mathrm{m}}{L_{\max}^2} = 7\ \mathrm{pN} \tag{16.65}$$

所以 $L_{\max} \approx 0.1\ \mu\mathrm{m}$ 是它能抗拒屈曲的最大长度。肌丝为了能在胞内施力常常依靠交联蛋白连接在一起, 形成束状或网状, 细丝实际的平均长度远远低于该限制, 如图 14.2 和图 15.3 所示。对微管也可以作类似的估算, 只是 $F_{\max} = 30\ \mathrm{pN}$, 驻留长度为 3 mm (比肌丝硬得多), 最大屈曲长度则为 $L_{\max} \approx 0.6\ \mu\mathrm{m}$。

非平衡聚合反应

通过热力学讨论, 我们已经获得了细丝聚合发力的上限值。为了进一步定量认识发力大小及细丝抵抗外力聚合的时间尺度, 我们需要动力学模型来估算单体聚合到细丝所需的时间。在分子水平上, 某些单元的热运动似乎足以在细丝末端与障碍物之间腾挪单体尺度的空间。视热运动为限速步骤的动力学模型通常是指热棘轮或布朗棘轮模型。

布朗棘轮的形式之一如图 16.44 所示。长度为 δ 的单体构成的聚合物在细胞膜之类的障碍物附近生长。当热涨落引起的聚合物与障碍物之间的间隙大于 δ 时, 单体就能结合并聚合在末端, 因而有效地将障碍物往前推。我们希望计算聚合速度与负载的关系。

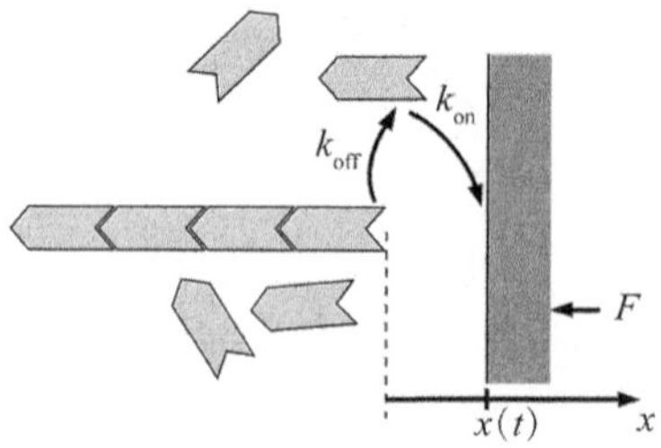

图 16.44 布朗棘轮的聚合模型。生长的细丝反抗作用力 F 推动障碍物位移。由于涨落效应, 障碍物可以沿 x 轴前后移动, 偶尔会腾挪足够的空间让单体插入并聚合在末端

如果障碍物上没有作用力, 我们可以通过两个简单假设来估算速度: ①单体一旦结合就不再脱离; ②大于 δ 的间隙一出现, 单体立刻聚合。障碍物漂移 δ 距离所需的时间可以由扩散常数估算 $t_D = \delta^2/2D$。该时间段障碍物发生位移 δ, 我们就可以估算其平均 (“理想”) 速度 $\nu_{id} = \delta/t_D$, 即

$$\nu_{id} = \frac{2D}{\delta} \tag{16.66}$$

末端生长的理想速度与障碍物扩散系数成正比。

实验检测过上述公式, 采用不同大小的细菌或细菌蛋白包裹的不同尺寸的聚乙烯球, 产生聚合驱动的肌动蛋白彗尾, 如图 15.3 所示。检测结果与上述预言不符, 速度与障碍物尺度的相关性较弱, 且并不正比于其扩散系数。这种矛盾可以由另一个模型来解决, 该模型认为是细丝本身的热涨落负责腾挪单体尺度的间隙, 该模型精确地预言了马达速度如何依赖于各种实验条件。与这个理想模型相比, 较完整的真实体系考虑了力对速度的影响, 这些力包括肌丝与障碍物之间的附着力。然而, 抛开细节, 构建聚合马达定量模型总

是以维持单体的非平衡浓度入手, 因为后者能对某些力学单元 (包括障碍物和细丝末端) 的热运动实行整流。

我们现在就推广该动力学模型到布朗棘轮的具体应用, 根据每个单体单位时间加载到细丝的概率来计算速度, 抛开它们腾挪空间的物理细节。我们在此考虑如图 16.45 所示的两个有点差异的动力学图像。第一个图像命名为单体加入限制, 细丝延伸的限速步骤是单体扩散并结合到细丝末端。第二个图像命名为空间腾挪限制, 单体聚合到细丝是快速步骤, 细丝与负载之间腾挪单体尺度的空间才是限速步骤。则单体在间隔 Δt 内结合到细丝的概率可以写成被允许附着的概率乘上在允许的前提下发生附着的概率: $\Delta p(\mathrm{on}) = p(\mathrm{allowed}) \times k_{\mathrm{on}} m \Delta t$。允许附着的概率等于障碍物位置与细丝边缘距离大于 δ 的概率。在单体加入限制的情况下, 两次附着之间的时间间隔足够长, 以致负载能尝试所有可能的位置。因此, 允许附着的概率等于负载位置大于 δ 的平衡概率 $p_{eq}(x > \delta)$。

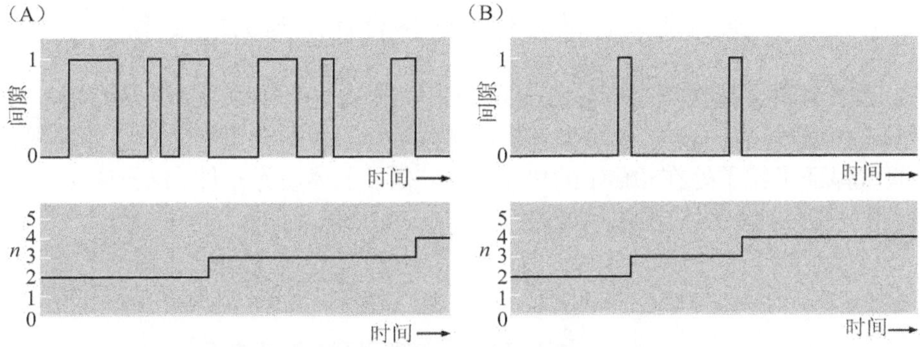

图 16.45 简单布朗棘轮的单体加入限制图像 (A) 和空间腾挪限制图像 (B), 细丝与负载间隙轨迹和细丝长度 (底部 n) 并列于图中。当单体加入限制延伸反应时, 负载频繁处于有利于单体加入的位置 (间隙 = 1) 而单体聚合到细丝的事件比较罕见。当空间腾挪限制延伸反应时, 负载很少处于有利于单体加入的位置, 但单体还是可以随时加入。注意, 单体一旦加入, 空间立刻消失 (间隙 = 0)

平均聚合速率

$$\nu = \delta[k_{\mathrm{on}} m p_{eq}(x > \delta) - k_{\mathrm{off}}] \tag{16.67}$$

聚合物与负载之间间隙大于 x 的平衡概率

$$p_{eq}(x > \delta) = \int_{\delta}^{\infty} \mathcal{P}_{eq}(x)\mathrm{d}x \tag{16.68}$$

此处

$$\mathcal{P}_{eq}(x) = \frac{F}{k_B T}\mathrm{e}^{-Fx/k_B T} \tag{16.69}$$

是发现负载距离细丝生长端 x 处的平衡概率。积分式 (16.68) 并代入式 (16.67) 得单体加入限制模型的力依赖的聚合速率表达式

$$\nu = \delta[k_{\mathrm{on}} m \mathrm{e}^{-F\delta/k_B T} - k_{\mathrm{off}}] \tag{16.70}$$

在此, 我们假定脱离速率不受力的影响。速率随外力的增加而以 $k_B T/\delta$ 为特征常数指数衰减这个预言是可以实验检验的。微管的特征力估算为 7 pN, 而实验测得该值约为 2 pN,

对于极度简化的聚合模型来说, 这个差异已经算是很合理了。另外还要注意的是, 模型预言的最大推力等于早先平衡假设的预言值。一旦负载越过该值, 细丝就从增长切换到收缩。

现在, 我们假定单体加入时间远远小于空间腾挪时间。细丝生长的影像将揭示细丝在长度分别为 n 和 $n-1$ 两个态之间的快速涨落, 且大部分时间处于 n 态 (即 $k_{\rm on}m > k_{\rm off}$), 如图 16.45 所示 (我们也可能观察到 $n-1$ 态, 只是要求有单体脱落事件发生, 尽管脱落事件很少紧跟聚合事件)。

影像最终显示细丝长到了 $n+1$, 但只能在负载扩散 δ 距离时才发生, 在这个扩散时间内, 一旦负载腾出的空间允许新单体加入, 后者就瞬间结合, 细丝长度就开始在 $n \sim n+1$ 涨落。我们推断: 空间腾挪限制时, 细丝平均生长速率是 $1/\tau_1$, τ_1 是负载扩散 δ 距离所需的平均时间; 这个时间也称为首次通过时间. 计算首次通过时间是扩散理论的经典问题。我们将问题限定在一维扩散体系内。

通过驱动扩散方程求解聚合速度与力的关系

我们首先计算无外力时的首次通过时间。如图 16.46 所示, 考虑在区间 δ 内发现粒子处于 x 的稳态概率 $p(x)$ 的扩散方程。假定粒子穿过 $x=\delta$ 边界时就立即复现在 $x=0$ 处。该假设保证了粒子处在 $(0,\delta)$ 的概率是 1。有了上述边界条件, 粒子从 $x=0$ 运动到 $x=\delta$ 边界的平均速率便是稳态扩散流 $j_0=-D\partial p/\partial x$。

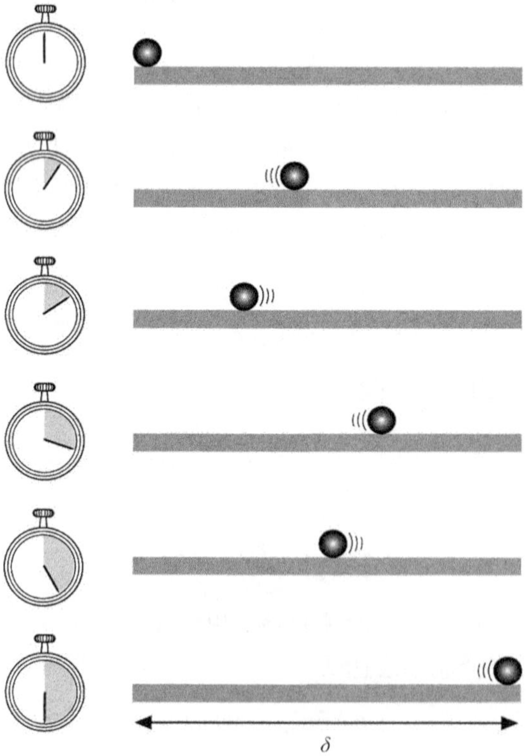

图 16.46　平均首次通过时间。在一维体系内, 粒子开始于起点并沿一条直线扩散。粒子首次到达距离 δ 位置所需的时间称为首次通过时间。很多轨迹的这个时间平均值称为平均首次通过时间

稳态扩散方程

$$\frac{\partial^2 p}{\partial x^2}=0 \tag{16.71}$$

意味着概率与位置呈线性关系, 即 $p(x)=Ax+B$。为了计算系数 A 和 B, 我们利用两个条件: 第一个为归一化条件

$$\int_0^\delta p(x)\mathrm{d}x=B\delta+A\frac{\delta^2}{2}=1 \tag{16.72}$$

第二个条件保证 $x=\delta$ 处概率消失, 即

$$p(\delta)=A\delta+B=0 \tag{16.73}$$

这是粒子到达边界就消失的条件。由上述两个方程可得 $A=-2/\delta^2$ 和 $B=2/\delta$。概率流则为

$$j_0=-DA=\frac{2D}{\delta^2} \tag{16.74}$$

首次通过时间则是该值的倒数, $\tau_1=\delta^2/2D$。细丝聚合速率

$$\nu=\frac{\delta}{\tau_1}=\frac{2D}{\delta} \tag{16.75}$$

现在考虑外力作用于扩散粒子的情况 (棘轮模型包含负载的因素), 重复上述计算。概率流部分来自外力漂移项的贡献

$$j_0=-D\frac{\partial p}{\partial x}-\frac{F}{\gamma}p \tag{16.76}$$

γ 是将力与速度联系起来的摩擦系数。漂移项前面的负号是由于力被设定指向负 x 方向所致。摩擦系数与扩散系数由爱因斯坦关系联系起来, $\gamma D=k_BT$。所有这些处理驱动扩散的思想来自第 13.2.4 和第 13.2.5 节。

稳态时概率流保持不变, 根据未知的 j_0 解 $p(x)$ 微分方程。它的解是齐次方程的一般解与非齐次方程的特解之和

$$p(x)=\underbrace{A\mathrm{e}^{-Fx/k_BT}}_{\text{齐次解}}-\underbrace{j_0\frac{\gamma}{F}}_{\text{非齐次解}} \tag{16.77}$$

再次利用 $p(\delta)=0$ 和 $\int_0^\delta p(x)\mathrm{d}x=1$ 两条件, 得两未知数 A 和 j_0 的方程, 即

$$\begin{aligned}&A\mathrm{e}^{-F\delta/k_BT}-j_0\frac{\gamma}{F}=0\\&-A\frac{k_BT}{F}(\mathrm{e}^{-F\delta/k_BT}-1)-j_0\frac{\gamma}{F}\delta=1\end{aligned}$$

这两个方程导出稳态流的表达式是

$$j_0=\frac{1}{(k_BT\gamma/F^2)(\mathrm{e}^{F\delta/k_BT}-1)-\gamma\delta/F} \tag{16.78}$$

与无力状态类似, 可导出聚合速率

$$\nu = \delta j_0 = \frac{D}{\delta}\frac{(F\delta/k_BT)^2}{e^{F\delta/k_BT} - 1 - F\delta/k_BT} \tag{16.79}$$

当 $F\delta \ll k_BT$ 时, 上述表达式退化成零负载极限表达式。在此情况下, 热涨落太大以致扩散“粒子”“感觉”不到势的存在。

另一个极端情况是 $F\delta \gg k_BT$, 聚合速率表达式简化成 $\nu = [F^2D\delta/(k_BT)^2]e^{-F\delta/k_BT}$。对应于“粒子”的首次通过时间, $\tau_1 = \delta/\nu = [(k_BT/F)^2/D]e^{F\delta/k_BT}$。前面的因子是扩散距离 k_BT/F 所需的时间, 而指数的阿伦尼乌斯因子表示粒子发现自己在热平衡温度 T 时拥有能量 $F\delta$ 的概率。

16.3.2 聚 合 力

直接测量聚合力

已经有几种技术可以直接测量细丝聚合的发力大小。首次直接测量单根微管聚合发力时利用了微管本身的弹性梁特性, 通过弯曲程度来测力。我们已经在图 10.33 中讨论了这个实验, 但我们只计算了弯曲一根微管所需的力。实际上, 这个实验的目的并不是测量弯曲力, 而是通过测量微管的弯曲情况来推算微管与障碍物的界面产生的聚合力。这个经典实验证明单根微管在这种受限的几何环境中聚合时可以产生数皮牛的推力, 如图 16.47 所示。这个量值接近于前面讨论的单个驱动马达或动力马达产生的力。

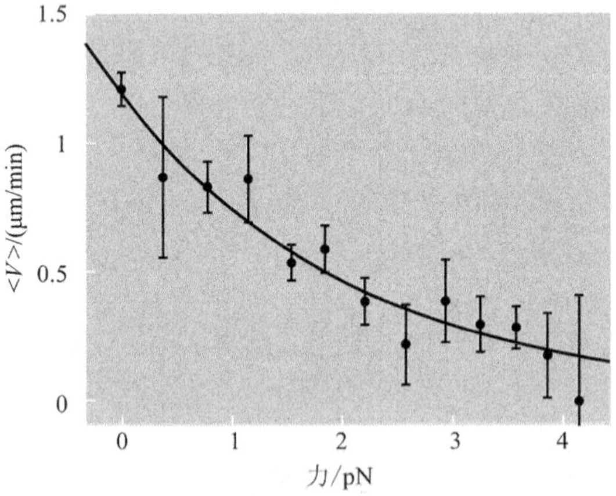

图 16.47 作用于刚性障碍物上的微管平均聚合速率与施力的关系。在这个实验中, 力是由弹性弯曲的微管自身施加的。作为马达之一, 聚合马达的聚合速率随力的增加而降低。(取自 M. Dogterom and B. Yurke, *Science* 278: 856, 1997.)

微管本身作为一个装置来测量发力大小衍生了某些疑问。尤其是, 微管的刚度随长度的变化而变化, 会导致实验不能准确地推定聚合力, 因此需要另一种方法来验证测得的聚合力。图 16.48 所示的光镊可以实现这一目的。光镊在纳米尺度的位移内很适合测量皮牛量级的力。光镊的测量结果与微管弯曲的测量结果符合得很好, 表明微管生长影响其弹性的观点不足以明显改变测得的聚合力。

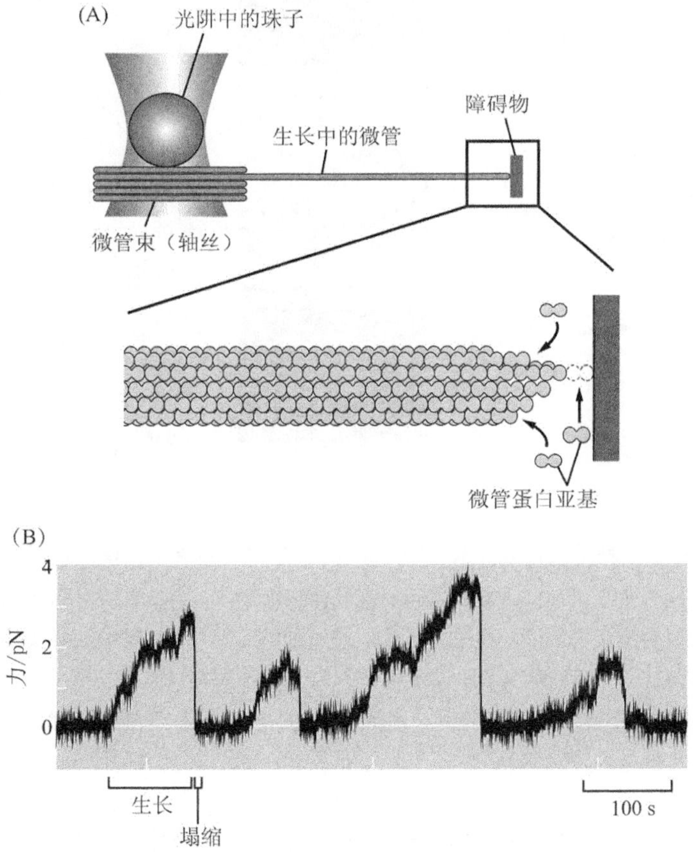

图 16.48 光镊测量微管聚合力。(A) 一束微管与珠子结合, 后者可由光镊操纵。一束被操纵的微管一端接近纳米装配刚性壁。微管蛋白二聚体的加入导致微管在与壁接触的界面生长, 并推动珠子在光镊中后退。(B) 实验的某个测量轨迹显示了紧随微管生长阶段的力致塌缩。(取自 J. W. Kerssemakers et al., *Nature* 442: 709, 2006.)

无论是线动马达或聚合马达, 在体外测量单个马达发力是可能的。可是在细胞内, 任何马达都不可能工作在孤立状态。许多生物发力包含一系列发力单元的通力协作。光镊没法测量肌丝组织产生的很大的力。第 10 章描述的基于悬臂的显微镜倒是比较合适。悬臂的刚度与其厚度的关系简单, 因此, 力的范围可以调节。图 16.49 给出了悬臂实验, 肌丝网络的生长是在非常接近玻璃板的悬臂表面触发的。悬臂偏斜反映了组织生长, 可以用其来测量力和生长速度。该实验证明了肌丝阵列并不以简单的累加模式一起发力。令人惊讶的是, 在较大范围的变力作用下, 肌丝组织的生长几乎是恒速的, 这与单个分子马达展示的单调下降的力-速度曲线形成鲜明的对照。

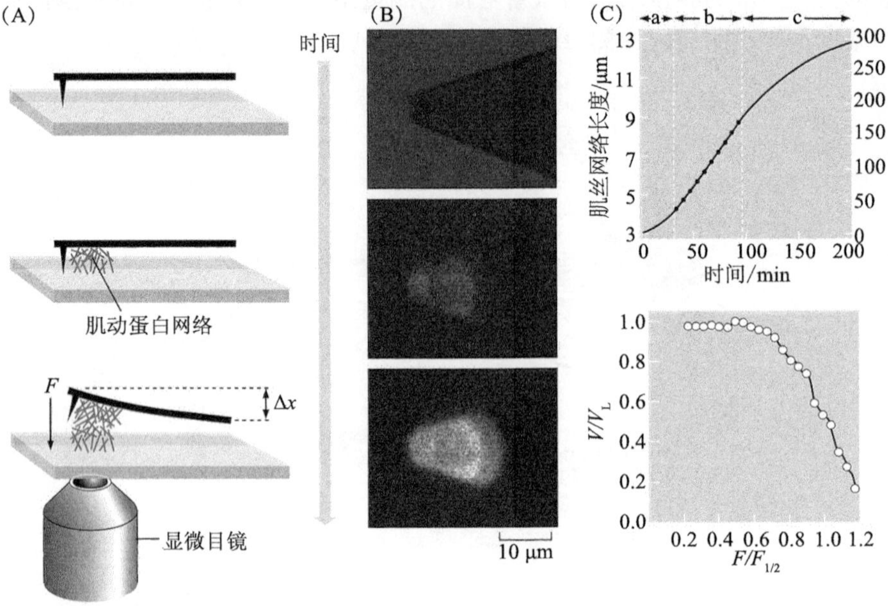

图 16.49 原子力显微镜测量聚合力。(A) 实验原理图。悬臂上包裹了促使肌丝成核的蛋白，悬臂被安置于非常接近玻璃板的地方。当肌动蛋白单体与交联蛋白溶液加入时，肌丝组织在悬臂上开始生长。连续生长的组织会使悬臂向上弯。(B) 透过玻璃底板拍摄到的悬臂图像，显示随着实验进行，荧光标记的肌动蛋白产生了堆积。(C) 顶图显示了肌动蛋白组织总长度与时间的关系。随着组织的生长，悬臂被弯曲，施力也上升。右边底图显示了该实验同一组数据的力-速度曲线。左侧平台表明：即使施力增加，生长速度也保持不变。(取自 S. H. Parekh et al., *Nat. Cell Biol.* 7: 1219, 2005.)

中心体利用聚合力在细胞中居中定位

事实上，细胞可以利用细丝聚合力来做比简单移动复杂得多的工作。尤其值得关注的现象是：在巨大的细胞体内，细胞骨架组织就像一个宏大的坐标系统可以精确定位细胞器。具体地说，如果用荧光标记细胞内的微管，我们可以看见它们习惯地从中心体向外散射、似星状分布。中心体是一个直径小于 0.5 μm 的微小实体，却能定位在细胞中心数十微米的区域附近。中心体是如何发现细胞中心的呢？示于图 16.50 的一个精巧实验可以证明某种可能的机制，将一个分离出来的中心体丢入纳米结构制备孔，孔的尺度与细胞相当。中心体将漫无目的地来回扩散。将微管蛋白加入，则微管可以从中心体生长出来，中心体立刻 (几分钟内) 定位于孔的几何中心，且与孔的形状无关。如果用光镊抓住中心体偏离中心位置，它将缓慢而又坚定地恢复到中心位置。机制与微管端部接触孔壁时的推力有关。只有当中心体处于区域的几何中心时，所有的合力才会消失。在裂殖酵母菌的活细胞内，这个机制是可以直接观察的，利用微管两端的推力作用，细胞核定位于杆状细胞的中部。

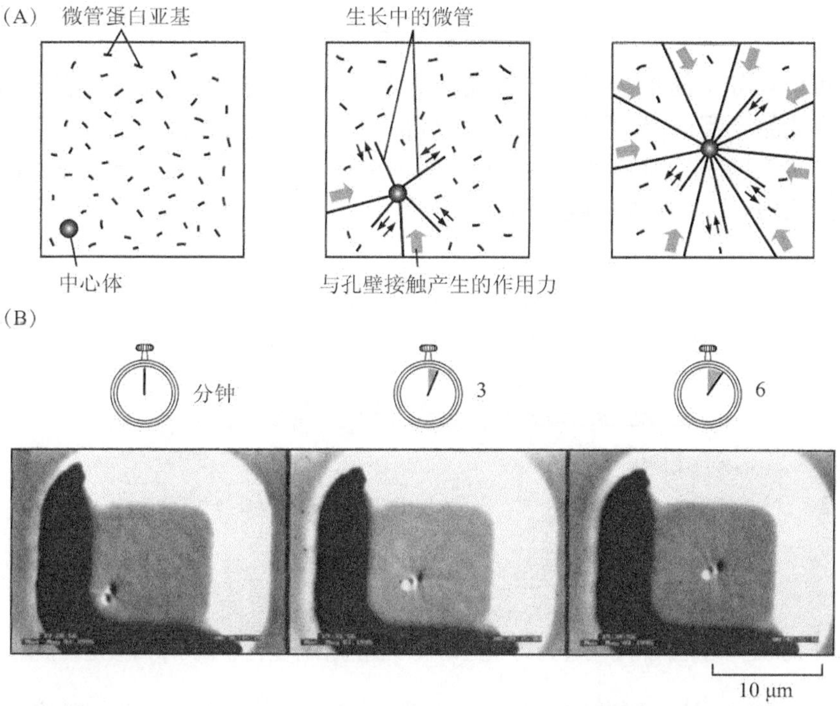

图 16.50 中心体自发居中。(A) 自发居中实验的时序图。起初, 方形微孔内加入一个中心体和微管蛋白溶液, 随着微管在中心体表面成核生长, 每根微管都在动力学不稳定状态中生长和收缩。当微管端部接触孔壁时, 它能继续生长并将聚合力反作用于中心体。最终, 当各方向的微管长得够长并都作用于孔壁时, 中心体会发现自己的稳定位置, 它就处于孔壁的几何中心。(B) 微分干涉相差显微术获得的几分钟视频截图。(取自 T. E. Holy et al., *Proc. Natl Acad. Sci.* 94: 6228, 1997.)

16.3.3 易位棘轮

本章开篇介绍的马达中有一类与易位有关。由于细胞被分成各种不同的隔室, 肯定有大量的分子机器负责将聚合物从膜的一边转移到另一边 (这个机制也可能与蛋白酶体这样的高分子组装体有关)。易位原理如图 16.51 所示。聚合物克服阻力从左边运动到了右边。在结合蛋白的作用下, 扩散运动被整流。本小节的目的就是要揭示力与速度的关系。

蛋白结合通过棘轮机制加速易位

比较有无结合蛋白时的扩散时间, 可以定量解释结合蛋白及其相关的棘轮作用对聚合物易位的加速效应。假设聚合物长度 $L = nd$, 则整条链依赖扩散而易位的所需时间为

$$t_{\text{diffusion}} \approx \frac{n^2 d^2}{D} \tag{16.80}$$

d 是每个结合位点之间的平均间距。生物聚合物穿膜的扩散运动由于蛋白的结合而加速, 这些蛋白处于前进的一侧, 一旦遇到易位过来的高分子链就结合上去。此时的易位时间

是

$$t_{\text{translocate}} \approx n\frac{d^2}{D} \tag{16.81}$$

该表达式可以作如下简单解释: d^2/D 是单个结合位点扩散距离 d 所需的时间。一旦结合位点暴露给结合蛋白, 结合蛋白就结合, 同时阻止聚合物链的任何回撤运动, 易位的总时间就是 n 个位点完全穿越所需的时间。蛋白结合的加速效果是: 长度为 d 的 n 段连续扩散比长度为 nd 的一次性扩散来得快。

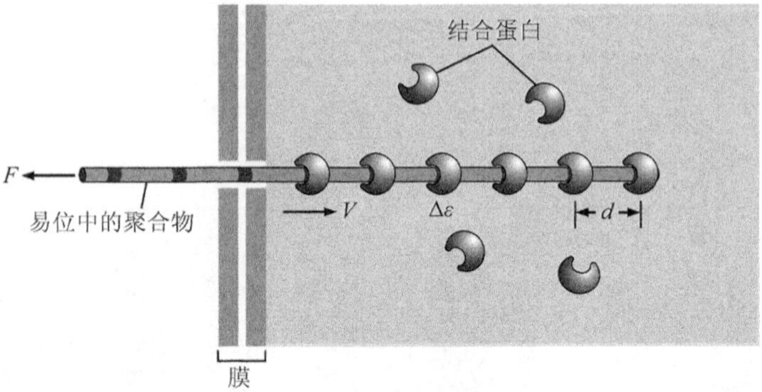

图 16.51 易位棘轮。聚合物跨膜运动被一侧的结合蛋白整流了, 回撤运动被阻止

噬菌体将 DNA 注入细菌细胞时, RNA 聚合酶的结合就会产生棘轮效应 (当然, RNA 聚合酶同时也开始关键性的噬菌体基因表达)。细菌病毒 DNA 的特征长度为 10 μm, 大约每隔 1 μm 有一个聚合酶的结合位点, 则聚合酶结合的加速倍数为 $n = L/d = 10$。事实上这是上限值, 因为所有结合都是可逆的, 一旦 RNA 聚合酶从 DNA 链上脱离, 则棘轮作用也就消失。当然, RNA 聚合酶本身是一个线动马达, 它能借助与能量有关的运动对 DNA 的注入有所贡献; 还有, 就像第 10 章讨论过的那样, 噬菌体衣壳内与宿主细胞质之间的压力差对 DNA 的注入也有贡献。可是, 其他生物体系, 包括刚翻译的蛋白输入到内质网腔及将细胞质中表达的蛋白传递到线粒体的各个隔室, 似乎只能用易位棘轮机制进行解释, 因为相关的结合蛋白本身不是线动马达, 也没有明显的压力差存在。

为了更精确估算, 我们视聚合物为一根通过扩散穿行膜孔 (通道) 的杆, 该膜孔就是易位孔。聚合物链分布着相距为 d 的蛋白结合位点, 而结合蛋白不能穿孔; 进一步假设在细胞隔室内蛋白只存在聚合物易位的一侧; 且蛋白结合是不可逆的; 现实的模型是需要考虑结合和解离速率。易位过程以下述方式进行: 聚合物在溶剂的撞击下扩散穿越易位孔。结合位点偶尔会暴露在有结合蛋白的一侧, 如果有蛋白结合, 聚合物就被阻止回撤并易位距离 d。利用这个基本图像可以计算蛋白结合位点穿孔的平均概率流。

为了说明易位速度问题, 我们只考虑某个蛋白结合位点, 这个位点最新出现在孔口。为了描述这个结合位点的随机运动, 引入 $p(x,t)\mathrm{d}x$ 表示结合位点在 t 时刻处于 $(x, x+\mathrm{d}x)$ 的概率。易位问题在数学上映射为概率密度 $p(x,t)$ 的斯莫鲁霍夫斯基方程。结合位点的概率流是

$$J_x = \underbrace{-\frac{DF}{k_BT}p}_{\text{漂移}} \underbrace{-D\frac{\partial p}{\partial x}}_{\text{扩散}} \tag{16.82}$$

第一项为漂移项, 考虑了易位期间外力作用在聚合物上的可能性, $F > 0$ 表示力的方向与易位方向相反。在病毒注入的 DNA 易位例子中, 宿主细胞的 RNA 聚合酶施加了一个负力, 促进了 DNA 易位, 加速了细胞死亡。

利用驱动扩散方程估算易位时间

结合位点的概率演化微分方程就是斯莫鲁霍夫斯基方程

$$\frac{\partial p}{\partial t} + \frac{\partial J_x}{\partial x} = 0 \tag{16.83}$$

该式表明结合位点数是守恒的。将式 (16.82) 代入上式得到 $p(x,t)$ 的扩散方程,"好奇怪", 细心的读者也许会抱怨, "我们只是获得了扩散方程, 但有关蛋白、结合位点等信息在哪里?" 答案是: 由边界条件决定!该问题的恰当边界条件是

$$p(d,t) = 0 \tag{16.84}$$

表明位于 $x = d$ 的蛋白结合位点的概率一律归零, 即我们跟踪运动从结合位点一出现在孔口开始。一旦该位点漂移 d 距离, 则新的"最新"位点出现在孔口并与蛋白结合, 老的"最新"结合位点从此消失。

利用边界条件式 (16.84) 及 $J_x = J =\text{const}$, 可以解稳态流, 本质上与聚合马达情况一样。齐次部分的解

$$p_{\text{hom}}(x) = C\mathrm{e}^{-Fx/k_BT} \tag{16.85}$$

而

$$p_{\text{part}}(x) = -J\frac{k_BT}{DF} \tag{16.86}$$

是特解; 两者相加是通解, 常数 C 可由边界条件决定。经代数运算后得到

$$p(x) = J\frac{k_BT}{DF}\left(\mathrm{e}^{F(d-x)/k_BT} - 1\right) \tag{16.87}$$

是结合位点稳态时 (没有时间参量) 处于距离 x 的概率。

此时我们要记住原先的目标。聚合物稳态的易位速度 ν_{tr} 与概率流 J 有简单关系: $\nu_{tr} = Jd$。蛋白结合位点处于区间 $(0,d)$ 的概率为 1, 这个事实可以导出稳态概率流 J

$$\int_0^d p(x)\mathrm{d}x = J\frac{d^2}{D}\left(\frac{k_BT}{Fd}\right)\left[\mathrm{e}^{Fd/k_BT} - \frac{Fd}{k_BT} - 1\right] = 1 \tag{16.88}$$

解方程可得概率流, 进而导出易位速率与作用力的关系

$$\nu_{tr} = \frac{D}{d}\frac{w^2}{\mathrm{e}^w - w - 1} \tag{16.89}$$

$w = Fd/k_BT$ 为无量纲力。注意力较小时有简单表达式, $\nu_{tr} = 2D/d$, 与无外力时结合位点扩散距离 d 需要时间 $d^2/2D$ 一致。

现实的易位模型要考虑蛋白结合的可逆性。在上述模型中包含蛋白的结合和解离速率, 联合 $p(x)$ 的边界条件方程就可以求稳态流。主要区别是易位速度与作用力的关系中会出现一个有限的停滞力, 在这个力下, ν_{tr} 趋于零。而式 (16.89) 给出的停滞力是无穷大, 与物理图像不符。

16.4 总　　结

分子马达将化学能转化为机械能的同时为生物系统提供定向运动的动力。它们拥有多种多样的活动机制和生物功能, 通过将马达活动分解成一系列离散步骤, 我们对马达功能的许多方面有了丰富的认识。考虑到马达不同的内部态拥有不同的能级以及扩散和随机事件的影响, 不同态之间的跃迁可以是离散的, 也可以是连续的。马达的许多力学特性, 包括速度、力或扭矩、功率及变化率, 可以在一个统一的理论框架中进行讨论。

16.5 课后习题

1. 单态模型的无规度

无规度也可以定义为

$$r = \lim_{t\to\infty} \frac{\langle x^2(t)\rangle - \langle x(t)\rangle^2}{a\langle x(t)\rangle} \tag{16.90}$$

(1) 利用上述定义及连续极限时单态马达的概率分布式 (16.16), 求出无规度的明确表达式。

(2) 式 (16.24) 给出了单态模型中与力有关的速率常数表达的无规度, 证明该无规度对于力是影响步进速率还是影响后退速率并不敏感。作无规度与力之间的关系曲线, 并与图 (16.27)(A) 的实验数据比较, 结果怎样?

2. 肌球马达V步进

在肌球马达 V 的单分子实验中, 荧光标记位于轻链结构域的不同部位, 每个步进被记录下来。发现平均步长为 37 nm; 见图 16.52。

(1) 如果轻链结构域上的染料分子处于运动方向离马达两头中心 x 距离处, 则步长的期望值是多少? 图 16.52 的数据表明 x 是多大? 什么原因导致直方图中步长接近 74 nm 峰值?

(2) 假设步进速率是 k, 即单位时间内马达迈出一步的概率。计算实验能观测到的停留时间分布, 参考 (1) 中的荧光标记点位置 x 值。如果标记点非常接近一个头部 (即 $x \approx 18$ nm), 在步行机制中, 期望得到的分布是怎样的? 利用你计算的分布拟合书的网页上提供的实验数据 (取自 Yildiz et. al., 2003) 并使之合理化。你的分析支持步进机制吗? 你获得的 k 值是多少?

3. 驱动马达也是 ATP 水解酶

马达速度与 ATP 浓度的关系已经做了细心的测量。在一定条件下, 马达执行的水解反应可以由第 15.2.7 节引入的米氏模型来解释。尤其对驱动马达来说, 其步进是与 ATP 酶的活动紧耦合的, 这也导致了相对恒定的步长。驱动马达从微管脱离前可以连续多个步进, 其高持续性可以为速度给出清晰的定义。

将反应速度 (ATP 水解速率) 与驱动

马达最大的步进速度联系起来, 并决定它与 ATP 浓度的关系。用你的模型拟合图 16.53 和本书网页提供的 Schnitzer & Block 的实验数据。然后计算反应速率从 $0.1\nu_{\max}$ 提高到 $0.9\nu_{\max}$ 时所需的底物浓度变化。

4. 两态马达动力学

为了获得两态马达的速度, 我们在正文中使用了一点技巧, 避开了直接解主方程的难题。我们现在来完成这个任务, 并同时导出扩散系数的表达式。

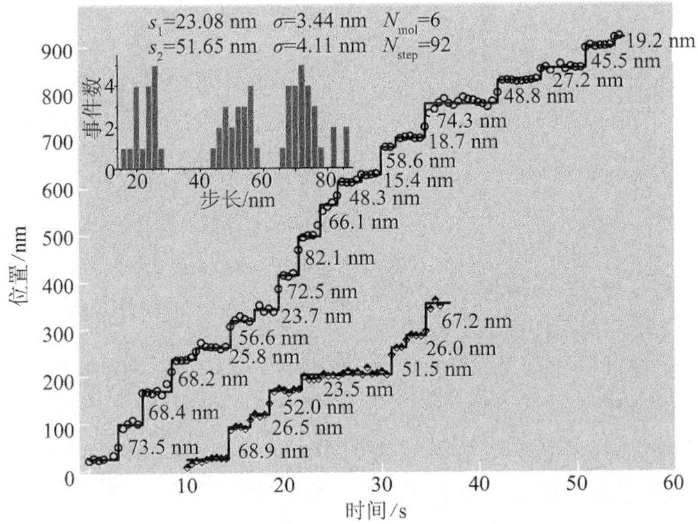

图 16.52 单分子实验测量了肌球马达 V 沿肌丝的步进, 插入的直方图是所有测量步长的统计, 精度为 1.5 nm。(取自 A. Yildiz et al., *Science* 300: 2061, 2003.)

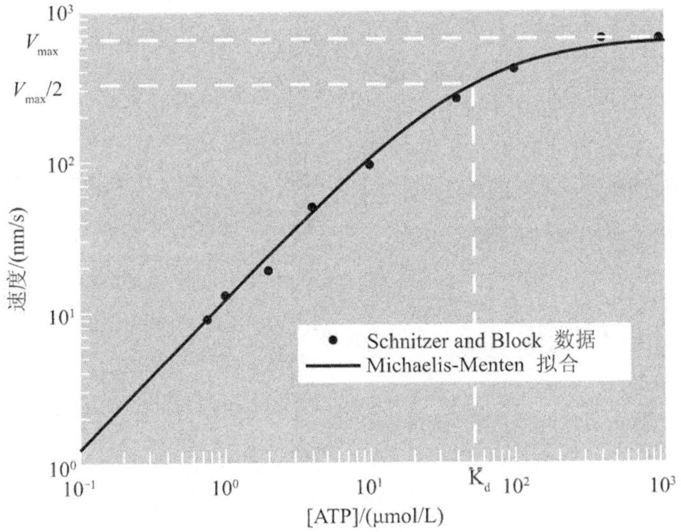

图 16.53 驱动马达的 ATP 水解。驱动马达的速度与 ATP 浓度的关系, 实验数据可由米氏模型拟合。(取自 M. J. Schnitzer and S. M. Block, *Nature* 388: 386, 1997.)

(1) 对于 $p_0(n,t)$ 和 $p_1(n,t)$ 满足的式 (16.33) 和式 (16.34), 考虑一个试探解

$$\begin{pmatrix} p_0(n,t) \\ p_1(n,t) \end{pmatrix} = \mathrm{e}^{i(Kn-\omega t)} \begin{pmatrix} A \\ B \end{pmatrix} \quad (16.91)$$

求保证解存在的 K 与 ω 的关系, 也称色散关系。

(2) 将试探解 $\mathrm{e}^{i(K/a-\omega t)}$ 代入带漂移项的扩散微分方程 [式 (13.54)], 证明色散关系是

$$\omega = \nu\frac{K}{a} - iD\frac{K^2}{a^2}$$

ν 是漂移速度, D 是扩散常数。

(3) 证明: 在 $K \ll 1$ 的极限情况下, 两态马达的色散关系与带漂移项的扩散运动色散关系是一样的。在此, 可以将 $\omega(K)$ 作泰勒展开, 并对 K 逐级解 (1) 中获得的 ω 方程, 由此计算泰勒展开系数。将结果与带漂移项的色散关系作比较, 并给出马达的扩散系数和速度。检查速度公式是否与正文获得的一致。

5. 聚合棘轮估算

我们在正文中分析了聚合棘轮的扩散限速和反应限速两种情况。比较直径 1 μm 聚乙烯珠子作为负载扩散一个肌球蛋白单体尺度所需的时间与肌球蛋白单体加载到细丝生长端所需的平均时间, 求负载作用下聚合属反应限速的肌球蛋白单体浓度。并与肌丝生长的临界浓度作比较。

16.6 延伸阅读

Vogel, S (2001) Prime Mover – A Natural History of Muscle, W. W. Norton and Company. 读起来赏心悦目, 也是本章内容的部分参考来源。

Howard, J (2001) Mechanics of Motor Proteins and the Cytoskeleton, Sinauer Associates, Inc. 当我们试图了解马达时, 首先想到的就是 Howard 的书。

Duke, T (2002) Modelling Motor Proteins in Physics of Bio-molecules and Cells, edited by H Flyvbjerg, F Jülicher, P Ormos and F David, EDP Sciences. 有关分子马达的讨论很受启发。

Nelson, P (2004) Biological Physics: Energy, Information, Life, W. H. Freeman and Company. 对马达蛋白的讨论引人入胜。

Fisher, ME, & Kolomeisky, AB (1999) The force exerted by a molecular motor, *Proc. Natl Acad. Sci.* **96**, 6597.

Fisher, ME, & Kolomeisky, AB (2001) Simple mechanochemistry describes the dynamics of kinesin molecules, *Proc. Natl Acad. Sci.* **98**, 7748. 文献论述了正文描述的简单模型如何解释马达动力学单分子数据。

Thomas, N, Imafuku, Y, & Tawada, K (2001) Molecular motors: thermodynamics and the random walk, *Proc. Roy. Soc. Lond.* **B268**, 2113.

Mahadevan, L, & Matsudaira, P (2000) Motility powered by supramolecular springs and ratchets, *Science* **288**, 95. 综述概括了数个本章没有介绍的发力案例。

Jülicher, F, Ajdari, A, & Prost, J (1997) Modeling molecular motors, *Rev. Mod. Phys.* **69**, 1269. 对马达功能作了许多有用而富有远见的综述。

Simon, SM, Peskin, CS, & Oster, GF (1992) What drives the translocation of proteins? *Proc. Natl Acad. Sci.* **89**, 3770. 有关易位棘轮的重要而发人深思的文献。

Theriot, JA (2000) The polymerization motor, *Traffic* **1**, 19. 综述概括了细丝组装发力的理论基础。

Peskin, CS, Odell, GM, & Oster, GF (1993) Cellular motions and thermal fluctuations: the Brownian ratchet, *Biophys J.* **65**, 316. 像本章结尾描述的那样, 文献叙述了马达漂亮的物理图像。

Zandi, R, Reguera, D, Rudnick, J, & Gelbart, WM (2003) What drives the translocation of stiff chains? *Proc. Natl Acad. Sci.* **100**, 8649. 易位棘轮的许多最新进展。

16.7 参考文献

Alberts, B, Johnson, A, Lewis, J, et al. (2008) Molecular Biology of the Cell, 5th ed. Garland Science.

Block, SM, Goldstein, LS, & Schnapp, BJ (1990) Bead movement by single kinesin molecules studied with optical tweezers, *Nature* **348**, 348.

Bustamante, C, Keller, D, & Oster, G (2001) The physics of molecular motors, *Acc. Chem. Res.* **34**, 412.

Bustamante, C, Chemla, YR, Forde, NR, & Ishaky, D (2004) Mechanical processes in biochemistry, *Ann. Rev. Biochem.* **73**, 705.

Diehl, MR, Zhang, K, Lee, HJ, & Tirrell, DA (2006) Engineering cooperativity in biomotor protein assemblies, *Science* **311**, 1468.

Dogterom, M, & Yurke, B (1997) Measurement of the force–velocity relation for growing microtubules, *Science* **278**, 856.

Gebhardt, JC, Clemen, AE, Jaud, J, & Rief, M (2006), Myosin-V is a mechanical ratchet, *Proc. Natl Acad. Sci.* **103**, 8680.

Hirokawa, N (1998) Kinesin and dynein superfamily proteins and the mechanism of organelle transport, *Science* **279**, 519.

Holy, TE, Dogterom, M, Yurke, B, & Leibler, S (1997) Assembly and positioning of microtubule asters in microfabricated chambers, *Proc. Natl Acad. Sci.* **94**, 6228.

Kerssemakers, JW, Munteaunu, EL, Laan, L, et al. (2006) Assembly dynamics of microtubules at molecular resolution, *Nature* **442**, 709.

Kolomeisky, AB, & Fisher, ME (2003) A simple kinetic model describes the processivity of myosin-V, *Biophys J.* **84**, 1642.

Liao, JC, Spudich, JA, Parker, D, & Delp, SL, (2007). Extending the absorbing boundary method to fit dwell-time distributions of molecular motors with complex kinetic pathways, *Proc. Natl Acad. Sci.* **104**, 3171.

Mehta, AD, Rock, RS, Spudich, JA, Mooseker, MS, & Cheney, RE (1999) Myosin-V is a processive actin-based motor, *Nature* **400**, 590.

Noji, H, Yasuda, R, Yoshida, M, & Kinoshita, K, Jr. (1997) Direct observation of the rotation of F1-ATPase, *Nature* **386**, 299.

Parekh, SH, Chaudhuri, O, Theriot, JA, & Fletcher, DA (2005) Loading history determines the velocity of actin-network growth, *Nat. Cell Biol.* **7**, 1219.

Purcell, TJ, Morris, C, Spudich, JA, & Sweeney, HL (2002) Role of the lever arm in the processive stepping of myosin V, *Proc. Natl Acad. Sci.* **99**, 14159.

Purcell, TJ, Sweeney, HL, & Spudich, JA (2005) A force-dependent state controls the coordination of processive myosin V, *Proc. Natl Acad. Sci.* **102**, 13873.

Rodionov, DI, & Borisy, GG (1997) Self-centering activity of cytoplasm, *Nature* **386**, 170.

Schnitzer, MJ, & Block, SM (1997) Kinesin hydrolyses one ATP per 8-nm step, *Nature* **388**, 386.

Schnitzer, MJ, Visscher, K, & Block, SM (2000) Force production by single kinesin motors, *Nat. Cell Biol.* **2**, 718.

Turner, L, Ryo, WS, & Berg, HC (2000) Real-time imaging of fluorescent flagellar filaments, *J. Bacteriol.* **182**, 2793.

Vale, RD (2003) The molecular motor toolbox for intracellular transport, *Cell* **112**, 467.

Visscher, K, Schnitzer, MJ, & Block, SM (1999) Single kinesin molecules studied with a molecular force clamp, *Nature* **400**, 184.

Yasuda, R, Noji, H, Kinosita, K, Jr. & Yoshida, M (1998) F1-ATPase is a highly efficient molecular motor that rotates with discrete 120 degree steps, *Cell* **93**, 1117.

Yildiz, A, Forkey, JN, McKinney, SA, et al. (2003) Myosin V walks hand-over-hand: single fluorophore imaging with 1.5-nm localization, *Science* **300**, 2061.

17 生物电和霍奇金-赫胥黎模型

嗨, 阁下, 不久你很有可能课电税!

——迈克尔·法拉第

回答威廉·格拉斯顿关于电的用途的提问

本章概览: 将神经冲动传播视作生物电问题进行研究

我们在本章将集中讨论跨膜电荷分离所产生的电学结果, 以及探讨细胞是怎样建立和利用电荷分离的。可论证的是, 细胞对生物电最令人惊叹的应用是神经细胞的动作电位, 一种将神经细胞体内信息快速传播到轴突末梢的机制, 传播速度达 $10 \sim 100$ m/s。这种快速信息传导能实现两点之间的分子信息交流, 其速度比分子沿轴突扩散快 $9 \sim 10$ 个数量级, 比马达驱动的输运也快约7个数量级。类似的电耦合也存在于肌肉细胞膜上, 它能使长达数毫米的巨型肌原纤维沿其整体长度几乎同时收缩。在动物体内, 神经和肌肉系统中的快速电信息传播使之能够逃脱猛兽的追杀, 并转而捕捉猎物。

17.1 电在细胞中的角色

在第 9 章, 我们讨论了水溶液中的离子运动, 发现尽管电荷可以被分开一定的距离, 如比耶鲁姆 (Bjerrum) 长度 (图 9.11), 但这个距离很小 (< 1 nm), 假定水中离子能快速运动, 则任何短暂的电荷不平衡将被离子流快速恢复到平衡态。然而, 依据关于电池的宏观经验, 我们知道电荷分离是存储能量的一种强有力的方法。细胞应用细胞膜及膜内蛋白机器 (通道和泵) 将电荷分离, 阻止电荷恢复到平衡态, 从而存储能量 (和信息)。正如我们在第 11 章中所讨论的, 磷脂双分子层相当于绝缘层, 基本上不通透水溶性离子, 除非特定的蛋白通道被激活。

除了保持细胞的整体性以外, 细胞膜在电信号转导中也发挥着重要作用。通过维持细胞内外的电势差, 细胞膜为信号转导提供了物理基础, 在信号转导中, 任何化学、电学或者机械的刺激都可以扰乱膜电位的稳态值, 且这种扰动可以沿着细胞膜传播。此现象最著名的事例之一就是神经细胞中的动作电位, 如图 17.1 (和图 2.32 中展示的荧光图) 所示。伽伐尼 (Galvani) 曾在 1780 年生动地阐述过生物电和无机电的相似性, 他电击刚死去的青蛙的腿部肌肉, 发现肌肉会抽搐。

尽管本章的重点是细胞中的电信号转导, 但是仍然值得一提的是, 神经元组成的复杂网络的功能实现需要电学和化学的结合。粗略来说, 电信号转导只负责单个细胞内的信号输送, 而化学信号起到了不同细胞间信号转导的桥梁作用。正如在第11章所看到的 (图 11.28), 电信号可以转化成化学信号, 反之亦然。来自神经细胞体的电信号可以触发突触位点的囊泡融合。突触位点突触囊泡的融合会释放神经递质, 导致细胞膜去极化并在靶细胞中转导电信号。

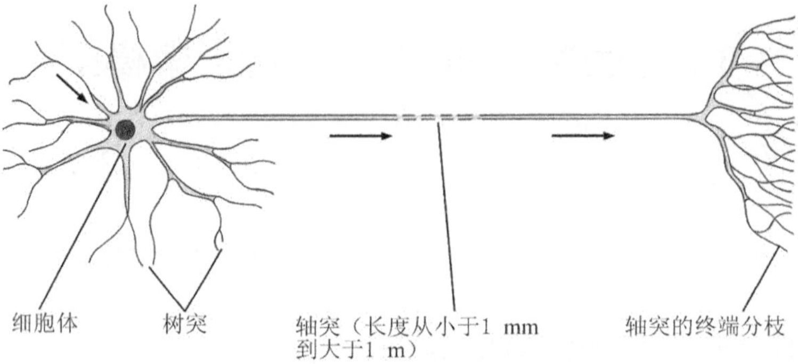

图 17.1 神经细胞的示意图。信号通过动作电位沿着细胞轴突传播

17.2 细胞的电荷状态

17.2.1 细胞及细胞膜的电荷状态

面对日常使用的电力, 我们习惯于将电流想像成电子沿金属线的传递运动。然而, 正离子的运动也能产生电流和电势差。事实上, 在 17 世纪末期和 18 世纪早期, 伏特 (Volta) 和丹尼尔 (Daniell) 最早发明的电池就由正离子 (如 Zn^{2+}、Cu^{2+} 及 Ag^{+} 等) 来产生电流的。有些情况下, 如叶绿体的光合作用和线粒体中的电子输运, 电子输运直接被用来驱动电荷分离。然而, 更普遍的是细胞建立并控制正离子的跨膜梯度, 其中最重要的离子有 Na^{+}、K^{+} 和 Ca^{2+}。正如第 9 章中所讨论的, 细胞中有许多高分子, 尤其是核酸, 在生理的pH环境中本质上呈负电性, 因此, 我们不会对这些小的正离子主导了细胞电状态的离子形貌感到奇怪。在小的负离子中, Cl^{-} 是唯一的单价离子, 细胞操控并利用其分布。磷酸根和硫酸根离子在很多生化反应中也非常重要, 但是对细胞电荷状态影响不大。

仅仅靠离子本身无法产生电势和电流, 因此细胞需要创造一种机制, 它能分离和浓缩离子, 并允许它们只能流过既定通道。细胞膜提供了这些重要功能, 其磷脂双分子层构建了有效的绝缘薄层, 而嵌入其中的许多不同跨膜蛋白发挥了离子通道和离子泵的作用。图 11.11 已经阐明了细胞膜本身的通透性。脂质双分子层、离子通道和离子泵联合的电化学性质为膜片提供了等价的电学特性, 后者可以由一组电阻 (与电压有关)、电池 (其电势由离子浓度差决定) 和电容表示。细胞通过选择性地开关跨膜离子通道调节膜电位, 这些离子通道只能特定地传导某一类离子 (通常只是单一类型离子)。这个过程是可激发细胞中电信号转导的核心步骤。

17.2.2 电化学平衡和能斯特方程

假如没有膜, 细胞组分会扩散, 细胞进程将终止, 其中包括维持生命所必须的非常重要的膜电位。

跨膜离子浓度差导致电势差

为了弄清楚膜电位的产生机制，我们暂且考虑一个简化的情况，先阐明各种电荷存在浓度梯度时所引发的能量和熵的竞争。为了研究这个电化学平衡过程，我们考虑一个孤立系统，如图 17.2 所示，有一个内部屏障将系统分为两个区域。系统一侧的溶液呈电中性，由 K^+ 和 Cl^- 组成，浓度为 c_1，而另一侧的溶液也呈电中性，由同样的离子组成，只是浓度为 c_2。如果现在我们取消对 K^+ 不通透的限制，这些钾离子就会从高浓度的区域流入到低浓度的区域。正如第 13 章已经强调的，这些离子沿着浓度梯度扩散可以认为是系统熵最大化诱导 的驱动力导致的。当这些离子沿着浓度梯度扩散时，电荷不平衡将不断增加，并伴随着系统电能的增加。只有这两种效应平衡时，系统才会平衡。此时，两个区域的电势差达到一个定值，而该值又取决于最终的 K^+ 浓度比例。对于各种典型的细胞进程，离子跨膜输运引起的浓度变化相对于离子浓度本身来说要小很多个数量级，因此我们可以把离子浓度当作常数处理。

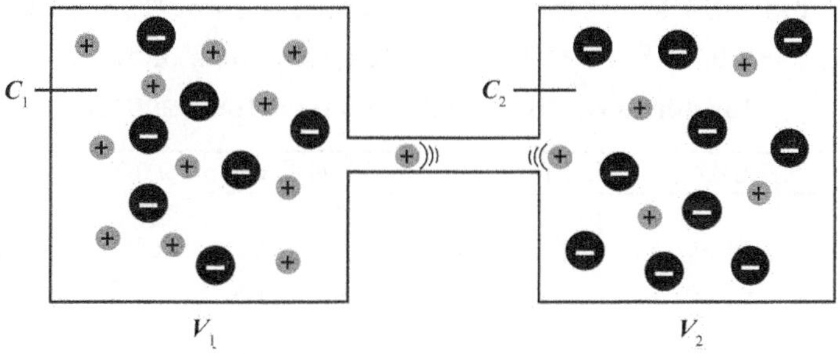

图 17.2　模型系统的电荷分离。盒子被一个只能通透正离子的屏障分为两个相等的区域。两侧的溶液最初均为电中性，只是浓度不同。因为只有带正电荷的离子能通过中间的障碍沿浓度梯度运动，两个盒子之间正离子的浓度差会开始变化，导致电荷分离和电势差。平衡状态下的电势差就是能斯特电势

为了从数学上实现此想法，我们回顾第 9 章中单位电荷 e 在电势 V_1 中的电势能为 eV_1。z 价离子的电量为 ze，相应的电势能为 zeV_1。考虑盐溶液中的两个区域 (区域小到整个溶液的电势大致相同)，区域1的电势为 V_1，正离子浓度 c_1；区域 2 电势为 V_2，正离子浓度 c_2。平衡状态下，在区域 1 或 2 中找到一价正离子的概率为

$$p_{1,2} = \frac{1}{Z}\mathrm{e}^{-eV_{1,2}/k_BT} \tag{17.1}$$

这个概率是根据玻尔兹曼分布得到的，其中能量项是电势能。p 和 V 的下标 1,2 应该是1或者2，表示每个区域有各自不同的方程。概率之比等于区域 1 和区域 2 中离子数目之比，从而也等于两个区域的离子浓度比，即

$$\frac{c_1}{c_2} = \frac{p_1}{p_2} = \frac{\mathrm{e}^{-eV_1/k_BT}}{\mathrm{e}^{-eV_2/k_BT}} \tag{17.2}$$

如果在等式两边取对数，那么我们就会得到著名的能斯特方程，该方程将电势差和离子浓

度比例联系在一起, 形式如下

$$V_2 - V_1 = \frac{k_B T}{e} \ln \frac{c_1}{c_2} \tag{17.3}$$

能斯特方程是我们试图理解细胞操控电荷从而建立膜电位机制的起点。

正如式 (17.3) 所示, 这些电荷交易产生的基本电势的量级是由比值 k_BT/e 决定的。如果用相关的数字代替, 我们发现 $k_BT/e \approx 25$ mV。换一种说法就是: 热运动能的量级相当于 25 mV 的电势能。事实上, 神经元和其他可激发细胞的跨膜电势差在 $10 \sim 100$ mV, 说明热运动效应起重要作用, 因为热运动能的量级和电势能的量级是相当的。

表 17.1 展示了主导细胞电状态的四种主要离子的细胞内外浓度, 这些浓度是从处于静息态的骨骼肌细胞中测量得到的。细胞内部过量的正电荷主要被如核苷酸和蛋白等关键的高分子所平衡。细胞内外的所有电荷共同导致了跨膜电势差。骨骼肌细胞的静息电位大约是 -90 mV, 意味着细胞内电势比细胞外电势要低 90 mV。各不同类型的细胞在不同的环境条件下, 其跨膜电势差在 $-95 \sim -10$ mV 的范围内, 而且离子的不平衡程度也不同。

表 17.1　细胞内的小离子的浓度和能斯特势。数据来自对典型的哺乳动物骨骼肌细胞的测量, 这些细胞的静息电位 $V_{\text{mem}} = -90$ mV (取自 B. Hille, Ion Channels of Excitable Membranes, Sunderland, Sinauer Associates, Inc., 2001.)

离子种类	细胞内浓度/(mmol/L)	细胞外浓度/(mmol/L)	能斯特势/mV
K^+	155	4	−98
Na^+	12	145	67
Ca^{2+}	10^{-4}	1.5	130
Cl^-	4	120	−90

表 17.1 给出了每种离子在所测细胞内外离子浓度下的能斯特势。通过比较膜电位和能斯特势, 我们可以评估熵和静电这两种相反效应之间的平衡。给定胞内浓度 (c_{in}) 和胞外浓度 (c_{out}), 则能斯特势为 $V_{\text{Nernst}} \approx 27\ \text{mV} \times \ln(c_{\text{out}}/c_{\text{in}})$。为此, 我们利用了式 (17.3), 其中 $q = e = 1.6 \times 10^{-19}$C, $k_BT = 4.3 \times 10^{-21}$J (这里为了和肌肉细胞对应, 温度设为 37°C, 导致能斯特方程前面的因子为 27 mV 而不是 25 mV)。在平衡态, 所有扩散离子的能斯特势都相同, 等于膜电位, 该情形称为唐南 (Donnan) 平衡。正如表 17.1 所指出的, 各种离子之间没有达到平衡, 就 Na^+ 和 Ca^{2+} 来说, 它们的能斯特势和观察到的膜电位甚至连符号都不相同。

17.3　膜的通透性

在细胞内外之间建立非平衡的电荷分布

细胞内的情况比上面的理想描述复杂得多。尽管我们可以理所当然地把细胞膜认为是一个半通透屏障, 将细胞内外分为两个不同浓度的盐溶液池, 但是我们还得追踪很多不同种类的离子。我们的描述也必须解释这样的事实: 细胞既能调控膜对特定离子的通透性, 也能快速而精巧地改变这种通透性。

正如前面所注意到的, 电刺激可激发细胞以各种有趣的方式远离平衡态: 首先, 所有四种离子跨膜浓度差都维持在至少 10 倍, 尤其是钙离子, 其跨膜浓度差维持在 10 000 倍。从我们关于能斯特势的讨论可以观察到这些离子浓度差可以通过跨膜电势差来平衡, 定量来说, 表明每种离子的能斯特势与跨膜电势差相等。然而, 实际跨膜电势接近能斯特势的仅有两种离子, 即 K^+ 和 Cl^-。而 Na^+ 和 Ca^{2+} 的能斯特势事实上与跨膜电势符号相反, 表明细胞外维持的相对高浓度的钠离子和钙离子与反向的化学梯度和电势之间存在不平衡; 其次, 我们观察到钙离子之所以有些特殊, 是因为胞内钙离子浓度小到几乎消失, 而且胞外与胞内钙离子浓度之比异乎寻常的高 (尽管细胞质的 Ca^{2+} 浓度很低, 但有一个很大的 Ca^{2+} 库隐藏在内质网中); 最后, 比较奇特的是细胞有选择地分离 K^+ 和 Na^+, K^+ 在胞内占主导地位而 Na^+ 在胞外占主导地位, 由于它们的化学性质非常类似, 因此在很多化学反应中, 它们在功能上是可以替换的。

现在我们要弄明白细胞如何建立并保持这些明显的非平衡, 以及如何利用这些化学和电学的非平衡来实现自己的功能。这就需要详细地了解两种与离子有关的重要跨膜蛋白。具体来说, 这种有趣的动态电荷态由电压控制的离子选择性通道和耗费能量的离子泵来调节。通过下面的讨论, 我们将会阐明: 离子通道和离子泵选择性地通透离子对实现它们的生物功能非常关键。有些通道蛋白选择的特异性较强, 只允许一种离子通过; 而另一些通道蛋白则允许几种具有相同化合价的同性离子通过; 还有一些通道蛋白的门控原则完全是随机的。据估计, 人类基因编码的截然不同的离子通道就有数百种。这么多选择性通道的不同表达和调控引发了人体内精确的电化学反应。

细胞中的信号通过动作电位来调节

生命是动态的。这种动态机制的一个例证就是膜电位能够快速改变。正如图 4.25 中所展示的, 局部膜 (在某膜上的某点) 电位与时间的依赖关系曲线可以被认为是一个行波脉冲。这些行波脉冲称作动作电位, 动作电位具有多种有趣的特征, 从乌贼巨轴突和其他神经细胞的实验中可以搜集到这些特征。这些细胞原始的可激发行为有如图 17.3 所示的特征电压曲线。这个曲线展示了在细胞膜特定位置的膜电位与时间的关系。我们可以看到膜电位完全地去极化 (甚至膜电位的符号也发生了翻转), 这种激发可持续数毫秒, 然后衰减并回到平衡值。如果我们沿着轴突在较远的地方作同样的测量, 并根据动作电位传播速度设定延迟时间, 我们将会在那个点测得同样形状的脉冲。

动作电位最有趣的特征之一是脉冲的产生需要刺激电压超过一个阈值, 即如果局部的刺激产生的瞬时电压在阈值以下, 则脉冲不会产生。相反, 一旦超过阈值, 动作电位的幅度就是一个常数, 与刺激大小无关。一旦动作电位产生, 它就会沿轴突以 10~100 m/s 的速度传播, 基本不会衰减。

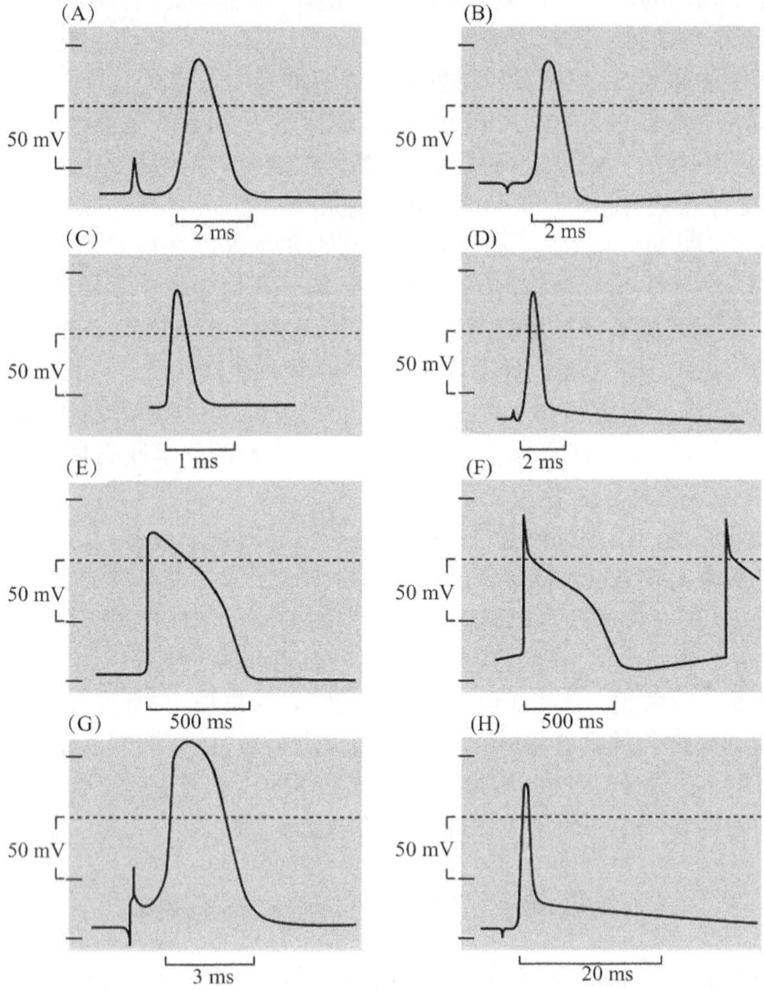

图 17.3　动作电位的多种形状。不同动物的不同细胞型上记录的动作电位曲线。水平的黑色虚线代表零电位。最上面的两幅图对比了从 (A) 活体中和 (B) 解剖剥离后的乌贼巨轴突里记录的动作电位。(C) 来自猫的周围神经系统的细胞轴突里测量的动作电位。(D) 在猫的脊髓神经元胞体里测量的类似电位。(E) 在青蛙心脏中的肌肉纤维而不是神经元中记录的动作电位。(F) 羊心脏中的调节神经元记录的动作电位。(G) 有一种鱼能用其带电器官电击猎物，这个器官由异常特殊的肌肉组织组成，记录来自此组织中产生的电位。(H) 青蛙大腿中较典型的肌肉细胞中的动作电位。所有这些动作电位的幅度都比较接近，为 90 ~ 150 mV，持续时间 (以毫秒计) 却变化较大。(摘自 R. D. Keynes and D. J. Aidley, Nerve and Muscle, Cambridge, Cambridge University Press, 2001.)

17.3.1　离子通道和膜的通透性

从我们倡导的模型方法学来说，动作电位是科学史上生物、化学和物理交叉研究最成功的典范之一，其成果就是霍奇金-赫胥黎模型。在本章随后可以看到，这个模型提供了一个预言性的框架来理解细胞膜对伴随着动作电位的产生和传播过程中膜电位的变化产生的非线性响应。

离子跨膜通透性由离子通道调节

通过霍奇金-赫胥黎模型分析动作电位得出的一个很有趣的结果是预测了细胞膜的离子通透性可以瞬时地局部改变从而导致膜电位变化的机制。参与这个过程的具体分子是一类称为离子通道的跨膜蛋白。当然, 我们已经多次在本书中介绍过这种通道, 而且每一个大学生物系的学生都能够复述通道的性质并解释如图 17.4 所示的功能。然而, 应该记住的是预测这些通道的存在是基于对细胞电信号的分析, 而这比收集通道分子的信息早很多。生物电通常是由离子来调控的, 我们感兴趣的是动作电位源自细胞膜对 K^+ 和 Na^+ 的瞬时通透性问题。在第 11.5 节中, 我们考虑离子通道的功能问题只是着眼于膜通道的结构和功能的联系, 以及这些蛋白如何与它们镶嵌的膜相互作用。

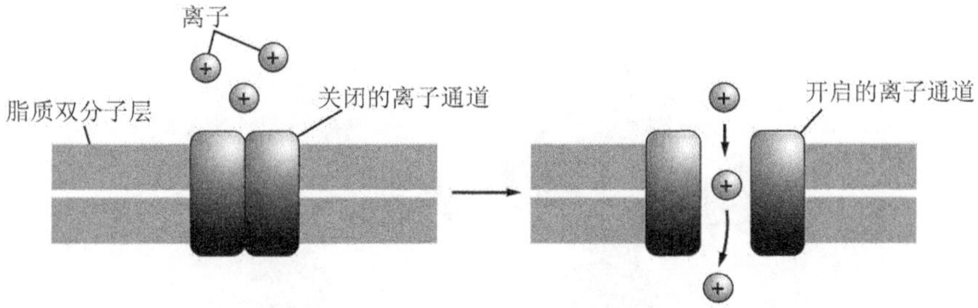

图 17.4 离子通道和膜的瞬间通透性。当离子通道关闭时, 跨膜浓度梯度保持不变。通道一旦开启, 离子跨膜流动直到建立平衡分布。离子的平衡分布依赖于跨膜电势

电压门控离子通道是细胞控制电荷最重要的机器之一。本书涉及的离子通道至少有两个重要作用: ①可以探测到某些刺激, 如特定配体浓度的增加、膜的张力或特定电压; ②探测到刺激后, 通道开启并且允许 (通常有选择性) 离子流通过。我们了解电压门控离子通道的最重要的方法之一是逐步积累对其结构研究的数据。尤其是在某些条件下, 这种高度不规则的膜结合蛋白可以结晶, 进而利用 X 射线晶体学加以分析。图 17.5 展示了哺乳动物电压门控通道的结构。

有关这些通道结构和功能的实验研究与日俱增, 对其行为建模的努力也越来越多。在第7章中, 我们利用两态模型给离子通道门控的机制和能量学作出了定性解释, 并检验了膜的张力如何与通道门控相耦合。现在我们利用类似的两态模型分析电压门控。

简单的两态模型可以描述离子通道的许多电压门控特性

膜片钳技术可以测量电流随施加电压的变化, 如图 7.2 所示, 结果显示了电压门控通道是如何响应膜电位的变化的。有趣的是, 随着膜电位负值越来越小, 通道处于开启状态的时间越来越多。表明这些通道更喜欢开启状态, 而施加的电压 (以膜电位的形式) 迫使通道关闭。图 17.6 所示的简单两态模型为电压门控机制提供了定量的直观描述。当然, 这个模型并不考虑真实通道的结构细节, 而是为了阐明竞争的物理效应可以驱动门控的思

想。这个模型的本质是蛋白质构象自由度和偶极子电荷的竞争, 前者由非线性弹簧表示, 后者与膜电位施加的电场有相互作用能。定性地说, 当通道开启时, 蛋白质能量较低 (弹簧处于非形变状态), 而偶极子的能量较高; 当通道关闭时, 偶极子的能量占主要地位, 而蛋白的能量是不利的 (也就是弹簧形变了)。

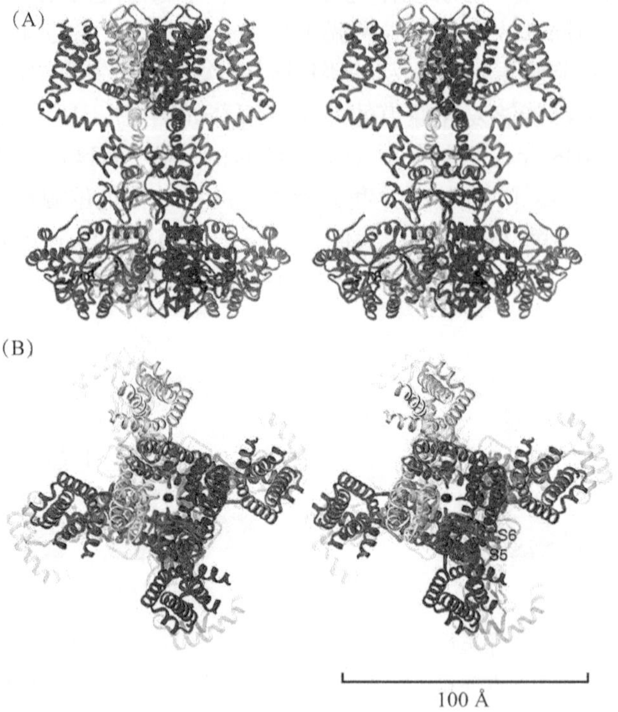

图 17.5　电压门控离子通道的结构。该图展示了哺乳动物 Kv1.2 结构的立体带状图。(A) 通道的侧视图。上方为胞外溶液, 下方为细胞内侧。(B) 通道结构的俯视图。每个亚基以不同阴影代表。(取自 S. B. Long et al., *Science* 309: 897, 2005.)

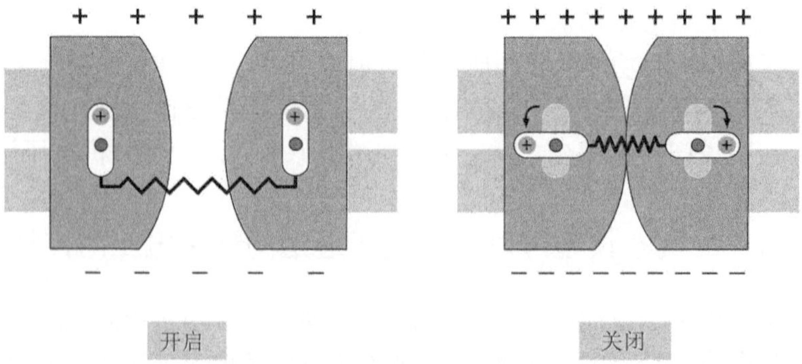

图 17.6　电压门控离子通道的两态模型。在开启状态, 代表通道构象自由度的“弹簧”处于松弛状态; 而代表通道电压敏感部件的带电偶极子处于耗能状态。通道关闭时, 弹簧处于一个压缩的高能量状态; 传感偶极子则处于相对于施加电场有利的定向

正如第 7 章所推导的, 开启状态的概率是

$$p_{\text{open}} = \frac{\mathrm{e}^{-\beta\Delta\varepsilon}}{1+\mathrm{e}^{-\beta\Delta\varepsilon}} \tag{17.4}$$

其中 $\Delta\varepsilon$ 是开关状态的能量差。针对图 17.6 所示的简单模型, 门控的能量差为

$$\Delta\varepsilon = \Delta\varepsilon_{\text{conf}} - p\frac{V_{\text{mem}}}{d} \tag{17.5}$$

其中 $\Delta\varepsilon_{\text{conf}}$ 表示除电荷运动贡献外通道开关状态的能量差 (由图示的弹簧表征)。弹簧对能量的贡献项是负值, 而电场对 $\Delta\varepsilon$ 贡献项为正值 (考虑到 V_{mem} 为负), 隐含了跨膜电场 V_{mem}/d (d 是膜厚) 使关闭态稳定。第二项中引入了偶极矩 $p = el$, 其中 e 是单位电荷, l 是偶极子中两电荷之间的距离。细胞膜去极化会导致电场减弱, 并最终导致开启状态, 因为偶极子可以以较低的能量消耗呈现一个较弱势的构象, 而同时释放蛋白的自由度。膜电位的中间值, 即 $p_{\text{open}} = 1/2$ 时的值

$$V^* = \frac{d\Delta\varepsilon_{\text{conf}}}{p} \tag{17.6}$$

对应于 $\Delta\varepsilon = 0$。就膜电位而言, 利用式 (17.5), 通道开启的概率可以写为

$$p_{\text{open}} = \frac{1}{1+\exp[\beta q(V^* - V_{\text{mem}})]} \tag{17.7}$$

其中, 我们定义了 $q = p/d$。图 17.7 是测得的 p_{open} 与膜电位的 S 形关系曲线。这是动作电位模型的关键要素之一, 我们将一直讨论它至本章结束。

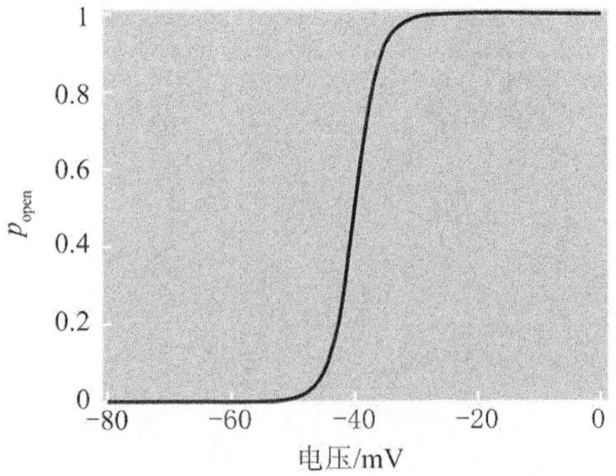

图 17.7 简单的两态模型中开启状态的概率。p_{open} 是施加电压的函数。所用参数是: $V^* = -40$ mV, $q = 12e$, 与通道开启时 12 个电荷跨膜对应

17.3.2 维持非平衡电荷状态

离子泵克服电化学梯度跨膜泵送离子

细胞膜对于特定类型的离子瞬间通透的生物学后果是什么? 钙离子内流是一个重要而戏剧性的信号事件, 它引起了细胞行为的主要变化, 这些行为包括从神经信号转导、肌

肉收缩到受精和免疫激活。在这些事件中，是跨膜电势调控的特定钙离子通道的通透性将电信号转化成了化学信号。钙离子内流引起了一大群效应蛋白的构象和活性变化，从而将生化事件与肌肉细胞中肌球蛋白的激活、囊泡与质膜的融合等直接联系在一起。我们可以把跨膜离子势和跨膜电势形象地想象成生物学中的起重机，它们与钙离子流之间的耦合关系就像起重机与重物之间通过齿轮耦合一样。

当钙离子通道开启，Ca^{2+} 流入胞内。钙离子的跨膜浓度梯度和电场一起驱动钙离子流。跨膜浓度梯度是由消耗 ATP 的离子泵负责维持的。其中一种泵积极地将 Ca^{2+} 输送到胞外，而其他泵用钾离子交换钠离子。就像水泵在大雨天时能够保持地下室干燥一样，细胞利用膜蛋白主动将这些离子泵出细胞。

可激发细胞通过操控跨膜电压来传播电信号。跨膜电压主要是通过钠、钾离子的浓度不平衡建立的，它们在数量上比钙离子更富余。为了弄清楚其工作原理，我们需要考虑两种膜结合蛋白的并行活动。首先，我们需要一个与钙离子泵功能类似的消耗 ATP 的泵，它不泵送钙离子，而是将 Na^+ 排出，同时将 K^+ 泵入。具体来说，每个冲程有两个 K^+ 泵入，伴随三个 Na^+ 泵出，如图 17.8 所示。其次，一个钾离子"泄漏"通道选择性地通透 K^+ 而不是 Na^+，从而也参与维持 K^+ 的总体电荷状态。

图 17.8 所显示的卡通图揭示了该蛋白有三个 Na^+ 和两个 K^+ 结合位点，表明每次两个 K^+ 与三个 Na^+ 之间的输运是平衡的。完成这样一次转移所需的能量来自于一个 ATP 的水解，大约释放 $20k_BT$ 的自由能。为了弄清楚 ATP 水解产生的有效能量是否足以通过这种方式改变离子浓度，我们比较 ATP 水解释放的自由能和离子泵为实现电荷输运需要克服钾离子和钠离子电化学梯度而做的功。

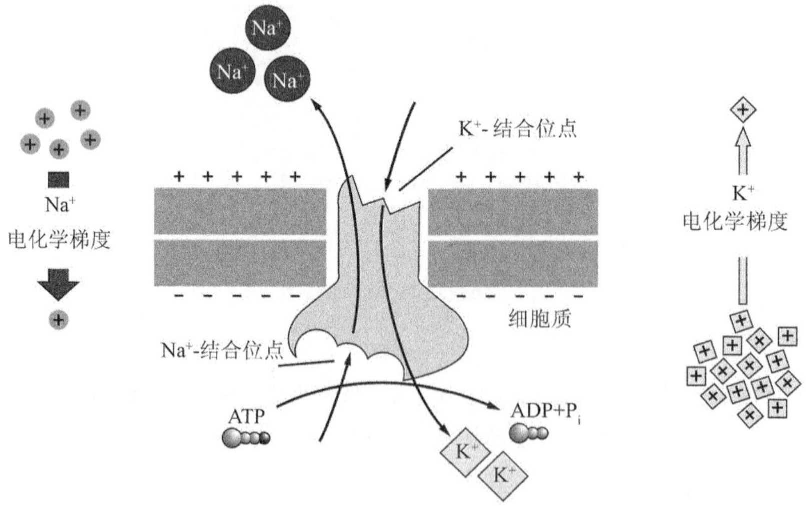

图 17.8　钠-钾离子泵的运行机制。离子泵通过消耗 ATP 克服钠-钾离子浓度梯度来转运 Na^+ 和 K^+。图中示意性地展示了这些离子的"结合位点"

估算：膜上的电荷泵送　跨膜输运离子所需自由能部分是因为克服浓度梯度转移离子引起的熵变，部分是由于电荷在电场中运动做功。为了计算"化学"方面的贡献

(也就是熵减少), 我们回顾第 6 章, 化学势是平均到每个离子 (原子或分子) 的自由能, 对于理想溶液, 化学势为 $\mu = \mu_0 + k_BT\ln(c/c_0)$, 因此, 我们可以估算三个钠离子从膜的一侧转运到处于不同化学势的另一侧所引起的自由能变化, 结果是 $W_{en} = 3k_BT\ln(c_{\text{out}}^{\text{Na}}/c_{\text{in}}^{\text{Na}}) \approx 7.5k_BT$, 这里我们用到了表 17.1 中给出的离子浓度值。输运钠离子所作的总功还包括克服电场做功的部分, 其值为 $W_{el} = -3eV_{\text{mem}} \approx 10.4k_BT$, 因为胞内电势低于胞外, 所以其贡献为正。将这两种贡献放在一起, 泵送 Na^+ 所做的总功是 $17.9k_BT$。类似地, 我们可以确定输运两个 K^+ 所做的功。这里克服电场做的功为负, 表明正离子被输运到了电势较低的胞内。对于钾离子 $W_{el} = 2eV_{\text{mem}} \approx -6.9k_BT, W_{en} = 2k_BT\ln(c_{\text{in}}^{\text{K}}/c_{\text{out}}^{\text{K}}) \approx 7.3k_BT$, 总功为 $0.4k_BT$。我们注意到泵送两个钾离子所做功是泵送三个钠离子的 1/40, 意味着钾离子接近于唐南平衡而钠离子没有。钠-钾离子泵在一个循环中泵送 5 个离子做的总功为 $W_{\text{tot}} \approx 18.3k_BT$, 这仅仅比 ATP 水解释放的自由能稍微小一点, 说明离子泵在高效地运行。

17.4 动 作 电 位

17.4.1 膜的去极化

带有电压门控钠离子或者钙离子通道的细胞被称为可激发细胞这些细胞包括神经元、肌肉细胞、精子和卵子, 以及许多参与发送荷尔蒙信号的细胞。与所有细胞一样, 可激发细胞也维持着一个膜电位。不同细胞之间各种离子的数量和对膜电位的贡献有所不同。但是一般来说细胞内部的电势总是负值。正如我们下面将要详细讨论的, 主动泵送和细胞膜对钾、氯离子的通透性强于对钠、钙离子的通透性的事实是造成胞内电势为负值的原因。正因为如此, 细胞内任何导致膜的离子通透性有选择地改变的信号事件都可能致使跨膜电势 (瞬时) 离开静息值。当通道开启时, 允许钠离子或者钙离子通过, 跨膜电势增加, 在极端情况下, 膜电位甚至会转变为正。这种膜电位的正翻转称为去极化。相反, 如果钾离子通道开启, 膜电位急剧降至接近钾离子的平衡电位, 导致超极化。正如前一节所描述的, 特别有趣的是: 细胞中选择性离子通道的开启不仅由于配体的结合, 也为了响应膜电位的改变。在后一种情况下, 细胞膜局部的瞬时去极化可以被放大和传播到整个细胞。

膜去极化协调肌肉收缩

考虑骨骼肌细胞的例子, 是它为人类提供了逃避老虎的能力, 图 2.33 是一个神经肌肉接点, 是它执行了收缩肌肉的命令。当肌肉细胞收到来自神经系统的信号而收缩时, 很重要的一点是肌肉中所有的肌球马达同时动作, 产生协调一致的大幅度收缩动作。细胞膜的电特性是肌肉收缩能实现快速协调的原因。从神经元接收到的信号通过膜去极化的行波沿肌肉细胞传递。在去极化过程中, 跨膜电势大致从 −90 mV 涨到 +60 mV。这种电荷反转是各种离子通道共同作用的结果, 并且能够快速地传递到整个细胞膜。图 17.9 展示了不同种类的离子通道之间的协作。

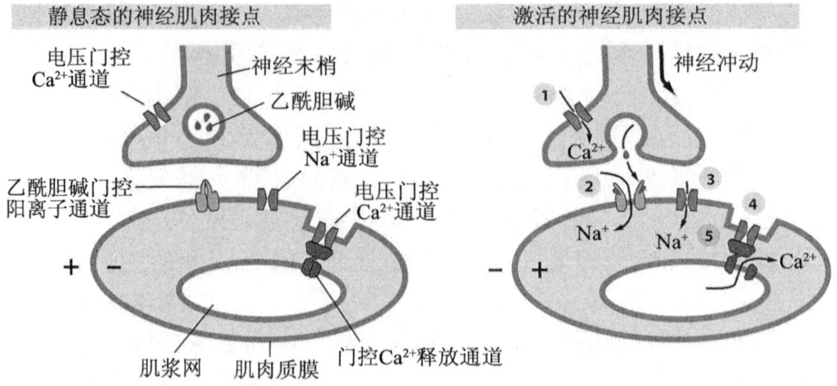

图 17.9　肌肉细胞收缩时离子通道间的合作。肌肉细胞的收缩是从乙酰胆碱的结合开始的。这种结合开启了通道, 使 Na^+ 内流, 从而导致膜去极化。在临近的膜片中, 这种去极化开启了电压控制的钠离子通道, 再次促使膜去极化, 继而开启更多的电压控制的钠离子通道, 等等。这种自传播的去极化以行波的方式沿肌肉细胞膜传播。同时, 电压控制的钙离子通道开启, 使得胞内的钙离子浓度高于 100nmol/L 的静息值。从结构上来说, 质膜组成了周期性深内陷和横小管, 它们与肌浆网中的微管紧密接触, 肌浆网腔中充满了高浓度的 Ca^{2+}。通过电压控制钙离子通道的钙离子内流就在这些接触点附近, 这些钙离子可以结合并且开启肌浆网膜中钙离子依赖的钙离子通道。这个钙离子流进而开启更多的钙离子依赖的钙离子通道, 导致大量的 Ca^{2+} 流入肌原纤维的细胞质。如此高浓度的钙离子使肌球蛋白结合肌动蛋白并使肌肉收缩。(取自 B. Alberts et al., Molecular Biology of the Cell, 5th ed., New York, Garland Science, 2008.)

在引起肌肉收缩的去极化过程中, 首个事件是神经递质乙酰胆碱结合到肌肉细胞的受体上。神经递质是在另一个与电有关的细胞事件 (动作电位) 后从马达神经元末梢释放出来的, 稍后会讨论动作电位。乙酰胆碱结合到肌肉细胞中具有双重职能的一类受体上, 它们一方面是乙酰胆碱的结合蛋白, 另一方面又是钠、钾离子高度通透的通道。当这些通道由于配体结合而开启时 (见第7章), 因为钾离子已经接近电化学平衡, 所以没有净 K^+ 流。可是, Na^+ 在由浓度和电荷的不平衡造成的熵力和静电力的驱动下利用开启的通道快速涌入细胞。正如我们在表 17.1 中所看到的, 从观察到的跨膜钠离子浓度差得到 Na^+ 的能斯特势大约是 65 mV。因此, 随着乙酰胆碱受体通道的开启, 开启通道附近膜片的局域膜电位上升如此之多以至于内部膜电位的符号反转变为正值。现在是第二类通道发挥作用的时候了, 这类通道就是钠离子电压门控通道 (图 7.2 中展示了这种通道的电压门控数据)。局域乙酰胆碱受体通道开启导致膜电位去极化, 进而驱动通道的构象变化, 这些通道对钠离子的选择性比对钾离子的选择性要强很多。随着这些通道的开启, 钠离子和钾离子的局部通透性比率从静息态时的 0.02 (对钾离子更有利) 变为接近 20 (对钠离子有利)。结果导致局部膜电位从大约等于钾离子平衡态电势跳到钠离子的能斯特势, 因此现在是钠离子的通透性主导整个系统。电势的局部变化为门控附近的通道提供了驱动力, 这些通道瞬时允许附近的 Na^+ 通透, 进而导致去极化以大约 1 m/s 的速率在整个细胞中传播。

这个同时发生的跨膜去极化是如何同步激活肌肉细胞中的所有肌球蛋白头部的收缩活动的呢? 正如第 16 章所述, 骨骼肌肌球蛋白不能主动结合到肌动蛋白上, 除非钙离子结合到肌钙蛋白上, 并将其从遮住肌球蛋白结合位点的位置移走 (图 16.38 中显示)。在此, 电压控制的钙离子通道只起部分作用并不令人意外。然而, 考虑到质膜的面积较小, 而肌肉细胞的体积非常大, 细胞是用第二个技巧在紧跟电信号后增加钙离子释放总量的。肌肉细胞中的肌原纤维沉浸在膜网中, 这种特殊形式的内质网称为肌浆网, 内部包含一个高浓度的胞内 Ca^{2+} 库。在肌肉细胞的很多地方, 质膜形成深内陷, 与肌浆网组成的网络紧密接触。在这些接点, 钙离子通过质膜进入细胞膜激发另一种特定种类的离子通道开启, 这种钙离子依赖的钙离子通道允许 Ca^{2+} 从膜间的钙库涌入细胞质。肌浆网膜局部钙离子的释放会激活附近钙离子依赖的钙离子通道, 从这个意义上说, 钙离子依赖的钙离子释放过程是自催化的。

当你继续逃离老虎时, 肌肉细胞必须重复收缩。因此, 必须有某些机制使系统在一个去极化事件后恢复到静息态。该机制有两个重要组成部分。首先, 电压门控钠离子通道仅仅在短时间内保持开启状态。下面当我们讨论神经细胞的动作电位时, 我们将考察通道关闭或者失活的后果。其次, 由ATP驱使、能让钠离子和钙离子回复到非平衡静息态分布的离子泵继续工作、并恢复电学和化学的非平衡, 这是静息态的特征。

门控离子通道对于动物神经肌肉系统功能的重要性可以通过以下事实生动地阐明: 这些门控通道都是许多人类所熟知的毒液和毒素的分子靶物。举个例子, 如果诱人的日本河豚不经过专业处理被做成寿司, 那么它可以杀死粗心的食客, 河豚的肺部和卵巢带有高浓度的河豚毒素, 后者会结合并阻塞电压门控钠离子通道, 从而导致肌肉瘫痪而窒息死亡。金环蛇 (在印度及东南亚发现的一种蛇) 的毒液包含 α-金环蛇毒素, 后者能够阻止乙酰胆碱受体通道的开启。

用电路对细胞膜片建模

到目前为止, 关于电压门控通道功能的讨论大部分是定性的。现在我们的目标是对可激发细胞膜的电性质做定量描述。在第 11 章中我们将细胞膜看作是弹性壳。但是, 正如图 1.7 所展示的, 关于细胞膜有很多有用的理想模型, 其中之一是电路模型。尤其是考虑到生物电的情况下, 相应的图像就是如图 17.10 所示的一系列电阻、电池和电容的组合。值得注意的是在一个由膜和通道组成的复合系统中, 脂质双层膜类似一个电容器, 而离子通道类似一组并联的电阻, 每种通道的电导不同。图 17.10 中电池部分代表能斯特势, 它是由于细胞膜内外离子浓度的差别导致的。每一种离子的能斯特电势都可以用一个电池表示, 因为它要么必须被跨膜电势所克服、要么与跨膜电势协同工作。

电容器衡量电路存储电荷的能力。如第 9 章所示, 表面附近电中性是可以局部被扰乱的, 图 17.11 将这种扰动与细胞膜联系在一起。在这组装置中, 电容被定义为膜两边的过量电荷和膜电位的比率, $C = q/V_{\mathrm{mem}}$。可以将膜片的电容近似为一个平板电容器的电容。平板电容器上的电荷为 $\pm\sigma A_{\mathrm{patch}}$, 其中 σ 是膜上单位面积的过量电荷, 而 A_{patch} 是面积。两板间的电场是均匀的, 大小为 $\sigma/(\varepsilon_0\varepsilon_r)$, 其中 ε_r 是两板间材料的介电常数, 见第 9 章的讨论。因此, 跨膜电压降是 $V_{\mathrm{mem}} = \sigma d/\varepsilon_0\varepsilon_r$, 其中 d 是膜厚, 或者说是平板电容器平板间的距离。电荷除以电压就是一片细胞膜的电容, $C=\varepsilon_0\varepsilon_r A_{\mathrm{patch}}/d$。因为膜厚约为 $d\approx 5\ \mathrm{nm}$, 而介电常数为 $\varepsilon_{\mathrm{mem}}=2$, 其电容预估为 $C_{\mathrm{area}}=C/A_{\mathrm{patch}}\approx 0.4\mu\mathrm{F/cm}^2$。细胞膜上单位面积电容的典型测量值为 $1\mu\mathrm{F/cm}^2$。

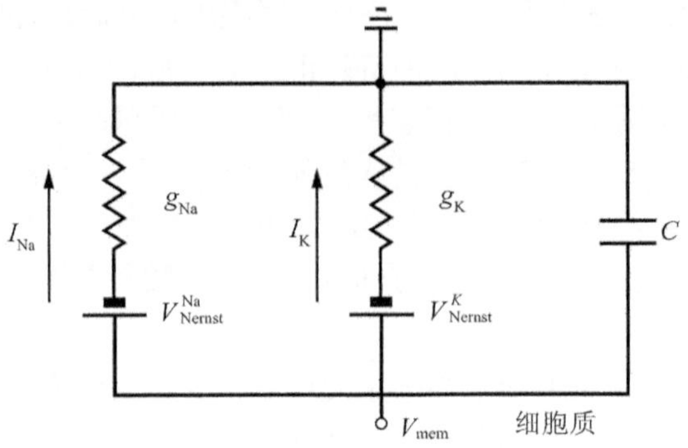

图 17.10　细胞膜的等效电路。脂质双分子层具有电容为 C 的电容器的功能, 通道由电阻来模拟, 钠离子和钾离子通道的电导 (电阻的倒数) 分别是 g_{Na} 和 g_{K}, 电池代表每一种离子的能斯特电势, 它解释了跨膜浓度梯度导致离子流的原因

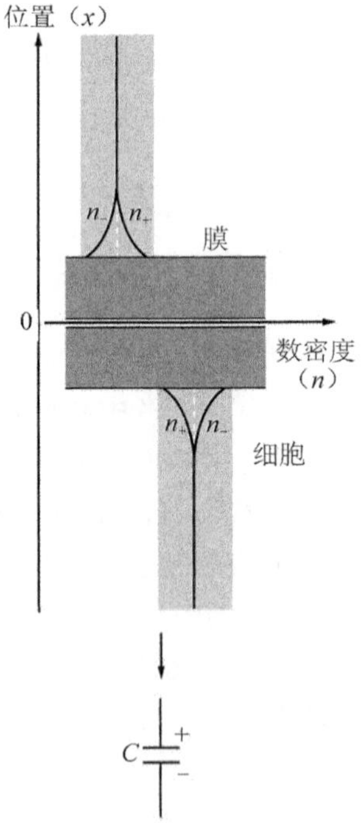

图 17.11　膜的电容。就像一个平板电容器, 在细胞内部 (细胞质这一侧) 有过量的负电荷, 而在细胞外部有过量的正电荷, 导致了跨膜的电压降。接近细胞膜的薄层中存在着电荷不平衡, 薄层厚度和德拜 (Debye) 长度的数量级一样。膜表面的净电荷和膜电位通过膜的电容相互关联, $C=q/V_{\mathrm{mem}}$。

估算: 去极化过程中的电荷转移 骨骼肌细胞膜的去极化伴随着电荷沿电化学梯度方向的转移。倘若膜电位的变化为 $\Delta V_{\mathrm{mem}} = 100\ \mathrm{mV}$, 并且细胞膜单位面积上的电容为 $C_{\mathrm{area}} = 1\mu\mathrm{F/cm^2}$, 转移的净电荷为

$$\Delta Q \approx \Delta V_{\mathrm{mem}} C_{\mathrm{area}} \times 2\pi r l = (10^{10}\ e/\mathrm{cm}) \times l \tag{17.8}$$

以电子所带电荷为 $e = 1.6 \times 10^{-19}\mathrm{C}$ 单位。这里我们将肌肉细胞近似看成一个半径为 $r = 25\ \mu\mathrm{m}$, 长度为 l 的圆柱体。我们将这个数字和细胞中典型的离子数目相比较, 后者可以通过离子浓度乘以细胞的体积得到。具体地, 细胞内电荷近似为

$$Q_{\mathrm{in}} \approx e c_{\mathrm{in}} \times \pi r^2 l = (10^{15}\ e/\mathrm{cm}) \times l \tag{17.9}$$

式中, $c_{\mathrm{in}} \approx 100\ \mathrm{mmol/L}$, 这是典型的离子浓度值。在去极化的过程中, 转移的电荷与胞内电荷总量的比例为

$$\frac{\Delta Q}{Q_{\mathrm{in}}} \approx 10^{-5} \tag{17.10}$$

它与细胞长度 l 无关。这个估算得出了一个很重要的结论就是去极化过程中所转移的电荷对于胞内离子浓度的扰动非常小。

膜电位和能斯特势的差导致跨膜离子流

利用电流与驱动力之间的一般关系就可以理解将细胞膜当作一个电阻串联一个电池的想法。化学势的差异表明系统不处于平衡态并为粒子流提供驱动力。这是第 5.5.2 节介绍的主要思想之一。前面章节处理流和驱动力的关系时总是认为使系统恢复到平衡态的离子流与驱动力本身呈线性相关 [这是第 13 章中介绍扩散运动时菲克 (Fick) 定律的基础]。

在此我们关心的是任何类型的离子在细胞膜两边的化学势差

$$\Delta\mu = \underbrace{\left(\mu_0 + k_B T \ln\frac{c_{\mathrm{in}}}{c_0} + zeV_{in}\right)}_{\text{内部化学势}} - \underbrace{\left(\mu_0 + k_B T \ln\frac{c_{\mathrm{out}}}{c_0} + zeV_{\mathrm{out}}\right)}_{\text{外部化学势}} \tag{17.11}$$

及其导致穿过细胞膜的净离子流。和第 13 章一样, 扩散分子流和浓度差成比例, 这里离子流 I 也将和化学势差 $\Delta\mu$ 成正比

$$I = g\left(\frac{k_B T}{ze}\ln\frac{c_{\mathrm{in}}}{c_{\mathrm{out}}} + V_{\mathrm{in}} - V_{\mathrm{out}}\right) \tag{17.12}$$

其中比例系数 g 是电导。因为电流从化学势高端流向低端, 正电流意味着正离子流出细胞.

利用能斯特势的定义 $V_{\mathrm{Nernst}} = (k_B T/ze)\ln(c_{\mathrm{out}}/c_{\mathrm{in}})$, 以及膜电位的关系 $V_{\mathrm{mem}} = V_{\mathrm{in}} - V_{\mathrm{out}}$, 我们可以将式 (17.12) 改写为

$$I = g(V_{\mathrm{mem}} - V_{\mathrm{Nernst}}) \tag{17.13}$$

电流和电压之间的这种线性关系就是欧姆定律。注意能斯特势充当电池的角色与电导为 g 的电阻串联, 如图 17.10 中的描述。此外, 通过细胞膜的总电流是所有能通过细胞膜 (经过通道) 的各种离子的贡献之和, 因此, 等效电路图就是每个电阻与电池串联单元的并联组合。

电压门控通道导致细胞膜电流-电压的非线性关系

通道门控是细胞功能性要求的结果。尤其是当细胞电位以通道门控的方式改变时, 膜的通透性因通道开启而瞬间改变。当通道开启时, 离子流的特征响应曲线就是 $I-V$ 曲线: 电流与电压之间的定量关系。图 17.12 显示了乌贼轴突膜的 Na^+ 和 K^+ 的电流-电压 $(I-V)$ 曲线。式 (17.13) 代表的简单模型预测了膜电位和电流的线性关系。实验测得钾离子的电流-电压曲线基本上是线性的, 但钠离子电流却是高度非线性的 (尽管这种非线性可以粗略地解释为两个线性电导区域之间的插值, 下面将会展示这一点)。这样考虑是为了断言式 (17.13) 中定义的离子电导 g 是电压依赖的。

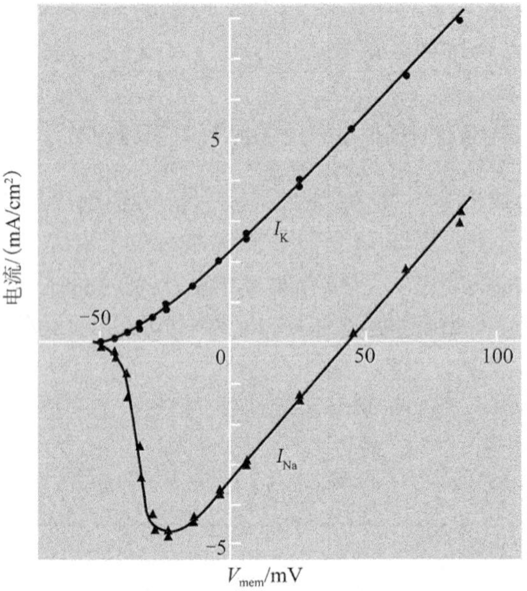

图 17.12　钠离子和钾离子的 $I-V$ 测量曲线。圆圈代表 K^+ 的电流数据, 三角形代表 Na^+ 的数据。这个实验中, 电压值从一个负的"钳制" 电位开始, 沿着 x 轴升高 (取自 B. Hille, Ion Channels of Excitable Membranes, Sunderland, Sinauer Associates, Inc., 2001.)

为了弄清楚细胞膜中钠离子电导与电压的关, 我们需要考虑细胞膜的分子部件清单。跨膜离子的电导性与离子通道本身的门控特性关系紧密。如果 g_1 是单个离子通道开启时的电导, 则膜片的电导为 $N_{open}g_1$, 其中 N_{open} 是膜片中通道开启的数目。这个数目可以通过特定通道开启的概率 p_{open} 来估算。具体是 $N_{open}=N_{patch}p_{open}$, 其中 N_{patch} 是膜片中所有这类通道的数目, 包括开启的和关闭的。从单个通道的电流记录中可以明显地观察到离子通道要么是开启的、要么是关闭的, 图 7.2 显示了在不同电压下单个钠离子通道的数据。因此, 如图 17.13 所示, 膜片的电导与通道开启的概率呈正比关系 $g_{\text{patch}} = N_{\text{patch}} p_{\text{open}} g_1$。

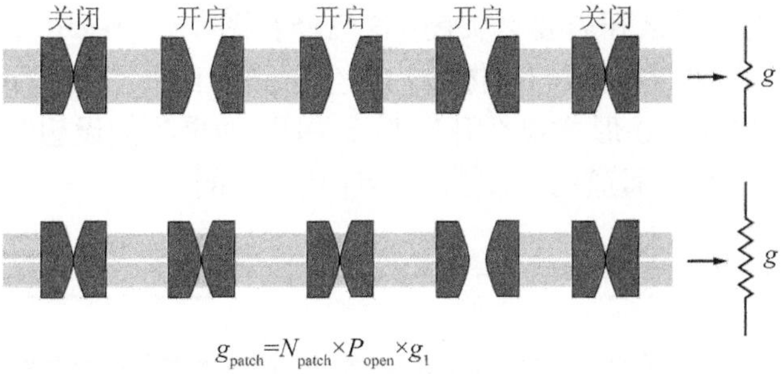

图 17.13 细胞膜片的电导。膜片电导与通道数目、通道开启的概率以及各个通道的电导有关。因为通道开启的概率与施加电压呈非线性关系, 因此整体的电导率与电压也呈非线性关系

因为细胞膜整体的电特性与通道的非线性门控特性有关, 所以检验门控特性的简单模型并利用此模型探索膜的电导很有意义。$I-V$ 曲线的非线性是通道门控特性的宏观表现。为了明确地论证这一点, 我们根据导出式 (17.7) 的简单两态电压门控模型, 画出了 Na^+ 和 K^+ 的理论 $I-V$ 曲线。这些曲线的两个主要特征是它们和电压轴相交于能斯特势, 并且曲线的斜率在电压为 V^* (在此通道开启的概率为 $p_{\text{open}} = 1/2$) 时会有一个跳跃。在图 17.14 所示的第一种情况下, 我们考虑了欧姆电导的最简单模型, 假定通道总是处于开启的状态。如图所示, 此时电流是电势的线性函数。比较现实的模型是考虑通道开关的概率依 V_{mem} 的增加而改变, 伴随着细胞膜整体电导的改变。它将造成两种截然不同的电

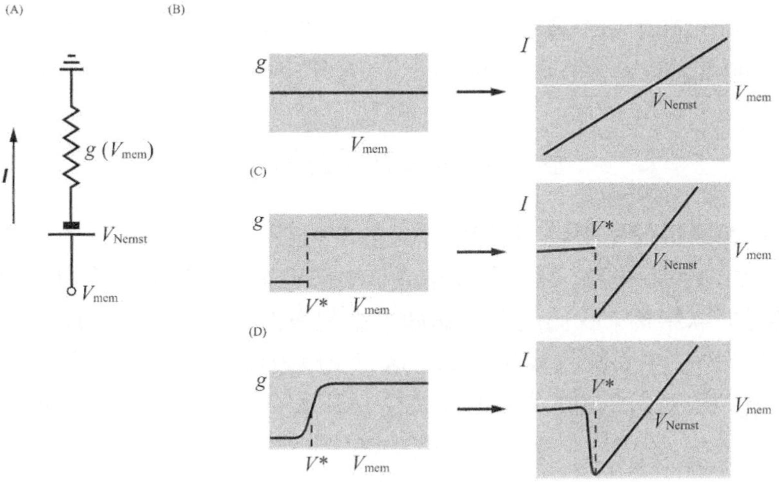

图 17.14 简单讨论得出的 $I-V$ 曲线。(A) 电阻与电池串联电路表示包含离子通道的膜片电路。(B) 恒定电导的模型。电流由欧姆定律给出, 当 $V_{\text{mem}} = V_{\text{Nernst}}$ 时, 电流为零。(C) 电导是阶跃函数的简单模型, $V_{\text{mem}} = V^*$ 时, 电导从较低值切换到较高值。每一个区域中电流和电压都是线性关系。(D) p_{open} 的 S 形模型。这种情况下, $I-V$ 关系中较小的 V_{mem} 和较大的 V_{mem} 之间存在一个插值区域

情况: 压低的时候通道开启的概率很低, 电导很小。电压高的时候通道开启, 电导很大。在这两种情况下, 我们都假定电压和电流呈线性关系; 从 p_{open} 继而给出 $I-V$ 曲线不同的特征。

尽管每个离子通道要么开启要么关闭 (这已经在图 7.2 中展示过了, 并且在图 17.15 中再次说明), 但膜片中很多通道的集体行为产生了类似图 17.12 显示的电导特性。具体来说, 即便每个通道以 $1\sim0$ 形式要么开启要么关闭, 如果我们设想膜片中这样的通道足够多, 则其宏观行为与所有通道的电流曲线累计是一致的。

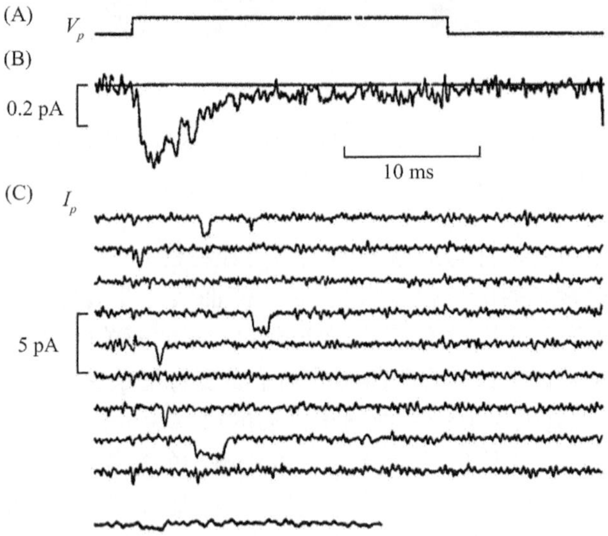

图 17.15　单个通道电流的叠加。图中展示了培养的老鼠肌肉细胞中单个 Na^+ 通道的电流轨迹。(A) 施加 10 mV 去极化阶跃电压 (V_p)。(B) 300 多条单通道电流轨迹叠加产生的宏观电流。(C) 每条轨迹显示单个通道的电流。九条轨迹中六条展现出门控特性, 门控特性在轨迹中表现为向下的偏移。(取自 E. R. Kandel et al. (eds.), Principles of Neural Science, New York, McGraw-Hill, 2000.)

膜片起到双稳开关的作用

有了电压门控通道的概念后, 我们可以处理电刺激的生物膜问题。首先, 我们将膜片模型化为如图 17.10 所示电路, 每一种离子通道对应一个电阻串联一个电池的单元, 所有单元和总电容是并联结构。我们现在考虑如果细胞内部的电压稍微增加一点, 就像动作电位传播时的情况一样, 系统会发生什么。这与正电荷流入细胞抬高膜电位的情况是对应的。在时间 Δt 内流过细胞膜的总电量 ΔQ 可以有两种算法: (流入细胞) 的总电流乘时间

$$\Delta Q=-(I_{\text{K}}+I_{\text{Na}})\Delta t \tag{17.14}$$

或者利用细胞膜的电容乘细胞膜的电位变化计算

$$\Delta Q=C\Delta V_{\text{mem}} \tag{17.15}$$

联立这两个方程, 并利用式 (17.13), 得到关于膜电位的微分方程

$$C\frac{\mathrm{d}V_{\mathrm{mem}}}{\mathrm{d}t}=g_{\mathrm{K}}(V_{\mathrm{Nernst}}^{K}-V_{\mathrm{mem}})+g_{\mathrm{Na}}(V_{\mathrm{Nernst}}^{\mathrm{Na}}-V_{\mathrm{mem}}) \tag{17.16}$$

这里我们需要使膜片足够小, 以便跨膜电势差可以视为是常数。

刚导出的膜电位方程显示了双稳性质, 即 V_{mem} 有两个稳态解。将式 (17.16) 左边设为零, 得到膜电位的稳态解

$$V_{\mathrm{mem}}=\frac{g_{\mathrm{K}}V_{\mathrm{Nernst}}^{\mathrm{K}}+g_{\mathrm{Na}}V_{\mathrm{Nernst}}^{\mathrm{Na}}}{g_{\mathrm{K}}+g_{\mathrm{Na}}} \tag{17.17}$$

这个方程有一个非常直观的解释。我们考虑 $g_{\mathrm{K}}\gg g_{\mathrm{Na}}$ 和 $g_{\mathrm{Na}}\gg g_{\mathrm{K}}$ 两种情况。在前一种情况下, 由式 (17.17) 得到 $V_{\mathrm{mem}}\approx V_{\mathrm{Nernst}}^{\mathrm{K}}$; 在后一种情况下, 由式 (17.17) 得到 $V_{\mathrm{mem}}\approx V_{\mathrm{Nernst}}^{\mathrm{Na}}$。换句话说, 电导最高的离子可以设定膜电位近似等于其能斯特势。从式 (17.16) 的相图 17.16 可以得到同样的结论。我们分析的目的就是要弄清楚怎样的稳态膜电位对于膜和离子通道复合系统是有效的, 并阐明有两个"不动点"分别对应于钠离子和钾离子的能斯特势。

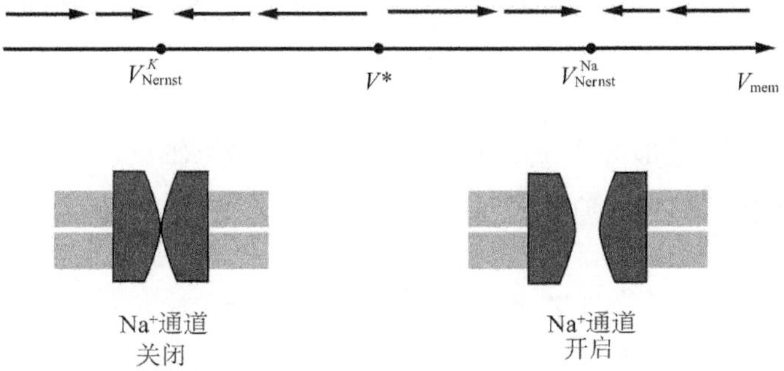

图 17.16 膜电位的动力学。利用式 (17.16), 我们可以计算 $\mathrm{d}V_{\mathrm{mem}}/\mathrm{d}t$, 该值依赖于 V_{mem}、$V_{\mathrm{Nernst}}^{\mathrm{K}}$ 和$V_{\mathrm{Nernst}}^{\mathrm{Na}}$。根据这三个参数的相对大小, $\mathrm{d}V_{\mathrm{mem}}/\mathrm{d}t$ 可以取负值、零或正值。$\mathrm{d}V_{\mathrm{mem}}/\mathrm{d}t$ 的符号作为 V_{mem} 的函数展示在图中, 表明两个"不动点"分别为 $V_{\mathrm{Nernst}}^{\mathrm{K}}$ 和 $V_{\mathrm{Nernst}}^{\mathrm{Na}}$。当钠离子通道关闭时, 钾离子的能斯特势起主导作用, 而当通道开启时, 钠离子的能斯特势起主导作用。因此细胞膜是一个具有双稳开关特性的动态系统

为了简化分析, 我们假定钾离子通道的电导与电压无关。事实上, 我们知道钾离子通道的门控与电压是相关的。可是, 该假设并非一无是处, 因为在膜电位去极化过程中, 钾离子通道的开启大约需要 5 ms, 而钠离子通道的开启只需 1 ms。利用电压门控两态模型得到的关于 p_{open} 的公式, 钠离子通道的电导与电压的关系是

$$g_{\mathrm{Na}}=g_{\mathrm{Na}}^{\mathrm{open}}\frac{1}{1+\exp\left[\beta q(V^{*}-V_{\mathrm{mem}})\right]} \tag{17.18}$$

用 $g_{\mathrm{Na}}^{\mathrm{open}}$ 代表膜片里所有钠离子通道都开启时的电导。有了这个表达式, 我们就可以利用式 (17.16) 分析双稳性了。

由式 (17.18) 可知, 当 $V_{\mathrm{mem}}<V^{*}$ 时钠离子电导会很小, 我们假定钠离子的电导远远小于钾离子的电导。则式 (17.17) 中膜电位的值接近于钾离子的能斯特势。而在初始膜电

位高于 V^* 的情况下, 钠离子通道开启, 钠离子的电导高于钾离子的电导起主要作用。此时, 膜电位将趋向于钠离子的能斯特势, 为正值。两个稳定不动点的存在, $V_{\mathrm{mem}} = V_{\mathrm{Nernst}}^{\mathrm{K}}$ 和 $V_{\mathrm{mem}} = V_{\mathrm{Nernst}}^{\mathrm{Na}}$, 解释了图 17.16 所展示的双稳行为。这种双稳性质的存在为可激发细胞膜提供了一个跳转的机会, 而这种跳转是传播动作电位的基础。

利用 RC 电路为电压弛豫动力学建模

就像上面讨论的, 膜片由于其电压依赖于导通 Na^+ 的能力, 所以表现得像一个双稳开关。由此引发的问题是, 如果我们刺激膜片, 提升膜电位高于静息值, 但还不足以发生跳转, 则 V_{mem} 以多快的速度恢复到静息值?

为了回答这个问题, 我们可以利用式 (17.16) 并且假定 $g_{\mathrm{Na}} \ll g_{\mathrm{K}}$ 来求解, 该假定意味着膜电位静态值接近于 $V_{\mathrm{Nernst}}^{\mathrm{K}}$。当 $t = 0$ 时, 膜电位的初始值取为 $V_{\mathrm{mem}}(0) = V_{\mathrm{Nernst}}^{\mathrm{K}} + \Delta V$, 其中 ΔV 使得 $V_{\mathrm{mem}}(0) < V^*$, 在该初始条件下式 (17.16) 的解为

$$V_{\mathrm{mem}}(t) = V_{\mathrm{Nernst}}^{\mathrm{K}} + \Delta V e^{(-g_{\mathrm{K}}/C)t} \tag{17.19}$$

即, 在低于阈值的 ΔV 刺激后, 膜电位以指数形式快速衰减到静息值, 时间常数为

$$\tau = \frac{C}{g} \tag{17.20}$$

式中, g 是膜片的电导, 近似等于 g_{K}。处于静息态的乌贼巨轴突, 其膜片的电导和电容分别是 $5\Omega^{-1}\mathrm{m}^{-2}$ 和 $10^{-2}\mathrm{F/m}^2$, 估算出时间常数为 $\tau \approx 2$ ms。

17.4.2 电 缆 方 程

到目前为止, 我们只考虑了细胞膜片的膜电位在垂直方向的变化。在实验中, 我们可以沿轴突放置一根细长电线并保持这根线为恒定电压 (这就是所谓的电压钳) 就可以实现这一测量。另外, 当考虑动作电位的传播时, 膜电位是位置的函数。粗略地讲, 除了在激发动作电位的位置, 即膜去极化的区域, 其他区域的膜电位任何时候都处于静息值。为了得到膜电位空间变化的某些定量关系, 我们考虑这样的情形, 柱形轴突的一端电压维持固定值 V_0, 则膜电位沿轴突如何变化? 整个装置如图 17.17 (A) 所示, 为了定量阐述这种情形, 我们将细胞膜看成一系列由电阻、电池和电容连接成的电路, 如图 17.17 (B) 所示。为了简化这里的讨论, 我们用同种类型的电阻和电池来描述膜片, 可以认为对于总跨膜电流 (钠离子加钾离子) 有相等的电阻和能斯特势。

为了得到描述膜电位随着空间变化的方程, 我们注意电压的变化 $V(x + \Delta x) - V(x)$ 是由于轴突中有轴向电流 $i(x)$ 引起的。如果 ΔR_{int} 是电流沿轴突轴向传播长为 Δx 的轴突电阻, 则欧姆定律给出

$$V(x + \Delta x) - V(x) = -i(x)\Delta R_{\mathrm{int}} \tag{17.21}$$

轴向电流 $i(x)$ 会沿着轴突的距离 x 而改变, 因为垂直于细胞膜的方向上有径向电流 $i_r(x)$ 而有损失。观察图 17.17 中标记着 $V(x)$ 的节点, 有电流 $i(x - \Delta x)$ 流入, 两个电流 $i(x)$ 和

$i_r(x)$ 流出。电流守恒表明流入电流必须等于流出电流。这就给出了 $i(x)$ 和 $V(x)$ 之间的另一个关系式

$$i(x-\Delta x)-i(x)=i_r(x)=\Delta g\left[V(x)-V_{\text{Nernst}}\right] \tag{17.22}$$

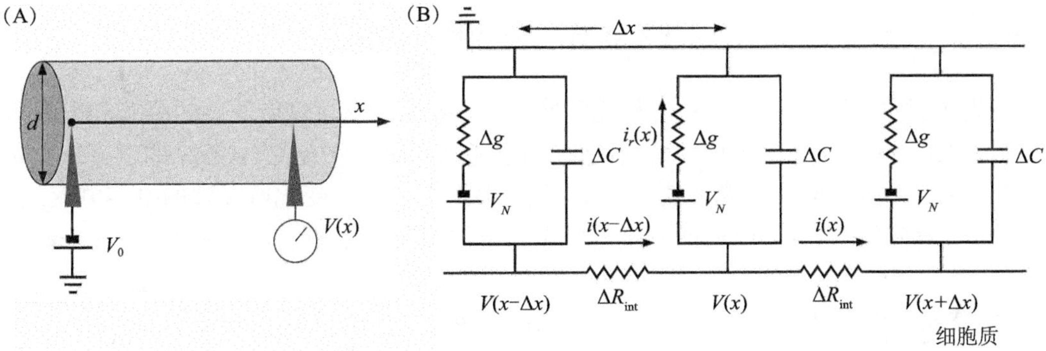

图 17.17 在一个动作电位过程中膜电位的空间变化。(A) 直径为 d 的轴突 一端保持固定电压 V_0, 测量距离这一端 x 处的膜电位 $V(x)$。(B) 膜电位的空间变化关系用一系列电路单元来模拟, 其中 Δg 是等价的膜电导, V_N 是等价的能斯特势, ΔC 是膜电容。每个电路单元相距为 Δx。每一个单元都可以用膜电位 $V(x)$ 和流出细胞的径向电流 $i_r(x)$ 来表征。在此, 我们考虑稳态情况下经过电容器的电流为零。电流 $i(x)$ 是从一个单元流向另一个单元的轴向电流。这些电流由于细胞质的存在将遇到内电阻 ΔR_{int}

我们定义 Δg 是长为 Δx 的小段轴突其相应膜片的电导。上面两个方程的左边对 Δx 作泰勒展开得到关于膜电位和轴向电流的一组微分方程为

$$\frac{\mathrm{d}V(x)}{\mathrm{d}x}=-\frac{\Delta R_{\text{int}}}{\Delta x}i(x) \tag{17.23}$$

$$\frac{\mathrm{d}i(x)}{\mathrm{d}x}=-\frac{\Delta g}{\Delta x}[V(x)-V_{\text{Nernst}}] \tag{17.24}$$

在试图求解这组方程之前, 我们考虑电导 Δg 和电阻 ΔR_{int} 的意义。膜片的电导正比于其面积, 可写为 $\Delta g=g\pi d\Delta x$, 其中 d 是轴突的直径, g 是单位面积上的电导。另外, 轴向电阻可以写为 $\Delta R_{\text{int}}=\rho\Delta x/(\pi d^2/4)$, 其中 ρ 是胞内介质的电阻率 (下一节中我们将类似地利用 $\Delta C=C\pi d\Delta x$)。对于乌贼巨轴突, 我们取 $d\approx 0.5\text{mm}$, $\rho\approx 0.3\Omega\text{m}$ 和 $g\approx 5\Omega^{-1}\text{m}^{-2}$。

为了求解膜电位和膜电流的方程, 首先对式 (17.23) 两边求导, 并且用式 (17.24) 替代 $\mathrm{d}i(x)/\mathrm{d}x$。则得到关于膜电位的二阶方程

$$\frac{\mathrm{d}^2V(x)}{\mathrm{d}x^2}=\frac{1}{\lambda^2}[V(x)-V_{\text{Nernst}}] \tag{17.25}$$

其中

$$\lambda=\sqrt{\frac{d}{4\rho g}} \tag{17.26}$$

具有长度量纲。通过求解膜电位的方程, λ 的意义也会明了。边界条件 $V(0)=V_0$ 对应的解为

$$V(x)=(V_0-V_{\text{Nernst}})\mathrm{e}^{-x/\lambda}+V_{\text{Nernst}} \tag{17.27}$$

因此, λ 是扰动电压 (高于 V_{Nernst} 部分) 沿轴突消失的特征长度。对于乌贼巨轴突, 这个长度 $\lambda \approx 9\text{mm}$. 当然, 这个结果不足以解释细胞中所看到的以及图 17.3 中所展示的全部动态的电学行为。为了认识动作电位的全部特征, 我们需要了解膜电位的时空变化。

17.4.3 去极化波

为了进一步量化膜去极化的传播问题, 我们将膜片作为双稳开关的分析和电缆方程结合, 电缆方程解释了不同膜片间沿轴突的电通讯问题。导出式 (17.22) 的电流守恒定律现在分割为钠离子流、钾离子流以及电容器 (膜) 上电荷的变化所导致的电容电流, 如式 (17.15) 所描述的电容器电荷的变化是由于膜电位变化引起的。将这些电流放在一起则有

$$i(x-\Delta x,t)-i(x,t)=\Delta g_{\text{Na}}[V(x,t)-V_{\text{Nernst}}^{\text{Na}}]+\Delta g_{\text{K}}[V(x,t)-V_{\text{Nernst}}^{\text{K}}]+\Delta C\frac{\partial V(x,t)}{\partial t} \quad (17.28)$$

上式是图 17.17 (B) 描述的流经细胞的电流 $i(x)$ 的方程。

膜去极化波与钠离子通道切换到开启状态有关

如图 17.17 所示, $i(x,t)$ 是 t 时刻在 x 膜片与 $x+\Delta x$ 膜片间的轴向电流, 而 $V(x,t)$ 是时刻 t 在位置 x 的膜电位。膜片都是长 Δx 直径为 d 的圆柱。最重要的是现在我们可以清楚地解释式 (17.18) 中描述的钠离子电导与电压的关系。我们再次做简化假设, 钾离子电导不随电压变化, 这与早先讨论的事实相符, 即钾离子通道开启所需时间相对于膜去极化导致钠离子通道开启所需时间要长。图 17.18 画出了动作电位传播模型中所用到的电导与电压关系。尤其是, Na^+ 的电导 (单位面积) 为

$$g_{\text{Na}}=\left\{\frac{100}{1+\exp[\beta q(V^*-V)]}+\frac{1}{5}\right\}\frac{1}{\Omega\,\text{m}^2} \quad (17.29)$$

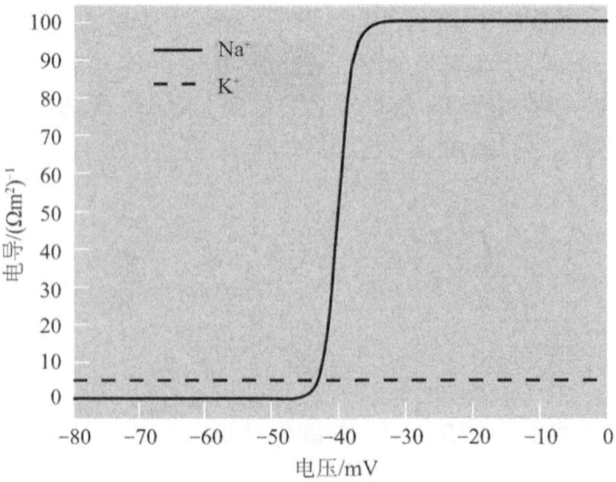

图 17.18　通道电导。膜片单位面积上钠离子和钾离子电导, 用于数值求解含时的电缆方程

式中, $\beta q = 0.5\text{mV}^{-1}$, 钾离子电导是常数, 取 $g_K \approx 5\Omega^{-1}\text{m}^{-2}$。钠离子电导的数据是根据实验观察给定的, 实验观察到静息态 $g_{\text{Na}} \approx (1/25)g_{\text{K}}$, 而在动作电位峰值 $g_{\text{Na}} \approx 20g_{\text{K}}$。

为了得到膜电位的控制方程, 我们采用与导出式 (17.25) 相同的步骤。具体来说, 联立电流守恒式 (17.28) 和由于轴向电流导致的膜片间电压降式 (17.21), 得到含时的电缆方程

$$\lambda^2 \frac{\partial^2 V(x,t)}{\partial x^2} - \tau \frac{\partial V(x,t)}{\partial t} = \frac{g_{\text{Na}}(V(x,t))}{g_{\text{K}}}[V(x,t) - V_{\text{Nernst}}^{\text{Na}}] + [V(x,t) - V_{\text{Nernst}}^{\text{K}}] \tag{17.30}$$

其中特征长度 λ 由式 (17.26) 给出, 而特征时间 τ 由式 (17.20) 定义 (但是用 g_{K} 代替两个方程中的 g)。

式 (17.30) 左边是第 13 章所讨论的无规行走的浓度扩散方程。事实上, 它与扩散方程并不完全相同, 因为右边是关于电压的非线性方程, 非常复杂。但是, 如果依据扩散方程的直觉和膜片双稳性质, 我们就可以在某种程度上理解该方程的解。

为了取得定量的结果, 我们假定初始时刻在 $x = 0$ 附近宽度为 1 mm 范围内注入电流, 由此改变这个区域轴突的膜电位。如果在 $x = 0$ 附近区域膜电位低于钠离子通道开启的阈值, 则这些通道依然关闭, 膜电位将恢复到静息值, 静息电位值接近于钾离子的能斯特势。当膜电位接近它的静息值时, 式 (17.30) 的右边很小, 电压的动力学特性基本上是扩散特性。换句话说, 电压脉冲的恢复等价于扩散离子的局部尖脉冲浓度恢复到平衡态, 如图 17.19 (A) 所示。

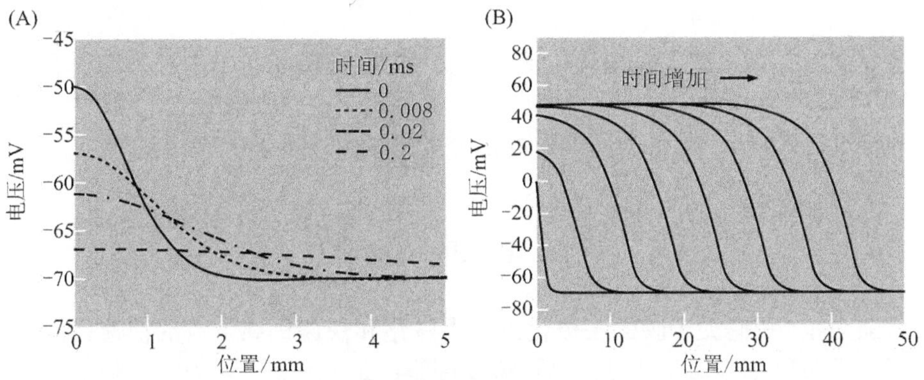

图 17.19 含时的电缆式 (17.30) 的数值解。参数 $\lambda = 9.1\text{mm}$, $\tau = 2\text{ms}$, $V_{\text{Nernst}}^{\text{Na}} = 54\text{mV}$, $V_{\text{Nernst}}^{\text{K}} = -75$ mV, $V^* = -40\text{mV}$。初始膜电位是高于静息值的高斯脉冲, $V(x,0) = \Delta V \text{e}^{-(x/\sigma)^2} + V_{\text{mem}}$, 其中幅值为 ΔV, 宽度 $\sigma = 1$ mm。静息电位 V_{mem} 与 Na^+、K^+ 的能斯特势有关, 见式 (17.17)。(A) 初始电压脉冲低于阈值时的解, 显示为衰减信号。(B) 初始电压脉冲高于阈值时, 得到波前的传播解。每隔 200 ms 对波前快照一次

当初始的电压脉冲高于阈值时, 钠离子通道开启, 在$x = 0$ 附近膜电位接近于钠离子的能斯特势。同时这种扰动从 $x = 0$ 开始传播到其他区域导致更多的钠离子通道开启, 使那里的膜电位也接近钠离子的能斯特势。这就产生了如图 17.19 (B) 所示的传播的波前。波前传播特征速度由比值 λ/τ 来设定, 因为这两个参数是式 (17.30) 中仅有的包含长

度和时间的参数。图 17.20 展示了由式 (17.30) 的数值计算得出的波前传播速度与轴突直径 d 的关系。因为 $v \approx \lambda/\tau$, 并且式 (17.26) 告诉我们 $\lambda \sim \sqrt{d}$, 我们预期速度与轴突直径的关系为 $v \sim \sqrt{d}$, 这可通过含时的电缆方程的数值解验证。从生物上来说, 这意味着神经轴突直径越大, 信息传播越快。在乌贼中, 巨轴突协调逃离反应使得动物能够逃脱捕食者的追杀。很明显这种反应速度应该非常重要。

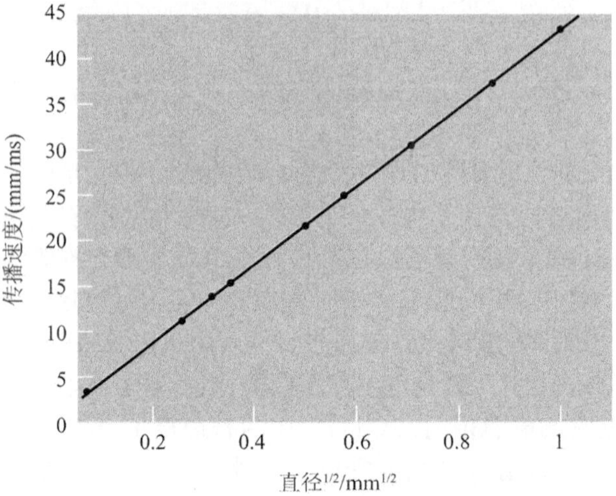

图 17.20 去极化波的传播速度。对式 (17.30) 进行量纲分析可以预测传播速度和轴突直径的平方根成正比。参数与图 17.19 所用的参数相同

与此类似的是负责协调钙离子内流的去极化波, 它能使肌肉细胞中的所有肌节同步收缩。它们与动作电位一样, 以行波冲动的 0~1 形式响应刺激电流, 其形状和传播速度都与刺激的幅度无关, 而产生冲动所缺失的部分就是钠离子通道的失活。

17.4.4 冲　　动

到目前为止, 我们关于膜的去极化以及去极化和快速钙离子流的快速行波的讨论可以用于所有可激发细胞。而神经元是可激发细胞的最好代表, 因为它们除了电活动的一般特性外, 还能对信号作近似的数字编码, 传递冲动序列所编码的信号强度和间隔信息。

神经元通过电活动完成从模拟到数字信号的转换, 使得我们的大脑能够直接和计算机交流, 反之亦然, 因为它们都利用基本相似的二进制信息机制。这样的人机交互工程能使瘫痪的人通过自己的思维去移动电脑光标。神经元将模拟输入转化为 0~1 数字输出的特殊机制整合了聚集在细胞体上的大量小信号事件, 导致局部膜极化或去极化。典型的神经元细胞在它的树突上接收到很多的输入信号, 但却只有一个信号输出点, 即轴突, 它在特殊模式的行波去极化事件 (也就是动作电位) 中载有数字片段。我们可以从图 17.3 中单个神经元记录的轨迹中看到, 一个动作电位代表膜电位去极化的一个冲动, 这个冲动以有限的速度沿轴突传递到末梢, 其形状和大小一直保持到输出端。接收到高电位刺激输入的神经元将发放图 17.21 所示的快速连续冲动序列。同样的神经元在接收到低电位刺

激信号或接收到一个刺激和抑制的组合信号时, 其发放的冲动间距较大。但是, 就冲动本身而言, 两者之间没有区别。

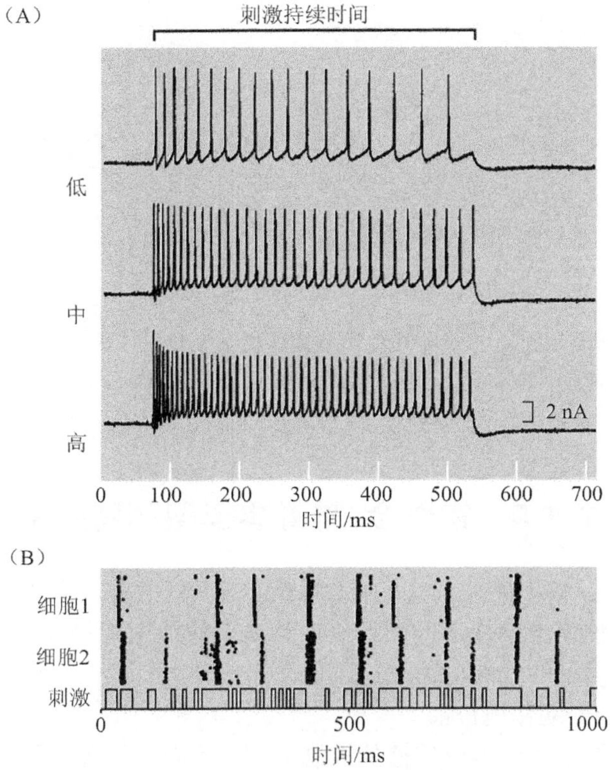

图 17.21 冲动模式的编码信息。(A) 用电极电流刺激神经元通常引发这里所显示的一系列动作电位, 这里的实验使用的是猫的大脑切片。当刺激电流强度增加时, 动作电位的幅度不变, 但频率提高。(B) 较复杂的信号可以在表观上被编码在冲动的模式和频率中。这幅图显示的是一只被麻醉的猫的部分视觉系统神经元触发的冲动。这些图里, 单个冲动用一个黑点表示。视觉刺激是底部图中显示的闪烁模式。当对动物用同样的模式刺激 128 次时, 单个细胞 (细胞 1) 的反应记录显示了几乎一样的触发模式, 如顶部图样所示。值得注意的是, 当给另一动物细胞 (2) 相同的刺激时, 等价的记录显示了许多类似的响应特征。(A 取自 X. J. Zhan, et al., *J. Neurophys.* 81: 2360, 1999; B 取自 P. Reinagel and R. C. Reid, *J. Neurosci.* 22: 6837, 2002.)

冲动的固定形状、大小和传播速度与关键通道的时间依赖行为的细节有关, 这些通道在本章前面讨论过。例如, 钠离子电压门控通道在去极化后不到半毫秒内就会开启, 但是它们只是瞬时开启, 大约 2 ms 后就会关闭。通道关闭之后便会“失活”, 在几十毫秒内不会重新开启, 即使膜去极化依然存在。相反, 钾离子门控通道因为去极化而开启的速度要慢很多 (大约几毫秒的量级), 并且只要去极化状态保持着, 钾离子通道就一直开启。因此, 对于轴突上的单个膜片, 去极化导致钠离子约 1 ms 的快速内流, 使膜电位翻转到钠离子的能斯特势, 如图 17.22 (B) 所示。紧接着钾离子外流持续时间超过几毫秒, 使得膜电位回到由钾离子决定的静息电位水平。钠离子通道在去极化后会失活这个独特的特征导致了动作电位沿轴突定向传播。

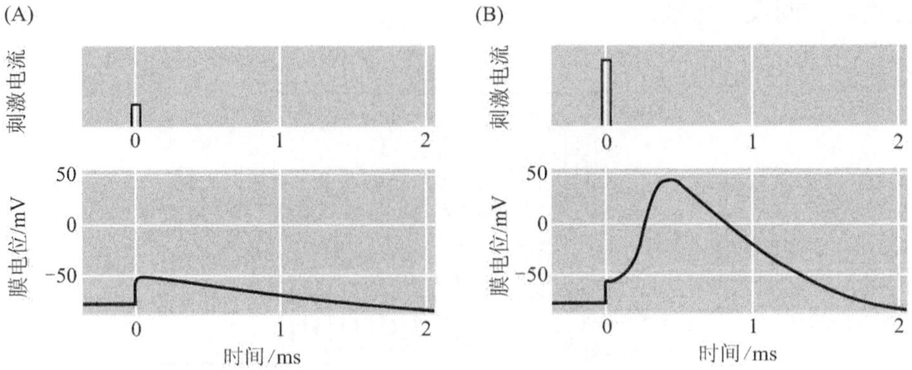

图 17.22　不同刺激下的膜电位。(A) 小电流刺激导致膜电位的瞬时变化。(B) 大电流刺激导致完整的动作电位的形成, 其固定的响应模式如图 17.3 所示。(取自 B. Alberts et al., Molecular Biology of the cell, 5th ed., New York, Garland Science, 2008.)

17.4.5　霍奇金-赫胥黎模型和跨膜输运

动作电位是一个 0~1 事件。如果在细胞膜上施加一个电荷刺激使得膜电位超过阈值 ($V^* \approx -40\text{mV}$), 并使膜电位快速冲高到接近钠离子的能斯特势 $V^{\text{Na}}_{\text{Nernst}} \approx 50$ mV。膜片电位的急剧增长导致附近的膜片电位超过阈值而去极化, 进而再引起下一膜片的去极化, 依次类推, 就产生了一个动作电位。

本章的重点是导出动作电位传播的控制方程。我们已经考察了可激发细胞离子通道的分子行为, 并提出了将这些细胞作电路元件处理的粗粒化模型, 这些都是为推导动作电位传播控制方程做准备。图 4.25 中介绍了动作电位传播的分子处理办法, 给出了关于信号如何以恒定的速度沿着长距离传播而不衰减的暗示。

钠离子通道失活导致冲动传播

为了将卡通图 4.25 转化为数学模型, 我们将钠离子通道失活加入含时的电缆式 (17.30) 中。钠离子通道失活的概念是: 钠离子通道开启进入不导电的状态, 该状态不是关闭态, 只有转变到关闭态 (也是不导电态) 后, 在超过阈值的刺激电位作用下, 通道才能重新开启。

为了定量描述失活, 我们采用第 15 章发展出来的方法。用 $p_C(t)$、$p_O(t)$ 和 $p_I(t)$ 分别代表钠离子通道处于关闭、开启和失活状态的概率。用主方程描述离子通道从关闭到开启、又从开启到失活的切换

$$\begin{aligned}\frac{\mathrm{d}p_C}{\mathrm{d}t} &= -k_{\text{open}}p_C \\ \frac{\mathrm{d}p_O}{\mathrm{d}t} &= k_{\text{open}}p_C - k_{\text{inactive}}p_O \\ \frac{\mathrm{d}p_I}{\mathrm{d}t} &= k_{\text{inactive}}p_O\end{aligned} \tag{17.31}$$

这里我们作了一些简化假设, 如不存在从开启回到关闭, 或者从失活回到关闭的切换。由此可以使我们研究单个冲动的传播。为了包含钠离子通道的电压门控特征, 我们假定通道开启的速率与式 (17.7) 描述的平衡态时通道开启的概率成比例, 即

$$k_{\text{open}} = k_{\text{open}}^{\max} \frac{1}{1+\exp\{\beta q[V^* - V(x,t)]\}} \tag{17.32}$$

而失活速率是常数。

与我们研究去极化波前传播时用的含时的电缆方程一样, 这里我们依然假定钾离子的电导与时间无关, 只与膜电位无关。而钠离子的电导取决于钠离子通道处于开启、关闭还是失活状态, 数学表述为

$$g_{\text{Na}} = g_{\text{Na}}^{\text{open}} p_O + g_{\text{Na}}^{\text{closed}} p_C \tag{17.33}$$

钠离子通道开启时的电导比钾离子的大很多 (对于乌贼巨轴突大约为 20 倍), 而关闭时的电导却约为钾离子的 g_{K} 的 $1/25$。

图 17.23 展示了含时的电缆方程 (17.30) 的数值解, 钠离子的电导既与时间有关, 也与电压有关, 由式 (17.31)~ 式 (17.33) 来表示。我们可以看到加入了失活因素的传播解就是冲动。这些冲动是由于初始电压去极化超过阈值而产生的。与去极化波前传播类似, 这些冲动的形状不随时间变化, 速度由轴突的物理性质决定, 其行为与去极化波前相似。

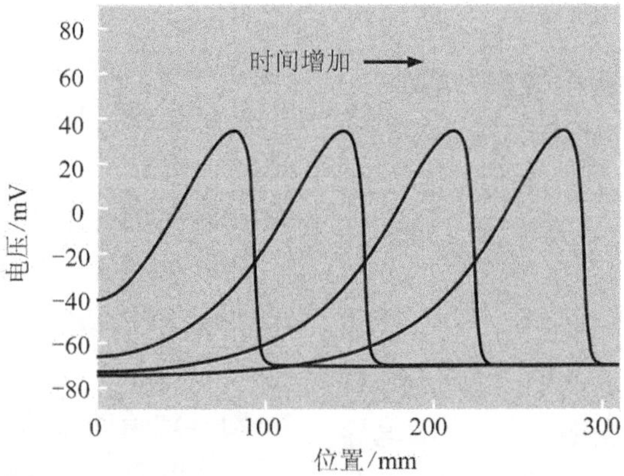

图 17.23 考虑钠离子通道失活时, 含时的电缆方程的数值解。传播信号采用冲动的形式, 与沿神经细胞传播的动作电位类似。求解方程所用的参数, 初始膜电位与图 17.19(B) 所用的一样, 另外, 所有的钠离子通道初始态都是关闭的, 参数 $k_{\text{open}}^{\max} = 20\ \text{ms}^{-1}$, $k_{\text{inactive}} = 2\ \text{ms}^{-1}$, $g_{\text{Na}}^{\text{open}} = 100\ (\Omega\,\text{m}^2)^{-1}$, 及 $g_{\text{Na}}^{\text{closed}} = 0.2\ (\Omega\,\text{m}^2)^{-1}$

我们这里简述的模型与霍奇金和赫胥黎的实际模型是有区别的。这种区别体现在数学处理上, 而不是概念上。我们建议读者查阅霍奇金和赫胥黎的经典原文, 了解这个突破性模型的原始构想, 我们在本章的“延伸阅读”中列出了这篇文献。

17.5 总　　结

与很多有趣的物理现象一样, 细胞很巧妙地利用了电的重要性质。在本章中, 我们将细胞膜和离子通道组成的复合系统模型化为电阻、电容和电池的组合。这种分析的有趣结果之一就是可激发细胞膜的双稳开关行为。通过分析钠钾离子电压门控通道之间竞争所致的结果, 我们阐明了膜蛋白 (离子通道) 是如何调控这种双稳行为的。该课题的“皇冠”无疑是关于动作电位传播的霍奇金-赫胥黎模型, 这个模型解释了细胞膜如何产生传播的冲动, 这些冲动是多细胞组织之间一系列进程的关键信息。

17.6 课后习题

1. 能斯特势

我们利用玻尔兹曼分布推导出了能斯特方程 (17.3)。请利用平衡态时跨膜净离子流为零的条件重新推导该方程。利用式 (13.56) 推导静电力对总离子流的贡献, 用扩散流平衡静电力对离子流的贡献再次导出能斯特方程。

2. 数字估算: 去极化过程中转移的电荷

式 (17.10) 给出了与肌肉细胞去极化相关的部分电荷估算。用相同的方法估算式 (17.10) 所给比值与神经元半径的关系, 并作图。

3. 细胞膜的电路模型

图 17.10 是膜片的电路图, 可以用等价的电阻和电池代表。根据 Na^+、K^+ 的电导和能斯特势, 给出这两个单元的等效电导和电压?

4. 弛豫到唐南平衡

这个问题要讨论的是: 在离子泵突然关闭之后, 比如遭遇神经毒素后, 细胞膜的静息态将会发生什么变化。也就是, 钠离子在静息态远离平衡。钠离子浓度在胞内是 12 mmol/L , 而胞外为 145 mmol/L; 膜电位是 $V_{\mathrm{mem}} = -90$ mV。这意味着当离子泵关闭时, 钠离子会涌入胞内。

(1) 利用欧姆定律, 计算钠离子泵刚关闭时钠离子流导致的单位面积电流。单位面积内钠离子通道的电导的测量值是 $0.13\Omega^{-1}\mathrm{m}^{-2}$。假定巨轴突的直径为 1 mm, 请换算为沿巨轴突单位长度的电流。

(2) 计算轴突内所有钠离子对单位长度电荷的贡献。如果胞内钠离子浓度接近胞外固定的钠离子浓度, 则对应的胞内钠离子对单位长度轴突的电荷贡献又是多少?

(3) 给定 (1) 中计算出的钠离子流, 估算大致需要多长时间轴突内的钠离子浓度达到胞外钠离子浓度值? 估算中你可以假定电流是恒定的, 不随时间变化。

(4) 本章中我们将神经冲动描述为持续大约一毫秒的膜去极化事件。与刚才估算的时间比较, 评估动作电位的传播导致的电荷扰动的大小。

5. 对单通道的记录

这里我们考虑通过单个离子通道的电流, 如图 17.24 所示。首先我们将离子通道处理成跨膜柱形孔, 长 $L \approx 5$nm, 且充满水。通道两侧钠离子浓度差为 $\Delta c \approx 100$ mmol/L。该浓度差产生一个跨膜离子流, $D\Delta c/L$, 其中 D 是离子在水中的扩散系数。Na^+ 是小离子, 其扩散系数在 $1\mu\mathrm{m}^2/\mathrm{ms}$ 量级。

(1) 假定通道横截面积为 $A \approx 1\ \mathrm{nm}^2$, 计算扩散导致每秒钟经过通道的钠离子总数。

(2) 该图记录了单个通道的电流。利用此图估算当通道开启时每秒钟经过通道的离子数目，并与 (1) 中估算的结果进行比较。

(3) 利用单通道电流的记录图，估计通道开启的概率。画出当通道开启概率为 1/2 的时候，你所预计的电流记录图。

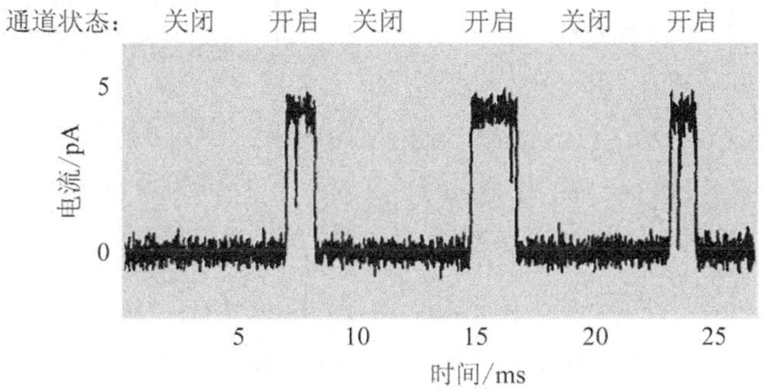

图 17.24 穿过通道的时序电流。通道在关闭、开启之间切换。当通道开启时，允许离子通过，测量到的电流就是离子流

6. 含时的电缆方程

(1) 利用 Matlab 或者类似的程序计算式 (17.30) 的数值解，并重画图 17.19。使用图 17.19 说明中给出的参数。

(2) 将初始电压冲动后不同时刻 t 的电压分布重叠到一条主曲线上，从而测量波前的传播速度。思路就是选择一个合适的速度 ν，画出膜电位与 $x-\nu t$ 的关系图，使得不同的电压曲线都落在同一条曲线上面。

7. 冲动的传播

将 Na^+ 离子通道失活效应考虑在含时的电缆方程中，重画图 17.23。请使用时间依赖的 Na^+ 电导的动力学式 (17.33) 和图 17.23 的参数。

17.7 延伸阅读

Kandel, ER (2006) In Search of Memory, W. W. Norton and Company. 既是自传又是神经科学。前面的章节叙述了神经科学中英雄人物的大量工作，这些英雄人物解决了神经元的结构解剖和功能的问题。

Nelson, P (2004) Biological Physics: Energy, Information, Life, W. H. Freeman and Company. 是我们研究生物电最喜欢的资源之一。Nelson 关于膜泵的讨论激发了本章中的估算思想。

Hille, B (2001) Ion Channels of Excitable Membranes, 3rd ed., Sinauer Associates, Inc. 是一本学习离子通道及其相关细胞电学性质的"必备"书籍。

Katz, B (1966) Nerve, Muscle and Synapse, McGraw-Hill, Inc. 尽管比较老了，依然是很好的启蒙读物。

Greenspan, RJ (2007) An Introduction to Nervous Systems, Cold Spring Harbor Laboratory Press. 与Ptashne 的 A Genetic Switch (Cold Spring Harbor, 2004) 有着相同的写作传统，都很有趣，且通俗易懂。

Benedek, GB, & Villars, FMH (2000) Physics With illustrative Examples from Medicine and Biology – Electricity and Magnetism, 2nd ed., Springer-Verlag, Inc. 有关细胞电学性质的讨论很有价值。

Fain, GL (1999) Molecular and Cellular

Physiology of Neurons, Harvard University Press and Fain, GL (2003) Sensory Transduction, Sinauer Associates. 在细胞如何彼此通讯以及如何与外界联系等专题方面，Fain 的这两本书是引人入胜的。

Levitan, IB, & Kaczmarek, LK (2002) The Neuron – Cell and Molecular Biology, 3rd ed., Oxford University Press. 给出的关于神经元及其电学行为的讨论极具可读性。

Hodgkin, AL, & Huxley, AF (1952) A quantitative description of membrane current and its application to conduction and excitation in nerve, *J. Physiol.* **117**, 500. 在弄清楚离子通道的分子机制很久以前，这篇著名的文章就提供了理解神经元动作电位传播的整个定量基础。

17.8 参考文献

Alberts, B, Johnson, A, Lewis, J, et al. (2008) Molecular Biology of the Cell, 5th ed., Garland Science.

Long, SB, Campbell, EB, & MacKinnon, R (2005) Crystal structure of a mammalian voltage-dependent shaker family K^+ channel, *Science* **309**, 897.

Kandel, ER, Schwartz, JH, & Jessell, TM (eds.) (2000) Principles of Neural Science, 4th ed., McGraw-Hill.

Keynes, RD, & Aidley, DJ (2001) Nerve and Muscle, 3rd ed., Cambridge University Press.

Reinagel, P, & Reid, RC (2002) Precise firing events are conserved across neurons, *J. Neurosci.* **22**, 6837.

Zhan, XJ, Cox, CL, Rinzel, J & Sherman, SM (1999) Current clamp and modeling studies of low-threshold calcium spikes in cells of the cat's lateral geniculate nucleus, *J. Neurophys.* **81**, 2360.

第四篇

从信息的角度理解生命

18　序列、特异性和进化

科学由事实铸就正如房子由砖块砌成。
但一堆砖块不能称其为房子,
事实的简单堆积也不能成为科学。
——亨利・庞加莱

本章概览: 讲述蛋白和 DNA 序列比对的知识并讨论序列联配的意义

进化是整合整个生物学的核心理论框架。历史上, 对进化本质的深入探讨大部分是基于对形态学的宏观研究、对跨种群生物体杂交的实验探索以及对灭绝物种残余化石的考察。而现代生物学完全建立在对遗传学的巧妙利用上, 后者为研究进化提供了机理上的支持。现代生物进化研究中最重要的途径之一就是对 DNA 和蛋白质序列的研究。通过比对不同序列, 我们可以定量刻画分子或生物体之间的亲缘关系。这些研究以形态学研究无法企及的方式将微观生物学引入了进化这个焦点问题中。1958 年, 弗兰西斯・克里克 (Francis Crick) 预见到了这个革命, 他当时有过一个评论, "生物学家应该认识到不久以后我们将会拥有一个崭新的学科, 它可能会被命名为'蛋白质分类学', 主要是研究生物蛋白的氨基酸序列以及它们在不同物种之间的比对。并讨论这些序列是否是生物表型最细致的表达以及海量的进化信息是否隐藏在它们之中"。本章的目的是提供一个关于序列及其研究方法的概述, 主要是介绍几个简单模型, 包括本书多次提到的HP模型 (见 8.4.2 节)。然后我们使用序列比对的思想来考虑一些研究实例, 比如抗生素耐药性和病毒进化等。此外, 我们还会考察作为进化要素之一的误码如何在中心法则的各个过程中被产生或纠正。

18.1　生物信息

本书已经从多个角度考察了生物体的构造。可是, 我们的研究依然有一个严重的疏漏, 即这个构造是如何与单个生物体的基因组联系起来的。对生物体构造的任何描述最终都必须诉诸于基因组的信息内涵, 对生物体基因组编码信息的数量进行明确估算显得尤为重要。例如, 大肠杆菌的基因组由 4.6×10^6 个碱基对组成, 即一列 A、T、G 和 C 的字符串, 其长度足以印刷成一本上千页的书。人类基因组大约有 3×10^9 个碱基对, 它需要 1000 本印大肠杆菌基因组的书以承载其信息量。

生物信息学能方便地速记成字符串的观念常常误导我们认为生物信息以某种方式类似于书本上或者计算机硬盘上记录的信息。然而, 生物系统编码和使用信息的方式与人类用于交流而编码和使用信息的方式存在巨大的功能性差别。生物信息的一个重要特性可以由这种类比来揭示。在人类交流中, 字符 "A" 无论写成何种字体、甚至写成盲文和摩尔斯码都不会改变其所含信息。任何形式的字符"A"能够互相翻译而不会导致信息量的缺失或者基本性质的改变。但这种可交换性对生物信息来说一般不成立。当我们使用字符"A"对应 DNA 序列时，我们指的是腺嘌呤核苷酸的化学结构，任何其他化学结构的代换都会伴随编码信息的改变或者丢失。事实上，DNA 损伤就是一个例子。罗马字体写成的字符串能够翻译成为盲文或者摩尔斯码然后再翻译回来而不伴随信息量的丢失，生物体中核苷酸序列也能够被翻译成为氨基酸序列，但是这个过程不能逆向进行。所以，我们必须十分小心，别把这种信息作过度类比。尽管如此，许多概念，如信噪比、过滤、放大和反馈，在生物信息和人类交流中都可以使用。

作为生物信息储存和表达载体的DNA和蛋白质序列只代表了生命体内和生命体之间信息交流的一个很小的子集。所有形式的生物交流或者信息传输都涉及分子间的相互作用，它们的结构、构象或者位置能够被调节并且产生一些响应，因此它涵盖了非常大范围的相互作用。例如，神经细胞触发动作电位并对靶物释放神经递质的频率，实际上是告诉下游细胞其自身处于何种受激状态；视杆状细胞接收的光强、皮肤受体经历的疼痛刺激以及中枢神经系统产生的思想同样被认为是某种形式的信息。免疫系统处理信息是以大范围和特异性而闻名，如记忆T细胞能够相隔数十年后重复识别特定病原，并刺激产生合适的靶向抗体以杀死这个特定的入侵者。

信息同样能够从母细胞向子细胞垂直传递，传递形式不仅可以是基因组，也可以是可遗传的细胞结构和可继承的分化状态。几乎所有的人体细胞都包含本质相同的基因组，然而分化的肝脏细胞通常只能产生肝脏细胞后代；分化的皮肤细胞也只能产生皮肤细胞后代等。细胞结构和形态的信息大多数是表观遗传而没有改变基因组序列本身。同样，组成材料可以降解或取代，而结构依然是不变的。例如，我们倾向于认为成人身体骨骼是一个静态结构，然而其实它一直连续不断地被破骨细胞降解，又连续不断地被成骨细胞再沉积生成。即使存在这些繁忙的周转，人体骨骼尺寸和形状的基本结构信息在几十年成年期维持着很高的保真度。

18.1.1 为什么关注序列

如果生物信息能够以如此多样的方式存储和传递，研究人员为何还要如此关注核苷酸和氨基酸序列？地球上形成的细胞生命似乎都有将信息编码在序列里的特权。最强的证据是基因编码在地球生物中的普适性 (图 1.4)。虽然经历超过 30 亿年的进化分化，所有细胞的基因编码几乎相同。复制和处理序列信息，即执行中心法则的机器同样是非常保守的。在整个进化过程中，细胞似乎已将线性序列的可靠复制和分离作为其遗传能力的根本保障。虽然有确定案例说明子细胞从母细胞处继承了基于结构的信息 (如表面附着物的位置和内质网的组织形式等)，但是基于 DNA 的基因组在绝大多数后代中以最高的保真度复制。

基于观察事实，我们首先假设细胞使用和解释序列信息几乎是上下文无关的。这是促进生物序列信息系统分析的一个重要特征。当在一个合适的读码框中考虑时，UUU 会编码成为苯丙氨酸而无需考虑前后的字母。同样，RNA 聚合酶结合位点与其在染色体上的位置是无关的。在较大的蛋白质结构中，特定氨基酸的七肽重复链几乎总能形成 α 螺旋。

显然, 这个普遍规则总有一些重要的例外, 但是对于一个特定片段的序列信息, 与上下文无关的解释常常是理解其重要性的极好起点。这种与上下文无关的序列信息同之前提到的任何其他信息截然不同, 因为后者都有很强的上下文相关性。例如, 人类视网膜将进入眼睛的光信号转化为电信号以便被大脑感知, 但是光感强度可以在几个数量级之间变动, 变化幅度取决于视场内其他光的强度以及之前一秒进入眼睛的光子数。生物序列的上下文无关和线性特征使我们能够设计定量的度量方法描述这类信息的相似度, 也可以有目的地应用于许多不同种类的对比研究中。我们将首先阐明度量序列相似度与差异性的思路, 然后列举几个例子说明这类度量如何启发我们深入理解相关的生物功能和进化史。

18.1.2 基因组和序列的简单数量特征

在第 8.2.2 和 10.4 节中, 我们考虑了基因组的物理尺寸及其对基因组包装和存取策略所具有的意义。一个有趣的相关问题是确定基因组的信息量以及理解信息内容的重要性。我们反复强调"数觉"是直观思考给定问题的核心。为了达到这个目的, 图 18.1 罗列了一些最常见的物种的基因组尺寸。我们可以看到不同生物的基因组在尺度上有 6 个量级的可变范围。一般倾向于认为更大的基因组肯定包含更有用的生物信息, 然而并没有证据支持这一论点。拥有较大基因组的生物并不明显比拥有较小基因组的生物复杂。在动物中, 最大的基因组属于蝾螈和火蜥蜴, 它们的基因组尺寸比人类基因组尺寸大数个量级, 尽管如此, 火蜥蜴的基因组依然比一些植物诸如蕨类的基因组小很多。即使是近亲物种, 其基因组尺寸也相差较大。例如, 非洲爪蟾的基因组 (3.1×10^9 bp) 大约两倍于它的

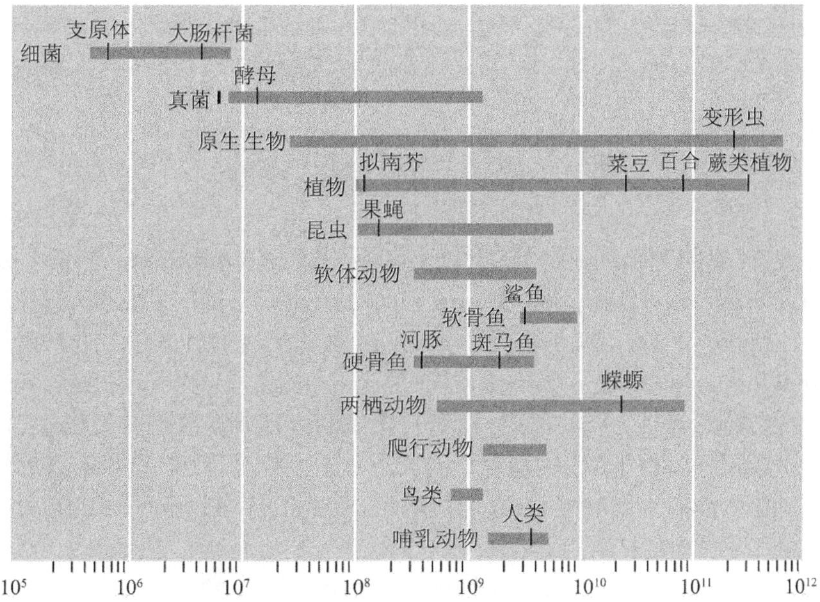

图 18.1 基因组的尺寸。对数标度图显示了即使近缘生物之间其基因组尺寸也存在巨大的差异。(取自 B. Alberts et al., Molecular Biology of the Cell, 5th ed., New York, Garland Science, 2008.)

表亲热带爪蟾的基因组 (1.7×10^9 bp)。除了非洲爪蟾体格大一些以外, 它们的外表和总体生活方式非常相似。为了更好地理解基因组尺寸的重要性, 我们现在来估算一个基因组的基因含量。

估算: 基因组尺寸和基因数目　作为研究各种不同生物过程的模式生物, 大肠杆菌在本书已经成为"标尺"。我们首先分析它的基因组。关于基因组大小的知识对理解基因组 DNA 整体的含义提出了新的难题。回应这一挑战是有启迪意义的, 因为它能阐明简单估算的优缺点。

已知大肠杆菌基因组大约有 4.6×10^6 bp, 我们可以尝试估算不同基因产物的数目。假如我们使用经验数据, 一个"典型的"蛋白大约有 300 个氨基酸长度, 意味着每个蛋白大约需要 1000 bp 的基因组 DNA 编码。从而可以估算出大肠杆菌基因组大约有 4600 个基因, 这与实际的 4400 个基因可比拟。

虽然这个估算在大肠杆菌中应用的很好, 但是在真核细胞中情况要复杂得多。因为非编码区的存在, 如内含子、调控序列和其他基因间未知功能的序列, 同样的估算将会导致对数目过大的估计。人类基因组大约有 3×10^9 bp, 类似于大肠杆菌的简单估算会得到 3×10^6 个基因, 大约是现今最佳估计的 100 倍。

实际上, 简单估算法在真核细胞基因组的基因数目估算方面显示出来的缺点对我们是有启发的, 增加了我们对于真核细胞基因组的序列组织方面的知识。例如, 真核细胞基因组是编码区 (外显子) 和非编码区 (内含子) 的复杂序列排列 (图 4.28)。又如, 编码区周围存在控制基因时空表达的大片序列。这些调控区可以有几千个碱基对长度。总的来说, 各种非编码区大约占真核细胞基因组的 90%。

上面的简介强调了一些基本而普遍的序列特征对不同生物所具有的重要意义。为了具体、定量地了解序列之间的亲缘关系, 我们需要一些方法来比对不同的序列, 这是下一节的主题。

18.2　序列联配和同源性

托尔斯泰在《安娜·卡列尼娜》的开篇名句是"All happy families are like one another, every unhappy family is unhappy in its own way." ("所有幸福的家庭都是相似的, 而每个不幸的家庭各有其不幸")。纳博科夫 (Nabokov) 在《艾达》中以自己的方式回应这句名言, "All happy families are more or less dissimilar; all unhappy ones are more or less alike," ("所有幸福的家庭或多或少有些不同; 而所有不幸的家庭或多或少有些相似")。这两个句子在文字上的异同点一目了然, 尽管它们意义迥异。相较之下, 与托尔斯泰那句话意义相同但没有序列相似性的一个句子可以写成这样, "Parents and their smiling children paint a constant picture of fulfillment, while every teary-eyed domestic scene has its own unique history " ("父母和他们微笑的孩子描绘出了一幅幸福永恒的画卷, 而每个泪眼婆娑的家庭悲情都有其独一无二的历史")。这个文字游戏阐明了序列分析方面的几个严重缺陷。

当考察天然核苷酸或氨基酸序列时, 我们通常对它们的含义感兴趣, 也就是说, 其中蕴含了多少关于生物大分子功能或者生物进化史的信息。的确, 序列相似性常常被用来指代不同蛋白之间的功能关系或者生物进化的亲缘关系。然而，就像对比托尔斯泰和纳博科夫的表述所显示的那样，相似的序列可能编码完全不同的内容，而一句不那么生动但有同样含义的句子则可以传达与之前两句之一相似的意思而无须共用任何文字。更进一步来说，两个序列有相同的基本“内涵”但是没有任何明显的序列相似性也可能包含一条信息：生物进化过程中自然选择的要求形成了功能的趋同，也就是说有相似功能的序列可能不相关。实际上，很难说清楚两个具有相似功能的迥异序列是源于两个不同祖先的趋同进化，还是源于共同祖先的独立趋异进化。这类难题有时能通过寻找和考察其他相关序列或者中间形态来得到解决。这种序列研究的潮流已经使生物学家转化成为分子古生物学家，将各种不同的序列作为活化石来探索地球生命漫长而迷人的历史。要明白这一点，我们首先从一个有趣的实例研究入手，它揭示了哺乳动物 (如小鼠) 和昆虫 (如果蝇) 之间的联系。然后我们会转到如何定量比对不同序列这个具体问题上。

序列联配有时能揭示基因、蛋白质和生物体之间深层的功能和进化关系

因为地球上所有生物都是互相联系的，要猜测某个特定蛋白的功能，我们经常选择其他生物体内序列相似而功能正被很好地研究过的蛋白来合理地推测。在某些实例中，即使蛋白在一个生物体内具有的功能不一定能在另一个生物体内保持，蛋白序列之间的保守度仍然足以让人惊讶。一个著名的例子是果蝇无眼 (*eyeless*) 基因，正如其名，它的突变使成年果蝇的眼睛无法发育。图 18.2(A) 是这个不幸的果蝇的图片。果蝇眼睛是感光细

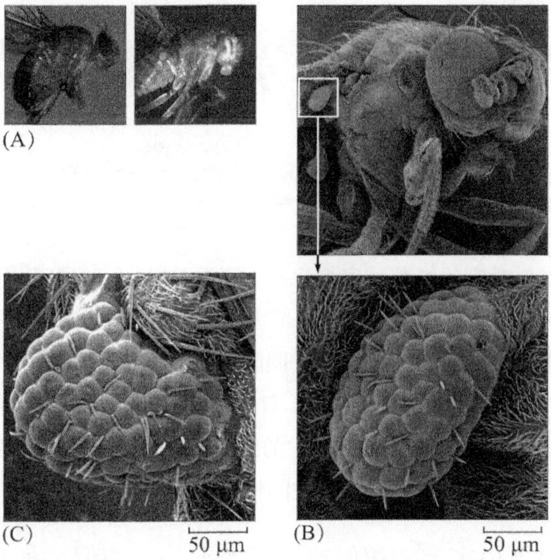

图 18.2 眼睛发育的主调控基因。(A) 单基因的破坏使果蝇眼睛无法发育。(B) *eyeless* 在果蝇其他组织中表达导致异位类眼结构的形成。在这个实例中，异位类眼结构形成在翅膀的正下方。(C) 小鼠的 *eyeless* 同源基因 *Pax6* 在果蝇中的表达同样会引起异位类眼结构形成在果蝇的腿上。(取自 G. Halder et al., *Science* 267: 1788, 1995.)

胞以非常精细的程序化重复模式构建的高度特异化的结构。*eyeless* 基因显示出在此结构发育的每个方面都起着主导调控的作用。它的表达不仅对于正常眼睛的发育是必要的, 还可以使用分子技术迫使它在其他组织中表达, 图 18.2(B) 表明足以使其他组织转化为异位类眼结构 (异位通常表示错误位置)。因为它们没有与中枢神经系统恰当连接, 果蝇无法通过它们看见事物, 然而它们成型得很好。

哺乳动物 (如小鼠) 也有眼睛, 然而它们的眼睛与果蝇的眼睛没有结构相似性, 并且调控眼睛发育的序列也不一样。即便如此, 将小鼠基因组编码蛋白与 *eyeless* 基因编码蛋白序列作比较, 可以发现, 同源基因 *Pax6* 与 *eyeless* 基因有着强烈的相似性。在大约 600 个残基中有超过 40%的残基是一致的。

为了看清楚这些基因在蛋白质层次方面的相关性, 图 18.3 展示了小鼠 *Pax6* 序列与果蝇 *eyeless* 序列的粗粒化比对。这个联配显示了很长一段保守的氨基酸序列。构造此序列比对的算法将在后面描述。现在, 我们只需要注意这两个来自不同生物体的基因在某些部分有着惊人的相似。

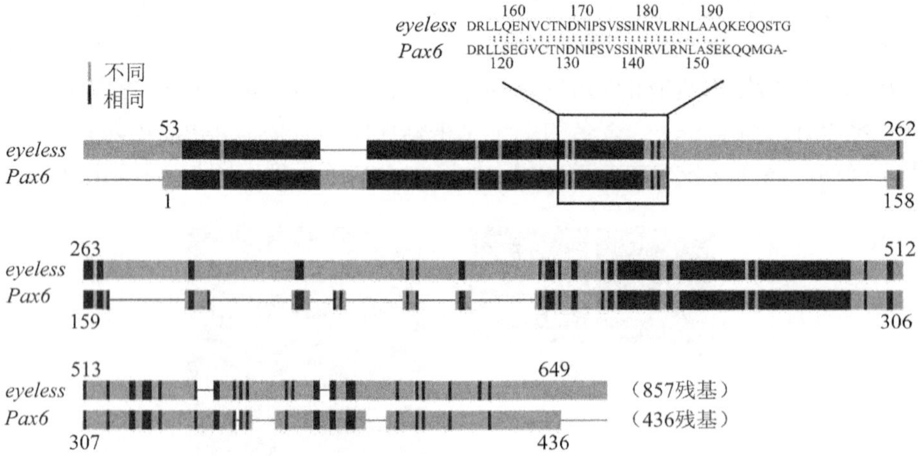

图 18.3　*eyeless* 与 *Pax6* 对应的氨基酸序列比对。使用 Blosum62 打分矩阵与 FASTA 软件中的 SSEARCH 联配程序进行序列比对。这张图没有显示序列比对的细节, 只是给出了比对的概貌。序列精确一致的区域使用深灰显示, 不一致区域 (间隙) 使用浅灰显示。上方的放大区域显示了这两个蛋白质序列高度保守区中的一段实际氨基酸序列。双点表示氨基酸相同, 单点表示氨基酸化学性质相似但不相同。序列上下的整数指示了该残基在序列中的位置。我们使用了一系列最佳匹配的子序列来使两条序列对齐。*Pax6* 蛋白序列在蛋白序列数据库中的检索号为 82069480, *eyeless* 的检索号是 12643549

这个联配是否反映了根本上的相似或者根本上的不相似? *eyeless* 和 *Pax6* 到底是一个有着相同内容的“幸福家庭”还是表面相似实则不同的“不幸家庭”? 只凭序列相似性我们无法得到答案。例如, 我们可以想象这个高度保守的区域只是细胞内某些结构单元的结合位点, 该位点在进化过程中被保留下来参与不同功能蛋白的空间定位。有两个实验证明 *eyeless* 与 *Pax6* 的功能性相似并回答了上述问题。首先, 缺失 *Pax6* 正常表达的转基因小鼠同样无法发育眼睛, 表明它对小鼠眼睛的发育也可能起着主导调控作用。其次, 如图 18.2(C) 所示, 可能更让人惊讶的是, *Pax6* 基因在发育的果蝇中过度表达同样会导致果

蝇 不同部位形成异位类眼结构。这个重要的结果显示了果蝇细胞能够用小鼠的 *Pax6* 蛋白作为触发果蝇眼睛发育程序的信号。因为实际的小鼠眼睛发育程序与果蝇眼睛发育程序截然不同, 这个结果已经被广泛解释为果蝇和小鼠来自于一个共同的祖先, 它使用类似于 *eyeless*/*Pax6* 的蛋白来调控一些感光组织的形成, 并且随着两个分离族系逐渐进化, 发展出了更精细的眼睛结构, 而初始调控信号被保留了下来。

无数实验证明了在进化过程中远亲物种之间某些序列具有功能相似性。这些实验结果使我们普遍相信高度的序列保守性也就意味着蛋白功能的相似性, 但反之则不然。不能联配的两个蛋白序列并不表明它们有不同的功能。实际上, 我们甚至不能证明它们有不同的三维结构。在 15.3 节中, 我们讨论了细胞骨架蛋白——肌动蛋白的聚合动力学, 并且提到了它的远亲细菌蛋白 ParM。如图 18.4 所示, 两种蛋白的三维结构几乎可以重叠, 但是它们的一维氨基酸序列截然不同 (图 18.9)。不知什么原因, 这些不同的氨基酸序列拥有了相同的内涵, 即几乎一样的三维折叠结构和非常相似的功能 (即聚合形成细丝)。我们能否确定 ParM 与肌动蛋白是来自共同祖先、经过极度趋异过程而产生的同源蛋白? 抑或是由于相似功能的自然选择使两个不相关的蛋白趋同到相似的结构? 我们可用蝙蝠与鸟类翅膀来作宏观类比。尽管两者结构非常相似, 并且功能也相同, 但是它们的化石清楚地表明鸟类翅膀进化自肱骨, 而蝙蝠翅膀进化自手骨, 两者亲缘关系也说明了趋同进化可能性高于趋异进化。对于所考虑的分子, 我们还没有发现足够的亲缘关系和中间态来定

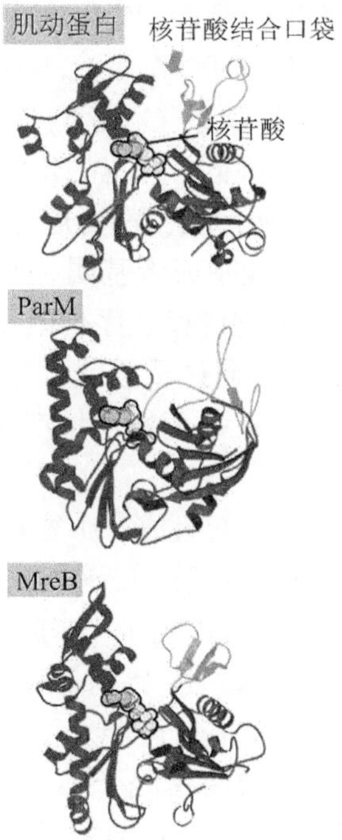

图 18.4 类肌动蛋白的比较。肌动蛋白和它的两个细菌同源体以条带图表示, 而与之结合的核苷酸用空间填充模型表示。4 个子域以不同的灰度染色。分子的整体形状以及 α 螺旋和 β 折叠结构单元之间的详细的连接模式非常相似, 虽然这些蛋白质几乎没有可识别的序列相似性。(取自 L. A. Amos, et al., *Curr. Op. Cell Biol.* 16:1, 2004.)

性地回答该问题。大多数研究者相信 ParM 与肌动蛋白是趋异同源蛋白, 但是这个提法还没有被证明。

近年来, 基因组探索的重要成果之一是产生了不同生物体的大量序列数据。我们之前描述过的各种比对方法就是生物信息学的日常工具。如同上面显示的, 有时候序列信息可以用来探索深层的进化相似性。为了实现序列比对, 我们必须首先发展一套定量的度量来评估序列相似程度和相异性。为了对序列联配算法有一个初步的了解, 我们需要探索联配的打分方法和如何确定最佳分值。我们在下一节迎接此挑战。

18.2.1　HP模型作为生物信息学的粗粒化模型

我们如何构造出如图 18.3 中的两个序列的联配呢? 如图所示, 两个序列中只有一部分能够在任何意义上都能真正重叠起来。假如我们相对滑动某一序列, 就会减少联配残基的数量。如图 18.3 所示, 序列联配来自于大量不同选择的比对, 包括相对滑动和插入间隙。要决定哪一个核苷酸或氨基酸序列的联配最好, 就需要给不同的联配打分。分值反映了联配中有多少精确对齐的相同或者相似的核苷酸或氨基酸、插入了多少“间隙”以及有多少错配 (也就是说, 位置相同而残基不同)。

联配的思想基于如下进化假说, 即两个序列源自同一个祖先。随时间流逝, 祖先序列经历了一系列的替换、删除和插入而发生改变。对核苷酸序列比对来说, 序列改变可能直接来自于 DNA 聚合酶复制过程中的生化错误, 或者是其他一些我们不清楚的突变机制。并不是所有的错误都是等概率发生的, 如 DNA 聚合酶常常用嘧啶取代嘧啶 (即 C 代 T 或 T 代 C), 或者嘌呤取代嘌呤 (即 A 代 G 或 G 代 A), 而不是用嘌呤取代嘧啶 (如 A 代 C) 或反之, 因为嘌呤与嘧啶之间的尺寸不同。特定的化学和紫外线对 DNA 的损伤也可能导致其突变。然而进一步说, 并不是所有改变都能通过自然选择同等概率地保留下来。其化学结构承载特定生物功能的单个残基或者基团 (如作为结合一个转录因子的识别位点) 更可能保持不变, 因为自然选择不支持存在序列改变的突变生物体的复制。核苷酸序列的改变同样可以在更大尺度上发生, 通过重组或其他过程实现 DNA 整段的插入或删除。尽管如此, 实际联配核酸序列只是在每个特定位点比较 4 个可能的残基, 这其实相当直观。

蛋白氨基酸联配则复杂一些。三个核苷酸组成一个密码子编码 20 种氨基酸。DNA 聚合酶可能会改变蛋白编码序列的某个特定核苷酸, 这种错误可能会导致密码子变成另一个表达相同氨基酸的“同义”密码子, 也可能发生“非同义”改变而生成新的氨基酸。基因编码的观察 (图 1.4) 显示许多的核苷酸改变, 特别是密码子第三位的改变, 实际上在蛋白序列层次上是同义的。某些非同义改变很有可能发生, 因为它只需改变单个核苷酸: 如天冬氨酸 (D) 被精氨酸 (R) 取代就只需要将密码子 GAC 变为 AAC。然而, 也有一些可能的非同义氨基酸改变需要多个核苷酸改变, 如苯丙氨酸密码子 (UUU 或者 UUC) 必须有三个位点突变才能编码赖氨酸 (AAA 或者 AAG)。单个核苷酸的插入或删除是 DNA 聚合酶常犯的错误, 它对蛋白质序列有极其严重的影响, 因为整个剩余序列的读码框都偏移了, 因此常常产生非功能性蛋白。然而, 在基因中插入或删除连续三个核苷酸才在对应的氨基酸序列中插入或删除一个氨基酸, 可能不会显著影响蛋白的功能。因此, 虽然在蛋白编码区插入单个核苷酸比插入连续三个核苷酸更加普遍, 我们实际上更有可能观察到的是三联插入事件。此外, 某些氨基酸有着相似的化学结构, 如天冬氨酸 (D) 和谷氨酸 (E)。相比于不同结构氨基酸之间的替换所导致的突变, 相似氨基酸之间的频繁替换所导致的突变对蛋白结构或功能的影响较小, 而前者在进化上面临着更强的正选择或负选择。蛋白质结构的某些微妙细节也影响着特定种类的氨基酸改变通过自然选择而留存下来的可能性。例如, 在蛋白表面无结构环中插入多个氨基酸与在蛋白质疏水核心区重要 α 螺旋上相似的插入, 前者对蛋白质折叠和功能破坏的可能性要小得多。突变机制与选择机制之间复杂的相互作用使得这些可观察的氨基酸改变模式是极度非随机的。

为了对源自共同祖先的核苷酸和氨基酸序列进行比对, 我们希望能够重构导致那些改变的一系列实际突变事件。但实际上这几乎是不可能的, 替代方案是考虑特定种类的改变的可能性与重要性, 计算联配分值进而对这些历史事件做最佳的推测。当今生物学家日常使用的联配算法, 包括程序 BLAST 和 CLustalW, 都是基于复杂的打分方案。本章稍后会讨论, 打分方案一般是以真实生物序列的大型数据库为基础的。在全面接触处理真实序列比对的复杂性和精细性之前, 我们将会遵从通常的步骤, 首先使用一个高度简化与图示化的玩具模型来建立直觉。为了达到这个目标, 我们再次使用 8.4.2 节曾详细介绍过的 HP 模型, 以此作为蛋白序列比对的基础。这个模型的精髓是基于物理化学特性, 将 20 个氨基酸的字符表分为两类: H 代表疏水氨基酸; P 代表亲水氨基酸。

在 8.4.2 节中, HP 模型是作为模拟蛋白质折叠的玩具模型被引入的。现在我们将该模型作为一个简化的蛋白质生物信息比对的基本模型, 这么做的理由是通过使用具有生物信息学意义的约化字符表, 有可能在不严重偏离原始问题的情况下兼顾结果的易懂性。实际上, 我们在本书每写下一个模型都进行了类似的权衡。为了使 HP 模型成为生物信息学的实际算法, 我们需要回顾如何分配氨基酸到 H 类和 P 类, 以及如何对不同联配打分。图 8.30 和图 8.31 解释了第一个问题, 展示了全套氨基酸与其 HP 序列之间的映射关系。为了达到序列联配的目的, 我们将会用 1 和 0 来代替 20 种氨基酸, 其中 H 为 1, P 为 0。例如, 氨基酸序列 SIRPRA (*Pax6* 和 *eyeless* 基因的共有表达片段) , 在 HP 映射中它对应序列 PHPHPH 或者 010101。这可直接从图 8.30 中读出。我们使用生物信息学的 HP 模型, 目的是检验由不同的 H 和 P 组成的序列联配, 在数学上, 我们用 1 和 0 分别代表 H 和 P, 本质上与第 7 章引入状态变量的思想相同。

18.2.2 为联配打分

对序列间的不同联配可以指定不同分值

要判别两个序列间某个局部联配是好还是坏 (在统计意义上), 我们必须有一些标准来定量刻画两个序列之间的“关联”度 (表示为分值)。打分方案需要告诉我们, 在进化的时间尺度上, 某一个祖先序列能否通过一系列突变成为现在的两个序列。例如, 根据已经掌握的蛋白质结构和自然选择的信息, 我们发现某序列中的某个氨基酸不同于另一序列中对应位置处的氨基酸, 如果替换的氨基酸有着完全不同的物化特性和尺寸, 我们就会感到非常惊讶。通过给每个可能的替换指定一个分值, 我们就可以定量刻画两序列拥有某些共同祖先序列片段的可信度。下面将详细讨论如何选择打分矩阵。首先是为打分矩阵指定分值。

为了简化, 我们考虑有两个相同长度的不同序列, 并且为这两个序列间的联配构造一个打分矩阵。我们使用 σ_i 表示第一个序列的第 i 个元素, σ_i' 表示第二个序列的第 i 个元素。有了识别给定序列各个元素的方法, 我们就能得到 HP 模型中两序列第 i 个位置联配在一起的分值

$$S_i(\sigma_i,\sigma_i')=\varepsilon_{\mathrm{HH}}\sigma_i\sigma_i'+\varepsilon_{PP}(1-\sigma_i)(1-\sigma_i')+\varepsilon_{\mathrm{HP}}\sigma_i(1-\sigma_i')+\varepsilon_{\mathrm{HP}}(1-\sigma_i)\sigma_i' \tag{18.1}$$

式 (18.1) 说明当两个残基都是 H 时 (也就是 $\sigma_i=\sigma_i'=1$), 我们就给这个位置指定一个分值 $\varepsilon_{\mathrm{HH}}$, 它们都是 P 时, 指定分值 $\varepsilon_{\mathrm{PP}}$, 当两个残基不同时则指定分值 $\varepsilon_{\mathrm{HP}}$。在这个 HP 方案中, $\varepsilon_{\mathrm{HH}}$ 和 $\varepsilon_{\mathrm{PP}}$ 为正值, 因为我们偏好于给定位置残基性质保持一致。而 $\varepsilon_{\mathrm{HP}}$ 为负值, 因为H和P有完全不同的生化性质, 并且直觉上我们认为这样的替换通常是低概率的。我们将进一步讨论打分矩阵中的实际数值如何确定, 读者可以在课后习题中深入讨论。

为说明该方法如何使用, 考虑 101010 和 101110 两个序列, 两个序列联配的总分值可用式 (18.1) 对序列每个位置的分值加和得到。总分值 S_{tot} 可表示为

$$S_{\mathrm{tot}}(\{\sigma_i,\sigma_i'\})=\sum_i^N S_i(\sigma_i,\sigma_i') \tag{18.2}$$

我们使用 $\{\sigma_i,\sigma_i'\}$ 来表示构成两个序列的字符串。本例中我们不对序列作相对移动, 则 $S_{\mathrm{tot}}=3\varepsilon_{\mathrm{HH}}+2\varepsilon_{\mathrm{PP}}+\varepsilon_{\mathrm{HP}}$, 其中三个位置同为 1, 两个位置同为 0, 一个位置有错配。按照同样的方法, 我们可以比较不同序列, 并且分配数值以表征联配的好坏。需要注意的是, 这个方案隐含了一个重要假设, 即生物序列信息几乎是上下文无关的, 我们对序列中 H 到 P 的改变指定相同的能量罚分而不需要考虑它前后的残基。

到此为止, 我们的处理方法忽略了一个重要的进化特征, 即核苷酸或者氨基酸在序列中的插入和删除。在实践中, 要实现真正的序列联配, 我们需要引入间隙以改进分析。这种观点反映了一个事实, 即序列在进化过程中可能插入新的核苷酸或者氨基酸。例如, 我们比较序列 110011 和 1101011, 假如插入一个间隙到第一个序列, 使之写为 110-011, 那么这两个序列就能够被理想地联配起来。从打分的观点看, 就需要引入一个新的参数 $\varepsilon_{\mathrm{GAP}}$ 来为插入间隙指定罚分, 则 $S_{\mathrm{tot}}=4\varepsilon_{\mathrm{HH}}+2\varepsilon_{\mathrm{PP}}+\varepsilon_{\mathrm{GAP}}$。在大多数打分矩阵中, 序列中插入间隙的罚分比错配的罚分大, 其道理来自关于突变机制的一个假设, 即 DNA 聚合酶产生替换错误的可能性比发生插入或删除错误的可能性要高得多。同样可以考虑间隙的尺寸来做一个修正, 如一个大小为六个残基的间隔的罚分比六个独立分布的单残基间隔的罚分之和要小, 这也反映了另一个假设, 即某些突变事件可能同时发生从而导致大段基团插入或删除。

全氨基酸序列比对需要一个 20×20 的打分矩阵

生物信息学 HP 模型允许我们简单地描述打分的数学, 但是对于回答许多感兴趣的问题还是显得太粗粒化了。我们首先介绍 HP 处理方式只是为了让读者理解打分的含义,

避免由于真实序列的复杂性而灰心。为了比对真实的蛋白质序列, 我们需要一个打分矩阵来评估序列中一个氨基酸转化为另一个氨基酸所需付出的“代价”。在现有的许多打分矩阵中, 图 18.5 所示的 BLOSUM62 打分矩阵最流行。这个矩阵中设定的分值来自于后面将要给出的对真实蛋白质序列的分析。为了对给定联配指定分值, 我们沿用推导式 (18.2) 的方法, 访问每个感兴趣的位置并给它指定分值 S_i, S_i 被标注在图 18.5 所示的矩阵中。如果那个位置其中一个序列是间隙, 就指定一个间隙罚分。当使用 BLAST 来实现序列联配时 (具体见课后习题), 程序会自动选择打分标准而无需使用者费心。尽管如此, 在进行序列联配时脑袋里随时装着这个定量分析方法总是有益无害的。

	疏水									亲水										
	V	I	L	M	F	W	Y	A	C	E	D	R	K	G	P	S	T	H	Q	N
V	4																			
I	3	4																		
L	1	2	4																	
M	1	1	2	5																
F	−1	0	0	0	6															
W	−3	−3	−2	−1	1	11														
Y	−1	−1	−1	−1	3	2	7													
A	0	−1	−1	−1	−2	−3	−2	4												
C	−1	−1	−1	−1	−2	−2	−2	0	9											
E	−2	−3	−3	−2	−3	−3	−2	−1	−4	5										
D	−3	−3	−4	−3	−3	−4	−3	−2	−3	2	6									
R	−3	−3	−2	−1	−3	−3	−2	−1	−3	0	−2	5								
K	−2	−3	−2	−1	−3	−3	−2	−1	−3	1	−1	2	5							
G	−3	−4	−4	−3	−3	−2	−3	0	−3	−2	−1	−2	−2	6						
P	−2	−3	−3	−2	−4	−4	−3	−1	−3	−1	−1	−2	−1	−2	7					
S	−2	−2	−2	−1	−2	−3	−2	1	−1	0	0	−1	0	0	−1	4				
T	0	−1	−1	−1	−2	−2	−2	0	−1	−1	−1	−1	−1	−2	−1	1	5			
H	−3	−3	−3	−2	−1	−2	2	−2	−3	0	−1	0	−1	−2	−2	−1	−2	8		
Q	−2	−3	−2	0	−3	−2	−1	−1	−3	2	0	1	1	−2	−1	0	−1	0	5	
N	−3	−3	−3	−2	−3	−4	−2	−2	−3	0	1	0	0	0	−2	1	0	1	0	6

图 18.5 用于蛋白质序列联配的打分矩阵。矩阵行、列都对应着不同氨基酸, 矩阵元素的数值表示用该行氨基酸替换该列氨基酸的可能性。主对角线上的正数值表示在序列中保持残基不变的可能性—色氨酸 (W) 是最保守的氨基酸。替换分值的大小在图表的右上角用灰度表示; 越暗就表示越不容易替换。图案式样显示了亲水氨基酸 (P) 更可能被亲水氨基酸而非疏水氨基酸 (H) 替代。这就是著名的 BLOSUM62 打分矩阵

不同打分矩阵有不同的应用范围, 我们可以认为它们是以不同时间单位观察进化历史的计时器。一个有趣的类比是用不同尺度的工具测量天文距离。对于附近物体可采用熟知的视差效应, 即将手指放在眼前, 交替地闭上两只眼睛, 利用物体相对于背景的偏移

测量它的距离。对于较远的物体, 有一类星体在发光强度上有周期变化, 如造父变星, 我们可以将它作为表征距离刻度的“标准烛光”。对于更远的距离测量, 整个银河系可以用作标准烛光。关键点是测量天文距离并不需要一个通用的距离标准。同样的, 阐明整个进化时间尺度也不需要唯一的序列比对方案。

导出图 18.5 所示打分矩阵的逻辑最终要和自然进化的观点联系在一起。最简单的想法是认为给定氨基酸出现在序列中某位置的概率就是它在整个基因组中相对于其他氨基酸的出现频率。出现频率越高的氨基酸, 出现在该位置的机会也就越大。另外, 如上面讨论过的, 某些突变事件发生的可能性相对于另一些较大, 化学性质类似的氨基酸之间的替换比化学性质差异大的氨基酸之间的替换也更有机会通过自然选择而保留下来。我们希望打分矩阵能考虑到这些由进化导致的序列关联。为了实现这个想法, 联配残基 i 和 j 的分值 S_{ij} 由一个称为对数似然比的量给定

$$S_{ij} = \log \frac{p_{ij}}{q_i q_j} \tag{18.3}$$

式中, q_i 是氨基酸 i 被生物体使用的平均概率, p_{ij} 则表示相关蛋白质真实序列中 i 被 j 替换的频率。要构建一个实现这些想法的打分矩阵, 关键是产生 p_{ij} 值。构造 PAM 打分矩阵时使用了亲缘关系很近的一组蛋白质序列, 其中只有 1%的氨基酸发生了改变。通过分析大量几乎全同的蛋白质序列, 所有 210 种不同替换的频率能够被确定下来, 并作为构建上述对数似然比的基础。而在构建更为人熟知的 BLOSUM62 矩阵时, 人们使用了重叠程度要低得多的一组序列, 但构建方法是完全一致的。诚然, 如果我们拥有突变和自然选择机制的完整理论, 就能够从第一性原理推导出打分矩阵, 并预言任何一个特定改变发生的可能性。然而, 由于现在我们对突变和自然选择机制的理解太有限, 只能基于对真实蛋白质序列的经验分析来做一些有用的序列比对。回到一个理想化的例子, 读者可以在课后习题中计算理想 HP 模型的对数似然比。

理解打分方法的一个富有启发性的类比是第 7 章的协同性研究。将 q_i 对应于玻尔兹曼权重因子 $\mathrm{e}^{-\beta\varepsilon_i}$, 其中 ε_i 是将特定氨基酸 i 置于给定位置的“能量”罚分。当氨基酸的放置是随机的时候, 我们就认为在两个联配序列的相同位置放置氨基酸 i 和 j 的能量罚分可以简化为 $\varepsilon_i + \varepsilon_j$。假如两个序列有共同的进化祖先, 我们就认为这个位置存在“协同性”, 以“相互作用能” ε_{ij} 来表示。换句话说, 两个序列中同位置有氨基酸 i 和 j 的玻尔兹曼因子是 $\mathrm{e}^{-\beta(\varepsilon_i+\varepsilon_j+\varepsilon_{ij})}$。从这个角度看, 分值 S_{ij} 不是别的, 正反映相互作用能本身。正相互作用能对应负分值, 表明两个序列之间某个氨基酸发生替换的可能性比随机设定的还小。相似地, 负相互作用能表明能够接受这两个氨基酸之间的替换。

随机序列之间的联配也有非 0 分值

现在我们知道了如何计算序列联配的分值, 接下来考察一个实际分值的好坏。我们必须估计两个随机序列的联配会得到多大的分值。重要的是, 假如将某个序列与数据库中的序列作比对, 我们必须有办法说明所得分值与纯随机序列所得分值之间的差别。显然, 只有在某种意义上高度相关的序列获得高分时, 我们才会接受这样的联配规则。

如何为这一类型的比对确定一个标准分值? 为了回答这个问题, 我们考虑两个序列,

每个序列有 N 个成员, 每个成员取字符 1 或 0。假定在序列给定位置找到 0(或 P)的概率为 p, 则 1 (或 H) 的概率为 $1-p$。序列比对的分值 (假设没有间隙) 已经由式 (18.1) 给出。我们现在给出此评分函数对严格随机序列估算的平均分值, 即

$$\left\langle S_{\mathrm{tot}}(\{\sigma_i,\sigma_i'\})\right\rangle = \left\langle \sum_{i=1}^{N} S_i(\sigma_i,\sigma_i')\right\rangle \tag{18.4}$$

像往常一样, 我们使用符号 $\langle S\rangle$ 表示参数 S 的平均值。这个表达式可以大大简化, 只要插入式 (18.1) 中的分值 $S_i(\sigma_i,\sigma_i')$, 可得

$$\begin{aligned}\left\langle S_{\mathrm{tot}}(\{\sigma_i,\sigma_i'\})\right\rangle = \sum_{i=1}^{N} \big[&\varepsilon_{\mathrm{HH}}\langle\sigma_i\rangle\langle\sigma_i'\rangle + \varepsilon_{\mathrm{PP}}(1-\langle\sigma_i\rangle)(1-\langle\sigma_i'\rangle)\\ &+\varepsilon_{\mathrm{HP}}\langle\sigma_i\rangle(1-\langle\sigma_i'\rangle)+\varepsilon_{\mathrm{HP}}(1-\langle\sigma_i\rangle)\langle\sigma_i'\rangle\big]\end{aligned} \tag{18.5}$$

之所以能将平均解耦, 即 $<\sigma_i\sigma_i'>=<\sigma_i><\sigma_i'>$, 是因为我们已经假设这两个序列是随机和独立的, 因此 σ_i 不依赖于 σ_i'。我们能够通过下式简单地计算平均值

$$\langle\sigma_i\rangle = (1)(1-p)+(0)p \tag{18.6}$$

式中, p 对应序列中给定位置是 0 的概率。图 18.6 展示了不同联配状态的概率。经这些操作之后, 我们得到

$$\langle\sigma_i\rangle = 1-p \tag{18.7}$$

这些简单的计算显示随机序列联配的平均分值为

$$\left\langle S_{\mathrm{tot}}(\{\sigma_i,\sigma_i'\})\right\rangle = N[\varepsilon_{\mathrm{HH}}(1-p)^2+\varepsilon_{\mathrm{PP}}p^2+\varepsilon_{\mathrm{HP}}2p(1-p)] \tag{18.8}$$

这也能在图 18.6 中直接读出。这些计算的意义在于它促使我们思考“噪声”的含义, 而“噪声”是我们从序列联配中提取“信号”所必须克服的。也就是说, 我们需要有某种方法来知道一个给定联配是否具有统计显著性。为进一步探究这类问题, 不仅需要随机序列联配的平均分值, 还需要知道分值分布的形状。更明确地说, 我们的问题可表述为: 如何根据这个分布来判断所得分值是否显著?

联配状态		概率	分值
σ_i	σ_i'		S_i
0	0	p^2	$\varepsilon_{\mathrm{PP}}$
0	1	$p(1-p)$	$\varepsilon_{\mathrm{HP}}$
1	0	$p(1-p)$	$\varepsilon_{\mathrm{HP}}$
1	1	$(1-p)^2$	$\varepsilon_{\mathrm{HH}}$

图 18.6 打分状态和权重。表格显示了利用 HP 模型进行序列比对时, 各位置的比对结果出现的概率以及相应的分值

联配分值碰巧出现的概率由极值分布决定

统计分析的目的是评估一个给定联配是否体现了一些生物学意义, 如功能是否相似或是否来自共同祖先。为此, 对特定分值是否有实际意义这个问题, 我们需要一个判据。可以先回顾一下数据库搜索的逻辑。我们的目标是从序列数据库中找到以某种方式与感兴趣的序列相关联的一组序列, 方法之一是访问数据库中的每一个条目并找到该序列的最佳联配 (也就是最高分值)。要评估这个最高分的统计显著性, 需要知道最佳分值的分布信息。如果 "轻易" 就能得到这个分值, 那么这个联配就不应认为是显著的, 反之则我们会倾向于认为这样的联配是有一定显著性的。

序列联配分值的分布具有什么性质呢? 正如反复测量任意单个随机量都会得到普适的高斯分布, 最高分值 (至少对无间隙的联配) 的分布同样遵循一个普适分布, 称为 "极值分布"。这个分布不仅可应用在打分问题上, 也可应用在降雨量、最大水位甚至金融市场的最大值等问题上。为弄明白原理, 设想如下思想实验。假如我们从高斯分布中抽出 100 个样本并保留最大值, 重复这个过程, 最大值的分布就会遵循普适的极值分布, 也被称为冈贝尔分布。由该分布可知, 抽到的最大值大于 x 的概率为

$$P(x_{\max} > x) = 1 - \mathrm{e}^{-\kappa \mathrm{e}^{-\lambda x}} \tag{18.9}$$

由此式也可得到在 x 到 $x + dx$ 之间找到该分值的概率密度

$$p(x) = \kappa\lambda \mathrm{e}^{-\lambda x - \kappa \mathrm{e}^{-\lambda x}} \tag{18.10}$$

参数 κ 和 λ 决定了分布的形状。图 18.7 画出了 $\kappa = 1$ 和 $\lambda = 1$ 时这两个表达式的曲线。这个分布之所以与打分问题相关, 是因为我们认为联配问题就是反复挑选最高分值的问题。对于给定序列, 我们寻遍整个目标数据库, 对数据库中的每个元素, 都找出它与该序列之间各种联配中的最高分值联配。可以证明这样获得的最高分值 (至少对没有间隙的联配) 是遵循极值分布的。

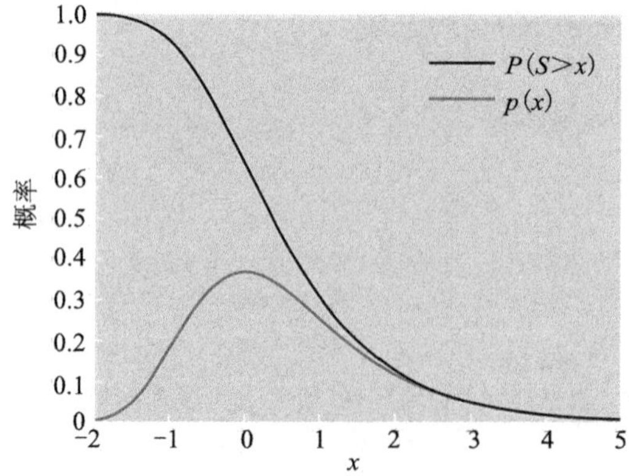

图 18.7　联配分值的极值分布。该图展示了得到分值 x 的概率密度以及所得分值大于 x 的概率。分布的参数为 $\lambda = 1$ 和 $\kappa = 1$

极值分布曲线有一个特征就是右边的长尾, 其形状决定了序列联配分值的显著性。曲线尾部接近指数分布, 但它比高斯分布 (即正态分布) 衰减得慢。长尾的存在表明有相当多的高分值纯粹是碰巧得到的。我们有必要了解这类容易引起误解的高分值作为联配结果出现的可能性。可以使用极值分布来定量刻画获得不低于指定分值的序列联配所需的数据库搜索次数, 如下式

$$\text{期望值} = N_{\text{DB}} \times \int_{\text{score}}^{\infty} p(x_{\max})\mathrm{d}x_{\max} \tag{18.11}$$

式中, N_{DB} 是数据库中条目的总数; 积分表示碰巧得到高于 score 的分值的总概率。这个期望值的关键用途就是定量度量所得的联配分值是否是碰巧出现的可能性。注意, 在实际操作中, 决定期望值的细节比这里描述的还要精细得多。

联配分值极值分布的形状可以决定特定序列联配的期望值, 估计这个极值分布形状的最简单方法是产生一个庞大的"随机"序列数据库, 然后将感兴趣的序列与随机序列一一联配, 并画出结果分值的分布。对任何特定的序列联配, 其实际期望值无疑依赖于随机序列数据库的尺寸和特性, 因为 λ 和 κ 的值是由拟合得到的。如果假设生物序列的信息是上下文无关的, 并且相对总体丰度是蛋白质序列中氨基酸分布的唯一重要模式特征, 则用随机数发生器产生的虚拟蛋白质序列数据库足以成为判断联配显著性的合理标准。然而实际上, 蛋白质序列内还存在着更为微妙的、我们仅部分理解的氨基酸分布模式, 因此上述做法需要改进。目前, 通过基因测序工程测定的真实蛋白质序列的数据库已经极其庞大 (数百万条序列), 因此对实际蛋白质序列作简单改序来产生"随机"序列数据库反而更容易, 并且这个数据库与生物学的关系也更近。例如, 有一个数据库就是将真实的氨基酸序列首尾颠倒而建立的。使用这种改序数据库作比对, 通常比随机产生的数据库给出的期望值要稍高一些 (也就是说, 显著性要小一些), 但避免了某些人为因素导致的假象。在决定如何计算期望值以及判断得分的可靠性时, 你不妨记住上述考虑。

放宽可接收期望值的标准会导致假阳性增多

另一种探测序列联配分值方案优缺点的方法是使用该方案去检验那些我们已经知道其内在关系的序列。此时, 我们想知道打分方案对于有意义的联配与虚假联配的区分度如何, 要实现这样一个测试, 需要检验关系已知的序列数据库。例如, DALI 数据库基于蛋白质折叠结构的联配对蛋白质进行了分类。另两个流行的同类数据库是 SCOP 和 CATH。在选择这些结构联配数据库作为序列联配程序的测试样本时, 我们做了一个普遍可接受的假设, 蛋白质结构相似性比单一的序列相似性对进化亲缘关系的反映更精确。诚然, 目前对于蛋白质间是否存在"已知"亲缘关系的评价标准, 无不依赖于研究人员个人的价值判断, 因此不存在完全客观的方法能够判定两个蛋白是否真实相关。可是某些亲缘关系的断定的确实值得信赖, 因为有大量实验数据佐证了它们在结构、功能和进化谱系上的相似性。

给定打分矩阵 BLOSUM62 或 HP 矩阵, 我们就能用上述数据库来定量刻画这些矩阵辨别亲缘蛋白质的能力。具体方法是首先用打分矩阵对数据库中的蛋白质序列进行两两联配, 然后按期望值将结果排序在列表中。一个完美的矩阵将会把所有相关蛋白质 (阳

性联配) 放在列表顶端, 而所有不相关的蛋白质 (假阳性联配) 则位于其后。实际操作中, 打分矩阵会让某些假阳性联配插在阳性联配之间, 为此, 我们想要定量刻画矩阵允许假阳性混入的程度。列表中的结果能够通过计算所谓接受者操作特性曲线 (receiver operating characteristic, ROC) 来可视化。我们可以选择一个期望值阈值, 然后数出低于该阈值的阳性与假阳性数目。我们从列表顶端向下移动直到所有列表条目被包含在计数之内。如图 18.8 所示的 ROC 曲线, 横轴表示在上述移动过程中出现的假阳性事例占总的事例的百分比, 纵轴表示相应的阳性百分比, 期望值阈值作为给定的曲线参数。不难看出, 由于 20×20 维的 BLOSUM62 矩阵包含了更多细节, 这使得它表现得比 HP 矩阵更好。不过, HP 模型仍然具有预言价值, 它又比无效模型表现得好, 后者只是随机选择阳性或假阳性, 并在 (0,0) 和 (1,1) 之间生成一条 ROC 直线。

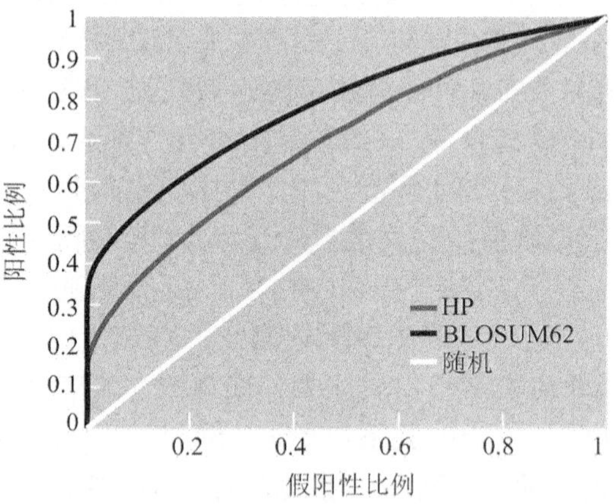

图 18.8　打分矩阵辨别相关蛋白的能力。BLOSUM62 和 HP 打分矩阵的 ROC 曲线显示了这些矩阵辨别阳性 (相同的蛋白折叠) 的能力, 其中指定给它们的期望值比指定给假阳性 (蛋白结构不相关) 的小。在无效模型中, 阳性和假阳性出现的概率相同。一个完美的模型应该是从 (0,1) 到 (1,1) 的一条直线, 即, 在出现假阳性之前所有阳性都已经被鉴别出来了。HP 和 BLOSUM62 两者都表现得比无效模型好, 并且由于 20×20 维的 BLOSUM62 矩阵包含更多细节, 这使得它比 2×2 维的 HP 矩阵更有优势

综上所述, 本节实现了两个关键目标: ①阐明数据库搜索和比对方法背后的统计思想; ②强调如何为各种联配方法赋予统计显著性, 而无需过多考虑这些做法背后的假设。我们绕开了一个重要问题, 即如何在实际数据库和真实计算机上实现上述种种操作。这些是极端重要的话题, 与之紧密相关的是如何构造搜索算法来处理日益增长的基因组数据库。读者如果希望学习生物信息学中用到的更多搜索技术, 可以查阅 “延伸阅读” 中的文章。

结构和功能的相似性并不能保证序列的相似性

本章的剩余部分将向你展示序列联配方法如何被用来研究各种各样有趣的生物问题。但是, 在开始这趟旅程之前, 我们先通过下例来阐明序列分析的局限性。基于序列信息判

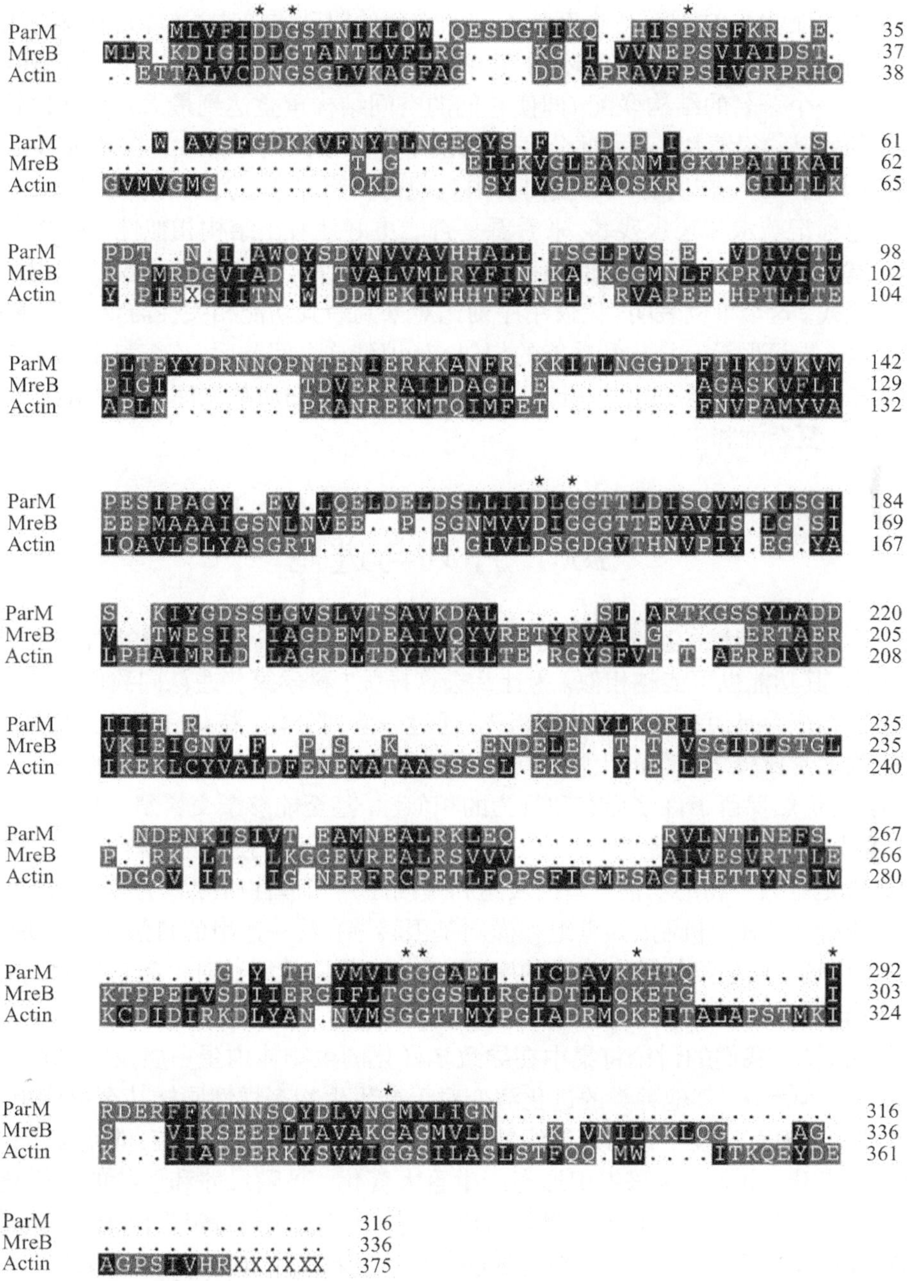

图 18.9 细菌和真核生物的细胞骨架蛋白的序列比对。我们利用蛋白质结构联配的结果来对序列进行联配。字符表示结构中特定位点发现的氨基酸。星号标记的氨基酸在三个序列中是全同的。颜色表示它们是疏水 (深灰) 还是亲水 (浅灰)。联配中的点表示为完成比对而需插入或者删除的氨基酸区域。每行末尾的整数表示残基在整个序列中的位置。这些序列的 PDB 编号为 MreB: 1JCF、actin: 1J6Z 及 ParM: 1MWM

断不同物种蛋白质之间亲缘关系这条途径面临的挑战，我们可以通过比对肌动蛋白、ParM

和 MreB 的序列来进行深入说明。回忆 15.3.2 节, ParM 是肌动蛋白的细菌类似物, 它参与质粒分离过程。MreB 是另一个截然不同的细菌的肌动蛋白质类似物, 它参与决定细胞的形状。如图 18.4 所示, 它们的结构非常相似。为了从序列角度检验其结构的相似性, 图 18.9 采用了一个著名的结构联配 (即使它们的空间结构重叠达到最大化), 并比较结构中对应部分的残基。很清楚, 对大部分序列来说不存在很强的相似性。在超过 300 个氨基酸中, 确实只有 10 个在所有三个蛋白质中表现得相当保守。为了与 HP 分析建立联系, 我们用颜色标记疏水和亲水残基, 来看看是否能更好地看出结构相似性。在这个实例中, 尽管各氨基酸的表示已经改变, 但似乎确实存在着由保守的疏水和亲水残基构成的小片段和分布模式。这个事例表明: 仅仅用序列比对来判断其功能相关性需要十分谨慎; 没有序列相似也不能证明没有结构和功能的相似。认识到这个问题后, 许多科学家承担了大型工程项目来确定尽可能多的蛋白质的三维结构, 希望蛋白质数据库可以逐渐达到序列数据库的规模、复杂性和丰富程度.

18.3　序列与进化

为什么序列相似性的度量在生物学研究中如此有价值? 一个简单的回答是序列越相似的蛋白质, 其功能也可能越相似。为什么会这样呢? 科学家普遍认同我们今天看到的各种生物是互相依存且源自于一个共同祖先, 通过一系列分化、特化和灭绝而形成的。新近分化的生物通常比较早分化的生物有更多的相似性。例如, 狗和狼, 它们的世系在 10 000 年前分化, 可仍然保留了许多形态和行为的相似性, 甚至能够杂交繁殖。狼和熊则相似较少; 狼和鼠相似得更少, 但是与和红杉的相似程度相比, 它们还是相似得多。这些明显的形态相似性是基因产物的功能、基因表达和基因序列相似性所导致的必然结果。物种是通过突变事件 (及其他机制, 如重组和横向基因转移) 及一连串的自然选择实现分化的。因此, 通过比较不同生物体特定基因的序列相似性, 我们就能够对引起它们分化的进化和突变史作出最好的推测。

为简明起见, 我们的讨论将集中在导致多样化的生物体内蛋白质及RNA序列改变的进化事件。必须承认, 其他种类的进化演变对于产生生物多样性同样甚至可能更加重要。例如, 改变动物发育过程中参与某组织特化作用的蛋白质的基因调控, 即使该蛋白质的结构没有发生变化, 也会导致该组织形态产生重大变化。鸟嘴尺寸和形状的多样化是达尔文在加拉帕戈斯群岛的地雀种群中最先观察到的, 这种分化与特定蛋白 BMP4 (骨形态生成蛋白) 的表达水平的高低有关。在鸟的胚胎中, 如果这种蛋白质表达量较高, 则注定其嘴大, 表达量较低时其成体的嘴就小而细。使用分子技术迫使 BMP4 在发育的鸡胚胎中过度表达会导致小鸡拥有非常大的类雀嘴。这些显著变化并不涉及 BMP4 氨基酸序列的任何改变, 只与其调控有关。最终, 这些调控改变当然也与 DNA 突变事件有关, 这些突变事件改变了启动子单元的浓度等, 因此我们在这里为诠释序列变化而阐明的许多原则一般也适用于其他类型的进化问题。基因调控这个主题将在下一章详细探讨。

在这一节, 我们将会通过 4 个实例来考察序列分析在理解生物学事件方面的有效应用。首先, 我们以血红蛋白为例来考察亲缘关系; 其次, 我们讨论细菌中抗生素耐药性的获得, 该进化现象已经在实验室中观察到, 并在医学界引起了越来越多的关注。再次, 我们探讨人类免疫缺陷病毒 (HIV) 的进化, 看看序列比对如何帮助我们理解这个致命的病毒是如何从黑猩猩这样的灵长类宿主跳到人类体内的, 以及它是如何在个人体内和人群之中演变的。最后, 我们处理地球上所有细胞亲缘关系的终极进化问题. 上述目标已经触及了现代基因科学发展所涉及的主要问题。其某些问题在课后习题中将会有所拓展。

18.3.1 血红蛋白作为序列联配的研究实例

上一节通过使用简化的二字符字母表强调了与序列比对相关的原则。有了这些原则, 我们就可以处理真实生物序列信息。作为尝试, 我们利用血红蛋白的 α 链, 该蛋白质的功能已经在 4.2 节和 7.2.4 节中详细考察过。血红蛋白的携氧功能在所有脊椎动物中是相似的。可是, 在血红蛋白序列中, 并不是每个氨基酸残基对其三维结构或功能都起决定作用。那些对结构和功能没有关键影响的残基便是我们突变的对象。有趣的是, 即使在现代序列分析发明之前, 血红蛋白的分子比对已经被用来作为推论分子 (以及生物) 进化的基础。例如, 通过比较二维凝胶上不同生物的部分血红蛋白的迁移率, 可以估算从人类到鲨鱼的物种之间的亲缘关系。

序列相似性可暂时作为决定进化距离的标尺

为了从现代序列分析的观点考察血红蛋白在整个进化时段的变化, 我们求助于 8 种不同动物 (人类、黑猩猩、大猩猩、牛、马、驴、兔和鲤鱼) 的血红蛋白的序列比对。序列比对的概念是取这些生物的已知血红蛋白序列, 并对它们作“多序列联配”, 方法是基于本章发展起来的打分思想。不同脊椎动物血红蛋白氨基酸序列的比对展示在图 18.10 (A) 中, 我们看到很少但很重要的变异。有趣的是, 人类和黑猩猩的血红蛋白没有什么不同。人类和牛之间某些特殊位点存在不同。

因为这些变异可能来自进化期间的随机突变事件, 我们也可以用这些变化重构一个大致的进化树, 其中相似度越高的序列靠得越近, 如图 18.10 (B) 所示。分子系统发生学家可以从该图和许多其他蛋白质构造的类似进化树推断出现代物种之间的历史亲缘关系。大多数情况下, 这些分子分析的结果与基于形貌比对而获得的亲缘关系是一致的。将这种序列分析与独立无关的化石记录提供的年代测定相结合, 就能够将序列的相似性用作分子钟。图 18.11 展示了使用血红蛋白和其他分子作为分子钟研究的几个经典事例 (尽管这些结果并不是通过我们熟悉的字符序列比对获得的, 而是通过测量相关序列的杂交倾向而获得的)。我们对这些研究结果提供了一个共识: 序列相似度是推断物种从共同祖先开始分化的年代的基础。

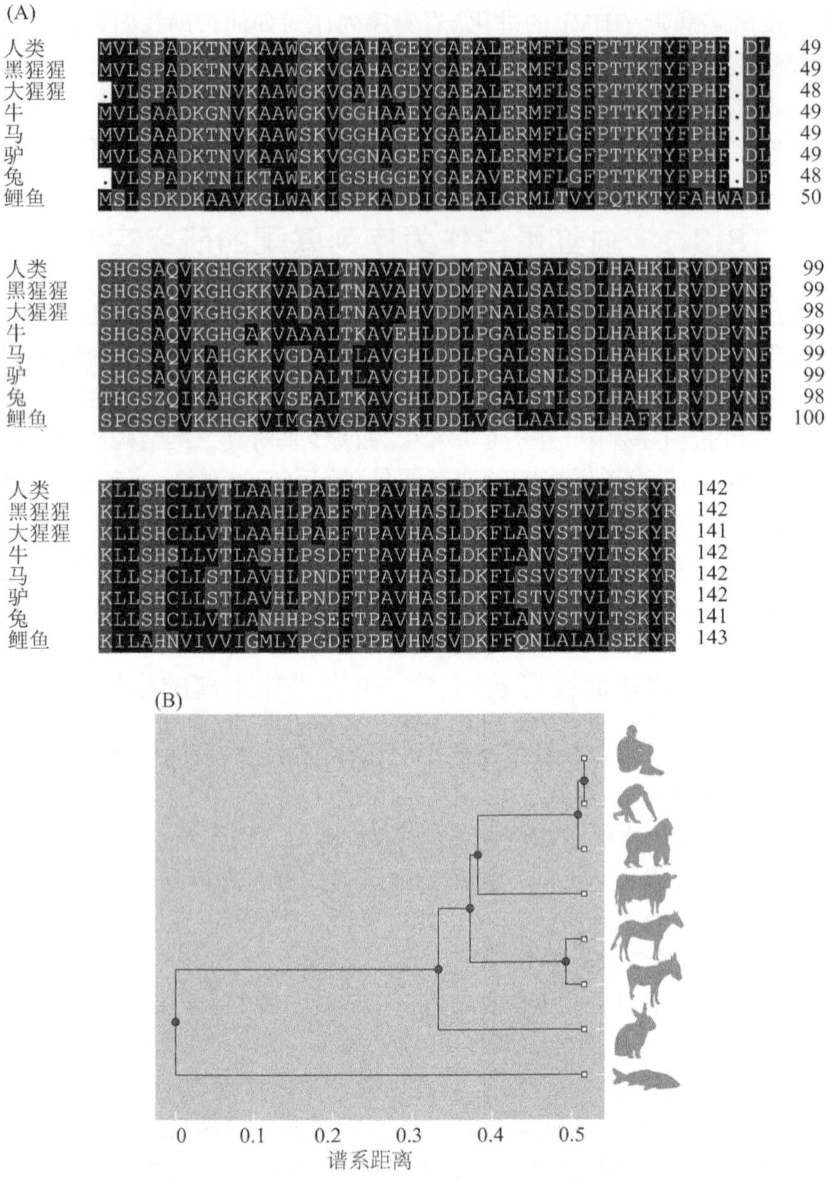

图 18.10 不同脊椎动物的血红蛋白序列比对。(A) 从上到下, 血红蛋白的 α 链序列分别来自人类 (编号: 57013850, 142aa)、黑猩猩 (110835747, 142aa)、大猩猩 (122407, 141aa)、牛 (122411, 142aa)、马 (122411, 142aa)、驴 (62901528, 142aa)、兔 (229379, 141aa) 和鲤鱼 (122392, 143aa), 这里 aa 表示氨基酸长度。联配利用 ClustalW 完成。疏水残基以深灰色表示, 亲水残基以浅灰色表示。(B) 树形图显示了这些序列之间的相似度。非常相似的序列用短分支联接起来; 分支长度增加表示序列相似度减弱

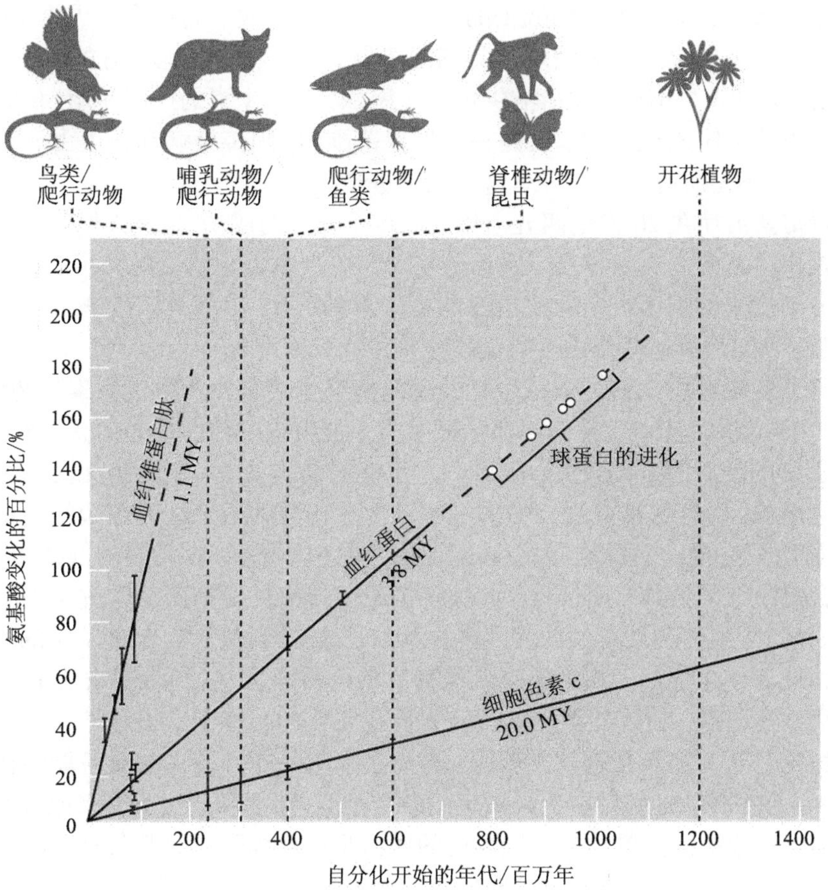

图 18.11 分子作为进化时钟. 使用三种不同分子 (血纤维蛋白肽、血红蛋白和细胞色素) 有可能表征它们在整个进化过程中的分化年代。垂直虚线表示一对动物最后分享一个共同祖先的大约年代。动物和开花植物在 12 亿年前共享一个祖先。(取自 R. E. Dickerson, *Sci. Am.* 226: 58, 1972.)

18.3.2 进化和抗药性

疾病的病原理论是由路易斯·巴斯德、罗伯特·科赫和 19 世纪其他伟大的微生物学家发展起来的, 他们的观点是微观病原体, 如细菌和病毒, 可以引发人类严重的疾病并使其传播。根据该观点, 选择性地杀死病原体细菌就有可能治愈感染性疾病。1929 年, 英国细菌学家亚历山大·弗莱明做出了一个著名的发现, 据说是由于其低劣的实验技术。故事是这样的, 他度假回来, 瞟了一眼离开时丢在工作台上的细菌培养皿。在其中一个培养皿中, 一种真菌孢子已经发芽并形成了一个小的真菌菌落。与现代细菌学家不同, 他没有厌恶地扔掉这些污染的培养皿, 却注意到真菌菌落已经在其周围清理出一片清晰的区域, 区域内的细菌细胞不是生长失败就是被杀死。弗莱明猜测这种真菌分泌了某种物质, 它能扩散一小段距离并杀死细菌。这种真菌产物的纯化形式就是青霉素。

青霉素首次进入临床是在第二次世界大战期间, 作为治疗细菌感染的药剂。许多战士在战场受伤后接受了青霉素治疗, 避免了细菌侵入开放性伤口而引发感染。这个医学进步导致第二次世界大战中受伤战士的存活率比之前的战争高得多。从此以后, 数以百计的其他抗生素被鉴定并用来治疗人类细菌感染。在美国和其他富有的工业化国家, 由于接种疫苗、公共卫生措施 (如清洁供水的发展) 以及抗生素的广泛使用, 传染病已经从第一位死因下降到第六位死因。可是在全世界范围内, 因传染病和寄生虫病致死依然是最多的, 因为并不是所有人类都分享这些医学进步。

尽管青霉素治疗在 20 世纪四五十年代取得了非凡的成功, 但是人们很快就明白了青霉素并不是包治百病的灵丹妙药。这种药物对某些严重细菌感染的人不起作用。从这些患者体内分离出来的细菌在实验室也没能被青霉素杀死, 尽管其浓度非常高足以消灭其他同类细菌。不知何故这些细菌变得耐抗生素了。

实验已经发现那些先前可被抗生素处理的菌群也会自发产生抗生素耐药性, 尽管速率很低 ($1:10^6$ 到 $1:10^8$)。我们现在已经明白了抗生素耐药性是如何获得的, 即通过抗生素靶向蛋白的编码序列的突变, 从而产生足够的结构变化, 使药物无法结合。随着细菌数量持续增长, 稀有的具有耐药性的细菌个体会比药物敏感性的细菌复制得更快更成功。随着时间推移, 整个种群会被抗生素耐药性突变体占领。在持续的选择压力下, 进一步的突变会促使细菌更具有耐药性。其他种类的遗传事件对细菌获取抗生素耐药性也有贡献。与某些抗生素耐药性有关的基因产物不只是改变药物靶点, 某些特殊的酶还会积极地摧毁药物或者使之失活。细菌也表达能量依赖的跨膜泵, 它们将药物从细胞质中泵出, 以阻止药物到达靶点。细菌甚至还能够轻易地在质粒和转座子这类移动单元上互相转移 DNA 片段, 这种转移甚至跨越物种界限。载有抗生素耐药性基因的质粒能够在菌群中快速扩散, 将耐药性授予先前对抗生素敏感的各个细胞, 而无需通过突变来改变细胞染色体 DNA。因为自然选择促使单体拥有抗药性的压力是如此强烈, 可以说是生死攸关, 并且因

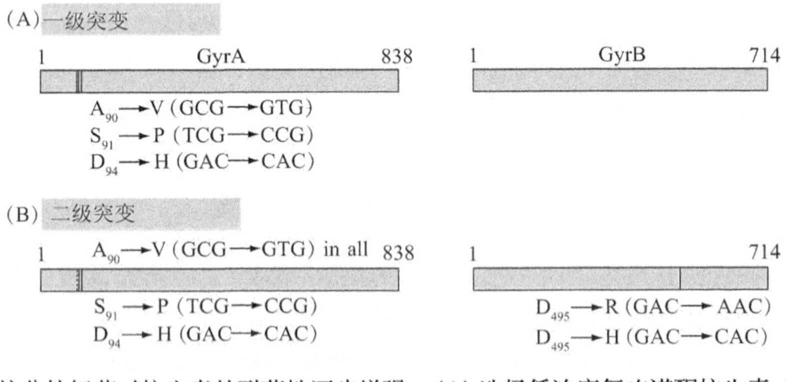

图 18.12　结核分枝杆菌对抗生素的耐药性逐步增强。(A) 选择低浓度氟喹诺酮抗生素, 引起三个独立的点突变, 全都集中在 DNA 促旋酶A亚基的基因的小区域内。每个突变用氨基酸一个字符及其突变位置表示 (A_{90} 表示丙氨酸, 位置 90)。圆括号中是对应密码子的三个核苷酸的变化。(B) 抗生素浓度逐渐升高后, 先前的一个突变体 (A_{90} →V) 会产生 4 个不同的二级突变, 其中两个在一级突变区域同样的基因位点上, 另两个在 DNA 促旋酶的 B 亚基的基因编码区。每个突变体的抗生素耐药性比起亲代都有超过 100 倍的增强。(取自 T. Kocagöz et al., *Antimicrob. Agents Chemother.* 40: 1768, 1996.)

为细菌能够快速分化，所以抗生素耐药性很快就会在实验室中或者接受治疗的细菌感染病患体内出现。该过程是一个可以直接观察到的小尺度过程，它与整个进化过程中自然选择导致的大尺度的生物变化和分化是同一类过程。

图 18.12 展示了一个实验研究实例。在实验中，一种野生的细菌病原体结核分枝杆菌在氟喹诺酮抗生素环境中生长。这种生物体可引起人类的肺病，即肺结核，它是人类最常见的危及生命的细菌传染病，然而，在全世界范围看，它对抗生素的临床耐药性不断增长。氟喹诺酮是抗生素药物，其靶物是 DNA 促旋酶，它是在 DNA 复制过程中促进分开两条 DNA 单链的酶。氟喹诺酮常常作为二线抗生素使用，在结核病人的初始治疗方案失败之后才使用。选出能够在低浓度氟喹诺酮中生长的结核分枝杆菌，再对编码 DNA 促旋酶两个亚基的基因测序，则三个独立的突变点被识别出来，如图 18.12 所示。这些突变每个都能使菌株的耐药性有适度的增加 (2~10 倍)。当这些有点耐药性的菌株被迫在拥有高浓度抗生素的琼脂块上生长时，会产生一系列二级突变，使得耐药性突增 100 多倍，如图 18.12 所示。

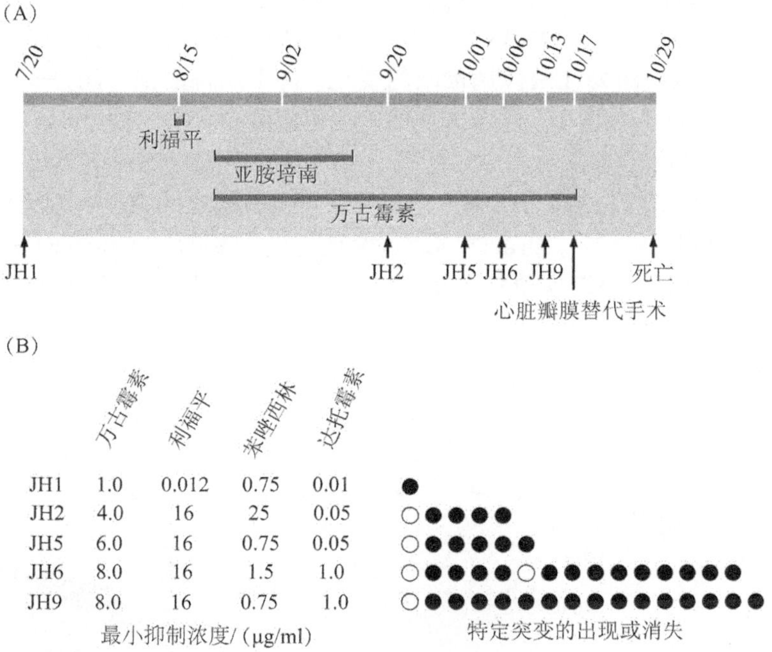

图 18.13 金黄色葡萄球菌抗生素耐药性的逐步获得。(A) 显示了 2000 年一名患者在长达 3 个月的时间内使用各种抗生素治疗的日期、细菌从感染处分离培养的日期、经历外科手术的日期以及死亡的时间。(B) 显示了不同日期分离和培养的 5 个不同菌株各自对抗生素的耐药性，以及与野生型细菌比较得出的突变位点。随着药物最小抑制浓度值的增高，细菌耐药性也逐步增强。黑点表示给定菌株基因组中的突变，白点表示返回野生型序列的回复突变。因此，菌株 JH1 相对于野生型只有一个点突变。JH2 有 4 个新的突变，但是第一个突变点又回复到了野生型。对分离菌株逐个进行抗生素耐药性测试，结果表明患者体内的细菌自身会发展出三类抗生素的耐药性，这三类抗生素是被用于治疗的利福平、万古霉素和 β-内酰胺 (包括亚胺培南和苯唑西林)。有趣的是，较后分离的菌株对达托霉素也有耐药性，尽管这类抗生素并没有被用于治疗。(取自 M. Mwangi et al., *Proc. Natl Acad. Sci.* 104: 9451, 2007.)

这种逐步提高耐药性的情况也能在细菌感染并接受抗生素治疗的患者体内观察到。在一个综合研究案例中, 由金黄色葡萄球菌引起心肌炎 (心肌感染) 的患者必须经过一系列抗生素的治疗。在整个感染进程中, 医生先后连续分离出多个金黄色葡萄球菌并做全基因测序。在三个月的时间内, 累计得到 35 个点突变, 其中许多与抗生素耐药性的获得有关。图 18.13(A) 展示了一段时间内分离出来的细菌暴露在抗生素中及其复活的日期。图 18.13(B) 展示了每个菌株对 4 种抗生素耐药性的级别以及染色体点突变的获得。

这些短时间周期的抗生素耐药性的进化范例是进化论的一个缩影。观察到了短期的抗生素治疗中突变变异和自然选择的影响, 我们才能体会到这些过程对某一物种长期作用的后果。对于抗生素来说, 我们能够在已知的药物作用机理、与耐药性有关的点突变位点以及细菌生存的表型后果之间找到直接关系。

18.3.3　病毒的进化

病毒的构造与细菌截然不同, 然而关于它们进化的思考却是相似的。病毒基本上是由一个核酸信息程序 (DNA 或 RNA)、包裹它们的蛋白质外壳有时还有一层膜组成的。这里, 我们关注的是核酸序列在两代病毒间的变化。许多病毒的聚合酶是非常容易出错的, 因此序列的变化能够迅速累积。病毒进化的速度可以通过 HIV 来生动演示, HIV 是艾滋病 (获得性免疫缺陷综合征) 的病原体。第一个核准用于治疗 HIV 感染的抗病毒药物是 AZT, 一种抑制逆转录酶的核苷类似物, 逆转录酶负责将病毒的 RNA 基因组转录为 DNA 副本以插入宿主的基因组中。病毒能够通过突变逆转录酶的一个位点而获取对 AZT 的耐药性, 因此, 临床上很快发现单独使用 AZT 可以在几个月时间内延缓病情发展, 但不

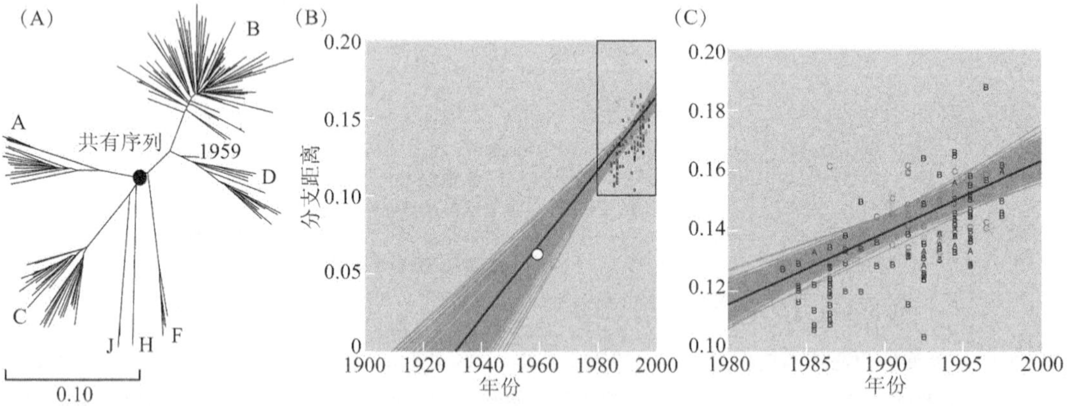

图 18.14　HIV 进化史。(A) 进化树显示了病毒包膜蛋白 gp160 的序列变化, 数百个不同的病毒是在 1983~1997 年从患者身上采集到的。字符表示不同的病毒子群; 例如, 组 B 主要是指流行于美国和欧洲的病毒。(B) 将每个病毒相对于共有序列的进化分支距离作为这个病毒分离年份的函数画出, 显示出蛋白序列随时间而愈加分化。往回推演这个关系可以估算出共同的病毒祖先大约在 1930 年左右首次感染人类。灰色阴影区显示这个估算的置信区间。大圆圈表示 1959 年采集的扎伊尔患者的病毒序列。(C) 是 (B) 中方框区域的放大图; 注意在每个子群中的菌株都表现出随时间而愈加分化的趋势。(摘自 B. Korber et al., *Science* 288: 1789, 2000.)

能治愈。

HIV 的快速突变率导致今天人类感染的 HIV 有足够多的变异, 使得我们可以判断病毒传播的来龙去脉。这可以通过比对病毒序列来确定。通过比较一直以来采集到的许多 HIV 菌株的序列, 我们能够近似地重构它感染人类以来的进化史。图 18.14 显示了 1983~1997 年采集到的某病毒蛋白的序列分化情况。从时间上回溯这种分化, 我们能够估算现在所有的 HIV1 菌株最有可能来自于同一个祖先, 这个祖先在 1920~1940 年的某个时候感染了人类。这个推测的一个有趣实证来自于对一个血液样本中分离的病毒序列的检测, 这个样本是在远早于艾滋病被确认之前的 1959 年在扎伊尔采集的。该序列比之后采集分离的任何序列更类似于共有序列。根据该蛋白序列与共有序列之间的分支距离, 将后来序列分支距离所决定的插值线外推, 则可确定这个序列是在 1957 年被分离的, 前提是这种线性外推模型是正确的。与实际采集时间的显著一致性增添了我们的信心, 即蛋白序列随时间分化的简单线性模型无论是对 HIV 蛋白还是进化慢得多的其他蛋白 (图 18.11) 都有显著的预测功能。读者可以在课后习题中了解 HIV 蛋白序列研究的具体操作。

18.3.4 进 化 树

构建生命普适进化树的关键想法部分来自对进化的分子分析。隐藏在生命进化树背后的生物信息学研究方法就是找到一组高度保守、变化缓慢且所有生命形式共有的基因, 进而测量这些序列在进化时间尺度上的偏移。为此, 核糖体的 RNA 结构信息就成了一个最有价值的参考, 因为所有生物都拥有结构大致相似的核糖体, 并且所有地球生命的最近一个共同祖先肯定使用过与现代形式类似的核糖体, 该观点已经被广泛接受。通过分析大量不同生物的核糖体 RNA 基因, 就能够按序列的相似性对它们分类。图 18.15 展示了几条这样的序列。

搜寻核糖体 RNA 序列的有趣成果之一是发现了进化树上一个新分支。现在看起来这也许算不上什么, 但在 20 世纪 70 年代, 它填补了我们理解地球生命分化的一个重大空白。考察外形 (一个判断宏观物种形态非常有效的策略) 对于区分微观生物体是无效的。因此, 序列分析之于进化生物学家的意义就好比望远镜之于天文学家。在对甲烷杆菌 (产甲烷的生物体, 它证明了微生物具有广泛的代谢方式) 这类微生物的序列研究中, 我们注意到一个反常现象: 包括甲烷杆菌在内的许多微观生物体, 形态上虽然相似于细菌 (并且过去也被分类为细菌), 通过序列分析却发现是完全不同于细菌的某类物种。例如, 它们的核糖体 RNA 序列不服从原核生物或真核生物的分类, 导致人们断言在生命树上存在第三个分支即古核生物, 其结果示于图 3.6 中。第一批被确定的古核生物的大多是 “极端微生物”, 偏好古怪的食物或生活在极高或极低的温度环境。随着时间的推移, 更多序列在不同地点被采集到, 我们才明白古核生物随处可见, 而不只是在极端环境中。例如, 某些古核生物被发现生长在人类口腔中, 与牙周病有关。

作为一种标准, 进化树中画出的分支长度近似代表每个分支末端的序列相似的程度。任意两个生物体的核糖体 RNA 序列的总距离可以通过测量进化树上两个对应点之间的总路径长度来估算。序列相似度距离相对较短或较长表明其在进化史上分化的时间也相对较短或较长。这个断言非常诱人, 但至少存在两个陷阱。第一, 相同序列并不必然来自

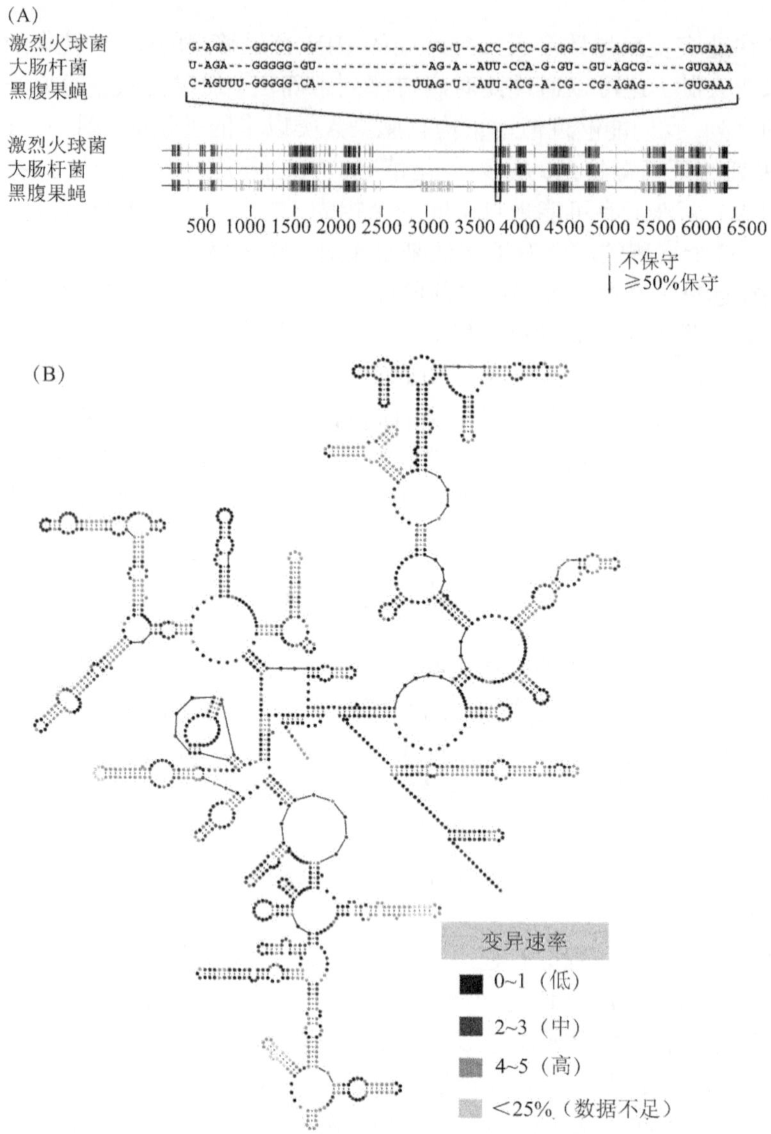

图 18.15　核糖体 RNA 序列。(A) 核糖体 16S 亚基 RNA 序列联配。每个序列大约有 1500 个核苷酸。该图顶部在单核苷精度上显示了来自三个不同细胞的 RNA 小片段, 这三个细胞代表了三个主要的生命界: 古核生物 (激烈火球菌)、细菌 (大肠杆菌) 和真核生物 (黑腹果蝇)。虚线表示其他物种序列 (未显示) 在该位置有核酸存在。该图下方显示了核糖体 RNA 的总体序列联配。深灰色区域表示相似度超过 50%。(B) 大肠杆菌 16S RNA 的二级结构, 不同颜色表示不同的变异速率。以浅灰色着色的位置是核酸替换的“热点”, 而黑色表示比较保守的位点。(B 取自 Y. Van de Peer et al., *Nucleic Acids Res.* 24: 3381, 1996.)

于同一个祖先。例如, 在某个特定的基因区域, 突变事件可能将 A 变为 T, 而一小部分后代由另一个随机事件可能将 T 变回 A。表面上看起来似乎经历两次突变的生物体比拥有 T 突变的生物体在亲缘上更加接近祖先, 而实际上并非如此。第二, 如我们之前讨论过的,突变事件从来不是真正随机的。存在某些化学和结构上的偏向使某些核苷酸的替换比其余核苷酸的替换更容易发生。自然选择的影响也强烈地决定了哪个突变更有可能或不太可能在真实种群中存活下来。一般来说，编码生物体关键功能的序列可能表现得突变缓慢，而那些不够重要的或比较特异性的区域则显得突变迅速。

因为核糖体在生命体中的核心地位，这些序列在最近的几十亿年里保持了相当的稳定性，因此我们有可能对所有生命体作比较，但是完全依赖核糖体 RNA 序列比对作判断也可能会产生误导。使用其他核糖体蛋白，如氨酰-tRNA 合成酶或者糖酵解酶序列构造的进化树有大体相同的结构，只是在分支长度和严格的分支形式等细节上有明显的区别。因此，我们必须记住，这些进化树顶多体现了特定基因序列的进化关系，而并不必然代表包含这些基因的生物体的进化关系。事实上，基因能够从一个生物体横向转移到另一个生物体，因此，真实的生物进化树应该是互相连接的网状结构而不是简单的分支结构。

18.4　保真度的分子基础

到此为止，我们已经着重讨论了不同情况下分析和利用序列变异的方法。这些方法背后的逻辑预设是：序列变异确实存在，并且非常相似的序列有可能来自最近的一个共同祖先。突变的逐步积累导致了序列在进化中发生分化，这一思想反映了分子生物学的中心法则与达尔文进化论的融合。当基因组中某个特定蛋白的编码序列被后代继承时，我们很容易想象，如果在序列复制过程中发生了偶然错误，则后代家族将会彼此分化。

类似的现象在印刷机广泛使用之前学者们的研究手稿中也经常出现。手稿通常收藏在修道院中，一代代勤劳的僧侣只有通过手工抄写复制手稿，再将它们传递到其他修道院的图书馆中收藏。然而无论僧侣多么认真细心，偶然性错误仍然会出现在其副本中，后来的僧侣仍然一丝不苟地抄写这个错误的副本，导致错误永久流传下去。相似地，每一轮细胞分裂DNA都会被复制，如果发生错误，错误就会在之后的复制中延续下去。这些偶然错误是原材料之一，有了这些原材料，自然选择这个无情的引擎就产生了进化的多样性。在此，我们提出一个定量的方法来考虑何时及如何产生这些复制错误。正如我们之前强调的，复制错误绝不是产生 DNA 序列重要突变的唯一机制。我们之所以关注这种特殊机制，部分是因为至少存在一个合理的理由能解释为什么特定种类的错误可以观察的速率发生，而速率又可以由本书惯用的统计力学语言表述。

生物识别的特异性远超出自由能差所能提供的极限

许多生物识别事件的最显著特征之一是它们极高的特异性。具体来说，通常涉及不同种类单体的聚合反应 (如 DNA 复制和蛋白翻译) 或者识别反应 (如磷酸化)，其保真度比基于简单热力学估算的要高得多。例如，在 DNA 复制中，测得出错率为 10^{-9} 量级，而翻译过程中的出错率为 10^{-4} 量级。在下面的讨论中，我们将会证明为什么出错率体现的保真度比基于热力学估算的要高得多。

作为估算热力学特异性极限的练习，我们考虑图 18.16 所示的简化翻译模型。模型的核酸字母表中只有两个密码子 (1 和 0)，对应氨基酸字符表中的两个字符 (H 和 P，分别表示“疏水”和“亲水”)。装载 H 残基的 tRNA 有反密码子 $\bar{1}$, 装载 P 残基的 tRNA 有反密码子 $\bar{0}$。我们考虑 mRNA 的密码子 1 与 tRNA 的反密码子 $\bar{0}$ 结合导致氨基酸被错误翻译的概率。为了简化, 认为 1-$\bar{1}$ 和 0-$\bar{0}$ 的键能相等并表示为 $\varepsilon_{\text{corr}}$ (“corr”表示正确), 而错误结合 0-$\bar{1}$ 和 1-$\bar{0}$ 的键能表示为 ε_{err} (“err”表示错误), 如图 18.17 所示。

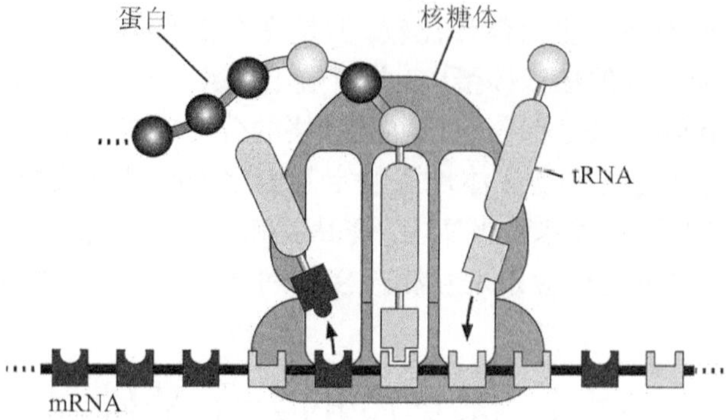

图 18.16　HP 模型中的翻译。在这个假想的机制中, mRNA 只有两个字符 (密码子), 它们能够识别装载 H 或者 P 氨基酸的两种 tRNA

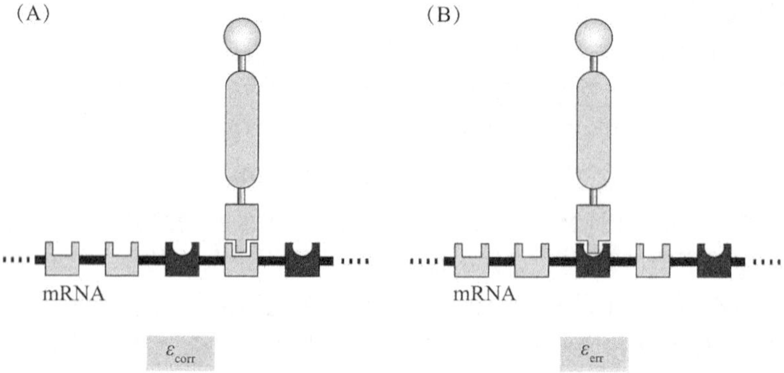

图 18.17　tRNA 和 mRNA 相互作用的能量学。玩具模型显示了 tRNA 与 mRNA 之间正确和错误识别分别被赋予不同的能量。(A) tRNA 反密码子正确地结合到 mRNA 上密码子的能量为 $\varepsilon_{\text{corr}}$。(B) tRNA 反密码子错误地结合到 mRNA 上密码子的能量为 ε_{err}

有了这个模型, 我们能够用如图 18.18 的格点模型来计算正确和错误翻译的概率。考虑盒子中有预留给H tRNA 的单个 mRNA 结合位点 (密码子), L_{H} 个载有 H 氨基酸的 tRNA, 以及 L_{P} 个载有 P 氨基酸的 tRNA。统计力学的目标是要计算出两种 tRNA 结合 mRNA 密码子的相对概率。一旦我们有了这些概率, 这个简单翻译模型的出错率就能够以 $p_{\text{err}}/p_{\text{corr}}$ 给定。

与处理结合问题的所有方法一样, 图 18.18 指导我们对体系的所有不同排列进行求和, 每种排列方式由其玻尔兹曼因子赋予权重。配分函数通过对如下三种状态求和得到: mRNA 未与 tRNA 结合、mRNA 与正确的 tRNA 结合及 mRNA 与错误的 tRNA 结合。对这些状态求和得到

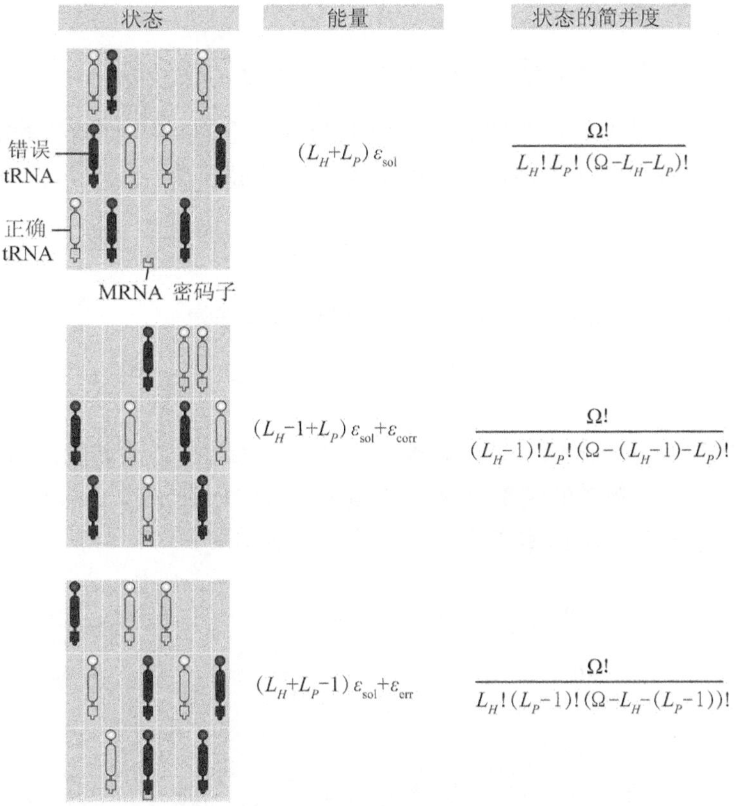

图 18.18 翻译的 HP 模型及其状态和权重。mRNA 可以处于空态、正确 tRNA 占据态及错误 tRNA 占据态

$$Z=\underbrace{\frac{\Omega!}{L_H!L_P!(\Omega-L_H-L_P)!}\mathrm{e}^{-\beta(L_H+L_P)\varepsilon_{\mathrm{sol}}}}_{\text{空态}}+\underbrace{\frac{\Omega!}{(L_H-1)!L_P![\Omega-(L_H-1)-L_P]!}\mathrm{e}^{-\beta(L_H-1+L_P)\varepsilon_{\mathrm{sol}}}\mathrm{e}^{-\beta\varepsilon_{\mathrm{corr}}}}_{\text{正确结合}}+\underbrace{\frac{\Omega!}{L_H!(L_P-1)![\Omega-L_H-(L_P-1)]!}\mathrm{e}^{-\beta(L_H+L_P-1)\varepsilon_{\mathrm{sol}}}\mathrm{e}^{-\beta\varepsilon_{\mathrm{err}}}}_{\text{错误结合}} \tag{18.12}$$

一旦有了配分函数, 我们就能够计算得到 tRNA 正确结合和错误结合的概率。例如, tRNA 正确结合的概率可以通过计算 tRNA 正确结合状态在所有状态 (也就是配分函数) 中的所占比例得到

$$p_{\mathrm{corr}}=\frac{(L_H/\Omega)\mathrm{e}^{-\beta(\varepsilon_{\mathrm{corr}}-\varepsilon_{\mathrm{sol}})}}{1+(L_H/\Omega)\mathrm{e}^{-\beta(\varepsilon_{\mathrm{corr}}-\varepsilon_{\mathrm{sol}})}+(L_P/\Omega)\mathrm{e}^{-\beta(\varepsilon_{\mathrm{err}}-\varepsilon_{\mathrm{sol}})}} \tag{18.13}$$

类似地, 我们能够得到错误结合的概率是

$$p_{\text{err}} = \frac{(L_P/\Omega)\mathrm{e}^{-\beta(\varepsilon_{\text{err}}-\varepsilon_{\text{sol}})}}{1+(L_H/\Omega)\mathrm{e}^{-\beta(\varepsilon_{\text{corr}}-\varepsilon_{\text{sol}})}+(L_P/\Omega)\mathrm{e}^{-\beta(\varepsilon_{\text{err}}-\varepsilon_{\text{sol}})}} \tag{18.14}$$

我们现在感兴趣的是推导出观察到的出错率与两种不同 tRNA 结合的能量差之间的关系。使用式 (18.13) 和式 (18.14) 的结果, 计算得到出错率为

$$\frac{p_{\text{err}}}{p_{\text{corr}}} = \frac{L_P}{L_H}\mathrm{e}^{-\beta(\varepsilon_{\text{err}}-\varepsilon_{\text{corr}})} \tag{18.15}$$

在假设两种 tRNA 浓度相等的情况下, 可以得到出错率为

$$\frac{p_{\text{err}}}{p_{\text{corr}}} = \mathrm{e}^{-\beta(\varepsilon_{\text{err}}-\varepsilon_{\text{corr}})} \tag{18.16}$$

这个结果让我们对由严格热力学特异性决定的出错率 (或者需要的能量差) 有一个感性认识。基本的结论是翻译的精确度必须依赖于结合错误和正确 tRNA 的相对能量差, 也就是 $\varepsilon_{\text{err}}-\varepsilon_{\text{corr}}=\Delta\varepsilon$。出错率作为能量差的函数展示在图 18.19 中。

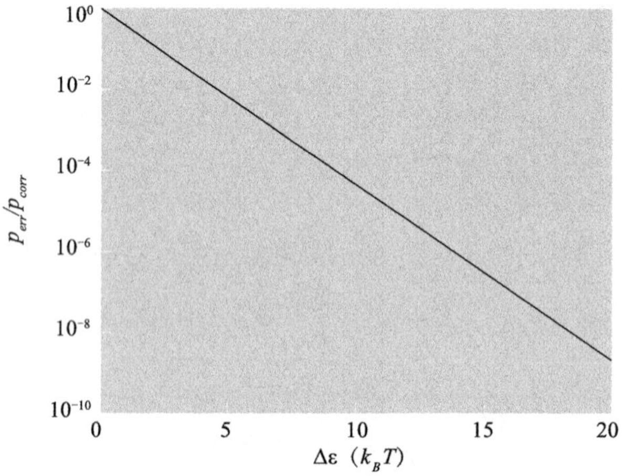

图 18.19　出错率作为结合自由能差的函数图。当 tRNA 和 mRNA 结合时, 有一个吸引的结合自由能。如果 tRNA 的反密码子不是 mRNA 的正确结合伴侣, 那么它们的吸引结合自由能就会比正确结合小。这张图显示了出错率如何依赖于正确与错误 tRNA 结合的自由能差

因为我们知道密码子识别依赖于互补碱基形成氢键的能力, 所以我们能够预测这个能量差的尺度必须与单个氢键形成的能量可比 ($\Delta\varepsilon\approx 2k_BT$)。将这个 $\Delta\varepsilon$ 值赋给式 (18.16) 估算得到转录出错率将会在 e^{-2}, 或者大约 0.13 的量级。换句话说, 每 10 个位点中就有一个出错。真正的核糖体精度显然比这高得多, 大约是它的 1000 倍, 在 10^{-4} 的量级。这个估算的一个局限是它假设密码子和反密码子之间的吸引相互作用完全由互补碱基配对贡献。事实上还存在能够抬高结合能量差的“碱基堆积效应”, 即使如此仍然无法达到实际观察到的特异性。肯定还存在某些未知的因素。

转换一下观点, 我们可以用已知的出错率以及公式 $\varepsilon_{\text{err}}-\varepsilon_{\text{corr}}=-k_BT\ln(p_{\text{err}}/p_{\text{corr}})$ 来推导能量差。假如我们使用 10^{-4} 的出错率, 由式 (18.16) 可以得到错误与正确的 mRNA/

tRNA 结合的能量差是

$$\varepsilon_{\text{err}} - \varepsilon_{\text{corr}} = -k_BT\ \ln 10^{-4} = 4k_BT\ \ln 10 \tag{18.17}$$

我们使用近似 $\ln 10 \approx 2.3$, 能够看到识别的能量差非常大 ($\approx 10k_BT$)。无论从哪方面来看, 这个分析的关键结果使我们清楚地认识到只由氢键形成驱动的热力学特异性不足以解释观察到的出错率。

我们可用 HP 翻译动力学得到上述类似的观点。毫无疑问, 这个模型的动力学描述将会成为我们分析动力学校对机制的起始点, 动力学校对能够填补上述热力学特异性与核糖体真实特异性之间的鸿沟。在这个实例中, 我们考虑如下形式的反应

$$\text{R} + \text{T}_{\text{corr}} \rightleftharpoons \text{RT}_{\text{corr}} \rightarrow \text{延伸} \tag{18.18}$$

和

$$\text{R} + \text{T}_{\text{err}} \rightleftharpoons \text{RT}_{\text{err}} \rightarrow \text{延伸} \tag{18.19}$$

我们引入符号 R 表示核糖体, T_{corr} 表示正确的 tRNA, T_{err} 表示错误的 tRNA。这些反应能用第 15 章介绍的速率方程来描述。具体形成核糖体-tRNA 复合物的速率为

$$\frac{\text{d}[\text{RT}_{\text{corr}}]}{\text{d}t} = k_+^c[\text{R}][\text{T}_{\text{corr}}] - k_-^c[\text{RT}_{\text{corr}}] \tag{18.20}$$

和

$$\frac{\text{d}[\text{RT}_{\text{err}}]}{\text{d}t} = k_+^e[\text{R}][\text{T}_{\text{err}}] - k_-^e[\text{RT}_{\text{err}}] \tag{18.21}$$

其中我们引入了分别表征正确或者错误 tRNA 形成的速率常数 $k_\pm^c$ 和 $k_\pm^e$。为了与前述出错率处理联系起来, 我们考虑稳态解 $\text{d}[\text{RT}]/\text{d}t = 0$, 使用速率方程可以得到

$$\frac{[\text{R}][\text{T}]}{[\text{RT}]} = \frac{k_-}{k_+} = K_d \tag{18.22}$$

再次计算翻译出错率

$$\frac{p_{\text{err}}}{p_{\text{corr}}} = \frac{[\text{RT}_{\text{err}}]}{[\text{RT}_{\text{err}}] + [\text{RT}_{\text{corr}}]} \Bigg/ \frac{[\text{RT}_{\text{corr}}]}{[\text{RT}_{\text{err}}] + [\text{RT}_{\text{corr}}]} = \frac{[\text{RT}_{\text{err}}]}{[\text{RT}_{\text{corr}}]} = \frac{k_+^e k_-^c}{k_+^c k_-^e} \approx \frac{k_-^c}{k_-^e} \tag{18.23}$$

最后一步使用了一个近似, 即正确和错误 tRNA 结合速率是一样的。这个近似的一个合理的证据是有载 tRNA 与核糖体的结合速率完全由第 13 章描述的扩散运动决定, 而两种 tRNA 拥有相同的扩散系数。如前所述, 出错率严格基于两态之间的能量差, 可改写成

$$\frac{p_{\text{err}}}{p_{\text{corr}}} = \frac{K_d^{\text{corr}}}{K_d^{\text{err}}} \tag{18.24}$$

和之前一样, 这里假设两种 tRNA 的数目相等。虽然密码子与反密码子相互作用只有一个氢键的改变, 但是正确与错误 tRNA 结合的有效解离常数有 10 倍的差别, 所以动力学分析揭示了我们用统计力学分析得到的同一结论: 热力学识别无法说明翻译过程中观察到的极低出错率。

获得高度特异性需付出能量代价

我们可以将上面讨论的热力学特异性作为一个基准。通常，这样的特异性在生物上是不够的。许多生物反应的窍门之一是与释放能量的水解反应耦合在一起。这套想法称为校对，也就是说在反应过程中要再三“核实”底物的身份。

在翻译过程中，肯定存在各种各样的中间反应，其中有涉及延伸因子 EF-Tu 的中间水解反应。动力学校对的概念是水解释放出的某些能量被用于改变同源和非同源 tRNA 的速率常数以增加特异性。将能量分配给翻译过程的具体细节比这里考虑的简化反应框架要复杂得多，但是反复核实反应物这个基本思想已经经受了实验和时间的考验。

一个包含水解步骤的翻译反应过程可以由下式表示

$$\mathrm{R} + \mathrm{T_{corr}} \underset{k_-^{(1)}}{\overset{k_+^{(1)}}{\rightleftharpoons}} \mathrm{RT_{corr}} \underset{k_-^{(2)}}{\overset{k_+^{(2)}}{\rightleftharpoons}} \mathrm{RT^*_{corr}} \rightarrow \text{延伸} \tag{18.25}$$

$$\downarrow k_d$$

$$R + T_{\mathrm{corr}}$$

和

$$\mathrm{R} + \mathrm{T}_{err} \underset{p_-^{(1)}}{\overset{p_+^{(1)}}{\rightleftharpoons}} \mathrm{RT_{err}} \underset{p_-^{(2)}}{\overset{p_+^{(2)}}{\rightleftharpoons}} \mathrm{RT^*_{err}} \rightarrow \text{延伸} \tag{18.26}$$

$$\downarrow p_d$$

$$R + T_{\mathrm{err}}$$

这里的一个新特征是存在一个中间态 RT^*。简单物理图像是水解反应造成了一个构象变化，进而改变了解离速率，非常类似于水解改变马达在微管上的速率。具体来说，非同源 tRNA 比同源 tRNA 有更高的解离速率，这个第二步骤补足了第一个识别步骤结合期间的选择性。为了阐明其如何实现，我们考虑正确 tRNA 结合的反应动力学

$$\frac{\mathrm{d[R]}}{\mathrm{d}t} = \frac{\mathrm{d[T_{corr}]}}{\mathrm{d}t} = -k_+^{(1)}[\mathrm{R}][\mathrm{T_{corr}}] + k_-^{(1)}[\mathrm{RT_{corr}}] + k_d[\mathrm{RT^*_{corr}}] \tag{18.27}$$

$$\frac{\mathrm{d[RT_{corr}]}}{\mathrm{d}t} = k_+^{(1)}[\mathrm{R}][\mathrm{T_{corr}}] - k_-^{(1)}[\mathrm{RT_{corr}}] - k_+^{(2)}[\mathrm{RT_{corr}}] + k_-^{(2)}[\mathrm{RT^*_{corr}}] \tag{18.28}$$

$$\frac{\mathrm{d[RT^*_{corr}]}}{\mathrm{d}t} = k_+^{(2)}[\mathrm{RT_{corr}}] - k_-^{(2)}[\mathrm{RT^*_{corr}}] - k_d[\mathrm{RT^*_{corr}}] \tag{18.29}$$

错误 tRNA 的动力学可以用类似的方程组描述。

研究稳态情形，我们能够解出 $[\mathrm{RT^*_{err}}]$ 和 $[\mathrm{RT^*_{corr}}]$ 以及出错率 $f = [\mathrm{RT^*_{err}}]/[\mathrm{RT^*_{corr}}]$。为此，我们设定方程组右边等于零并解出 $[\mathrm{RT}^*]$，最终得到出错率为

$$f = \frac{k_-^{(1)}k_-^{(2)} + k_-^{(1)}k_d + k_+^{(2)}k_d}{p_-^{(1)}p_-^{(2)} + p_-^{(1)}p_d + p_+^{(2)}p_d} \tag{18.30}$$

p 为错误 tRNA 反应的速率常数。在向前反应比向后反应快得多的极限下，即 $k_-^{(2)} \ll k_d$ 和 $k_+^{(2)} \ll k_-^{(1)}$ 时，出错率表达式可以简化为

$$f = f_0\frac{k_d}{p_d} \tag{18.31}$$

式中, f_0 是没有校对步骤的出错率。结果告诉我们, 由于第二个动力学步骤的原因, 出错率能降低到超越热力学特异性。校对假设的实验结果之一是每个肽键形成的 GTP 水解速率对非同源 tRNA 来说比同源 tRNA 高。

这里给出的理论思考已经成为尝试理解翻译 (及其他生物聚合反应) 保真度的一个框架。与此同时, 仍然有大量实验致力于阐明翻译保真度的精确机理, 如对含有结合分子的核糖体复合物的结构研究、体外系综的生化实验以及单分子 FRET 技术等。所以, 这里给出的两步校对模型只能视为校对原理的一个说明, 而不是对它的明确断言。翻译保真度实验工作中似乎长期以来一直存在一个结论, 即非同源的密码子–反密码子复合物可以与同源复合物通过以下两步加以区别: ①GTP 水解前的初始选择阶段; ②GTP 水解后的校对阶段, 这与霍普菲尔德 (1974) 和宁尼欧 (1975) 提出的校对假设的概念基础是一致的。

18.5 总 结

生物序列为研究核酸和蛋白的亲缘关系提供了一条途径。通过执行序列联配, 可以推断不同蛋白功能间的关系。更重要的是, 可以追踪不同生物的进化历史。本章只是触及了冰山一角, 其目的是让读者初步领略日益增长的生物学数据会提出何种问题, 同时了解研究这些数据的思想方法。这些方法可用于从抗生素的耐药性起源到进化树的系统构造等一系列问题。

18.6 课后习题

1. 限制性内切酶和序列

(1) 限制性内切酶是能够识别 DNA 上的特殊序列并在该处剪切 DNA 的蛋白质。两个常用的限制性内切酶是 *Hind*III 和 *Eco*RI。在数据库中找到这两个酶的识别序列并描述其剪切形式。考虑大约 48 000 bp 的噬菌体基因组, 估算一下同时使用 *Hind*III 和 *Eco*RI 剪切 DNA 所能得到的片段长度。有一个精确的数学方法能够完成这个估算, 它依赖于识别序列的长度, 识别序列长度为 5 的剪切者会比识别序列长度为 8 的剪切者剪出更短的片段。请给予解释。

(2) 去 New England Biolabs 网站 (www. neb. com) 找到上述两个限制性内切酶剪切噬菌体基因组得到的实际片段长度, 并找到标明这两组酶切位点的列表。将这些剪切形式与你在 (1) 中得到的剪切形式进行比较。

2. 联配工具和方法

当 HIV 病毒颗粒从感染细胞中出芽离开时, 它会把自己包裹在脂质双层膜内。这个病毒包膜中的“刺突”包含两种不同的蛋白 (实际上是糖蛋白): gp41 和 gp120。gp 是糖蛋白的英文缩写, 数字表示其分子质量, 以 kDa 为单位。gp120 和 gp41 一起在 HIV 表面形成三聚包膜刺突, 帮助病毒进入宿主细胞。gp120 的第一受体是 CD4, 一种主要在称为 T 淋巴细胞的白血球中出现的蛋白。gp120 通过一系列策略, 包括由突变引起的快速序列改变, 来逃避宿主免疫系统的侦查。

在这个练习中, 你要获取 gp120 的序列并用“blast”来寻找相关蛋白。使用 LANL HIV 序列数据库网站 (www.hiv.lanl.gov/)

中的“Search Database”找到 gp120 的序列; 完整的 gp120 分子大约有 500 个氨基酸, 所以完整的 DNA 序列大约有 1500 个碱基对。

在 BLAST 网站 (www.ncbi.nlm.nih.gov/blast) 打开一个新窗口并在“Basic BLAST”标题下选择“blastx”菜单。在顶端“Enter Query Sequence”下的对话框中复制粘贴 gp120 大约 1500 个核苷酸序列。数据库选择为“Protein Data Bank proteins(pdb)”。我们正在做的是用 BLAST 将 gp120 核苷酸序列转录为氨基酸序列, 然后和 PDB 库中已有的氨基酸序列相比较。注意一些序列在 PDB 库中多次出现, 因为它们的结构被分析和确定了多次或者是其他不同的情况。最终, 点击“BLAST”按钮并等待你的结果出现在新的页面中。

(1) BLAST 如何对你的搜索结果进行排序?

(2) 对搜索结果中的最顶端的一项, 找到它与提交序列的序列相似度的百分比。解释如何得到这个数字。

(3) 注意到 BLAST 在许多联配中使用了间隙, 这些间隙的进化意义是什么?

(4) 对于得到的顶端项, 有多少相同或者更高分值的联配会碰巧出现?

(5) 查看结果列表并只使用“E value”, 你认为哪一项与你的 gp120 序列有真正的进化关系, 为什么?

3. Pax6 与 eyeless 比对

在这个练习中你会检验 Pax6 与 eyeless 的序列并找出它们之间的异同点。首先, 在“NCBI Entrez protein”使用 Pax6 的检索号 82069480 以及 eyeless 的检索号 12643549 下载这两条序列。

到 BLAST 主页 (www.ncbi.nlm.nih.gov/blast) 并在“Specialized BLAST”标题目录下选择“Align two (or more) sequences using BLAST (bl2seq)”。与 BLAST 通常的大数据库搜索不同, 我们只联配这两个序列。将 Pax6 和 eyeless 序列粘贴至序列 1 和序列 2 并确认你选择 blastp 作为程序。所有这些完成之后, 点击联配按钮。

BLAST 联配结果中“Query”和“Sbjct”之间的那一行主要为方便我们更直观地察看这个联配。假如“Query”和“Sbjct”一致, 那么匹配字符就会在这个中间行再次出现。假如它们不完全匹配, 但氨基酸在某种意义上相容 (即一个有利错配), 那么在中间行就会出现一个“+”表示正分值。中间行没有字符表示不利的错配或者间隙。“Query”和“Sbjct”首末端的数字会告诉你它们在原序列中的位置。

(1) 从 BLAST 给出的联配结果中选出一个并统计下列数字: ①一致的氨基酸; ②有利的错配; ③不利的错配; ④间隙。

(2) 在你的联配中分别选出两个不利和有利错配的例子。基于你所知的氨基酸的化学和结构知识, 解释为什么这些氨基酸配对各自会产生负和正的分值。

(3) 在你的联配中选出一个不利错配和一个有利错配。哪些密码子可以产生这些氨基酸? 要产生这个不利错配, DNA 至少需要多少个突变位点? 而要产生这个有利错配, DNA 又需要多少个突变?

4. 血红蛋白的序列分析

在这个练习中你将比较八种不同生物 (人类、黑猩猩、大猩猩、牛、马、驴、兔和鲤鱼) 的血红蛋白 α 链序列, 进而以现代序列联配的观点考察血红蛋白的进化历程。我们的方法是用 ClustalW (www.ebi.ac.uk/clusterw) 对这些血红蛋白序列做多序列联配, 然后探讨各序列之间的异同点。

使用 NCBI Entrez Protein 和图 18.10 中的检索号下载所需的血红蛋白序列。将序列剪贴到一个文本文件中; 在每个序列之前, 用大于号开启一行, 写入生物名。例如

```
> Human
```

```
mvlspadktn ...
```

符号“>”会被 ClustalW 识别, 并作为给出序列信息的一个抬头, 使结果更加可读。到 ClustalW 网站点击“Choose File”按钮。将序列文件上传, 然后进行联配。几分钟后结果就会出现, 我们最感兴趣的部分是联配和进化树。所谓进化树是显示序列间相似度的一张图表。相似的序列由较短分支连接起来, 分支长度越长显示序列相似度越低。

(1) 检查序列的差异, 由此推测这八个物种之间的亲缘关系。结果是否与你的直觉一致?

(2) 从所得联配结果中, 选择至少三个物种在该处的氨基酸都不同的某个位点, 将这个位点的所有不同氨基酸列出来, 并讨论它们的异同点 (如疏水、亲水、尺寸等)。

(3) 现在察看一下由 ClustalW 产生的基于序列联配结果的进化树。这个树是否符合你对物种亲缘关系的直觉?

5. HP 模型

在这个练习中你会使用 MATLAB 等工具去分析显示在图 18.10 中的人、牛、鲤鱼的序列。你可以参考图 18.5 将这些序列翻译为 H 和 P 字符序列 (带电荷氨基酸包含在 P 类中)。在 NCBI Entrez Protein 上使用图 18.10 给出的检索号下载这三个序列。

(1) 利用图 18.10 所示的人、牛、鲤鱼的序列联配, 计算 H 和 P 氨基酸的背景频率即 H 与 P 字符在这三个序列中所占的比数。忽略联配的间隙。

(2) 基于 (1) 中得到的背景频率可以计算出给定配对 (H–H、P–P、H–P 或 P–H) 的期望概率。用计算机计数观察到的每种配对数和总的配对数。使用这些结果, 对图 18.10 所示的人、牛和鲤鱼的序列联配, 计算下列配对的期望概率和观察概率: ①H–H、②P–P、③H–P; ④P–H。注意 H–P 等同于 P–H, 因为这些配对的顺序在多序列联配中没有特殊意义。

(3) 使用 (2) 中的结果以及式 (18.3) 以半比特为单位给出 HP 模型的对数似然评分矩阵。一个对数似然值是对观察概率与期望概率之比求对数计算得到: $S_{AB} = \log[p_{AB}(观察)/p_{AB}(期望)]$。如果使用自然对数, 分值以“奈特”为信息的单位; 如果以 2 为对数的底数, 单位就是“比特”。流行的 BLOSUM62 打分矩阵就是典型的以半比特为单位 ($S_{AB} = 2\log_2[p_{AB}(观察)/p_{AB}(期望)]$)。

(4) 使用这个矩阵对随机 HP 序列进行联配, 则平均每个字符的期望分值会是多少?

6. 蛋白质合成的保真度

细胞中蛋白质的平均分子质量是 30 000 Da, 一个氨基酸的平均分子质量是 120 Da。在真核细胞中单个核糖体的翻译速率大约是每秒 40 个氨基酸。

(1) 在已知的多肽链中, 最大的要数由肌肉细胞产生的肌联蛋白, 其平均分子质量为 3×10^6 Da。估算肌联蛋白的翻译时间并且与典型蛋白相比较。

(2) 蛋白质合成是非常精确的: 每 10 000 个连接在一起的氨基酸, 只会出现一个错误。添加一个氨基酸发生错误的概率是多少? 一个平均尺度的蛋白质无错合成的概率又是多少?

7. 蛋白质突变速率

随机突变导致蛋白质中氨基酸的替换可用泊松概率分布 $p_s(t)$ 描述, 即蛋白质中一个给定氨基酸位置在进化时间 t 内发生 s 个替换的概率是

$$p_s(t) = \frac{e^{-\lambda t}(\lambda t)^s}{s!}$$

式中, λ 是每个位点单位时间的氨基酸替换速率。例如, 血纤维蛋白肽之类的蛋白质进化迅速, 每个位点每 10^9 年有 $\lambda_F = 9$ 个替

换。另外, 组蛋白则进化缓慢, 每个位点每 10^9 年只有 $\lambda_H = 0.01$ 个替换。

(1) 10 亿年内血纤维蛋白肽在一个给定位点没有突变的概率是多少? 组蛋白呢?

(2) 计算时间 t 内的平均突变数 $\langle s\rangle$

$$\langle s\rangle = \sum_{s=0}^{\infty} sp_s(t)$$

为此, 你可以先利用概率之和等于 1 这个事实, 计算出 $\sigma = \sum_{s=0}^{\infty}(\lambda t)^s/s!$。然后, 利用下述恒等式写出 $\langle s\rangle$ 的表达式

$$\sum_{s=0}^{\infty} s\frac{(\lambda t)^s}{s!} = (\lambda t)\sum_{s=1}^{\infty}\frac{(\lambda t)^{s-1}}{(s-1)!} = \lambda t\sigma$$

(3) 使用 (2) 中结果, 确定血纤维蛋白肽与组蛋白的期望突变数之比, $\langle s\rangle_F/\langle s\rangle_H$。

(取自 K. Dill 和 S. Bromberg, Molecular Driving Forces, New York: Garland Science, 2003 中的习题 1.16)

8. 两步动力学校对模型

推导式 (18.30) 的结果。

18.7 延伸阅读

Darwin C (1859) On the Origin of Species, John Murray. 可以认为是人类写出的最重要的科学书籍。这部非凡的作品行文优美, 充满了让人惊讶的一系列思想、观察和实验, 并且任何感兴趣的读者都可以完全理解。你绝对不能错过这本书。

Carroll, SB (2006) The Making of the Fittest, W. W. Norton and Company Inc. 详细而深入地描述了我们能从 DNA 序列检测中得到什么。一些最有趣的例子包括不使用血红蛋白的鱼以及色觉进化。

Lesk, AM (2002) Introduction to Bioinformatics, 3rd ed., Oxford University Press. 是一本非常有用的导读书, 并提供了一些有趣的例子, 比如猛犸与现代大象之间的蛋白比对。

Deonier, RC, Tavaré, S, & Waterman, MS (2005) Computational Genome Analysis, Springer Science + Business Media. 充满了有趣的观点。第 7 章对打分矩阵进行了深入的讨论。

Durbin, R, Eddy, S, Krogh, A, & Mitchison, G (1998) Biological Sequence Analysis, Cambridge University Press. 虽然我们没有完整读过这本书, 但是博学的朋友们都给予非常高的评价。

Mount, DW (2004) Bioinformatics: Sequence and Genome Analysis, 2nd ed., Cold Spring Harbor Laboratory Press. 充满了有趣和有用的信息, 从数据库如何组织到如何思考序列联配的话题都有涉及。

Zvelebil, M, & Baum, JO (2008) Understanding Bioinformatics, Garland Science. 在解释生物信息学相关的议题和方法方面做出了杰出的工作。

Zuckerkandl, E, Jones, RT, & Pauling, L (1960) A comparison of animal hemoglobins by tryptic peptide pattern analysis, *Proc. Natl Acad. Sci.* **46**, 1349. 显示了使用生物大分子作为进化记录的逻辑。

Neu, HC (1992) The crisis in antibiotic resistance, *Science* **257**, 1064. 描述了抗生素耐药性的某些不同的分子机制。

Ogle, JM, & Ramakrishnan, V (2005) Structural insights into translational fidelity, *Annu. Rev. Biochem.* **74**, 129. 深入探讨了翻译的精确性以及核糖体结构的影响。

Rodnina, MV, & Wintermeyer, W (2001) Fidelity of aminoacyl-tRNA selection on the ribosome: kinetic and structural mechanisms, *Annu. Rev. Biochem.* **70**, 415. 描述了检验校对假设的实验工作, 并且提供了一整套相关的动力学参数。

Redondo, A (2006) Class notes prepared for the Latin American School on Bioinformatics, 5–9 June 2006, Mérida, Venezuela. 对校对的处理基本上追随 Redondo 的描述。

Abzhanov, A, Protas, M, Grant, BR, Grant, PR, & Tabin, CJ (2004) Bmp4 and morphological variation of beaks in Darwin's finches, *Science* **305**, 1462. 证明了单个发育信号蛋白 Bmp4 在表达时机及数量上的变化与加拉帕戈斯群岛上发育中的地雀的鸟嘴尺寸和形状强烈相关。此外, 在发育的家养鸡嘴中强迫表达类似于地雀的 Bmp4, 会使其嘴长成地雀的形状。

Dobzhansky, T (1973) Nothing in biology makes sense except in the light of evolution, *American Biology Teacher* **35**, 125. 从多种不同的角度研究进化的一篇迷人的文章。

Knoll, AH (2003) Life on a Young Planet–The First Three Billion Years of Life on Earth, Princeton University Press. 叙述了岩石和化石的研究如何绘出早期生命的图像。强烈推荐。

Erwin, DH (2006) Extinction – How Life on Earth Nearly Ended 250 Million Years Ago, Princeton University Press. 又一本迷人的书, 描述了物种灭绝在生命史中的地位。

Pagni, M, & Jongeneel, CV (2001) Making sense of score statistics for sequence alignments, *Briefings in Bioinformatics* **2**, 51. 从教学的角度对极值统计学进行了很棒的讨论。

18.8 参考文献

Alberts, B, Johnson, A, Lewis, J, et al. (2008) Molecular Biology of the Cell, 5th ed., Garland Science.

Amos, LA, van den Ent, F, & Löwe, J (2004) Structural functional homology between the bacterial and eukaryotic cytoskeleton, *Curr. Op. Cell. Biol.* **16**, 1.

Crick, FHC (1958) On protein synthesis, *Symp. Soc. Exp. Biol.* **12**, 138.

Dickerson, R (1972) The structure and history of an ancient protein, *Sci. Amer.* **226**, 58.

Dill, K, & Bromberg, S (2003) Molecular Driving Forces, Garland Science.

Halder, G, Callaerts, P, & Gehring, WT (1995) Induction of ectopic eyes by targeted expression of the eyeless gene in *Drosophila*, *Science* **267**, 1788.

Hopfield, JJ (1974) Kinetic proofreading: A new mechanism for reducing errors in biosynthetic processes requiring high specificity, *Proc. Natl Acad. Sci. USA* **71(10)**, 4135.

Kocagöz, T, Hackbarth, CJ, Unsal, I, et al. (1996) Gyrase mutations in laboratory-selected, fluoroquinolone-resistant mutants of *Mycobacterium tuberculosis* H37Ra, *Antimicrob. Agents Chemother.* **40**, 1768.

Korber, B, Muldoon, M, Theiler, J, et al. (2002) Timing the ancestor of the HIV-1 pandemic strains, *Science* **288**, 1789.

Mwangi, M, Wu, SW, Zhou, Y, et al. (2007) Tracking the *in vivo* evolution of multidrug resistance in *Staphylococcus aureus* by whole-genome sequencing, *Proc. Natl Acad. Sci.* **104**, 9451.

Ninio, J (1975) Kinetic amplification of enzyme discrimination. *Biochimie* **57(5)**, 587.

Van de Peer, Y, Chapelle, S, & De Wachter, R (1996) A quantitative map of nucleotide substitution rates in bacterial rRNA, *Nucleic Acids Res.* **24**, 3381.

19 网络的时空组织

从大肠杆菌得到的真理也适用于大象。

——雅克·莫诺

本章概述：用统计力学研究基因调控

特定基因只会在需要它们的时间和地点才会用到。例如，我们曾获益匪浅的经典例子乳糖操纵子，它管理与乳糖消化有关的酶。类似的控制同样也发生在其他细菌、古核生物和真核生物的基因上。本书发展出来的理论工具使得我们有能力考察关于基因调控的重要的定量问题，如一个特定基因表达了多少，该基因在细胞或生物体的哪个位置表达，在生物体的细胞周期 (或生命周期) 中什么时间表达等。研究这些问题的关键工具是统计力学和速率方程。统计力学将启动子占据概率作为关键参量；而速率方程用于研究蛋白质产物浓度随时间的变化。这些技术也将用于研究信号转导，特别是细胞运动方向的决策问题。

19.1 细胞中的化学和信息组织

细胞中多个化学反应连接成复杂网络

发生在细胞内的化学反应的真实情况与第 15 章描述的相对简单枯燥的动力学过程极为不同。在那里的讨论中，我们只是写出一组反应物和产物浓度随时间演化的方程。该理论框架为许多推动液相生化研究的体外实验提供了实用的漂亮图像。但在活细胞的生化反应中，反应物和产物交替地形成一套复杂的反应链，即 A 生成 B、B 生成 C、C 又生成 D 等，最后 Z 也许再生成 A，Z 反作用于 A 反映了反馈的存在，它使动力学更丰富。决定细胞功能的最重要的两大类反应与基因调控和信号转导有关。事实上，最能明显区分细胞化学和液相生化的特征之一是使反应物增加和减少的调控方式。类似地，细胞反应物也以信号级联的方式受到外部信号刺激。在本章中，我们将用本书发展出来的多种工具研究调控和信号转导问题。

基因网络描述不同基因与其产物之间的连接情况

细胞化学不能看成是一袋子反应物和产物的简单化学反应主要原因之一是其化学反应严格受到细胞基因机器的调控。尤其是如果任由化学反应自已控制，细胞中某些特定化学反应途径可能只会沿着最终通向平衡态的途径进行。另外，由于内外因的存在，细胞机器可以通过信号转导途径接收指令，从而导致某些基因的表达，为原有的化学反应途径提供新的反应物，进而使反应途径重新定向。

对决定胞内各种化学反应物时空浓度状况的信息途径的描述是高度抽象的。特别是某些基因网络, 它们的基因以一种相当复杂的方式相互联系着, 如图 19.1 所示。该网络是刻画得较完整的基因网络的例子, 它参与海胆胚胎的发育过程。有关这个网络的一个关键信息是它是一个很有代表性的网络, 且读者应该感受到这类系统所隐含的化学复杂度。一般而言, 图 19.1 所示的基因网络, 既不提网络的时间演化, 也不提调控网络的分子的定量分布, 而是基因 (及其产物) 在时空上的一些抽象连接关系。另一方面必须记住的是布线图表面下隐藏着参与这些信息途径的分子的真实浓度。

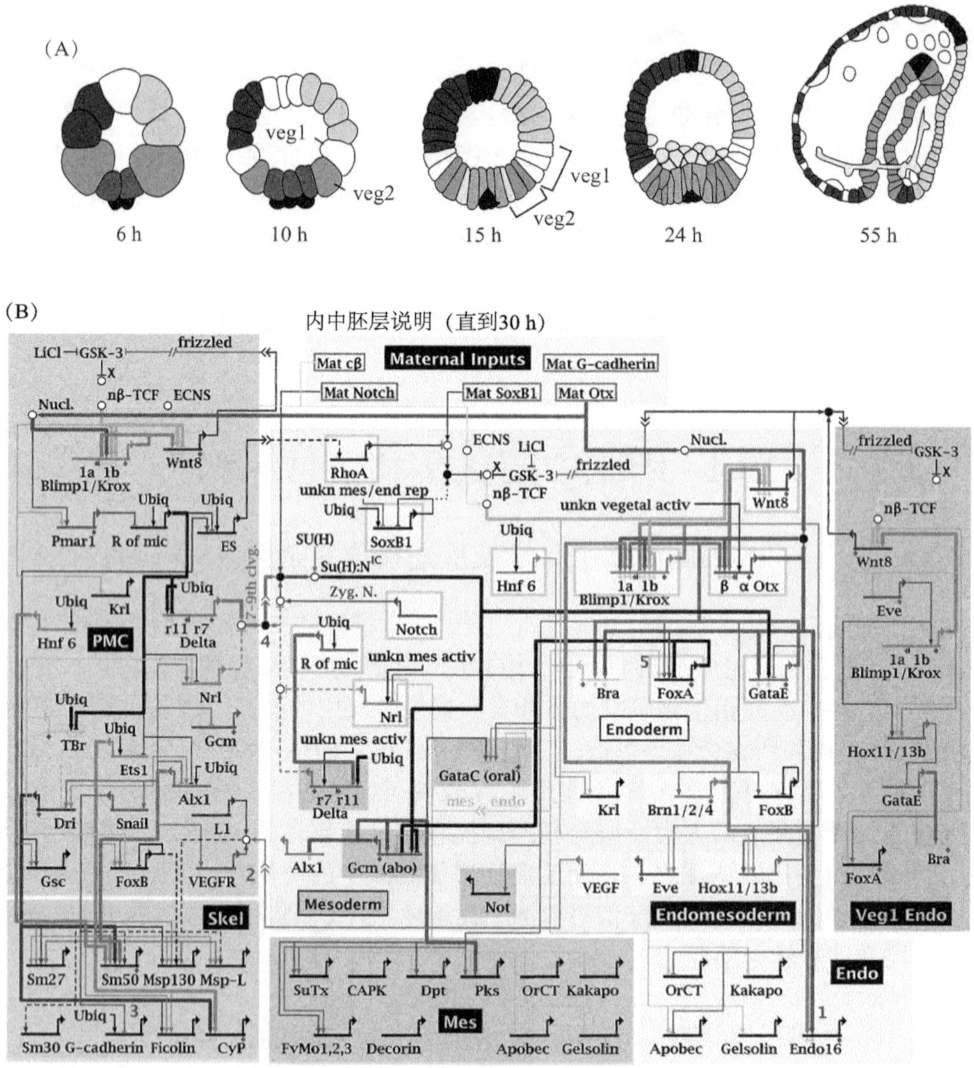

Ubiq=普遍存在　　Mat=母系的　　activ=激活子　　unkn=未知　　ES=早期信号

unkn=未知　　Nucl=成核化　　x= β –联蛋白源　　rep=阻遏子　　Zyg.N.=合子刻痕

nβ-TCF=核化b-β-联蛋白Tcfl　　ECNS=早期胞质成核系统

图 19.1　与海胆胚胎发育途径控制有关的基因网络。(A) 海胆胚胎发育过程简略图。(B) 海胆胚胎发育相关的基因网络。(取自S. Ben-Tabou de-Leon and E. H. Davidson, *Annu. Rev. Biophys. Biomol. Struct.* 36: 191, 2007.)

调控基因进行发育决策

基因网络通常作为发育决策的基础, 把一个或一群细胞指引到某个发育途径上去。多细胞生物非常迷人的特征之一是, 尽管存在极为丰富的多样性, 一般而言, 每个细胞都携带有相同的基因库。然而, 细胞一般只表达有效基因中的某一部分。这种基因分化 (表达上的差异) 不仅是胚胎发育的基础, 也是多细胞生物具有不同结构的基础。其中的关键在于并不是所有基因每时每刻都在表达。

"发育决策"最著名的一个例子是第4章描述并展示在图 4.10 中的 λ 开关。在入侵大肠杆菌之后, λ 噬菌体将进入两条发育途径中的一条。其一是溶菌途径, 发育的后果是组装出新的噬菌体而将宿主细胞裂解。其二是溶原途径, 包括 λ 基因组和宿主细胞基因组的融合。当细胞受到紫外线的破坏性照射时, 溶原途径可以被逆转, 由此触发噬菌体基因的溶菌性复制。

另一个广受关注的发育决策扮演重要角色的例子是果蝇的胚胎发育。其中一个非常著名的例子是沿着果蝇胚胎长轴线的剖面图, 它是由某些蛋白质沿着胚胎的分布决定的。图 19.2 给出了 4 种关键调控蛋白的浓度梯度, 这些调控蛋白决定了胚胎发育的前—后构造, 同样也决定了沿着胚胎长轴线方向的基因表达模式, 其中 Eve 2 条纹是我们理解得最为透彻的例子。第 2.3.3 节曾介绍过这些观点。

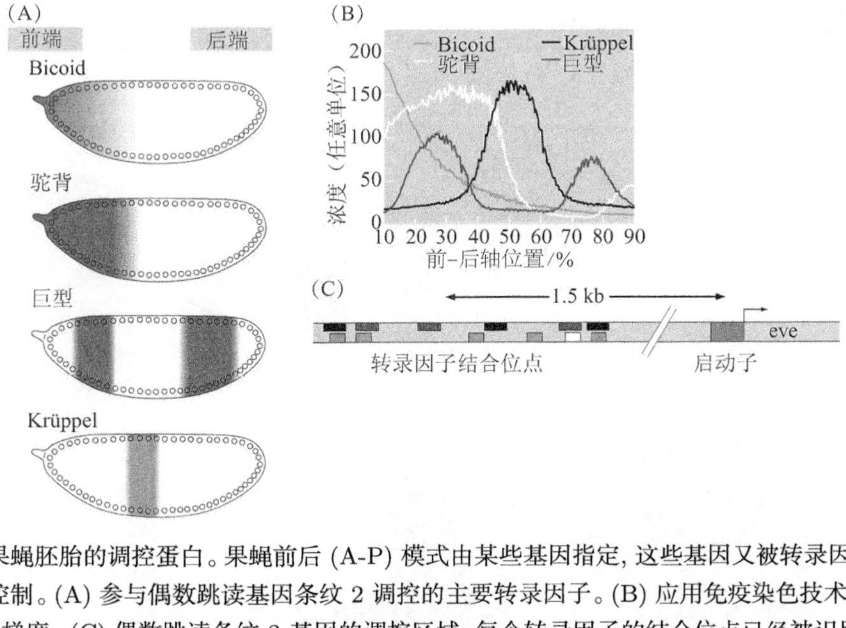

图 19.2 果蝇胚胎的调控蛋白。果蝇前后 (A-P) 模式由某些基因指定, 这些基因又被转录因子空间变化的浓度控制。(A) 参与偶数跳读基因条纹 2 调控的主要转录因子。(B) 应用免疫染色技术测量形态发生素的梯度。(C) 偶数跳读条纹 2 基因的调控区域, 每个转录因子的结合位点已经被识别出来。(B) 中曲线的颜色对应于不同转录因子, 这些转录因子与 (C) 中同样颜色的位点结合。(B 取自Myasnikova et al., *Bioinformatics* 17:3, 2001; C 取自Small et al., EMBO J. 11: 4047, 1992.)

分子生物学来之不易的部分见识是认识到在 DNA 与功能蛋白的途径上存在许多阶段可以作为调控点。图 6.7 展示了一些不同的调控机制。我们现在要讨论的是一个最常见的调控机制, 即转录调控, 其关键决策是该不该制造 mRNA。

根据表达量、表达时间和表达地点定量测量基因的表达

我们主要的观点之一是基因表达是一个日益定量化的研究课题。特别是, 如今测量一个基因的表达量、表达时间和表达地点已经是司空见惯的工作。有很多有用的工具能够实现这种测量.

相关实验: 测量基因表达 在决策开始转录和出现功能蛋白质产物之间的多个阶段上, 我们都可以对基因表达进行定量测量。正如之前所述, 这种测量提供了一个定量视窗, 我们从中可以知道一个给定基因表达了多少、它在哪个位置以及何时表达等等。

刻画基因活性的一个重要方法是考察它的蛋白质产物。尤其当基因产物具有酶活性时, 这种活性可以作为基因表达程度的检测标志, 如图 19.3 (A) 所示。例如, β 半乳糖苷酶是乳糖操纵子的酶产物, 见图 4.13, 这种酶的作用是剪切乳糖分子。对这个系统的多年研究得到令人印象深刻的结论之一是该系统拥有一整套对酶剪切有不同响应的底物。一旦被剪切, 其中一个底物 (ONPG) 就会变成黄色, 用光学方法测量溶液变黄的速率就提供了一个测量基因表达的窗口, 这是因为这个速率和酶的数量成正比 (在某个浓度范围内)。通过测量恰当波长的吸收谱, 人们就能得到活性酶的数量的图像。进行这种检测通常需要做常规的基因克隆, 在那里编码酶分子的序列被插入到感兴趣的转录因子调控的基因组中。

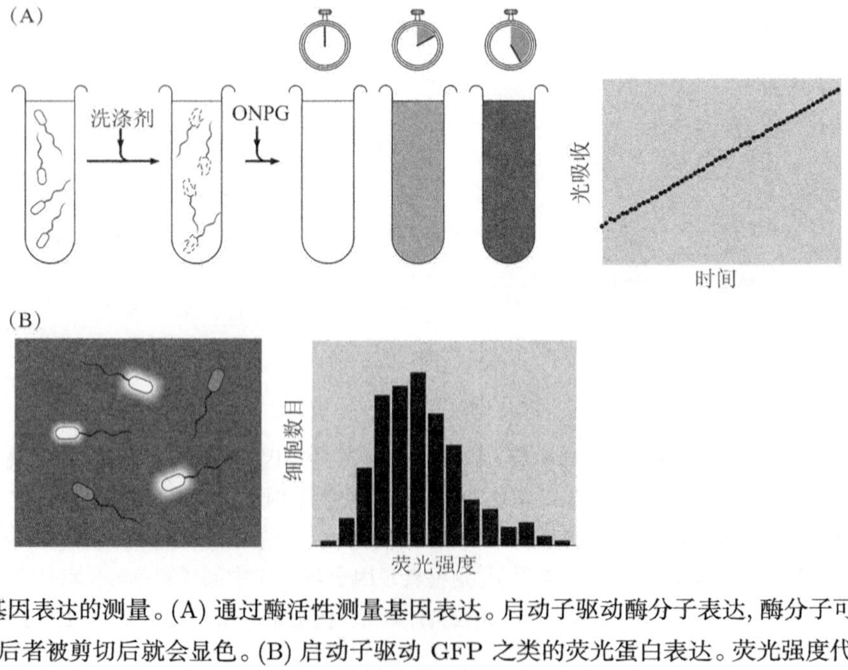

图 19.3 基因表达的测量。(A) 通过酶活性测量基因表达。启动子驱动酶分子表达, 酶分子可以剪切一种分子, 而后者被剪切后就会显色。(B) 启动子驱动 GFP 之类的荧光蛋白表达。荧光强度代表基因的表达程度

从分子生物学的观点来看, 同样的策略也可以用于在感兴趣的基因中插入报告分子, 和前面不同, 这里的"报告"分子是像GFP那样的荧光分子而不是酶分子, 如图 19.3 (B) 所示。像GFP那样的报告分子的相对荧光强度是很容易测量的。

刻画给定基因表达程度的第二种方案是测量细胞中有多少 mRNA 来自该基因。这种测量的一个可选工具是 DNA 芯片。DNA 芯片的构造是这样的, 即不同的 DNA 分子以阵列方式标记在基底表面上, 其中每一小片区域包含序列相同的小段 DNA, 如图 19.4 所示。这些序列与实验中感兴趣的所有基因的序列完全互补。当细胞被捣碎并流经 DNA 芯片时, 它们的 RNA (或者来自那个 RNA 的 DNA 拷贝) 会与基底表面上的分子进行杂交。因为表面上的 RNA 分子已经做过荧光标记, 只要观测芯片上每点的荧光强度就可以读出其中有多少 RNA 分子。

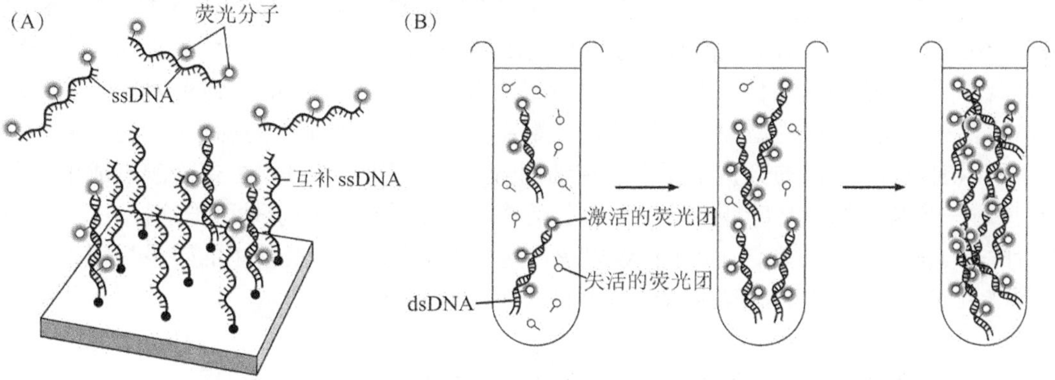

图 19.4 mRNA 浓度的测量。(A) DNA 芯片利用了载玻片表面上的大量不同 DNA 分子, 每种分子的序列 都与待测基因有关的 mRNA (或反转录 ssDNA) 互补。通过测量样本和表面分子杂交的数量就可以计算 mRNA 的数量。(B) 定量 PCR 使用从 mRNA 反转录得到的模板分子。模板分子的数量决定了达到临界值时需要进行多少个 PCR 循环

测量 RNA 数量的另一种方案是应用定量的 PCR。和以前一样, 细胞裂解后再通过反转录过程把它们的mRNA 分子变成 DNA 分子。这些分子用作 PCR 实验的模板, 然后再看反应中 DNA 分子数量超过某一阈值之前需要多少个 PCR 循环。这个阈值直接反映了起始分子的数量, 因为循环数较少时, 大量模板 DNA 分子的 PCR 反应产物量比较少模板 DNA 的反应产物量多很多。采用定量 PCR 方法可以检测低至 10 个 mRNA 的拷贝数。

在本章余下部分, 我们将用一个替代问题来阐明特定基因表达程度的实际问题, 该替代问题即基因的启动子是否被占据。有多种体内和体外实验方法能够确认启动子是否由于聚合酶的结合而被隐藏起来。染色质免疫沉淀分析和 DNA 足迹法就是两种对启动子占据很敏感方法。这些检测的思想是, 当系统暴露在限制性内切酶之类的试剂中时, DNA 分子与转录装置结合的那部分序列会起到不同的作用。最常见的实验程序是尝试用限制性内切酶消化 DNA 分子。但这些酶分子对 RNA 聚合酶占据的 DNA 序列失去了效用, 由此会留下一个很容易检测的较长的 DNA 片段, 称作"足迹"。

19.2 基因网络

在基因表达的“热力学”模型中，我们的注意力都放在启动子被 RNA 聚合酶占据的概率上。在第 6.1.2 节，我们展示了如何用统计力学的简单思想求解聚合酶分子和 DNA 相互作用的“裸”问题。可是，该方法的不足之处在于它忽略了“分子看护人”的存在，它们对启动子的占据执行非常严格的管理。现在，我们将这些看护人视为转录因子处理，并由此讨论基因表达。

转录因子决定启动子的占据状况

在图 6.8 中，我们展示了一个由基因、启动子和上游 DNA 构成的卡通图。作为解决启动子占据问题的第一步，我们研究过 RNA 聚合酶在启动子与非特异位点之间的竞争性结合概率，聚合酶与这些位点都可以发生结合。我们现在把讨论推广到有大量重要辅助蛋白质存在的情况，这些蛋白质可以增加 (激活) 或者减小 (阻遏) 启动子的占据概率。

和以前一样，我们的分析主要聚焦在细菌身上。具体地，将 RNA 聚合酶看成单个分子，探讨一个精确的数学问题 (但在生物上是高度简化的)：启动子是否被这样一个 RNA 聚合酶分子所占据。在真核生物中，难以提出这样的问题，因为最基本的转录机器是由多个部件组成，转录过程的启动要求这些部件必须同时出现。

19.2.1 调控的分子实现

阻遏蛋白实现负调控

基因网络关键的控制机制之一是转录的负调控。基因表达的决策是在 DNA 到蛋白质的过程的早期 (RNA 的合成阶段) 就已经作出。很明显，如果没有编码特定蛋白的 mRNA，则核糖体无法产生相应的特定蛋白。这种负调控的分子实现是由阻遏蛋白执行的，如在图 4.13 和图 8.19 中提过的乳糖阻遏蛋白。以细菌作为例子，阻遏蛋白通常是通过 DNA 和蛋白质的相互作用执行阻塞任务，它们占据的 DNA 区域 (称为操纵基因) 和 RNA 聚合酶结合的区域 (启动子) 是重叠的，图 19.5 显示了这种阻遏蛋白的作用方式。值得注意的是，这些阻遏蛋白的活性可以依次被小分子或诱导剂调控，这些分子与阻遏蛋白结合并使之产生构象变化，从而改变转录因子与 DNA 分子的结合概率。在本章的后半部分，我们将对上述卡通图给出统计力学的解释。

图 19.5 给出的只是概念性的图像，它并没有给出各种参与分子明确的作用细节。另一方面，这些卡通图之所以能够从一开始就被构建出来，通常是因为我们已经领悟了来自 X 射线测定的来之不易的晶体结构。确实，有些时候，我们不仅知道阻遏蛋白的结构，甚至也知道它与 DNA 复合时的结构。在结构上实现阻遏的方式实际上有很多，一些著名的例子示于图 19.6。

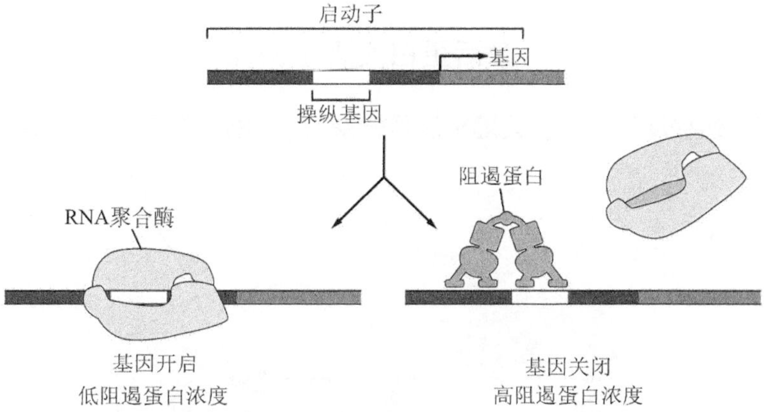

图 19.5 阻遏过程。卡通图显示阻遏蛋白阻止 RNA 聚合酶结合到启动子, 或者即使 RNA 聚合酶和启动子已经结合, 阻遏蛋白还可以阻止转录的起始过程

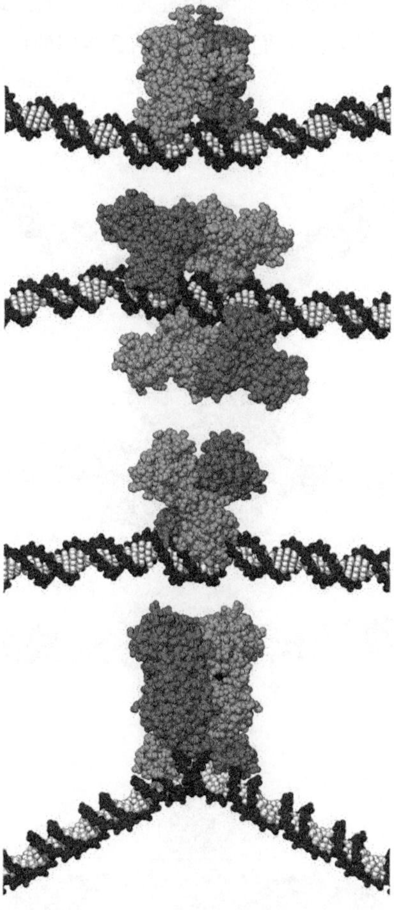

图 19.6 阻遏分子与 DNA 相互作用的一些例子。从上到下的阻遏蛋白分别是: FadR (pdb 1 HW2)、IdeR (pdb 1U8R)、TetR (pdb 1QPI) 和 PurR (pdb 1 PNR)。本图的目的是要给出阻遏分子和它们在 DNA 分子上的靶位点之间相对尺度的直观印象, 以及说明这些阻遏分子是如何改变结合位点附近 DNA 双螺旋形状的。这些图是根据 X 射线晶体结构绘制而成。(蒙D. Goodsell 惠赠)

激活蛋白实现正调控

改变基因表达程度的第二种关键机制是转录的正调控，或称为调控招募。同样，调

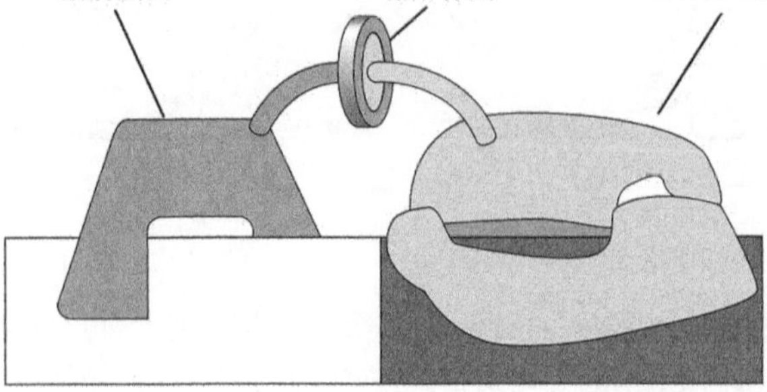

图 19.7　激活过程。示意性地展示激活分子能够招募转录机器的方式。虽然激活蛋白和 RNA 聚合酶各自都有与 DNA 分子的相互作用能，它们与 DNA 结合概率的增加却是通过它们之间的黏附作用调节的

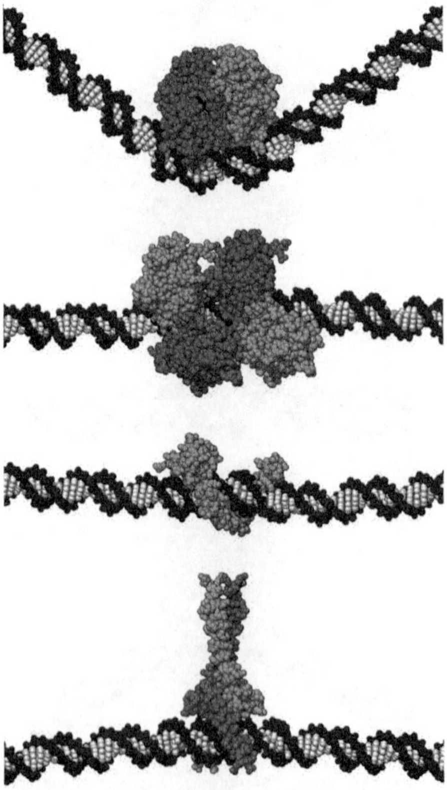

图 19.8　激活蛋白分子的结构。从上往下分别是：CAP (pdb 1CGP)、p53 肿瘤抑制蛋白 (pdb 1TUP)、锌指 DNA 结合域 (pdb 2GLI) 和亮氨酸拉链 DNA 结合域 (pdb 1AN2)。(蒙 D. Goodsell 惠赠)

控发生在特定基因产物的蛋白质合成过程的早期，某个辅助分子增强了 RNA 聚合酶在启动子上的占据概率。这种机制是蛋白质 (而不是 RNA 聚合酶) 结合到 DNA 上并由此提高聚合酶与启动子的结合概率。正如阻遏蛋白干扰了 RNA 聚合酶与启动子的结合能力那样，激活蛋白结合在启动子附近，并和 RNA 聚合酶产生黏附作用，从而增加聚合酶与启动子结合的可能性。这里的关键在于 RNA 聚合酶不仅与 DNA 发生结合作用，同时与激活蛋白发生"黏性"相互作用。这种调控招募过程 (也就是激活) 展示在卡通图 19.7 中。

与阻遏蛋白的研究一样，结构生物学已经为我们提供了原子水平上转录激活机制的深刻见解。图 19.8 给出了一组重要的激活蛋白的结构图，揭示了这些蛋白与 DNA 分子的相对尺度大小，同时也展示了这些分子在与 DNA 结合后扭曲和堵塞 DNA 的各种方式。

非转录过程的基因调控

我们的讨论主要集中在转录调控上。另外，正如图 6.7 所示，在 DNA 到蛋白质的途径上存在许多可以控制基因表达的点。控制激活蛋白浓度最明显和重要的两个方法是翻译后磷酸化修饰和蛋白质降解。目前我们还是集中在通过转录因子 (包括阻遏蛋白和激活蛋白等) 的作用改变 p_{bound} (启动子被RNA聚合酶占据的概率) 的方法上。

19.2.2 招募和驱逐的数学表达

招募反映不同DNA结合蛋白之间的协同性

在描述转录调控时常用的重要而又普适的想法之一是分子招募。"招募"是一个拟人的表示，指的是某个与 DNA 结合的分子可以召集另一个分子与 DNA 结合并执行其任务。例如，RNA 聚合酶是被某种激活蛋白分子召集到 DNA 上的，这些激活蛋白就是转录因子，在乳糖操纵子的情形中具体就是 CAP 蛋白分子。虽然这种生动的语言具有一定的建设性，并赋予我们一个有用的物理图像，但从统计力学的观点看，这不过是平凡的协同思想的改头换面而已。

激活蛋白是通过与 DNA 特异性位点的结合从而招募 RNA 聚合酶结合到邻近的启动子位点实现转录调控的。人们曾经认为，激活蛋白与 RNA 聚合酶之间微弱的非特异性结合可以极大地提高聚合酶和 DNA 的结合概率，即使是在极低激活蛋白浓度的典型细胞环境中也是如此。为了评估这种想法的可行性，我们采用一个简单模型计算激活蛋白存在时的聚合酶结合概率，图 19.9 是这个模型的示意表示。该图的基本要点是列举聚合酶和激活蛋白分子可以形成的不同状态，然后用状态枚举计算启动子被占据的概率。在思路上其实和本书贯用的"状态和权重"思想方法一致。

分析问题的第一步是写出总配分函数。注意配分函数是对激活蛋白和聚合酶分子在 DNA 上 (非特异位点和启动子上) 分布的所有可能事件进行求和。如图 19.9 所示，总共有 4 种情况：激活蛋白位点和启动子未被占据、只有启动子被聚合酶占据、只有激活蛋

白结合位点被激活蛋白占据以及两个特异位点都被占据。在数学上可以表示为

$$Z_{tot}(P,A;N_{NS}) = \underbrace{Z(P,A;N_{NS})}_{\text{启动子与激活蛋白位点均未占据}} + \underbrace{Z(P-1,A;N_{NS})e^{-\beta\varepsilon_{pd}^S}}_{\text{RNAP结合}} + \underbrace{Z(P,A-1;N_{NS})e^{-\beta\varepsilon_{ad}^S}}_{\text{激活蛋白结合}} + \underbrace{Z(P-1,A-1;N_{NS})e^{-\beta(\varepsilon_{ad}^S+\varepsilon_{pd}^S+\varepsilon_{pa})}}_{\text{RNAP和激活蛋白均结合}} \tag{19.1}$$

注意, 在符号上 $Z(P,A;N_{NS})$ 指的是 P 个聚合酶和 A 个激活蛋白结合到 N_{NS} 个非特异位点上的配分函数, 它由下式给出

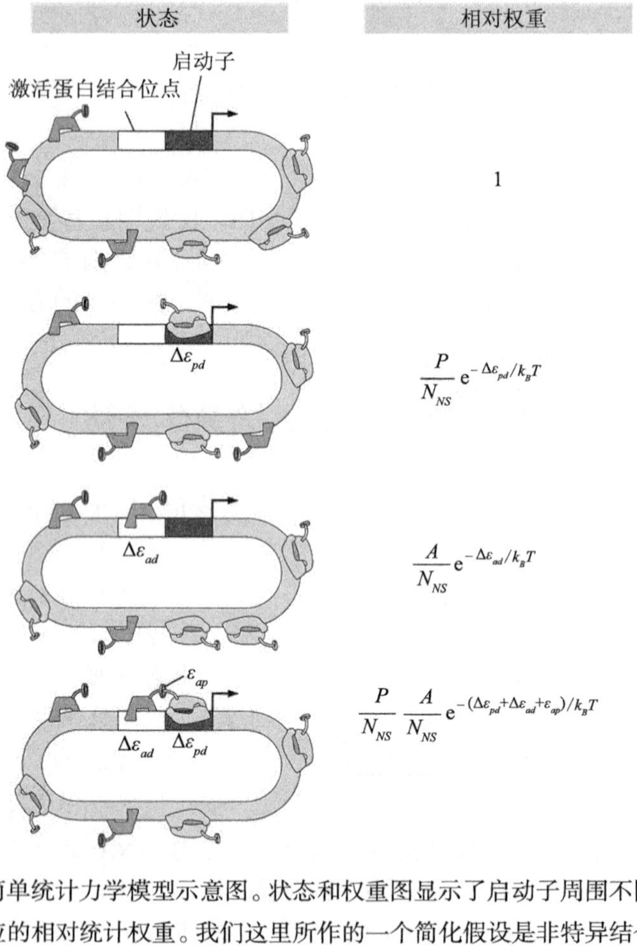

图 19.9　招募的简单统计力学模型示意图。状态和权重图显示了启动子周围不同的结合模式以及用统计力学得到的对应的相对统计权重。我们这里所作的一个简化假设是非特异结合能是常数。大的环状 DNA 是细菌基因组的一个卡通表示

$$Z(P,A;N_{NS}) = \underbrace{\frac{N_{NS}!}{P!A!(N_{NS}-P-A)!}}_{\text{排列组合数}} \times \underbrace{e^{-\beta P\varepsilon_{pd}^{NS}}e^{-\beta A\varepsilon_{ad}^{NS}}}_{\text{每个状态的权重}} \tag{19.2}$$

我们已经引进了记号 ε_{pa} 以表示聚合酶和激活蛋白的“黏附”相互作用。与第 6.1.2 节的 RNA 聚合酶一样, 我们引入 ε_{ad}^S 和 ε_{ad}^{NS} 分别描述激活蛋白与其特异和非特异 DNA 位点

的结合能。表达式包含了多个具有如下形式的项

$$\frac{N_{NS}!}{P!A!(N_{NS}-P-A)!}\times \mathrm{e}^{-\beta P\varepsilon_{pd}^{NS}}\mathrm{e}^{-\beta A\varepsilon_{ad}^{NS}} \tag{19.3}$$

类似地，我们援引一个简化策略，假设 $N_{NS}\gg A+P$，因此认为 RNA 聚合酶和激活蛋白同时出现在同一个非特异位点的可能性几乎为零，则第 6.1.2 节介绍过的近似 $N_{NS}!/(N_{NS}-P-A)!\approx(N_{NS})^{A+P}$ 也成立。

为了计算启动子被占据的概率，我们构造聚合酶和启动子结合的事件数目与所有可能的事件数目 $Z_{tot}(P,A;N_{NS})$ 的比值，即

$$p_{\mathrm{bound}}(P,A;N_{NS})=\frac{Z(P-1,A;N_{NS})\mathrm{e}^{-\beta\varepsilon_{pd}^{S}}+Z(P-1,A-1;N_{NS})\mathrm{e}^{-\beta(\varepsilon_{ad}^{S}+\varepsilon_{pd}^{S}+\varepsilon_{ap})}}{Z_{tot}(P,A;N_{NS})} \tag{19.4}$$

为了简化上述公式，我们对分子和分母同时除以分子得

$$p_{\mathrm{bound}}(P,A;N_{NS})=\frac{1}{1+(N_{NS}/PF_{reg}(A))\mathrm{e}^{\beta\Delta\varepsilon_{pd}}} \tag{19.5}$$

式中，我们引入了调控系数

$$F_{\mathrm{reg}}(A)=\frac{1+(A/N_{NS})\mathrm{e}^{-\beta\Delta\varepsilon_{ad}}\mathrm{e}^{-\beta\varepsilon_{ap}}}{1+(A/N_{NS})\mathrm{e}^{-\beta\Delta\varepsilon_{ad}}} \tag{19.6}$$

式中，$\Delta\varepsilon_{pd}\equiv\varepsilon_{pd}^{S}-\varepsilon_{pd}^{NS}$ 和$\Delta\varepsilon_{ad}\equiv\varepsilon_{ad}^{S}-\varepsilon_{ad}^{NS}$。详细推导留作课后习题。注意，当聚合酶与激活蛋白的黏附作用趋于零时，调控系数自身趋于 1。不仅如此，如果这种黏附作用是负值(也就是说激活蛋白和聚合酶喜欢相互靠近)，则调控系数大于 1，这可以解释成聚合酶数目增加。RNA 聚合酶结合概率与激活蛋白数量的函数关系如图 19.10 所示。

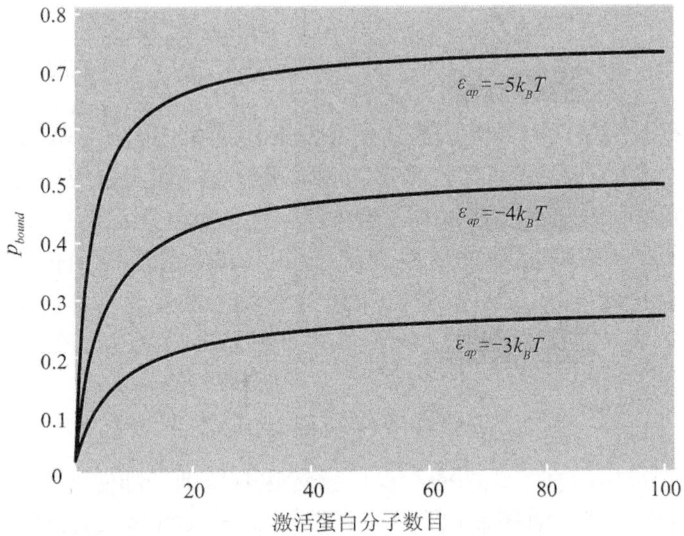

图 19.10 招募概念的图示。该图显示了聚合酶分子数 $P=500$，结合参数 $\Delta\varepsilon_{pd}=-5.3k_BT$ 和 $\Delta\varepsilon_{ad}=-13.12k_BT$ 时的结合概率。图中三条曲线对应于聚合酶与激活蛋白之间黏附作用能的不同取值

调控系数决定转录因子调控 RNA 聚合酶结合概率的方式

我们提出一个很有吸引力的主张，RNA 聚合酶分子有效数目的简单变化 ($P \to P_{\text{eff}}$) 足够描述像激活蛋白和阻遏蛋白这样的调控伴侣分子的作用。图 19.11 解释了这种调控系数的意义。由于激活蛋白的存在，RNA 聚合酶的数目似乎从 P 变成了 $F_{\text{reg}}P$。考虑到调控系数大于 1，实际效果是增加了聚合酶分子数目。与此对应的是，当有阻遏蛋白出现时，调控系数小于 1，实际导致聚合酶分子的有效数目随之减少。

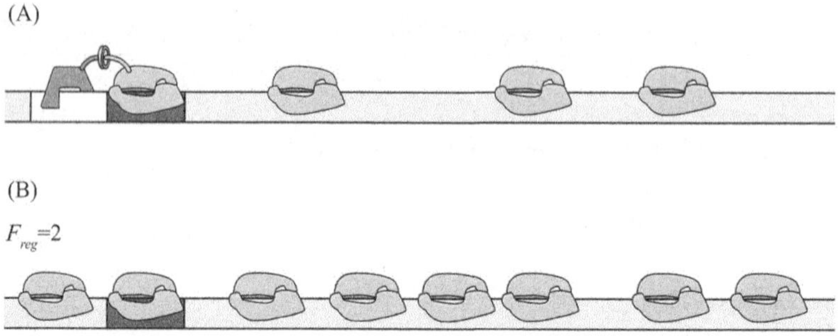

图 19.11　调控系数和聚合酶分子的有效数目。激活蛋白的存在只是提高了聚合酶分子的有效数量。(A) 有激活蛋白和聚合酶存在时的“裸”问题。(B) 将激活蛋白的存在处理成提高聚合酶分子数的“等效”问题

为了使我们的计算有意义，需要考查与实验有关的内容。有关调控的体内实验的主要测量变量之一是基因在有无转录因子的情况下的相对表达量。这个定性概念可以通过定义活性的倍性变化而定量描述，即

$$\text{倍性变化} = \frac{p_{\text{bound}}(A \neq 0)}{p_{\text{bound}}(A = 0)} = \frac{1 + (N_{NS}/P)\mathrm{e}^{\beta\Delta\varepsilon_{pd}}}{1 + [N_{NS}/PF_{\text{reg}}(A)]\mathrm{e}^{\beta\Delta\varepsilon_{pd}}} \tag{19.7}$$

该表达式揭示了有激活蛋白时的基因表达量比没有激活蛋白时的“基础”表达量多多少。

这个分析的一个内在假定是实验测得的相对变化量 (如蛋白质产物、mRNA 浓度或启动子的占据等) 和概率 p_{bound} 的相对变化相等，这一点与讨论的一致。图 19.12 举例说明了简单激活问题的基因表达量的倍性变化，这里选的参数包括由体外实验给出的$\Delta\varepsilon_{ad}$ 的值以及基于经验猜测的 ε_{ap} 的值，这样得出的激活倍性变化和体内实验报道的典型值相近，它们都在 50 左右。考虑到弱启动子满足条件 $(N_{NS}/P)\mathrm{e}^{\beta\Delta\varepsilon_{pd}} \gg 1$，则激活倍性变化可以写成

$$\text{倍性变化} \approx F_{\text{reg}}(A) \tag{19.8}$$

这里我们也假设了 $(N_{NS}/PF_{\text{reg}})\mathrm{e}^{\beta\Delta\varepsilon_{pd}} \gg 1$，这意味着启动子即使在被调控情形下也不是太强。由此得出的结论是，对于弱启动子，其真实细节，如它的结合能，对倍性变化无影响。

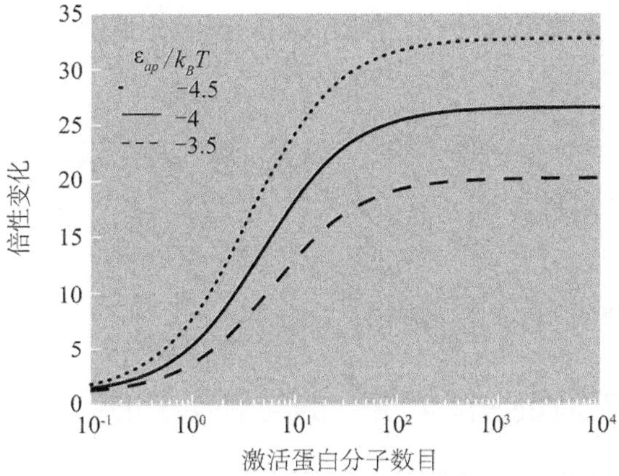

图 19.12 激活蛋白引起的倍性变化。基因表达的倍性变化与激活蛋白数量之间在不同黏附能的情况下的函数关系。这里 $P = 500$, $\Delta\varepsilon_{pd} = -5.3k_BT$ 以及体外实验测得的$\Delta\varepsilon_{ad} = -13.12k_BT$

激活蛋白旁路实验揭示招募机制

这里介绍的调控招募的简单图像部分建立在一系列经典激活蛋白旁路实验的结果之上。图 19.13 显示了这类实验的关键思想。这些实验采用了混合配对方法, 其中一个蛋白质的 DNA 结合域和另一个蛋白质的激活域融合在一起。这个实验的第二个版本是基于把激活蛋白与聚合酶直接系在一起。在构造激活蛋白旁路后, 实验发现基因仍然可以激活。我们的目标是更定量地考察这些实验, 并从数学角度表明这两类实验会产生不同的定量结果, 它们可以用来进一步检验调控招募概念的适用范围。

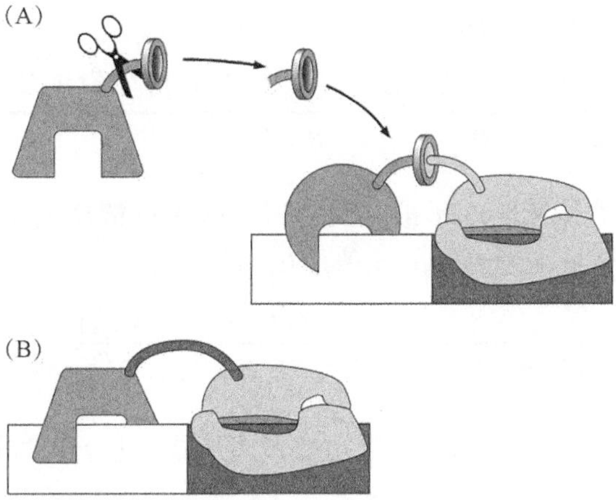

图 19.13 激活蛋白旁路实验的示意图。(A) 激活蛋白旁路类型 1, 激活是由专门为 DNA 结合域设计的某蛋白调控的。(B)激活蛋白旁路类型 2, 激活蛋白被直接系连在聚合酶上

我们已经导出了激活蛋白旁路类型 1 实验的相关调控系数。唯一与式 (19.6) 不同之处是使用的蛋白不同, 则参量 $\Delta\varepsilon_{ad}$ 和 ε_{ap} 的数值也会不同, 这意味着实验中的激活水平的实际值可能和它的“野生型”值不同。另外, 调控系数在激活蛋白旁路类型 2 实验中的

整个函数形式是不同的。在这种情况下, 我们真正需要考虑的状态只有两种: 和启动子结合的聚合酶系连或没有系连激活蛋白, 它们的相对权重分别是 $(P/N_{NS})\mathrm{e}^{-\beta(\Delta\varepsilon_{pd}+\Delta\varepsilon_{ad})}$ 和 1。意味着聚合酶结合概率是

$$p_{\text{bound}}(P;N_{NS})=\frac{1}{1+(N_{NS}/P)\mathrm{e}^{\beta\Delta\varepsilon_{ad}}\mathrm{e}^{\beta\Delta\varepsilon_{pd}}}\tag{19.9}$$

则调控系数有特别简单的形式

$$F_{\text{reg}}=\mathrm{e}^{-\beta\Delta\varepsilon_{ad}}\tag{19.10}$$

它只不过等于说聚合酶的有效结合能发生了偏移。

阻遏蛋白降低聚合酶与启动子的结合概率

上述考虑纯粹激活情况 (即招募) 的逻辑同样可以借鉴来处理阻遏问题。我们又一次需要考虑阻遏蛋白和 RNA 聚合酶分子在 DNA 上的所有分布方式, 引入这些分子与非特异位点结合有关的配分函数是很方便的

$$Z(P,R:N_{NS})=\frac{N_{NS}!}{P!R!(N_{NS}-P-R)!}\mathrm{e}^{-\beta P\varepsilon_{pd}^{NS}}\mathrm{e}^{-\beta R\varepsilon_{rd}^{NS}}\tag{19.11}$$

在形式上它与式 (19.2) 相同, 但是在这里用记号 ε_{rd}^{NS} 以描述阻遏蛋白和 DNA 的非特异性结合 (ε_{rd}^{S} 预留用作阻遏蛋白和其操纵基因的特异结合能)。为了写出对所有可能状态的总配分函数, 我们现在需要对启动子被阻遏蛋白或 RNA 聚合酶占据的所有状态求和。图 19.14 显示了这个简单模型可能的状态及其权重。注意, 在考虑这个特殊模型时, 我们并未讨论结构上更细微的地方, 如当阻遏蛋白和操纵基因结合时, RNA 聚合酶 是否同时还能占据它的启动子, 模型试图给出一个最简单的关于阻遏蛋白与 RNA 聚合酶之间竞争的统计力学处理。

总配分函数由式 (19.12) 给出

$$Z_{tot}(P,R;N_{NS})=\underbrace{Z(P,R;N_{NS})}_{\text{启动子空态}}+\underbrace{Z(P-1,R;N_{NS})\mathrm{e}^{-\beta\varepsilon_{pd}^{S}}}_{\text{RNA聚合酶结合态}}+\underbrace{Z(P,R-1;N_{NS})\mathrm{e}^{-\beta\varepsilon_{rd}^{S}}}_{\text{阻遏蛋白结合态}}\tag{19.12}$$

这个结果为我们提供了计算启动子被 RNA 聚合酶占据概率的工具, 概率由 RNA 聚合酶结合态的配分函数与总配分函数的比值给出, 即

$$p_{\text{bound}}(P,R;N_{NS})=\frac{Z(P-1,R;N_{NS})\mathrm{e}^{-\beta\varepsilon_{pd}^{S}}}{Z(P,R;N_{NS})+Z(P-1,R;N_{NS})\mathrm{e}^{-\beta\varepsilon_{pd}^{S}}+Z(P,R-1;N_{NS})\mathrm{e}^{-\beta\varepsilon_{rd}^{S}}}\tag{19.13}$$

如前所述, 该结果可以通过引入调控系数写成紧凑形式。上下同时除以 $Z(P-1,R;N_{NS})\cdot\mathrm{e}^{-\beta\varepsilon_{pd}^{S}}$, 并利用近似

$$\frac{N_{NS}!}{P!R!(N_{NS}-P-R)!}\approx\frac{N_{NS}^{P}}{P!}\frac{N_{NS}^{R}}{R!}\tag{19.14}$$

其物理意义为聚合酶和阻遏蛋白的数量相对于有效结合位点数 N_{NS} 可以忽略不计。则所求概率

$$p_{\text{bound}}(P,R;N_{NS})=\frac{1}{1+(N_{NS}/P)\mathrm{e}^{\beta(\varepsilon_{pd}^{S}-\varepsilon_{pd}^{NS})}[1+(R/N_{NS})\mathrm{e}^{-\beta(\varepsilon_{rd}^{S}-\varepsilon_{rd}^{NS})}]}\tag{19.15}$$

该结果可以写成含调控系数的形式, 对应的调控系数可以由式 (19.16) 给出

$$F_{\text{reg}}(R)=\left(1+\frac{R}{N_{NS}}\mathrm{e}^{-\beta\Delta\varepsilon_{rd}}\right)^{-1} \tag{19.16}$$

式中, $\Delta\varepsilon_{rd}=\varepsilon_{rd}^{S}-\varepsilon_{rd}^{NS}$。注意, 在阻遏蛋白的例子中, 调控系数满足不等式 $F_{\text{reg}}<1$, 这可以解释成 RNA 聚合酶分子的有效数目变少了。我们将在第 19.2.5 节讨论乳糖操纵子的特例时更详细的研究这一点。

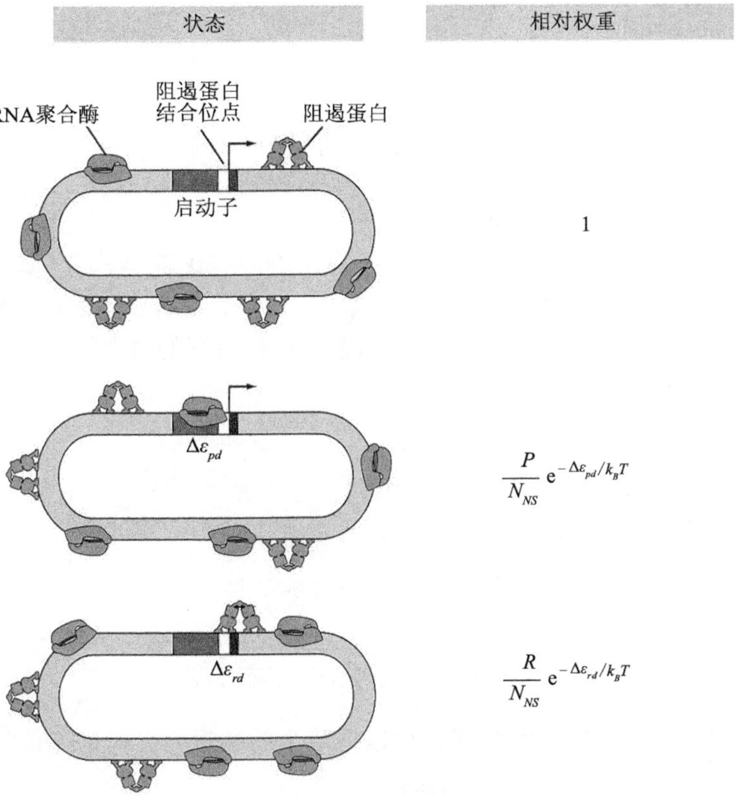

图 19.14 简单阻遏情形的状态和权重。启动子的占据状态包括空态、RNA 聚合酶结合态以及阻遏蛋白结合态

19.2.3 转录调控中的结合能和平衡常数

有人说“没有数值, 物理将一文不值”。至此获得的抽象表述如果与具体测量结合就会显得丰富多彩。结合能定量刻画了 RNA 聚合酶或转录因子与其 DNA 靶位点间的亲和力。尤其是 RNA 聚合酶和转录因子首先对不同的核苷酸序列按偏好程度排名, 然后才能执行分子识别。事实上, 特定启动子序列与随机序列的区别在于 RNA 聚合酶与后者的结合能是非特异性结合能 ε_{pd}^{NS}。特异性结合能也是可调的。举个例子, 即使是非常强的共有启动子, 其结合能也可以通过在序列中引入不匹配的碱基对得以减弱。结合概率接近于 1 的强启动子有较高的表达水平。另外, 通过弱化一个特定启动子, 细胞在转录因子之间建

立依赖关系从而拓宽自己的动力学范围, 这些转录因子能非常有效地调节亲和力的范围, 使得调控启动子的占据率成为可能。

平衡常数可以用来确定调控系数

为了计算出本章考虑的各种调控情况的调控系数, 我们需要估算出蛋白质X特异地和非特异地结合到 DNA 上的能量; 蛋白质 X 可以是一个阻遏蛋白或者是一个激活蛋白。利用实验测量 X 结合 DNA (D) 的平衡常数可以间接确定结合能。我们具体考虑下述反应

$$\mathrm{X}+\mathrm{D} \rightleftharpoons \mathrm{XD} \tag{19.17}$$

则平衡常数是

$$K_X^{(\mathrm{bind})} = \frac{[\mathrm{XD}]}{[\mathrm{X}][\mathrm{D}]} \tag{19.18}$$

这里的 $[\cdots]$ 表示参与反应的不同成分的浓度。

当单个 X 结合到 DNA 上时, 整个系统自由能的变化是 Δf_{XD}。其负数越大, X 与 DNA 结合的可能性也越大。同样, 较大的 $K_X^{(\mathrm{bind})}$ 意味着结合状态的可能性较大。更精确地说, 如第 6.4.1 节所述, DNA 上一个特定结合位点被占据的概率等于被占据位点数与所有位点数之比。这些表述可以用浓度写成

$$p_{\mathrm{bound}} = \frac{[\mathrm{XD}]}{[\mathrm{D}]+[\mathrm{XD}]} = \frac{K_X^{(\mathrm{bind})}[\mathrm{X}]}{1+K_X^{(\mathrm{bind})}[\mathrm{X}]} \tag{19.19}$$

最后等式是利用式 (19.18) 得到的。另外, 假设细胞中有 $[\mathrm{X}]V_{\mathrm{cell}}$ 份蛋白质 X 的拷贝 (V_{cell} 是细胞的体积), 那么 DNA 结合位点被占据的概率就是

$$p_{\mathrm{bound}} = \frac{[\mathrm{X}]V_{\mathrm{cell}}\mathrm{e}^{-\beta\Delta f_{XD}}}{1+[\mathrm{X}]V_{\mathrm{cell}}\mathrm{e}^{-\beta\Delta f_{XD}}} \tag{19.20}$$

通过比较这两个 p_{bound} 的表达式, 我们可以把结合的微观与宏观观点联系起来

$$\frac{K_X^{(\mathrm{bind})}}{V_{\mathrm{cell}}} = \mathrm{e}^{-\beta\Delta f_{XD}} \tag{19.21}$$

利用这个关系, 我们可以计算出大肠杆菌里 RNA 聚合酶和各种转录因子的结合自由能, 读者可以在本章课后习题中研究这个问题。现在我们要用这些思想去解决乳糖操纵子问题, 它存在正负双向调控。

19.2.4 正负双向调控的简单统计力学模型

细胞真实的调控体系通常同时包含阻遏和激活。此时, 我们得考虑图 19.15 所示的 5 种不同结果, 则总配分函数为

$$Z_{tot}(P,A,R;N_{NS}) = \underbrace{Z(P,A,R;N_{NS})}_{\text{启动子空态}} + \underbrace{Z(P-1,A,R;N_{NS})\mathrm{e}^{-\beta\varepsilon_{pd}^S}}_{\text{RNAP结合}}$$

$$+\underbrace{Z(P,A-1,R;N_{NS})\mathrm{e}^{-\beta\varepsilon^S_{ad}}}_{\text{激活蛋白结合}}+\underbrace{Z(P-1,A-1,R;N_{NS})\mathrm{e}^{-\beta(\varepsilon^S_{ad}+\varepsilon^S_{pd}+\varepsilon_{pa})}}_{\text{RNAP和激活蛋白均结合}}$$

$$+\underbrace{Z(P,A,R-1;N_{NS})\mathrm{e}^{-\beta\varepsilon^S_{rd}}}_{\text{阻遏蛋白结合}}+\underbrace{Z(P,A-1,R-1;N_{NS})\mathrm{e}^{-\beta(\varepsilon^S_{ad}+\varepsilon^S_{rd})}}_{\text{激活蛋白和阻遏蛋白均结合}} \tag{19.22}$$

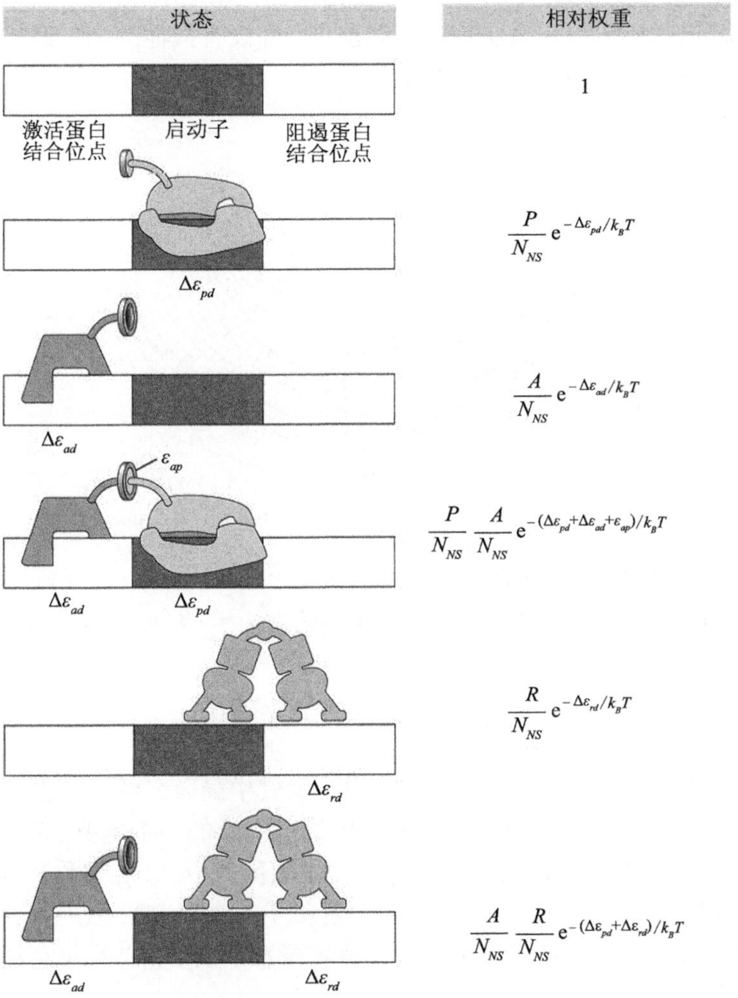

图 19.15 招募和阻遏的简单统计力学模型示意图

卡通图展示的是启动子附近区域被占据的不同方式的示意图以及每种占据状态的统计权重。通过考虑结合状态数目与总配分函数的比可以计算出 RNA 聚合酶的结合概率

$$p_{\text{bound}}(P,A,R;N_{NS})=\frac{Z(P-1,A,R;N_{NS})\mathrm{e}^{-\beta\varepsilon^S_{pd}}+Z(P-1,A-1,R;N_{NS})\mathrm{e}^{-\beta(\varepsilon^S_{ad}+\varepsilon^S_{pd}+\varepsilon_{ap})}}{Z_{tot}(P,A,R;N_{NS})} \tag{19.23}$$

如前所述, 最简单的方式是引入调控系数表示结果

$$p_{\text{bound}}(P,A,R;N_{NS})=\frac{1}{1+[N_{NS}/PF_{\text{reg}}(A,R)]\mathrm{e}^{\beta(\varepsilon^S_{pd}-\varepsilon^{NS}_{pd})}} \tag{19.24}$$

调控系数本身是激活蛋白数目 A 和阻遏蛋白数目 P 的函数, 它由式 (19.25) 给出

$$F_{reg}(A,R)=\frac{1+(A/N_{NS})\mathrm{e}^{-\beta(\Delta\varepsilon_{ad}+\varepsilon_{ap})}}{1+(A/N_{NS})\mathrm{e}^{-\beta\Delta\varepsilon_{ad}}+(R/N_{NS})\mathrm{e}^{-\beta\Delta\varepsilon_{rd}}+(A/N_{NS})(R/N_{NS})\mathrm{e}^{-\beta(\Delta\varepsilon_{ad}+\Delta\varepsilon_{pd})}} \tag{19.25}$$

在弱启动子近似下, 这种调控体系给出的基因表达倍性变化显示在图 19.16 中。该图表明不同转录因子的协同作用可以用来实现组合调控。也许没有其他的正负调控相互作用能比我们的老朋友乳糖操纵子更众所周知的了。

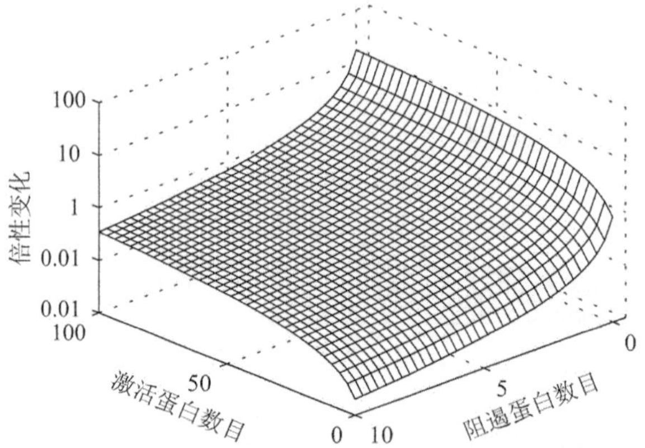

图 19.16 阻遏蛋白和激活蛋白实现组合调控。基因表达量的倍性变化与转录因子数目的函数关系显示出组合调控的作用。这里用的参数是 $\Delta\varepsilon_{ad}=-10k_BT$, $\varepsilon_{ap}=-3.9k_BT$, $\Delta\varepsilon_{rd}=-16.9k_BT$

19.2.5 乳糖操纵子

阻遏和激活是细菌调控装置中的重要组成部分。其中最著名的例子也许是乳糖操纵子了, 见图 4.15。实际上, 乳糖操纵子是本书应用最为广泛的一个重要例子, 而本节是对其讨论的收场。在这个例子中, 激活蛋白是降解物激活蛋白 (CAP), 也称环 AMP 受体蛋白 (CRP)。为了能够招募 RNA 聚合酶, CAP 必须和环 AMP 结合, 后一种分子的浓度在葡萄糖浓度下降时会上升。乳糖阻遏蛋白会导致转录水平的下降, 除非它和乳糖代谢的副产物异乳糖结合。

乳糖操纵子具有正负调控的双重特性

乳糖操纵子监控着酶分子的管理, 这些酶负责乳糖的摄入和消化。特别是当大肠杆菌发现它们缺少葡萄糖而同时又被喂食乳糖时, 乳糖操纵子的基因将被启动以便利用乳糖进行新陈代谢。我们讨论过乳糖阻遏蛋白通过与其操纵基因结合阻止与乳糖消化有关的基因转录。可是, 之前的讨论有点过于轻率, 因为我们只字未提葡萄糖和乳糖同时存在时会发生什么。如果我们采用上述负调控图像, 则我们期望此时乳糖操纵子基因被直接转录。然而, 只有当考虑了第二种正调控单元之后, 整个故事才算完整。特别是在葡萄糖匮乏的情况下, 激活蛋白 CAP 结合到启动子 (RNA 聚合酶结合位点) 附近的一个位点并把

RNA 聚合酶“招募”到启动子上, 如图 4.15 所示。图 19.17 给出了和乳糖操纵子有关的重要分子拷贝数的普查, 令人印象深刻的是某些转录因子只有 10 个拷贝。

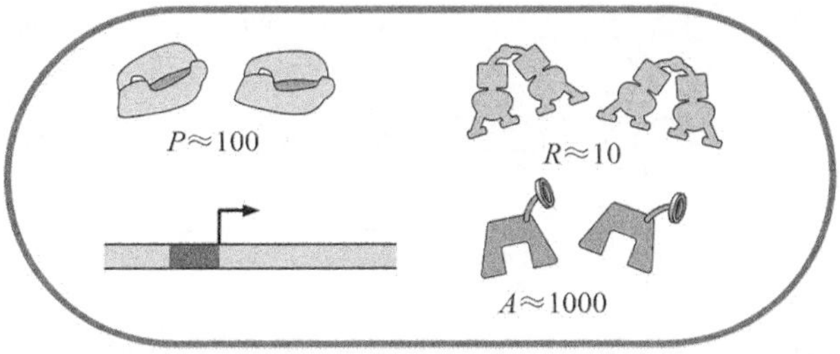

图 19.17 参与乳糖操纵子的相关分子数普查。该图显示了与乳糖操纵子有关的聚合酶分子、激活蛋白和阻遏蛋白的大致数目

乳糖操纵子的调控结构示于图 19.18 中。图 4.15 的讨论过于简单, 忽略了乳糖阻遏蛋白辅助结合位点的存在, 这些位点展示在图 19.18 中。具体情况是乳糖阻遏蛋白还有另外两个结合位点。其中一个称为 O2 的结合位点处在 O1 位点下游 401 bp 位置, 另一个被称为 O3 的位点则处在 O1 上游 92 bp 位置。我们的部分讨论将集中在这个系统中发生阻遏的微妙方式上。注意阻遏蛋白本身是拥有两个“读出头”的四聚体, 每个头可以与不同操纵基因结合, 这样就使其间的 DNA 形成了一个环。

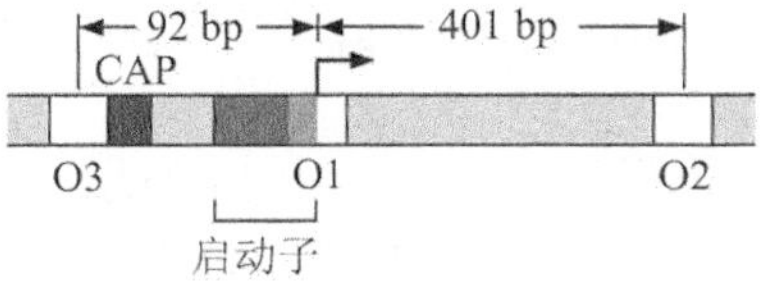

图 19.18 三个乳糖操纵基因和 CAP 结合位点相对于启动子的位置。O1 是主操纵基因, O2 和 O3 是乳糖阻遏蛋白的辅助结合位点, 它们与 DNA 成环相关

此处讨论的模型为我们提供理解体内外实验数据的概念框架, 同时建议新的实验方案。应用乳糖操纵子进行的非常引人注目的体内实验是测量乳糖阻遏蛋白的阻遏程度与操纵基因位置和结合强度的函数关系。实验专门构造了一批大肠杆菌细胞, 只有一个乳糖阻遏蛋白的操纵基因以及不同间距的操纵基因突变体 (下面还要回到这一话题)。我们考虑的第一组实验是只有一个操纵基因与乳糖阻遏蛋白结合的情况, 如图 19.19 所示。在这些实验中, 对每一个操纵基因 O1、O2 和 O3 阻遏启动子的情形分别进行了测量。从模型角度看, 这些实验的唯一差别是阻遏蛋白与 DNA 的结合能。

单个阻遏蛋白的调控系数由式 (19.16) 给出。实验测量的是有无阻遏蛋白时基因表达量的比值。为了建模, 我们用启动子被 RNA 聚合酶占据的概率代替蛋白质含量 (基因产量) 的测量值。假设前提是蛋白质含量和启动子被占据概率之间成线性关系。更确切地说, 我们把阻遏度定义为没有阻遏蛋白时 RNA 聚合酶与相关启动子结合的概率与有阻遏蛋白时这种概率的比值, 也就是

$$\text{阻遏度} = \frac{p_{\text{bound}}(R=0)}{p_{\text{bound}}(R\neq 0)} \tag{19.26}$$

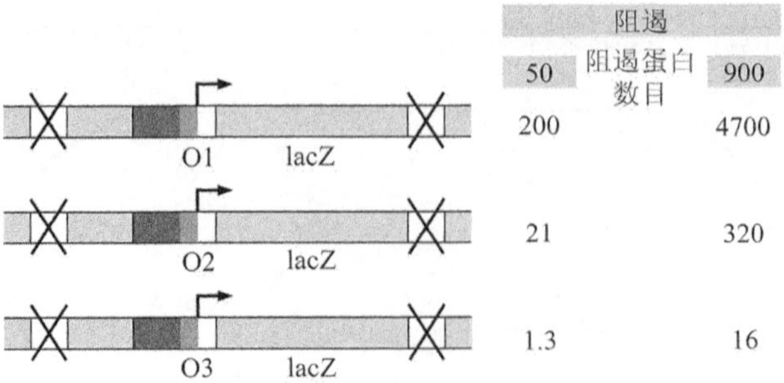

图 19.19 乳糖操纵子阻遏。实验用的 DNA 结构体删除了阻遏蛋白的辅助结合位点，也调整了阻遏蛋白主结合位点的结合强度。每个结构体测量了两种乳糖阻遏蛋白浓度的阻遏程度。(取自 S. Oehler et al.,*EMBO J.* 13: 3348,1994.)

具体地，这个结果依赖于阻遏蛋白的数量 (R) 以及它们与 DNA 的结合能。如果我们用式 (19.15) 取代 p_{bound}，发现阻遏度可以写成

$$\text{阻遏度}(R)=\frac{1+(P/N_{NS})\mathrm{e}^{-\beta\Delta\varepsilon_{pd}}+(R/N_{NS})\mathrm{e}^{-\beta\Delta\varepsilon_{rd}}}{1+(P/N_{NS})\mathrm{e}^{-\beta\Delta\varepsilon_{pd}}} \tag{19.27}$$

对于弱启动子情况，阻遏度可以写成

$$\text{阻遏度}(R)=[\text{倍性变化}(R)]^{-1}\approx[F_{\text{reg}}(R)]^{-1}=1+\frac{R}{N_{NS}}\mathrm{e}^{-\beta\Delta\varepsilon_{rd}} \tag{19.28}$$

该表达式可以直接与实验数据进行比较，如图 19.19 所示。

特别是图 19.19 的实验数据允许我们确定阻遏度的表达式中唯一的未知量——能量参数 $\Delta\varepsilon_{rd}$。因为数据反映了结合强度的三种不同选择，存在三种对应的结合能 (对 O1、O2 和 O3 分别是 $\Delta\varepsilon_{rd}=-16.9,-14.4,-11.2k_BT$)。有了这些结合能后，我们就可以预测不同阻遏蛋白数量时阻遏度的测量结果，如图 19.20 所示。注意一旦利用一个数据点估算出结合能之差，即可用这个估算值来预测细胞有不同阻遏蛋白数量时的系统行为，并为分析两个操纵基因的情形提供依据。

DNA 成环自由能影响乳糖操纵子的阻遏

至此，我们从统计力学角度对乳糖操纵子的讨论忽略了系统非常有趣的特征之一，即 DNA 环的存在。在体内和体外实验中，乳糖操纵子的行为都已经被相当详细地研究过。本章至此描述的模型是受一组优美的实验启发得到的，这组实验检测乳糖操纵子阻遏度与乳糖阻遏蛋白在 DNA 上的不同结合位点 (操纵基因) 的间距之间的函数关系。

阻遏度与操纵基因的间距之间的关系数据是生物系统特别是基因表达体系普遍存在的，并作为非常精巧的定量数据的例子在图 1.11 中介绍过。这些优美的实验和其他类似实验显示出一个系统性的趋势，即所研究的基因启动子的活性与阻遏蛋白结合位点的间距存在函数关系。这些数据呈现非常明显的周期性特征，这种周期性源自 DNA 的扭转自由度，它反映了成环 DNA 在接头处碱基堆积面要匹配。

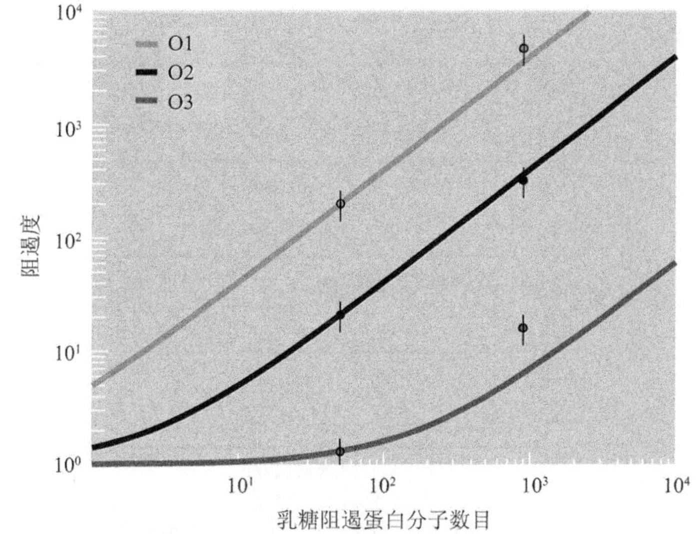

图 19.20 乳糖操纵子的阻遏模型。每条曲线显示了阻遏度与细胞中阻遏分子数目的函数关系。不同曲线对应于不同的乳糖阻遏蛋白主结合位点 (操纵基因)。(取自 S. Oehler et al.,*EMBO J.* 13: 3348, 1994.)

图 19.21 展示了用于研究 DNA 成环体内实验结果的 DNA 结构体。在这个结构体中, CRP 和操作基因 O2 的结合位点都被删除, 而原启动子被一个更强的启动子替代。删除 CRP 位点是为了将激活调控从问题中排除出去。注意这种结构体也允许在 O1 和 Oid 之间插入任意长度的 DNA, 其中 Oid 已经替代了 O3。Oid 是一个和 O1 相似但比 O3 强得多的操纵基因。最后, 删除 O2 是为了确保成环只发生在剩下的两个操作基因之间。

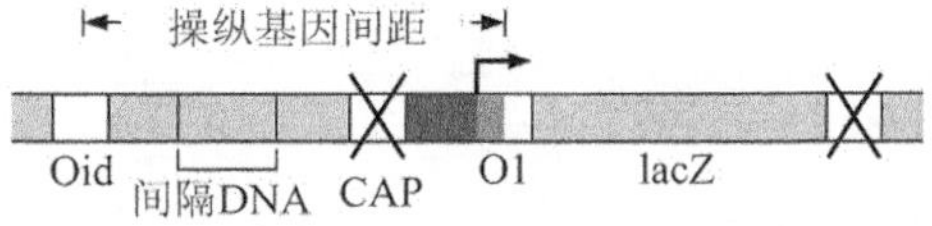

图 19.21 用于测量成环出现时的阻遏度的 DNA 结构体。激活蛋白 CRP 的结合位点 (图中显示为 CAP) 和第三个阻遏蛋白结合位点都被删除。(摘自 J. Müller et al., *J. Mol. Biol.* 257: 21, 1996.)

为了与图 1.11 所示的数据作比较, 我们需要将激活蛋白和阻遏蛋白的讨论扩展到包括成环效应的情况。图 19.22 是 RNA 聚合酶和乳糖阻遏蛋白竞争启动子附近共同区域的系统可能状态的最简模型。注意这个模型允许不同阻遏蛋白分子同时占据两个操作基因, 或者单个分子占据这两个位点从而使居间的 DNA 成环。我们忽略了激活蛋白结合的可能性, 因为这种结合位点已经被删除, 如图 19.21 所示。但是并不能完全排除非特异性 CAP 的结合, 这或许会影响结果。

为了定量讨论问题, 我们需要写出总配分函数, 即对图 19.22 所述的所有可能状态指定统计权重, 逻辑方法如前所述, 总配分函数可以写成

$$
\begin{aligned}
Z_{tot}(P,R;N_{NS}) = & \underbrace{Z(P,R;N_{NS})}_{\mathrm{P}^{(0)},\ \mathrm{O}^{(0)}_{\mathrm{main}}\ 和\ \mathrm{O}^{(0)}_{aux}} + \underbrace{Z(P-1,R;N_{NS})\mathrm{e}^{-\beta\varepsilon^S_{pd}}}_{\mathrm{P}^{(1)},\ \mathrm{O}^{(0)}_{\mathrm{main}}\ 和\ \mathrm{O}^{(0)}_{aux}} \\
& + \underbrace{Z(P-1,R-1;N_{NS})\mathrm{e}^{-\beta\varepsilon^S_{pd}}\mathrm{e}^{-\beta\varepsilon^S_{rda}}}_{\mathrm{P}^{(1)},\ \mathrm{O}^{(0)}_{\mathrm{main}}\ 和\ \mathrm{O}^{(1)}_{aux}} \\
& + \underbrace{Z(P,R-1;N_{NS})\mathrm{e}^{-\beta\varepsilon^S_{rdm}}}_{\mathrm{P}^{(0)},\ \mathrm{O}^{(1)}_{\mathrm{main}}\ 和\ \mathrm{O}^{(0)}_{aux}} + \underbrace{Z(P,R-1;N_{NS})\mathrm{e}^{-\beta\varepsilon^S_{rda}}}_{\mathrm{P}^{(0)},\ \mathrm{O}^{(0)}_{\mathrm{main}}\ 和\ \mathrm{O}^{(1)}_{aux}} \\
& + \underbrace{Z(P,R-2;N_{NS})\mathrm{e}^{-\beta\varepsilon^S_{rdm}}\mathrm{e}^{-\beta\varepsilon^S_{rda}}}_{\mathrm{P}^{(0)},\ \mathrm{O}^{(1)}_{\mathrm{main}}\ 和\ \mathrm{O}^{(1)}_{aux}} \\
& + \underbrace{Z(P,R-1;N_{NS})\mathrm{e}^{-\beta\varepsilon^S_{rdm}}\mathrm{e}^{-\beta\varepsilon^S_{rda}}\mathrm{e}^{-\beta F_{\mathrm{loop}}}}_{阻遏蛋白/环}
\end{aligned}
\tag{19.29}
$$

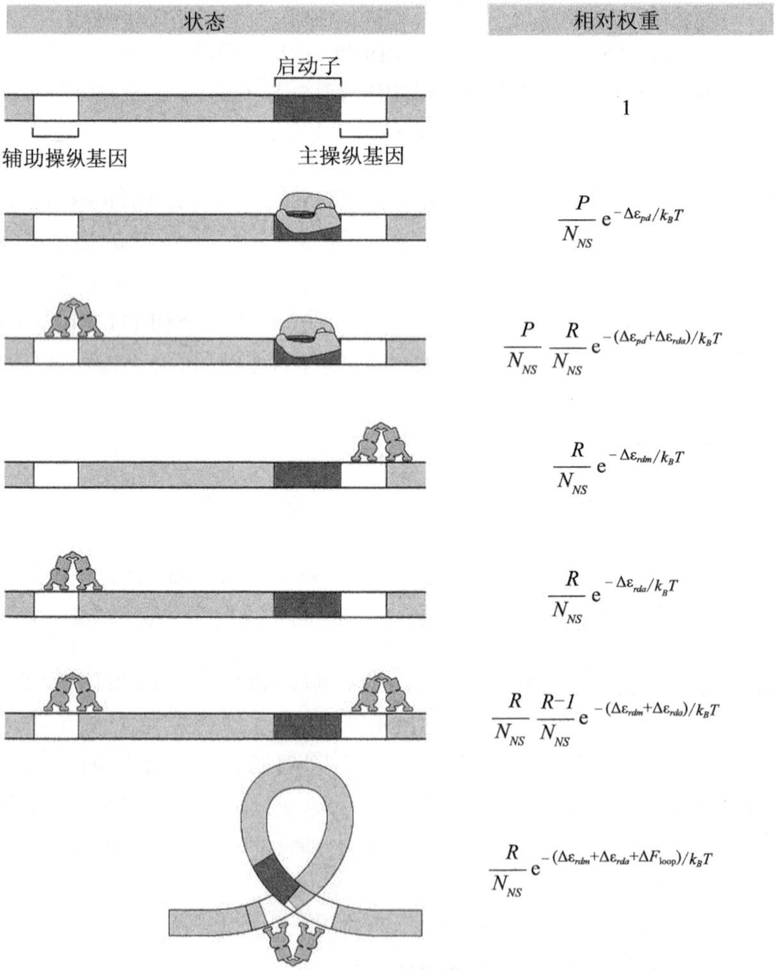

图 19.22　乳糖操纵子成环状态及其权重。每个状态对应于操纵子上的启动子和操纵基因的不同占据情形

式中，ε_{rda} 是阻遏蛋白和辅助操纵基因的结合能；ε_{rdm} 是阻遏蛋白和主操纵基因的结合能。这里的符号明显变得非常笨拙，需要作些适当说明。首先，$\mathrm{P}^{(0)}$、$\mathrm{O}_{\mathrm{main}}^{(0)}$ 和 $\mathrm{O}_{aux}^{(0)}$ 分别表示启动子、主和辅助操纵基因均未被占据。符号 $\mathrm{O}_{\mathrm{main}}^{(1)}$ 表示主操纵基因被占据。含 $\mathrm{P}^{(0)}$、$\mathrm{O}_{\mathrm{main}}^{(1)}$ 和 $\mathrm{O}_{aux}^{(1)}$ 的项表示不同的阻遏蛋白分子结合两个操纵基因的状态。最后一项为成环状态。

表达式中涉及成环自由能项的形式是

$$Z(P,R-1;N_{NS})\mathrm{e}^{-\beta\varepsilon_{rdm}^{S}}\mathrm{e}^{-\beta\varepsilon_{rda}^{S}}\mathrm{e}^{-\beta F_{\mathrm{loop}}} \tag{19.30}$$

因子 $\mathrm{e}^{-\beta F_{\mathrm{loop}}}$ 需要作进一步说明。回顾 $Z(P,R-1;N_{NS})$ 本身已经是对 P 个 RNA 聚合酶分子和 $R-1$ 个阻遏蛋白分子分配到 DNA 上 N_{NS} 个非特异性结合位点的所有不同方式的求和，其中一个阻遏蛋白结合两个操纵基因并使居间 DNA 成环。可是，对每种这样的构型我们还必须对环自身的所有可能的几何构型求和。其对配分函数的真实贡献形式是

$$Z_{\mathrm{looped}}(P,R-1;N_{NS})=\sum_{\mathrm{loops}}Z(P,R-1;N_{NS})\mathrm{e}^{-\beta\varepsilon_{rdm}^{S}}\mathrm{e}^{-\beta\varepsilon_{rda}^{S}}\mathrm{e}^{-\beta\varepsilon_{\mathrm{loop}}} \tag{19.31}$$

式中，$\varepsilon_{\mathrm{loop}}$ 是给定环构型的能量。$\sum_{\mathrm{loops}}$ 提醒我们对所有可能的如图 19.23 所示的环构型求和。因为大部分因子与环构型无关，可以把上式重新写成

$$Z_{\mathrm{looped}}(P,R-1;N_{NS})=Z(P,R-1;N_{NS})\mathrm{e}^{-\beta\varepsilon_{rdm}^{S}}\mathrm{e}^{-\beta\varepsilon_{rda}^{S}}\sum_{\mathrm{loops}}\mathrm{e}^{-\beta\varepsilon_{\mathrm{loop}}} \tag{19.32}$$

这里已经将所有和特定成环状态无关的项从求和中提出。进一步计算得求助于弹性理论以决定 $\varepsilon_{\mathrm{loop}}$，并用无规行走模型作为求和的基础。另一方面，更简单的方案是用 $\mathrm{e}^{-\beta F_{\mathrm{loop}}}$ 代替求和，并把 F_{loop} 当成唯象参数处理，这与我们处理各种结合能的方法一样。

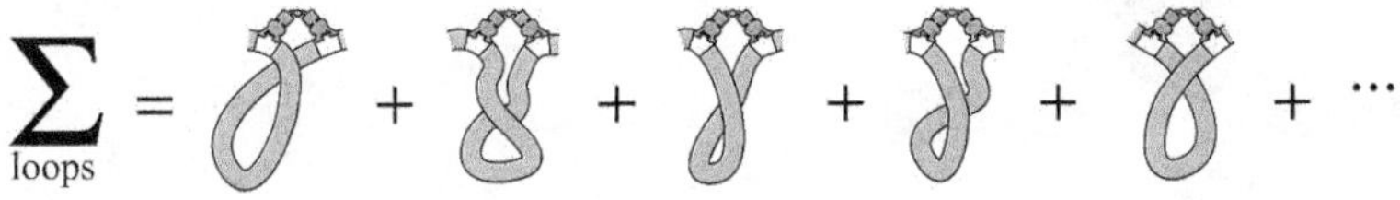

图 19.23　DNA 环求和。$\sum_{\mathrm{loops}}$ 表示对图示所有 DNA 环构象求和

有了配分函数，我们就可以通过成环的配分函数与总配分函数的比值计算出 RNA 聚合酶分子的结合概率，结果是

$$\begin{aligned}p_{\mathrm{bound}}(P,R;N_{NS})=&\frac{P}{N_{NS}}\mathrm{e}^{-\beta\Delta\varepsilon_{pd}}\left(1+\frac{R}{N_{NS}}\mathrm{e}^{-\beta\Delta\varepsilon_{rda}}\right)\\&\times\left[1+\frac{P}{N_{NS}}\mathrm{e}^{-\beta\Delta\varepsilon_{pd}}\left(1+\frac{R}{N_{NS}}\mathrm{e}^{-\beta\Delta\varepsilon_{rda}}\right)+\frac{R}{N_{NS}}\left(\mathrm{e}^{-\beta\Delta\varepsilon_{rdm}}+\mathrm{e}^{-\beta\Delta\varepsilon_{rda}}\right)\right.\\&\left.+\frac{R(R-1)}{(N_{NS})^2}\mathrm{e}^{-\beta(\Delta\varepsilon_{rdm}+\Delta\varepsilon_{rda})}+\frac{R}{N_{NS}}\mathrm{e}^{-\beta(\Delta\varepsilon_{rdm}+\Delta\varepsilon_{rda}+\Delta F_{\mathrm{loop}})}\right]^{-1}\end{aligned} \tag{19.33}$$

这里已经定义了 $\Delta F_{\mathrm{loop}}=F_{\mathrm{loop}}+\varepsilon_{rd}^{NS}$。从这个表达式里我们可以得到调控系数

$$F_{\mathrm{reg}}(R)=\left(1+\frac{R}{N_{NS}}\mathrm{e}^{-\beta\Delta\varepsilon_{rda}}\right)\left[1+\frac{R}{N_{NS}}\left(\mathrm{e}^{-\beta\Delta\varepsilon_{rdm}}+\mathrm{e}^{-\beta\Delta\varepsilon_{rda}}\right)\right.$$

$$+\frac{R(R-1)}{(N_{NS})^2}\mathrm{e}^{-\beta(\Delta\varepsilon_{rdm}+\Delta\varepsilon_{rda})}+\frac{R}{N_{NS}}\mathrm{e}^{-\beta(\Delta\varepsilon_{rdm}+\Delta\varepsilon_{rda}+\Delta F_{\mathrm{loop}})}\Bigg]^{-1} \quad (19.34)$$

为了和穆勒等 (1996) 的结果建立联系, 我们需要写出阻遏度与操纵基因间距的函数表达式。回顾式 (19.26) 给出的阻遏度定义

$$\begin{aligned}\text{阻遏度}(N_{\mathrm{bp}}) &= (F_{\mathrm{reg}})^{-1}\\ &= \Bigg[1+\frac{R}{N_{NS}}(\mathrm{e}^{-\beta\Delta\varepsilon_{rdm}}+\mathrm{e}^{-\beta\Delta\varepsilon_{rda}})+\frac{R(R-1)}{(N_{NS})^2}\mathrm{e}^{-\beta(\Delta\varepsilon_{rdm}+\Delta\varepsilon_{rda})}\\ &\quad +\frac{R}{N_{NS}}\mathrm{e}^{-\beta(\Delta\varepsilon_{rdm}+\Delta\varepsilon_{rda}+\Delta F_{\mathrm{loop}})}\Bigg]\times\left(1+\frac{R}{N_{NS}}\mathrm{e}^{-\beta\Delta\varepsilon_{rda}}\right)^{-1} \quad (19.35)\end{aligned}$$

我们已经把阻遏度表示为环内碱基对数目 (N_{bp}) 的函数, 表明成环自由能 (以及阻遏度) 依赖于两个操纵基因之间的距离。这里采用了弱启动子近似, 即 $(N_{NS}/PF_{reg})\mathrm{e}^{\beta\Delta\varepsilon_{pd}}\gg 1$。为了考察成环结果的意义, 我们考虑这个模型能在多大程度上解释现有的实验数据, 并提议新的实验。注意现有实验已经提供了统计权重中除 ΔF_{loop} 之外的所有参数。那么对于给定长度的环, ΔF_{loop} 应该是在双操纵基因实验中与使用哪种操纵基因组合无关的参数, 因此, 一旦估算出 ΔF_{loop}, 模型就能给出预测。成环自由能的一个简单拟合结果见图 19.24。为了得到这些曲线, 任何单个数据点都可以用来得到成环自由能, 由此预测整条曲线。

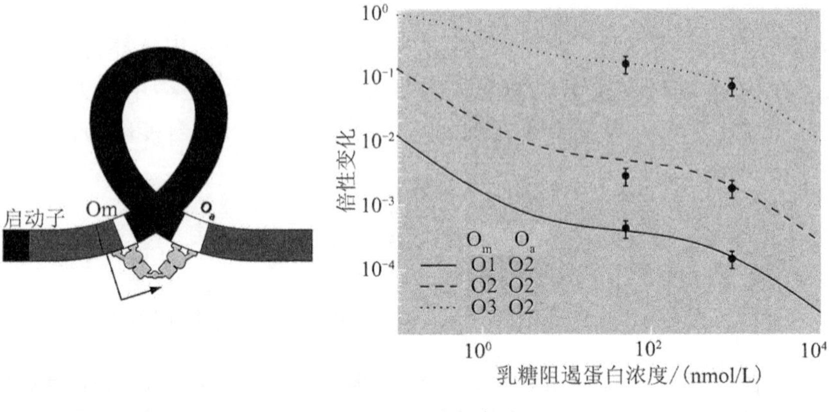

图 19.24　阻遏和成环。利用一组操纵基因的测量结果拟合给出 $\Delta F_{\mathrm{loop}}=9.1k_BT$, 它可以用来研究其他不同操纵基因的多种构型。(数据取自 S. Oehler et al., *EMBO J.* 13: 3348, 1994.)

19.3　调控动力学

19.3.1　RNA 聚合酶和启动子的动力学

至此, 我们对基因调控的处理集中在不同调控模体不依赖于时间的输出结果。但是, 任何胚胎发育清楚地表明, 调控中许多最漂亮的重要问题都集中在与时间相关的调控决

策上。另一个将时间依赖的基因表达问题推到前台并置于中心的例子是对细胞周期的研究。如第 3 章所述, 整组基因在细胞周期的不同时刻进行表达 (见图 3.17 关于新月柄杆菌细胞周期的具体例子)。从细菌到人类的各种生物内不断出现的两个关键动力学模体是开关和振荡器。开关是指细胞可以根据某些环境信号改变调控状态使某些特定基因从“关”变成“开”。能引起振荡的调控回路甚至可以展示出更为丰富的动力学行为。为了弄清开关和振荡器是如何构建出来的, 我们现在研究与时间有关的基因表达问题。

RNA 和蛋白质的浓度可以用速率方程描述

研究基因表达动力学在概念上的出发点是第 15 章引入的速率方程。我们特别要写出调控问题中不同参与分子浓度随时间变化的方程。最简单的情况是只考虑蛋白质浓度随时间变化的动力学描述。可是, 有时描述 mRNA 转录随时间的演化也是很方便的。不管是哪种方式, 我们的策略是考虑某个特殊调控体系, 这个体系中不同单元是相互连接的, 写出这些元素浓度的动力学方程。

在开始对特定调控体系进行动力学分析之前, 我们先要回答调控动力学最基础 (但很重要) 的问题之一。在前几节里我们应用统计力学的依据是 RNA 聚合酶与启动子的结合可以处理成一个平衡过程。在第 15.2.6 节, 我们笼统地展示了一个动力学过程可以视为平衡态问题来处理的条件。在此, 我们以那个普遍条件为基础决定什么时候聚合酶结合的平衡图像是合理的, 何时是不合理的。

估算: 启动子占据和逃逸的时间尺度 我们已经用平衡态统计力学计算 RNA 聚合酶和启动子结合的概率以及这个概率是如何受不同转录因子影响。然而, 这种计算的合理性是建立在 RNA 聚合酶与 DNA 的结合可以处理成平衡的结合过程。

RNA 聚合酶和启动子结合并导致转录延伸的一个最简单模型如下

$$\mathrm{P}+\mathrm{D} \underset{k_{-1}}{\overset{k_1}{\leftrightarrows}} \mathrm{PD}_c \underset{k_{-2}}{\overset{k_2}{\leftrightarrows}} \mathrm{PD}_o \overset{k_{\mathrm{clear}}}{\rightarrow} \text{延伸} \tag{19.36}$$

这里 P 是自由的 RNA 聚合酶, D 是未被结合的启动子。PD_c 是闭链复合物, 它相当于 RNA 聚合酶与启动子结合之后的产物。随后导致开链复合物 PD_o 的形成, 其中 DNA 链被打开。最后 RNA 聚合酶离开启动子并开始转录过程, 这将导致一个完整的转录延伸过程或者导致一个无效的起始过程。

如果我们试图用平衡态统计力学描述聚合酶的结合和去结合形成闭链复合物的过程, 需要满足的最苛刻条件是 $k_{\pm1} \gg k_{\pm2}$。在开放复合物形成之前如果 RNA 聚合酶有时间与启动子多次结合和去结合, 则我们可以把第一步等效成一个平衡步骤, 并定义它的平衡常数 $K_{eq}=k_{-1}/k_{+1}$。

19.3.2 基 因 开 关

基因开关是所有生物遗传过程的重要组成部分。为了更详细地探索这些开关的行为, 可以在大肠杆菌中构造这些开关, 在这种体系中开关的基因产物是荧光蛋白, 而开关的切换可以通过观测细胞的荧光状态读出。这种合成开关的实验数据显示在图 19.25 中。

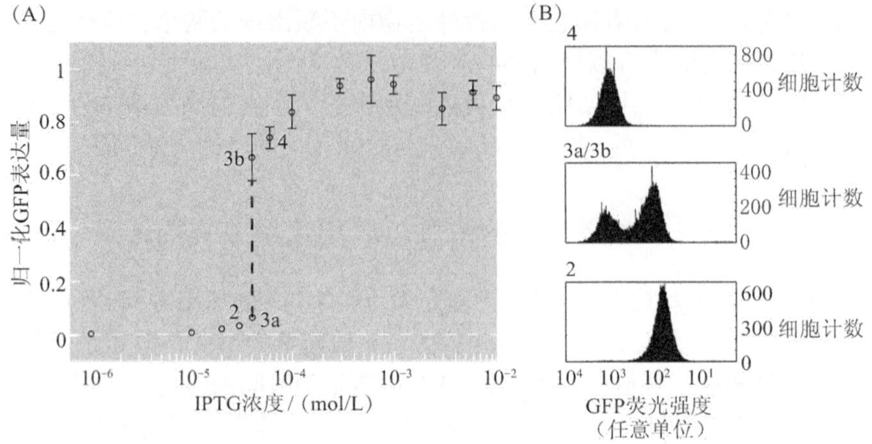

图 19.25　数据证实大肠杆菌细胞内基因开关的切换。(A) 包含基因开关的大肠杆菌菌群的平均荧光强度与切换开关的诱导分子浓度的函数关系。此处, IPTG (一种乳糖类似物) 是诱导分子, 它和乳糖阻遏蛋白结合使其产生一个别构变化, 从而削弱了后者的亲和力。(B) 来自流式细胞仪的数据展示了不同诱导分子浓度下的单细胞荧光分布。标记对应于 (A) 中曲线上的点。相同诱导分子浓度下出现两个细胞群 (对应为 2 个荧光强度峰) 揭示了系统的双稳性。(摘自 T. S. Gardner et al., *Nature*. 403: 339, 2000.)

上述开关是由两个互相调控转录过程的阻遏蛋白构成, 如图 19.26 所示。第一个基因的产物作为第二个基因的阻遏蛋白。反过来, 第二个基因的产物又作为第一个基因的阻遏蛋白。c_1 和 c_2 分别代表这两种蛋白质的浓度。下面写出 $\mathrm{d}c_1/\mathrm{d}t$和$\mathrm{d}c_2/\mathrm{d}t$ 的方程。考虑两类改变这些蛋白质浓度的过程。第一类是蛋白质随时间的降解, 因降解引起的浓度变化可以写成 $\mathrm{d}c_1/\mathrm{d}t = -Kc_1$。第二类过程是蛋白质 2 可以与启动子 1 结合从而阻遏产生蛋白质 1, 反之亦然。为了刻画这个效应, 我们引入形式为 $\gamma(1-p_{\text{bound}})$ 的项, 其中 γ 是基础产率, p_{bound} 是阻遏蛋白结合的概率, 即当 $p_{\text{bound}}=1$ 时表示不产生蛋白质, 而 $p_{\text{bound}}=0$ 时, 蛋白质的产率等于基础产率。回顾第 6 章用希尔 (Hill) 函数描述结合, 则

$$p_{\text{bound}}(c_1) = \frac{K_b c_1^n}{1+K_b c_1^n} \tag{19.37}$$

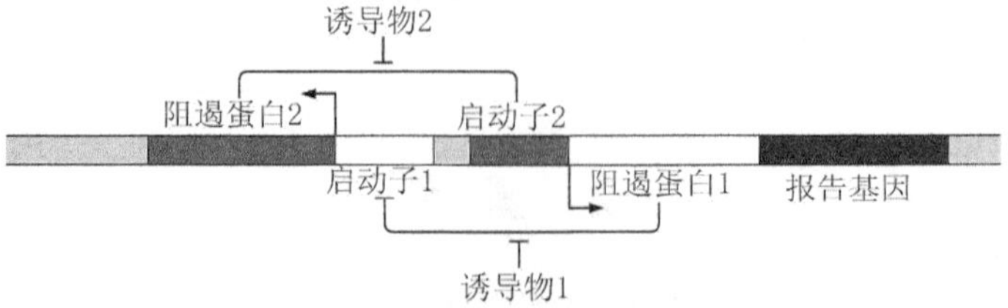

图 19.26　基因开关的调控体系。两个启动子都在对方基因产物的转录调控之下

其中 K_b 为阻遏蛋白的结合常数。这意味着蛋白质 2 的产率是

$$\gamma(1-p_{\text{bound}})=\frac{\gamma}{1+K_b c_1^n} \tag{19.38}$$

直接用希尔函数 (见第 6.4.3 节) 而不是用统计力学方法给出 p_{bound}, 目的是与原始文献保持一致。读者将在本章课后习题中用 p_{bound} 探索这个回路的行为。注意我们这里对结合常数的处理与第 6.4.3 节稍有不同, 这也是为了与原始文献保持一致。

应用上述概念框架, 可以写出基因开关的化学速率方程

$$\begin{aligned}\frac{\mathrm{d}c_1}{\mathrm{d}t}&=-Kc_1+\frac{\gamma}{1+K_b c_2^n},\\ \frac{\mathrm{d}c_2}{\mathrm{d}t}&=-Kc_2+\frac{\gamma}{1+K_b c_1^n}.\end{aligned} \tag{19.39}$$

右边第一项对应于蛋白质的降解, 为了简单起见假定这两种蛋白质的降解速率 (用参数 K 表示) 是相同的。对于比细胞周期更长的时间尺度上仍保持稳定的蛋白质 (如这个回路中的阻遏蛋白) 来说, 其稀释速率由细胞倍增时间和随后的蛋白质在两个子细胞间的稀释过程决定。因此, 在这些条件下, 有效蛋白质降解速率是相同的, 它由细胞分裂时间设定。右边第二项刻画了蛋白质的产生速率。如上所述, 基础产率由参数 γ 表征。然而, 阻遏蛋白与启动子结合后, 这个产率会下降。为了简单起见, 假设两种基因的基础产率以及表征阻遏蛋白与位点之间亲和性的结合常数都分别相等。真实的调控回路未必是这样的, 但为了描述这个回路的基本功能, 这些假设已经足够了。隐含在这些速率方程中的另一个概念性简化是阻遏蛋白的结合可以由希尔系数为 n 的希尔函数描述。

从数学角度看, 我们想知道式 (19.39) 能否给出类似开关的解。参数空间中存在两个区域, 其一是两种分子浓度相等的单稳定解 (肯定不是一个开关), 其二才是更有趣的区域, 它有两个稳定解, 它们之间能区分开来是因为一种蛋白的浓度远大于另一种蛋白的浓度。当参数值使稳态解是后一类型时, 则基因网络就能呈现出开关行为。

为了简化该回路的数学分析, 采用式 (19.39) 的无量纲形式。用 $K_b^{-1/n}$ 为单位度量 c_1 和 c_2, 以及用 K^{-1} 度量时间, 则回路方程约化成

$$\begin{aligned}\frac{\mathrm{d}u}{\mathrm{d}t}&=-u+\frac{\alpha}{1+v^n}\\ \frac{\mathrm{d}v}{\mathrm{d}t}&=-v+\frac{\alpha}{1+u^n}\end{aligned} \tag{19.40}$$

这里的参数 $\alpha=\gamma K_b^{1/n}/K$ 以及希尔系数 n 是仅有的无量纲参数。我们已经引入符号 u 代表对应于 c_1 的无量纲浓度, v 代表对应于 c_2 的无量纲浓度。现在的目标是寻找式 (19.40) 的稳态解, 并分析这些解对 α 和希尔系数取不同值的稳定性。

为了得到速率方程的稳态解, 我们令它的时间导数为零, 由于方程对于 u 和 v 是对称的, 我们立即得出

$$u^*=v^*=\frac{\alpha}{1+v^{*n}} \tag{19.41}$$

总是一个解。因为此时两种蛋白质的浓度都是一样的, 很明显, 这个结果并不存在开关行为。那么是否有其他能显示出开关行为的解呢? 决定稳态解 u^* 和 v^* 的方程具有形式

$x = f(f(x))$, 其中 $f(x) = \alpha/(1+x^n)$。为了看出这一点, 首先从第一个方程中解出 u, 然后再把这个结果代到第二个方程里。因为函数 f 是单调递减的, 即 x 值越大意味着 $f(x)$ 越小。所以组合 $f \circ f$ 则是单调递增函数, 就像函数 x 自身那样。因此有可能是两条曲线 x 和 $f(f(x))$ 交点不止一个, 这将导致多个稳态解。详细的稳定性分析在本章末尾的附录中给出。

为了使分析变得清晰, 考虑希尔系数 $n = 2$ 的可以解析处理的情形。阻遏蛋白浓度 u^* 的稳态方程是

$$u^* = \frac{\alpha}{1+\left(\dfrac{\alpha}{1+u^{*2}}\right)^2} \tag{19.42}$$

同样方程也对 v^* 成立。经几步代数变换可以把上述方程化成简单多项式乘积的形式, 即

$$(u^{*2} - \alpha u^* + 1)(u^{*3} + u^* - \alpha) = 0 \tag{19.43}$$

因此, 基因开关的速率式 (19.40) 的稳态解就是上述方程中两个多项式的根。

图 19.27 画出了不同 α 值的三次多项式曲线, 由此看出三次多项式有一个实根。从数学上严格证明这一点的方法是注意到该多项式的一阶导数 $3u^{*2}+1$ 总是正的, 这就意味着该函数是严格递增的, 因此它和 u^*- 轴相交最多只有一次。交点对应于平衡态, 此时两种阻遏蛋白的浓度相等, 因为方程 $u^{*3} + u^* - \alpha = 0$ 可以重新写为 $u^* = \alpha/(1+u^{*2})$, 而这个方程的右边恰好是 v^*。

如图 19.27 (B) 所示, 方程 (19.43) 中的二次多项式可以有一个、两个或者零个根, 这取决于 α 值。对于 $\alpha < 2$, 没有根; 对 $\alpha > 2$, 该多项式有两个根; 而对于临界值 $\alpha_c = 2$, 它有一个根为 $u^* = 1$。对于有两个根的情形, u^* 和 v^* 的两个稳态值对应于这两个根代入公式后的换算值。即, 给定 u^*, 则相应的 v^* 可以由 $v^* = \alpha/(1+u^{*2})$ 计算得到。假如 u^* 是式 (19.43) 中二次多项式的根, 那么对于这样 u^* 和 v^* 的值, 等式 $u^* + v^* = \alpha$ 总是成立。

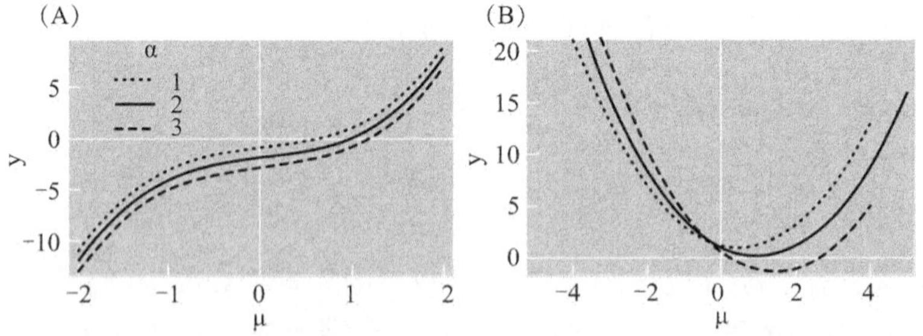

图 19.27 基因开关中蛋白质浓度的稳态解。(A) 对不同 α 值画出函数 $y = u^3 + u - \alpha$ 的图像。解 u^* 对应于曲线和 u-轴的交点。(B) 对不同 α 值画出函数 $y = u^2 - \alpha u + 1$ 的图像。根据 α 的选择, 曲线和 u-轴的交点可以有零个、一个或两个

鉴于以上分析, 我们看到, 对 $\alpha < 2$, 基因开关只存在一个 $u^* = v^*$ 稳定平衡态, 而对 $\alpha > 2$ 它有两个稳定态和一个不稳定态。在后面一种情况, 不稳定态是两种阻遏蛋白的浓度相同的状态, 而稳定平衡态对应的浓度要么是 u 过量, 要么是 v 过量。

速率方程 (19.40) 给出的系统的动力学行为也可以用相图来研究 (参看下述“数学技巧”)。思路是将 $\mathrm{d}u/\mathrm{d}t$ 和$\mathrm{d}v/\mathrm{d}t$ 看成速度矢量的两个分量, 由此画出每点 (u,v) 上的速度场。稳态解对应于相图中速度矢量为零的点。如果对任何离开那个点的小偏移, 它上面的所有速度矢量仍然指向解对应的点, 则这种点表示的解是稳定的。图 19.28 展示了这种思想, 其中 α 的选取值有两个。这种相图提供了基因开关动力学很方便的图解。也就是说, 对于给定初始浓度 u_0 和 v_0, 为了看到浓度如何随时间演化, 我们所要做的就是跟踪相图中由箭头表示的相流。因此可以得出如下结论, 即速率方程的稳定平衡解与 $u-v$ 平面内相流从各个方向汇聚的那些点有关, 越接近这些点, 相流速度变得越慢; 而对于非稳定平衡解, 至少有一个方向上的相流是发散的。

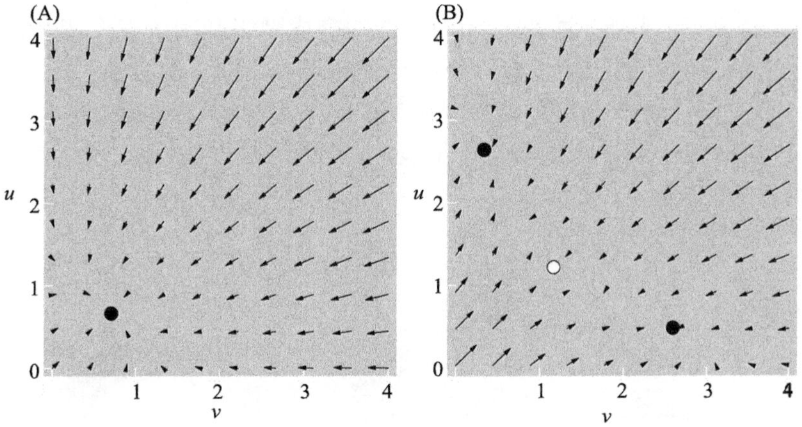

图 19.28 基因开关动力学的图形表示。基因开关的相图: (A) $\alpha=1$ 和 (B) $\alpha=3$。实心圆点代表稳定平衡态, 空心圆点代表不稳定态

数学技巧: 相图和速度场 就像我们在本书中多次提到的那样, 相当多的情形下, 某些系统的动力学涉及如下形式的耦合速率方程

$$\begin{aligned}\frac{\mathrm{d}x}{\mathrm{d}t}&=f(x,y)\\ \frac{\mathrm{d}y}{\mathrm{d}t}&=g(x,y)\end{aligned} \tag{19.44}$$

式中, $f(x,y)$ 和 $g(x,y)$ 是非线性函数。相图的思想是用图示法描绘速率方程决定的“流”。具体地, 我们可以想象一个速度场 $\mathbf{v}(x,y)=(\mathrm{d}x/\mathrm{d}t,\mathrm{d}y/\mathrm{d}t)$, 它描述了系统在下一时刻将要“移动”的方向。对于给定的初始条件 (x_0,y_0), 可以通过跟踪箭头来获知系统的后续动力学。从稳定性分析的角度来看, 相图上最有意义的点就是那些不动点。在这些点上向量场满足 $\mathbf{v}(x^*,y^*)=0$。换句话说, 如果选择 (x^*,y^*) 作为初始点, 系统将在原位不同。稳定性是由不动点附近箭头的指向决定。如果所有箭头都指向那个不动点, 该点称为稳定不同点, 否则它是非稳定不动点。这类图形分析是研究非线性耦合方程动力学非常有效的定性工具。

19.3.3 基因网络的振荡

第二类重要的调控模体也会导致蛋白质产物的浓度出现振荡现象。最著名的生物学振荡器也许是那些能够驱动细胞周期的振子。就像分析基因开关那样, 振荡基因网络的分析主要是针对合成的阻遏振子。基本思路是利用各种基因调控元件以及表达 GFP 的报告基因构造一组耦合基因, 其产物的相互作用会导致 GFP 浓度随时间变化。从耦合速率方程的观点看来, 振荡解的存在并没有什么新意。可是, 此处描述的实验的有趣特征是这种耦合速率方程以基因网络的形式在细菌体内实现了振荡。

如图 19.29 所示, 为展示振荡行为而构造的合成网络利用了三个相互作用的启动子, 其中第一个启动子的基因产物是第二个启动子的阻遏蛋白。类似地, 第二个启动子的基因产物阻遏第三个启动子。最后, 第三个启动子的基因产物反过来阻遏第一个启动子。这个回路构造在质粒上。第二个质粒包含了表达 GFP 的报告基因, 它受到这个振荡网络中某个阻遏蛋白的控制。

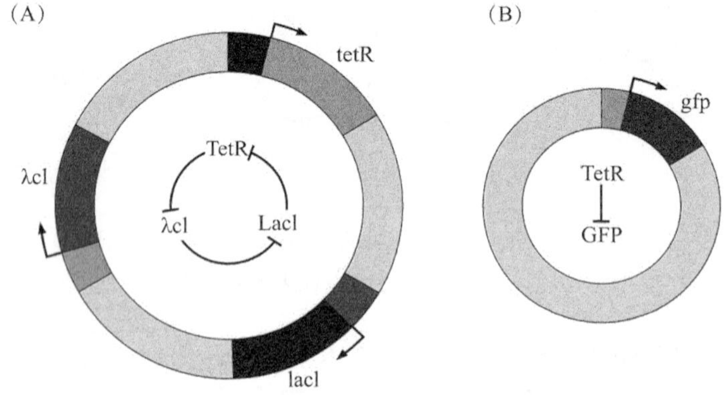

图 19.29 构造阻遏振子的基因和基因产物示意图。(A) 包含相关调控元件的质粒以及 (B) 包含报告基因的质粒。(取自 M. B. Elowitz and S. Leibler, *Nature,* 403: 335, 2000.)

图 19.30 显示了上述构造的实验结果。特别是图 19.30 (A) 展示了实验中不同阶段的大肠杆菌细胞的一系列快照。注意实验的时间尺度是由与 GFP 表达相关的振荡周期设定的, 量级是 1 小时。图 19.30 (B) 是实验结果更加定量的描述, 即单细胞平均荧光强度的时间演化图。实验非常清晰地揭示出振荡特征, 同样可以清楚地看到整个荧光强度有一个背景增强, 这与蛋白质在细胞中的积累紧密相关。

如上所述, 该振荡网络由三个阻遏蛋白组成, 它们彼此抑制对方的表达: 蛋白 1 阻遏了基因 2 的表达, 基因 2 的产物蛋白 2 阻遏基因 3 的表达, 而蛋白 3 又阻遏基因 1 的表达。描述 mRNA 和蛋白质随时间演化的速率方程为

$$
\begin{aligned}
\frac{\mathrm{d}m_i}{\mathrm{d}t} &= -K_m m_i + \frac{\gamma}{1+K_b p_{i-1}^n} + \gamma_0 \\
\frac{\mathrm{d}p_i}{\mathrm{d}t} &= -K_p p_i + T m_i
\end{aligned}
\tag{19.45}
$$

式中, m_i 和 $p_i(i=1,2,3)$ 分别是 mRNA 和蛋白质的浓度 (注意对于 m_1 的方程, $p_0\equiv p_3$)。为简单起见, 我们选择 K_p 和 K_m 分别为蛋白质和 mRNA 降解的速率常数、γ 为 mRNA 转录速率常数、T 为翻译速率常数、K_b 为阻遏蛋白结合常数以及 γ_0 为阻遏蛋白的漏读速率常数, 三种蛋白质取相同的参数。模型的最后一个参数为希尔系数 n, 它反映了阻遏蛋白结合的协同度。

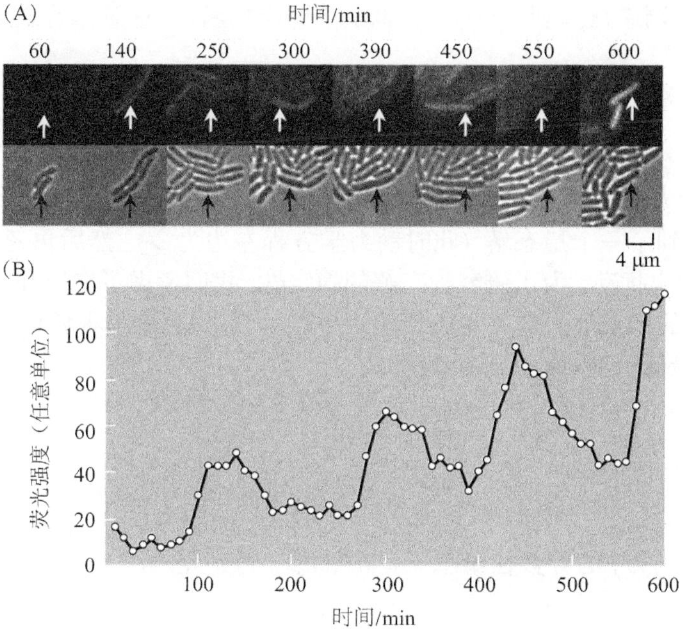

图 19.30 处于阻遏振荡周期不同阶段的细胞。(A) 作为时间函数的细菌分裂的快照, 顶行显示了细胞的荧光图像, 底行显示的是细胞的亮场图像。(B) 箭头所标示的单细胞 GFP 荧光强度与时间的函数关系。(取自 M. B. Elowitz and S. Leibler, *Nature,* 403: 335, 2000.)

与考虑基因开关类似, 用 $K_b^{-1/n}$ 为单位度量 p_i, $K_p/(TK_b^{1/n})$ 度量 m_i, 时间单位为 K_m^{-1}。则式 (19.45) 简化成

$$\begin{aligned}\frac{\mathrm{d}m_i}{\mathrm{d}t}&=-m_i+\frac{\alpha}{1+p_{i-1}^n}+\alpha_0\\\frac{\mathrm{d}p_i}{\mathrm{d}t}&=-\beta p_i+\beta m_i\end{aligned}\tag{19.46}$$

新参数分别是

$$\begin{aligned}\alpha&=\frac{\gamma K_b^{1/n}T}{K_pK_m}\\\alpha_0&=\frac{\gamma_0K_b^{1/n}T}{K_pK_m}\\\beta&=\frac{K_p}{K_m}\end{aligned}\tag{19.47}$$

为了画出阻遏振子方程描述的相图, 我们先寻找稳态解。为此设定速率方程左边的

所有时间导数为零, 对所有蛋白质和 mRNA 立即有 $p_i = m_i$。然后将 mRNA 浓度方程改写成

$$m_i = f(f(f(m_i))) \tag{19.48}$$

其中函数

$$f(x) = \frac{\alpha}{1+x^n} + \alpha_0 \tag{19.49}$$

因为函数 f 是单调递减, 因此 $f \circ f \circ f$ 也是单调递减函数, 这意味着式 (19.48) 只有一个解

$$m = \frac{\alpha}{1+m^n} + \alpha_0 \tag{19.50}$$

下面我们探讨该稳态解的稳定性。

分析上述动力学方程组定性特征的标准方法之一是在不动点附近作线性稳定性分析。也就是说, 先找到了一个稳态解 (此时动力学方程左边为零), 然后再考察系统如何响应这些稳态附近的小扰动。为了研究稳态解的稳定性, 我们考虑蛋白质和 mRNA 浓度偏离式 (19.50) 给出的稳态解一个小量的影响。用 δp_i 和 δm_i 表示小偏移量, 化学动力学式 (19.46) 保留到最低阶项具有如下线性形式

$$\begin{aligned} \frac{\mathrm{d}\delta m_i}{\mathrm{d}t} &= -\delta m_i + X\delta p_{i-1} \\ \frac{\mathrm{d}\delta p_i}{\mathrm{d}t} &= -\beta(\delta p_i - \delta m_i) \end{aligned} \tag{19.51}$$

式中, 参数 X 为 $f(x)$ 的导数在稳态 $x = m$ 的值。特别是

$$X = -\frac{\alpha n m^{n-1}}{(1+m^n)^2} \tag{19.52}$$

6 个一阶微分方程可以写成如下矩阵形式

$$\frac{\mathrm{d}\mathbf{v}}{\mathrm{d}t} = \hat{\mathbf{A}}\mathbf{v} \tag{19.53}$$

其中

$$\hat{\mathbf{A}} = \begin{pmatrix} -1 & 0 & 0 & 0 & 0 & X \\ 0 & -1 & 0 & X & 0 & 0 \\ 0 & 0 & -1 & 0 & X & 0 \\ \beta & 0 & 0 & -\beta & 0 & 0 \\ 0 & \beta & 0 & 0 & -\beta & 0 \\ 0 & 0 & \beta & 0 & 0 & -\beta \end{pmatrix} \tag{19.54}$$

和

$$\mathbf{v} = \begin{pmatrix} \delta m_1 \\ \delta m_2 \\ \delta m_3 \\ \delta p_1 \\ \delta p_2 \\ \delta p_3 \end{pmatrix} \tag{19.55}$$

线性化速率方程的形式解是

$$\mathbf{v}(t) = \mathrm{e}^{\hat{\mathbf{A}}t}\mathbf{v}(0) \tag{19.56}$$

而对于任意 $\mathbf{v}(0)$, 稳定意味着 $\mathbf{v}(t)$ 在长时极限下必须趋于零, 即矩阵 $\hat{\mathbf{A}}$ 的所有本征值为负。对于复本征值情形, 我们要求实部为负。如果该条件不满足的话, 偏离稳态的偏移量将会随时间增加, 导致新的行为, 譬如蛋白质和 mRNA 浓度发生振荡。

矩阵 $\hat{\mathbf{A}}$ 的本征值满足方程

$$\hat{\mathbf{A}}\begin{pmatrix}\delta\mathbf{m}\\ \delta\mathbf{p}\end{pmatrix} = \lambda\begin{pmatrix}\delta\mathbf{m}\\ \delta\mathbf{p}\end{pmatrix} \tag{19.57}$$

式中, $\delta\mathbf{m} = (\delta m_1, \delta m_2, \delta m_3)^{\mathrm{T}}$, $\delta\mathbf{p}$ 有类似的表达式。符号 ^{T} 表示“转置”, 提醒我们处理的实际上是一个列向量。本征值 λ 很容易算出。联立式 (19.54) 和式 (19.57) 可以得出

$$\begin{pmatrix}-\delta\mathbf{m} + \hat{\mathbf{X}}\delta\mathbf{p}\\ \beta\delta\mathbf{m} - \beta\delta\mathbf{p}\end{pmatrix} = \lambda\begin{pmatrix}\delta\mathbf{m}\\ \delta\mathbf{p}\end{pmatrix} \tag{19.58}$$

其中

$$\hat{\mathbf{X}} = \begin{pmatrix}0 & 0 & X\\ X & 0 & 0\\ 0 & X & 0\end{pmatrix} \tag{19.59}$$

这些方程可以用 $\delta\mathbf{p}$ 解出,

$$\begin{aligned}\delta\mathbf{m} &= \frac{\lambda+\beta}{\beta}\delta\mathbf{p}\\ \hat{\mathbf{X}}\delta\mathbf{p} &= \frac{(\lambda+1)(\lambda+\beta)}{\beta}\delta\mathbf{p}\end{aligned} \tag{19.60}$$

我们得出的结论是, 矩阵 $\hat{\mathbf{A}}$ 的本征值 λ 可以从矩阵 $\hat{\mathbf{X}}$ 的本征值 τ 求得, 只须求解如下二次方程

$$\frac{(\lambda+1)(\lambda+\beta)}{\beta} = \tau \tag{19.61}$$

因为矩阵 $\hat{\mathbf{X}}$ 与三个指标的循环置换成比例, 后者的本征值是单位圆的立方根, 所以 $\tau_{1,2,3} = X,\ Xe^{i2\pi/3},\ Xe^{i4\pi/3}$。而对应每个 τ, $\hat{\mathbf{A}}$ 有两个本征值, 即

$$\lambda = \frac{1}{2}\left[-(1+\beta) \pm \sqrt{(1-\beta)^2 + 4\beta\tau}\right] \tag{19.62}$$

是式 (19.61) 的解。为了使速率方程的稳态解稳定, 所有 6 个本征值的实部必须为负值。

首先考虑 τ_1 导出的一对本征值

$$\lambda_{1,2} = \frac{1}{2}\left[-(1+\beta) \pm \sqrt{(1-\beta)^2 + 4\beta X}\right] \tag{19.63}$$

两个本征值都是实数, 为了使它们都是负数, 则要求 $X < 1$。根据定义式 (19.52), X 是负数, 因此该条件自动满足。

再考虑两个复本征值 $\tau_{2,3}$。我们马上就会看到, 它们导出的关于 X 和 β 的条件相同。把 $\tau_2 = X\mathrm{e}^{i2\pi/3}$ 代入式 (19.62), 得到如下条件

$$Re\left[-(1+\beta) \pm \sqrt{(1-\beta)^2 - 2\beta X + 2\sqrt{3}\beta X i}\right] < 0 \tag{19.64}$$

把根号内的复数写成极坐标形式, $(1-\beta)^2-2\beta X+2\sqrt{3}\beta X\mathrm{i}=\rho\mathrm{e}^{i\phi}$, 上面的不等式就约化成

$$-\rho^{1/2}\cos\frac{\phi}{2}<1+\beta \tag{19.65}$$

其中

$$\begin{aligned}\rho\cos\phi&=(1-\beta)^2-2\beta X\\ \rho\sin\phi&=2\sqrt{3}\beta X\end{aligned} \tag{19.66}$$

不等式 (19.64) 左边已经选择了负号; 因为 $\sqrt{\rho}\cos\phi/2<0$ 时有正号的不等式是自动满足的。对不等式 (19.65) 两边进行平方, 利用三角公式 $\cos^2(\phi/2)=(1+\cos\phi)/2$ 后对方程两边再次平方, 并将式 (19.66) 的 ρ 和 $\cos\phi$ 代入得

$$(4+2X)(1+\beta)^2-3\beta X^2>0 \tag{19.67}$$

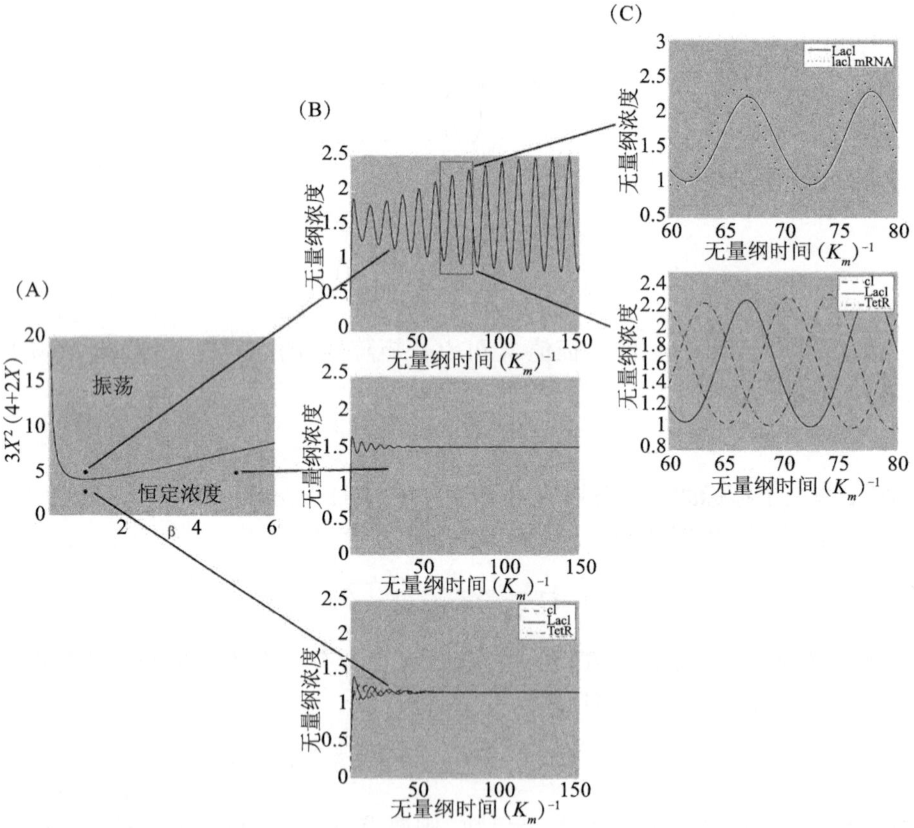

图 19.31　无量纲阻遏振子方程的解。(A) 稳定性图表明存在稳定稳态解的参数域。(B) 三种不同参数选择下蛋白质浓度随时间的演化。顶部: $\alpha=5.0$, $\beta=1.0$; 中间: $\alpha=5.0$, $\beta=5.0$; 底部: $\alpha=3.0$, $\beta=1.0$。在所有三种情形中, 希尔系数 $n=2$ 以及 $\alpha_0=0$. 初始条件均为 $m_1=0.2$, $m_2=0.1$, $m_3=0.3$, $p_1=0.1$, $p_2=0.4$, $p_3=0.5$。(C) mRNA 浓度与蛋白质浓度的关系以及三种蛋白质浓度的放大图

注意这个结果与 $\rho\sin\phi$ 的符号无关, 而这是本征值 τ_2 与 τ_3 唯一不同的地方。因此, 不等式 (19.67) 是线性化阻遏振子式 (19.56) 的解对任意初始条件都衰减的唯一条件。这里的初始条件对应于蛋白质和 mRNA 与稳态浓度的初始偏移量。进一步注意线性化方程的第一对本征值成为复共轭时稳态解变得不稳定, 表明该不稳定导致振荡解。通过数值方法求解完整的非线性阻遏振子方程可以验证这一点。

为了更好地理解系统可能到达的状态, 图 19.31 展示了在不同参数选择下无量纲速率方程 (19.46) 的解。我们发现, 当参数选在不稳定区域时, 三种蛋白质浓度随着时间演化出现振荡行为。

这个分析的关键点是表明像阻遏振子这样的基因回路可以出现稳定振荡行为。不仅如此, 这里的线性稳定性分析提醒我们, "弹簧"的概念会出人意料地出现在各种问题的数学分析里。这种观点已经在图 1.12 中介绍过。两个例子 (基因开关和阻遏振子) 阐明如何将时间加到基因网络的分析里。在完整处理调控网络动力学的问题上, 我们还得补充如何处理基因表达在空间上的变化。

19.3.4 反应–扩散模型

至此, 我们考虑速率方程是假设浓度在空间上是均匀的。可是在很多例子中, 转录因子或基因产物的浓度在空间上是变化的。最熟悉并且在概念上相当重要的例子之一是第 2.3.3 节介绍的果蝇横剖面图中前—后模式发育的构建。果蝇早期胚胎发育过程存在一个有趣的问题是形态发生素的空间模式是如何产生的。举个例子, Eve 的第二条纹形成是由最小条纹单元调控的, 该单元能够把当前的 Bicoid、驼背、巨型和 Krüppel (图 19.2) 的浓度分布转化成 *eve* 基因的表达。作为 *eve* 表达的输入模式本身又是果蝇发育程序先前步骤的输出。因此我们会有这样的问题: 初始条件是什么? 它又是怎么建立起来的?

浓度表现出前-后模式发育的第一种形态发生素是 Bicoid。Bicoid 蛋白由母系 *bicoid* mRNA 产生, 出现在胚胎的前端。一旦 Bicoid 在前端产生, 就会沿整个胚胎扩散, 并逐渐降解, 因此从胚胎前端到后端, Bicoid 浓度呈现指数衰减。

为了能同时考虑诸如 Bicoid 这样的转录因子的时空依赖性, 一个非常有用的方法是所谓的"反应-扩散方程"。这些方程融合了第 13 章的扩散及第 15 章的速率方程的思想。其观点是不同反应物和产物在扩散的同时也可以改变自己的身份。这种分析的概念出发点是各种分子的浓度必须提升为时间和空间的完整函数。例如, 针对 Bicoid, 我们引入场 $[\mathrm{Bcd}](\mathbf{r},t)$。为简单起见, 我们假设浓度分布是一维的 (考虑一维的果蝇胚胎), 因此浓度可以写成 $[\mathrm{Bcd}](x,t)$。我们进一步假设 Bicoid 服从的唯一"反应"是随时间的衰减。

沿着前–后轴线的 Bicoid 浓度满足速率方程

$$\frac{\partial[\mathrm{Bcd}]}{\partial t}=D\frac{\partial^2[\mathrm{Bcd}]}{\partial x^2}-\frac{1}{\tau}[\mathrm{Bcd}] \tag{19.68}$$

式中, D 是蛋白质的扩散系数; τ 是平均寿命。方程右边的第二项是"源"项, 它解释了即使扩散不存在, Bicoid 的浓度 也可以通过平均寿命为 τ 的衰减过程发生变化。因为胚胎前端区域 $(x=0)$ 是 Bicoid 的源, 我们可以预料系统会发展成一个稳态, 由一个不随时间

变化的浓度分布描述。在这种情况下, Bicoid 的浓度满足如下方程

$$D\frac{\mathrm{d}^2[\mathrm{Bcd}]}{\mathrm{d}x^2} - \frac{1}{\tau}[\mathrm{Bcd}] = 0 \tag{19.69}$$

它的解是

$$[\mathrm{Bcd}] = [\mathrm{Bcd}]_0 \mathrm{e}^{-x/\lambda} \tag{19.70}$$

式中, $[\mathrm{Bcd}]_0$ 是前端的浓度; 而 $\lambda = \sqrt{D\tau}$ 是一个特征长度, 浓度在该长度上衰减一个 e 因子。

这个预期的指数分布已经在果蝇胚胎实验中测量到, 且 $\lambda = 100\mu\mathrm{m}$。一个很有趣的现象是, 在所有长度差距不超过 10 倍的果蝇胚胎中, 特征长度大约与胚胎长度成正比关系。形态发生素条纹和其他模式与胚胎尺寸的恰当比例关系是非常必要的, 它导致各部分成比例发育。虽然我们已经引入了扩散—降解模型, 关于它的起源却完全不清楚, 因为看起来它的扩散系数和降解速率应该都与胚胎的尺寸无关。这个高度简化的例子只是为了引起读者关于调控网络全时空描述必要性的兴趣。

19.4 信号转导

基因调控网络对于所有生物的功能来说无疑具有中心地位。当然, 生物体内还有许多其他过程, 虽然调控动力学仍是关键因素, 但并不涉及基因转录。这尤其表现在某些生物过程发生得太快以至于对新基因的转录没有产生影响。这些信号网络包括一系列蛋白质及其伙伴配体, 它们连接在一起并相互作用, 从而影响某些酶的活性。举个例子, 跨膜受体蛋白能够与胞外的配体结合, 结果受体蛋白的胞内结构域随之发生构型变化, 从而激活蛋白激酶的活性, 进而又导致其他某些蛋白的磷酸化从而使自身活化。本节剩余部分将提供上述信号转导的例子, 并对其行为构建简单的模型。

19.4.1 细菌的趋化性

我们十分了解的一个有趣例子是细菌的趋化性。细菌摄取诸如糖类和氨基酸等小分子营养物质用作基本的构建模块, 这些在第 3 章已经估算过。完成一个细胞分裂周期, 细菌要摄取巨量 (超过 10^9) 的葡萄糖分子。很明显, 若周围环境中葡萄糖分子浓度越高, 这个过程就进行得越快。因此, 细菌应该在水环境中主动寻找富含葡萄糖分子的区域。细菌为此进化出一整套精致且极为有效的系统。

正如在第 4.4.4 节中所述, 包括大肠杆菌和沙门菌等在内的细菌都是利用转动鞭毛马达实现游动的 (每个细菌细胞都有数根鞭毛, 它们同步工作)。细菌对马达转子的唯一控制点就是改变其旋转方向, 顺时针或逆时针。鞭毛的逆时针旋转能够驱动细菌近似直线"行进", 顺时针旋转则使鞭毛束散开, 从而使细菌原地"翻滚", 无规律地改变运动方向。趋化信号转导机器调控其方向的切换。如果营养物浓度较高, 细菌将保持直线游动。如果浓度较低, 细菌则原地翻滚。大肠杆菌能够利用这种信号转导网络产生的方向切换模式沿营养物浓度梯度递增的方向游动。

一个二进制开关是如何探测浓度梯度方向的呢? 我们设想至少存在两种可能性。首先, 细菌能够比较来自细胞两极的受体信号, 从而切换方向游向信号较高的那端, 即能够感受空间上的梯度信号。其次, 细菌能够比较不同时刻接收到的信号强度, 即能够感受时间上的梯度信号。下面的讨论将揭示, 细菌表现出利用基于时间的机制。读者可以从课后习题中深入探讨这两种可能的机制。

细胞趋化性决策是由信号转导网络调节的, 而后者已经被详细描述过。我们的讨论将集中在大肠杆菌趋化网络的具体特征上。该系统的关键元件包括: ①与外界分子 (如糖和氨基酸等) 发生作用的跨膜受体; ②蛋白质 CheW 和 CheA, 它们结合在受体蛋白的胞内结构域上, 并且根据受体是否结合配体改变自身活性 (CheA 为蛋白激酶分子, 能够催化磷酸基团与其他靶蛋白的结合, 而 CheW 能调节 CheA 的活性); ③信使分子 CheY, 一旦被 CheA 磷酸化, 能够与鞭毛转动马达发生作用, 使其切换到顺时针旋转 (翻滚); ④磷酸酶 CheZ, 能够将磷酸基团从 CheY 上去除; ⑤一对酶分子, CheR 和 CheB, 它们分别对受体分子进行甲基化和去甲基化, 有效调节受体与其结合伙伴的亲和力。

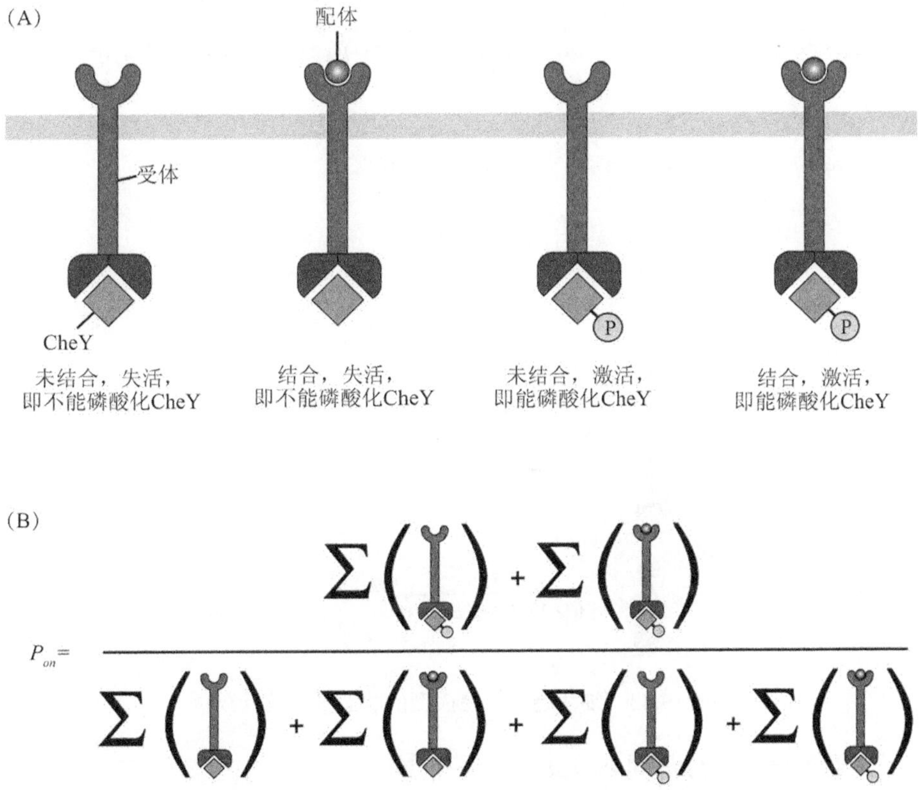

图 19.32 受体处于“激活”状态的概率。(A) 受体及其占据态和活性。受体可以结合配体, 也可以不结合配体。类似地, 受体可以处于“失活”或“激活”状态, 取决于它是否能够磷酸化信使分子 CheY。(B) 受体处于“激活”状态的概率为激活态的玻尔兹曼权重与所有统计权重之和的比值

即使是这样相对简单的网络, 我们也很难避免迷失许多分子的名称, 所以我们尽可能简单地从概念上去理解网络的工作原理而不在意参与分子的具体名称。另外, 我们还将采

用分级解析的方法,先解释网络的整体功能,然后再延伸到那些使整个网络在很宽浓度范围内工作 (即适应性) 的特殊元件。简单地说, 细胞是否原地翻滚 (因此而改变方向) 取决于信使分子 CheY 的磷酸化状态。为了响应环境变化, CheY 的磷酸化必须对受体是否结合配体很敏感。在有诱导分子 (如葡萄糖或天冬氨酸分子) 的环境中, 细胞应阻止原地翻滚, 因此我们期望配体结合的受体应处于“失活”状态, 即 CheY 未被磷酸化; 而配体未结合的受体应处于“激活”状态, 即 CheY 被磷酸化。尽管大肠杆菌能够使用同样的趋化网络逃离有毒化学物质, 在此我们只考虑游向有益的营养物质的情形。这些元件的理想化情形见图 19.32 (A), 其中跨膜受体、CheW 和 CheA 被看成一个单元, 同时忽略调控途径上的其他成分。

我们可以用统计力学的方法对这样一个复杂过程作出近似描述, 这里假定受体的激活状态很快达到预平衡。变量 p_{on} 特指受体产生磷酸化 CheY 的能力, 该磷酸化将导致马达转动方向的改变。统计力学对该系统的处理可以通过如图 19.33 所示的状态及其权重来实现。受体处于激活状态的概率为

$$p_{\mathrm{on}} = \frac{\frac{\Omega^L}{L!}\mathrm{e}^{-\beta L\varepsilon_{\mathrm{sol}}}\mathrm{e}^{-\beta\varepsilon_{\mathrm{on}}} + \frac{\Omega^{L-1}}{(L-1)!}\mathrm{e}^{-\beta(L-1)\varepsilon_{\mathrm{sol}}}\mathrm{e}^{-\beta\varepsilon_{\mathrm{on}}}\mathrm{e}^{-\beta\varepsilon_b^{\mathrm{on}}}}{\frac{\Omega^L}{L!}\mathrm{e}^{-\beta L\varepsilon_{\mathrm{sol}}}\left(\mathrm{e}^{-\beta\varepsilon_{\mathrm{off}}} + \mathrm{e}^{-\beta\varepsilon_{\mathrm{on}}}\right) + \frac{\Omega^{L-1}}{(L-1)!}\mathrm{e}^{-\beta(L-1)\varepsilon_{\mathrm{sol}}}\left(\mathrm{e}^{-\beta\varepsilon_{\mathrm{off}}}\mathrm{e}^{-\beta\varepsilon_b^{\mathrm{off}}} + \mathrm{e}^{-\beta\varepsilon_{\mathrm{on}}}\mathrm{e}^{-\beta\varepsilon_b^{\mathrm{on}}}\right)} \tag{19.71}$$

状态	权重
	$\frac{\Omega!}{L!(\Omega-L)!}\mathrm{e}^{-\beta L\varepsilon_{\mathrm{sol}}}\mathrm{e}^{-\beta\varepsilon_{\mathrm{off}}}$
	$\frac{\Omega!}{(L-1)!(\Omega-(L-1))!}\mathrm{e}^{-\beta(L-1)\varepsilon_{\mathrm{sol}}}\mathrm{e}^{-\beta\varepsilon_{\mathrm{off}}}\mathrm{e}^{-\beta\varepsilon_b^{\mathrm{off}}}$
	$\frac{\Omega!}{L!(\Omega-L)!}\mathrm{e}^{-\beta L\varepsilon_{\mathrm{sol}}}\mathrm{e}^{-\beta\varepsilon_{\mathrm{on}}}$
	$\frac{\Omega!}{(L-1)!(\Omega-(L-1))!}\mathrm{e}^{-\beta(L-1)\varepsilon_{\mathrm{sol}}}\mathrm{e}^{-\beta\varepsilon_{\mathrm{on}}}\mathrm{e}^{-\beta\varepsilon_b^{\mathrm{on}}}$

图 19.33　细菌趋化简易模型的状态及其统计权重

该结果可以通过分子和分母同乘以 $L!/\Omega^L$ 简化成

$$p_{\mathrm{on}} = \frac{\mathrm{e}^{-\beta\varepsilon_{\mathrm{on}}}[1+(L/\Omega)\mathrm{e}^{-\beta\Delta\varepsilon_{\mathrm{on}}}]}{\mathrm{e}^{-\beta\varepsilon_{\mathrm{on}}}[1+(L/\Omega)\mathrm{e}^{-\beta\Delta\varepsilon_{\mathrm{on}}}] + \mathrm{e}^{-\beta\varepsilon_{\mathrm{off}}}[1+(L/\Omega)\mathrm{e}^{-\beta\Delta\varepsilon_{\mathrm{off}}}]} \tag{19.72}$$

这里我们定义 $\Delta\varepsilon_{\mathrm{on}}$ 为单个配体结合到“激活”态受体和处于溶液中的能量差, 而 $\Delta\varepsilon_{\mathrm{off}}$ 为配体结合到“失活”态受体和其处于溶液中的能量差。贯穿全书, 我们反复在上述统计力学语言与平衡常数为核心的热力学语言之间转换。利用第 6.4.1 节导出的能量差与生化

解离常数之间的关系,可以将受体处于激活状态的概率以解离常数重新改写为

$$p_{\mathrm{on}} = \frac{1}{1+\mathrm{e}^{-\beta(\varepsilon_{\mathrm{off}}-\varepsilon_{\mathrm{on}})}\dfrac{1+\left([\mathrm{L}]/K_d^{\mathrm{off}}\right)}{1+\left([\mathrm{L}]/K_d^{\mathrm{on}}\right)}} \tag{19.73}$$

该公式表明受体处于激活状态的概率取决于一些生物学上重要的变量,包括:无配体时受体处于“激活”和“失活”态之间的能量差;配体与“激活”和“失活”态受体的亲和力,以及配体本身的数量。对引诱物来说,配体的结合将倾向于使受体“失活” (CheY 未被磷酸化),即,$K_d^{\mathrm{off}} < K_d^{\mathrm{on}}$。

下面进一步考虑这一结果的意义。当不存在配体时 ([L]= 0),方程简化为与离子通道类似的二态模型的熟悉结果。如果 $\varepsilon_{\mathrm{off}} < \varepsilon_{\mathrm{on}}$,则“失活”状态将占主导地位 (即 p_{on} 很小),且增加配体将会使 p_{on} 的值更小。系统对大于或等于 K_d^{off} 的配体浓度反应灵敏。但是,如果 $\varepsilon_{\mathrm{off}} > \varepsilon_{\mathrm{on}}$,在没有配体存在的条件下,“激活”态将占主导地位。配体的增加也会使 p_{on} 下降。这种情形下,系统对大于或等于 K_d^{on} 的配体浓度反应灵敏。

为了在配体浓度和外界条件的大范围改变下调整自身的响应,大肠杆菌实际上是通过调控受体蛋白的共价修饰而改变 $\varepsilon_{\mathrm{on}}$ 和 $\varepsilon_{\mathrm{off}}$ 的相对大小,从而也改变相应的 K_d 值。这是甲基化酶 CheR 和去甲基化酶 CheB 的工作,它们能够在跨膜受体蛋白胞内结构域的一系列谷氨酸残基上添加或去除甲基。受体蛋白的甲基化程度越高,越容易处于“激活”状态。这些修饰导致两个重要的结果。其一,如前所述,大肠杆菌能够通过比较当前感受到的信号强度和前一时刻感受到的信号强度来检测营养物的浓度梯度。其二,细菌能够感受跨越多个数量级的绝对浓度梯度,该现象称为适应性。这类似于我们在一个嘈杂的环境里还可以和朋友低语的能力,也类似于我们无论在暗室内或在阳光下都能看清周围环境的能力。对于细菌来说,适应性和时间感知能力都取决于这样的事实,即去甲基化酶 CheB 受 CheA 的磷酸化调控,因此最终取决于配体是否结合到受体上。如果 CheB 被磷酸化(即受体处于“激活”状态),则 CheB 作为去甲基化酶的活性就越高,从而倾向于把受体转变成“失活”状态,阻滞响应。反过来,如果 CheB 被去磷酸化 (即受体处于“失活”态),则更多的甲基将聚集,倾向于把受体转变成“激活”状态。这一系列过程需要数秒时间。同时,配体的结合也会对受体的活化状态产生影响。因此,受体被配体占据的状态反映了当前的情况,而受体的甲基化状态则代表数秒前的情况。通过比较这两种信号,细胞就能够沿着浓度梯度游动。

我们的计算只是阐明了一些关键思想,但不足以完整地描述如图 19.34 (A) 所示的趋化行为的复杂性。除了已经提及的精确适应行为,系统还呈现出高度的协同性。为了计算协同性,我们修正以前的结果为

$$p_{\mathrm{on}} = \frac{1}{1+\mathrm{e}^{-n\beta(\varepsilon_{\mathrm{off}}-\varepsilon_{\mathrm{on}})}\dfrac{\left(1+\left([L]/K_d^{\mathrm{off}}\right)\right)^n}{\left(1+\left([L]/K_d^{\mathrm{on}}\right)\right)^n}} \tag{19.74}$$

协同性的引入使系统的响应变得更为灵敏。之前我们曾考虑过协同性的例子,如氧分子与血红蛋白的结合,其中单个血红蛋白有多个配体结合位点。在趋化性方面,大肠杆菌细胞

基本上将所有的跨膜受体都集中在胞体一端的小片区域上, 以致单个配体对一个受体的结合能够影响到许多其他受体 (包括探测不同物质的独特受体) 的构象状态。利用上述二态模型并计及混合受体团簇的适应性和协同性, 一个完整的数学模型能够重现许多如图 19.34 (B) 所示的趋化受体响应的多种复杂特征。

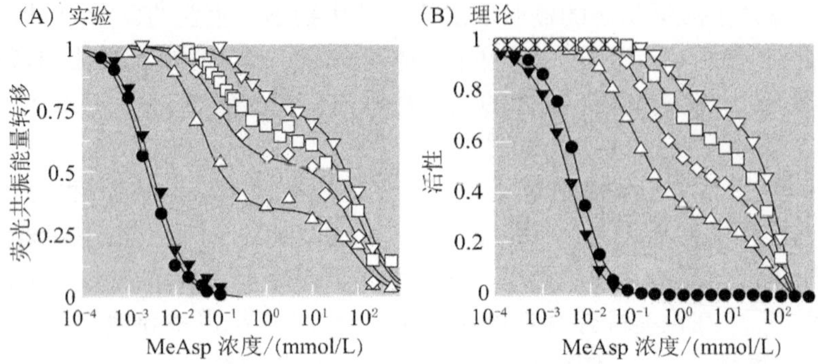

图 19.34 受体处于"激活" 态的概率。(A) 基于体内荧光共振能量转移 (FRET) 实验得到的"激活"状态概率与浓度的依赖关系。不同的曲线对应不同的菌株, 实心圆代表野生型响应, 白色标记对应受体处于不同甲基化状态的突变体的响应, 从左到右甲基化程度依次增加。(B) 计算得到的受体活性与引诱剂浓度的函数关系曲线。该模型重现了许多活细胞的趋化响应行为, 其中还包括甲基化突变体的复杂行为。(取自J. E. Keymer et al., *Proc. Natl Acad. Sci.* 103: 1786, 2006.)

19.4.2 系链上的生物化学

运动是生物体最基本的特征之一。就像我们在趋化性讨论中提到的, 原核细胞能够做出向哪里运动的"决策", 真核细胞也能实现这些决策, 只不过是由肌动蛋白丝的聚合来完成的。在时空上有条理的肌动蛋白聚合的例子如图 15.2 和图 15.3 所示。是什么事件将外界信号的探测同运动细胞内肌动蛋白丝的形成联系在一起的呢? 视频显微镜和大量不同类型的荧光标记的出现使得细胞运动成为当前一个非常活跃的研究热点。为了展示本书发展的各种分析工具, 作为一个特例, 我们考虑一些有趣的分子——一对系连的配体和受体, 它们与自由配体存在竞争。这些系连模体是信号分子具有的共同特征。

系连提高配体的局部浓度

可以通过图 19.35 所示的简单方法理解系链的重要性。基本的思想是, 系连的配体局限于一个由系链长度决定的空间中。如果系链的长度为 L, 对应回转半径为 R_G, 则系连配体的有效浓度估算为

$$有效浓度 = \frac{1}{\frac{4}{3}\pi R_G^3} \tag{19.75}$$

为了让读者对系链的作用有一个直观认识, 可用该估算与自由配体浓度的计算作粗略比较, 从而显示出两者之间的竞争。对于系连受体, 系连配体与自由配体之间存在竞争, 很明显, 在浓度足够高时, 自由配体将主导与受体的结合。

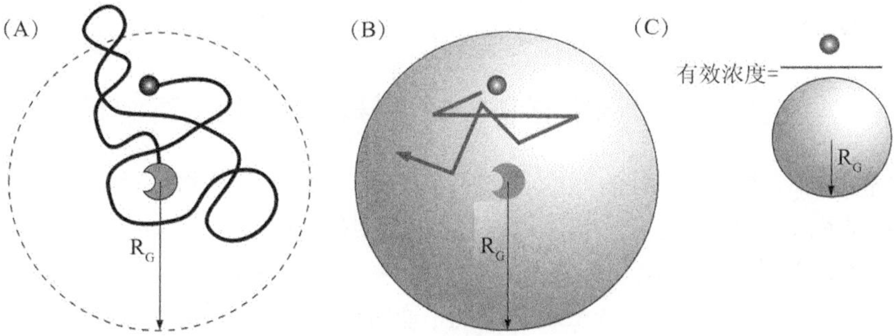

图 19.35 系连和有效浓度。(A) 系连的结果是系连配体只能探测空间的有限区域。(B) 系连配体的浓度可通过考虑一个半径为系链回转半径的球体来计算。(C) 为了计算系连导致的有效浓度, 可考虑一个球体中只有一个配体, 该球体的半径为系链的回转半径

信号网络帮助细胞决定肌动蛋白丝何时何地生长以实现细胞运动

细菌趋化性只是受外界信号控制的细胞运动的众多例子之一。在许多情况下, 外界信号的作用诱导肌动蛋白丝的聚合, 从而导致细胞变形, 进而耦合产生细胞运动。从细胞信号传导的观点来看, 一个小的信号分子将信息中继给 N-WASP, N-WASP 蛋白又联络 Arp2/3 复合物从而合成新肌动蛋白丝, 该过程如图 19.36 (A) 所示。实际上有两种配体 (Cdc42 和 PIP_2) 通过结合的方式激活 N-WASP, 从而激活 Arp2/3。Cdc42 和 PIP_2 的存在导致 GDB 和 B 结构域与 C 结构域和 Arp2/3 去结合, N-WASP 开始通过招募 (或许也恰当地定向) 肌动蛋白单体到 Arp2/3 的附近来促进肌动蛋白丝的聚合。在活化的 N-WASP

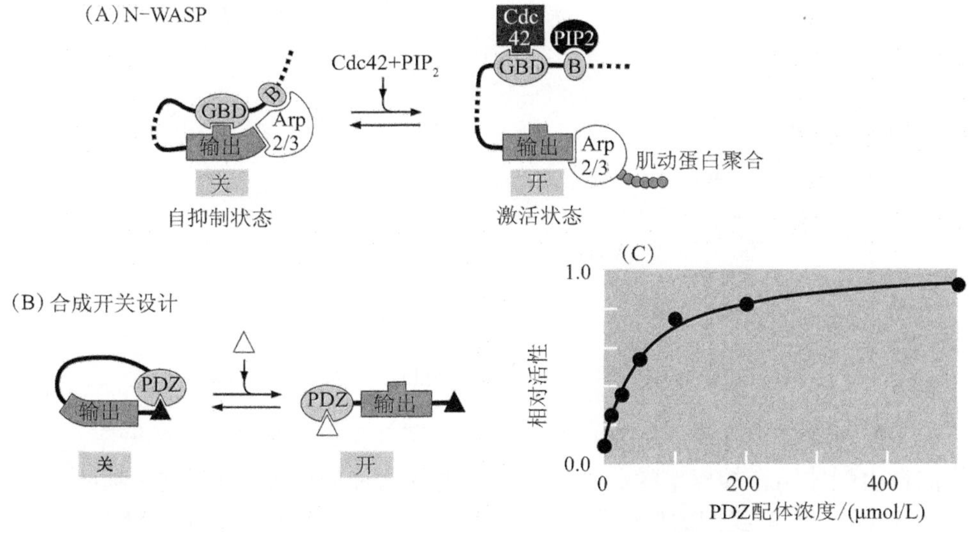

图 19.36 诱导肌动蛋白丝聚合的信号转导过程。(A) 由配体 Cdc42 和 PIP_2 介导的 Arp2/3 的活化过程。(B) 人工合成的由替代配体介导的 Arp2/3 活化开关。(C) 合成开关的活性与信号配体浓度的函数关系。(取自 J. E. Dueber et al., *Science* 301: 1904, 2003.)

帮助下, Arp2/3 通过提供非均匀的成核位点来推动肌动蛋白丝的聚合。我们现在对该过程进行定量研究。

合成信号网络有利于对信号转导途径进行解析

利用基因网络的分析, 对信号途径实行解析的现实方案是将该途径分解成各种合成信号网络, 从而对原网络进行解析。图 19.36 (B) 展示了合成的 Arp2/3 活化开关, 其中 PDZ 结构域结合到能够活化 Arp2/3 的输出结构域上。该结构的另一端为结合 PDZ 的肽序列。该合成蛋白模拟了 N-WASP 的功能, 通过溶液中的配体与 PDZ 结构域的结合而被激活。

为了分析该信号转导过程的功能, 我们沿用前面考虑基因调控时提及的统计力学方法。对合成开关进行统计力学建模的目标是计算分子处于激活态的概率。这里的激活态是系连受体没有被系连配体结合的分子状态, 也就是系连的配体和受体能各自自由活动的状态。和以前一样, 我们通过状态及其权重图来计算处于激活态的概率。图 19.37 显示了三种不同的状态以及相应的统计权重: ①开关处于自抑制状态, 系连配体和受体相互结合; ②系连的配体和受体处在各自自由活动的状态, 且受体没有结合自由配体; ③系连的配体和受体处在各自自由活动的状态, 但受体结合了一个自由配体。我们的目标是对系链长度和配体浓度的信号依赖性作出可验证的预测。

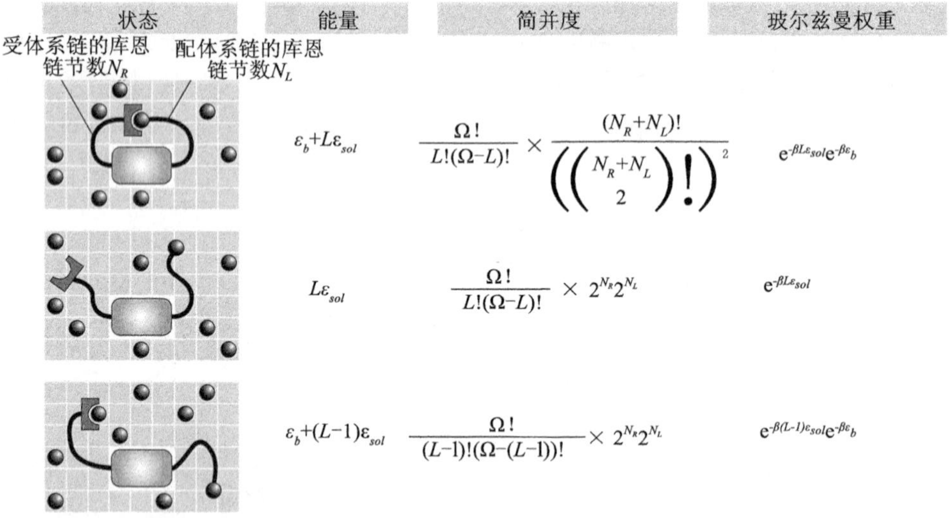

图 19.37　合成信号转导问题的状态及其统计权重

为了直观理解该过程, 图 19.38 形象地展示了开关处于激活状态的概率。其本质在于受体被自由配体结合的概率随着自由配体浓度的增加而增加, 直到这一项的贡献主导整个概率为止。为验证我们的理解是否正确, 其中一个可调设计参数为柔性系链的长度。我们将清楚地看到, 在自抑制状态对整个配分函数的贡献上, 系链的长度对整个自由能的预算起到十分重要的作用。

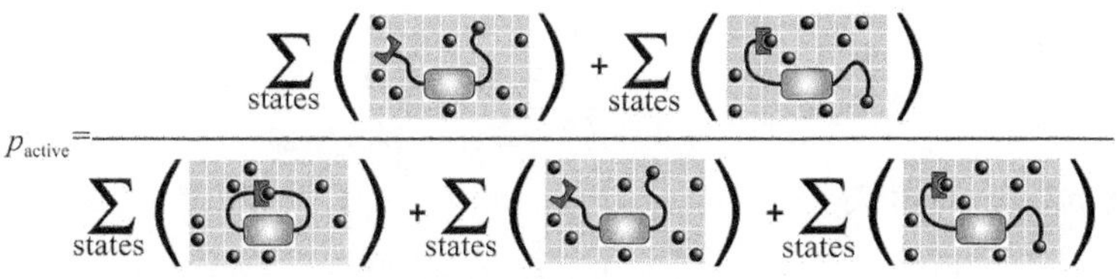

图 19.38 Arp2/3 的激活概率。分子为激活状态的统计权重之和

为了使运算具体化, 我们考虑在第 8 章引入的一维无规行走模型, 以及说明如何将它推广至三维情形, 但细节留作课后习题由读者完成。我们的策略是把系统的总配分函数分成如图 19.37 所示的三部分之和

$$Z_{tot}(L,N_R,N_L)=\underbrace{Z_1(L,N_R,N_L)}_{\text{自抑制态}}+\underbrace{Z_2(L,N_R,N_L)}_{\text{未结合自由配体态}}+\underbrace{Z_3(L,N_R,N_L)}_{\text{结合自由配体态}} \tag{19.76}$$

式中, 参数 L 为配体的数量; N_R 为受体系链的库恩链节数; N_L 为配体系链的库恩链节数。根据以上分解, 开关处于激活状态的概率可写为

$$p_{\rm active}=\frac{Z_2+Z_3}{Z_1+Z_2+Z_3} \tag{19.77}$$

总配分函数中的各项贡献可以用相同的方法得到。要点是每一种状态都对应大量微观上等价的构型, 为了计算它们对总配分函数的贡献, 我们需要用相应的微观态简并度乘以其玻尔兹曼权重 (简并度可以通过对所有不同的排列组合求和得到)。举个例子, 系连配体和受体都能自由活动且没有自由配体结合到受体上的状态对配分函数的贡献为

$$Z_2=\underbrace{\frac{N!}{L!(N-L)!}}_{\text{溶液中的配体}}\times\underbrace{2^{N_R}2^{N_L}}_{\text{系链构型}}\times\underbrace{{\rm e}^{-\beta L\varepsilon_{\rm sol}}{\rm e}^{-\beta\varepsilon_{\rm sol}^{\rm lig}}}_{\text{玻尔兹曼权重}} \tag{19.78}$$

对于系链自由度的处理基于最简单的一维无规行走模型, 即系链上的每个链节可以指向左或指向右而不必考虑自回避问题。可以直接采用更真实的系链模型, 但为了简单化我们还是采用上述模型。这意味着每一条系链都可能为 2^N 个构型之一, 其中 N 为系链所包含的库恩链节数。同时我们还引入了溶液中自由配体的能量 $\varepsilon_{\rm sol}$, 以及系连配体在溶液中的能量 $\varepsilon_{\rm sol}^{\rm lig}$。最有趣的状态与开关的自抑制有关, 包括系连配体与受体连接。其对于配分函数的贡献为

$$Z_1=\underbrace{\frac{N!}{L!(N-L)!}}_{\text{溶液中的配体}}\times\underbrace{(N_R+N_L)!/((\tfrac{1}{2}(N_R+N_L))!)^2}_{\text{系链闭合}}\times\underbrace{{\rm e}^{-\beta L\varepsilon_{\rm sol}}{\rm e}^{-\beta\varepsilon_b}}_{\text{玻尔兹曼权重}} \tag{19.79}$$

这里使用了第 8.2.4 节的结果。闭合系链的贡献是由长度为 N_R+N_L 个库恩链节组成的聚合物链形成闭环的排列组合数目。总配分函数最后的贡献项来自于一个自由配体结合到系连受体的那些微观态, 此时溶液的贡献只涉及 $L-1$ 个配体。这一项可写为

$$Z_3=\underbrace{\frac{N!}{(L-1)!(N-(L-1))!}}_{\text{溶液中的配体}}\times\underbrace{2^{N_R}2^{N_L}}_{\text{系链构型}}\times\underbrace{{\rm e}^{-\beta(L-1)\varepsilon_{\rm sol}}{\rm e}^{-\beta\varepsilon_b}}_{\text{玻尔兹曼权重}} \tag{19.80}$$

实际的 p_{active} 可以将 Z_1, Z_2, Z_3 的值代入式 (19.77) 就可以马上得到, 但用另一种形式来表达看上去更简单

$$p_{\text{active}} = \frac{1 + (Z_3/Z_2)}{1 + (Z_1/Z_2) + (Z_3/Z_2)} \tag{19.81}$$

由此可以得到 p_{active} 的形式

$$p_{\text{active}} = \frac{1 + (c/c_0)\mathrm{e}^{-\beta\Delta\varepsilon_1}}{1 + p_{\text{loop}}\mathrm{e}^{-\beta\Delta\varepsilon_2} + (c/c_0)\mathrm{e}^{-\beta\Delta\varepsilon_1}} \tag{19.82}$$

式中, 我们引入了 $c = L/(Nv)$, $c_0 = 1/v$、成环概率 p_{loop}、自由配体结合能 $\Delta\varepsilon_1$ 以及系连配体—受体对的结合能 $\Delta\varepsilon_2$。对于上述一维模型

$$p_{\text{loop}} = \frac{(N_R + N_L)!/\left(((N_R + N_L)/2)!\right)^2}{2^{N_R+N_L}} \tag{19.83}$$

这等于长为 $N_R + N_L$ 个库恩链节的聚合物闭合构型数与总的构型数之比。但是, 一维模型有其局限性, 我们可以应用聚合物的高斯模型将结果推广到三维情形。这一计算留给读者作为练习。

分析结果如图 19.39 所示。有几个细节是上述计算无法给出的。第一, 如图所示, 系链并非发源于同一点, 导致成环概率 p_{loop} 作为系链长度的函数表现出根本不同的行为, 如图 19.39 (B) 所示。第二, 在图中我们使用了三维高斯链模型而非上述的一维无规行走模型。

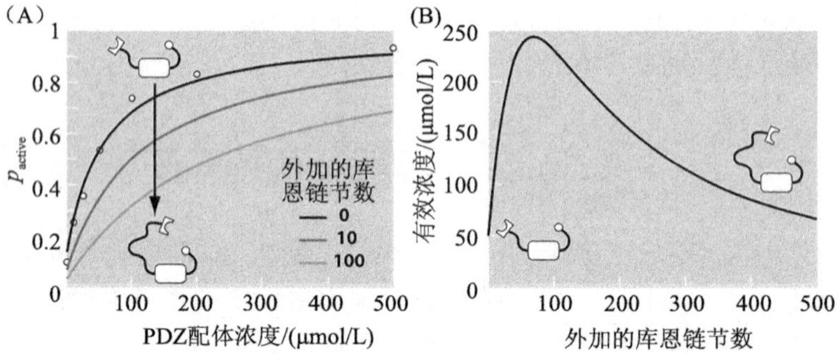

图 19.39 活化程度与有效链长的依赖关系。(A) 不同系链长度的 p_{active} 与配体浓度的函数关系。小圆圈对应于实验数据。(B) 系连 PDZ 结构域作为系连配体的有效浓度与系链长度的函数关系。(数据取自 J. E. Dueber et al., *Science* 301: 1904, 2003.)

19.5 总 结

调控和信号转导是细胞在时空上编排其行为的两个最重要的方式。本章的目的是评估调控和信号转导网络的某些关键结构特征, 并证明如何利用统计力学和速率方程建立简单模型直观理解网络的工作机制并作出定量预测。基因表达的"热力学模型"可由平衡态统计力学导出, 并且通过计算启动子被占据的概率来检验。同样的问题也可通过速率方程计算 mRNA 及其相关蛋白浓度的方法给出动力学解释。

19.6 附录: 基因开关的稳定性分析

我们定量研究了基因开关的特性。鉴于稳定性分析在求解阻遏振子方程中的巨大作用, 我们将它应用于基因开关的稳定性讨论。我们分别分析 α 值较大和较小情形下基因开关额外的稳态解。首先, 考虑 $\alpha \gg 1$。假设稳态方程

$$\begin{aligned} u^* &= \frac{\alpha}{1+v^{*n}} \\ v^* &= \frac{\alpha}{1+u^{*n}} \end{aligned} \tag{19.84}$$

的解满足 $u^* \ll 1$, 则 $1+u^{*n} \approx 1$。根据式 (19.84), 保留到 $1/\alpha$ 最低阶的两个浓度的稳态值分别为

$$\begin{aligned} u^* &= \alpha^{1-n} \\ v^* &= \alpha \end{aligned} \tag{19.85}$$

与我们的假设吻合。类似地, 假设式 (19.84) 的解满足 $v^* \ll 1$, 则 $1+v^{*n} \approx 1$, 我们就得到一个新解

$$\begin{aligned} u^* &= \alpha \\ v^* &= \alpha^{1-n} \end{aligned} \tag{19.86}$$

很明显, u 和 v 的角色发生了互换。假如 u^* 和 v^* 都比较大, 则 $u^* = v^* = \alpha^{1/(1+n)}$。而两者都比较小的假设与式 (19.84) 不合。因此我们得出结论, 除了 $u^* = v^*$, 还有两个蛋白质浓度的稳态解。有趣的是, 对应于这两个解的 u^* 和 v^* 值相差很大, 从而为基因开关提供了必要的条件。

我们再讨论 $\alpha \ll 1$ 的情形。根据同样的分析, 这种情形下我们没有发现额外的解, 即假定 $u^* \ll 1$, 根据式 (19.84), 则 $v^* = \alpha$ 和 $u^* = \alpha$, 因为 $1+\alpha^n \approx 1$。同样的结论对 $v^* \ll 1$ 的假设也成立, 但 $u^* \gg 1$ 或 $v^* \gg 1$ 的假设与式 (19.84) 并不合。据此我们得出结论, 存在一个临界的 α 值, 具有量级 1, 并且依赖于希尔系数 n, 若 α 低于临界值, 则稳态解是唯一的; 若 α 高于临界值, 则存在三个稳态解。接下来我们着重考虑这些解的稳定性, 特别关注 u 和 v 具有不同值的稳态解。

现在重点分析解的稳定性。如果我们对系统作轻微扰动 ($u = u^* + \delta u, v = v^* + \delta v$), 则扰动会随时间放大或衰减。如果扰动随时间放大, 则系统是不稳定的, 如果扰动随时间衰减, 则系统是稳定的。阐述该思想的经典例子是考虑在某一势能曲面上运动的粒子。如果粒子在势阱的底部 (局部上势能具有 $\frac{1}{2}kx^2$ 的形式), 给粒子一个小的偏离, 则粒子仍将在平衡位置附近往复运动。反之, 如果势能具有 $-\frac{1}{2}kx^2$的形式, 任何对平衡位置 $x=0$ 的偏移将使粒子离开平衡位置。稳定性分析的思路与此相同。我们问: 对稳态解的轻微扰动会导致该扰动随时间放大还是衰减?

为了确定稳态的稳定性, 考虑阻遏蛋白稳态浓度微扰 ($\delta u, \delta v$) 的线性方程。也就是说, 在式 (19.40) 中, 令 $u = u^* + \delta u(t), v = v^* + \delta v(t)$, 然后将希尔函数展开为微扰 $\delta u(t), \delta v(t)$

的泰勒级数, 这样速率方程 (19.40) 线性化为

$$\frac{\mathrm{d}}{\mathrm{d}t}\begin{pmatrix}\delta u\\ \delta v\end{pmatrix}=\hat{\mathbf{A}}\begin{pmatrix}\delta u\\ \delta v\end{pmatrix} \tag{19.87}$$

其中矩阵为

$$\hat{\mathbf{A}}=\begin{pmatrix}-1 & f'(v^*)\\ f'(u^*) & -1\end{pmatrix} \tag{19.88}$$

同时,

$$f'(x)=-\frac{n\alpha x^{n-1}}{(1+x^n)^2} \tag{19.89}$$

线性方程组解的稳定性分析需要假设解具有式 $\delta u(t)=\delta u_0\mathrm{e}^{\lambda t}$ 和 $\delta v(t)=\delta v_0\mathrm{e}^{\lambda t}$。分析的核心是确定参数 λ 的符号。如果 $\lambda<0$, 扰动随时间衰减; 如果 $\lambda>0$, 则扰动随时间放大。λ 的数值可通过计算矩阵 $\hat{\mathbf{A}}$ 的本征值得到。实际上, $\hat{\mathbf{A}}$ 的两个本征值皆为实数, 且

$$\lambda_{1,2}=-1\pm\sqrt{f'(u^*)f'(v^*)} \tag{19.90}$$

对于稳定的稳态解, 所有本征值都必须小于零, 因此

$$f'(u^*)f'(v^*)<1 \tag{19.91}$$

有了这个稳定性条件, 我们就可以回顾上述不同解的情况, 并检验其稳定性。首先, 我们考虑 $\alpha\ll 1$ 时得到的单稳态 $u^*=v^*=\alpha$, 由式 (19.89) 得 $f'(u^*)f'(v^*)=n^2\alpha^{2n}\ll 1$, 则稳定性条件式 (19.91) 自动满足。其次, 我们考虑 $\alpha\gg 1$ 时的三个稳态解。对于解$u^*=v^*=\alpha^{1/(1+n)}$, 可得 $f'(u^*)f'(v^*)=n^2$, 由于希尔系数 $n>1$, 因此, 此类解不稳定, 微扰可以驱使该解向其他两个稳定解之一演化。对于 $u^*=\alpha^{1-n}$ 和 $v^*=\alpha$ 的情况, 我们有 $f'(u^*)f'(v^*)=n^2\alpha^{-n(n-1)}\ll 1$, 因此该解稳定。因为第三个解仅是互换 u^*和v^* 的角色而已, 因此也是稳定的。

上述根据 α 所作的分析而导出的相图示于图 19.28。当 α 小于某一临界值 (量级为 1) 时, 速率方程的长时演化有唯一解, 其中两类阻遏蛋白的浓度趋于一致。另外, 当 α 大于该临界值时, 系统长时演化到两个稳定态中的一个, 即一种阻遏蛋白的浓度占主导。至于系统达到哪个稳态, 则取决于初始条件。在该区域, 速率方程 (19.39) 则描述了基因的开关行为。

19.7 课后习题

1. 强弱启动子

本章我们引入阻遏度定量表征由于阻遏蛋白作用导致的基因表达量的减少。对于图 19.14 引入的简单阻遏模型作图, 比较强弱启动子对应的阻遏度, 并证明。强启动子不同于弱启动子, 前者对应的阻遏度依赖于细胞中聚合酶分子的数目。

2. 乳糖阻遏蛋白和乳糖操纵子

穆勒–希尔小组在 20 世纪 90 年代完成了关于乳糖操纵子的一系列漂亮的定量实验。他们测量了不同大肠杆菌突变体的 *lacZ* 基因表达的阻遏度。这些突变细胞在

乳糖阻遏蛋白结合的操纵基因的数量、序列以及位置等方面都不尽相同。在此,我们探讨在基因表达的热力学模型基础上,如何利用这些实验数据获得刻画乳糖阻遏蛋白和 DNA 相互作用以及 DNA 成环的一系列参量。

(1) 利用图 19.19 的数据 (Oehler *et. al.*, 1994) 确定体内乳糖阻遏蛋白与每个操纵基因的结合能并重现图 19.20 的结果。

(2) 利用 (1) 的结果和 Oehler 等 (1994) 测量的细胞内只有两个操纵基因存在 (这将导致 DNA 成环) 时的实验数据,确定成环能量并重现图 19.24 的结果。

(3) 本书多次提及 Müller 等 (1996) 测量了阻遏水平与操纵基因间距的函数关系,实验及其结果见图 1.11。基于这些阻遏数据及本章的热力学模型,绘出成环能量与操纵基因间距的函数曲线。解析证明最大阻遏度对应于最小成环能量。最小成环能量对应多大的操纵基因间距?这个距离是否跟体外实验测得的 DNA 50nm 的驻留长度相吻合?

(4) 用函数形式 $\Delta F_{\text{loop}} = a/N_{\text{bp}} + b\ln N_{\text{bp}} + cN_{\text{bp}} + e$ 拟合 (3) 中获得的成环能量。使用该表达式预测类似于 Müller 等 (1996) 实验的结果,所不同的是每个细胞有 10 200 900 个乳糖阻遏蛋白分子。

相关数据可到本书的网站查询。

3. 调控系数的灵敏度

基因表达的一个重要概念是灵敏度,即基因表达量 (如活化过程从失活态到活性态转变的陡峭程度) 对转录因子数目变化的响应陡峭程度。它可以定量地从基因表达水平随转录因子数目变化的双对数图在转变点的斜率得到。利用基因调控的热力学模型,在弱启动子的条件下,确定下列调控模体情形中灵敏度对相关参数的依赖关系?

(1) 简单激活。

(2) 简单阻遏。

(3) 有两个同类阻遏蛋白可以结合的位点,它们能够相互招募并且独立阻遏 RNA 聚合酶。请问当相互作用不存在时情况会怎样?为简单起见,假设两个结合位点的结合能相同。

(4) DNA 成环的阻遏。

4. 真核细胞中的转录机器

本章讨论的基因调控的热力学模型中,RNA 聚合酶被处理成单个分子。这对于原核细胞的转录过程也许是合理的假设,但在真核细胞中,数十种不同的分子必须结合在一起组成转录机器。为了将简单模型应用到如此复杂的情形并建立直觉,假定转录机器由两个不同亚基 X 和 Y 组成,它们相会在启动子。

(1) 计算复合物 X+Y 结合到启动子的概率,其中 X 结合到 DNA 分子,而 Y 结合到 X。你能把该问题简化为如同细菌模型中那样的单个分子的有效模型吗?

(2) 利用 (1) 中提议的转录机器,计算简单阻遏情况下的基因表达量的倍性变化。考虑弱启动子,将结果简化为与细菌情形相应的形式。对于激活蛋白能够接触 Y 的情形重复以上计算。

(3) 针对 Y 和 X 同时相邻结合到 DNA,且 X 与 Y 之间有相互作用能的情形,重复 (1) 和 (2) 的计算。

5. 转录因子的诱导

即便转录因子的浓度变化的实验较容易用模型来解释,但是如同本章所描述的那样,最容易执行的实验是那些转录因子与 DNA 上的特异结合位点的亲和力受诱导分子调控的实验。乳糖阻遏蛋白、异乳糖或者它的类似物 (如 IPTG) 能够把转录因子的特异位点结合能降低到类似于非特异位点结合能的水平。

考虑简单的诱导模型,一个诱导物分子结合到阻遏蛋白,使后者失去与其操纵基因特异性结合的能力。计算并画图说明这种情形下的阻遏度与细胞中诱导物分子数目的关系。

6. 时间尺度分离和转录调控

为了启动转录, 结合到启动子的 RNA 聚合酶需要经历一个构象变化以形成所谓的开链复合物。开链复合物的形成速率往往比聚合酶结合或者脱离启动子的速率要小得多。这里我们将以一个简单的模型说明这样的事实如何保证基因调控的热力学模型中的平衡假设, 也就是说, 启动子被 RNA 聚合酶占据的平衡态概率决定了基因表达的水平。

(1) 写出该过程的化学反应动力学方程。考虑三种状态: RNA 聚合酶与 DNA 非特异结合 (N), RNA 聚合酶以闭链复合物的形式结合到启动子上 (C) 以及 RNA 聚合酶以开链复合物的形式结合到启动子上 (O)。为简单起见, 取 N→C 和 C→N 的速率都为 k, 假定 C→O 的转变是不可逆的, 速率为 Γ。

(2) 当 $\Gamma = 0$ 时, 验证稳态所对应的 N 态和 C 态的 RNA 聚合酶分子数目相等。若 $\Gamma \neq 0$, 稳态情形又是如何?

(3) 对于 $\Gamma \neq 0$, 验证当 $1/k \ll t \ll 1/\Gamma$ 时 RNA 聚合酶分子在 N 态和 C 态的数目相等, 正如平衡态所期望的那样。

7. 大肠杆菌的趋化性

在趋化实验中, 营养物质分子由微吸管引入到含有细菌的介质中。营养分子向外扩散产生了位置依赖的浓度梯度, 通过显微镜我们就可以观测细菌的趋化响应。

(1) 计算稳态条件下营养物质浓度梯度随离开微吸管距离 r 的关系, 假定当 $r < r_0$, 浓度固定为 c_0。对于典型值 $c_0 = 1$ mmol/L, $r_0 = 1$ μm, 画出浓度梯度与距离 r 的函数关系图。

(2) 假定细菌对于浓度做出两次测量, 一次是通过一端的受体蛋白阵列, 另一次是通过另一端的受体蛋白阵列。估算细菌仍然能够检测出浓度梯度时离营养源的最大距离, 假设受体蛋白阵列能够对于边长为 100 nm 的立方体内的分子进行计数。为解决该问题, 请注意对 N 个分子的计数误差大约为 $\sqrt{N}$, 为了检测细胞两端的浓度差, 测量误差必须小于该浓度差。

(3) 现在假设采取另一种策略, 细菌只利用一个受体, 但是比较运动轨迹上每隔 10 μm 的两点的浓度。计算这种情形下细菌仍然能够检测出浓度梯度时离营养源的最大距离。

8. N-wasp 和系链上的生物化学

本章最后一节, 我们利用一维无规行走模型处理成环的统计力学从而考虑 N-wasp 蛋白的作用。利用聚合物链的高斯模型重复同样的分析。首先, 假设环是自闭合的, 然后, 计算蛋白质结构域的有限尺寸。将你的结果与文中结果作个比较。

19.8 延伸阅读

Bintu, L, Buchler, NE, Garcia, HG, et al. (2005) Transcriptional regulation by the numbers: applications, *Curr. Opin. Genet. Dev.* **15**, 125. 将热力学模型应用到几个不同的调控体系。

Buchler, NE, Gerland, U, & Hwa, T (2003) On schemes of combinatorial transcription logic, *Proc. Natl Acad. Sci.* **100**, 5136. 非常好的关于基因调控热力学模型的一般讨论。

Walsh, CT (2006) Posttranslational Modification of Proteins – Expanding Nature's Inventory, Roberts and Company Publishers. 充满了对于转录后修饰现象的有趣见解, 表明实际上除了转录控制, 对于调控行为还有许多值得研究的方面。

Cherry, JL, & Adler, FR (2000) How to make a biological switch, *J. Theor. Biol.* **203**, 117. 对生物开关的设计问题作了有趣的讨论。

Ptashne, M (2004) A Genetic Switch, 3rd ed., Cold Spring Harbor Laboratory Press. 着重阐述思想而非事例, 并且描绘了基因调控如何工作的图像。

Ptashne, M, & Gann, A (2002) Genes and Signals, Cold Spring Harbor Laboratory Press. 提供了很好的关于转录调控的概述。

Müller-Hill, B (1996) The Lac Operon, Walter de Gruyter and Co. 描述了基因调控的普适原理和以乳糖操纵子为研究特例的发展过程。充满了如图 3 那样的有趣论述, 阐述了乳糖合成类似物在分子生物学发展过程中所发挥的重要角色。

Davidson, EH (2001) Genomic Regulatory Systems, Academic Press. 充满了有趣的实例和启发式的思想, 我们特别推荐它作为了解真核生物基因调控复杂性的读物。

Alon, U (2007) An Introduction to Systems Biology, Chapman & Hall/CRC. 对调控给出了广泛而富有启发性的讨论。

Ellner, SP, & Guckenheimer, J (2006) Dynamic Models in Biology, Princeton University Press. 探讨了动力学模型及其相关的生物学背景, 并且处理了基因开关和阻遏振子。

Gregor, T, Bialek, W, de Ruyter van Steveninck, RR, Tank, DW, & Wieschaus, EF (2005) Diffusion and scaling during early embryonic pattern formation, *Proc。Natl Acad. Sci.* **102**, 18403. 报告了对不同种类果蝇的沿前后轴线条纹的观测结果。

Berg, HC, & Brown, DA (1972) Chemotaxis in *Escherichia coli* analysed by three-dimensional tracking, *Nature* **239**, 500. 使用三维跟踪技术研究了单个细菌细胞趋化过程中的运动轨迹, 并且阐明细菌是如何通过不断变换直线行走和原地翻滚来找到营养源的。

19.9 参考文献

Ben-Tabou de-Leon, S, & Davidson, EH (2007) Gene regulation: gene control network in development, *Annu. Rev. Biophys. Biomol. Struct.* **36**, 191.

Dueber, JE, Yeh, BJ, Chak, K, & Lim, WA (2003) Reprogramming control of an allosteric signaling switch through modular recombination, *Science* **301**, 1904.

Elowitz, MB, & Leibler, S (2000) A synthetic oscillatory network of transcriptional regulators, *Nature* **403**, 335.

Gardner, TS, Cantor, CR, & Collins, JJ (2000) Construction of a genetic toggle switch in *Escherichia coli*, *Nature* **403**, 339.

Müller, J, Oehler, S, & Müller-Hill, B (1996) Repression of *lac* promoter as a function of distance, phase and quality of an auxiliary *lac* operator, *J. Mol. Biol.* **257**, 21.

Myasnikova, E, Samsonova, A, Kozlov, K, Samsonova, M, & Reinitz, J (2001) Registration of the expression patterns of *Drosophila* segmentation genes by two independent methods, *Bioinformatics* **17**, 3.

Oehler, S, Amouyal, M, Kolkhof, P, von Wilcken-Bergmann, B, & Müller-Hill, B

(1994) Quality and position of the three *lac* operators of *E. coli* define efficiency of repression, *EMBO J.* **14**, 3348.

Small, S, Blair, A, & Levine, M (1992) Regulation of *even-skipped* stripe 2 in the *Drosophila* embryo, *EMBO J.* **11**, 4047.

20 面向未来的物理生物学

浅学乃危险之事。
畅饮吧, 否则勿尝皮埃里亚圣泉:
小酌使人头脑昏沉,
痛饮让人再度清醒。
——亚历山大·波普

本章概览: 评估定量分析在生物研究中的作用以及理论上的困难

在这部著作中, 我们研究了许多不同的生物现象, 并讨论了用来定量探索这些现象的富有成效的方法。与传统生物学教科书不同, 本书以基本的物理观点作为组织内容的线索。在最后一章中, 我们首先提醒读者注意本书分析的哲学基础。然后, 从不同方面评论本书讨论的不足之处。最后, 希望读者能从大自然或实验室的观察中找到新的生物学问题, 并用本书介绍的分析方法来解决这些问题。

20.1 定量数据需要定量模型

本书利用定量的理论框架对各种有趣的生命现象展开了广泛的讨论。第一章篇首名言出自生物学的大师——达尔文, 他指出: "所有的观测必须支持或反对某种观点, 否则毫无意义。" 我们已经尝试为各种各样的生物学观测提供各种定量的 "观点"。对于生物科学来说, 有关的观测指的是对现存的或曾经在地球上生存过的生物体的观察和测量。这使得物理生物学与物理学的许多其他领域相比关注面相对较窄。因此, 与致力于探求事物的可能运行机制的理论物理的其他分支不同, 物理生物学专注于生命体的实际运行机制。所以物理生物学中使用的模型必须遵循一些约束条件: 细胞生命树悠久而特殊的进化史、普遍使用水作为溶剂、有限种类的高分子作为构造单元以及自然选择在塑造生命世界方面的独特要求。同时, 在这些严格约束条件下运行的生物系统向科学家展现了已知宇宙中所有物质所能表现出来的最复杂和最迷人的行为。

自从意识开始萌芽, 人类就一直为生命世界的运行方式着迷。在人类研究生物学现象的大部分历史中, 能够用来 "支持或反对某种观点" 的观察都是极其困难的。得益于实验技术的迅猛发展, 生物学家现在一天时间就能完成过去无法想象的大量实验和测量。因此, 在大量数据中获得有用信息已经成为他们努力的方向。支持达尔文进化论的关键性见解都来自于他对一些宏观生物体, 如鸟类和开花植物的仔细观察和思考, 这些生物体对 19 世纪的自然历史学家来说仅仅用肉眼就可观察到。达尔文当时所做的大量观察与现今的生物学信息总量相比是相形见绌的。但是, 如此海量的数据究竟是否有利于达尔文的分析? 答案无从知晓。在本书中我们坚持的哲学观点是, 从适当的角度考察大量的复杂数据常常能够揭示简单而统一的规律。对于某一套数据选择最有用的观察角度需要直觉和运气, 同时也需要本书阐明的物理和数学基本原理作为工具。

在物理学史上, 万有引力定律的发现最能表明观察角度的根本性改变可以简化和统一复杂的观察结果。几个世纪以来, 充满好奇心的人们一直追踪着夜空中的行星和恒星的表观运动。第谷在少年时代就意识到, 要对这些运动发展出一个普适的数学模型需要更精确的测量。于是, 他着手建造当时最大的工具, 包括用来测量天体之间角距离的象限仪 (一个巨型量角器) 和十字测天仪。这些技术进步使他能够对行星 (如火星) 的位置以前所未有的精度进行测量。第谷的数据表反映了行星的运动显示出有规律但难以理解的复杂模式, 如火星首先平稳地向前运动, 然后又在其轨道上倒退, 然后又改变方向, 重新向前运动。开普勒考虑了这些丰富的数据后, 发现一个简单的物理图像能够统一这些异常复杂的观测数据, 即行星是在以太阳为焦点的椭圆轨道上运动的。这种视角或参考系的简单改变, 使得那些精确但是异常复杂的定量测量数据可以通过由树枝写在沙滩上的单行公式来理解。以此为出发点, 通过比较地表附近物体的下落速度和月球在绕地球旋转的轨道上的"下落"速度, 牛顿得出引力的平方反比定律。牛顿正是使用了本书中一直尝试的那种估算, 发现月球的加速度与地球表面附近物体的加速度与它们距地球中心的距离的平方成反比。开普勒和牛顿在引力方面的思想合在一起能够理解各种事物, 包括从用来测量引力常数的简单扭秤一直到星系的运动。这种广泛的阐释力使得引力的思想提升到一门科学理论的高度。

在这一坚实的理论基础上, 20世纪早期的科学家们对偏离引力理论预言的现象产生了极大的兴趣。特别是, 爱因斯坦提出了牛顿理论如何在大质量物体附近失效, 以及如何考虑水星运动的近日点异常现象。爱因斯坦对引力长达 10 年的思考导致了广义相对论的诞生。

类似地, 在生物学史上, 进化的核心理论本身也在演化着, 不断地经历着简化、拓展以及随后的修正这样一个往复过程。虽然目前进化论已经像引力理论那样建立起来了, 但我们还没有理解其运行和应用的每个细节。由于没有注意到奥地利修道士孟德尔的工作, 达尔文认为物种的各种性状通常以不变的形式从亲代传给子代。孟德尔仔细地定量观察了豌豆的几种性状的遗传方式, 获得了一个异常简单的定量模型, 在假设遗传单元即基因是不变的而且相互独立的条件下, 该模型具有广泛的预言能力。这一次仍然是思考问题角度的根本改变使得人们找到了一个简单的公式来描述复杂的遗传模式。随后, 斯特蒂文特和摩尔根以及其他人的工作证明这种简化显然是太过了; 基因并不是独立遗传, 而是组合在染色体上。DNA 被确认为遗传物质以及 20 世纪分子生物学革命导致的后续工作证明了基因甚至不是不可分的。对遗传和变异的核心理论的精细化和拓展依赖于从简化的观察角度得到的初步知识, 这样, 对最简单的预言的偏离本身就提供了深刻的信息。同样道理, 如果没有开普勒和牛顿初步的简化认识, 爱因斯坦永远无法完成广义相对论。

从孟德尔至今, 一直有悠久而富有成效的生物建模传统。在许多情况下, 如在第 17 章中对于动作电位的分析, 科学巨匠们从一开始就以定量的方式进行这类分析, 如亥姆霍兹开发出测量动作电位传播速度的仪器。在这些测量之后, 对于神经细胞的工作方式的研究, 尤其是对动作电位传播机制的研究, 持续了一个世纪之久。有了这些定量数据, 霍奇金和赫胥黎才得以构造生物学历史上的一个伟大模型。在其他许多情况下, 生物建模传统一直体现在通过精密的原理图和卡通图对生物现象的理解中, 在这些图形中, 重要的特征和相互作用得到强调, 而次要特征被有意地忽略了。与此同时, 随机地考察一下当前的生物学文献就会发现生物学实验的结果通常都表示成图表形式, 这些图表都反映了各个变量之间的定量函数关系, 而这正好与物理学相关。我们认为, 对于数据展示的定量关系, 文字和卡通图的描述方式从根本上说是不够的。这就是说, 如果勤奋而仔细的实验生物学家不厌其烦地测量定量数据, 那么我们义不容辞的责任就是建立与观察"一致或相悖"的"理论"定量地阐释这些数据。在本书中, 我们始终从简单统一的物理视角选取例子, 使得在估算中能够通过由单个方程表示的简单概念将大量与生物学相关的定量数据彼此联系起来。当然, 这种处理是我们的起点而非终点。

以上描述的各种模型的发展自然而然地具有理论和实验相互作用的风格, 这一点正是全书的中心线索之一。具体来说, 我们曾经指出, 理论和实验之间的这种以定量的方式反复地相互作用导致了一些问题的公式化表述, 而如果没有这些潜在的定量线索, 人们甚至不会构思这些问题。例如, 图 11.40 展示了力敏感性通道的开启概率如何依赖于这个通道所在膜上的脂质分子尾巴的长度。一旦有了这些数据, 就会提示人们构思张力依赖的通道开启理论, 它能精确地预测张力依赖性与脂质分子的尾链长度之间的标度关系。这些预测转而又启发新的实验。在这个例子中, 模型的一个预言是相邻的多个通道应当表现出协同门控现象。这种协同性的本质必须用数学表示, 文字描述无法使我们知道通道的协同开启与膜张力之间的标度关系。如果一次实验的测量结果证明这个定量的标度预言不正确, 我们将被迫根据新的见解返回到建模时的假设阶段, 这将能够使模型得到完善, 以便更好地反映生物现实, 然后人们再次理想化地提出新一轮的判定性的定量实验。

20.2 正确对待出错

我们赞同克里克的观点: "理论学家的任务是作出预测。" 在本书中, 我们努力避免如下观点——只有有用的理论才是"正确的"理论。生物学中的理论讨论存在一种倾向, 当某些理论上的想法不能"符合"所有的数据时, 就立即将这些想法视为"错误的"理论而抛弃。在我们看来, 人们因此而失去了许多本可以探知一些知识的颇具成效的机会。的确, 如果以史为鉴, 那些与数据不相符的理论实际上是产生新发现的最为有力的工具之一。举个例子, 统计力学中最重要的课题之一是对比热的研究, 比热是将某种物质的温度升高 1℃所需要的热量。有趣的是, 经典物理对晶体的比热有一个很明确而普适的预言, 称为杜隆-佩蒂特定律, 它指出固体的比热为 $3R$, 其中 R 是普适气体常数。虽然这一结果作为高温下固体比热的初步近似来说具有普适性, 但低温下的固体比热行为却完全不同。实际上, 随着温度下降比热也下降, 直接与杜隆-佩蒂特定律相矛盾。这一异常行为是对经典物理思想的重大挑战, 并促成了爱因斯坦对量子理论的许多关键贡献。但是, 即使是爱因斯坦模型也没有完全抓住固体比热在低温下的标度行为, 从而导致了德拜模型, 它提供了对比热问题更深刻的见解。

这个历史实例以及其他许多例子 (如玻尔的原子模型、洛伦兹的光吸收模型、金属固体的自由电子气图像、磁性伊辛模型等) 表明简单的模型不一定非得完全符合实际数据的每项特征才算得上是有效和有用的。与我们更为相关的例子是关于神经元之间的通讯方式的讨论。到底是以化学的还是以电学的方式进行通信, 这个问题激烈地争论了数年之久。更确切地说, 神经元之间的通信 是基于电信号还是某种化学信息呢? 这两个假设都有各自的优点, 而且都提出了各自的实验方案。当前我们对突触传递的多样性在分子层次上的理解是详细而令人满意的, 这直接来源于这两类模型之间的对立, 其中每类模型在某些细节上都可能被指责为错误的, 但两类模型都包含有切合生物学实际情况的有用而正确的元素。

简单的模型往往可以作为发现复杂系统新的生物学规律的工具, 这一更包容的观点是我们所倡导的方法的基础。杰恩斯 (1983) 提出这个思想的原始表述是, "如果我们的计算的确会被证明是'错误的'话, 那么这个结果对物理学来说将远比一项'成功的'计算更有价值! " 如果将"物理学"这个词语换成"生物学", 以上陈述仍然是正确的, 本书正是建立在这个命题的基础之上。博克斯 (1979) 雄辩地提出了类似的观点: "我们应该切记, 正如《独立宣言》保障对幸福的追求而不是保障幸福本身, 往复的科学建模过程也仅仅提供对完美模型的追求, 因为, 甚至当我们感到已经完成了建模的过程时, 某些新的创见还会使得进一步的完善成为可能。幸运的是, 有用的模型并不必须是完美的。"

20.3 量级生物学与计算模拟

本书运用的推理风格是基于多层次的建模方法。我们的起点经常是人们可能称之为量级生物学的方法。这些模型试图计算出各个有关参量的数量级并试图察看这些数量级是否有意义。接下来, 我们使用简单的分析模型推导所涉及到的各个量之间的标度关系, 这里强调的哲学观点是, 分析模型要简单到可以用树枝写在沙滩上。虽然我们坚信这是处理陌生问题和建立直觉的最好方法, 但是依然清醒地认识到在许多重要的情况 (图 20.1) 下这个方法会失效。为了建立简单的分析模型, 我们必须采取明确的简化和近似。尽管意识到这样做使得模型不能完全定量地描述真实系统, 我们还是仔细地选取例子说明这些模型的预言能力仍然能够给人以深刻的印象。但是也存在许多类型的实验, 简单的分析模型迄今为止对它们用途有限。在这些情形下也没有必要抛弃我们倡导的物理和机械论的方法, 而只要提高其定量复杂性即可。科学家们进行详细的模拟计算以帮助他们解释实验数据, 随着便宜的小型计算机的运算速度和计算能力的迅速提高, 这样的模拟计算已经变得现实, 甚至成为常规。数值模拟涵盖大范围的复杂体系, 从对本书描述的基本物理模型的拓展到极其详细地尝试使用量子力学计算蛋白质结构中的电子分布。

最好的计算模型, 从蛋白质折叠的分子动力学模拟到珊瑚礁降解的生态模型, 都是建立在运用本书描述的基本物理模型的基础之上的, 它们必须正确反映内在的物理才算有效。一旦使用得当, 威力强大的数值计算可以成为一个重要的工具, 使物理生物学家能够解决那些过于复杂以至无法用解析方法处理的问题。

计算方法最为有用的一个方面实际上是使用这种方法不会造成不精确的判断和近似。由许多部分相互作用构成的复杂系统, 如在对涉及大量酶和中间产物的新陈代谢途径中的分子流进行动力学模拟时, 有必要首先精确而定量地确定所有相关分子之间的相互作用的本质, 然后才能进行模拟。实践中要特别清楚哪些量是已知的或已被精确测量的, 而哪些量还需要进一步的实验来确定。当然, 我们在做模拟时所假设的相互作用可能就不正确; 如果是这种情况, 那么这个模型将产生错误的结果, 从而提醒我们注意所做假设中的错误, 并启发进一步的思考。

图 20.1 尽管扩散方程如第 13 章中所探讨的那样具有强大的威力, 但在有关假设不能得到满足的情形下, 这个方程会失效。例如, 此图中潮汐的定向运动致使扩散方程失效

20.4 理论上的困难

达尔文的《物种起源》给人印象最深刻的章节之一是第 6 章——“理论上的困难”。在这一章中, 达尔文回过头来检查在什么地方对问题的考虑可能出了差错, 或者什么地方数据单薄, 结论还不能肯定。的确, 当代“批评家”们针对进化论发动的所谓挑战, 很大部分实际上已经被达尔文本人提出过了, 包括他对当时已知的化石记录中过渡形态的相对缺乏的担心以及对于像眼睛那样的“极其完美和复杂器官”的起源的担心。对科学外行的人们大都没能意识到这种批判性的分析正是使科学取得进步的关键。

通常在科技论文中, 我们没有机会列出不利于我们的结论的情形。但是显然, 促进科学进步的最好方法之一是公开地承认存在困惑的地方、数据不足的地方以及逻辑不清的地方。因此, 下面探讨本书留下的许多不满意的方面, 列出本书的部分缺点, 并加以评述, 目的是让读者简单了解本书在处理物理生物学时存在的最大问题。

球形奶牛的问题 全书所展示的思想的困难之一是我们常常不清楚如何克服以下两种倾向: 在构造模型时抛弃了重要的特征或是过分专注于问题的某些细节。一个模型包含太多细节, 其危险性已在序言中由博尔赫斯的描述强调过了。同时, 有可能向相反的极端走得太远。实际上, 这会产生人们所熟知的一个笑话: 物理学家们以构造如图 20.2 所示的球形奶牛而闻名。对于本书中的绝大多数模型的一个中肯的评价是, 这些模型是实际问题的漫画式表示。在许多情况下, 这些模型给我们以深刻印象, 因为它们提供了建模的示范性教程, 但依然可能因抛弃了太多的细节而不能恰当地说明某个现象的生物学复杂性。

遗憾的是, 对于分析任意一个生物问题详细到什么程度才是恰当的或足够的, 并没有一个统一的答案。事实上, 对于同一个生物系统来说, 具有不同详细程度的各种模型都是有用的, 依据具体研究的问题而定。我们相信, 一个有用的原则是探索那些在提示新实验方面功能强大的模型。这里, 理论和实验之间不可避免的对立关系很容易上升到矛盾的程度。当实验学家相信在模型中忽略了他们认为重要的信息 (如奶牛偏离球形的事实), 他们一般不愿意费心去做实验来验证这个模型的预言。然而, 理论学家建立模型时自然不会将每个已知的细节都考虑进去。科学要有实质性的进步, 在这点上双方必须都作出让步。

图 20.2 球形奶牛。过分简化与没能略去不重要的细节这两者之间的精细界线具体表现在球形奶牛的寓言之中

建模者的猜想 为了对一个问题构建数学模型, 在许多情况下都必须猜测未被以前的实验提示过的内在机制, 而且所猜测出的机制可能还没有充分的根据。这就产生一个疑问, 模型构建者是否在凭空杜撰。例如, 长期以来我们关注电压门控离子通道与其周围膜的相互作用。作为建模练习的一部分, 我们考察了 α 螺旋以极端方式相对其周围的膜运动的极限行为。虽然得到了明确的预言, 但是我们所假设的机制实际上可能完全不反映真实情况。因此, 我们对于电压门控的各种模型的处理只能完全视为临时性的。在我们看来, 如果这些模型可以产生各自不同的预测, 而这些预测又可以用来区别各自对应的机制, 那么这些模型的构造就是合理的, 即使模型所提示的机制没有通过实验证实。对于球形奶牛来说, 任何实际的改进都需要在实验工作者和模型构造者之间反复磨合。

定量模型对生物学有意义吗? 在全书中我们一直试图定量地考虑具体的生物问题。自然的问题是: 上述克服种种麻烦的努力是否真的值得? 理解与细胞骨架聚合相关的力是否会对细胞骨架在细胞运动中的生物学机制提供新的见解? 抑或仅仅是证实我们已知的事实? 基于 RNA 聚合酶的结合, 利用统计力学对启动子的活动作出定量预测, 是否会使我们了解转录调控的生物学作用的一些新知识? 在过去 10 年间, 生物学上最重要的惊人突破之一是发现过去曾看不见的大量微小 RNA 分子密切参与基因表达的调控。这一

系列的发现不仅在任何阶段都基本没有涉及到数学或建模，而且它还质疑了我们运用统计力学来处理基因调控的整个基础。换言之，我们不知道作为探索方法，与遗传学和生物化学相比，本书中探讨的定量建模方法是否能成为产生新发现的生物学研究的基础之一，或者说，在真正勇敢的开拓者的努力下，当人们对某个生物问题已经有了相当的理解以后，建立模型是否都能够进入研究的后期阶段，成为画龙点睛之笔。在我们看来，人们仍然在评判在多大程度上物理生物学的观点能够为重要的生物问题提供新的线索，或者在多大程度上能够为物理学带来新的见解。但是，我们坚信每个人都会跟随好奇心的指引，迟早能够提出受广泛关注的见解。

统计力学的利用和滥用 统计力学一直是本书主要的理论工具之一。但我们还只是利用了平衡态的统计力学。我们多次小心翼翼地使用简单的平衡思想，并试图弄清楚这个观点的适用范围，如在第 15.2.6 节的讨论中，我们寻找某些方法来确定何时能够合理地将整个化学反应网络的某个子集当作处于平衡态来处理。然而，显然必须十分小心地避免误入歧途，仅仅因为我们知道相关的数学方法，或因为平衡假设的方便性，而使用平衡态的思想方法。本书中以平衡态的观点描述的许多问题都应该以动力学的观点重新加以考虑。

偏离平衡的系统和动力学 作为上述反对滥用平衡态统计力学的观点的延续，我们十分不安的是当前物理学家还不能提供一个满意的框架来考虑非平衡态系统。有一些重要的方法可以用来处理"近"平衡态的系统，但是还没有令人信服的普适方法可以用来处理非平衡态。这个缺陷表明不能真正处理活细胞的动力学。当然，这也是一个巨大的机会，成为生物学和物理学交叉的最有趣的挑战之一。因为生命世界提供了许多可观测的非平衡行为的引人注目的例子，也提供了大量便于处理的实验系统用于探求各种操纵条件带来的后果，所以我们希望在物理学和生物学之间加强融合将有助于物理学界发展出填补上述鸿沟所需要的理论工具。

连续介质力学的利用和滥用 生物高分子是由原子组成的。不过，几个世纪以来连续介质力学的工具让我们在处理流体和无数种固体时可以忽略物质的颗粒性。在 20 世纪，这些思想被延伸到新型物质中，如液晶、胶体悬浮液和聚合物。在第 10~12 章，我们忽略了物质的颗粒性，几乎完全围绕着连续介质图像来构建关于梁、膜和流体的概念。对使用这样的连续介质方法的限制目前仍在探讨，在使用这样的观点来描述细胞和亚细胞结构的行为方面我们实际上能走多远，结论仍不确定。

参数太多 用第 19 章中给出的动力学方法来得到合理的结论需要写下许多联立的微分方程。例如，如果要写下联立的速率方程来描述诸如图 19.1 所示的网络随时间的演化，这些方程将包含几十个到几百个浓度和速率常数。在这种情况下，我们必须问自己是否最终能够知道在这种描述中的所有相关参数，以及当我们自己宣称真正理解了生物系统时别人是否愿意这么承认。一位不知名的科学家有一句格言："我很高兴计算机理解了这个问题，现在你可以解释给我听吗？"我们尚不清楚如何正确地思考这些问题，用树枝在沙滩上写下简单的方程来解决问题的那种解析方法也并不足以产生所有有趣的见解，但是另一种方法，完全实际的模拟方法，却导致一个芯片上的系统，它与实际的体内系统一样复杂，在概念上同样难以理解。

遗漏事实 本书中采用的思维模式的困难之一是，为了对某一现象建立定量模型，我

们必须掌握足够的事实才能知道哪种数学方法最为恰当。例如, 我们对血红蛋白协同结合的分析就是基于长久以来一系列的实验而做出的, 这些实验明确地表明存在协同结合。许多重要的事实正在被发掘出来, 这正是当前生物学最令人沮丧、同时也是最令人激动的特征之一。甚至对于我们在本书中选作例子的那些已经被详细刻画的系统, 在我们写下分析与你读到这些分析的时段内, 仍然可能会有新的实验揭示出新见解, 并可能使我们的模型失效。对于任何科学家来说, 如何在迅猛发展的知识前沿上冲浪而不被琐碎的细节所淹没是一个永恒的挑战。我们相信自己遗漏了许多重要的事实。

素材太多 在结构上, 讲授生物学的时候, 最为困难和最具挑战性的方面是如何做到深入浅出。正如本书早先所述, 生物学的一个有趣的挑战是如何在追求一般性 (如细胞学说、遗传编码的普适性、进化论等) 和囊括每种生物各自的特性 (生物多样性) 之间取得平衡。本书比我们起初所计划的要长得多, 但仍然感觉到许多论题太肤浅, 感觉我们还没有足够深入地挖掘最具有启发性的案例研究。在努力与读者分享我们对生命世界的广泛研究的同时, 我们也为采取了肤浅的看法而感到内疚。如果将我们的关注面变窄, 只处理较少的例子但更加深入一些的话, 也许更为明智一些。

素材太少 同时, 生物学的魅力和挑战之一是生物多样性。无论是在组成细胞的单分子水平上, 还是在各种细胞水平上 (图 20.3 展示了原生生物的多样性), 或者是在多细胞生物的水平上, 都有无限的机会来探索任何一个问题的具体特性。在此意义上, 我们因本书的讲述在每个层次上都有省略而感到内疚。我们选取了少数个体来代表各种类型的生物, 如使用大肠杆菌作为我们的"标准"细胞, 而从根本上忽略了生命树上的一些巨大的分支, 如古核生物和绿色植物。如果我们有无限多的时间, 而读者又有无限大的耐心, 我们将很高兴向读者提供一本无限长的书, 以便公正地对待生命世界里的所有奇迹。

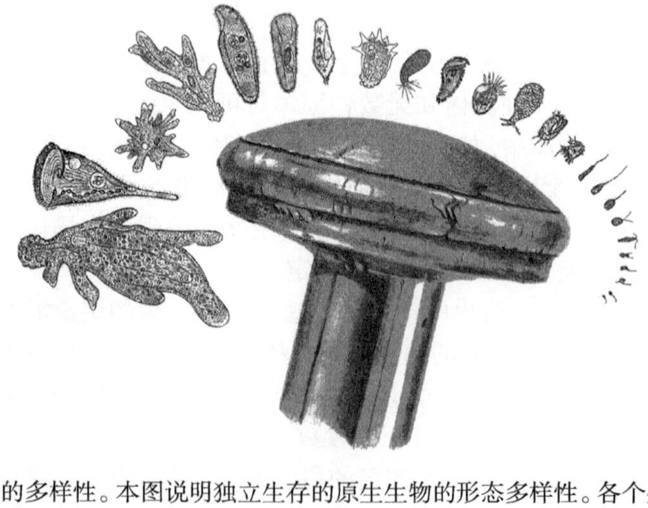

图 20.3 原生生物的多样性。本图说明独立生存的原生生物的形态多样性。各个生物体都按照相对于大头针的头部的比例尺画出。(取自 B. J. Finlay, *Science* 296: 1061, 2002.)

过于偏向普遍性 在描述生物学现象时我们努力追求细胞的普遍规律, 这无意中忽略了多样性和特异性。事实上, 即使对于我们的"标尺"——大肠杆菌, 也存在着为数众多的不同菌株, 甚至对于同一个菌株, 也因外界条件和所处细胞周期的时间点不同而存在着许多不同的行为。基于内源和外源“噪声”的实验也显示出名义上完全相同的细胞之间也各有特点, 单分子实验也发现了各个分子的个性。而且, 我们在处理单细胞微生物时极大地忽略了一个全新的生命界——古核生物, 这进一步粉碎了用诸如大肠杆菌那样一种原核生物来代表所有微生物的想法。我们仍然相信科学的根本目的在于寻找恰当的思想和概念将我们对表面上互不相同的现象的理解统一起来。如何将这一目的同各种生物、细胞甚至分子的多样性和特异性结合起来, 目前尚不清楚。

缺少对思维的讨论　我们忽略了大脑!很多人都说 21 世纪伟大的研究前沿将是对意识和思维的研究。虽然我们触及到了能够作为这方面的讨论基础的一些具体的分子机制和细胞型, 但实际上我们完全忽略了神经科学, 而且很显然, 在这方面有许多“物理生物学”的工作可做。

20.5 读者的任务

虽然阅读到此处的任何读者都将发现我们的这本书确实很长, 但是, 我们仍然有许多课题曾经在写作计划中占据一席之地但最终还是舍弃了, 原因要么是我们没能将这些问题理解到使我们自己满意的程度, 要么是我们感到实验数据还不充分, 要么是其他多种原因。有些课题我们没能详细讨论, 或者根本没能讨论, 包括: 光合作用以及绿色植物更广泛的有趣生命现象, 它们同动物具有相同的多样性和复杂性; 决定细胞器的形状、融合和分裂的内在驱动力; DNA 结合蛋白找到它们的靶 DNA 的机制, 尤其是在真核生物转录的复杂情形下; 在形成多细胞生物过程中黏附的生物学作用; 胚胎发育模式的异常复杂的机制; 生物与不断变化的环境之间的相互作用的物理机制; 最后是进化的基础。从物理生物学的观点来看, 以上每个领域似乎都能够产出丰富的思想, 而实际上在每个领域里也都有深刻而有趣的进展。

这本书的写作使我们每个人相信, 对生物的研究是人类思想中激动人心的前沿之一。正如大尺度宇宙的构造正不断地被威力越来越强大的望远镜所揭示, 人们现在观察生物的方式曾经就像登月一样难以想象。尽管本书的重量足以起到锻炼肌肉的作用, 我们仍感到仅仅谈及了物理推理在生物问题中丰富多彩的应用的皮毛而已。本书总体目标是传递一种思考问题的方式, 我们已经尽最大努力通过例子说明这种思考方式的威力, 这些例子按照生物学观点被准确定义且已经用于研究成熟的生物学系统。随着 21 世纪科学的发展, 我们最大的希望是, 同时从生物学、物理学、化学和数学角度理解自然世界的综合性方法将使这些领域更加丰富, 并且阐明我们周围的世界。我们只希望, 读者至少有一部分兴趣来承担这样的使命, 正如我们在描述细胞的物理生物学时所做的那样。

20.6 延伸阅读

Ferguson, K (2002) Tycho & Kepler, Walker and Company. 有趣地描述了在早期通过肉眼观察的天文学时代对精确测量的发展以及开普勒对观测数据的分析。

Schutz, B (2003) Gravity from the Ground up, Cambridge University Press. 描述了人类在通过逐步近似理解引力方面不断细化的悠久而激动人心的历史。

Longair, M (2003) Theoretical Concepts in Physics, 2nd ed., Cambridge University Press. 以独特的视角讨论了许多重要论题。关于第谷和开普勒的那一章阐明了行星运动的复杂性只有通过正确的视角来观察时才显得“简单”。类似这样通过改变观察视角来简化问题, 在生物学中也一直起着并将继续起着重要作用。

Valenstein, ES (2005) The War of the Soups and the Sparks: The Discovery of Neurotransmitters and the Dispute over How Nerves Communicate, Columbia University Press. 描述了在突触传递方面的争论。

Darwin, C (1859) On the Origin of Species, John Murray. 在“理论上的困难”一章中体现了通过努力寻找其想法中的错误来追寻事实真相的精神。

Pais, A (1982) “Subtle is the Lord”: The Science and the Life of Albert Einstein, Oxford University Press. 展示了对固体比热的理解是如何反复地逐步加深的, 以及这种理解在现代量子理论发展中的作用。

Turing, AM (1952) The chemical basis of morphogenesis, *Phil. Trans. R. Soc. London* **237**, 37. 这位著名的数学家兼密码学家将其兴趣转到了生物系统的斑图形成方面, 提出并论证了简单的反应–扩散系统就可能在发育的生物体内产生静态的条纹, 这可以用来解释诸如水螅的触须斑图和奶牛的黑白斑块的形成。虽然这些生物实际上并不利用这种机制, 这篇文章在数学生物学的发展中却起到了巨大的作用, 并成为优美的例子说明“错误”模型的有效性和巨大威力。

Mogilner, A, Wollman, R, & Marshall, WF (2006) Quantitative modeling in cell biology: What is it good for, *Developmental Cell* **11**, 279. 总结了一些事例, 在这些例子中, 数学建模在细胞生物学中产生了重要的见解, 建模的规模从简单代数方程的应用一直到大规模的基于个体的计算机模拟。

20.7 参考文献

Box, GEP (1979) Robustness in the strategy of scientific model building, pp. 201–236 in Robustness in Statistics, RL Launer and GN Wilkinson, eds., Academic Press.

Crick, F (1988) What Mad Pursuit: A Personal View of Scientific Discovery, Basic Books.

Finlay, BJ (2002) Global dispersal of free-living microbial eukaryote species, *Science* **296**, 1061.

Jaynes, ET, & Rosenkranz, RD (1983) E. T. Jaynes: Papers on Probability, Statistics and Statistical Physics, D. Reidel.

索　引

C

E

F

G

H

J

K

L

M

O

P

Q

R

S

T

W

X

Y

Z

译后记

近 30 年来，越来越多的生物学家和物理学家走到一起，携手研究生命问题。生物物理学这门学科逐渐兴盛起来。在哈佛大学、斯坦福大学、加州理工大学等世界著名学府，物理学系都相继建立了生物物理学专业。随着物理学家的参与，生物物理学的核心内容不再限于为生物学研究提供测量工具 (如测定生物高分子的结构)，而是更侧重通过物理学的基本原理和手段定量地解析生命现象。2004 年，美国宾州大学的知名物理学家菲利普・纳尔逊完成了力作《生物物理学：能量、信息、生命》，成为国际上第一本系统展示现代生物物理学全景的专著和教材，出版后立刻引起了生物学家和物理学家的广泛关注和好评，并迅速成为众多大学生物学系和物理学系指定的参考教材。同年，在英国剑桥大学牛顿数学研究所举办的"分子及细胞生物系统的统计物理学"主题会议上，纳尔逊向来自世界各国的生物物理专家展示了这一成果，引起了来自中国科学院理论物理研究所的欧阳钟灿院士的高度关注。欧阳钟灿院士因为在生物膜和 DNA 弹性方面颇具国际影响的研究工作，与纳尔逊是相识多年的老朋友。考虑到现代生物物理学在中国起步晚、相关教育和教学严重滞后的实际情况，欧阳钟灿院士与纳尔逊会面商议后决定将该书翻译成中文，及时地向国内研究者和学生系统介绍现代生物物理学。欧阳钟灿院士回国后即组织人员着手翻译，该书中文版于 2006 年底由上海科技出版社发行，到目前为止第一次印刷的 5000 册已告售罄。

2006 年，欧阳院士及小组成员黎明、柳飞再次受邀参加了生物物理学的专题性国际研讨会，即在美国加利福尼亚大学圣巴巴拉分校卡弗里理论物理研究所举办的"分子及细胞机器的新物理"研讨会。会上通过纳尔逊的引荐，欧阳钟灿院士结识了本书的三位作者罗伯・菲利普斯、简・康德夫和朱莉・塞里奥特，得知他们正致力于编著一本更为全面地反映当代定量生物学成果的专著。作者之一的塞里奥特女士在研讨会的教学论坛上还对该书的内容编排进行了专门介绍，得到了包括 Bruce Alberts、David Bensimon 等在内的著名科学家的一致推崇，欧阳钟灿院士也敏锐地意识到这本书对我国生物物理以及定量生物学的教学和推广将起到重要作用，在多次商谈后，他与三位作者初步达成了翻译该书的意向，回国后即向译者提及此事。2008 年底该书英文版正式出版，欧阳钟灿院士向译者之一的涂展春推荐此书并征询翻译意向。当时涂展春在北京师范大学物理学系给本科生开设"生物物理学引论"课程，使用的参考教材正是纳尔逊原著、黎明等译的《生物物理学：能量、信息、生命》。该课程的选课对象主要是来自物理学系三四年级的本科生以及少数研究生。前两章基础知识部分的教学还比较顺利，进入主体部分后，本科生开始有些跟不上，以至于最后能坚持听完整个课程的学生大概只有刚开始选课人数的一半。经过认真思考，听取学生的意见，涂展春觉得有必要调整一下课程的内容和结构。另外，2007 年以来，中国科学院研究生院、中山大学和北京大学等兄弟院校也相继在物理学系为本科生和研究生开设生物物理学及定量生物学的课程，使用的也是同一教材。由于该书主体内容较难，在教学过程中大家都遇到了各种问题，因此一致认为急需另一本书内容更加丰富、难度深度更加有层次的教材作为互补。而本书的基础知识部分讲得较详实，很适合用于教学；高级课题紧扣当代的研究前沿，很适宜研究者参考，这些编排能很好地解决上述问题。2009 年 11 月，菲利普斯和塞里奥特访问中国科学院理论物理研究所，欧阳钟灿院士委托涂展春接待他们的来访和交流。通过深入交流，涂展春再次为两位作者的学识所打动，于是决定承担本书的主译工作，希望为我国的生物物理学和定量生物学研究略尽绵薄之力。

另一个鼓舞我们全力投入翻译这本长达千页的巨著的原因是，自新世纪以来国家对这个新兴学科给予了越来越大的支持。2004 年 5 月，由陈宜张、林其谁两院士为执行主席召开了香山科学会议“生命科学中的单分子与细胞实时检测问题”，30 多位来自生命科学、物理、化学科学的专家热烈讨论了这个领域的国内外进展，在此基础上出版了专著《生命科学中的单分子行为及细胞内实时检测》(科学出版社，2005)。2007 年 12 月，中国科学院上海交叉学科研究中心，在德方主任、德国马普分子细胞生物学与遗传学研究所 Kai Simons 教授及中方主任、中国科学院上海生化细胞研究所林其谁院士共同领导组织下，召开题为“纳米生物学——未来之挑战”圆桌会议。会议邀请了 14 位国内外著名专家就纳米生物学、表面设计、纳米机器、生物高分子四个专题作了主题报告，近 30 位国内中青年学者应邀出席会议并参加热烈的科学讨论。最后，在 Kai Simons 的主持下，代表们就如何推动我国纳米生物学的教学、人才培养及科学研究进行了热烈的讨论。科技部基础司司长张先恩对分子马达的研究也倾注了巨大的热情，他先后在上海圆桌会议、中国科学院理论物理研究所交叉学科论坛 (2008 年 5 月) 及 2010 全国纳米生物与医学学术会议 (武汉) 做专题报告，强调分子马达理论与实验多学科交叉研究的重要性。

正是在这样的大背景下，2007 年科技部国家重点基础研究发展计划 (“973”计划) 批准了“纳米生物机器原理、制备及其应用探索”项目，由中国科学院理论物理研究所作为承担单位，联合国家纳米中心、中国科学院化学研究所以及生物物理研究所的多个研究组开展针对生物分子机器的生物物理学研究。本书的翻译出版也正是在该项目的全力支持下才得以顺利进行的。2009 年 8 月，该项目与中国科学院卡弗里理论物理研究所 (Kavli Institute for Theoretical Physics China at the Chinese Academy of Sciences) 联合举办了为期一个多月的“生物分子机器的热力学”国际研讨会，陆续邀请到国内外 40 多位专家来华进行了学术交流，其中不仅有多位美国科学院院士及美国艺术与科学院院士，也包括了多位国际知名的中国学者，诺贝尔化学奖得主 Rudy Marcus 还在会议期间进行了一次公众讲演 (爱因斯坦讲座)。会议报告均围绕蛋白质和核酸分子机器展开，全面展现了当前这个领域研究的最新进展和最高水平。本书的主要译者都全程参会，通过与参会学者的深入交流，不仅大大开阔了视野，而且更深刻地体会到了本书的全面性和前沿性，这对于本书的翻译工作无论在速度上还是质量上都有着巨大的促进作用。

回到本书。正如作者指出的，本书是从物理生物学的角度将物理原理相似 (在生物学上可能很不相关) 的问题放在一起统一处理，试图建立简单的模型 (“简单到能用树枝书写在沙滩上”) 来理解生命现象的深层规律，因而本书组织材料的方式与传统的生物物理学非常不同。也正是为了强调这个区别，书名大胆抛弃了“生物物理”这样的字眼，而采用了“物理生物”来突出其中物理学的地位。读者将惊叹于少数几个简单物理模型在广泛的生物学问题中的绝妙应用，从而初步领略定量数理方法的威力。读者可从本书提供的大量实例中体会到这一点。

本书共分四个部分。

第一篇, 生物系统的基础知识, 涵盖 1~4 章的内容, 主要是阐明定量方法对生物学研究的意义, 介绍生物系统的空间尺度和时间尺度以及生物学研究中的模式系统。作者大量采用估算给出许多数字的量级, 以期培养"量级生物学"的感觉, 因此这一部分并不是生物学基础知识的简单堆砌。

第 1 章开宗明义, 提出生物学的定量数据需要定量模型来解释,《细胞的物理生物学》的目的就是提供各种基本的定量模型。简单地罗列各种模型当然容易, 而作者的独到之处在于叙述这些模型的方式。简而言之, 同一种物理模型可以应用于看似无关的生物系统或现象, 而对于同一个生物实体可以有不同层级的物理模型。例如, 弹簧模型可以用于研究 AFM 悬臂弯曲、生物膜的弹性、DNA 的拉伸乃至生化反应或基因网络调控; 而一段 DNA 分子可以模型化为碱基对序列、转录因子的结合区、带电杆、弹性梁以及无规行走链。

第 2 章介绍细胞和生物体的构造及其尺度。以大肠杆菌作为标尺或基准, 提高分辨率可以看到细胞内的各种亚结构乃至分子, 降低分辨率则可以看到多细胞结构。特别是对胞内各种成分的简单估算, 读者可以从这些数字体会到细胞内部实际上非常拥挤, 而正是这种拥挤导致了第 14 章所要论述的显著的生物学后果。

第 3 章介绍细胞的各种时间尺度。除了介绍时间的多尺度特征外, 作者特别引入了看待生物学时间的三种新颖观点, 分别称为程序时间、相对时间和操控时间。程序时间即生物过程所持续的绝对时间; 相对时间是某一生物过程各个步骤之间的时序; 操控时间是指生物体通过酶催化或其他手段极大地加快或减慢某过程的进行速率。对时间的这种阐释方式很少在其他教科书中出现。

第 4 章概述了生物学研究中常用的模式系统, 包括血红蛋白、噬菌体、大肠杆菌、酵母、果蝇、小鼠和人等。这些模式系统对生物学的发展起到了决定性作用, 绝大部分定量数据来源于这些系统, 它们是探讨定量模型的基础。

第二篇, 从平衡态角度理解生命, 涵盖 5~11 章的内容。生物体中存在着物理性质和生物功能均不相同的各种过程。从热力学及动力学的角度看, 其中某些过程是近平衡的, 而另一些则是远离平衡的。对于前者, 可以用平衡态的热力学和统计力学进行恰当的理解, 本部分先简要地介绍了相关的核心物理原理, 然后详细介绍了二态模型、无规行走模型、盐溶液模型和低维连续体弹性模型等少数几个基本模型及其在生物学问题上的巧妙应用。

第 5 章介绍热力学的基本原理 (自由能极小原理) 以及熵的简单统计阐释。其中三个关键点值得初学者注意。第一, 室温下热运动能量尺度为 $k_BT = 4$ pN nm, 表明许多细胞过程中的确定性力与热运动力量级相当、同等重要。第二, 自由能反映了能量和熵的竞争, 竞争的结果是平衡态对应于自由能极小的状态。第三, 熵度量了给定宏观态的微观简并度。这几个原理对于念过普通物理学的读者并不陌生。但更应注意的是怎样应用它们定性地理解细胞的力学和化学平衡问题, 如能量使用、细胞形态以及疏水效应等。

第 6 章介绍平衡态统计力学的重要概念, 包括配分函数和玻尔兹曼分布、理想气体和稀溶液模型以及化学势和质量作用定律。作者特别介绍了推导玻尔兹曼分布的三种方式, 这对于非物理专业的读者来说是熟悉物理学的简单演算的一个绝佳机会。对于物理专业的读者来说, 更应该注意的是应用部分, 即从基本概念和模型得到的化学势、渗透压、平衡常数以及受体–配体的结合概率。

上述两个章节是生物物理学教材必备的基础内容, 无论何种学科背景的读者都应该尽量掌握。相似内容和叙述方式也可在《生物物理学: 能量、信息、生命》第 6 章中找到, 读者可对照阅读。

第 7 章介绍二态模型及其应用。二态模型是平衡态统计力学的经典模型, 在本章它被用于研究离子通道的门控行为以及受体–配体的协同结合问题。对协同结合的处理是本章的亮点, 读者会看到用一个简单的唯象参数就能很好地表征协同作用, 成功地解释在给定氧分压的情况下血红蛋白所有结合位点要么被氧分子全占据、要么全空置的生理学现象。

第 8 章通过无规行走讨论高分子的行为。这是统计力学应用于生物聚合物比较成熟的例子。对 DNA 成环概率以及对力–伸长曲线的讨论是过去十几年的热点之一, 实验数据充足, 理论结果与实验数据也符合得很好, 因而是很好的教学题材。而 HP 模型则是探讨蛋白质折叠的早期尝试, 这个模型现在看来过于简化, 在研究中已经用得不多, 但正是其简单性, 更易于在课堂上阐明蛋白质折叠的某些观念, 因而也是很好的教学题材。

第 9 章介绍盐溶液的静电学, 核心概念是泊松–玻尔兹曼方程, 核心结论是盐溶液中的静电相互作用是短程的, 这与真空中非常不同。这种短程相互作用使得细胞中的高分子只有在相互靠近时才能感受到对方的电荷状态, 因此两个高分子必须同时满足结构匹配和电荷空间分布匹配才能够相互结合, 这对酶的专一性以及细胞的很多精确调控过程非常重要。对溶液静电学的处理, 本章更侧重其生物学应用, 在物理上的展开不及《生物物理学: 能量、信息、生命》第 7 章充分, 建议物理背景的读者同时对照阅读两本书。

第 10 章介绍弹性梁理论及其生物学应用。弹性梁理论本身是个很古典的问题, 它在物理生物学中获得了第二次生命。第一个典型的应用是虫链模型, 它体现梁的弹性能与构型熵的竞争, 可以用来很好地拟合 DNA 的力–伸长曲线。细胞骨架是细胞中的主要结构单元, 它们也可以作为弹性梁来处理, 由于梁太长则易屈曲, 这给出了单根细胞骨架纤丝的长度限制。此外, 功能化的悬臂梁还可以用于分子识别。本章给读者的启迪是, 当你认为一个理论可能过时了的时候, 往往会有一些意想不到的发现或应用使该理论重获新生。

第 11 章讨论生物膜的弹性及其应用, 精彩之处在于研究膜的弹性对力敏感性离子通道门控行为的影响, 表明膜张力是控制门控行为的关键参数。本章还简单地讨论了膜的形状, 关于这方面的深入工作建议参考欧阳钟灿等的著作《生物膜泡曲面弹性理论》(上海科学技术出版社, 2003 年)。

从逻辑上看, 第 5、第 6 两章介绍平衡态统计力学的基本概念和原理, 是整个第二篇的基础。第 7、第 8 两章的二态模型和无规行走模型是统计力学中最简单也是应用最广泛的可解模型, 并且在物理生物学的研究中得到了成功的应用, 后续章节的大多数讨论都是基于这两个模型的改进思想进行的; 第 9~11 章探讨的是三个相对较独立的连续化模型 (溶液、梁和膜), 它们在加入统计力学的改造之后能够很好地解释一些生命现象。通过学习这个部分, 读者可以领略到简单定量模型的威力。但同时也会产生一个问题: 生命过程实际上很少处于平衡态, “我们不能仅仅因为平衡态的处理方法简单而使用平衡态的观点”, 因此, 对于非平衡态过程应该如何处理? 答案将在第三篇揭晓。

第三篇, 从动力学角度理解生命, 涵盖 12~17 章的内容, 主要介绍流体、扩散、拥挤、速率方程、整流布朗运动以及霍奇金-赫胥黎模型的动力学特征及应用。它们包含了时间项, 因而更能反映生命的动态特征。

第 12 章介绍牛顿流体的基本知识, 也是古典课题, 同样也在物理生物学中获得新生。主要是三个应用, 其一是血液流动特性, 关键结果是泊肃叶方程, 即流率正比于血管直径的 4 次方, 由此可以理解由于血斑堆积导致血管直径的微小改变会极大地影响血液在血管中的流率。另外一个应用是细菌的游动问题, 其关键概念是细菌在水中的雷诺数很小, 以至于游动特别困难, 细菌的游动装置的往复运动不会导致细菌的净位移 (扇贝定理), 因而需要采取特殊的游动策略。第三个应用与生物学实验室必备仪器离心机有关, 给出了离心机分离不同类分子的转速限制。这一章的内容与《生物物理学: 能量、信息、生命》第 5 章相似, 深受学生喜爱。

第 13 章主要讨论扩散及其应用。扩散也是统计力学的经典问题, 它与无规行走密切相关, 这些对于物理学工作者并不陌生。在概念上更重要的是, 尽管每个粒子的运动是无规的, 但大量粒子的平均行为却满足确定性的扩散方程。本章给出了扩散的 4 个有趣应用, 包括扩散输运、荧光漂白恢复技术、受体捕获信号分子以及扩散限速化学反应。这 4 个例子恰好与《生物物理学: 能量、信息、生命》第 4 章互为补充, 可以对照阅读。值得一提的是, 对于扩散输运的讨论可得到扩散对长距离输运是无效的这一重要结论, 由此可理解细胞为什么必须进化出分子马达来完成长距离输运任务。

第 14 章讨论拥挤的细胞环境中的现象。之所以讨论这个问题, 是因为真实的细胞中是非常拥挤的, 蛋白质之间的间距与蛋白质本身尺度相当。本章尽管归属于动力学部分, 但实际上主要讨论平衡态问题, 如拥挤效应对渗透压的修正、排空力的来源以及排空力的计算等。在排空力的处理上比《生物物理学: 能量、信息、生命》第 7 章更严格, 值得物理背景的读者学习。本章与动力学有关的简单讨论集中在细胞拥挤环境中的扩散问题。通过修正无规行走的理论, 得到扩散系数与溶质体积百分比成线性关系。必须认识到, 这个结论是通过简单的“论证”得到, 它可能只在溶质体积百分比不太大的情况下成立。也就是说, 到目前为止并不存在一个很好地处理拥挤动力学的理论框架, 这是将来物理生物学的挑战之一。

第 15 章通过速率方程的思想讨论细胞内的几种动力学, 包括离子通道的门控动力学、酶催化反应的米–曼动力学以及细胞骨架的生长动力学。这三组对象 (离子通道、酶以及细胞骨架) 都是细胞中的重要角色。本章内容是物理生物学的研究范例之一, 也是目前较为活跃的前沿课题。特别是对于细胞骨架的动力学建模, 作者遵照循序渐进的思路, 逐渐提高模型的复杂度, 最终建立与实验非常吻合的模型, 此种建模的思想方法值得学习。另外, 通过速率方程可以给出本书第二部分内容的适用范围, 即若不同过程发生在不同的时间尺度上, 通常可以将在较快的时间尺度上发生的一部分生物过程隔离出来, 考虑对其他慢过程的影响时假定这一部分过程处于平衡态。

第 16 章讨论分子马达动力学, 这是物理生物学的又一个范例。作者仍旧遵照循序渐进的思路, 逐渐提高模型的复杂度, 从单态模型到两态模型乃至更一般的模型逐渐逼近分子马达的真实运动机制。本章的关键问题是从模型的角度讨论马达的平均速度与负载的关系、停滞力、马达速度与 ATP 或其他离子浓度的关系以及马达的停留时间等。这些物理量都可以从单分子实验来检验, 对它们的研究是理论与实验结合的典范。本章的叙述偏重于实际问题的应用, 而没有从物理上去提炼分子马达产生定向运动的必要条件, 读者需要参考《生物物理学: 能量、信息、生命》第 10 章补充这部分内容。

第 17 章讲述神经冲动的传播以及霍奇金–赫胥黎模型, 这个获得诺贝尔奖的工作是物理生物学的第三个范例。基本思想是在讨论神经冲动的传播时, 将细胞膜简化为电阻、电容和电池组成的电缆。电池的电动势由局部能斯特电势决定, 电阻由局部的离子通道决定, 电容由局部膜片决定。需要注意本章的模型只是原始霍奇金–赫胥黎模型的简化版本, 但已经包含了所有必须的物理概念。

在整个第三篇中, 第 13 和第 15 章介绍的扩散和速率方程是动力学的基础。第 14 章是在第 7、第 8 和第 13 章的基础上探讨拥挤效应。第 16 章是在第 7、第 13 和第 15 三章的基础上讨论马达的动力学。第 17 章在第 7 和第 15 两章以及电工学的基础上讨论神经冲动的传播。第 12 章相对独立, 因为是连续化的动力学模型, 所以置于第二部分讨论的平衡态连续化模型之后。从第三部分介绍的动力学模型中, 读者能更深刻地体会到定量模型的魅力以及循序渐进的建模思路, 也看到了生命物质遵循基本的物理和化学规律。但是生命体与无生命的物质也有非常明显的区别, 如生命体能够精确地进行细胞定位和繁殖, 这与细胞的信息调控有关, 在第四篇中将进一步阐述。

第四篇, 从信息的角度理解生命, 涵盖第 18、第 19 两章内容, 主要讨论基因组包含的信息以及基因网络的调控。这部分内容在本书中占的比重较小, 在《生物物理学: 能量、信息、生命》中也没有专门讨论。这并非因为这些内容不重要。恰恰相反, 生命系统区别于非生命系统的最直观特征正是在于信息的主动获取和处理上。如何从物理学角度来理解甚至定量刻画生物系统各种层次 “信息” 的产生、存储和传递, 正是当今定量生物学及物理生物学的重大课题, 当然也是巨大的难题和挑战。目前这方面的研究积累虽然还不算多, 但已经成为研究热点 (如近年来对蛋白质翻译过程保真度的实验研究)。我们相信这会成为未来生命科学中的一个主要方向。

生物系统中最直观的 “信息” 无疑体现在遗传物质 DNA、功能蛋白质等大分子的序列上。第 18 章抛开这些分子的物理细节而将其粗粒化为符号序列, 从符号信息的角度来挖掘其中所蕴含的生物学意义, 这就构成了生物信息学。本章简要介绍了其核心内容, 即序列联配, 并通过几个典型例子讨论了同源、进化树等重要课题。与生物信息学专著相比, 本章的论述虽然只是点到即止, 但却极其富有针对性和启发性, 对不专门从事生物信息学的读者是非常合适的, 本章的另一个亮点是最后介绍的 “动力学校对” 的思想, 这是在 20 世纪 70 年代为解释大分子序列信息在传递过程 (如复制、翻译等) 中的惊人保真度而提出来的物理学机制, 其核心思想是能量流驱动的非平衡过程可以制造出 “信息”。这个思想如今已经被引入到了更广泛的关于生物 “信息” 处理的研究中, 如免疫应答、信号转导等, 其基本逻辑值得读者反复玩味。

与序列的符号信息相比, 生物系统另一层面的 “信息” 就不那么直观了, 但它同等重要, 这就是基因调控。细胞必须在正确的时间与地点做正确的事情, 这都依赖于基因在时间和空间中的有序表达。这种 “有序” 就是 “信息” 的体现。第 19 章使用第 6 章介绍的统计力学方法来以及第 15 章介绍的速率方程尝试理解某些基因网络的调控行为, 具体讨论了正负调控过程中的调控系数以及信号转导中的受体–配体结合问题, 并且从非线性动力学出发讨论了基因开关和基因网络的振荡行为。讨论中用到的工具是物理背景的读者所偏好的, 而生物背景的读者需要下一番功夫才能有所领会。

第 20 章是本书的结语。作者再次强调了发展物理生物学的动机是“定量数据需要定量模型”, 指出对待理论中的错误的正确态度是“出现错误是做出重要发现的机会”, 中肯地指出了本书的各种不足之处, 而这些不足的背后可能就蕴含着未来物理生物学的生机。

在点评本书的主要内容之后, 再来欣赏本书的四大特色。第一大特色是内容丰富, 无论是生物学知识还是物理学思想都很充实, 并且有机地结合。这与作者的背景有很大的关系, 三人分别来自不同的领域, 同时在生物学和物理学的交叉领域做出了许多重要的定量研究工作。第二大特色是包含很多数值“估算”的内容, 这一方面很适合于生物学背景的读者阅读, 以便培养“量级生物学”的感觉; 另一方面对于物理背景的读者也是重要的, “物理系的学生如果掌握了估算也就学会了物理”。第三大特色是每章末“延伸阅读”中精选了部分文献, 感兴趣的读者可以花最少的时间读到相关领域最重要的论文, 是对读者在时间上的奖赏。第四大特色是每章后面配备了一些习题, 坦率地说, 大部分习题难度相当大, 解决每一个习题相当于做一个小型研究, 甚至发表一篇不错的学术论文, 有心的读者可以从中体会到研究的艰辛与乐趣。

经过一年多来日以继夜的工作, 这本译著终于得以完成。可以说它是我们翻译小组全体成员集体智慧的结晶。整个翻译和审校过程是全体组员在欧阳钟灿院士的督导下完成的。除了署名译校者以外, 还有大量组员 (包括柳飞、马锐、黄海平、周莉、龚麟宸、张小虎、马惠、徐悦、邓礼、牟维华、赵金华) 为本书的初译工作付出了辛勤的劳动, 详见初译分工表。特别感谢黎明在翻译过程中给予的帮助, 他对翻译的协调工作给出了很多建议, 阅读了本书的初稿, 并修改了译稿中的一些致命错误。另外王洋、张明哲、刘晓霞、闫冰、李昕彤、宋少飞等本科生和研究生阅读了本书的部分初稿并对译文给出了一些修改意见。

本书涉及的知识面非常之广, 由于译者水平和经验有限, 初译本能保证“信”, 希望在后续版本中逐步做到“达”乃至“雅”, 恳请读者批评指正。

最后, 我们再次衷心感谢国家重点基础研究发展计划 (“973”计划) 课题“纳米生物机器的运动学建模及非平衡态热力学研究 (No.2007CB935903) ”对本书翻译出版的支持。衷心感谢科学出版社同仁的辛勤劳动!

译者谨识

2010 年 10 月 31 日